55

Elementary Number Theory and Its Applications

(Sixth Edition)

初等数论及其应用

（原书第6版）

（美）Kenneth H. Rosen 著

夏鸿刚 译

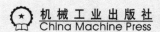
机械工业出版社
China Machine Press

图书在版编目（CIP）数据

初等数论及其应用（原书第 6 版）/（美）罗森（Rosen，K. H.）著；夏鸿刚译 . —北京：机械工业出版社，2015.2（2024.6 重印）
（华章数学译丛）
书名原文：Elementary Number Theory and Its Applications, Sixth Edition

ISBN 978-7-111-48697-8

I. 初… II. ①罗… ②夏… III. 初等数论 IV. O156.1

中国版本图书馆 CIP 数据核字（2014）第 281426 号

北京市版权局著作权合同登记 图字：01-2014-2864 号。

本书以经典理论与现代应用相结合的方式介绍初等数论的基本概念和方法，内容包括整除、同余、二次剩余、原根以及整数的阶的讨论和计算 . 此外，书中附有 60 多位对数论有贡献的数学家的传略 .

本书内容丰富，趣味性强，条理清晰，既可以作为高等院校计算机及相关专业的数论教材，也可以作为对数论和密码学感兴趣的读者的初级读物 .

出版发行：机械工业出版社（北京市西城区百万庄大街 22 号 邮政编码：100037）
责任编辑：迟振春　　　　　　　　　　　　责任校对：董纪丽
印　　刷：北京机工印刷厂有限公司　　　　版　　次：2024 年 6 月第 1 版第 13 次印刷
开　　本：186mm×240mm　1/16　　　　印　　张：31.25
书　　号：ISBN 978-7-111-48697-8　　　　定　　价：89.00 元

客服电话：（010）88361066　68326294

前　言

我编著本书的目的是想写一本关于数论的入门级读物. 起初我的想法是制作一个教学上的有效工具, 希望能展示数论这一数学分支中丰富的题材以及出乎意料的实用性. 数论既是经典的又是现代的, 同时它既是理论化的又是实用化的. 在本书中, 我力求抓住这一对立面, 并最大限度地将它们糅合在一起.

本书是本科阶段理想的数论教材. 除了一些必要的数学素养和大学代数知识外不需要别的预备知识. 本书也可以作为初等数论的资料读物, 既可作为计算机科学类课程的有益补充, 也可作为有兴趣学习数论和密码学进展的读者的初级读物. 由于它的广泛性, 它既可作为教科书, 也可作为初等数论及其广泛应用的长期参考书.

本版的发行正好是庆祝该书的银质纪年. 在过去的 25 年里, 前面的版本大约被十万名学生学习过. 本书每个成功的版本都得益于许多师生及审稿者的反馈与建议. 本次新版延续了前面版本的基本框架, 但有许多补充与改进. 希望对本书不熟悉的教师或没有读过前面几版的读者仔细通读这一新的第 6 版, 相信你们会喜欢本书中丰富的习题、有趣的人物传记和历史注记、最新进展的跟踪、缜密的证明、有用的例子、丰富的应用、对数学计算软件(例如 Maple 和 Mathematica)的支持以及网络上的大量资源.

第 6 版的变化

第 6 版的改动是为了使本书更易于教学和更有趣味性, 以及尽可能及时更新诸多进展. 许多改动是应第 5 版的读者和审阅者的要求而进行的. 下面列出了本版的一些改动之处.

· 新的发现

本版追踪了数值计算和理论证明这两方面的最新发现. 这其中包括四个新的梅森素数的发现以及许多未解决猜想的新证据, 还有证明了任意长度的素数级数存在性的 Tao-Green 定理, 这是本版收集的最新的理论证明方面的成果之一.

· 人物传记和历史注记

我们在原来的丰富的人物传记基础上新添加了 Terence Tao(陶哲轩)、Etienne Bezout、Norman MacLeod Ferrers、Clifford Cocks 和 Waclaw Sierpiński 等人的小传, 也增添了在 Rivest、Shamir、Adleman 等人的工作之前英国密码学上令人惊讶的秘密发现.

· 猜想

新增了不少初等数论当中的猜想, 特别是关于素数和丢番图方程的问题, 这些问题中有的已经解决, 而有的仍然悬而未决.

· 组合数论

新增了一节关于拆分的介绍性内容, 这是组合数论中很有意思的分支. 这一节中介绍了比较重要的概念, 例如费勒斯图、拆分恒等式、拉马努扬在同余上的工作等. 在该节中, 对于一些拆分恒等式, 包括欧拉的重要工作, 我们分别使用了母函数和建立双射对应来给出证明.

- **同余数与椭圆曲线**

新增了一节讲述鼎鼎有名的同余数问题，同余数问题是指判断哪些正整数是边长为有理数的三角形的面积. 该节有椭圆曲线的简单介绍以及如何将同余数问题和特定的椭圆曲线上的有理点联系起来的内容，同时也有将同余数问题与三平方算术级数联系在一起的内容.

- **几何推导**

本版介绍了利用几何推导来研究丢番图问题的方法. 特别地，新增内容表明了找出单位圆周上的有理点对应于找出毕达哥拉斯三元组，找出以指定整数为面积的有理三角形等价于找出相应的椭圆曲线上的有理点.

- **密码学**

本版删去了 RSA 密码系统中待加密明文需与密钥中模互素这一不必要的限制.

- **最大公因子**

最大公因子和两整数互素都在第 1 章中引入. 本书也引入了 Bezout 系数这一概念.

- **雅可比符号**

给出雅可比符号实用性的动机，特别是给出了利用雅可比符号来计算勒让德符号的讨论.

- **改进的习题**

对习题的改进我们做了大量的工作，添加了从一般性的到有挑战性的数百道新习题，而且在计算和研究部分也有新习题.

- **准确性**

为本书的准确性我们付出了不少努力. 两个独立的审阅者分别检查了全部正文以及习题答案.

- **网站 www. pearsonhighered. com/rosen**

本版的网站也进行了大幅扩充，师生们可以在此找到许多与本书关联的资料. 新内容包括扩充的小应用程序列表、使用数学软件研究数论的手册以及一个专门刊发数论新闻的网页.

习题部分

鉴于习题的重要性，我在修改习题上花费了大量的时间. 学生应该记住学习数学的最好方法就是尽可能地多做习题. 下面我将简短地介绍本书中习题的类型以及答案的出处.

- **普通习题**

一般性的习题按照适当的次序排序，着重于训练基本的技能，奇偶号习题都有这种类型的题目. 大量中等难度的习题帮助学生将诸多概念融合在一起得出新的结果，也有很多习题是为了发展一些新的概念.

- **有难度的习题**

本书中有不少具有挑战性的习题，用"＊"标记的是较难的习题，用"＊＊"标记的是很难的习题. 有些习题的结论在后面章节中会被用到，这些习题用手形"☞"标记，这部分习题应该在教师的指定下去尝试.

- **习题答案**

本书的后面提供了所有奇数号习题的答案[⊖]. 更完整的习题答案可在英文书网站上的"Student's Solutions Manual"部分找到. 所有答案都被多次检查以保证准确性.

- **计算类习题**

每节后附有计算和研究题, 需要用诸如 Maple、Mathematica、PARI/GP 或者 Sage 之类的软件或学生自己编写的程序来完成. 有些常规的习题可以让学生熟悉一些基本的命令 (附录 D 中有关于 Maple、Mathemaica 的命令, PARI/GP 和 Sage 的命令可在英文书网站上找到), 而更多开放性的习题是为实验和激发创造性而设计的. 每节后还附有程序设计题, 学生可以选用一种编程语言或一种程序来完成. 英文书网站上的"Student's Manual to Computations and Explorations"部分提供了答案或提示以帮助学生完成这些习题.

网站

学生和教师可以在 www.pearsonhighered.com/rosen 上找到各种类型的资源. 在 www.pearsonhighered.com/irc 上可以找到专门为教师提供的资源, 这些资源的获取需要从 Pearson 那里获取密码.

- **外部链接**

该网站列有到许多与数论相关的网站的带说明的链接. 这些网站与书中相关材料的讨论关系密切. 附录 D 中列出了与数论相关的最重要的一些网址.

- **数论新闻**

该网站有一个专门刊登最新数论发现的页面.

- **学生解题手册**

学生解题手册包含所有奇数号习题的答案以及试题样本.

- **学生计算和研究题手册**

该手册为计算和研究题提供帮助, 对此类习题提供完全或部分答案, 或者给出提示. 该手册在不同程度上支持各种计算平台, 包括 Maple、Mathematica 以及 PARI/GP.

- **应用小程序**

该网站上有大量的应用小程序. 学生可以利用这些程序来进行数论上一般性的计算以及加深对概念的理解和研究未解决的猜想. 除了数论中的计算性算法程序外, 我们也提供了密码学上的应用小程序, 包括解密、加密、密码分析以及密码协议, 兼顾了经典密码和 RSA 密码系统. 这些密码学上的应用小程序可被个人或组织使用, 也可用于教学.

- **建议性项目**

该网站上有一批建议性项目, 这些项目可用于学生或是学生小组的期末作业.

- **教师手册**

含有所有习题的答案, 包括偶数号习题, 也有大量不对学生开放的各种资源, 包括课程表样本、课程范围的建议以及试题库等.

⊖ 限于篇幅, 习题答案未出现在中文版中, 有需要者可从网站 www.cmpreading.com 下载. ——编辑注

如何使用本书

本书可用作侧重点不同的各种级别的初等数论课程的教科书. 因此, 教师用本书来安排课程有相当大的自由度. 对多数教师而言, 第 1 章、2.1 节、第 3 章、4.1~4.3 节、第 6 章、7.1~7.3 节、9.1~9.2 节的主要内容是必需的.

教师可以用感兴趣的部分来充实自己的课程表. 一般而言, 所有内容可粗略分为理论性和应用性两部分. 理论性部分有莫比乌斯反演(7.4 节)、整数的拆分(7.5 节)、原根(第 9 章)、连分数(第 12 章)、丢番图方程(第 13 章)、高斯整数(第 14 章)等.

有些教师也许想加入一些易于接受的应用, 例如整除性检验、万年历、校验位(第 5 章). 而想侧重计算机应用和密码学的教师可以加入第 2 章和第 8 章, 也可继续加入 9.3 节、9.4 节、第 10 章、11.5 节等.

在选好想要讲授的章节后, 教师可参考下图所示的各章间的依赖关系:

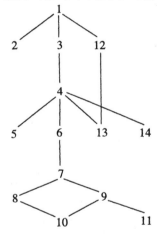

虽然第 2 章在不需要时可省略, 但其中解释了描述算法复杂度的贯穿全书的大 O 符号. 除了定理 12.4 依赖于第 9 章的内容外, 第 12 章只依赖于第 1 章. 第 13 章中只有 13.4 节依赖于第 12 章. 若 9.1 节中有关原根的可选注释被略去, 则可以不用学完第 9 章而学习第 11 章. 14.3 节应与 13.3 节一同被采用.

此外, 教师可参阅网站上教师手册中侧重点不同的课程表.

致谢

感谢 Pearson 和 Addison-Wesley 的编辑 Bill Hoffman 和 Pearson 数学分部的主任 Greg Tobin 一如既往的热情支持, Bill Hoffman 是我在 Pearson 合作最多的编辑. 特别感谢我的助理编辑 Caroline Celano, 在她的协助下本版得以出版. 感谢本书幕后的整个编辑、生产、营销和媒体团队, 他们是 Pearson 的 Beth Houston(生产项目经理)、Maureen Raymond(插图编辑)、Carl Cottrell(媒体设计师)、Jeff Weidenaar(市场营销经理)、Kendra Bassi(营销助理)、Beth Paquin(设计师)以及 Windfall Software 的 Paul Anagnostopoulos(项目经理)、Jacqui Scarlott(排版)、Rick Camp(文字编辑和校对)、Laurel Muller(美工).

再次感谢为本书前五版提供支持的所有人, 包括以前 Addison-Wesley 的许多编辑以及 AT&T 贝尔实验室的管理层(以及相关人员).

特别感谢 Bart Goddard, 本书所有习题的答案均由他给出, 同时他也审阅了本书. 感谢 Jean-Claude Evard 和 Roger Lipsett 一遍遍地检查了全部手稿, 包括习题的答案. 感谢 David Wright 对本书网站所做的贡献, 包括关于 PARI/GP 的材料、数论和密码学上的应用小程序、计算和研究手册和建议的作业. 感谢 Larry Washington 和 Keith Conrad 在同余数及椭圆曲线方面的建议.

审阅人

我从本书前几版读者的深思熟虑的评论和建议中受益匪浅, 他们的许多想法已体现在这一版中. 在此特别感谢为第 6 版提供帮助的审阅人:

Jennifer Beineke, 西部新英格兰学院

David Bradley, 缅因-阿让诺大学

Flavia Colonna, 乔治梅森大学

Keith Conrad, 康涅狄格大学

Pavel Guerzhoy, 夏威夷大学

Paul E. Gunnells, 马萨诸塞大学阿默斯特分校

Charles Parry, 弗吉尼亚理工学院和州立大学

Holly Swisher, 俄勒冈州立大学

Lawrence Sze, 加州理工大学 Pomona 分校

在此也感谢前几版的大约 50 位审阅人, 他们一直为改进本书提供着帮助. 最后, 提前感谢以后给我发送建议和勘误的读者, 相关内容可由 math@pearson.com 转发给我.

Kenneth H. Rosen
于新泽西州米德尔顿

符 号 表

$[x]$	不超过 x 的最大整数	$f*g$	狄利克雷积
$\sum$	求和号	$\lambda(n)$	刘维尔函数
$\prod$	连乘积	$\sigma(n)$	因子和函数
$n!$	阶乘	$\tau(n)$	因子个数函数
f_n	斐波那契数	M_n	梅森数
$a\mid b$	整除	$\mu(n)$	莫比乌斯函数
$a\nmid b$	不整除	$p(n)$	拆分函数
(a,b)	最大公因子	$E_k(P)$	加密变换
$(a_k a_{k-1}\cdots a_1 a_0)_b$	b 进制展开	$D_k(P)$	解密变换
$O(f)$	大 O 符号	$\mathcal{K}$	密钥空间
$\pi(x)$	素数的个数	$\mathrm{ord}_m(a)$	a 模 m 的阶
$f(x)\sim g(x)$	渐近, 近似于	$\mathrm{ind}_r(a)$	以 r 为底 a 的指数
$(a_1,a_2,\cdots,a_n)$	最大公因子(n 个整数)	$\lambda(n)$	最小通用指数
$\mathcal{F}_n$	n 阶费瑞级数	$\lambda_0(n)$	最大 ± 1-指数
$\min(x,y)$	最小值		
$\max(x,y)$	最大值	$\left(\dfrac{a}{p}\right)$	勒让德符号
$[a,b]$	最小公倍数		
$p^a\parallel n$	恰整除, $p^a\mid n$ 但是 $p^{a+1}\nmid n$	$\left(\dfrac{a}{n}\right)$	雅可比符号
$[a_1,a_2,\cdots,a_n]$	最小公倍数(n 个整数)	$(.c_1 c_2 c_3\cdots)_b$	b 进制展开
F_n	费马数	$(.c_1\cdots c_{n-1}\overline{c_n\cdots c_{n+k-1}})_b$	循环 b 进制展开
$a\equiv b\pmod m$	同余	$[a_0;a_1,a_2,\cdots,a_n]$	有限简单连分数
$a\not\equiv b\pmod m$	不同余	$C_k=p_k/q_k$	连分数的第 k 个收敛子
$\bar{a}$	逆	$[a_0;a_1,a_2,\cdots]$	无限简单连分数
$\boldsymbol{A}\equiv\boldsymbol{B}\pmod m$	同余(矩阵)	$[a_0;a_1,\cdots,a_{N-1},$	循环连分数
$\boldsymbol{I}$	单位矩阵	$\overline{a_N,\cdots,a_{N+k-1}}]$	
$\overline{\boldsymbol{A}}$	逆(矩阵)	α'	共轭
$\mathrm{adj}(\boldsymbol{A})$	伴随	$N(z)$	复数的范数
$h(k)$	散列函数	$\bar{z}$	复共轭
$\phi(n)$	欧拉 ϕ 函数	$\dbinom{m}{k}$	二项式系数
$\displaystyle\sum_{d\mid n}$	对 n 的所有正因子 d 求和		

目　录

X

何 谓 数 论

关于数论流传着多种说法：成千上万的人们在网上研究共同关心的数论问题．PBS 电视系列节目 NOVA 报道了一个著名数论问题被解决的新闻．人们研究数论是为了理解信息加密系统．这门学问到底是什么？今天为何有那么多人对它感兴趣？

数论是数学的一个分支，研究一类特殊数的性质和相互关系．在数论所研究的数当中，最重要的是正整数集合．更具体地说，特别重要的是素数，即那些没有大于 1 并且小于自身的正因子的正整数．数论的一个很重要的结果表明，素数是正整数的乘法结构的基石．这个叫做算术基本定理的结果告诉我们，每个正整数可以按递增顺序唯一地写成素数的乘积．对于素数的兴趣要追溯到 2500 年前古希腊数学家的研究工作．人们思考的第一个问题可能是：素数是否有无穷多个．在《几何原本》(The Elements) 中，古希腊数学家欧几里得 (Euclid) 对于素数的无穷性给出了证明．这个证明被认为是所有数学证明中最漂亮的证明之一．17 和 18 世纪研究素数的热情之火被重新点燃，数学家费马 (Fermat) 和欧拉 (Euler) 证明了许多重要结果，并且对素数的生成提出许多猜想．素数的研究在 19 世纪取得重大进展，其结果包括：在等差数列中有无穷多素数，对不超过正数 x 的素数个数作了精细的估计等．最近 100 年来发明了研究素数的许多强大的技术方法，但是许多问题用这些方法仍不能解决．比如说，一个未解决的问题是：孪生素数（即相差为 2 的两个素数）是否有无穷多对？下一个十年里肯定还会有新的结果，因为专家们仍在致力于研究与素数有关的许多悬而未决的问题．

现代数论的发展始于德国数学家高斯 (Gauss)，他是历史上最伟大的数学家之一，在 19 世纪初期发明了同余的语言．我们称两个整数 a 和 b 是模 m 同余的（其中 m 为正整数），是指 m 整除 $a-b$．这种语言使我们在研究整除性关系的时候变得像研究方程那样容易．高斯提出了数论中的许多重要概念．例如，他证明了最具智慧和美感的一个结果：二次互反律．这个定律把素数 p 是否为模另一个素数 q 的完全平方与 q 是否为模 p 的完全平方联系起来．高斯给出二次互反律的许多不同的证明，其中有些证明开启了数论的一些新领域．

将素数从合数中区分出来是数论的一个关键问题．这方面的工作发展出了大量的素性检验法．最简单的素性检验是检查一个正整数是否被不超过此数平方根的每个素数所整除．不幸的是，对于非常大的正整数，这个试验方法效率很低．多种方法被用于确定某个整数是否为素数．例如，在 17 世纪，费马证明了若 p 为素数，则 p 整除 $2^p - 2$．一些数学家考虑反过来是否也对（即若 n 整除 $2^n - 2$，则 n 必为素数）．但这是不成立的，在 19 世纪初期人们找到反例：对于合数 $n=341$，n 整除 $2^n - 2$．这样的整数叫做伪素数．尽管存在伪素数，但是多数合数都不是伪素数，基于这个事实给出的素性检验现在仍可用来快速找到一些非常大的素数．然而这种方法并不能用来确定一个整数为素数．寻求有效算法来证明一个整数为素数是一个有几百年历史的问题，但令数学界惊讶的是在 2002 年，这个问题已经由三位印度计算机科学家 Manindra Agrawal, Neeraj Kayal 和 Nitin Saxena 解决。他们的算法能在多项式时间内证明一个整数 n 是素数(即 n 的位数的多项式时间).

将正整数进行素因子分解是数论中的另一个核心问题. 可以用试除法把一个正整数分解,但是这种方法非常费时间. 费马、欧拉和许多其他数学家提出了一些富有想象力的分解算法,这些算法在过去的 30 年中扩展成一大批因子分解方法. 用目前已知的最先进技术,我们可以很容易地找到几百位甚至几千位长的素数,但是要把同样位长的整数进行因子分解,目前最快的计算机还不能胜任.

找出大素数和分解大数在时间上的强反差是当今一种非常重要的称为 RSA 密码系统的基础. RSA 系统是一种公钥密码系统,在此类系统中,每个用户有公私两把密钥. 每个用户可以用别人的公钥来加密信息,但只有拥有相应私钥的用户才能解密. 要明白 RSA 密码系统的工作机制就必须要懂得一些数论的基础知识,现代密码学的其他分支也要求这一点. 数论在密码学上的极端重要性推翻了早期许多数学家的看法,那就是数论在现实世界的应用中并不重要. 具有讽刺意味的是历史上的一些著名的数学家(像哈代(G. H. Hardy))还为数论没有像今天这样得到广泛应用而沾沾自喜.

寻求方程的整数解是数论的又一个重要内容. 一个方程若要求解仅为整数,则称为丢番图方程,以纪念古希腊数学家丢番图(Diophantus). 人们研究了许多不同类型的丢番图方程,其中最著名的是费马方程 $x^n + y^n = z^n$. 费马大定理说:若 n 是大于 2 的整数,则这个方程没有整数解 (x, y, z),其中 $xyz \neq 0$. 费马在 17 世纪猜想这个定理是对的. 在随后的 300 多年里数学家们(和其他人)一直在努力地寻求证明,直到 1995 年才由怀尔斯(Andrew Wiles)给出第一个证明.

正像怀尔斯的证明中所显示的,数论不是一个静止的对象! 新的发现不停地产生,研究人员经常得到重大的理论结果. 今天计算机联网所产生的巨大威力使数论在计算方面的研究步伐大大提高. 每个人都能加入这项研究的队伍中,比如说,你可以一起来寻找新的梅森(Mersenne)素数,即形为 $2^p - 1$ 的素数,其中 p 也是素数. 2008 年 8 月,第一个超过 1000 万位的素数被发现,即梅森数 $2^{43\,112\,609} - 1$,该发现获得了由电子前沿基金颁发的十万美元大奖. 大家正在协同努力去寻找超过一亿位的素数,这个素数奖金有 15 万美元. 在学过本书的某些内容之后,你也能够决定是否涉猎于这项活动,使你的计算资源用于有益的事业.

何谓初等数论? 你可能会想,为什么书名上冠以"初等"二字. 这本书只考虑数论的一部分,即称为初等数论的那部分,它不依赖于诸如复变函数、抽象代数或者代数几何等高等数学. 有志于继续学习数学的学生会学到数论的更高深内容,如解析数论(使用复变函数)和代数数论(用抽象代数的概念证明代数数域的有趣结果).

一些建议 在你开始学数论的时候,要记住数论是一门具有几千年历史的经典学科,也是很现代的学科,新的发现不断快速地涌现. 它是最富含人类智慧的一个纯数学分支,也是应用数学,它在密码学和计算机科学以及电子工程方面有重要的应用. 我希望你能捕捉到数论的多种面孔,就像在你之前的许多数学迷那样,在离开学校之后仍旧对数论保持浓厚的兴趣.

动手实验和探索是研究数论所不可缺少的部分. 本书的所有成果都是数学家们不断考

察大量的数值计算现象、寻找规律并作出猜测而得到的. 他们努力地工作以证明他们的猜测，一些猜想被证明而成为定理，另一些由于找到反例而被否定，还剩下一些未被解决. 在你学习数论的时候，我建议你考察大量的例子，从中寻找规律，形成你自己的猜测. 你可以自己动手研究一些小的例子，就像数论的奠基者所做的那样，但与这些先行者不同的是，你可以利用当今强大的计算能力和计算工具. 通过手工或借助计算机来研究这些例子，会帮助你学习这门学科，甚至你也会得到自己的一些新结果.

第1章　整　　数

在最一般的意义下，数论研究各种数集合的性质．在本章中我们讨论某些特别重要的数的集合，包括整数、有理数和代数数集合．我们将简单介绍用有理数逼近实数的概念，也介绍序列（特别是整数序列）的概念，包括古希腊人所研究的一些垛积数序列．一个常见问题是如何由一些初始项来判定一个特别的整数序列．我们将简单讨论一下如何解决这种问题．

利用序列概念，我们定义可数集合并且证明有理数集合是可数的．我们还引进了求和符号和求积符号，并建立一些有用的求和公式．

数学归纳法是数论（和许多数学分支）中最重要的证明方法之一．我们讨论数学归纳法的两种形式，说明如何用它们来证明各种结果，并且解释数学归纳法为什么是一种有效的证明手段．

然后我们介绍著名的斐波那契（Fibonacci）数序列，讲述引出这种数的原始问题．我们将建立与斐波那契数有关的一些恒等式和不等式，其中有些证明就使用了数学归纳法．

本章最后一节讲述数论的一个基本概念：整除性．我们将建立整数除法的基本性质，包括"带余除法"，还将解释如何用最大整数函数来表示一个整数去除另一个整数的商和余数．（也讲述了最大整数函数许多有用的性质．）

1.1　数和序列

本节将介绍一些基础知识，它们在本书中通篇使用．特别地，我们将涉及数论中所研究的重要的数集合、整数序列的概念、求和与求积符号．

数

首先，我们介绍一些不同类型的数．整数是集合 $\{\cdots, -3, -2, -1, 0, 1, 2, 3, \cdots\}$ 中的数．整数在数论的研究中扮演着重要的角色．关于正整数的一个性质是值得关注的．

良序性质（The Well-Ordering Property）　每个非空的正整数集合都有一个最小元．

良序性质看起来是显然的，但是在1.3节中我们将看到这是能够帮助证明关于整数集合的许多结果的一个基本性质．

良序性质可以作为定义正整数集合的公理，或者由一组公理推导出来．（附录A列出了整数集合的这组公理．）我们说正整数集合是良序的．但是所有整数的集合不是良序的，因为在有些整数集合中没有最小的元素，例如负整数的集合、小于100的偶数集合和全体整数的集合．

在数论学习中的另一类重要的数是那些可以被写为整数的比的数的集合．

定义　如果存在整数 p 和 $q \neq 0$，使得 $r = p/q$，则称实数 r 是**有理数**．如果 r 不是有理的，则称为**无理数**．

例 1.1　$-22/7$，$0=0/1$，$2/17$ 和 $1111/41$ 都是有理数.

注意每个整数 n 都是有理数，因为 $n=n/1$. 无理数的例子有 $\sqrt{2}$，π 和 e. 我们可以用正整数集合的良序性质证明 $\sqrt{2}$ 是无理数. 我们给出的证明尽管技巧性较强，但却不是证明 $\sqrt{2}$ 是无理数的最简单的方法. 读者可以参考我们在第 4 章给出的证明，该证明基于第 4 章中所给出的概念. (e 是无理数的证明作为习题 44. 关于 π 是无理数的证明并不容易，请参考 [HaWr08].)

定理 1.1　$\sqrt{2}$ 是无理数.

证明　假设 $\sqrt{2}$ 是有理数，那么存在正整数 a 和 b 使得 $\sqrt{2}=a/b$. 因此，$S=\{k\sqrt{2}\mid k$ 和 $k\sqrt{2}$ 为正整数$\}$ 是一个非空的正整数集合(非空是因为 $a=b\sqrt{2}$ 是 S 的一个元素). 因此，由良序性质，S 有最小元，比如 $s=t\sqrt{2}$.

$s\sqrt{2}-s=s\sqrt{2}-t\sqrt{2}=(s-t)\sqrt{2}$. 由于 $s\sqrt{2}=2t$ 和 s 都是整数，故 $s\sqrt{2}-s=s\sqrt{2}-t\sqrt{2}=(s-t)\sqrt{2}$ 也必是整数. 进一步，这个数是正的，这是因为 $s\sqrt{2}-s=s(\sqrt{2}-1)$ 并且 $\sqrt{2}>1$. 而这个数又小于 s，这是因为 $\sqrt{2}<2$，从而 $\sqrt{2}-1<1$. 这与 s 是 S 中的最小元矛盾. 因此 $\sqrt{2}$ 是无理数. ∎

整数集合、正整数集合、有理数集合和实数集合通常分别记为 $\mathbb{Z}$，$\mathbb{Z}^+$，$\mathbb{Q}$ 和 $\mathbb{R}$. 我们也用 $x\in S$ 来表示 x 属于集合 S. 在本书中我们偶尔会使用这些记号.

这里我们简要地提及几种其他类型的数，之后在第 12 章才会再涉及它们.

定义　数 α 称为**代数数**，如果它是整系数多项式的根；也就是说，α 是代数数，如果存在整数 $a_0,\cdots,a_n$ 使得 $a_n\alpha^n+a_{n-1}\alpha^{n-1}+\cdots+a_0=0$. 如果数 α 不是代数数，则称为**超越数**.

例 1.2　无理数 $\sqrt{2}$ 是代数数，因为它是多项式 x^2-2 的根.

注意每个有理数都是代数数，这是因为数 a/b 是多项式 $bx-a$ 的根，其中 a，b 是整数且 $b\neq 0$. 在第 12 章中，我们将给出超越数的一个例子. e 和 π 也是超越数，但是这些事实的证明超出了本书的范围(可参看 [HaWr08]).

最大整数函数

在数论中我们用一个特别的符号来表示小于或等于一个给定的实数的最大整数.

定义　实数 x 中的**最大整数**(greatest integer)记为 $[x]$，是小于或等于 x 的最大整数，即 $[x]$ 是满足

$$[x]\leqslant x<[x]+1$$

的整数.

例 1.3　$[5/2]=2$，$[-5/2]=-3$，$[\pi]=3$，$[-2]=-2$，$[0]=0$.

注记　最大整数函数也被称为取整函数(floor function). 在计算机科学中通常用记号 $\lfloor x\rfloor$ 来代替 $[x]$. 上整数函数(ceiling function)是在计算机科学中常用的相关函数. 一个实数 x 的上整数函数记为 $\lceil x\rceil$，是大于或等于 x 的最小整数. 例如 $\lceil 5/2\rceil=3$，$\lceil -5/2\rceil=-2$.

最大整数函数出现在许多情况下. 除了在数论中有重要应用之外，我们在这本书中也会看到，它在计算机科学的一个分支——算法分析中也扮演着重要角色. 下面的例子体现了这个函数的一个非常有用的性质. 最大整数函数的其他性质可参看本节后的习题和[GrKnPa94].

例 1.4 证明：如果 n 是整数，则对于任意实数 x，都有 $[x+n]=[x]+n$. 为了证明这个性质，设 $[x]=m$，则 m 是整数，即 $m\leqslant x<m+1$. 我们在这个不等式上加上 n 得到 $m+n\leqslant x+n<m+n+1$. 这说明 $m+n=[x]+n$ 是小于或等于 $x+n$ 的最大整数，从而 $[x+n]=[x]+n$. ◄

定义 实数 x 的**分数部分**(fractional part)记为 $\{x\}$，是 x 与 $[x]$ 的差，即 $\{x\}=x-[x]$.

由于 $[x]\leqslant x<[x]+1$，从而对任意实数 x，有 $0\leqslant\{x\}=x-[x]<1$. 因为 $x=[x]+\{x\}$，所以 x 的最大取整也叫做 x 的整数部分.

例 1.5 $\{5/4\}=5/4-[5/4]=5/4-1=1/4$. $\{-2/3\}=-2/3-[-2/3]=-2/3-(-1)=1/3$. ◄

丢番图逼近

我们知道一个实数和与之最接近的整数的距离不超过 $1/2$. 但是我们可否证明一个实数的前 k 个倍数中的某一个一定更接近某个整数？数论中一个很重要的部分称为丢番图逼近，它正是研究这类问题的. 特别地，丢番图逼近着重研究用有理数逼近实数的问题. (丢番图这个词来自古希腊数学家丢番图(Diophantus)，他的传记见 13.1 节.)

这里我们将要证明在实数 α 的前 n 个倍数中至少有一个实数与最接近它的整数的距离小于 $1/n$. 这个证明是基于德国数学家狄利克雷(Dirichlet)提出的鸽笼原理⊖(pigeonhole principle). 简单地说，这个原理告诉我们，如果有比盒子多的物体，那么当要把这些物体放进盒子中时，至少有两个物体被放入同一个盒子里. 尽管这个想法看起来特别简单，但是它在数论和组合数学中非常有用. 我们现在陈述并证明这个重要的事实. 如果你所拥有的鸽子数多于鸽笼数，那么必有两只鸽子栖息在同一个鸽笼中，因此我们把它称为鸽笼原理.

定理 1.2(鸽笼原理) 如果把 $k+1$ 个或者更多的物体放入 k 个盒子中，那么至少有一个盒子中有两个或者更多的物体.

证明 如果 k 个盒子中的任何一个中都没有多于一个的物体，那么所有物体的总数至多为 k. 这个矛盾说明有一个盒子中至少有两个或者更多的物体. ∎

现在我们来叙述并证明狄利克雷逼近定理，它能够保证一个实数的前 n 个倍数之一必定在某个整数的 $1/n$ 邻域内. 我们给出的证明说明了鸽笼原理很有用. (关于鸽笼原理的更多应用参见[Ro07].)(注意在证明中我们用到了绝对值函数(absolute value function). 在这里我们先回顾一下，x 的绝对值 $|x|$ 当 $x\geqslant0$ 时等于 x，当 $x<0$ 时等于 $-x$. $|x-y|$ 给出了 x 与 y 之

⊖ 狄利克雷并未把定理 1.2 称为鸽笼原理，而是用德语称为 Schubfachprinzip，译为英语是抽屉原理(drawer principle). 狄利克雷的传记见 3.1 节.

间的距离.)

定理 1.3(狄利克雷逼近定理)　*如果 α 是一个实数，n 是一个正整数，则存在整数 a 和 b，$1 \leqslant a \leqslant n$，使得 $|a\alpha - b| < 1/n$.*

证明　考虑 $n+1$ 个数 0，$\{\alpha\}$，$\{2\alpha\}$，$\cdots$，$\{n\alpha\}$. 这 $n+1$ 个数是数 $j\alpha(j=0,1,\cdots, n)$ 的分数部分，所以 $0 \leqslant \{j\alpha\} < 1$，$j=0,1,\cdots, n$. 这 $n+1$ 个数中的每一个都位于 n 个互不相交的区间 $0 \leqslant x < 1/n$，$1/n \leqslant x < 2/n$，$\cdots$，$(j-1)/n \leqslant x < j/n$，$\cdots$，$(n-1)/n \leqslant x < 1$ 中的一个. 由于我们考虑的是 $n+1$ 个数，但是仅有 n 个区间，因此由鸽笼原理可知至少有两个数位于同一个区间中. 由于这些区间的长度都等于 $1/n$，并且不包含右端点，所以位于同一区间中的两个数的距离小于 $1/n$，从而存在整数 j 和 k，$0 \leqslant j < k \leqslant n$，使得 $|\{k\alpha\} - \{j\alpha\}| < 1/n$. 现在证明 $a=k-j$ 时，乘积 $a\alpha$ 位于一个整数的 $1/n$ 邻域内，即 $b=[k\alpha] - [j\alpha]$. 由于 $0 \leqslant j < k \leqslant n$，可见 $1 \leqslant a=k-j \leqslant n$. 而且

$$
\begin{aligned}
|a\alpha - b| &= |(k-j)\alpha - ([k\alpha] - [j\alpha])| \\
&= |(k\alpha - [k\alpha]) - (j\alpha - [j\alpha])| \\
&= |\{k\alpha\} - \{j\alpha\}| < 1/n.
\end{aligned}
$$

这样我们就找到了想要的整数 a 和 b，满足 $1 \leqslant a \leqslant n$ 且 $|a\alpha - b| < 1/n$. ∎

例 1.6　假定 $\alpha = \sqrt{2}$ 且 $n=6$. 我们发现 $1 \cdot \sqrt{2} \approx 1.414$，$2 \cdot \sqrt{2} \approx 2.828$，$3 \cdot \sqrt{2} \approx 4.243$，$4 \cdot \sqrt{2} \approx 5.657$，$5 \cdot \sqrt{2} \approx 7.071$，$6 \cdot \sqrt{2} \approx 8.485$. 在这些数中 $5 \cdot \sqrt{2}$ 的分数部分最小. 我们看到 $|5 \cdot \sqrt{2} - 7| \approx |7.071 - 7| = 0.071 \leqslant 1/6$. 所以如果 $\alpha = \sqrt{2}$，$n=6$，那么可以取 $a=5$，$b=7$，从而使得 $|a\alpha - b| < 1/n$.

对于定理 1.3 我们采取的是狄利克雷 1834 年的原始证明. 把定理 1.3 中的 $1/n$ 替换为 $1/(n+1)$，可以得到一个更强的结论. 它的证明并不困难(见习题 32). 进一步，在习题 34 中我们展示如何用狄利克雷逼近定理来证明对于一个无理数 α，存在无数多个不同的有理数 p/q 使得 $|\alpha - p/q| < 1/q^2$，这是丢番图逼近定理中的一个重要结果. 我们将在第 12 章再回到这个话题.

序列

序列 $\{a_n\}$ 是一列数 a_1，a_2，a_3，$\cdots$. 我们在研究数论时会考虑一些特殊的整数序列. 在下面的例子中我们将介绍一些有用的序列.

例 1.7　序列 $\{a_n\}$(其中 $a_n = n^2$)由 1，4，9，16，25，36，49，64，$\cdots$开始. 这是整数平方序列. 序列 $\{b_n\}$(其中 $b_n = 2^n$)由 2，4，8，16，32，64，128，256，$\cdots$开始. 这是 2 的乘方序列. 序列 $\{c_n\}$(当 n 是奇数时 $c_n = 0$；当 n 是偶数时 $c_n = 1$)由 0，1，0，1，0，1，0，1，$\cdots$开始.

有一些序列每个后继的项都是由前一项乘一个公共因子得到的. 例如，在 2 的乘方序列中每一项都是由前一项乘 2 得到的. 这导出了下面的定义.

定义　**等比数列**(geometric progression)是形如 a，ar，ar^2，ar^3，$\cdots$的序列，其中**初始项**(initial term) a 和**公比**(common ratio) r 都是实数.

例 1.8　序列 $\{a_n\}$(这里 $a_n = 3 \cdot 5^n$，$n=0,1,2,\cdots$)是一个等比数列，初始项是 3，

公比为 5.（注意这个序列是由项 a_0 开始的. 项的下标可以从 0 或者我们选择的其他任何整数开始.）

数论中的一个常见问题是如何寻找构造序列的通项公式或者规则，即使仅有很少的几项是已知的（例如寻找第 n 个三角数 $1+2+3+\cdots+n$ 的公式）. 尽管一个序列的几个初始项不能确定这个序列，但是知道前几项有助于我们猜测通项公式或规则. 考虑下面的例子.

例 1.9 猜测 a_n 的公式，这里序列 $\{a_n\}$ 的前 8 项是 4，11，18，25，32，39，46，53. 我们注意由第二项开始的每一项都是由前一项加 7 得到的. 因此第 n 项应该为初始项加 $7(n-1)$. 一个合理的猜测是 $a_n=4+7(n-1)=7n-3$.

例 1.9 中给出的序列是一个等差数列（arithmetic progression），即形如 a，$a+d$，$a+2d$，$\cdots$，$a+nd$，$\cdots$ 的序列. 例 1.9 中的序列是 $a=4$，$d=7$ 的特殊形式.

例 1.10 猜测 a_n 的公式，这里序列 $\{a_n\}$ 的前 8 项是 5，11，29，83，245，731，2189，6563. 我们注意到每一项都接近前一项的 3 倍，暗示着在 a_n 的通项公式中有项 3^n. 对于 $n=1$，2，3，$\cdots$，整数 3^n 分别为 3，9，27，81，243，729，2187，6561. 比较这两个序列，我们会发现生成这个序列的公式为 $a_n=3^n+2$.

例 1.11 猜测 a_n 的公式，这里序列 $\{a_n\}$ 的前 10 项是 1，1，2，3，5，8，13，21，34，55. 从不同的角度观察这个序列，我们注意到这个序列中前两项之后的每一项都是它之前两项的和. 也就是说，我们发现 $a_n=a_{n-1}+a_{n-2}$，$3\leqslant n\leqslant 10$. 这是一个递归定义序列的例子，将在 1.3 节中讨论. 在这个例子中列出的项是斐波那契序列的前几项，这个序列将在 1.4 节中讨论.

整数序列在数论中的许多地方出现. 在这些序列中我们将会研究斐波那契数、素数（第 3 章）和完全数（在 3.7 节中介绍）. 除了数论外，整数序列还出现在很多其他学科中. 尼尔·斯劳恩（Neil Sloane）在他的《在线整数序列百科全书》（On-Line Encyclopedia of Integer Sequences）中搜集了超过 170 000 个整数序列（截至 2010 年年初），此书现可网上查阅（2010 年年初，由 OEIS 基金会接手维护该书）.（参考文献[SlPl95]是早期的只包含了目前该书一小部分内容的印刷版.）该书所在的网址中提供了一个程序，用于寻找与输入的几个起始项匹配的序列. 你会发现在你今后的数论（和其他学科）学习中这是一个很有价值的资源.

我们现在定义什么是可数集，并且证明一个集合可数当且仅当它的元素可以被列为一个序列.

定义 一个集合**可数**（countable），如果它是有限的或者是无穷的但与正整数集合之间存在一个一一映射. 如果一个集合不是可数的，则称为**不可数**（uncountable）.

一个无穷集合是可数的当且仅当其中的元素可以被列为一个由正整数标记的序列. 为了看到这一点，只需注意从正整数集合到一个集合 S 的一一映射 f 其实就是把集合中的元素列成序列 a_1，a_2，$\cdots$，a_n，$\cdots$，其中 $a_i=f(i)$.

例 1.12 整数集合是可数的，因为整数可以被列出来，由 0 开始，接下来是 1 和 -1，2 和 -2，如此继续下去. 这样产生一个序列 0，1，-1，2，-2，3，-3，$\cdots$，这里 $a_1=0$，$a_{2n}=n$，$a_{2n+1}=-n$，$n=1$，2，$\cdots$.

有理数集合是否可数？对于这个问题，第一眼看上去，似乎在正整数集合与有理数集合之间不存在一一映射．然而，其中确实存在一个映射，如下述定理所述．

定理 1.4　有理数集合是可数的．

证明　我们可以将有理数作为一个序列的项列举如下：首先，将全部有理数排列成一个二维阵列，如图 1.1 所示．将第一行放置分母为 1 的所有分数，它们的分子按照例 1.12 的顺序放置．接下来，按照图 1.1 的顺序，将所有分数序列列举在连续的对角线上．最后，从列表中将所有用来表示已经列举过的有理数的分数删除．（例如，并不列举 2/2，因为已经列举了 1/1．）

图 1.1　列举有理数

所得序列的初始几项是 $0/1=0$，$1/1=1$，$-1/1=-1$，$1/2$，$1/3$，$-1/2$，$2/1=2$，$-2/1=-2$，$-1/3$，$1/4$，等等．此过程将全部有理数列举为一个序列的项，请读者自行补充证明细节．■

我们已经证明了有理数集合是可数的，但并没有给出不可数集合的例子．本节的习题 45 将会证明实数集合不可数．

1.1 节习题

1. 确定下列集合是否是良序的．或者使用正整数集合的良序性质给出一个证明，或者给出集合的一个没有最小元的子集作为反例．

   a）大于 3 的整数集合

   b）偶正整数集合

   c）正有理数集合

   d）能够写成 $a/2$ 形式的正有理数集合，其中 a 为正整数

   e）非负有理数集合

☞ 2. 证明：如果 a 和 b 为正整数，则在所有形如 $a-bk(k\in\mathbb{Z})$ 的正整数中有一个最小元．

3. 证明两个有理数的和与积都是有理数．

4. 证明或推翻下列命题．

   a）有理数与无理数之和为无理数．　　　　　b）两个无理数的和是无理数．

   c）有理数与无理数之积是无理数．　　　　　d）两个无理数的积是无理数．

* 5. 用良序性质证明 $\sqrt{3}$ 是无理数．

6. 证明每个非空的负整数集合都有一个最大元．

7. 求下列最大整数函数的值．

   a）$[1/4]$　　　b）$[-3/4]$　　　c）$[22/7]$　　　d）$[-2]$　　　e）$[[1/2]+[1/2]]$　　　f）$[-3+[-1/2]]$

8. 求下列最大整数函数的值．

   a）$[-1/4]$　　　b）$[-22/7]$　　　c）$[5/4]$　　　d）$[[1/2]]$　　　e）$[[3/2]+[-3/2]]$　　　f）$[3-[1/2]]$

9. 求下列各数的分数部分．

   a）$8/5$　　　b）$1/7$　　　c）$-11/4$　　　d）7

10. 求下列各数的分数部分．

a) $-8/5$ b) $22/7$ c) -1 d) $-1/3$

11. $[x]+[-x]$ 的值是什么? 其中 x 为实数.

12. 证明当 x 为实数时 $[x]+[x+1/2]=[2x]$.

13. 证明对于所有实数 x 和 y, 都有 $[x+y]\geqslant[x]+[y]$.

14. 证明当 x 和 y 为实数时, $[2x]+[2y]\geqslant[x]+[y]+[x+y]$.

15. 证明: 如果 x 和 y 是正实数, 则 $[xy]\geqslant[x][y]$. 当 x 和 y 都是负实数时结果如何? 当 x 和 y 一个为正一个为负时结果又如何?

16. 证明当 x 为实数时, $-[-x]$ 是大于或等于 x 的最小整数.

17. 证明 $[x+1/2]$ 是最接近 x 的整数(当有两个整数与 x 等距时, 这是其中比较大的那个).

18. 证明: 如果 m 和 n 是整数, 则当 x 为实数时, $[(x+n)/m]=[([x]+n)/m]$.

* 19. 证明当 x 为非负实数时, $[\sqrt{[x]}]=[\sqrt{x}]$.

* 20. 证明: 如果 m 为正整数, 则当 x 为实数时, $[mx]=[x]+[x+(1/m)]+[x+(2/m)]+\cdots+[x+(m-1)/m]$.

21. 如果一个序列的前十项如下, 猜测序列 $\{a_n\}$ 的第 n 项公式.

   a) 3, 11, 19, 27, 35, 43, 51, 59, 67, 75

   b) 5, 7, 11, 19, 35, 67, 131, 259, 515, 1027

   c) 1, 0, 0, 1, 0, 0, 0, 0, 1, 0

   d) 1, 3, 4, 7, 11, 18, 29, 47, 76, 123

22. 如果一个序列的前十项如下, 猜测序列 $\{a_n\}$ 的第 n 项公式.

   a) 2, 6, 18, 54, 162, 486, 1458, 4374, 13 122, 39 366

   b) 1, 1, 0, 1, 1, 0, 1, 1, 0, 1

   c) 1, 2, 3, 5, 7, 10, 13, 17, 21, 26

   d) 3, 5, 11, 21, 43, 85, 171, 341, 683, 1365

23. 找出序列 $\{a_n\}$ 的三个不同通项公式或规则, 其中序列的前三项分别是 1, 2, 4.

24. 找出序列 $\{a_n\}$ 的三个不同通项公式或规则, 其中序列的前三项分别是 2, 3, 6.

25. 证明由大于 -100 的所有整数构成的集合是可数的.

26. 证明所有形如 $n/5$ 的有理数集合是可数的, 其中 n 是整数.

27. 证明所有形如 $a+b\sqrt{2}$ 的数的集合是可数的, 其中 a 和 b 是整数.

* 28. 证明两个可数集合的并是可数的.

* 29. 证明可数多个可数集合的并是可数的.

30. 如果必要, 使用一些计算辅助方法, 求整数 a 和 b 使得 $1\leqslant a\leqslant 8$ 且 $|a\alpha-b|<1/8$, 其中 α 为

   a) $\sqrt{2}$ b) $\sqrt[3]{2}$ c) π d) e

31. 如果必要, 使用一些计算辅助方法, 求整数 a 和 b 使得 $1\leqslant a\leqslant 10$ 且 $|a\alpha-b|<1/10$, 其中 α 为

   a) $\sqrt{3}$ b) $\sqrt[3]{3}$ c) π^2 d) e^3

32. 证明下面的强狄利克雷逼近定理. 如果 α 是实数, n 是正整数, 则存在整数 a 和 b 使得 $1\leqslant a\leqslant n$ 且 $|a\alpha-b|\leqslant 1/(n+1)$. (提示: 考虑 $n+2$ 个数 $0, \cdots, \{j\alpha\}, \cdots, 1$ 和 $n+1$ 个区间 $(k-1)/(n+1)\leqslant x<k/(n+1)$, $k=1, \cdots, n+1$.)

33. 证明: 如果 α 是实数, n 是正整数, 则存在整数 k, 使得 $|\alpha-n/k|\leqslant 1/2k$.

34. 使用狄利克雷逼近定理证明: 如果 α 为无理数, 则存在无穷多个正整数 q, 对于每个 q 存在一个整数 p, 使得 $|\alpha-p/q|\leqslant 1/q^2$.

35. 求四个有理数 p/q, 使得 $|\sqrt{2}-p/q|\leqslant 1/q^2$.

36. 求五个有理数 p/q, 使得 $|\sqrt[3]{5}-p/q|\leqslant 1/q^2$.

37. 证明：如果 $\alpha=a/b$ 是有理数，则只有有限多个有理数 p/q，使得 $|p/q-a/b|<1/q^2$.

　　实数 α 的谱序列（spectrum sequence）是第 n 项为 $[n\alpha]$ 的一个序列.

38. 求下列各数的谱序列的前十项.

　　a) 2　　　　　b) $\sqrt{2}$　　　　c) $2+\sqrt{2}$　　　　d) e　　　　e) $(1+\sqrt{5})/2$

39. 求下列各数的谱序列的前十项.

　　a) 3　　　　　b) $\sqrt{3}$　　　　c) $(3+\sqrt{3})/2$　　　　d) π

40. 证明：如果 $\alpha\neq\beta$，则 α 的谱序列与 β 的谱序列不同.

** 41. 证明：每个正整数仅在 α 的谱序列或 β 的谱序列中出现一次，当且仅当 α 和 β 是正无理数且 $1/\alpha+1/\beta=1$.

　　定义乌拉姆数 $u_n(n=1, 2, 3, \cdots)$ 如下：我们规定 $u_1=1$ 且 $u_2=2$. 对接下来的每个整数 m，$m>2$，这个整数是乌拉姆数当且仅当它可以唯一地写成两个不同的乌拉姆数之和. 这些数是以斯坦尼斯诺·乌拉姆的名字命名的，他于 1964 年第一个描述了它们.

斯坦尼斯诺·乌拉姆（Stanislaw M. Ulam，1909—1984）出生于波兰的 Lvov 市. 从 12 岁收到叔叔送给他的一架望远镜的时候起，他开始对天文学和物理学感兴趣. 乌拉姆决心去学一些必要的数学知识来读懂相对论，并且在 14 岁的时候，他开始从课本上学习微积分和其他数学知识.

　　在 Lvov 的理工学院学习期间，乌拉姆在数学家巴拿赫（Banach）的指导下，于 1933 年获得了实分析专业的博士学位. 1935 年，他应邀在高等研究院进行了几个月的高级研究. 1936 年，乌拉姆作为 Society of Fellows 的成员进入哈佛大学工作一直到 1940 年. 其间，每年夏天他都会回到波兰，在苏格兰咖啡厅之类的地方与他在这里的数学家伙伴们深入研讨数学.

　　乌拉姆是幸运的，他于 1939 年离开波兰，而一个月后第二次世界大战就爆发了. 1940 年，他在美国威斯康星大学做助理教授. 1943 年，他在 Los Alamos 从事第一颗原子弹的研究工作，这是曼哈顿计划的一部分. 在 Los Alamos，乌拉姆还发展了蒙特卡罗（Monte Carlo）方法. 这是用随机数抽样技术寻找数学问题的解的一种方法.

　　第二次世界大战后，乌拉姆在 Los Alamos 一直待到 1965 年. 他在南加州大学、科罗拉多大学、佛罗里达大学的学院工作过. 乌拉姆有超强的记忆力，而且口才极好. 他的头脑是汇集轶闻、笑话、智力游戏、语录、公式、问题和许多其他信息的宝库. 他写了许多书，包括《Sets, Numbers, and Universes》和《Adventures of a Mathematician》. 他对包括数论、实分析、概率论和生物数学在内的很多数学领域感兴趣，并做出了贡献.

42. 求前十个乌拉姆数.

* 43. 证明存在无穷多个乌拉姆数.

* 44. 证明 e 是无理数.（提示：使用 $e=1+1/1!+1/2!+1/3!+\cdots$ 这一事实.）

* 45. 证明实数集不可数.（提示：假定可将 0，1 之间的实数进行排列. 构造一个实数如下：
　　　　如果第 i 个实数的第 i 位是 5 其小数点后的第 i 位取值为 4，若第 i 个实数的第 i 位非 5，则它的第 i 位取值为 5. 证明如此构造的实数不在前述排列之中.）

计算和研究

1. 求 10 个有理数 p/q 使得 $|\pi-p/q|\leqslant1/q^2$.

2. 求 20 个有理数 p/q 使得 $|e-p/q|\leqslant1/q^2$.

3. 尽可能多地求出 $\sqrt{2}$ 的谱序列中的项(谱序列的定义参看习题 38 前面的导言).

4. 尽可能多地求出 π 的谱序列中的项(谱序列的定义参看习题 38 前面的导言).

5. 求前 1000 个乌拉姆数.

6. 你能找到多少对都是乌拉姆数的连续整数?

7. 除了 1 和 2,其他任意两个相继的乌拉姆数之和是否可以为另外一个乌拉姆数? 如果是,你能找到多少个这样的例子?

8. 相继的乌拉姆数之间的差有多大? 你认为这些差可以是任意大吗?

9. 关于小于整数 n 的乌拉姆数的个数,你有什么猜想? 你的计算是否支持你的猜想?

程序设计

1. 给定一个数 α,求有理数 p/q 使得 $|\alpha - p/q| \leqslant 1/q^2$.

2. 给定一个数 α,求它的谱序列.

3. 求前 n 个乌拉姆数,这里 n 是正整数.

1.2 和与积

由于和与积在数论的研究中频繁出现,我们现在就来介绍和与积的记号. 下面的记号表示数 a_1,a_2,$\cdots$,a_n 的和:

$$\sum_{k=1}^{n} a_k = a_1 + a_2 + \cdots + a_n.$$

字母 k 称为求和下标(index of summation),是一个"虚变量",可以用任意字母代替. 例如

$$\sum_{k=1}^{n} a_k = \sum_{j=1}^{n} a_j = \sum_{i=1}^{n} a_i, 等等.$$

例 1.13 $\sum_{j=1}^{5} j = 1+2+3+4+5 = 15$,$\sum_{j=1}^{5} 2 = 2+2+2+2+2 = 10$,$\sum_{j=1}^{5} 2^j = 2 + 2^2 + 2^3 + 2^4 + 2^5 = 62$.

我们还注意到,在求和的记号中,求和下标可以在任意两个整数之间变动,只要求和下界不超过上界. 如果 m 和 n 是整数且满足 $m \leqslant n$,则 $\sum_{k=m}^{n} a_k = a_m + a_{m+1} + \cdots + a_n$. 例如,$\sum_{k=3}^{5} k^2 = 3^2 + 4^2 + 5^2 = 50$,$\sum_{k=0}^{2} 3^k = 3^0 + 3^1 + 3^2 = 13$,$\sum_{k=-2}^{1} k^3 = (-2)^3 + (-1)^3 + 0^3 + 1^3 = -8$.

我们经常需要考虑一些和,其中的求和下标是取遍所有具有某种特殊性质的整数. 可以使用求和记号来标记在和式中出现的单项的下标所必须满足的特殊的一条或多条性质. 下面的例子说明了这个记号的作用.

例 1.14 我们有

$$\sum_{\substack{j \leqslant 10 \\ j \in \{n^2 | n \in \mathbb{Z}\}}} 1/(j+1) = 1/1 + 1/2 + 1/5 + 1/10 = 9/5,$$

和式中的项是所有那些与不超过 10 的完全平方数 j 对应的项.

下面的三个和式的性质通常是很有用的. 我们把它们的证明留给读者.

$$\sum_{j=m}^{n} ca_j = c \sum_{j=m}^{n} a_j \tag{1.1}$$

$$\sum_{j=m}^{n} (a_j + b_j) = \sum_{j=m}^{n} a_j + \sum_{j=m}^{n} b_j \tag{1.2}$$

$$\sum_{i=m}^{n} \sum_{j=p}^{q} a_i b_j = \left(\sum_{i=m}^{n} a_i\right)\left(\sum_{j=p}^{q} b_j\right) = \sum_{j=p}^{q} \sum_{i=m}^{n} a_i b_j \tag{1.3}$$

接下来，我们给出几个有用的求和公式. 我们经常需要求一个等比数列的相继若干项的和. 下面的例子说明了如何推导这样的和的公式.

例 1.15 求等比数列 a，ar，$\cdots$，ar^k，$\cdots$ 的前 $n+1$ 项的和

$$S = \sum_{j=0}^{n} ar^j.$$

我们把上式两边同时乘以 r 并对求和结果进行处理：

$$\begin{aligned}
rS &= r\sum_{j=0}^{n} ar^j \\
&= \sum_{j=0}^{n} ar^{j+1} \\
&= \sum_{k=1}^{n+1} ar^k \qquad (\text{平移求和下标，取 } k=j+1) \\
&= \sum_{k=0}^{n} ar^k + (ar^{n+1} - a) \quad (\text{移出第 } k=n+1 \text{ 项，并添加第 } k=0 \text{ 项}) \\
&= S + (ar^{n+1} - a).
\end{aligned}$$

这说明

$$rS - S = (ar^{n+1} - a).$$

当 $r \neq 1$ 时求解 S，

$$S = \frac{ar^{n+1} - a}{r-1}.$$

注意当 $r=1$ 时，我们有 $\displaystyle\sum_{j=0}^{n} ar^j = \sum_{j=0}^{n} a = (n+1)a$. ◀

例 1.16 在例 1.15 得到的公式中取 $a=3$，$r=-5$ 和 $n=6$，我们得到 $\displaystyle\sum_{j=0}^{6} 3(-5)^j = \frac{3(-5)^7 - 3}{-5-1} = 39\,063$. ◀

下面的例子说明 2 的前 n 个连续方幂之和比 2 的下一个方幂小 1.

例 1.17 设 n 为正整数. 求和

$$\sum_{k=0}^{n} 2^k = 1 + 2 + 2^2 + \cdots + 2^n,$$

利用例 1.15，并取 $a=1$，$r=2$，得到

$$1 + 2 + 2^2 + \cdots + 2^n = \frac{2^{n+1} - 1}{2-1} = 2^{n+1} - 1.$$ ◀

形如 $\displaystyle\sum_{j=1}^{n} (a_j - a_{j-1})$ 的和被称为是叠进的(telescoping)，其中 a_0，a_1，a_2，$\cdots$，a_n 是一

数列. 叠进和是很容易计算的，因为

$$\sum_{j=1}^{n} a_j - a_{j-1} = (a_1 - a_0) + (a_2 - a_1) + \cdots + (a_n - a_{n-1}) = a_n - a_0.$$

古希腊人对排列规则等间距的点组成的数列很有兴趣. 下面的例子说明了这样的一个数列.

例 1.18 三角数 t_1，t_2，t_3，$\cdots$，t_k，$\cdots$是一个数列，其中 t_k 为第 j 行有 j 个点的 k 行三角阵列中点的个数. ◀

图 1.2 表示 $k=1$，2，3，4，5 时，相继增大的正三角形中点的个数 t_k.

1   3   6   10   15

图 1.2　三角数

接下来，我们将要确定第 n 个三角数 t_n 的表达公式.

例 1.19 我们怎么能够找到第 n 个三角数的表达式呢？一种方法是使用恒等式 $(k+1)^2 - k^2 = 2k+1$. 当我们把因子 k 分离出来时，得到 $k = ((k+1)^2 - k^2)/2 - 1/2$. 把这个表达式关于 k 求和，其中 $k=1$，2，$\cdots$，n，我们得到

$$
\begin{aligned}
t_n &= \sum_{k=1}^{n} k \\
&= \Big(\sum_{k=1}^{n} ((k+1)^2 - k^2)/2 \Big) - \sum_{k=1}^{n} 1/2 \quad (\text{用}((k+1)^2 - k^2)/2 - 1/2 \text{ 取代 } k) \\
&= ((n+1)^2/2 - 1/2) - n/2 \qquad\qquad (\text{化简叠进和}) \\
&= (n^2 + 2n)/2 - n/2 \\
&= (n^2 + n)/2 \\
&= n(n+1)/2.
\end{aligned}
$$

第二个等式由叠进级数 $a_k = (k+1)^2 - k^2$ 的求和公式得出. 我们推出第 n 个三角数 $t_n = n(n+1)/2.$（t_n 的另一种求法见习题 7.） ◀

与求和类似，我们也给乘积定义一个记号. 数 a_1，a_2，$\cdots$，a_n 的积记为

$$\prod_{j=1}^{n} a_j = a_1 a_2 \cdots a_n.$$

上面的字母 j 是"虚变量"，可以用任意字母代替.

例 1.20 为了说明求积符号，我们有

$$\prod_{j=1}^{5} j = 1 \cdot 2 \cdot 3 \cdot 4 \cdot 5 = 120,$$

$$\prod_{j=1}^{5} 2 = 2 \cdot 2 \cdot 2 \cdot 2 \cdot 2 = 2^5 = 32,$$

$$\prod_{j=1}^{5} 2^{j} = 2 \cdot 2^{2} \cdot 2^{3} \cdot 2^{4} \cdot 2^{5} = 2^{15}.$$

阶乘函数(factorial function)在数论中通篇出现.

定义　设 n 为正整数，则 $n!$（读为"n 的阶乘"）是整数 $1, 2, \cdots, n$ 的积. 我们还特别

定义 $0! = 1$. 采用乘积符号，我们有 $n! = \displaystyle\prod_{j=1}^{n} j$.

例 1.21　$1! = 1$，$4! = 1 \cdot 2 \cdot 3 \cdot 4 = 24$，$12! = 1 \cdot 2 \cdot 3 \cdot 4 \cdot 5 \cdot 6 \cdot 7 \cdot 8 \cdot 9 \cdot 10 \cdot$

$11 \cdot 12 = 479\ 001\ 600$.

1.2 节习题

1. 求下列和式的值.

    a) $\displaystyle\sum_{j=1}^{5} j^{2}$　　　　　　b) $\displaystyle\sum_{j=1}^{5} (-3)$　　　　　　c) $\displaystyle\sum_{j=1}^{5} 1/(j+1)$

2. 求下列和式的值.

    a) $\displaystyle\sum_{j=0}^{4} 3$　　　　　　b) $\displaystyle\sum_{j=0}^{4} (j-3)$　　　　　　c) $\displaystyle\sum_{j=0}^{4} (j+1)/(j+2)$

3. 求下列和式的值.

    a) $\displaystyle\sum_{j=1}^{8} 2^{j}$　　　　　　b) $\displaystyle\sum_{j=1}^{8} 5(-3)^{j}$　　　　　　c) $\displaystyle\sum_{j=1}^{8} 3(-1/2)^{j}$

4. 求下列和式的值.

    a) $\displaystyle\sum_{j=0}^{10} 8 \cdot 3^{j}$　　　　　b) $\displaystyle\sum_{j=0}^{10} (-2)^{j+1}$　　　　c) $\displaystyle\sum_{j=0}^{10} (1/3)^{j}$

* 5. 用 n 以及 $[\sqrt{n}]$ 表达求和公式 $\displaystyle\sum_{k=1}^{n} [\sqrt{k}]$，并加以证明.

6. 把两个三角阵列组合在一起，其中一个是 n 行而另外一个是 $n-1$ 行，形成一个正方形阵列（下图所示为 $n=4$ 的情形），证明 $t_{n-1} + t_{n} = n^{2}$，这里 t_{n} 是第 n 个三角数.

7. 把两个三角阵列组合在一起，每个都是 n 行，形成一个有 n 乘 $n+1$ 个点的矩形阵列（下图所示为 $n=4$ 的情形），证明 $2t_{n} = n(n+1)$，从而得到 $t_{n} = n(n+1)/2$.

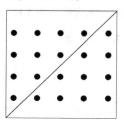

8. 若 t_n 是第 n 个三角数，证明 $3t_n + t_{n-1} = t_{2n}$.

9. 若 t_n 是第 n 个三角数，证明 $t_{n+1}^2 - t_n^2 = (n+1)^3$.

　　五边形数(pentagonal numbers)p_1，p_2，$\cdots$，p_k，$\cdots$ 记录的是 k 个嵌套在一起的五边形中点的个数，如下图所示.

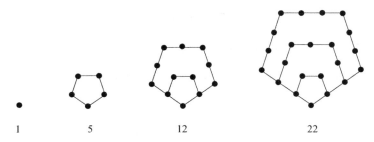

1 　　　　　5 　　　　　12 　　　　　22

10. 证明 $p_1 = 1$，而对 $k \geqslant 2$，$p_k = p_{k-1} + (3k-2)$. 从而有 $p_n = \sum_{k=1}^{n} (3k-2)$，计算这个和，以求出 p_n 的简单公式.

11. 证明第 $(n-1)$ 个三角数与第 n 个平方数之和为第 n 个五边形数.

12. a) 用与三角数、平方数、五边形数类似的方法定义六边形数 h_n，其中 $n = 1$，2，$\cdots$. （注意六边形是个有六个边的多边形.）

　　b) 求六边形数的公式.

13. a) 用与三角数、平方数、五边形数类似的方法定义七边形数. （注意七边形是有七个边的多边形.）

　　b) 求七边形数的公式.

14. 证明 $h_n = t_{2n-1}$ 对所有的正整数 n 成立，其中 h_n 是习题 12 中定义的六边形数，t_{2n-1} 是第 $2n-1$ 个三角数.

15. 证明 $p_n = t_{3n-1}/3$，其中 p_n 是第 n 个五边形数，t_{3n-1} 是第 $3n-1$ 个三角数.

　　四面体数(tetrahedral number)T_1，T_2，T_3，$\cdots$，T_k，$\cdots$ 记录的是 k 个嵌套在一起的四面体的面上点的个数，如下图所示.

1 　　　　　4 　　　　　10 　　　　　20

16. 证明第 n 个四面体数是前 n 个三角数之和.

17. 求第 n 个四面体数的公式并证明之.

18. 当 n 分别等于前十个正整数时求 $n!$.

19. 把整数 $100!$，100^{100}，2^{100} 和 $(50!)^2$ 按从小到大的顺序排列. 证明你的结果是正确的.

20. 把下面各乘积用 $\prod_{i=1}^{n} a_i$ 表达，其中 k 为一个常数.

　　a) $\prod_{i=1}^{n} ka_i$ 　　　　　b) $\prod_{i=1}^{n} ia_i$ 　　　　　c) $\prod_{i=1}^{n} a_i^k$

21. 使用恒等式 $\dfrac{1}{k(k+1)} = \dfrac{1}{k} - \dfrac{1}{k+1}$ 计算 $\sum_{k=1}^{n} \dfrac{1}{k(k+1)}$.

22. 使用恒等式 $\dfrac{1}{k^2-1}=\dfrac{1}{2}\left(\dfrac{1}{k-1}-\dfrac{1}{k+1}\right)$ 计算 $\displaystyle\sum_{k=2}^{n}\dfrac{1}{k^2-1}$.

23. 用类似于例 1.21 的方法和公式求 $\displaystyle\sum_{k=1}^{n}k^2$ 的公式.

24. 用类似于例 1.19 的方法以及该例与习题 21 的结果求 $\displaystyle\sum_{k=1}^{n}k^3$ 的公式.

25. 不用计算各项的乘积, 证明下列等式成立.
　　a) $10!=6!\,7!$　　　　b) $10!=7!\,5!\,3!$　　　c) $16!=14!\,5!\,2!$　　　d) $9!=7!\,3!\,3!\,2!$

26. 设 a_1, a_2, $\cdots$, a_n 为正整数. 设 $b=(a_1!\,a_2!\,\cdots a_n!)-1$, $c=a_1!\,a_2!\,\cdots a_n!$. 证明 $c!=a_1!\,a_2!\,\cdots a_n!\,b!$.

27. 求所有满足 $x!+y!=z!$ 的正整数 x, y 和 z.

28. 求下面各乘积的值.

　　a) $\displaystyle\prod_{j=2}^{n}(1-1/j)$　　　　　　　　　　　　b) $\displaystyle\prod_{j=2}^{n}(1-1/j^2)$

计算和研究

1. 使得 $n!$ 少于 100 位数字的 n 的最大值是什么? 使得 $n!$ 少于 1000 位数字的 n 的最大值是什么? 使得 $n!$ 少于10 000位数字的 n 的最大值是什么?

2. 找出尽可能多的同时是完全平方数的三角数. (我们将在 13.4 节的习题中研究这个问题.)

3. 找出尽可能多的同时是完全平方数的四面体数.

程序设计

1. 给定序列 a_1, a_2, $\cdots$, a_n 的各项, 计算 $\displaystyle\sum_{j=1}^{n}a_j$ 和 $\displaystyle\prod_{j=1}^{n}a_j$.

2. 给定一个等比数列的各项, 求它的各项之和.

3. 给定一个正整数 n, 找出第 n 个三角数、第 n 个完全平方数、第 n 个五边形数和第 n 个四面体数.

1.3　数学归纳法

　　对于比较小的 n 值, 观察前 n 个正奇整数的和, 可以猜想这个和的公式. 我们有

$$1=1,$$
$$1+3=4,$$
$$1+3+5=9,$$
$$1+3+5+7=16,$$
$$1+3+5+7+9=25,$$
$$1+3+5+7+9+11=36.$$

从上面的值可以猜想对于正整数 n, 有 $\displaystyle\sum_{j=1}^{n}(2j-1)=1+3+5+7+\cdots+2n-1=n^2$.

　　我们如何才能证明这个公式对所有的整数 n 都成立?

　　数学归纳原理(The principle of mathematical induction)是证明与整数有关的结果的一个有效工具——例如上面关于前 n 个正奇整数和的公式的猜想. 首先, 我们叙述这个原理, 然后说明如何应用. 接下来, 我们使用良序原理来说明数学归纳法是一个有效的证明方法. 在关于数论的研究中, 将要多次使用数学归纳原理以及良序性质.

　　使用数学归纳法证明一个特定命题对所有正整数都成立必须实现两步. 第一, 设 S 为我们认为命题成立的那个正整数集合, 必须说明 1 属于 S; 即命题对整数 1 为真. 这叫做

基础步骤.

第二，必须证明对每个正整数 n，如果 n 属于 S 则 $n+1$ 也属于 S；即如果这个命题对 n 为真，则对 $n+1$ 也为真. 这被称为归纳步骤. 一旦这两步都完成了，我们就可以由数学归纳原理得到结论：命题对所有正整数为真.

定理 1.5（数学归纳原理） 一个包含整数 1 的正整数集合如果具有如下性质，即若其包含整数 k，则其也包含整数 $k+1$，那么这个集合一定是所有正整数的集合.

下面用几个例子来说明如何应用数学归纳法，首先我们证明本节开始给出的猜想.

例 1.22 使用数学归纳法来证明

$$\sum_{j=1}^{n}(2j-1) = 1 + 3 + \cdots + (2n-1) = n^2$$

对所有正整数 n 成立.（顺便指出，如果我们关于上述和式的值的猜想是错误的，那么数学归纳法将不能给出证明！）

我们从基础步骤开始，由于

$$\sum_{j=1}^{1}(2j-1) = 2 \cdot 1 - 1 = 1 = 1^2,$$

所以这一步成立.

对于归纳步骤，我们的归纳假设为公式对于 n 成立，即假定 $\sum_{j=1}^{n}(2j-1) = n^2$. 使用归纳假设，我们有

$$\begin{aligned}
\sum_{j=1}^{n+1}(2j-1) &= \sum_{j=1}^{n}(2j-1) + (2(n+1)-1) \quad \text{（把 } j=n+1 \text{ 的项分出来）}\\
&= n^2 + 2(n+1) - 1 \quad\quad\quad\quad \text{（使用归纳假设）}\\
&= n^2 + 2n + 1\\
&= (n+1)^2.
\end{aligned}$$

由于基础步骤和归纳步骤都完成了，我们知道结果成立.

下面我们用数学归纳法证明不等式.

数学归纳法的起源

已知的数学归纳法的使用最早出现在 16 世纪数学家 Francesco Maurolico(1494—1575)的工作中，在他的著作《Arithmeticorum Libri Duo》中，Maurolico 给出了整数的各种性质以及证明. 为了完成一些证明，他发明了数学归纳法. 在他的书中，数学归纳法首次出现在证明前 n 个正奇数的和是 n^2 中.

例 1.23 我们可以用数学归纳法证明 $n! \leqslant n^n$ 对任意正整数 n 成立. 基础步骤中，也就是当 $n=1$ 时，由于 $1! = 1 \leqslant 1^1 = 1$，故命题成立. 现在假定 $n! \leqslant n^n$；这就是归纳假设. 为了完成证明，我们必须证明在上述归纳假设成立的条件下，$(n+1)! \leqslant (n+1)^{n+1}$. 应用归纳假设，我们有

$$(n+1)! = (n+1) \cdot n!$$

$$\leqslant (n+1)n^n$$
$$< (n+1)(n+1)^n$$
$$= (n+1)^{n+1}.$$

这样就结束了归纳步骤,并且完成了整个证明. ◀

现在我们根据良序性质证明数学归纳原理.

证明 设 S 是包含整数 1 的正整数集合,并且如果它包含整数 n,则一定包含 $n+1$. 假定(为了推出矛盾)S 不是所有正整数的集合. 因此有某个正整数不包含在集合 S 中. 由良序性质,由于不包含在 S 中的正整数集合是非空的,所以不包含于 S 中的所有正整数中存在一个最小的正整数,记为 n. 注意由于 1 在 S 中,故 $n \neq 1$.

现在,由于 $n>1$(因为不存在正整数 n 满足 $n<1$),故 $n-1$ 是小于 n 的正整数,并且一定在集合 S 中. 但是因为 S 包含 $n-1$,从而一定包含 $(n-1)+1=n$,这与假定 n 为不包含于 S 中的最小整数矛盾. 这说明 S 一定是所有正整数的集合. ■

数学归纳原理的另一形式有时在证明中也很有用.

定理 1.6(第二数学归纳原理) 对于包含 1 的正整数集合,如果它具有下述性质:对每一个正整数 n,如果它包含全体正整数 $1, 2, \cdots, n$,则它也包含整数 $n+1$,那么这个集合一定是由所有正整数构成的集合.

为了区别于数学归纳原理,第二数学归纳原理有时也称为强归纳,而数学归纳原理也称为弱归纳.

在证明第二数学归纳原理的有效性之前,我们先给出一个例子说明如何使用它.

例 1.24 我们要证明任何超过 1 分的邮资都可以仅仅由 2 分和 3 分的邮票构成. 对于基础步骤,注意 2 分的邮资可以使用一张 2 分的邮票,3 分的邮资可以使用一张 3 分的邮票.

对于归纳步骤,假定所有不超过 $n(n \geqslant 3)$ 分的邮资都可以由 2 分和 3 分的邮票构成. 则 $n+1$ 分的邮资可以由 $n-1$ 分的邮资和一张 2 分的邮票构成. 这就完成了证明. ◀

现在证明第二数学归纳原理是正确的.

证明 设 T 是一个包含 1 的整数集合,并且对任意正整数 n,如果它包含 $1, 2, \cdots, n$,则它也包含 $n+1$. 设 S 是所有使得小于等于 n 的正整数都在 T 中的正整数 n 的集合. 则 1 在 S 中,并且,根据假设,我们看到如果 n 在 S 中,则 $n+1$ 在 S 中. 因此,由数学归纳法原理,S 必为所有正整数的集合,故显然 T 也是所有正整数的集合,因为 S 是 T 的一个子集. ■

递归定义

数学归纳原理提供了一种方法来定义函数在正整数处的值. 我们不用明确给出函数在 n 处的值,而是给出其在 1 处的值,并且给出对于任意正整数 n,从函数在 n 处的值来寻找在 $n+1$ 处的值的规则.

定义 我们说函数 f 是**递归定义的**,如果指定了 f 在 1 处的值,而且对于任意正整数 n,都提供了一个规则来根据 $f(n)$ 确定 $f(n+1)$.

数学归纳原理可以用来证明递归定义的函数在每个正整数上都是唯一定义的(参看本

节末尾的习题 25）. 我们用下面的例子说明如何来递归定义一个函数.

例 1.25 我们将递归定义阶乘函数 $f(n)=n!$. 首先，给定

$$f(1) = 1.$$

然后对每个正整数给出一个根据 $f(n)$ 求 $f(n+1)$ 的规则，即

$$f(n+1) = (n+1) \cdot f(n).$$

这两个公式对正整数集合唯一定义了 $n!$.

根据递归定义来求 $f(6)=6!$ 的值，连续应用第二个公式如下：

$$f(6) = 6 \cdot f(5) = 6 \cdot 5 \cdot f(4) = 6 \cdot 5 \cdot 4 \cdot f(3) = 6 \cdot 5 \cdot 4 \cdot 3 \cdot f(2) = 6 \cdot 5 \cdot 4 \cdot 3 \cdot 2 \cdot f(1)$$

然后应用定义中的第一个公式使用 $f(1)$ 的值 1 来代替它，得到

$$6! = 6 \cdot 5 \cdot 4 \cdot 3 \cdot 2 \cdot 1 = 720. \qquad \blacktriangleleft$$

第二数学归纳原理也可以作为递归定义的基础. 我们可以如下定义一个定义域为正整数集合的函数：首先指定它在 1 处的值，并且对每个正整数 n，给定一个根据 $f(j)(1 \leqslant j \leqslant n-1)$ 的值求 $f(n)$ 的规则. 这将是在 1.4 节中讨论的斐波那契数序列的定义的基础.

1.3 节习题

1. 用数学归纳法证明对任意正整数 n，有 $n < 2^n$.

2. 猜想前 n 个正偶数的和的公式. 用数学归纳法证明你的结果.

3. 用数学归纳法证明对任意正整数 n，有 $\sum_{k=1}^{n} \frac{1}{k^2} = \frac{1}{1^2} + \frac{1}{2^2} + \cdots + \frac{1}{n^2} \leqslant 2 - \frac{1}{n}$.

4. 对较小的整数 n，猜测 $\sum_{k=1}^{n} \frac{1}{k(k+1)} = \frac{1}{1 \cdot 2} + \frac{1}{2 \cdot 3} + \cdots + \frac{1}{n \cdot (n+1)}$ 的公式. 用数学归纳法证明你的猜测是正确的. （与 1.2 节习题 17 比较.）

5. 猜测 A^n 的公式，其中 $A = \begin{pmatrix} 1 & 1 \\ 0 & 1 \end{pmatrix}$. 用数学归纳法证明你的猜测.

6. 用数学归纳法证明对任意正整数 n，都有 $\sum_{j=1}^{n} j = 1 + 2 + 3 + \cdots + n = n(n+1)/2$. （与 1.2 节例 1.19 比较.）

7. 用数学归纳法证明对任意正整数 n，都有 $\sum_{j=1}^{n} j^2 = 1^2 + 2^2 + 3^2 + \cdots + n^2 = n(n+1)(2n+1)/6$.

8. 用数学归纳法证明对任意正整数 n，都有 $\sum_{j=1}^{n} j^3 = 1^3 + 2^3 + 3^3 + \cdots + n^3 = [n(n+1)/2]^2$.

9. 用数学归纳法证明对任意正整数 n，都有 $\sum_{j=1}^{n} j(j+1) = 1 \cdot 2 + 2 \cdot 3 + \cdots + n \cdot (n+1) = n(n+1)(n+2)/3$.

10. 用数学归纳法证明对任意正整数 n，都有 $\sum_{j=1}^{n} (-1)^{j-1} j^2 = 1^2 - 2^2 + 3^2 - \cdots + (-1)^{n-1} n^2 = (-1)^{n-1} n(n+1)/2$.

11. 求 $\sum_{j=1}^{n} 2^j$ 的公式.

12. 证明对任意正整数 n，都有 $\sum_{j=1}^{n} j \cdot j! = 1 \cdot 1! + 2 \cdot 2! + \cdots + n \cdot n! = (n+1)! - 1$.

13. 证明大于 11 分的任意整数分值的邮资都可以仅仅由 4 和 5 分的邮票构成.

14. 证明大于 53 分的任意整数分值的邮资都可以仅仅由 7 和 10 分的邮票构成.

设 H_n 是调和级数的前 n 项和, 即 $H_n = \sum_{j=1}^{n} 1/j$.

* 15. 用数学归纳法证明 $H_{2^n} \geqslant 1 + n/2$.

* 16. 用数学归纳法证明 $H_{2^n} \leqslant 1 + n$.

17. 用数学归纳法证明: 如果 n 为正整数, 则 $(2n)! < 2^{2n}(n!)^2$.

18. 用数学归纳法证明 $x - y$ 是 $x^n - y^n$ 的因子, 其中 x 和 y 是变量.

☞ 19. 应用数学归纳原理证明, 包含整数 k 的整数集合如果满足只要包含 n 就包含 $n+1$, 则这个集合包含大于等于 k 的整数集合.

20. 应用数学归纳法证明对于 $n \geqslant 4$, 有 $2^n < n!$.

21. 应用数学归纳法证明对于 $n \geqslant 4$, 有 $n^2 < n!$.

22. 应用数学归纳法证明: 如果 $h \geqslant -1$, 则对于任意非负整数 n, 有 $1 + nh \leqslant (1+h)^n$.

23. 七巧板问题就是把它的每一块按照正确的方式组合在一起. 证明解决 n 片七巧板问题恰需要移动 $n-1$ 步, 其中移动一步表示把两块放在一起, 而每一块包含一个或多个装配好的片.（提示: 用第二数学归纳原理.）

24. 解释下面利用数学归纳法证明所有马都是同色的过程错在哪里: 显然只有一匹马的集合中所有马都是同色的, 这就是基础步骤. 现在假定任何 n 匹马的集合中所有马都是同色的. 考虑有 $n+1$ 匹马的集合, 分别标记为整数 $1, 2, \cdots, n+1$. 由归纳假设, 标号为 $1, 2, \cdots, n$ 的马为同色的, 标号为 $2, 3, \cdots, n, n+1$ 的马也为同色的. 由于这两个集合有公共成员, 即 $2, 3, 4, \cdots, n$ 号马, 所以所有的这 $n+1$ 匹马一定是同色. 这就完成了归纳步骤.

25. 应用数学归纳原理证明递归定义的函数在每个正整数处的值都是唯一确定的.

26. 由 $f(1) = 2$ 和 $f(n+1) = 2f(n)(n \geqslant 1)$ 递归定义的函数 $f(n)$ 是什么? 用数学归纳法证明你的结论.

27. 如果 g 是由 $g(1) = 2$ 和 $g(n) = 2^{g(n-1)}(n \geqslant 2)$ 递归定义的, 那么 $g(4)$ 是多少?

28. 应用第二数学归纳原理证明: 如果指定了 $f(1)$ 的值, 且给定了根据 f 在前 n 个正整数处的值求 $f(n+1)$ 的规则, 则 $f(n)$ 对每个正整数 n 都是唯一确定的.

29. 我们对所有正整数 n 递归地定义函数如下: $f(1) = 1$, $f(2) = 5$, 且对 $n \geqslant 2$, $f(n+1) = f(n) + 2f(n-1)$. 用第二数学归纳原理证明 $f(n) = 2^n + (-1)^n$.

30. 证明当 n 为大于 4 的整数时, $2^n > n^2$.

31. 假定 $a_0 = 1$, $a_1 = 3$, $a_2 = 9$, 且对 $n \geqslant 3$, $a_n = a_{n-1} + a_{n-2} + a_{n-3}$. 证明对每个非负整数 n, 有 $a_n \leqslant 3^n$.

* 32. 河内塔是在 19 世纪末流行的难题. 这个题目包括三个木桩和八个不同尺寸且按照尺寸大小放置的圆环, 这些圆环最大的在底部, 全都套在一个木桩上. 题目要求每次移动一个圆环, 并且不能把尺寸大的圆环放在尺寸小的圆环上面, 利用第三个辅助木桩, 把所有的圆环从第一个木桩移动到第二个木桩.

　　a) 应用数学归纳法证明, 按照前述规则把 n 个圆环从一个木桩移动到另外一个木桩上的最小移动次数为 $2^n - 1$.

　　b) 一个古代传说讲述的是在一个有 64 个金环和三个钻石桩子的塔中的一些僧侣. 当世界被创立之初, 他们以每秒钟移动一个环的速度开始移动金环. 当他们把所有的环都移动到第二个桩子上时, 就是世界的末日. 那么这个世界将会存在多久?

* 33. 正实数 $a_1, a_2, \cdots, a_n$ 的算术平均和几何平均分别为 $A = (a_1 + a_2 + \cdots + a_n)/n$ 和 $G = (a_1 a_2 \cdots a_n)^{1/n}$. 用数学归纳法证明对任意正实数的有限序列, $A \geqslant G$. 等式何时成立?

34. 用数学归纳法证明缺一个小方格的 $2^n \times 2^n$ 的棋盘可以被 L-形的片覆盖, 其中每个 L-形片包括三个小方格.

* 35. 单分数是形为 $1/n$ 的分数, 其中 n 为正整数. 由于古埃及人把分数表示为不同的单分数的和, 因此这样的和被称为埃及分数. 证明任意有理数 p/q(其中 p 和 q 是整数, 且 $0<p<q$)可以被写为不同的单分数的和, 即写为埃及分数. (提示: 对分子 p 用强归纳来证明在每一步加上一个可能的最大单分数的算法是可以终止的. 例如, 运行这个算法证明 $5/7=1/2+1/5+1/70$.)

36. 用习题 35 的算法把下面这些数写为埃及分数.

    a) 2/3   b) 5/8   c) 11/17   d) 44/101

计算和研究

1. 使用数值和符号计算两种方法, 完成基础和归纳步骤, 对所有正整数 n, 证明 $\sum_{j=1}^{n} j = n(n+1)/2$.

2. 使用数值和符号计算两种方法, 完成基础和归纳步骤, 对所有正整数 n, 证明 $\sum_{j=1}^{n} j^2 = n(n+1)(2n+1)/6$.

3. 使用数值和符号计算两种方法, 完成基础和归纳步骤, 对所有正整数 n, 证明 $\sum_{j=1}^{n} j^3 = (n(n+1)/2)^2$.

4. 利用 $n=1, 2, 3, 4, 5, 6$ 时 $\sum_{j=1}^{n} j^4$ 的值来猜测这个和的表达式是一个关于 n 的 5 次多项式, 并从数值和符号计算两种途径用数学归纳法证明你的猜测.

5. Paul Erdös 和 E. Strauss 曾经猜测分数 $4/n$ 可以被写为三个单分数的和, 即对任意满足 $n>1$ 的整数 n, $4/n=1/x+1/y+1/z$, 其中 x, y 和 z 是不同的正整数. 对尽量多的正整数 n 求这样的表示.

6. 设 p 和 q 是满足 $0<p<q$ 的整数, 且 q 为奇数, 猜想有理数 p/q 可以表示为埃及分数, 即奇数分母的单分数之和. 使用下述算法研究这个猜想, 即在每一步逐步地加上具有最小正奇数分母 q 的单分数. (例如, $2/7=1/5+1/13+1/115+1/10\,465$.)

程序设计

* 1. 列出河内塔问题(见习题 32)中的移动步骤. 如果可以, 动画显示这些移动步骤.
** 2. 用 L-形片覆盖缺一个小方格的 $2^n \times 2^n$ 棋盘(见习题 34).
3. 给定有理数 p/q, 用习题 35 中描述的算法把 p/q 表示为埃及分数.

1.4 斐波那契数

    数学家斐波那契在他写于 1202 年的书《算经》(Liber Abaci)中提出了一个涉及某特定地区中兔子的生长数量的问题. 这个问题可以如下叙述: 一对年轻的兔子, 每种性别一只, 被放在一个岛上. 假定兔子到两个月大才开始繁殖, 两个月后每对兔子每个月生一对兔子, 问 n 个月后有多少对兔子?

    设 f_n 为 n 个月后兔子的对数. 我们有 $f_1=1$, 因为一个月后在岛上只有原始的那对兔子. 由于这对兔子在第二个月不繁殖, 故 $f_2=1$. 为了求 n 个月后的兔子对数, 把岛上上个月兔子的数目 f_{n-1} 加上新出生的兔子对数, 即为 f_{n-2}, 因为每一对新出生的兔子都来自至少两个月大的兔子. 这就导出了下面的定义.

    定义 **斐波那契序列**有如下递归定义: $f_1=1$, $f_2=1$, 且对 $n \geq 3$, $f_n=f_{n-1}+f_{n-2}$. 这个序列中的项被称为**斐波那契数**.

斐波那契(Fibonacci，1180—1228)(filus Bonacci，Bonacci 之子的简称)也称为比萨的里昂纳多，生于意大利的商业中心比萨．斐波那契是一个商人，经常往来于中东．在那里他接触了一些阿拉伯世界的数学工作．在他的著作《算经》中，斐波那契将阿拉伯数字的记法及其算法引入了欧洲．该书中就提到了这个著名的兔子繁殖问题．斐波那契还写过一本关于几何学与三角几何学的专著《Practica geometriae》以及一本关于丢番图方程的书《Liber quadratorum》．

数学家爱德华·卢卡斯于 19 世纪给出了这个序列的许多性质，并以斐波那契命名这个序列．斐波那契问题的答案是 n 个月后岛上有 f_n 对兔子．

在研究斐波那契序列的性质时，检查它的初始几项是十分有用的．

例 1.26　我们计算前十个斐波那契数如下：

$$f_3 = f_2 + f_1 = 1 + 1 = 2$$
$$f_4 = f_3 + f_2 = 2 + 1 = 3$$
$$f_5 = f_4 + f_3 = 3 + 2 = 5$$
$$f_6 = f_5 + f_4 = 5 + 3 = 8$$
$$f_7 = f_6 + f_5 = 8 + 5 = 13$$
$$f_8 = f_7 + f_6 = 13 + 8 = 21$$
$$f_9 = f_8 + f_7 = 21 + 13 = 34$$
$$f_{10} = f_9 + f_8 = 34 + 21 = 55.$$

我们可以定义 $f_0 = 0$，从而 $f_2 = f_1 + f_0$．还可以对负数 n 定义 f_n，使其满足递归定义（见习题 37）．

斐波那契数显示出了多得令人惊讶的应用．例如，在植物学中植物的螺旋线的数目（就是我们所知的叶序）总是斐波那契数．它们在大量计数问题的解答中出现，例如在没有两个连续的 1 的比特串数目的计数问题中[Ro07]．

斐波那契数还满足相当多的恒等式．例如，我们可以容易地找到一个关于前 n 个斐波那契数的和的恒等式．

例 1.27　对于 $3 \leqslant n \leqslant 8$，前 n 个斐波那契数的和等于 1，2，4，7，12，20，33 和 54．观察这些数，可以看到它们恰比斐波那契数 f_{n+2} 小 1．故可以猜想

$$\sum_{k=1}^{n} f_k = f_{n+2} - 1.$$

我们是否能证明这个恒等式对所有正整数 n 成立？

我们将要用两个不同的方法证明这个恒等式对于所有整数 n 成立．我们提供两个不同的实例来说明：常常有多种方法来证明一个恒等式是正确的．

首先，利用事实 $f_n = f_{n-1} + f_{n-2}(n = 2，3，\cdots)$ 得出 $f_k = f_{k+2} - f_{k+1}$，其中 $k = 1，2，3，\cdots$．这意味着

$$\sum_{k=1}^{n} f_k = \sum_{k=1}^{n} (f_{k+2} - f_{k+1}).$$

我们很容易计算这些和，因为它们是叠进和. 利用 1.2 节中的叠进和的公式，我们得到

$$\sum_{k=1}^{n} f_k = f_{n+2} - f_2 = f_{n+2} - 1.$$

这就证明了上述结果.

还可以用数学归纳法证明这个恒等式. 因为 $\sum_{k=1}^{1} f_k = 1$，且 $f_{1+2} - 1 = f_3 - 1 = 2 - 1 = 1$，故基础步骤成立. 归纳假设是

$$\sum_{k=1}^{n} f_k = f_{n+2} - 1.$$

我们必须在这个假设下证明

$$\sum_{k=1}^{n+1} f_k = f_{n+3} - 1.$$

为了证明这个结果，注意到根据归纳假设有

$$\sum_{k=1}^{n+1} f_k = \left(\sum_{k=1}^{n} f_k \right) + f_{n+1}$$
$$= (f_{n+2} - 1) + f_{n+1}$$
$$= (f_{n+1} + f_{n+2}) - 1$$
$$= f_{n+3} - 1.$$

本节末的习题要求你去证明许多关于斐波那契数的其他恒等式.

斐波那契数增长有多快

下面的不等式说明斐波那契数比公比为 $\alpha = (1+\sqrt{5})/2$ 的等比数列增长得快，这一结论将在第 3 章中应用.

例 1.28 我们可以用第二数学归纳原理证明对 $n \geqslant 3$，有 $f_n > \alpha^{n-2}$，其中 $\alpha = (1+\sqrt{5})/2$. 基础步骤包括对于 $n=3$ 和 $n=4$ 验证这个不等式. 我们有 $\alpha < 2 = f_3$，所以定理对 $n=3$ 成立. 由于 $\alpha^2 = (3+\sqrt{5})/2 < 3 = f_4$，故定理对 $n=4$ 成立.

归纳假设假定对满足 $k \leqslant n$ 的所有整数 k，都有 $\alpha^{k-2} < f_k$. 由于 $\alpha = (1+\sqrt{5})/2$ 是 $x^2 - x - 1 = 0$ 的一个解，故 $\alpha^2 = \alpha + 1$. 因此

$$\alpha^{n-1} = \alpha^2 \cdot \alpha^{n-3} = (\alpha + 1) \cdot \alpha^{n-3} = \alpha^{n-2} + \alpha^{n-3}.$$

由归纳假设，我们得到不等式

$$\alpha^{n-2} < f_n, \qquad \alpha^{n-3} < f_{n-1}.$$

把这两个不等式加起来，得到

$$\alpha^{n-1} < f_n + f_{n-1} = f_{n+1}.$$

这就完成了证明.

我们用第 n 个斐波那契数的一个显式计算公式来结束本节. 我们在正文中不给出证明，但是在本节末的习题 41 和习题 42 中概述了如何分别利用线性齐次递归关系和母函数来求这个公式. 进一步，习题 40 要求通过说明这些项满足与斐波那契数相同的递归定义来证明这个恒等式，习题 45 要求用数学归纳法来证明. 前两个方法的优点是它们可以用来发现公

式，而后两个方法却不能.

定理 1.7 设 n 是正整数，$\alpha = \dfrac{1+\sqrt{5}}{2}$，$\beta = \dfrac{1-\sqrt{5}}{2}$. 则第 n 个斐波那契数 f_n 由下式给出：

$$f_n = \frac{1}{\sqrt{5}}(\alpha^n - \beta^n).$$

我们已经给出了关于斐波那契数的几个重要结果. 有大量关于这些数以及它们在植物学、计算机科学、地理学、物理学以及其他领域的应用的文献（参见［Va89］）. 甚至有一个学术刊物《斐波那契季刊》(The Fibonacci Quarterly)专门报道关于它们的研究.

1.4 节习题

1. 求下列斐波那契数.
   　a) f_{10}　　　b) f_{13}　　　c) f_{15}　　　d) f_{18}　　　e) f_{20}　　　f) f_{25}
2. 求下列斐波那契数.
   　a) f_{12}　　　b) f_{16}　　　c) f_{24}　　　d) f_{30}　　　e) f_{32}　　　f) f_{36}
3. 证明当 n 为正整数时，$f_{n+3} + f_n = 2f_{n+2}$.
4. 证明当 n 为正整数时，$f_{n+3} - f_n = 2f_{n+1}$.
5. 证明当 n 为正整数时，$f_{2n} = f_n^2 + 2f_{n-1}f_n$. （注意 $f_0 = 0$.）
6. 证明当 n 为满足 $n \geqslant 2$ 的整数时，$f_{n-2} + f_{n+2} = 3f_n$. （注意 $f_0 = 0$.）
7. 对正整数 n，求前 n 个奇数下标的斐波那契数的和的简单公式，并且给出证明. 即求 $f_1 + f_3 + \cdots + f_{2n-1}$ 的一个公式.
8. 对正整数 n，求前 n 个偶数下标的斐波那契数的和的简单公式，并且给出证明. 即求 $f_2 + f_4 + \cdots + f_{2n}$ 的一个公式.
9. 对正整数 n，求表达式 $f_n - f_{n-1} + f_{n-2} - \cdots + (-1)^{n+1}f_1$ 的一个简单公式.
10. 证明当 n 为正整数时，$f_{2n+1} = f_{n+1}^2 + f_n^2$.
11. 证明当 n 为正整数时，$f_{2n} = f_{n+1}^2 - f_{n-1}^2$. （注意 $f_0 = 0$.）
12. 证明当 n 为满足 $n \geqslant 3$ 的正整数时，$f_n + f_{n-1} + f_{n-2} + 2f_{n-3} + 4f_{n-4} + 8f_{n-5} + \cdots + 2^{n-3} = 2^{n-1}$.
13. 证明对任意正整数 n，$\displaystyle\sum_{j=1}^{n} f_j^2 = f_1^2 + f_2^2 + \cdots + f_n^2 = f_n f_{n+1}$.
14. 证明对任意正整数 n，$f_{n+1}f_{n-1} - f_n^2 = (-1)^n$.
15. 证明对任意正整数 n，$n > 2$，有 $f_{n+1}f_n - f_{n-1}f_{n-2} = f_{2n-1}$.
16. 证明：如果 n 是一个正整数，则 $f_1 f_2 + f_2 f_3 + \cdots + f_{2n-1}f_{2n} = f_{2n}^2$.
17. 证明当 m 和 n 为正整数时，$f_{m+n} = f_m f_{n+1} + f_n f_{m-1}$.
    卢卡斯数以 François-Eduoard-Anatole Lucas(见第 7 章的人物传记)命名，递归定义如下：
    $$L_n = L_{n-1} + L_{n-2}, n \geqslant 3$$
    其中 $L_1 = 1$，$L_2 = 3$. 它们满足与斐波那契数相同的递归关系，但是初始的两项是不同的.
18. 求前 12 个卢卡斯数.
19. 当 n 为正整数时，求前 n 个卢卡斯数的和的公式，并证明之.
20. 当 n 为正整数时，求前 n 个奇数下标的卢卡斯数的和的公式，并证明之.
21. 当 n 为正整数时，求前 n 个偶数下标的卢卡斯数的和的公式，并证明之.
22. 证明当 n 为满足 $n \geqslant 2$ 的整数时，$L_n^2 - L_{n+1}L_{n-1} = 5(-1)^n$.

23. 证明当 n 为满足 $n \geqslant 1$ 的整数时，$L_1^2 + L_2^2 + \cdots + L_n^2 = L_n L_{n+1} - 2$.

24. 证明第 n 个卢卡斯数是第 $n+1$ 个斐波那契数 f_{n+1} 和第 $n-1$ 个斐波那契数 f_{n-1} 之和.

25. 证明对满足 $n \geqslant 1$ 的所有整数 n，有 $f_{2n} = f_n L_n$，其中 f_n 是第 n 个斐波那契数，L_n 是第 n 个卢卡斯数.

26. 证明当 n 为正整数时，$5 f_{n+1} = L_n + L_{n+2}$，其中 f_n 是第 n 个斐波那契数，L_n 是第 n 个卢卡斯数.

* 27. 证明当 m 和 n 为正整数且 $n > 1$ 时，$L_{m+n} = f_{m+1} L_n + f_m L_{n-1}$，其中 f_n 是第 n 个斐波那契数，L_n 是第 n 个卢卡斯数.

28. 证明第 n 个卢卡斯数 L_n 由下式给出：

$$L_n = \alpha^n + \beta^n,$$

其中 $\alpha = (1+\sqrt{5})/2$，$\beta = (1-\sqrt{5})/2$.

正整数的**泽肯朵夫**（Zeckendorf）表示是把整数写成不同的斐波那契数的和的唯一表示，其中这些斐波那契数中没有任何两个是斐波那契序列中的连续项，并且其中不使用 $f_1 = 1$ 这一项（但是可能会用到 $f_2 = 1$ 这一项.）

29. 求整数 50，85，110 和 200 的泽肯朵夫表示.

* 30. 证明每个正整数都有唯一的泽肯朵夫表示.

31. 证明对每个满足 $n \geqslant 2$ 的正整数 n 都有 $f_n \leqslant \alpha^{n-1}$，其中 $\alpha = (1+\sqrt{5})/2$.

32. 证明

$$\binom{n}{0} + \binom{n-1}{1} + \binom{n-2}{2} + \cdots = f_{n+1},$$

其中 n 为非负整数，f_{n+1} 为第 $n+1$ 个斐波那契数. $\left(\right.$关于二项式系数请参看附录 B. 这里这个和结束于项 $\binom{1}{n-1}$.$\left.\right)$

33. 证明当 n 为非负整数时，$\displaystyle\sum_{j=1}^{n} \binom{n}{j} f_j = f_{2n}$，其中 f_j 是第 j 个斐波那契数.

34. 设 $\mathbf{F} = \begin{pmatrix} 1 & 1 \\ 1 & 0 \end{pmatrix}$，证明当 $n \in \mathbb{Z}^+$ 时 $\mathbf{F}^n = \begin{pmatrix} f_{n+1} & f_n \\ f_n & f_{n-1} \end{pmatrix}$.

35. 通过对习题 34 的结果两边同时取行列式来证明习题 14 中的恒等式.

36. 递归定义广义斐波那契数如下：$g_1 = a$，$g_2 = b$，$g_n = g_{n-1} + g_{n-2}$，$n \geqslant 3$. 证明 $g_n = a f_{n-2} + b f_{n-1}$，$n \geqslant 3$.

37. 当 n 为负整数时，给出斐波那契数的一个递归定义. 用该定义对 $n = -1, -2, -3, \cdots, -10$ 求出 f_n.

38. 当 n 为正整数时，利用习题 37 的结果给出一个刻画 f_{-n} 和 f_n 的关系的公式的猜想. 用数学归纳法证明你的猜想.

39. 指出下面陈述中的错误：8×8 的正方形能够分割成几片，在重新安置之后形成一个如下图所示的 5×13 长方形.

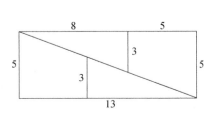

（提示：观察习题 14 中的恒等式．哪里多出了一个平方单元？）

40. 证明：如果 $a_n = \dfrac{1}{\sqrt{5}}(\alpha^n - \beta^n)$，其中 $\alpha = (1+\sqrt{5})/2$，$\beta = (1-\sqrt{5})/2$，则 $a_n = a_{n-1} + a_{n-2}$，且 $a_1 = a_2 = 1$．

   从而得到 $f_n = a_n$，其中 f_n 是第 n 个斐波那契数．

   一个常系数的 2 次线性齐次递归关系是一个形如

$$a_n = c_1 a_{n-1} + c_2 a_{n-2}$$

的方程，其中 c_1 和 c_2 为实数且 $c_2 \neq 0$．不难证明（见 [Ro07]）如果方程 $r^2 - c_1 r - c_2 = 0$ 有两个不同的根 r_1 和 r_2，则序列 $\{a_n\}$ 是线性齐次递归关系 $a_n = c_1 a_{n-1} + c_2 a_{n-2}$ 的解当且仅当 $a_n = C_1 r_1^n + C_2 r_2^n$，其中 $n = 0$，1，2，$\cdots$，且 C_1 和 C_2 是常数．这些常数的值可以通过这个序列的前两项求得．

41. 通过解初始条件为 $f_0 = 0$ 和 $f_1 = 1$ 的递归关系 $f_n = f_{n-1} + f_{n-2}$（其中 $n = 2$，3，$\cdots$）求 f_n 的显式公式，从而证明定理 1.7．

   序列 a_0，a_1，$\cdots$，a_k，$\cdots$ 的母函数是无穷级数

$$G(x) = \sum_{k=0}^{\infty} a_k x^k.$$

42. 用母函数 $G(x) = \displaystyle\sum_{k=0}^{\infty} f_k x^k$ 来求 f_k 的一个显式公式，证明定理 1.7，其中 f_k 是第 k 个斐波那契数．（提示：使用事实 $f_k = f_{k-1} + f_{k-2}(k = 2$，3，$\cdots$）来证明 $G(x) - x G(x) - x^2 G(x) = x$．解这个方程证明 $G(x) = x/(1 - x - x^2)$，然后像在微积分中一样把它写成部分分式的形式．）（关于应用母函数的信息请参看 [Ro07]．）

43. 用习题 41 中的技巧求卢卡斯数的显式公式．

44. 用习题 42 中的技巧求卢卡斯数的显式公式．

45. 用数学归纳法证明定理 1.7．

计算和研究

1. 求斐波那契数 f_{100}，f_{200} 和 f_{500}．
2. 求卢卡斯数 L_{100}，L_{200} 和 L_{500}．
3. 考察尽可能多的斐波那契数，判断它们是否是完全平方数，并依此提出相关的猜想．
4. 考察尽可能多的斐波那契数，判断它们是否是三角数，并依此提出相关的猜想．
5. 考察尽可能多的斐波那契数，判断它们是否是完全立方数，并依此提出相关的猜想．
6. 分别找出不超过 10 000 的最大的斐波那契数、不超过 100 000 的最大的斐波那契数和不超过 1 000 000 的最大的斐波那契数．
7. 一个令人惊讶的定理表明斐波那契数是当 x 和 y 取遍所有非负整数时多项式 $2xy^4 + x^2 y^3 - 2x^3 y^2 - y^5 - x^4 y + 2y$ 的全部正值．对满足 $x + y \leqslant 100$ 的非负整数 x 和 y，验证这个猜想．

程序设计

1. 给定一个正整数 n，求斐波那契序列的前 n 项．
2. 给定一个正整数 n，求卢卡斯序列的前 n 项．
3. 给定一个正整数 n，求其泽肯朵夫表示（习题 29 前有定义）．

1.5 整除性

一个整数可以被另一个整数整除的概念在数论中处于中心地位．

定义　如果 a 和 b 为整数且 $a \neq 0$，我们说 **a 整除 b** 是指存在整数 c 使得 $b = ac$．如果 a 整除 b，我们还称 **a 是 b 的一个因子**，且称 **b 是 a 的倍数**．

如果 a 整除 b，则将其记为 $a \mid b$，如果 a 不能整除 b，则记其为 $a \nmid b$．（小心不要弄混

了记号 $a|b$ 和 a/b，前者表示 a 整除 b，后者表示 a 被 b 除所得的商.）

例 1.29 下面是说明整数的整除性概念的例子：$13|182$，$-5|30$，$17|289$，$6 \nmid 44$，$7 \nmid 50$，$-3|33$，$17|0$.   ◀

例 1.30 6 的因子是 ± 1，± 2，± 3，± 6. 17 的因子是 ± 1，± 17. 100 的因子是 ± 1，± 2，± 4，± 5，± 10，± 20，± 25，± 50，± 100.   ◀

在后面几章中，需要一些关于整除性的简单性质，现在我们来叙述并证明它们.

定理 1.8 如果 a，b 和 c 是整数，且 $a|b$，$b|c$，则 $a|c$.

证明 因为 $a|b$，$b|c$，故存在整数 e 和 f，使得 $ae=b$，$bf=c$. 因此 $c=bf=(ae)f=a(ef)$，从而得到 $a|c$.   ■

例 1.31 因为 $11|66$，$66|198$，故由定理 1.8 可知 $11|198$.   ◀

定理 1.9 如果 a，b，m 和 n 为整数，且 $c|a$，$c|b$，则 $c|(ma+nb)$.

证明 因为 $c|a$ 且 $c|b$，故存在整数 e 和 f，使得 $a=ce$，$b=cf$. 因此，$ma+nb=mce+ncf=c(me+nf)$. 从而，$c|(ma+nb)$.   ■

例 1.32 由于 $3|21$，$3|33$，故由定理 1.9 可知 3 能够整除

$$5 \cdot 21 - 3 \cdot 33 = 105 - 99 = 6.$$ ◀

下面的定理是一个关于整除性的重要结论.

定理 1.10（带余除法） 如果 a 和 b 是整数且 $b>0$，则存在唯一的整数 q 和 r，使得 $a=bq+r$，$0 \leqslant r < b$.

在带余除法给出的公式中，我们称 q 为商，r 为余数. 我们还称 a 为被除数，b 为除数.（注意：这个定理采用了传统的名字，尽管带余除法实际上不是一个算法. 我们将在 2.2 节中讨论算法.）

我们注意到 a 能被 b 整除当且仅当在带余除法中的余数为 0. 在证明带余除法之前，先考虑下面的例子.

例 1.33 如果 $a=133$，$b=21$，则 $q=6$，$r=7$，因为 $133=21 \cdot 6 + 7$ 且 $0<7<21$. 类似地，如果 $a=-50$，$b=8$，则 $q=-7$，$r=6$，因为 $-50=8(-7)+6$ 且 $0<6<8$.   ◀

我们现在用良序性质证明带余除法.

证明 考虑形如 $a-bk$ 的所有整数集合 S，其中 k 为整数，即 $S=\{a-bk|k \in \mathbb{Z}\}$. 设 T 是 S 中的所有非负整数构成的集合. T 是非空的，因为当 k 是满足 $k<a/b$ 的整数时，$a-bk$ 是正的.

由良序性质，T 中有最小元 $r=a-bq$.（q 和 r 的值如定理中所述.）根据 r 的构造可知 $r \geqslant 0$，且容易证明 $r<b$. 如果 $r \geqslant b$，则 $r>r-b=a-bq-b=a-b(q+1) \geqslant 0$，这与我们选择 $r=a-bq$ 为形如 $a-bk$ 的整数中的最小元矛盾. 因此 $0 \leqslant r < b$.

为了证明 q 和 r 的值是唯一的，我们假定有两个方程 $a=bq_1+r_1$ 和 $a=bq_2+r_2$，满足 $0 \leqslant r_1 < b$，$0 \leqslant r_2 < b$. 把第二个方程从第一个方程中减去，可得

$$0 = b(q_1-q_2)+(r_1-r_2).$$

因此，

$$r_2 - r_1 = b(q_1-q_2).$$

由此可知 b 整除 r_2-r_1. 因为 $0 \leqslant r_1 < b$, $0 \leqslant r_2 < b$, 故 $-b < r_2-r_1 < b$. 因此 b 可以整除 r_2-r_1 只有当 $r_2-r_1=0$, 或者, 换句话说, 当 $r_1=r_2$ 时. 因为 $bq_1+r_1=bq_2+r_2$, 且 $r_1=r_2$, 我们还得到 $q_1=q_2$. 这说明商 q 与余数 r 是唯一的. ∎

我们现在应用最大整数函数(在 1.1 节中定义的)来给出带余除法中商和余数的显式公式. 因为商 q 是满足 $bq \leqslant a$ 和 $r=a-bq$ 的最大整数, 因而

$$q=[a/b], \qquad r=a-b[a/b]. \tag{1.4}$$

下面的例子展示了除法中的商和余数.

例 1.34 设 $a=1028$, $b=34$, 则 $a=bq+r$, $0 \leqslant r < b$, 其中 $q=[1028/34]=30$, $r=1028-[1028/34] \cdot 34=1028-30 \cdot 34=8$. ◀

例 1.35 设 $a=-380$, $b=75$, 则 $a=bq+r$, $0 \leqslant r < b$, 其中 $q=[-380/75]=-6$, $r=-380-[-380/75] \cdot 75=-380-(-6)75=70$. ◀

我们可以使用等式(1.4)来证明关于最大整数函数的一个有用的性质.

例 1.36 证明: 如果 n 是正整数, 则当 x 为实数时 $[x/n]=[[x]/n]$. 为了证明这个等式, 假定 $[x]=m$. 由带余除法, 我们有整数 q 和 r 使得 $m=nq+r$, 其中 $0 \leqslant r \leqslant n-1$. 根据(1.4), 我们有 $q=[[x]/n]$. 因为 $[x] \leqslant x < [x]+1$, 故 $x=[x]+\varepsilon$, 其中 $0 \leqslant \varepsilon < 1$. 我们看到 $[x/n]=[([x]+\varepsilon)/n]=[(m+\varepsilon)/n]=[((nq+r)+\varepsilon)/n]=[q+(r+\varepsilon)/n]$. 因为 $0 \leqslant \varepsilon < 1$, 所以有 $0 \leqslant r+\varepsilon < (n-1)+1=n$. 因此 $[x/n]=[q]$. ◀

给定一个正整数 d, 可以根据整数被 d 除的余数把它们分类. 例如, 当 $d=2$ 时, 我们从带余除法中看到任意整数被 2 除所得的余数或为 0, 或为 1. 这引出了下面一些常见术语的定义.

定义 如果 n 被 2 除的余数为 0, 则对某个整数 k, 有 $n=2k$, 我们称 n 为**偶数**; 而如果 n 被 2 除的余数为 1, 则对某个整数 k, 有 $n=2k+1$, 我们称 n 为**奇数**.

类似地, 当 $d=4$ 时, 我们从带余除法中看到当整数 n 被 4 除时, 余数为 0, 1, 2 或者 3. 因此, 每个整数都形如 $4k$, $4k+1$, $4k+2$ 或 $4k+3$, 其中 k 为正整数.

我们将在第 4 章继续讨论这个问题.

最大公因子

如果 a 和 b 为不全为零的整数, 则它们的公因子的集合是一个有限的整数集, 通常包括 $+1$ 和 -1, 我们对其中最大的那个公因子感兴趣.

定义 不全为零的整数 a 和 b 的**最大公因子**是指能够同时整除 a 和 b 的最大整数.

a 和 b 的最大公因子记作 (a, b). (有时也记作 $\gcd(a, b)$, 特别是在非数论的著作中. 我们将一直沿用传统的记号 (a, b), 虽然有时候这种记法也表示有序数对.) 注意当 n 为正整数时, $(0, n)=(n, 0)=n$. 虽然所有的正整数都能整除 0, 我们还是定义 $(0, 0)=0$. 这样可以确保关于最大公因子的相关结论在所有情况下均成立.

例 1.37 24 和 84 的公因子有 ± 1, ± 2, ± 3, ± 4, ± 6, ± 12, 因此 $(24, 84)=12$. 类似地, 通过查看公因子集合, 我们有 $(15, 81)=3$, $(100, 5)=5$, $(17, 25)=1$, $(0, 44)=44$, $(-6, -15)=3$, 以及 $(-17, 289)=17$. ◀

我们特别关注那些所有公因子均不超过 1 的整数对，这样的数对被称为**互素**.

    定义 设 a, b 均为非零整数，如果 a 和 b 的最大公因子 $(a, b)=1$，则称 a 与 b **互素**.

例 1.38 因为 $(25, 42)=1$，所以 25 和 42 互素.   ◀

我们将在第 4 章中详细研究最大公因子，并给出计算最大公因子的算法. 同时也将证明许多相关的结论，而这些结论能导出很多数论中的重要定理.

1.5 节习题

1. 证明 $3\mid99$，$5\mid145$，$7\mid343$，$888\mid0$.

2. 证明 1001 可以被 7，11 和 13 整除.

3. 确定下面整数中哪个可被 7 整除.
    a) 0   b) 707   c) 1717   d) 123 321   e) $-285\ 714$ f) $-430\ 597$

4. 确定下面整数中哪个可被 22 整除.
    a) 0   b) 444   c) 1716   d) 192 544   e) $-32\ 516$ f) $-195\ 518$

5. 求带余除法中的商和余数，其中除数为 17，被除数为
    a) 100   b) 289   c) -44 d) -100

6. 求出能整除下列整数的所有正整数.
    a) 12   b) 22   c) 37   d) 41

7. 求出能整除下列整数的所有正整数.
    a) 13   b) 21   c) 36   d) 44

8. 通过求整除下列数对中每个整数的所有正整数并选取最大的那个来求下列数对的最大公因子.
    a) $(8, 12)$ b) $(7, 9)$ c) $(15, 25)$ d) $(16, 27)$

9. 通过求整除下列数对中每个整数的所有正整数并选取最大的那个来求下列数对的最大公因子.
    a) $(11, 22)$ b) $(36, 42)$ c) $(21, 22)$ d) $(16, 64)$

10. 求出所有与 10 互素且小于 10 的正整数.

11. 求出所有与 11 互素且小于 11 的正整数.

12. 求出不超过 10 且互素的正整数对.

13. 求出介于 10 与 20 之间（包括 10 与 20）的互素的正整数对.

14. 如果 a 和 b 是非零整数，且 $a\mid b$，$b\mid a$，你能得到什么结论？

15. 证明：如果 a, b, c 和 d 是整数，a 和 c 非零，且满足 $a\mid b$，$c\mid d$，则 $ac\mid bd$.

16. 是否有整数 a, b 和 c，使得 $a\mid bc$，但是 $a\nmid b$，且 $a\nmid c$？

17. 证明：如果 a, b 和 $c\neq0$ 都是整数，则 $a\mid b$ 当且仅当 $ac\mid bc$.

18. 证明：如果 a 和 b 是正整数且 $a\mid b$，则 $a\leqslant b$.

19. 证明：如果 a 和 b 是整数且满足 $a\mid b$，则对任意正整数 k，有 $a^k\mid b^k$.

20. 证明两个偶数或两个奇数的和是偶数，而一个奇数和一个偶数的和是奇数.

21. 证明两个奇数的积是奇数，而如果两个整数中有一个为偶数，则这两个整数的积是偶数.

22. 证明：如果 a 和 b 是正整数且 $b\nmid a$，则存在整数 s 和 t 使得 $a=bs+t$，其中 t 是奇数，且 $|t|<b$.

23. 当整数 a 被整数 b 除时，其中 $b>0$，带余除法给出一个商 q 和一个余数 r. 证明：如果 $b\nmid a$，则当 $-a$ 被 b 除时，带余除法给出商为 $-(q+1)$，余数为 $b-r$；而如果 $b\mid a$，则商为 $-q$，余数为 0.

24. 证明：如果 a, b 和 c 为整数，$b>0$，$c>0$，使得当 a 被 b 除时商为 q，余数为 r，且 q 被 c 除的商为 t，余数为 s，则当 a 被 bc 除时，商为 t，余数为 $bs+r$.

25. a) 通过允许除数为负来扩展带余除法. 特别地，证明当 a 和 $b \neq 0$ 为整数时，存在唯一的整数 q 和 r 使得 $a = bq + r$，其中 $0 \leqslant r < |b|$.

　　b) 求 17 除以 -7 的余数.

☞ 26. 证明：如果 a 和 b 为正整数，则存在唯一整数 q 和 r 使得 $a = bq + r$，其中 $-b/2 < r \leqslant b/2$. 这个结果被称作改良型带余除法（modified division algorithm）.

27. 证明：如果 m 和 $n > 0$ 为整数，则

$$\left[\frac{m+1}{n}\right] = \begin{cases} \left[\dfrac{m}{n}\right] & \text{如果对某整数 } k, \text{有 } m \neq kn - 1; \\[2mm] \left[\dfrac{m}{n}\right] + 1 & \text{如果对某整数 } k, \text{有 } m = kn - 1. \end{cases}$$

28. 证明整数 n 为偶数当且仅当 $n - 2[n/2] = 0$.

29. 证明小于等于 x 且能够被正整数 d 整除的正整数个数等于 $[x/d]$，其中 x 为正实数.

30. 求不超过 1000 且能够被 5，25，125 和 625 整除的正整数个数.

31. 在 100 和 1000 之间有多少整数能够被 7 整除？被 49 整除？

32. 求不超过 1000 且不能被 3 或 5 整除的正整数个数.

33. 求不超过 1000 且不能被 3，5 或 7 整除的正整数个数.

34. 求不超过 1000 且能够被 3 整除但不能被 4 整除的正整数个数.

35. 2010 年年初，在美国邮寄一封一等信件，一盎司内需花费 44 美分，而后每增加一盎司（不足也按一盎司计），需要多花费 17 美分. 求一个用最大整数函数来表示的 2010 年年初的邮资的公式. 在 2010 年年初的美国是否可能花费 1.81 美元或 2.65 美元来邮寄一封一等信件？

36. 证明：如果 a 为整数，则 3 整除 $a^3 - a$.

37. 证明两个形如 $4k + 1$ 的整数之积仍然是这种形式，两个形如 $4k + 3$ 的整数的积的形式为 $4k + 1$.

38. 证明每个奇数的平方都形如 $8k + 1$.

39. 证明每个奇数的四次方都形如 $16k + 1$.

40. 证明两个形如 $6k + 5$ 的整数的积形如 $6k + 1$.

41. 证明任意三个连续的整数的积都能被 6 整除.

42. 用数学归纳法证明对任意正整数 n，$n^5 - n$ 可以被 5 整除.

43. 用数学归纳法证明三个连续的整数的立方和能够被 9 整除.

　　在习题 44~48 中，f_n 表示第 n 个斐波那契数.

44. 证明 f_n 为偶数当且仅当 n 可被 3 整除.

45. 证明 f_n 能被 3 整除当且仅当 n 可被 4 整除.

46. 证明 f_n 能被 4 整除当且仅当 n 可被 6 整除.

47. 证明当 n 为满足 $n > 5$ 的正整数时，$f_n = 5f_{n-4} + 3f_{n-5}$. 应用这个结果证明当 n 能被 5 整除时，f_n 能被 5 整除.

* 48. 证明当 m 和 n 为正整数，且 $m > 1$ 时，$f_{n+m} = f_m f_{n+1} + f_{m-1} f_n$. 应用这个结果证明当 m 和 n 为正整数且满足 $n \mid m$ 时 $f_n \mid f_m$.

　　设 n 为正整数，我们定义

$$T(n) = \begin{cases} n/2 & \text{如果 } n \text{ 为偶数}; \\ (3n+1)/2 & \text{如果 } n \text{ 为奇数}. \end{cases}$$

则可以通过迭代 T 来得到一个序列：n，$T(n)$，$T(T(n))$，$T(T(T(n)))$，…. 例如，从 $n = 7$ 开始，我们得到 7，11，17，26，13，20，10，5，8，4，2，1，2，1，2，1，…. 一个著名的猜想（有时被称为 Collatz 猜想）宣称无论由哪个正整数 n 开始，由迭代 T 得到的序列总是会达到整数 1.

49. 求从 $n=39$ 开始通过迭代 T 所得到的序列.

50. 证明从 $n=(2^{2k}-1)/3$ 开始通过迭代 T 所得到的序列总是会达到整数 1，其中 k 为大于 1 的正整数.

51. 证明：如果可以证明对于任意整数 n，$n \geqslant 2$，在通过迭代 T 得到的序列中总存在一项小于 n，那么 Collatz 猜想为真.

52. 验证对于所有满足 $2 \leqslant n \leqslant 100$ 的正整数 n，由正整数 n 开始，通过迭代 T 得到的序列中存在一项小于 n.（提示：从容易证明这个结论正确的正整数集合开始考虑.）

* 53. 证明：当 n 为非负整数时，$[(2+\sqrt{3})^n]$ 为奇数.

* 54. 确定满足 $[a/2]+[a/3]+[a/5]=a$ 的正整数 n 的个数，其中 $[x]$ 是通常的最大整数函数.

55. 用第二数学归纳原理证明带余除法.

计算和研究

1. 求 111 111 111 111 被 987 654 321 除所得的商和余数.

2. 对于不超过 10 000 的所有整数 n，验证习题 49 前的导言中描述的 Collatz 猜想.

3. 考察一些数据，对于在迭代 $T(n)$ 得到的序列达到 1 之前所需的迭代步数，你能做出什么样的猜测？其中 n 为给定的正整数.

4. 考察一些数据，推导出关于斐波那契数对于 7，8，9，11 和 13 等数的可除性的猜测.

程序设计

1. 确定一个整数是否能被一个给定的整数整除.

2. 求带余除法中的商和余数.

3. 求在习题 26 中给出的特殊带余除法中的商、余数和符号.

4. 对给定的正整数 n，计算习题 49 前的导言中定义的序列 n，$T(n)$，$T(T(n))$，$T(T(T(n)))$，$\cdots$ 中的项.

第2章 整数的表示法和运算

整数的各种表示方法对于人们和计算机对这些整数进行有效运算有着重大的影响. 本章的目的是给出整数如何进行 b 进制展开, 以及如何用这种展开式进行整数的基本算术运算. 特别地, 我们要证明, 对正整数 b, 每个正整数有唯一的 b 进制展开式, 例如当 b 为 10 时, 我们有整数的十进制展开式. 当 b 为 2 时, 我们有这个整数的二进制展开式. 而当 b 为 16 时, 我们有十六进制展开式. 我们将给出整数进行 b 进制展开的一个程序和用 b 进制展开作整数算术运算的基本算法. 最后, 在介绍大 O 符号之后, 我们用位运算次数的大 O 估计来分析这些基本运算的计算复杂性.

2.1 整数的表示法

我们在日常生活中采用十进制表示整数. 用一些数字表示 10 的方幂来把整数写下来. 例如把一个整数写成 37 465, 意思是

$$3 \cdot 10^4 + 7 \cdot 10^3 + 4 \cdot 10^2 + 6 \cdot 10 + 5.$$

十进制是计数制的一个例子, 其中每个数字的位置决定它所代表的数值. 从古到今, 人们还采用过许多其他表示整数的方法. 例如, 三千年前巴比伦数学家采用十六进制表示整数. 罗马人采用的罗马数字在今天还用来表示年份. 古代玛雅人采用二十进制. 还有许多计数系统也被发明和使用过.

十进制成为一种固定下来的计数方法, 很可能是因为人有十个手指. 我们还会看到, 每个大于 1 的正整数都可作为进位制的基底. 随着计算机的发明和发展, 十以外的进位制变得越来越重要. 特别是以 2, 8 和 16 为基底的进位制在计算机各种功能中得到广泛的采用.

在本节中, 我们将要说明无论把哪个整数 b 取为基底, 每个正整数都可以唯一地表示为以 b 为基底的记号. 在 2.2 节中, 我们将要说明如何应用这种表示来进行整数运算.(参考本节末的习题, 学习计算机用来表示正负数的补 1 表示法和补 2 表示法.)

关于正整数系统的有趣历史的更多信息, 我们给读者推荐[Or88]或[Kn97], 其中可以找到大量的综述和很多参考文献.

我们现在证明每个大于 1 的正整数都可以被取为基底.

定理 2.1 令 b 是正整数, $b>1$, 则每个正整数 n 都可以被唯一地写为如下形式:

$$n = a_k b^k + a_{k-1} b^{k-1} + \cdots + a_1 b + a_0,$$

其中 k 为非负整数, a_j 为整数, $0 \leqslant a_j \leqslant b-1 (j=0, 1, \cdots, k)$, 且首项系数 $a_k \neq 0$.

证明 我们按照下述方法通过连续应用带余除法来得到所描述类型的表示. 首先用 b 除 n 得到

$$n = bq_0 + a_0, \quad 0 \leqslant a_0 \leqslant b-1.$$

如果 $q_0 \neq 0$, 则用 b 除 q_0 得到

$$q_0 = bq_1 + a_1, \quad 0 \leqslant a_1 \leqslant b-1.$$

继续这个过程得到

$$q_1 = bq_2 + a_2, \qquad 0 \leqslant a_2 \leqslant b-1,$$
$$q_2 = bq_3 + a_3, \qquad 0 \leqslant a_3 \leqslant b-1,$$
$$\vdots$$
$$q_{k-2} = bq_{k-1} + a_{k-1}, \quad 0 \leqslant a_{k-1} \leqslant b-1,$$
$$q_{k-1} = b \cdot 0 + a_k, \qquad 0 \leqslant a_k \leqslant b-1.$$

当得到商 0 时这个过程就到了最后一步. 为了看清楚这一点, 首先注意商序列满足

$$n > q_0 > q_1 > q_2 > \cdots \geqslant 0.$$

因为序列 q_0, q_1, q_2, $\cdots$ 是一个递减的非负整数序列, 且只要其中的项为正数就继续下去, 因而在这个序列中至多存在 q_0 个项, 且最后一项为 0.

从上面的第一个方程可以看出

$$n = bq_0 + a_0.$$

下面用第二个方程取代 q_0, 得到

$$n = b(bq_1 + a_1) + a_0 = b^2 q_1 + a_1 b + a_0.$$

顺次取代 q_1, q_2, $\cdots$, q_{k-1}, 我们得到

$$n = b^3 q_2 + a_2 b^2 + a_1 b + a_0$$
$$\vdots$$
$$= b^{k-1} q_{k-2} + a_{k-2} b^{k-2} + \cdots + a_1 b + a_0$$
$$= b^k q_{k-1} + a_{k-1} b^{k-1} + \cdots + a_1 b + a_0$$
$$= a_k b^k + a_{k-1} b^{k-1} + \cdots + a_1 b + a_0,$$

其中 $0 \leqslant a_j \leqslant b-1$, $j = 0$, 1, $\cdots$, k 且 $a_k \neq 0$. 给定 $a_k = q_{k-1}$ 为最后的非零商. 这样, 我们就找到了所述类型的展开式.

为了说明这个展开式的唯一性, 假定有两个等于 n 的这种展开式, 即

$$n = a_k b^k + a_{k-1} b^{k-1} + \cdots + a_1 b + a_0$$
$$= c_k b^k + c_{k-1} b^{k-1} + \cdots + c_1 b + c_0,$$

其中 $0 \leqslant a_k < b$, $0 \leqslant c_k < b$ (并且如果必要, 我们在其中的一个展开式中添加零系数的起始项以使得它们的项数相同). 从一个展开式中减去另外一个, 我们得到

$$(a_k - c_k) b^k + (a_{k-1} - c_{k-1}) b^{k-1} + \cdots + (a_1 - c_1) b + (a_0 - c_0) = 0.$$

如果这两个展开式不同, 则存在一个最小的整数 j, $0 \leqslant j \leqslant k$, 使得 $a_j \neq c_j$. 因此,

$$b^j ((a_k - c_k) b^{k-j} + \cdots + (a_{j+1} - c_{j+1}) b + (a_j - c_j)) = 0,$$

故

$$(a_k - c_k) b^{k-j} + \cdots + (a_{j+1} - c_{j+1}) b + (a_j - c_j) = 0.$$

从中解出 $a_j - c_j$, 得到

$$a_j - c_j = (c_k - a_k) b^{k-j} + \cdots + (c_{j+1} - a_{j+1}) b$$
$$= b((c_k - a_k) b^{k-j-1} + \cdots + (c_{j+1} - a_{j+1})).$$

因此, 我们看到

$$b \,|\, (a_j - c_j).$$

但是因为 $0 \leqslant a_j < b$ 且 $0 \leqslant c_j < b$, 故 $-b < a_j - c_j < b$. 因此 $b \,|\, (a_j - c_j)$ 意味着 $a_j = c_j$. 这与假

设两个展开式不同矛盾. 综上我们得到 n 关于基 b 的展开式是唯一的. ∎

对于 $b=2$, 由定理 2.1 可知下面的推论成立.

推论 2.1.1 每个正整数都可以被表示为 2 的不同幂次的和.

证明 设 n 为正整数. 在定理 2.1 中取 $b=2$, 我们知道 $n=a_k 2^k + a_{k-1} 2^{k-1} + \cdots + a_1 2 + a_0$, 其中每个 a_j 或者为 0 或者为 1. 因此每个正整数都是 2 的不同幂次的和. ∎

在定理 2.1 所描述的展开式中, b 被称为展开式的基(base)或根(radix). 我们称基为 10 的表示(即通常整数的写法)为十进制(decimal)表示. 基为 2 的表示被称为二进制(binary)表示, 基为 8 的表示被称为八进制(octal)表示, 基为 16 的表示被称为十六进制(hexadecimal)表示, 或者简称为 hex. 系数 a_j 被称为展开式的位(digit). 在计算机术语中二进制数字被称为比特(bit, 是英文 binary digit 的缩写).

为了区别整数关于不同基的表示, 我们采用一种特别的记号, 用 $(a_k a_{k-1} \cdots a_1 a_0)_b$ 来表示数 $a_k b^k + a_{k-1} b^{k-1} + \cdots + a_1 b + a_0$.

例 2.1 为了说明基为 b 的表示, 注意到 $(236)_7 = 2 \cdot 7^2 + 3 \cdot 7 + 6 = 125$ 和 $(10010011)_2 = 1 \cdot 2^7 + 1 \cdot 2^4 + 1 \cdot 2^1 + 1 = 147$. ◁

定理 2.1 的证明提供了一种求任意一个正整数 n 的 b 进制展开 $(a_k a_{k-1} \cdots a_1 a_0)_b$ 的方法. 特别地, 为了求 n 的 b 进制展开, 我们首先要用 b 除 n, 余数为数字 a_0. 然后用 b 除商 $[n/b] = q_0$, 余数为数字 a_1. 继续这个过程, 连续地用 b 除得到商, 以获得 n 关于基 b 的展开式中的数字. 一旦得到的商为 0, 这个过程就停止. 换句话说, 为了求得 n 的 b 进制展开, 我们重复地使用除法, 每次用商取代被除数, 当商为 0 时停止. 然后从下到上读取余数序列来得到 b 进制展开. 下面用例 2.2 来说明这个过程.

例 2.2 为了求出 1864 的二进制展开式, 我们连续使用除法:

$$1864 = 2 \cdot 932 + 0,$$
$$932 = 2 \cdot 466 + 0,$$
$$466 = 2 \cdot 233 + 0,$$
$$233 = 2 \cdot 116 + 1,$$
$$116 = 2 \cdot 58 + 0,$$
$$58 = 2 \cdot 29 + 0,$$
$$29 = 2 \cdot 14 + 1,$$
$$14 = 2 \cdot 7 + 0,$$
$$7 = 2 \cdot 3 + 1,$$
$$3 = 2 \cdot 1 + 1,$$
$$1 = 2 \cdot 0 + 1.$$

为了得到 1864 的二进制展开式, 只需取这些除法中的余数即可, 就是说 $(1864)_{10} = (11101001000)_2$. ◁

计算机内部是使用一系列状态为"开"或者"关"的"开关"来表示数的. (这可以使用磁头、电开关或者其他手段机械地实现.) 因此, 每个开关可以有两个可能的状态. 我们可以使用"开"来表示数字 1, 而"关"表示数字 0; 这就是为什么计算机内部使用二进制来表示整数.

为了实现不同的目的, 计算机中也使用 8 或 16 为基. 在基于 16(十六进制)的表示中有 16 个数字, 通常使用 0, 1, 2, 3, 4, 5, 6, 7, 8, 9, A, B, C, D, E, F. 字母 A, B, C, D, E 和 F 被用来表示对应于 10, 11, 12, 13, 14 和 15(用十进制的写法)的数字. 下面的例子说明了从十六进制到十进制表示的转换.

例 2.3 把 $(A35B0F)_{16}$ 从十六进制转换为十进制表示:

$$(A35B0F)_{16} = 10 \cdot 16^5 + 3 \cdot 16^4 + 5 \cdot 16^3 + 11 \cdot 16^2 + 0 \cdot 16 + 15$$
$$= (10705679)_{10}.$$

在二进制与十六进制表示之间可以有一个简单的转换. 我们可以把每个十六进制数字根据表 2.1 给出的对应关系写成一个由四位二进制数字组成的块.

表 2.1　从十六进制到二进制的转化

十六进制数	二进制数	十六进制数	二进制数
0	0000	8	1000
1	0001	9	1001
2	0010	A	1010
3	0011	B	1011
4	0100	C	1100
5	0101	D	1101
6	0110	E	1110
7	0111	F	1111

例 2.4 从十六进制到二进制的转换的一个例子是 $(2FB3)_{16} = (10111110110011)_2$. 每个十六进制数字被转换为一个四位二进制数字块(与数字 $(2)_{16}$ 相关的初始块 $(0010)_2$ 的起始的零被省略了).

为了把二进制数转换为十六进制, 考虑 $(11110111101001)_2$. 我们从右端开始把这个数划分为四位的块. 这些块从右到左分别是 1001, 1110, 1101 和 0011(添加了两个起始的零). 把每个块转换为十六进制, 我们得到 $(3DE9)_{16}$.

我们注意到当两个基中一个是另一个的幂次时, 它们之间的转化与二进制-十六进制的转化一样容易.

2.1 节习题

1. 把 $(1999)_{10}$ 从十进制表示转换为七进制表示. 把 $(6105)_7$ 从七进制表示转换为十进制表示.

2. 把 $(89156)_{10}$ 从十进制表示转换为八进制表示. 把 $(706113)_8$ 从八进制表示转换为十进制表示.

3. 把 $(10101111)_2$ 从二进制表示转换为十进制表示, 并把 $(999)_{10}$ 从十进制表示转换为二进制表示.

4. 把 $(101001000)_2$ 从二进制表示转换为十进制表示, 并把 $(1984)_{10}$ 从十进制表示转换为二进制表示.

5. 把 $(100011110101)_2$ 和 $(11101001110)_2$ 从二进制转换为十六进制.

6. 把 $(ABCDEF)_{16}$, $(DEFACED)_{16}$ 和 $(9A0B)_{16}$ 从十六进制转换为二进制.

7. 解释为何在实际中当我们把大的十进制整数分成三位的块并用空格隔开时是在使用基为 1000 的表示.

8. 证明：如果 b 是小于 -1 的负整数，则每个非零整数 n 可以被唯一地写成如下形式：

$$n = a_k b^k + a_{k-1} b^{k-1} + \cdots + a_1 b + a_0,$$

其中 $a_k \neq 0$ 且 $0 \leq a_j < |b|$，$j = 0, 1, 2, \cdots, k$. 我们把它写成为 $n = (a_k a_{k-1} \cdots a_1 a_0)_b$，就像在基为正数那样.

9. 求 $(101001)_{-2}$ 和 $(12012)_{-3}$ 的十进制表示.

10. 求十进制数 -7，-17 和 61 的基于 -2 的表示.

11. 证明当所有的砝码都放在一个盘子中时，不超过 $2^k - 1$ 的重量可以使用重为 $1, 2, 2^2, \cdots, 2^{k-1}$ 的砝码来测量.

12. 证明每个非零整数可以被唯一地表示为如下形式：

$$e_k 3^k + e_{k-1} 3^{k-1} + \cdots + e_1 3 + e_0,$$

其中 $e_j = -1$，0 或 $1 (j = 0, 1, 2, \cdots, k)$ 且 $e_k \neq 0$. 这个展开式被称为平衡三元展开式（balanced ternary expansion）.

13. 应用习题 12 证明当砝码可以被放在任何一个盘子中时，不超过 $(3^k - 1)/2$ 的重量可以使用重为 $1, 3, 3^2, \cdots, 3^{k-1}$ 的砝码来测量.

14. 解释如何从三进制表示转换为九进制表示，以及如何从九进制表示转换为三进制.

15. 解释如何从基于 r 的表示转换为基于 r^n 的表示，以及如何从基于 r^n 的表示转换为基于 r 的表示，其中 $r > 1$ 且 n 为正整数.

16. 证明：如果 $n = (a_k a_{k-1} \cdots a_1 a_0)_b$，则 n 被 b^j 除所得的商和余数分别是 $q = (a_k a_{k-1} \cdots a_j)_b$，$r = (a_{j-1} \cdots, a_1, a_0)_b$.

17. 如果 n 的 b 进制展开为 $n = (a_k a_{k-1} \cdots a_1 a_0)_b$，那么 $b^m n$ 的 b 进制展开是什么？

整数的补 1 表示被用来简化计算机算法. 为了表示绝对值小于 2^n 的正、负整数，一共要用到 $n+1$ 字节.

最左边的字节被用来表示符号. 这个位置上的 0 用来表示正数，而 1 用来表示负数.

对于正整数，余下的字节和整数的二进制表示是一样的. 对于负整数，余下的字节如下确定：首先求这个整数的绝对值的二进制表示，然后对每个字节取其补. 这里 1 的补为 0，而 0 的补为 1.

18. 求下列整数的补 1 表示，使用长度为 6 的字节串.

     a) 22   b) 31   c) -7 d) -19

19. 下面长度为五的表示是哪个整数的补 1 表示？

     a) 11001   b) 01101   c) 10001   d) 11111

20. 当使用长度为 n 的字节串时，如何从 m 的补 1 表示得到 $-m$ 的补 1 表示？

21. 证明：如果整数 m 的补 1 表示为 $a_{n-1} a_{n-2} \cdots a_1 a_0$，那么 $m = -a_{n-1}(2^{n-1} - 1) + \sum_{i=0}^{n-2} a_i 2^i$.

整数的补 2 表示也被用来简化计算机算法（事实上，它们比补 1 表示更常用）. 为了表示满足 $-2^{n-1} \leq x \leq 2^{n-1} - 1$ 的整数 x，需要用到 n 个字节.

最左边的字节用来表示符号，0 表示正数，而 1 表示负数.

对于正整数，余下的 $n-1$ 个字节和该整数的二进制表示相同. 对于负整数，余下的字节是 $2^{n-1} - |x|$ 的二进制展开.

22. 用长度为六的字节串求习题 18 中的整数的补 2 表示.

23. 如果习题 19 中的每个数都是一个整数的补 2 表示，那么它们分别对应哪些整数？

24. 证明：如果整数 m 的补 2 表示为 $a_{n-1} a_{n-2} \cdots a_1 a_0$，那么 $m = -a_{n-1} \cdot 2^{n-1} + \sum_{i=0}^{n-2} a_i 2^i$.

25. 当使用长度为 n 的字节串时，如何从 m 的补 2 表示得到 $-m$ 的补 2 表示？

26. 如何从一个整数的补 1 表示得到它的补 2 表示?

27. 有时整数编码采用由四位的二进制展开来表示一个十进制数字的方法, 这产生了整数的二进制编码的十进制(binary coded decimal)形式. 例如, 791 用这种方法编码为 011110010001. 使用这种编码方法需要用多少个字节来表示一个 n 位的十进制数?

正整数 n 的康托尔展开(Cantor expansion)是一个和式

$$n = a_m m! + a_{m-1}(m-1)! + \cdots + a_2 2! + a_1 1!,$$

其中每个 a_j 都是一个满足 $0 \leqslant a_j \leqslant j$ 的整数, 且 $a_m \neq 0$.

28. 求 14, 56 和 384 的康托尔展开.

* 29. 证明每个正整数有唯一的康托尔展开. (提示: 对每个正整数 n, 存在正整数 m 使得 $m! \leqslant n < (m+1)!$. 对于 a_m, 取 n 除以 $m!$ 的商, 然后迭代.)

中国的拿子(nim)游戏是这样玩的. 有几堆火柴棍, 在游戏的开始每一堆中都包含着任意数目的火柴棍. 每一步中一个玩家从任意一堆火柴棍中拿走一根或多根. 玩家轮流拿火柴, 谁拿到最后一根火柴谁就赢得游戏.

取胜位置是每堆火柴数目的一种置法, 使得如果一个玩家可以把火柴拿走后, 剩下火柴堆具有那种置法, 则(无论第二个玩家怎么做)第一个玩家有必赢的方法. 这种位置的一个例子是有两堆火柴, 每一堆包含一根火柴; 这就是取胜位置, 因为第二个玩家必须拿走一根火柴, 从而把拿走最后一根火柴的取胜机会留给第一个玩家.

30. 证明在拿子游戏中, 有两堆火柴而每堆都包含两根火柴的位置是取胜位置.

31. 对于火柴堆中火柴数目的每种组合, 把每堆的火柴数目用二进制表示, 然后把这些数每行一个排起来对齐(如果有必要要在首位补零). 证明一个位置是取胜位置当且仅当在每一列中 1 的数目是偶数. (例如: 三堆分别为 3, 4 和 7 的火柴可以写为

$$\begin{array}{ccc} 0 & 1 & 1 \\ 1 & 0 & 0 \\ 1 & 1 & 1 \end{array}$$

其中每一列恰有两个 1.)(提示: 证明从一个取胜位置开始的任意一步都将产生非取胜位置, 并证明从任意一个非取胜位置开始都存在一种做法达到一个取胜位置.)

设 a 为一个四位的十进制整数, 其中所有的数字不全相同. 设 a' 是通过把 a 的各位数字按照递减的顺序排列得到的十进制整数, a'' 为通过把 a 的各位数字按照递增的顺序排列得到的十进制整数. 定义 $T(a) = a' - a''$. 例如, $T(7318) = 8731 - 1378 = 7353$.

* 32. 证明唯一一个使得 $T(a) = a$ 的四位十进制整数(其中所有的数字不全相同)为 $a = 6174$. 整数 6174 被称为卡普瑞卡常数(Kaprekar's constant), 是以印度数学家 D. R. Kaprekar 的名字命名的, 因为它是具有这个性质的唯一整数.

** 33. a) 证明: 如果 a 是一个有着四位十进制展开的正整数, 并且所有的数字不全相同, 则通过迭代 T 得到的序列 a, $T(a)$, $T(T(a))$, $\cdots$, 最终达到整数 6174.

  b) 确定在(a)中定义的序列达到 6174 所需的最大步数.

卡普瑞卡(D. R. Kaprekar, 1905—1986)出生于印度的 Dahanu, 从小就对数字感兴趣. 他在 Thana 接受了中学教育, 并曾在 Poona 的 Ferguson 学院学习. 卡普瑞卡后来进入了庞拜大学并于 1929 年获得学士学位. 从 1930 年直到 1962 年退休, 他一直在印度的 Devlali 作教师. 卡普瑞卡发现了趣味数论中许多有意思的性质. 他发表过许多诸如幻方数、循环数以及其他具有特殊性质的整数的作品.

设 b 为正整数，a 是具有 b 进制四位展开式的整数，并且所有的数字不全相同. 定义 $T_b(a)=a'-a''$，其中 a' 是通过把 a 的基于 b 进制展开的各位数字按照递减的顺序排列得到的基于 b 进制展开的整数，a'' 为通过把 a 的基于 b 进制展开的各位数字按照递减的顺序排列得到的基于 b 进制展开的整数.

** 34. 设 $b=5$. 求唯一的一个具有五进制展开的四位整数 a_0 使得 $T_5(a_0)=a_0$. 证明这个整数 a_0 是一个基于 5 的卡普瑞卡常数；换句话说，只要 a_0 是以 5 为基的四位展开整数，并且并非所有的数字都相同，则 a，$T(a)$，$T(T(a))$，$T(T(T(a)))$，$\cdots$ 最终达到 a_0.

 * 35. 证明不存在基为 6 的四位数的卡普瑞卡常数.

 * 36. 确定是否存在基为 10 的三位数的卡普瑞卡常数. 证明你的答案的正确性.

37. 一个序列 $a_j(j=1,2,\cdots)$ 被称为是西唐序列（以匈牙利数学家西蒙·西唐（Simon Sidon）的名字命名），如果所有的两项和 $a_i+a_j(i\leqslant j)$ 互不相同. 用定理 2.1 来证明 $a_j(j=1,2,\cdots)$ 是西唐序列，其中 $a_j=2^j$.

计算和研究

1. 求下列各个整数的二进制、八进制和十六进制展开.
   a) 9876543210   b) 1111111111   c) 10000000001

2. 求下列各个整数的十进制展开.
   a) $(1010101010101)_2$ b) $(765432101234567)_8$ c) $(ABBAFADACABA)_{16}$

3. 求下列和式的值，用各自表达式所使用的基来表示你的答案.
   a) $(11011011011011011)_2+(10010010010010010001)_2$
   b) $(12345670123456)_8+(765432107654321)_8$
   c) $(123456789ABCD)_{16}+(BABACACADADA)_{16}$

4. 求整数 100 000，10 000 000 和 1 000 000 000 的康托尔展开. （康托尔展开的定义参看习题 28 前面的导言.）

5. 对于各位数字不全相同的几个不同的四位整数验证习题 33 中描述的结果.

6. 通过计算数据给出一个关于序列 a，$T(a)$，$T(T(a))$，$\cdots$ 的猜测，其中 a 为基于 10 表示的五位整数且所有数字不全相同，$T(a)$ 如习题 32 前的导言中所定义.

7. 研究序列 a，$T(a)$，$T(T(a))\cdots$，关于不同的基 b 的规律，其中 a 为基于 b 表示的三位整数，你可以做出什么样的猜测？使用基于 b 表示的四位整数和五位整数重复你的研究.

程序设计

1. 从一个整数的十进制展开式求其二进制展开式，反之亦然.

2. 把基为 b_1 的表示转换为基为 b_2 的表示，其中 b_1 和 b_2 是大于 1 的任意整数.

3. 把二进制表示转换为十六进制表示，反之亦然.

4. 从一个整数的十进制表示求其基为 (-2) 的表示（参看习题 8）.

5. 从一个整数的十进制展开式求其平衡三元展开式（参看习题 12）.

6. 从一个整数的十进制展开式求其康托尔展开式（参看习题 28 前面的导言）.

7. 设计一个在拿子游戏中的取胜策略（参看习题 30 前面的导言）.

 * 8. 研究序列 a，$T(a)$，$T(T(a))$，$\cdots$（习题 32 前的导言中定义），其中 a 为正整数，找出达到 6174 所需的最少步骤.

2.2   整数的计算机运算

在计算机发明之前，数学家是用手或一些机械设备来进行计算的. 采用这两种方法中的任何一种都只能处理不是很大的整数. 很多数论问题，例如大数分解和素性检验，都需要计算 100 位甚至 200 位的整数. 在本节中, 我们将要学习用计算机运算的一些基本算法. 在下面一节中, 将研究实现这些算法所需要的运算的次数.

我们已经提过, 计算机本质上是使用字节或二进制数来表示数的. 计算机对于可以在机器算法中使用的整数大小是有内在限制的. 这个上限被称为字长(word size), 用 w 表示. 字长通常是 2 的幂次, 例如在奔腾系列上是 2^{32} 或 2^{35}, 而有时字长为 10 的幂次.

为了实现关于大于字长的整数的算法, 我们必须把每个整数用多个字来表示. 为了存储整数 $n > w$, 我们把 n 作基于 w 的表示, 并且对每个数位用计算机的一个字表示. 例如, 如果字长为 2^{35}, 则由于小于 2^{350} 的整数在采用基为 2^{35} 的表示时不超过 10 个数位, 因此使用 10 个计算机字就可以存储像 $2^{350} - 1$ 那么大的整数. 还要注意为了找到一个整数基于 2^{35} 的展开表示, 我们只需要将长为 35 比特的块合并在一起.

讨论大整数的计算机算法的第一步是刻画基本的算术运算是如何系统地实现的.

下面描述 r 进制表示的整数的基本算术运算实现的经典方法, 其中 $r > 1$ 为整数. 这些方法是算法(algorithm)的例子.

定义   算法是为了实现一个计算或者解决一个问题的精确指令的有限集合.

算法(Algorithm)一词的来历

"Algorithm"是单词"algorism"的讹误, 最初来源于 9 世纪一本书《Kitab al-jabr w'al-muqabala》(复位与约简规则)作者的名字 Abu Ja'far Mohammed ibn Mûsâ al-Khwârizmî(请参看稍后他的小传). "algorism"一词最初是指用印度-阿拉伯数字进行运算的规则. 但 18 世纪演变为"algorithm". 随着对机器计算的兴趣日益剧增, 算法的概念也被广泛地理解为解决问题的所有确定步骤, 而不仅仅限于当初用阿拉伯记法对整数的算术运算了.

阿布 · 贾法 · 穆哈默德 · 伊本 · 穆萨 · 阿科瓦里茨米(Abu Ja'far Mohammed Ibn Mûsâ al-Khwârizmî, 780—850)是天文学家和数学家. 他是智慧堂即巴格达科学院的成员. 阿科瓦里茨米(al-Khwârizmî)的原意是"来自花刺子模(Kowarzizm)", 即现在乌兹别克斯坦的希瓦(Khiva). 阿科瓦里茨米写了很多关于数学、天文学和地理方面的书. 西方人从他的书中第一次学习了代数. 他的书名是《Kitab al-jabr w'al muqabala》, 单词"algebra"就是来自于 al-jabr, 这本书被翻译成拉丁文, 并且被广泛地作为教科书使用. 他的另外一本书讲述了用印度—阿拉伯数字来进行算术计算的过程.

我们将要描述两个 n 位整数 $a = (a_{n-1} a_{n-2} \cdots a_1 a_0)_r$ 和 $b = (b_{n-1} b_{n-2} \cdots b_1 b_0)_r$ 的加法、减法和乘法, 如果有必要则在初始位补零以使得两个展开式具有相同的长度. 这里描述的算法既适用于小于计算机字长的二进制整数, 也适用于大于字长 w 且以 w 为基的整数的高精度(multiple precision)算法.

加法   当把 a 和 b 加在一起时, 得到和

$$a + b = \sum_{j=0}^{n-1} a_j r^j + \sum_{j=0}^{n-1} b_j r^j = \sum_{j=0}^{n-1} (a_j + b_j) r^j.$$

为了求得 $a + b$ 的 r 进制展开式, 首先根据带余除法, 存在整数 C_0 和 s_0, 使得

$$a_0 + b_0 = C_0 r + s_0, \quad 0 \leqslant s_0 < r.$$

由于 a_0 和 b_0 为不超过 r 的正整数，故 $0 \leqslant a_0 + b_0 \leqslant 2r - 2$，因此 $C_0 = 0$ 或 1；这里 C_0 是进位到下一个位置的数. 下面，我们求整数 C_1 和 s_1，使得

$$a_1 + b_1 + C_0 = C_1 r + s_1, \quad 0 \leqslant s_1 < r.$$

由于 $0 \leqslant a_1 + b_1 + C_0 \leqslant 2r - 1$，故 $C_1 = 0$ 或 1. 这样进行归纳，我们对于 $1 \leqslant i \leqslant n-1$ 求整数 C_i 和 s_i，

$$a_i + b_i + C_{i-1} = C_i r + s_i, \quad 0 \leqslant s_i < r,$$

其中 $C_i = 0$ 或 1. 最后，设 $s_n = C_{n-1}$，这是由于两个 n 位整数相加若在第 n 个位置有进位则它们的和为 $n+1$ 位. 我们总结得到这个和基于 r 的展开式为 $a + b = (s_n s_{n-1} \cdots s_1 s_0)_r$.

当我们手算基于 r 的和时，可以使用类似于十进制加法的技巧.

例 2.5 把 $(1101)_2$ 和 $(1001)_2$ 加起来，写作

```
    1           1
        1   1   0   1
    +   1   0   0   1
   ———————————————————
    1   0   1   1   0
```

这里用斜体的 *1* 在适当的列上表明进位. 我们通过如下等式得到和的二进制数字：$1 + 1 = 1 \cdot 2 + 0$，$0 + 0 + 1 = 0 \cdot 2 + 1$，$1 + 0 + 0 = 0 \cdot 2 + 1$，$1 + 1 + 0 = 1 \cdot 2 + 0$. ◀

减法 假定 $a > b$. 考虑

$$a - b = \sum_{j=0}^{n-1} a_j r^j - \sum_{j=0}^{n-1} b_j r^j = \sum_{j=0}^{n-1} (a_j - b_j) r^j.$$

注意由带余除法，存在整数 B_0 和 d_0 使得

$$a_0 - b_0 = B_0 r + d_0, \quad 0 \leqslant d_0 < r,$$

且由于 a_0 和 b_0 是小于 r 的整数，因而有

$$-(r-1) \leqslant a_0 - b_0 \leqslant r-1.$$

当 $a_0 - b_0 \geqslant 0$ 时，我们得到 $B_0 = 0$. 否则，当 $a_0 - b_0 < 0$ 时，我们得到 $B_0 = -1$；B_0 是从 a 的 r 进制展开式的下一个位置的借位数. 再次使用带余除法求整数 B_1 和 d_1，使得

$$a_1 - b_1 + B_0 = B_1 r + d_1, \quad 0 \leqslant d_1 < r.$$

从这个方程可以看出只要 $a_1 - b_1 + B_0 \geqslant 0$，则借位 $B_1 = 0$，否则 $B_1 = -1$，这是因为 $-r \leqslant a_1 - b_1 + B_0 \leqslant r-1$. 这样一步步归纳地进行下去，可求出整数 B_i 和 d_i，使得

$$a_i - b_i + B_{i-1} = B_i r + d_i, \quad 0 \leqslant d_i < r$$

其中 $B_i = 0$ 或 -1，$1 \leqslant i \leqslant n-1$. 由于 $a > b$，故 $B_{n-1} = 0$. 于是得到

$$a - b = (d_{n-1} d_{n-2} \cdots d_1 d_0)_r.$$

当我们手算基于 r 的减法时，可以使用类似于十进制减法的技巧.

例 2.6 用 $(11011)_2$ 减去 $(10110)_2$，我们有

```
            -1
        1   1   0   1   1
    -   1   0   1   1   0
   ———————————————————————
            1   0   1
```

其中一列上面的斜体-1表示一个借位. 我们通过如下等式得到差的二进制数字：$1-0=0\cdot2+$
1，$1-1+0=0\cdot2+0$，$0-1+0=-1\cdot2+1$，$1-0-1=0\cdot2+0$ 且 $1-1+0=0\cdot2+0$. ◄

乘法   在讨论乘法之前，我们先讨论移位(shifting). 用 r^m 乘 $(a_{n-1}a_{n-2}\cdots a_1a_0)_r$，只需
要把展开式左移 m 位，并附加 m 个 0 位即可.

例 2.7   用 2^5 乘 $(101101)_2$，我们把所有的数字左移五位并在后面附加五个零，得到
$(10110100000)_2$. ◄

首先讨论一个 n 位整数与一个一位整数的乘法. 为了用 $(b)_r$ 乘 $(a_{n-1}\cdots a_1a_0)_r$，我们首
先注意到
$$a_0b=q_0r+p_0,\quad 0\leqslant p_0<r,$$
且 $0\leqslant q_0\leqslant r-2$，这是因为 $0\leqslant a_0b\leqslant(r-1)^2$. 接着有
$$a_1b+q_0=q_1r+p_1,\quad 0\leqslant p_1<r,$$
且 $0\leqslant q_1\leqslant r-1$. 一般地，我们有
$$a_ib+q_{i-1}=q_ir+p_i,\quad 0\leqslant p_i<r,$$
且 $0\leqslant q_i\leqslant r-1$. 进一步，我们有 $p_n=q_{n-1}$. 这样得到 $(a_{n-1}\cdots a_1a_0)_r(b)_r=(p_np_{n-1}\cdots$
$p_1p_0)_r$.

为了实现两个 n 位整数的乘法，我们将其写成
$$ab=a\Big(\sum_{j=0}^{n-1}b_jr^j\Big)=\sum_{j=0}^{n-1}(ab_j)r^j.$$
对每个 j，首先用 b_j 乘 a，然后左移 j 位，最后把这样得到的所有 n 个整数加起来得到
乘积.

当我们手算两个具有 r 进制展开的整数的乘积时，可以使用类似于十进制乘法的技巧.

例 2.8   把 $(1101)_2$ 和 $(1110)_2$ 相乘，有如下算式：

```
          1  1  0  1
    ×     1  1  1  0
    ─────────────────
          0  0  0  0
       1  1  0  1
    1  1  0  1
 1  1  0  1
 ────────────────────────
 1  0  1  1  0  1  1  0
```

注意首先用 $(1110)_2$ 的每个数字乘 $(1101)_2$，每次做适当数目的移位，然后把适当的整数相
加得到积. ◄

除法   我们希望求出带余除法中的商 q
$$a=bq+R,\quad 0\leqslant R<b.$$
如果 q 的 r 进制展开为 $q=(q_{n-1}q_{n-2}\cdots q_1q_0)_r$，则
$$a=b\Big(\sum_{j=0}^{n-1}q_jr^j\Big)+R,\quad 0\leqslant R<b.$$
为了确定 q 的第一个数字 q_{n-1}，我们注意到
$$a-bq_{n-1}r^{n-1}=b\Big(\sum_{j=0}^{n-2}q_jr^j\Big)+R.$$

这个方程的右边不仅仅是正的，而且小于 br^{n-1}，这是因为 $\sum\limits_{j=0}^{n-2} q_j r^j \leqslant \sum\limits_{j=0}^{n-2}(r-1)r^j = \sum\limits_{j=0}^{n-1}r^j - \sum\limits_{j=0}^{n-2}r^j = r^{n-1}-1$. 因此

$$0 \leqslant a - bq_{n-1}r^{n-1} < br^{n-1}.$$

这告诉我们

$$q_{n-1} = \left[\frac{a}{br^{n-1}}\right].$$

我们通过从 a 中连续地减去 br^{n-1} 直到得到一个负的结果来求得 q_{n-1}. q_{n-1} 比减法的次数小 1.

为了得到 q 的其他位上的数字，我们定义部分余数（partial remainders）序列 R_i 如下：

$$R_0 = a,$$

且对于 $i = 1,\ 2,\ \cdots,\ n$,

$$R_i = R_{i-1} - bq_{n-i}r^{n-i}.$$

利用数学归纳法，我们来证明

$$R_i = \left(\sum_{j=0}^{n-i-1} q_j r^j\right)b + R. \tag{2.1}$$

对于 $i = 0$，显然这是正确的，因为 $R_0 = a = qb + R$. 现在，假定

$$R_k = \left(\sum_{j=0}^{n-k-1} q_j r^j\right)b + R.$$

则

$$\begin{aligned}
R_{k+1} &= R_k - bq_{n-k-1}r^{n-k-1} \\
&= \left(\sum_{j=0}^{n-k-1} q_j r^j\right)b + R - bq_{n-k-1}r^{n-k-1} \\
&= \left(\sum_{j=0}^{n-(k+1)-1} q_j r^j\right)b + R,
\end{aligned}$$

这样就得到(2.1).

由(2.1)可知对于 $i = 1,\ 2,\ \cdots,\ n$，由于 $\sum\limits_{j=0}^{n-i-1} q_j r^j \leqslant r_{n-i}-1$，故 $0 \leqslant R_i < r^{n-i}b$. 从而，由 $R_i = R_{i-1} - bq_{n-i}r^{n-i}$ 和 $0 \leqslant R_i < r^{n-1}b$ 可知数字 q_{n-i} 由 $[R_{i-1}/(br^{n-i})]$ 给出，并通过从 R_{i-1} 中连续地减去 br^{n-i} 直到得到一个负的结果而得到，q_{n-i} 比减法的次数小 1. 这就说明了如何求得 q 中的数字.

例 2.9 用 $(111)_2$ 除 $(11101)_2$，设 $q = (q_2 q_1 q_0)_2$. 我们从 $(11101)_2$ 中减去一次 $2^2(111)_2 = (11100)_2$ 得到 $(1)_2$，再减一次得到一个负数，因此 $q_2 = 1$. 现在，$R_1 = (11101)_2 - (11100)_2 = (1)_2$. 可以求得 $q_1 = 0$，因为 $R_1 - 2(111)_2$ 小于零，类似地，$q_0 = 0$. 因此，除法得到的商为 $(100)_2$，余数为 $(1)_2$. ◀

2.2 节习题

1. 求 $(101111011)_2$ 加上 $(1100111011)_2$ 的和.

2. 求 $(10001000111101)_2$ 加上 $(11111101011111)_2$ 的和.

3. 求 $(1111000011)_2$ 减去 $(11010111)_2$ 的差.

4. 求 $(1101101100)_2$ 减去 $(101110101)_2$ 的差.

5. 求 $(11101)_2$ 乘以 $(110001)_2$ 的积.

6. 求 $(1110111)_2$ 乘以 $(10011011)_2$ 的积.

7. 求 $(110011111)_2$ 除以 $(1101)_2$ 的商和余数.

8. 求 $(110100111)_2$ 除以 $(11101)_2$ 的商和余数.

9. 求 $(1234321)_5$ 加上 $(2030104)_5$ 的和.

10. 求 $(4434201)_5$ 减去 $(434421)_5$ 的差.

11. 求 $(1234)_5$ 乘以 $(3002)_5$ 的积.

12. 求 $(14321)_5$ 除以 $(334)_5$ 的商和余数.

13. 求 $(ABAB)_{16}$ 加上 $(BABA)_{16}$ 的和.

14. 求 $(FEED)_{16}$ 减去 $(CAFE)_{16}$ 的差.

15. 求 $(FACE)_{16}$ 乘以 $(BAD)_{16}$ 的积.

16. 求 $(BEADED)_{16}$ 除以 $(ABBA)_{16}$ 的商和余数.

17. 解释如何在字长为 1000 的计算机上实现整数 18 235 187 和 22 135 674 的加法、减法和乘法.

18. 写出基于 (-2) 表示的整数的基本运算的算法(见 2.1 节的习题 8).

19. 如何从两个整数的补 1 表示得到它们的和的补 1 表示?

20. 如何从两个整数的补 1 表示得到它们的差的补 1 表示?

21. 给出康托尔展开的加法算法和减法算法(见 2.1 节习题 28 前面的导言).

22. 一打(dozen)等于 12,一罗(gross)等于 12^2. 用 12 为基或十二进制(duodecimal)算法,回答下列问题.

   a) 如果从 11 罗 3 打鸡蛋中取出 3 罗 7 打零 4 个鸡蛋,还剩下多少鸡蛋?

   b) 如果每卡车有 2 罗 3 打零 7 个鸡蛋,共往超市运送 5 卡车,那么一共运了多少鸡蛋?

   c) 如果 11 罗 10 打零 6 个鸡蛋被分成等数量的 3 堆,那么每堆有多少鸡蛋?

23. 对于十进制展开为 $(a_n a_{n-1} \cdots a_1 a_0)$ 且末位数字 $a_0 = 5$ 的整数,求其平方的一个众所周知的规则是求乘积 $(a_n a_{n-1} \cdots a_1)_{10} [(a_n a_{n-1} \cdots a_1)_{10} + 1]$ 并在最后添上数字 $(25)_{10}$. 例如,$(165)^2$ 的十进制展开由 $16 \cdot 17 = 272$ 开始,所以 $(165)^2 = 27\ 225$. 证明这个规则是有效的.

24. 在这个习题中,我们推广习题 23 中给出的规则,来求 $2B$ 进制展开且末位数字为 B 的整数的平方,这里 B 为正整数. 证明整数 $(a_n a_{n-1} \cdots a_1 a_0)_{2B}^2$ 的 $2B$ 进制展开式中前面的数字为 $(a_n a_{n-1} \cdots a_1)_{2B} [(a_n a_{n-1} \cdots a_1)_{2B} + 1]$,当 B 为偶数时,后面的数字为 $B/2$ 和 0;当 B 为奇数时,后面的数字为 $(B-1)/2$ 和 B.

计算和研究

1. 用你自己选定的例子验证习题 23 和 24 给出的规则.

程序设计

1. 实现任意大整数的加法.

2. 实现任意大整数的减法.

3. 用传统算法计算两个任意大的整数的乘积.

4. 计算任意大的整数的除法,求商和余数.

2.3   整数运算的复杂度

　　一旦给定一种运算的算法,就可以考虑这个算法在计算机上实现所需的时间量. 我们以位运算(bit operations)为单位来衡量时间量. 这里位运算是指两个二进制数字的加、减、乘以及一个二位整数除以一个一位整数(得到一个商和一个余数),或者把一个二进制整数移位一位.(在一台计算机上进行一次位运算所需的实际时间依赖于计算机的结构和容量.)当描述实现一个算法所需的位运算的次数时,就是在描述这个算法的计算复杂度(computational complexity).

在描述实现计算所需的位运算时,我们将使用大 O 记号.当变量很大时,大 O 记号用一个众所熟知的参考函数给出函数大小的一个上界,而这个大的参考函数的值是容易理解的.

为了引出这个记号的定义,考虑下面的情况.假定为了实现关于整数 n 的指定运算需要至多 $n^3 + 8n^2\log n$ 次位运算.由于对每个整数 n 有 $8n^2\log n < 8n^3$,因此这个运算需要少于 $9n^3$ 次位运算.由于所需的位运算的次数总是小于一个常数乘以 n^3,即 $9n^3$,因此我们称需要的位运算为 $O(n^3)$.一般说来,我们有下面的定义.

定义 S 是一个指定的实数集合,如果 f 和 g 为取正值的函数,且对所有的 $x \in S$ 有定义,则如果存在正常数 K 使得对所有充分大的 $x \in S$ 均有 $f(x) < Kg(x)$,那么 f 在 S 上是 $O(g)$ 的.(通常我们取 S 为正整数集合,这时便不再另提集合 S.)

大 O 记号在数论和算法分析中被广泛使用.保罗·巴赫曼(Paul Bachmann)在 1892 年引入大 O 记号([Ba94]).大 O 记号有时被称为兰道符号,是根据埃德蒙·兰道(Edmund Landau)的名字命名的,他在数论的很多函数的估计中使用了这个符号.在算法分析中大 O 记号是由著名的计算机科学家高纳德·克努特(Donald Knuth)所推广使用的.

保罗·古斯塔夫·海因里希·巴赫曼(Paul Gustav Heinrich Bachmann,1837—1920)是牧师的儿子,继承了他父亲虔诚的生活方式和对音乐的热爱.小时候他的老师就发现了他的数学天赋,在他的结核病痊愈后,先就读于柏林大学后来转入哥廷根大学,在那里他参加了狄利克雷(Dirichlet)教授的课程.1862 年,在数论学家库默尔(Kummer)的指导下获得了博士学位.巴赫曼首先受聘为布雷斯劳大学(Breslau)的教授,之后转到了明斯特(Münster)大学.退休之后,他继续从事数学研究、弹奏钢琴和发表专栏音乐评论.他的著作包括 5 卷本的数论概要、2 卷本的初等数论、一本关于无理数的书和一本关于费马大定理的书(这个定理将在第 13 章讨论).巴赫曼 1892 年引入了大 O 记号.

艾德蒙·兰道(Edmund Landau,1877—1938)是一个柏林妇科医生的儿子,曾在柏林就读高中.1899 年在弗罗贝尼乌斯(Frobenius)的指导下获得博士学位.兰道先在柏林大学教书后来转到哥廷根大学,在那里他一直担任全职教授直到纳粹强迫他离开教学岗位.兰道对数学的主要贡献在解析数论;他给出了若干有关素数分布的重要结果.兰道写过一部 3 卷本的数论著作和很多关于数学分析以及解析数论的书.

我们用几个例子来解释大 O 记号的概念.

例 2.10 我们可以在正整数集合上证明 $n^4 + 2n^3 + 5$ 是 $O(n^4)$ 的.为了证明这个结果,注意对所有正整数都有 $n^4 + 2n^3 + 5 \leqslant n^4 + 2n^4 + 5n^4 = 8n^4$.(我们在定义中取 $K = 8$.)读者应该也注意到 n^4 是 $O(n^4 + 2n^3 + 5)$ 的.

例 2.11 我们可以容易地给出 $\sum_{j=1}^{n} j$ 的一个大 O 估计. 注意被加数均小于 n, 于是 $\sum_{j=1}^{n} j \leqslant \sum_{j=1}^{n} n = n \cdot n = n^2$. 易从公式 $\sum_{j=1}^{n} j = n(n+1)/2$ 导出这个估计. ◀

现在我们要给出一些对函数组合运算的大 O 估计有用的结果.

定理 2.2 如果 f 是 $O(g)$ 的, c 是正常数, 则 cf 是 $O(g)$ 的.

证明 如果 f 是 $O(g)$ 的, 则存在常数 K, 使得对我们考虑的所有 x, 有 $f(x) < Kg(x)$, 因此 $cf(x) < (cK)g(x)$, 所以 cf 是 $O(g)$ 的. ∎

定理 2.3 如果 f_1 是 $O(g_1)$ 的, f_2 是 $O(g_2)$ 的, 则 $f_1 + f_2$ 是 $O(g_1 + g_2)$ 的, 且 $f_1 f_2$ 是 $O(g_1 g_2)$ 的.

证明 如果 f_1 是 $O(g_1)$ 的, f_2 是 $O(g_2)$ 的, 则存在常数 K_1 和 K_2, 使得对我们考虑的所有 x, 有 $f_1(x) < K_1 g_1(x)$, $f_2(x) < K_2 g_2(x)$. 因此
$$f_1(x) + f_2(x) < K_1 g_1(x) + K_2 g_2(x)$$
$$\leqslant K(g_1(x) + g_2(x)),$$
其中 K 是 K_1 和 K_2 的最大值, 从而 $f_1 + f_2$ 是 $O(g_1 + g_2)$. ∎

另外,
$$f_1(x) f_2(x) < K_1 g_1(x) K_2 g_2(x)$$
$$= (K_1 K_2)(g_1(x) g_2(x)),$$
因此 $f_1 f_2$ 是 $O(g_1 g_2)$ 的. ∎

高纳德·克努特(Donald Knuth, 1938—)在密尔沃基市(Milwaukee)长大, 他的父亲经营一个小印刷工厂, 同时教授记账课程. 他是个非常优秀的学生, 同时也将他的聪明用在了一些异乎寻常的地方, 比如从"Ziegler's Giant Bar"这些字母中组出了超过 4500 个单词, 这为他的学校赢得了一台电视机, 并为班上的每位同学赢得了一根棒棒糖.

1960 年克努特毕业于凯斯理工学院(Case Institute of Technology), 因为他的杰出成绩, 学校破例同时授予他学士和数学硕士学位. 在凯斯理工学院, 他把自己的数学天赋用在管理篮球队上, 用他改进的方程评估每个球员(这曾被 CBS 电视台和 Newsweek 报纸报道过). 克努特于 1963 年在加州理工学院(California Institute of Technology)获得博士学位.

克努特先后在加州理工学院和斯坦福大学执教, 为了集中精力写书, 他于 1992 年退休. 他特别喜欢更新续写他的著名系列《计算机程序设计的艺术》(the Art of Computer Programming). 这一系列著作对计算机科学产生了深远的影响. 克努特是研究计算复杂度的奠基人, 他对程序编译也有奠基性的贡献. 克努特发明了用于数学(和普通)排版的 TeX 和 Metafont 系统. TeX 在 HTML 和浏览器的发展过程中扮演了重要的角色. 他在有关算法分析的作品中普及了大 O 记号.

克努特在许多专业的计算机和数学杂志上发表过文章. 但他的处女作却是 1957 年大一时发表在《疯狂》杂志上的一篇《普茨比度量衡体系》(The Potrzebie System of Weights and Measures), 这是一篇关于度量体系的打油诗.

推论 2.3.1 如果 f_1 和 f_2 是 $O(g)$ 的, 则 $f_1 + f_2$ 是 $O(g)$ 的.

证明 定理 2.3 告诉我们 $f_1 + f_2$ 是 $O(2g)$ 的. 但是如果 $f_1 + f_2 < K(2g)$, 则 $f_1 + f_2 <$

$(2K)g$，因此 f_1+f_2 是 $O(g)$ 的. ∎

使用大 O 估计的目的是使用最简单的参考函数来得到最好的大 O 估计. 在大 O 估计中常用的参考函数包括 1，$\log n$，n，$n\log n$，$n\log n \cdot \log\log n$，n^2 和 2^n，以及其他一些重要函数. 可以通过计算说明在这列函数中每个函数都比下一个函数小，因为随着 n 无限增大，相邻两个函数的比趋于 0. 注意在大 O 估计中会出现更复杂的函数，这将在后面的章节中涉及.

我们用下面的例子解释如何利用前面的定理进行大 O 估计.

例 2.12 为了给出 $(n+8\log n)(10n\log n+17n^2)$ 的大 O 估计，首先注意到根据定理 2.2、2.3 和推论 2.3.1，$n+8\log n$ 是 $O(n)$ 的. 且 $10n\log n+17n^2$ 是 $O(n^2)$ 的（因为 $\log n$ 是 $O(n)$ 的，而 $n\log n$ 是 $O(n^2)$ 的）. 再由定理 2.3 可知 $(n+8\log n)(10n\log n+17n^2)$ 是 $O(n^3)$ 的. ◀

使用大 O 记号，我们可以看到加或减两个 n 位整数都需要 $O(n)$ 次位运算，然而用通常的方法来将两个 n 位整数相乘则需要 $O(n^2)$ 次位运算（参见本节末的习题 12 和 13）. 令人吃惊的是存在计算大整数乘法的快速算法. 为了介绍这一算法，我们首先考虑两个 $2n$ 位整数的乘法，比如 $a=(a_{2n-1}a_{2n-2}\cdots a_1 a_0)_2$ 和 $b=(b_{2n-1}b_{2n-2}\cdots b_1 b_0)_2$. 我们将其写为

$$a = 2^n A_1 + A_0 \qquad b = 2^n B_1 + B_0,$$

其中

$$A_1 = (a_{2n-1}a_{2n-2}\cdots a_{n+1}a_n)_2 \qquad A_0 = (a_{n-1}a_{n-2}\cdots a_1 a_0)_2$$
$$B_1 = (b_{2n-1}b_{2n-2}\cdots b_{n+1}b_n)_2 \qquad B_0 = (b_{n-1}b_{n-2}\cdots b_1 b_0)_2.$$

我们将要使用恒等式

$$ab = (2^{2n} + 2^n)A_1 B_1 + 2^n(A_1 - A_0)(B_0 - B_1) + (2^n + 1)A_0 B_0. \tag{2.2}$$

为了应用 (2.2) 求 a 和 b 的乘积，需要进行三个 n 位整数的乘法（分别为 $A_1 B_1$，$(A_1-A_0)(B_0-B_1)$ 和 $A_0 B_0$）以及一些加法和移位. 这可用下面的例子说明.

例 2.13 可以使用 (2.2) 来计算 $(1101)_2$ 和 $(1011)_2$ 的积. 我们有 $(1101)_2 = 2^2(11)_2 + (01)_2$ 和 $(1011)_2 = 2^2(10)_2 + (11)_2$. 应用 (2.2)，可得

$$(1101)_2(1011)_2 = (2^4 + 2^2)(11)_2(10)_2 + 2^2((11)_2 - (01)_2) \cdot$$
$$((11)_2 - (10)_2) + (2^2 + 1)(01)_2(11)_2$$
$$= (2^4 + 2^2)(110)_2 + 2^2(10)_2(01)_2 + (2^2 + 1)(11)_2$$
$$= (1100000)_2 + (11000)_2 + (1000)_2 + (1100)_2 + (11)_2$$
$$= (10001111)_2.$$
◀

我们现在来估计反复使用 (2.2) 将两个 n 位整数相乘所需的位运算的次数. 如果令 $M(n)$ 表示两个 n 位整数相乘所需的位运算的次数，从 (2.2) 中可得

$$M(2n) \leqslant 3M(n) + Cn, \tag{2.3}$$

这里 C 为一个常数，因为三个 n 位整数乘法中的每一个都需要 $M(n)$ 次位运算，而用 (2.2) 计算 ab 所需的加法和移位的次数不依赖于 n，这些操作中的每一个都需要 $O(n)$ 次的位运算.

从 (2.3) 中，利用数学归纳法，可以证明

$$M(2^k) \leqslant c(3^k - 2^k), \tag{2.4}$$

其中 c 是 $M(2)$ 和 C（(2.3) 中的常数）中的最大值. 为了进行归纳，我们首先注意到当 $k=1$ 时，由于 c 是 $M(2)$ 和 C 的最大值，故 $M(2)\leqslant c(3^1-2^1)=c$.

作为归纳假设，我们假定

$$M(2^k) \leqslant c(3^k - 2^k).$$

所以，应用（2.3）有

$$
\begin{aligned}
M(2^{k+1}) &\leqslant 3M(2^k) + C2^k \\
&\leqslant 3c(3^k - 2^k) + C2^k \\
&\leqslant c3^{k+1} - c \cdot 3 \cdot 2^k + c2^k \\
&\leqslant c(3^{k+1} - 2^{k+1}).
\end{aligned}
$$

这就说明对所有正整数 k，（2.4）是正确的.

应用不等式（2.4）可以证明下面的定理.

定理 2.4　两个 n 位整数的乘法可以用 $O(n^{\log_2 3})$ 次位运算实现.（注意：$\log_2 3$ 近似为 1.585，小于在传统乘法算法所需的位运算次数的估计中的次数 2.）

证明　从（2.4）中，我们有

$$
\begin{aligned}
M(n) = M(2^{\log_2 n}) &\leqslant M(2^{\lfloor \log_2 n \rfloor + 1}) \\
&\leqslant c(3^{\lfloor \log_2 n \rfloor + 1} - 2^{\lfloor \log_2 n \rfloor + 1}) \\
&\leqslant 3c \cdot 3^{\lfloor \log_2 n \rfloor} \leqslant 3c \cdot 3^{\log_2 n} = 3c n^{\log_2 3} \ (因为 \ 3^{\log_2 n} = n^{\log_2 3}).
\end{aligned}
$$

因此，$M(n)$ 是 $O(n^{\log_2 3})$ 的. ∎

我们现在不加证明地陈述两个相关的定理. 证明可以在［Kn97］和［Kr79］中找到.

定理 2.5　给定一个正数 $\varepsilon > 0$，存在计算两个 n 位整数的乘积的算法，只需要 $O(n^{1+\varepsilon})$ 次位运算.

注意定理 2.4 是定理 2.5 在 $\varepsilon = \log_2 3 - 1$ 时的特殊情况，此时 ε 近似等于 0.585.

定理 2.6　存在计算两个 n 位整数乘积的算法，该算法只使用

$$O(n \log_2 n \log_2 \log_2 n)$$

次位运算.

对于大数 n，由于 $\log_2 n$ 和 $\log_2 \log_2 n$ 比 n^ε 小得多，因此定理 2.6 是定理 2.5 的改进. 尽管我们知道 $M(n)$ 是 $O(n \log_2 n \log_2 \log_2 n)$ 的，但为了简单起见，我们将要在下面的讨论中使用一个显然的事实：$M(n)$ 是 $O(n^2)$ 的.

在 2.2 节中给出的传统算法用 $O(n^2)$ 次位运算实现了一个 $2n$ 位整数被一个 n 位整数除的算法. 然而，整数除法所需的位运算的次数与整数乘法所需的位运算的次数相关. 我们基于［Kn97］中讨论的算法给出下面的定理.

定理 2.7　当 $2n$ 位整数 a 被整数 b（不超过 n 位）除时，有使用 $O(M(n))$ 次位运算求商 $q = [a/b]$ 的算法，其中 $M(n)$ 是求两个 n 位整数乘积所需的位运算次数.

2.3 节习题

1. 在正整数集合上确定下列函数是否是 $O(n)$ 的.
   a) $2n + 7$ b) $n^2/3$ c) 10   d) $\log(n^2 + 1)$ e) $\sqrt{n^2 + 1}$ f) $(n^2 + 1)/(n + 1)$

2. 在正整数集合上证明 $2n^4 + 3n^3 + 17$ 是 $O(n^4)$ 的.

3. 证明 $(n^3 + 4n^2 \log n + 101 n^2)(14 n \log n + 8n)$ 是 $O(n^4 \log n)$ 的.

4. 在正整数集合上证明 $n!$ 是 $O(n^n)$ 的.

5. 证明 $(n! + 1)(n + \log n) + (n^3 + n^n)((\log n)^3 + n + 7)$ 是 $O(n^{n+1})$ 的.

6. 若 m 是正实数，证明 $\sum_{j=1}^{n} j^m$ 是 $O(n^{m+1})$ 的.

* 7. 在正整数集合上证明 $n\log n$ 是 $O(\log n!)$ 的.

8. 证明：如果 f_1 和 f_2 分别是 $O(g_1)$ 和 $O(g_2)$ 的，且 c_1 和 c_2 为常数，则 $c_1 f_1 + c_2 f_2$ 是 $O(g_1 + g_2)$ 的.

9. 证明：如果 f 是 $O(g)$ 的，则对所有正整数 k，f^k 是 $O(g^k)$ 的.

10. 设 r 是大于 1 的正实数，证明函数 f 是 $O(\log_2 n)$ 的当且仅当 f 是 $O(\log_r n)$ 的.（提示：回顾 $\log_a n/\log_b n = \log_a b$.）

11. 证明正整数 n 的 b 进制展开有 $[\log_b n] + 1$ 位.

12. 分析传统的加法和减法算法，证明 n 位整数的这些运算需要 $O(n)$ 次位运算.

13. 证明用传统方法求一个 n 位整数和一个 m 位整数乘积需要 $O(nm)$ 次位运算.

14. 估计计算 $1+2+\cdots+n$ 所需的位运算的次数.

    a) 通过逐项相加；

    b) 通过使用恒等式 $1+2+\cdots+n = n(n+1)/2$ 和乘法以及移位.

15. 给出计算下面式子所需的位运算次数的估计.

    a) $n!$ b) $\binom{n}{k}$

16. 给出把一个整数从十进制转为二进制所需的位运算次数的估计.

17. 用 $n=2$ 的恒等式(2.2)来计算 $(1001)_2$ 和 $(1011)_2$ 的乘积.

18. 先利用 $n=4$、再利用 $n=2$ 的恒等式(2.2)计算 $(10010011)_2$ 和 $(11001001)_2$ 的乘积.

19. a) 证明对于十进制展开存在一个类似于(2.2)的恒等式.

    b) 应用(a)的结果，只用三个一位整数乘法以及移位和加法来计算 73 和 87 的乘积.

    c) 应用(a)的结果，把 4216 和 2733 的乘法简化到三个二位整数乘法以及一些移位和加法；然后再次应用(a)部分，把每个二位数乘法简化到三个一位数乘法和一些移位与加法，最终只使用九个一位整数乘法和一些移位、加法完成这个乘法运算.

20. 如果 A 和 B 是 $n \times n$ 矩阵，其元素分别为 a_{ij} 和 b_{ij}，$1 \leqslant i \leqslant n$，$1 \leqslant j \leqslant n$，则 AB 是 $n \times n$ 矩阵，其元素为

$$c_{ij} = \sum_{k=1}^{n} a_{ik} b_{kj}.$$ 证明直接根据定义计算 AB 需要用到 n^3 个整数乘法.

21. 证明通过下面的等式，只用七个整数乘法实现两个 2×2 矩阵的乘法是可能的.

$$\begin{bmatrix} a_{11} & a_{12} \\ a_{21} & a_{22} \end{bmatrix} \begin{bmatrix} b_{11} & b_{12} \\ b_{21} & b_{22} \end{bmatrix} = \begin{bmatrix} a_{11}b_{11}+a_{12}b_{21} & \begin{matrix} x+(a_{21}+a_{22})(b_{12}-b_{11}) \\ +(a_{11}+a_{12}-a_{21}-a_{22})b_{22} \end{matrix} \\ \begin{matrix} x+(a_{11}-a_{21})(b_{22}-b_{12}) \\ -a_{22}(b_{11}-b_{21}-b_{12}+b_{22}) \end{matrix} & \begin{matrix} x+(a_{11}-a_{21})(b_{22}-b_{12}) \\ +(a_{21}+a_{22})(b_{12}-b_{11}) \end{matrix} \end{bmatrix}$$

    其中 $x = a_{11}b_{11} - (a_{11}-a_{21}-a_{22})(b_{11}-b_{12}+b_{22})$.

* 22. 使用归纳的方法，把 $(2n) \times (2n)$ 矩阵分成四个 $n \times n$ 矩阵，应用习题 21 证明只使用 7^k 个乘法和少于 7^{k+1} 个加法实现两个 $2^k \times 2^k$ 矩阵的乘法是可能的.

23. 从习题 22 中推出如果两个 $n \times n$ 矩阵中的所有元素都是少于 c 位的数，则只需 $O(n^{\log_2 7})$ 次位运算即可实现它们的乘法，其中 c 是一个常数.

计算和研究

1. 计算 81 873 569 和 41 458 892 的乘积，对这两个八位整数使用等式(2.2)，归结为四位整数相乘，再次应用(2.2)，再归结为二位整数相乘.

2. 用习题 21 中矩阵的恒等式计算你自己选择的两个 8×8 矩阵的乘法，然后对得到的 4×4 矩阵再次应用习题 21.

程序设计

* 1. 用恒等式(2.2)乘两个任意大的整数.

** 2. 用习题 21~23 中讨论的算法计算两个 $n \times n$ 矩阵的乘积.

第3章 素数和最大公因子

本章介绍数论的一个核心概念：素数. 素数是恰好有两个正整数因子的整数. 古希腊人首先对素数作了大量的研究，并发现了素数的许多基本性质. 过去的三百年间，数学家花费了大量的时间探索素数世界. 他们发现了许多有趣的性质，提出了各种猜想，证明了很多有趣和奇妙的结果. 直到今天，人们仍在研究与素数有关的各种问题，其部分原因是因为素数在现代密码学中具有重要作用. 关于素数的许多悬而未决的问题也刺激新的研究工作. 还有不少人想要打破已知最大素数的纪录，并载入史册.

本章我们要证明素数有无穷多个，给出的证明可回溯到古代. 我们将给出一种方法来求出某个给定整数范围以内的所有素数，所采用的埃拉托色尼斯(Eratosthenes)筛法也源于古代. 我们还要讨论素数的分布，并给出在 19 世纪末所证明的著名的素数定理. 这个定理对于不超过某个整数的素数个数给出一个精确的估计. 尽管数学家做了几百年的努力，仍有关于素数的许多问题未被解决. 我们将选取讨论其中的一些，包括最著名的两个：孪生素数猜想和哥德巴赫(Goldbach)猜想.

本章还要证明每个正整数都可以被唯一地写成素数的乘积(此时素数根据其大小按照升序排列). 这个结果被称为算术基本定理. 为了证明该定理，将使用两个整数的最大公因子这一概念. 我们将在本章给出一些关于最大公因子的重要性质，例如它是这些整数的最小的线性组合. 我们还将讨论能够用来求两个整数的最大公因子的欧几里得算法，并分析它的计算复杂度. 我们也将讨论把整数分解为素数的乘积的方法，并讨论这些方法的复杂度. 在数论中常常研究具有特殊形式的数，本章中，我们将介绍费马数，即形如 $2^{2^n}+1$ 的整数. (费马猜想它们都是素数，但是这被证明是不对的.)

最后，我们将介绍丢番图方程，它是只考虑整数解的方程. 我们将证明如何用最大公因子来帮助求解线性丢番图方程. 与其他丢番图方程不同，线性丢番图方程能够容易地系统解决.

3.1 素数

正整数 1 只有一个正整数因子. 任意其他的正整数至少有两个正整数因子，因为它一定可以被 1 和它本身整除. 在数论中只有两个正整数因子的整数是非常重要的，它们被称为素数.

定义 素数是大于 1 的正整数，并且除了 1 和它本身外不能被其他正整数所整除.

例 3.1 整数 2，3，5，13，101 和 163 都是素数. ◀

定义 大于 1 的不是素数的正整数称为**合数**.

例 3.2 整数 $4=2 \cdot 2$，$8=4 \cdot 2$，$33=3 \cdot 11$，$111=3 \cdot 37$，$1001=7 \cdot 11 \cdot 13$ 都是合数. ◀

素数是整数乘法的构成单元. 下面，我们会看到每一个正整数都能唯一地表示成一些素数的积.

本节将讨论给定正整数集中素数的分布并证明该分布的一些基础性质,同时还将讨论关于素数分布的一些更强的结论. 在我们将要介绍的定理中包含了数论中一些最著名的结论.

在书的最后,表 E.1 中给出了小于 10 000 的所有素数.

素数的无限性 我们从证明有无穷多个素数开始,为此需要下面的引理.

引理 3.1 每一个大于 1 的正整数都有一个素因子.

证明 我们通过反证法进行证明. 假设存在一个大于 1 的正整数没有素因子,那么大于 1 且没有素因子的正整数构成的集合非空,由良序性知集合存在一个大于 1 且没有素因子的最小的正整数 n. 由于 n 能被 n 整除且 n 没有素因子,因此 n 不是素数. 于是 n 可以写成 $n=ab$,其中 $1<a<n$,$1<b<n$. 因为 $a<n$,所以 a 一定有素因子. 由定理 1.8,a 的任何因子也是 n 的因子,因此 n 必有素因子,与假设 n 没有素因子矛盾. 所以我们就得到了结论:任何一个大于 1 的正整数至少有一个素因子. ∎

下面我们证明一个古希腊时期被认为是令人惊奇的结果:素数是无穷多的. 这是数论中的关键性定理之一,它的证明方法有好多种. 我们给出的证明方法是欧几里得(Euclid)在他的《几何原本》一书(Book IX,20)中给出的. 这个简单而又优美的证明方法被认为相当完美. 这就不奇怪为什么在专门收录一些特别有洞察力且特别巧妙的证明的书《Proofs from THE BOOK》[AiZi10]中,会以欧几里得的这个证明作为开始. 另外,这本书还给出了素数无穷性的六种不同证明方法.(这里,THE BOOK 是指收集完美证明的书,Paul Erdös 称此书是由上帝掌管的). 我们将在本章的后面介绍一些证明素数无穷性的其他方法.(见这一节末尾的习题 8 以及 3.3、3.5 和 3.6 节的习题.)

定理 3.1 存在无穷多个素数.

证明 假设只有有限多个素数 p_1,p_2,$\cdots$,p_n,其中 n 是正整数. 考虑整数 Q_n,它由这些素数的乘积加 1 得到,即

$$Q_n = p_1 p_2 \cdots p_n + 1.$$

由引理 3.1,Q_n 至少有一个素因子,设为 q. 我们将证明 q 不是上述素数中的任何一个,从而得到矛盾.

如果 $q=p_j$,其中 j 为某个整数且 $1 \leqslant j \leqslant n$,由于 $Q_n - p_1 p_2 \cdots p_n = 1$,且 q 可以整除上面等式的左端两项,因此由定理 1.9,$q \mid 1$. 这显然是不可能的,因为 1 不能被任何素数整除. 于是 q 不是 p_j 的任何一个. 这就与假设矛盾. ∎

定理 3.1 的证明过程不是构造性的,因为我们在证明中构造的整数 Q_n(由前 n 个素数加 1 得到)可以是素数也可以不是(见习题 11). 因此,在证明过程中我们只是知道存在一个新的素数但是并没有求得它.

求素数 在下面的章节中,我们将把兴趣放在如何求大素数和使用大素数上. 将素数和合数加以区分的测试是至关重要的,这种测试叫做素性检验. 最基本的素性检验是试除法,这将告诉我们整数 n 是否为素数,它是素数当且仅当它不能被任何一个小于 $\sqrt{n}$ 的素数整除. 下面我们将证明这种方法可以被用来确定一个数 n 是否为素数.

定理 3.2 如果 n 是一个合数,那么 n 一定有一个不超过 $\sqrt{n}$ 的素因子.

证明 既然 n 是合数,那么 n 可以写为 $n=ab$,其中 a 和 b 为整数且 $1<a \leqslant b<n$. 我

们一定有 $a \leqslant \sqrt{n}$，否则若 $b \geqslant a > \sqrt{n}$，那么有 $ab > \sqrt{n} \cdot \sqrt{n} = n$. 由引理 3.1，$a$ 至少有一个素因子，再由定理 1.8，a 的因子一定也是 n 的因子，显然这个素因子小于等于 $\sqrt{n}$.　　■

1	2	3	4	5	6	7	8	9	10
11	12	13	14	15	16	17	18	19	20
21	22	23	24	25	26	27	28	29	30
31	32	33	34	35	36	37	38	39	40
41	42	43	44	45	46	47	48	49	50
51	52	53	54	55	56	57	58	59	60
61	62	63	64	65	66	67	68	69	70
71	72	73	74	75	76	77	78	79	80
81	82	83	84	85	86	87	88	89	90
91	92	93	94	95	96	97	98	99	100

图 3.1　使用埃拉托色尼斯筛法求小于 100 的素数

给定一个正整数 n，使用定理 3.2 可以找到所有小于等于 n 的素数. 这种方法是由古希腊数学家埃拉托色尼斯提出的，所以这个过程叫做埃拉托色尼斯筛法. 我们通过图 3.1 来举例说明如何寻找小于 100 的素数. 首先注意到小于 100 的合数一定有一个小于 $\sqrt{100} = 10$ 的素因子. 而我们知道小于 10 的素数只有 2，3，5，7，那么我们首先用水平线（—）删去那些大于 2 且能被 2 整除的数，然后用斜线（/）删去除了 3 以外的能被 3 整除的数，用反斜线（\）删去除 5 以外的能被 5 整除的数，最后用竖线（|）删去除了 7 以外的能被 7 整除的数. 那么剩下的数（除了用×划掉的 1 以外）都是素数（在图中用黑体显示）.

埃拉托色尼斯（Eratosthenes，公元前 276—194）出生于希腊属地埃及西部的昔兰尼（Cyrene）. 他在雅典的柏拉图学院学习了一段时间. 托勒密二世（Ptolemy Ⅱ）邀请埃拉托色尼斯到亚历山大教他的儿子. 后来埃拉托色尼斯成为著名的亚历山大图书馆的馆长，该图书馆是一个藏有文学、艺术和自然科学方面古代著作的知识宝库. 他是一个非常多才多艺的学者，著有数学、地理、天文、历史、哲学和文学方面的书. 除了在数学方面的工作，埃拉托色尼斯还以古代编年史和地理测量闻名，包括他著名的地球直径测量.

虽然埃拉托色尼斯筛法可以找到小于等于一个给定的整数的所有素数，但是对于一个特定的整数 n，确定其是否为素数就要通过判断它能否被不超过 $\sqrt{n}$ 的素数整除来确定. 这种方法的效率不高；我们将在后面给出一些更好的方法来判断一个整数是否是素数.

我们现在介绍一个函数，用它来表示不超过特定的数的素数的个数.

定义　函数 $\pi(x)$ 表示不超过 x 的素数的个数，其中 x 是正实数.

例 3.3 从上述用埃拉托色尼斯筛法所举的例子中可以看到 $\pi(10)=4$，$\pi(100)=25$. ◀

等差数列中的素数　每一个奇数都可以表示为 $4n+1$ 或者 $4n+3$ 的形式. 是否存在无穷多的素数为这两种形式呢？素数 5，13，17，29，37，41，…为形式 $4n+1$，素数 3，7，11，19，23，31，43，…为形式 $4n+3$. 可以看到上面的两个等差数列包含了无穷多个素数. 那么其他的等差数列呢？如 $3n+1$，$7n+4$，$8n+7$，等等. 这些序列是否也包含了无穷多的素数呢？德国数学家狄利克雷（G. Lejeune Dirichlet）在 1837 年用复分析的方法证明了如下定理，从而解决了这一问题.

定理 3.3（狄利克雷关于等差数列中素数的定理）　假设 a，b 是互素的正整数. 那么等差数列 $an+b$（$n=1$，2，3，…）包含了无穷多的素数.

目前为止狄利克雷定理没有简单的证法.（狄利克雷的原始证明使用了复变量. 后来爱尔迪希（Erdös）和塞尔伯格（Selberg）在 20 世纪 50 年代给出了一个初等但较复杂的证明.）但是狄利克雷定理的一些特例很容易证. 我们将通过在 3.5 节中证明有无穷多个 $4n+3$ 型的素数来说明这一点.

已知的最大素数　在近千百年的历史中，数学家和一些数学爱好者们总是试图找到一个比已知的最大素数更大的素数. 一个人会因为找到这样的素数而至少在当时一举成名，并且他或她的名字也将被载入史册. 因为有无穷多的素数，因而总有素数比当时的已知最大素数要大. 寻找新素数也有一些系统化的方法. 人们并不是随机挑选一些数来检验其是否为素数，而是选取一些特殊形式的数. 例如，我们将在第 7 章中讨论具有 2^p-1 形式的素数，其中 p 是素数；这种数被称为梅森素数（Mersenne primes）. 我们将看到用一种特殊的测试可以检验出 2^p-1 是否为素数，而不需要用试除法. 过去几百年中多数时间里最大的素数一直是梅森素数. 目前已知的最大素数的世界纪录是 $2^{43\,112\,609}-1$.

素数公式　是否有一个公式只产生素数呢？这是多年来吸引数学家的另一个问题. 关于一个变元的多项式没有这种性质，习题 23 证明了这一点. 同样，关于 n 个变元的多项式不能只产生素数，其中 n 是一个正整数（这个结论超出了本书的范围）. 有一些可以只产生素数的公式但是不实用. 例如，米尔斯（Mills）证明了存在一个常数 Θ 使得函数 $f(n)=\left[\Theta^{3^n}\right]$ 只生成素数. 我们只知道 Θ 的近似值 $\Theta\approx1.3064$. 用这个公式产生素数是不实用的，不仅因为 Θ 的确切值未知，也因为要计算出 Θ 必须知道函数 $f(n)$ 所生成素数的值（详细内容见［Mi47］）.

G. 热纳·狄利克雷（G. Lejeune Dirichlet，1805—1859）出生于一个居住在德国科隆的法国家庭. 他就读于巴黎大学，当时它是重要的世界数学中心. 他先后在布雷斯劳大学和柏林大学工作，1855 年接替了高斯（Gauss）在哥廷根大学的位置. 据说他是精通高斯已出版 20 多年的《算术探讨》（Disquisitiones Arithmeticae）的第一人. 传闻他一直随身带着这本书，就是在旅行中也如此. 他在数论方面的著作《数论讲义》（Vorlesungen über Zahlentheorie）使得高斯的思想在其他数学家中得以广泛传播. 除了在数论方面奠基性的著作外，狄利克雷在数学分析上也做出了重要的贡献. 他著名的"抽屉原理"（又叫鸽笼原理）被广泛地用在组合和数论方面.

如果没有一个实用的公式可以产生大素数，那么怎么才能生成它们呢？在第 6 章中将介绍如何用概率素性检验法来生成大素数.

素性证明

如果有人给出一个正整数 n 并声称它是一个素数，那么你怎么才能确定 n 真的是一个素数呢？我们已经知道可以通过用不超过 $\sqrt{n}$ 的素数与 n 做除法来测试其是否为素数. 如果 n 不能被这些素数中的任何一个整除，那么 n 是一个素数. 因此，一旦我们知道了 n 不能被不超过 $\sqrt{n}$ 的任何一个素数整除，那么也就给出了 n 是素数的证明. 这样的证明被称为**素性验证**(certificate of primality).

遗憾的是，用试除法来进行素性验证的效率不高. 为了说明这一点，我们来估计这个测试的位运算数. 用不超过 $\sqrt{n}$ 的素数除 n 来检验 n 是否为一个素数，那么根据素数定理，可估计位运算次数. 素数定理告诉我们，不超过 $\sqrt{n}$ 的素数个数大约有 $\sqrt{n}/\log\sqrt{n}=2\sqrt{n}/\log n$ 个，而用一个整数 m 去除 n 需要 $O(\log_2 n \cdot \log_2 m)$ 次位运算. 因此用这种方法来检验 n 是否为素数的位运算次数至少为 $(2\sqrt{n}/\log n)(c\log_2 n)=c\sqrt{n}$（我们忽略了 $\log_2 m$ 这项，因为它至少为 1，尽管它有时会大到 $(\log_2 n)/2$）. 用这种方法来确定 n 是一个素数的效率很低，因为不仅需要知道不超过 $\sqrt{n}$ 的所有的素数，而且还需要做至少 $c\sqrt{n}$ 次的位运算.

要将一个整数输入计算机程序，那么输入的是这个整数的二进制表示. 因此，确定一个整数是否为素数的算法的计算复杂度根据整数的二进制数的位数来衡量. 通过 2.3 节的习题 11，我们知道一个正整数 n 的二进制表示为 $[\log_2 n]+1$ 位. 因此在算法的计算复杂度表示中关于 n 的二进制位数的大 O 表示可以转化为关于 $\log_2 n$ 的大 O 表示，反之亦然. 注意到用试除法来检验一个整数 n 是否为素数的计算复杂度的大 O 表示是关于 n 的二进制位数或 $\log_2 n$ 的指数增长的，这是因为 $\sqrt{n}=2^{\log_2 n/2}$. 这就是说，这个算法用关于 n 的二进制的位数来衡量指数时间的计算复杂度. 随着 n 的增长，指数复杂度的算法很快就会变得不实用. 用试除法确定一个 200 位的数是否是一个素数用现在最快的计算机至少也要亿万年.

数学家们花费了很长的时间寻找一些有效的素性检验法. 事实上他们已经找到了一个用整数输入的二进制位数来衡量的关于多项式时间的素性验证的算法. 在广义黎曼猜想(generalized Riemann hypothesis)成立的条件下，米勒(G. L. Miller)于 1975 年给出了一个可用 $O((\log n)^5)$ 次位运算来证明一个整数是素数的算法. 但可惜的是，广义黎曼猜想到现在还只是一个猜想. 在 1983 年，Leonard Adleman、Carl Pomerance 和 Robert Rumely 建立了一个计算复杂度为 $(\log n)^{c\log\log\log n}$ 的算法，其中 c 是常数. 虽然他们的算法不是多项式时间，但是它已经接近多项式时间了，因为 $\log\log\log n$ 增长得非常慢. 使用他们的算法结合现在的计算机确定一个 100 位的整数是否为素数只需几毫秒，确定一个 400 位的整数是否为素数用时不超过一秒，而确定一个 1000 位的整数是否为素数用时少于一个小时. （关于他们的算法的更多内容参见[AdPoRu83]和[Ru83].）

素性验证的多项式时间算法　直到 2002 年，还没有人能够给出一种多项式时间算法来检验一个正整数是否为素数. 2002 年，一个印度的计算机教授 M. Agrawal 和他的两个本科生 N. Kayal 与 N. Saxena 宣布找到了一个素性检验法，对于整数 n，只要使用 $O((\log n)^{12})$ 次位运算就能检测出其是否为素数．他们发现的用于证明一个正整数是否为素数的多项式时间算法震惊了整个数学界．在他们发表的论文中提出"PRIMES 属于 P"．这里，计算机科学家用 PRIMES 来表示确定一个给定的整数 n 是否为素数的问题，P 表示一类能够用多项式时间解决的问题．因此，"PRIMES 属于 P"表示我们能够使用一种计算复杂度以关于 n 的二进制位数（或者等价于 $\log n$）的多项式为界的算法来确定 n 是否为素数．他们算法的证明参见[AgKaSa02]，并且学过数论和抽象代数的大学生都能理解．在这篇论文中，他们还提出如果在被广泛认同的索菲·热尔曼（Sophie Germain）素数密度（参见第 13 章关于法国数学家索菲·热尔曼的传记）$^{\ominus}$（p 是素数，那么 $2p+1$ 也是素数）猜想成立的假设下，他们的算法只需要使用 $O((\log n)^6)$ 次位运算．其他的数学家改进了 Agrawal、Kayal 和 Saxena 的结果．特别地，H. Lenstra 和 C. Pomerance 将算法的复杂度从开始估计的幂次 12 减到了 $6+\varepsilon$，其中 ε 是任意的正实数．

我们现在只是讨论了素性检验中的确定性算法（deterministic algorithms），即用来确定一个整数是否为素数的算法．在第 6 章中我们将讨论概率素性检验法，这个测试将告诉我们一个整数有很高的可能性是素数，但并不确定其为素数．

3.1 节习题

1. 以下哪些整数是素数？
   a) 101   b) 103   c) 107   d) 111   e) 113   f) 121

2. 以下哪些整数是素数？
   a) 201   b) 203   c) 207   d) 211   e) 213   f) 221

3. 用埃拉托色尼斯筛法求所有小于 150 的素数．

4. 用埃拉托色尼斯筛法求所有小于 200 的素数．

5. 求所有等于两个整数的四次方的差的素数．

6. 证明具有 n^3+1 形式的整数除了 $2=1^3+1$ 外都不是素数．

7. 如果 a 和 n 是正整数，$n>1$ 且 a^n-1 是素数，那么试证明 $a=2$ 且 n 是素数．（提示：利用等式 $a^{kl}-1=(a^k-1)(a^{k(l-1)}+a^{k(l-2)}+\cdots+a^k+1)$．）

8. （这个习题给出了素数的无限性性质的另一个证明．）证明整数 $Q_n=n!+1$ 有一个大于 n 的素因子，其中 n 是正整数．推出存在无穷多个素数的结论．

9. 是否能够通过观察整数 $S_n=n!-1$（其中 n 是正整数）来证明存在无限多个素数？

10. 用欧几里得对素数无限多的证明说明第 n 个素数 p_n 不会超过 $2^{2^{n-1}}$，其中 n 是正整数．由此证明当 n 是一个正整数时，小于 2^{2^n} 的素数至少有 $n+1$ 个．

11. 令 $Q_n=p_1p_2\cdots p_n+1$，其中 p_1，p_2，$\cdots$，p_n 是 n 个最小的素数．对于 $n=1,2,3,4,5,6$，给出 Q_n 的最小的素因子．你是否认为 Q_n 有无限多次是素数？（注：这是一个还未解决的问题．）

12. 证明：如果 p_k 是第 k 个素数，其中 k 是正整数，那么当 $n\geqslant 3$ 时，有 $p_n\leqslant p_1p_2\cdots p_{n-1}+1$．

13. 证明：如果正整数 n 的最小的素因子 p 超过了 $\sqrt[3]{n}$，那么 n/p 一定是素数或是 1．

14. 证明：如果 p 是等差数列 $3n+1(n=1,2,3,\cdots)$ 中的一个素数，那么 p 一定也在等差数列 $6n+1$ $(n=1,2,3,\cdots)$ 中．

$\ominus$　索菲·热尔曼的全名被用来描述 p 和 $2p+1$ 都是素数．这类术语在用其他数学家的名字来做形容词定语的术语中很少见．

15. 求等差数列 $an+b$ 中最小的素数.

    a) $a=3$，$b=1$.   b) $a=5$，$b=4$.   c) $a=11$，$b=16$.

16. 求等差数列 $an+b$ 中最小的素数.

    a) $a=5$，$b=1$.   b) $a=7$，$b=2$.   c) $a=23$，$b=13$.

17. 用狄利克雷定理证明有无穷多个素数的个位数是 1.

18. 用狄利克雷定理证明有无穷多个素数的末两位数是 23.

19. 用狄利克雷定理证明有无穷多个素数的后三位数是 123.

20. 证明对任意的正整数 n，有一个素数以至少 n 个 1 结尾.

* 21. 证明对任意的正整数 n，有一个素数中间有 n 个连续的 1，并且个位数是 3.

* 22. 证明对任意的正整数 n，有一个素数中间有 n 个连续的 2，并且个位数是 7.

23. 使用第二数学归纳法证明每个大于 1 的整数或者是素数或者是两个或多个素数的积.

* 24. 用容斥原理(附录 B 的习题 16)证明

$$\pi(n) = (\pi(\sqrt{n}) - 1) + n - \left(\left[\frac{n}{p_1} \right] + \left[\frac{n}{p_2} \right] + \cdots + \left[\frac{n}{p_r} \right] \right)$$
$$+ \left(\left[\frac{n}{p_1 p_2} \right] + \left[\frac{n}{p_1 p_3} \right] + \cdots + \left[\frac{n}{p_{r-1} p_r} \right] \right)$$
$$- \left(\left[\frac{n}{p_1 p_2 p_3} \right] + \left[\frac{n}{p_1 p_2 p_4} \right] + \cdots + \left[\frac{n}{p_{r-2} p_{r-1} p_r} \right] \right) + \cdots,$$

其中 p_1，p_2，$\cdots p_r$ 是小于等于 $\sqrt{n}$ 的素数($r=\pi(\sqrt{n})$). (提示：令性质 P_i 为一个整数能被 p_i 整除的性质.)

25. 用习题 24 的结论计算 $\pi(250)$.

26. 证明 $x^2 - x + 41$ 对于 $0 \leqslant x \leqslant 40$ 是素数. 然而，当 $x=41$ 时是合数.

27. 证明 $2n^2 + 11$ 对于 $0 \leqslant n \leqslant 10$ 是素数. 然而，当 $n=11$ 时是合数.

28. 证明 $2n^2 + 29$ 对于 $0 \leqslant n \leqslant 28$ 是素数. 然而，当 $n=29$ 时是合数.

* 29. 证明：如果 $f(x) = a_n x^n + a_{n-1} x^{n-1} + \cdots + a_1 x + a_0$，其中 $n \geqslant 1$ 且系数 $a_i (0 \leqslant i \leqslant n)$ 是整数，那么存在一个正整数 y 使得 $f(y)$ 是合数. (提示：假设 $f(x)=p$ 是素数，证明对所有整数 k，p 能整除 $f(x+kp)$. 根据一个 n 次多项式($n>1$)取每个值最多 n 次这一事实，推断出存在一个整数 y 使得 $f(y)$ 是合数.)

    一个幸运数由以下的筛选方法产生：从一些正整数中进行筛选. 我们从 1 开始，每两个删去后一个. 那么除了 1 以外，没有被删去的最小的整数是 3. 接着还从 1 开始，每 3 个数删去最后一个. 那么剩下的没有被删去的整数是 7(除了 1, 3). 接下来从 1 开始，根据得到的 7，每 7 个数字删去最后一个. 继续这个过程，在每一步中我们每 k 个删去一个，其中 k 是除了 1 以外，在前面的筛选过程中没有被使用过的最小的整数. 那么最后留下的整数就是幸运数.

30. 求小于 100 的幸运数.

31. 证明有无穷多个幸运数.

32. 假设 t_k 是大于 $Q_k = p_1 p_2 \cdots p_k + 1$ 的最小素数，其中 p_j 是第 j 个素数.

    a) 证明 $t_k - Q_k + 1$ 不能被 p_j 整除，其中 $j=1$, 2, $\cdots$, k.

    b) R. F. Fortune 猜想对于所有的正整数 k，$t_k - Q_k + 1$ 是素数. 证明这个猜想对于 $k \leqslant 5$ 是正确的.

计算和研究

1. 求第 n 个素数，n 分别为以下整数.

    a) 1 000 000   b) 333 333 333   c) 1 000 000 000

2. 求大于下列整数的最小素数.

    a) 1 000 000   b) 100 000 000   c) 100 000 000 000

3. 画出第 n 个素数函数(以 n 为自变量)的图形，其中 $1 \leqslant n \leqslant 100$.

4. 画出 $\pi(x)$ 的图，$1 \leqslant x \leqslant 1000$.

5. 求 $n! + 1$ 的最小素因子，n 为正整数且 $n \leqslant 20$.

6. 求 $p_1 p_2 \cdots p_k + 1$ 的最小素因子，$p_1, \cdots, p_k$ 是前 k 个最小的素数，其中 k 是不超过 100 的所有正整数. 这些数中哪些是素数？p_{k+1} 是哪些非素数的最小公因子？

7. 求 $p_1 p_2 \cdots p_k - 1$ 的最小素因子，$p_1, \cdots, p_k$ 是前 k 个最小的素数，其中 k 是不超过 100 的所有正整数. 这些数中哪些是素数？p_{k+1} 是哪些非素数的最小素因子？

8. 欧拉-穆林(Euler-Mullin)序列 $q_1, q_2, \cdots, q_k, \cdots$ 的定义是取 $q_1 = 2$，q_{k+1} 为 $q_1 q_2 \cdots q_k + 1$ 的最小素因子，其中 k 为正整数. 求出该序列尽可能多的项. 有人猜想该序列只是素数序列的重排.

9. 用埃拉托色尼斯筛法求小于 10 000 的所有素数.

10. 用习题 24 的结论求 $\pi(10\,000)$，即所有不超过 10 000 的素数个数.

11. 一个著名的由哈代和利特尔伍德提出的猜想断言 $\pi(x+y) \leqslant \pi(x) + \pi(y)$ 对所有大于 1 的正整数 x 和 y 成立，但现在一般认为该猜想是错误的. 通过对不同的 x 和 y 值计算 $\pi(x+y) - (\pi(x) + \pi(y))$ 来研究该猜想.

12. 对尽可能多的 k 验证 R. F. Fortune 猜想，即对于所有的正整数 k，$t_k - Q_k + 1$ 是素数，其中 t_k 是大于 $Q_k = \prod_{j=1}^{k} p_j + 1$ 的最小素数.

13. 求不超过 10 000 的幸运数(在习题 30 前的导言中已经定义).

程序设计

1. 判定一个给定的整数是否为素数，用不超过该整数平方根的所有素数去除这个整数来验证.

* 2. 用埃拉托色尼斯筛法求小于 n 的所有素数，其中 n 是给定的正整数.

** 3. 根据习题 24，求小于等于 n 的素数的个数 $\pi(n)$.

4. 给定两个正整数 a, b，它们不能被相同的素数整除. 求等差数列 $an + b$ 中最小的素数，其中 n 是正整数.

* 5. 求小于 n 的幸运数，其中 n 是一个给定的正整数(见习题 30 前的导言).

3.2　素数的分布

我们知道素数是无穷多的，但是能否估计出小于一个正实数 x 的素数有多少？被认为是在数论中甚至在数学界中最著名的定理之一的素数定理回答了这个问题.

在 18 世纪后期，数学家们通过手算建立了素数表. 通过这些数值，他们开始寻找函数来估计 $\pi(x)$. 在 1798 年，法国数学家勒让德(Adrien-Marie Legendre)(他的传记见第 11 章)通过由 Jurij Vega 计算到 400 031 的素数表得到了 $\pi(x)$ 的近似估计函数

$$\frac{x}{\log x - 1.083\,66}.$$

伟大的德国数学家高斯(Karl Friedrich Gauss)(他的传记见第 4 章)猜测 $\pi(x)$ 的增长速率和下面的函数是相同的：

$$x/\log x \quad \text{和} \quad \text{Li}(x) = \int_2^x \frac{\mathrm{d}t}{\log t}$$

(其中 $\int_2^x \frac{\mathrm{d}t}{\log t}$ 表示曲线 $y = 1/\log t$ 在 t 轴上面从 $t = 2$ 到 $t = x$ 之间的区域面积). (Li 是对数积分(logarithmic integral)的简写.)

勒让德和高斯都没有能够证明这些函数在 x 很大的时候可以用来很好地近似 $\pi(x)$. 直到 1811 年，一个计算到 1 020 000 的素数表出现了（由 Chernac 建立），该素数表为这些猜想提供了证据.

1850 年俄国数学家切比雪夫（Pafnuty Lvovich Chebyshev）第一个实质性地证明了 $\pi(x)$ 可以用 $x/\log x$ 来近似表示. 他证明了存在正实数 C_1 和 C_2，且 $C_1 < 1 < C_2$，使得

$$C_1(x/\log x) < \pi(x) < C_2(x/\log x)$$

对于足够大的 x 都成立.（特别地，他证明了当 $C_1 = 0.929$ 和 $C_2 = 1.1$ 的时候结果成立.）他还证明了如果随着 x 的增长，$\pi(x)$ 和 $x/\log x$ 的比的极限存在的话，那么这个极限必然是 1.

素数定理可以表述为随着 x 的增长，$\pi(x)$ 和 $x/\log x$ 的比趋于 1，这个定理在 1896 年被证明，当时法国数学家阿达玛（Jacques Hadamard）和比利时数学家德·拉·瓦雷-普桑（Charles-Jean-Gustave-Nicholas de la Vallée-Poussin）分别独立地给出了证明. 他们的证明是基于复分析理论的结果. 他们发展了德国数学家黎曼（Bernhard Riemann）在 1859 年的思想，即将在复平面上的函数

$$\zeta(s) = \sum_{n=1}^{\infty} \frac{1}{n^s}$$

与 $\pi(x)$ 联系起来.（函数 $\zeta(s)$ 后被称为黎曼 zeta 函数.）下面的等式给出了黎曼 zeta 函数与素数之间的关系：

$$\zeta(s) = \sum_{n=1}^{\infty} \frac{1}{n^s} = \prod_{p} \left(1 - \frac{1}{p^s}\right)^{-1},$$

其中在方程右边的乘积取遍所有的素数 p. 我们将在 3.5 节中解释这个等式的正确性（关于 zeta 函数的零点的黎曼猜想的更多内容参看本节后面方框中的文字）.

帕夫努季·洛沃维奇·切比雪夫（Pafnuty Lvovich Chebyshev，1821—1894）出生于他父母的家乡——俄国鄂卡托夫（Okatovo）. 他的父亲是位退休的陆军军官. 1832 年切比雪夫一家搬到了莫斯科，在那里他接受家庭教育完成了中学学业. 1837 年他进入莫斯科大学，1841 年毕业. 在读本科的时候，他就提出了一种新的逼近方程的根的办法，这是他做出的第一项贡献. 1843 年起他在圣彼得堡大学任教，一直到 1882 年退休. 他在 1849 年写的博士论文很长时间都被俄罗斯大学当作数论方面的教科书使用. 除了数论，切比雪夫在数学其他领域也做出了很多贡献，如概率论、数值分析和实分析. 他在理论与应用力学方面也有研究，他爱好构造一些包括连杆组和铰链的机械装置. 他是一个非常受欢迎的老师，同时对俄罗斯数学的发展有着重要的影响.

雅克·阿达玛（Jacques Hadamard，1865—1963）出生于法国凡尔赛（Versailles）. 他的父亲是位拉丁文教师，他的母亲则是一位优秀的钢琴教师. 本科毕业后他在巴黎中学教书. 1892 年他获得博士学位，成为了波尔多理学院的讲师. 他随后在索邦大学、法兰西大学、综合工科学校以及中央工艺和制造学院任教授. 阿达玛在复分析、泛函分析和数学物理上都做出了重要的贡献. 他对素数定理的证明就是建立在复分析工作之上的. 阿达玛是位受欢迎的老师，他写的很多关于初等数学的文章被多所法国学校采用，他关于初等几何的教科书也被使用了好多年.

德·拉·瓦雷-普桑（Charles-Jean-Gustave-Nicolas de la Valleé-Poussin，1866—1962）是位地质学教授的儿子，出生于比利时的鲁汶（Louvain）. 他就读于蒙斯（Mons）的耶稣大学，开始学哲学，后来转为工程学. 他获得学位后，并没有从事工程方面的工作，而是投身于数学. 普桑对数学最重要的贡献是对素数定理的证明. 延续这一工作，他建立了素数在等差数列上的分布和用二次型表示的素数的分布的结果. 而且他还改进了素数定理，给出了误差估计. 他在微分方程、逼近理论和数学分析上都做出了重要的贡献. 他的教科书《分析教程》（Cours d'analyse）对 20 世纪前半叶的数学思想有着重大的影响.

另外在素数定理的证明上，德·拉·瓦雷-普桑证明了对于所有的常数 a，函数 $\mathrm{Li}(x)$ 比 $x/(\log x-a)$ 更接近 $\pi(x)$.

尽管素数定理本身没有包含复数，但由阿达玛和德·拉·瓦雷-普桑给出的素数定理的证明却是依靠复分析理论给出的. 这就留下了一个公开的挑战，即能否在不使用复变量定理的情况下证明素数定理. 1949 年，挪威数学家塞尔伯格（Atle Selberg）和匈牙利数学家爱尔迪希（Paul Erdös）分别给出了素数定理的初等证明，从而震惊了整个数学界. 他们的证明尽管是初等的（这意味着他们没有使用复变理论），但是却非常复杂和困难.

现在我们正式给出素数定理.

定理 3.4（素数定理） 随着 x 的无限增长，$\pi(x)$ 和 $x/\log x$ 的比趋于 1. 这里，$\log x$ 是 x 的自然对数，如果用极限的语言来表述，我们有

$$\lim_{x\to\infty}\pi(x)/(x/\log x)=1.$$

注记 用一个简单的方法来表述素数定理是写成 $\pi(x)\sim x/\log x$. 这里符号 $\sim$ 表示"渐近于". 我们记 $a(x)\sim b(x)$ 来表示 $\lim_{x\to\infty}a(x)/b(x)=1$，并且说 $a(x)$ 渐近于 $b(x)$.

阿特尔·塞尔伯格（Atle Selberg，1917—2007）出生于挪威朗厄松（Langesund），当他还是一个学生的时候就对数学有浓厚的兴趣. 他受到拉马努扬（Ramanujan）著作的鼓舞，这种鼓舞不仅仅包括书里的数学内容，还有拉马努扬人格的"神秘的气氛". 1943 年塞尔伯格在奥斯陆大学获得博士学位. 他一直在这里待到 1947 年，同年他结婚并且在普林斯顿高等研究院获得一个研究职位. 在 Syracuse 大学待了很短的时间后，他又返回到高等研究院，1949 年他在那里取得了终身职位. 1951 年他成为普林斯顿大学的教授. 塞尔伯格因为在筛法上以及黎曼 zeta 函数零点的性质上的工作而获得菲尔兹奖，这是数学界的最高荣誉. 他也因为对素数定理的初等证明（与保罗·爱尔迪希同时）、等差数列中的狄利克雷定理以及素数定理在等差数列上的推广而闻名.

素数定理告诉我们当 x 很大的时候，$x/\log x$ 与 $\pi(x)$ 的比接近于 1. 然而，还有很多函数和 $\pi(x)$ 的比与 $x/\log x$ 相比趋于 1 的速度要快得多. 特别地，已经证明 $\mathrm{Li}(x)$ 是一个更好的近似. 在表 3.1 中，我们可以通过素数定理的具体数据看到 $\mathrm{Li}(x)$ 是 $\pi(x)$ 的一个很好的近似.（注意到 $\mathrm{Li}(x)$ 的值被舍入最接近的整数.）

保罗·爱尔迪希(Paul Erdös, 1913—1996)出生于匈牙利的布达佩斯,他的父亲是位高中数学老师. 当他 3 岁的时候,他就能心算三位数的乘法;4 岁的时候他自己发现了负数. 他 17 岁进入罗兰大学,4 年后他取得了数学博士学位. 毕业后他在英格兰的曼彻斯特大学做了 4 年博士后. 1938 年因为匈牙利当时排斥犹太人的政治气氛,他来到了美国.

　　爱尔迪希在组合和数论上做出了重要的贡献. 他最自豪的贡献之一是素数定理的初等证明. 他还对组合中的拉姆齐(Ramsey)理论的发展做出了重要贡献. 爱尔迪希常年游学在外,他同许多数学家合作过. 他经常从一个数学家或者另一个数学小组游学到另外一个数学家或者另一个数学小组. 他常常宣称他的大脑是开放的. 爱尔迪希写过 1500 多篇论文,和他合作过的人超过 500 个. 爱尔迪希会对那些他认为有趣问题的解答者提供金钱奖励. 最近出版的两本传记([Sc98]和[Ho99])对他的生活和工作有更详尽的记述.

表 3.1　逼近 $\pi(x)$

x	$\pi(x)$	$x/\log x$	$\pi(x)/\dfrac{x}{\log x}$	Li(x)	$\pi(x)/\text{Li}(x)$
10^3	168	144.8	1.160	178	0.943 820 2
10^4	1229	1085.7	1.132	1246	0.986 356 3
10^5	9592	8685.9	1.104	9630	0.996 054 0
10^6	78 498	72 382.4	1.085	78 628	0.998 346 6
10^7	664 579	620 420.7	1.071	664 918	0.999 894 4
10^8	5 761 455	5 428 681.0	1.061	5 762 209	0.999 869 1
10^9	50 847 534	48 254 942.4	1.054	50 849 235	0.999 966 5
10^{10}	455 052 512	434 294 481.9	1.048	455 055 614	0.999 993 2
10^{11}	4 118 054 813	3 948 131 663.7	1.043	4 118 165 401	0.999 973 1
10^{12}	37 607 912 018	36 191 206 825.3	1.039	37 607 950 281	0.999 999 0
10^{13}	346 065 536 839	334 072 678 387.1	1.036	346 065 645 810	0.999 999 7
10^{14}	3 204 941 750 802	3 102 103 442 166.0	1.033	3 204 942 065 692	0.999 999 9

　　没有必要通过求不超过 x 的所有素数来计算 $\pi(x)$. 在不求小于 x 的所有素数的情况下,估算 $\pi(x)$ 的一个方法是使用基于埃拉托色尼斯筛法的计数变量(见 3.1 节习题 24). 由 Lagarias 和 Odlyzko[LaOd82]设计的计算 $\pi(x)$ 的有效方法只需要 $O(x^{(3/5)+\varepsilon})$ 次位运算,目前的世界纪录由 Tomás Oliveira e Silva 获得,他在 2008 年计算出 $\pi(10^{23})=$ 1 925 320 391 606 803 968 923.

黎曼猜想

　　许多数学家认为关于 zeta 函数零点的黎曼猜想是纯数学中最重要的未解决的问题. 100 多年来,数论学家一直在很努力地尝试证明它. 也许是因为 Clay 数学研究所悬赏的百万美元确实是真的,越来越多的人对它感兴趣. 尽管该猜想涉及复变分析当中一些高深的知识,最近还是有一些介绍它的科普性读物出现,像[De03]、[Sa03a]以及[Sa03b]等,我们将对熟悉复变分析的读者简单介绍黎曼猜想,其他读者也可从中受益很多.

　　黎曼 zeta 函数定义为 $\zeta(s)=\sum\limits_{n=1}^{\infty}\dfrac{1}{n^s}$. 该定义对于 Re$(s)>1$ 的复数 s 成立,其中 Re(s) 是复数 s 的实部. 黎曼将这个由无穷级数定义的函数延拓到整个复平面上,只在 $s=1$ 处有一个极点. 在他著名的 1859 年的论文[Ri59]中，黎曼将 zeta 函数与素数的分布联系到了一起. 他给出了一个用 $\zeta(s)$ 的零点来表达 $\pi(x)$ 的公式. 由此对于 zeta 函数零点分布知道得越多，我们对于素数的分布也能知道得越多. 黎曼猜想是一个关于这个函数零点分布的陈述. 在给出这个猜想之前，我们首先注意到 zeta 函数在负偶数 -2，-4，-6，⋯ 处取值为零. 这些称为是平凡零点. 黎曼猜想断言 $\zeta(s)$ 的非平凡零点的实部均为 $1/2$. 注意，当我们引入 $\mathrm{Li}(x)$ 来估算 $\pi(x)$ 的误差时，有一个黎曼猜想的等价表述. 这种等价的表述不涉及复变量. 1901 年，von Koch 证明了黎曼猜想等价于上述误差项为 $O(x^{1/2} \log x)$ 的陈述.

许多数学家相信黎曼猜想是正确的，这一点也得到了大量证据的支持. 首先，有大量的数值证据. 我们现在知道前 2.5×10^{11} 个零点(按虚部的升序排列)的实部都是 $1/2$. (这些计算是由 Sebastian Wedeniwski 完成的，他建立并完成了一个称为 ZetaGrid 的分布式计算项目). 其次，我们知道至少 40% 的 zeta 函数的非平凡零点是单重的并且实部为 $1/2$. 最后，我们也知道如果黎曼猜想不对，则这种零点在远离直线 $\mathrm{Re}(s)=1/2$ 时是非常稀少的. 当然黎曼猜想有可能是错误的，而该证据误导了我们. 也许随后几年这一著名的问题能得到解决，但也有可能未来的几百年中人们都无法证明它. 关于黎曼猜想的更详细的信息，可以参看 Enrico Bomberi 为 Clay 研究所千禧大奖问题所撰写的网上论文以及[Ed01].

第 n 个素数有多大呢? 由素数定理我们知道 $n=\pi(p_n) \sim p_n/\log p_n$，对渐近公式两边取对数仍维持该渐近关系，故得 $\log n \sim \log(p_n/\log p_n) = \log p_n - \log\log p_n \sim \log p_n$. 因此有 $p_n \sim n \log p_n \sim n \log n$. 我们将上述结论表述为如下推论.

推论 3.4.1 令 p_n 是第 n 个素数，其中 n 是正整数. 那么 $p_n \sim n \log n$. 即第 n 个素数渐近于 $\log n$.

如果随机地选择一个正整数，那么它是素数的概率是多大呢? 我们已经知道不超过 x 的素数大概有 $x/\log x$ 个，那么随机选择的 x 是素数的概率是 $(x/\log x)/x = 1/\log x$. 例如，对于在 10^{1000} 附近的整数是素数的概率是 $1/\log 10^{1000} \approx 1/2302$. 假如你想求一个 1000 位的素数，那么在求素数之前应该选定多少个整数呢? 你应该先选择大概 $1/(1/2302) = 2302$ 个这个位数的整数，那么其中一个有可能是素数. 当然，还需要通过一些方法来判断这些选中的整数是否是素数. 在第 6 章中，我们将讨论如何进行有效的计算.

素数分布的间隔 我们已经证明了素数的无限性，并且讨论了小于一个给定的 x 的素数的分布量，但是我们还没有讨论素数在整个正整数中的分布规律. 下面首先给出一个结论来表明存在任意长的连续正整数序列不含有素数.

自然出现在数学证明中的最大数字之一

利用表 3.1 中的数据，我们可以看到对于表中所有的 x，$\mathrm{Li}(x) - \pi(x)$ 为正且随着 x 的增大而增大. 高斯只知道这个表中的前几行，但他相信上述结论对所有的正整数 x 都成立. 然而在 1914 年，英国数学家利特尔伍德(J. E. Littlewood)证明了 $\mathrm{Li}(x) - \pi(x)$ 无穷多次改变正负号. 在证明中，利特尔伍德并没有给出 $\mathrm{Li}(x) - \pi(x)$ 首次从正变负的下界. 这一下界在 1933 年由利特尔伍德的学生 Samuel Skewes 给出. 他证明了至少有一个 $x < 10^{10^{10^{34}}}$ 使得 $\mathrm{Li}(x) - \pi(x)$ 变号. 这个无比巨大的常数被称为是 Skewes 常数. 该常数作为数学证明中自然出现的最大的数而著名. 幸运的是，过去七十几年来，降低这一下界取得了很大的进展. 目前最好的结果表明 $\mathrm{Li}(x) - \pi(x)$ 在 $x = 1.398\,22 \times 10^{316}$ 附近改变了符号.

定理 3.5   对于任意的正整数 n，存在至少 n 个连续的正合数.

证明   考虑如下 n 个连续的正整数

$$(n+1)!+2,(n+1)!+3,\cdots,(n+1)!+n+1.$$

当 $2\leqslant j\leqslant n+1$ 时，我们知道 $j\mid(n+1)!$. 由定理 1.9，有 $j\mid(n+1)!+j$. 因此，这 n 个连续的整数都是合数. ■

例 3.4   从 $8!+2=40\,322$ 开始的连续 7 个整数都是合数.（然而这比最小的连续的 7 个合数 90，91，92，93，94，95 和 96 要大得多.） ◀

关于素数的猜想

数学家和数学爱好者觉得素数非常奇妙，所以这就不奇怪他们给出了一大堆关于素数的猜想. 有一些猜想已经得到了解决，但是还有许多猜想没有得到证明. 我们将在这里给出一些非常有名的猜想.

在 19 世纪的前半个世纪里，数学家们通过观察素数表给出了一些猜想，这些猜想是关于素数分布能否满足的一些基本性质. 例如如下猜想.

伯特兰猜想   1845 年，法国数学家伯特兰猜想对于任意给定的正整数 $n(n>1)$，存在一个素数 p，使得 $n<p<2n$.

伯特兰验证了不超过 $3\,000\,000$ 的 n 都满足这个猜想，但他始终无法给出这个猜想的证明. 这个猜想的第一个证明是由切比雪夫在 1852 年给出的. 因为这个猜想已经被证明了，所以它通常被称为伯特兰公设.（证明的概要见习题 22～24.）

约瑟夫·路易斯·弗朗索瓦·伯特兰(Joseph Louis François Bertrand，1822—1900)生于巴黎. 1839～1841 年在综合工科学院学习，1841～1844 年在矿业学院学习. 他决心成为一个数学家而不是矿业工程师. 伯特兰 1856 年的时候获得了综合工科学院的一个职位. 1862 年他同时成为法兰西学院的教授. 1845 年根据素数表大量的数字证据，伯特兰猜想对每个大于 1 的整数 n，n 和 $2n$ 之间必有一个素数. 这一结果由切比雪夫于 1852 年证明. 除了数论，他的研究领域还包括概率论和微分几何. 他写过几卷关于概率和通过观察分析数据的小册子. 他 1888 年完成的著作《Calcul des Probabilités》包含了一个关于连续概率的悖论，该悖论现在被称之为伯特兰悖论. 伯特兰为人友善，极为聪明，精神饱满.

定理 3.5 说明了两个连续素数的间隔可以是任意长的. 另一方面两个素数也经常离得很近. 两个连续的相差为 1 的素数只有 2 和 3，因为 2 是唯一的偶素数. 然而，有很多对前后两个素数之差为 2，这样的一对素数被称为孪生素数. 例如 3 和 5，5 和 7，11 和 13，101 和 103，4967 和 4969.

共有 35 对孪生素数小于 10^3，8169 对孪生素数小于 10^6，3 424 506 对孪生素数小于 10^9，1 870 585 220 对孪生素数小于 10^{12}，这些迹象似乎表明存在无穷多对孪生素数. 于是就有了下面的猜想.

孪生素数猜想   存在无穷多的形如 p 和 $p+2$ 的素数对.

1966 年，中国数学家陈景润用复杂的筛法证明了存在无穷多个素数 p，使得 $p+2$ 至多只有两个素数因子. 寻找新的大孪生素数对成为了一种竞赛. 目前的最大孪生素数的纪录是 $2\,003\,663\,613 \cdot 2^{195\,000} \pm 1$，它们是 2007 年发现的一对 58 711 位的素数.

孪生素数猜想断言有无穷多个素数是相邻的奇数对，但相邻的素数可能隔得很远. 根据素数定理，随着 n 的增大，相邻的两个素数 p_n 和 p_{n+1} 之间的间距大致是 $\log p_n$，数论学家一直在努力尝试证明有无穷多相邻素数间的距离比上述的平均距离小得多. 2005 年 Daniel Goldston、János Pintz 和 Cem Yildrim 三人取得了突破性进展，他们证明了对任意正常数 c，有无穷多对相邻的素数 p_n 和 p_{n+1} 之间的距离小于相邻素数间的平均距离 $c\log p_n$. 而且在假定一个名为 Elliott-Halberstam 猜想成立的条件下，可以证明有无穷多对素数间隔小于 16.

Viggo Brun 证明了 $$\sum_{p\text{为素数且}p+2\text{也为素数}} \left(\frac{1}{p}+\frac{1}{p+2}\right)=(1/3+1/5)+(1/5+1/7)+(1/11+1/13)+\cdots$$ 收敛到一个叫做 Brun 常数的数，它近似等于 1. 902 160 582 4. 令人惊奇的是，计算 Brun 常数对于发现 Intel 公司的原始奔腾芯片中的缺陷发挥了作用. 1994 年，弗吉尼亚州 Lynchburg 大学的 Thomas Nicely 在奔腾个人计算机上，用两种不同的方法来计算 Brun 常数的时候出现了两种不同的结果. 他跟踪错误发现了奔腾芯片上的缺陷，然后他向 Intel 公司提出了这个问题.（关于 Nicely 的发现的更多信息参看后面方框中的文字.）

素数等差数列的厄尔多斯（Erdös）猜想　对任意的正整数 $n \geqslant 3$，有一个由素数组成的长度为 n 的等差数列.

该猜想的历史可能有一个世纪之久，Paul Erdös 在 20 世纪 30 年代研究过它，虽然大量的数值计算结果支持该猜想成立，但该猜想多年来一直悬而未决.

陶哲轩（Terrence Tao，1975—）出生于澳大利亚，父母从香港移民而来. 父亲是儿科医师，母亲曾是香港中学数学老师. 陶哲轩小时候就天资过人，两岁开始自学算术. 10 岁时他成为国际数学奥赛（IMO）的最小参赛者，并在 13 岁时获得了奥赛金牌. 17 岁那年他获得了学士与硕士学位，并开始在普林斯顿大学读研究生，三年后获得了博士学位. 1996 年受聘于加州大学洛杉矶分校并一直任教至今.

陶哲轩是一位特别多才的数学家，其兴趣横跨多个数学领域，包括调和分析、偏微分方程、数论和组合. 人们可以在他的博客上看到他的工作情况，上面有他在多个问题上的进展. 他最有名的成果是 Green-Tao 定理，该定理表明存在任意长度的由素数组成的等差数列. 除了在纯数学上的贡献外，陶哲轩在应用数学上也有重要的成就. 例如他在压缩采样领域做出了重大贡献，而压缩采样级数可用于由最少信息恢复数字图像.

陶哲轩在数学家中享有很高的声誉，他似乎能搞定一切数学家们的问题. 著名的数学家 Charles Fefferman（小时候也是神童）曾经说过："如果你被某一问题卡住了，那么拔出泥坑的一个好办法就是让陶感兴趣."2006 年陶哲轩被授予了菲尔兹奖，这是数学界最具声望的大奖，并且只授予 40 岁以下的数学家. 同年他获得麦克阿瑟奖（MacArthur Fellowship）. 2008 年他获得了艾伦·沃特曼奖（Alan T. Water Award），该奖项奖金有 50 万美元以支持数学家在其早期职业生涯的研究工作.

陶哲轩的妻子劳拉目前是美国宇航局喷气推进实验室的一名工程师.

例 3.5 5，11，17，23，29 是由五个素数组成的等差数列，199，409，619，829，1039，1249，1459，1669，1879，2089 是由十个素数组成的等差数列，读者请自行验证这一点.

荷兰数学家 Johannes Van Der Corput(1890—1971)于 1939 年在该问题上取得了一定的进展，他证明了有无穷多组由素数组成的长度为 3 的等差数列. 2006 年 Ben Green 和陶哲轩取得了突破性进展从而证明了该猜想. 他们开始只是尝试证明有无穷多组长度为 4 的由素数构成的等差数列. 但后来发现能证明整个猜想，该猜想现被称为 Green-Tao 定理，他们的精彩工作是非构造性的存在性证明，糅合了包括解析数论和遍历论等几个数学分支的思想. 但因为他们的证明是非构造性的，所以并不能用来构造指定长度的素数等差数列. Green-Tao 定理可视为是 20 世纪 30 年代 Paul Erdös 所提出的一个猜想的特例. 该猜想断言如果一个由正整数组成的集合 A 中所有数的倒数和发散，则 A 含有任意长度的等差数列，该猜想至今仍未得到解决.

我们现在讨论关于素数的最令人头痛的猜想.

哥德巴赫猜想 每个大于 2 的正偶数可以写成两个素数的和.

例 3.6 整数 10，24 和 100 都能够写成两个素数的和：
$$10 = 3+7 = 5+5,$$
$$24 = 5+19 = 7+17 = 11+13,$$
$$100 = 3+97 = 11+89 = 17+83$$
$$= 29+71 = 41+59 = 47+53.$$

奔腾芯片的缺陷

Thomas Nicely 碰到奔腾芯片缺陷的这个故事告诉我们，计算机给出的答案并不总是正确的. 大量的硬件和软件问题可能导致计算错误. 这个故事也表明隐瞒产品缺陷的公司会冒着更大的风险. 1994 年 6 月，Intel 公司的测试员发现奔腾芯片并不能总是给出正确的运算结果，但 Intel 决定不公开这个问题. 相反他们认为这一缺陷对许多用户并无影响，所以也没必要提醒上百万的奔腾计算机用户. 奔腾芯片的这一缺陷与不正确使用一个浮点除法的算法有关. 虽然在做数的除法计算时这一缺陷出现的概率很低，但这种除法在数学、科学、工程甚至商业上的制表中都会频繁出现.

后来在同一个月，当 Nicely 在奔腾计算机上用不同的方法计算 Brun 常数时，他得到了两个不同的结果. 1994 年 10 月，在检查了所有可能的计算错误来源后，Nicely 联系了 Intel 的客服. 他们重复了 Nicely 的计算并且证实了这一缺陷，他们告诉 Nicely，这一缺陷以前没有被发现过. 但自此以后，Nicely 没有得到 Intel 的任何回复. 于是 Nicely 就用电子邮件告诉了一些人，而这些人又把这一消息传给了更多感兴趣的人. 几天后，这一缺陷被贴在了互联网上的新闻组里头. 到了 11 月下旬，CNN、纽约时报以及相关的媒体报道了这件事情.

迫于舆论，Intel 提出可以替换芯片，但只对那些使用 Intel 认为会受到除法缺陷影响的应用程序的用户更换. 这一提议没有平息奔腾使用者们的怒火. 不好的舆论使得 Intel 的股价下跌了好几美元，Intel 也成了大家开玩笑的对象. 像"在 Intel，质量就是工作 0.999 999 98". 最后在 1994 年 12 月，Intel 决定根据用户需求更换芯片. 他们为此花费了大约 5 亿美元，并且雇请了好几百人处理用户的要求. 不管怎么讲，对 Intel 来说故事的结局并不差，他们改进后的芯片取得了很大的成功.

这个猜想是 1742 年在哥德巴赫写给欧拉的信中提出的. 现在已经验证了所有小于 10^{18} 的偶数满足这个猜想, 随着计算机技术的进步, 这个极限在相应地增长. 就如在例 3.5 中所看到的, 一个特定的偶数可以写成两个素数的和有很多种形式. 然而, 对于这个猜想的证明至今还没有人给出. 至今为止最好的结果是陈景润给出的(在 1966 年), 他用强大的筛法证明了每个足够大的(偶)数可以写为一个素数和一个至多由两个素数的乘积得到的数的和.

陈景润(1933—1996)是中国著名数论学家华罗庚的学生. 陈景润全身心地投入数学研究中. 他夜以继日地在一个没有电灯、没有桌子和椅子、只有一张小床和几本书的小房子里工作. 他取得了关于孪生素数和哥德巴赫猜想的重要结果. 尽管他是一个杰出的数学家, 他的生活却一团糟. 在经历长时间病痛折磨后, 他于 1996 年去世.

克里斯汀·哥德巴赫(Christian Goldbach, 1690—1764)生于普鲁士哥尼斯堡(这个城市因七桥问题而在数学界很有名). 1725 年, 他成为圣彼得堡皇家学院的数学教授. 1728 年, 哥德巴赫来到莫斯科, 并且成为沙皇彼得二世的教师. 1742 年他任职于俄国外交部. 哥德巴赫主要是因为和一些著名的数学家的通信而经常被提及, 特别是和莱昂哈德·欧拉和丹尼尔·伯努利的通信. 除了"每个大于 2 的偶数都能写为两个素数的和以及每个大于 5 的奇数能写为三个素数的和"这些著名的猜想外, 哥德巴赫对数学分析也做出了令人瞩目的贡献.

还有许多的猜想是关于素数的各种表示形式的, 例如下面的猜想.

n^2+1 猜想   存在无穷多个形如 n^2+1 的素数, 其中 n 是正整数.

一些最小的具有 n^2+1 形式的素数为 $5=2^2+1$, $17=4^2+1$, $37=6^2+1$, $101=10^2+1$, $197=14^2+1$ 和 $401=20^2+1$. 对于这个猜想至今为止得到的最好的结果是, 存在无穷多个 n 使得 n^2+1 是素数或者是两个素数的乘积. 这个证明是 Henryk Iwaniec 在 1973 年给出的. 关于素数的猜想, 如 n^2+1 猜想的表述是很简单的, 但是有时解决起来却相当困难(更多的内容见 [Ri96]).

在 1912 年的国际数学家大会上著名数论学家爱德蒙·兰道(Edmund Landau)提出了四个关于素数的难题, 并被认为"以当前的科学水平无法解决". 我们在上文已经讨论了其中的三个问题. 这四个问题合在一起被称为是"兰道问题", 它们分别是哥德巴赫猜想、孪生素数猜想、n^2+1 型素数是否无限多问题以及如下的勒让德猜想.

勒让德(Legendre)猜想   每两个连续的整数的平方之间必有一个素数.

该猜想是法国数学家 Adrien-Marie Legendre 提出的(其小传见第 11 章). 数值计算表明对 $n \leqslant 10^{18}$, n^2 与 $(n+1)^2$ 之间均存在一个素数, 值得一提的是 Ingham 曾经证明了对足够大的 n, n^3 与 $(n+1)^3$ 之间必有一素数.

虽然兰道在 1912 年所提出的这四个问题至今仍未得到解决, 但人们在这些问题上已经取得了不少进展, 也许在未来几年我们能彻底解决其中一个或几个. 当然也有可能它们仍会耸立到下个世纪.

3.2 节习题

1. 求五个最小的相邻的合数.

2. 求 100 万个相邻的合数.

3. 证明除了 3, 5, 7 之外, 没有其他形如 p, $p+2$, $p+4$ 的"素数三元组".

4. 求最小的四组形如 p, $p+2$, $p+6$ 的素数三元组.

5. 求最小的四组形如 p, $p+4$, $p+6$ 的素数三元组.

6. 求在 n 和 $2n$ 之间最小的素数, 其中 n 如下:
   a) 3   b) 5   c) 19   d) 31

7. 求在 n 和 $2n$ 之间最小的素数, 其中 n 如下:
   a) 4   b) 6   c) 23   d) 47

8. 求 n^2 和 $(n+1)^2$ 之间最小的素数, 其中正整数 $n \leqslant 10$.

9. 求 n^2 和 $(n+1)^2$ 之间最小的素数, 其中正整数 n 满足 $11 \leqslant n \leqslant 20$.

* 10. 证明有无穷多个素数非孪生素数中的一员(提示: 应用狄利克雷定理).

* 11. 证明有无穷多个素数非素数三元组 p, $p+2$, $p+6$ 中的一员(提示: 应用狄利克雷定理).

12. 对于如下的 n 验证哥德巴赫猜想.
    a) 50   b) 98   c) 102   d) 144   e) 200   f) 222

13. 哥德巴赫还猜想对于每个大于 5 的奇数都能写成 3 个素数的和. 对于下面的奇数验证这一猜想.
    a) 7   b) 17   c) 27   d) 97   e) 101   f) 199

14. 证明每个大于 11 的整数都能写成两个合数的和.

15. 证明哥德巴赫猜想每个大于 2 的偶数都能写成两个素数的和与猜想每个大于 5 的整数都能写成三个素数的和是等价的.

16. 令 $G(n)$ 表示偶数 n 可以写成形式 $p+q$ 的个数, 其中 p, q 是素数且 $p \leqslant q$. 哥德巴赫猜想断言对于所有的偶数 n, 当偶数 $n>2$ 时, $G(n) \geqslant 1$. 一个更强的猜想是当偶数 n 无限增大时, $G(n)$ 趋于无穷.
    a) 对所有满足 $4 \leqslant n \leqslant 30$ 的偶数求 $G(n)$ b) 求 $G(158)$ c) 求 $G(188)$

* 17. 证明: 如果 n 和 k 是正整数, 其中 $n>1$, 且 a, $a+k$, $\cdots$, $a+(n-1)k$ 这 n 个整数都是奇素数, 那么 k 能被所有小于 n 的素数整除.
    利用习题 17 解决习题 18~21.

18. 求一个包含 6 个数的等差数列, 从 7 开始且每个数都是素数.

19. 求包含 4 个数且每个数都是素数的等差数列的最小公差.

20. 求包含 5 个数且每个数都是素数的等差数列的最小公差.

* 21. 求包含 6 个数且每个数都是素数的等差数列的最小公差.

22. a) 1848 年, A. de Polignac 猜测每一个正的奇数可以写成一个素数与一个 2 的幂次之和. 证明 509 是这个猜想的一个反例, 从而证明这个猜想是错误的.
    b) 求在 509 之后的这个猜想的最小反例.

* 23. 一个素数幂是具有形式 p^n 的整数, 其中 p 是素数, n 是大于 1 的正整数. 求所有差为 1 的素数幂对, 并证明你的答案是正确的.

* 24. 令 n 是大于 1 的正整数, p_1, p_2, $\cdots$, p_t 是不超过 n 的所有素数. 证明 $p_1 p_2 \cdots p_t < 4^n$.

* 25. 令 n 是大于 3 的正整数, p 是素数且满足 $2n/3 < p \leqslant n$, 证明 p 不能整除二项式系数 $\binom{2n}{n}$.

** 26. 用习题 24 和 25 的结论证明: 如果 n 是正整数, 那么存在一个素数 p 使得 $n<p<2n$. (这是伯特兰猜想.)

27. 用习题 26 证明：如果 p_n 是第 n 个素数，那么 $p_n \leqslant 2^n$.

28. 用伯特兰猜想证明，每个正整数 n 都可以表示成不同的素数之和，其中 $n \geqslant 7$.

29. 用伯特兰公设证明，当 n, m 是正整数时，$\dfrac{1}{n} + \dfrac{1}{n+1} + \cdots + \dfrac{1}{n+m}$ 不是整数.

* 30. 在这个习题中我们将证明 Bonse 不等式，即如果 n 是整数且 $n \geqslant 4$，那么 $p_{n+1}^2 < p_1 p_2 \cdots p_n$，其中 p_k 是第 k 个素数.

   a) 令 k 是一个正整数. 证明整数 $p_1 p_2 \cdots p_{k-1} \cdot 1 - 1$，$p_1 p_2 \cdots p_{k-1} \cdot 2 - 1$，$\cdots$，$p_1 p_2 \cdots p_{k-1} \cdot p_k - 1$ 都不能被前 $k-1$ 个素数中的任何一个整除，并且如果素数 p 能整除这些数中的一个，那么它必然不能整除其他的数.

   b) 从 (a) 我们可以得到结论，如果 $n - k + 1 < p_k$，那么必然存在一个 (a) 中所列的整数不能被 p_j 整除，$j = 1, \cdots, n$. （提示：使用鸽笼原理.）

   c) 用 (b) 来证明：如果 $n - k + 1 < p_k$，那么 $p_{n+1}^2 < p_1 p_2 \cdots p_k$. 固定 n 并且假设 k 是使得 $n - k + 1 < p_k$ 成立的最小的正整数. 证明当 $k \geqslant 5$ 时，$n - k \geqslant p_{k-1} - 2$ 和 $p_{k-1} - 2 \geqslant k$ 成立. 并且如果 $n \geqslant 10$，那么 $k \geqslant 5$. 由此得到如果 $n \geqslant 20$，那么 $p_{n+1}^2 < p_1 p_2 \cdots p_k$ 对于某个 k，$n - k \geqslant k$ 成立. 用这个结论证明 $n \geqslant 10$ 时的 Bonse 不等式.

   d) 检验当 $4 \leqslant n < 10$ 时 Bonse 不等式成立，从而完成证明.

31. 证明 30 是满足下面性质的最大的整数 n：如果 $k < n$，并且没有素数同时整除 k 和 n，那么 k 就是素数. （提示：证明：如果 n 满足上面的性质，且 $n \geqslant p^2$，p 是素数，那么 $p \mid n$. 从而得出如果 $n \geqslant 7^2$，那么 n 一定能被 2，3，5 和 7 整除. 应用 Bonse 不等式我们可以证明这样的 n 一定可以被每个素数整除，产生矛盾. 证明 30 满足上面的性质，但是整数 $30 < n < 49$ 不满足这条性质.）

* 32. 证明 $p_{n+1} p_{n+2} < p_1 p_2 \cdots p_n$，其中 p_k 是第 k 个素数且 $n \geqslant 4$. （提示：用伯特兰公设和证明 Bonse 不等式中 (c) 这部分的证明.）

33. 证明 $p_n^2 < p_{n-1} p_{n-2} p_{n-3}$，其中 p_k 是第 k 个素数且 $n \geqslant 6$. 并证明当 $n = 3$，4 或 5 时不等式不成立. （提示：用伯特兰公设证明 $p_n < 2 p_{n-1}$ 和 $p_{n-1} < 2 p_{n-2}$.）

34. 证明对于每个正整数 N，存在一个偶数 K，使得存在超过 N 对相继的素数使得 K 为这些相继的素数之差. （提示：应用素数定理.）

35. 用推论 3.4.1 估算第 100 万个素数.

计算和研究

1. 尽可能多地验证表 3.1 中所给出的数据.

2. 计算尽可能多地相邻素数间的间距 d_n，$n = 1$，2，$\cdots$.

3. 尽可能多地求满足形式 p，$p + 2$，$p + 6$ 的素数三元组.

4. 对于小于 10 000 的正偶数验证哥德巴赫猜想.

5. 求小于 10 000 的孪生素数.

6. 求大于 1 中计算的每个整数的第一对孪生素数.

7. 作图 $\pi_2(x)$，它表示不超过 x 的孪生素数的对数，其中 $1 \leqslant x \leqslant 1000$ 和 $1 \leqslant x \leqslant 10\,000$.

8. 哈代和利特尔伍德猜想不超过 x 的孪生素数的对数 $\pi_2(x)$ 渐近于 $2 C_2 x / (\log x)^2$，其中 $C_2 = \displaystyle\prod_{p>2} \left(1 - \dfrac{1}{(p-1)^2}\right)$. 常数 C_2 近似等于 0.660 16. 尽可能地计算足够大的 $\pi_2(x)$ 来测定这个渐近公式的精确程度.

9. 计算 Brun 常数，使精度尽可能地高.

10. 设 $G(n)$ 表示偶数 n 可以写成形式 $p + q$ 的个数，其中 p，q 是素数且 $p \leqslant q$. 当偶数 $n \geqslant 188$ 时，猜想 $G(n) \geqslant 10$.

11. 一个尚未解决的猜想断言：对任意正整数 n，存在一个长度为 n 的等差数列由 n 个连续的素数组成.

至今为止已知这样的最长的等差数列包含 22 个连续的素数. 求小于 100 且包含 3 个连续素数的等差数列和小于 500 且包含 4 个连续素数的等差数列.

12. 证明包含 5 项从 1 464 481 开始, 公差为 210 的等差数列的每一项都是素数.

13. 证明包含 12 项从 23 143 开始, 公差为 30 030 的等差数列的每一项都是素数.

14. 求从 199 开始的包含 10 个素数的等差数列.

15. 安瑞卡猜想(命名自多瑞·安瑞卡(Dorin Adrica))断言 $A_n = \sqrt{p_{n+1}} - \sqrt{p_n} < 1$ 对于所有正整数 n 成立, 其中 p_n 是第 n 个素数. 对于尽可能多的正整数 n 计算 A_n 来验证该猜想, 并根据你的计算提出一个关于 A_n 最大值的猜想.

16. 分别对 $n=1000$, $n=10\ 000$, $n=100\ 000$ 和 $n=1\ 000\ 000$ 验证勒让德猜想.

17. 探索猜想: 每个正偶数可以写成两个幸运数的和, 幸运数可以相同. 继续探索猜想: 给定一个正整数 k, 存在一个正整数 n, n 可以表示成两个幸运数之和的方法恰有 k 种.

程序设计

1. 给定正整数 n, 对小于 n 的偶数验证哥德巴赫猜想.

2. 给定正整数 n, 求小于 n 的孪生素数.

3. 给定正整数 m, 求前 m 个具有形式 n^2+1 的素数, 其中 n 是正整数.

4. 给定正整数 n, 求 $G(n)$, $G(n)$ 表示偶数 n 可以写成形如 $p+q$ 的个数, 其中 p, q 是素数且 $p \leqslant q$.

5. 给定正整数 n, 求尽可能多的长度为 n 且每项是素数的等差数列.

3.3 最大公因子及其性质

在 1.5 节中我们引入了两个整数的最大公因子这个概念, 即两个不同为 0 的整数 a 和 b 的最大公因子是指能同时整除 a 和 b 的最大整数, 记为 (a, b). 同时我们也约定 $(0, 0)=0$, 这样能确保我们关于最大公因子的结果在一般情况下均成立. 在 1.5 节中, 我们曾定义了两个整数互素是指它们除了 1 之外没有其他的公因子.

注意由于 $-a$ 的因子与 a 的因子相同, 故有 $(a, b)=(|a|, |b|)$(其中 $|a|$ 表示 a 的绝对值, 当 $a \geqslant 0$ 时, $|a|=a$, 当 $a<0$ 时, $|a|=-a$). 因此, 我们只关注正整数对的最大公因子.

在例 1.37 中, $(15, 81)=3$. 如用 $(15, 81)=3$ 去除 15 和 81, 会得到互素的两个整数 5 和 27. 这并不奇怪, 因为我们已将公因子部分除掉了. 如此可得到下面的定理, 即如将两个整数分别除以其最大公因子, 则可得到两个互素的整数.

定理 3.6 a, b 是整数, 且 $(a, b)=d$, 那么 $(a/d, b/d)=1$. (换言之, a/d 与 b/d 互素.)

证明 已知 a, b 是整数, 且 $(a, b)=d$. 我们将证明 a/d, b/d 除了 1 之外没有其他的公因子. 假设还有正整数 e 使得 $e|(a/d)$ 且 $e|(b/d)$, 那么存在整数 k 和 l 使得 $a/d=ke$, $b/d=le$, 于是 $a=dek$, $b=del$. 因此 de 是 a, b 的公因子. 因为 d 是 a, b 的最大公因子, 故 $de \leqslant d$, 于是 $e=1$. 因此 $(a/d, b/d)=1$. ∎

一个分数 p/q 被称为是既约分数, 如果 $(p, q)=1$. 下面的结论告诉我们每一个分数都与一个既约分数相等.

推论 3.6.1 如果 a, b 为整数, 且 $b \neq 0$, 则 $a/b=p/q$, 其中 p, q 为整数, 且 $(p, q)=1$, $q \neq 0$.

证明 假设 a, b 为整数且 $b \neq 0$, 令 $p=a/d$, $q=b/d$, 其中 $d=(a, b)$, 则 $p/q=(a/$

$d)/(b/d)$. 由定理 3.6 可知 $(p, q)=1$，命题得证. ∎

当我们将一个整数的任意倍数加到另一个整数上，得到的两个整数的最大公因子与原来的两个整数的最大公因子是相同的. 在例 3.6 中，我们说明了 $(24, 84)=12$，那么将 24 的任意倍数加到 84 以后，24 和得到的整数的最大公因子还是 12. 例如，$2 \cdot 24=48$，$(-3) \cdot 24=72$，那么 $(24, 84+48)=(24, 132)=12$，$(24, 84+(-72))=(24, 12)=12$. 这是因为 24 和 84 的最大公因子与 24 和 24 的任意倍加到 84 后得到的数的最大公因子相同. 下面这个定理将证明上述推理的正确性.

定理 3.7 令 a, b, c 是整数，那么 $(a+cb, b)=(a, b)$.

证明 令 a, b, c 是整数. 我们将证明 a, b 的公因子与 $a+cb, b$ 的公因子相同，即证明 $(a+cb, b)=(a, b)$. 令 e 是 a, b 的公因子. 由定理 1.9 可知 $e \mid (a+cb)$，所以 e 是 $a+cb$ 和 b 的公因子. 如果 f 是 $a+cb$ 和 b 的公因子，那么由定理 1.9 可知 f 整除 $(a+cb)-cb=a$，所以 f 是 a, b 的公因子. 因此 $(a+cb, b)=(a, b)$. ∎

我们将证明两个不全为零的整数 a, b 的最大公因子可以写成 a 的倍数与 b 的倍数之和. 为了表达得更加简洁，我们给出下面的定义.

定义 如果 a, b 是整数，那么它们的**线性组合**具有形式 $ma+nb$，其中 m, n 都是整数.

例 3.7 当 m, n 都是整数时，线性组合 $9m+15n$ 是什么呢？在这个线性组合中有 $-6=1 \cdot 9+(-1) \cdot 15$；$-3=(-2) \cdot 9+1 \cdot 15$；$0=0 \cdot 9+0 \cdot 15$；$3=2 \cdot 9+(-1) \cdot 15$；$6=(-1) \cdot 9+1 \cdot 15$，等等. 可以证明 9 和 15 的线性组合所构成的集合为 $\{\cdots, -12, -9, -6, -3, 0, 3, 6, 9, 12, \cdots\}$，当读者阅读下面两个定理的证明后即可以来验证. ◀

在例 3.7 中，我们发现 $(9, 15)=3$ 是 9 和 15 的线性组合中最小的正整数. 这不是偶然的，下面的定理将给出证明.

定理 3.8 两个不全为零的整数 a, b 的最大公因子是 a, b 的线性组合中最小的正整数.

证明 令 d 是 a, b 的线性组合中最小的正整数. （因为当 $a \neq 0$ 时，两个线性组合 $1 \cdot a+0 \cdot b$ 和 $(-1) \cdot a+0 \cdot b$ 中必有一个为正，因此由良序性质，存在最小的正整数.）我们有

$$d = ma + nb, \tag{3.1}$$

其中 m, n 是整数. 我们将证明 $d \mid a$，$d \mid b$.

由带余除法，得到

$$a = dq + r, \qquad 0 \leqslant r < d.$$

由这个方程和 (3.1) 可以得到

$$r = a - dq = a - q(ma + nb) = (1 - qm)a - qnb.$$

这就证明了整数 r 是 a, b 的线性组合. 因为 $0 \leqslant r < d$，故 d 是 a, b 的线性组合中最小的正整数，于是我们得到 $r=0$，因此 $d \mid a$. 同理可得，$d \mid b$.

我们证明了 a, b 的线性组合中最小的正整数 d 是 a, b 的公因子，剩下要证的是它是 a, b 的最大公因子. 为此只需证明 a, b 所有的公因子 c 都能整除 d，这是因为所有 d 的正因子都小于 d. 由于 $d=ma+nb$，因此如果 $c \mid a$ 且 $c \mid b$，那么由定理 1.9 有 $c \mid d$，因此 $d \geqslant c$. 这就完成了证明. ∎

由定理 3.8 可知，两个整数 a，b 的最大公因子可以写作 a 与 b 的线性组合．（注意该定理不但告诉我们 $(a，b)$ 可写为它们的线性组合，而且是这些组合中的最小正整数．这是一条重要的性质，因此将其单列为一个推论．）

推论 3.8.1（Bezout 定理）　如果 a 与 b 均为整数，则有整数 m 和 n 使得 $ma+nb=(a，b)$．

推论 3.8.1 被称为 Bezout 定理，其名称来自于 18 世纪的法国数学家 Étienne Bézout. Bézout 实际上证明了一个关于多样式的更一般的结论．虽然该推论被称作是 Bezout 定理，但多年以前 Claude Gaspar Bachet 已经证明了该结果（参看第 13 章他的小传）．

方程 $ma+nb=(a，b)$ 被称为 Bezout 等式，对给定的整数 a，b 满足该等式的整数 m 和 n 被称为是 a 与 b 的 Bezout 系数或 Bezout 数．

例 3.8　因为 1 和 2 是 4 和 10 仅有的正公因子，故 $(4，10)=2$．等式 $(-2)\cdot 4+1\cdot 10=2$ 表明 -2 和 1 是 4 和 10 的 Bezout 系数．因为 $8\cdot 4+(-3)\cdot 10=2$，故 8 和 -3 也是 4 和 10 的 Bezout 系数．事实上，4 和 10 有无穷多组不同的 Bezout 系数，这是因为 $-2+10t$ 和 $1+(-4)t$ 对所有整数 t 均是 4 和 10 的 Bezout 系数． ◀

我们在整数 a 与 b 互素时会经常用到推论 3.8.1，故将此特殊情形列为定理 3.8 的第二个推论．

推论 3.8.2　整数 a 与 b 互素当且仅当存在整数 m 和 n 使得 $ma+nb=1$．

证明　我们注意到如果 a，b 互素，那么 $(a，b)=1$．因此由定理 3.8 可知，1 是 a 和 b 的线性组合的最小正整数．于是存在整数 m，n 使得 $ma+nb=1$．反之，如果有整数 m 和 n 使得 $ma+nb=1$，则由定理 3.8 可得 $(a，b)=1$．这是由于 a，b 不同为 0 且 1 显然是 a，b 的线性组合中的最小正整数． ∎

ÉTIENNE Bézout（1730—1783）生于法国纳莫斯，父亲是当地的治安官．他的父母想让他子承父业，然而在读了大数学家里昂纳德·欧拉的著作后，他决定成为一个数学家．从 1756 年开始，Bézout 发表了一系列的研究论文，包括一些关于积分的文章．1758 年他在巴黎科学院获得了一个职位，1763 年他被任命为海军卫队的督察，而且被委任以编写数学教科书的任务．1767 年，他写完了一部 4 卷的教科书．1768 年 Bézout 被任命为炮兵督察，随后在 1768 年和 1770 年接连被提拔．Bézout 因 1770 年至 1782 年出版的六卷综合数学教科书而广为人知．

他撰写的教材很受欢迎，一批批希望入读建于 1794 年著名的综合工学院的学生都会研读他的书．这些教科书被译为英文并在北美被广泛使用，包括哈佛．

他最重要的原创性工作收于 1779 年出版的《Théorie générale des equations algebriques》一书中，在该书中他引入了解多元多项式方程组的重要方法．这本书中最重要的成果现在被称为 Bézout 定理，其一般形式告诉我们两个平面代数曲线的交点数恰是这两个曲线次数的乘积．现在一般将行列式的发明归功于 Bézout．（英国大数学家詹姆士·约瑟夫·西尔维斯特（James Joseph Sylvester）将其称为 Bezoutian.）

Bézout 待人温和热忱，个性有点内向忧郁，他的婚姻很幸福并育有子女．

定理 3.8 是很有用的：由两个整数的最大公因子是这两个整数的线性组合的最小正整数这个事实，就能求得这两个数的最大公因子．两个整数的最大公因子的不同表示使我们可以选择一个最有效的表达方法来解决一些特定的问题. 在下面的定理证明中就阐明了这一点.

定理 3.9 如果 a, b 是正整数, 那么所有 a, b 的线性组合构成的集合与所有 (a, b) 的倍数构成的集合相同.

证明 假设 $d=(a, b)$. 我们首先证明每个 a, b 的线性组合是 d 的倍数. 首先注意到由最大公因子的定义, 有 $d \mid a$ 且 $d \mid b$. 每个 a, b 的线性组合具有形式 $ma+nb$, 其中 m, n 是整数. 由定理 1.9, 只要 m, n 是整数, d 就整除 $ma+nb$. 因此, $ma+nb$ 是 d 的倍数.

我们现在证明每一个 d 的倍数也是 (a, b) 的线性组合. 由定理 3.8, 存在整数 r, s 使得 $(a, b)=ra+sb$. 而 d 的倍数具有形式 jd, 其中 j 是整数. 在方程 $d=ra+sb$ 的两边同时乘以 j, 我们得到 $jd=(jr)a+(js)b$. 因此, 每个 d 的倍数是 (a, b) 的线性组合. 这就完成了证明. ∎

我们利用整数的有序性定义了整数的最大公因子. 即对于给定的两个不同的整数, 必有一个大于另一个. 然而, 我们可以在不依赖整数次序观念的基础上来定义两个整数的最大公因子, 就像在下面定理 3.10 中给出的那样. 这样定义的最大公因子的特征不依赖于大小顺序, 在代数数论的学习中我们会看到这种方法普遍应用于众所熟知的代数数域.

定理 3.10 如果 a, b 是不全为零的整数, 那么正整数 d 是 a, b 的最大公因子当且仅当

(i) $d \mid a$ 且 $d \mid b$

(ii) 如果 c 是整数且 $c \mid a$, $c \mid b$, 那么 $c \mid d$.

证明 我们首先证明 a, b 的最大公因子具有这两个性质. 假设 $d=(a, b)$. 由公因子的定义, $d \mid a$ 且 $d \mid b$. 由定理 3.8, $d=ma+nb$, 其中 m, n 是整数. 因此, 如果 $c \mid a$ 且 $c \mid b$, 那么由定理 1.9 可知, $c \mid d=ma+nb$. 我们现在已经证明了如果 $d=(a, b)$, 那么性质 (i) 和 (ii) 成立.

现假设性质 (i) 和 (ii) 成立, 则 d 是 a, b 的公因子. 进一步由性质 (ii), 我们知道如果 c 是 a, b 的公因子, 那么 $c \mid d$, 所以对整数 k 有 $d=ck$. 因此, $c=d/k \leqslant d$. (我们用到了这样一个事实: 一个正整数在除以任意一个非零整数后变小.) 这就证明了满足性质 (i) 和 (ii) 的正整数一定是 a, b 的最大公因子. ∎

注意由定理 3.10 可知两个不全为 0 的整数 a, b 的最大公因子也是能被所有其他公因子整除的正公因子.

我们已经证明了两个不全为零的整数 a, b 的最大公因子是这两个数的线性组合. 然而, 我们还没有说明如何求这个等于 (a, b) 的特殊的线性组合. 在下一节中, 我们将给出求这个特殊的线性组合的算法.

我们还可以定义多于两个整数的最大公因子.

定义 令 a_1, a_2, $\cdots$, a_n 是不全为零的整数. 这些整数的公因子中最大的整数就是**最大公因子**. a_1, a_2, $\cdots$, a_n 的最大公因子记为 $(a_1, a_1, \cdots, a_n)$. (注意 a_i 在这里面出现的顺序并不影响结果.)

例 3.9 我们很容易得到 $(12, 18, 30)=6$, $(10, 15, 25)=5$. ◀

可以用下面的引理来求两个以上整数的最大公因子.

引理 3.2　如果 a_1，a_2，$\cdots$，a_n 是不全为零的整数，那么 $(a_1$，a_2，$\cdots$，a_{n-1}，$a_n) = (a_1$，a_2，$\cdots$，a_{n-2}，$(a_{n-1}$，$a_n))$.

证明　n 个整数 a_1，a_2，$\cdots$，a_{n-1} 和 a_n 的任意公因子也是 a_{n-1} 和 a_n 的公因子，因此也是 $(a_{n-1}$，$a_n)$ 的因子. 同样 $n-1$ 个整数 a_1，a_2，$\cdots$，a_{n-2} 和 $(a_{n-1}$，$a_n)$ 的公因子也是 n 个整数 a_1，a_2，$\cdots$，a_{n-1}，a_n 的公因子，因为如果某整数整除 $(a_{n-1}$，$a_n)$，那么它一定同时整除 a_{n-1} 和 a_n. 因此，这 n 个整数的公因子和由前 $n-2$ 个整数与后两个整数的最大公因子组成的集合的公因子完全相同，它们的最大公因子也一定相同.　∎

例 3.10　我们用引理 3.2 来求三个整数 105，140 和 350 的最大公因子，$(105$，140，$350) = (105$，$(140$，$350)) = (105$，$70) = 35$. ◀

例 3.11　考虑整数 15，21 和 35，我们用下面的步骤求得这三个整数的最大公因子是 1：

$$(15,21,35) = (15,(21,35)) = (15,7) = 1.$$

这三个整数两两的最大公因子都大于 1，$(15$，$21) = 3$，$(15$，$35) = 5$，$(21$，$35) = 7$. ◀

由例 3.11 引出了下面的定义.

定义　如果 $(a_1$，a_2，$\cdots$，$a_n) = 1$，那么我们说整数 a_1，a_2，$\cdots$，a_n **互素**. 如果对于整数集中每对整数 a_i，a_j，$i \neq j$，有 $(a_i$，$a_j) = 1$，即整数集中的任意一对整数都互素，那么我们就说这些整数**两两互素**.

两两互素的概念要远比互素的概念使用得多. 并且若集合中的整数两两互素，那么这些整数一定是互素的，但是反过来不成立（就像在例 3.11 中给出的 15，21，35 那样）.

3.3 节习题

1. 求下面每对整数的最大公因子.
   a) 15，35　　　b) 0，111　　　c) −12，18　　　d) 99，100　　　e) 11，121　　　f) 100，102
2. 求下面每对整数的最大公因子.
   a) 5，15　　　　b) 0，100　　　c) −27，−45　　　d) −90，100　　　e) 100，121　　　f) 1001，289
3. 令 a 是正整数. 那么 a 和 $2a$ 的最大公因子是多少？
4. 令 a 是正整数. 那么 a 和 a^2 的最大公因子是多少？
5. 令 a 是正整数. 那么 a 和 $a+1$ 的最大公因子是多少？
6. 令 a 是正整数. 那么 a 和 $a+2$ 的最大公因子是多少？
7. 证明两个偶数的最大公因子是偶数.
8. 证明一个偶数与一个奇数的最大公因子是奇数.
9. 证明：如果 a，b 是不全为零的整数，c 是非零整数，那么 $(ca$，$cb) = |c|(a$，$b)$.
10. 证明：如果整数 a，b 的最大公因子 $(a$，$b) = 1$，那么 $(a+b$，$a-b) = 1$ 或 2.
11. 设 a，b 是不全为零且互素的整数，那么 $(a^2+b^2$，$a+b)$ 是多少？
12. 证明：如果 a，b 是不全为零的偶数，那么 $(a$，$b) = 2(a/2$，$b/2)$.
13. 证明：如果 a 是偶数，b 是奇数，那么 $(a$，$b) = (a/2$，$b)$.
14. 证明：如果整数 a，b，c 满足 $(a$，$b) = 1$ 且 $c \mid (a+b)$，那么 $(c$，$a) = (c$，$b) = 1$.
15. 证明：如果非零整数 a，b，c 互素，那么 $(a$，$bc) = (a$，$b)(a$，$c)$.
☞ 16. a) 证明：如果整数 a，b，c 满足 $(a$，$b) = (a$，$c) = 1$，那么 $(a$，$bc) = 1$.

    b) 用数学归纳法证明：如果对整数 a_1，a_2，$\cdots$，a_n，有另一个整数 b，使得 $(a_1, b) = (a_2, b) = \cdots = (a_n, b) = 1$，那么 $(a_1 a_2 \cdots a_n, b) = 1$.

17. 求 3 个整数使得它们互素，但是并不两两互素. 不要使用本书中的例子.

18. 求 4 个整数使得它们互素，但是任意三个并不互素.

19. 求下面每个整数集的最大公因子.

    a) 8，10，12   b) 5，25，75   c) 99，9999，0   d) 6，15，21   e) -7，28，-35 f) 0，0，1001

20. 从整数 66，105，42，70，165 中选出三个互素的数.

21. 证明：如果 a_1，a_2，$\cdots$，a_n 是不全为零的整数，且 c 是正整数，那么 $(ca_1, ca_2, \cdots, ca_n) = c(a_1, a_2, \cdots a_n)$.

22. 证明不全为零的整数 a_1，a_1，$\cdots$，a_n 的最大公因子是 a_1，a_2，$\cdots$，a_n 的线性组合中最小的正整数.

23. 证明：如果 k 是整数，那么整数 $6k-1$，$6k+1$，$6k+2$，$6k+3$ 和 $6k+5$ 两两互素.

24. 证明：如果 k 是正整数，那么 $3k+2$ 和 $5k+3$ 互素.

25. 证明对于所有的整数 a，$8a+3$ 和 $5a+2$ 互素.

26. 证明：若 k 为正整数，则 $(6k+7)/(3k+4)$ 是既约分数.

27. 证明：若 k 为正整数，则 $(15k+4)/(10k+3)$ 是既约分数.

28. 证明：如果整数 a，b 互素，那么 $(a+2b, 2a+b) = 1$ 或 3.

29. 证明：所有大于 6 的正整数是两个大于 1 的互素的整数之和.

30. 证明：若 n 为正整数，则 $(n+1, n^2-n+1) = 1$ 或 3.

31. 证明：若 n 为正整数，则 $(2n^2+6n-4, 2n^2+4n-3) = 1$.

32. 证明：若 n 为正整数，则 $(n^2+2, n^3+1) = 1$，3 或 9

    n 阶费瑞级数 (Farey series)$\mathscr{F}_n$（以约翰·费瑞命名）是一个按递升次序排列的分数 h/k 的集合，其中 h 和 k 是整数，$0 \leqslant h \leqslant k \leqslant n$ 且 $(h, k) = 1$. 我们分别将 0，1 表示为形式 0/1，1/1. 例如，4 阶费瑞级数为

$$\frac{0}{1}, \frac{1}{4}, \frac{1}{3}, \frac{1}{2}, \frac{2}{3}, \frac{3}{4}, \frac{1}{1}.$$

约翰·费瑞 (John Farey, 1766—1826)16 岁前都在英格兰的 Woburn 上学. 1782 年他进入了 Yorkshire 的 Halifax 的学校，在那里他学习了数学、绘图、测量. 他于 1790 年结婚，次年有了第一个儿子. 1792 年，Bedford 的公爵任命他为 Woburn 地产的管理者. 费瑞一直任职到 1802 年，在此期间他在地质学上的专长得到发展. 由于公爵突然去世，公爵的弟弟免去了他的职务. 随后他去了伦敦，以测量员和地质学家的身份参与了大量的实地工作.

    费瑞的地质工作包括对 Derbyshire 的地层和土壤的研究. 他还绘制了伦敦和 Brighton 之间的表层地层图. 费瑞写了大量科研文章，大约有 60 多篇发表在哲学或自然科学杂志上. 这些文章涉及的领域很广，有地质学、森林学、物理学以及其他学科.

    尽管他作为地质学家取得了一些声誉，但费瑞最令人难忘的还是对数学的贡献. 1816 年在他的一篇只写了四个段落的文章《关于普通分数的一个奇妙性质》(On a curious property of vulgar fractions) 中，费瑞提到了既约分数 $p/q (0 < p/q < 1, q < n)$ 的分子和分母分别是那些 0 和 1 之间分母不超过 n 的既约分数按照升序排列时位于 p/q 两边的分数的分子及分母之和（参看习题 27）. 费瑞说他不知道这一性质是否为前人提过，他也提到他不能给出证明. 法国数学家柯西在读过费瑞的文章后，在 1816 年出版的《Exercises de mathématique》中给出了证明. 柯西将其命名为费瑞级数，因为他认为是费瑞首先发现了这个性质.

    当然，费瑞并非首个发现该性质的人. 早在 1802 年，C. Haros 在一篇用普通分数逼近十进制小数的文章中，对 $n=99$ 利用这一性质构造了费瑞级数.

习题 33~37 是关于费瑞级数的.

33. 求 5 阶费瑞级数.

34. 求 7 阶费瑞级数.

* 35. 证明：如果 a/b, c/d, e/f 是费瑞级数中的连续项，那么

$$\frac{c}{d} = \frac{a+e}{b+f}.$$

* 36. 证明：如果 a/b 和 c/d 在费瑞级数中是连续的项，那么 $ad - bc = -1$.

* 37. 证明：如果 a/b 和 c/d 是 n 阶费瑞级数中连续的项，则 $b + d > n$.

* 38. a) 证明：如果 a, b 是正整数，那么 $((a^n - b^n)/(a - b), a - b) = (n(a, b)^{n-1}, a - b)$.

  b) 证明：如果 a, b 是互素的正整数，那么 $((a^n - b^n)/(a - b), a - b) = (n, a - b)$.

39. 证明：如果整数 a, b, c, d 中 b, d 是正整数，$(a, b) = (c, d) = 1$ 且 $\frac{a}{b} + \frac{c}{d}$ 是一个整数，那么 $b = d$.

40. 如果 a, b, c 是正整数，$(a, b) = (b, c) = 1$ 且 $\frac{1}{a} + \frac{1}{b} + \frac{1}{c}$ 是一个整数，那么你能据此得出什么结论？

41. 证明：如果 a, b 是正整数，那么 $(a, b) = 2 \sum_{i=1}^{a-1} [bi/a] + a + b - ab$. （提示：数格点的个数，格点是在以 $(0, 0)$, $(0, b)$ 和 $(a, 0)$ 为顶点的三角形内或边上的坐标为整数的点.）

42. 证明：如果 n 是正整数且对于整数 i, j 有 $1 \leqslant i < j \leqslant n$，那么 $(n! \cdot i + 1, n! \cdot j + 1) = 1$.

43. 用习题 42 的结果来证明存在无穷多个素数.（提示：假设只有 r 个素数，并考虑 $r + 1$ 个数 $(r+1)! \cdot i + 1$, $i = 1, 2, \cdots, r + 1$. 这个证明是由 P. Schorn 给出的.）

44. 如果 c, d 是两个互素的正整数，那么定义整数 $a_j (j = 0, 1, 2, \cdots)$ 为 $a_0 = c$ 且 $a_n = a_0 a_1 \cdots a_{n-1} + d$, $n = 1, 2, \cdots$，证明 $a_j (j = 0, 1, 2, \cdots)$ 是两两互素的.

计算和研究

1. 计算 $(987\,654\,321, 123\,456\,789)$ 和 $[987\,654\,321, 123\,456\,789]$.

2. 计算 $(122\,333\,444\,455\,555, 666\,667\,777\,888\,990)$ 和 $[122\,333\,444\,455\,555, 666\,667\,777\,888\,990]$.

3. 构造阶为 100 的费瑞级数.

4. 在阶为 100 的费瑞级数中自己选择连续的项，验证习题 27，28，29 所给出的费瑞级数的性质.

* 5. 阶为 n 的费瑞分数的数目 $|\mathscr{F}_n|$ 大致是 $3n^2/\pi^2$. 研究随着 n 增大该式与 $|\mathscr{F}_n|$ 的逼近程度.

程序设计

1. 从两个整数的公因子的表中求其最大公因子.

2. 对一个给定的正整数 n，给出阶为 n 的费瑞级数.

3.4 欧几里得算法

我们将建立一套系统的方法或者说是算法来求两个正整数的最大公因子. 这个方法被称为欧几里得算法（Euclidean algorithm）. 它是根据古希腊数学家欧几里得命名的，这个方法被记载在他的《几何原本》中.（这个用来求最大公因子的相同的方法也被 6 世纪印度数学家 Aryabhata 记载，他称这个方法为"粉碎机算法"（the pulverizer）.）

在讨论这个算法之前，我们先用一个例子来说明这个算法的用法：求 30 和 72 的最大公因子. 我们先做带余除法，$72 = 30 \cdot 2 + 12$，并用定理 3.7 得到 $(30, 72) = (30, 72 - 2 \cdot 30) = (30, 12)$. 注意在计算中已经用一个小的数 12 来代替 72，因为 $(72, 30) = (30,$

12). 接下来继续使用带余除法，$30=2 \cdot 12+6$. 同理得到$(30，12)=(12，6)$. 因为$12=6 \cdot 2+0$，故$(12，6)=(6，0)=6$. 这样，我们就得到了结果$(72，30)=6$. 在这里没有先求30，72的所有公因子再来求最大公因子.

我们现在给出计算两个正整数的最大公因子的通用的欧几里得算法.

定理 3.11（欧几里得算法）　令整数$r_0=a$，$r_1=b$满足$a \geqslant b > 0$，如果连续做带余除法得到$r_j=r_{j+1}q_{j+1}+r_{j+2}$，且$0 < r_{j+2} < r_{j+1}$（$j=0$，$1$，$2$，$\cdots$，$n-2$），$r_{n+1}=0$，那么$(a，b)=r_n$，它是最后一个非零余数.

从定理中我们看到通过连续应用带余除法，在每一步中被除数和除数被更小的数代替（这些更小的数实际上是每一步中的除数和余数），运算直到余数为零时终止. 这一系列运算产生了一系列的等式，而最大公因子就是最后一个非零的余数.

欧几里得（Euclid，公元前350年）是史上最成功的数学教科书作者，他著名的《几何原本》(Elements)从古至今已经有了上千种版本. 除了曾经在亚历山大学院教书外，欧几里得的生活很少为人所知. 显然他并不强调数学的应用，一个很有名的故事是当他的一个学生问他学几何有什么用时，欧几里得让他的奴隶给了这个学生三个硬币，"因为他想在学习中获取实利."欧几里得的《几何原本》介绍了从平面到刚体几何以及数论的知识. 欧几里得算法可以在《几何原本》第13卷的第7章找到，关于素数无限性的证明则在第9章. 欧几里得还写过很多关于天文、光学、音乐和力学等领域的书.

为了证明欧几里得算法得到最大公因子的正确性，我们给出如下引理.

引理 3.3　如果e和d是整数且$e=dq+r$，其中q，r是整数，那么$(e，d)=(d，r)$.

证明　在定理3.7中，取$a=r$，$b=d$，$c=q$，那么由定理3.7可以直接得到引理.　∎

我们现在证明欧几里得算法得到的是两个整数的最大公因子.

证明　令$r_0=a$，$r_1=b$是正整数且满足$a \geqslant b$，那么通过连续运用带余除法，我们求得

$$r_0 = r_1q_1 + r_2 \qquad 0 \leqslant r_2 < r_1，$$
$$r_1 = r_2q_2 + r_3 \qquad 0 \leqslant r_3 < r_2，$$
$$\vdots$$
$$r_{j-2} = r_{j-1}q_{j-1} + r_j \qquad 0 \leqslant r_j < r_{j-1}，$$
$$\vdots$$
$$r_{n-4} = r_{n-3}q_{n-3} + r_{n-2} \qquad 0 \leqslant r_{n-2} < r_{n-3}，$$
$$r_{n-3} = r_{n-2}q_{n-2} + r_{n-1} \qquad 0 \leqslant r_{n-1} < r_{n-2}，$$
$$r_{n-2} = r_{n-1}q_{n-1} + r_n \qquad 0 \leqslant r_n < r_{n-1}，$$
$$r_{n-1} = r_nq_n.$$

可以假设最终一定会有一个余数为零，这是因为余数组成的序列$a=r_0 \geqslant r_1 > r_2 > \cdots \geqslant 0$所包含的项的个数不会大于$a$（因为每个余数都是整数）. 由引理3.3，我们得到$(a，b)=(r_0，r_1)=(r_1，r_2)=(r_2，r_3)=\cdots=(r_{n-3}，r_{n-2})=(r_{n-2}，r_{n-1})=(r_{n-1}，r_n)=(r_n，0)=r_n$. 因此$(a，b)=r_n$，这是最后一个非零余数.　∎

我们举下面的例子来说明欧几里得算法的用法.

例 3.12 用欧几里得算法求 $(252, 198)$ 的步骤如下：

$$252 = 1 \cdot 198 + 54$$
$$198 = 3 \cdot 54 + 36$$
$$54 = 1 \cdot 36 + 18$$
$$36 = 2 \cdot 18.$$

我们将这些步骤总结在下表中.

j	r_j	r_{j+1}	q_{j+1}	r_{j+2}
0	252	198	1	54
1	198	54	3	36
2	54	36	1	18
3	36	18	2	0

最后一个非零余数（在最后一列倒数第二行的那个数）就是 252 和 198 的最大公因子. 因此 $(252, 198) = 18$. ◀

阿耶波多（Aryabhata，476—550）出生于印度拘苏摩补罗（Kusumapura，今巴特那（Patna））. 他编写的《阿耶波多历数书》（Aryabhatiya）是一本用诗歌体写成的印度数学概论. 这本书包含了天文、几何、平面和球面三角学、算术和代数领域的内容，研究的题目包括面积和体积公式、连分数、幂级数、π 的近似值和正弦表. 阿耶波多还给出了一个和欧几里得算法一样的求最大公因子的方法. 他的关于三角形和圆形面积的公式是正确的，但是关于球形和棱锥的体积公式是错误的. 阿耶波多还编写了一本天文学的教科书《苏利亚历》（Siddhanta），这本书包括了大量精确的陈述（也有很多陈述是错误的）. 比如，他说行星的轨道都是椭圆的，他还正确地解释了日食和月食的原因. 1975 年，印度把他们通过俄罗斯发射的第一颗卫星命名为 Aryabhata，以此纪念他在天文和数学上所做出的奠基性贡献.

欧几里得算法是一种快速地求最大公因子的方法.

接下来，当我们用欧几里得算法求两个正整数的最大公因子来估算除法的最大步数时会看到这一点. 但是，我们首先要证明对于一个给定的正整数 n，存在整数 a，b 使得用欧几里得算法求 (a, b) 恰好需要 n 步除法. 我们可以通过斐波那契序列中连续的项来求这样的整数.

用欧几里得算法来求斐波那契序列中连续项的最大公因子的速度很慢，因为除了最后一步，其余的每一步的商都是 1，如下例所示.

例 3.13 用欧几里得算法求 $(34, 55)$. 注意到 $f_9 = 34$，$f_{10} = 55$，我们有

$$55 = 34 \cdot 1 + 21$$
$$34 = 21 \cdot 1 + 13$$
$$21 = 13 \cdot 1 + 8$$
$$13 = 8 \cdot 1 + 5$$
$$8 = 5 \cdot 1 + 3$$

$$5 = 3 \cdot 1 + 2$$
$$3 = 2 \cdot 1 + 1$$
$$2 = 1 \cdot 2.$$

可以看到用欧几里得算法求 $f_9 = 34$, $f_{10} = 55$ 的最大公因子需要用 8 次除法. 此外, $(34, 55) = 1$, 因为 1 是最后一个非零的余数. ◄

下面的定理将告诉我们用欧几里得算法求斐波那契序列中连续两项的最大公因子需要多少步除法.

定理 3.12 令 f_{n+1} 和 $f_{n+2}(n > 1)$ 是斐波那契序列中连续两项. 那么用欧几里得算法证明 $(f_{n+1}, f_{n+2}) = 1$ 一共需要 n 步除法.

证明 应用欧几里得算法, 从斐波那契序列的定义出发, 在每一步都有 $f_j = f_{j-1} + f_{j-2}$, 那么

$$f_{n+2} = f_{n+1} \cdot 1 + f_n,$$
$$f_{n+1} = f_n \cdot 1 + f_{n-1},$$
$$\vdots$$
$$f_4 = f_3 \cdot 1 + f_2,$$
$$f_3 = f_2 \cdot 2.$$

因此, 用欧几里得算法证明 $(f_{n+1}, f_{n+2}) = 1$ 一共需要 n 步除法. ∎

欧几里得算法的计算复杂度 下面我们给出一个定理, 这是由 19 世纪法国数学家拉梅 (Gabriel Lamé) 首先证明的, 他给出了用欧几里得算法计算最大公因子的除法次数的一个估计.

定理 3.13 (拉梅定理) 用欧几里得算法计算两个正整数的最大公因子时, 所需的除法次数不会超过两个整数中较小的那个十进制数的位数的 5 倍.

证明 当我们用欧几里得算法计算两个整数 $a = r_0$, $b = r_1 (a > b)$ 的最大公因子的时候, 会得到下面的一系列等式:

$$r_0 = r_1 q_1 + r_2 \qquad 0 \leqslant r_2 < r_1,$$
$$r_1 = r_2 q_2 + r_3 \qquad 0 \leqslant r_3 < r_2,$$
$$\vdots$$
$$r_{n-2} = r_{n-1} q_{n-1} + r_n \qquad 0 \leqslant r_n < r_{n-1},$$
$$r_{n-1} = r_n q_n.$$

加布里尔·拉梅 (Gabriel Lamé, 1795—1870) 毕业于综合工科学院. 作为一个市政和铁路工程师, 他发展了弹性数学理论, 并发明了曲线坐标. 尽管他的主要贡献在数学物理上, 他还是在数论上得出了几个重要结论, 包括欧几里得算法需要的步数的估计和对费马大定理 $n = 7$ 的证明 (见 13.2 节). 值得一提的是高斯认为拉梅是那个时代法国一流的数学家.

我们用了 n 次除法. 注意到每个商 q_1, q_2, $\cdots$, $q_{n-1} \geqslant 1$, $q_n \geqslant 2$, 这是因为 $r_n < r_{n-1}$. 因此

$$r_n \geqslant 1 = f_2,$$

$$r_{n-1} \geqslant 2r_n \geqslant 2f_2 = f_3,$$
$$r_{n-2} \geqslant r_{n-1} + r_n \geqslant f_3 + f_2 = f_4,$$
$$r_{n-3} \geqslant r_{n-2} + r_{n-1} \geqslant f_4 + f_3 = f_5,$$
$$\vdots$$
$$r_2 \geqslant r_3 + r_4 \geqslant f_{n-1} + f_{n-2} = f_n,$$
$$b = r_1 \geqslant r_2 + r_3 \geqslant f_n + f_{n-1} = f_{n+1}.$$

故如果在欧几里得算法中用了 n 次除法，那么必有 $b \geqslant f_{n+1}$. 由例 1.28，当 $n>2$ 时 $f_{n+1} > \alpha^{n-1}$，其中 $\alpha = (1+\sqrt{5})/2$. 因此有 $b>\alpha^{n-1}$. 又由于 $\log_{10}\alpha > 1/5$，因此

$$\log_{10}b > (n-1)\log_{10}\alpha > (n-1)/5.$$

因此，

$$n-1 < 5 \cdot \log_{10}b.$$

令 b 的十进制位数是 k，那么 $b<10^k$，即 $\log_{10}b<k$. 因此我们得 $n-1<5k$，因为 k 是整数，所以 $n \leqslant 5k$. 这就证明了拉梅定理. ∎

下面的结果是拉梅定理的推论，它告诉我们欧几里得算法是非常高效的.

推论 3.13.1 求两个正整数 a，b，$a>b$ 的最大公因子需要 $O((\log_2 a)^3)$ 次的位运算.

证明 由拉梅定理可知求 (a,b) 一共需要 $O(\log_2 a)$ 次除法，每一个除法又需要 $O((\log_2 a)^2)$ 次的位运算. 因此，由定理 2.3，一共需要 $O((\log_2 a)^3)$ 次的位运算. ∎

用线性组合的方法来表示最大公因子 欧几里得算法可用来将两个整数的最大公因子表示为它们的线性组合. 我们以 252 和 198 为例来说明，即用它们的线性组合来表示最大公因子 $(252，198)=18$. 观察用欧几里得算法求 $(252，198)$ 的倒数第二步，

$$18 = 54 - 1 \cdot 36.$$

它的前面一步是

$$36 = 198 - 3 \cdot 54,$$

这意味着

$$18 = 54 - 1 \cdot (198 - 3 \cdot 54) = 4 \cdot 54 - 1 \cdot 198.$$

同样，由第一步，我们得

$$54 = 252 - 1 \cdot 198,$$

因此

$$18 = 4(252 - 1 \cdot 198) - 1 \cdot 198 = 4 \cdot 252 - 5 \cdot 198.$$

最后一个等式将 $18=(252，198)$ 写成了 252，198 的线性组合的形式.

一般地，为了知晓如何使用 a，b 的线性组合来表示它们的最大公因子 $d=(a，b)$，需要涉及欧几里得算法中产生的一系列等式. 由倒数第二个等式有

$$r_n = (a,b) = r_{n-2} - r_{n-1}q_{n-1}.$$

这就用 r_{n-2} 和 r_{n-1} 的线性组合表示了 $(a，b)$. 倒数第三步可以将 r_{n-1} 用 $r_{n-3} - r_{n-2}q_{n-2}$ 来表示，即

$$r_{n-1} = r_{n-3} - r_{n-2}q_{n-2},$$

用这个等式来消去上面的表达式中的 r_{n-1}，则有

$$(a,b) = r_{n-2} - (r_{n-3} - r_{n-2}q_{n-2})q_{n-1}$$

$$= (1 + q_{n-1}q_{n-2})r_{n-2} - q_{n-1}r_{n-3},$$

这就将 (a, b) 表示成了 r_{n-2}, r_{n-3} 的线性组合. 我们继续沿着欧几里得算法相反的步骤将 (a, b) 表示成接下来的余数的线性组合, 直到将 (a, b) 表示成 $r_0 = a$, $r_1 = b$ 的线性组合. 对于特定的 j, 如果已经求得

$$(a, b) = sr_j + tr_{j-1},$$

那么, 因为

$$r_j = r_{j-2} - r_{j-1}q_{j-1},$$

我们有

$$(a, b) = s(r_{j-2} - r_{j-1}q_{j-1}) + tr_{j-1}$$
$$= (t - sq_{j-1})r_{j-1} + sr_{j-2}.$$

这显示了如何沿着欧几里得算法产生的等式递进, 最终使得 a 和 b 的最大公因子 (a, b) 可以表示成它们的线性组合.

这种将 (a, b) 表示成 a, b 线性组合的方法在计算上很不方便, 因为它必须给出欧几里得算法的步骤, 并保存这些步骤, 然后沿着欧几里得算法相反的步骤将 (a, b) 表示成每一对相邻的余数的线性表示. 有另一种计算 (a, b) 的方法只需要用一次欧几里得算法. 下面的定理给出了这个方法, 叫做扩展的欧几里得算法.

定理 3.14 令 a, b 是正整数. 那么

$$(a, b) = s_n a + t_n b,$$

其中 s_n, t_n 是下面定义的递归序列的第 n 项:

$$s_0 = 1, t_0 = 0,$$
$$s_1 = 0, t_1 = 1,$$

且

$$s_j = s_{j-2} - q_{j-1}s_{j-1}, \qquad t_j = t_{j-2} - q_{j-1}t_{j-1}$$

其中 $j = 2, 3, \cdots, n$, 而 q_j 是欧几里得算法求 (a, b) 时每一步的商.

证明 我们将证明

$$r_j = s_j a + t_j b \qquad (j = 0, 1, \cdots, n) \tag{3.2}$$

因为 $(a, b) = r_n$, 一旦等式 (3.2) 成立, 我们就有

$$(a, b) = s_n a + t_n b.$$

我们用第二数学归纳原理来证明 (3.2). 对于 $j = 0$, 有 $a = r_0 = 1 \cdot a + 0 \cdot b = s_0 a + t_0 b$. 因此对于 $j = 0$ 成立. 类似地, $b = r_1 = 0 \cdot a + 1 \cdot b = s_1 a + t_1 b$, 所以 (3.2) 对于 $j = 1$ 成立.

现在假设

$$r_j = s_j a + t_j b$$

对于 $j = 1, 2, \cdots, k-1$ 成立. 那么, 由欧几里得算法的第 k 步, 我们有

$$r_k = r_{k-2} - r_{k-1}q_{k-1}.$$

由归纳假设, 得到

$$r_k = (s_{k-2}a + t_{k-2}b) - (s_{k-1}a + t_{k-1}b)q_{k-1}$$
$$= (s_{k-2} - s_{k-1}q_{k-1})a + (t_{k-2} - t_{k-1}q_{k-1})b$$
$$= s_k a + t_k b.$$

这就完成了证明.　　　　　　　　　　　　　　　　　　　　　　　　　　　　■

下面的例子说明如何用这个算法将(a, b)表示成a, b的线性组合.

例 3.14　我们在下面的表中总结了用扩展欧几里得算法将$(252, 198)$表示成 252 和 198 的线性组合的步骤.

j	r_j	r_{j+1}	q_{j+1}	r_{j+2}	s_j	t_j
0	252	198	1	54	1	0
1	198	54	3	36	0	1
2	54	36	1	18	1	−1
3	36	18	2	0	−3	4
4					4	−5

s_j 和 $t_j (j=0, 1, 2, 3, 4)$的值计算如下:

$s_0=1,$　　　　　　　　　　　　　　$t_0=0,$

$s_1=0,$　　　　　　　　　　　　　　$t_1=1,$

$s_2=s_0-s_1 q_1=1-0\cdot 1=1,$　　　$t_2=t_0-t_1 q_1=0-1\cdot 1=-1,$

$s_3=s_1-s_2 q_2=0-1\cdot 3=-3,$　　$t_3=t_1-t_2 q_2=1-(-1)3=4,$

$s_4=s_2-s_3 q_3=1-(-3)\cdot 1=4,$　$t_4=t_2-t_3 q_3=-1-4\cdot 1=-5.$

因为 $r_4=18=(252, 198)$且 $r_4=s_4 a+t_4 b$, 故

$$18=(252,198)=4\cdot 252-5\cdot 198.$$

注意到两个不全为 0 的整数的最大公因子的线性组合的表示方法有无穷多种. 换句话说, 对每一对不全为 0 的整数有无穷多对 Bezout 系数. 令 $d=(a, b)$, a, b 的线性组合 $d=sa+tb$ 是 d 的一种表示方法, 则 s, t 为 a 与 b 的 Bezout 系数, 由前面的讨论知它们必定存在. 则对所有的整数 k, $s+k(b/d)$ 和 $t-k(a/d)$ 同样也是 a 与 b 的 Bezout 系数, 这是由于 $d=(s+k(b/d))a+(t-k(a/d))b$.

例 3.15　对于 $a=252, b=198$, 我们有 $18=(252, 198)=(4+11k)252+(-5-14k)198$ 对于所有的整数 k 成立.

3.4 节习题

1. 用欧几里得算法求下列整数的最大公因子.
   a) $(45, 75)$　　　b) $(102, 222)$　　　c) $(666, 1414)$　　　d) $(20\,785, 44\,350)$
2. 用欧几里得算法求下列整数的最大公因子.
   a) $(51, 87)$　　　b) $(105, 300)$　　　c) $(981, 1234)$　　　d) $(34\,709, 100\,313)$
3. 对于习题 1 中的每一对整数, 用它们的线性组合表示它们的最大公因子.
4. 对于习题 2 中的每一对整数, 用它们的线性组合表示它们的最大公因子.
5. 求下面每组整数的最大公因子.
   a) $6, 10, 15$　　　b) $70, 98, 105$　　　c) $280, 330, 405, 490$
6. 求下面每组整数的最大公因子.
   a) $15, 35, 90$　　　b) $300, 2160, 5040$　　　c) $1240, 6660, 15\,540, 19\,980$

n 个整数 a_1, a_2, $\cdots$, a_n 的最大公因子可以用这些整数的线性组合表示. 要求它们的线性表示, 首先将 (a_1, a_2) 用 a_1, a_2 的线性组合表示出来, 然后将 $(a_1, a_2, a_3) = ((a_1, a_2), a_3)$ 用 a_1, a_2, a_3 的线性组合表示出来. 重复上面的过程直到 $(a_1, a_1, \cdots, a_n)$ 用 a_1, a_2, $\cdots$, a_n 的线性组合表示出来, 在习题 7 和 8 中运用这一过程.

7. 对于习题 5 中的每一组整数, 用它们的线性组合表示它们的最大公因子.

8. 对于习题 6 中的每一组整数, 用它们的线性组合表示它们的最大公因子.

    两个正整数的最大公因子可以通过下面的算法求得, 该算法只有减法、奇偶校验和二进制展开式的移位, 不用任何的除法运算. 算法过程递归重复下面的约化方法:

$$(a, b) = \begin{cases} a & \text{如果 } a = b; \\ 2(a/2, b/2) & \text{如果 } a, b \text{ 都是偶数}; \\ (a/2, b) & \text{如果 } a \text{ 是偶数}, b \text{ 是奇数}; \\ (a-b, b) & \text{如果 } a, b \text{ 都是偶数}, \text{且 } a > b. \end{cases}$$

(注意: 在必要的时候交换 a, b 的位置.) 习题 9~13 将用到这个算法.

9. 用上述算法求 $(2106, 8318)$.

10. 证明这个算法总是可以计算出两个正整数的最大公因子.

* 11. 如果 $a = (2^n - (-1)^n)/3$, $b = 2(2^{n-1} - (-1)^{n-1})/3$, 当 n 是正整数的时候, 用这个算法求 (a, b) 需要多少步?

* 12. 证明用这个算法求 (a, b) 的时候, 在化简中用到的减法的步数不会超过 $1 + [\log_2 \max(a, b)]$.

* 13. 设计一种用两个正整数的平衡三进制展开的算法来求它们的最大公因子.

    在 1.5 节的习题 26 中, 给出了一种改进后的带余除法, 即如果 a, $b > 0$ 是整数, 那么存在唯一的整数 q, r 和 e 使得 $a = bq + er$, 其中 $e = \pm 1$, $r \geqslant 0$ 且 $-b/2 < er \leqslant b/2$. 我们可以在这个改进的除法基础上建立一种类似于欧几里得算法的计算两个整数的最大公因子的算法, 叫做最小余数算法. 算法如下: 令 $r_0 = a$, $r_1 = b$, 其中 $a > b > 0$. 重复使用改进的带余除法, 那么在一系列除法算式中我们得到的最后一个非零的余数 r_n 就是要求的 a, b 的最大公因子.

$$r_0 = r_1 q_1 + e_2 r_2, \qquad -r_1/2 < e_2 r_2 \leqslant r_1/2$$
$$\vdots$$
$$r_{n-2} = r_{n-1} q_{n-1} + e_n r_n, \qquad -r_{n-1}/2 < e_n r_n \leqslant r_{n-1}/2$$
$$r_{n-1} = r_n q_n.$$

14. 用最小余数算法求 $(384, 226)$.

15. 证明最小余数算法总是可以计算出两个整数的最大公因子.

** 16. 证明最小余数算法至少和欧几里得算法的速度一样快. (提示: 首先证明: 如果 a, b 是正整数且 $2b < a$, 那么用最小余数算法求 (a, b) 的步数不会多于用它来求 $(a, a-b)$ 的步骤.)

* 17. 求一整数序列 v_0, v_1, v_2, $\cdots$, 使得用最小余数算法求 (v_{n+1}, v_{n+2}) 恰好需要 n 步除法.

* 18. 证明用最小余数算法求两个正整数的最大公因子需要的除法步数小于两个整数中较小者的位数乘 8/3 再加上 4/3.

* 19. 令 m, n 是正整数且 a 是大于 1 的整数. 证明 $(a^m - 1, a^n - 1) = a^{(m,n)} - 1$.

* 20. 证明: 如果 m, n 是正整数, 那么 $(f_m, f_n) = f_{(m,n)}$.

    下面的两个习题是关于欧几里得的游戏的. 两个玩家从一对正整数开始轮流根据下面的法则改变这两个数. 玩家可以将这对整数从 $\{x, y\}$, $x \geqslant y$ 改变成任何形如 $\{x - ty, y\}$ 的整数对, 其中 t 是任意的正整数且 $x - ty \geqslant 0$. 那么当改变后使得其中的一个整数为零就算赢.

21. 证明从整数对 $\{a, b\}$ 开始改变的序列最后一定是以 $\{0, (a, b)\}$ 结束.

* 22. 证明: 如果游戏是从整数对 $\{a, b\}$ 开始的话, 那么当 $a = b$ 或 $a > b(1 + \sqrt{5})/2)$ 时第一个玩家会赢; 否

则第二个玩家会赢. (提示：首先证明：如果 $y < x \leqslant y(1+\sqrt{5})/2)$，那么从 $\{x, y\}$ 到整数对 $\{z, y\}$ 存在唯一的改变，其中 $y > z(1+\sqrt{5})/2)$.)

*23. 证明用欧几里得算法求两个正整数 a，$b(a > b)$ 的最大公因子所需的位运算次数为 $O((\log_2 a)^2)$. (提示：首先证明计算一个正整数 q 除以正整数 d 所需的计算复杂度为 $O(\log d \log q)$.)

*24. 令 a，b 是正整数，令 r_j 和 $q_j (j = 1, 2, \cdots, n)$ 是这一节中给出的欧几里得算法各步的余数和商.

   a) 求 $\displaystyle\sum_{j=1}^{n} r_j q_j$.

   b) 求 $\displaystyle\sum_{j=1}^{n} r_j^2 q_j$.

25. 假设 a，b 是两个正整数且 $a \geqslant b$. 令 q_i 和 $r_i (i = 1, 2, \cdots, n)$ 是欧几里得算法中各步的余数和商，其中 r_n 是最后一个非零余数. 令 $Q_i = \begin{pmatrix} q_i & 1 \\ 1 & 0 \end{pmatrix}$ 和 $Q = \displaystyle\prod_{i=0}^{n} Q_i$. 证明 $\begin{pmatrix} a \\ b \end{pmatrix} = Q \begin{pmatrix} r_n \\ 0 \end{pmatrix}$.

计算和研究

1. 求 $(9\,876\,543\,210, 123\,456\,789)$，$(11\,111\,111\,111, 1\,000\,000\,001)$ 和 $(45\,666\,020\,043\,321, 73\,433\,510\,078\,091\,009)$.

2. 对上一题中的每对整数求出其 Bezout 系数.

3. 自己选择几对大的正整数来验证拉梅定理.

4. 选择几对大的正整数，比较欧几里得算法和习题 9 的导言中给出的算法以及习题 14 的导言中给出的最小余数算法求最大公因子所需的步数.

5. 估计一对正整数 (a, b) 互素的比例，分别对不超过 1000，不超过 10 000，不超过 100 000 和不超过 1 000 000 的 a 和 b 进行估计. 为了实现估计，可能需要测试随机选择的少量的这种数对(关于伪随机数的内容参看 10.1 节). 你能从上述证据推出什么猜想？

程序设计

1. 用欧几里得算法求两个整数的最大公因子.

2. 用习题 14 的导言中给出的改进的欧几里得算法求两个整数的最大公因子.

3. 不用除法求两个整数的最大公因子(见习题 9 的导言).

4. 求多于两个整数的最大公因子.

5. 给定一对正整数，求出其 Bezout 系数.

6. 给定一组(多于两个)整数，求出其 Bezout 系数.

*7. 试玩习题 21 的导言中给出的欧几里得游戏.

3.5 算术基本定理

算术基本定理是一个重要的结果，它说明素数是整数的乘法构成单元.

定理 3.15(算术基本定理)   每个大于 1 的正整数都可以被唯一地写成素数的乘积，在乘积中的素因子按照非降序排列.

有时算术基本定理被扩展应用到整数 1，即 1 被看作是唯一地被写成素数的空乘积.

例 3.16   一些正整数的因子分解如下：

$$240 = 2 \cdot 2 \cdot 2 \cdot 2 \cdot 3 \cdot 5 = 2^4 \cdot 3 \cdot 5, \qquad 289 = 17 \cdot 17 = 17^2, \qquad 1001 = 7 \cdot 11 \cdot 13.$$

◀

注意为了方便可以把相同素数的所有因子组合在一起写成这个素数的幂次，例如在前面的例子中：对 240 的分解，所有为 2 的因子组合在一起成为 2^4. 整数分解中把素因子组合成幂的形式被称为素幂因子分解(prime-power factorization).

为了证明算术基本定理，我们需要下面与可除性有关的引理. 这个引理在证明中是至关重要的.

引理 3.4   如果 a，b 和 c 是正整数，满足 $(a, b)=1$ 且 $a|bc$，则 $a|c$.

证明   由于 $(a, b)=1$，存在整数 x 和 y 使得 $ax+by=1$. 等式两边同时乘以 c，得 $acx+bcy=c$. 根据定理 1.9，a 整除 $acx+bcy$，这是因为这是 a 和 bc 的线性组合，而它们都可以被 a 整除. 因此，$a|c$. ∎

在算术基本定理的证明中要用到这一引理的下述推论.

引理 3.5   如果 p 整除 $a_1 a_2 \cdots a_n$，其中 p 为素数，且 a_1，a_2，$\cdots$，a_n 是正整数，则存在整数 i，$1 \leqslant i \leqslant n$，使得 p 整除 a_i.

证明   我们通过数学归纳法来证明这个结果. $n=1$ 的情况是平凡的. 假定结果对 n 成立. 考虑 $n+1$ 个整数的积 $a_1 a_2 \cdots a_{n+1}$，它是能够被素数 p 整除的. 我们知道或者有 $(p, a_1 a_2 \cdots a_n)=1$，或者有 $(p, a_1 a_2 \cdots a_n)=p$. 如果 $(p, a_1 a_2 \cdots a_n)=1$，则由引理 3.4，$p|a_{n+1}$. 另一方面，如果 $p|a_1 a_2 \cdots a_n$，由归纳假设，存在整数 i，$1 \leqslant i \leqslant n$，使得 $p|a_i$. 因此，对某个满足 $1 \leqslant i \leqslant n+1$ 的 i，$p|a_i$. 这样就证明了这个结果. ∎

现在开始证明算术基本定理. 首先，我们将要证明每个大于 1 的正整数可以通过至少一种方法被写成素数的乘积. 然后，证明当不考虑素数出现的顺序时这个乘积是唯一的.

证明   我们采用反证法. 假定某正整数不能被写成素数的乘积. 设 n 是这样的整数中最小的（根据良序性质，这样的整数一定存在）. 如果 n 是素数，那么显然它是素数的乘积，即一个素数 n. 所以 n 一定是合数. 设 $n=ab$，其中 $1<a<n$，$1<b<n$. 但是由于 a 和 b 都比 n 小，因此它们一定是素数的乘积. 然而，由于 $n=ab$，我们得到 n 也是素数的乘积. 这个矛盾说明每个正整数都可以写成素数的乘积.

我们现在通过证明这个分解的唯一性来完成算术基本定理的证明. 假定存在整数 n 有两种不同的素数分解形式：

$$n = p_1 p_2 \cdots p_s = q_1 q_2 \cdots q_t,$$

其中 p_1，p_2，$\cdots$，p_s 和 q_1，q_2，$\cdots$，q_t 为素数，且 $p_1 \leqslant p_2 \leqslant \cdots \leqslant p_s$，$q_1 \leqslant q_2 \leqslant \cdots \leqslant q_t$.

在这两个分解式中约去相同的素数，得到

$$p_{i_1} p_{i_2} \cdots p_{i_u} = q_{j_1} q_{j_2} \cdots q_{j_v},$$

其中等式左边的素数与右边的不同，$u \geqslant 1$，$v \geqslant 1$（因为假定两个原始分解是不同的）. 然而，这导致了与引理 3.5 的矛盾；由该引理，一定存在某一个 k 使得 p_{i_1} 整除 q_{j_k}，这是不可能的，因为每个 q_{j_k} 都是与 p_{i_1} 不同的素数. 因此，正整数 n 的素因子分解是唯一的. ∎

唯一因子分解在哪里不成立   每个正整数有唯一的素因子分解这个事实是整数集合与其他一些集合共有的一个特殊性质，但并非所有的数系都有这个性质. 在第 13 章，我们将要研究丢番图方程 $x^n+y^n=z^n$. 在 19 世纪，数学家们认为他们可以用某一特别类型的代数数的唯一分解形式证明，当 n 为整数且 $n \geqslant 3$ 时，这个方程没有非零整数解（费马最后定理的结果）. 但是这些数并不具有唯一分解的性质，因此假设的证明是不正确的，这个问题被很多优秀的数学家所忽略.

尽管我们不想离题太远（例如通过介绍代数数论），但可以提供一个例子来说明唯一分解对某一确定类型的数不成立. 考虑形如 $a+b\sqrt{-5}$ 的数集, 其中 a 和 b 为整数. 这个集合包含每个整数(取 $b=0$), 还有其他数, 例如 $3\sqrt{-5}$, $-1+4\sqrt{-5}$, $7-5\sqrt{-5}$, 等等. 一个这种形式的数是素的(在本文中), 如果它不能被写成两个都不等于 ± 1 的这种形式的数的乘积. 注意 $6=2\cdot 3=(1+\sqrt{-5})(1-\sqrt{5})$. 2, 3, $1+\sqrt{-5}$ 和 $1-\sqrt{-5}$ 中的每一个都是素的(参考本节末的习题 19~22 来看为什么). 因此, 形如 $a+b\sqrt{-5}$ 的数集不具有唯一素因子分解的性质. 另一方面, 形如 $a+b\sqrt{-1}$ 的数(其中 a 和 b 为整数)具有唯一素因子分解性质, 我们将在第 14 章给出证明.

素因子分解的应用

　　一个正整数 n 的素幂因子分解包含了关于 n 的本质信息. 给定这一分解, 可以立即知道一个素数 p 是否能够整除 n, 因为 p 整除 n 当且仅当它出现在这个分解中. (如果素数 p 整除 n, 但是却没有出现在 n 的素幂因子分解中, 则可以得到一个矛盾. 读者应该完成这个证明的其他部分.) 例如, 由于 $168=2^3\cdot 3\cdot 7$, 素数 2, 3 和 7 中的每一个都整除 168, 但是素数 5, 11 和 13 中的任何一个都不行. 进一步, 一个素数 p 能整除 n 的最高次幂是这个素数在 n 的素幂因子分解中的幂次. 例如, 2^3, 3 和 7 都能整除 168, 但是 2^4, 3^2 和 7^2 都不能. 而且, 一个整数 d 整除 n 当且仅当 d 的素幂因子分解中出现的所有素数都在 n 的素幂因子分解中出现, 且其出现的幂次至少要与在 d 的素幂因子分解中的幂次一样大. (读者也应该验证这可由算术基本定理推出.) 下面的例子说明如何应用这个结果求出一个正整数的所有正因子.

例 3.17　$120=2^3\cdot 3\cdot 5$ 的正因子是那些素幂因子分解只包含素数 2, 3 和 5 且幂次分别小于等于 3, 1 和 1 的正整数. 这些因子是

1	3	5	$3\cdot 5=15$
2	$2\cdot 3=6$	$2\cdot 5=10$	$2\cdot 3\cdot 5=30$
$2^2=4$	$2^2\cdot 3=12$	$2^2\cdot 5=20$	$2^2\cdot 3\cdot 5=60$
$2^3=8$	$2^3\cdot 3=24$	$2^3\cdot 5=40$	$2^3\cdot 3\cdot 5=120.$

　　我们可以应用素因子分解的另一个途径是求最大公因子, 如下例子所述.

例 3.18　一个正整数若是 $720=2^4\cdot 3^2\cdot 5$ 和 $2100=2^2\cdot 3\cdot 5^2\cdot 7$ 的公因子, 则在其素幂因子分解中只能包含素数 2, 3 和 5, 且每个素数出现的幂次都不能大于 720 和 2100 中任何一个的分解中这个素数的幂次. 因此, 一个正整数若是 720 和 2100 的公因子, 那么其素幂因子分解中只能包含素数 2, 3 和 5, 且其幂次分别不大于 2, 1 和 1. 因此, 720 和 2100 的最大公因子是 $2^2\cdot 3\cdot 5=60$.

　　一般来说, 为了描述如何用素因子分解来求最大公因子, 可设 $\min(a,b)$ 为两个数 a 和 b 中较小的, 或者说它们的最小值. 现在设 a 和 b 的素因子分解为

$$a=p_1^{a_1}p_2^{a_2}\cdots p_n^{a_n}, \qquad b=p_1^{b_1}p_2^{b_2}\cdots p_n^{b_n},$$

其中每个次数都是非负整数, 在上述两个乘积中包含了 a 和 b 的素因子分解中的所有素数, 次数有可能为 0. 我们注意到

$$(a,b)=p_1^{\min(a_1,b_1)}p_2^{\min(a_2,b_2)}\cdots p_n^{\min(a_n,b_n)},$$

这是因为对每个素数 p_i，a 和 b 恰好共同拥有 $\min(a_i, b_i)$ 个因子 p_i.

素因子分解还可以用来求同时为两个正整数的倍数的最小整数. 当分数相加时，就会遇到求这种整数的问题.

定义　两个非零整数 a 和 b 的**最小公倍数**(the least common multiple)是能够被 a 和 b 整除的最小正整数.

a 和 b 的最小公倍数记为 $[a, b]$. （注：记号 $\mathrm{lcm}(a, b)$ 也常常被用来表示 a 和 b 的最小公倍数.）

例 3.19　我们有下面的最小公倍数：$[15, 21]=105$，$[24, 36]=72$，$[2, 20]=20$ 和 $[7, 11]=77$.　◀

一旦知道了 a 和 b 的素因子分解，便很容易求得 $[a, b]$. 如果 $a=p_1^{a_1} p_2^{a_2} \cdots p_n^{a_n}$，$b=p_1^{b_1} p_2^{b_2} \cdots p_n^{b_n}$，其中 p_1，p_2，$\cdots$，p_n 是出现在 a 和 b 的素幂因子分解中的素数(对某些 i，有可能有 $a_i=0$ 或 $b_i=0$)，则对一个能够同时被 a 和 b 整除的整数，其分解中必须出现 p_j 且其次数至少与 a_j 和 b_j 一样大. 因此，能够被 a 和 b 同时整除的最小正整数 $[a, b]$ 为

$$[a, b] = p_1^{\max(a_1, b_1)} p_2^{\max(a_2, b_2)} \cdots p_n^{\max(a_n, b_n)},$$

其中 $\max(x, y)$ 表示 x 和 y 中较大的，或者说最大值.

求大整数的素因子分解比较耗费时间. 因此，我们想要一种求两个整数的最小公倍数但却不使用整数的素因子分解的方法. 我们将要说明一旦知道了两个正整数的最大公因子，就可以求出它们的最小公倍数. 最大公因子可以用欧几里得算法求得. 首先，我们证明下面的引理.

引理 3.6　如果 x 和 y 为实数，则 $\max(x, y)+\min(x, y)=x+y$.

证明　如果 $x \geqslant y$，则 $\min(x, y)=y$ 且 $\max(x, y)=x$，因此 $\max(x, y)+\min(x, y)=x+y$. 如果 $x<y$，则 $\min(x, y)=x$，$\max(x, y)=y$，仍有 $\max(x, y)+\min(x, y)=x+y$.　∎

已知 (a, b) 时，我们用下面的定理求 $[a, b]$.

定理 3.16　如果 a 和 b 是正整数，则 $[a, b]=ab/(a, b)$，其中 $[a, b]$ 和 (a, b) 分别是 a 和 b 的最小公倍数和最大公因子.

证明　设 a 和 b 的素幂因子分解为 $a=p_1^{a_1} p_2^{a_2} \cdots p_n^{a_n}$，$b=p_1^{b_1} p_2^{b_2} \cdots p_n^{b_n}$，其中指数为非负整数，且出现在每个分解式中的所有素数都同时在两个分解式中出现，次数可能为 0. 现在设 $M_j=\max(a_j, b_j)$，$m_j=\min(a_j, b_j)$，则有

$$
\begin{aligned}
[a, b](a, b) &= p_1^{M_1} p_2^{M_2} \cdots p_n^{M_n} p_1^{m_1} p_2^{m_2} \cdots p_n^{m_n} \\
&= p_1^{M_1+m_1} p_2^{M_2+m_2} \cdots p_n^{M_n+m_n} \\
&= p_1^{a_1+b_1} p_2^{a_2+b_2} \cdots p_n^{a_n+b_n} \\
&= p_1^{a_1} p_2^{a_2} \cdots p_n^{a_n} p_1^{b_1} \cdots p_n^{b_n} \\
&= ab.
\end{aligned}
$$

这是因为根据引理 3.6，$M_j+m_j=\max(a_j, b_j)+\min(a_j, b_j)=a_j+b_j$.　∎

算术基本定理的下述推论将在后面用到.

引理 3.7　设 m 和 n 是互素的正整数，那么如果 d 是 mn 的一个正因子，则存在唯一的一对 m 的正因子 d_1 和 n 的正因子 d_2 使得 $d=d_1 d_2$. 反之，如果 d_1 和 d_2 分别是 m 和 n

的正因子，则 $d=d_1d_2$ 是 mn 的正因子.

证明 设 m 和 n 的素幂因子分解为 $m=p_1^{m_1}p_2^{m_2}\cdots p_s^{m_s}$，$n=q_1^{n_1}q_2^{n_2}\cdots q_t^{n_t}$. 由于 $(m,n)=1$，故素数集合 p_1，p_2，$\cdots$，p_s 和素数集合 q_1，q_2，$\cdots$，q_t 中没有公共元素. 因此，mn 的素幂因子分解为

$$mn = p_1^{m_1}p_2^{m_2}\cdots p_s^{m_s}q_1^{n_1}q_2^{n_2}\cdots q_t^{n_t}.$$

因此，如果 d 为 mn 的正因子，则

$$d = p_1^{e_1}p_2^{e_2}\cdots p_s^{e_s}q_1^{f_1}q_2^{f_2}\cdots q_t^{f_t},$$

其中 $0\leq e_i\leq m_i$，$i=1,2,\cdots,s$ 且 $0\leq f_j\leq n_j$，$j=1,2,\cdots,t$. 现在，设 $d_1=(d,m)$，$d_2=(d,n)$，使得

$$d_1 = p_1^{e_1}p_2^{e_2}\cdots p_s^{e_s} \text{ 及 } d_2 = q_1^{f_1}q_2^{f_2}\cdots q_t^{f_t}.$$

显然，$d=d_1d_2$ 且 $(d_1,d_2)=1$. 这就是我们需要的 d 的分解. 进一步，这个分解是唯一的. 为了说明这一点，注意在 d 的分解中每个素数的幂必须出现在 d_1 或者 d_2 中，并且 d 的分解中的素数的幂若能整除 m，则必定出现在 d_1 中，而若能整除 n，则必定出现在 d_2 中. 因此 d_1 一定为 (d,m)，d_2 一定为 (d,n).

反之，设 d_1 和 d_2 分别为 m 和 n 的正因子，则

$$d_1 = p_1^{e_1}p_2^{e_2}\cdots p_s^{e_s},$$

其中 $0\leq e_i\leq m_i(i=1,2,\cdots,s)$ 且

$$d_2 = q_1^{f_1}q_2^{f_2}\cdots q_t^{f_t},$$

其中 $0\leq f_j\leq n_j(j=1,2,\cdots,t)$. 整数

$$d = d_1d_2 = p_1^{e_1}p_2^{e_2}\cdots p_s^{e_s}q_1^{f_1}q_2^{f_2}\cdots q_t^{f_t}$$

显然是

$$mn = p_1^{m_1}p_2^{m_2}\cdots p_s^{m_s}q_1^{n_1}q_2^{n_2}\cdots q_t^{n_t}$$

的因子，这是因为 d 的素幂因子分解中出现的每个素数的幂次都小于等于 mn 的素幂因子分解中这个素数的幂次. ∎

狄利克雷定理中一种特殊情形的证明 素因子分解可以用来证明狄利克雷定理的一种特殊情形：狄利克雷定理表明当 a 和 b 为互素的正整数时，等差数列 $an+b$ 包含无穷多的素数. 我们将通过对数列 $4n+3$ 的狄利克雷定理的证明来说明这一点.

定理 3.17 存在无穷多个形如 $4n+3$ 的素数，其中 n 为正整数.

在证明这个结果之前，先证明一个有用的引理.

引理 3.8 如果 a 和 b 都是形如 $4n+1$ 的整数，则乘积 ab 也是这种形式的.

证明 由于 a 和 b 的形式都是 $4n+1$，因此存在整数 r 和 s 使得 $a=4r+1$，$b=4s+1$. 因此

$$ab = (4r+1)(4s+1) = 16rs+4r+4s+1 = 4(4rs+r+s)+1,$$

这是想要的 $4n+1$ 的形式. ∎

现在我们证明想要的结果.

证明 假设只存在有限多个形如 $4n+3$ 的素数，不妨设为 $p_0=3$，p_1，p_2，$\cdots$，p_r. 设

$$Q = 4p_1p_2\cdots p_r+3.$$

则在 Q 的分解中至少存在一个形如 $4n+3$ 的素数. 否则, 所有这些素数都是形如 $4n+1$ 的, 并且根据引理 3.8, 这表示 Q 也将是这种形式的, 于是产生矛盾. 然而, 素数 p_0, p_1, $\cdots$, p_n 中的任何一个都不能整除 Q. 素数 3 不能整除 Q, 因为如果 $3|Q$, 则 $3|(Q-3)=4p_1 p_2 \cdots p_r$, 这又导致了矛盾. 类似地, 任何一个素数 p_j 都不能整除 Q, 因为 $p_j|Q$ 蕴涵 $p_j|(Q-4p_1 p_2 \cdots p_r)=3$, 这是荒谬的. 因此, 存在无穷多个形如 $4n+3$ 的素数. ∎

关于无理数的结果 我们通过证明一些关于无理数的结果来结束本小节. 在我们关注无理数之前, 先简单考虑将有理数表示为整数的商的不同方式. 如果 α 是有理数, 则可以有无穷多种方法把 α 写成两个整数的商, 因为如果 $\alpha=a/b$, 其中 a 和 b 是满足 $b\neq 0$ 的整数, 则只要 k 为非零整数就有 $\alpha=ka/kb$. 然而, 由唯一因子分解可以看出, 一个正有理数 r 可以被唯一地写成两个互素的正整数的商; 当这样写的时候, 我们说这个有理数为既约的 (lowest term). 这种表示可以通过消去两个整数的任一商中的分子和分母的素公因子 r 得到. 例如, 有理数 $11/21$ 是既约的. 我们还可以看到

$$\cdots =-33/-63=-22/-42=-11/-21=11/21=22/42=33/63=\cdots.$$

下面两个结果说明某些数是无理数. 我们从 $\sqrt{2}$ 是无理数的另一个证明开始 (最初在 1.1 节证明过这个结果).

例 3.20 假定 $\sqrt{2}$ 是有理数, 则 $\sqrt{2}=a/b$, 其中 a 和 b 是互素整数且 $b\neq 0$. 因此 $2=a^2/b^2$, 从而 $2b^2=a^2$. 由于 $2|a^2$, 因此 (参看本节末的习题 40) $2|a$. 设 $a=2c$, 故 $b^2=2c^2$. 因此 $2|b^2$, 且由习题 40, 2 也整除 b. 然而, 由于 $(a, b)=1$, 故 2 不能同时整除 a 和 b. 这个矛盾说明 $\sqrt{2}$ 是无理数. ◀

我们还可以使用下面更一般的结果来证明 $\sqrt{2}$ 为无理数.

定理 3.18 设 α 为多项式 $x^n+c_{n-1}x^{n-1}+\cdots+c_1 x+c_0$ 的根, 其中系数 c_0, c_1, $\cdots$, c_{n-1} 为整数. 则 α 或者是整数, 或者是无理数.

证明 假设 α 为有理数, 则可以写为 $\alpha=a/b$, 其中 a 和 b 为互素整数且 $b\neq 0$. 由于 α 是 $x^n+c_{n-1}x^{n-1}+\cdots+c_1 x+c_0$ 的根, 故有

$$(a/b)^n+c_{n-1}(a/b)^{n-1}+\cdots+c_1(a/b)+c_0=0.$$

乘以 b^n, 得

$$a^n+c_{n-1}a^{n-1}b+\cdots+c_1 ab^{n-1}+c_0 b^n=0.$$

由于

$$a^n=b(-c_{n-1}a^{n-1}-\cdots-c_1 ab^{n-2}-c_0 b^{n-1}),$$

故 $b|a^n$. 假定 $b\neq \pm 1$. 则 b 有素因子 p. 因为 $p|b$, $b|a^n$, 故 $p|a^n$. 因此由习题 41, $p|a$. 但是 $(a, b)=1$, 于是得到矛盾, 这表明 $b=\pm 1$. 因此, 如果 α 为有理数, 则 $\alpha=\pm a$, 所以 α 一定是整数. ∎

我们用下面的例子来说明定理 3.18 的用途.

例 3.21 设 a 为正整数, 并且不是一个整数的 m 次幂, 因此 $\sqrt[m]{a}$ 不是整数. 则根据定理 3.18 有 $\sqrt[m]{a}$ 是无理数, 这是因为 $\sqrt[m]{a}$ 是 x^m-a 的根. 因此, 像 $\sqrt{2}$, $\sqrt[3]{5}$, $\sqrt[10]{17}$ 等这样的数是无理数. ◀

算术基本定理可以用来证明下面的结果, 它将著名的黎曼 zeta 函数和素数联系起来.

定理 3.19   如果 s 是实数且 $s>1$，则
$$\zeta(s) = \sum_{n=1}^{\infty} \frac{1}{n^s} = \prod_{p\text{为素数}} \left(1 - \frac{1}{p^s}\right)^{-1}.$$

当然，我们在此不去证明定理 3.19，因为它的证明依赖于数学分析中的结果. 我们在这里给出一个证明，使用算术基本定理说明当右端的乘积被展开时，项 $1/n^s$（其中 n 为正整数）恰只出现一次. 为了看清楚这一点，我们使用下述事实
$$\frac{1}{1-p_j^{-s}} = \sum_{k=0}^{\infty} \left(\frac{1}{p_j^k}\right)^s$$

将这些项乘在一起，如果 $n = p_1^{k_1} p_2^{k_2} \cdots p_r^{k_r}$ 是 n 的素幂因子分解，那么
$$\frac{1}{n^s} = \left(\frac{1}{n}\right)^s = \left(\frac{1}{p_1^{k_1} p_2^{k_2} \cdots p_r^{k_r}}\right)^s.$$

在上述乘积展开式中恰出现一次. 证明的细节可参看[HaWr08].

3.5 节习题

1. 求下面每个整数的素因子分解.

    a) 36   b) 39   c) 100   d) 289   e) 222   f) 256

    g) 515   h) 989   i) 5040   j) 8000   k) 9555   l) 9999

2. 求 111 111 的素因子分解.

3. 求 4 849 845 的素因子分解.

4. 求下面每个整数的所有素因子.

    a) 100 000   b) 10 500 000   c) 10!   d) $\binom{30}{10}$

5. 求下面每个整数的所有素因子.

    a) 196 608   b) 7 290 000   c) 20!   d) $\binom{50}{25}$

6. 证明一个整数 n 的素幂因子分解中所有的幂次都是偶数当且仅当 n 是一个完全平方数.

7. 哪些正整数恰有三个正因子？哪些恰有四个正因子？

8. 证明每个正整数都可以写成一个平方数和一个无平方因子数的乘积. 无平方因子数（square-free integer）是不能被任何不同于 1 的完全平方数整除的数.

9. 整数 n 被称为重幂的（powerful），如果当素数 p 能整除 n 时，p^2 也能整除 n. 证明每个重幂数都可以写成完全平方数和完全立方数的乘积.

10. 证明：如果 a 和 b 是正整数且 $a^3 \mid b^2$，则 $a \mid b$.

11. 设 p 为素数，n 为正整数. 如果 $p^a \mid n$ 但是 $p^{a+1} \nmid n$，我们称 p^a 恰整除（exactly divides）n，记为 $p^a \parallel n$.

    a) 证明：如果 $p^a \parallel m$，$p^b \parallel n$，则 $p^{a+b} \parallel mn$.

    b) 证明：如果 $p^a \parallel m$，则 $p^{ka} \parallel m^k$.

    c) 证明：如果 $p^a \parallel m$，$p^b \parallel n$，且 $a \neq b$，则 $p^{\min(a,b)} \parallel (m+n)$.

12. 设 n 为正整数. 证明出现在 $n!$ 的素幂因子分解中的素数 p 的幂为
$$[n/p] + [n/p^2] + [n/p^3] + \cdots.$$

13. 用习题 12 来求 20! 的素幂因子分解.

14. 在十进制表示中 1000! 的后面有多少个零？在八进制的表示中呢？

15. 求在十进制表示中所有使得 $n!$ 的末尾恰有 74 个零的所有正整数 n.

16. 证明：如果 n 为正整数，那么 $n!$ 的十进制表示不可能恰以 153，154 或 155 个零结尾.

　　设 $\alpha = a + b\sqrt{-5}$，其中 a 和 b 整数. 定义 α 的范数(norm) $N(\alpha)$ 为 $N(\alpha) = a^2 + 5b^2$.

17. 证明：如果 $\alpha = a + b\sqrt{-5}$，$\beta = c + d\sqrt{-5}$，其中 a，b，c 和 d 为整数，则 $N(\alpha\beta) = N(\alpha)N(\beta)$.

18. 一个形为 $a + b\sqrt{-5}$ 的数为素的，如果它不能够被写成数 α 和 β 的乘积，这里 α 和 β 都不等于 ± 1. 证明数 2 是一个形如 $a + b\sqrt{-5}$ 的素数.（提示：由 $N(2) = N(\alpha\beta)$ 开始，并应用习题 17.）

19. 用类似于在习题 18 中的推理来证明 3 是形如 $a + b\sqrt{-5}$ 的素数.

20. 用类似于在习题 18 中的推理来证明 $1 \pm \sqrt{-5}$ 是形如 $a + b\sqrt{-5}$ 的素数.

21. 求两种不同的方法把数 19 分解为形如 $a + b\sqrt{-5}$ 的素数，其中 a 和 b 为整数.

* 22. 证明所有形如 $a + b\sqrt{-6}$ 的数集（其中 a 和 b 为整数）不具有唯一因子分解性质.

　　下面四个习题给出唯一因子分解不成立的另一个系统. 设 H 是所有形如 $4k+1$ 的正整数集合，其中 k 为非负整数.

23. 证明 H 中两个元素的积仍然在 H 中.

大卫·希尔伯特（David Hilbert, 1862—1943）生于哥尼斯堡（Königsberg），这个城市因它的七桥问题而在数学界闻名，他的父亲是位法官. 1892～1930 年，希尔伯特在哥廷根大学任教，期间他对数学的很多领域都做出了奠基性的贡献. 他总是在数学的一个领域研究一段时间并做出一些重要的贡献后，就转入另外一个新的领域. 希尔伯特研究的领域有变分法、几何、代数、数论、逻辑和数学物理. 除了很多原创性的贡献外，希尔伯特还提出了著名的 23 个问题. 他在 1900 年国际数学家大会上提出了这些问题，以此挑战 20 世纪出生的数学家们. 从那个时候开始，他们对此进行了大量的各种形式的研究. 尽管其中很多问题已经解决了，但是还有一些悬而未决，如希尔伯特的第 8 个问题黎曼猜想. 希尔伯特还编写了一些关于数论和几何的重要教科书.

24. H 中的元素 $h \neq 1$ 被称为希尔伯特素数（Hilbert prime）（是根据德国著名数学家大卫·希尔伯特的名字命名的），如果它能被写成 H 中两个整数的乘积的唯一方法是 $h = h \cdot 1 = 1 \cdot h$. 求 20 个最小的希尔伯特素数.

25. 证明 H 中的每个大于 1 的元素都可以被分解成希尔伯特素数.

26. 通过求 693 的两种不同的分解为希尔伯特素数的方式证明，把 H 中的元素分解为希尔伯特素数的方式不是唯一的.

27. 哪些正整数 n 可以被所有不超过 $\sqrt{n}$ 的整数整除？

28. 求下面每对整数的最小公倍数.

　　a) 8，12　　　b) 14，15　　　c) 28，35　　　d) 111，303　　　e) 256，5040　　　f) 343，999

29. 求下面每对整数的最小公倍数.

　　a) 7，11　　　b) 12，18　　　c) 25，30　　　d) 101，333　　　e) 1331，5005　　　f) 5040，7700

30. 求下面每对整数的最大公因子和最小公倍数.

　　a) $2 \cdot 3^2 5^3$，$2^2 3^3 7^2$　　　　　　　　b) $2 \cdot 3 \cdot 5 \cdot 7$，$7 \cdot 11 \cdot 13$

　　c) $2^8 3^6 5^4 11^{13}$，$2 \cdot 3 \cdot 5 \cdot 11 \cdot 13$　　　d) $41^{101} 47^{43} 103^{1001}$，$41^{11} 43^{47} 83^{111}$

31. 求下面每对整数的最大公因子和最小公倍数.

　　a) $2^2 3^3 5^5 7^7$，$2^7 3^5 5^3 7^2$　　　　　　b) $2 \cdot 3 \cdot 5 \cdot 7 \cdot 11 \cdot 13$，$17 \cdot 19 \cdot 23 \cdot 29$

c) $2^3 5^7 11^{13}$，$2 \cdot 3 \cdot 5 \cdot 7 \cdot 11 \cdot 13$　　　　　d) $41^{11} 79^{111} 101^{1001}$，$41^{11} 83^{111} 101^{1000}$

* 32. 设 n 为大于 1 的正整数，证明 $1+\dfrac{1}{2}+\dfrac{1}{3}+\cdots+\left(\dfrac{1}{n}\right)$ 不是整数.

33. 周期蝉是一种有着非常长时间的幼虫周期和很短的成虫生命的昆虫. 对每种幼虫周期为 17 年的周期蝉，存在一种相似的幼虫周期为 13 年的周期蝉. 如果 1900 年在某一特别的地区出现了 17 年和 13 年的两种蝉，那么它们下次都出现在这个地区将是什么时候？

34. 哪对整数 a 和 b 有最大公因子 18 和最小公倍数 540？

35. 证明：如果 a，b 为正整数，则 $(a, b) \mid [a, b]$. 什么时候 $(a, b) = [a, b]$？

36. 证明：如果 a，b 为正整数，则存在 a 的因子 c 和 b 的因子 d，使得 $(c, d)=1$ 且 $cd=[a, b]$.

不全为零的整数 a_1，a_2，$\cdots$，a_n 的最小公倍数是能够被所有整数 a_1，a_2，$\cdots$，a_n 整除的最小正整数，记为 $[a_1, a_2, \cdots, a_n]$.

☞ 37. a) 证明：如果 a，b 和 c 为整数，则 $[a, b] \mid c$ 当且仅当 $a \mid c$ 且 $b \mid c$.
　　　b) 设 a_1，a_2，$\cdots$，a_n 和 d 均为整数，其中 n 为正整数，则 $[a_1, a_2, \cdots, a_n] \mid d$ 当且仅当 $a_i \mid d$ 对 $i=1$，2，$\cdots$，n 成立.

☞ 38. 用引理 3.4 证明：如果 p 为素数，a 为整数且 $p \mid a^2$，则 $p \mid a$.

☞ 39. 证明：如果 p 为素数，a 为整数，且 n 为正整数使得 $p \mid a^n$，则 $p \mid a$.

40. 证明：如果 a，b 和 c 为整数，且 $c \mid ab$，则 $c \mid (a, c)(b, c)$.

41. a) 证明：如果 a 和 b 为正整数，$(a, b)=1$，则对所有正整数 n，均有 $(a^n, b^n)=1$.
　　b) 用 (a) 中结果证明：如果 a 和 b 为满足 $a^n \mid b^n$ 的整数，其中 n 为正整数，则 $a \mid b$.

42. 证明 $\sqrt[3]{5}$ 为无理数：
　　a) 用类似于例 3.20 的方法证明.
　　b) 用定理 3.18.

43. 证明 $\sqrt{2}+\sqrt{3}$ 为无理数.

44. 证明 $\log_2 3$ 为无理数.

45. 证明 $\log_p b$ 为无理数，其中 p 为素数，b 为正整数，且不是 p 的二阶或更高阶幂.

46. a) 如果 a，b 为正整数，则 $(a, b)=(a+b, [a, b])$.
　　b) 应用 (a) 的结论求出两个正整数，使得它们的和为 798 而最小公倍数为 10 780.

47. 证明：如果 a，b 和 c 为正整数，则 $([a, b], c)=[(a, c), (b, c)]$，$[(a, b), c]=([a, c], [b, c])$.

48. 求 $[6, 10, 15]$ 和 $[7, 11, 13]$.

49. 证明 $[a_1, a_2, \cdots, a_{n-1}, a_n]=[[a_1, a_2, \cdots, a_{n-1}], a_n]$.

50. 设 n 为正整数，问有多少对正整数满足 $[a, b]=n$？（提示：考虑 n 的素因子分解.）

51. a) 证明：如果 a，b 和 c 为正整数，则
$$\max(a,b,c) = a+b+c-\min(a,b)-\min(a,c)-\min(b,c)+\min(a,b,c).$$
　　b) 用 (a) 的结论证明
$$[a,b,c] = \frac{abc\,(a,b,c)}{(a,b)(a,c)(b,c)}.$$

52. 推广习题 51 的结果，求一个关于 $(a_1, a_2, \cdots, a_n)$ 和 $[a_1, a_2, \cdots, a_n]$ 的公式，其中 a_1，a_2，$\cdots$，a_n 为正整数.

53. 证明：如果 a，b 和 c 为正整数，则 $(a, b, c)[ab, ac, bc]=abc$.

54. 证明：如果 a，b 和 c 为正整数，则 $[a, b, c](ab, ac, bc)=abc$.

55. 证明：如果 a，b 和 c 为正整数，则 $([a, b], [a, c][b, c])=[(a, b), (a, c), (b, c)]$.

56. 证明存在无穷多个形如 $6k+5$ 的素数，其中 k 为正整数.

*57. 证明：如果 a 和 b 为正整数，则等差数列 a，$a+b$，$a+2b$，$\cdots$ 包含任意数目的相继的合数项.

58. 求下列整数的素因子分解.
    a) 10^6-1 b) 10^8-1 c) $2^{15}-1$ d) $2^{24}-1$ e) $2^{30}-1$ f) $2^{36}-1$

59. 一个折扣店卖一款照相机，价格低于其正常的零售价 99 美元，但高于 1 美元. 如果他们卖出了价值 8137 美元的照相机，并且打折的照相机价格是个整数，那么他们一共卖出多少部照相机？

60. 一个出版公司卖出了价值 375 961 美元的某种书. 如果这种书的价格为大于 1 美元的整数，那么他们一共卖出了多少本这种书？

61. 如果一个商店以促销价卖出价值为 139 499 美元的一批电子管理器，管理器的价格是介于 300 美元和 1 美元之间的一个整数，那么他们一共卖出了多少电子管理器？

62. 证明：如果 a 和 b 为正整数，则 $a^2 \mid b^2$ 意味着 $a \mid b$.

☞ 63. 证明：如果 a，b 和 c 为正整数，且 $(a, b)=1$，$ab=c^n$，则存在正整数 d 和 e，使得 $a=d^n$，$b=e^n$.

☞ 64. 证明：如果 a_1，a_2，$\cdots$，a_n 为两两互素的整数，则 $[a_1, a_2, \cdots, a_n]=a_1 a_2 \cdots a_n$.

65. 证明在由 $n+1$ 个不超过 $2n$ 的正整数构成的任意集合中，必存在一个整数能够整除这个集合中的另一个整数.

66. 证明只要 m 和 n 为正整数，则 $(m+n)!\ /m!\ n!$ 为整数.

*67. 求方程 $m^n=n^m$ 的所有解，其中 m 和 n 为整数.

68. 设 p_1，p_2，$\cdots$，p_n 为前 n 个素数，设 m 为满足 $1<m<n$ 的一个整数，设 Q 为这列数中 m 个素数的乘积，R 为剩下的素数的乘积. 证明 $Q+R$ 不能被这列数中任何一个素数整除，且必存在素因子不在这列数中. 这样我们就可以推出有无穷多个素数.

69. 本习题给出存在无穷多个素数的另一个证明. 假定恰有 r 个素数 p_1，p_2，$\cdots$，p_r. 设 $Q_k = \left(\prod_{j=1}^{r} p_j\right)/p_k$，$k=1,2,\cdots,r$. 设 $S=\sum_{j=1}^{r} Q_j$. 证明 S 必存在一个素因子不在这 r 个素数中. 这样就得到素数有无穷多个的结论. （这个证明是由 G. Métrod 在 1917 年发表的.）

70. 证明：如果 p 为素数且 $1 \leqslant k < p$，则二项式系数 $\binom{p}{k}$ 能够被 p 整数.

71. 证明在 $n!$ 的素因子分解中，存在至少一个素因子的方幂为 1，其中 n 为整数，且 $n>1$. （提示：利用伯特兰公设.）

习题 72 和 73 给出了存在无穷多个素数的另外两个证明.

72. 假定 p_1，$\cdots$，p_j 为按照升序列出的前 j 个素数. 记 $N(x)$ 为不超过整数 x 且不能被大于 p_j 的素数整除的整数 n 的个数.
    a) 证明不能被大于 p_j 的素数整除的每个整数都可以写成 $n=r^2 s$ 的形式，其中 s 为无平方因子整数.
    b) 观察由 p_k 的乘积构成的整数 n 的素因子分解，证明只存在 2^j 个如(a)中所描述的 s 的可能值，其中 $0 \leqslant k \leqslant j$，$e_k$ 为 0 或 1.
    c) 证明：如果 $n \leqslant x$，则 $r \leqslant \sqrt{n} \leqslant \sqrt{x}$，其中 r 是(a)中的数. 这样得到存在不超过 $\sqrt{x}$ 个可能的 r 的值. 因此 $N(x) \leqslant 2^j \sqrt{x}$.
    d) 证明：如果素数的数目有限，且 p_j 为最大的素数，则对所有整数 x，都有 $N(x)=x$.
    e) 根据(c)和(d)证明 $x \leqslant 2^j \sqrt{x}$，因此对所有 x，有 $x \leqslant 2^{2j}$，这导致矛盾. 这样我们得到一定存在无穷多个素数.

*73. 本习题基于 A. Auric 在 1915 年发表的由算术基本定理发展出的一个存在无穷多个素数的证明. 假定恰存在 r 个素数，$p_1 < p_2 < \cdots < p_r$. 假设 n 为正整数，设 $Q=p_r^n$.
    a) 证明满足 $1 \leqslant m \leqslant Q$ 的整数 m 可以被唯一地写成 $m=p_1^{e_1} p_2^{e_2} \cdots p_r^{e_r}$，其中 $e_i \geqslant 0$，$i=1,2,\cdots,r$. 进一步，证明对于具有这样因子分解的整数 m，有 $p_1^{e_1} \leqslant m \leqslant Q=p_r^n$.

b) 设 $C=(\log p_r)/(\log p_1)$. 证明对于 $i=1，2，\cdots，r$，有 $e_i\leqslant nC$，并且 Q 不超过由整数 m 的素幂因子分解中的次数构成的 r 元组 $(e_1，e_2，\cdots，e_r)$ 的个数，其中 $1\leqslant m\leqslant Q$.

c) 从(b)中推断出 $Q=p_r^n\leqslant(Cn+1)^r\leqslant n^r(C+1)^r$.

d) 证明(c)中的不等式对 n 的充分大的值不成立. 这样就得到一定存在无穷多个素数.

假定 n 为正整数. 我们定义 Smarandache 函数 $S(n)$ 为使得 n 能够整除 $S(n)!$ 的最小正整数. 例如，$S(8)=4$，这是由于 8 不能整除 $1!=1，2!=2$ 和 $3!=6$，但是它能够整除 $4!=24$.

74. 对所有不超过 12 的正整数，求 $S(n)$.

75. 对 $n=40，41$ 和 43，求 $S(n)$.

76. 证明只要 p 为素数，则 $S(p)=p$.

设 $a(n)$ 为 Smarandache 函数的最小逆，即使得 $S(m)=n$ 的最小正整数 m. 换句话说，$a(n)$ 是序列 $S(1)，S(2)，\cdots，S(k)，\cdots$ 中整数 n 第一次出现的位置.

77. 对所有不超过 11 的正整数 n，求 $a(n)$.

* 78. 求 $a(12)$.

79. 证明只要 p 为素数，则 $a(p)=p$.

设 $\operatorname{rad}(n)$ 是 n 的素幂因子分解中所出现的素数的乘积. 例如，$\operatorname{rad}(360)=\operatorname{rad}(2^3\cdot3^2\cdot5)=2\cdot3\cdot5=60$.

80. 对 n 的下列值求 $\operatorname{rad}(n)$.

a) 300   b) 44   c) 44 004   d) 128 128

81. 证明当 n 为正整数时，$\operatorname{rad}(n)=n$ 当且仅当 n 是无平方因子的.

82. 当 n 为正整数时，$\operatorname{rad}(n!)$ 的值是什么？

83. 对所有的正整数 m 和 n，证明 $\operatorname{rad}(mn)\leqslant\operatorname{rad}(n)\operatorname{rad}(m)$. 对哪些正整数 m 和 n 等式成立？

下面六个习题建立了对于 $\pi(x)$ 的大小的一些估计，其中 $\pi(x)$ 为小于或等于 x 的素数个数. 这些结果最早由切比雪夫在 19 世纪给出证明.

84. 设 p 为素数，n 为正整数. 证明 $\binom{2n}{n}$ 恰好被 p 整除 $([2n/p]-2[n/p])+([2n/p^2]-2[n/p^2])+\cdots+([2n/p^t]-2[n/p^t])$ 次，其中 $t=[\log_p 2n]$. 推断出如果 p^r 整除 $\binom{2n}{n}$，则 $p^r\leqslant2n$.

85. 利用习题 84 证明

$$\binom{2n}{n}\leqslant(2n)^{\pi(2n)}.$$

86. 证明在 n 和 $2n$ 之间的所有素数的乘积介于 $\binom{2n}{n}$ 和 $n^{\pi(2n)-\pi(n)}$ 之间.

（提示：使用如下事实，即 n 和 $2n$ 之间的每个素数都能够整除 $(2n)!$，但不能整除 $(n!)^2$.）

87. 利用习题 85 和 86 来证明

$$\pi(2n)-\pi(n)<n\log 4/\log n.$$

* 88. 利用习题 87 来证明
$$\pi(2n)=(\pi(2n)-\pi(n))+(\pi(n)-\pi(n/2))+(\pi(n/2)-\pi(n/4))$$
$$+\cdots\leqslant n\log 64/\log n.$$

* 89. 利用习题 85 和 88 来证明存在正常数 c_1 和 c_2，使得
$$c_1 x/\log x<\pi(x)<c_2 x/\log x$$

对所有 $x\geqslant2$ 成立.（将此结果与 3.2 节定理 3.4 所叙述的素数定理给出的更强的结论进行比较.）

计算和研究

1. 求 8 616 460 799；1 234 567 890；111 111 111 111 和 43 854 532 213 873 的素因子分解.

2. 当 n 取值某一范围内，比较形如 $4n+1$ 的素数个数和形如 $4n+3$ 的素数个数. 你能给出关于这两数

之间关系的一个猜想吗?

3. 当整数 a 和 b 的值在一定范围内时,给定 a 和 b 的值,求形如 $an+b$ 的最小素数. 你能给出关于这种数的一个猜想吗?

4. 求出小于 10^m 的重幂数的个数(定义见习题 9),分别取 $m=1,2,3,4,5,6$.

5. 求出尽可能多的两个相邻的正整数,使得它们同为重幂数(定义见习题 9).

程序设计

1. 根据一个正整数的素因子分解求出它所有的正因子.

2. 根据两个正整数的素因子分解求出它们的所有最大公因子.

3. 根据两个正整数的素因子分解求出它们的所有最小公倍数.

4. 求 $n!$ 的十进制展开式末尾的零的个数,其中 n 为正整数.

5. 求 $n!$ 的素因子分解,其中 n 为正整数.

6. 求小于正整数 n 的重幂数(定义见习题 9)的数目.

3.6 因子分解法和费马数

由算术基本定理,我们知道每一个正整数可以被唯一地写成一些素数的积. 在这一节我们将讨论如何确定这个因子分解,并且介绍几种简单的因子分解的方法. 整数的因子分解在数学研究领域是非常活跃的,特别是因为它在密码学方面十分重要,这一点会在第 8 章中看到. 在那一章中我们将会知道 RSA 公钥密码系统的安全性是基于整数的因子分解比寻找大素数要难得多的这一事实.

在我们讨论现今的因子分解算法之前,首先考虑一种最直接的分解整数的方法,叫做试除法. 我们将会解释为什么它不是十分有效. 回忆定理 3.2 中 n 是一个素数或者存在一个不超过 $\sqrt{n}$ 的素数因子. 因此,当我们依次用不超过 $\sqrt{n}$ 的素数 2,3,5⋯去除 n 的时候,得到 p_1 是 n 的素数因子或者 n 是素数. 如果我们找到了 n 的素数因子 p_1,那么接下来找 $n_1=n/p_1$ 的素数因子,从素数 p_1 开始搜索,因为 n_1 没有比 p_1 小的素数因子且任何一个 n_1 的因子也是 n 的因子. 如有必要继续用不超过 $\sqrt{n_1}$ 的素数来试除 n_1,继续这种算法,一步步进行,最终求得 n 的因子分解中的所有素因子.

例 3.22 设 $n=42\,833$. 我们注意到 n 不能被 2,3 和 5 整除,但是 $7|n$. 因而有

$$42\,833 = 7 \cdot 6119.$$

试除法表明 6119 不能被 7,11,13,17,19,23 整除. 然而

$$6119 = 29 \cdot 211.$$

因为 $29 \geqslant \sqrt{211}$,于是知道 211 是素数. 这样就得到了 42 833 的因子分解:$42\,833 = 7 \cdot 29 \cdot 211$. ◀

但遗憾的是这个求整数的素因子分解的方法效率很低. 用它分解一个整数 N 可能需要做 $\pi(\sqrt{N})$ 次除法(假设我们已经知道不超过 $\sqrt{N}$ 的所有素数),共需要 $\sqrt{N}\log N$ 次的位运算,因为由素数定理,$\pi(\sqrt{N})$ 近似等于 $\sqrt{N}/\log\sqrt{N} = 2\sqrt{N}/\log N$,并且由定理 2.7,这些除法共需要 $O(\log^2 N)$ 次的位运算.

现代的因子分解法

数学家们已经致力于整数的因子分解这个问题很长时间了. 在 17 世纪,费马(Pierre

de Fermat)给出了一种因子分解的方法，这个方法是基于将一个合数表示成两个平方数的差的形式. 这个方法在理论和某些实际应用中是相当重要的，但是它本身并不是一个十分有效的方法. 本节后面将会讨论费马的这一因子分解方法.

从 1970 年以来，很多新的因子分解方法被提出来，并在现代强大的计算机上实现了算法，一些之前的难以处理的数现在可以被分解了. 我们将会介绍这些新方法中简单的几种. 然而最强大的因子分解方法是非常复杂的，它们已经超出了这本书的范围，但是我们会讨论它们所能分解的整数的大小.

皮埃尔·德·费马(Pierre de fermat，1601—1665)是位专职的律师，他是法国 Toulouse 省立议会的著名法律专家. 费马大概是历史上最有名的业余数学家. 他几乎没发表一篇有关他的数学发现的文章，但是他跟同时期的许多数学家都有过通信. 从他的通信中，尤其是跟法国修道士梅森(将在第 6 章讨论)的通信中，我们了解了很多他对数学的贡献. 费马是解析几何的创建人之一，而且，他还奠定了微积分的基础. 费马和帕斯卡一道奠定了概率学的数学基础. 我们从费马在丢番图的书的空白处所做的批注可以了解他的一些发现. 他的儿子找到了这本写有批注的书，并且将其出版发行，由此其他的数学家才得以了解费马的工作.

在近期的因子分解的方法中(在近 30 年里提出来的)有几种是由波拉德(J. M. Pollard)给出的，包括波拉德 ρ 方法(在 4.6 节中讨论)和波拉德 $p-1$ 方法(在 6.1 节中讨论). 一般而言，这两种方法对于复杂的因子分解问题速度太慢了，除非被分解的数有特定的性质. 在 12.5 节中，我们将会介绍另外一种用连分数来进行因子分解的方法. 由 Morrison 和 Brillhart 提出来的这种方法的一个变种是 20 世纪 70 年代用于分解大整数的主要方法. 这是第一个在次指数时间(subexponential time)内运行的因子分解算法，这意味着分解一个整数 n 所需要的位运算次数可以写成 $n^{a(n)}$，其中当 n 增大时，$a(n)$ 减小. 对于在一个次指数时间内运行的因子分解算法的位运算数，我们给出一个有用的记号 $L(a, b)$ 来描述它，这意味着用这个算法来进行因子分解需要的位运算次数是 $O(\exp(b(\log n)^a (\log \log n)^{1-a}))$. ($L(a, b)$ 的精确定义实际上更复杂.)这种由 Morrison 和 Brillhart 提出的连分数算法的变种使用了 $L(1/2, \sqrt{3/2})$ 次的位运算. 它最大的成功是在 1970 年分解了一个 63 位的整数.

由 Carl Pomerance 在 1981 年提出的**二次筛法**第一次使分解 100 位以上的一般整数成为可能. 这种方法在被提出来以后又进行了不少的改进，它需要用 $L(1/2, 1)$ 次的位运算. 它很大的一个成功是分解了一个被称为是 RSA-129 的 129 位的整数，而这个整数的因子分解被 RSA 密码系统的发明者称为是一个挑战，RSA 密码系统将会在第 8 章中讨论. 目前，对大于 115 位的一般整数进行分解的最好算法是**数域筛法**(number field sieve)，开始是由波拉德提出来的，后来被 Buhler、Lenstra 和 Pomerance 改进，它需要的位运算次数是 $L(1/3, (64/9)^{1/3}$. 它的最大成功是在 2005 年分解了一个被称为是 RSA-200 的 200 位的整数. 对于分解位数小于 115 位的整数，二次筛法似乎依然比数域筛法要来得快.

二次筛法和数域筛法(还有其他的方法)的一个重要特征是这些算法可以同时在很多台

计算机(或处理器)上并行运算. 这就使得很多团队成员可以同时分解同一个整数. (RSA-129 和其他 RSA 的挑战数字的因子分解历史纪录见这一小节的最后.)

将来我们可以分解多大的整数呢? 这个问题的答案依赖于是否有更有效的算法(或者更多的是依赖于有多快)出现, 以及计算能力发展的速度. 一个有用的并常常被用来估计分解一个确定位数的整数所需的计算量是每秒百万条指令/年或者 MIPS-年(一个 MIPS-年显示在一年内经典的 DEC VAX 11/780 的计算能力. 尽管这个计算机已经过时, 但它仍被用来作为一个参考点. 奔腾 PC 的运算能力为数百个 MIPS.)表 3.2(来自[Od95]中的信息)显示使用数域筛法分解给定大小的整数所需的计算量(以 MIPS-年为单位, 舍入到最接近的十的幂次). 团队成员可以一起工作, 投入数千甚至数百万的 MIPS-年来分解特定的数. 因此尽管没有新算法的进展, 在接下的几年间, 还是有可能并不意外地看到 250 位, 或者 300 位的一般整数的因子分解.

表 3.2   使用数域筛法分解整数所需的计算量

数的十进制位数	所需的大致 MIPS一年
150	10^4
225	10^8
300	10^{11}
450	10^{16}
600	10^{20}

对于分解算法进一步的信息, 我们推荐读者参考[Br89], [Br00], [CrPo05], [Di84], [Gu75], [Od95], [Po84], [Po90], [Ri94], [Ru83], [WaSm87]和[Wi84].

费马因子分解   我们现在给出一个有趣但不总是有效的因子分解法. 这个方法是费马发现的, 被称为费马因子分解, 它基于下面的引理.

引理 3.9   如果 n 是一个正的奇数, 那么 n 分解为两个正整数的积和表示成两个平方数的差是一一对应的.

证明   令 n 是正奇数, $n=ab$ 为分解成两个正整数的积. 那么 n 可以写成两个平方数的差, 这是因为

$$n = ab = s^2 - t^2,$$

其中 $s=(a+b)/2$, $t=(a-b)/2$ 都是整数, 因为 a, b 都是奇数.

反之, 如果 n 可以写成两个平方数的差, 比如 $n=s^2-t^2$, 那么我们可以将 n 分解为 $n=(s-t)(s+t)$.

我们将一一对应关系的证明留给读者.   ■

为了实现费马因子分解法, 我们通过寻找形如 x^2-n 的完全平方数来求方程 $n=x^2-y^2$ 的根. 因此, 为了求 n 的因子分解, 我们在整数序列

$$t^2 - n, (t+1)^2 - n, (t+2)^2 - n, \cdots$$

中寻找完全平方数, 其中 t 是大于 $\sqrt{n}$ 的最小整数. 这个过程是有限终止的, 这是因为平凡因子分解 $n=n \cdot 1$ 可导出方程

$$n = \left(\frac{n+1}{2}\right)^2 - \left(\frac{n-1}{2}\right)^2.$$

RSA 分解挑战

　　从 1991 年到 2007 年，RSA 分解挑战一直是一场挑战数学家们分解某些大整数的竞赛. 其目的在于跟踪分解方法的进展，而这又与密码学密切相关(参见第 8 章). 第一个 RSA 挑战于 1991 年进行，来自 1977 年 Martin Gardner 在《科学美国人》这本杂志上的专栏文章，要求分解一个被称为是 RSA-129 的 129 位的整数. 当时悬赏 100 美元解密一条消息. 当这个 129 位的整数被分解时，这条消息就能很容易地被解密出来. 反之则不能. 17 年过去了，直到 1994 年这一挑战才得到回应. 使用二次筛法，600 多人耗费了 8 个月完成了 RSA-129 的分解，其计算量大约为每年 5000MIPS. RSA 数据安全公司(即第 8 章讨论的 RSA 密码系统专利拥有者)的一个部门 RSA 实验室赞助了这一挑战. 如能分解挑战名单上的整数，则能获得现金奖励. 目前为止他们共为一些成功的因子分解发放了超过 8 万美元的奖金. 因子分解名单上的整数产生了一些世界纪录. 例如，1996 年 Arjen Lenstra 领导的一个小组用数域筛法分解了 RSA-130，花费的计算量大约是 750MIPS-年. 在 1999 年人们用数域筛法分解了 RSA-140 和 RSA-155，计算量分别为 2000MIPS-年和 8000MIPS-年. 这项挑战目前分解的最大整数是具有 200 位的 RSA-200，由波恩大学的 Jens Franke 所领导的团队在 2005 年攻克.

例 3.23 使用费马因子分解法分解 6077. 由于 $77<\sqrt{6077}<78$，我们在序列

$$78^2 - 6077 = 7$$
$$79^2 - 6077 = 164$$
$$80^2 - 6077 = 323$$
$$81^2 - 6077 = 484 = 22^2$$

中寻找完全平方数. 由于 $6077=81^2-22^2$，故 $6077=(81-22)(81+22)=59\cdot103$. ◀

　　不幸的是，费马因子分解的效率是非常低的. 使用这种方法去分解 n 可能需要检查 $(n+1)/2-[\sqrt{n}]$ 个整数来确定它们是否为完全平方数. 费马因子分解在用来分解一个具有两个相似大小的因子的整数时最有效. 尽管费马因子分解很少被用来分解大整数，但是它的基本思想是计算机计算中广泛使用的很多更有效因子分解算法的基础.

费马数

　　整数 $F_n=2^{2^n}+1$ 被称为费马数. 费马猜想这些整数都是素数. 事实上，前面的几个都是素数，例如 $F_0=3$，$F_1=5$，$F_2=17$，$F_3=257$，$F_4=65\,537$. 很不幸，$F_5=2^{2^5}+1$ 是合数，我们现在证明这一点.

例 3.24 费马数 $F_5=2^{2^5}+1$ 能够被 641 整除. 我们可以通过使用一些不是很明显的观察结果而不是实际地做除法来证明 $641\,|\,F_5$. 注意

$$641 = 5\cdot2^7+1 = 2^4+5^4.$$

因此，

$$2^{2^5}+1 = 2^{32}+1 = 2^4\cdot2^{28}+1 = (641-5^4)2^{28}+1$$
$$= 641\cdot2^{28}-(5\cdot2^7)^4+1 = 641\cdot2^{28}-(641-1)^4+1$$
$$= 641(2^{28}-641^3+4\cdot641^2-6\cdot641+4).$$

从而，我们得到 $641 | F_5$.

下面的结果在费马数因子分解中起着重要的辅助作用.

定理 3.20 费马数 $F_n = 2^{2^n} + 1$ 的每个素因子都形如 $2^{n+2}k + 1$.

定理 3.20 的证明在第 11 章中作为一个习题出现. 这里，我们指出定理 3.20 在确定费马数的因子分解中是多么有用.

例 3.25 从定理 3.20，我们知道 $F_3 = 2^{2^3} + 1 = 257$ 的每个素因子一定形如 $2^5 k + 1 = 32 \cdot k + 1$. 由于不存在小于或等于 $\sqrt{257}$ 的这种形式的素数，因此得到结论 $F_3 = 257$ 为素数.

例 3.26 在分解 $F_6 = 2^{2^6} + 1$ 时，应用定理 3.20 可以看出它的所有素因子的形式都是 $2^8 k + 1 = 256 \cdot k + 1$. 因此只需要用不超过 $\sqrt{F_6}$ 的形如 $256 \cdot k + 1$ 的素数去做 F_6 的除法检验即可. 在大量的计算后，我们发现当 $k = 1071$ 时，得到一个素因子，即 $274\,177 = (256 \cdot 1071 + 1) | F_6$.

已知的费马数因子分解 在费马数的因子分解方面，人们付出了巨大的努力. 然而直到现在，还没有发现新的费马素数（大于 F_4 的）. 一些数学家相信不存在其他的费马素数. 我们将在第 11 章给出关于费马数的一个素性检验法，它被用来证明许多费马数为合数. （当使用这样的测试时，没有必要使用试除法来检验一个数能否被不超过它的平方根的素数整除.）

在 2010 年年初，已知一共有 214 个费马数为合数，但是其中只有七个费马数的完全因子分解是清楚的：F_5，F_6，F_7，F_8，F_9，F_{10} 和 F_{11}. 费马数 F_9 是 155 位的十进制数，1990 年由 Mark Manasse 和 Arjen Lenstra 使用数域筛法进行了分解，数域筛法可以把一个整数的分解问题转化为许多个较小的分解问题，并可以并行计算. 尽管 Manasse 和 Lenstra 将分解 F_9 的大量计算分给了数百名数学家和计算机科学家，但是仍然花费了大概两个月的时间来完成计算. （关于 F_9 的因子分解细节，请参看 [Ci90].）

F_{11} 的素因子分解于 1989 年由 Richard Brent 给出，使用的分解算法被称为椭圆曲线法（详细描述见 [Br89]）. 在 F_{11} 中共有 617 位十进制数字，且 $F_{11} = 319\,489 \cdot 974\,849 \cdot P_{21} \cdot P_{22} \cdot P_{564}$，其中 P_{21}，P_{22} 和 P_{564} 分别是 21，22 和 564 位的素数. 直到 1995 年 Brent 才完成了 F_{10} 的分解. 他应用椭圆曲线因子分解发现 $F_{10} = 45\,592\,577 \cdot 6\,487\,031\,809 \cdot P_{40} \cdot P_{252}$，其中 P_{40} 和 P_{252} 分别是 40 和 252 位的素数.

我们知道很多费马数是合数，这是因为使用一些像定理 3.20 的结果，至少发现了这些数的一个素因子. 我们也知道当 $n = 14$，20，22 和 24 时，F_n 是合数，但是这些数的因子还没有被发现. 已知的使得 F_n 为合数的最大的 n 为 $n = 2\,478\,782$. （$F_{382\,447}$ 是被证明超过 $100\,000$ 位的第一个为合数的费马数，这是在 1999 年 7 月被证明的.）F_{33} 是现在还没有被证明是合数的最小费马数，如果它确实是合数的话. 由于计算机软件和硬件的稳步发展，我们可以期待关于费马数的本质的新结果以及它们的因子分解将以良好的速度被发现.

费马数的因子分解是由美国数学会资助的 Cunningham 项目的一部分. 这个项目以 A. J. Cunningham 的名字命名，致力于建立一个形如 $b^n \pm 1$ 的整数的所有已知的因子表，其

中 $b=2,3$，5，6，7，10，11 和 12. A. J. Cunningham 是英国军队的陆军上校，他于 20 世纪早期编辑了一个这类整数的因子表. 1988 年的因子表包含在［Br88］中；该项目现在的情况可以在互联网上查到. 人们对形如 $b^n\pm1$ 的数有特殊的兴趣，这是因为它们在生成伪随机数中的重要性（见第 10 章）、在抽象代数及在数论中的重要性.

与 Cunningham 项目相关，一个需要被分解的"十大悬赏"整数的列表由普渡大学的 Samuel Wagstaff 保存着. 例如，直到 1990 年 F_9 被分解之前，它一直在这个表中. 随着分解技术和计算能力的发展，越来越大的数进入了这个列表中. 在 20 世纪 80 年代早期，最大的整数介于 50 至 70 位之间；在 20 世纪 90 年代初，介于 90 至 130 位之间，而在 2010 年年初，最大整数已经是介于 85 至 233 位之间了.

利用费马数证明素数的无穷性　利用费马数证明存在无穷多的素数是有可能的. 我们从证明两个不同的费马数是互素的开始. 这将会用到下面的引理.

引理 3.10　设 $F_k=2^{2^k}+1$ 表示第 k 个费马数，这里 k 为非负整数. 那么对于所有正整数 n，我们有
$$F_0F_1F_2\cdots F_{n-1}=F_n-2.$$

证明　我们将使用数学归纳法证明这一引理. 对于 $n=1$，等式为
$$F_0=F_1-2.$$
这显然是正确的，因为 $F_0=3$，$F_1=5$. 此时，假设等式对正整数 n 成立，即
$$F_0F_1F_2\cdots F_{n-1}=F_n-2.$$
由这个假设，我们很容易证明等式对整数 $n+1$ 成立，这是因为
$$
\begin{aligned}
F_0F_1F_2\cdots F_{n-1}F_n &=(F_0F_1F_2\cdots F_{n-1})F_n\\
&=(F_n-2)F_n=(2^{2^n}-1)(2^{2^n}+1)\\
&=(2^{2^n})^2-1=2^{2^{n+1}}-1=F_{n+1}-2.
\end{aligned}
$$
■

这样就推出了下面的定理.

定理 3.21　设 m 和 n 为互异的非负整数. 则费马数 F_m 和 F_n 是互素的.

证明　假设 $m<n$. 由引理 3.10，我们知道
$$F_0F_1F_2\cdots F_m\cdots F_{n-1}=F_n-2.$$
假定 d 是 F_m 与 F_n 的公因子. 则由定理 1.8 可知
$$d\mid(F_n-F_0F_1F_2\cdots F_m\cdots F_{n-1})=2.$$
因此，$d=1$ 或者 $d=2$. 然而，由于 F_m 和 F_n 为奇数，故 d 不可能等于 2. 因此，$d=1$，$(F_m,\ F_n)=1$.
■

应用费马数，现在我们给出存在无穷多个素数的另一证明. 首先，注意到根据 3.1 节中的引理 3.1，每个费马数 F_n 有一个素因子 p_n. 由于 $(F_m,\ F_n)=1$，因此只要 $m\neq n$，便有 $p_m\neq p_n$. 从而，可以推知存在无穷多个素数.

费马素数与几何　费马素数在几何学中很重要. 高斯对下面著名定理的证明可以在［Or88］中找到.

定理 3.22　一个正规 n 边形可用直尺（无刻度）和圆规来画出当且仅当 n 是一个 2 的非负幂次与非负个不同费马素数的乘积.

3.6 节习题

1. 求下面正整数的素因子分解.
   a) 33 776 925
   b) 210 733 237
   c) 1 359 170 111

2. 求下面正整数的素因子分解.
   a) 33 108 075
   b) 7 300 977 607
   c) 4 165 073 376 607

3. 利用费马因子分解法, 分解下面的正整数.
   a) 143
   b) 2279
   c) 43
   d) 11 413

4. 利用费马因子分解法, 分解下面的正整数.
   a) 8051
   b) 73
   c) 46 009
   d) 11 021
   e) 3 200 399
   f) 24 681 023

5. 证明完全平方数的最后两个十进制数字一定是下列数对之一: 00, $e1$, $e4$, 25, $o6$, $e9$, 其中 e 表示任意偶数字, o 表示任意奇数字. (提示: 证明 n^2, $(50+n)^2$ 和 $(50-n)^2$ 都有相同的个位数字, 然后考虑那些在范围 $0 \leqslant n \leqslant 25$ 中的整数 n.)

6. 解释为什么习题 5 的结果可以被用来加速费马因子分解方法.

7. 证明: 如果 n 的最小素因子为 p, 则对于 $x > (n+p^2)/(2p)$, 除了 $x=(n+1)/2$ 这个例外, x^2-n 都不是完全平方数.

习题 8~10 包含 Draim 因子分解方法. 为了使用这个方法来寻找正整数 $n=n_1$ 的因子, 我们由使用带余除法开始, 得到
$$n_1 = 3q_1 + r_1, \qquad 0 \leqslant r_1 < 3.$$
令 $m_1 = n_1$, 取
$$m_2 = m_1 - 2q_1, \qquad n_2 = m_2 + r_1.$$
再次应用带余除法, 得到
$$n_2 = 5q_2 + r_2, \qquad 0 \leqslant r_2 < 5,$$
并且取
$$m_3 = m_2 - 2q_2, \qquad n_3 = m_3 + r_2.$$
反复应用带余除法递推下去, 记
$$n_k = (2k+1)q_k + r_k, \qquad 0 \leqslant r_k < 2k+1,$$
并定义
$$m_k = m_{k-1} - 2q_{k-1}, \qquad n_k = m_k + r_{k-1}.$$
当得到余数 $r_k = 0$ 时停止.

8. 证明 $n_k = kn_1 - (2k+1)(q_1 + q_2 + \cdots + q_{k-1})$, $m_k = n_1 - 2(q_1 + q_2 + \cdots + q_{k-1})$.

9. 证明: 如果 $(2k+1) \mid n$, 则 $(2k+1) \mid n_k$ 且 $n = (2k+1)m_{k+1}$.

10. 用 Draim 因子分解法分解 5899.

在习题 11~13 中, 我们给出被称为欧拉方法的一个因子分解方法. 当被分解的整数为奇数且能够用两种不同方法写成两个平方数的和时, 可以应用这个方法. 设 n 为奇数, 且设 $n = a^2 + b^2 = c^2 + d^2$, 其中 a 和 c 为正奇数, b 和 d 为正偶数.

11. 设 $u = (a-c, b-d)$. 证明 u 为偶数, 且如果 $r = (a-c)/u$, $s = (d-b)/u$, 则 $(r, s) = 1$, $r(a+c) = s(d+b)$, 且 $s \mid (a+c)$.

12. 设 $sv = a+c$. 证明 $rv = d+b$, $v = (a+c, d+b)$, 且 v 为偶数.

13. 证明 n 可以被分解为 $n = [(u/2)^2 + (v/2)^2](r^2 + s^2)$.

14. 用欧拉方法分解下列整数.
    a) $221 = 10^2 + 11^2 = 5^2 + 14^2$

b) $2501 = 50^2 + 1^2 = 49^2 + 10^2$

c) $1\,000\,009 = 1000^2 + 3^2 = 972^2 + 235^2$

15. 通过等式 $4x^4 + 1 = (2x^2 + 2x + 1)(2x^2 - 2x + 1)$, 容易证明所有形如 $2^{4n+2} + 1$ 的数都可以被分解. 应用这个等式分解 $2^{18} + 1$.

16. 证明: 如果 a 为正整数且 $a^m + 1$ 为奇素数, 则对某个非负整数 n, $m = 2^n$. (提示: 回顾等式 $a^m + 1 = (a^k + 1)(a^{k(l-1)} - a^{k(l-2)} + \cdots - a^k + 1)$, 其中 $m = kl$ 且 l 为奇数.)

17. 证明: 如果 $n \geqslant 2$, 则 $F_n = 2^{2^n} + 1$ 的十进制展开式中最后一个数位是 7. (提示: 用数学归纳法证明 2^{2^n} 的最后一个十进制数位为 6.)

18. 使用 $F_4 = 2^{2^4} + 1 = 65\,537$ 的每个素因子都形如 $2^6 k + 1 = 64k + 1$ 的这一事实, 验证 F_4 为素数. (应该只需作一次试除法.)

19. 使用 $F_5 = 2^{2^5} + 1$ 的每个素因子都形如 $2^7 k + 1 = 128k + 1$ 这一事实, 证明 F_5 的素因子分解为 $F_5 = 641 \cdot 6\,700\,417$.

20. 求所有形如 $2^{2^n} + 5$ 的素数, 这里 n 为非负整数.

21. 估计费马数 F_n 的十进制展开数的位数.

* 22. n 和 F_n 的最大公因子是什么? 其中 n 为正整数. 证明你的结论的正确性.

23. 证明形如 $2^m + 1$(其中 m 为正整数)且为一个正整数的幂次(即形如 n^k, 其中 n 和 k 为正整数且 $k \geqslant 2$)的唯一整数出现在 $m = 3$ 时.

24. 用费马因子分解法分解 kn(其中 k 是一个较小的正整数)有时比用这个方法分解 n 还简单. 证明用费马因子分解法分解 901, 且分解 $3 \cdot 901 = 2703$ 比分解 901 更简单.

计算和研究

1. 使用试除法, 求你选择的大于 10 000 的一些整数的素因子分解.

2. 使用费马因子分解, 求你选择的大于 10 000 的一些整数的素因子分解.

3. 使用定理 3.20 分解费马数 F_6 和 F_7.

程序设计

1. 给定一个正整数 n, 求 n 的素因子分解.

2. 给定一个正整数 n, 对 n 使用费马因子分解法.

3. 给定一个正整数 n, 对 n 使用 Draim 因子分解法(参看习题 8 前面的导言).

4. 使用定理 3.20, 查找费马数 F_n 的素因子, 其中 n 为正整数.

3.7 线性丢番图方程

考虑下面的问题: 一个人想购买 510 美元的旅游支票. 支票只有 20 美元和 50 美元两种. 那么每一种应该买多少? 如果令 x 表示他应该买的 20 美元支票的数量, y 表示 50 美元支票的数量, 那么就应满足方程 $20x + 50y = 510$. 为了解决这一问题, 应该求出这个方程的所有解, 其中 x, y 为非负整数.

类似的问题出现在当一个妇女想邮寄一个包裹时. 邮局的职员测定邮寄这个包裹的费用是 83 美分, 但是只有 6 美分和 15 美分的邮票. 那么是否有这两种邮票的组合后的面值恰好可以来邮寄这个包裹呢? 为了回答这个问题, 我们先令 x 表示 6 美分邮票的数量, 令 y 表示 15 美分邮票的数量. 那么有 $6x + 15y = 83$, 其中 x, y 是非负整数.

丢番图(Diophantus，公元前 250)编写了《算术》(Arithmetica)，这是已知的代数方面最早的一本书. 这本书第一次系统地用数学符号表示方程中的未定元和未定元的幂. 除了知道他大约居住在公元 250 年前的亚历山大外，人们对他的生活一无所知. 关于他生平细节的唯一资料来源于一本名为《希腊诗选》(Greek Anthology)的警句诗中"丢番图的一生，幼年占去 1/6，又过了 1/12 的青春期，又过了 1/7 才结婚，五年后生儿子，子先父四年而卒，寿为其父之半."从中读者可以推出丢番图活了 84 岁.

当我们需要求解特定方程的整数解的时候，就得到了一个丢番图方程. 这些方程是根据古希腊数学家丢番图而命名的，他写下了一些方程并将解限定在有理数域上. 方程 $ax+by=c$ (其中 a，b，c 是整数)被称为关于两个变量的线性丢番图方程.

注意整数对 $(x，y)$ 是线性丢番图方程 $ax+by=c$ 的解当且仅当 $(x，y)$ 是平面中位于直线 $ax+by=c$ 上的格点. 我们将在图 3.2 中用线性丢番图方程 $2x+3y=5$ 加以说明.

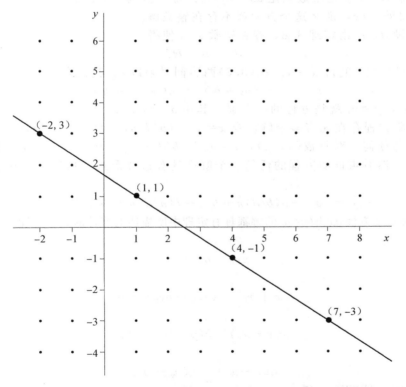

图 3.2 $2x+3y=5$ 的整数解对应于直线 $2x+3y=5$ 上的格点

第一个描述线性丢番图方程的一般解是印度数学家婆罗摩笈多(Brahmagupta)，这个结论记录在他于 7 世纪写的一本书里. 为了求解这类方程我们现在发展这个理论. 下面的定理说明什么时候这类方程有解，当有解的时候又如何明确地描述它们.

婆罗摩笈多（Brahmagupta，598—670)据说生于印度的乌贾因（Ujjain），并成为当地天文观察台的领导，这个观察台是当时印度数学研究的中心．婆罗摩笈多编写了两本重要的关于数学和天文学的书《Brahma-Sphuta-Siddhanta》《宇宙的起源》和《Khandakhadyaka》，分别写于 628 年和 665 年．他提出了很多有趣的平面几何上的公式和定理，研究了等差数列和二次方程．婆罗摩笈多给出了新的代数符号，他对数字系统的理解在当时是很先进的．他被认为是第一个给出线性丢番图方程解的人．在天文学方面，他研究了日食、行星的位置和年的长度．

定理 3.23　设 a，b 是整数且 $d=(a,b)$．如果 $d \nmid c$，那么方程 $ax+by=c$ 没有整数解．如果 $d|c$，那么存在无穷多个整数解．另外，如果 $x=x_0$，$y=y_0$ 是方程的一个特解，那么所有的解可以表示为

$$x = x_0 + (b/d)n, \qquad y = y_0 - (a/d)n,$$

其中 n 是整数．

证明　假设 x，y 是整数满足 $ax+by=c$．那么因为 $d|a$，$d|b$，由定理 1.9 同样有 $d|c$．因此如果 $d \nmid c$，那么这个方程就不存在整数解．

现在假设 $d|c$．由定理 3.8，存在整数 s，t 使得

$$d = as + bt. \tag{3.3}$$

因为 $d|c$，有整数 e 使得 $de=c$．在(3.3)两边同时乘以 e，我们有

$$c = de = (as + bt)e = a(se) + b(te).$$

因此，$x=x_0$，$y=y_0$ 就是方程的一个解，其中 $x_0=se$，$y_0=te$．

为了证明方程存在无穷多个解，令 $x=x_0+(b/d)n$，$y=y_0-(a/d)n$，其中 n 是整数．首先证明任何一对整数 (x, y)，$x=x_0+(b/d)n$，$y=y_0-(a/d)n$，n 是整数，它是方程的解．然后再证明方程的任何一个解都具有这种形式．易知 (x, y) 是解，这是因为

$$ax + by = ax_0 + a(b/d)n + by_0 - b(a/d)n = ax_0 + by_0 = c.$$

我们现在证明方程 $ax+by=c$ 的解都具有定理中所描述的那种形式．假设整数 x，y 满足 $ax+by=c$．因为

$$ax_0 + by_0 = c,$$

做减法得到

$$(ax + by) - (ax_0 + by_0) = 0,$$

这就说明

$$a(x - x_0) + b(y - y_0) = 0.$$

因此，

$$a(x - x_0) = b(y_0 - y).$$

上一方程两边同时除以 d，得

$$(a/d)(x - x_0) = (b/d)(y_0 - y).$$

由定理 3.6，$(a/d, b/d)=1$．用引理 3.4，有 $(a/d)|(y_0-y)$．因此，存在整数 n 使得 $(a/d)n=(y_0-y)$，这就意味着 $y=y_0-(a/d)n$．现在将这个 y 值代入方程 $a(x-x_0)=b(y_0-y)$，我们得到 $a(x-x_0)=b(a/d)n$，这就得到了 $x=x_0+(b/d)n$．∎

下面的例子是对于定理 3.23 用法的说明.

例 3.27 由定理 3.23,线性丢番图方程 $15x+6y=7$ 没有整数解,这是因为 $(15,6)=$ 3,但是 $3\nmid 7$. ◄

例 3.28 由定理 3.23,线性丢番图方程 $21x+14y=70$ 存在无穷多个解,这是因为 $(21,14)=7$ 且 $7\mid 10$. 为了求这些解,首先由欧几里得算法,我们有 $1\cdot 21+(-1)\cdot 14=$ 7,所以 $10\cdot 21+(-10)\cdot 14=70$. 因此 $x_0=10$,$y_0=-10$ 是方程的一个特解. 那么所有的解为 $x=10+2n$,$y=-10-3n$,其中 n 是整数. ◄

现在我们将用定理 3.23 解决本节开始提出的两个问题.

例 3.29 考虑问题如何用 6 美分和 15 美分的邮票组成 83 美分的邮资. 如果用 x 表示 6 美分邮票的数量,y 表示 15 美分邮票的数量,那么有 $6x+15y=83$. 因为 $(6,15)=3$ 不能整除 83,由定理 3.23 可知不存在整数解. 因此,不存在 6 美分和 15 美分的邮票组成 83 美分的邮资. ◄

例 3.30 考虑用面值 20 美元和 50 美元的支票支付 510 美元的旅游支票的问题. 每一种支票应该用多少张恰好能支付 510 美元?

令 x 表示面值为 20 美元支票的数量,y 表示面值为 50 美元支票的数量. 我们有方程 $20x+50y=510$. 注意到 20 和 50 的最大公因子为 $(20,50)=10$. 因为 $10\mid 510$,因此这个线性丢番图方程有无穷多个整数解. 用欧几里得算法,我们求得 $20(-2)+50=10$. 两边同时乘以 51,得 $20(-102)+50(51)=510$. 因此,$x_0=-102$,$y_0=51$ 是方程的一个特解. 由定理 3.23 可知,所有形如 $x=-102+5n$,$y=51-2n$ 的整数都是这个方程的解. 因为我们要求 x,y 非负,所以必有 $-102+5n\geqslant 0$ 且 $51-2n\geqslant 0$;于是 $n\geqslant 20\,2/5$ 且 $n\leqslant 25\,1/2$. 又因为 n 是整数,故有 $n=21$,22,23,24,25. 所以我们有下面 5 个解:$(x,y)=(3,9)$,$(8,7)$,$(13,5)$,$(18,3)$,$(23,1)$. 于是出纳员可以给顾客 3 张 20 美元和 9 张 50 美元的支票,8 张 20 美元和 7 张 50 美元的支票,13 张 20 美元和 5 张 50 美元的支票,18 张 20 美元和 3 张 50 美元的支票,23 张 20 美元和 1 张 50 美元的支票. ◄

可以将定理 3.23 推广为多个变量的线性丢番图方程,下面的定理给出了这个推广.

定理 3.24 如果 a_1,a_2,$\cdots$,a_n 是非零整数,那么方程 $a_1x_1+a_2x_2+\cdots+a_nx_n=c$ 有整数解当且仅当 $d=(a_1,a_2,\cdots,a_n)$ 整除 c. 另外当存在一个解的时候,方程有无穷多个解.

证明 如果存在整数 x_1,x_2,$\cdots$,x_n 满足 $a_1x_1+a_2x_2+\cdots+a_nx_n=c$,则由于 d 整除 a_i,$i=1$,2,$\cdots$,n,故由定理 1.9,d 整除 c. 因此,如果 $d\nmid c$,则方程不存在整数解.

我们将用数学归纳法证明当 $d\mid c$ 时存在无穷多个整数解. 注意到由定理 3.23,该结论在 $n=2$ 时成立.

现在假设对于所有 n 个变量的方程存在无穷多个解. 那么由定理 3.9,线性组合 $a_nx_n+a_{n+1}x_{n+1}$ 所构成的集合与 (a_n,a_{n+1}) 的倍数构成的集合相同. 因此,对于每个整数 y,线性丢番图方程 $a_nx_n+a_{n+1}x_{n+1}=(a_n,a_{n+1})y$ 有无穷多个解. 这说明原来的关于 $n+1$ 个变量的方程可以简化成关于 n 个变量的线性丢番图方程:

$$a_1x_1+a_2x_2+\cdots+a_{n-1}x_{n-1}+(a_n,a_{n+1})y=c.$$

注意到 c 可以被 $(a_1, a_2, \cdots, a_{n-1}, (a_n, a_{n+1}))$ 整除, 这是因为由引理 3.2, 这个最大公因子等于 $(a_1, a_2, \cdots, a_n, a_{n+1})$. 将它看成是关于 n 个变量的线性丢番图方程, 那么由归纳假设, 因为其中系数的最大公因子整除 c, 故这个方程有无穷多个解. 这就意味着原来的 $n+1$ 个变量的方程存在无穷多个解. ∎

求多个变量的线性丢番图方程的解的方法是用定理 3.24 证明中的归约法. 我们把定理 3.24 的应用留作习题.

3.7 节习题

1. 对于下面的线性丢番图方程, 求它们的解或者证明不存在整数解.

    a) $2x+5y=11$ b) $17x+13y=100$ c) $21x+14y=147$

    d) $60x+18y=97$ e) $1402x+1969y=1$

2. 对于下面的线性丢番图方程, 求它们的解或者证明不存在整数解.

    a) $3x+4y=7$ b) $12x+18y=50$ c) $30x+47y=-11$

    d) $25x+95y=970$ e) $102x+1001y=1$

3. 一个日本商人去北美旅行后回国要将美元和加元兑换成日元. 如果他换到了 9763 日元, 已知每一美元换 99 日元, 每一加元换 86 日元, 那么他有多少美元和加元?

4. 一个学生从欧洲回国要将欧元和瑞士法郎兑换成美元. 如果她一共换得 46.58 美元, 已知每一欧元兑换 1.39 美元, 每一瑞士法郎兑换 91 美分, 那么她共有多少欧元和瑞士法郎?

5. 一个教授去巴黎和伦敦参加会议后回国要将欧元和英镑兑换成美元. 如果他一共换得 125.78 美元, 已知每一欧元兑换 1.31 美元, 每一英镑兑换 1.61 美元, 那么他有多少欧元和英镑?

6. 9 世纪的印度天文学家和数学家 Mahavira 给出了下面的难题: 一队 23 人组成的旅游团疲倦地走进了一个茂密的森林. 他们发现了 63 堆香蕉, 每一堆的数量相同, 还剩下一堆有 7 个香蕉. 他们平分了这些香蕉. 问 63 堆中每一堆有几根香蕉? 请解决这个难题.

7. 一个商人预订了苹果和橘子共用了 8.39 美元. 如果每一个苹果用 25 美分, 每一个橘子用 18 美分, 那么每一种水果他都分别预订了多少?

8. 一个顾客一共买了 5.49 美元的水果, 其中橘子 18 美分一个, 葡萄柚 33 美分一串. 那么这个顾客购买的橘子和葡萄柚的总数最少是多少?

9. 一个邮局的职员只有 14 和 21 美分的邮票出售. 那么怎样的组合才能刚好是下面需要的邮寄包裹的邮资?

    a) 3.50 美元   b) 4.00 美元   c) 7.77 美元

10. 在室外聚餐中, 一份龙虾晚餐是 11 美元, 一个烧鸡晚餐是 8 美元. 那么从下面的每一个总费用中你能得出什么结论?

    a) 777 美元   b) 96 美元   c) 69 美元

* 11. 求下面线性丢番图方程的所有整数解.

    a) $2x+3y+4z=5$ b) $7x+21y+35z=8$ c) $101x+102y+103z=1$

* 12. 求下面线性丢番图方程的所有整数解.

    a) $2x_1+5x_2+4x_3+3x_4=5$ b) $12x_1+21x_2+9x_3+15x_4=9$ c) $15x_1+6x_2+10x_3+21x_4+35x_5=1$

13. 怎样组合面值分别为 1 分、1 角和 2 角 5 分的硬币, 使得其总值为 99 美分?

14. 使用下面的硬币, 有多少种方式能组成 1 美元?

    a) 1 角和 2 角 5 分硬币

    b) 5 分, 1 角和 2 角 5 分硬币

c) 1 分，5 分，1 角和 2 角 5 分硬币

在习题 15～17 中我们将同时考虑几个线性丢番图方程. 为了解决这些问题，我们首先进行消元直到余下两个变量，然后求解两个变量的线性丢番图方程.

15. 求下面的线性丢番图方程组的所有整数解.
   a) $x+y+z=100 \qquad x+8y+50z=156$
   b) $x+y+z=100 \qquad x+6y+21z=121$
   c) $x+y+z+w=100 \qquad x+2y+3z+4w=300 \qquad x+4y+9z+16w=1000$

16. 一个储钱罐有 24 枚硬币，分别是 5 分、1 角和 2 角 5 分硬币. 如果这些硬币的总值是 2 美元，那么这些硬币的组合有哪些可能？

17. Nadir 航空公司提供了 3 种从波士顿到纽约的机票. 第一种机票需要 140 美元，第二种机票需要 110 美元，第三种机票需要 78 美元. 如果 69 位乘客一共支付了 6548 美元，那么每一种机票售出了多少？

18. 是否有可能包含了 1 分、1 角和 2 角 5 分的 50 枚硬币的总值是 3 美元？

令 a, b 是互素的正整数，n 是正整数. 当 x 和 y 均为非负时，线性丢番图方程 $ax+by=n$ 的解 (x, y) 是非负的.

* 19. 证明当 $n \geqslant (a-1)(b-1)$ 时，$ax+by=n$ 存在非负解.

* 20. 证明：如果 $n=ab-a-b$，那么 $ax+by=n$ 没有非负解.

* 21. 证明恰好有 $(a-1)(b-1)/2$ 个非负整数 $n<ab-a-b$，使得方程 $ax+by=n$ 有非负解.

22. 在一个缅因州的小镇上的邮局中只剩下两种面值的邮票. 他们发现有 33 种邮资不能用这两种邮票来组合，其中一种是 46 美分. 那么问剩下的两种邮票的面值是多少？

* 23. 在 6 世纪的时候，中国古代数学家张邱建给出了一个数学难题叫做"百鸡问题"，他问道：如果公鸡 5 分一只，母鸡 3 分一只，三只小鸡一分钱. 那么 100 只鸡一共 100 分，问公鸡、母鸡和小鸡分别是几只？请解决这个问题.

* 24. 求下面丢番图方程的整数解.

$$\frac{1}{x}+\frac{1}{y}=\frac{1}{14}.$$

计算和研究

1. 求线性丢番图方程 $10\,234\,357x+331\,108\,819y=1$ 和 $10\,234\,357x+331\,108\,819y=123\,456\,789$ 的所有解.

2. 求线性丢番图方程 $1\,122\,334\,455x+10\,101\,010\,101y+9\,898\,989\,898z=1$ 和 $1\,122\,334\,455x+10\,101\,010\,101y+9\,898\,989\,898z=987\,654\,321$ 的所有解.

3. 判断哪些正整数可写为 $999x+1001y$ 的形式，其中 x, y 是非负整数. 并用你的结果验证习题 19～21.

程序设计

1. 已知双变量线性丢番图方程的系数，求其所有解.

2. 已知双变量线性丢番图方程的系数，求其所有正解.

3. 已知三变量线性丢番图方程的系数，求其所有正解.

* 4. 已知 a, b，求所有使得线性丢番图方程 $ax+by=n$ 无正解的 n（见习题 19 的导言）.

第 4 章 同 余

德国大数学家高斯发明了同余的语言，这使得我们差不多能像处理等式一样来处理整除关系．在本章中，我们将给出同余的基本性质，描述如何进行同余式的算术运算，还将研究含有未知数的同余方程，例如线性同余方程．引出线性同余方程的一个例子是这样的一个问题，即求使得 $7x$ 被 11 除所得余数为 3 的所有整数 x．我们还将研究线性同余方程组，它们来源于古代中国难题：求一个数，它被 3，5 和 7 除所得余数分别为 2，3 和 2．我们将学习如何运用著名的中国剩余定理来解像上面难题那样的线性同余方程组．我们还将学习怎样解多项式同余方程．最后，我们用同余的语言来介绍一种（整数）分解方法，即波拉德 ρ 方法．

4.1 同余概述

本章所介绍的同余这一特殊语言在数论中极为有用，它是由历史上最著名的数学家之一卡尔·弗里德里希·高斯(Karl Friedrich Gauss)于 19 世纪初提出的．

卡尔·弗里德里希·高斯(1777—1855)是一个泥瓦匠的儿子．他的天才很早就显现出来．事实上，在 3 岁时他就更正了他父亲工资表中的一个错误．在他的第一次算术课上，老师为使学生们有事干，就布置了一项作业，即求前 100 个正整数的和．那时 8 岁的高斯得出此和等于 50·101＝5050，因为这些项可以分组求和：1＋100＝101，2＋99＝101，…，49＋52＝101，50＋51＝101．1796年，高斯在几何的一个领域内做出了重大发现，而此领域自古代以来一直没有什么进展．特别地，他证明了仅用直尺和圆规可以画出正十七边形．1799 年，他提交了代数基本定理的第一个严格证明，此定理断言实系数 n 次多项式恰有 n 个根．高斯对天文学做出了很多重要贡献，包括计算谷神星的轨道．因为这一计算结果，高斯被任命为哥廷根天文台的台长．高斯于 1801 年写成《Disquisitiones Arithmeticae》一书，为现代数论打下了基础．在他所处的时代，高斯被誉为"数学王子"．尽管高斯因其在几何、代数、分析、天文学和数学物理中的众多发现而闻名，但是他对数论情有独钟，这可从他的名言看出："数学是科学的女王，而数论是数学的女王．"高斯在早年获得了他的多数重要发现，晚年则致力于完善这些理论．高斯也有一些重要的成果并未公开，获得同样发现的数学家，往往吃惊地发现高斯好多年前早已在其未发表的手稿中描述过这些结果．

同余的语言使得人们能用类似于处理等式的方式来处理整除关系．在引入同余之前，人们研究整除关系所用的记号笨拙而且难用，而引入方便的记号对加速数论的发展起了帮助作用．

定义 设 m 是正整数．若 a 和 b 是整数，且 $m\mid(a-b)$，则称 **a 和 b 模 m 同余**．

若 a 和 b 模 m 同余，则记 $a\equiv b\pmod{m}$．若 $m\nmid(a-b)$，则记 $a\not\equiv b\pmod{m}$，并称 a 模 m 不同余于 b．整数 m 称为同余的模．

例 4.1 因为 $9|(22-4)=18$，所以 $22\equiv4(\mod 9)$．类似地，$3\equiv-6(\mod 9)$，$200\equiv2(\mod 9)$．另外，因为 $9\nmid(13-5)=8$，所以 $13\not\equiv5(\mod 9)$．

同余在日常生活中经常可见．例如，钟表对于小时是模 12 或 24 的，对于分钟和秒是模 60 的；日历对于星期是模 7 的，对于月份是模 12 的．电水表通常是模 1000 的，里程表通常是模 100 000 的．

有时需要将同余式转换为等式．下面的定理能帮助我们做到这一点．

定理 4.1 若 a 和 b 是整数，则 $a\equiv b(\mod m)$ 当且仅当存在整数 k，使得 $a=b+km$．

证明 若 $a\equiv b(\mod m)$，则 $m|(a-b)$．这说明存在整数 k，使得 $km=a-b$，所以 $a=b+km$．

反过来，若存在整数 k 使得 $a=b+km$，则 $km=a-b$．于是，$m|(a-b)$，因而 $a\equiv b(\mod m)$．∎

例 4.2 我们有 $19\equiv-2(\mod 7)$ 和 $19=-2+3\cdot 7$．◀

下面的命题给出了同余的一些重要性质．

定理 4.2 设 m 是正整数．模 m 的同余满足下面的性质：

(i) **自反性**．若 a 是整数，则 $a\equiv a(\mod m)$．

(ii) **对称性**．若 a 和 b 是整数，且 $a\equiv b(\mod m)$，则 $b\equiv a(\mod m)$．

(iii) **传递性**．若 a，b 和 c 是整数，且 $a\equiv b(\mod m)$ 和 $b\equiv c(\mod m)$，则 $a\equiv c(\mod m)$．

证明

(i) 因为 $m|(a-a)=0$，所以 $a\equiv a(\mod m)$．

(ii) 若 $a\equiv b(\mod m)$，则 $m|(a-b)$．从而存在整数 k，使得 $km=a-b$．这说明 $(-k)m=b-a$，即 $m|(b-a)$．因此，$b\equiv a(\mod m)$．

(iii) 若 $a\equiv b(\mod m)$，且 $b\equiv c(\mod m)$，则有 $m|(a-b)$ 和 $m|(b-c)$．从而存在整数 k 和 l，使得 $km=a-b$，$lm=b-c$．于是，$a-c=(a-b)+(b-c)=km+lm=(k+l)m$．因此，$m|(a-c)$，$a\equiv c(\mod m)$．∎

由定理 4.2 可见，整数的集合被分成 m 个不同的集合，这些集合称为模 m 剩余类（同余类），每个同余类中的任意两个整数都是模 m 同余的．注意，当 $m=2$ 时，正好整数分成奇、偶两类．

如果你对集合上的关系比较熟悉，那么定理 4.2 表明对正整数 m 的模 m 同余是一种等价关系，并且每一个模 m 同余类即是由此种等价关系所定义的等价类．

例 4.3 模 4 的四个同余类是

$$\cdots\equiv-8\equiv-4\equiv0\equiv4\equiv8\equiv\cdots(\mod 4)$$
$$\cdots\equiv-7\equiv-3\equiv1\equiv5\equiv9\equiv\cdots(\mod 4)$$
$$\cdots\equiv-6\equiv-2\equiv2\equiv6\equiv10\equiv\cdots(\mod 4)$$
$$\cdots\equiv-5\equiv-1\equiv3\equiv7\equiv11\equiv\cdots(\mod 4).$$
◀

设 m 是正整数．给定整数 a，由带余除法有 $a=bm+r$，其中 $0\leqslant r\leqslant m-1$．称 r 为 a 的模 m 最小非负剩余，是 a 模 m 的结果．类似地，当 m 不整除 a 时，称 r 为 a 的模 m 最小正剩余．

另一个(尤其是在计算机科学应用中)常用的记号是 $a \bmod m = r$，它表示 r 是 a 被 m 除所得的余数. 例如，$17 \bmod 5 = 2$，$-8 \bmod 7 = 6$. 注意 $\bmod m$ 实际上是从整数集到集合 $\{0, 1, 2, \cdots, m-1\}$ 的函数.

这两种记法间的关系将在下面的定理中阐明，其证明作为本节后面的习题 10 和 11 留给读者.

定理 4.3 如 a 与 b 为整数，m 为正整数，则 $a \equiv b \pmod{m}$ 当且仅当 $a \bmod m = b \bmod m$.

注意，由方程 $a = bm + r$ 有 $a \equiv r \pmod{m}$. 因此，每个整数都和 $0, 1, \cdots, m-1$(也就是 a 被 m 除所得的余数)中的一个模 m 同余. 因为 $0, 1, \cdots, m-1$ 中的任何两个都不是模 m 同余的，所以有 m 个整数使得每个整数都恰与这 m 个整数中的一个同余.

定义 一个**模 m 完全剩余系**是一个整数的集合，使得每个整数恰和此集合中的一个元素模 m 同余.

例 4.4 由带余除法可知，整数 $0, 1, \cdots, m-1$ 的集合是模 m 完全剩余系，称为模 m 最小非负剩余的集合. ◄

例 4.5 设 m 是一个正奇数. 则整数

$$\left\{ -\frac{m-1}{2}, -\frac{m-3}{2}, \cdots, -1, 0, 1, \cdots, \frac{m-3}{2}, \frac{m-1}{2} \right\}$$

的集合称为是模 m 绝对最小剩余的集合，它也是一个完全剩余系. ◄

我们将经常做同余的算术运算，这种算术称为模算术. 同余式与等式有很多相同的性质. 首先，我们证明在一个同余式两边同时做加法、减法或乘法仍保持同余.

定理 4.4 若 a, b, c 和 m 是整数，$m > 0$，且 $a \equiv b \pmod{m}$，则

(i) $a + c \equiv b + c \pmod{m}$，

(ii) $a - c \equiv b - c \pmod{m}$，

(iii) $ac \equiv bc \pmod{m}$.

证明 因为 $a \equiv b \pmod{m}$，所以 $m \mid (a-b)$. 由等式 $(a+c)-(b+c) = a-b$ 可知，$m \mid ((a+c)-(b+c))$. 因此，(i)得证. 类似地，从 $(a-c)-(b-c) = a-b$ 可以推出(ii). 为证(iii)，注意到 $ac - bc = c(a-b)$. 因为 $m \mid (a-b)$，所以 $m \mid c(a-b)$，从而 $ac \equiv bc \pmod{m}$. ∎

例 4.6 因为 $19 \equiv 3 \pmod{8}$，所以根据定理 4.4 得，$26 = 19 + 7 \equiv 3 + 7 = 10 \pmod{8}$，$15 = 19 - 4 \equiv 3 - 4 = -1 \pmod{8}$，$38 = 19 \cdot 2 \equiv 3 \cdot 2 = 6 \pmod{8}$. ◄

一个同余式两边同时除以一个整数会发生什么呢? 考虑下面的例子.

例 4.7 我们有 $14 = 7 \cdot 2 \equiv 4 \cdot 2 = 8 \pmod{6}$，但是我们不能消去因子 2，因为 $7 \not\equiv 4 \pmod{6}$. ◄

此例说明在同余式两边同时除以一个整数并不一定保持同余. 然而，下面的定理给出了在同余式两边同时除以一个整数仍会保持的一个同余关系.

定理 4.5 若 a, b, c 和 m 是整数，$m > 0$，$d = (c, m)$，且有 $ac \equiv bc \pmod{m}$，则 $a \equiv b \pmod{m/d}$.

证明 若 $ac \equiv bc \pmod{m}$，则 $m \mid (ac - bc) = c(a-b)$. 所以，存在整数 k，使得 $c(a-b) =$

km. 两边同时除以 d, 得到 $(c/d)(a-b)=k(m/d)$. 因为 $(m/d, c/d)=1$, 所以根据引理 3.4, 有 $m/d|(a-b)$. 因此, $a\equiv b(\bmod m/d)$. ∎

例 4.8　因为 $50\equiv20(\bmod 15)$, 且 $(10, 15)=5$, 所以 $50/10\equiv20/10(\bmod 15/5)$, 即 $5\equiv2(\bmod 3)$. ◀

下面的推论是定理 4.5 的特殊情形, 经常用到; 它使得我们能够在模 m 同余式中消去与模 m 互素的数.

推论 4.5.1　若 a, b, c 和 m 是整数, $m>0$, $(c, m)=1$, 且有 $ac\equiv bc(\bmod m)$, 则 $a\equiv b(\bmod m)$.

例 4.9　因为 $42\equiv7(\bmod 5)$ 且 $(5, 7)=1$, 所以有 $42/7\equiv7/7(\bmod 5)$, 即 $6\equiv1(\bmod 5)$. ◀

下面的定理比定理 4.4 更一般, 也很有用, 其证明与定理 4.4 的证明类似.

定理 4.6　若 a, b, c, d 和 m 是整数, $m>0$, $a\equiv b(\bmod m)$, 且 $c\equiv d(\bmod m)$, 则
(i) $a+c\equiv b+d(\bmod m)$,
(ii) $a-c\equiv b-d(\bmod m)$,
(iii) $ac\equiv bd(\bmod m)$.

证明　因为 $a\equiv b(\bmod m)$ 且 $c\equiv d(\bmod m)$, 我们有 $m|(a-b)$ 与 $m|(c-d)$. 因此, 存在整数 k 与 l 使得 $km=a-b$, $lm=c-d$.

为证 (i), 注意到 $(a+c)-(b+d)=(a-b)+(c-d)=km+lm=(k+l)m$. 因此, $m|[(a+c)-(b+d)]$, 即 $a+c\equiv b+d(\bmod m)$.

为证 (ii), 注意到 $(a-c)-(b-d)=(a-b)-(c-d)=km-lm=(k-1)m$. 因此, $m|[(a-c)-(b-d)]$, 即 $a-c\equiv b-d(\bmod m)$.

为证 (iii), 注意到 $ac-bd=ac-bd+bc-bd=c(a-b)+b(c-d)=ckm+blm=m(ck+bl)$. 因此, $m|(ac-bd)$, 即 $ac\equiv bd(\bmod m)$. ∎

例 4.10　因为 $13\equiv3(\bmod 5)$, 且 $7\equiv2(\bmod 5)$, 所以由定理 4.6 得, $20=13+7\equiv3+2=5(\bmod 5)$, $6=13-7\equiv3-2=1(\bmod 5)$, $91=13\cdot7\equiv3\cdot2=6(\bmod 5)$. ◀

下面的引理帮助我们判定一个 m 元集合是否为模 m 的完全剩余系.

引理 4.1　m 个模 m 不同余的整数的集合构成一个模 m 的完全剩余系.

证明　假设 m 个模 m 不同余的整数集合不是模 m 完全剩余系. 这说明, 至少有一个整数 a 不同余于此集合中的任一整数. 所以, 此集合中的整数都模 m 不同余于 a 被 m 除所得的余数. 从而, 整数被 m 除所得的不同剩余至多有 $m-1$ 个. 由鸽笼原理(若有多于 n 个物体分配到 n 个盒子中, 则至少有两个物体在同一盒子中), 此集合中至少有两个整数有相同的模 m 剩余. 这不可能, 因为这些整数均模 m 不同余. 因此, m 个模 m 不同余的整数的集合构成一个模 m 的完全剩余系. ∎

定理 4.7　若 r_1, r_2, $\cdots$, r_m 是一个模 m 的完全剩余系, 且正整数 a 满足 $(a, m)=1$, 则对任何整数 b,
$$ar_1+b, ar_2+b, \cdots, ar_m+b$$
都是模 m 的完全剩余系.

证明　首先来证整数

$$ar_1 + b, ar_2 + b, \cdots, ar_m + b$$

中的任何两个都模 m 不同余. 为此, 注意到若

$$ar_j + b \equiv ar_k + b (\bmod\ m),$$

则由定理 4.4(ii)知

$$ar_j \equiv ar_k (\bmod\ m).$$

因为 $(a, m) = 1$, 推论 4.5.1 表明

$$r_j \equiv r_k (\bmod\ m).$$

因为若 $j \neq k$, 则 $r_j \not\equiv r_k (\bmod\ m)$, 我们得到 $j = k$.

　　由引理 4.1, 因为所考虑的集合由 m 个模 m 不同余的整数组成, 所以这些整数构成一个模 m 的完全剩余系. ■

　　下面的定理表明同余式两边同时取相同的正整数幂仍保持同余.

　　定理 4.8　若 a, b, k 和 m 是整数, $k > 0$, $m > 0$, 且 $a \equiv b (\bmod\ m)$, 则 $a^k \equiv b^k (\bmod\ m)$.

　　证明　因为 $a \equiv b (\bmod\ m)$, 所以 $m \mid (a - b)$. 因为

$$a^k - b^k = (a - b)(a^{k-1} + a^{k-2}b + \cdots + ab^{k-2} + b^{k-1}),$$

所以 $(a-b) \mid (a^k - b^k)$. 因此, 由定理 1.8 知 $m \mid (a^k - b^k)$, 即 $a^k \equiv b^k (\bmod\ m)$. ■

　　例 4.11　由于 $7 \equiv 2 (\bmod\ 5)$, 由定理 4.7 可知, $343 = 7^3 \equiv 2^3 = 8 (\bmod\ 5)$. ◀

　　下面的结果说明如何将两个数关于不同模的同余式结合起来.

　　定理 4.9　若 $a \equiv b (\bmod\ m_1)$, $a \equiv b (\bmod\ m_2)$, $\cdots$, $a \equiv b (\bmod\ m_k)$, 其中 a, b, m_1, m_2, $\cdots$, m_k 是整数, 且 m_1, m_2, $\cdots$, m_k 是正的, 则

$$a \equiv b (\bmod\ [m_1, m_2, \cdots, m_k]),$$

其中 $[m_1, m_2, \cdots, m_k]$ 是 m_1, m_2, $\cdots$, m_k 的最小公倍数.

　　证明　因为 $a \equiv b (\bmod\ m_1)$, $a \equiv b (\bmod\ m_2)$, $\cdots$, $a \equiv b (\bmod\ m_k)$, 所以 $m_1 \mid (a-b)$, $m_2 \mid (a-b)$, $\cdots$, $m_k \mid (a-b)$. 由 3.5 节的习题 39,

$$[m_1, m_2, \cdots, m_k] \mid (a-b).$$

因此,

$$a \equiv b (\bmod\ [m_1, m_2, \cdots, m_k]).$$ ■

　　接下来的结论是此定理的一个直接而有用的推论.

　　推论 4.9.1　若 $a \equiv b (\bmod\ m_1)$, $a \equiv b (\bmod\ m_2)$, $\cdots$, $a \equiv b (\bmod\ m_k)$, 其中 a, b 是整数, m_1, m_2, $\cdots$, m_k 是两两互素的正整数, 则

$$a \equiv b (\bmod\ m_1 m_2 \cdots m_k).$$

　　证明　因为 m_1, m_2, $\cdots$, m_k 是两两互素的正整数, 所以由 3.5 节习题 64 有

$$[m_1, m_2, \cdots, m_k] = m_1 m_2 \cdots m_k.$$

因此, 由定理 4.9 可知

$$a \equiv b (\bmod\ m_1 m_2 \cdots m_k).$$ ■

快速模指数运算

　　在接下来的学习中, 我们将处理含有整数的高次幂的同余. 例如, 我们要求 2^{644} 的模

645 最小正剩余. 若想求此最小正剩余, 我们先计算 2^{644}, 则得到一个 194 位的十进制数, 这是最不想要的. 相反, 为求出 2^{644} 模 645, 我们先将指数 644 表示成二进制形式:

$$(644)_{10} = (1010000100)_2.$$

然后, 通过逐个平方及模 645 约化来计算 2, 2^2, 2^4, 2^8, $\cdots$, 2^{512} 的最小正剩余. 这给出下列同余式:

$$2 \equiv 2 (\bmod\ 645),$$
$$2^2 \equiv 4 (\bmod\ 645),$$
$$2^4 \equiv 16 (\bmod\ 645),$$
$$2^8 \equiv 256 (\bmod\ 645),$$
$$2^{16} \equiv 391 (\bmod\ 645),$$
$$2^{32} \equiv 16 (\bmod\ 645),$$
$$2^{64} \equiv 256 (\bmod\ 645),$$
$$2^{128} \equiv 391 (\bmod\ 645),$$
$$2^{256} \equiv 16 (\bmod\ 645),$$
$$2^{512} \equiv 256 (\bmod\ 645).$$

现在用 2 的合适的方幂的最小正剩余的乘积来计算 2^{644} 模 645, 得

$$2^{644} = 2^{512+128+4} = 2^{512} 2^{128} 2^4 \equiv 256 \cdot 391 \cdot 16 = 1\ 601\ 536 \equiv 1 (\bmod\ 645).$$

我们刚才演示了模指数运算, 即计算 b^N 模 m 的一般过程, 其中 b, m 和 N 是正整数. 首先, 将 N 用二进制记号表示成 $N = (a_k a_{k-1} \cdots a_1 a_0)_2$. 然后, 通过逐个平方及模 m 约化求出 b, b^2, b^4, $\cdots$, b^{2^k} 模 m 的最小正剩余. 最后, 取 $a_j = 1$ 的 j 所对应的 b^{2^j} 模 m 的最小正剩余的乘积, 再模 m 约化即可.

在后面的讨论中, 我们需要对模指数运算所需位运算的次数进行估计. 下面的命题给出了这一估计.

定理 4.10　设 b, m 和 N 是正整数, 且 $b < m$. 则计算 b^N 模 m 的最小正剩余要用 $O((\log_2 m)^2 \log_2 N)$ 次位运算.

证明　我们可以用上面所描述的算法来求 b^N 模 m 的最小正剩余. 首先, 通过逐个平方及模 m 约化求出 b, b^2, b^4, $\cdots$, b^{2^k} 模 m 的最小正剩余, 其中 $2^k \leqslant N < 2^{k+1}$. 这总共需要 $O((\log_2 m)^2 \log_2 N)$ 次位运算, 因为要做 $[\log_2 N]$ 次模 m 平方, 每次平方需要 $O((\log_2 m)^2)$ 次位运算. 然后, 取 N 的二进制表示中为 1 的数字对应的 b^{2^j} 的最小正剩余的乘积, 在每次乘法之后模 m 约化. 这也需要 $O((\log_2 m)^2 \log_2 N)$ 次位运算, 因为至多有 $[\log_2 N]$ 次乘法, 而每次乘法需要 $O((\log_2 m)^2)$ 次位运算. 因此, 总共需要 $O((\log_2 m)^2 \log_2 N)$ 次位运算.　■

4.1 节习题

1. 证明下列同余式成立.

　　a) $13 \equiv 1 (\bmod\ 2)$　　　　b) $22 \equiv 7 (\bmod\ 5)$　　　c) $91 \equiv 0 (\bmod\ 13)$　　　d) $69 \equiv 62 (\bmod\ 7)$

　　e) $-2 \equiv 1 (\bmod\ 3)$　　　f) $-3 \equiv 30 (\bmod\ 11)$　　　g) $111 \equiv -9 (\bmod\ 40)$　　　h) $666 \equiv 0 (\bmod\ 37)$

2. 判断下列每对整数是否模 7 同余.

　　a) 1, 15　　　b) 0, 42　　　c) 2, 99　　　d) -1, 8　　　e) -9, 5　　　f) -1, 699

3. 对于哪些整数 m 下列命题为真？
   a) $27 \equiv 5 \pmod{m}$　　　　　b) $1000 \equiv 1 \pmod{m}$　　　　　c) $1331 \equiv 0 \pmod{m}$

4. 证明：若 a 是偶数，则 $a^2 \equiv 0 \pmod 4$；若 a 是奇数，则 $a^2 \equiv 1 \pmod 4$.

☞ 5. 证明：若 a 是奇数，则 $a^2 \equiv 1 \pmod 8$.

6. 求下列整数模 13 的最小非负剩余.
   a) 22　　　b) 100　　　c) 1001　　　d) -1　　　e) -100　　　f) -1000

7. 求下列整数模 28 的最小非负剩余.
   a) 99　　　b) 1100　　　c) 12 345
   d) -1　　　e) -1000　　　f) $-54\ 321$

8. 求 $1! + 2! + \cdots + 10!$ 的模下列整数的最小正剩余.
   a) 3　　　b) 11　　　c) 4　　　d) 23

9. 求 $1! + 2! + \cdots + 100!$ 的模下列整数的最小正剩余.
   a) 2　　　b) 7　　　c) 12　　　d) 25

10. 证明：若 a, b, m 为整数且 $m > 0$, $a \equiv b \pmod m$. 则有 $a \bmod m = b \bmod m$.

11. 证明：若 a, b, m 为整数且 $m > 0$, $a \bmod m = b \bmod m$. 则有 $a \equiv b \pmod m$.

12. 证明：若 a, b, m 和 n 是整数，$m > 0$, $n > 0$, $n \mid m$, 且 $a \equiv b \pmod m$, 则 $a \equiv b \pmod n$.

13. 证明：若 a, b, c 和 m 是整数，$c > 0$, $m > 0$, 且 $a \equiv b \pmod m$, 则 $ac \equiv bc \pmod{mc}$.

14. 证明：若 a, b 和 c 是整数，$c > 0$, 且 $a \equiv b \pmod c$, 则 $(a, c) = (b, c)$.

15. 证明：若对 $j = 1, 2, \cdots, n$, 有 $a_j \equiv b_j \pmod m$, 其中 m 是正整数，a_j, b_j 是整数，$j = 1, 2, \cdots$, n, 则

   a) $\displaystyle\sum_{j=1}^{n} a_j \equiv \sum_{j=1}^{n} b_j \pmod m$.

   b) $\displaystyle\prod_{j=1}^{n} a_j \equiv \prod_{j=1}^{n} b_j \pmod m$.

16. 找出如下命题的反例：设 m 为大于 2 的整数，则有 $(a+b) \bmod m = a \bmod m + b \bmod m$ 对所有整数 a, b 成立.

17. 找出如下命题的反例：设 m 为大于 2 的整数，则有 $(ab) \bmod m = (a \bmod m)(b \bmod m)$ 对所有整数 a, b 成立.

18. 证明：设 m 为大于 2 的整数，则有 $(a+b) \bmod m = (a \bmod m + b \bmod m) \bmod m$ 对所有整数 a, b 成立.

19. 证明：设 m 为大于 2 的整数，则有 $(ab) \bmod m = ((a \bmod m)(b \bmod m)) \bmod m$ 对所有整数 a, b 成立.
   在习题 20～22 中，利用模 6 的最小非负剩余代表同余类，构造模 6 的算术表.

20. 构造模 6 的加法表.

21. 构造模 6 的减法表.

22. 构造模 6 的乘法表.

23. 一个 12 小时刻度的钟表在下列情况下是什么时刻？
   a) 11 点后 29 小时.　　　b) 2 点后 100 小时.　　　c) 6 点前 50 小时.

24. 哪些十进制数字作为一个整数的四次幂的最后一位数字出现？

25. 若 a, b 是整数，p 是素数，你能从 $a^2 \equiv b^2 \pmod p$ 得出什么结论？

26. 设 a, b, k 和 m 是整数，$k > 0$, $m > 0$, 且 $(a, m) = 1$. 证明，若 $a^k \equiv b^k \pmod m$ 且 $a^{k+1} \equiv b^{k+1} \pmod m$, 则 $a \equiv b \pmod m$. 若去掉条件 $(a, m) = 1$, 结论 $a \equiv b \pmod m$ 还成立吗？

27. 证明：若 n 是正奇数，则

$$1 + 2 + 3 + \cdots + (n-1) \equiv 0 \pmod{n}.$$

n 是偶数时上述结论还成立吗？

28. 证明：若 n 是正奇数，或 n 是能被 4 整除的正整数，则

$$1^3 + 2^3 + 3^3 + \cdots + (n-1)^3 \equiv 0 \pmod{n}.$$

上述结论对 n 是不被 4 整除的偶数还成立吗？

29.

$$1^2 + 2^2 + 3^2 + \cdots + (n-1)^2 \equiv 0 \pmod{n}$$

对哪些正整数 n 成立？

30. 用数学归纳法证明，若 n 是正整数，则 $4^n \equiv 1 + 3n \pmod{9}$.

31. 用数学归纳法证明，若 n 是正整数，则 $5^n \equiv 1 + 4n \pmod{16}$.

32. 给出全是奇数的模 13 的完全剩余系.

33. 证明：若 $n \equiv 3 \pmod 4$，则 n 不是两整数的平方和.

34. 证明：若 p 是素数，则同余方程 $x^2 \equiv x \pmod{p}$ 仅有的解是使得 $x \equiv 1$ 或 $0 \pmod{p}$ 的整数 x.

35. 证明：若 p 是素数且 k 是正整数，则同余方程 $x^2 \equiv x \pmod{p^k}$ 仅有的解是使得 $x \equiv 1$ 或 $0 \pmod{p^k}$ 的整数 x.

36. 求下列整数的模 47 的最小正剩余.

a) 2^{32} b) 2^{47} c) 2^{200}

37. 设 m_1，m_2，$\cdots$，m_k 是两两互素的正整数. 令 $M = m_1 m_2 \cdots m_k$，$M_j = M/m_j$，$j = 1, 2, \cdots, k$. 证明当 a_1，a_2，$\cdots$，a_k 分别取遍模 m_1，m_2，$\cdots$，m_k 的完全剩余系时，

$$M_1 a_1 + M_2 a_2 + \cdots + M_k a_k$$

取遍模 M 的完全剩余系.

38. 解释如何从 $u+v$ 的模 m 最小正剩余求出 $u+v$，其中 u，v 是小于 m 的正整数.（提示：假设 $u \leqslant v$，分别考虑 $u+v$ 的最小正剩余小于 u 和大于 v 的两种情形.）

39. 在字长为 w 的计算机上，$n < w/2$ 时的模 n 乘法可以如下施行. 设 $T = [\sqrt{n} + 1/2]$，$t = T^2 - n$. 对每次计算，证明所需的全部计算机算术都不超过字长 w.（这一方法被海德（Head）[He80] 描述过.）

a) 证明 $0 < t \leqslant T$.

b) 证明：若 x 和 y 是小于 n 的非负整数，则

$$x = aT + b, \qquad y = cT + d,$$

其中 a，b，c 和 d 是整数，满足 $0 \leqslant a \leqslant T$，$0 \leqslant b < T$，$0 \leqslant c \leqslant T$ 和 $0 \leqslant d < T$.

c) 设 $z \equiv ad + bc \pmod{n}$，满足 $0 \leqslant z < n$. 证明

$$xy \equiv act + zT + bd \pmod{n}.$$

d) 设 $ac = eT + f$，其中 e 和 f 是满足 $0 \leqslant e \leqslant T$ 和 $0 \leqslant f < T$ 的整数. 证明

$$xy \equiv (z + et)T + ft + bd \pmod{n}.$$

e) 设 $v \equiv z + et \pmod{n}$ 满足 $0 \leqslant v < n$. 证明

$$v = gT + h,$$

其中 g 和 h 是满足 $0 \leqslant g \leqslant T$ 和 $0 \leqslant h < T$ 的整数，且使得

$$xy \equiv hT + (f+g)t + bd \pmod{n}.$$

f) 用下面的方法证明，(e) 中同余式的右边的计算不会超过计算机字长：首先求 j 使得

$$j \equiv (f+g)t \pmod{n}$$

且 $0 \leqslant j < n$，然后求 k 使得

$$k \equiv j + bd \pmod{n}$$

且 $0 \leqslant k < n$，从而有

$$xy \equiv hT + k \pmod{n}.$$

这将给出想要的结果.

40. 设计一个模指数运算的算法, 其中乘幂是以 3 为基的展开式.

41. 求下列最小正剩余.

  a) 3^{10} 模 11   b) 2^{12} 模 13

  c) 5^{16} 模 17   d) 3^{22} 模 23

  e) 你能从上述同余式提出一个定理吗?

42. 求下列最小正剩余.

  a) 6! 模 7   b) 10! 模 11   c) 12! 模 13   d) 16! 模 17   e) 你能从上述同余式提出一个定理吗?

* 43. 证明: 对每个正整数 m, 都有无穷多斐波那契数 f_n 使得 m 整除 f_n. (提示: 证明斐波那契数的模 m 最小正剩余的序列是重复的.)

44. 利用数学归纳法证明定理 4.8.

45. 证明: 计算两个小于 m 的正整数之积模 m 的最小非负剩余需要 $O(\log^2 m)$ 次位运算.

46. 五个人和一只猴子遇海难留在一座小岛上. 这些人收集了一堆椰子准备第二天早晨均分. 其中的一个人不信任其他的人, 夜里起来把椰子分成五等份, 剩余的一个椰子给了猴子, 最后他把自己的一份藏起来. 其他四个人也在夜里做了同样的事情, 将找到的椰子分成五等份, 恰好剩的一个给猴子, 再将自己的一份藏起来. 到了早晨, 这些人把剩下的椰子分成五等份, 剩下了一个给猴子. 问这些人一开始最少收集了多少椰子?

* 47. 设有 n 个人和 k 只猴子, 且每次每只猴子都得到一个椰子, 回答习题 46 的问题.

  我们称多项式 $f(x)$ 和 $g(x)$ 作为多项式模 n 同余, 若 $f(x)$ 和 $g(x)$ 中对应的 x 的各方幂的系数模 n 同余. 例如, $11x^3 + x^2 + 2$ 和 $x^3 - 4x^2 + 5x + 22$ 作为多项式模 5 同余. 记号 $f(x) \equiv g(x) \pmod{n}$ 常用来表示 $f(x)$ 和 $g(x)$ 作为多项式模 n 同余. 在习题 48~52 中, 假设 n 是大于 1 的整数, 且所有多项式都是整系数的.

48. a) 证明: 若 $f(x)$ 和 $g(x)$ 作为多项式模 n 同余, 则对每个整数 a, 都有 $f(a) \equiv g(a) \pmod{n}$.

  b) 证明: 若对每个整数 a 都有 $f(a) \equiv g(a) \pmod{n}$, 则不一定有 $f(x)$ 和 $g(x)$ 作为多项式模 n 同余.

49. 证明: 若 $f_1(x)$ 和 $g_1(x)$ 作为多项式模 n 同余, 且 $f_2(x)$ 和 $g_2(x)$ 作为多项式模 n 同余, 则

  a) $(f_1 + f_2)(x)$ 和 $(g_1 + g_2)(x)$ 作为多项式模 n 同余.

  b) $(f_1 f_2)(x)$ 和 $(g_1 g_2)(x)$ 作为多项式模 n 同余.

50. 证明: 若 $f(x)$ 是整系数多项式, 且 $f(a) \equiv 0 \pmod{n}$, 则存在整系数多项式 $g(x)$, 使得 $f(x)$ 和 $(x - a)g(x)$ 作为多项式模 n 同余.

51. 设 p 是素数, $f(x)$ 是整系数多项式, $a_1, a_2, \cdots, a_k$ 是模 p 非同余整数, 且对 $j = 1, 2, \cdots, k$, 有 $f(a_j) \equiv 0 \pmod{p}$. 证明存在整系数多项式 $g(x)$, 使得 $f(x)$ 和 $(x - a_1)(x - a_2) \cdots (x - a_k)g(x)$ 作为多项式模 p 同余.

52. 利用习题 51 证明, 若 p 是素数, $f(x)$ 是整系数多项式, x 的最高次幂 x^n 的系数能被 p 整除, 则同余方程 $f(x) \equiv 0 \pmod{p}$ 至多有 n 个模 p 不同余的解.

计算和研究

1. 求 7651^{891} 模 10 403 的最小正剩余.

2. 求 $7651^{20!}$ 模 10 403 的最小正剩余.

程序设计

1. 对于固定的模求整数的最小正剩余.

2. 做小于计算机一半字长的模加法和模减法.

3. 利用习题 39 做小于计算机一半字长的模乘法.

4. 利用课文中所描述的算法做模指数运算.

4.2　线性同余方程

设 x 是未知整数，形如

$$ax \equiv b(\mathrm{mod}\ m)$$

的同余式称为一元线性同余方程. 在本节中，我们会看到研究这类同余方程与研究二元线性丢番图方程是类似的.

首先注意到，若 $x = x_0$ 是同余方程 $ax \equiv b(\mathrm{mod}\ m)$ 的一个解，且 $x_1 \equiv x_0(\mathrm{mod}\ m)$，则 $ax_1 \equiv ax_0 \equiv b(\mathrm{mod}\ m)$，所以 x_1 也是一个解. 因此，若一个模 m 同余类的某个元素是解，则此同余类的所有元素都是解. 于是，我们会问模 m 的 m 个同余类中有多少个给出方程的解，这相当于问方程有多少个模 m 不同余的解. 下面的定理告诉我们一元线性同余方程何时有解，在有解时方程有多少个模 m 不同余的解.

定理 4.11　设 a，b 和 m 是整数，$m > 0$，$(a, m) = d$. 若 $d \nmid b$，则 $ax \equiv b(\mathrm{mod}\ m)$ 无解. 若 $d \mid b$，则 $ax \equiv b(\mathrm{mod}\ m)$ 恰有 d 个模 m 不同余的解.

证明　由定理 4.1，线性同余方程 $ax \equiv b(\mathrm{mod}\ m)$ 等价于二元线性丢番图方程 $ax - my = b$. 整数 x 是 $ax \equiv b(\mathrm{mod}\ m)$ 的解当且仅当存在 y 使得 $ax - my = b$. 由定理 3.23 可知，若 $d \nmid b$，则无解，而 $d \mid b$ 时，$ax - my = b$ 有无穷多解：

$$x = x_0 + (m/d)t, \qquad y = y_0 + (a/d)t,$$

其中 $x = x_0$ 和 $y = y_0$ 是方程的特解. 上述 x 的值

$$x = x_0 + (m/d)t$$

是线性同余方程的解，有无穷多这样的解.

为确定有多少不同余的解，我们来找两个解 $x_1 = x_0 + (m/d)t_1$ 和 $x_2 = x_0 + (m/d)t_2$ 模 m 同余的条件. 若这两个解同余，则

$$x_0 + (m/d)t_1 \equiv x_0 + (m/d)t_2(\mathrm{mod}\ m).$$

两边减去 x_0，有

$$(m/d)t_1 \equiv (m/d)t_2(\mathrm{mod}\ m).$$

因为 $(m/d) \mid m$，所以 $(m, m/d) = m/d$，再由定理 4.4，

$$t_1 \equiv t_2(\mathrm{mod}\ d).$$

这表明不同余的解的一个完全集合可以通过取 $x = x_0 + (m/d)t$ 得到，其中 t 取遍模 d 的完全剩余系. 一个这样的集合可由 $x = x_0 + (m/d)t$ 给出，其中 $t = 0, 1, 2, \cdots, d-1$.　■

如推论 4.11.1 所示，乘数 a 和模 m 互素的线性同余方程有唯一解.

推论 4.11.1　若 a 和 $m > 0$ 互素，且 b 是整数，则线性同余方程 $ax \equiv b(\mathrm{mod}\ m)$ 有模 m 的唯一解.

证明　因为 $(a, m) = 1$，所以 $(a, m) \mid b$. 因此，由定理 4.11，线性同余方程 $ax \equiv b(\mathrm{mod}\ m)$ 恰有 $(a, m) = 1$ 个模 m 不同余的解.　■

现在我们来看定理 4.11 的应用.

例 4.12　为求出 $9x \equiv 12(\mathrm{mod}\ 15)$ 的所有解，首先注意到因为 $(9, 15) = 3$ 且 $3 \mid 12$，所以恰有三个不同余的解. 我们可以通过先找到一个特解，再加上 $15/3 = 5$ 的适当倍数来求得所有的解.

为求特解，我们考虑线性丢番图方程 $9x-15y=12$. 由欧几里得算法得

$$15=9 \cdot 1+6$$
$$9=6 \cdot 1+3$$
$$6=3 \cdot 2,$$

所以 $3=9-6 \cdot 1=9-(15-9 \cdot 1)=9 \cdot 2-15$. 因此，$9 \cdot 8-15 \cdot 4=12$，$9x-15y=12$ 的一个特解是 $x_0=8$ 和 $y_0=4$.

由定理 4.11 的证明可知，三个不同余的解由 $x=x_0\equiv8\pmod{15}$，$x=x_0+5\equiv13\pmod{15}$ 和 $x=x_0+5 \cdot 2\equiv18\equiv3\pmod{15}$ 给出. ◀

模的逆　现在考虑特殊形式的同余方程 $ax\equiv1\pmod m$. 由定理 4.11，此方程有解当且仅当 $(a，m)=1$，于是其所有的解都模 m 同余.

定义　给定整数 a，且满足 $(a，m)=1$，称 $ax\equiv1\pmod m$ 的一个解为 a **模** m **的逆**.

例 4.13　因为 $7x\equiv1\pmod{31}$ 的解满足 $x\equiv9\pmod{31}$，所以 9 和所有与 9 模 31 同余的整数都是 7 模 31 的逆. 类似地，因为 $9 \cdot 7\equiv1\pmod{31}$，所以 7 是 9 模 31 的逆. ◀

当我们有 a 模 m 的一个逆时，可以用它来解形如 $ax\equiv b\pmod m$ 的任何同余方程. 为看清这一点，令 $\bar{a}$ 是 a 的模 m 的一个逆，所以 $a\bar{a}\equiv1\pmod m$. 于是，若 $ax\equiv b\pmod m$，则将同余方程两边同时乘以 $\bar{a}$，得到 $\bar{a}(ax)\equiv\bar{a}b\pmod m$，所以 $x\equiv\bar{a}b\pmod m$.

例 4.14　为求出 $7x\equiv22\pmod{31}$ 的所有解，我们在此方程两边同时乘以 9，这是 7 模 31 的一个逆，得 $9 \cdot 7x\equiv9 \cdot 22\pmod{31}$. 因此，$x\equiv198\equiv12\pmod{31}$. ◀

例 4.15　为求出 $7x\equiv4\pmod{12}$ 的所有解，注意到 $(7，12)=1$，所以方程有模 12 的唯一解. 为求此解，只需求得线性丢番图方程 $7x-12y=4$ 的一个解. 由欧几里得算法，有

$$12=7 \cdot 1+5$$
$$7=5 \cdot 1+2$$
$$5=2 \cdot 2+1$$
$$2=1 \cdot 2.$$

因此，$1=5-2 \cdot 2=5-(7-5 \cdot 1) \cdot 2=5 \cdot 3-2 \cdot 7=(12-7 \cdot 1) \cdot 3-2 \cdot 7=12 \cdot 3-5 \cdot 7$. 所以，线性丢番图方程的一个特解为 $x_0=-20$ 和 $y_0=-12$. 从而，线性同余方程的所有解由 $x\equiv-20\equiv4\pmod{12}$ 给出. ◀

稍后，我们需要知道哪些整数是其自身模 p 的逆，其中 p 是素数. 下面的定理告诉我们哪些整数具备这样的性质.

定理 4.12　设 p 是素数. 正整数 a 是其自身模 p 的逆当且仅当 $a\equiv1\pmod p$ 或 $a\equiv-1\pmod p$.

证明　若 $a\equiv1\pmod p$ 或 $a\equiv-1\pmod p$，则 $a^2\equiv1\pmod p$，所以 a 是其自身模 p 的逆.

反过来，若 a 是其自身模 p 的逆，则 $a^2=a \cdot a\equiv1\pmod p$. 因此，$p\mid(a^2-1)$. 又因为 $a^2-1=(a-1)(a+1)$，所以 $p\mid(a-1)$ 或 $p\mid(a+1)$. 因此，$a\equiv1\pmod p$，或者 $a\equiv-1\pmod p$. ∎

4.2 节习题

1. 求下列线性同余方程的所有解.

    a) $2x \equiv 5 \pmod 7$　　　　b) $3x \equiv 6 \pmod 9$　　　　c) $19x \equiv 30 \pmod{40}$

    d) $9x \equiv 5 \pmod{25}$　　　e) $103x \equiv 444 \pmod{999}$　　　f) $980x \equiv 1500 \pmod{1600}$

2. 求下列线性同余方程的所有解.

    a) $3x \equiv 2 \pmod 7$　　　　b) $6x \equiv 3 \pmod 9$　　　　c) $17x \equiv 14 \pmod{21}$

    d) $15x \equiv 9 \pmod{25}$　　　e) $128x \equiv 833 \pmod{1001}$　　　f) $987x \equiv 610 \pmod{1597}$

3. 求同余方程 $6\,789\,783x \equiv 2\,474\,010 \pmod{28\,927\,591}$ 的所有解.

4. 假设 p 是素数, a 和 b 是正整数, 且 $(p, a) = 1$. 可以用下面的方法求解线性同余方程 $ax \equiv b \pmod p$.

    a) 证明: 若整数 x 是 $ax \equiv b \pmod p$ 的一个解, 则 x 也是线性同余方程

$$a_1 x \equiv -b[m/a] \pmod p$$

  的一个解, 其中 a_1 是 p 模 a 的最小正剩余. 注意, 此同余方程与原同余方程属同一类型, 但 x 的系数是比 a 更小的正整数.

    b) 重复 (a) 的过程, 可得一列线性同余方程, 其中 x 的系数为 $a_0 > a_1 > a_2 > \cdots$. 证明存在正整数 n 使得 $a_n = 1$, 因此在第 n 步得到线性同余方程 $x \equiv B \pmod p$.

    c) 利用 (b) 的方法解线性同余方程 $6x \equiv 7 \pmod{23}$.

5. 一个宇航员知道卫星绕地球一周的时间是少于 1 天的 1 小时的某一整倍数. 若此宇航员注意到卫星在某时间段内绕地球 11 圈, 该区间的起点是 0 时, 终点是 17 时, 则此卫星的轨道周期是多少?

6. 对于哪些小于 30 的非负整数 c, $12x \equiv c \pmod{30}$ 有解? 若有解, 问有多少不同余的解?

7. 对于哪些小于 1001 的非负整数 c, $154x \equiv c \pmod{1001}$ 有解? 若有解, 问有多少不同余的解?

8. 求下列整数的模 13 的一个逆.

    a) 2　　　　　b) 3　　　　　c) 5　　　　　d) 11

9. 求下列整数的模 17 的一个逆.

    a) 4　　　　　b) 5　　　　　c) 7　　　　　d) 16

10. a) 确定哪些整数 a 有模 14 的一个逆, 其中 $1 \leqslant a \leqslant 14$.

    b) 求出 (a) 中有模 14 的一个逆的每个整数的逆.

11. a) 确定哪些整数 a 有模 30 的一个逆, 其中 $1 \leqslant a \leqslant 30$.

    b) 求出 (a) 中有模 30 的一个逆的每个整数的逆.

12. 证明: 若 $\bar{a}$ 是 a 模 m 的一个逆, $\bar{b}$ 是 b 模 m 的一个逆, 则 $\overline{ab}$ 是 ab 的模 m 的一个逆.

13. 设 a, b, c 和 m 是整数, $m > 0$, 且 $d = (a, b, m)$. 证明, 二元线性同余方程 $ax + by \equiv c \pmod m$ 在 $d \mid c$ 时恰有 dm 个不同余的解, 其他情形无解.

14. 求下列二元线性同余方程的所有解.

    a) $2x + 3y \equiv 1 \pmod 7$　　　　　　　　b) $2x + 4y \equiv 6 \pmod 8$

    c) $6x + 3y \equiv 0 \pmod 9$　　　　　　　　d) $10x + 5y \equiv 9 \pmod{15}$

15. 设 p 是奇素数, k 是正整数. 证明同余方程 $x^2 \equiv 1 \pmod{p^k}$ 恰有两个不同余的解 $x \equiv \pm 1 \pmod{p^k}$.

16. 证明同余方程 $x^2 \equiv 1 \pmod{2^k}$ 在 $k > 2$ 时恰有四个不同余的解, 它们是 $x \equiv \pm 1$ 或 $\pm (1 + 2^{k-1}) \pmod{2^k}$. 证明 $k = 1$ 时仅有一个解, $k = 2$ 时有两个不同余的解.

17. 证明: 若 a 和 m 是互素的正整数, 且 $a < m$, 则通过 $O(\log^3 m)$ 次位运算可求得 a 模 m 的一个逆.

18. 证明: 若 p 是奇素数, a 是不被 p 整除的正整数, 则同余方程 $x^2 \equiv a \pmod p$ 要么无解, 要么恰有两个不同余的解.

计算和研究

1. 求解 123 456 789x≡9 876 543 210(mod 10 000 000 001).

2. 求解 333 333 333x≡87 543 211 376(mod 967 454 302 211).

3. 求 734 342；499 999 和 1 000 001 模 1 533 331 的逆.

程序设计

1. 利用课文中的方法求解线性同余方程.

2. 利用习题 4 的方法求解线性同余方程.

3. 设整数 $m>2$，整数 a 与 m 互素. 求 a 模 m 的逆.

4. 利用逆求解线性同余方程.

5. 求解二元线性同余方程.

4.3 中国剩余定理

在本节和 4.5 节中，我们讨论联立的同余方程组. 我们将研究两种类型的方程组：第一种类型有两个或更多个具有不同模的一元线性同余方程；第二种类型的同余方程的变元数多于一，且方程数多于一，但是方程的模相同.

首先，我们考虑仅有一个未知数但有不同模的同余方程组. 这样的方程组来源于古代中国难题，例如下面取自成书于公元 3 世纪晚期的《孙子算经》的问题. 求一个数，它被 3 除余 1，被 5 除余 2，被 7 除余 3. 这个难题引出下面的同余方程组：

$$x \equiv 1(\mathrm{mod}\ 3), \qquad x \equiv 2(\mathrm{mod}\ 5), \qquad x \equiv 3(\mathrm{mod}\ 7).$$

涉及同余方程组的问题在公元一世纪古希腊数学家尼科马凯斯(Nicomachus)的著作中出现过，也在公元七世纪印度婆罗摩笈多的著作中出现过. 然而，直到 1247 年，秦九韶才在其著作《数书九章》中给出解线性同余方程组的一般方法. 我们现在给出关于一元线性同余方程组的解的主要定理. 此定理称为中国剩余定理，可能主要因为秦九韶等中国数学家对方程组的解做出了贡献.（更多关于中国剩余定理历史的信息可以参看 [Ne69]、[LiDu87]、[Li73] 和 [Ka98].）

秦九韶(1202—1261)出生于中国四川省. 他在宋朝首都杭州学习天文学. 他有十年时间在与成吉思汗率领的蒙古军队作战的前线度过，危险且条件艰苦. 根据他的记叙，他向一位隐士学习了数学. 在前线的日子里，他研究了一些数学问题，并选取了其中的 81 个，将其分为九部分，写成了《数书九章》一书. 此书包括了线性同余方程组、中国剩余定理、代数方程、几何图形的面积、线性方程组以及其他一些内容.

秦九韶被认为是一个数学天才，他在很多方面都有天赋，例如建筑、音乐、诗歌，以及包括射箭、剑术和骑术在内的很多体育运动. 他曾在朝廷担任过很多官职，但声誉不佳.

定理 4.13（中国剩余定理） 设 m_1，m_2，…，m_r 是两两互素的正整数. 则同余方程组

$$x \equiv a_1(\mathrm{mod}\ m_1),$$
$$x \equiv a_2(\mathrm{mod}\ m_2),$$
$$\vdots$$
$$x \equiv a_r(\mathrm{mod}\ m_r)$$

有模 $M = m_1 m_2 \cdots m_r$ 的唯一解.

证明　首先，构造同余方程组的一个联立解. 为此，令 $M_k = M/m_k = m_1 m_2 \cdots m_{k-1} m_{k+1} \cdots m_r$. 因为 $j \neq k$ 时 $(m_j, m_k) = 1$，所以由 3.3 节习题 14 知 $(M_k, m_k) = 1$. 因此由定理 4.11，可求得 M_k 模 m_k 的一个逆 y_k，所以 $M_k y_k \equiv 1 \pmod{m_k}$. 现在构造和

$$x = a_1 M_1 y_1 + a_2 M_2 y_2 + \cdots + a_r M_r y_r.$$

整数 x 就是 r 个同余方程的联立解. 要证明这一点，只需证明对于 $k = 1, 2, \cdots, r$ 有 $x \equiv a_k \pmod{m_k}$. 因为 $j \neq k$ 时 $m_k | M_j$，所以 $M_j \equiv 0 \pmod{m_k}$. 因此，在 x 的和式中，除了第 k 项之外的所有项都和 $0 \pmod{m_k}$ 同余. 从而，$x \equiv a_k M_k y_k \equiv a_k \pmod{m_k}$，这是因为 $M_k y_k \equiv 1 \pmod{m_k}$. 现在来证任意两个解都是模 M 同余的. 设 x_0 和 x_1 都是同余方程组中 r 个方程的联立解. 则对每个 k，$x_0 \equiv x_1 \equiv a_k \pmod{a_k}$，所以 $m_k | (x_0 - x_1)$. 由定理 4.9 可知，$M | (x_0 - x_1)$. 因此，$x_0 \equiv x_1 \pmod{M}$. 这说明同余方程组的 r 个方程的联立解是模 M 唯一的. ∎

我们通过解前述古代中国难题来说明中国剩余定理的用途.

例 4.16　解方程组

$$x \equiv 1 \pmod 3$$
$$x \equiv 2 \pmod 5$$
$$x \equiv 3 \pmod 7.$$

我们有 $M = 3 \cdot 5 \cdot 7 = 105$，$M_1 = 105/3 = 35$，$M_2 = 105/5 = 21$，$M_3 = 105/7 = 15$. 为确定 y_1，解 $35 y_1 \equiv 1 \pmod 3$，或等价地，解 $2 y_1 \equiv 1 \pmod 3$，得 $y_1 \equiv 2 \pmod 3$. 解 $21 y_2 \equiv 1 \pmod 5$，立即得 $y_2 \equiv 1 \pmod 5$. 最后，解 $15 y_3 \equiv 1 \pmod 7$ 得 $y_3 \equiv 1 \pmod 7$. 因此，

$$x \equiv 1 \cdot 35 \cdot 2 + 2 \cdot 21 \cdot 1 + 3 \cdot 15 \cdot 1$$
$$\equiv 157 \equiv 52 \pmod{105}.$$

可以验证满足 $x \equiv 52 \pmod{105}$ 的 x 是同余方程组的解，这可由 $52 \equiv 1 \pmod 3$，$52 \equiv 2 \pmod 5$，$52 \equiv 3 \pmod 7$ 得出. ◄

也可以用迭代法解联立的同余方程组，我们举例说明之.

例 4.17　假设要解方程组

$$x \equiv 1 \pmod 5$$
$$x \equiv 2 \pmod 6$$
$$x \equiv 3 \pmod 7.$$

我们利用定理 4.1 把第一个同余方程改写成等式，即 $x = 5t + 1$，其中 t 是整数. 将 x 的这个表达式代入第二个同余方程，得到

$$5t + 1 \equiv 2 \pmod 6,$$

容易解出 $t \equiv 5 \pmod 6$. 再由定理 4.1，有 $t = 6u + 5$，其中 u 是整数. 从而，$x = 5(6u + 5) + 1 = 30u + 26$. 将 x 的这个表达式代入第三个同余方程，得到

$$30u + 26 \equiv 3 \pmod 7,$$

解此同余方程得 $u \equiv 6 \pmod 7$. 于是，由定理 4.1 可得 $u = 7v + 6$，其中 v 是整数. 因此，

$$x = 30(7v + 6) + 26 = 210v + 206,$$

将此等式转化为同余方程，得到

$$x \equiv 206 (\mathrm{mod}\ 210),$$

此即联立解.

注意，我们刚才所用的方法说明，可以通过逐个解线性同余方程来解联立方程组的问题. 即使同余方程的模并不两两互素，只要同余方程是相容的，这种方法仍然可行（见本节后的习题 15～20）.

利用中国剩余定理的计算机算术运算 中国剩余定理提供了实施大整数的计算机算术运算的方法. 存储很大的整数并做它们之间的算术运算需要特殊的技巧. 中国剩余定理告诉我们，给定两两互素的模 m_1, m_2, $\cdots$, m_r, 一个小于 $M = m_1 m_2 \cdots m_r$ 的正整数 n 由它的模 m_j 最小正剩余唯一决定，其中 $j = 1$, 2, $\cdots$, r. 假设一个计算机的字长仅为 100，但是我们想做大小为 10^6 的整数的算术运算. 首先，找到小于 100 的两两互素的正整数，使它们的积超过 10^6；例如，可取 $m_1 = 99$, $m_2 = 98$, $m_3 = 97$ 和 $m_4 = 95$. 我们将小于 10^6 的整数转换为 4 元组，每个分量分别是它模 m_1, m_2, m_3, m_4 的最小正剩余.（要转换大小为 10^6 的整数为它的最小正剩余的列表，需要用多精度技术来处理大整数. 然而，这仅需在输入和输出时各做一次.）然后，例如做整数的加法，仅需把它们模 m_1, m_2, m_3, m_4 的最小正剩余相加，这用到如下结论：若 $x \equiv x_i (\mathrm{mod}\ m_i)$, $y \equiv y_i (\mathrm{mod}\ m_i)$, 则 $x + y \equiv x_i + y_i (\mathrm{mod}\ m_i)$. 然后利用中国剩余定理将所得的四个最小正剩余的和的集合转换为一个整数.

下面的例子说明了这一技巧.

例 4.18 想在字长仅为 100 的计算机上求 $x = 123\ 684$ 与 $413\ 456$ 的和. 我们有

$$x \equiv 33 (\mathrm{mod}\ 99) \quad y \equiv 32 (\mathrm{mod}\ 99),$$
$$x \equiv 8 (\mathrm{mod}\ 98) \quad y \equiv 92 (\mathrm{mod}\ 98),$$
$$x \equiv 9 (\mathrm{mod}\ 97) \quad y \equiv 42 (\mathrm{mod}\ 97),$$
$$x \equiv 89 (\mathrm{mod}\ 95) \quad y \equiv 16 (\mathrm{mod}\ 95),$$

所以

$$x + y \equiv 65 (\mathrm{mod}\ 99),$$
$$x + y \equiv 2 (\mathrm{mod}\ 98),$$
$$x + y \equiv 51 (\mathrm{mod}\ 97),$$
$$x + y \equiv 10 (\mathrm{mod}\ 95).$$

现在用中国剩余定理来求 $x + y$ 模 $99 \cdot 98 \cdot 97 \cdot 95$. 我们有 $M = 99 \cdot 98 \cdot 97 \cdot 95 = 89\ 403\ 930$, $M_1 = M/99 = 903\ 070$, $M_2 = M/98 = 912\ 285$, $M_3 = M/97 = 921\ 690$, $M_4 = M/95 = 941\ 094$. 需要对 $i = 1$, 2, 3, 4 来求 $M_i (\mathrm{mod}\ y_i)$ 的逆. 为此，我们（用欧几里得算法）解下列同余方程：

$$903\ 070 y_1 \equiv 91 y_1 \equiv 1 (\mathrm{mod}\ 99),$$
$$912\ 285 y_2 \equiv 3 y_2 \equiv 1 (\mathrm{mod}\ 98),$$
$$921\ 690 y_3 \equiv 93 y_3 \equiv 1 (\mathrm{mod}\ 97),$$
$$941\ 094 y_4 \equiv 24 y_4 \equiv 1 (\mathrm{mod}\ 95),$$

得 $y_1 \equiv 37 (\mathrm{mod}\ 99)$, $y_2 \equiv 33 (\mathrm{mod}\ 98)$, $y_3 \equiv 24 (\mathrm{mod}\ 97)$, $y_4 \equiv 4 (\mathrm{mod}\ 95)$. 因此，

$$x + y \equiv 65 \cdot 903\ 070 \cdot 37 + 2 \cdot 912\ 285 \cdot 33 + 51 \cdot 921\ 690 \cdot 24 + 10 \cdot 941\ 094 \cdot 4$$
$$= 3\ 397\ 886\ 480$$

$$\equiv 537\,140 (\bmod\ 89\,403\,930).$$

因为 $0 < x + y < 89\,403\,930$，所以 $x + y = 537\,140$.　　　　　　　　　　　　◀

　　大多数计算机的字长都是 2 的高次幂，通常的值是 2^{35}. 因此，为利用模算术和中国剩余定理做计算机算术运算，需要小于 2^{35} 的两两互素的整数且它们的积是一个大整数. 我们利用形如 $2^m - 1$ 的数来找这种整数，其中 m 是正整数. 用这些数做计算机算术运算相对简单一些（见［Kn97］）. 为产生这种形式的两两互素的整数集，我们先来证明下面两个引理.

　　引理 4.2　若 a 和 b 是正整数，则 $2^a - 1$ 模 $2^b - 1$ 的最小正余数是 $2^r - 1$，其中 r 是 a 模 b 的最小正剩余.

　　证明　由带余除法，$a = bq + r$，其中 r 是 a 模 b 的最小正剩余. 我们有 $2^a - 1 = 2^{bq+r} - 1 = (2^b - 1)(2^{b(q-1)+r} + \cdots + 2^{b+r} + 2^r) + (2^r - 1)$，这说明 $2^a - 1$ 被 $2^b - 1$ 除所得的余数是 $2^r - 1$；此即 $2^a - 1$ 模 $2^b - 1$ 的最小正剩余. ■

　　我们利用引理 4.2 来证明如下结论.

　　引理 4.3　若 a 和 b 是正整数，则 $2^a - 1$ 和 $2^b - 1$ 的最大公因子是 $2^{(a,b)} - 1$.

　　证明　不失一般性，假设 $a \geqslant b$. 对 $a = r_0$ 和 $b = r_1$，用欧几里得算法，得

$$
\begin{aligned}
r_0 &= r_1 q_1 + r_2 & 0 \leqslant r_2 < r_1 \\
r_1 &= r_2 q_2 + r_3 & 0 \leqslant r_3 < r_2 \\
&\ \ \vdots \\
r_{n-3} &= r_{n-2} q_{n-2} + r_{n-1} & 0 \leqslant r_{n-1} < r_{n-2} \\
r_{n-2} &= r_{n-1} q_{n-1}.
\end{aligned}
$$

其中最后一个余数 r_{n-1} 是 a 和 b 的最大公因子.

　　再次对 $R_0 = 2^a - 1$ 和 $R_1 = 2^b - 1$ 用欧几里得算法，在每一步用引理 4.2 得到余数如下：

$$
\begin{aligned}
R_0 &= R_1 Q_1 + R_2 & R_2 &= 2^{r_2} - 1 \\
R_1 &= R_2 Q_2 + R_3 & R_3 &= 2^{r_3} - 1 \\
&\ \ \vdots \\
R_{n-3} &= R_{n-2} Q_{n-2} + R_{n-1} & R_{n-1} &= 2^{r_{n-1}} - 1 \\
R_{n-2} &= R_{n-1} Q_{n-1},
\end{aligned}
$$

这里，最后一个非零的余数 $R_{n-1} = 2^{r_{n-1}} - 1 = 2^{(a,b)} - 1$ 是 R_0 和 R_1 的最大公因子. ■

　　利用引理 4.3，我们有如下定理.

　　定理 4.14　正整数 $2^a - 1$ 和 $2^b - 1$ 是互素的当且仅当 a 与 b 是互素的.

　　我们可以用定理 4.14 来产生一个两两互素的整数集，其中每个整数都小于 2^{35}，它们的积大于某个特定的整数. 假设我们想对大小为 2^{184} 的整数做算术运算. 取 $m_1 = 2^{35} - 1$，$m_2 = 2^{34} - 1$，$m_3 = 2^{33} - 1$，$m_4 = 2^{31} - 1$，$m_5 = 2^{29} - 1$，$m_6 = 2^{23} - 1$. 因为 m_j 中 2 的次数两两互素，所以由定理 4.13，m_j 是两两互素的. 而且，$M = m_1 m_2 m_3 m_4 m_5 m_6 > 2^{184}$. 现在，我们能用模算术和中国剩余定理对大小为 2^{184} 的整数做算术运算了.

　　尽管用模算术和中国剩余定理对大整数做计算机算术运算有些不太方便，但这样做还是有好处的. 首先，在很多高速计算机上，运算可以同时进行. 所以，约化两个大整数的运算为较小整数（即大整数对于不同的模的最小正剩余）的集合的运算，然后可以同时计算，这比用大整数做一次运算快很多，特别是使用并行处理时. 其次，即使不考虑同时计

算带来的好处，利用这些想法来做大整数的乘法也会比用其他多精度方法快. 有兴趣的读者可以参看 Knuth[Kn97].

4.3 节习题

1. 什么整数被 2 和 3 除都余 1？

2. 求一整数，它被 2 或 5 除余 1，但被 3 整除.

3. 求一整数，它被 3 或 5 除余 2，但被 4 整除.

4. 求下列线性同余方程组的所有解.

    a) $x \equiv 4 \pmod{11}$ b) $x \equiv 1 \pmod{2}$ c) $x \equiv 0 \pmod{2}$ d) $x \equiv 2 \pmod{11}$

        $x \equiv 3 \pmod{17}$ $x \equiv 2 \pmod{3}$ $x \equiv 0 \pmod{3}$ $x \equiv 3 \pmod{12}$

                              $x \equiv 3 \pmod{5}$ $x \equiv 1 \pmod{5}$ $x \equiv 4 \pmod{13}$

                                             $x \equiv 6 \pmod{7}$ $x \equiv 5 \pmod{17}$

                                                           $x \equiv 6 \pmod{19}$

5. 求线性同余方程组 $x \equiv 1 \pmod{2}$，$x \equiv 2 \pmod{3}$，$x \equiv 3 \pmod{5}$，$x \equiv 4 \pmod{7}$ 和 $x \equiv 5 \pmod{11}$ 的所有解.

6. 求线性同余方程组 $x \equiv 1 \pmod{999}$，$x \equiv 2 \pmod{1001}$，$x \equiv 3 \pmod{1003}$，$x \equiv 4 \pmod{1004}$ 和 $x \equiv 5 \pmod{1007}$ 的所有解.

7. 17 只猴子把它们的香蕉分成 11 等份储存，每堆香蕉都多于一个，剩下的第十二堆有 6 个香蕉. 它们把香蕉 17 等分，则没有剩余. 问它们最少有多少香蕉？

8. 一个计程器工作时，另有一个特殊的计数器按模 7 记录汽车行驶的英里数. 计程器按模 100 000 工作，当其读数为 49 335 时，解释如何用特殊计数器决定汽车到底开了 49 335、149 335 还是 249 335 英里.

9. 将军用下面的办法清点一次战斗后活着的士兵，他把士兵按每列不同的长度数排列，每排列一次记录剩余士兵数目，然后计算所剩士兵的总数. 若一个将军开战前有 1200 个士兵，战后他们 5 个排一列剩余 3 个，6 个排一列剩余 3 个，7 个排一列剩余 1 个，11 个排一列没有剩余，问战后还剩多少士兵？

10. 求一整数，它被 10 或 11 除余 9，被 13 整除.

11. 求一整数，它是 11 的倍数，被 2，3，5，7 除都余 1.

12. 求解下面的古代印度问题：每次从篮子里拿出 2，3，4，5 或 6 个鸡蛋，篮子里分别剩下 1，2，3，4 和 5 个鸡蛋. 若每次拿 7 个鸡蛋，则正好拿完. 问原来篮子中最少有几个鸡蛋？

13. 证明存在任意长度的连续整数序列，满足每个整数都被一个大于 1 的完全平方数整除. （提示：用中国剩余定理证明同余方程组 $x \equiv 0 \pmod{4}$，$x \equiv -1 \pmod{9}$，$x \equiv -2 \pmod{25}$，$\cdots$，$x \equiv -k+1 \pmod{p_k^2}$ 有联立解，其中 p_k 是第 k 个素数.）

* 14. 证明：若 a，b 和 c 是整数，且 $(a, b) = 1$，则存在整数 n 使得 $(an+b, c) = 1$.

    在习题 15～18 中，我们考虑模不一定互素的同余方程组.

15. 证明同余方程组

$$x \equiv a_1 \pmod{m_1}$$
$$x \equiv a_2 \pmod{m_2}$$

有解当且仅当 $(m_1, m_2) \mid (a_1 - a_2)$. 证明：若有解，则解模 $[m_1, m_2]$ 唯一. （提示：将第一个同余方程写为 $x = a_1 + km_1$，其中 k 是整数，然后将 x 的这个表达式代入第二个同余方程.）

16. 利用习题 15 解下列同余方程组.

    a) $x \equiv 4 \pmod{6}$ b) $x \equiv 7 \pmod{10}$

        $x \equiv 13 \pmod{15}$ $x \equiv 4 \pmod{15}$

17. 利用习题 15 解下列同余方程组.

　　a) $x\equiv10(\bmod 60)$　　　　　　　b) $x\equiv2(\bmod 910)$
　　　 $x\equiv80(\bmod 350)$　　　　　　　　 $x\equiv93(\bmod 1001)$

18. 同余方程组 $x\equiv1(\bmod 8)$, $x\equiv3(\bmod 9)$, $x\equiv2(\bmod 12)$ 有联立解吗?

　　对有多于两个一元同余方程的联立方程组, 模并非两两互素时会出现什么情况(如习题18)? 下面的习题给出了这样的方程组有唯一解的相容性条件, 其模为所有模的最小公倍数.

19. 证明同余方程组

$$x\equiv a_1(\bmod m_1)$$
$$x\equiv a_2(\bmod m_2)$$
$$\vdots$$
$$x\equiv a_r(\bmod m_r)$$

有解当且仅当对所有整数对 (i,j) 有 $(m_i, m_j)\mid(a_i-a_j)$, 其中 $1\leqslant i<j\leqslant r$. 证明: 若有解, 则它是模 $[m_1, m_2, \cdots, m_r]$ 唯一的. (提示: 利用习题15和数学归纳法.)

20. 利用习题 19 解下列同余方程组.

　　a) $x\equiv5(\bmod 6)$　　b) $x\equiv2(\bmod 14)$　　c) $x\equiv2(\bmod 9)$
　　　 $x\equiv3(\bmod 10)$　　　 $x\equiv16(\bmod 21)$　　　 $x\equiv8(\bmod 15)$
　　　 $x\equiv8(\bmod 15)$　　　 $x\equiv10(\bmod 30)$　　　 $x\equiv10(\bmod 25)$

　　d) $x\equiv2(\bmod 6)$　　e) $x\equiv7(\bmod 9)$
　　　 $x\equiv4(\bmod 8)$　　　 $x\equiv2(\bmod 10)$
　　　 $x\equiv2(\bmod 14)$　　　 $x\equiv3(\bmod 12)$
　　　 $x\equiv14(\bmod 15)$　　　 $x\equiv6(\bmod 15)$

21. 有一箱龙虾, 每次从中拿出 2, 3, 5 或 7 只后均剩下一只, 但每次拿 11 只正好拿完, 问这箱龙虾至少有几只?

22. 一个古代中国问题是这样的: 17 个海盗把偷来的金币等分后剩下 3 个. 他们为谁该得剩下的金币而打斗, 其中一个海盗被杀. 剩下的海盗再等分金币, 剩下 10 个金币. 当海盗又为谁该得剩下的金币而打斗时, 另一个海盗也被杀. 他们再次等分金币, 正好分完. 问海盗至少有多少金币.

23. 解下面最先由秦九韶给出的问题(利用了不同重量单位). 三个农民均分了一些大米, 重量是整数斤. 他们分别在三个不同的市场尽可能多地卖大米, 这些市场的重量单位分别是 83 斤、110 斤和 135 斤, 且人们所买的大米都是这些重量的倍数. 如果他们回家时分别还有 32 斤、70 斤和 30 斤大米, 那么当初他们每人最少分了多少大米?

24. 利用中国剩余定理, 解释如何在字长为 100 的计算机上做 784 和 813 的加法和乘法.

　　设 $x\geqslant2$ 是由 n 位基为 b 的数字组成的正整数, 若 x^2 的最后 n 位基为 b 的数字与 x 的相同, 则称 x 是基为 b 的自守.

*25. 求基为 10 的有四位数字(起始项允许为零)的自守.

*26. 设 b 有素因子分解 $b=p_1^{a_1} p_2^{a_2}\cdots p_k^{a_k}$, 问具有不超过 n 位基为 b 的数字的基为 b 的自守有多少个?

　　根据生物节律理论, 人的生命在出生时就开始有三个循环. 它们是体力、情绪和智力循环, 长度分别为 23, 28 和 33 天. 每个循环都依从一条周期为循环长度的正弦曲线, 从 0 开始, 在四分之一周期处升到 1, 再在半周期处回落到 0, 在四分之三周期处降低到 -1, 然后在周期结束时升回 0.

　　回答习题 27~29 中关于生物节律的问题, 时间单位用四分之一天(这样使得单位是整数).

27. 你在什么时候达到三重顶峰, 即三个循环都是最大值?

28. 你在什么时候达到三重谷底, 即三个循环都是最小值?

29. 你在什么时候三个循环都在中间位置(取值为 0)?

同余方程覆盖集是一个同余方程的集合，方程的模互不相同且大于 1，并且每个整数至少满足其中一个同余方程.

30. 证明同余方程 $x\equiv0(\bmod 2)$，$x\equiv0(\bmod 3)$，$x\equiv1(\bmod 4)$，$x\equiv1(\bmod 6)$ 和 $x\equiv11(\bmod 12)$ 的集合是一个同余方程覆盖集.

☞ 31. 证明同余方程 $x\equiv1(\bmod 2)$，$x\equiv2(\bmod 4)$，$x\equiv1(\bmod 3)$，$x\equiv8(\bmod 12)$，$x\equiv4(\bmod 8)$，$x\equiv0(\bmod 24)$ 是一个同余方程覆盖集.

32. 证明同余方程 $x\equiv1(\bmod 2)$，$x\equiv0(\bmod 4)$，$x\equiv0(\bmod 3)$，$x\equiv2(\bmod 12)$，$x\equiv2(\bmod 8)$，$x\equiv22(\bmod 24)$ 是一个同余方程覆盖集.

33. 证明同余方程 $x\equiv0(\bmod 2)$，$x\equiv0(\bmod 3)$，$x\equiv0(\bmod 5)$，$x\equiv0(\bmod 7)$，$x\equiv1(\bmod 6)$，$x\equiv1(\bmod 10)$，$x\equiv1(\bmod 14)$，$x\equiv2(\bmod 15)$，$x\equiv2(\bmod 21)$，$x\equiv23(\bmod 30)$，$x\equiv4(\bmod 35)$，$x\equiv5(\bmod 42)$，$x\equiv59(\bmod 70)$ 和 $x\equiv104(\bmod 105)$ 的集合是一个同余方程覆盖集.

* 34. 设 m 是正整数，有素幂因子分解 $m=2^{a_0}\,p_1^{a_1}\,p_2^{a_2}\cdots p_r^{a_r}$. 证明同余方程 $x^2\equiv1(\bmod m)$ 恰有 2^{r+e} 个解，其中若 $a_0=0$ 或 1 则 $e=0$；若 $a_0=2$ 则 $e=1$；若 $a_0>2$ 则 $e=2$. （提示：利用 4.2 节的习题 15 和 16.）

35. 一家有三个孩子，他们脚的大小分别是 5 英寸、7 英寸和 9 英寸. 他们用脚测量餐厅的长度，发现都剩 3 英寸. 餐厅有多长呢？

36. 求同余方程 $x^2+6x-31\equiv0(\bmod 72)$ 的所有解. （提示：首先注意到 $72=2^3 3^2$. 用试探的方法求模 8 和模 9 的解，然后用中国剩余定理.）

37. 求同余方程 $x^2+18x-823\equiv0(\bmod 1800)$ 的所有解. （提示：首先注意到 $1800=2^3 3^2 5^2$. 用试探的方法求模 8、模 9 和模 25 的解，然后用中国剩余定理.）

* 38. 给定正整数 R，一个素数 p 是 $p-R$ 和 $p+R$ 之间（包括端点）的唯一素数，则它被称为 R-单独的. 证明对每个正整数 R 都有无穷多 R-单独的素数. （提示：利用中国剩余定理，求整数 x 使得 p_j 整除 $x-j$，且 p_{R+j} 整除 $x+j$，其中 p_k 是第 k 个素数. 然后利用狄利克雷关于算术序列的素数定理.）

计算和研究

1. 求解同余方程组 $x\equiv1(\bmod 12\,341\,234\,567)$，$x\equiv2(\bmod 750\,000\,057)$，$x\equiv3(\bmod 1\,099\,511\,627\,776)$.

2. 求解同余方程组 $x\equiv5269(\bmod 40\,320)$，$x\equiv1248(\bmod 11\,111)$，$x\equiv16\,645(\bmod 30\,003)$，$x\equiv2911(\bmod 12\,321)$.

3. 利用本节的习题 13 构造 100 个连续的正整数的序列，其中每个整数都被一个完全平方数整除. 你能找出具有这种性质的更小的一组整数吗？

4. 求同余方程覆盖集（如习题 30 的导言中的定义），分别使得同余方程的最小模是 3；同余方程的最小模是 6；同余方程的最小模是 8.

程序设计

1. 求解中国剩余定理中所示类型的线性同余方程组.

2. 求解习题 15～20 中所示类型的线性同余方程组.

3. 利用中国剩余定理做超过计算机字长的大整数的加法.

4. 利用中国剩余定理做超过计算机字长的大整数的乘法.

5. 求基为 b 的自守，其中 b 是大于 1 的整数（见习题 25 的导言）.

6. 画出生物节律图，找出三重顶峰和三重谷底（见习题 27 的导言）.

4.4 求解多项式同余方程

本节给出了一个有用的工具，它能帮助求解形如 $f(x)\equiv0(\bmod m)$ 的同余方程，其中 $f(x)$ 是次数大于 1 的整系数多项式. 此类同余方程的一个例子是 $2x^3+7x-4\equiv0(\bmod 200)$.

　　我们首先注意到, 若 m 有素幂因子分解 $m = p_1^{a_1} p_2^{a_2} \cdots p_k^{a_k}$, 则求解同余方程 $f(x) \equiv 0 (\bmod m)$ 等价于求解同余方程组

$$f(x) \equiv 0 (\bmod p_i^{a_i}), \qquad i = 1, 2, \cdots, k.$$

一旦解出 k 个模 p^{a_i} 的同余方程, 就可以利用中国剩余定理求出模 m 的解. 下面的例子说明了这一点.

例 4.19 因为 $200 = 2^3 5^2$, 所以求解同余方程

$$2x^3 + 7x - 4 \equiv 0 (\bmod 200)$$

简化为求解

$$2x^3 + 7x - 4 \equiv 0 (\bmod 8)$$

和

$$2x^3 + 7x - 4 \equiv 0 (\bmod 25).$$

模 8 同余的解是所有整数 $x \equiv 4 (\bmod 8)$(因为若 x 是解, 则必为偶数; 容易验证 x 是奇数的情形不是解). 在例 4.20 中会看到, 模 25 的解是整数 $x \equiv 16 (\bmod 25)$. 我们用中国剩余定理求 $x \equiv 4 (\bmod 8)$ 和 $x \equiv 16 (\bmod 25)$ 的联立解, 得到 $x \equiv 116 (\bmod 200)$(读者可以验证这一点). 这就是 $2x^3 + 7x - 4 \equiv 0 (\bmod 200)$ 的解. ◀

　　我们会看到, 一旦知道了多项式的模 p 同余方程的所有解, 就有相对简单的方法来求解多项式的模 p^k 同余方程. 我们将证明, 模 p 的解可以用来求模 p^2 的解, 模 p^2 的解可以用来求模 p^3 的解, 等等. 在介绍一般方法之前, 我们举例说明从模 p 的解求模 p^2 的解的基本思路.

例 4.20 通过对 $x = 0$, 1, 2, 3 和 4 直接验证, 可得

$$2x^3 + 7x - 4 \equiv 0 (\bmod 5)$$

的解是 $x \equiv 1 (\bmod 5)$. 如何求模 25 的解呢? 可以对 $x = 0$, 1, 2, $\cdots$, 24 这 25 个值逐个验证. 但是, 我们有更系统的方法. 因为

$$2x^3 + 7x - 4 \equiv 0 (\bmod 25)$$

的任何解都是模 5 的解, 且模 5 的解都满足 $x \equiv 1 (\bmod 5)$, 所以 $x = 1 + 5t$, 其中 t 是整数. 用 $1 + 5t$ 代替 x 可以求 t, 我们有

$$2(1 + 5t)^3 + 7(1 + 5t) - 4 \equiv 0 (\bmod 25).$$

化简得到关于 t 的线性同余方程

$$65t + 5 \equiv 15t + 5 \equiv 0 (\bmod 25).$$

由定理 4.5, 可以消去因子 5, 于是

$$3t + 1 \equiv 0 (\bmod 5).$$

其解为 $t \equiv 3 (\bmod 5)$. 这说明模 25 的解是 $x \equiv 1 + 5t \equiv 1 + 5 \cdot 3 \equiv 16 (\bmod 25)$. 读者可以验证这确实是解. ◀

　　现在, 我们介绍一种一般方法, 它能帮助我们求解模素数方幂的同余方程的解. 特别地, 我们将展示如何从 $f(x) \equiv 0 (\bmod p^{k-1})$ 的解得到 $f(x) \equiv 0 (\bmod p^k)$ 的解, 其中 p 是素数, $k \geqslant 2$ 是整数. 我们称同余方程模 p^k 的解是从同余方程模 p^{k-1} 提升的解. 相应的定理要用到 f 的导数 $f'(x)$. 但是, 我们不需要用微积分的结论, 相反地, 可以直接定义多项式的导数, 并描述所需的性质.

定义 设 $f(x)=a_n x^n+a_{n-1}x^{n-1}+\cdots+a_1 x+a_0$，其中 a_i 是实数，$i=0,1,2,\cdots,n$. $f(x)$ 的**导数**等于 $na_n x^{n-1}+(n-1)a_{n-1}x^{n-2}+\cdots+a_1$，记为 $f'(x)$.

从一个多项式 $f(x)$ 开始，我们可以求它的导数，再求导数的导数，等等. 定义多项式 $f(x)$ 的第 k 次导数为第 $(k-1)$ 次导数的导数，记为 $f^{(k)}(x)$，即有 $f^{(k)}(x)=(f^{(k-1)})'(x)$.

下面是两个有用的引理，其证明留给读者.

引理 4.4 若 $f(x)$ 和 $g(x)$ 是多项式，则 $(f+g)'(x)=f'(x)+g'(x)$，$(cf)'(x)=c(f'(x))$，其中 c 是常数. 而且，若 k 是正整数，则 $(f+g)^{(k)}(x)=f^{(k)}(x)+g^{(k)}(x)$，$(cf)^{(k)}(x)=c(f^{(k)}(x))$，其中 c 是常数.

引理 4.5 若 m 和 k 是正整数，且 $f(x)=x^m$，则 $f^{(k)}(x)=m(m-1)\cdots(m-k+1)x^{m-k}$.

现在给出能用来提升多项式同余方程的解的结论. 为纪念德国数学家科特·亨泽尔 (Kurt Hensel)，此结论称为亨泽尔引理，他在发明 p-进分析这一数学领域的工作中发现了这一结论.

定理 4.15（亨泽尔引理） 设 $f(x)$ 是整系数多项式，$k\geqslant 2$ 是整数，p 是素数. 进一步假设 r 是同余方程 $f(x)\equiv 0(\bmod\ p^{k-1})$ 的解. 则

(i) 若 $f'(r)\not\equiv 0(\bmod\ p)$，则存在唯一整数 t，$0\leqslant t\leqslant p$，使得 $f(r+tp^{k-1})\equiv 0(\bmod\ p^k)$，$t$ 由

$$t\equiv -\overline{f'(r)}(f(r)/p^{k-1})(\bmod\ p)$$

给出，其中 $\overline{f'(r)}$ 是 $f'(r)$ 模 p 的逆；

(ii) 若 $f'(r)\equiv 0(\bmod\ p)$，$f(r)\equiv 0(\bmod\ p^k)$，则对所有整数 t 都有 $f(r+tp^{k-1})\equiv 0(\bmod\ p^k)$；

(iii) 若 $f'(r)\equiv 0(\bmod\ p)$，$f(r)\not\equiv 0(\bmod\ p^k)$，则 $f(x)\equiv 0(\bmod\ p^k)$ 不存在解使得 $x\equiv r(\bmod\ p^{k-1})$.

在情形 (i) 中，$f(x)\equiv (\bmod\ p^{k-1})$ 的一个解提升为 $f(x)\equiv 0(\bmod\ p^k)$ 的唯一解，在情形 (ii) 中，这样的一个解或者提升为 p 个模 p^k 不同余的解，或者不能提升为模 p^k 的解. ∎

为证亨泽尔引理，我们需要下面关于泰勒 (Taylor) 展开的引理.

引理 4.6 若 $f(x)$ 是 n 次多项式，a 和 b 是实数，则

$$f(a+b)=f(a)+f'(a)b+f''(a)b^2/2!+\cdots+f^{(n)}(a)b^n/n!,$$

其中，对于每一个给定的 a 值，系数（即 1，$f'(a)$，$f''(a)/2!$，$\cdots$，$f^{(n)}(a)/n!$）是关于 a 的整系数多项式.

证明 每个 n 次多项式 $f(x)$ 都是函数 x^m 的倍数的和，其中 $m\leqslant n$. 于是，由引理 4.4，仅需对多项式 $f_m(x)=x^m$ 建立引理 4.6，其中 m 是正整数.

由二项式定理，

$$(a+b)^m=\sum_{j=0}^m \binom{m}{j}a^{m-j}b^j.$$

由引理 4.5 知，$f_m^{(j)}(a)=m(m-1)\cdots(m-j+1)a^{m-j}$. 因此，

$$f_m^{(j)}(a)/j!=\binom{m}{j}a^{m-j}.$$

因为对所有满足 $0\leqslant j\leqslant m$ 的整数 m 和 j，$\binom{m}{j}$ 是整数，所以系数 $f_m^{(j)}(a)/j!$ 是 a 的整系数

多项式. 证毕.

至此, 我们有了证明亨泽尔引理所需的材料, 下面是其证明.

 科特·亨泽尔(Kurt Hensel, 1861—1941)出生于普鲁士的哥尼格斯堡(现为俄罗斯的加里宁格勒). 他先后在柏林和波恩学习数学, 接受了包括克罗内克和魏尔斯特拉斯在内的很多领袖数学家的指导. 他的很多工作都关系到代数数域中算术的发展. 亨泽尔最为著名的成果是, 在研究用幂级数表示代数数的工作中, 他于 1902 年发明了 p-进数. p-进数可以看作有理数集的完备化, 它不同于有理数集通常产生实数集的完备化. 亨泽尔能用 p-进数证明数论中的很多结论, 这些数对代数数论的发展有很大影响. 亨泽尔在马堡大学担任教授一直到 1930 年. 他曾多年担任著名数学杂志《Crelle's Journal》的编辑, 这个杂志的正式名称是《Journal für die reine und angewandte Mathematik》.

证明　若 r 是 $f(r) \equiv 0 \pmod{p^k}$ 的解, 则它也是 $f(r) \equiv 0 \pmod{p^{k-1}}$ 的解. 因此, 它等于 $r + tp^{k-1}$, t 是某个整数. 一旦确定了 t 的条件, 证明就完成了.

由引理 4.6,

$$f(r + tp^{k-1}) = f(r) + f'(r)tp^{k-1} + \frac{f''(r)}{2!}(tp^{k-1})^2 + \cdots + \frac{f^{(n)}(r)}{n!}(tp^{k-1})^n,$$

其中 $f^{(k)}(r)/k!$ 是整数, $k = 1, 2, \cdots, n$. 给定 $k \geqslant 2$, 对于 $2 \leqslant m \leqslant n$, 有 $k \leqslant m(k-1)$ 且 $p^k \mid p^{m(k-1)}$. 因此,

$$f(r + tp^{k-1}) \equiv f(r) + f'(r)tp^{k-1} \pmod{p^k}.$$

因为 $r + tp^{k-1}$ 是 $f(r + tp^{k-1}) \equiv 0 \pmod{p^k}$ 的一个解, 所以 $f'(r)tp^{k-1} \equiv -f(r) \pmod{p^k}$.

更进一步, 由于 $f(r) \equiv 0 \pmod{p^{k-1}}$, 因此可以在此同余方程两边同时除以 p^{k-1}. 然后重排各项, 得到 t 的一个线性同余方程, 即

$$f'(r)t \equiv -f(r)/p^{k-1} \pmod{p}.$$

通过考察它的模 p 的解, 我们可以证明定理的各个情形.

设 $f'(r) \not\equiv 0 \pmod{p}$, 则 $(f'(r), p) = 1$. 应用推论 4.11.1, 可知 t 的线性同余方程有唯一解

$$t \equiv (-f(r)/p^{k-1}) \overline{f'(r)} \pmod{p},$$

其中 $\overline{f'(r)}$ 是 $f'(r)$ 模 p 的一个逆. 情形(i)得证.

$f'(r) \equiv 0 \pmod{p}$ 时, 我们有 $(f'(r), p) = p$. 由定理 4.11, 若 $p \mid (f(r)/p^{k-1})$ (此关系成立当且仅当 $f(r) \equiv 0 \pmod{p^k}$), 则所有 t 都是解. 这说明 $x = r + tp^{k-1}$ 是解, $t = 0$, $1, \cdots, p-1$. 情形(ii)得证.

最后, 考虑 $f'(r) \equiv 0 \pmod{p}$ 但 $p \nmid (f(r)/p^{k-1})$ 的情形. 我们有 $(f'(r), p) = p$ 且 $f(r) \not\equiv 0 \pmod{p^k}$, 所以, 根据定理 4.11, t 的任何值都不是解. 情形(iii)得证.　　■

下面的推论说明, 在亨泽尔引理的情形(i)下, 我们可以从一个模 p 的解反复地进行解的提升.

推论 4.15.1　假设 r 是多项式同余方程 $f(x) \equiv 0 \pmod{p}$ 的一个解, 其中 p 是素数. 若 $f'(r) \not\equiv 0 \pmod{p}$, 则存在模 p^k 的唯一解 r_k, $k = 2, 3, \cdots$, 使得 $r_1 = r$ 且

$$r_k = r_{k-1} - f(r_{k-1})\,\overline{f'(r)},$$

其中$\overline{f'(r)}$是 $f'(r)$模 p 的一个逆.

证明 由假设,利用亨泽尔引理,r 提升为模 p^2 的唯一解 $r_2 = r + tp$,其中 $t = -\overline{f'(r)}(f(r)/p)$.因此,

$$r_2 = r - f(r)\,\overline{f'(r)}.$$

因为 $r_2 \equiv r \pmod{p}$,所以 $f'(r_2) \equiv f'(r) \not\equiv 0 \pmod{p}$.再次利用亨泽尔引理,可知有模 p^3 的唯一解 r_3,可以证明 $r_3 = r_2 - f(r_2)\,\overline{f'(r)}$.若一直这样做下去,可知引理对所有整数 $k \geqslant 2$ 成立.∎

下面举例说明如何运用亨泽尔引理.

例 4.21 求解

$$x^3 + x^2 + 29 \equiv 0 \pmod{25}.$$

设 $f(x) = x^3 + x^2 + 29$.(通过试探)可见 $f(x) \equiv 0 \pmod 5$ 的解是 $x \equiv 3 \pmod 5$.因为 $f'(x) = 3x^2 + 2x$,$f'(3) = 33 \equiv 3 \not\equiv 0 \pmod 5$,所以由亨泽尔引理知,有形如 $3 + 5t$ 的模 25 的唯一解,其中

$$t \equiv -\overline{f'(3)}(f(3)/5) \pmod 5.$$

注意到 $\overline{f'(3)} = \overline{3} = 2$,因为 2 是 3 模 5 的逆.并注意到 $f(3)/5 = 65/5 = 13$.所以,$t \equiv -2 \cdot 13 \equiv 4 \pmod 5$.因此,我们有 $f(x) \equiv 0 \pmod{25}$ 的唯一解 $x \equiv 3 + 5 \cdot 4 \equiv 23 \pmod{25}$. ◄

例 4.22 求解

$$x^2 + x + 7 \equiv 0 \pmod{27}.$$

设 $f(x) = x^2 + x + 7$.(通过试探)可见 $f(x) \equiv 0 \pmod 3$ 的解是 $x \equiv 1 \pmod 3$.由 $f'(x) = 2x + 1$ 可知,$f'(1) = 3 \equiv 0 \pmod 3$.而且,因为 $f(1) = 9 \equiv 0 \pmod 9$,所以由亨泽尔引理的情形(ii),对所有整数 t,$1 + 3t$ 都是模 9 的解.这说明模 9 的解是 $x \equiv 1$,4 或 7 $\pmod 9$.

因为 $f(1) = 9 \not\equiv 0 \pmod{27}$,所以由亨泽尔引理的情形(iii),$f(x) \equiv 0 \pmod{27}$ 没有满足 $x \equiv 1 \pmod 9$ 的解.因为 $f(4) = 27 \equiv 0 \pmod{27}$,所以由情形(ii),对所有整数 t,$4 + 9t$ 都是模 27 的解.这说明 $x \equiv 4$,13 或 22 $\pmod{27}$ 是解.最后,因为 $f(7) = 63 \not\equiv 0 \pmod{27}$,所以由情形(iii),$f(x) \equiv 0 \pmod{27}$ 没有满足 $x \equiv 7 \pmod 9$ 的解.

综上,$f(x) \equiv 0 \pmod{27}$ 的所有解是 $x \equiv 4$,13 或 22 $\pmod{27}$. ◄

例 4.23 $f(x) = x^3 + x^2 + 2x + 26 \equiv 0 \pmod{343}$ 有哪些解?通过试探,可知 $x^3 + x^2 + 2x + 26 \equiv 0 \pmod 7$ 的解是 $x \equiv 2 \pmod 7$.因为 $f'(x) = 3x^2 + 2x + 2$,所以 $f'(2) = 18 \not\equiv 0 \pmod 7$.可用推论 4.15.1 求模 7^k 的解,$k = 2$,3,$\cdots$.注意到 $\overline{f'(2)} = \overline{4} = 2$,可得 $r_2 = 2 - f(2)\overline{f'(2)} = 2 - 42 \cdot 2 = -82 \equiv 16 \pmod{49}$,$r_3 = 16 - f(16)\overline{f'(2)} = 16 - 4410 \cdot 2 \equiv -8804 \equiv 114 \pmod{343}$.因此,模 343 的解是 $x \equiv 114 \pmod{343}$. ◄

4.4 节习题

1. 求下列同余方程的所有解.

   a) $x^2 + 4x + 2 \equiv 0 \pmod 7$ b) $x^2 + 4x + 2 \equiv 0 \pmod{49}$ c) $x^2 + 4x + 2 \equiv 0 \pmod{343}$

2. 求下列同余方程的所有解.

a) $x^3+8x^2-x-1\equiv0(\bmod\ 11)$　　b) $x^3+8x^2-x-1\equiv0(\bmod\ 121)$　　c) $x^3+8x^2-x-1\equiv0(\bmod\ 1331)$

3. 求解同余方程 $x^2+x+47\equiv0(\bmod\ 2401)$. （注意，$2401=7^4$.）

4. 求 $x^2+x+34\equiv0(\bmod\ 81)$ 的解.

5. 求 $13x^7-42x-649\equiv0(\bmod\ 1323)$ 的所有解.

6. 求 $x^8-x^4+1001\equiv0(\bmod\ 539)$ 的所有解.

7. 求 $x^4+2x+36\equiv0(\bmod\ 4375)$ 的所有解.

8. 求 $x^6-2x^5-35\equiv0(\bmod\ 6125)$ 的所有解.

9. 同余方程 $5x^3+x^2+x+1\equiv0(\bmod\ 64)$ 有多少不同余的解？

10. 同余方程 $x^5+x-6\equiv0(\bmod\ 144)$ 有多少不同余的解？

11. 设整数 a 和素数 p 使得 $(a,p)=1$. 对所有正整数 k, 利用亨泽尔引理求解同余方程 $ax\equiv1(\bmod\ p^k)$ 的递归公式.

* 12. a) 设 $f(x)$ 是整系数多项式. 设 p 是素数, k 是正整数, j 是整数, 满足 $k\geqslant2j+1$. 设 a 是 $f(a)\equiv0(\bmod\ p^k)$ 的一个解, 其中 p^k 恰好整除 $f'(a)$. 证明：若 $b\equiv a(\bmod\ p^{k-j})$, 则 $f(b)\equiv f(a)(\bmod\ p^k)$, p^j 恰好整除 $f'(b)$, 且存在唯一模 p 的 t 使得 $f(a+tp^{k-j})\equiv0(\bmod\ p^{k+1})$. （提示：利用泰勒展开证明, $f(a+tp^{k-j})\equiv f(a)+tp^{k-j}f'(a)(\bmod\ p^{2k-2j})$.）

　　b) 证明 (a) 的假设成立时, $f(x)\equiv0(\bmod\ p^k)$ 的解可以提升为模 p 的任意次幂的解.

* 13. 对于正整数 j, $x^2+x+223\equiv0(\bmod\ 3^j)$ 有多少个解？（提示：先求得模 3^5 的所有解, 再利用习题 12.）

计算和研究

1. 求 $x^4-13x^3+11x-3\equiv0(\bmod\ 7^8)$ 的所有解.

2. 求 $x^9+13x^3-x+100\ 336\equiv0(\bmod\ 17^9)$ 的所有解.

程序设计

1. 利用亨泽尔引理解形如 $f(x)\equiv0(\bmod\ p^n)$ 的同余方程, 其中 $f(x)$ 是多项式, p 是素数, n 是正整数.

4.5　线性同余方程组

　　我们考虑这样的同余方程组, 它们的未知数个数与方程个数是同一大于 1 的整数, 并且所有方程的模都相同. 先从一个例子开始.

　　假设我们想求出满足

$$3x+4y\equiv5(\bmod\ 13)$$
$$2x+5y\equiv7(\bmod\ 13)$$

的所有整数 x 和 y. 尝试求 x 和 y, 将第一个方程乘以 5, 第二个方程乘以 4, 得

$$15x+20y\equiv25(\bmod\ 13)$$
$$8x+20y\equiv28(\bmod\ 13).$$

再从第一个方程减去第二个, 得

$$7x\equiv-3(\bmod\ 13).$$

因为 2 是 $7(\bmod\ 13)$ 的逆, 所以在上面的同余方程两边同时乘以 2, 得

$$2\cdot7x\equiv-2\cdot3(\bmod\ 13),$$

即

$$x\equiv7(\bmod\ 13).$$

类似地, 我们将 (原来的) 第一个方程乘以 2, 第二个方程乘以 3, 得

$$6x + 8y \equiv 10 (\mathrm{mod}\ 13)$$
$$6x + 15y \equiv 21 (\mathrm{mod}\ 13).$$

从第二个方程减去第一个方程，得

$$7y \equiv 11 (\mathrm{mod}\ 13).$$

为求 y，将上面的同余方程两边同时乘以 2，即 7 模 13 的一个逆，得

$$2 \cdot 7y \equiv 2 \cdot 11 (\mathrm{mod}\ 13),$$

所以

$$y \equiv 9 (\mathrm{mod}\ 13).$$

这就证明了任何解 $(x，y)$ 都满足

$$x \equiv 7 (\mathrm{mod}\ 13)，\qquad y \equiv 9 (\mathrm{mod}\ 13).$$

将关于 x 和 y 的这两个同余方程代入原来的方程组，可知它们确实是解：

$$3x + 4y \equiv 3 \cdot 7 + 4 \cdot 9 = 57 \equiv 5 (\mathrm{mod}\ 13)$$
$$2x + 5y \equiv 2 \cdot 7 + 5 \cdot 9 = 59 \equiv 7 (\mathrm{mod}\ 13).$$

因此，同余方程组的解是使得 $x \equiv 7 (\mathrm{mod}\ 13)$，$y \equiv 9 (\mathrm{mod}\ 13)$ 的所有整数对 $(x，y)$.

现在，我们给出一个一般结论，它是关于含有两个二元方程的同余方程组的.（此结论类似于求解线性方程组的克莱姆（Cramer）法则.）

定理 4.16 设 $a，b，c，d，e，f$ 和 m 是整数，$m>0$，且 $(\triangle，m)=1$，其中 $\triangle = ad - bc$. 则同余方程组

$$ax + by \equiv e (\mathrm{mod}\ m)$$
$$cx + dy \equiv f (\mathrm{mod}\ m)$$

有模 m 的唯一解如下：

$$x \equiv \overline{\triangle}(de - bf)(\mathrm{mod}\ m)$$
$$y \equiv \overline{\triangle}(af - ce)(\mathrm{mod}\ m)，$$

其中 $\overline{\triangle}$ 是 $\triangle$ 模 m 的一个逆.

证明 为消去 y，将第一个方程乘以 d，第二个方程乘以 b，得

$$adx + bdy \equiv de (\mathrm{mod}\ m)$$
$$bcx + bdy \equiv bf (\mathrm{mod}\ m).$$

从第一个方程减去第二个方程，得

$$(ad - bc)x \equiv de - bf (\mathrm{mod}\ m)，$$

因为 $\triangle = ad - bc$，所以

$$\triangle x \equiv de - bf (\mathrm{mod}\ m).$$

然后在同余方程两边同时乘以 $\overline{\triangle}$，即 $\triangle$ 模 m 的一个逆，得

$$x \equiv \overline{\triangle}(de - bf)(\mathrm{mod}\ m).$$

类似地，为消去 x，将第一个方程乘以 c，第二个方程乘以 a，得

$$acx + bcy \equiv ce (\mathrm{mod}\ m)$$
$$acx + ady \equiv af (\mathrm{mod}\ m).$$

从第二个方程减去第一个方程，得

$$(ad - bc)y \equiv af - ce (\mathrm{mod}\ m)，$$

即
$$\Delta y \equiv af - ce (\mathrm{mod}\ m).$$
最后，在此方程两边同时乘以 $\overline{\Delta}$，得
$$y \equiv \overline{\Delta}(af - ce)(\mathrm{mod}\ m).$$

这就证明了若 (x, y) 是同余方程组的解，则
$$x \equiv \overline{\Delta}(de - bf)(\mathrm{mod}\ m), \qquad y \equiv \overline{\Delta}(af - ce)(\mathrm{mod}\ m).$$

容易验证任何满足上面式子的整数对 (x, y) 都是解. 当 $x \equiv \overline{\Delta}(de - bf)(\mathrm{mod}\ m)$ 和 $y \equiv \overline{\Delta}(af - ce)(\mathrm{mod}\ m)$ 时，我们有
$$
\begin{aligned}
ax + by &\equiv a\overline{\Delta}(de - bf) + b\overline{\Delta}(af - ce) \\
&\equiv \overline{\Delta}(ade - abf + abf - bce) \\
&\equiv \overline{\Delta}(ad - bc)e \\
&\equiv \overline{\Delta}\Delta e \\
&\equiv e (\mathrm{mod}\ m),
\end{aligned}
$$
且
$$
\begin{aligned}
cx + dy &\equiv c\overline{\Delta}(de - bf) + d\overline{\Delta}(af - ce) \\
&\equiv \overline{\Delta}(cde - bcf + adf - cde) \\
&\equiv \overline{\Delta}(ad - bc)f \\
&\equiv \overline{\Delta}\Delta f \\
&\equiv f (\mathrm{mod}\ m).
\end{aligned}
$$
定理得证.　　　　　　　　　　　　　　　　　　　　　　　　　　　　　■

利用类似的方法，可以求解含有 n 个未知数和 n 个方程的同余方程组. 但是，我们要用线性代数的方法来推导解这样的方程组和更大的方程组的理论. 不熟悉线性代数的读者可以跳过本节剩下的内容.

含有 n 个未知数和 n 个方程的同余方程组将在后面的密码学部分出现. 在研究 n 很大的这类方程组时，矩阵的语言很有帮助. 我们要用到一些矩阵算术的基本概念，这在大多数线性代数教材中都有讨论.

在继续之前，我们需要定义矩阵同余的概念.

定义　设 A 和 B 是 $n \times k$ 阶整数矩阵，第 (i, j) 个元素分别是 a_{ij} 和 b_{ij}. 若 $a_{ij} \equiv b_{ij}$ $(\mathrm{mod}\ m)$ 对所有 (i, j) 成立，$1 \leqslant i \leqslant n$，$1 \leqslant j \leqslant k$，则称 A 和 B 模 m 同余. 若 A 和 B 模 m 同余，则记 $A \equiv B (\mathrm{mod}\ m)$.

矩阵同余 $A \equiv B (\mathrm{mod}\ m)$ 提供了表达 nk 个同余式 $a_{ij} \equiv b_{ij} (\mathrm{mod}\ m)$ $(1 \leqslant i \leqslant n, 1 \leqslant j \leqslant k)$ 的一种简洁方法.

例 4.24　易见
$$
\begin{bmatrix} 15 & 3 \\ 8 & 12 \end{bmatrix} \equiv \begin{bmatrix} 4 & 3 \\ -3 & 1 \end{bmatrix} (\mathrm{mod}\ 11).
$$
◀

我们将来要用到下面的命题.

定理 4.17 设 A 和 B 是 $n \times k$ 阶矩阵，满足 $A \equiv B \pmod{m}$，C 是 $k \times p$ 阶矩阵，D 是 $p \times n$ 阶矩阵，它们都是整数元素的矩阵. 则 $AC \equiv BC \pmod{m}$，$DA \equiv DB \pmod{m}$.

证明 设 A 和 B 的元素分别是 a_{ij} 和 b_{ij}，$1 \leqslant i \leqslant n$，$1 \leqslant j \leqslant k$. 且设 C 的元素是 c_{ij}，$1 \leqslant i \leqslant k$，$1 \leqslant j \leqslant p$. AC 和 BC 的第 (i, j) 个元素分别是 $\sum_{t=1}^{k} a_{it} c_{tj}$ 和 $\sum_{t=1}^{k} b_{it} c_{tj}$，$1 \leqslant i \leqslant n$，$1 \leqslant j \leqslant p$. 因为 $A \equiv B \pmod{m}$，所以对所有 i 和 t，有 $a_{it} \equiv b_{it} \pmod{m}$. 从而，由定理 4.4 可知，$\sum_{t=1}^{k} a_{it} c_{tj} \equiv \sum_{t=1}^{k} b_{it} c_{tj} \pmod{m}$. 因此，$AC \equiv BC \pmod{m}$.

对 $DA \equiv DB \pmod{m}$ 的证明类似，所以略去. ∎

现在考虑同余方程组

$$a_{11} x_1 + a_{12} x_2 + \cdots + a_{1n} x_n \equiv b_1 \pmod{m}$$
$$a_{21} x_1 + a_{22} x_2 + \cdots + a_{2n} x_n \equiv b_2 \pmod{m}$$
$$\vdots$$
$$a_{n1} x_1 + a_{n2} x_2 + \cdots + a_{nn} x_n \equiv b_n \pmod{m}.$$

利用矩阵记法，此含有 n 个方程的同余方程组等价于矩阵同余方程 $AX \equiv B \pmod{m}$，其中

$$A = \begin{bmatrix} a_{11} & a_{12} & \cdots & a_{1n} \\ a_{21} & a_{22} & \cdots & a_{2n} \\ & & \ddots & \\ a_{n1} & a_{n2} & \cdots & a_{nn} \end{bmatrix}, \quad X = \begin{bmatrix} x_1 \\ x_2 \\ \vdots \\ x_n \end{bmatrix}, \quad B = \begin{bmatrix} b_1 \\ b_2 \\ \vdots \\ b_n \end{bmatrix}.$$

例 4.25 方程组

$$3x + 4y \equiv 5 \pmod{13}$$
$$2x + 5y \equiv 7 \pmod{13}$$

可以写为

$$\begin{bmatrix} 3 & 4 \\ 2 & 5 \end{bmatrix} \begin{bmatrix} x \\ y \end{bmatrix} \equiv \begin{bmatrix} 5 \\ 7 \end{bmatrix} \pmod{13}. \quad \blacktriangleleft$$

我们现在阐述一种求解形如 $AX \equiv B \pmod{m}$ 的同余方程组的方法. 这种方法基于求矩阵 $\overline{A}$ 使得 $\overline{A} A \equiv I \pmod{m}$，其中 I 是单位矩阵.

定义 若 A 和 $\overline{A}$ 是 $n \times n$ 阶矩阵，且 $\overline{A} A \equiv A \overline{A} \equiv I \pmod{m}$，其中 $I = \begin{bmatrix} 1 & 0 & \cdots & 0 \\ 0 & 1 & \cdots & 0 \\ \vdots & & \ddots & \\ 0 & 0 & \cdots & 1 \end{bmatrix}$ 是 n 阶单位矩阵，则 $\overline{A}$ 称为 A 模 m 的一个逆.

若 $\overline{A}$ 是 A 的逆，且 $B \equiv \overline{A} \pmod{m}$，则 B 也是 A 的逆. 这是因为，由定理 4.17 有 $BA \equiv \overline{A} A \equiv I \pmod{m}$. 反过来，若 B_1 和 B_2 都是 A 的逆，则 $B_1 \equiv B_2 \pmod{m}$. 为了证明这一点，利用定理 4.17 得 $B_1 A \equiv B_2 A \equiv I \pmod{m}$，所以有 $B_1 A B_1 \equiv B_2 A B_1 \pmod{m}$. 因为 $A B_1 \equiv I \pmod{m}$，所以 $B_1 \equiv B_2 \pmod{m}$.

例 4.26 由

$$\begin{bmatrix} 1 & 3 \\ 2 & 4 \end{bmatrix}\begin{bmatrix} 3 & 4 \\ 1 & 2 \end{bmatrix}=\begin{bmatrix} 6 & 10 \\ 10 & 16 \end{bmatrix}\equiv\begin{bmatrix} 1 & 0 \\ 0 & 1 \end{bmatrix}(\mathrm{mod}\ 5)$$

和

$$\begin{bmatrix} 3 & 4 \\ 1 & 2 \end{bmatrix}\begin{bmatrix} 1 & 3 \\ 2 & 4 \end{bmatrix}=\begin{bmatrix} 11 & 25 \\ 5 & 11 \end{bmatrix}\equiv\begin{bmatrix} 1 & 0 \\ 0 & 1 \end{bmatrix}(\mathrm{mod}\ 5)$$

可知，矩阵 $\begin{bmatrix} 3 & 4 \\ 1 & 2 \end{bmatrix}$ 是 $\begin{bmatrix} 1 & 3 \\ 2 & 4 \end{bmatrix}$ 模 5 的逆. ◀

下面的命题给出了求 2×2 矩阵的逆的简单方法.

定理 4.18 设 $A=\begin{bmatrix} a & b \\ c & d \end{bmatrix}$ 是整数矩阵，且 $\Delta=\det A=ad-bc$ 与正整数 m 互素. 则矩阵

$$\overline{A}=\overline{\Delta}\begin{bmatrix} d & -b \\ -c & a \end{bmatrix}$$

是 A 模 m 的逆，其中 $\overline{\Delta}$ 是 Δ 模 m 的逆.

证明 为证矩阵 $\overline{A}$ 是 A 模 m 的逆，只需证 $A\overline{A}\equiv\overline{A}A\equiv I(\mathrm{mod}\ m)$. 为此，注意到

$$A\overline{A}\equiv\begin{bmatrix} a & b \\ c & d \end{bmatrix}\overline{\Delta}\begin{bmatrix} d & -b \\ -c & a \end{bmatrix}\equiv\overline{\Delta}\begin{bmatrix} ad-bc & 0 \\ 0 & -bc+ad \end{bmatrix}$$

$$\equiv\overline{\Delta}\begin{bmatrix} \Delta & 0 \\ 0 & \Delta \end{bmatrix}\equiv\begin{bmatrix} \overline{\Delta}\Delta & 0 \\ 0 & \overline{\Delta}\Delta \end{bmatrix}\equiv\begin{bmatrix} 1 & 0 \\ 0 & 1 \end{bmatrix}=I(\mathrm{mod}\ m)$$

和

$$\overline{A}A\equiv\overline{\Delta}\begin{bmatrix} d & -b \\ -c & a \end{bmatrix}\begin{bmatrix} a & b \\ c & d \end{bmatrix}\equiv\overline{\Delta}\begin{bmatrix} ad-bc & 0 \\ 0 & -bc+ad \end{bmatrix}$$

$$\equiv\overline{\Delta}\begin{bmatrix} \Delta & 0 \\ 0 & \Delta \end{bmatrix}\equiv\begin{bmatrix} \overline{\Delta}\Delta & 0 \\ 0 & \overline{\Delta}\Delta \end{bmatrix}\equiv\begin{bmatrix} 1 & 0 \\ 0 & 1 \end{bmatrix}=I(\mathrm{mod}\ m),$$

其中 $\overline{\Delta}$ 是 Δ 模 m 的逆，它存在是因为 $(\Delta,\ m)=1$. ∎

例 4.27 设 $A=\begin{bmatrix} 3 & 4 \\ 2 & 5 \end{bmatrix}$. 因为 2 是 der $A=7$ 模 13 的逆，所以有

$$\overline{A}\equiv2\begin{bmatrix} 5 & -4 \\ -2 & 3 \end{bmatrix}\equiv\begin{bmatrix} 10 & -8 \\ -4 & 6 \end{bmatrix}\equiv\begin{bmatrix} 10 & 5 \\ 9 & 6 \end{bmatrix}(\mathrm{mod}\ 13).$$ ◀

对正整数 $n(n>2)$，要想得到求 $n\times n$ 阶矩阵的逆的公式，我们需要线性代数的一个结论. 这要用到矩阵的伴随的概念，其定义如下.

定义 $n\times n$ 阶矩阵 A 的**伴随**是一个 $n\times n$ 阶矩阵，它的第 $(i,\ j)$ 个元素是 C_{ij}，其中 C_{ij} 是 $(-1)^{i+j}$ 乘以 A 删去第 i 行第 j 列所得矩阵的行列式. 矩阵 A 的伴随记为 adj(A)，或简记为 adj A.

定理 4.19 若 A 是 $n\times n$ 阶矩阵，且 $\det A\neq0$，则 $A(\mathrm{adj}\ A)=(\det A)I$，其中 adj A 是 A 的伴随.

利用这个定理，容易证明下面的定理.

定理 4.20　若 A 是 $n\times n$ 阶整数矩阵，m 是正整数，使得 $(\det A，m)=1$，则矩阵 $\overline{A}=\overline{\Delta}(\mathrm{adj}\ A)$ 是 A 模 m 的一个逆，其中 $\overline{\Delta}$ 是 $\Delta=\det A$ 模 m 的一个逆.

证明　若 $(\det A，m)=1$，则 $\det A\neq0$. 因此，由定理 4.19，我们有

$$A(\mathrm{adj}\ A) = (\det A)I = \Delta I.$$

因为 $(\det A，m)=1$，所以存在 $\Delta=\det A$ 模 m 的逆 $\overline{\Delta}$. 从而

$$A(\overline{\Delta}\mathrm{adj}\ A) \equiv A\cdot(\mathrm{adj}\ A)\overline{\Delta} \equiv \Delta\overline{\Delta}I \equiv I(\mathrm{mod}\ m)，且$$

$$\overline{\Delta}(\mathrm{adj}\ A)A \equiv \overline{\Delta}((\mathrm{adj}\ A)A) \equiv \overline{\Delta}\Delta I \equiv I(\mathrm{mod}\ m).$$

这说明 $\overline{A}=\overline{\Delta}(\mathrm{adj}\ A)$ 是 A 模 m 的一个逆. ∎

例 4.28　设 $A=\begin{bmatrix}2&5&6\\2&0&1\\1&2&3\end{bmatrix}$. 则 $\det A=-5$. 而且，$(\det A，7)=1$，4 是 $\det A=-5$ 模 7 的一个逆. 因此，

$$\overline{A}=4(\mathrm{adj}\ A)=4\begin{bmatrix}-2&-3&5\\-5&0&10\\4&1&-10\end{bmatrix}=\begin{bmatrix}-8&-12&20\\-20&0&40\\16&4&-40\end{bmatrix}\equiv\begin{bmatrix}6&2&6\\1&0&5\\2&4&2\end{bmatrix}(\mathrm{mod}\ 7).$$

我们可以用 A 模 m 的逆解方程组

$$AX \equiv B(\mathrm{mod}\ m)，$$

其中 $(\det A，m)=1$. 在上式两边同时乘以 A 的逆 $\overline{A}$，由定理 4.17 得

$$\overline{A}(AX) \equiv \overline{A}B(\mathrm{mod}\ m)$$

$$(\overline{A}A)X \equiv \overline{A}B(\mathrm{mod}\ m)$$

$$X \equiv \overline{A}B(\mathrm{mod}\ m).$$

因此，我们求得形如 $\overline{A}B(\mathrm{mod}\ m)$ 的解 X.

注意，这一方法给出了定理 4.16 的另一证明. 为明确这一点，令 $AX=B$，其中 $A=\begin{bmatrix}a&b\\c&d\end{bmatrix}$，$X=\begin{bmatrix}x\\y\end{bmatrix}$，$B=\begin{bmatrix}e\\f\end{bmatrix}$. 若 $\Delta=\det A=ad-bc$ 与 m 互素，则

$$\begin{bmatrix}x\\y\end{bmatrix}=X\equiv\overline{A}B\equiv\overline{\Delta}\begin{bmatrix}d&-b\\-c&a\end{bmatrix}\begin{bmatrix}e\\f\end{bmatrix}=\overline{\Delta}\begin{bmatrix}de&-bf\\af&-ce\end{bmatrix}(\mathrm{mod}\ m).$$

这表明，$(x，y)$ 是解当且仅当

$$x \equiv \overline{\Delta}(de-bf)(\mathrm{mod}\ m)，\qquad y \equiv \overline{\Delta}(af-ce)(\mathrm{mod}\ m).$$

下面我们给出用矩阵求解含有三个未知数和三个方程的同余方程组的一个例子.

例 4.29　考虑同余方程组

$$2x_1 + 5x_2 + 6x_3 \equiv 3(\mathrm{mod}\ 7)$$

$$2x_1 + x_3 \equiv 4(\mathrm{mod}\ 7)$$

$$x_1 + 2x_2 + 3x_3 \equiv 1(\mathrm{mod}\ 7).$$

这等价于矩阵同余方程

$$\begin{bmatrix} 2 & 5 & 6 \\ 2 & 0 & 1 \\ 1 & 2 & 3 \end{bmatrix} \begin{bmatrix} x_1 \\ x_2 \\ x_3 \end{bmatrix} \equiv \begin{bmatrix} 3 \\ 4 \\ 1 \end{bmatrix} \pmod 7.$$

我们在前面已经证明矩阵 $\begin{bmatrix} 6 & 2 & 6 \\ 1 & 0 & 5 \\ 2 & 4 & 2 \end{bmatrix}$ 是 $\begin{bmatrix} 2 & 5 & 6 \\ 2 & 0 & 1 \\ 1 & 2 & 3 \end{bmatrix}$ 模 7 的一个逆. 因此, 我们有

$$\begin{bmatrix} x_1 \\ x_2 \\ x_3 \end{bmatrix} = \begin{bmatrix} 6 & 2 & 6 \\ 1 & 0 & 5 \\ 2 & 4 & 2 \end{bmatrix} \begin{bmatrix} 3 \\ 4 \\ 1 \end{bmatrix} = \begin{bmatrix} 32 \\ 8 \\ 24 \end{bmatrix} \equiv \begin{bmatrix} 4 \\ 1 \\ 3 \end{bmatrix} \pmod 7. \qquad \blacktriangleleft$$

在结束本节之前, 顺便一提的是, 有很多求解线性方程组的方法修改后可以用于求解同余方程组. 例如, 可以修改高斯消元法用于求解同余方程组, 其中除法变为乘以模 m 的逆. 而且, 有类似于克莱姆法则的求解方法. 这些方法的推演留给熟悉线性代数的读者做练习.

4.5 节习题

1. 求解下列线性同余方程组.

   a) $x + 2y \equiv 1 \pmod 5$　　　b) $x + 3y \equiv 1 \pmod 5$　　　c) $4x + y \equiv 2 \pmod 5$

   　 $2x + y \equiv 1 \pmod 5$　　　　 $3x + 4y \equiv 2 \pmod 5$　　　　 $2x + 3y \equiv 1 \pmod 5$

2. 求解下列线性同余方程组.

   a) $2x + 3y \equiv 5 \pmod 7$　　　b) $4x + y \equiv 5 \pmod 7$

   　 $x + 5y \equiv 6 \pmod 7$　　　　 $x + 2y \equiv 4 \pmod 7$

* 3. 如果 p 是素数, a, b, c, d, e 和 f 是正整数, 那么线性同余方程组

$$ax + by \equiv c \pmod p$$
$$dx + ey \equiv f \pmod p$$

不同余的解的个数有哪些可能?

4. 求矩阵 C 使得

$$C \equiv \begin{bmatrix} 2 & 1 \\ 4 & 3 \end{bmatrix} \begin{bmatrix} 4 & 0 \\ 2 & 1 \end{bmatrix} \pmod 5,$$

且 C 的元素全是小于 5 的非负整数.

5. 用数学归纳法证明, 若 $n \times n$ 阶整数矩阵 A 和 B 满足 $A \equiv B \pmod m$, 则对所有正整数 k, 有 $A^k \equiv B^k \pmod m$.

一个矩阵 $A \neq I$ 称为模 m 对合的, 若 $A^2 \equiv I \pmod m$.

6. 证明 $\begin{bmatrix} 4 & 11 \\ 1 & 22 \end{bmatrix}$ 是模 26 对合的.

7. 证明或推翻下述结论: 若 A 是 2×2 阶的模 m 对合矩阵, 则 $\det A \equiv \pm 1 \pmod m$.

8. 求下列矩阵模 5 的一个逆.

   a) $\begin{bmatrix} 0 & 1 \\ 1 & 0 \end{bmatrix}$　　　　　　b) $\begin{bmatrix} 1 & 2 \\ 3 & 4 \end{bmatrix}$　　　　　　c) $\begin{bmatrix} 2 & 2 \\ 1 & 2 \end{bmatrix}$

9. 求下列矩阵模 7 的一个逆.

a) $\begin{bmatrix} 1 & 1 & 0 \\ 1 & 0 & 1 \\ 0 & 1 & 1 \end{bmatrix}$ b) $\begin{bmatrix} 1 & 2 & 3 \\ 1 & 2 & 5 \\ 1 & 4 & 6 \end{bmatrix}$ c) $\begin{bmatrix} 1 & 1 & 1 & 0 \\ 1 & 1 & 0 & 1 \\ 1 & 0 & 1 & 1 \\ 0 & 1 & 1 & 1 \end{bmatrix}$

10. 利用习题 9 求下列方程组的所有解.

  a) $x+y\equiv1(\text{mod } 7)$ b) $x+2y+3z\equiv1(\text{mod } 7)$ c) $x+y+z\equiv1(\text{mod } 7)$
  $\quad x+z\equiv2(\text{mod } 7)$ $\quad x+2y+5z\equiv1(\text{mod } 7)$ $\quad x+y+w\equiv1(\text{mod } 7)$
  $\quad y+z\equiv3(\text{mod } 7)$ $\quad x+4y+6z\equiv1(\text{mod } 7)$ $\quad x+z+w\equiv1(\text{mod } 7)$
  $\qquad\qquad\qquad\qquad\qquad\qquad\qquad\qquad\qquad\qquad\qquad\qquad y+z+w\equiv1(\text{mod } 7)$

11. 下列同余方程组各有多少不同余的解?

  a) $x+y+z\equiv1(\text{mod } 5)$ b) $2x+3y+z\equiv3(\text{mod } 5)$
  $\quad 2x+4y+3z\equiv1(\text{mod } 5)$ $\quad x+2y+3z\equiv1(\text{mod } 5)$
  $\qquad\qquad\qquad\qquad\qquad\qquad\qquad\qquad 2x+z\equiv1(\text{mod } 5)$

  c) $3x+y+3z\equiv1(\text{mod } 5)$ d) $2x+y+z\equiv1(\text{mod } 5)$
  $\quad x+2y+4z\equiv2(\text{mod } 5)$ $\quad x+2y+z\equiv1(\text{mod } 5)$
  $\quad 4x+3y+2z\equiv3(\text{mod } 5)$ $\quad x+y+2z\equiv1(\text{mod } 5)$

* 12. 对于求解含有 n 个未知数和 n 个线性同余方程的方程组, 推导类似克莱姆法则的解法.

* 13. 对于求解含有 m 个未知数和 n 个线性同余方程的方程组, 推导类似高斯消元法的解法(其中 m 和 n 可以不同).

    幻方是整数方阵, 它的每一列的和与每一行的和总是相等的. 在下面的练习中, 我们给出生成幻方的一种方法.

* 14. 证明 n^2 个整数 $0, 1, \cdots, n^2-1$ 可以放入 $n\times n$ 幻方的 n^2 个位置, 不把两个整数放在同一位置, 整数 k 放在第 i 行第 j 列, 其中

$$i\equiv a+ck+e[k/n](\text{mod } n),$$
$$j\equiv b+dk+f[k/n](\text{mod } n),$$

  $1\leqslant i\leqslant n$, $1\leqslant j\leqslant n$, 且 a, b, c, d, e 和 f 是整数, 满足 $(cf-de, n)=1$.

* 15. 证明: 若 $(c, n)=(d, n)=(e, n)=(f, n)=1$, 则习题 14 生成了一个幻方.

* 16. 一个 $n\times n$ 矩阵的正对角线和负对角线由 (i, j) 位置的元素组成, 分别满足 $i+j\equiv k(\text{mod } n)$ 和 $i-j\equiv k(\text{mod } n)$, 其中 k 是一个给定的整数. 一个方阵称为恶魔幻方, 若正对角线上整数之和与负对角线上整数之和相等. 证明: 若 $(c+d, n)=(c-d, n)=(e+f, n)=(e-f, n)=1$, 则习题 14 的流程生成一个恶魔幻方.

计算和研究

1. 生成 4×4, 5×5 和 6×6 的幻方.

程序设计

1. 利用定理 4.16, 求解含有两个方程的二元线性同余方程组.

2. 利用定理 4.18, 求 2×2 矩阵的逆.

3. 利用定理 4.20, 求 $n\times n$ 矩阵的逆.

4. 利用矩阵的逆, 求解含有 n 个方程的 n 元线性同余方程组.

5. 利用类似克莱姆法则的方法(见习题 12), 求解含有 n 个方程的 n 元线性同余方程组.

6. 利用类似高斯消元法的方法(见习题 13), 求解含有 n 个方程的 m 元线性同余方程组.

7. 对于给定的正整数 n, 用习题 14 的方法生成一个 $n\times n$ 幻方.

4.6　利用波拉德 ρ 方法分解整数

在本节中，我们将描述一个基于同余的因子分解方法，它由波拉德（J. M. Pollard）在
1974 年提出. 波拉德称之为蒙特卡罗方法，因为它依赖于生成貌似随机挑选的整数；现在
称为波拉德 ρ 方法，后面会解释为何这样命名.

设 n 是一个大合数，p 是它的最小素因子. 我们的目标是选取整数 x_0，x_1，$\cdots$，x_s，
使得它们有不同的模 n 最小非负剩余，但它们模 p 的最小非负剩余不是全部不同的. 使用
一些概率公式（见［Ri94]）易证，在 s 与 $\sqrt{p}$ 相比较大、而与 $\sqrt{n}$ 相比较小且数字 x_1，x_2，$\cdots$，
x_s 是随机地选取时，这是可能发生的.

一旦找到整数 x_i 和 x_j，$0 \leqslant i < j \leqslant s$，满足 $x_i \equiv x_j \pmod{p}$，但 $x_i \not\equiv x_j \pmod{n}$，则 $(x_i - x_j, n)$ 是 n 的非平凡因子，这是因为 p 整除 $x_i - x_j$，但 n 不整除 $x_i - x_j$. 可用欧几里得算
法迅速求出 $(x_i - x_j, n)$. 然而，对每对 (i, j)，$0 \leqslant i < j \leqslant s$，求 $(x_i - x_j, n)$ 共需要求
$O(s^2)$ 个最大公因子. 我们将说明如何减少必须使用欧几里得算法的次数.

我们用下面的方法寻找这样的整数 x_i 和 x_j：首先随机选取种子值 x_0，而 $f(x)$ 是次数
大于 1 的整系数多项式，然后用递归定义

$$x_{k+1} \equiv f(x_k) \pmod{n}, \qquad 0 \leqslant x_{k+1} < n$$

计算 x_k，$k = 1$，2，$\cdots$. 多项式 $f(x)$ 的选取应该使得有很高的概率在出现重复之前生成适
当多的整数 x_i. 经验表明，多项式 $f(x) = x^2 + 1$ 在这一检验中表现良好. 下面的例子说明
了如何生成这样的序列.

例 4.30　设 $n = 8051$，$x_0 = 2$，$f(x) = x^2 + 1$. 我们得到 $x_1 = 5$，$x_2 = 26$，$x_3 = 677$，
$x_4 = 7474$，$x_5 = 2839$，$x_6 = 871$，等等. ◀

注意，由 x_k 的递归定义，若

$$x_i \equiv x_j \pmod{d},$$

其中 d 是一个正整数，则

$$x_{i+1} \equiv f(x_i) \equiv f(x_j) \equiv x_{j+1} \pmod{d}.$$

于是，若 $x_i \equiv x_j \pmod{d}$，则序列 x_k 变为模 d 周期的，其周期整除 $j - i$；即在 $q \equiv r \pmod{j - i}$ 且 $q \geqslant i$，$r \geqslant i$ 时，$x_q \equiv x_r \pmod{d}$. 因此，若 s 是不小于 i 的 $j - i$ 的最小倍数，则 $x_s \equiv x_{2s} \pmod{d}$.

因此，为寻找 n 的一个因子，我们要求 $x_{2k} - x_k$ 与 n 的最大公因子，$k = 1$，2，3，$\cdots$.
当找到 k 使得 $1 < (x_{2k} - x_k, n) < n$ 时，我们就得到了 n 的一个因子. 从之前的观察可见，
我们很有可能找到一个接近于 $\sqrt{p}$ 的整数 k.

在波拉德 ρ 方法的实际应用中，经常用多项式 $f(x) = x^2 + 1$ 来生成整数序列 x_0，x_1，$\cdots$，
x_k，$\cdots$，而且常选用种子 $x_0 = 2$. 在此因子分解方法中，这样选取的多项式和种子所生成的序
列的特性很像随机序列.

例 4.31　取种子为 $x_0 = 2$，生成多项式为 $f(x) = x^2 + 1$，利用波拉德 ρ 方法求 $n = 8051$
的一个非平凡因子. 有 $x_1 = 5$，$x_2 = 26$，$x_3 = 677$，$x_4 = 7474$，$x_5 = 2839$，$x_6 = 871$. 由欧几里
得算法，$(x_2 - x_1, 8051) = (26 - 5, 8051) = (21, 8051) = 1$，$(x_4 - x_2, 8051) = (7474 - 26,$

$8051)=(7448,8051)=1$. 但是接下来，我们得到 8051 的一个非平凡因子，因为 $(x_6 - x_3, 8051)=(871-677, 8051)=(194, 8051)=97$. 而 97 就是 8051 的一个因子. ◀

要明白为什么称此方法为波拉德 ρ 方法，请看图 4.1. 此图说明了序列 x_i 的周期特性，其中 $x_0=2$，$x_{i+1}\equiv x_i^2+1(\bmod 97)$，$i\geqslant 1$. 字母 ρ 的尾部是此序列周期性出现之前的部分，ρ 的环部就是周期性的部分.

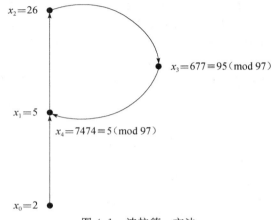

图 4.1　波拉德 ρ 方法

事实证明，对于具有相当大的素因子的整数因子分解来说，波拉德 ρ 方法是实用的. 实际应用中，分解大整数时，首先用小素数试除，例如用小于 10 000 的素数；然后，用波拉德 ρ 方法来找中等大小（例如不超过 10^{15}）的素因子. 在小素数试除和波拉德 ρ 方法失败之后，我们才采用真正强力的方法，例如二次筛法或椭圆曲线法.

4.6 节习题

1. 用波拉德 ρ 方法求下列整数的素因子分解，其中 $x_0=2$，$f(x)=x^2+1$.
   a) 133　　b) 1189　　c) 1927　　d) 8131　　e) 36 287　　f) 48 227

2. 用波拉德 ρ 方法分解整数 1387，使用下面的种子和生成多项式.
   a) $x_0=2$，$f(x)=x^2+1$　　　　　　b) $x_0=3$，$f(x)=x^2+1$
   c) $x_0=2$，$f(x)=x^2-1$　　　　　　d) $x_0=2$，$f(x)=x^3+x+1$

* 3. 说明为什么将 $f(x)$ 选取为线性多项式，即形如 $f(x)=ax+b$ 的函数（其中 a 和 b 是整数）是不好的选择.

计算和研究

1. 用波拉德 ρ 方法分解十个具有 15 到 20 位十进制数字的不同整数.

2. 用波拉德 ρ 方法分解接近 100 000 的大整数；并记录所用的步骤数. 基于所得数据，你能给出什么猜想？

3. 用波拉德 ρ 方法分解 $2^{58}+1$.

程序设计

1. 对给定的正整数 n，用波拉德 ρ 方法找到它的一个素因子.

第5章 同余的应用

同余有广泛的应用. 在前面已经介绍过一些这方面的例子, 比如在 4.3 节中, 就利用同余展示了怎样在计算机上做大整数的乘法. 本章广泛涉及了同余的各种类型的有趣应用. 首先, 我们将指出如何利用同余进行整除性检验, 比如我们已经熟知的如何判断一个整数能否被 3 或 9 整除的简单检验. 然后会推导出一个可以确定历史上任何一天的星期数的同余式. 还有利用同余编排循环赛赛程. 我们也将讨论同余性质在计算机科学中的一些应用, 例如, 应用在散列函数上, 而散列函数本身就有很多种应用, 比如确定数据储存位置的计算机存储地址. 最后, 我们将给出如何利用同余构造校验位, 用来确定一个认证数是否被错误复制.

在后面的章节中, 我们将会讨论有关同余的更多应用. 譬如, 在第 8 章中, 利用同余从不同的途径对消息进行加密; 在第 10 章中, 利用同余来产生伪随机数.

5.1 整除性检验

在小学大家都学过检验一个整数是否能被 3 整除, 只需检验该整数各位数相加之和能否被 3 整除就可以了. 这是一个整除性检验的例子, 它应用了一个整数的各位数字去检验这个数是否能被一个特定的除数整除, 而不是用这个可能的除数直接去除那个整数. 在本节中, 我们将基于这样的检验给出有关的理论. 特别地, 将利用同余给出基于 b 进制展开的整数的整除性检验, 其中 b 是一个正整数. 取 $b=10$, 即得到著名的用来检验整数能否被 2, 3, 4, 5, 7, 9, 11 和 13 等整除的检验. 可能你在很久以前就学过这些整除性检验, 在这里你会明白为什么要那样做.

被 2 的幂整除的检验 首先, 我们要推导出能够判断被 2 的幂整除的检验. 令 $n=32\,688\,048$, 因为它的最后一位是偶数, 所以容易看出 n 可以被 2 整除. 考虑下面这些问题: n 是否能被 $2^2=4$ 整除? 是否能被 $2^3=8$ 整除? $2^4=16$ 呢? 能够整除 n 的 2 的最高次幂是多少呢? 我们将要推导出一种检验的方法来回答这些问题, 而不是用 4, 8 这些 2 的幂一个个去除 n 来判断.

在以下的讨论中, 令 $n=(a_k a_{k-1} \cdots a_1 a_0)_{10}$. 那么 $n=a_k 10^k + a_{k-1} 10^{k-1} + \cdots + a_1 10 + a_0$, 其中 $0 \leqslant a_j \leqslant 9$, $j=0, 1, 2, \cdots, k$.

因 $10 \equiv 0 \pmod 2$, 由此可得到对所有的正整数 j 有 $10^j \equiv 0 \pmod{2^j}$, 因此

$$n \equiv (a_0)_{10} \pmod 2,$$
$$n \equiv (a_1 a_0)_{10} \pmod{2^2},$$
$$n \equiv (a_2 a_1 a_0)_{10} \pmod{2^3},$$
$$\vdots$$
$$n \equiv (a_{k-1} a_{k-2} \cdots a_2 a_1 a_0)_{10} \pmod{2^k}.$$

以上这些同余式告诉我们, 要判断一个整数 n 能否被 2 整除, 只需检验它的最后一位数字能否被 2 整除. 类似地, 判断 n 能否被 4 整除, 只需检验它的最后两位数字能否被 4

整除. 一般地, 要检验 n 能否被 2^j 整除, 只需检验组成整数 n 的最后 j 位数字能否被 2^j 整除即可.

例 5.1 令 $n = 32\,688\,048$. 由 $2 \mid 8$ 知 $2 \mid n$, 由 $4 \mid 48$ 知 $4 \mid n$, 由 $8 \mid 48$ 知 $8 \mid n$, 由 $16 \mid 8048$ 知 $16 \mid n$, 但因 $32 \nmid 88\,048$, 故 $32 \nmid n$.   ◄

被 5 的幂整除的检验 下面将推导能被 5 的幂整除的整除性检验.

为了推导出能被 5 的幂整除的整除性检验, 首先, 由 $10 \equiv 0 \pmod 5$, 有 $10^j \equiv 0 \pmod{5^j}$ 对所有整数 j 成立. 因此, 能被 5 的幂整除的整除性检验类似于能被 2 的幂整除的整除性检验, 我们只需检验组成整数 n 的最后 j 位数字能否被 5^j 整除来判断 5^j 是否能整除 n.

例 5.2 令 $n = 15\,535\,375$. 由 $5 \mid 5$ 知 $5 \mid n$, 由 $25 \mid 75$ 知 $25 \mid n$, 由 $125 \mid 375$ 知 $125 \mid n$, 但 $625 \nmid 5375$, 故 $625 \nmid n$.   ◄

被 3 和 9 整除的检验 下面将推导能被 3 和 9 整除的整除性检验.

注意到两同余式 $10 \equiv 1 \pmod 3$ 和 $10 \equiv 1 \pmod 9$ 同时成立, 因此有 $10^k \equiv 1 \pmod 3$ 和 $10^k \equiv 1 \pmod 9$ 同时成立, 由此可得到一个有用的同余式:

$$(a_k a_{k-1} \cdots a_2 a_1 a_0)_{10} = a_k 10^k + a_{k-1} 10^{k-1} + \cdots + a_1 10 + a_0$$
$$\equiv a_k + a_{k-1} + \cdots + a_1 + a_0 \pmod 3 \text{ 和} \pmod 9$$

从而, 我们只需检验 n 的各位数字之和是否能被 3 或 9 整除, 便可以分别判定 n 是否能被 3 或 9 整除.

例 5.3 令 $n = 4\,127\,835$. 那么 n 的各位数字之和是 $4 + 1 + 2 + 7 + 8 + 3 + 5 = 30$. 因 $3 \mid 30$ 但 $9 \nmid 30$, 故 $3 \mid n$ 但 $9 \nmid n$.   ◄

被 11 整除的检验 对能否被 11 整除可以找到一个相当简单的检验.

因为 $10 \equiv -1 \pmod{11}$, 所以有

$$(a_k a_{k-1} \cdots a_2 a_1 a_0)_{10} = a_k 10^k + a_{k-1} 10^{k-1} + \cdots + a_1 10 + a_0$$
$$\equiv a_k (-1)^k + a_{k-1} (-1)^{k-1} + \cdots - a_1 + a_0 \pmod{11}$$

这表明 $(a_k a_{k-1} \cdots a_2 a_1 a_0)_{10}$ 能被 11 整除的充要条件是对 n 的各位数字交替相加减, 所得到的整数 $a_0 - a_1 + a_2 - \cdots + (-1)^k a_k$ 能被 11 整除.

例 5.4 易知 $723\,160\,823$ 可以被 11 整除, 因为其各位数字交替相加减, 得到的整数是 $3 - 2 + 8 - 0 + 6 - 1 + 3 - 2 + 7 = 22$ 可以被 11 整除. 另一方面, $33\,678\,924$ 不能被 11 整除, 因 $4 - 2 + 9 - 8 + 7 - 6 + 3 - 3 = 4$ 不能被 11 整除.   ◄

被 7, 11, 13 整除的检验 接下来将要推导一个可以同时判断被素数 7, 11, 13 整除的整除性检验.

注意到 $7 \cdot 11 \cdot 13 = 1001$ 并且 $10^3 = 1000 \equiv -1 \pmod{1001}$. 因此

$$(a_k a_{k-1} \cdots a_2 a_1 a_0)_{10} = a_k 10^k + a_{k-1} 10^{k-1} + \cdots + a_1 10 + a_0$$
$$\equiv (a_0 + 10 a_1 + 100 a_2) + 1000 (a_3 + 10 a_4 + 100 a_5)$$
$$+ (1000)^2 (a_6 + 10 a_7 + 100 a_8) + \cdots$$
$$\equiv (100 a_2 + 10 a_1 + a_0) - (100 a_5 + 10 a_4 + a_3)$$
$$+ (100 a_8 + 10 a_7 + a_6) - \cdots$$

$$= (a_2a_1a_0)_{10} - (a_5a_4a_3)_{10} + (a_8a_7a_6)_{10} - \cdots (\bmod 1001).$$

这个同余式告诉我们，一个整数模 1001 同余于这样一个数，即它是将原来那个整数按照十进制展开，然后从最右端开始每连续的三位数字分成一组，再按照原顺序构成新的三位数，最后将它们连续地交替相加减而得到的整数. 从而，因 7，11，13 均是 1001 的因子，故为了判断一个整数是否能被 7，11 或 13 整除，只需要检验这些三位数的交替加减是否能被 7，11 或 13 整除.

例 5.5 令 $n = 59\,358\,208$. 按照以上方法每三位数字分组得到的整数的交替加减 $208 - 358 + 59 = -91$ 可以被 7 和 13 整除，但不能被 11 整除，由此可知：$7 \mid n$，$13 \mid n$，但 $11 \nmid n$.

我们在习题中提出的另外一种检验整数能否被 7，11 或 13 整除的方法实际上也可检验能否被任意与 10 互素的整数整除.

基于 b 进制表示的整除性检验 目前为止我们所推导的一切整除性检验都是基于 10 进制的，现在，我们来推导使用 b 进制表示的整除性检验，这里 b 是一个正整数.

定理 5.1 若 $d \mid b$，并且 j，k 都是正整数，满足 $j < k$，那么 $(a_k \cdots a_1 a_0)_b$ 可被 d^j 整除当且仅当 $(a_{j-1} \cdots a_1 a_0)_b$ 可以被 d^j 整除.

证明 因 $b \equiv 0 (\bmod d)$，故 $b^j \equiv 0 (\bmod d^j)$. 因此

$$
\begin{aligned}
(a_k a_{k-1} \cdots a_1 a_0)_b &= a_k b^k + \cdots + a_j b^j + a_{j-1} b^{j-1} + \cdots + a_1 b + a_0 \\
&\equiv a_{j-1} b^{j-1} + \cdots + a_1 b + a_0 \\
&= (a_{j-1} \cdots a_1 a_0)_b (\bmod d^j).
\end{aligned}
$$

因而，$d^j \mid (a_k a_{k-1} \cdots a_1 a_0)_b$ 当且仅当 $d^j \mid (a_{j-1} \cdots a_1 a_0)_b$. ∎

定理 5.1 将十进制记号表示的被 2 的方幂和 5 的方幂整除的整除性检验推广到其他进制整数的整除性检验.

定理 5.2 若 $d \mid (b-1)$，那么 $n = (a_k \cdots a_1 a_0)_b$ 可被 d 整除当且仅当 n 的各位数字之和 $a_k + a_{k-1} \cdots + a_1 + a_0$ 可以被 d 整除.

证明 由 $d \mid (b-1)$ 知 $b \equiv 1 (\bmod d)$. 因此根据定理 4.8，对任意正整数 j，有 $b^j \equiv 1 (\bmod d)$. 从而 $n = (a_k \cdots a_1 a_0)_b = a_k b^k + \cdots + a_1 b + a_0 \equiv a_k + \cdots + a_1 + a_0 (\bmod d)$. 这表明，$d \mid n$ 当且仅当 $d \mid a_k + \cdots + a_1 + a_0$. ∎

定理 5.2 将十进制符号表示的被 3 和 9 整除的整除性检验推广到其他进制整数的整除性检验.

定理 5.3 若 $d \mid (b+1)$，那么 $n = (a_k \cdots a_1 a_0)_b$ 可被 d 整除当且仅当 n 的各位数字的交错和 $(-1)^k a_k + \cdots - a_1 + a_0$ 可以被 d 整除.

证明 由 $d \mid (b+1)$ 可知 $b \equiv -1 (\bmod d)$. 因此 $b^j \equiv (-1)^j (\bmod d)$. 从而 $n = (a_k \cdots a_1 a_0)_b \equiv (-1)^k a_k + \cdots - a_1 + a_0 (\bmod d)$. 故 $d \mid n$ 当且仅当 $d \mid ((-1)^k a_k + \cdots - a_1 + a_0)$. ∎

定理 5.3 将十进制符号表示的被 11 整除的整除性检验推广到其他进制整数的整除性检验.

例 5.6 令 $n = (7F28A6)_{16}$（十六进制）. 这里，基为 $b = 16$. 因 $2 \mid 16$，由定理 5.1 且 $2 \mid 6$，故 $2 \mid n$. 但 $2^2 = 4 \nmid n$，因为 $4 \nmid (A6)_{16} = (166)_{10}$.

因为 $b-1=15=3 \cdot 5$，故可用定理 5.2 检验被 3，5 和 15 整除的整除性，注意到 n 的各位数字之和为 $7+F+2+8+A+6=(30)_{16}=(48)_{10}$. 因为 $3 \mid 48$，但 $5 \nmid 48$，$15 \nmid 48$，故由定理 5.2 可知，$3 \mid n$，但 $5 \nmid n$，$15 \nmid n$.

因为 $b+1=17$，故可用定理 5.3 检验被 17 整除的整除性. 注意到 n 的各位数字的交错和为 $6-A+8-2+F-7=(A)_{16}=(10)_{10}$，因 $17 \nmid 10$，故 $17 \nmid n$.　◀

例 5.7　令 $n=(1001001111)_2$. 则利用定理 5.3 可知 $3 \mid n$，因为 $n \equiv 1-1+1-1+0-0+1-0+0-1 \equiv 0 (\mathrm{mod}\ 3)$ 且 $3 \mid (2+1)$.　◀

5.1 节习题

1. 求能够整除下列每个正整数的 2 的幂的最大值.

 a) 201 984　　　　　b) 1 423 408　　　　　c) 89 375 744　　　　　d) 41 578 912 246

2. 求能够整除下列每个正整数的 5 的幂的最大值.

 a) 112 250　　　　　b) 4 860 625　　　　　c) 235 555 790　　　　　d) 48 126 953 125

3. 下列哪个整数可以被 3 整除？在那些被 3 整除的数中，哪个可以被 9 整除？

 a) 18 381　　　　　b) 65 412 351　　　　　c) 987 654 321　　　　　d) 78 918 239 735

4. 下列哪个整数可以被 11 整除？

 a) 10 763 732　　　b) 1 086 320 015　　　c) 674 310 976 375　　d) 8 924 310 064 537

5. 求能够整除下列整数的 2 的幂的最大值.

 a) $(101111110)_2$　　b) $(1010000011)_2$　　c) $(111000000)_2$　　d) $(1011011101)_2$

6. 在习题 5 中确定可以被 3 整除的整数.

7. 下列哪些整数可以被 2 整除？

 a) $(1210122)_3$　　b) $(211102101)_3$　　c) $(1112201112)_3$　　d) $(10122222011101)_3$

8. 在习题 7 中哪些整数可以被 4 整除？

9. 下列哪些整数可以被 3 整除？哪些可以被 5 整除？

 a) $(3EA235)_{16}$　　b) $(ABCDEF)_{16}$　　c) $(F117921173)_{16}$　　d) $(10AB987301f)_{16}$

10. 在习题 9 中哪些整数可以被 17 整除？

 一个幺循环整数（repunit）是在十进制展开下所有位都是 1 的整数.

11. 求解什么样的幺循环整数可以被 3 整除？哪些幺循环整数可以被 9 整除？

12. 求哪些幺循环整数可以被 11 整除？

13. 求哪些幺循环整数可以被 1001 整除？哪些可以被 7 整除？哪些可以被 13 整除？

14. 求位数不超过 10 位的且是素数的幺循环整数.

 b 进制幺循环数是在 b 进制展开下所有位都是 1 的整数.

15. 求可以被 $(b-1)$ 的因子整除的 b 进制幺循环数.

16. 求可以被 $(b+1)$ 的因子整除的 b 进制幺循环数.

 b 进制回文数是在 b 进制表示下正读和反读都相同的整数.

17. 求证任何一个偶数位的十进制回文数都可以被 11 整除.

18. 求证任何一个偶数位的七进制回文数都可以被 8 整除.

19. 基于 $10^3 \equiv 1 (\mathrm{mod}\ 37)$ 推导一个可以检验是否被 37 整除的检验，并利用该检验验证 443 692 和 11 092 785 是否被 37 整除.

20. 设计一个检验判断一个 b 进制表示的整数是否可以被 n 整除，其中 n 是 b^2+1 的因子（提示：把该整数在 b 进制表示下从右边开始每两位分为一组）.

21. 用在习题 20 中设计的检验判断下列命题:

    a) $(101110110)_2$ 可以被 5 整除.

    b) $(12100122)_3$ 可以被 2 整除. 它是否可以被 5 整除?

    c) $(364701244)_8$ 可以被 5 整除. 它是否可以被 13 整除?

    d) $(5837041320219)_{10}$ 可以被 101 整除.

22. 有一张字迹模糊的旧收据,上面写着 88 只鸡的价格是 $x4.2y$ 美元,其中 x,y 代表已经读不出来的位上的数字,那么每只鸡的价格是多少呢?

23. 利用模 9 的同余来求出丢失的数字,该等式是 $89\,878 \cdot 58\,965 = 5299?\,56\,270$,其中用问号来表示该位上的数字已丢失.

24. 假设 $n = 31\,888\,x74$,此处 x 代表一位丢失的数字,求出所有可能的 x 的值,使得 n 分别被下列整数整除:

    a) 2   b) 3   c) 4   d) 5   e) 9   f) 11

25. 假设 $n = 917\,4x8\,835$,此处 x 代表一位丢失的数字,求出所有可能的 x 的值,使得 n 分别被下列整数整除:

    a) 2   b) 3   c) 5   d) 9   e) 11   f) 25

    我们可以通过判断同余式 $c \equiv ab \pmod{m}$ 是否成立来判断乘式 $c = ab$ 是否正确,其中 m 是任意一个模数. 如果可以断定 c 模 m 与 ab 不同余,那么可以得到 $c = ab$ 是错误的. 当我们取 $m = 9$ 且利用事实十进制的整数模 9 同余于其各位数字之和,这样可得到一个检验称作"弃九法".

26. 利用弃九法检验下列乘式.

    a) $875\,961 \cdot 2753 = 2\,410\,520\,633$

    b) $14\,789 \cdot 23\,567 = 348\,532\,367$

    c) $24\,789 \cdot 43\,717 = 1\,092\,700\,713$

27. 利用弃九法检验一个乘式是否足够可靠?

28. 将一个整数按照十进制展开,怎样将它的各位数字组合使得得到的新数模 99 同余于该整数自身?利用你所得到的答案,推导出一个基于弃九十九法的乘式检验. 并利用该检验法检验习题 26 的各个乘式.

29. 本习题中,我们将建立一种整除性检验的一般方法,设 $n = (a_k a_{k-1} \cdots a_1 a_0)_{10}$,$d$ 为正整数且 $(d, 10) = 1$.首先证明如果 e 是 10 模 d 的逆,则 $d \mid n$ 当且仅当 $d \mid n' = (n - a_0)/10 + ea_0$. 利用这一结论证明我们可以通过生成序列 n,n',$(n')'$,$\cdots$,直到得到一项可以手算其能否被 d 整除来检验 d 能否整除 n.

30. 利用习题 29 建立一种检验能否被以下整数整除的方法:

    a) 7   b) 11   c) 17   d) 23

31. 利用习题 29 建立一种检验能否被以下整数整除的方法:

    a) 13   b) 19   c) 21   d) 27

32. 利用你在习题 30 中建立的方法来检验下列整数能否被 7,11,13 及 23 整除.

    a) 851   b) 8694   c) 20 493   d) 558 851

33. 利用你在习题 31 中建立的方法来检验下列整数能否被 13,19,21 及 27 整除.

    a) 798   b) 2340   c) 34 257   d) 348 327

计算和研究

1. 设 n 是一个不超过 30 的正整数,判断具有 n 位数的幺循环整数是否是素数. 你可以得到更进一步的结论吗?

程序设计

1. 给定正整数 n,求能够整除 n 的 2 的最高幂次数和 5 的最高幂次数.

2. 给定正整数 n，检验其能否被 3，7，9，11 和 13 整除（对于 7 和 13 利用模 1001 的同余）.

3. 给定正整数 n，通过将 n 在 b 进制下展开，求该整数的因子 b 在 n 中的最高次数.

4. 将一个正整数 n 进行 b 进制展开，检验 $b-1$ 和 $b+1$ 的因子是否可以整除该数.

5.2　万年历

在本节中，我们将给出一个计算公式，用来计算任何一年的任何一天的星期数. 因为日期的星期数是以 7 为周期的，所以可以利用模 7 的同余来计算. 我们把一个星期的每一天用集合 0，1，2，3，4，5，6 中的一个数表示，并设置

- 星期天＝0，
- 星期一＝1，
- 星期二＝2，
- 星期三＝3，
- 星期四＝4，
- 星期五＝5，
- 星期六＝6.

埃及历法每年精确到 365 天，尤利乌斯·凯撒（Julius Caesar）推行了一种新的历法叫做凯撒历法，该历法每年的平均长度是 $365\frac{1}{4}$ 天，同时为了更好地反映每一年的实际长度，每四年会增加一个闰年. 但是，最新的计算表明每一年的真实长度大约是 365.2422 天. 随着世纪的更迭，每年会有 0.0078 天的误差被累加起来，所以到了 1582 年已经大约有多余的 10 天被没有必要地加到了闰年里面. 为了纠正它，格里哥利（Cregory）教皇在 1582 年创立了一种新历法. 首先，多余的十天被加进了原来的日期里，所以 1582 年 10 月 5 号变成了 1582 年 10 月 15 号（10 月 6 日到 10 月 14 日的日期被跳了过去）. 闰年可以精确地定义为：除了年份能够整除 100 年（即标志世纪开始的年），年份能够整除 4 的都是闰年，而那些年份能够整除 100 的年只有在年份同时被 400 整除时才是闰年. 作为例子，1700 年，1800 年，1900 年和 2100 年都不是闰年，但 1600 年和 2000 年是闰年. 按照这种安排，一个历法年的平均长度变成了 365.2425 天，相当接近于实际的 365.2422 天. 每年仍会有 0.0003 天的误差，即每 10 000 年会有 3 天的误差. 将来，这个差异会得到更正，并且已经提出了多种可能的方法去纠正这个误差.

在处理世界上不同地区的历法日期时，有一个事实是必须考虑的，即并不是所有的地区都是在 1582 年采用的格里哥利历法. 在英国及现在的美国，直到 1752 年才采用该历法，因此需要加上 11 天. 即在这些地区凯撒历法的 1752 年 9 月 3 号变成了格里哥利历法的 1752 年 9 月 14 号. 日本是 1873 年采用的格里哥利历法，俄罗斯及其周边国家是 1917 年，而希腊一直到 1923 年才采用此历法.

现在，我们将建立一个公式（称为万年历）来求在格里哥利历法下给定的一个日期的星期数. 因为闰年中多出来的一天加到了二月的最后一天，所以我们有必要首先做出一些调整. 从每年的三月份开始，对月份重新进行计数，并将一月份和二月份算作前一年的一部分，比如，2000 年 2 月被认为是 1999 年的第十二个月，而 2000 年 5 月则是 2000 年的第三个月. 为了便于计算日期，在这种协议下，令

- $k=$ 每一月份中的日期；
- $m=$ 月份，且有

一月份 $=11$	七月份 $=5$
二月份 $=12$	八月份 $=6$
三月份 $=1$	九月份 $=7$
四月份 $=2$	十月份 $=8$
五月份 $=3$	十一月份 $=9$
六月份 $=4$	十二月份 $=10$

- $N=$ 年份，N 是当前年份，该年的一月份和二月份归到前一年中，并且 $N=100C+Y$，其中
  - $C=$ 世纪数，
  - $Y=$ 每一世纪中特定的年份.

例 5.8 对于 1951 年 4 月 3 号，有 $k=3$，$m=2$，$N=1951$，$C=19$ 和 $Y=51$. 但注意对于 1951 年 2 月 28 号，有 $k=28$，$m=12$，$N=1950$，$C=19$ 和 $Y=50$，这是因为在我们的计算中，把二月份算作前一年的第十二个月了. ◀

以每一年的 3 月 1 号作为起点，令 d_N 代表第 N 年的 3 月 1 号的星期数. 从 1600 年开始，我们计算每一给定的年份的 3 月 1 号的星期数. 注意到如果第 N 年不是闰年，则第 $N-1$ 年与第 N 年的 3 月 1 号之间有 365 天，且因为 $365 \equiv 1 \pmod 7$，所以 $d_N \equiv d_{N-1} + 1 \pmod 7$，而若第 N 年是闰年，因这连续两年的 3 月 1 号之间多了一天，故

$$d_N \equiv d_{N-1} + 2 \pmod 7.$$

因此，由 d_{1600} 计算 d_N，首先要计算出第 N 年与 1600 年间有多少个闰年（不包括 1600 年但包括第 N 年），令这个数目是 x，为了计算 x，利用带余除法，在第 1600 年到第 N 年之间，有 $[(N-1600)/4]$ 个年份可以被 4 整除，有 $[(N-1600)/100]$ 个年份可以被 100 整除，有 $[(N-1600)/400]$ 个年份可以被 400 整除. 因而

$$
\begin{aligned}
x &= [(N-1600)/4] - [(N-1600)/100] + [(N-1600)/400] \\
&= [N/4] - 400 - [N/100] + 16 + [N/400] - 4 \\
&= [N/4] - [N/100] + [N/400] - 388.
\end{aligned}
$$

（我们利用了例 1.4 中的等式来简化这里的表述）. 把 C 和 Y 代入到上式，可得

$$
\begin{aligned}
x &= [25C + (Y/4)] - [C + (Y/100)] + [(C/4) + (Y/400)] - 388 \\
&= 25C + [Y/4] - C + [C/4] - 388 \\
&\equiv 3C + [C/4] + [Y/4] - 3 \pmod 7.
\end{aligned}
$$

这里再次利用了例 1.4 中的等式、不等式 $Y/100 < 1$ 和方程 $[(C/4) + (Y/400)] = [C/4]$（因 $Y/400 < 1/4$，故这可以从第 1.5 节中的习题 27 推出）.

现在可以根据 d_{1600} 计算 d_N 了，每过一年则在 d_{1600} 上加一天，并且加上在 1600 年到第 N 年间因闰年而多出的天数. 这样便得到以下公式：

$$
\begin{aligned}
d_N &\equiv d_{1600} + N - 1600 + x \\
&= d_{1600} + 100C + Y - 1600 + 3C + [C/4] + [Y/4] - 3 \pmod 7.
\end{aligned}
$$

整理可得

$$d_N \equiv d_{1600} - 2C + Y + [C/4] + [Y/4] \pmod 7.$$

我们已经导出了联系任何一年 3 月 1 号的星期数与 1600 年 3 月 1 号的星期数的公式. 利用事实 1982 年 3 月 1 号是星期一,可以推导 1600 年 3 月 1 号的星期数. 对于 1982 年,因 $N=1982$,故 $C=19$,$Y=82$,又 $d_{1982}=1$,可得

$$1 \equiv d_{1600} - 38 + 82 + [19/4] + [82/4] \equiv d_{1600} - 2 \pmod 7.$$

因此,$d_{1600}=3$,即 1600 年 3 月 1 号是星期三. 将 d_{1600} 的值代入计算 d_N 的公式便可得到

$$d_N \equiv 3 - 2C + Y + [C/4] + [Y/4] \pmod 7.$$

现在利用以上公式来计算第 N 年每个月的第一天的星期数. 为了计算某个特定月份的第一天的星期数,我们会用到它与前一个月第一天的星期数相差的数值. 因为 $30 \equiv 2 \pmod 7$,所以若某月有 30 天,那么它下月的第一天的星期数要比这个月第一天的星期数增加 2;如果是 31 天,则因 $31 \equiv 3 \pmod 7$,所以星期数会增加 3. 因而我们必须加上以下天数:

从 3 月 1 号到 4 月 1 号:3 天
从 4 月 1 号到 5 月 1 号:2 天
从 5 月 1 号到 6 月 1 号:3 天
从 6 月 1 号到 7 月 1 号:2 天
从 7 月 1 号到 8 月 1 号:3 天
从 8 月 1 号到 9 月 1 号:3 天
从 9 月 1 号到 10 月 1 号:2 天
从 10 月 1 号到 11 月 1 号:3 天
从 11 月 1 号到 12 月 1 号:2 天
从 12 月 1 号到 1 月 1 号:3 天
从 1 月 1 号到 2 月 1 号:3 天

我们需要一个能够给出与上面具有相同增量的公式. 注意到一共有 11 个增量共 29 天,故平均每个增量是 2.6 天. 通过观察,可以发现当 m 取 2 到 12 时,函数 $[2.6m - 0.2] - 2$ 给出了与上面相同的增量,而 $m=1$ 时,函数值为零(该公式最先由克里斯蒂安·采勒 (Christian Zeller [⊖]) 提出,很明显他是根据不断地实验和修正得到此公式的). 因此,第 N 年第 m 月第一天的星期数是由 $d_N + [2.6m - 0.2] - 2$ 模 7 的最小非负剩余给出的.

记 W 为第 N 年第 m 月第 k 天的星期数,我们只需要在已经推导出的计算该月第一天的星期数公式中添加 $k-1$,得到

$$W \equiv k + [2.6m - 0.2] - 2C + Y + [Y/4] + [C/4] \pmod 7.$$

我们可以利用这个公式计算出格里哥利历法任何一年中任何一天的星期数.

例 5.9 求 1900 年 1 月 1 号的星期数. 易知 $C=18$,$Y=99$,$m=11$,$k=1$(因我们把 1 月看作先前一年的第 11 月). 因此有

$$W \equiv 1 + 28 - 36 + 99 + 24 + 4 \equiv 1 \pmod 7.$$

从而 1900 年 1 月 1 号是星期一.   ◀

⊖ 克里斯蒂安·采勒(1849—1899)生于德国 Neckar 的 Muhlhausen. 他在完成神学学习后成为一名神父. 1874 年到 1898 年,他担任 Markgroningen 女子学院院长. 他在 1882 年发表计算特定日期的星期数的公式.

5.2 节习题

1. 求出你出生那一天的星期数，并算出你今年生日的星期数.

2. 求下列在美国历史上重要日期的星期数(1752 年 9 月 3 号以前用凯撒历法，从 1752 年 9 月 14 号至今用格里哥利历法.)

    * a) 1492 年 10 月 12 号   哥伦布在加勒比发现大陆

    * b) 1692 年 5 月 6 号   彼得·米纽依特从当地土著那里购买了曼哈顿

    * c) 1752 年 6 月 15 号   本杰明·富兰克林发明了避雷针

      d) 1776 年 7 月 4 号   美国独立宣言发表

      e) 1867 年 3 月 30 号   美国从俄罗斯购买了阿拉斯加州

      f) 1888 年 3 月 17 号   美国东部发生特大暴风雪

      g) 1898 年 2 月 15 号   美国"缅因号"军舰在哈瓦那港突然发生爆炸沉没

      h) 1925 年 7 月 2 号   Scopes 因教进化论获罪案

      i) 1945 年 7 月 16 号   第一颗原子弹爆炸成功

      j) 1969 年 7 月 20 号   人类第一次登上月球

      k) 1974 年 8 月 9 号   尼克松总统辞职

      l) 1979 年 3 月 28 号   三里岛核电站核泄露事件

      m) 1984 年 1 月 1 号   "大贝尔"公司解体

      n) 1991 年 12 月 25 号   苏联解体

      o) 2027 年 6 月 5 号   人类第一次登上火星

3. 在 2020 年有几个月的 13 号均是星期五？

4. 从公元 1 年到公元 10 000 年间一共包含多少个闰年？

5. 为了修改格里哥利历法中每一年的天数与每年实际天数之间的微小差异，有人建议能被 4000 整除的年份将不是闰年. 请考虑以上修改求给定日期星期数的公式以进行校正.

6. 证明在同一个世纪里，如果两个不同的年份相差 28，56 或 84 年，则它们相同的历法日期具有相同的星期数.

7. 在你出生后的一百年里，有哪些年的生日的星期数与你出生那天的星期数相同？

8. 在序列 1995，1997，1998，1999，2001，2002，2003 中下一项应该是多少？

9. 在序列 1700，1800，1900，2100，2200，2300 中下一项应该是多少？

10. 证明在连续的 400 年中闰年的数目总是相同的，并求出这个数.

11. 证明一年中两个连续月份的 13 号均是星期五当且仅当这两个月是二月和三月并且这一年的 1 月 1 号是星期四.

* 12. 有人建议用一种新的历法叫做国际固定日历. 这种历法有 13 个月，包括所有现有的月份，又增加了一个新的叫"Sol"的月份，并且插在了六月份和七月份之间. 每个月都有 28 天，但闰年的 6 月份多一天(闰年的判定方法跟格里哥利历法一样). 还有一天不属于任何一个月称为岁末天，可以把它认为是 12 月 29 号. 为国际固定历法设计一个永久性的历法表，并给出历法日期的星期数.

13. 证明：在格里哥利历法下，每年至少有一个月的 13 号是星期五.

14. 对任意整数 k，$1 \leqslant k \leqslant 30$，证明格里哥利历法的每年的 12 个月中的第 k 天包含了所有七个星期数.

15. 给定格里哥利历法中某一年，确定某个月的 31 号有多少可能的星期数.

16. 求在一个世纪里最多有几个年份的 2 月份有五个星期天.

计算和研究

1. 求在 1800 年到 2300 年间每个月的第十三天是星期五的月份的个数. 你能根据你发现的现象提出并证明一个猜想吗？

程序设计

1. 确定任何一个日期（按年月日记）的星期数.
2. 打印出任何一年的日历表.
3. 打印出指定某年的国际固定历法（见习题 12）的历法表.

5.3 循环赛赛程

同余可以用来安排循环赛的赛程. 在本节中，我们将说明如何安排 N 个队的循环赛的赛程，使得每个队每天至多有一场比赛，循环赛历时 $N-1$ 天，且与其他任何一个队都比赛一次. 我们叙述的方法是由弗轮德（Freund）发明的[Fr56].

首先，注意到若 N 是奇数，则因各队配好对以后，实际参加比赛的队的总数是偶数，所以在每一轮中，并不是所有的队都参加比赛. 所以，若 N 是奇数，则可以添加一个虚拟的队，在某一轮中与虚拟的队配对的队在本轮中轮空，不参加比赛. 因此，可以始终假设有偶数个队参加比赛，在必要时增加一个虚拟队.

将 N 个队用整数 1，2，3，$\cdots$，$N-1$，N 编号. 构造一个赛程，按照下列方式进行配对. 若 $i+j\equiv k(\mod N-1)$，$i\neq N$，$j\neq N$，且 $j\neq i$，则在第 k 轮中，第 i 队与第 j 队比赛. 除了第 N 队和满足 $2i\equiv k(\mod N-1)$ 的第 i 队外，这个赛程表让其他所有队在第 k 轮中都参加比赛. 这样的第 i 队是存在的，因为 $(2,N-1)=1$，由定理 4.10 可知，故同余方程 $2x\equiv k(\mod N-1)$ 在 $1\leqslant x\leqslant N-1$ 时有且仅有一解. 让这第 i 队与第 N 队在第 k 轮中比赛.

现在，我们将会证明每个队与其他任何一个队都只比赛一次. 先考虑前 $N-1$ 个队，注意到在第 k 轮中第 i 队与第 N 队只比赛一次，其中 $1\leqslant i\leqslant N-1$ 且 $2i\equiv k(\mod N-1)$. 换句话说，第 i 队不会两次与同一队比赛. 若第 i 队在第 k 轮和在第 k' 轮均与第 j 队比赛，则 $i+j\equiv k(\mod N-1)$ 和 $i+j\equiv k'(\mod N-1)$. 这显然矛盾，因为 $k\equiv k'(\mod N-1)$. 因此，前 $N-1$ 个队的每一个队都比赛 $N-1$ 次，并且和同一队比赛不超过两次，故它和每个队只比赛一次. 还有，第 N 队参加了 $N-1$ 次比赛，且任何其他队与第 N 队只比赛一次，故第 N 队与其他任何一队只比赛一次.

例 5.10 为了安排五个队的循环赛，将这五个队用整数 1，2，3，4，5 编号，虚拟队用 6 编号. 在第一轮中，第 1 队与第 j 队比赛，其中 $1+j\equiv1(\mod 5)$. 此处，$j=5$ 时同余式成立，故第 1 队与第 5 队比赛. 因同余式 $2+j\equiv1(\mod 5)$ 的解是 $j=4$，故在第一轮中，第 2 队与第 4 队比赛. 又 $i=3$ 是同余式 $2i\equiv1(\mod 5)$，故第 3 队与第 6 队即虚拟队配对，因此，在第一轮中第 3 队轮空. 继续这个步骤，便可以完成在其他轮的赛程安排，如表 5.1 所示，第 k 轮第 i 队的对手在第 k 行第 i 列给出.

表 5.1 五队循环赛赛程安排

轮	队				
	1	2	3	4	5
1	5	4	bye	2	1
2	bye	5	4	3	2
3	2	1	5	bye	3
4	3	bye	1	5	4
5	4	3	2	1	bye

5.3 节习题

1. 为下面的小组安排循环比赛的赛程.
   a) 7 个队　　　　b) 8 个队　　　　c) 9 个队　　　　d) 10 个队
2. 在安排循环赛赛程时，我们希望能够对每个队确定出主队与客队，使得当 N 是奇数时，N 个队中的每一个队主场与客场比赛的次数是一样的. 规定当 $i+j$ 是奇数时，i 和 j 中较小的一个队为主队，而当 $i+j$ 是偶数时，i 和 j 中较大的一个队为主队. 证明每个队主场与客场比赛的次数是相同的.
3. 在安排循环赛赛程时，利用习题 2 为含有下列队数的每场比赛确定其主队.
   a) 5 个队　　　　b) 7 个队　　　　c) 9 个队

计算和研究

1. 为 13 个队确定一个循环赛程，并在每场比赛中指定好主队.

程序设计

1. 设 n 是一个正整数，为 n 个队确定一个循环赛赛程.
2. 设 n 是一个奇正整数，利用习题 2，为 n 个队确定一个循环赛赛程，并在每场比赛中指定主队.

5.4　散列函数

　　某个大学想要在计算机中为它的每一个学生储存一份文件. 每份文件的识别号码或者说关键词是每个学生的社会安全号码. 社会安全号码是一个九位数的整数，所以为每个可能的社会安全号码建立一个存储地址几乎是不可行的. 但可以利用一个系统化的方法，这种方法利用适当数量的存储单元，将这些文件排列在存储器中，这样就会很容易地访问每份文件. 排列文件的系统方法是基于散列函数发展起来的. 一个散列函数为每一份文件分配一个特定的存储单元. 现在已经有许多类型的散列函数，但最常用的类型是模运算. 我们将在此讨论这种类型的函数；关于更一般的散列函数的讨论，见 Knuth［Kn97］或［CoLeRi01］.

　　令 k 是被存储文件的关键词，在我们的例子中，k 是一个学生的社会安全号码. 令 m 是一个正整数. 定义散列函数 $h(k)$ 为

$$h(k) \equiv k \pmod{m},$$

其中，$0 \leqslant h(k) < m$，因此，$h(k)$ 是 k 模 m 的最小正剩余. 我们希望能够巧妙地找出一个 m，使得文件合理地分布在 m 个不同的存储单元 0，1，2，…，$m-1$ 中.

　　首先要谨记的是 m 不能是用来表示一个关键词的基底 b 的方幂. 举个例子，当利用社会安全号码作为关键词时，m 不能是 10 的方幂，比如 10^3，这是因为此时散列函数的值会简单地变为关键词的最后几位数字，而且可能导致关键词不会在存储单元中分布均匀. 例如，早期颁发的社会安全号码的最后三位数字往往会在 000 到 099 之间，很少会在 900 到 999 之间. 类似地，利用一个可以整除 $b^k \pm a$ 的数也是不明智的，其中 k 和 a 对模 m 来说是较小的整数. 在这种情况下，$h(k)$ 往往会强烈地依赖于关键词的某几位数，并且相似的却重排了数字顺序的不同的关键字可能会被发送到同一个存储单元. 例如，若 $m=111$，因为 $111 \mid (10^3 - 1) = 999$，即 $10^3 \equiv 1 \pmod{111}$，所以社会安全号码 064 212 848 和 064 848 212 会被发送到同一个存储地址，因为

$$h(064\,212\,848) \equiv 064\,212\,848 \equiv 064 + 212 + 848 \equiv 1124 \equiv 14 \pmod{111}$$

且

$$h(064\ 848\ 212) \equiv 064\ 848\ 212 \equiv 064 + 848 + 212 \equiv 1124 \equiv 14 (\mod 111).$$

为了避免这个麻烦，m 应该是接近于存储单元数目的一个素数. 例如，若有 5000 个存储单元适合存储 2000 个学生的文件，则应该取 m 为素数 4969.

若散列函数为两份不同的文件分配了相同的存储单元，则称存在一个冲突. 我们需要一个方法来解决这个冲突，以使得每份文件能分配到唯一的存储单元. 有两种解决冲突的策略. 第一种策略是，当发生冲突时，将会增加额外的存储单元，并与先前的存储单元建立链接. 当某个人想对产生了冲突的文件进行存取，首先应对涉及的特定关键词的散列函数进行计算，然后搜索与该存储单元有链接的列表.

第二种冲突解决策略是当分配给文件的地址被占据时，会寻找一个开放的存储地址. 为了达到这个目的，人们提出了各种各样的建议，比如下面这个技术：

从初始的散列函数 $h_0(k) = h(k)$ 开始，定义一个存储地址序列：$h_1(k)$，$h_2(k)$，…. 首先试着把关键字为 k 的文件放在地址 $h_0(k)$，若这个地址被占有，则移动到下一个地址 $h_1(k)$，若该地址也被占有，则继续移动到地址 $h_2(k)$，如此继续.

有多种不同的方式选择序列函数 $h_j(k)$. 最简单的一种方式是令

$$h_j(k) \equiv h(k) + j (\mod m), \qquad 0 \leqslant h_j(k) < m.$$

这种方式使得存储关键词 k 的文件的地址离前面的存储地址 $h(k)$ 尽可能地近. 注意到对 $h_j(k)$ 的这种选择，所有的存储单元都会被检测到，因此，若有开放的地址，则会被找到. 遗憾的是，$h_j(k)$ 的这种简单的选择会导致一个困难，即文件会趋于堵塞. 可以看到，对非负整数 i 和 j，若 $k_1 \neq k_2$ 且 $h_i(k_1) = h_j(k_2)$，则 $h_{i+k}(k_1) = h_{j+k}(k_2)$，$k = 1$，2，3，…. 所以只要产生一个冲突，便会产生一系列相同的地址. 这降低了在列表中搜索文件的效率. 为了避免堵塞的问题，我们以另外一种方式选择 $h_j(k)$.

为了避免堵塞，我们利用被称作双重散列（double hashing）的技术. 首先如前，选择 $h(k) \equiv k (\mod m)$，作为散列函数，其中 $0 \leqslant h(k) < m$，m 是素数. 取第二个散列函数

$$g(k) \equiv k + 1 (\mod m - 2),$$

其中 $0 < g(k) \leqslant m - 2$，所以 $(g(k), m) = 1$. 取

$$h_j(k) \equiv h(k) + j \cdot g(k) (\mod m)$$

作为检测序列，其中 $0 \leqslant h_j(k) < m$. 因 $(g(k), m) = 1$，当 j 遍历所有整数 0，1，2，…，$m - 1$ 时，所有的存储单元将被选出. 理想的情况是 $m - 2$ 也是素数，从而 $g(k)$ 的值会以一种合理的方式进行分布. 因此，我们希望 m 和 $m - 2$ 是一对孪生素数.

例 5.11 在我们的例子中利用社会安全号码，且 $m = 4969$ 和 $m - 2 = 4967$ 均是素数. 检测序列是

$$h_j(k) \equiv h(k) + j \cdot g(k) (\mod 4969),$$

其中 $0 \leqslant h_j(k) < 4969$，$h(k) \equiv k (\mod 4969)$，$g(k) \equiv k + 1 (\mod 4967)$.

假设我们希望能给具有下列社会安全号码的学生文件分配存储地址：

$$k_1 = 344\ 401\ 659 \qquad\qquad k_2 = 325\ 510\ 778$$
$$k_3 = 212\ 228\ 844 \qquad\qquad k_4 = 329\ 938\ 157$$
$$k_5 = 047\ 900\ 151 \qquad\qquad k_6 = 372\ 500\ 191$$

$$k_7 = 034\ 367\ 980 \qquad\qquad k_8 = 546\ 332\ 190$$
$$k_9 = 509\ 496\ 993 \qquad\qquad k_{10} = 132\ 489\ 973$$

因为 $k_1 \equiv 269$，$k_2 \equiv 1526$ 和 $k_3 \equiv 2854 \pmod{4969}$，所以首先分别分配三个文件的地址为 269，1526 和 2854.

因 $k_4 \equiv 1526 \pmod{4969}$，但存储地址 1526 已经被占用，所以计算 $h_1(k_4) \equiv h(k_4) + g(k_4) = 1526 + 216 = 1742 \pmod{4969}$，这是因为 $g(k_4) \equiv 1 + k_4 \equiv 216 \pmod{4967}$.

因为地址 1742 是自由的，故可将这个地址分配给第四个文件. 第五、六、七、八个文件分别可以分配到合适的地址：3960，4075，2376 和 578，这是因为 $k_5 \equiv 3960$，$k_6 \equiv 4075$，$k_7 \equiv 2376$，$k_8 \equiv 578 \pmod{4969}$.

可以发现 $k_9 \equiv 578 \pmod{4969}$. 由于地址 578 已经被占据，因此计算 $h_1(k_9) \equiv h(k_9) + g(k_9) = 578 + 2002 = 2580 \pmod{4969}$，其中 $g(k_9) \equiv 1 + k_9 \equiv 2002 \pmod{4967}$. 因此分配给第九个文件的自由地址是 2580.

最后，我们发现 $k_{10} \equiv 1526 \pmod{4969}$，但地址 1526 被占用. 计算 $h_1(k_{10}) \equiv h(k_{10}) + g(k_{10}) = 1526 + 216 = 1742 \pmod{4969}$，这是因为 $g(k_{10}) \equiv 1 + k_{10} \equiv 216 \pmod{4967}$，但地址 1742 也被占据. 因此，继续寻找 $h_2(k_{10}) \equiv h(k_{10}) + 2g(k_{10}) \equiv 1958 \pmod{4969}$，并将第十个文件分配在这个空闲的地址.

表 5.2 列出了利用社会安全号码对学生文件进行的地址分配. 在表中，文件地址用黑体显示. ◄

表 5.2 学生文件的散列函数

社会安全号码	$h(k)$	$h_1(k)$	$h_2(k)$
344 401 659	**269**		
325 510 778	**1526**		
212 228 844	**2854**		
329 938 157	1526	**1742**	
047 900 151	**3960**		
372 500 191	**4075**		
034 367 980	**2376**		
546 332 190	**578**		
509 496 993	578	**2580**	
132 489 973	1526	1742	**1958**

我们想找出双重散列法导致堵塞的条件. 因此，寻找当
$$h_i(k_1) = h_j(k_2) \tag{5.1}$$
和
$$h_{i+1}(k_1) = h_{j+1}(k_2) \tag{5.2}$$
同时成立的条件，从而两个测验序列的两个连续项一致.

若(5.1)和(5.2)同时发生，那么
$$h(k_1) + ig(k_1) \equiv h(k_2) + jg(k_2) \pmod m, \tag{5.3}$$

$$h(k_1) + (i+1)g(k_1) \equiv h(k_2) + (j+1)g(k_2)(\mathrm{mod}\ m). \tag{5.4}$$

从同余式(5.4)减去同余式(5.3),得到

$$g(k_1) \equiv g(k_2)(\mathrm{mod}\ m).$$

因为 $0 < g(k) \leqslant m-1$,故同余式 $g(k_1) \equiv g(k_2)(\mathrm{mod}\ m)$ 意味着 $g(k_1) = g(k_2)$. 因此,

$$k_1 + 1 \equiv k_2 + 1(\mathrm{mod}\ m-2),$$

这说明

$$k_1 \equiv k_2(\mathrm{mod}\ m-2).$$

因 $g(k_1) = g(k_2)$,故可以简化同余式(5.3)得

$$h(k_1) \equiv h(k_2)(\mathrm{mod}\ m),$$

这证明了

$$k_1 \equiv k_2(\mathrm{mod}\ m).$$

从而,因 $(m-2,\ m)=1$,故由推论 4.9.1 知

$$k_1 \equiv k_2(\mathrm{mod}\ m(m-2)).$$

因此,两个测验序列的两个连续的项彼此一致的唯一可能是:被涉及的两个关键词 k_1 和 k_2 模 $m(m-2)$ 同余. 因此,堵塞是极少的. 实际上,若对任意的 k 有 $m(m-2) > k$ 成立,则堵塞不会出现.

5.4 节习题

1. 一个停车场共有 101 个停车位. 现在一共售出了 500 张停车卡,但预计在任何时间内只有 $50-75$ 辆车停下. 根据汽车牌照上显示的六位数字构造一个散列函数和冲突解决策略来分配停车位.

2. 利用每个学生生日的号数作为关键词,为你们班上的每个学生分配一个存储地址,可以利用散列函数 $h(K) \equiv K(\mathrm{mod}\ 19)$,并且
   a) 利用检测序列 $h_j(K) \equiv h(K) + j(\mathrm{mod}\ 19)$.
   b) 利用检测序列 $h_j(K) \equiv h(K) + j \cdot g(K)(\mathrm{mod}\ 19)$,$0 \leqslant j \leqslant 16$,其中 $g(K) \equiv 1 + K(\mathrm{mod}\ 17)$.

* 3. 设散列函数是 $h(K) \equiv K(\mathrm{mod}\ m)$,$0 \leqslant h(K) < m$,且设解决冲突的检测序列是 $h_j(K) \equiv h(K) + jq(\mathrm{mod}\ 19)$,$0 \leqslant h_j(K) < m$,$j=1,\ 2,\ \cdots,\ m-1$. 证明所有的存储地址都可以被检索到:
   a) 若 m 是素数且 $1 \leqslant q \leqslant m-1$.
   b) 若 $m = 2^r$ 且 q 是奇数.

* 4. 给定散列函数 $h(K) \equiv K(\mathrm{mod}\ m)$,其解决冲突的测验序列由 $h_j(K) \equiv h(K) + j(2h(K)+1)(\mathrm{mod}\ m)$,$0 \leqslant h_j(K) < m$ 给出.
   a) 证明:若 m 是素数,则所有的存储序列都会被检测到.
   b) 确定发生堵塞的情况,即当 $h_j(K_1) = h_j(K_2)$ 和 $h_{j+r}(K_1) = h_{j+r}(K_2)$ 对 $r=1,\ 2,\ \cdots$ 成立时的情况.

5. 利用本节中讲到的散列函数及测验序列的例子,为附加学生的文件分配存储地址. 他们的社会安全号码分别是:$k_{11} = 137\ 612\ 044$,$k_{12} = 505\ 576\ 452$,$k_{13} = 157\ 170\ 996$,$k_{14} = 131\ 220\ 418$. (把这些文件添加到已经存储的 10 个文件之间.)

计算和研究

1. 利用例 5.11 中的散列函数和测验函数,为你们班所有同学的文件分配存储地址. 做完这些后,为其他的文件编造社会安全号码,并为这些文件分配存储地址.

程序设计

在下列每个编程项目中,利用散列函数 $h(k) \equiv k(\mathrm{mod}\ 1021)$,$0 \leqslant h(k) < 1021$ 为学生的文件分配存储

地址，其中关键词是学生的社会安全号码.

1. 当发生冲突时，将发生冲突的文件链接在一起.

2. 利用 $h_j(k) \equiv h(k) + j \pmod{1021}$ $(j=0, 1, 2, \cdots)$ 作为测验序列.

3. 利用测验序列 $h_j(k) \equiv h(k) + j \cdot g(k) \pmod{1021}$, $j=0, 1, 2, \cdots$, 其中 $g(k) \equiv 1 + k \pmod{1019}$.

5.5 校验位

    同余理论可以应用在检验数据串的误差上. 在本节中，我们将讨论比特串的误差检测，其中比特串是用来代表计算机数据的. 然后，我们将描述同余理论是如何应用在检测十进制数据串误差上面的，十进制数据串经常被用来识别护照、支票、书籍或其他各种目的.

    处理或传送比特串可以产生误差. 一个简单的检测误差的方法是在比特串 $x_1 x_2 \cdots x_n$ 后添加一个奇偶校验位 x_{n+1}, 其定义为

$$x_{n+1} \equiv x_1 + x_2 + \cdots + x_n \pmod{2}.$$

所以若比特串的前 n 个位有偶数个 1，则 $x_{n+1} = 0$，否则若有奇数个 1，则 $x_{n+1} = 1$. 增补后的比特串 $x_1 x_2 \cdots x_n x_{n+1}$ 满足同余式

$$x_1 + x_2 + \cdots + x_n + x_{n+1} \equiv 0 \pmod{2}. \tag{5.5}$$

我们利用这个同余式来寻找误差.

    假设发送了数据串 $x_1 x_2 \cdots x_n x_{n+1}$, 接收到的数据串是 $y_1 y_2 \cdots y_n y_{n+1}$. 这两个数据串如果没有误差则应该相等，即 $y_i = x_i$, $i=1, 2, \cdots, n+1$. 但如果出现了误差，则改变了一个或多个位置，我们检验是否有

$$y_1 + y_2 + \cdots + y_n + y_{n+1} \equiv 0 \pmod{2}. \tag{5.6}$$

若该同余式不成立，则至少有一位出错. 但即使同余式成立，也仍有可能出现误差. 然而，当误差较少并且是随机时，最通常的误差是出现单个误差，总是能被检测出的. 一般地，我们可以检查出奇数个误差，却不能检查出偶数个误差(见习题 4).

    例 5.12 假设我们收到了 1101111 和 11001000，其中每个数据串的最后一位是奇偶校验位. 对第一个数据串，注意到 $1+1+0+1+1+1+1 \equiv 0 \pmod{2}$, 所以或者收到的数据串就是所传送的，或者它包含了偶数个误差. 对第二个数据串，注意到 $1+1+0+0+1+0+0+0 \equiv 1 \pmod{2}$, 所以收到的数据串不是所传送的，因而可以要求重新发送. ◄

    十进制数据串在多种不同的场合被用来作为认证数. 校验位被用来找出这些数据串中的误差，可以利用多种不同的方案来计算校验位. 例如，校验位可以用来发现护照识别号码中的错误. 在一些欧洲国家应用的方案中，若 $x_1 x_2 x_3 x_4 x_5 x_6$ 是护照识别号码，则校验位 x_7 可以被这样选择：

$$x_7 \equiv 7x_1 + 3x_2 + x_3 + 7x_4 + 3x_5 + x_6 \pmod{10}.$$

    例 5.13 假设一个护照识别号码是 211894. 为了找出校验位 x_7, 计算

$$x_7 \equiv 7 \cdot 2 + 3 \cdot 1 + 1 \cdot 1 + 7 \cdot 8 + 3 \cdot 9 + 1 \cdot 4 \equiv 5 \pmod{10}.$$

所以校验位是 5，并且七位数字 2118945 会被印在护照上. ◄

    在护照号码上增加一个按照上述方法计算出的校验位总是可以发现单个的误差. 为了说明这一点，假设我们在某一位上制造一个误差 a, 即 $y_j \equiv x_j + a \pmod{10}$, 其中 x_j 是第 j 位正

确的数字，而 y_j 不正确，并替换了该位上正确的数字. 由校验位的定义，x_7 可以变为 $7a$，$3a$ 或 $a(\bmod 10)$. 然而，传输两个数字造成的误差可以被发现当且仅当两个数字之间的差不是 5 或 -5，即它们不是满足 $|x_i - x_j| = 5$ 的 x_i 和 x_j（见习题 7）. 这种方案还可以检测出很多可能存在的三个数字的错乱.

国际标准书号（ISBN）   现在我们将注意力转移到图书出版过程中校验位的应用. 到 2007 年为止，所有书籍都可被其 10 位数的国际标准书号（ISBN）（ISBN-10）所识别. 比如，本书第一版的 ISBN-10 是 0-201-06561-4. 这里第一组的数字 0 代表了本书的语种（英语）；第二组的数字 201 代表了出版公司（艾迪生·维斯理出版公司）；第三组的数字 06561 是出版公司分配给本书的一组数；最后一位（在这种情形下是 4）是校验位（分组的型号因语种和出版商的不同而不同）. 在 ISBN-10 中的校验位可以用来发现当 ISBN 被复制时经常出现的误差，即单个误差和因两个数字倒置而造成的误差.

在 2007 年，新的 13 位数字代码的 ISBN-13 开始启用了. ISBN-13 为书籍提供了更多的识别代码. 这一方面是由于世界范围内出版书籍的增多，另一方面也是因为出版商的增多，其现在也为消费品说明书提供代码. 在此过渡期，同一本书将会同时有一个 ISBN-10 代码和一个 ISBN-13 代码. ISBN-13 码有一个 3 位数的前缀，现在对所有的书均是 978，然后是在 ISBN-10 中沿用的九位数，并以一位校验位结尾.

ISBN 校验位   首先我们将描述校验位是如何被确定的，然后证明它可以被用来发现经常出现的各种误差. 假设某本书的 ISBN-10 是 $x_1 x_2 \cdots x_{10}$，其中 x_{10} 是校验位（我们忽略了 ISBN 中的连字符，因为数据的分组不能反映校验位是如何被计算出来的）. 前九个数字是十进位数字，即属于集合 $\{0, 1, 2, \cdots, 9\}$，而校验位 x_{10} 是一个 11 进位的数字，属于集合 $\{0, \cdots, 9, X\}$. 其中 X 是 11 进位的数字，代表整数 10（在十进制符号下）. 选择校验位满足同余式

$$\sum_{i=1}^{10} i x_i \equiv 0 (\bmod 11),$$

易知（见习题 10）校验位 x_{10} 可以由同余式 $x_{10} \equiv \sum_{i=1}^{9} i x_i (\bmod 11)$ 计算出. 即校验位是前九位数字的加权和除以 11 的剩余.

例 5.14 找出本书第一版的 ISBN 的校验位，ISBN 的开始是 0-201-06561，计算
$$x_{10} \equiv 1 \cdot 0 + 2 \cdot 2 + 3 \cdot 0 + 4 \cdot 1 + 5 \cdot 0 + 6 \cdot 6 + 7 \cdot 5 + 8 \cdot 6 + 9 \cdot 1 \equiv 4 (\bmod 11).$$
因此，ISBN 是 0-201-06561-4，正如前面所叙述. 类似地，若一本书的 ISBN 以 3-540-19102 开始，则利用同余式
$$x_{10} \equiv 1 \cdot 3 + 2 \cdot 5 + 3 \cdot 4 + 4 \cdot 0 + 5 \cdot 1 + 6 \cdot 9 + 7 \cdot 1 + 8 \cdot 0 + 9 \cdot 2 \equiv 10 (\bmod 11)$$
可知其校验位是 X，这个 11 进制数对应于十进制数 10. 因此，其 ISBN 是 3-540-19102-X. ◀

我们将证明利用 ISBN 的校验位可以检测出单个的错误或两个数字是否倒置了. 首先，假设 $x_1 x_2 \cdots x_{10}$ 是一个正确的 ISBN，但这些数字被印成了 $y_1 y_2 \cdots y_{10}$. 因为 $x_1 x_2 \cdots x_{10}$ 是一个有效的 ISBN，故
$$\sum_{i=1}^{10} i x_i \equiv 0 (\bmod 11).$$

假设在印刷 ISBN 时出现了一个错误. 那么，对某个整数 j，当 $i \neq j$ 时，有 $y_i = x_i$，且 $y_j = x_j + a$，其中 $-10 \leqslant a \leqslant 10$ 且 $a \neq 0$，这里 $a = y_j - x_j$ 是第 j 位的误差. 因为 $\sum\limits_{i=1}^{10} ix_i \equiv 0 \pmod{11}$，所以

$$\sum_{i=1}^{10} iy_i = \sum_{i=1}^{10} ix_i + ja \equiv ja \not\equiv 0 \pmod{11}.$$

并且由引理 3.5 知，$11 \nmid ja$，这是因为 $11 \nmid j$ 且 $11 \nmid a$. 因此，可以得出结论 $y_1 y_2 \cdots y_{10}$ 不是正确的 ISBN.

现在假设两个不相等的数字被对换了，那么有不同的 j 和 k 使得 $y_j = x_k$ 且 $y_k = x_j$，当 $i \neq j$ 且 $i \neq k$ 时，有 $y_i = x_i$. 从而因为 $\sum\limits_{i=1}^{10} ix_i \equiv 0 \pmod{11}$，及 $11 \nmid (j-k)$ 及 $11 \nmid (x_k - x_j)$，故

$$\sum_{i=1}^{10} iy_i = \sum_{i=1}^{10} ix_i + (jx_k - jx_j) + (kx_j - kx_k) \equiv (j-k)(x_k - x_j) \not\equiv 0 \pmod{11}.$$

因而可知 $y_1 y_2 \cdots y_{10}$ 不是正确的 ISBN. 进一步可以检验出两个不相等的互换的数字.

对于 ISBN-13 代码，在有了前 12 位数字 $a_i (i=1, 2, 3, \cdots, 12)$ 后，校验位 a_{13} 由下面的同余式决定：

$$a_1 + 3a_2 + a_3 + 3a_4 + a_5 + 3a_6 + a_7 + 3a_8 + a_9 + 3a_{10} + a_{11} + 3a_{12} + a_{13} \equiv 0 \pmod{10}$$

同 ISBN-10 一样，ISBN-13 能够检测出单个错误，但不同的是，不能检测出所有的两个数的对换(参看习题 21 和习题 22). 因此增加 3 位数字的好处是以损失对换错误检测为代价的.

我们已经讨论了怎样利用校验位检测数据串中的错误. 但是利用单个校验位，我们不能找出具体错误并改正它，即不能将错误的数字用正确的加以替换. 使用额外的数字来检测并更正错误是可行的(例如参看习题 24 和 26). 读者可以参考关于编码理论的教科书来获得更多的信息. 编码理论应用了数学不同分支的许多结果，包括数论、抽象代数、组合甚至几何. 在[Ro99a]的第 14 章中提供了许多很好的参考资料的信息. 关于校验码，读者可以参考 J. Gallian 的文章[Ga92]，[Ga91]，[Ga96]以及[GaWi88]，其中包括了驾照号码的校验码是如何被发明的. [Ki01]则是一本专门讲述校验码和识别号码的书.

5.5 节习题

1. 下列每一个比特串的奇偶校验位是多少？
     a) 111111   b) 000000   c) 101010   d) 100000   e) 11111111   f) 11001011
2. 假设你接收到了下列的比特串，其中最后一位是奇偶校验位，那么下列哪个比特串是错误的？
     a) 111111111   b) 0101010101010   c) 1111010101010101
3. 假设下列末尾位是奇偶校验位的数据串全部接收正确，其中每一个数据串有一个以问号表示的丢失的位. 那么丢失的位是多少呢？
     a) 1? 11111   b) 000? 10101   c) ? 0101010100
4. 证明奇偶校验位可以检验出奇数次错误，却不能检测出偶数次错误.
5. 利用本书中描述的校验位表，为下列护照识别码添加其校验位.

　　　a) 132999　　　　　　　b) 805237　　　　　　　c) 645153

6. 下列护照识别号码是有效的吗？其中每个号码的第七位数字是利用课本中描述的方法计算出来的校验位.

　　　a) 3300118　　　　　　b) 4501824　　　　　　c) 1873336

7. 证明课本中描述的护照校验位可以检验出位 x_i 和 x_j 互换当且仅当 $|x_i - x_j| \neq 5$.

8. 印刷在支票上的银行识别码包含前八位数 $x_1 x_2 \cdots x_8$，最后的第九位是校验位 x_9，其中 $x_9 \equiv 7x_1 + 3x_2 + 9x_3 + 7x_4 + 3x_5 + 9x_6 + 7x_7 + 3x_8 \pmod{10}$.

　　a) 八位识别码 00185403 的校验位是多少？

　　b) 用这种方法计算出的校验位可以检验出银行识别码中怎样的简单错误？

　　c) 这种校验位方案能够检验出哪两个位被互换了？

9. 为了补全下列 ISBN，应如何添加其校验位？

　　　a) 2-113-54001　　　　b) 0-19-081082　　　　c) 1-2123-9940　　　　d) 0-07-038133

10. 证明在一个 ISBN-10 $x_1 x_2 \cdots x_{10}$ 中，其校验位 x_{10} 可以由同余式 $x_{10} \equiv \sum_{i=1}^{9} i x_i \pmod{11}$ 计算得出.

11. 判断下列 ISBN-10 是否有效.

　　　a) 0-394-38049-5　　　　b) 1-09-231221-3　　　　c) 0-8218-0123-6

　　　d) 0-404-50874-X　　　　e) 90-6191-705-2

12. 在下列每个 ISBN-10 号中均有一位数因被弄脏而不能被读出，因而用问号表示这位数. 那么这位数应该是多少？

　　　a) 0-19-8?3804-9　　　　b) 91-554-212?-6　　　　c) ?-261-05073-X

13. 某职员在抄写一本书的 ISBN-10 时，误将其中的两位互换了，ISBN-10 变成了 0-07-289095-0 并且没有再出现其他的错误. 那么这本书正确的 ISBN-10 是什么？

　　零售产品经常用通用产品代码(Universal Product Code, UPC)来标示，最通常的是包含 12 位十进制数字. 第一位数表示产品种类，下五位数表示其生产商，再接下来的五位数表示特定的商品，最后一位数字代表校验位. 利用 UPC 的前 11 位数字，校验位可以通过下列三个步骤被确定下来. 第一步，从左边开始，计算将奇数位上的数字加起来所得的和的三倍. 第二步，将所有偶数位的数字的和加到第一步所得到的和中. 第三步，找出一个十进制数字，使得它加到前面所得的和中得到一个新的整数能够被 10 整除. 这个找到的十进制数就是校验位.

14. 利用代表产品种类、生产商和特定商品的前 11 位数字，推导出 UPC 的校验位的同余式.

15. 判断下列每个 12 位数能否作为某类产品的 UPC.

　　　a) 0 47000 00183 6　　b) 3 11000 01038 9　　c) 0 58000 00127 5　　d) 2 26500 01179 4

16. 求以下列 11 位数据串开头的 12 位 UPC 的校验位.

　　　a) 3 81370 02918　　b) 5 01175 00557　　c) 0 33003 31439　　d) 4 11000 01028

17. 判断 12 位的 UPC 码是否总可以判断出只是一位数字出现差错的情形.

18. 判断 12 位的 UPC 码是否总可以检测出两位数字互换的情形.

19. 判断下列 ISBN-13 代码是否有效.

　　　a) 978-0-073-22972-0　　　　　　　　b) 978-0-073-10779-1

　　　c) 978-1-4000-8277-3　　　　　　　　d) 978-0-43985-654-2

　　　e) 978-1-56975-655-3

20. 判断下列 ISBN-13 代码是否有效.

　　　a) 978-0-06135-328-9　　　　　　　　b) 978-0-79225-314-3

　　　c) 978-1-41697-800-8　　　　　　　　d) 978-0-45228-521-0

e) 978-0-67-002053-9

21. 证明 ISBN-13 代码能检测出所有的单个错误.

22. 证明存在两个数字的对换不能被 ISBN-13 代码检测出来.

23. 假设有效的 10 位数字码 $x_1 x_2 \cdots x_{10}$ 满足同余式 $\sum_{i=1}^{10} x_i \equiv 0 (\bmod 11)$.

 a) 在一个码中能否判断出所有的单个数字差错的情形?

 b) 在一个码中能否判断出两个数字是否互换?

* 24. 假设有效的 10 位码字 $x_1 x_2 \cdots x_{10}$ 是满足同余式 $\sum_{i=1}^{10} x_i \equiv \sum_{i=1}^{10} i x_i \equiv 0 (\bmod 11)$的十位数数字.

 a) 有效码字的每一位是十进制的,即每一位均属于集合$\{0, 1, 2, 3, 4, 5, 6, 7, 8, 9\}$. 证明有效

 码字的最后两位满足同余式 $x_9 \equiv \sum_{i=1}^{8} (i+1) x_i (\bmod 11)$ 和 $x_{10} \equiv \sum_{i=1}^{8} (9-i) x_i (\bmod 11)$.

 b) 找出所有有效码字的个数.

 c) 证明在一个码字中可以发现并改正单个数字的差错,这是因为错误的位置和数值均可以被确定.

 d) 证明在一个码字中可以检测出因两位数字互换而导致的错误.

25. 挪威政府为其每位市民分配了一个 11 位的十进制登记号码 $x_1 x_2 \cdots x_{11}$. 这是由挪威数论学家 E. Selmer
 设计的. 数字 $x_1 x_2 \cdots x_6$ 代表了出生的日期,数字 $x_7 x_8 x_9$ 代表当天出生的特定的人, x_{10} 和 x_{11} 均是校
 验位,它们是由下面的同余式计算出来的: $x_{10} \equiv 8x_1 + 4x_2 + 5x_3 + 10x_4 + 3x_5 + 2x_6 + 7x_7 + 6x_8 + 9x_9$
 $(\bmod 11)$, $x_{11} \equiv 6x_1 + 7x_2 + 8x_3 + 9x_4 + 4x_5 + 5x_6 + 6x_7 + 7x_8 + 8x_9 + 9x_{10} (\bmod 11)$.

 a) 确定前九位数字 110491238 后的校验位.

 b) 证明这个方案可以检测出所有的登记号中的单个数字差错.

 * c) 哪些双重错误可以被检验出来?

* 26. 假设有效的 10 位码字 $x_1 x_2 \cdots x_{10}$是指满足同余式 $\sum_{i=1}^{10} x_i \equiv \sum_{i=1}^{10} i x_i \equiv \sum_{i=1}^{10} i^2 x_i \equiv \sum_{i=1}^{10} i^3 x_i \equiv 0 (\bmod 11)$的

 十进制数字.

 a) 共有多少个这样的有效 10 位码字?

 b) 证明在一个码字中任意两个错误可以被检测出并改正.

 c) 假设收到这样一个码字:0204906710. 若其中有两个错误,那么正确的码字应该是什么?
 飞机票有 15 位识别码 $a_1 a_2 \cdots a_{14} a_{15}$,其中 a_{15} 是校验位,它等于整数 $a_1 a_2 \cdots a_{14}$ 模 7 的最小非负剩余.

27. 飞机票号码的前 14 位数字如下,求每个号码的校验位.

 a) 00032781811224 b) 10238544122339 c) 00611133123278

28. 判断下列飞机票识别码是否有效.

 a) 102284711033122 b) 004113711331240 c) 100261413001533

29. 利用飞机票上的校验位,判断哪些单个的数字错误可以被检验出,哪些不能被检验出.

30. 利用飞机票上的校验位,判断哪些因飞机票识别码相邻两位数字互换而导致的错误可以被检验出,哪
 些不能被检验出.
 国际标准期刊号(ISSN)被用来识别期刊,它由两组四位数组成,第二组的最后一位是一个 11 进制的校
 验位. 在一个 ISSN 中,字符 X 代表 10(十进制符号下). 校验位 d_8 是由同余式 $d_8 \equiv 3d_1 + 4d_2 + 5d_3 + 6d_4 + 7d_5 + 8d_6 + 9d_7 (\bmod 11)$确定的.

31. 对下面每一个 ISSN 的前七位,求其正确的校验位.

 a) 0317—847 b) 0423—555 c) 1063—669 d) 1363—837

32. 在一个 ISSN 中是否总可以检测出存在的单个错误? 即是否总可以检测出因为 ISSN 中某一个数字因

复制差错而导致的错误？证明你的判断.

33. 在一个 ISSN 中是否总可以检测出因两个连续的数字被偶然互换而造成的错误？证明你的判断.

计算和研究

1. 检验选定的一批书的 ISBN-10 的校验位是否正确.
2. 检验新近出版的一批书的 ISBN-13 代码的校验位是否正确.

程序设计

1. 判断一个以奇偶校验位结尾的比特串是否有奇数个或偶数个错误.
2. 给定前九位数字，求该 ISBN-10 的校验位.
3. 一个 10 位的数据串的前九位是十进制的数字，最后一位是十进制数或者是一个 X，判断它是否是有效的 ISBN-10 代码.
4. 判断一个 12 位的十进制数字串是否是一个有效的 UPC.
5. 给定一个 ISBN-13 代码的前 12 位数字，确定其校验位.
6. 判断一个给定的 13 位数字串是否是有效的 ISBN-13 代码.

第6章 特殊的同余式

在本章中，我们将讨论三个在理论和应用中都很重要的同余式：威尔逊定理(Wilson's Theorem)证明了若 p 是素数，则 p 除 $(p-1)!$ 的余数是 -1. 费马小定理(Fermat's Little Theorem)给出了一个整数的 p 次幂模 p 的同余式. 特别地，若 p 是素数，a 是一个整数，那么 a^p 和 a 被 p 除有相同的余数. 欧拉定理则将费马小定理推广到模不是素数的情形.

这三个同余式有很广泛的应用. 例如，我们将解释费马小定理作为基础理论在素性检验和因子分解方面的应用，还要讨论一类称作伪素数的合数，这类合数满足像素数在费马小定理中满足的同余式一样的式子. 利用伪素数极其稀少的事实还可以导出一种检验法，它可以提供一个几乎不可抗拒的证据来证明一个整数是素数.

6.1 威尔逊定理和费马小定理

英国数学家爱德华·华林(Edward Waring)在 1770 年出版的一本书中声称，他的一位学生——约翰·威尔逊发现当 p 是素数时，$(p-1)!+1$ 可以被 p 整除. 并且还声称，他本人及威尔逊都不知道该如何证明上述结论. 很可能威尔逊是根据计算事实给出了这个猜想. 例如，我们可以很容易地得到 2 整除 $1!+1=2$，3 整除 $2!+1=3$，5 整除 $4!+1=25$，7 整除 $6!+1=721$，等等. 尽管华林认为这个问题难以给出证明，但约瑟夫·拉格朗日(Joseph Lagrange)却在 1771 年证明了这个结果. 尽管如此，p 能够整除 $(p-1)!+1$ 这个事实却仍然被称为威尔逊定理. 现在将此定理以同余式的形式陈述如下.

定理 6.1(威尔逊定理) 若 p 是素数，则 $(p-1)! \equiv -1 \pmod{p}$.

在证明威尔逊定理之前，先利用一个例子来描述证明背后的思想.

例 6.1 令 $p=7$，则有 $(7-1)! = 6! = 1 \cdot 2 \cdot 3 \cdot 4 \cdot 5 \cdot 6$. 重排乘积中各因子，并把乘积互为模 7 的逆的分成一组. 注意到 $2 \cdot 4 \equiv 1 \pmod{7}$ 和 $3 \cdot 5 \equiv 1 \pmod{7}$. 因此，$6! \equiv 1 \cdot (2 \cdot 4) \cdot (3 \cdot 5) \cdot 6 \equiv 1 \cdot 6 \equiv -1 \pmod{7}$. 从而证明了威尔逊定理的一个特殊情形. ◀

现在利用在上述例子中描述的技巧来证明威尔逊定理.

约瑟夫·路易·拉格朗日(Joseph Louis Lagrange, 1736—1813)生于意大利，在图灵大学主修物理和数学. 虽然刚开始他打算以后研究物理，但后来随着对数学的兴趣日增，他改变了主修课程. 19 岁时，他受聘为图灵皇家炮兵学院的数学教授. 1766 年，腓特烈大帝邀请他继任因欧拉离开而空出的在柏林皇家学院的位置. 拉格朗日主持皇家学院的数学部门工作 20 余年. 1787 年，当他的保护人腓特烈大帝去世后，拉格朗日受法国国王路易十六的邀请，加入了法兰西学院. 在法国他的授课和写作都取得了很高的成就. 虽然他当时得到了玛丽皇后的欣赏，但法国大革命后，他也设法得到了新政权的欢心. 拉格朗日对数学的贡献包括统一了力学的数学理论. 他对群论做出了奠基性的贡献，并且帮助把微积分建立在一个严实的基础上. 他对数论的贡献包括第一个给出了威尔逊定理的证明，以及证明了每个正整数都能写为四个整数的平方和.

证明 当 $p=2$ 时，有 $(p-1)!\equiv 1\equiv -1(\bmod\ 2)$. 因此，当 $p=2$ 时定理成立. 现在设 p 是大于 2 的素数. 利用定理 4.11，对每个满足 $1\leqslant a\leqslant p-1$ 的整数 a，存在逆 $\bar{a}$，使得 $1\leqslant\bar{a}\leqslant p-1$ 且 $a\bar{a}\equiv 1(\bmod\ p)$. 由定理 4.12 知，在小于 p 的正整数中，逆是其本身的数只有 1 和 $p-1$. 因此，可以将 2 到 $p-2$ 分成 $(p-3)/2$ 组整数对，并且每组的乘积模 p 余 1. 从而有

$$2\cdot 3\cdots(p-3)\cdot(p-2)\equiv 1(\bmod\ p).$$

将上面的同余式两边同时乘以 1 和 $p-1$ 得到

$$(p-1)!=1\cdot 2\cdot 3\cdots(p-3)(p-2)(p-1)\equiv 1\cdot(p-1)\equiv -1(\bmod\ p).$$

定理得证.   ■

一个有趣的现象是威尔逊定理的逆命题也是正确的，这就是下面的定理.

定理 6.2 设 n 是正整数且 $n\geqslant 2$，若 $(n-1)!\equiv -1(\bmod\ n)$，则 n 是素数.

证明 假设 n 是一个合数并且 $(n-1)!\equiv -1(\bmod\ n)$. 因 n 是合数，故有 $n=ab$，其中 $1<a<n$ 且 $1<b<n$. 又因 $a<n$，且 a 是组成 $(n-1)!$ 的 $n-1$ 个数中的一个，故 $a\mid(n-1)!$. 因 $(n-1)!\equiv -1(\bmod\ n)$，故 $n\mid((n-1)!+1)$. 由定理 1.8，这意味着 a 也整除 $(n-1)!+1$. 利用定理 1.9 和 $a\mid(n-1)!$ 且 $a\mid((n-1)!+1)$，可知 $a\mid((n-1)!+1)-(n-1)!=1$，这与 $a>1$ 矛盾.   ■

威尔逊定理可以用来证明一个合数不是素数，如例 6.2 所示.

例 6.2 因 $(6-1)!=5!=120\equiv 0(\bmod\ 6)$，故由定理 6.1 可证明 6 不是素数这样一个显然的事实.   ◀

正如我们所看到的，威尔逊定理及其逆命题给出了一种素性检验法. 为了判断一个整数 n 是否是素数，可以检查 $(n-1)!\equiv -1(\bmod\ n)$ 是否成立. 遗憾的是，这不是一个实用的检验法，因为这需要进行 $n-2$ 次模 n 的乘法运算才能得到 $(n-1)!$ 模 n 的值，运算量达到了 $O(n(\log_2 n)^2)$ 次位运算.

费马在数论领域有很多重要的发现，其中包括这样一个事实：若 p 是素数，a 是不能被 p 整除的整数，则 p 整除 $a^{p-1}-1$. 他在 1640 年给他的一个数学笔友 Bernard Frènicle de Bessy 写的一封信中叙述了上述结果. 费马在信中说怕该证明会太长，因而在信中并没有给出证明. 与将要在第 13 章讨论的著名的费马大定理不同，大家毫不怀疑费马确实知道如何证明这个定理（为了将这个定理与费马大定理区分开，称之为"费马小定理"）. 欧拉在 1736 年第一个发表了他的证明. 他还给出了费马小定理的推广，这将在 6.3 节中给出.

定理 6.3（费马小定理） 设 p 是一个素数，a 是一个正整数且 $p\nmid a$，则 $a^{p-1}\equiv 1(\bmod\ p)$.

证明 考虑 $p-1$ 个整数 $a,2a,\cdots,(p-1)a$. 它们都不能被 p 整除，因为若 $p\mid ja$，那么因 $p\nmid a$，则由引理 3.4 知 $p\mid j$，因 $1\leqslant j\leqslant p-1$，故这是不可能的. 进一步，在 a，$2a,\cdots,(p-1)a$ 中任何两个整数模 p 不同余. 为了证明这一点，设 $ja\equiv ka(\bmod\ p)$，其中 $1\leqslant j<k\leqslant p-1$. 那么根据推论 4.5.1，因 $(a,p)=1$，故 $j\equiv k(\bmod\ p)$. 这也是不可能的，因为 j 和 k 都是小于 $p-1$ 的正整数.

因为整数 $a,2a,\cdots,(p-1)a$ 是 $p-1$ 个满足模 p 均不同余于 0 且任何两个都互不同余的整数组成的集合中的元素，故由引理 4.1 可知，$a,2a,\cdots,(p-1)a$ 模 p 的最小正剩余按照一定的顺序必定是整数 $1,2,\cdots,p-1$. 由同余性，整数 $a,2a,\cdots,(p-1)a$ 的

乘积模 p 同余于前 $p-1$ 个正整数的乘积，即

$$a \cdot 2a \cdots (p-1)a \equiv 1 \cdot 2 \cdots (p-1) \pmod{p}.$$

因此，

$$a^{p-1}(p-1)! \equiv (p-1)! \pmod{p}.$$

因 $((p-1)!, p)=1$，利用推论 4.5.1，可消去 $(p-1)!$，得到

$$a^{p-1} \equiv 1 \pmod{p}.$$

定理得证. ∎

我们用一个例子来描述证明的思想.

（例 6.3） 令 $p=7$ 和 $a=3$. 那么 $1 \cdot 3 \equiv 3 \pmod 7$，$2 \cdot 3 \equiv 6 \pmod 7$，$3 \cdot 3 \equiv 2 \pmod 7$，$4 \cdot 3 \equiv 5 \pmod 7$，$5 \cdot 3 \equiv 1 \pmod 7$，$6 \cdot 3 \equiv 4 \pmod 7$. 因此，

$(1 \cdot 3) \cdot (2 \cdot 3) \cdot (3 \cdot 3) \cdot (4 \cdot 3) \cdot (5 \cdot 3) \cdot (6 \cdot 3) \equiv 3 \cdot 6 \cdot 2 \cdot 5 \cdot 1 \cdot 4 \pmod 7$.

所以 $3^6 \cdot 1 \cdot 2 \cdot 3 \cdot 4 \cdot 5 \cdot 6 \equiv 3 \cdot 6 \cdot 2 \cdot 5 \cdot 1 \cdot 4 \pmod 7$，即 $3^6 \cdot 6! \equiv 6! \pmod 7$，因此，$3^6 \equiv 1 \pmod 7$. ◀

定理 6.4 设 p 是素数且 a 是一个正整数，则 $a^p \equiv a \pmod p$.

证明 若 $p \nmid a$，则由费马小定理可知 $a^{p-1} \equiv 1 \pmod p$. 同余式两边同乘以 a，可得 $a^p \equiv a \pmod p$. 若 $p \mid a$，那么也有 $p \mid a^p$，故 $a^p \equiv a \equiv 0 \pmod p$. 因为对 $p \nmid a$ 和 $p \mid a$ 均有 $a^p \equiv a \pmod p$，故证明结束. ∎

在数论及其应用中，经常需要找出整数方幂的最小正剩余，特别是在密码学中更是如此，我们将在第 8 章中看到这一点. 费马小定理在这类计算中很有用，正如下面的例子所示.

（例 6.4） 利用费马小定理，可以得到 3^{201} 模 11 的最小正剩余. 易知 $3^{10} \equiv 1 \pmod{11}$. 因此，$3^{201} = (3^{10})^{20} \cdot 3 \equiv 3 \pmod{11}$. ◀

下面的结果给出了费马小定理的一个有用的应用.

定理 6.5 若 p 是素数，a 是一个整数且 $p \nmid a$，那么 a^{p-2} 是 a 模 p 的逆.

证明 若 $p \nmid a$，则由费马小定理知，$a \cdot a^{p-2} = a^{p-1} \equiv 1 \pmod p$. 因此，$a^{p-2}$ 是 a 模 p 的逆. ∎

（例 6.5） 由定理 6.5 易知，$2^9 = 512 \equiv 6 \pmod{11}$ 是 2 模 11 的逆. ◀

定理 6.5 给出了另外一种解模是素数的线性同余方程的方法.

推论 6.5.1 若 a 和 b 是正整数，p 是素数且 $p \nmid a$，那么线性同余方程 $ax \equiv b \pmod p$ 的解是满足 $x \equiv a^{p-2}b \pmod p$ 的整数 x.

证明 设 $ax \equiv b \pmod p$. 因 $p \nmid a$，故由定理 6.5 可知 a^{p-2} 是 $a \pmod p$ 的逆. 在原来的同余方程两边同乘以 a^{p-2}，有

$$a^{p-2}ax \equiv a^{p-2}b \pmod p.$$

因此，

$$x \equiv a^{p-2}b \pmod p.$$

∎

波拉德 $p-1$ 因子分解法

基于费马小定理，波拉德在 1974 年发明了一种因子分解方法，称为**波拉德 $p-1$ 法**.

当整数 n 有一个素因子 p 且能够整除 $p-1$ 的素数相对较小时, 利用该方法可以找出 n 的一个非平凡因子.

为了了解这种方法的实质, 我们去求正整数 n 的因子. 进一步, 假设 n 有一个素因子 p 且 $p-1$ 整除 $k!$, 其中 k 是一个正整数. 要使 $p-1$ 仅有小的素因子, 则需要整数 k 不能太大. 例如, 若 $p=2269$, 那么 $p-1=2268=2^2 \cdot 3^4 \cdot 7$, 所以 $p-1$ 整除 $9!$, 但阶乘函数没有更小的值.

令 $p-1$ 整除 $k!$ 的原因是为了应用费马小定理. 由费马小定理可知 $2^{p-1} \equiv 1 (\mathrm{mod}\ p)$. 现在, 因 $p-1$ 整除 $k!$, 故存在某个整数 q, 使得 $k! = (p-1) \cdot q$. 因此

$$2^{k!} = 2^{(p-1)q} = (2^{p-1})^q \equiv 1^q = 1 (\mathrm{mod}\ p),$$

这意味着 p 整除 $2^{k!}-1$. 现在令 M 是 $2^{k!}-1$ 模 n 的最小正剩余, 所以存在整数 t, 使得 $M=(2^{k!}-1)-nt$. 因 p 同时整除 $2^{k!}-1$ 和 n, 故 p 整除 M.

现在, 为寻找 n 的一个因子, 只需计算 M 和 n 的最大公因子 $d=(M, n)$. 这可以利用欧几里得算法很快得到. 为了保证除数 d 是非平凡因子, M 必须非 0. 这种情况下, n 本身不整除 $2^{k!}-1$, 但在 n 有大的素因子时, 这种情况是很有可能发生的.

为了利用这种方法, 我们必须计算 $2^{k!}$, 其中 k 是一个正整数. 这可以很快地计算出来, 因为可以很有效地计算模指数. 为了求出 $2^{k!}$ 模 n 的最小正剩余, 令 $r_1=2$ 并利用下述一系列计算: $r_2 \equiv r_1^2 (\mathrm{mod}\ n)$, $r_3 \equiv r_2^3 (\mathrm{mod}\ n)$, $\cdots$, $r_k \equiv r_{k-1}^k (\mathrm{mod}\ n)$. 我们在下面的例子中具体描述这个过程.

例 6.6 为求 $2^{9!} (\mathrm{mod}\ 5\,157\,437)$, 做以下一系列计算:

$$r_2 \equiv r_1^2 = 2^2 \equiv 4 (\mathrm{mod}\ 5\,157\,437)$$
$$r_3 \equiv r_2^3 = 4^3 \equiv 64 (\mathrm{mod}\ 5\,157\,437)$$
$$r_4 \equiv r_3^4 = 64^4 \equiv 1\,304\,905 (\mathrm{mod}\ 5\,157\,437)$$
$$r_5 \equiv r_4^5 = 1\,304\,905^5 \equiv 404\,913 (\mathrm{mod}\ 5\,157\,437)$$
$$r_6 \equiv r_5^6 = 404\,913^6 \equiv 2\,157\,880 (\mathrm{mod}\ 5\,157\,437)$$
$$r_7 \equiv r_6^7 = 2\,157\,880^7 \equiv 4\,879\,227 (\mathrm{mod}\ 5\,157\,437)$$
$$r_8 \equiv r_7^8 = 4\,879\,227^8 \equiv 4\,379\,778 (\mathrm{mod}\ 5\,157\,437)$$
$$r_9 \equiv r_8^9 = 4\,379\,778^9 \equiv 4\,381\,440 (\mathrm{mod}\ 5\,157\,437).$$

因此, $2^{9!} \equiv 4\,381\,440 (\mathrm{mod}\ 5\,157\,437)$.

下面这个例子描述了如何利用波拉德 $p-1$ 法求整数 $5\,157\,437$ 的一个因子.

例 6.7 利用波拉德 $p-1$ 法分解 $5\,157\,437$. 我们在例 6.6 中成功地求出了 $2^{k!}$ 模 $5\,157\,437$ 的最小正剩余 r_k, $k=1, 2, 3, \cdots$. 对每一步计算 $(r_k-1, 5\,157\,437)$. 因为对 $k=1, 2, 3, 4, 5, 6, 7, 8$, 有 $(r_k-1, 5\,157\,437)=1$ (读者可自己验证), 而 $(r_9-1, 5\,157\,437) = (4\,381\,439, 5\,157\,437) = 2269$, 所以需要验证九步. 从而得到 2269 是 $5\,157\,437$ 的一个因子.

波拉德 $p-1$ 法并不总是有效的. 但是, 因为该方法中没有任何因素依赖于基 2 的选取, 所以, 可以拓展这个方法, 利用除了 2 以外的其他整数作基, 可以求出更多整数的因子. 在实际应用中, 先利用小素数进行试除法, 之后才会使用波拉德 $p-1$ 法对 n 进行因

子分解，再不行才会用到其他更强的方法，比如二次筛法和椭圆曲线法.

6.1 节习题

1. 利用将 10! 中模 11 互逆的两个数分成一组的方法，证明 10! $+1$ 可以被 11 整除.

2. 利用将 12! 中模 13 互逆的两个数分成一组的方法，证明 12! $+1$ 可以被 13 整除.

3. 16! 被 19 除的余数是多少？

4. 5! 25! 被 31 除的余数是多少？

5. 利用威尔逊定理，求 $8 \cdot 9 \cdot 10 \cdot 11 \cdot 12 \cdot 13$ 模 7 的最小正剩余.

6. $7 \cdot 8 \cdot 9 \cdot 15 \cdot 16 \cdot 17 \cdot 23 \cdot 24 \cdot 25$ 被 11 除的余数是多少？

7. 18! 被 437 除的余数是多少？

8. 40! 被 1763 除的余数是多少？

9. 5^{100} 被 7 除的余数是多少？

10. 6^{2000} 被 11 除的余数是多少？

11. 利用费马小定理，求 $3^{999\,999\,999}$ 模 7 的最小正剩余.

12. 利用费马小定理，求 $2^{1\,000\,000}$ 模 17 的最小正剩余.

13. 证明 $3^{10} \equiv 1 (\bmod\ 11^2)$.

14. 利用费马小定理，求 3^{100} 的 7 进制展开中的最后一位.

15. 利用费马小定理，求下列线性同余方程的解.
   a) $7x \equiv 12 (\bmod\ 17)$ b) $4x \equiv 11 (\bmod\ 19)$

16. 设 n 是一个合数且 $n \neq 4$，证明 $(n-1)! \equiv 0 (\bmod\ n)$.

17. 设 p 是一奇素数，证明 $2(p-3)! \equiv -1 (\bmod\ p)$.

18. 设 n 是一奇数且 $3 \nmid n$，则 $n^2 \equiv 1 (\bmod\ 24)$.

19. 证明：当 $(a, 35)=1$ 时，$a^{12}-1$ 被 35 整除.

20. 证明：当 $(a, 42)=1$ 时，a^6-1 被 168 整除.

21. 证明：对任意的正整数 n，有 $42 \mid (n^7 - n)$.

22. 证明：对任意的正整数 n，有 $30 \mid (n^9 - n)$.

23. 证明：当 p 是素数时，$1^{p-1} + 2^{p-1} + 3^{p-1} + \cdots + (p-1)^{p-1} \equiv -1 (\bmod\ p)$.（有猜想说该结论的逆也是成立的.）

24. 当 p 是奇素数时，证明：$1^p + 2^p + 3^p + \cdots + (p-1)^p \equiv 0 (\bmod\ p)$.

25. 证明：设 p 是素数，a, b 是不能被 p 整除的整数且 $a^p \equiv b^p (\bmod\ p)$，那么 $a^p \equiv b^p (\bmod\ p^2)$.

26. 利用波拉德 $p-1$ 法求 689 的一个因子.

27. 利用波拉德 $p-1$ 法求 7 331 117 的一个因子.（本习题需要利用计算器或计算软件.）

28. 设 p 和 q 是不同的素数，证明 $p^{q-1} + q^{p-1} \equiv 1 (\bmod\ pq)$.

29. 证明：若 p 是素数且 a 是一个整数，那么 $p \mid (a^p + (p-1)! \ a)$.

30. 证明：若 p 是奇素数，则 $1^2 3^2 \cdots (p-4)^2 (p-2)^2 \equiv (-1)^{(p+1)/2} (\bmod\ p)$.

31. 证明：若 p 是素数且 $p \equiv 3 (\bmod\ 4)$，那么 $((p-1)/2)! \equiv \pm 1 (\bmod\ p)$.

32. a) 令 p 是素数，设 r 是小于 p 的正整数且 $(-1)^r \cdot r! \equiv -1 (\bmod\ p)$. 证明 $(p-r+1)! \equiv -1 (\bmod\ p)$.
    b) 利用(a)，证明 $61! \equiv 63! \equiv -1 (\bmod\ 71)$.

33. 利用威尔逊定理，证明：若 p 是素数且 $p \equiv 1 (\bmod\ 4)$，那么同余方程 $x^2 \equiv -1 (\bmod\ p)$ 有两个不同余的解：$x \equiv \pm ((p-1)/2)! \ (\bmod\ p)$.

34. 设 p 是素数且 $0 < k < p$，证明 $(p-k)! \cdot (k-1)! \equiv (-1)^k (\bmod\ p)$.

35. 若 n 是整数，证明：

$$\pi(n) = \sum_{j=2}^{n} \left[\frac{(j-1)!+1}{j} - \left[\frac{(j-1)!}{j} \right] \right].$$

36. 证明：若 p 是大于 3 的素数，则 $2^{p-2}+3^{p-2}+6^{p-2} \equiv 1 \pmod{p}$.

37. 证明：若 n 为非负整数，则 $5 \mid 1^n+2^n+3^n+4^n$ 当且仅当 $4 \nmid n$.

*38. 哪些正整数 n 使得 n^4+4^n 是素数？

39. 证明正整数对 n 和 $n+2$ 是孪生素数当且仅当 $4((n-1)!+1)+n \equiv 0 \pmod{n(n+2)}$，其中 $n \neq 1$.

40. 若正整数 n 和 $n+k$ 均为素数，其中 $n>k$ 且 k 是正偶数，那么 $(k!)^2((n-1)!+1)+n(k!-1)(k-1)! \equiv 0 \pmod{n(n+k)}$.

41. 证明：若 p 是素数，则 $\binom{2p}{p} \equiv 2 \pmod{p}$.

42. 第 3.5 节的习题 74 证明了若 p 是素数且 k 是小于 p 的正整数，那么二项式系数 $\binom{p}{k}$ 被 p 整除. 利用这个事实和二项式定理证明：若 a 和 b 均是整数，那么 $(a+b)^p \equiv a^p+b^p \pmod{p}$.

43. 利用数学归纳法证明费马小定理.（提示：在归纳的步骤中，利用习题 42 可以得到关于 $(a+1)^p$ 的同余式.）

*44. 利用 4.3 节的习题 30 证明威尔逊定理的高斯推广：除了 $m=4$，p^t 或 $2p^t$ 之外，其中 p 是奇素数，t 是正整数，所有小于 m 而且和 m 互素的正整数的乘积同余于 $1 \pmod{m}$，而前一种情况同余于 $-1 \pmod{m}$.

45. 给一副纸牌洗牌，先将这副纸牌分成两份，每份 26 张，然后从底下那一份开始，交替从两份纸牌中每次抽取一张组成一副新的顺序的纸牌.

a)证明：若某张纸牌开始时是在第 c 张的位置，洗完牌后它将在第 b 张的位置，其中 $b \equiv 2c \pmod{53}$ 且 $1 \leqslant b \leqslant 52$.

b)按照上述洗牌方式，要经过几次洗牌才能使牌序和原来的一样？

46. 令 p 是素数，a 是正整数且不能被 p 整除. 定义费马商 $q_p(a)$ 为 $q_p(a)=(a^{p-1}-1)/p$. 证明：若 a 和 b 是不能被素数 p 整除的正整数，那么 $q_p(ab) \equiv q_p(a)+q_p(b) \pmod{p}$.

47. 设 p 是素数. 令 $a_1, a_2, \cdots, a_p$ 和 $b_1, b_2, \cdots, b_p$ 均是模 p 的完全剩余系. 证明 $a_1b_1, a_2b_2, \cdots, a_pb_p$ 不是模 p 的完全剩余系.

*48. 证明：若 n 是正整数且 $n \geqslant 2$，那么 n 不整除 2^n-1.

*49. 令 p 是奇素数，证明 $(p-1)!^{p^{n-1}} \equiv -1 \pmod{p^n}$.

50. 证明：若 p 是素数且 $p>5$，那么 $(p-1)!+1$ 至少有两个不同的素因子.

51. 证明：若 a 和 n 是互素的整数且 $n>1$，那么 n 是素数当且仅当 $(x-a)^n$ 与 x^n-a 作为多项式模 n 同余.（回忆第 4.1 节的习题 48 前面的序言，两个多项式作为多项式模 n 同余是指两个多项式中 x 的同幂次的系数模 n 同余.）(Agrawal, Kayal 和 Saxena[AgKaSa02]关于存在一个多项式时间算法确定一个整数是否是素数的证明便是源于此结论.)

52. 当 n 为正整数时计算 $(n!+1, (n+1)!)$.

计算和研究

1. 一个素数 p 称为威尔逊素数，如果 $(p-1) \equiv -1 \pmod{p^2}$. 求出小于 10 000 的所有威尔逊素数.

2. 求出满足 $2^{p-1} \equiv 1 \pmod{p^2}$ 的小于 10 000 的所有素数 p.

3. 选几个不同的奇整数，利用波拉德 $p-1$ 法找出每个数的一个因子.

4. 验证猜想：若 n 是合数，则 $1^{n-1}+2^{n-1}+3^{n-1}+\cdots+(n-1)^{n-1} \not\equiv -1 \pmod{n}$. 请选取尽可能多的 n 进行验证.

程序设计

1. 求出小于给定的正整数 n 的所有威尔逊素数.

2. 求出满足 $2^{p-1} \equiv 1 \pmod{p^2}$ 的小于给定正整数 n 的所有素数 p.

3. 通过费马小定理求解模数是素数的线性同余方程.

4. 利用波拉德 $p-1$ 法分解给定的正整数 n.

6.2 伪素数

费马小定理告诉我们，若 n 是素数且 b 是整数，那么 $b^n \equiv b \pmod{n}$. 因此，若存在整数 b 满足 $b^n \not\equiv b \pmod{n}$，那么 n 是合数.

例 6.8 可以证明 63 不是素数，这是因为

$$2^{63} = 2^{60} \cdot 2^3 = (2^6)^{10} \cdot 2^3 = 64^{10} 2^3 \equiv 2^3 \equiv 8 \not\equiv 2 \pmod{63}. \quad \blacktriangleleft$$

利用费马小定理可以证明一个整数是合数. 若它可以提供一种方法来证明一个整数是素数，那么它将更有用. 通常说古代中国人相信若 $2^n \equiv 2 \pmod{n}$，则 n 一定是素数. 这个命题在 $1 \leqslant n \leqslant 340$ 时是正确的. 可惜的是，费马小定理的逆不成立，正如下面的例子所示，它是由萨鲁斯(Sarrus)在 1919 年发现的.

历史上的误会

显然，中国古人相信若 $2^n \equiv 2 \pmod{n}$，则 n 是素数的说法是由于一个错误的翻译和一个 19 世纪的中国数学家的一个失误造成的. 1897 年，J. H. Jeans 报告说这个可以追溯到"孔子时代"的命题好像是对《九章算术》错误翻译的一个结果. 1869 年，亚历山大·韦德(Alexander Wade)在杂志《Notes and Queries on China》上发表了一篇论文"一个中国定理"，并把这个"定理"归功于数学家李善兰(1811—1882). 李发现这个结果是错误的，但这个错误结果却被后来的作者保存下来了. 这些历史细节来自中国数学家萧文强(Siu Man Keung)给保罗·利本鲍姆(Paulo Ribenboim)的一封信中(更详细的信息见[Ri96]).

例 6.9 令 $n = 341 = 11 \cdot 31$. 由费马小定理知 $2^{10} \equiv 1 \pmod{11}$，所以 $2^{340} = (2^{10})^{34} \equiv 1 \pmod{11}$，并且 $2^{340} = (2^5)^{68} = (32)^{68} \equiv 1 \pmod{31}$. 因此，由推论 4.9.1 可知 $2^{340} \equiv 1 \pmod{341}$. 同余式两边同乘以 2，得 $2^{341} \equiv 2 \pmod{341}$，尽管 341 不是素数. $\quad \blacktriangleleft$

这个例子可以导出下面的定义.

定义 令 b 是一个正整数. 若 n 是一个正合数且 $b^n \equiv b \pmod{n}$，则称 n 为**以 b 为基的伪素数**.

注意到若 $(b, n) = 1$，那么同余式 $b^n \equiv b \pmod{n}$ 与同余式 $b^{n-1} \equiv 1 \pmod{n}$ 等价. 为了理解这一点，由推论 4.5.1，因 $(b, n) = 1$，故第一个同余式两边同除以 b，便可得到第二个同余式. 由定理 4.4 的第(iii)部分知，可以在第二个同余式两边同乘以 b，便可得到第一个同余式. 我们经常利用这种等价情形.

例 6.10 整数 $341 = 11 \cdot 31$，$561 = 3 \cdot 11 \cdot 17$ 和 $645 = 3 \cdot 5 \cdot 43$ 都是以 2 为基的伪素数，因为容易验证 $2^{340} \equiv 1 \pmod{341}$，$2^{560} \equiv 1 \pmod{561}$ 和 $2^{644} \equiv 1 \pmod{645}$. $\quad \blacktriangleleft$

注 上面所定义的伪素数有时也被称为是费马伪素数. 这个术语是用来区分其他类型的伪素数. 更广泛地讲，伪素数(pseudoprime)是指那些能通过一个或多个素数检验的合数. 在本节的后面，我们还会讨论强伪素数，它们是能通过额外检验的费马伪素数. 在第

11 章中，我们将研究欧拉伪素数，这是另一种重要的伪素数.

如果以 b 为基具有相对较少的伪素数，那么检验同余式 $b^n \equiv b \pmod{n}$ 是否成立是一个有用的检验，因为只有一小部分合数可以通过该检验. 事实上，不超过特定的界的以 b 为基的伪素数的个数远远小于不超过那个界的素数的个数. 特别地，在不超过 10^{10} 的数中，共有 455 052 511 个素数，但以 2 为基的伪素数却只有 14 884 个. 尽管对每个给定的基其伪素数是稀少的，然而它的伪素数却有无穷多个. 我们将以 2 为基作为例子来证明这一点. 下面的引理在证明中是有用的.

引理 6.1 若 d 和 n 均是正整数且 d 整除 n，那么 2^d-1 整除 2^n-1.

证明 给定 $d|n$，存在正整数 t，满足 $dt=n$. 在等式 $x^t-1=(x-1)(x^{t-1}+x^{t-2}+\cdots+1)$ 中令 $x=2^d$，可得 $2^n-1=(2^d-1)(2^{d(t-1)}+2^{d(t-2)}+\cdots+2^d+1)$. 因此有 $(2^d-1)|(2^n-1)$. ■

现在我们来证明以 2 为基的伪素数有无穷多个.

定理 6.6 以 2 为基的伪素数有无穷多个.

证明 我们将要证明：若 n 是一个以 2 为基的奇伪素数，那么 $m=2^n-1$ 也是以 2 为基的奇伪素数. 因至少有一个以 2 为基的奇伪素数，从而 $n_0=341$，故取 $n_{k+1}=2^{n_k}-1$，其中 $k=0,1,2,\cdots$，则因为 $n_0<n_1<n_2<\cdots<n_k<n_{k+1}<\cdots$，所以这些整数均不相同，从而我们构造出无穷多的以 2 为基的奇伪素数.

继续我们的证明，令 n 是以 2 为基的奇伪素数，则 n 是合数且 $2^{n-1}\equiv 1 \pmod{n}$. 因 n 是合数，令 $n=dt$，其中 $1<d<n$ 且 $1<t<n$. 我们将证明 $m=2^n-1$ 也是以 2 为基的伪素数：首先证明 m 是合数，然后证明 $2^{m-1}\equiv 1 \pmod{m}$.

为证明 m 是合数，利用引理 6.1 可知，$(2^d-1)|(2^n-1)=m$. 为证明 $2^{m-1}\equiv 1 \pmod{m}$，注意到因 $2^n\equiv 2 \pmod{n}$，故存在整数 k，使得 $2^n-2=kn$. 因此，$2^{m-1}=2^{2^n-2}=2^{kn}$. 由引理 6.1 知，$m=(2^n-1)|(2^{kn}-1)=2^{m-1}-1$. 因此，$2^{m-1}-1\equiv 0 \pmod{m}$，即 $2^{m-1}\equiv 1 \pmod{m}$. 综上所述，m 也是一个以 2 为基的伪素数. ■

若想知道一个整数 n 是否为素数，并且知道了 $2^{n-1}\equiv 1 \pmod{n}$，则可知 n 或者是素数或者是以 2 为基的伪素数. 进一步的方法是用其他的基检验 n. 即选取若干正整数 b 来检验 $b^{n-1}\equiv 1 \pmod{n}$ 是否成立. 若存在一个 b 满足 $(b,n)=1$ 且 $b^{n-1}\not\equiv 1 \pmod{n}$，则可知 n 是合数.

例 6.11 我们已经知道 341 是以 2 为基的伪素数. 现在来检验 341 是否也是以 7 为基的伪素数. 因为

$$7^3=343\equiv 2 \pmod{341}$$

和

$$2^{10}=1024\equiv 1 \pmod{341},$$

故

$$7^{340}=(7^3)^{113}7\equiv 2^{113}7=(2^{10})^{11}\cdot 2^3\cdot 7$$
$$\equiv 8\cdot 7=56\not\equiv 1 \pmod{341}.$$

从而，由于 $7^{340}\not\equiv 1 \pmod{341}$，故由费马小定理的逆否命题知 341 是合数. ◄

卡迈克尔数

很遗憾，存在合数 n，但利用上述方法并不能证明它是合数. 这是因为存在着对任意基都是伪素数的整数，即存在合数 n，使得对所有满足 $(b, n)=1$ 的 b 都有 $b^{n-1}\equiv1(\bmod n)$．这导出了以下定义．

定义　一个合数 n 若对所有满足 $(b, n)=1$ 的正整数 b 都有 $b^{n-1}\equiv1(\bmod n)$ 成立，则称为**卡迈克尔（Carmichael）数**（以在 20 世纪初研究它们的卡迈克尔而得名）或者称为**绝对伪素数**．

例 6.12　整数 $561=3\cdot11\cdot17$ 是一个卡迈克尔数．为了证明这一点，注意到若 $(b, 561)=1$，则 $(b, 3)=(b, 11)=(b, 17)=1$．因此，由费马小定理，有 $b^2\equiv1(\bmod 3)$，$b^{10}\equiv1(\bmod 11)$ 和 $b^{16}\equiv1(\bmod 17)$．从而 $b^{560}=(b^2)^{280}\equiv1(\bmod 3)$，$b^{560}=(b^{10})^{56}\equiv1(\bmod 11)$，$b^{560}=(b^{16})^{35}\equiv1(\bmod 17)$．因此，由推论 4.9.1，$b^{560}\equiv1(\bmod 561)$ 对所有满足 $(b, n)=1$ 的 b 成立．　◀

1912 年，卡迈克尔猜想存在无穷多个卡迈克尔数，这个猜想用了 80 年才被证实．1992 年，阿尔福特（Alford）、格兰维尔（Granville）和帕梅让斯（Pomerance）证实了卡迈克尔是正确的[⊖]．因为他们的证明很复杂非初等，故在此不予以描述．但是，我们将证明一个关键的部分——一个可以用来寻找卡迈克尔数的定理．

定理 6.7　若 $n=q_1q_2\cdots q_k$，其中 q_j 是不同的素数满足 $(q_j-1)\mid(n-1)$ 对所有 j 成立且 $k>2$，那么 n 是一个卡迈克尔数．

证明　令 b 是一个正整数且 $(b, n)=1$，那么 $(b, q_j)=1$，其中 $j=1, 2, \cdots, k$．因此，由费马小定理知，$b^{q_j-1}\equiv1(\bmod q_j)$，$j=1, 2, \cdots, k$．因 $(q_j-1)\mid(n-1)$ 对每个整数 $j=1, 2, \cdots, k$ 都成立，故存在整数 t_j 满足 $t_j(q_j-1)=n-1$．因此，对每个 j，有 $b^{n-1}=b^{(q_j-1)t_j}\equiv1(\bmod q_j)$．从而由推论 4.9.1 知，$b^{n-1}\equiv1(\bmod n)$．综上所述，$n$ 是一个卡迈克尔数．　■

罗伯特·丹尼尔·卡迈克尔（Robert Daniel Carmichael，1879—1967）出生于阿拉巴马州的 Goodwater．1898 年在 Lineville 学院获得学士学位，1911 年在普林斯顿大学获得博士学位．卡迈克尔于 1911 年至 1915 年间在印第安纳大学任教，1915 年至 1947 年在伊利诺伊大学任教．他在 G. D. Birkhoff 指导下的博士论文被认为是美国人在微分方程上的第一个有影响力的贡献．卡迈克尔在许多领域作过研究，包括实分析、微分方程、数学物理、群论以及数论等．

例 6.13　定理 6.7 说明 $6601=7\cdot23\cdot41$ 是一个卡迈克尔数，这是因为 7，23 和 41 均是素数，$6=(7-1)\mid6600$，$22=(23-1)\mid6600$，$40=(41-1)\mid6600$．　◀

定理 6.7 的逆也是成立的，即所有的卡迈克尔数都具有形式 $q_1q_2\cdots q_k$，其中 q_j 是互不相同的素数且对所有的 j 满足 $(q_j-1)\mid(n-1)$．我们将在第 9 章证明这一点．

另外，我们可以证明尽管仅有 43 个不超过 10^6 的卡迈克尔数，但有 105 212 个不超过 10^{15} 的卡迈克尔数．

⊖　特别地，他们证明了 $C(x)$（也就是不超过 x 的卡迈克尔数的个数）在 x 充分大时满足不等式 $C(x)>x^{2/7}$．

米勒检验

一旦同余式 $b^{n-1}\equiv 1\pmod n$ 得到验证，其中 n 是一个奇数，则另外一个可能的方法是考虑 $b^{(n-1)/2}$ 模 n 的最小正剩余．注意到若 $x=b^{(n-1)/2}$，则 $x^2=b^{n-1}\equiv 1\pmod n$．若 n 是一个素数，则由定理 4.12 可知，或者 $x\equiv 1\pmod n$ 或者 $x\equiv -1\pmod n$．因此，一旦我们有 $b^{n-1}\equiv 1\pmod n$，则可以检验 $b^{(n-1)/2}\equiv \pm 1\pmod n$ 是否成立．若该同余式不成立，则可知 n 是合数．

例 6.14 令 $b=5$ 和 $n=561$ 为最小的卡迈克尔数．可知 $5^{(561-1)/2}=5^{280}\equiv 67\pmod{561}$．因此，561 是合数．◀

为了继续发展素性检验法，需要下列定义．

定义 令 n 是一个正整数，满足 $n>2$ 且 $n-1=2^s t$，其中 s 是一个非负整数，t 是一个奇正整数．称 n 通过**以 b 为基的米勒检验**（Miller's test），如果有 $b^t\equiv 1\pmod n$ 或者 $b^{2^j t}\equiv -1\pmod n$ 对某个 j 成立，其中 $1\leqslant j\leqslant s-1$．

下面的例子证明 2047 通过了以 2 为基的米勒检验．

例 6.15 令 $n=2047=23\cdot 89$，那么 $2^{2046}=(2^{11})^{186}=(2048)^{186}\equiv 1\pmod{2047}$，因此，2047 是以 2 为基的伪素数．因为 $2^{2046/2}=2^{1023}=(2^{11})^{93}=(2048)^{93}\equiv 1\pmod{2047}$，所以，2047 通过了以 2 为基的米勒检验．◀

现在来证明若 n 是素数，则 n 通过所有以 b 为基的米勒检验，其中 $n\nmid b$．

定理 6.8 若 n 是素数且 b 是正整数满足 $n\nmid b$，那么 n 能通过以 b 为基的米勒检验．

证明 令 $n-1=2^s t$，其中 s 是一个非负整数且 t 是一个奇正整数．令 $x_k=b^{(n-1)/2^k}=b^{2^{s-k} t}$，$k=0,1,2,\cdots,s$．因为 n 是素数，故由费马小定理可知 $x_0=b^{n-1}\equiv 1\pmod n$．由定理 4.12，因 $x_1^2=(b^{(n-1)/2})^2=x_0\equiv 1\pmod n$，所以或者 $x_1\equiv -1\pmod n$ 或者 $x_1\equiv 1\pmod n$．如果 $x_1\equiv 1\pmod n$，则因 $x_2^2=x_1\equiv 1\pmod n$，故或者 $x_2\equiv 1\pmod n$ 或者 $x_2\equiv -1\pmod n$．一般地，若 $x_0\equiv x_1\equiv x_2\equiv \cdots\equiv x_k\equiv 1\pmod n$，其中 $k<s$，那么因 $x_{k+1}^2=x_k\equiv 1\pmod n$，故或者 $x_{k+1}\equiv -1\pmod n$ 或者 $x_{k+1}\equiv 1\pmod n$．

对 $k=1,2,\cdots,s$ 继续这个过程，会发现或者 $x_s\equiv 1\pmod n$ 或者 $x_k\equiv -1\pmod n$ 对某个整数 k，$0\leqslant k\leqslant s$ 成立．因此，n 通过了以 b 为基的米勒检验．∎

若正整数 n 通过了以 b 为基的米勒检验，则或者 $b^t\equiv 1\pmod n$ 或者 $b^{2^j t}\equiv -1\pmod n$ 对某个 j 成立，其中 $0\leqslant j\leqslant s-1$，这里 $n-1=2^s t$ 且 t 为奇数．

两种情况下，我们都有 $b^{n-1}\equiv 1\pmod n$，因 $b^{n-1}=(b^{2^j t})^{2^{s-j}}$ 对 $j=0,1,2,\cdots,s$ 成立，所以能够通过以 b 为基的米勒检验的合数 n 必然是以 b 为基的伪素数．通过这个观察，可以导出以下定义．

定义 设 n 是一个合数，且通过以 b 为基的米勒检验，那么称 n 为**以 b 为基的强伪素数**．

例 6.16 在例 6.15 中，可以看到 2047 是以 2 为基的强伪素数．◀

尽管强伪素数极其稀少，但仍然有无穷多个．下面的定理表明以 2 为基的强伪素数有无穷多个.

定理 6.9 有无穷多个以 2 为基的强伪素数.

证明 我们将要证明：若 n 是一个以 2 为基的伪素数，那么 $N = 2^n - 1$ 是以 2 为基的强伪素数.

令 n 是一个奇数且是以 2 为基的伪素数. 因此，n 是合数且 $2^{n-1} \equiv 1 \pmod{n}$. 从这个同余式可以看到，存在某个整数 k，使得 $2^{n-1} - 1 = nk$，其中 k 一定是奇数. 我们有

$$N - 1 = 2^n - 2 = 2(2^{n-1} - 1) = 2^1 nk;$$

这是 $N-1$ 的因子分解，它分解为一个奇数和 2 的一个方幂.

注意到

$$2^{(N-1)/2} = 2^{nk} = (2^n)^k \equiv 1 \pmod{N},$$

这是因为 $2^n = (2^n - 1) + 1 = N + 1 \equiv 1 \pmod{N}$. 从而证明 N 通过了米勒检验.

在引理 6.1 的证明中，我们证明了若 n 是合数，则 $N = 2^n - 1$ 也是合数. 因此，N 通过了米勒检验且是合数，所以 N 是以 2 为基的强伪素数. 因为每一个以 2 为基的伪素数 n 都产生一个以 2 为基的强伪素数 $2^n - 1$，且以 2 为基的伪素数有无穷多个，故以 2 为基的强伪素数有无穷多个. ∎

下面的论述结合米勒检验对相对小的整数的素性检验是有用的. 以 2 为基的最小的且是奇的强伪素数是 2047，所以若 $n < 2047$，n 是奇数，且 n 通过以 2 为基的米勒检验，则 n 是素数. 类似地，1 373 653 是同时以 2 和 3 为基的最小的奇的强伪素数，它给了我们小于 1 373 653 的整数的素性检验. 同时以 2，3 和 5 为基的最小的奇的强伪素数是 25 326 001. 以 2，3，5 和 7 为基的最小的奇的强伪素数是 3 215 031 751. 另外，对这些基，不再有小于 $25 \cdot 10^9$ 的任何其他的奇的强伪素数（读者应该对该陈述进行验证）. 这给了我们对于小于 $25 \cdot 10^9$ 的整数的一个素性检验. 一个奇数 n 是素数，如果 $n < 25 \cdot 10^9$ 能通过以 2，3，5 和 7 为基的米勒检验，且 $n \neq 3\ 215\ 031\ 751$.

计算表明，不超过 10^{12} 且同时是以 2，3 和 5 为基的强伪素数只有 101 个. 这里面只有 9 个是以 7 为基的强伪素数，并且没有一个是以 11 为基的强伪素数. 同时以 2，3，5，7 和 11 为基的最小的强伪素数是 2 152 302 898 747. 因此，若奇整数 n 是素数且 $n < 2\ 152\ 302\ 898\ 747$，那么 n 是素数如果 n 能通过以 2，3，5，7 和 11 为基的米勒检验. 若要用此法对更大的整数进行素性检验，那么可以通过观察发现没有比 341 550 071 728 321 更小的正整数是以 2，3，5，7，11，13 和 17 为基的强伪素数. 一个不超过此数的正奇数是素数，如果它能通过这七个素数 2，3，5，7，11，13 和 17 的米勒检验.

强伪素数与卡迈克尔数之间没有相似性. 这是下面定理的结果.

定理 6.10 若 n 是一个奇正合数，那么最多有 $(n-1)/4$ 个 b，其中 $1 \leqslant b \leqslant n-1$，使得 n 能够通过以 b 为基的米勒检验.

我们将在第 9 章证明定理 6.10. 定理 6.10 告诉我们若有超过 $(n-1)/4$ 个小于 n 的基，使得 n 能够通过这些基的米勒检验，那么 n 是素数. 然而，这是一个相当冗长的方法去证明一个正整数是素数，比完成普通试除法还要糟. 米勒检验给出了一个有趣且快速的方法来证明一个整数 n "可能是素数". 为了说明这一点，随机选取整数 b，$1 \leqslant b \leqslant n-1$（在第 10 章中将会看到如何做"随机"选择）. 由定理 6.10 知，若 n 是合数，则 n 通过以 b 为基的米

勒检验的可能性小于 $1/4$. 若选取 k 个小于 n 的不同的基，且对每个基完成米勒检验，则可以得出以下结论.

定理 6.11（拉宾（Rabin）概率素性检验）　设 n 是一个正整数. 取 k 个不同的小于 n 的正整数作为基，并且对 n 做每一个基的米勒检验. 若 n 是一个合数，则 n 通过所有 k 个检验的概率不超过 $(1/4)^k$.

令 n 是一个正合数. 利用拉宾概率素性检验，若在 1 和 n 之间随机选取 100 个不同的整数，并且对这 100 个基中的每一个做米勒检验，那么 n 通过所有检验的概率要小于 $(10)^{-60}$，这是极小的一个数. 事实上，一个计算机出错的概率也要比一个合数同时通过 100 个检验的概率大. 利用拉宾概率素性检验不能够明确地证明能够通过多次检验的整数 n 一定是素数，但它确实给了极强的、实际上几乎不可能否认的证据说明这个整数是素数.

在解析数论中有一个著名的猜想叫广义黎曼猜想，它是关于著名的黎曼 zeta 函数的一个命题，并且以德国数学家乔治·弗里德里希·伯恩哈德·黎曼（Georg Friedrich Bernhard Riemann）的名字命名，这在 3.2 节中已做过讨论. 下面一个猜想是这个假设的推论.

猜想 6.1　对任何一个正合数 n，存在一个基 b，且 $b < 2(\log_2 n)^2$，使得 n 不能通过以 b 为基的米勒检验.

若这个猜想是正确的，正如许多数论学家相信的那样，下面的结果提供了一个快速的素性检验.

定理 6.12　若广义黎曼猜想是正确的，那么存在一个算法来判断一个正整数 n 是否是素数，并且该算法的位运算量是 $O((\log_2 n)^5)$ 次.

证明　令 b 是一个小于 n 的正整数. 为了对 n 完成以 b 为基的米勒检验，需要 $O((\log_2 n)^3)$ 次位运算，这是因为完成这个检验需要不超过 $\log_2 n$ 次模指数运算，而每次模指数运算需要用 $O((\log_2 b)^2)$ 次位运算. 假设广义黎曼假设是正确的，若 n 是合数，那么由猜想 6.1，存在一个基 b，$1 < b < 2(\log_2 n)^2$，使得 n 不能通过以 b 为基的米勒检验. 为了找到这个 b 需要少于 $O((\log_2 n)^3) \cdot O((\log_2 n)^2) = O((\log_2 n)^5)$ 次位运算. 因此，利用 $O((\log_2 n)^5)$ 次位运算，可以确定 n 是合数还是素数. ∎

乔治·弗里德里希·伯恩哈德·黎曼（Georg Friedrich Bernhard Riemann，1826—1866）出生于德国的布雷斯塞伦茨市，他是一个牧师的儿子. 在父亲的教导下他完成了初等教育，并且在完成了中学教育后，进入哥廷根大学学习神学，但他也参加关于数学的讲座，并且在得到了他父亲的同意后转入柏林大学，集中精力学习数学. 在那里，黎曼得到许多著名数学家的指点，其中包括狄利克雷（Dirichlet）和雅克比（Jacobi）. 随后他又返回哥廷根大学，并在那里获得博士学位.

黎曼是数学史上最富想象力和创造力的数学家之一. 他为几何学、数学物理和分析学作出了很多奠基性的贡献. 他只写过一篇关于数论的文章，短短八页，却产生了深远的影响. 黎曼死于肺结核，年仅 39 岁.

关于拉宾概率素性检验和定理 6.12 非常重要的一点是两个结果都表明仅可以利用 $O((\log_2 n)^k)$ 次位运算，就能检验出整数 n 的素性，其中 k 是一个正整数.（并且 Agrawal，

Kayal 和 Saxena[AgKaSa02]的最新结果证明存在一个利用 $O((\log_2 n)^k)$ 次位运算的确定性检验.)这与因子分解问题形成强烈的对比. 关于整数分解的最好的算法需要的位运算次数是以待分解整数的位数的对数平方根为方幂的指数函数;而素性检验的算法似乎只需要少于待检验的整数的位数的多项式次位运算. 我们将在第 8 章中利用这个差异引入最新发明的一种密码系统.

6.2 节习题

1. 证明:91 是以 3 为基的伪素数.

2. 证明:45 是以 17 和 19 为基的伪素数.

3. 证明:偶数 $n = 161\,038 = 2 \cdot 73 \cdot 1103$ 满足同余式 $2^n \equiv 2 \pmod{n}$,且整数 161 038 是以 2 为基的最小的偶的伪素数.

4. 证明:任何一个奇合数是同时以 1 和 -1 为基的伪素数.

5. 证明:若 n 是一个奇合数并且 n 是一个以 a 为基的伪素数,则 n 是以 $n-a$ 为基的伪素数.

* 6. 证明:若 $n = (a^{2p} - 1)/(a^2 - 1)$,其中 a 是整数,$a > 1$ 且 p 是奇素数但不整除 $a(a^2 - 1)$,那么 n 是以 a 为基的伪素数. 推出对任何基 a 都有无限多个伪素数. (提示:验证 $a^{n-1} \equiv 1 \pmod{n}$,证明 $2p \mid (n-1)$,并证明 $a^{2p} \equiv 1 \pmod{n}$.)

7. 证明:每一个非素的费马数 $F_m = 2^{2^m} + 1$ 是以 2 为基的伪素数.

8. 证明:若 p 是素数且 $2^p - 1$ 是合数,那么 $2^p - 1$ 是以 2 为基的伪素数.

9. 证明:若 n 是以 a 和 b 为基的伪素数,那么 n 也是以 ab 为基的伪素数.

10. 设 a 和 n 是互素的正整数. 证明:若 n 是以 a 为基的伪素数,那么 n 是以 $\bar{a}$ 为基的伪素数,其中 $\bar{a}$ 是 a 模 n 的逆.

11. 证明:若 n 是以 a 为基的伪素数,但不是以 b 为基的伪素数,其中 $(a, n) = (b, n) = 1$,那么 n 不是以 ab 为基的伪素数.

12. 证明:25 是以 7 为基的强伪素数.

13. 证明:1387 是以 2 为基的伪素数,但不是以 2 为基的强伪素数.

14. 证明:1 373 653 是同时以 2 和 3 为基的强伪素数.

15. 证明:25 326 001 是以 2,3 和 5 为基的强伪素数.

16. 证明下列整数是卡迈克尔数.

    a) $2821 = 7 \cdot 13 \cdot 31$ b) $10\,585 = 5 \cdot 29 \cdot 73$ c) $29\,341 = 13 \cdot 37 \cdot 61$ d) $314\,821 = 13 \cdot 61 \cdot 397$

    e) $278\,545 = 5 \cdot 17 \cdot 29 \cdot 113$ f) $172\,081 = 7 \cdot 13 \cdot 31 \cdot 61$ g) $564\,651\,361 = 43 \cdot 3361 \cdot 3907$

17. 求形如 $7 \cdot 23 \cdot q$ 的卡迈克尔数,其中 q 是一个不等于 41 的奇素数,或者证明除此之外没有其他的数.

18. a) 证明:具有形式 $(6m+1)(12m+1)(18m+1)$ 的整数是一个卡迈克尔数,其中 m 是使得 $6m+1$,$12m+1$,$18m+1$ 均是素数的正整数.

    b) 由(a)推断出 $1729 = 7 \cdot 13 \cdot 19$;$294\,409 = 37 \cdot 73 \cdot 109$;$56\,052\,361 = 211 \cdot 421 \cdot 631$;$118\,901\,521 = 271 \cdot 541 \cdot 811$ 和 $172\,947\,529 = 307 \cdot 613 \cdot 919$ 是卡迈克尔数.

19. 具有六个素因子的最小的卡迈克尔数是 $5 \cdot 19 \cdot 23 \cdot 29 \cdot 37 \cdot 137 = 321\,197\,185$. 验证这个数是卡迈克尔数.

* 20. 证明:若 n 是卡迈克尔数,则 n 无平方因子.

21. 证明:若 n 是一个正整数且 $n \equiv 3 \pmod{4}$,那么其米勒检验共需 $O((\log_2 n)^3)$ 次位运算.

计算和研究

1. 求正整数 n,$n \leqslant 100$,使得整数 $n \cdot 2^n - 1$ 是素数.

2. 找出尽可能多的具有形式 $(6m+1)(12m+1)(18m+1)$ 的卡迈克尔数, 其中 $6m+1$, $12m+1$, $18m+1$ 均是素数.

3. 找出尽可能多的以 2 为基的偶的伪素数, 且该数是三个素数的乘积. 你认为这样的数会有无穷多个吗?

4. 具有形式 $n \cdot 2^n + 1$ 的整数叫库仑数(Cullen number), 其中 n 是大于 1 的正整数. 你可以找到一个素的库仑数吗?

程序设计

1. 给定一个正整数 n, 确定 n 是否满足同余式 $b^{n-1} \equiv 1 \pmod{n}$, 其中 b 是小于 n 的正整数. 若满足, 则 n 或者是一个素数或者是一个以 b 为基的伪素数.

2. 给定一个正整数 n, 确定 n 是否能通过以 b 为基的米勒检验. 若满足, 则 n 或者是素数或者是以 b 为基的强伪素数.

3. 基于以 2, 3, 5 和 7 为基的米勒检验, 完成小于 $25 \cdot 10^9$ 的整数的素性检验. (利用定理 6.9 下面的注.)

4. 基于以 2, 3, 5, 7 和 11 为基的米勒检验, 完成小于 2 152 302 898 747 的整数的素性检验. (利用定理 6.9 下面的注.)

5. 基于以 2, 3, 5, 7, 11, 13 和 17 为基的米勒检验, 完成小于 341 550 071 728 321 的整数的素性检验. (利用定理 6.9 下面的注.)

6. 给定一个奇正整数 n, 确定 n 能否通过拉宾概率素性检验.

7. 给定一个正整数 n, 找出所有小于 n 的卡迈克尔数.

6.3 欧拉定理

费马小定理告诉我们当模是素数时如何处理包含指数的特定同余式. 那么我们怎么处理相对应的模是合数的同余式呢?

为此我们将为合数建立一个类似于由费马小定理所提供的同余式. 正如在 6.1 节中所提到的, 伟大的瑞士数学家欧拉在 1736 年发表了费马小定理的证明. 1760 年, 欧拉成功地给出了费马小定理的一个自然的推广, 使它对合数也成立. 在介绍这个结果之前, 需要定义一个特殊的计数函数(由欧拉引进), 它将应用于此定理中.

定义 设 n 是一个正整数. **欧拉 ϕ 函数** $\phi(n)$ 定义为不超过 n 且与 n 互素的正整数的个数.

在表 6.1 中, 列出了 $1 \leqslant n \leqslant 12$ 时 $\phi(n)$ 的值. 对 $1 \leqslant n \leqslant 100$ 的 $\phi(n)$ 的值见附录 E 的表格 2.

表 6.1 欧拉函数 $\phi(n)$ 的值, $1 \leqslant n \leqslant 12$

n	1	2	3	4	5	6	7	8	9	10	11	12
$\phi(n)$	1	1	2	2	4	2	6	4	6	4	10	4

在第 7 章中, 我们会进一步研究欧拉 ϕ 函数. 本节中, 利用欧拉 ϕ 函数对合数给出类似于费马小定理的结论. 为了做到这一点, 我们需要准备一些基础知识.

定义 **模 n 的既约剩余系**是由 $\phi(n)$ 个整数构成的集合, 集合中的每个元素均与 n 互素, 且任何两个元素模 n 不同余.

例 6.17 集合 $\{1, 3, 5, 7\}$ 是模 8 的一个既约剩余系, 集合 $\{-3, -1, 1, 3\}$ 也是模 8 的一个既约剩余系.

下面是一个关于既约剩余系的定理.

定理 6.13 设 r_1，r_2，$\cdots$，$r_{\phi(n)}$ 是模 n 的一个既约剩余系，若 a 是一个正整数且 $(a, n)=1$，那么集合 ar_1，ar_2，$\cdots$，$ar_{\phi(n)}$ 也是模 n 的一个既约剩余系.

证明 先证明每个整数 ar_j 与 n 互素. 假设 $(ar_j, n)>1$，那么 (ar_j, n) 有一个素因子 p. 因此，或者 $p|a$ 或者 $p|r_j$. 从而或者 $p|a$ 且 $p|n$，或者 $p|r_j$ 且 $p|n$. 但是因 r_j 是模 n 的既约剩余系中的元素，故 $p|r_j$ 与 $p|n$ 不能同时成立. 又因 $(a, n)=1$，故 $p|a$ 和 $p|n$ 不能同时成立. 因此，对 $j=1$，2，$\cdots$，$\phi(n)$，ar_j 与 n 互素.

为了说明 ar_j 模 n 彼此不同余，设 $ar_j \equiv ar_k \pmod{n}$，其中 j 和 k 是不同的正整数且 $1 \leqslant j \leqslant \phi(n)$，$1 \leqslant k \leqslant \phi(n)$. 因 $(a, n)=1$，由推论 4.5.1 知 $r_j \equiv r_k \pmod{n}$，又因 r_j 和 r_k 是前一个模 n 的既约剩余系中的元素，故 $r_j \not\equiv r_k \pmod{n}$，得到矛盾. ∎

莱昂哈德·欧拉(Leonhard Euler, 1707—1783)是瑞士巴塞尔附近一个牧师的儿子，他除了学习神学外，还研究数学. 13 岁的时候，他就读于巴塞尔大学，目的是像他父亲希望的那样从事神学方面的工作. 在大学里，他师从著名的数学家伯努利家族中的约翰·伯努利(Johann Bernoulli)学习数学，他还成为伯努利的儿子尼克劳斯(Nicklaus)和丹尼尔(Daniel)的朋友. 他对数学的爱好使他放弃了继承父业的计划. 欧拉在 16 岁的时候获得了哲学硕士学位. 1727 年，彼得大帝(Peter the Great)在尼克劳斯和丹尼尔·伯努利的推荐下，邀请欧拉加入圣彼得堡科学院，他们俩早在 1725 这个科学院刚成立的时候就任职于此. 欧拉在 1727～1741 年和 1766～1783 年都在该科学院度过. 在 1741～1766 年这段时间内他任职于柏林皇家学院. 欧拉的多产令人惊讶，他写了超过 700 本的书和论文. 他去世后，圣彼得堡科学院用了 47 年的时间把他留下来的未出版的工作加以整理出版. 在他的一生中，他的论文创作速度很快，以至于他给科学院出版的论文都堆成了一堆. 于是他们先出版这堆论文中最上面的文章，这样这些新结果实际上在它们的基础工作发表之前就出现了. 在生命的最后 17 年，欧拉失明了，但是他有着惊人的记忆力，所以失明并没有阻止他在数学上的研究. 他还有 13 个孩子，能够在一个或者两个儿子在他膝上玩耍的时候继续他的研究. 瑞士科学院出版的所有欧拉作品和信件集《欧拉全集》(Opera Omnia)计划有 85 大卷，现在已经出版了 76 卷(到 1999 年末).

下面的例子中，我们描述了定理 6.13 的用法.

例 6.18 集合 1，3，5，7 是模 8 的一个既约剩余系. 因 $(3, 8)=1$，故由定理 6.13 知，集合 $3 \cdot 1 = 3$，$3 \cdot 3 = 9$，$3 \cdot 5 = 15$，$3 \cdot 7 = 21$ 也是模 8 的一个既约剩余系. ◀

下面给出欧拉定理.

定理 6.14(欧拉定理) 设 m 是一个正整数，a 是一个整数且 $(a, m)=1$，那么 $a^{\phi(m)} \equiv 1 \pmod{m}$.

在证明欧拉定理之前，我们通过一个例子来说明其证明思想.

例 6.19 已知集合 1，3，5，7 和 $3 \cdot 1$，$3 \cdot 3$，$3 \cdot 5$，$3 \cdot 7$ 均是模 8 的既约剩余系. 因此，它们有相同的模 8 的最小正剩余. 从而

$$(3 \cdot 1) \cdot (3 \cdot 3) \cdot (3 \cdot 5) \cdot (3 \cdot 7) \equiv 1 \cdot 3 \cdot 5 \cdot 7 \pmod{8},$$

且

$$3^4 \cdot 1 \cdot 3 \cdot 5 \cdot 7 \equiv 1 \cdot 3 \cdot 5 \cdot 7 \pmod{8}.$$

因为 $(1 \cdot 3 \cdot 5 \cdot 7, 8) = 1$，故 $3^4 = 3^{\phi(8)} \equiv 1 \pmod{8}$.   ◀

现在利用上例中描述的思想来证明欧拉定理.

证明 令 $r_1, r_2, \cdots, r_{\phi(m)}$ 是由不超过 m 且和 m 互素的元素组成的既约剩余系. 由定理 6.13，因 $(a, m) = 1$，故集合 $ar_1, ar_2, \cdots, ar_{\phi(m)}$ 也是模 m 的一个既约剩余系. 从而，在一定的顺序下 $ar_1, ar_2, \cdots, ar_{\phi(m)}$ 的最小正剩余一定是 $r_1, r_2, \cdots, r_{\phi(m)}$. 因此，若把每个既约剩余系中的所有项都乘起来，可得

$$ar_1 ar_2 \cdots ar_{\phi(m)} \equiv r_1 r_2 \cdots r_{\phi(m)} \pmod{m}.$$

因而

$$a^{\phi(m)} r_1 r_2 \cdots r_{\phi(m)} \equiv r_1 r_2 \cdots r_{\phi(m)} \pmod{m}.$$

因为 $(r_1 \cdot r_2 \cdots r_{\phi(m)}, m) = 1$，故由推论 4.5.1 知，$a^{\phi(m)} \equiv 1 \pmod{m}$.   ∎

可以利用欧拉定理来寻找模 m 的逆. 若 a 和 m 互素，则

$$a \cdot a^{\phi(m)-1} = a^{\phi(m)} \equiv 1 \pmod{m}.$$

因此，$a^{\phi(m)-1}$ 是 a 模 m 的逆.

例 6.20 由 $2^{\phi(9)-1} = 2^{6-1} = 2^5 = 32 \equiv 5 \pmod 9$ 可知，$2^{\phi(9)-1}$ 是 2 模 9 的逆.   ◀

利用这个定理也可以解线性同余方程. 为了解方程 $ax \equiv b \pmod{m}$，其中 $(a, m) = 1$，将同余方程两边同乘以 $a^{\phi(m)-1}$ 得到

$$a^{\phi(m)-1} ax \equiv a^{\phi(m)-1} b \pmod{m}.$$

因此，方程的解是 $x \equiv a^{\phi(m)-1} b \pmod{m}$.

例 6.21 由于 $\phi(10) = 4$，故同余方程 $3x \equiv 7 \pmod{10}$ 的解由 $x \equiv 3^{\phi(10)-1} \cdot 7 \equiv 3^3 \cdot 7 \equiv 9 \pmod{10}$ 给出.   ◀

6.3 节习题

1. 找出模为下列整数的一个既约剩余系.
   a) 6   b) 9   c) 10   d) 14   e) 16   f) 17

2. 找出模 2^m 的既约剩余系，其中 m 是一个正整数.

3. 证明：若 $c_1, c_2, \cdots, c_{\phi(m)}$ 是模 m 的一个既约剩余系，其中 m 是一个正整数且 $m \neq 2$，那么 $c_1 + c_2 + \cdots + c_{\phi(m)} \equiv 0 \pmod{m}$.

4. 证明：若 a 和 m 是正整数且满足 $(a, m) = (a-1, m) = 1$，那么 $1 + a + a^2 + \cdots + a^{\phi(m)-1} \equiv 0 \pmod{m}$.

5. 求 3^{1000} 的十进制展开的最后一位数.

6. 求 $7^{999\,999}$ 的十进制展开的最后一位数.

7. 利用欧拉定理求 $3^{100\,000}$ 模 35 的最小正剩余.

8. 设 a 是一个整数，或者不能被 3 整除或者被 9 整除. 证明：$a^7 \equiv a \pmod{63}$.

9. 证明：若 a 是一个整数且与 32 760 互素，那么 $a^{12} \equiv 1 \pmod{32\,760}$.

10. 设 a 和 b 是互素的正整数. 证明：$a^{\phi(b)} + b^{\phi(a)} \equiv 1 \pmod{ab}$.

11. 利用欧拉定理求解下列线性同余方程.
    a) $5x \equiv 3 \pmod{14}$ b) $4x \equiv 7 \pmod{15}$ c) $3x \equiv 5 \pmod{16}$

12. 利用欧拉定理求解下列线性同余方程.
    a) $3x \equiv 11 \pmod{20}$ b) $10x \equiv 19 \pmod{21}$ c) $8x \equiv 13 \pmod{22}$

13. 设 $n = p_1 p_2 \cdots p_k$，其中 p_1，p_2，$\cdots$，p_k 为互异的奇素数，证明：$a^{\phi(n)+1} \equiv a \pmod{n}$.

14. 证明同余联立方程组

$$x \equiv a_1 \pmod{m_1}$$
$$x \equiv a_2 \pmod{m_2}$$
$$\vdots$$
$$x \equiv a_r \pmod{m_r}$$

的解由 $x \equiv a_1 M_1^{\phi(m_1)} + a_2 M_2^{\phi(m_2)} + \cdots + a_r M_r^{\phi(m_r)} \pmod{M}$ 给出，其中 m_j 两两互素，$M = m_1 m_2 \cdots m_r$ 且 $M_j = M/m_j$，$j = 1$，2，$\cdots r$.

15. 利用习题 14 解 4.3 节习题 4 的各同余方程组.

16. 利用习题 14 解 4.3 节习题 5 的同余方程组.

17. 利用欧拉定理求 7^{1000} 的十进制展开的最后一位数.

18. 利用欧拉定理求 $5^{1000000}$ 的十六进制展开的最后一位数.

19. 求 $\phi(n)$，其中 n 为整数且 $13 \leqslant n \leqslant 20$.

20. 证明：任何一个与 10 互素的正整数整除无穷多么循环整数（见 5.1 节习题 11 的导言）.（提示：n 位的么循环整数 $111\cdots11 = (10^n - 1)/9$.）

21. 证明：任何一个与 b 互素的正整数整除无穷多的以 b 为基的么循环整数（见 5.1 节习题 15 的导言）.

* 22. 设 m 是一个正整数，$m > 1$，证明：$a^m \equiv a^{m - \phi(m)} \pmod{m}$ 对任意的正整数 a 成立.

23. 设有整数 b，满足 $(b, n) = 1$，且 n 不是以 b 为基的伪素数. 证明：若 $1 \leqslant a < n$，且 n 是以 a 为基的伪素数，则这样的 a 的数目不超过 $\phi(n)$.（提示：利用 6.2 节中习题 11，首先证明 a_1，a_2，$\cdots$，a_r 与 ba_1，ba_2，$\cdots$，ba_r 无公共元素，其中 a_1，a_2，$\cdots$，a_r 是那些小于 n 且使得 n 为伪素数的基.）

计算和研究

1. 对所有小于 1000 的 n 求 $\phi(n)$. 关于 $\phi(n)$ 的值你可以提出怎样的猜想？

2. 令 $\Phi(n) = \sum_{i=1}^{n} \phi(i)$. 增大 n 的值，探究 $\Phi(n)/n^2$ 的值，比如 $n = 100$，$n = 1000$ 和 $n = 10\,000$. 当 n 趋于无穷大时，你对这个比值的极限有怎样的猜想？

程序设计

1. 对给定的正整数 n，求模 n 的既约剩余系.

2. 利用欧拉定理解线性同余方程.

3. 利用欧拉定理和中国剩余定理求解线性同余方程组（见习题 14）.

第7章 乘 性 函 数

在本章中, 我们研究定义在整数集合上的一类称为乘性函数 (或积性函数) 的特殊函数. 乘性函数具有这样的性质, 即它在一个整数上的函数值等于对该整数做素幂因子分解后所有素数幂上的函数值之积. 我们将证明一些重要的函数是乘性的, 包括因子个数函数、因子和函数以及欧拉 ϕ 函数. 利用这些函数是乘性函数的性质, 基于正整数 n 的素幂因子分解, 我们得到这些函数在 n 处的函数值的公式.

进一步, 我们将研究一类称为完全数的特殊正整数, 这类数与其真因子之和相等. 我们将证明所有偶完全数由一类称为梅森素数的特殊素数生成, 梅森素数是那些形如 2 的方幂减 1 的素数. 人们很早就开始寻找新的梅森素数, 而具有很强计算能力的计算机和因特网的出现加速了这类素数的寻找.

我们还将证明如何用算术函数 (即对所有正整数定义的函数) 的和函数来得到函数自身的一些信息. 函数 f 的和函数在 n 处的函数值等于 f 在 n 的所有正因子处的函数值之和. 著名的莫比乌斯反演公式证明了如何从和函数的取值得到 f 的函数取值.

最后, 我们将研究关于无限制拆分和受限制拆分的算术函数. 所谓拆分是指将一个正整数表示为若干个正整数的和, 不计其中的次序. 受限制拆分则是指拆分项受到一定的约束. 我们将给出一系列令人惊讶的关于这些算术函数之间的等式, 并且引入诸多在研究拆分时很重要的概念.

7.1 欧拉 ϕ 函数

欧拉 ϕ 函数具有这样的性质, 即它在整数 n 上的值等于对 n 做素幂因子分解后所有素数幂上的欧拉 ϕ 函数值之积. 具有这种性质的算术函数称为乘性函数. 在数论中这样的函数很多. 在本节中将证明欧拉 ϕ 函数是乘性函数. 我们可以通过整数的素幂因子分解来给出乘性函数在该整数上的函数值的计算公式. 在本章后面我们将学习其他的乘性函数, 包括正整数的因子个数函数和因子之和函数.

首先给出几个定义.

定义 定义在所有正整数上的函数称为**算术函数**.

本章中, 我们关心的是具有某些特殊性质的算术函数.

定义 如果算术函数 f 对任意两个互素的正整数 n 和 m, 均有 $f(mn) = f(m)f(n)$, 就称为**乘性函数** (或**积性函数**). 如果对任意两个正整数 n 和 m, 均有 $f(mn) = f(m)f(n)$, 就称为**完全乘性** (或**完全积性**) 函数.

例 7.1 对所有 n, 函数 $f(n) = 1$ 是一个完全乘性函数, 所以也是乘性函数. 因为 $f(mn) = 1$, $f(m) = 1$ 和 $f(n) = 1$, 从而有 $f(mn) = f(m)f(n)$. 类似地, 函数 $g(n) = n$ 是一个完全乘性函数, 因此也是乘性函数, 因为 $g(mn) = mn = g(m)g(n)$. ◀

如果 f 是一个乘性函数, 那么对于给定的 n 的素幂因子分解, 能够得到 $f(n)$ 的一个简单计算公式. 这是一个很有用的结果, 它告诉我们在已知 n 的素幂因子分解 $n = p_1^{a_1} p_2^{a_2} \cdots p_s^{a_s}$ 的

情况下如何从 $f(p_i^{a_i})(i=1, 2, \cdots, s)$ 中得到 $f(n)$ 的值.

定理 7.1 如果 f 是一个乘性函数,且对任意正整数 n 有素幂因子分解 $n=p_1^{a_1}p_2^{a_2}\cdots p_s^{a_s}$,那么 $f(n)=f(p_1^{a_1})f(p_2^{a_2})\cdots f(p_s^{a_s})$.

证明 我们将基于整数 n 的素幂因子分解中出现的不同素数的个数,用数学归纳法来证明这个定理. 如果 n 在它的素幂因子分解中只有一个素数,即存在某个素数 p_1 使得 $n=p_1^{a_1}$,那么定理显然成立.

假设定理对素幂因子分解中出现 k 个不同素数的所有整数成立. 现在假设整数 n 的素幂因子分解中出现 $k+1$ 个不同的素数,比如 $n=p_1^{a_1}p_2^{a_2}\cdots p_k^{a_k}p_{k+1}^{a_{k+1}}$. 因为 f 是乘性函数且 $(p_1^{a_1}p_2^{a_2}\cdots p_k^{a_k}, p_{k+1}^{a_{k+1}})=1$,故可推出 $f(n)=f(p_1^{a_1}p_2^{a_2}\cdots p_k^{a_k})f(p_{k+1}^{a_{k+1}})$. 由归纳假设知 $f(p_1^{a_1}p_2^{a_2}\cdots p_k^{a_k})=f(p_1^{a_1})f(p_2^{a_2})\cdots f(p_k^{a_k})$. 从而得 $f(n)=f(p_1^{a_1})f(p_2^{a_2})\cdots f(p_k^{a_k})f(p_{k+1}^{a_{k+1}})$. 证毕. ∎

现在回到欧拉 ϕ 函数. 首先考虑它在各个素数与素数幂处的值.

定理 7.2 如果 p 是素数,那么 $\phi(p)=p-1$. 反之,如果 p 是正整数且满足 $\phi(p)=p-1$,那么 p 是素数.

证明 如果 p 是素数,那么任意小于 p 的正整数都是与 p 互素的. 因为有 $p-1$ 个这样的整数,所以有 $\phi(p)=p-1$. 反之,如果 p 不是素数,那么 $p=1$ 或者 p 是合数. 如果 $p=1$,那么 $\phi(p)\neq p-1$,因为 $\phi(1)=1$. 如果 p 是合数,那么 p 有一个因子 d 满足 $1<d<p$,显然 p 和 d 不互素. 由于 $p-1$ 个整数 $1, 2, \cdots, p-1$ 中至少有一个整数(即 d)是不和 p 互素的,故 $\phi(p)\leqslant p-2$. 因此,如果 $\phi(p)=p-1$,那么 p 必是素数. ∎

我们现在计算欧拉 ϕ 函数在素数幂处的值.

定理 7.3 设 p 是素数,a 是一个正整数,那么 $\phi(p^a)=p^a-p^{a-1}$.

证明 不超过 p^a 且和 p 不互素的正整数就是那些不超过 p^a 且能够被 p 整除的整数,即 kp,其中 $1\leqslant k\leqslant p^{a-1}$. 因为恰有 p^{a-1} 个这样的整数,所以存在 p^a-p^{a-1} 个不超过 p^a 且和 p^a 互素的正整数. 所以 $\phi(p^a)=p^a-p^{a-1}$. ∎

例 7.2 利用定理 7.3,计算得到 $\phi(5^3)=5^3-5^2=100$,$\phi(2^{10})=2^{10}-2^9=512$ 和 $\phi(11^2)=11^2-11=110$. ◀

给定 n 的素因子分解,为了给出 $\phi(n)$ 的公式,需要证明 ϕ 是乘性函数. 我们用下面的例子来介绍其证明思想.

例 7.3 设 $m=4$,$n=9$,那么 $mn=36$. 如图 7.1 所示,分四行列出 1 到 36 之间的所有整数.

第二行和第四行都不含有和 36 互素的整数,因为其中每个元素都不和 4 互素,所以也不和 36 互素. 我们继续看剩下的两行,其中每个元素和 4 互素. 在这两行里,每行有 6 个元素和 9 互素. 我们圈出这些元素,它们就是和 36 互素的 12 个元素. 所以有 $\phi(36)=2\cdot6=\phi(4)\phi(9)$. ◀

图 7.1 $\phi(36)=\phi(4)\phi(9)$ 的演示

现在证明 ϕ 是乘性函数.

定理 7.4   设 m 和 n 是互素的正整数, 那么 $\phi(mn)=\phi(m)\phi(n)$.

证明   我们用下面的方式列出不超过 mn 的所有正整数.

$$
\begin{array}{ccccc}
1 & m+1 & 2m+1 & \cdots & (n-1)m+1 \\
2 & m+2 & 2m+2 & \cdots & (n-1)m+2 \\
3 & m+3 & 2m+3 & \cdots & (n-1)m+3 \\
\vdots & \vdots & \vdots & & \vdots \\
r & m+r & 2m+r & \cdots & (n-1)m+r \\
\vdots & \vdots & \vdots & & \vdots \\
m & 2m & 3m & \cdots & mn
\end{array}
$$

现在假设 r 是不超过 m 的正整数, 且设 $(m, r)=d>1$, 那么第 r 行中没有与 mn 互素的元素, 因为该行中任意一个元素都具有形式 $km+r$, 其中 k 是整数, 且满足 $0 \leqslant k \leqslant n-1$. 又因为 $d \mid m$ 和 $d \mid r$, 所以 $d \mid (km+r)$.

因此, 为了找到表中所有与 mn 互素的整数, 只需考虑满足 $(m, r)=1$ 的第 r 行. 如果 $(m, r)=1$ 且 $1 \leqslant r \leqslant m$, 则必须确定该行里有多少个元素和 mn 互素. 该行中的元素分别是 $r, m+r, 2m+r, \cdots, (n-1)m+r$. 因为 $(r, m)=1$, 所以这里每个元素与 m 互素. 由定理 4.6 可知, 第 r 行中 n 个整数形成模 n 的一个完全剩余系. 所以恰好有 $\phi(n)$ 个与 n 互素的整数. 因为这 $\phi(n)$ 个整数也与 m 互素, 所以它们也是与 mn 互素的.

因为 $\phi(m)$ 行中每行恰好有 $\phi(n)$ 个与 mn 互素的整数, 所以 $\phi(mn)=\phi(m)\phi(n)$. ∎

由定理 7.3 和定理 7.4, 我们得到下面关于 $\phi(n)$ 的公式.

定理 7.5   设 $n=p_1^{a_1} p_2^{a_2} \cdots p_k^{a_k}$ 为正整数 n 的素幂因子分解, 那么

$$
\phi(n) = n\left(1-\frac{1}{p_1}\right)\left(1-\frac{1}{p_2}\right)\cdots\left(1-\frac{1}{p_k}\right).
$$

证明   因为 ϕ 是乘性函数, 故由定理 7.1 可知

$$
\phi(n) = \phi(p_1^{a_1})\phi(p_2^{a_2})\cdots\phi(p_k^{a_k}).
$$

另外由定理 7.3, 我们知道当 $j=1, 2, \cdots, k$ 时, 有

$$
\phi(p_j^{a_j}) = p_j^{a_j} - p_j^{a_j-1} = p_j^{a_j}\left(1-\frac{1}{p_j}\right),
$$

因此

$$
\begin{aligned}
\phi(n) &= p_1^{a_1}\left(1-\frac{1}{p_1}\right) p_2^{a_2}\left(1-\frac{1}{p_2}\right)\cdots p_k^{a_k}\left(1-\frac{1}{p_k}\right) \\
&= p_1^{a_1} p_2^{a_2}\cdots p_k^{a_k}\left(1-\frac{1}{p_1}\right)\left(1-\frac{1}{p_2}\right)\cdots\left(1-\frac{1}{p_k}\right) \\
&= n\left(1-\frac{1}{p_1}\right)\left(1-\frac{1}{p_2}\right)\cdots\left(1-\frac{1}{p_k}\right).
\end{aligned}
$$

这就给出我们需要的 $\phi(n)$ 的公式. ∎

我们下面通过例子来说明定理 7.5 的用法.

例 7.4   利用定理 7.5, 我们有

$$
\phi(100) = \phi(2^2 5^2) = 100\left(1-\frac{1}{2}\right)\left(1-\frac{1}{5}\right) = 40
$$

和

$$\phi(720) = \phi(2^4 3^2 5) = 720 \left(1 - \frac{1}{2}\right)\left(1 - \frac{1}{3}\right)\left(1 - \frac{1}{5}\right) = 192. \quad \blacktriangleleft$$

下面的定理表明，除了 $n=2$ 时，$\phi(n)$ 都是偶数.

定理 7.6 设 n 是一个大于 2 的正整数，那么 $\phi(n)$ 是偶数.

证明 假设 $n = p_1^{a_1} p_2^{a_2} \cdots p_s^{a_s}$ 是 n 的素幂因子分解. 因为 ϕ 是乘性函数，所以 $\phi(n) = \prod_{j=1}^{s} \phi(p_j^{a_j})$. 由定理 7.3，我们知道 $\phi(p_j^{a_j}) = p_j^{a_j-1}(p_j - 1)$. 可以看到当 p_j 是奇素数时，$\phi(p_j^{a_j})$ 是偶数，这是因为当 p_j 是奇数时，$p_j - 1$ 是偶数；当 $p_j = 2$ 且 $a_j > 1$ 时，$p_j^{a_j-1}$ 是偶数. 给定 $n > 2$，p_j 是奇数或者 $p_j = 2$ 且 $a_j > 1$ 这两个条件中至少满足一个，所以 $\phi(p_j^{a_j})$ 在 $1 \leqslant j \leqslant s$ 时至少有一个是偶数，因此 $\phi(n)$ 是偶数. $\blacksquare$

设 f 是一个算术函数，那么

$$F(n) = \sum_{d \mid n} f(d)$$

代表 f 在 n 的所有正因子处的值之和. 函数 F 称为 f 的和函数.

例 7.5 如果 f 是个算术函数，它的和函数为 F，那么

$$F(12) = \sum_{d \mid 12} f(d) = f(1) + f(2) + f(3) + f(4) + f(6) + f(12).$$

例如，如果 $f(d) = d^2$ 且 F 是 f 的和函数，那么 $F(12) = 210$，因为

$$\sum_{d \mid 12} d^2 = 1^2 + 2^2 + 3^2 + 4^2 + 6^2 + 12^2 = 1 + 4 + 9 + 16 + 36 + 144 = 210. \quad \blacktriangleleft$$

下面证明 ϕ 函数在 n 的所有正因子处的值之和为 n，这个结果在后面也是有用的. 这表明 $\phi(n)$ 的和函数是个恒等函数，即在 n 处的值恰是 n.

定理 7.7 设 n 为正整数，那么

$$\sum_{d \mid n} \phi(d) = n.$$

证明 我们将从 1 到 n 的整数构成的集合进行分类. 整数 m 如果与 n 的最大公因子为 d，则 m 属于 C_d 类. 就是说，如果 m 属于 C_d，那么 $(m, n) = d$ 当且仅当 $(m/d, n/d) = 1$. 所以，C_d 类中所含整数的个数是所有不超过 n/d 且和整数 n/d 互素的正整数的个数. 从上面的分析可以看到，C_d 类中存在 $\phi(n/d)$ 个整数. 因为我们将 1 到 n 的所有整数分成互不相交的类，且每个整数只属于其中一个类，所以这些不同的类所含的所有整数的个数之和就是 n，因此

$$n = \sum_{d \mid n} \phi(n/d).$$

因为 d 取遍所有整除 n 的正整数，n/d 也取遍它的所有因子，所以

$$n = \sum_{d \mid n} \phi(n/d) = \sum_{d \mid n} \phi(d).$$

证毕. $\blacksquare$

例 7.6 我们用 $n = 18$ 来具体说明定理 7.7 的证明. 从 1 到 18 的整数分成下面的类 C_d，其中 $d \mid 18$，C_d 包含所有满足 $(m, 18) = d$ 的整数. 即

$$C_1 = \{1, 5, 7, 11, 13, 17\} \qquad C_6 = \{6, 12\}$$

$$C_2 = \{2,4,8,10,14,16\} \qquad C_9 = \{9\}$$
$$C_3 = \{3,15\} \qquad\qquad C_{18} = \{18\}$$

我们看到 C_d 类包含 $\phi(18/d)$ 个整数，就是上面这六个类分别包含 $\phi(18)=6$，$\phi(9)=6$，$\phi(6)=2$，$\phi(3)=2$，$\phi(2)=1$ 和 $\phi(1)=1$ 个整数．我们有 $18=\phi(18)+\phi(9)+\phi(6)+\phi(3)+\phi(2)+\phi(1)=\sum_{d|18}\phi(d)$.

设 k 是一个正整数，求满足 $\phi(n)=k$ 的所有正整数 n 的解的一个有用的办法就是给出满足方程 $\phi(n)=\prod_{i=1}^{k}p_i^{a_i-1}(p_i-1)$ 的所有整数解 n，其中 n 的素幂因子分解为 $n=\prod_{i=1}^{k}p_i^{a_i}$. 我们用下面的例子来说明．

例 7.7 满足方程 $\phi(n)=8$ 的所有正整数解 n 是什么呢？假设 n 有素幂因子分解 $n=p_1^{a_1}p_2^{a_2}\cdots p_k^{a_k}$. 因为

$$\phi(n)=\prod_{j=1}^{k}p_j^{a_j-1}(p_j-1),$$

故方程 $\phi(n)=8$ 蕴涵着没有超过 9 的素数整除 n（否则 $\phi(n)>p_j-1>8$）．而且 7 不能整除 n，否则 $7-1=6$ 就是 $\phi(n)$ 的一个因子．从而 $n=2^a3^b5^c$，其中 a,b,c 为非负整数．我们能得到 $b=0$ 或者 $b=1$，以及 $c=0$ 或者 $c=1$；否则 3 或 5 将整除 $\phi(n)=8$.

为了求出所有解，我们只需要考虑四种情形．当 $b=c=0$，我们有 $n=2^a$，其中 $a\geqslant 1$. 这给出 $\phi(n)=2^{a-1}$，意味着 $a=4$，$n=16$. 当 $b=0$ 且 $c=1$，我们有 $n=2^a\cdot 5$，其中 $a\geqslant 1$. 这给出 $\phi(n)=2^{a-1}\cdot 4$，从而 $a=2$ 且 $n=20$. 当 $b=1$ 且 $c=0$，我们有 $n=2^a\cdot 3$，其中 $a\geqslant 1$. 这意味着 $\phi(n)=2^{a-1}\cdot 2=2^a$，从而 $a=3$ 和 $n=24$. 最后当 $b=1$ 且 $c=1$，我们有 $n=2^a\cdot 3\cdot 5$. 我们需要考虑 $a=0$ 以及 $a\geqslant 1$ 的情形．若 $a=0$，我们有 $n=15$，这是 $\phi(15)=8$ 的一个解．若 $a\geqslant 1$，我们有 $\phi(n)=2^{a-1}\cdot 2\cdot 4=2^{a+2}$，这意味着 $a=1$ 和 $n=30$. 将所有情形总结到一起，我们知道 $\phi(n)=8$ 的所有解为 $n=15$，16，20，24 和 30.

7.1 节习题

1. 判断下面哪些算术函数是完全乘性的，并给出证明．
   a) $f(n)=0$ b) $f(n)=2$ c) $f(n)=n/2$ d) $f(n)=\log n$ e) $f(n)=n^2$
   f) $f(n)=n!$ g) $f(n)=n+1$ h) $f(n)=n^n$ i) $f(n)=\sqrt{n}$

2. 求出欧拉 ϕ 函数在下面各整数处的值．
   a) 100   b) 256   c) 1001   d) $2\cdot 3\cdot 5\cdot 7\cdot 11\cdot 13$ e) 10!   f) 20!

3. 证明 $\phi(5186)=\phi(5187)=\phi(5188)$.

4. 找出所有整数 n，使得对应的 $\phi(n)$ 分别为下面的数，并证明你所找出的是所有的解．
   a) 1   b) 2   c) 3   d) 4

5. 找出所有满足 $\phi(n)=6$ 的正整数 n，并证明你找出的是所有的解．

6. 找出所有满足 $\phi(n)=12$ 的正整数 n，并证明你找出的是所有的解．

7. 找出所有满足 $\phi(n)=24$ 的正整数 n，并证明你找出的是所有的解．

8. 证明没有正整数 n 满足 $\phi(n)=14$.

9. 利用欧拉 ϕ 函数你能找出一条规则来生成一组序列为 1，2，2，4，4，4，6，8，6，…吗？

10. 利用欧拉 ϕ 函数你能找出一条规则来生成一组序列为 2，3，0，4，0，4，0，5，0，…吗？

11. 哪些正整数 n 满足 $\phi(3n)=3\phi(n)$?

12. 哪些正整数 n 满足 $\phi(n)$ 被 4 整除?

13. 哪些正整数 n 满足 $\phi(n)$ 等于 $n/2$?

14. 哪些正整数 n 满足 $\phi(n)\mid n$?

15. 证明: 如果 n 是一个正整数, 那么

$$\phi(2n) = \begin{cases} \phi(n), & \text{如果 } n \text{ 是奇数;} \\ 2\phi(n), & \text{如果 } n \text{ 是偶数.} \end{cases}$$

16. 证明: 如果 n 是一个含有 k 个不同的奇素因子的正整数, 那么 $\phi(n)$ 被 2^k 整除.

17. 哪些正整数 n 满足 $\phi(n)$ 是 2 的方幂?

18. 证明: 如果 n 是一个奇数, 那么 $\phi(4n)=2\phi(n)$.

19. 证明: 如果正整数 n 满足 $n=2\phi(n)$, 那么存在一个正整数 j, 使得 $n=2^j$.

20. 设 p 为素数, 证明: 对一个正整数 n, $p\nmid n$ 当且仅当 $\phi(np)=(p-1)\phi(n)$.

21. 证明: 如果 m 和 n 是正整数且满足 $(m, n)=p$, 其中 p 是素数, 那么 $\phi(mn)=p\phi(m)\phi(n)/(p-1)$.

22. 证明: 如果 m 和 k 是正整数, 那么 $\phi(m^k)=m^{k-1}\phi(m)$.

23. 证明: 如果 a 和 b 是正整数, 那么

$$\phi(ab) = (a,b)\phi(a)\phi(b)/\phi((a,b)).$$

从而推出当 $(a, b)>1$ 时, 有 $\phi(ab)>\phi(a)\phi(b)$.

24. 找出使下面的不等式成立的最小的正整数.

a) $\phi(n)\geqslant100$ b) $\phi(n)\geqslant1000$ c) $\phi(n)\geqslant10\,000$ d) $\phi(n)\geqslant100\,000$

25. 利用欧拉 ϕ 函数证明存在无穷多个素数. (提示: 假设只有有限个素数 $p_1, \cdots, p_k$. 考虑欧拉 ϕ 函数在这些素数乘积处的值.)

26. 证明: 如果方程 $\phi(n)=k$ 只有唯一一个解 n, 其中 k 是个正整数, 那么 $36\mid n$.

27. 证明: 当 k 是一个正整数时, 只有有限个 n 满足方程 $\phi(n)=k$.

28. 证明: 如果 p 为素数, $2^a p+1$ 对于 $a=1, 2, \cdots, r$ 是合数, 且 p 不是费马素数, 那么 $\phi(n)=2^r p$ 无解, 其中 r 为正整数.

* 29. 证明存在无穷个正整数 k 使得方程 $\phi(n)=k$ 恰有两个解, 其中 n 是一个正整数. (提示: 取 $k=2\cdot 3^{6j+1}$, 其中 $j=1, 2, \cdots$.)

30. 证明: 如果 n 为正整数且 $n\neq2$, $n\neq6$, 那么 $\phi(n)\geqslant\sqrt{n}$.

* 31. 证明: 如果 n 为正整数且为合数, 满足 $\phi(n)\mid n-1$, 那么 n 无平方因子且至少是三个不同素数之积.

32. 证明: 如果 m 和 n 是正整数且满足 $m\mid n$, 那么 $\phi(m)\mid\phi(n)$.

* 33. 用容斥原理证明定理 7.5 (见附录 B 习题 16).

34. 证明一个正整数 n 是合数当且仅当 $\phi(n)\leqslant n-\sqrt{n}$.

35. 设 n 是个正整数, 通过 $n_1=\phi(n)$ 和 $n_{k+1}=\phi(n_k)$, $k=1, 2, 3, \cdots$ 递归定义一正整数序列 n_1, n_2, $n_3, \cdots$. 证明存在一个正整数 r 使得 $n_r=1$.

一个乘性函数称为强乘性函数当且仅当对任意素数 p 和任意正整数 k 满足 $f(p^k)=f(p)$.

36. 证明 $f(n)=\phi(n)/n$ 是强乘性函数.

两个算术函数 f 和 g 可以用狄利克雷积相乘, 定义为

$$(f * g)(n) = \sum_{d\mid n} f(d)g(n/d).$$

37. 证明 $f * g = g * f$.

38. 证明 $(f * g) * h = f * (g * h)$.

我们定义 ι 函数

$$\iota(n)=\begin{cases}1, & \text{如果 } n=1;\\ 0, & \text{如果 } n>1.\end{cases}$$

39. a) 证明 ι 是乘性函数.

    b) 证明对任意算术函数 f 有 $\iota * f = f * \iota = f$.

40. 算术函数 g 称为算术函数 f 的逆函数, 如果满足 $f * g = g * f = \iota$. 证明算术函数 f 可逆当且仅当 $f(1)\neq$ 0. 证明: 如果 f 可逆, 则逆函数是唯一的. (提示: 当 $f(1)\neq 0$ 时, 利用 $\iota(n)=\sum_{d|n}f(d)f^{-1}(n/d)$, 通过递归计算 $f^{-1}(n)$ 得到 f 的逆函数 f^{-1}.)

41. 证明: 如果 f 和 g 是乘性函数, 那么狄利克雷积 $f * g$ 也是乘性函数.

42. 证明: 如果 f 和 g 是算术函数, $F = f * g$, h 是 g 的狄利克雷逆函数, 那么 $f = F * h$.

    我们如下定义以法国数学家刘维尔(Joseph Liouville)的名字命名的刘维尔函数 $\lambda(n)$: $\lambda(1)=1$, 当 $n>$ 1 时, $\lambda(n)=(-1)^{a_1+a_2+\cdots+a_m}$, 其中 n 的素幂因子分解为 $n = p_1^{a_1} p_2^{a_2} \cdots p_m^{a_m}$.

43. 求出下列 n 值的 $\lambda(n)$.

    a) 12   b) 20   c) 210   d) 1000   e) 1001   f) 10!   g) 20!

44. 证明 $\lambda(n)$ 是完全乘性函数.

45. 证明: 如果 n 是个正整数, 那么当 n 不是一个完全平方数时, $\sum_{d|n}\lambda(d)$ 为 0, 否则为 1.

46. 证明: 如果 f 和 g 是乘性函数, 那么 fg 也是乘性函数, 其中对任意正整数 n, $(fg)(n)=f(n)g(n)$.

47. 证明: 如果 f 和 g 是完全乘性函数, 那么 fg 也是完全乘性函数.

48. 证明: 如果 f 是完全乘性函数, 那么 $f(n)=f(p_1)^{a_1}f(p_2)^{a_2}\cdots f(p_m)^{a_m}$, 其中 n 的素幂因子分解为 $n = p_1^{a_1} p_2^{a_2} \cdots p_m^{a_m}$.

    一个函数 f 称为加性函数, 如果对所有互素的正整数 m 和 n 满足 $f(mn)=f(m)+f(n)$. 如果对所有正整数 m 和 n 满足该等式, 则 f 称为完全加性函数.

49. 证明 $f(n)=\log n$ 是完全加性函数.

    记 $\omega(n)$ 为表示正整数 n 的不同素因子个数的函数.

50. 求出 $\omega(n)$ 在下列整数处的值.

    a)1   b)2   c)20   d)84   e)128

约瑟夫·刘维尔(Joseph Liouville, 1809—1882)出生于法国圣奥梅尔(Saint Omer), 他的父亲是拿破仑军队的一位上尉. 他曾在巴黎圣路易斯大学学习数学, 于 1825 年进入综合工科学院; 毕业后, 他进入桥梁与公路学院. 在他从事工程项目的时候, 健康问题一直困扰着他, 而且他的兴趣在于理论研究, 这些促使他决定获取一个学术职位. 他于 1830 年离开桥梁与公路学院, 在这个学院任职的时候, 他发表了一些关于电动力学、热原理和偏微分方程的文章.

    刘维尔的第一个学术职位是 1831 年在巴黎综合工科学院担任助教. 他每周在几个不同的学院有 40 个小时的教学工作量. 一些能力不够的学生抱怨他讲课内容太深. 1836 年, 刘维尔创建了《纯粹与应用数学杂志》(Journal de Mathématiques Pures et Appliquées), 这本杂志在 19 世纪对法国数学界起了非常重要的作用. 1837 年法兰西学院任命他为讲师, 次年他被综合工科学院任命为教授. 除了学术研究, 刘维尔对政治也很感兴趣. 1848 年, 他以温和的共和党人身份入选立宪会议, 但是在 1849 年落选, 这使得他很痛苦. 1851 年刘维尔被任命为法兰西学院的主席, 1857 年当选为科学院力学系主席. 在这段时间内, 繁重的教学工作使得刘维尔力不从心. 然而刘维尔是个完美主义者, 他对于自己没有足够的时间投入教学而感到不满意.

    刘维尔的工作涵盖了数学很多不同的方向, 如数学物理、天文和纯数学的很多领域. 他是第一个精确地给出超越数的人. 他提出了用于求解积分方程的著名的斯图姆(Sturm)-刘维尔理论. 他还对微分几何做出了重要贡献. 他一共发表了超过 400 篇数学论文, 其中将近一半是关于数论的.

51. 求出 $\omega(n)$ 在下列整数处的值.
    a) 12　　　　b) 30　　　　c) 32　　　　d) 10!　　　　e) 20!　　　　f) 50!

52. 证明 $\omega(n)$ 是加性函数, 但不是完全加性函数.

53. 证明: 如果 f 是加性函数且 $g(n)=2^{f(n)}$, 那么 g 是乘性函数.

54. 证明对任意实数 k, 函数 n^k 是完全乘性的.

计算和研究

1. 当 n 取下面的值时, 求出 $\phi(n)$.
    a) 185 888 434 028　　　　　　　　　b) 1 111 111 111 111

2. 从第 1 题计算中的整数开始, 分别求出欧拉 ϕ 函数经过多少次迭代, 最后达到 1.

3. 对下列每个 k 值, 求出最大的整数满足 $\phi(n) \leqslant k$.
    a) 1 000 000　　　　　　　　　　　b) 10 000 000

4. 求出尽可能多的整数 n 满足 $\phi(n)=\phi(n+1)$. 基于你找到的这些数, 能否给出一个公式化的猜想?

5. 你能求出一个不是 5186 的正整数满足 $\phi(n)=\phi(n+1)=\phi(n+2)$ 吗? 你能求出一连串的正整数 n, $n+1$, $n+2, n+3$, 使得 $\phi(n)=\phi(n+1)=\phi(n+2)=\phi(n+3)$ 吗?

6. 雷默(D. H. Lehmer)的一个尚未解决的猜想: 如果 $\phi(n)$ 整除 $n-1$, 那么 n 是素数. 研究一下这个猜想的真实性.

7. 卡迈克尔的一个尚未解决的猜想: 对任意正整数 n, 存在一个正整数 m 使得 $\phi(m)=\phi(n)$. 收集尽可能多的关于这个猜想的一些证据.

程序设计

1. 给定一个正整数 n, 求出 $\phi(n)$ 的值.

2. 给定一个正整数 n, 求出欧拉 ϕ 函数经过多少次迭代, 最后达到 1. (这是习题 35 中的整数 r.)

3. 给定一个正整数 k, 求出 $\phi(n)=k$ 的解的个数.

7.2　因子和与因子个数

　　正如在 7.1 节所提到的, 所有因子个数与所有因子和都是乘性函数. 本节将证明这些函数是乘性函数, 并且通过正整数 n 的素因子分解来导出这些函数在 n 处函数值的计算公式.

　　定义　**因子和函数** σ 定义为整数 n 的所有正因子之和, 记为 $\sigma(n)$.

　　在表 7.1 中, 我们给出 $1 \leqslant n \leqslant 12$ 的 $\sigma(n)$ 的值. 在附录 E 的表 2 中, 我们给出 $1 \leqslant n \leqslant 100$ 的 $\sigma(n)$ 的值. (这些值也可以通过 Maple 或 Mathematica 计算得到.)

表 7.1　$1 \leqslant n \leqslant 12$ 的因子和

n	1	2	3	4	5	6	7	8	9	10	11	12
$\sigma(n)$	1	3	4	7	6	12	8	15	13	18	12	28

　　定义　**因子个数函数** τ 定义为正整数 n 的所有正因子个数, 记为 $\tau(n)$.

　　在表 7.2 中, 我们给出 $1 \leqslant n \leqslant 12$ 的 $\tau(n)$ 的值. 在附录 E 的表 2 中, 我们给出 $1 \leqslant n \leqslant 100$ 的 $\tau(n)$ 的值. (这些值也可以通过 Maple 或 Mathematica 计算得到.)

表 7.2　$1 \leqslant n \leqslant 12$ 的因子个数

n	1	2	3	4	5	6	7	8	9	10	11	12
$\tau(n)$	1	2	2	3	2	4	2	4	3	4	2	6

我们可以用和式记号来表出 $\sigma(n)$ 和 $\tau(n)$. 容易看到

$$\sigma(n) = \sum_{d|n} d$$

和

$$\tau(n) = \sum_{d|n} 1.$$

为了证明 σ 和 τ 是乘性的，我们使用下面的定理.

定理 7.8 如果 f 是乘性函数，那么 f 的和函数，即 $F(n) = \sum_{d|n} f(d)$ 也是乘性函数.

在证明该定理之前，我们用下面的例子来阐述证明的思想. 设 f 是一个乘性函数，令 $F(n) = \sum_{d|n} f(d)$. 要证 $F(60) = F(4)F(15)$. 60 的每个因子可以如下写成 4 的因子和 15 的因子之积：$1 = 1 \cdot 1$，$2 = 2 \cdot 1$，$3 = 1 \cdot 3$，$4 = 4 \cdot 1$，$5 = 1 \cdot 5$，$6 = 2 \cdot 3$，$10 = 2 \cdot 5$，$12 = 4 \cdot 3$，$15 = 1 \cdot 15, 20 = 4 \cdot 5$，$30 = 2 \cdot 15$，$60 = 4 \cdot 15$(在每个乘积里，第一个因子都是 4 的因子，第二个都是 15 的因子). 所以

$$\begin{aligned}
F(60) &= f(1) + f(2) + f(3) + f(4) + f(5) + f(6) + f(10) + f(12) + f(15) \\
&\quad + f(20) + f(30) + f(60) \\
&= f(1 \cdot 1) + f(2 \cdot 1) + f(1 \cdot 3) + f(4 \cdot 1) + f(1 \cdot 5) + f(2 \cdot 3) + f(2 \cdot 5) \\
&\quad + f(4 \cdot 3) + f(1 \cdot 15) + f(4 \cdot 5) + f(2 \cdot 15) + f(4 \cdot 15) \\
&= f(1)f(1) + f(2)f(1) + f(1)f(3) + f(4)f(1) + f(1)f(5) + f(2)f(3) \\
&\quad + f(2)f(5) + f(4)f(3) + f(1)f(15) + f(4)f(5) + f(2)f(15) + f(4)f(15) \\
&= (f(1) + f(2) + f(4))(f(1) + f(3) + f(5) + f(15)) \\
&= F(4)F(15).
\end{aligned}$$

通过这个例子，现在证明定理 7.8.

证明 为了证明 F 是一个乘性函数，我们必须证明如果 m 和 n 是互素的正整数，那么 $F(mn) = F(m)F(n)$. 所以首先假设 $(m, n) = 1$，有

$$F(mn) = \sum_{d|mn} f(d).$$

由引理 3.7，因为 $(m, n) = 1$，故每个 mn 的因子可以唯一地写成 m 的因子 d_1 和 n 的因子 d_2 之积，并且这两个因子互素，即 $d = d_1 d_2$，所以有

$$F(mn) = \sum_{\substack{d_1|m \\ d_2|n}} f(d_1 d_2).$$

因为 f 是乘性的，且 $(d_1, d_2) = 1$，故

$$\begin{aligned}
F(mn) &= \sum_{\substack{d_1|m \\ d_2|n}} f(d_1)f(d_2) \\
&= \sum_{d_1|m} f(d_1) \sum_{d_2|n} f(d_2) \\
&= F(m)F(n).
\end{aligned}$$

现在用定理 7.8 来证明 σ 和 τ 是乘性的.

推论 7.8.1 因子和函数 σ 与因子个数函数 τ 是乘性函数.

证明 设 $f(n)=n$ 和 $g(n)=1$. f 和 g 均是乘性的. 由定理 7.8，可以得到 $\sigma(n)=\sum\limits_{d\mid n}f(d)$ 和 $\tau(n)=\sum\limits_{d\mid n}g(d)$ 是乘性的. ∎

我们现在知道了 σ 和 τ 是乘性的，基于素因子分解，还可以推导出它们取值的公式. 首先给出当 n 是一个素数的幂时 $\sigma(n)$ 和 $\tau(n)$ 的公式.

引理 7.1 设 p 是一个素数，a 是一个正整数，那么

$$\sigma(p^a)=1+p+p^2+\cdots+p^a=\frac{p^{a+1}-1}{p-1}$$

和

$$\tau(p^a)=a+1.$$

证明 p^a 的所有因子为 1，p，p^2，$\cdots$，p^{a-1}，p^a. 从而 p^a 恰有 $a+1$ 个因子，因此 $\tau(p^a)=a+1$. 利用例 1.15 中关于等比数列各项之和的公式，有 $\sigma(p^a)=1+p+p^2+\cdots+p^{a-1}+p^a=\frac{p^{a+1}-1}{p-1}$. ∎

例 7.8 应用引理 7.1，对于 $p=5$ 和 $a=3$，我们有 $\sigma(5^3)=1+5+5^2+5^3=\frac{5^4-1}{5-1}=156$ 和 $\tau(5^3)=1+3=4$. ◀

引理 7.1 和推论 7.8.1 给出下面的公式.

定理 7.9 设正整数 n 有素因子分解 $n=p_1^{a_1}p_2^{a_2}\cdots p_s^{a_s}$. 那么

$$\sigma(n)=\frac{p_1^{a_1+1}-1}{p_1-1}\cdot\frac{p_2^{a_2+1}-1}{p_2-1}\cdots\frac{p_s^{a_s+1}-1}{p_s-1}=\prod_{j=1}^{s}\frac{p_j^{a_j+1}-1}{p_j-1}$$

和

$$\tau(n)=(a_1+1)(a_2+1)\cdots(a_s+1)=\prod_{j=1}^{s}(a_j+1).$$

证明 因为 σ 和 τ 是乘性的，所以有 $\sigma(n)=\sigma(p_1^{a_1}p_2^{a_2}\cdots p_s^{a_s})=\sigma(p_1^{a_1})\sigma(p_2^{a_2})\cdots\sigma(p_s^{a_s})$ 和 $\tau(n)=\tau(p_1^{a_1}p_2^{a_2}\cdots p_s^{a_s})=\tau(a_1^{a_1})\tau(p_2^{a_2})\cdots\tau(p_s^{a_s})$. 代入引理 7.1 中 $\sigma(p_i^{a_i})$ 和 $\tau(p_i^{a_i})$ 的值，就得到定理中的公式. ∎

下面的例子说明如何使用定理 7.9.

例 7.9 由定理 7.9，得到

$$\sigma(200)=\sigma(2^3 5^2)=\frac{2^4-1}{2-1}\cdot\frac{5^3-1}{5-1}=15\cdot31=465,$$
$$\tau(200)=\tau(2^3 5^2)=(3+1)(2+1)=12.$$

同样，得到

$$\sigma(720)=\sigma(2^4\cdot3^2\cdot5)=\frac{2^5-1}{2-1}\cdot\frac{3^3-1}{3-1}\cdot\frac{5^2-1}{5-1}=31\cdot13\cdot6=2418,$$
$$\tau(2^4\cdot3^2\cdot5)=(4+1)(2+1)(1+1)=30.$$ ◀

7.2 节习题

1. 求出下列整数的正整数因子的和.

a) 35   b) 196   c) 1000   d) 2^{100} e) $2 \cdot 3 \cdot 5 \cdot 7 \cdot 11$

f) $2^5 3^4 5^3 7^2 11$ g) 10!   h) 20!

2. 求出下列整数的正整数因子的个数.

    a) 36   b) 99   c) 144   d) $2 \cdot 3 \cdot 5 \cdot 7 \cdot 11 \cdot 13 \cdot 17 \cdot 19$

    e) $2 \cdot 3^2 \cdot 5^3 \cdot 7^4 \cdot 11^5 \cdot 13^4 \cdot 17^5 \cdot 19^5$ f) 20!

3. 哪些正整数有奇数个正因子?

4. 哪些正整数 n 的所有因子之和为奇数?

* 5. 求出 $\sigma(n)$ 分别为下列整数的所有正整数 n.

    a) 12   b) 18   c) 24   d) 48   e) 52   f) 84

* 6. 求出最小的正整数 n 使得 $\tau(n)$ 为下列整数.

    a) 1   b) 2   c) 3   d) 6   e) 14   f) 100

7. 证明:如果整数 $k>1$,那么方程 $\tau(n)=k$ 有无穷多个解.

8. 哪些正整数恰有两个正因子?

9. 哪些正整数恰有三个正因子?

10. 哪些正整数恰有四个正因子?

11. 一个正整数 n 的所有正因子之积是多少?

12. 证明当 k 是一个正整数时,方程 $\sigma(n)=k$ 至多存在有限个解.

13. 对下列序列,你能找出一个利用 τ 和(或)σ 函数的规则来生成对应的各项吗?

    a) 3, 7, 12, 15, 18, 28, 24, 31, …

    b) 0, 1, 2, 4, 4, 8, 6, 11, …

    c) 1, 2, 4, 6, 16, 12, 64, 24, 36, 48, …

    d) 1, 0, 1, 1, 0, 1, 1, 1, 0, 0, 0, 2, 1, …

14. 对下列序列,你能找出一个规则利用 τ 和(或)σ 函数来生成对应的各项吗?

    a) 2, 5, 6, 10, 8, 16, 10, 19, 16, 22, …

    b) 1, 4, 6, 8, 13, 12, 14, 24, 18, …

    c) 6, 8, 10, 14, 15, 21, 22, 26, 27, 33, 34, 35, …

    d) 1, 2, 2, 2, 3, 2, 2, 4, 2, 2, 4, 2, 3, …

    一个大于 1 的正整数 n 称为高度合数(highly composite),如果对所有整数 m, $1 \leqslant m < n$, 满足 $\tau(m) < \tau(n)$. 这个概念是由著名的印度数学家锡里尼哇沙·拉马努扬(Srinivasa Ramanujan)提出的.

15. 求出前六个高度合数.

16. 证明:如果 n 是高度合数,m 是一个正整数满足 $\tau(m) > \tau(n)$,那么存在一个高度合数 k 使得 $n < k \leqslant m$. 由此推出存在无穷多个高度合数.

17. 证明:如果 $n \geqslant 1$,则存在一个高度合数 k 使得 $n < k \leqslant 2n$. 用这个结论来推导出第 m 个高度合数的一个上界,其中 m 是一个正整数.

18. 证明:如果 n 是一个正整数且是高度合数,那么存在一个正整数 k 使得 $n = 2^{a_1} 3^{a_2} 5^{a_3} \cdots p_k^{a_k}$,其中 p_k 是第 k 个素数且 $a_1 \geqslant a_2 \geqslant \cdots \geqslant a_k \geqslant 1$.

* 19. 求出所有形如 $2^a 3^b$ 的高度合数,其中 a 和 b 是非负整数.

    设 $\sigma_k(n)$ 为 n 的所有因子的 k 次幂之和,即 $\sigma_k(n) = \sum_{d|n} d^k$. 注意 $\sigma_1(n) = \sigma(n)$.

20. 求 $\sigma_3(4)$,$\sigma_3(6)$ 和 $\sigma_3(12)$.

21. 给出 $\sigma_k(p)$ 的公式,其中 p 为素数.

22. 给出 $\sigma_k(p^a)$ 的公式,其中 p 为素数,a 为正整数.

23. 证明 σ_k 是乘性的.

24. 通过习题 22 和习题 23，求出 $\sigma_k(n)$ 的公式，其中 n 的素幂因子分解为 $n = p_1^{a_1} p_2^{a_2} \cdots p_m^{a_m}$.

* 25. 求出所有满足 $\phi(n) + \sigma(n) = 2n$ 的正整数 n.

* 26. 证明不存在两个正整数具有相同的因子之积.

27. 证明最小公倍数等于 n 的所有有序正整数对的个数为 $\tau(n^2)$.

锡里尼哇沙·拉马努扬（Srinivasa Ramanujan, 1887—1920）生于印度南部的马德拉斯附近，并在那里长大. 他的父亲是一个布店职员，他的母亲在当地的一个寺庙唱歌来补贴家用. 拉马努扬在当地的一所英语学校学习，他的数学天赋在那时就表现出来了. 他 13 岁就掌握了大学生使用的一本教科书，15 岁时一个大学生借给他一本《纯数学的大纲》（Synopsis of Pure Mathematics），拉马努扬决定做完这书里的 6000 道习题. 1904 年他高中毕业，获得了马德拉斯大学的奖学金. 他进入了一个很好的文科系，但是拉马努扬眼里只有数学而忽略了其他的课程，因此他失去了奖学金. 在这段时间内他的笔记本内写满了他的原创性笔记，有时候是重新发现的一些已经出版的文章结果，其他时候则是新的发现.

由于没有大学学位，拉马努扬发现找一份正当的工作很困难. 他依靠好朋友的接济来生存. 他给一些学生当过家教，但是由于他的不同寻常的思维方式和不按教学计划行事导致了很多问题. 1909 年，他在家人的安排下和一个 13 岁的姑娘结婚. 为了养活他和他的太太，他搬到了马德拉斯. 他向有可能成为他雇主的人展示他的笔记，但是他的笔记令人费解. 不过，Presidency 学院的一个教授发现了他的天赋并资助了他. 1912 年，他找到了一份出纳的工作，有了一点微薄的薪水.

拉马努扬继续他的数学研究，于 1910 年在印度的一本杂志上发表了他的第一篇论文. 意识到他的工作超越了当时印度本土数学家的理解，他决定给当时英国顶尖的数学家写信. 尽管第一个数学家拒绝了他的请求，但哈代给拉马努扬安排了一份奖学金，这样他于 1914 年来到英格兰. 本来哈代一开始想拒绝拉马努扬，但是拉马努扬在信中所陈述的一些没有证明的结果使得哈代很困惑. 他和他的合作者李特尔伍德（J. E. Littlewood）一同研究了拉马努扬的文章. 他们认为拉马努扬可能是一个天才，因为他的陈述"只可能是最高水平的数学家写出来的，这一定是真的，因为如果是不对的话，那么就没有人有这样的想象力去发明它们". 哈代亲自指导拉马努扬，他们合作了 5 年时间，证明了关于整数分拆的一些很好的结果. 在这段时间，拉马努扬对数论做出了重要贡献，并且研究过椭圆函数、无穷级数以及连分数. 拉马努扬对某些类型的函数和级数有着令人惊讶的洞察力，但是他对素数的一些猜想经常是错误的，这表明他对什么是一个正确的证明认识模糊.

拉马努扬是皇家学院历史上最年轻的成员. 但不幸的是，在 1917 年他患了严重的疾病. 虽然他一度被怀疑感染上肺结核，但现在认为他可能是由于严格的素食以及战时英国物资短缺而导致的维生素缺乏. 1919 年他回到了印度并且继续他的数学工作，即使是他要躺在床上. 他有着虔诚的信仰，并且认为他的数学天赋来自他的家族守护神 Namaigiri. 他曾经说过，"一个方程除非它是神的意志，否则对我毫无意义". 拉马努扬于 1920 年 4 月去世，留下了几本未发表结果的笔记. 数学家们花费了很多年一直在研究和判定拉马努扬笔记本中粗略写下的那些结果是否正确.

28. 设 n 为正整数且 $n \geq 2$，定义整数序列 n_1, n_2, n_3, $\cdots$，其中 $n_1 = \tau(n)$，$n_{k+1} = \tau(n_k)$，$k = 1$, 2, 3, $\cdots$. 证明存在一个正整数 r 使得 $2 = n_r = n_{r+1} = n_{r+2} = \cdots$.

29. 证明正整数 n 是合数当且仅当 $\sigma(n) > n + \sqrt{n}$.

30. 设 n 为正整数，证明 $\tau(2^n-1) \geqslant \tau(n)$.

* 31. 证明对任意正整数 n，$\sum_{j=1}^{n} \tau(j) = 2\sum_{j=1}^{[\sqrt{n}]} [n/j] - [\sqrt{n}]^2$. 并且用这个公式来计算 $\sum_{j=1}^{100} \tau(j)$.

* 32. 设 a 和 b 为正整数，证明 $\sigma(a)/a \leqslant \sigma(ab)/(ab) \leqslant \sigma(a)\sigma(b)/(ab)$.

* 33. 证明：如果 a 和 b 为正整数，那么 $\sigma(a)\sigma(b) = \sum_{d|(a,b)} d\sigma(ab/d^2)$.

* 34. 证明：如果 n 为正整数，那么 $\left(\sum_{d|n} \tau(d)\right)^2 = \sum_{d|n} \tau(d)^3$.

35. 证明：如果 n 为正整数，那么 $\tau(n^2) = \sum_{d|n} 2^{\omega(n)}$，其中 $\omega(n)$ 为 n 的所有素因子的个数.

36. 证明当 n 为正整数时，$\sum_{d|n} n\sigma(d)/d = \sum_{d|n} d\tau(d)$.

* 37. 求出 $n \times n$ 矩阵的行列式，其中矩阵第 (i,j) 处的元素为 (i,j).

* 38. 设 n 为正整数且满足 $24 \,|\, (n+1)$，证明 $\sigma(n)$ 能被 24 整除.

39. 证明：如果存在无穷多个孪生素数对或无穷多个梅森素数（就是形式为 2^p-1 的素数，其中 p 为素数），那么存在无穷多个正整数对 m 和 n 使得 $\phi(m)=\sigma(n)$.

40. 用定理 7.8 证明 $\sum_{d|n} \phi(d) = n$（定理 7.7）.

计算和研究

1. 求出下列整数的 $\tau(n)$，$\sigma(n)$ 和 $\sigma_2(n)$（参看习题 20 前面导言中的定义）.
   a) 121 110 987 654　　　b) 11 111 111 111　　　c) 98 989 898 989

2. 求出尽可能多的两个、三个和四个连续整数串，使得每串数中的数都有相同的正因子个数.

3. 对所有不超过 1000 的正整数 n，确定序列 $n_1 = \tau(n)$，$n_2 = \tau(n_1)$，$\cdots$，$n_{k+1} = \tau(n_k)$，$\cdots$ 经过多少次迭代可达到整数 2. 根据你计算得到的结果给出公式化猜想.

4. 求出所有不超过 10 000 的高度合数（参看习题 15 前面导言中的定义）.

* 5. 证明 29 331 862 500 是高度合数.

程序设计

1. 给定正整数 n，计算 n 的正因子个数 $\tau(n)$.

2. 给定正整数 n，计算 n 的正因子之和 $\sigma(n)$.

3. 给定正整数 n 和正整数 k，计算 n 的正因子的 k 次幂之和 $\sigma_k(n)$.

4. 给定正整数 n，计算习题 28 中定义的整数 r.

5. 给定正整数 n，确定 n 是否是高度合数.

7.3　完全数和梅森素数

　　由于某些神秘的信念，古希腊人关心与所有真因子之和相等的整数. 这样的整数称为完全数.

　　定义　　如果 n 是一个正整数且 $\sigma(n)=2n$，那么 n 称为**完全数**.

　　例 7.10　因为 $\sigma(6)=1+2+3+6=12$，所以 6 是完全数. $\sigma(28)=1+2+4+7+14+28=56$，所以 28 也是完全数.　　◀

　　古希腊人很早就知道如何找出所有的偶完全数. 下面的定理给出判断偶正整数是完全数的充要条件.

　　定理 7.10　正整数 n 是一个偶完全数当且仅当

$$n = 2^{m-1}(2^m-1),$$

其中 $m \geqslant 2$ 是使得 $2^m - 1$ 是素数的整数.

证明　首先我们证明：如果 $n = 2^{m-1}(2^m - 1)$，其中 $2^m - 1$ 是素数，那么 n 是完全数. 因为 $2^m - 1$ 是奇数，所以 $(2^{m-1}, 2^m - 1) = 1$. 因为 σ 是乘性函数，所以

$$\sigma(n) = \sigma(2^{m-1})\sigma(2^m - 1).$$

引理 7.1 给出 $\sigma(2^{m-1}) = 2^m - 1$ 和 $\sigma(2^m - 1) = 2^m$，这是因为我们假设 $2^m - 1$ 是素数. 则

$$\sigma(n) = (2^m - 1)2^m = 2n,$$

由此得到 n 是完全数.

为证反之也成立，设 n 是一偶完全数. 记 $n = 2^s t$，其中 s 和 t 是正整数且 t 是奇数. 因为 $(2^s, t) = 1$，由引理 7.1，有

$$\sigma(n) = \sigma(2^s t) = \sigma(2^s)\sigma(t) = (2^{s+1} - 1)\sigma(t). \tag{7.1}$$

因为 n 是完全数，故

$$\sigma(n) = 2n = 2^{s+1}t. \tag{7.2}$$

(7.1)式和(7.2)式给出

$$(2^{s+1} - 1)\sigma(t) = 2^{s+1}t. \tag{7.3}$$

因为 $(2^{s+1}, 2^{s+1} - 1) = 1$，由引理 3.4 有 $2^{s+1} \mid \sigma(t)$. 所以存在一个整数 q 满足 $\sigma(t) = 2^{s+1}q$. 在(7.3)式中代入 $\sigma(t)$ 的表达式得到

$$(2^{s+1} - 1)2^{s+1}q = 2^{s+1}t,$$

所以

$$(2^{s+1} - 1)q = t. \tag{7.4}$$

故 $q \mid t$ 且 $q \neq t$.

当我们在(7.4)式两边加上 q 时，有

$$t + q = (2^{s+1} - 1)q + q = 2^{s+1}q = \sigma(t). \tag{7.5}$$

要证 $q = 1$. 如果 $q \neq 1$，那么 t 至少存在三个不同的正因子，即 1，q 和 t. 这意味着 $\sigma(t) \geqslant t + q + 1$，这与(7.5)式矛盾. 所以 $q = 1$，且从(7.4)式得到 $t = 2^{s+1} - 1$. 从(7.5)式得到 $\sigma(t) = t + 1$，从而 t 必为素数，因为它的正因子只有 1 和 t. 所以 $n = 2^s(2^{s+1} - 1)$，其中 $2^{s+1} - 1$ 是素数. ∎

由定理 7.10，为了求出偶完全数，我们必须求出形如 $2^m - 1$ 的素数. 在搜寻这种形式的素数的过程中，我们首先证明次数 m 必为素数.

定理 7.11　如果 m 是一个正整数且 $2^m - 1$ 是一个素数，则 m 必是素数.

证明　假设 m 不是素数，则 $m = ab$，其中 $1 < a < m$ 和 $1 < b < m$.（因为 $2^m - 1$ 是素数，故 $m > 1$.）那么

$$2^m - 1 = 2^{ab} - 1 = (2^a - 1)(2^{a(b-1)} + 2^{a(b-2)} + \cdots + 2^a + 1).$$

因为上式右边的两个因子都是大于 1 的，所以如果 m 不是素数，则 $2^m - 1$ 是合数. 故如果 $2^m - 1$ 是一个素数，则 m 也必是素数. ∎

由定理 7.11，为了求出形如 $2^m - 1$ 的素数，只需考虑 m 是素数的情形. 人们深入研究了形如 $2^m - 1$ 的整数，这些整数以研究过它们的 17 世纪法国修道士马宁·梅森（Marin Mersene）的名字命名.

定义　如果 m 是一个正整数，那么 $M_m = 2^m - 1$ 称为第 m 个**梅森数**（Mersenne number). 如果 p 是一个素数且 $M_p = 2^p - 1$ 也是素数，那么 M_p 就称为**梅森素数**（Mersenne prime）.

例 7.11 梅森数 $M_7 = 2^7 - 1$ 是素数，梅森数 $M_{11} = 2^{11} - 1 = 2047 = 23 \cdot 89$ 是合数. ◄

有一些定理可以帮助我们判断梅森数是否是素数. 现在给出其中一个这样的定理. 相关结果可见 11.1 节中的习题 37～39.

定理 7.12 如果 p 是一个奇素数，那么梅森数 $M_p = 2^p - 1$ 的因子均形如 $2kp + 1$，其中 k 是一个正整数.

证明 设 q 为 $M_p = 2^p - 1$ 的一个素因子. 由费马小定理可知 $q \mid (2^{q-1} - 1)$. 由引理 3.2 可知

$$(2^p - 1, 2^{q-1} - 1) = 2^{(p, q-1)} - 1. \tag{7.6}$$

因为 q 是 $2^p - 1$ 和 $2^{q-1} - 1$ 的一个公因子，故 $(2^p - 1, 2^{q-1} - 1) > 1$. 因此 $(p, q-1) = p$，这是因为另一种只可能是 $(p, q-1) = 1$，则由 (7.6) 式得到 $(2^p - 1, 2^{q-1} - 1) = 1$. 所以 $p \mid (q-1)$，从而存在一个正整数 m 使得 $q - 1 = mp$. 因为 q 是奇数，所以 m 必须是偶数，即 $m = 2k$，其中 k 是正整数. 故 $q = mp + 1 = 2kp + 1$. 因为 M_p 的任意一个因子都是 M_p 的素因子之积，所以每个 M_p 的素因子的形式为 $2kp + 1$，且这种形式的素因子之积也是这种形式，结论得证. ∎

利用定理 7.12 可以帮助我们确定哪些梅森数是素数. 我们在下面的例子中将说明这一点.

例 7.12 为了确定 $M_{13} = 2^{13} - 1 = 8191$ 是否为素数，我们只需要寻找那些不超过 $\sqrt{8191} = 90.504\cdots$ 的素数. 而且，由定理 7.12，这些素因子的形式必为 $26k + 1$. 小于或等于 $\sqrt{M_{13}}$ 的 M_{13} 的素因子只能为 53 和 79. 通过试除法很容易排除这两种情形，从而 M_{13} 是素数. ◄

例 7.13 为了确定 $M_{23} = 2^{23} - 1 = 8\,388\,607$ 是否为素数，我们只需要确定 M_{23} 能否被小于或等于 $\sqrt{M_{23}} = 2896.309\cdots$ 且形式为 $46k + 1$ 的素数整除. 第一个这样的素数为 47. 通过试除法容易得到 $8\,388\,607 = 47 \cdot 178\,481$，从而 M_{23} 是个合数. ◄

马林·梅森（Marin Mersenne，1588—1648）出生在法国缅因的一个工人家庭. 他在曼恩大学和拉夫赖士的耶稣会学习过. 他在索邦继续接受教育，学习神学. 1611 年，他加入了"最小兄弟会"，这个组织的名字来源于单词"minimi"，这些人自认为是宗教信条最少的团体. 除了祷告，成员们还设法获得奖学金去学习. 1612 年，梅森成为巴黎皇宫的一名牧师；1614 年到 1618 年间，他在纳韦尔女修道院教授哲学. 1619 年他返回巴黎，在那里，他在 Minims de l'Annociade 的房间成了科学家、哲学家和数学家聚会的地方，其中有费马和帕斯卡（Pascal）. 梅森跟欧洲许多学者有过通信，很多新的思想在他这里得到了交流传播. 梅森写过关于力学、数学物理、数学、音乐和声学方面的书. 他研究过素数并且试图给出一个能表达所有素数的公式，但没有成功. 1644 年，他宣称找到了所有小于 257 的素数 p，使得 $2^p - 1$ 是素数，当然这个结论并不准确. 梅森还因替他同时代的名人笛卡儿和伽利略作宗教辩护而闻名. 此外他也帮助揭露炼金术士和占星家的骗术.

现在已有关于梅森数素性的专门判别法，人们已经可以判别很大的梅森数是否为素数.

下面的卢卡斯-雷默(Lucas-Lehmer)判别法是非常有用的素性判别法. 卢卡斯(Edouard Lucas)于 19 世纪 70 年代建立了这个判别法的理论基础，雷默(Derrick H. Lehmer)于 1930 年给出了该判别法的一个简化形式. 目前最大的梅森素数就是用这种方法找到的，大家仍在用它来寻找新的梅森素数，本书后面将对此有所叙述. 近些年包括现在，已知的最大梅森素数同样也是已知的最大素数. 然而从 1990 年末到 1992 年初，人们所知的最大素数是 $391\,581 \cdot 2^{216\,193} - 1$. 因为这个数具有形式 $k \cdot 2^n - 1$，所以有特别的判定法可以证明它是素数.

弗朗索瓦·爱德华·阿纳托尔·卢卡斯(Francois-Edouard-Anatole Lucas, 1842—1891)出生于法国亚眠，就读于巴黎高等师范学院. 在完成学业后，他在巴黎天文台当助手. 普法战争时期他曾担任过炮兵军官，战后他在一所中学当老师. 他是一位杰出而又幽默的老师. 卢卡斯非常喜欢计算并有过设计计算机的计划，然而不幸的是这些从来没有实现过. 除了他对数论的贡献外，卢卡斯也因为在趣味数学方面的作品而留名. 他在这个领域最有名的贡献就是著名的汉诺塔问题. 一个奇异的突发事件导致了他的死亡. 在一次宴会上，他被突然掉落的盘子的碎瓷片划伤了脸颊，几天后他死于伤口感染.

德里克 H. 雷默(Derick H. Lehmer，1905—1991)出生于加利福尼亚的伯克利. 1927 年他在加利福尼亚大学获得学士学位，在 1929 年到 1930 年间于布朗大学分别获得硕士和博士学位. 1940 年他进入加州大学伯克利分校数学系，在此之前曾先后就职于加州理工学院、高等研究院、里海大学和剑桥大学. 雷默对数论做出了很多贡献. 他发明了很多特殊的设备用于数论理论计算，其中有些是和他父亲合作的，他父亲也是一位数学家. 雷默是 Harold Stark 的博士论文指导老师，而 Harold Stark 又是本书作者的博士论文指导老师.

定理 7.13(卢卡斯-雷默判别法)   设 p 是素数，设第 p 个梅森数为 $M_p = 2^p - 1$. 设 $r_1 = 4$，对 $k \geq 2$，利用

$$r_k \equiv r_{k-1}^2 - 2 (\mathrm{mod}\ M_p), \qquad 0 \leqslant r_k < M_p$$

可以递归定义一个整数序列. 那么 M_p 是素数当且仅当 $r_{p-1} \equiv 0 (\mathrm{mod}\ M_p)$.

卢卡斯-雷默判别法的证明可见[Le80]和[Si64]. 下面的例子说明如何使用卢卡斯-雷默判别法.

例 7.14 考虑梅森数 $M_5 = 2^5 - 1 = 31$. 那么 $r_1 = 4$，$r_2 = 4^2 - 2 \equiv 14 (\mathrm{mod}\ 31)$，$r_3 \equiv 14^2 - 2 \equiv 8 (\mathrm{mod}\ 31)$ 和 $r_4 \equiv 8^2 - 2 \equiv 0 (\mathrm{mod}\ 31)$. 因为 $r_4 \equiv 0 (\mathrm{mod}\ 31)$，故可知 $M_5 = 2^5 - 1 = 31$ 是素数. ◄

正如下面推论所述，卢卡斯-雷默判别法运行起来很快. 通过这种判别法我们可以不用分解一个梅森数来确定该数是否是素数，这使得判别非常大的梅森数是否是素数成为可能，而其他形式的相似大小的数的素性判定就不在这种判定法范围之内了.

推论 7.13.1 设 p 是素数，$M_p = 2^p - 1$ 为第 p 个梅森数. 可以在 $O(p^3)$ 次位运算内确

定 M_p 是否是素数.

证明 在用卢卡斯-雷默判别法判别 M_p 是否是素数时,需要 $p-1$ 次模 M_p 平方运算,其中每个这样的运算需要 $O((\log M_p)^2)=O(p^2)$ 次位运算. 所以卢卡斯-雷默判别法总共需要 $O(p^3)$ 次位运算. ∎

人们猜想但还未证明存在无穷多个梅森素数,但是越来越大的梅森素数都已经被成功地找了出来.

寻找梅森素数

搜寻梅森素数的历史可以分为三个阶段. 第一阶段是从古代一直到计算机出现的 20 世纪 50 年代. 在 20 世纪 50 年代之前,只有 12 个梅森素数为人所知,其中最大的一个是在 1876 年发现的. 而在有了计算机以后,人们找到了很多新的梅森素数,其中在 1952 年就一下子发现了五个新的梅森素数. 从 1952 年到 1996 年,共有 22 个新的梅森素数被各自独立地计算机发现,它们都是各自年代最为强力的超级计算机. 第二阶段终止于互联网的广泛应用,这也是第三阶段的开始,目前(2010 年早期)采用互联网的分布式计算机共发现了 13 个新的梅森素数,这就使得目前已知的梅森素数达到 47 个. 我们现在简单介绍一些在不同时代搜寻这些梅森素数的细节.

前计算机时代 在没有计算机的年代里,这类素数的搜寻中充满了错误和不可靠的声明,许多声明最后都被证明是错误的. 到了 1588 年,Pietro Cataldi 验证了 M_{17} 和 M_{19} 是素数,但他同时也声称对 $p=23$,29,31 以及 37,M_p 均是素数(实际上只有 M_{31} 是素数). 梅森在其 1644 年出版的《Cogitata Physica-Mathematica》一书中认为(同样没有给出证明)M_p 对 $p=2$,3,5,7,13,17,19,31,67,127,257 是素数,并且对其他的素数 $p(p<257)$ 均非素数. 1772 年,欧拉用试除法验证了到 46 337 的所有素数从而证明了 M_{31} 是素数,其中 46 337 是不超过 M_{31} 的平方根的最大素数. 1811 年,英国数学家Peter Barlow 在他的《Theory of Numbers》一书中写道 M_{31} 将会是人们发现的最大梅森素数,因为他认为人们不会去寻找更大的梅森素数,因为这些数"只是令人好奇,没有什么用处". 但这实在是个糟糕的预言. 人们不但找出了新的梅森素数,而且他的关于这些数的用途的看法也是错误的. 我们将在后文中说明这一点.

1876 年,卢卡斯用他自己创立的方法证明了 M_{67} 是合数,证明的方法并没有分解 M_{67}. 实际上,过了 27 年 M_{67} 才被分解. 美国数学家弗兰克·科尔(Frank Cole)花费了 20 年的周日下午时光进行了计算,最终发现 $M_{67}=193\ 707\ 721 \cdot 761\ 838\ 257\ 287$. 1903 年,当他在美国数学会的一次会议上一言不发地在黑板上写出这一分解时,现场的人们为他起立鼓掌,因为大家明白这一分解背后所付出的努力. 1876 年至 1914 年,M_{61},M_{89},M_{107} 以及 M_{127} 均被证明是素数. 但直到 1947 年,在机械式计算器的帮助下,人们才完成了对所有 $M_p(p$ 是素数且 $p<257)$ 的素性检验. 当这一工作完成以后,可以发现梅森当初的提法恰有五处错误. 首先 M_{67} 和 M_{257} 不是素数,其次梅森素数 M_{61},M_{89} 以及 M_{107} 不在他的列表中.

计算机时代 我们知道,在现代计算机出现之前,人们只找出了 12 个梅森素数,最后一个是在 1914 年找到的. 但自从计算机被发明以来,找出新梅森素数的速度相当快,自 1950 年以后大约平均每两年就能发现一个新的梅森素数. 在计算机帮助下发现的前五个梅森素数是第 13 至 17 个梅森素数，它们都是 Raphael Robinson 在 1952 年用 SWAC(the national Bureau of Standards Western Automatic Computer)在 D. H. 雷默及艾玛·雷默(Emma Lehmer)的帮助下找到的，第 13 个和第 14 个梅森素数是在 SWAC 上执行卢卡斯-雷默判别法的当天就找到的．其余的则是在随后的九个月中找到的．与现在的计算机相比，SWAC 是相当原始的，其总内存只有 1152 比特，并且一半要用于执行程序的指令，有趣的是，Robinson 实现卢卡斯-雷默判别法的程序也是他所写的第一个程序．

Riesel 使用瑞典的 BESK 发现了第 18 个梅森素数，Hurwitz 使用 IBM7070 发现了第 19 个和第 20 个梅森素数．Gillies 用 ILLIAC 2 发现了第 21 个、第 22 个和第 23 个梅森素数，Tuckerman 用 IBM360 发现了第 24 个梅森素数．

第 25 个和第 26 个梅森素数则是由高中生 Laura Nickel 和 Landon Noll 在加州州立大学(CSU)的 Cyber 174 计算机上利用空闲时间找到的．Nickel 和 Noll 当时只有 18 岁，正在跟随 D. H. Lehmer 和 CSU 教授 Dan Jurca 学习数论．当时主流媒体的晚间新闻均对他们的发现做了报道．Nickel 和 Noll 一起发现了第 25 个梅森素数，但只有 Noll 坚持下去发现了第 26 个．

1979 年至 1996 年间，David Slowinski 与不同的合作者发现了第 n 个梅森素数，其中 $n=27$，28，30，31，32，33，34．例如 1996 年 Slowinski 与 Gage 一起发现了梅森素数 $M_{1\,257\,787}$，这是一个 378 632 位的数，大约花费了一台 Cray 超级计算机 6 小时的时间来验证其为素数．Slowinski 漏掉的第 29 个梅森素数是 1988 年由 Colquitt 和 Welsh 在一台 NEC-SX-2 计算机上发现的．你也许很奇怪为何 Slowinski 会漏掉这个素数，原因是他当时并不是对连续的素数 p 逐个检查 M_p 是否为素数，而是像多数研究者一样根据对梅森素数分布的一些直觉来挑选验证．

素数的互联网大搜索　互联网是加速发现梅森素数的另一功臣．现在许多人通过 Great Internet Mersenne Prime Search(GIMPS)分工合作来寻找新的梅森素数．GIMPS 是 1996 年由 George Woltman 建立的．PrimeNet 上的 GIMPS 大约每秒付出了 15 兆(10^{12})次浮点运算的贡献，网络将 GIMPS 中分散的计算机连接起来形成了一个虚拟的超级计算机．尽管这些分散的个体计算机大多数只是奔腾个人计算机，但是连接起来形成的虚拟计算机相当于许多现今世界上最大的超级计算机．

目前最大的 13 个梅森素数都是 GIMPS 项目的部分成果．$M_{1\,398\,269}$ 和 $M_{2\,976\,221}$ 分别在 1996 年和 1997 年被证实为素数．其中 $M_{2\,976\,221}$ 的发现耗费了一台 100MHz 的奔腾计算机大约 15 天的 CPU 时间．1998 年 1 月，一个 909 526 位的数 $M_{3\,021\,377}$ 被 GIMPS 证实为素数，这位幸运的发现者 Rolan Clarkson 当时是一个在 Dominguez Hill 加州州立大学的 19 岁大学生，他使用了一台 200MHz 的奔腾计算机，花费了大约相当于一周的 CPU 时间．$M_{6\,972\,593}$ 是一个有 2 098 960 位的数，它是由 GIMPS 的参与者 Nayan Hajratwala 在 1999 年 6 月发现的，他当时使用的是一台 350MHz 的奔腾计算机，花费了大约相当于 3 周的不间断的计算时间．

梅森素数 $M_{13\,466\,917}$ 是一个 4 053 946 位的整数，它是由一位 20 岁的加拿大大学生 Michael Cameron 在 2001 年发现的．他当时在一台 AMD 800MHz 的个人计算机上花费了 42 天才证明了该数为素数．下一个最大的梅森素数 $M_{20\,966\,011}$ 是一个 6 320 430 位的整数，是由密歇根州立大学的一位 26 岁的化工系研究生 Michael Shafer 于 2003 年发现的，他使用一台 2.4GHz 的奔腾 4 计算机运行了 19 天. 梅森素数 $M_{24\,036\,583}$ 一共有 7 253 733 位，由 Josh Findley 在 2004 年得到. 他用一台 2.4GHz 的奔腾 4 计算机运行了 14 天得到. 梅森素数 $M_{25\,964\,951}$ 一共有 7 816 230 位，由眼科医生 Martin Nowak 于 2005 年 2 月用一台 2.4GHz 的奔腾 4 计算机运算了 50 多天才得到. 梅森素数 $M_{30\,402\,457}$ 共有 9 152 052 位，2005 年 12 月于中密苏里州立大学(CMSU)在 Gurtis Cooper 及 Steven Boone 领导下经协同努力得到，他们在大约 700 台校园实验室计算机上运行 GIMPS 软件，该素数最终由一台通信系实验室的计算机断断续续运行了 50 天才得到. 而不到一年之后，2006 年 9 月该团队又发现了 9 808 358 位的梅森素数 $M_{32\,582\,657}$，发现该数的计算机与上一台计算机在同一实验室且相距不远.

在 CMSU 的发现之后两年，GIMPS 发布了两个新的梅森素数，其中较大的一个是具有 12 978 189 位的 $M_{43\,112\,609}$，它被较早发现. 它是由 UCLA 数学系的一位计算管理员 Edson Smith 于 2008 年 8 月在一台 2.4GHz 使用 Windows XP 操作系统的计算机上发现的. 当时一共有 75 台计算机在该实验室运行 GIMPS 的软件程序. 较小的一个梅森素数 $M_{37\,156\,667}$ 发现于 2008 年 9 月，它有 11 185 272 位数字，由一位在化学公司工作的电气工程师 Hans-Michael Elvenich 发现. 在 2009 年 4 月，一个具有 12 837 064 位的整数的梅森素数 $M_{42\,643\,801}$ 被 Odd M. Stridmo 发现，他是一位挪威专业 IT 人士，当时是在一台 3.0GHz 的计算机上发现该素数的. 实际上，计算机于 2009 年 4 月发现了该素数，但几乎三个月过去了人们才发现这一点. 另外我们也注意到指数介于 21 000 000 和 43 112 609 之间的梅森数并没有全部被检验过，所以这个范围之内也许还有一些梅森素数未被发现.

搜寻梅森素数的工作正在热火朝天地进行着，大约有七万人在超过 25 万台计算机上运行 GIMPS 的程序以寻找新目标. GIMPS 的搜寻工作似乎正在以一种越来越快的步伐进行，以后的几年我们可以拭目以待 GIMPS 能否维持这种速度. （表 7.3、表 7.4 及表 7.5 列出了在不同时期所发现的梅森素数，并附有发现时的相关信息.）

表 7.3 计算机时代之前已知的梅森素数

No.	p	M_p 的位数	发现时间	发现者
1	2	1	古代	
2	3	1	古代	
3	5	2	古代	
4	7	3	古代	
5	13	4	1456	无名氏
6	17	6	1588	Cataldi
7	19	6	1588	Cataldi
8	31	10	1772	Euler
9	61	19	1883	Pervushin
10	89	27	1911	Powers
11	107	33	1914	Powers
12	127	39	1876	Lucas

表 7.4   用计算机而非互联网所发现的梅森素数

No.	p	M_p 的位数	发现时间	发现者	使用的计算机
13	521	157	1952	Robinson	SWAC
14	607	183	1952	Robinson	SWAC
15	1279	386	1952	Robinson	SWAC
16	2203	664	1952	Robinson	SWAC
17	2281	687	1952	Robinson	SWAC
18	3217	969	1957	Riesel	BESK
19	4253	1281	1961	Hurwitz	IBM 7090
20	4423	1332	1961	Hurwitz	IBM 7090
21	9689	2917	1963	Gillies	ILLIAC 2
22	9941	2993	1963	Gillies	ILLIAC 2
23	11 213	3376	1963	Gillies	ILLIAC 2
24	19 937	6002	1971	Tuckerman	IBM 360/91
25	21 701	6533	1978	Noll，Nickel	Cyber 174
26	23 209	6987	1979	Noll	Cyber 174
27	44 497	13 395	1979	Nelson，Slowinski	Cray 1
28	86 243	25 962	1983	Slowinski	Cray 1
29	110 503	33 265	1988	Colquitt，Welsh	NEC SX-2
30	132 049	39 751	1983	Slowinski	Cray X-MP
31	216 091	65 050	1985	Slowinski	Cray X-MP
32	756 839	227 832	1992	Slowinski，Gage	Cray 2
33	859 433	258 716	1994	Slowinski，Gage	Cray 2
34	1 257 787	378 632	1996	Slowinski，Gage	Cray T94

表 7.5   GIMPS 找出的梅森素数

No.	p	M_p 的位数	发现时间	发现者
35	1 398 269	420 921	1996	Armendgaud
36	2 976 221	895 952	1997	Spence
37	3 021 377	909 526	1998	Clarkson
38	6 972 593	2 098 960	1999	Hajratwala
39	13 466 917	4 053 946	2001	Cameron
40	20 996 011	6 320 430	2003	Shafer
41	24 036 583	7 253 733	2004	Findley
42	25 964 951	7 816 230	2005	Nowak
43	30 402 457	9 152 052	2005	Cooper Boone
44	32 582 657	9 808 358	2006	Cooper Boone
45	37 156 667	11 185 272	2008	Elvenich
46	42 643 801	12 837 064	2009	Strindmo
47	43 112 609	12 978 189	2008	Smith

人们为何要找梅森素数？ 现在许多人投身于找寻新梅森素数的事业中来．为什么他们

要耗费这么多的时间精力来做这件事呢？这其中有许多原因．首先发现新的梅森素数能一举成名，也有些人是受到了奖金的推动，还有人是想为团队协作干点事．通过加入 GIMPS 和 PrimeNet，每个人都能对找出新的梅森素数做出贡献．对新梅森素数的搜寻也触发了许多新的理论结果，这同样也鼓舞了许多人；有人对素数的分布感兴趣，并想从中发现一些猜想的基础证据．许多人使用卢卡斯-雷默算法的程序来考验其硬件平台，因为此种程序需频繁使用 CPU 和计算机总线．例如英特尔的奔腾 II 芯片就是使用 GIMPS 的程序来测试的．也有人宁可在计算机闲置时找找梅森素数，而不是运行屏保程序．因此综上所述，有很多人找寻梅森素数．

如果你恰巧对寻找梅森素数感兴趣，那么你应当先仔细浏览 GIMPS 的网站以及相关的几个网址(这些链接可以在附录 D 以及本书的网址中找到)．在 GIMPS 的网址上，你可以获得一个执行卢卡斯-雷默判定法的程序，以及知道如何加入 PrimeNet．GIMPS 的执行卢卡斯-雷默判定法的程序已经在许多方面得到了优化，这样就比直接执行原判定法的效果好得多．你可以自己选取次数的一定范围来搜寻素数．如果上述历史继续的话，新梅森素数的纪录不久就将会被打破．如果加入 GIMPS，也许你就是那个打破纪录的幸运儿．

寻找素数的大奖

    当 Nayan Hajratwala 找到梅森素数 $2^{6\,972\,593}-1$ 时，他是第一个找出具有 100 万位以上素数的人．这使得他获得了由电子前沿基金会(EFF)颁发的 5 万美元的奖金．EFF 是一个致力于保护互联网健康与发展的组织．后来梅森素数 $M_{43\,112\,609}$ 的发现者获得了 EFF 颁发的 10 万美元奖金，因为它是第一个具有 1000 万位的素数．这些奖金一半留给了 UCLA 的数学系，25 000 美元捐给了慈善机构，余下的 25 000 美元由前面 6 个梅森素数的发现者及 GIMPS 组织分享．

    只要找出大素数，你仍有机会获得由 EFF 提供的大奖．他们分别提供 15 万美元及 25 万美元给第一个发现具有 1 亿位及 10 亿位的素数的人．这些奖金由匿名的赞助者提供，旨在鼓励在涉及大规模计算的科学问题上的分工协作．而且如果你能找出 100 万位以下的梅森素数也可获得现金奖励．每个这样的素数的发现者可获得由 GIMPS 提供的 3000 美元的奖励．

奇完全数

我们已经将偶完全数的研究归结于梅森素数的研究，但是有没有奇完全数呢？答案是现在仍不可知．但可证明如果它们存在，则需满足很多条件(例如，参看习题 32～36)，很多这方面的工作都是建立在英国大数学家 James Joseph Sylvester 的工作基础之上的．在 1888 年，他表示奇完全数"在如此多的约束之网下挣脱开来一定是个奇迹"．如今这个断言似乎越显中肯．在 2010 年早期，我们知道在 10^{300} 以内是没有奇完全数的，并且奇完全数应最少具有九个不同的素因子，如果计算重数，则应有至少 75 个素因子，该奇完全数最大的素因子应超过 10^8．在其素因子分解中最大指数最小是 4，最大的素数幂不小于 10^{20}，等等．关于奇完全数的讨论在[Gu94]或[Ri96]中有所叙述，其约束条件的相关信息可在[BrCote93]，[Co87]，[GoOh08]及[Ha83]中查阅．

7.3 节习题

1. 求前六个最小的偶完全数.

2. 求第七个和第八个偶完全数.

3. 求下列整数的一个因子.

　　a) $2^{15}-1$　　　　　　　　b) $2^{91}-1$　　　　　　　　c) $2^{1001}-1$

4. 求下列整数的一个因子.

　　a) $2^{111}-1$　　　　　　　b) $2^{289}-1$　　　　　　　c) $2^{46\,189}-1$

　　对正整数 n，如果 $\sigma(n)<2n$，则称为**亏数**；如果 $\sigma(n)>2n$，则称为**过剩数**. 任意整数只能是亏数，或者完全数，或者过剩数.

5. 求前六个最小的正过剩数.

* 6. 求最小的奇正过剩数.

7. 证明每个素数的幂都是亏数.

8. 证明亏数或完全数的任意非平凡因子是亏数.

9. 证明一个过剩数或完全数的任意倍数还是过剩数，不包括完全数自身.

10. 证明：如果 $n=2^{m-1}(2^m-1)$，其中 m 是使得 2^m-1 为合数的正整数，则 n 是过剩数.

11. 证明存在无穷多个亏数.

12. 证明存在无穷多个偶过剩数.

13. 证明存在无穷多个奇过剩数.

14. 证明：如果 $n=p^a q^b$，其中 p 和 q 是不同的奇素数，a 和 b 是正整数，那么 n 是亏数.

　　两个正整数 m 和 n 称为**亲和对**，如果满足 $\sigma(m)=\sigma(n)=m+n$.

15. 证明下面每对整数是亲和对.

　　a) 220，284　　　　　　b) 1184，1210　　　　　c) 79 750，88 730

16. a) 证明：如果 $n\geqslant 2$ 是一个正整数，且 $3\cdot 2^{n-1}-1$，$3\cdot 2^n-1$ 和 $3^2\cdot 2^{2n-1}-1$ 都是素数，那么 $2^n(3\cdot 2^{n-1}-1)(3\cdot 2^n-1)$ 和 $2^n(3^2\cdot 2^{2n-1}-1)$ 构成亲和对.

　　b) 利用(a)求三个亲和对.

　　整数 n 称为 **k-完全**的，如果 $\sigma(n)=kn$. 注意到完全数是 2-完全数.

17. 证明 $120=2^3\cdot 3\cdot 5$ 是 3-完全数.

18. 证明 $30\,240=2^5\cdot 3^3\cdot 5\cdot 7$ 是 4-完全数.

19. 证明 $14\,182\,439\,040=2^7\cdot 3^4\cdot 5\cdot 7\cdot 11^2\cdot 17\cdot 19$ 是 5-完全数.

20. 求出所有形式为 $n=2^k\cdot 3\cdot p$ 的 3-完全数，其中 p 为奇素数.

21. 证明：如果 n 是 3-完全数且 $3\nmid n$，那么 $3n$ 是 4-完全数.

　　整数 n 称为 **k-过剩**，如果 $\sigma(n)>(k+1)n$.

22. 求一个 3-过剩整数.

23. 求一个 4-过剩整数.

** 24. 证明对任意正整数 k，存在无穷多个 k-过剩整数.

　　正整数 n 称为**超完全**的，如果 $\sigma(\sigma(n))=2n$.

25. 证明 16 是超完全数.

26. 证明：如果 $n=2^q$，其中 $2^{q+1}-1$ 是素数，那么 n 是超完全数.

27. 证明每个偶超完全数都可以写成 $n=2^q$ 的形式，其中 $2^{q+1}-1$ 是素数.

* 28. 证明：如果 $n=p^2$，其中 p 是个奇素数，那么 n 不是超完全数.

29. 用定理 7.12 判断下面哪些梅森数是素数.

a) M_7 b) M_{11} c) M_{17} d) M_{29}

30. 利用定理 7.13 所述的卢卡斯-雷默判定法，判断下面哪些梅森数是素数.

a) M_3 b) M_7 c) M_{11} d) M_{13}

*31. 证明：如果 n 是一个正整数且 $2n+1$ 是素数，那么或者 $(2n+1)\mid M_n$ 或者 $(2n+1)\mid(M_n+2)$. （提示：用费马小定理证明 $M_n(M_n+2)\equiv0\pmod{2n+1}$.）

*32. a) 证明：如果 n 是一个奇完全数，那么 $n=p^a m^2$，其中 p 是一个奇素数，$p\equiv a\equiv1\pmod 4$ 且 m 是一个整数.

b) 用 (a) 中结果证明：如果 n 是一个奇完全数，那么 $n\equiv1\pmod 4$.

*33. 证明：如果 $n=p^a m^2$ 是一个奇完全数，其中 p 是素数，那么 $n\equiv p\pmod 8$.

*34. 证明：如果 n 是一个奇完全数，那么 3，5 和 7 不都是 n 的因子.

*35. 证明：如果 n 是一个奇完全数，那么 n 至少有三个不同的素因子.

**36. 证明：如果 n 是一个奇完全数，那么 n 至少有四个不同的素因子.

37. 求出所有正整数 n，使得它所有的真因子之积恰好是 n^2. （这些整数是乘法意义下的完全数.）

38. 设 n 是一个正整数，由 $n_1=\sigma(n)-n$，$n_{k+1}=\sigma(n_k)-n_k(k=1，2，3，\cdots)$ 递归定义等分序列 n_1，n_2，n_3，$\cdots$. （"等分"(aliquot) 的意思是在另外的某物中包含相同的数目. 一个整数的等分部分就是该整数的因子.）

a) 证明：如果 n 是个完全数，那么 $n=n_1=n_2=n_3=\cdots$.

b) 证明：如果 n 和 m 为亲和对，那么 $n_1=m$，$n_2=n$，$n_3=m$，$n_4=n$，$\cdots$，如此继续；就是说序列 n_1，n_2，n_3，$\cdots$ 是周期为 2 的序列.

c) 求出整数 $n=12\,496=2^4\cdot11\cdot71$ 生成的等分序列.

在计算机被用来检验等分序列的性质以前，人们猜想对所有整数 n，等分序列中的整数 n_1，n_2，n_3，$\cdots$ 是有界的. 但是通过计算一些大整数的情况来看，有些序列是无界的.

*39. 证明：如果 n 是大于 1 的正整数，那么梅森数 M_n 不可能是一个正整数的方幂.

40. 双重梅森数是形如 M_{M_n} 的梅森数，其中 M_n 是第 n 个梅森素数.

a) 证明：若双重梅森数 M_{M_n} 为素数，则 n 与 M_n 均为素数.

b) 借助表 7.3 找出 $n\leqslant30$ 时的双重梅森素数.

计算和研究

1. 通过直接计算证明 $2^{30}(2^{31}-1)$ 是完全数.

2. 证明 154 345 556 085 770 649 600 是个 6-完全数（见习题 7 前导言中的定义）.

3. 证明下面每对数为亲和对（见习题 15 前导言中的定义）.

a) 609 928，686 072   b) 643 336，652 664   c) 938 304 290，1 344 480 478   d) 4 000 783 984，4 001 351 168

4. 利用定理 7.12，求出尽可能多的梅森数 M_p 的因子，其中 p 是素数.

5. 利用卢卡斯-雷默判定法，检验尽可能多的梅森素数的素性. （可以用 GIMPS 软件来做.）

6. 加入 GIMPS 搜索梅森素数.

7. 求出所有两个整数都小于 10 000 的亲和对.

8. 证明由整数 $n=14\,316$ 生成的等分序列（见习题 38 的定义）是个周期为 28 的周期序列.

9. 求出尽可能多的周期为 4 的等分序列.

10. 求出由整数 $n=138$ 生成的等分序列中第几项达到 1. 该序列中最大的项是多少？你能对 $n=276$ 回答同样的问题吗？

程序设计

1. 根据是否是亏数、完全数和过剩数（见习题 5 前面导言中的介绍）来给正整数分类.

2. 利用定理 7.12 求出梅森数的因子.

3. 利用卢卡斯-雷默判定法，判断梅森数 2^p-1 是否是素数，其中 p 是素数.

4. 给定一个正整数 n，判断习题 32 定义的等分序列是否是周期序列.

5. 给定一个正整数 n，求出所有亲和对 a，b，其中 $a \leqslant n$ 和 $b \leqslant n$（见习题 15 前面导言中的介绍）.

7.4 莫比乌斯反演

设 f 为算术函数，f 的和函数 F 的值为 $F(n) = \sum_{d|n} f(d)$，它是由 f 的值决定的. 这种关系可以反过来吗？也就是说，是否存在一种用 F 来求出 f 的值的简便方法？本节将给出这样的公式. 我们首先通过一些研究来看看什么样的公式是可行的.

若 f 是算术函数，F 是它的和函数 $F(n) = \sum_{d|n} f(d)$. 按照定义分别展开 $F(n)$，$n=1$，2，$\cdots$,8，我们有

$$
\begin{aligned}
F(1) &= f(1) \\
F(2) &= f(1) + f(2) \\
F(3) &= f(1) + f(3) \\
F(4) &= f(1) + f(2) + f(4) \\
F(5) &= f(1) + f(5) \\
F(6) &= f(1) + f(2) + f(3) + f(6) \\
F(7) &= f(1) + f(7) \\
F(8) &= f(1) + f(2) + f(4) + f(8),
\end{aligned}
$$

等等. 从上面的方程解出 $f(n)$ 在 $n=1$，2，$\cdots$，8 处的值，我们得到

$$
\begin{aligned}
f(1) &= F(1) \\
f(2) &= F(2) - F(1) \\
f(3) &= F(3) - F(1) \\
f(4) &= F(4) - F(2) \\
f(5) &= F(5) - F(1) \\
f(6) &= F(6) - F(3) - F(2) + F(1) \\
f(7) &= F(7) - F(1) \\
f(8) &= F(8) - F(4).
\end{aligned}
$$

注意到 $f(n)$ 等于形式为 $\pm F(n/d)$ 的一些项之和，其中 $d \mid n$. 从这一结果中，可能有这样的一个等式，形式为

$$
f(n) = \sum_{d|n} \mu(d) F(n/d),
$$

其中 μ 是算术函数. 如果等式成立，我们计算得到 $\mu(1)=1$，$\mu(2)=-1$，$\mu(3)=-1$，$\mu(4)=0$，$\mu(5)=-1$，$\mu(6)=1$，$\mu(7)=-1$ 和 $\mu(8)=0$. 又 $F(p)=f(1)+f(p)$ 给出 $f(p)=F(p)-F(1)$，其中 p 是素数. 则 $\mu(p)=-1$. 又因为

$$
F(p^2) = f(1) + f(p) + f(p^2),
$$

我们有

$$
f(p^2) = F(p^2) - (F(p) - F(1)) - F(1) = F(p^2) - F(p).
$$

这要求对任意素数 p，有 $\mu(p^2)=0$．类似的推理得出对任意素数 p 及整数 $k>1$，有 $\mu(p^k)=0$．如果我们猜想 μ 是乘性函数，则 μ 的值就由所有素数幂处的值决定．这就给出下面的定义．

定义 **莫比乌斯函数 $\mu(n)$** 定义为

$$\mu(n)=\begin{cases}1 & \text{如果 } n=1; \\ (-1)^r & \text{如果 } n=p_1 p_2 \cdots p_r，\text{其中 } p_i \text{ 为不同的素数}; \\ 0 & \text{其他情形．}\end{cases}$$

莫比乌斯函数以莫比乌斯（August Ferdinand Möbius）的名字命名．

由该定义可知当 n 被一个素数的平方整除的话，则 $\mu(n)=0$．在那些不含平方因子的 n 处，$\mu(n)\neq0$．

例 7.15 从 $\mu(n)$ 的定义得到 $\mu(1)=1$，$\mu(2)=-1$，$\mu(3)=-1$，$\mu(4)=\mu(2^2)=0$，$\mu(5)=-1$，$\mu(6)=\mu(2\cdot3)=1$，$\mu(7)=-1$，$\mu(8)=\mu(2^3)=0$，$\mu(9)=\mu(3^2)=0$ 和 $\mu(10)=\mu(2\cdot5)=1$． ◀

例 7.16 $\mu(330)=\mu(2\cdot3\cdot5\cdot11)=(-1)^4=1$，$\mu(660)=\mu(2^2\cdot3\cdot5\cdot11)=0$，$\mu(4290)=\mu(2\cdot3\cdot5\cdot11\cdot13)=(-1)^5=-1$． ◀

我们现在直接从定义来证明莫比乌斯函数是乘性函数．

定理 7.14 莫比乌斯函数 $\mu(n)$ 是乘性函数．

证明 假设 m 和 n 是互素的正整数．为了证明 $\mu(n)$ 是乘性函数，需要证明 $\mu(mn)=\mu(m)\mu(n)$．首先考虑 $m=1$ 或者 $n=1$ 的情形．若 $m=1$，则 $\mu(mn)$ 和 $\mu(m)\mu(n)$ 都等于 $\mu(n)$．当 $n=1$ 时证明类似．

现在假设 m 和 n 中至少有一个被素数平方整除，那么 mn 也是被素数平方整除，因此 $\mu(mn)$ 和 $\mu(m)\mu(n)$ 均是 0．最后考虑 m 和 n 都不含大于 1 的素数平方因子，不妨假设 $m=p_1 p_2 \cdots p_s$，其中 p_1，p_2，$\cdots$，p_s 是不同的素数，$n=q_1 q_2 \cdots q_t$，其中 q_1，q_2，$\cdots$，q_t 是不同的素数．因为 m 和 n 互素，故没有素数同时出现在 m 和 n 的素因子分解中．因此 mn 是 $s+t$ 个不同素数之积．于是 $\mu(mn)=(-1)^{s+t}=(-1)^s(-1)^t=\mu(m)\mu(n)$． ∎

奥古斯特·费迪南德·莫比乌斯（August Ferdinand Möbius，1790—1868）出生于德国瑙姆堡附近的舒勒普发塔的一个小镇．他的父亲是舞蹈教师，他的母亲是马丁·路德（Martin Luther）的后裔．莫比乌斯在 13 岁前一直接受家庭教育，很小的时候就显露出他在数学上的爱好和天赋．他于 1803 年到 1809 年进入莱比锡大学，在那里接受了正规的数学训练．他原本学法律，但后来决定投身于他喜欢的领域——数学、物理学和天文学．在哥廷根深造的时候，他跟随高斯学习天文学．在哈雷，他跟随普法夫（Pfaff）学习数学，后来他成为莱比锡的天文学教授，并在那里一直工作到去世．莫比乌斯对很多领域都做出了贡献，如天文学、力学、射影几何、光学、静力学和数论．今天，他最有名的成果就是发现了单侧曲面，即莫比乌斯带（Möbius strip），把一个纸带旋转半圈再把两端粘上之后便可得到．

下面证明莫比乌斯函数的和函数是一个非常简单的函数．

定理 7.15 莫比乌斯函数的和函数在整数 n 处的值 $F(n) = \sum_{d|n} \mu(d)$，满足

$$\sum_{d|n} \mu(d) = \begin{cases} 1 & \text{若 } n = 1, \\ 0 & \text{若 } n > 1. \end{cases}$$

证明 首先考虑 $n = 1$ 的情形，有

$$F(1) = \sum_{d|1} \mu(d) = \mu(1) = 1.$$

其次，设 $n > 1$，由定理 7.8，因为 μ 是乘性函数，故它的和函数 $F(n) = \sum_{d|n} \mu(d)$ 也是乘性的. 现在假设 p 是素数，k 是正整数，得到

$$F(p^k) = \sum_{d|p^k} \mu(d) = \mu(1) + \mu(p) + \mu(p^2) + \cdots + \mu(p^k)$$
$$= 1 + (-1) + 0 + \cdots + 0 = 0,$$

这是因为对 $i \geq 2$ 有 $\mu(p^i) = 0$. 最后不妨假设 n 是一个大于 1 的正整数，其素幂因子分解为 $n = p_1^{a_1} p_2^{a_2} \cdots p_t^{a_t}$. 因为 F 是乘性的，所以 $F(n) = F(p_1^{a_1}) F(p_2^{a_2}) \cdots F(p_t^{a_t})$. 因为该等式右边每个因子都是 0，故 $F(n) = 0$. ∎

莫比乌斯反演公式回答了我们本节开始提出的问题. 它给出如何根据和函数 F 的值来求出 f 的值的方法. 这个公式广泛应用于乘性函数的研究中，并且可以建立关于这些函数的新等式.

定理 7.16（莫比乌斯反演公式） 若 f 是算术函数，F 为 f 的和函数，对任意正整数 n 满足

$$F(n) = \sum_{d|n} f(d).$$

则对任意正整数 n，

$$f(n) = \sum_{d|n} \mu(d) F(n/d).$$

证明 这个公式的证明中包含双重和的运算. 我们首先从公式右边的和式开始，通过 f 的和函数 F 的定义，将 $F(n/d)$ 用表达式 $\sum_{e|(n/d)} f(e)$ 代替，得到

$$\sum_{d|n} \mu(d) F(n/d) = \sum_{d|n} \left(\mu(d) \sum_{e|(n/d)} f(e) \right)$$
$$= \sum_{d|n} \left(\sum_{e|(n/d)} \mu(d) f(e) \right).$$

注意到这对整数 (d, e) 满足 $d|n$ 和 $e|(n/d)$，同样有 $e|n$ 和 $d|(n/e)$. 这给出

$$\sum_{d|n} \left(\sum_{e|(n/d)} \mu(d) f(e) \right) = \sum_{e|n} \left(\sum_{d|(n/e)} f(e) \mu(d) \right)$$
$$= \sum_{e|n} \left(f(e) \sum_{d|(n/e)} \mu(d) \right).$$

由定理 7.15 得到 $\sum_{d|(n/e)} \mu(d) = 0$，除非 $n/e = 1$. 当 $n/e = 1$，即 $n = e$ 时，这个和式等于 1. 因此有

$$\sum_{e|n} \left(f(e) \sum_{d|(n/e)} \mu(d) \right) = f(n) \cdot 1 = f(n).$$

证毕. ∎

莫比乌斯反演公式可以用来构造许多新的等式，这些等式用别的方法是很难证明的，如下例所示.

例 7.17 如 7.2 节所示，函数 $\sigma(n)$ 和 $\tau(n)$ 分别是函数 $f(n)=n$ 和 $f(n)=1$ 的和函数. 即 $\sigma(n)=\sum_{d\mid n}d$ 和 $\tau(n)=\sum_{d\mid n}1$. 由莫比乌斯反演公式，对所有整数 n 有

$$n=\sum_{d\mid n}\mu(n/d)\sigma(d)$$

和

$$1=\sum_{d\mid n}\mu(n/d)\tau(d).$$

直接去证明这两个公式是很困难的.

由定理 7.8，我们知道如果 f 是乘性函数，那么它的和函数 $F(n)=\sum_{d\mid n}f(d)$ 也是乘性函数. 莫比乌斯反演公式的另一个有用的结果是我们可以将这个结论反过来. 就是说，如果 f 的和函数 F 是乘性函数，那么 f 也是乘性函数.

定理 7.17 设 f 是算术函数，它的和函数为 $F(n)=\sum_{d\mid n}f(d)$，那么如果 F 是乘性函数，则 f 也是乘性函数.

证明 假设 m 和 n 是互素的正整数，要证 $f(mn)=f(m)f(n)$. 首先由引理 3.7，如果 d 是 mn 的一个因子，则 $d=d_1d_2$，其中 $d_1\mid m$，$d_2\mid n$ 且 $(d_1,d_2)=1$. 利用莫比乌斯反演公式与 μ 和 F 都是乘性的事实，我们得到

$$
\begin{aligned}
f(mn) &= \sum_{d\mid mn}\mu(d)F\left(\frac{mn}{d}\right)\\
&= \sum_{d_1\mid m,d_2\mid n}\mu(d_1d_2)F\left(\frac{mn}{d_1d_2}\right)\\
&= \sum_{d_1\mid m,d_2\mid n}\mu(d_1)\mu(d_2)F\left(\frac{m}{d_1}\right)F\left(\frac{n}{d_2}\right)\\
&= \sum_{d_1\mid m}\mu(d_1)F\left(\frac{m}{d_1}\right)\cdot\sum_{d_2\mid n}\mu(d_2)F\left(\frac{n}{d_2}\right)\\
&= f(m)f(n).
\end{aligned}
$$

7.4 节习题

1. 计算下面莫比乌斯函数的值.
   a) $\mu(12)$ b) $\mu(15)$ c) $\mu(30)$ d) $\mu(50)$
   e) $\mu(1001)$ f) $\mu(2\cdot3\cdot5\cdot7\cdot11\cdot13)$ g) $\mu(10!)$
2. 计算下面莫比乌斯函数的值.
   a) $\mu(33)$ b) $\mu(105)$ c) $\mu(110)$ d) $\mu(740)$
   e) $\mu(999)$ f) $\mu(3\cdot7\cdot13\cdot19\cdot23)$ g) $\mu(10!/(5!)^2)$
3. 计算 $\mu(n)$，其中 n 为整数且 $100\leqslant n\leqslant110$.
4. 计算 $\mu(n)$，其中 n 为整数且 $1000\leqslant n\leqslant1010$.
5. 求出 $1\leqslant n\leqslant100$ 中所有满足 $\mu(n)=1$ 的整数 n.
6. 求出 $100\leqslant n\leqslant200$ 中所有满足 $\mu(n)=-1$ 的合数 n.

Mertens 函数 $M(n)$ 定义为 $M(n) = \sum_{i=1}^{n} \mu(i)$.

7. 对所有不超过 10 的正整数 n 求 $M(n)$ 的值.

8. 计算 $M(100)$.

9. 证明 $M(n)$ 是所有不超过 n 且不含平方因子的正整数中具有偶数个素因子的正整数的个数与具有奇数个素因子的正整数的个数之差.

10. 证明：如果 n 是一个正整数，那么 $\mu(n)\mu(n+1)\mu(n+2)\mu(n+3)=0$.

11. 是否存在无穷多个正整数 n 使得 $\mu(n)+\mu(n+1)=0$，并给出证明.

12. 是否存在无穷多个正整数 n 使得 $\mu(n-1)+\mu(n)+\mu(n+1)=0$，并给出证明.

13. 存在多少个连续整数使得对应的莫比乌斯函数 $\mu(n)$ 非零？

14. 存在多少个连续整数使得对应的莫比乌斯函数 $\mu(n)$ 为零？

15. 证明：如果 n 是一个正整数，那么 $\phi(n) = n\sum_{d|n} \mu(n)/d$. (提示：利用莫比乌斯反演公式.)

16. 利用莫比乌斯反演公式和 7.1 节所述的等式 $n = \sum_{d|n} \phi(n/d)$，证明下面的结论.

　　a) 对任意素数 p 和正整数 t，有 $\phi(p^t) = p^t - p^{t-1}$.

　　b) $\phi(n)$ 是乘性的.

17. 假设 f 是乘性函数且满足 $f(1)=1$，证明
$$\sum_{d|n} \mu(d) f(d) = (1-f(p_1))(1-f(p_2))\cdots(1-f(p_k)),$$
其中 n 的素幂因子分解为 $n = p_1^{a_1} p_2^{a_2} \cdots p_k^{a_k}$.

18. 利用习题 17 求出对所有正整数 n，$\sum_{d|n} d\mu(d)$ 的简单公式.

19. 利用习题 17 求出对所有正整数 n，$\sum_{d|n} \mu(d)/d$ 的简单公式.

20. 利用习题 17 求出对所有正整数 n，$\sum_{d|n} \mu(d)\tau(d)$ 的简单公式.

21. 利用习题 17 求出对所有正整数 n，$\sum_{d|n} \mu(d)\sigma(d)$ 的简单公式.

22. 设 n 为正整数，证明
$$\prod_{d|n} \mu(d) = \begin{cases} -1, & \text{如果 } n \text{ 是素数}; \\ 0, & \text{如果 } n \text{ 含平方因子}; \\ 1, & \text{如果 } n \text{ 不含平方因子且是合数}. \end{cases}$$

23. 证明
$$\sum_{d|n} \mu^2(d) = 2^{\omega(n)},$$
其中 $\omega(n)$ 是 n 中不同素因子的个数.

24. 用习题 23 和莫比乌斯反演公式证明
$$\mu^2(n) = \sum_{d|n} \mu(d) 2^{\omega(n/d)}.$$

25. 证明对任意正整数 n，有 $\sum_{d|n} \mu(d)\lambda(d) = 2^{\omega(n)}$，其中 $\omega(n)$ 是 n 中不同素因子的个数. (参看 7.1 节习题 43 前面导言中 $\lambda(n)$ 的定义.)

26. 证明对任意正整数 n，有 $\sum_{d|n} \lambda(n/d) 2^{\omega(d)} = 1$.

习题 27~29 利用 7.1 节习题里定义的狄利克雷积和狄利克雷逆函数的概念，给出了莫比乌斯反演公式和定理 7.17 的一个证明.

27. 证明莫比乌斯函数 $\mu(n)$ 是函数 $\nu(n)=1$ 的狄利克雷逆函数.

28. 用 7.1 节习题 38 和习题 27 证明莫比乌斯反演公式.

29. 如果 $F=f*\nu$，其中对所有正整数 n，有 $\nu=1$，那么 $f=F*\mu$，据此证明定理 7.17.
    Mangoldt 函数 Λ 在正整数 n 上定义为

$$\Lambda(n) = \begin{cases} \log p, & \text{如果 } n=p^k, \text{其中 } p \text{ 是素数}, k \text{ 是正整数;} \\ 0, & \text{其他情形.} \end{cases}$$

30. 证明对任意正整数 n，有 $\sum_{d|n}\Lambda(d)=\log n$.

31. 用莫比乌斯反演公式和习题 30 证明

$$\Lambda(n) = -\sum_{d|n}\mu(d)\log d.$$

32. 找出"所有完全数均为偶数"这一论断"证明"中的错误. "证明"：如 n 为偶数，则 $2n=\sum_{d|n}d$. 由莫比乌斯反演公式，$n=\sum_{d|n}\mu(n/d)2d$. 因该和式中每项均为偶数，故 n 为偶数.

   对于复数 ω，若 $\omega^n=1$，但 $\omega^k\neq1$，$1\leqslant k\leqslant n-1$，则称其为 n 次本原单位根. 因 $e^{2\pi i}=1$，故易知 n 次本原单位根恰为 ζ^j，其中 $\zeta=e^{2\pi i/n}$，$1\leqslant j\leqslant n$ 且 $(j,n)=1$. n 阶分圆多项式 $\Phi_n(x)$ 是以所有 n 次本原单位根为根的首一多项式，即 $\Phi_n(x)=\prod\limits_{\substack{1\leqslant j\leqslant n\\(j,n)=1}}(x-\zeta^j)$.

☞ 33. a) 证明：当 n 为正整数时，$x^n-1=\prod\limits_{d|n}\Phi_d(x)$.
    b) 计算 $\Phi_p(x)$，其中 p 为素数.
    c) 计算 $\Phi_{2p}(x)$，其中 p 为奇素数.

34. 设 n 为正整数，用莫比乌斯反演公式证明 $\Phi_n(x)=\prod\limits_{d|n}(x^d-1)^{\mu(n/d)}$. (提示：对习题 33 中(a)的等式两边取对数.)

35. 设 n 为正整数，利用 34 题的结论证明 n 阶分圆多项式 $\Phi_n(x)$ 的系数为整数.

** 36. 设 p,q 为互异的奇素数，证明 pq 阶分圆多项式的系数是 -1，0 或 1.

计算和研究

1. 求出 $\mu(n)$ 在下列 n 处的值.
   a) 421 602 180 943   b) 186 728 732 190   c) 737 842 183 177

2. 计算 Mertens 函数 $M(n)$ 在下列各整数处的值. (见习题 7 前面导言中 $M(n)$ 的定义.)
   a) 1000   b) 10 000   c) 100 000

3. 1897 年，F. Mertens 提出了一个著名猜想：对所有正整数 n，Mertens 函数 $M(n)$ 满足 $|M(n)|<\sqrt{n}$. 这被称为 Mertens 猜想，但被 A. Odlyzko 和 H. te Riele(见[Odte85])于 1985 年否证了. 找出尽可能大的整数 n 使得这个猜想成立. 不要想着找反例，因为使得这个猜想不成立的最小正整数也相当大. 已知在小于 $3.21\cdot10^{64}$ 的正整数中存在反例. 在证明该猜想不成立之前，人们已经用计算机检验出直到整数 10^{10} 都是成立的. 这说明有时大量的证据反而是个误导，因为该猜想的最小反例处的整数太大了.

程序设计

1. 给定一个正整数 n，求 $\mu(n)$ 的值.

2. 给定一个正整数 n，求 $M(n)$ 的值.

3. 给定一个正整数 n，判断 Mertens 猜想是否对 n 成立，即是否有 $|M(n)|=\left|\sum\limits_{i=1}^n\mu(i)\right|\leqslant\sqrt{n}$.

4. 给定一个正整数 n，试计算 n 阶分圆多项式.

7.5 拆分

一个正整数的拆分是指将其表为一些正整数的和，而不计其中的求和项的次序. 在本节中，我们将使用数论和组合学当中的一些思想来研究拆分. 这些是属于组合数论中的内容. 你会发现，拆分理论内容极为丰富且有很多令人惊讶的结果. 最早开始研究拆分的数学家是欧拉，他在各个方面都做出了奠基性的贡献. 特别要指出的是，今天不断出现的关于拆分的新发现使用了各种技巧，而这些技巧很多都是初等的.

我们从一些定义开始.

定义 一个正整数 n 的**拆分**是指将其表为一些正整数的和，而不计其中的求和项的次序. 对于一个拆分 λ，我们将其写为一个非递增的正整数序列 $(\lambda_1, \lambda_2, \cdots, \lambda_r)$，其中 $\lambda_1 + \lambda_2 + \cdots + \lambda_r = n$. 整数 $\lambda_1, \lambda_2, \cdots, \lambda_r$ 称为拆分 λ 的**部分**.

例 7.18 序列 $(3, 1, 1)$ 是 5 的一个拆分，因为 $3 + 1 + 1 = 5$ 且 $3 \geqslant 1 \geqslant 1$. 该拆分的各个部分为 3，1，1. 注意其中整数 1 作为部分出现了两次，这表明拆分不同部分可能是一样的. ◀

另外一种确定一个整数的拆分的方法是标明每一个整数作为部分出现的次数. 即我们在指定拆分 n 时，将 n 写成 $n = k_1 a_1 + k_2 a_2 + \cdots + k_i a_i + \cdots$，其中 $a_1, a_2, \cdots$ 为互异的非负递增的整数. 这里整数 k_i 被称为是 a_i 的频率. 它是 a_i 在拆分中出现的次数. 例如，$1 \cdot 4 + 3 \cdot 3 + 3 \cdot 2 + 2 \cdot 1$ 对应于拆分 $(4, 3, 3, 3, 2, 2, 1, 1)$，其中 4，3，2，1 的频率分别是 1，3，3，2.

下面将研究计算各种不同类型拆分数的算术函数，我们将介绍其中最重要的几种.

定义 n 的不同拆分的数目记为 $p(n)$，称 $p(n)$ 为**拆分函数**，定义 $p(0) = 1$. 这种规定是合理的，因为 0 只有一种拆分，即空拆分没有部分.

例 7.19 $p(4) = 5$，因为 4 的拆分有 5 个，即 (4)，$(3, 1)$，$(2, 2)$，$(2, 1, 1)$ 和 $(1, 1, 1, 1)$，而 $p(7) = 15$，因为 7 有 15 个不同的拆分，它们是 (7)，$(6, 1)$，$(5, 2)$，$(5, 1, 1)$，$(4, 3)$，$(4, 2, 1)$，$(4, 1, 1, 1)$，$(3, 3, 1)$，$(3, 2, 2)$，$(3, 2, 1, 1)$，$(3, 1, 1, 1)$，$(2, 2, 2, 1)$，$(2, 2, 1, 1, 1)$，$(2, 1, 1, 1, 1, 1)$ 以及 $(1, 1, 1, 1, 1, 1, 1)$. ◀

为找出 $p(n)$，我们无须将 n 的所有拆分一一列出，在本节后面（定理 7.25）我们将通过一种递推关系来计算 $p(n)$. 这种递推关系曾被用来计算 $p(n)$ 直到 $n = 25\,000\,000$. 可以证明 n 的拆分数增长得非常快，这一点可通过哈代与拉马努扬在 1918 年给出的渐近公式 $p(n) \sim \dfrac{e^{\pi \sqrt{2n/3}}}{4n\sqrt{3}}$ 看出（参考 [An98] 中该公式及其证明），该渐近公式能很好地逼近 $p(n)$. 例如，$p(1\,000) = 24\,061\,467\,864\,032\,622\,473\,692\,149\,727\,991$，而 $\dfrac{e^{\pi \sqrt{2.1000/3}}}{4.1000\sqrt{3}}$ 大约是 $2.4\,402 \times 10^{31}$. Rademacher 于 1937 年给出了 $p(n)$ 的精确公式，该公式用一收敛级数各项的值表示 $p(n)$，但其中的每一项都很复杂，而且该精确公式无法用来实际计算 $p(n)$.

有限制的拆分

拆分函数 $p(n)$ 计算的是 n 的所有拆分的数目，其中对各部分除了要求是正整数外并无别的限制，因此我们称 $p(n)$ 计算的是 n 的无限制拆分的数目. 下面我们将介绍一些相关的函数，它们计算的是各种有限制的拆分，即拆分的各部分要满足一个或多个条件. 读者们请注意这些记法并不统一，不同的著者可能采用不同的记号来表示这些函数.

定义 令 S 为正整数集合的一个子集，m 为正整数. 定义

$p_s(n) =$ 将 n 拆分为 S 中的部分的拆分数目.

$p^D(n) =$ 将 n 拆分为不同部分的拆分数目.

$p_m(n)=$ 将 n 拆分为 $\geq m$ 的部分的拆分数目.

联合上述记号我们进一步定义

$p_s^D(n)=$ 将 n 拆分为 S 中不同部分的拆分数目.

$p_m^D(n)=$ 将 n 拆分为 $\geq m$ 的不同部分的拆分数目.

$p_{m,s}(n)=$ 将 n 拆分为 S 中 $\geq m$ 的部分的拆分数目.

$p_{m,s}^D(n)=$ 将 n 拆分为 S 中 $\geq m$ 的不同部分的拆分数目.

如果记所有的奇整数集合为 O, 记所有的偶整数集合为 E, 那么利用上述记号, $p_O(n)$ 表示将 n 拆分为奇数部分的拆分数目, 而 $p_E(n)$ 表示将 n 拆分为偶数部分的拆分数目.

后文中若有些不同于以上的受限制的拆分出现, 则不再引入新的记号, 而是统一采用 $p(n|$ 限制条件 $)$ 表示 n 的满足特定条件的拆分数目, 如 $p(n|$ 没有部分出现一次 $)$, $p(n|$ 每个部分出现偶数次 $)$, $p(n|$ 没有偶数部分重复 $)$, 等等.

例 7.20 在例 7.19 中我们列出了 7 的所有拆分, 则 $p_O(7)=5$, $p^D(7)=5$, $p_2(7)=4$, 这是因为所有部分均为奇数的拆分是 (7), $(5,1,1)$, $(3,3,1)$, $(3,1,1,1)$ 和 $(1,1,1,1,1,1,1)$. 拆分为不同部分的拆分是 (7), $(6,1)$, $(5,2)$, $(4,3)$ 以及 $(4,2,1)$. 拆分中的部分至少为 2 的拆分是 (7), $(5,2)$, $(4,3)$ 以及 $(3,2,2)$.

因为 7 只有一个拆分为不同的奇数的拆分, 即 (7), 故 $p_O^D(7)=1$. 同样 $p(n|$ 没有部分只出现一次 $)=2$, 这是由于 7 的拆分中只有 $(2,2,1,1,1)$, $(1,1,1,1,1,1,1)$ 中每个部分出现一次以上. ◀

费勒斯图

接下来我们将介绍一种由诺曼·费勒斯提出的用图形来表达拆分的方法. 为描述拆分 $n=\lambda_1+\lambda_2+\cdots+\lambda_k$, 其中 $\lambda_1\geq\lambda_2\geq\cdots\geq\lambda_k$, 我们画出一个 k 行的点阵, 其在第 j 行有 λ_j 个点, 每行点列均居左对齐. 这种描述拆分的图称为费勒斯图 (Ferrers Diagram).

诺曼·麦克劳得·费勒斯 (Norman Macleod Ferrers, 1829—1913) 生于英格兰的格洛斯特郡, 是一个富裕家庭的独子. 其父亲是来自伦敦的股票经纪人, 母亲来自赫布里底群岛. 费勒斯 1844～1846 年在伊顿学习, 1846～1847 年他师从于数学家 Havey Goodwin. 1847 年, 他进入了剑桥的冈维尔凯斯学院学习. 费勒斯是一个有数学天分的学生, 在他的班级里名列前茅, 并在 1852 年被推举为他们学院的会员. 随后, 费勒斯搬到了伦敦, 在那里他完成了在法律方面的学业, 然而他并不愿意从事法律方面的工作, 于是他回到了剑桥学习神职. 然后, 他再次改变了专业, 因为在数学上的声誉他获得了在剑桥大学的终身数学教职. 费勒斯因其生动的表达而著称, 他被称为是全校最好的授课者. 费勒斯也因是一名大学改革派而著名. 1884 年他被委任为剑桥大学副校长. 费勒斯于 1886 年结婚, 他和他的妻子艾米莉共有 5 个孩子. 1877 年他被推选为皇家学会成员.

费勒斯写过的好几本书及不少论文是关于拉格朗日方程、球谐函数、三线性和四点面坐标以及流体力学的, 然而在他所出版的著作中却找不到今天留名的费勒斯图. 费勒斯图是他在剑桥 1847 年的一次拔优考试中引入的. 我们也仅是通过西尔韦斯特的记叙才知道了费勒斯在拆分研究中的奠基性工作. 费勒斯对西尔韦斯特将这个想法归功于自己表示了感谢, 并对他的这一想法在研究拆分工作中的广泛应用而感到高兴.

例 7.21 图 7.2 中是 10 的拆分 $(5, 2, 1, 1, 1)$，$(4, 4, 2)$ 以及 $(3, 3, 3, 1)$ 所对应的费勒斯图.

图 7.2　$(5, 2, 1, 1, 1)$，$(4, 4, 2)$ 及 $(3, 3, 3, 1)$ 对应的费勒斯图　◀

下面将研究互换某给定拆分的费勒斯图中的行或列所产生的新拆分.

定义　给定义拆分 $n = \lambda_1 + \lambda_2 + \cdots + \lambda_r$，其中 $\lambda_1 \geqslant \lambda_2 \geqslant \cdots \geqslant \lambda_r$，定义 λ 的**共轭**为 $\lambda' = \lambda_1' + \lambda_2' + \cdots + \lambda_s'$，其中 λ_i' 为拆分 λ 中至少为 i 的部分的数目. 一个拆分称为是**自共轭的**，如果它与它的共轭相同.

例 7.22 考虑 $n = 14$ 的拆分 $\lambda = (4, 4, 3, 2, 1)$. λ 的所有 5 个部分均至少为 1，有 4 个部分至少为 2，有 3 个部分至少为 3，有 2 个部分至少为 4，故 λ 的共轭 λ' 为 $(5, 4, 3, 2)$.　◀

为弄明白为何 λ 的共轭 λ' 亦是 n 的一个拆分，可参看费勒斯图. λ' 的费勒斯图的第 i 行的点数恰与 λ 的费勒斯图的第 i 列的点数一致，这是因为第 i 列的点数与至少有 i 个点的行数相等. 所以 λ' 的费勒斯图通过可由 λ 的费勒斯图通过行列互换得到.（从几何上看，将 λ 的费勒斯图沿着从左上角到右下角的对角线作翻转即可得到 λ' 的费勒斯图.）所以这两个图中的点数是一样的，而且我们可以看到共轭 λ' 的部分是以非递增顺序排列的，这是由于当 $i < j$ 时，λ 中至少为 j 的部分的数目不会超过至少为 i 的部分的数目.

例 7.23 下面将给出例 7.21 的图 7.3 中的三幅费勒斯图的共轭. 经过行列互换后可以看到拆分 $(5, 2, 1, 1, 1)$ 的共轭是其自身，故它是自共轭的. $(4, 4, 2)$ 及 $(3, 3, 3, 1)$ 的共轭分别是 $(3, 3, 2, 2)$ 和 $(4, 3, 3)$，故均非自共轭.

图 7.3　例 7.21 中拆分的共轭的费勒斯图　◀

费勒斯图对于证明关于计算各种拆分函数的等式很有用，我们将在下面的例子中表明这一点.

定理 7.18　如果 n 为正整数，那么将 n 拆分为最大部分为 r 的拆分数目等于将 n 拆分为 r 部分的拆分数目.

证明   如 λ 是 n 的一个最大部分为 r 的拆分,则其费勒斯图正好有 r 列,互换其行列,则可得到其共轭拆分的费勒斯图,故该共轭拆分的费勒斯图共有 r 行,这意味着它是一个恰有 r 个部分的拆分的费勒斯图. 更进一步,这种对应关系可以倒过来说,故我们建立了一个 n 的最大部分是 r 的拆分与恰有 r 个部分的拆分间的一一对应关系. 证毕. ■

使用母函数研究拆分

我们要考察的母函数是一种研究序列性质,特别是来自组合问题的序列的性质的重要工具. 序列 $a_n (n=0,\ 1,\ 2,\ 3,\ \cdots)$ 的母函数(generating function)是幂级数 $\sum_{n=0}^{\infty} a_n x^n$. 在本书中,我们将只限于将母函数视为形式幂级数. 这就是说,对于形式幂级数我们使用与多项式相同的运算规则,并依此来探索幂级数各项系数的编码. 我们不会在此研究这些级数的收敛性. 母函数可以用来证明许多有趣的关于拆分的等式,而使用分析中的技巧(参看[An98]和[Gr82]),母函数可用来证明不少关于拆分的深奥定理.

首先,我们来研究无限制整数拆分数目的母函数.

定理 7.19 $p(n)$ 的母函数是

$$\sum_{n=0}^{\infty} p(n) x^n = \prod_{j=1}^{\infty} \frac{1}{1-x^j}.$$

证明   我们需证明对任意正整数 n,上面等式右端母函数中 x^n 的系数等于 $p(n)$. 注意对任意固定值 j,$\frac{1}{1-x^j}$ 的母函数是 $1+x^j+x^{2j}+\cdots+x^{kj}+\cdots$,因此

$$\prod_{j=1}^{\infty} \frac{1}{1-x^j} = \prod_{j=1}^{\infty} (1+x^j+x^{2j}+\cdots+x^{kj}+\cdots).$$

将该乘积展开,则展开后和式中的每一项来自对每个正整数 j 选取形如 x^{kj} 的因子然后将这些项乘起来. 故母函数中 x^n 的系数为方程 $k_1 a_1 + k_2 a_2 + \cdots = n$ 的解的个数,其中 a_i 为正整数,若 $i \neq j$,则 $a_i \neq a_j$,而 k_j 为非负整数. 在上文中提过,该方程恰有 $p(n)$ 个这样的解,因该方程的解可与 n 的拆分一一对应,其中 k_i 为部分 a_i 的出现次数,故命题得证. ■

下面我们将求出 p^D 的母函数,p^D 是将整数拆分为不同部分的拆分的数目.

定理 7.20 p^D 的母函数是

$$\sum_{n=0}^{\infty} p^D(n) x^n = \prod_{j=1}^{\infty} (1+x^j).$$

证明   注意 x^n 的系数等于将其表示为不同的 x^j 的乘积方式的数目,其中 j 为正整数,故在和式中 x^n 的系数是右端乘积中将不同的因子相乘后形成的,它等于将 n 表示为不同正整数的和的方式的数目. 该系数恰为 $p^D(n)$. 定理得证. ■

很容易将定理 7.19 和定理 7.20 推广到 n 的受限制拆分上,如各部分都来自正整数集的某一子集 S. 定理 7.21 给出了这一推广,其证明留作习题.

定理 7.21   设 S 为正整数集合的子集,则将 n 写为 S 中数的和的方式的数目 $p_S(n)$ 的母函数以及将 n 写为 S 中不同数的和的方式的数目 $p_s^D(n)$ 的母函数分别是

$$\sum_{n=0}^{\infty} p_S(n) x^n = \prod_{j \in S} \frac{1}{1-x^j},$$

$$\sum_{n=0}^{\infty} p_S^D(n)x^n = \prod_{j \in S}(1+x^j).$$

下面的定理显示了母函数是如何用于证明一些关于拆分的有趣的理论的. 在例 7.20 中,7 有 5 种拆分为奇数部分之和的方式,也有 5 种拆分为不同部分之和的方式,即 $p_O(7) = p^D(7) = 5$,这并非巧合,接下来的定理会阐明这一点.

定理 7.22(欧拉等分定理) 设 n 为正整数,则 $p_O(n) = p^D(n)$,即将 n 拆分为奇数部分之和的拆分数目与将 n 拆分为不同部分之和的拆分数目相同.

证明 我们将采取与欧拉相同的证法,要证明 $p_O(n)$ 和 $p^D(n)$ 的母函数实质上是一样的,即使它们对应的无限乘积的表达式看起来并不一样.

由定理 7.20 及定理 7.21 可知,$\sum_{n=0}^{\infty} p^D(n)x^n = \prod_{i=1}^{\infty}(1+x^i)$ 以及 $\sum_{n=0}^{\infty} p_O(n)x^n = \prod_{j \in O} \dfrac{1}{1-x^j} = \prod_{i=1}^{\infty} \dfrac{1}{1-x^{2i-1}}$. 下面将证明这两个无限乘积相等. 为此首先注意到

$$\prod_{i=1}^{\infty}(1+x^i) = \prod_{i=1}^{\infty} \frac{1-x^{2i}}{1-x^i},$$

这是因为 $(1+x^i)(1-x^i) = 1-x^{2i}$. 其次因为乘积里分子和分母中的因子 $1-x^{2i}$ 都可以被约掉,故有

$$\prod_{i=1}^{\infty} \frac{1-x^{2i}}{1-x^i} = \frac{1-x^2}{1-x} \cdot \frac{1-x^4}{1-x^2} \cdot \frac{1-x^6}{1-x^3} \cdots = \prod_{i=1}^{\infty} \frac{1}{1-x^{2i-1}}.$$

综上,可推断出 $\prod_{i=1}^{\infty}(1+x^i) = \prod_{i=1}^{\infty} \dfrac{1}{1-x^{2i-1}}$.

我们已经证明 $p_O(n)$ 与 $p^D(n)$ 的母函数相同,这表明 $p_O(n) = p^D(n)$ 对所有正整数 n 成立. ∎

另外一种证明欧拉等分定理的方法是找到这两种拆分之间的一一对应关系,在习题 32 中我们概述了此种方法. 虽然找出两种拆分之间的一一对应关系能够使我们加深对这些拆分等式的理解,但是利用母函数来证明往往要简单些. 实际上,数学家们常常是在用母函数证明了这些拆分等式之后再来找出它们之间的一一对应关系从而解释这些等式.

欧拉五边形数定理

下面我们将注意力转向欧拉的另一个关于拆分的发现,这个令人惊讶的发现有着很重要的应用. 由定理 7.20 可知,$\prod_{i=1}^{\infty}(1+x^i) = \sum_{n=1}^{\infty} p^D(n)x^n$,如果将无穷乘积中的加号换成减号得到 $\prod_{i=1}^{\infty}(1-x^i)$,这将会有什么性质? 其母函数是什么? 下面的定理回答了这个问题.

定理 7.23 我们有 $\prod_{i=1}^{\infty}(1-x^i) = \sum_{n=1}^{\infty} a_n x^n$,其中 $a_n = p(n|$拆分为偶数个不同部分之和$) - p(n|$拆分为奇数个不同部分之和$)$.

证明　在将左端无穷乘积展开后，考虑母函数中 x^n 的系数的生成，其来自将 n 拆分为不同整数的拆分，并且如果是偶数个不同部分之和则附带 $+1$，如果是奇数个不同部分之和则附带有 -1，故母函数中 x^n 的系数为 p（$n\,|$拆分为偶数个不同部分之和）$-$ p（$n\,|$拆分为奇数个不同部分之和）.　■

欧拉发现定理 7.23 中的母函数中的系数有一个简单的表达式.

定理 7.24（欧拉五边形数定理）　设 n 为正整数，则当 $n=k(3k\pm 1)/2$ 且 k 为正整数时，$p(n\,|$拆分为偶数个不同部分之和$)-p(n\,|$拆分为奇数个不同部分之和$)=(-1)^k$，否则为 0，即 $\prod\limits_{i=1}^{\infty}(1-x^i)=\sum\limits_{n=-\infty}^{\infty}(-1)^n x^{n(3n-1)/2}=1+\sum\limits_{n=1}^{\infty}(-1)^n x^{n(3n-1)/2}(1+x^n)$.

注　欧拉利用了母函数来证明定理 7.24，但此处我们给出一个由 Fabian Franklin 在 1881 年发现的更简单的证明. Franklin 是约翰·霍普金斯大学的一位教授，这个巧妙的证明常作为第一个由美国数学家做出的实质性贡献而被提及.

证明　我们将建立一个偶数个不同部分的拆分与奇数个不同部分的拆分之间的对应关系，然后证明若 $n\neq k(3k\pm 1)/2$，其中 k 为某个正整数，则该对应是一一对应. 在这种情况下，其中一种拆分中含有一个额外的拆分.

我们将利用 n 的一个拆分的费勒斯图来建立这种对应. 考察图中的两个部分，一个是图中的最后一行有 b 个点，一个是从第一行的最右端到最后一行的最左端（即右上角到左下角）的对角线 D 有 k 个点，这条对角线从第一行开始由所有比上一行恰少一个点的行的最后一点构成.

现在依照该拆分的费勒斯图来构造一个新的费勒斯图. 当 $b\leqslant k$ 时，我们移动最后一行的点，将它们分别置于前 b 行的最后（因 $b\leqslant k$，故这些点都能被放下）. 这样相当于在对角线 D 的右边添加了新的对角斜边，新的费勒斯图代表着一个有着不同部分的拆分，当 $b>k$ 时，将 D 中的点移至最下使之成为新费勒斯图的最后一行，显然这一行的比其上一行的点数要少. 读者可以验证，这两种操作都是将有偶数个不同部分的拆分转换为有奇数个不同部分的拆分，反之亦然. 这就建立了一种一一对应关系，下面的图 7.4 表明了这一点.

这里有两种特殊情形，即 $b=k$ 或 $b=k+1$ 时，会有一个拆分无法被转换为与其有不同奇偶数个数的部分的拆分，这种情形发生在 D 以及最后一行有公共点这两种情况下. 当 $b=k$ 时，费勒斯图有 k 行，最后一行有 k 个点，其余每行都比其下一行多一个点，故 $n=k+(k+1)+\cdots+(2k-1)=\sum\limits_{j=1}^{2k-1}j-\sum\limits_{j=1}^{k}j=(2k-1)2k/2-(k-1)k/2=k(3k-1)/2$（此处我们利用了例 1.19 中的公式）. 同样，当 $b=k+1$ 时，费勒斯图有 k 行，最后一行有 $k+1$ 个点，其余各行均比下面的行多一个点，故 $n=(k+1)+(k+2)+\cdots+2k=\sum\limits_{j=1}^{2k}j-\sum\limits_{j=1}^{k}j=2k(2k+1)/2-k(k+1)/2=k(3k+1)/2$.

$n=k(3k\pm 1)/2$ 时，具有奇数个不同部分的拆分数与有偶数个不同部分的拆分数之差为 $(-1)^k$，n 为其他值时，该差值为 0.　■

当 $n=k(3k\pm 1)/2$（k 为某一正整数）时，这种特殊情形是该定理被称为欧拉五边形数定理的原因. 回顾（由 1.2 节的习题 10）$p_k=k(3k-1)/2$ 是计算 n 个内接五边形内点数的第

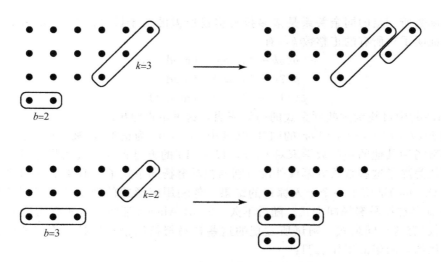

图 7.4　Franklin 对应分别在 $b<k$ 和 $b>k$ 时的两种情形

k 个五边形数，我们将其下角标扩充到负整数上，即 $p_{-k}=-k(-3k-1)/2=k(3k+1)/2$. 那么 $p_k(k=0，\pm 1，\pm 2\cdots)$ 被称为是广义五边形数，故定理 7.24 中的特殊情形恰好对应于 n 为广义五边形数时的情况.

欧拉五边形数定理的一个精彩结果是关于 $p(n)$ 的递推关系式，它也是由欧拉发现的.

定理 7.25（欧拉拆分公式）　设 n 为正整数，则 $p(n)=p(n-1)+p(n-2)-p(n-5)-p(n-7)+p(n-12)+p(n-15)-\cdots+(-1)^{k-1}[p(n-(k(3k-1)/2)+p(n-(k(3k+1)/2))]+\cdots$.

证明　利用无穷乘积的展开式 $\sum\limits_{n=1}^{\infty}p(n)x^n=\prod\limits_{i=1}^{\infty}\dfrac{1}{1-x^i}$ 以及欧拉五边形数定理 $\prod\limits_{i=1}^{\infty}(1-x^i)=1+\sum\limits_{n=1}^{\infty}(-1)^n x^{n(3n-1)/2}(1+x^n)$ ，我们有

$$1=\prod_{i=1}^{\infty}\frac{1}{1-x^i}\prod_{i=1}^{\infty}(1-x^i)=\Big(\sum_{n=0}^{\infty}p(n)x^n\Big)\Big(1+\sum_{n=1}^{\infty}(-1)^n x^{n(3n-1)/2}(1+x^n)\Big).$$

对 $n>0$，比较等式两端关于 x^n 的系数，有

$$0=p(n)-p(n-1)-p(n-2)+p(n-5)+p(n-7)-\cdots$$
$$+(-1)^k p(n-k(3k-1)/2)+(-1)^k p(n-k(3k+1)/2)+\cdots$$

通过最后的等式解出 $p(n)$ 即可完成证明.　　　　　　　　　　　　　　　　　　■

在 19 世纪末，Percy MacMahon 利用欧拉拆分公式对 $1\leqslant n\leqslant 200$ 计算了 $p(n)$，得到 $P(200)=3\,972\,999\,029\,388$. 令人惊讶的是，欧拉的递推关系式是目前所知最为有效的计算 $p(n)$ 的方法，可以证明（参看习题 38）这种方法计算 $p(n)$ 需要 $O(n^{3/2})$ 次运算.

拉马努扬的贡献

著名的印度数学家拉马努扬（Srinivasa Ramanujan）对拆分理论有不少重要的贡献，我们将简略介绍其中的一些.

拆分函数所满足的同余关系是诸多拉马努扬所做的关于拆分的令人惊讶的发现之一，特别是他证明了对所有的正整数 k，有

$$p(5k+4) \equiv 0 \pmod 5,$$
$$p(7k+5) \equiv 0 \pmod 7,$$
$$p(11k+6) \equiv 0 \pmod{11}.$$

在[An98]中可找到这些同余式的初等证明，这里不再给出.

形如 $p(ak+b) \equiv 0 \pmod m$ 的同余式(其中 a，b，m 为正整数)被称作是拉马努扬同余式. 拉马努扬和其他的一些数学家对 5，7，11 和 13 的方幂证明了此类同余式. 许多年以来大家都认为除了这些素数方幂模外没有别的拉马努扬同余式了，但在 2000 年肯尼思·阿诺(Kenneth Ono)证明了一个令人惊讶的结果. 他利用模形式的理论证明了对所有的素数 $p \geqslant 5$，模 p 存在拉马努扬同余式. 随后不久，Scott Algren 证明了对所有的模 m(m 是与 6 互素的整数)有这种同余式. 阿诺所发现的这些拉马努扬同余式比拉马努扬所给出的要复杂得多，例如，阿诺的工作表明：

$$p(11\,864\,749k + 56\,062) \equiv 0 \pmod{13}$$
$$p(48\,037\,937k + 1\,122\,838) \equiv 0 \pmod{17}.$$

拉马努扬比较有名的工作之一是为两个最初被英国数学家 Leonard James Roger 在 1890 年发现的重要拆分恒等式带来了新生，在拉马努扬重新发现这些等式之前它们鲜为人知，读者可在[An98]查阅它们的证明.

定理 7.26(第一 Rogers-Ramanujan 恒等式) 设 n 为正整数，则将其拆分为不同部分之和且各部分相差至少为 2 的拆分数与将 n 拆分为模 5 余 4 或 1 的部分之和的拆分数相等. ∎

定理 7.27(第二 Rogers-Ramanujan 恒等式) 设 n 为正整数，则将 n 拆分为不同部分之和而各部分至少为 2 且有两部分相差为 2 的拆分数，与将 n 拆分为模 5 余 2 或 3 的部分之和的拆分数相等.

Rogers-Ramanujan 恒等式有许多不同方向的推广，对此类恒等式的研究也一直很活跃.

本节中我们仅涉及了关于拆分理论的一些较为粗略的知识，有兴趣的读者可参考[AnEr04]或[An98]进一步了解拆分理论.

7.5 节习题

1. 通过列出 n 的所有拆分来计算 $p(n)$，n 分别取下列值：
   a) 2　　　　　　b) 4　　　　　　c) 6　　　　　　d) 9
2. 通过列出 n 的所有拆分来计算 $p(n)$，n 分别取下列值：
   a) 3　　　　　　b) 5　　　　　　c) 8　　　　　　d) 11
3. 利用习题 1(c)的结果计算 $p_O(6)$，$p^D(6)$ 以及 $p_2(6)$.
4. 利用习题 2(c)的结果计算 $p_O(8)$，$p^D(8)$ 以及 $p_2(8)$.
5. 利用习题 1(d)的结果计算下列值.
   a) $p_O(9)$　　b) $p_E(9)$　　c) $p_{\{m \mid m \equiv 1(\mathrm{mod}\,3)\}}(9)$　　d) $p^D(9)$
   e) $p_2(9)$　　f) $p_O^D(9)$　　g) $p_2^D(9)$　　h) $p_{2,O}(9)$
6. 利用习题 2(d)的结果计算下列值，
   a) $p_O(11)$　　b) $p_E(11)$　　c) $p_{\{m \mid m \equiv 1(\mathrm{mod}\,3)\}}(11)$　　d) $p^D(11)$

e) $p_2(11)$ f) $p_O^D(11)$ g) $p_3^D(11)$ h) $p_{3,O}(11)$

将 n 分解为恰好 k 个部分之和的拆分数记为 $p(n,k)$.

7. 证明：若 n 为正整数，则 $\sum_{k=1}^{n} p(n,k) = p(n)$.

8. 对 $k=1,2,3,4$，计算 $p(4,k)$，并验证 $\sum_{k=1}^{4} p(n,k) = p(4)$.

9. 对 $k=1,2,3,4,5$，计算 $p(5,k)$，并验证 $\sum_{k=1}^{5} p(n,k) = p(5)$.

10. 证明若 n 是正整数，则 $p(n,k)$ 满足下列递推关系式：
$p(1,1)=1$；如果 $k>n$ 或 $k=0$，则 $p(n,k)=0$；如果 $n\geqslant 2$ 且 $1\leqslant k\leqslant n$，则 $p(n,k)=p(n-1,k-1)+p(n-k,k)$.

11. 求出将正整数 n 拆分为两部分之和的拆分数的公式.

12. 求出将 n 拆分为一个数（即 n 本身）的共轭拆分.

13. 求出 15 的下列拆分的共轭拆分，并由此检验这些拆分是否是自共轭的.
a) 6，4，2，2，1   b) 8，7   c) 4，3，3，2，1，1，1   d) 2，2，2，2，2，1，1，1，1，1

14. 求出 16 的下列拆分的共轭拆分，并由此检验这些拆分是否是自共轭的.
a) 5，4，2，2，2，1   b) 11，5   c) 5，5，2，2，1，1   d) 3，3，3，3，3，1

15. 求出 15 所有的自共轭拆分.

16. 求出 16 所有的自共轭拆分.

17. 利用费勒斯图证明 $p(n|$ 拆分为最多 m 部分$)=p(n|$ 没有大于 m 的部分$)$，其中 n 和 m 是正整数，且 $1\leqslant m\leqslant n$.

18. 利用费勒斯图证明 $p^D(n)=p(n|$ 拆分的部分从 1 开始到最大的部分之间没有间断$)$.

19. 求出 $p(n|$ 各部分为 2 的不同方幂$)$ 的无穷乘积形式的母函数. 利用定理 2.1 求出该无穷乘积所对应的母函数.

20. 求出对应于 $p_{\{k|k\equiv1(\mod 3)\}}(n)$ 的母函数的无穷乘积，并将该乘积展开计算 $p_{\{k|k\equiv1(\mod 3)\}}(n)(1\leqslant n\leqslant 16)$.

21. 求出对应于 $p(n|$ 偶数部分无重复$)$ 的母函数的无穷乘积，并将该乘积展开对 $1\leqslant n\leqslant 10$ 计算 $p(n|$ 偶数部分无重复$)$.

22. 求出对应于 $p(n|$ 各部分无重复 d 次以上$)$ 的母函数的无穷乘积. 并将该乘积展开对 $1\leqslant n\leqslant 10$ 计算 $p(n|$ 各部分无重复 3 次以上$)$.

23. 求出对应于 $p_{\{k|d\nmid k\}}(n)$ 的母函数的无穷乘积，其中 n 的各部分均不是 d 的倍数，d 是正整数，并将该乘积展开对 $1\leqslant n\leqslant 10$ 计算 $p_{\{k|4\nmid k\}}(n)$.

24. 求出对应于 $p(n|$ 对所有的 j，j 出现的次数小于 $j)$ 的母函数的无穷乘积，并将该乘积展开对 $1\leqslant n\leqslant 10$ 计算 $p(n|$ 对所有的 j，j 出现的次数小于 $j)$.

25. 求出对应于 $p(n|$ 各部分均非完全平方数$)$ 的母函数的无穷乘积，并将该乘积展开对 $1\leqslant n\leqslant 10$ 计算 $p(n|$ 各部分均非完全平方数$)$.

26. 利用习题 21、习题 22、习题 23 证明，对所有正整数 n 有 $p_{\{k|4\nmid k\}}(n)= p(n|$ 偶数部分无重复$)=p(n|$ 各部分无重复 3 次以上$)$.

27. 利用习题 22、习题 23 证明，对所有正整数 n 有 $p_{\{k|d+1\nmid k\}}(n)= p_d(n|$ 各部分无重复 d 次以上$)$，其中 d 为正整数.

28. 利用习题 24、习题 25 证明，对所有正整数 n 有 $p(n|$ 对所有的 j，j 出现的次数小于 $j)= p(n|$ 各部分均非完全平方数$)$.

29. 通过以下方式证明正整数 n 的不包含 1 的拆分数是 $p(n)-p(n-1)$：

a) 使用母函数.   b)构建一个双射.

* 30. 利用费勒斯图证明正整数 n 的自共轭的拆分数等于 $p_O^D(n)$，即将 n 表为不同的奇数部分之和的拆分
  数.（提示：计算一个自共轭拆分的费勒斯图的第一行或第一列的点数，由此得到表为不同奇数部分
  和的一个拆分的费勒斯图的第一行.）

31. 证明 $p_{(1)}(n) = p\{n \mid$ 相异的 2 的方幂$\}$. 可通过如下方式建立双射：将成对的 1 合并为 2，将成对的 2
  合并为 4，等等，一直做下去直到所有的部分均不相同. 解释为何这可证明每个正整数可以唯一地表
  为不同的 2 的方幂之和.

* 32. 构建一个双射证明欧拉等分定理.（提示：将一个各部分全是奇数的拆分的相同部分合并，直到没有
  相同的部分为止. 反过来，持续地将偶数的部分均分为两部分，直到无偶数部分为止.）

33. 利用习题 30 证明 $p(n)$ 为奇数当且仅当 $p_O^D(n)$（即将 n 拆分为不同的奇数部分之和的拆分数）为奇数.

34. 证明 $p(n) > p(n-1)$ 对所有的正整数 n 成立.（提示：利用习题 29.）

* 35. 证明：对所有的正整数 $n \geq 2$，有 $p(n) \leq p(n-1) + p(n-2)$，并利用该不等式证明 $p(n) \leq f_{n+1}$（第
  $n+1$ 个斐波那契数）.（提示：利用习题 34，证明 $p(n-2) < p(n \mid$ 没有部分为 1).）

36. 证明：若 n 为正整数，则有 $p(n) \leq (p(n-1) + p(n+1))/2$.

37. 利用欧拉拆分公式计算 $p(n)$，其中 n 为正整数且 $n \leq 12$.

38. 证明：用欧拉拆分公式计算 $p(n)$ 需要 $O(n^{3/2})$ 次位运算.

39. 证明定理 7.21.

40. 对 $n=9$ 验证第一和第二 Rogers-Ramanujan 恒等式.

41. 对 $n=11$ 验证第一和第二 Rogers-Ramanujan 恒等式.

* 42. 证明：对于正整数 n，有 $p(n) = \dfrac{1}{n} \sum_{k=1}^{n} \sigma(k) p(n-k)$.（提示：对定理 7.19 中方程的两边取对数，然后
  两边求导.）

计算和研究

1. 计算 $p(100)$.

2. 计算 $p(500)$.

* 3. 利用一些数值计算结果来提出一个将 n 拆分为三部分的拆分数的公式.

4. 对尽可能多的正整数 k，验证拉马努扬同余式 $p(5k+4) \equiv 0 \pmod 5$，$p(7k+5) \equiv 0 \pmod 7$ 以及 $p(11k+6) \equiv 0 \pmod{11}$.

* 5. 对 $1 \leq n \leq 1000$，通过观察 $p(n)$ 的值，求出形如 $p(5^2 k+b) \equiv 0 \pmod{5^2}$，$p(7^2 k+b) \equiv 0 \pmod{7^2}$ 以及
  $p(5^3 k+b) \equiv 0 \pmod{5^3}$ 的对所有 k 成立的同余式.

6. Kohlberg 证明了分别有无穷多的正整数 n 使得 $p(n)$ 是奇数或偶数.
  Parkin 和 Shanks 猜想随着 n 的增大，$p(n)$ 是奇数（或偶数）的比例趋近于 $1/2$. 对尽可能多的 n 确定
  $p(n)$ 的奇偶性，从而来验证这一猜想.

7. 现今并不清楚是否有无穷多的正整数 n 使得 $p(n)$ 被 3 整除. 求出尽可能多的 n，使得 3 能整除 $p(n)$.

8. 若 m 是正整数，r 为整数，且 $0 \leq r < m$，厄尔多斯(Erdös)猜想存在正整数 n 使得 $p(n) \equiv r \pmod m$. 纽曼
  (Newman)更进一步地猜想对于给定的 m 和 r 有无穷多的 n 满足该同余式. 为这些猜想收集尽可能多的证据.

9. 找出尽可能多的 n，使得 $p(n)$ 为素数.

10. 研究随着 n 的增长，哈代-拉马努扬逼近公式与 $p(n)$ 的逼近程度.

程序设计

1. 给定正整数 n，用欧拉拆分公式计算 $p(n)$.

2. 给定正整数 n，验证 $p^D(n) = p_O(n)$.

3. 给定正整数 n 和 m，r 为整数，且 $0 \leq r < m$，计算 $p_S(n)$，其中 S 是模 m 余 r 的整数的集合.

第8章 密码学

怎样给一条信息加密才能使只有预期的接收者能够解密该信息？从古时候起，这一问题就一直吸引着人们的兴趣，特别是在外交、军事和商贸方面。如今，特别是随着电子信息时代和网络时代的到来，信息安全已经变得越来越重要。本章主要介绍密码系统和协议。从两千年前古罗马帝国使用的方法开始，我们将介绍一些经典的基于模算术的加密方法，以及在过去两个世纪里它们的发展变化，并且介绍密码学学习过程中的基本概念和术语。在所有这些经典的密码系统中，想要保密通信的双方必须采用同一密钥。

从 20 世纪 70 年代开始，公钥密码的概念被引入并得到发展。在公钥密码系统中，想要通信的双方不需要分享共同的密钥；相反，双方都有只有己方知道的私钥和公开的公钥。利用公钥密码系统，你可以向对方发送用对方公钥加密的密文，只有用对应的私钥才能解密。我们将介绍最常用的公钥密码系统——RSA 密码系统，其安全性基于整数分解的困难性。还将对基于背包问题的公钥密码系统进行研究，结果证明该密码系统是不合适的（虽然外表看起来显得很有效）。

最后，我们会对一些密码协议进行讨论。这是实现双方或多方共同目标的用于创建协议的算法。我们将展示怎样利用密码技术分享共同的加密密钥、进行电子签名、在网上打扑克牌和分享秘密。

8.1 字符密码

一些术语

在讨论具体的密码系统之前，我们给出密码系统的基本术语。基于密码系统的学科称为密码学。密码术是指密码学设计和实现密码系统的部分，密码分析旨在攻击或者破解这些系统。被转换成加密形式的原始信息称为明文。加密是指将明文转换成密文的过程中采用的转换方法。密钥确定从一系列可能的转换中选取的转换。将明文转换成密文的过程叫做加密或者加密作业，同时，拥有解密方法的预定接收方将密文转换成明文的逆向过程叫做解密或者解密作业。当然这与非预定接收者通过密码分析使密文可读的过程是不一样的。

密码系统是指如下方面组成的集合：确认的明文信息，可能的密文信息，一套有不同加密函数的密钥以及相应的加密函数和解密函数。正规地讲，密码系统是指包含可能的明文信息的有限集合 $\mathcal{P}$，可能的密文信息的有限集合 $\mathcal{C}$，可能密钥的密钥空间 $\mathcal{K}$，以及对于密钥空间 $\mathcal{K}$ 里的每一个密钥 k，存在的加密函数 E_k 和对应的解密函数 D_k，使得任意的明文信息 x 满足 $D_k(E_k(x)) = x$。

凯撒密码

本章主要介绍基于模算术的密码系统。最初可以追溯到尤利乌斯·凯撒（Julius Caesar）；我们将要讨论的最新的密码系统是于 20 世纪 70 年代后期发展起来的。在所有这些系统中，我们从将字母转换成数字开始．以标准的英语字母表为准，将字母转换为整数 0~25，见表 8.1.

表 8.1 字母数字对照表

字母	A	B	C	D	E	F	G	H	I	J	K	L	M	N	O	P	Q	R	S	T	U	V	W	X	Y	Z
等价数值	0	1	2	3	4	5	6	7	8	9	10	11	12	13	14	15	16	17	18	19	20	21	22	23	24	25

当然，如果用俄语、希腊语、希伯来语或者其他语言发送信息，我们可以用相应的字母表和整数．同时，可以在表中包含所有的 ASCII 码，包括标点符号、空格、数字等．然而，为了简化起见，我们只对英语字母表的字母作转换．将字母转换为数字有各种各样的方法（包括转换为比特流）．为简便计，这里我们选择一种简单易懂的转换方法．

首先，我们讨论通过将明文信息的每一个字母都转换成不同字母（或许相同）来生成密文的密码系统．这种密码系统中的加密方法叫做字符密码或者单字母密码，因为每个字符独立替换为另一个字母．这样总共就有 26! 种可能的方法来制作单字母变换对照表．我们将讨论一些基于模算术的特殊单字母变换．

尤利乌斯·凯撒用了基于替换的密码，将每个字母用其在字母表里后面的第三个字母替代，其中将字母表的最后三个字母用表中前三个字母替代．用模算术来描述这个密码，令 P 是明文的一个字母对应的数值，C 是相应的密文字母的数值．则

$$C \equiv P + 3 \pmod{26}, \qquad 0 \leqslant C \leqslant 25.$$

明文和密文之间的对应如表 8.2 所示．

表 8.2 凯撒密码字母对照表

明文	A 0	B 1	C 2	D 3	E 4	F 5	G 6	H 7	I 8	J 9	K 10	L 11	M 12	N 13	O 14	P 15	Q 16	R 17	S 18	T 19	U 20	V 21	W 22	X 23	Y 24	Z 25
密文	3 D	4 E	5 F	6 G	7 H	8 I	9 J	10 K	11 L	12 M	13 N	14 O	15 P	16 Q	17 R	18 S	19 T	20 U	21 V	22 W	23 X	24 Y	25 Z	0 A	1 B	2 C

为了用此变换加密信息，首先将信息转变为每组五个数字的等价数值块，然后转换每一数字．将字母分组可以防止由于某些单词被认出而被破译．我们用例 8.1 说明这一过程．

例 8.1 加密以下信息：

$$\text{THIS MESSAGE IS TOP SECRET}$$

将信息分为五个字母一组，信息变为

$$\text{THISM ESSAG EISTO PSECR ET}$$

将字母转换为等价数值，得到

19 7 8 18 12   4 18 18 0 6   4 8 18 19 14
15 18 4 2 17   4 19.

利用凯撒变换 $C \equiv P + 3 \pmod{26}$，变为

22 10 11 21 15   7 21 21 3 9   7 11 21 22 17
18 21 7 5 20   7 22.

翻译为字母，得到

WKLVP HVVDJ HLVWR SVHFU HW

这就是加密的信息.

接收方依下列方式解密信息. 首先, 将字母转换为数字. 然后, 利用 $P \equiv C - 3 \pmod{26}$ $(0 \leqslant C \leqslant 25)$, 将密文转变成数字形式的明文, 最后将信息转换为字母. 我们用下面的例子说明解密过程.

例 8.2 解密用凯撒密码加密的信息

WKLVL VKRZZ HGHFL SKHU

首先将这些字母转换为其等价数值, 得到

22　10　11　21　11　　21　10　17　25　25　　7　6　7　5　11　　18　10　7　20.

接下来, 执行变换 $P \equiv C - 3 \pmod{26}$ 将其转变为明文信息, 得到

19　7　8　18　8　　18　7　14　22　22　　4　3　4　2　8　　15　7　4　17.

将其翻译为字母并得到明文信息

THISI SHOWW EDECI PHER

通过合理的字母组合, 我们得到以下信息:

THIS IS HOW WE DECIPHER

仿射变换

凯撒密码是一种利用移位变换来加密的密码.

$$C \equiv P + k \pmod{26}, \qquad 0 \leqslant C \leqslant 25,$$

其中 k 代表字母表中字母移动的位次. 总共有 26 种这样不同的变换, 包括 $k \equiv 0 \pmod{26}$, 由于 $C \equiv P \pmod{26}$, 所以这种变换中字母并没有改变.

更一般情况下, 我们考虑以下类型的变换:

$$C \equiv aP + b \pmod{26}, \qquad 0 \leqslant C \leqslant 25, \tag{8.1}$$

其中 a 和 b 为整数并且满足 $(a, 26) = 1$. 这种变换称为仿射变换. 移位变换是仿射变换中 $a = 1$ 的情形. 由于要求 $(a, 26) = 1$, 所以随着 P 遍历模 26 的完全剩余系, C 同样遍历. a 总共有 $\phi(26) = 12$ 种选择, b 有 26 种选择, 总共便有 $12 \cdot 26 = 312$ 种此类变换(其中一种是 $C \equiv P \pmod{26}$, 此时 $a = 1$, $b = 0$). 如果明文和密文之间的关系如式(8.1)所示, 则逆关系为

$$P \equiv \bar{a}(C - b) \pmod{26}, \qquad 0 \leqslant P \leqslant 25,$$

其中 $\bar{a}$ 是 a 模 26 的逆, 可以用同余式 $\bar{a} \equiv a^{\phi(26)-1} = a^{11} \pmod{26}$ 求出.

我们在例 8.3 中给出仿射变换的具体过程.

例 8.3 在仿射密码 $C \equiv aP + b \pmod{26}$ 中, 令 $a = 7$, $b = 10$, 使得 $C \equiv 7P + 10 \pmod{26}$. 由于 15 是 7 模 26 的逆, 故 $P \equiv 15(C - 10) \equiv 15C + 6 \pmod{26}$. 字母之间的对应关系如表 8.3 所示.

表 8.3　用 $C \equiv 7P + 10 \pmod{26}$ 加密后的字母对照表

明文	A	B	C	D	E	F	G	H	I	J	K	L	M	N	O	P	Q	R	S	T	U	V	W	X	Y	Z
	0	1	2	3	4	5	6	7	8	9	10	11	12	13	14	15	16	17	18	19	20	21	22	23	24	25
密文	10	17	24	5	12	19	0	7	14	21	2	9	16	23	4	11	18	25	6	13	20	1	8	15	22	3
	K	R	Y	F	M	T	A	H	O	V	C	J	Q	X	E	L	S	Z	G	N	U	B	I	P	W	D

为了举例说明如何得到上述对照表，注意对应数字 11 的明文字母 L 对应的密文字母为 J，这是因为 $7 \cdot 11+10=87 \equiv 9(\bmod 26)$，其中 9 是 J 的对应数字.

下面举例说明如何加密，注意到

$$\text{PLEASE SEND MONEY}$$

被转换为

$$\text{LJMKG MGMXF QEXMW}$$

同样注意到密文

$$\text{FEXEN ZMBMK JNHMG MYZMN}$$

对应明文

$$\text{DONOT REVEA LTHES ECRET}$$

或者，适当组合字母，得到

$$\text{DO NOT REVEAL THE SECRET} \quad \blacktriangleleft$$

下面讨论基于仿射变换密码的密码分析方法. 为了尝试破解单字母密码，我们要对比密文中字母出现的频率和普通文本中字母出现的频率，可以得到字母间相关的对应信息. 对各种英文文本信息加以总结，表 8.4 给出了字母表中 26 个字母的出现频率. 其他语言的字母的出现频率可在[Fr78]和[Ku76]中找到.

表 8.4　字母表中英文字母的出现频率表

字母	A	B	C	D	E	F	G	H	I	J	K	L	M	N	O	P	Q	R	S	T	U	V	W	X	Y	Z
频率(%)	7	1	3	4	13	3	2	3	8	<1	<1	4	3	8	7	3	<1	8	6	9	3	1	1	<1	2	<1

从此表中可以看出，在英文文本中出现频率最高的字母是 E，T，N，R，I，O 和 A，其中 E 出现的频率基本上远远高于其他字母，达到了 13%，T，N，R，I，O 和 A 出现的频率在 7%～9% 之间. 我们可以利用此信息判断加密信息采用的是何种仿射变换密码. 在下面的例子中给出具体的密码分析过程.

例 8.4　假设我们事先知道是用移位密码来加密信息的，信息的每一字母通过 $C \equiv P+k(\bmod 26)(0 \leqslant C \leqslant 25)$ 进行变换. 对密文进行密码分析：

$$\text{YFXMP　CESPZ　CJTDF　DPQFW Q　ZCPY}$$
$$\text{NTASP　CTYRX　PDDLR　P D}$$

首先对密文中的每个字母的出现次数进行计数，如表 8.5 所示.

表 8.5　密文中字母的出现次数

字母	A	B	C	D	E	F	G	H	I	J	K	L	M	N	O	P	Q	R	S	T	U	V	W	X	Y	Z
出现次数	1	0	4	5	1	3	0	0	0	1	0	1	1	1	0	7	2	2	2	3	0	0	1	2	3	2

注意到密文中出现频率最高的字母是 P，字母 C，D，F，T 和 Y 的出现频率相对较高. 由于 E 是英文信息中出现频率最高的字母，所以猜测 P 表示 E. 如果是这样，则 $15 \equiv 4+k(\bmod 26)$，所以 $k \equiv 11(\bmod 26)$. 因此，我们有 $C \equiv P+11(\bmod 26)$ 和 $P \equiv C-11(\bmod 26)$. 如表 8.6 所示.

表 8.6　样本密文的字母对照表

密文	A	B	C	D	E	F	G	H	I	J	K	L	M	N	O	P	Q	R	S	T	U	V	W	X	Y	Z
	0	1	2	3	4	5	6	7	8	9	10	11	12	13	14	15	16	17	18	19	20	21	22	23	24	25
明文	15	16	17	18	19	20	21	22	23	24	25	0	1	2	3	4	5	6	7	8	9	10	11	12	13	14
	P	Q	R	S	T	U	V	W	X	Y	Z	A	B	C	D	E	F	G	H	I	J	K	L	M	N	O

利用此对应关系，我们可以尝试破解密文，得到

NUMBE　RTHEO　RYISU　SEFUL　FOREN
CIPHE　RINGM　ESSAG　ES

从中容易读出

NUMBER THEORY IS USEFUL FOR
ENCIPHERING MESSAGES.

因此上述猜测是合理的. 如果在此变换下明文出现的是混乱信息，则应该选择基于密文字母出现频率的其他可能变换. ◀

例 8.5　假设已知有形如 $C \equiv aP + b \pmod{26}$ $(0 \leqslant C \leqslant 25)$ 的仿射变换用来加密信息. 例如，我们想对以下加密信息进行破解.

USLEL　JUTCC　YRTPS　URKLT　YGGFV
ELYUS　LRYXD　JURTU　ULVCU　URJRK
QLLQL　YXSRV　LBRYZ　CYREK　LVEXB
RYZDG　HRGUS　LJLLM　LYPDJ　LJTJU
FALGU　PTGVT　JULYU　SLDAL　TJRWU
SLJFE　OLPU

首先对每一字母的出现次数进行计数，如表 8.7 所示.

表 8.7　密文中字母的出现次数

字母	A	B	C	D	E	F	G	H	I	J	K	L	M	N	O	P	Q	R	S	T	U	V	W	X	Y	Z
出现次数	2	2	4	4	5	3	6	1	0	10	3	22	1	0	1	4	2	12	7	8	16	5	1	3	10	2

基于此信息，猜测密文中出现频率最高的字母 L 对应 E，出现频率次高的 U 对应 T. 这意味着如果变换有如下形式：$C \equiv aP + b \pmod{26}$，则表明下面的同余式成立：

$$4a + b \equiv 11 \pmod{26}$$
$$19a + b \equiv 20 \pmod{26}.$$

由定理 4.15 知，上述方程组的解为 $a \equiv 11 \pmod{26}$ 及 $b \equiv 19 \pmod{26}$.

如果这是一个正确的加密变换，那么利用 19 是 11 模 26 的逆，解密变换为

$$P \equiv 19(C - 19) \equiv 19C - 361 \equiv 19C + 3 \pmod{26}, \quad 0 \leqslant P \leqslant 25.$$

表 8.8 给出了上述变换的对应关系.

表 8.8　样本密文的字母对照表

密文	A	B	C	D	E	F	G	H	I	J	K	L	M	N	O	P	Q	R	S	T	U	V	W	X	Y	Z
	0	1	2	3	4	5	6	7	8	9	10	11	12	13	14	15	16	17	18	19	20	21	22	23	24	25
明文	3	22	15	8	1	20	13	6	25	18	11	4	23	16	9	2	21	14	7	0	19	12	5	24	17	10
	D	W	P	I	B	U	N	G	Z	S	L	E	X	Q	J	C	V	O	H	A	T	M	F	Y	R	K

在此对应下，我们试读出密文如下：

```
T H E B E    S T A P P    R O A C H    T O L E A    R N N U M
B E R T H    E O R Y I    S T O A T    T E M P T    T O S O L
V E E V E    R Y H O M    E W O R K    P R O B L    E M B Y W
O R K I N    G O N T H    E S E E X    E R C I S    E S A S T
U D E N T    C A N M A    S T E R T    H E I D E    A S O F T
H E S U B    J E C T
```

读者可以适当组合这些字母以确定这条信息的内容.

可以改进本节描述的方法从而构造更难破解的密码系统. 例如，明文中的字母可以平移不同的位次，如 8.2 节讲述的维吉尼亚(Vigenère)密码. 8.2 节除了介绍加密单个字符的方法外，还有基于加密字符块的其他方法，并且在后面几节中，还将对不同字符用不同密钥加密的方法进行介绍.

8.1 节习题

1. 利用凯撒密码，加密信息 ATTACK AT DAWN.
2. 解密被凯撒密码加密的信息 LFDPH LVDZL FRQTX HUHG.
3. 利用仿射变换 $C \equiv 11P+18 \pmod{26}$ 加密信息 SURRENDER IMMEDIATELY.
4. 利用仿射变换 $C \equiv 15P+14 \pmod{26}$ 加密信息 THE RIGHT CHOICE.
5. 解密用仿射变换 $C \equiv 21P+5 \pmod{26}$ 加密的信息 YLFQX PCRIT.
6. 解密用仿射变换 $C \equiv 3P+24 \pmod{26}$ 加密的信息 RTOLK TOIK.
7. 如果在一个用移位变换 $C \equiv P+k \pmod{26}$ 加密的长密文中，出现频率最高的字母是 Q，那么 k 的最可能的值是什么？
8. 信息 KYVMR CLVFW KYVBV PZJJV MVEKV VE 用移位变换 $C \equiv P+k \pmod{26}$ 加密. 利用字母出现的频率确定 k 的值. 明文信息是什么？
9. 信息 IVQLM IQATQ SMIKP QTLVW VMQAJ MBBMZ BPIVG WCZWE VNZWU KPQVM AMNWZ BCVMK WWSQM 用移位变换 $C \equiv P+k \pmod{26}$ 加密. 利用字母出现的频率确定 k 的值，并给出明文信息.
10. 如果被仿射变换 $C \equiv aP+b \pmod{26}$ 加密的长密文中出现频率最高的字母是 X 和 Q，则 a 和 b 最可能的值是什么？
11. 如果被仿射变换 $C \equiv aP+b \pmod{26}$ 加密的长密文中出现频率最高的字母分别是 W 和 B，那么 a 和 b 最可能的值是什么？
12. 信息 MJMZK CXUNM GWIRY VCPUW MPRRW GMIOP MSNYS RYRAZ PXMCD WPRYE YXD 是用仿射变换 $C \equiv aP+b \pmod{26}$ 加密的. 利用字母出现的频率确定 a 和 b 的值. 明文信息是什么？
13. 信息 WEZBF TBBNJ THNBT ADZOE TGTYR BZAJN ANOOZ ATWGN ABOVG FNWZV A 用仿射变换 $C \equiv aP+b \pmod{26}$ 加密的. 明文信息中出现频率最高的字母是 A，E，N 和 S，明文信息是什么？
14. 信息 PJXFJ SWJNX JMRTJ FVSUJ OOJWF OVAJR WHEOF JRWJO DJFFZ BJF 用仿射变换 $C \equiv aP+b \pmod{26}$ 加密. 利用字母出现的频率确定 a 和 b 的值. 明文信息是什么？

给定两个密码，首先用其中的一个密码对明文加密，然后用另一个密码对其结果进行加密. 这一过程产生的是乘积密码.

15. 确定先用变换 $C \equiv 5P+13 \pmod{26}$ 再用变换 $C \equiv 17P+3 \pmod{26}$ 加密的乘积密码.
16. 确定先用变换 $C \equiv aP+b \pmod{26}$ 再用变换 $C \equiv cP+d \pmod{26}$ 加密的乘积密码，其中 $(a, 26) = (c, 26) = 1$.

计算和研究

1. 找出不同英文文本中字母的出现频率，例如本书中或者一个计算机程序或者一本小说.
2. 用仿射变换加密某信息，用其作为密文请你的同学破解.
3. 利用字母频率分析，破解你的同学用仿射变换加密的信息.

程序设计

1. 利用凯撒密码加密信息.
2. 利用变换 $C \equiv P + k \pmod{26}$ 加密信息，其中 k 为给定整数.
3. 利用变换 $C \equiv aP + b \pmod{26}$ 加密信息，其中 a 和 b 为整数且满足 $(a, 26) = 1$.
4. 解密用凯撒密码加密的信息.
5. 解密用变换 $C \equiv P + k \pmod{26}$ 加密的信息，其中 k 为给定密钥.
6. 解密用变换 $C \equiv aP + b \pmod{26}$ 加密的信息，其中 a 和 b 为整数且满足 $(a, 26) = 1$.
* 7. 利用字母频率分析破解用变换 $C \equiv P + k \pmod{26}$ 加密的密码，其中 k 是未知密钥.
* 8. 利用字母频率分析破解用变换 $C \equiv aP + b \pmod{26}$ 加密的密码，其中 a 和 b 是未知整数但满足 $(a, 26) = 1$.

8.2 分组密码和流密码

在 8.1 节中，我们讨论了基于字母替换的字符（或单字母）密码. 这种密码在对密文字母进行频率分析时是比较脆弱的. 为了弥补这一缺陷，可以用特定长度的密文中的字母块替代明文中相同长度的字母块. 这种密码称为分组密码或者多字母密码. 本节中，我们将对若干种分组密码进行讨论，包括基于模算术的多字母密码. 本节将包括 16 世纪以来有名的由一个关键字来确定几种不同字符密码而组合形成的密码和由希尔（参考 [Hi31]）在 1930 年前后发明的用模矩阵乘法进行分组加密的密码. 同样，我们也将对商业应用中具有重要作用的一种更复杂的分组密码进行讨论（忽略细节的描述），称其为数据加密算法. 本节最后，我们将给出另一种密码：流密码，其中密钥将随着字符（或比特信息）的变动而改变.

维吉尼亚密码

首先讨论以法国外交家和密码学家布莱斯·维吉尼亚的名字命名的维吉尼亚密码. 对明文的相同字母我们将变换加密方式. 维吉尼亚密码的密钥是一个关键词 $\ell_1 \ell_2 \cdots \ell_n$. 假设 $\ell_1, \ell_2, \cdots, \ell_n$ 对应的等价数值分别为 $k_1, k_2, \cdots, k_n$. 为了加密明文信息，首先将其拆分为长度为 n 的字母组. 等价数值为 $p_1, p_2, \cdots, p_n$ 的一组字母转换为一组密文信息，其对应的等价数值为 $c_1, c_2, \cdots, c_n$，用移位变换表示如下：
$$c_i \equiv p_i + k_i \pmod{26}, \qquad 0 \leqslant c_i \leqslant 25,$$
其中 $i = 1, 2, \cdots, n$. 维吉尼亚密码是将长度为 n 的明文信息字母组加密成为相同长度的密文信息字母组的加密算法，其密钥是 n 元数组 $(k_1, k_2, \cdots, k_n)$（终端的不足 n 个数字的数组可以用一些哑字符来填充）. 因此可以将维吉尼亚密码看成是用长为 n 的密钥对每组长为 n 的数组进行加密的密码系统.

例 8.6 利用密钥为 YTWOK 的维吉尼亚密码加密明文信息 MILLENNIUM，首先将明文信息和密钥转换为等价数值. 信息中的字母和密钥中的字母分别转换为
$$p_1 p_2 p_3 p_4 p_5 p_6 p_7 p_8 p_9 p_{10} = 12\ 8\ 11\ 11\ 4\ 13\ 13\ 8\ 20\ 12$$

和
$$k_1 k_2 k_3 k_4 k_5 = 24\ 19\ 22\ 14\ 10.$$
应用具有特定密钥的维吉尼亚密码，得到加密信息中的字符：
$$c_1 = p_1 + k_1 = 12 + 24 \equiv 10 (\mathrm{mod}\ 26)$$
$$c_2 = p_2 + k_2 = 8 + 19 \equiv 1 (\mathrm{mod}\ 26)$$
$$c_3 = p_3 + k_3 = 11 + 22 \equiv 7 (\mathrm{mod}\ 26)$$
$$c_4 = p_4 + k_4 = 11 + 14 \equiv 25 (\mathrm{mod}\ 26)$$
$$c_5 = p_5 + k_5 = 4 + 10 \equiv 14 (\mathrm{mod}\ 26)$$
$$c_6 = p_6 + k_1 = 13 + 24 \equiv 11 (\mathrm{mod}\ 26)$$
$$c_7 = p_7 + k_2 = 13 + 19 \equiv 6 (\mathrm{mod}\ 26)$$
$$c_8 = p_8 + k_3 = 8 + 22 \equiv 4 (\mathrm{mod}\ 26)$$
$$c_9 = p_9 + k_4 = 20 + 14 \equiv 8 (\mathrm{mod}\ 26)$$
$$c_{10} = p_{10} + k_5 = 12 + 10 \equiv 22 (\mathrm{mod}\ 26).$$

布莱斯·维吉尼亚（Blaise De Vigenère，1523—1596）生于法国的圣普尔坎，并接受了良好的教育. 17 岁进入国会议院，22 岁担任沃木斯国会秘书. 1547 年担任诺维尔公爵的秘书，1549 年被派往罗马任外交官. 在此期间，他阅读了大量与密码学有关的书籍，并与罗马教廷的专家深入讨论了这一学科. 1570 年，维吉尼亚结束了漫长的曾被学习打断的外交生涯，从国会退休. 他与一年轻女子结婚，并将自己的养老金施舍给了巴黎的穷人，而后埋身写作. 他的著作超过 20 部，其中最出名的是 1585 年完成的《数字密码学》（Traicté des Chiffres）. 在这本书中，维吉尼亚给出了密码学的全面概述，对多字符密码进行了深入讨论，并对多字符密码的诸多已知的变种做了介绍，其中包括自动密钥密码. 许多历史学家认为此密码应该直接称为"维吉尼亚"而不是以他的名字命名.

维吉尼亚的著作不只是关于密码学，在他的《数字密码学》中也包含了对魔术、炼金术和宇宙奥秘的探讨，其中对彗星的研究帮助人们消除了上帝让彗星飞临地球是为了警告人们停止犯罪的迷信.

将数值转换回等价字母，得到被加密的信息为 KBHZO LGEIW.   ◀

例 8.7 解密用密钥为 ZORRO 的维吉尼亚密码加密的密文信息 FFFLB CVFX，首先将密文信息的字符转换为等价数值，得到 $c_1 c_2 c_3 c_4 c_5 c_6 c_7 c_8 c_9 = 5\ 5\ 5\ 11\ 1\ 2\ 21\ 5\ 23$. 密钥的等价数值为 $k_1 k_2 k_3 k_4 k_5 = 25\ 14\ 17\ 17\ 14$. 为了得到明文信息的等价数值，进行如下操作：
$$p_1 \equiv c_1 - k_1 = 5 - 25 \equiv 6 (\mathrm{mod}\ 26)$$
$$p_2 \equiv c_2 - k_2 = 5 - 14 \equiv 17 (\mathrm{mod}\ 26)$$
$$p_3 \equiv c_3 - k_3 = 5 - 17 \equiv 14 (\mathrm{mod}\ 26)$$
$$p_4 \equiv c_4 - k_4 = 11 - 17 \equiv 20 (\mathrm{mod}\ 26)$$
$$p_5 \equiv c_5 - k_5 = 1 - 14 \equiv 13 (\mathrm{mod}\ 26)$$
$$p_6 \equiv c_6 - k_1 = 2 - 25 \equiv 3 (\mathrm{mod}\ 26)$$
$$p_7 \equiv c_7 - k_2 = 21 - 14 \equiv 7 (\mathrm{mod}\ 26)$$

$$p_8 \equiv c_8 - k_3 = 5 - 17 \equiv 14 \pmod{26}$$
$$p_9 \equiv c_9 - k_4 = 23 - 17 \equiv 6 \pmod{26}.$$

将数值转换回等价的字母，得到的明文信息为 GROUNDHOG. ◀

维吉尼亚密码分析

多年以来维吉尼亚密码曾被认为是不可破解的. 它通常被用来加密用电报发送的敏感信息. 然而，在 19 世纪中期，技术的进步使得维吉尼亚密码被成功破解. 1863 年，普鲁士军官弗雷德里希·卡西斯基提出了一种可以确定维吉尼亚密码密钥长度的方法，这种方法现在被称为卡西斯基检验法. 而一旦知道了密钥的长度，对密文中出现的字母的频率分析就可以用来找出密钥的字符. 就像许多发明只是以大家推测的首个发明者的名字命名一样，卡西斯基并不是首先发现这一方法的. 现在我们知道，查尔斯·巴贝奇早在 1854 年就发现了同样的方法. 然而，巴贝奇的方法却推迟了很多年才公开，推迟是由于英国国家安全的原因. 英国军方早就利用巴贝奇的测试成功破解了敌方情报并就此保密.

卡西斯基的方法是基于寻找密文中的相同字符串. 当信息用密钥长度为 n 的维吉尼亚密码加密时，明文中距离为 n 的倍数的相同字符串被加密为相同的字符串(见习题 5). 一般来讲，卡西斯基测试是基于找出密文中长度为三或以上的相同字符串，这些字符串可能与明文中的相同字符串对应. 对于密文中的每一对相同字符串，我们需要找出它们起始字符位置间的差距. 假设密文中有 k 对这样的相同字符串，并且 d_1，d_2，d_3，$\cdots$，d_k 是其起始字符的位置差距. 如果密文中的这些相同字符串的确对应于明文的相同字符串，那么密钥长度 n 一定整除每个整数 $d_i (i=1, 2, \cdots, k)$，即 n 整除这些整数的最大公因子 $(d_1, d_2, d_3, \cdots, d_k)$.

由于明文的不同字符串通过密钥的不同部分可以被加密成相同的密文，因此密文中有些相同字符串的起始位置的差距应该是无关的，可以忽略. 我们可通过计算一部分而不是全部上述整数的最大公因子来解决这一问题.

可以用第二个测试方法来帮助我们检查是否找到了正确的密钥长度. 这种检测法是由美国著名密码学家威廉姆·弗莱德曼于 1920 年发明的，它是通过研究密文字母频率的变化来估计维吉尼亚密码中密钥的长度. 弗莱德曼注意到英文信息中字母频率有较大的变化，但是随着维吉尼亚密码中密钥长度的增加，这一变化却会越来越小.

弗莱德曼介绍了一种称为重合次数的方法. 对于给定的具有 n 个字符的字符串 x_1，x_2，$\cdots$，x_n，其重合次数记为 IC，它是此字符串中随机选择的两个元素相同的概率. 现在假定我们处理的是英文字母串并且字母 A，B，$\cdots$，Y 和 Z 在此字母串中的出现次数分别为 f_0，f_1，$\cdots$，f_{24} 和 f_{25}.

因为第 i 个字母出现了 f_i 次，所以总共有

$$\binom{f_i}{2} = \frac{f_i(f_i-1)}{2}$$

种方法选择两个元素使得它们都是第 i 个字符. 由于有 $\binom{n}{2} = n(n-1)/2$ 种方法在此字符串中选择两个字符，因此可以推出这个字符串的重合次数是

$$IC = \frac{\sum_{i=0}^{25} f_i(f_i - 1)}{n(n-1)}.$$

考虑英文明文信息的一个字符串. 如果明文足够长, 则字母的出现频率应该接近一般英文中的频率(如表 8.4 所示). 假定 p_0, p_1, $\cdots$, p_{25} 分别对应 A, B, $\cdots$, Y 和 Z 的出现概率, 则随机选择的两个字母都是 A 的概率是 p_0^2, 都是 B 的概率是 p_1^2, 以此类推. 所以, 我们期望此明文的重合次数接近

$$\sum_{i=0}^{25} p_i^2 \approx 0.065.$$

(此求和公式用到的 $p_i(i=0, 1, \cdots, 25)$ 可以在[St02]中找到.)此外, 这一推理对字符密码产生的密文也是适用的. 对于字符密码, 密文中某个字符的出现概率等于明文中其相应字符的出现概率. 所以对于用字符密码加密后的密文而言, 和式 $\sum_{i=0}^{25} p_i^2$ 的各项虽然被置换, 但和不变.

为了应用重合次数确定我们猜测的密钥长度 k 是否正确, 将密文信息分为 k 个不同的部分. 第一部分包括位置为 1, $k+1$, $2k+1$, $\cdots$ 的字符; 第二部分包括位置为 2, $k+2$, $2k+2$, $\cdots$ 的字符; 等等. 我们对不同部分的重合次数分别进行计算. 如果猜测正确, 则这些重合次数中的每一个都应该接近 0.065. 反之, 如果猜测是错的, 则这些值很有可能小于 0.065, 它们将可能十分接近随机英文字符串的重合次数, 即 $1/26 \approx 0.038$. (这一重合次数可以用一般英文信息的字母出现频率来计算.)

对于密文的每一部分, 我们试图通过字母的频率检测找到被用来加密的密钥中的字母. 通过确定密文中出现频率最高的字母, 并假定它们与一般英文中出现频率最高的字母相对应, 进而找出最可能的密钥字母. 为了检验猜测是否正确, 可以将用此密钥字母加密的信息的字母出现频率和此段密文中的字母出现频率进行比较.

一旦我们作出了对密钥字母的最好猜测, 就可以尝试用已计算出的密钥解密信息. 如果解出了有意义的信息, 则可推断解出了正确的明文. 反之, 如果得出的是没有意义的信息, 则需要重新开始检验其他的可能性.

下例给出用维吉尼亚密码加密的密文的密码分析过程.

例 8.8 假设用维吉尼亚密码加密的明文生成的密文为:

```
QWHID   DNZEM   WTLMT   BKTIT   EMWLZ
WVCVE   HLTBS   TUDLG   WNUJE   WJEUL
EXWQO   SLNZA   NLHYQ   ALWEH   VOQWD
VQTBW   ILURY   STIJW   CLHWW   RNSIH
MNUDI   YFAVD   ELAGB   LSNZA   NSMIF
GNZEM   WALWL   CXEFA   BYJTS   SNXLH
YHULK   UCLOZ   ZAJHI   HWSM
```

下面我们描述对该信息的破解步骤. 首先应用卡西斯基检测, 寻找密文中重复的三字母组. 如下表所示:

三字母组	起始位置	起始位置间距
EMW	9, 21, 129	12, 108, 120
ZEM	8, 128	120
ZAN	59, 119	60
NZE	7, 127	120
NZA	58, 118	60
LHY	62, 149	87
ALW	66, 132	66

密文中长度为 3 的相同字母组的位置间距是 12，60，66，87，108 和 120. 由于 (12，60，66，87，108，120)＝3，故猜测密钥长度为 3.

假定这一猜测是正确的，将密文拆分为 3 个不同的部分. 第一部分包含位置为 1，4，7，…，169 的字母；第二部分包含位置为 2，5，8，…，167 的字母，第三部分包含位置为 3，6，9，…，168 的字母. 为了确认我们的猜测是正确的，对三部分密文的重合次数进行计算，分别得到 0.071，0.109 和 0.091.（重合次数的具体计算留给读者，见习题 12.）其中一个十分接近英文信息的重合次数 0.065，其他两个则比它大得多. 这表明 3 或许就是正确的密钥长度. 由于密文十分短，因此这些重合次数不是如预期的那样接近 0.065，这并非什么太大的问题. 注意，如果我们的猜测是错误的，则某个重合次数应如我们所期望那样小于 0.065，或许更接近 0.038.

继续一些工作后（留给读者），我们得到加密的密钥是 USA，并且对应的明文是

W E H O L   D T H E S   E T R U T   H S T O B   E S E L F
E V I D E   N T T H A   T A L L M   E N A R E   C R E A T
E D E Q U   A L T H A   T T H E Y   A R E E N   D O W E D
B Y T H E   I R C R E   A T O R W   I T H C E   R T A I N
U N A L I   E N A B L   E R I G H   T S T H A   T A M O N
G T H E S   E A R E L   I F E L I   B E R T Y   A N D T H
E P U R S   U I T O F   H A P P I   N E S S

这段明文出自美国的独立宣言. 原文为："We hold these truths to be self-evident, that all men are created equal, that they are endowed by their Creator with certain unalienable Rights, that among these are Life, Liberty, and the pursuit of Happiness."更多关于维吉尼亚密码的分析请参考[St02]和[TrWa02]. ◀

希尔密码

希尔（Hill）密码是由莱斯特·希尔于 1929 年发明的分组密码. 为了介绍希尔密码，首先考虑双字母密码：在这些密码中，明文的两个字母组成的字母组被密文的两个字母组成的字母组所替代. 下面举例说明这一过程.

例 8.9 为了用双字母希尔密码加密信息，首先将信息中的字母分为两个一组（如果最后一组为一个字母，则在信息最后添加虚字母 X，使之含有两个字母）. 例如，信息

THE GOLD IS BURIED IN ORONO

被拆分为

TH EG OL DI SB UR IE DI NO RO NO.

下一步，将这些字母转换为等价数值（如前例），得到

19 7   4 6   14 11   3 8   18 1   20 17   8 4   3 8

13 14   17 14   13 14.

莱斯特·希尔(Lester S. Hill，1891—1961)生于纽约. 他毕业于哥伦比亚学院，并于 1926 年在耶鲁大学获得了数学博士学位. 他曾任职于蒙大拿大学、普林斯顿大学、缅因大学、耶鲁大学和纽约汉特学院. 希尔对将数学应用到通信领域十分感兴趣. 他发明了检测电报的密码数字准确度的方法和著名的希尔密码加密方法. 在 30 多年的时间中，希尔向美国海军提交了很多关于处理多字母密码的密码论文.

明文信息每一组的两个数字 P_1P_2 被转换为一组密文数字 C_1C_2，并且定义 C_1 是 P_1 和 P_2 的一个线性组合模 26 的最小非负剩余，C_2 为 P_1 和 P_2 的另一个线性组合模 26 的最小非负剩余. 例如，令

$$C_1 \equiv 5P_1 + 17P_2 (\text{mod } 26), \qquad 0 \leqslant C_1 < 26$$
$$C_2 \equiv 4P_1 + 15P_2 (\text{mod } 26), \qquad 0 \leqslant C_2 < 26,$$

在此情况下，第一组数据 19 7 被转换为 6 25，这是因为

$$C_1 \equiv 5 \cdot 19 + 17 \cdot 7 \equiv 6 (\text{mod } 26)$$
$$C_2 \equiv 4 \cdot 19 + 15 \cdot 7 \equiv 25 (\text{mod } 26).$$

对整个信息进行上述操作，得到下面的密文：

6 25   18 2   23 13   21 2   3 9   25 23   4 14   21 2   17 2   11 18   17 2.

将其转换成字母，有如下密文：

GZ SC XN VC DJ ZX EO VC RC LS RC.

这一密码系统的解密过程是由定理 4.15 推出的. 为了找到密文数据组 C_1C_2 对应的明文数据组 P_1P_2，利用如下关系：

$$P_1 \equiv 17C_1 + 5C_2 (\text{mod } 26)$$
$$P_2 \equiv 18C_1 + 23C_2 (\text{mod } 26).$$

（读者应自己验证用定理 4.15 可推出这一关系.）

例 8.9 中的双字母密码系统用矩阵描述更为简便. 对此密码系统，我们有

$$\begin{bmatrix} C_1 \\ C_2 \end{bmatrix} \equiv \begin{bmatrix} 5 & 17 \\ 4 & 15 \end{bmatrix} \begin{bmatrix} P_1 \\ P_2 \end{bmatrix} (\text{mod } 26).$$

由定理 4.17 可知，矩阵 $\begin{bmatrix} 17 & 5 \\ 18 & 23 \end{bmatrix}$ 是矩阵 $\begin{bmatrix} 5 & 17 \\ 4 & 15 \end{bmatrix}$ 模 26 的逆矩阵. 因此，定理 4.16 表明解密可用下面的关系实现：

$$\begin{bmatrix} P_1 \\ P_2 \end{bmatrix} \equiv \begin{bmatrix} 17 & 5 \\ 18 & 23 \end{bmatrix} \begin{bmatrix} C_1 \\ C_2 \end{bmatrix} (\text{mod } 26).$$

一般而言，希尔密码系统是将明文分为 n 个字母的数据组，并将字母转换为等价数值，然后利用如下关系生成密文：

$$C \equiv AP \pmod{26},$$

其中 A 是 $n \times n$ 矩阵，$(\det A, 26) = 1$，$C = \begin{bmatrix} C_1 \\ C_2 \\ \vdots \\ C_n \end{bmatrix}$ 并且 $P = \begin{bmatrix} P_1 \\ P_2 \\ \vdots \\ P_n \end{bmatrix}$，$C_1 C_2 \cdots C_n$ 是对应明文数据

组 $P_1 P_2 \cdots P_n$ 的密文数据组. 最后将密文数字转为字母. 对于解密，我们利用矩阵 $\overline{A}$，即 A 模 26 的逆矩阵，它可以通过定理 4.19 得到. 由于 $\overline{A}A \equiv I \pmod{26}$，故有

$$\overline{A}C \equiv \overline{A}(AP) \equiv (\overline{A}A)P \equiv P \pmod{26}.$$

所以，明文可以通过以下关系由密文得到：

$$P \equiv \overline{A}C \pmod{26}.$$

例 8.10 利用 $n = 3$ 和如下的加密矩阵示意这一过程：

$$A = \begin{bmatrix} 11 & 2 & 19 \\ 5 & 23 & 25 \\ 20 & 7 & 1 \end{bmatrix}.$$

因为 $\det A \equiv 5 \pmod{26}$，故有 $(\det A, 26) = 1$. 为了加密数据组长度为 3 的明文信息，利用下述关系式：

$$\begin{bmatrix} C_1 \\ C_2 \\ C_3 \end{bmatrix} \equiv A \begin{bmatrix} P_1 \\ P_2 \\ P_3 \end{bmatrix} \pmod{26}.$$

要加密信息 STOP PAYMENT，首先将信息拆分为长度为 3(有 3 个字母)的数据组，并添加虚字母 X 补充最后一组. 我们有如下明文数据组：

STO PPA YME NTX.

将字母转换为对应的等价数值：

18 19 14　15 15 0　24 12 4　13 19 23.

第一个密文数据组通过下述方法得到：

$$\begin{bmatrix} C_1 \\ C_2 \\ C_3 \end{bmatrix} \equiv \begin{bmatrix} 11 & 2 & 19 \\ 5 & 23 & 25 \\ 20 & 7 & 1 \end{bmatrix} \begin{bmatrix} 18 \\ 19 \\ 14 \end{bmatrix} \equiv \begin{bmatrix} 8 \\ 19 \\ 13 \end{bmatrix} \pmod{26}.$$

以同样方式加密全文，得到密文如下：

8 19 13　13 4 15　0 2 22　20 11 0.

将此信息转为字母，得到下面的密文：

ITN NEP ACW ULA.

这种多字母密码系统的解密过程需要通过如下变换从密文数据组得到相应的明文数据组：

$$\begin{bmatrix} P_1 \\ P_2 \\ P_3 \end{bmatrix} \equiv \overline{A} \begin{bmatrix} C_1 \\ C_2 \\ C_3 \end{bmatrix} \pmod{26},$$

其中

$$\overline{A} = \begin{bmatrix} 6 & -5 & 11 \\ -5 & -1 & -10 \\ -7 & 3 & 7 \end{bmatrix}$$

是 A 模 26 的逆矩阵，它可以通过定理 4.19 得到.

由于多字母密码的操作对象是数据组而不是单个的字母，所以基于字母频率的密码分析是不易将其攻破的. 然而，数据组长度为 n 的多字母密码是易被基于长度为 n 的数据组的频率分析所破解的. 例如，对于双字母密码系统，长度为 2 的数据组共有 $26^2 = 676$ 种. 在一般英文文本中双字母的相对出现频率已经通过研究整理出来. 通过对比密文中的双字母的出现频率与一般英文文本中双字母的出现频率，一般是可以成功破解双字母密码的. 例如，通过计数可以发现，英文中出现频率最高的双字母是 TH，紧随其后的是 HE. 如果在应用的希尔双字母密码系统中，出现频率最高的双字母是 KX，次之是 VZ，那么可以猜测密文的双字母 KX 和 VZ 分别对应明文的 TH 和 HE. 也就是说，数据组 19 7 和 7 4 被分别转换为 10 23 和 21 25. 如果矩阵 A 是加密矩阵，则有

$$A \begin{bmatrix} 19 & 7 \\ 7 & 4 \end{bmatrix} \equiv \begin{bmatrix} 10 & 21 \\ 23 & 25 \end{bmatrix} (\mathrm{mod}\ 26).$$

由于 $\begin{bmatrix} 4 & 19 \\ 19 & 19 \end{bmatrix}$ 是 $\begin{bmatrix} 19 & 7 \\ 7 & 4 \end{bmatrix} (\mathrm{mod}\ 26)$ 的逆，故有

$$A \equiv \begin{bmatrix} 10 & 21 \\ 23 & 25 \end{bmatrix} \begin{bmatrix} 4 & 19 \\ 19 & 19 \end{bmatrix} \equiv \begin{bmatrix} 23 & 17 \\ 21 & 2 \end{bmatrix} (\mathrm{mod}\ 26),$$

这可能是一个密钥. 在尝试利用 $\overline{A} = \begin{bmatrix} 2 & 9 \\ 5 & 23 \end{bmatrix}$ 对密文进行破译之后，就将知道上述推测是否正确.

通常来说，假设我们知道明文中长度 n 的数据组和密文中长度 n 的数据组之间的 n 个对应，例如，假设密文数据组 $C_{1j}C_{2j}\cdots C_{nj}(j=1, 2, \cdots, n)$ 分别对应明文数据组 $P_{1j}P_{2j}\cdots P_{nj}(j=1, 2, \cdots, n)$，则有

$$A \begin{bmatrix} P_{1j} \\ \vdots \\ P_{nj} \end{bmatrix} \equiv \begin{bmatrix} C_{1j} \\ \vdots \\ C_{nj} \end{bmatrix} (\mathrm{mod}\ 26),$$

其中 $j=1, 2, \cdots, n$.

这 n 个同余式可以用矩阵同余式简洁地表示为

$$AP \equiv C (\mathrm{mod}\ 26),$$

其中 P 和 C 是 $n \times n$ 阶矩阵，它们的第 ij 个元素分别是 P_{ij} 和 C_{ij}. 如果 $(\det P, 26) = 1$，则可以通过下式找到加密矩阵 A：

$$A \equiv C\overline{P} (\mathrm{mod}\ 26),$$

其中 $\overline{P}$ 是 P 模 26 的逆.

基于多字母出现频率的密码分析仅仅对于小 n 值时是有效的，其中 n 是多字母的长度. 例如，当 $n=10$ 时，总共有 26^{10}（接近 1.4×10^{14}）种此长度的多字母. 对于这些多字母的任

何相对频率分析都不是十分有效.

数据加密标准和相关密码

在过去 20 年间，应用在商业和政府中最重要的密码是数据加密算法（DEA），它作为数据加密标准（DES）（联邦信息处理标准 46－1）于 1977 年被联邦政府所标准化. 它是由 IBM 公司发明的，在成为标准之前作为金星（Lucifer）密码而出名. DEA 是一种分组密码，利用 64 比特的密钥（其中密钥的最后 8 个比特在使用之前是被拆开的，以用于奇偶检验）将 64 比特的数据组转换为 64 比特的密文数据组.

DEA 的加密过程十分复杂，在此不做详细描述. 方法大致如下：首先通过置换加密 64 比特的明文数据组，然后对作用于 64 比特字符串的左右两边的函数以特定方式迭代 16 次，最后应用初始置换的逆置换. 此密码的细节可以在参考资料[St05]和[MevaVa97]中查看. 对任何一个使用本书经过合格的数学训练的学生来说，上述细节都是很容易理解的；当然它们也十分冗长.

DEA 是对称密码. 信息的发送和接收双方必须知道相同的安全密钥，此密钥被同时用于加密和解密. 分配 DEA 的安全密钥是一个十分困难的问题，在公钥密码（8.4 节）中有所提及.

尽管 DEA 没有被破解，也就是说没有针对它的简单攻击被发现，但是对于强力分析它却比较脆弱. 现今可以在一天之内穷举搜索所有 2^{56} 个可能的密钥. 由于易受此类算法的攻击，美国标准技术研究所（National Insitute of Standards and Technology，NIST）决定 1998 年之后就不再批准使用 DES.

2000 年 11 月，NIST 采用了一种新的称为高级加密标准（Advanced Encryption Standard，AES）的算法作为美国政府的官方加密标准. 这种算法是由两位比利时科学家——琼・戴尔蒙（Joan Daemen）和文森特・瑞蒙（Vincent Rijmen）发明的，并以它的发明者命名为瑞戴（Rijndael）. 在长达三年的竞争中，瑞戴算法从提交的各种候选加密标准中脱颖而出，被采纳作为高级加密算法. AES 算法可以利用 128，192 和 256 比特的对称密钥来加密和解密 128 比特的数据组. AES 的复杂性和密钥所支持的长度使其多年来都可以对抗强力攻击. 美国政府希望 AES 能保持至少 20 年安全有效.

流密码

截至目前，我们所讨论的方法都是用同一个密钥来加密所有字符（或者数据组）. 一旦知道了一个明文-密文信息对，密钥就可以被确定下来. 为了增强安全性，可以通过改变加密连续字符的密钥来实现. 为了讨论这种加密方法，首先给出一些术语.

密钥空间 $\mathcal{K}$ 中的一个序列 k_1，k_2，k_3，$\cdots$ 称为密钥流. 对应于密钥 k_i 的加密函数记作 E_{k_i}. 流密码是利用密钥流 k_1，k_2，k_3，$\cdots$ 将明文字符串 $p_1 p_2 p_3 \cdots$ 转换为密文字符串 $c_1 c_2 c_3 \cdots$ 的密码，其中 $c_i = E_{k_i}(p_i)$. 相应的解密函数为 $D_{d_i}(c_i) = p_i$，其中 d_i 是对应于加密密钥 k_i 的解密密钥.

我们可以用多种方式为流密码生成密钥流. 例如，可以随机选择一些密钥生成密钥流，或者可以利用密钥流生成器，它是一个输入起始密钥序列（种子序列）后会生成连续密钥的函数，可能会用到前面的明文中的符号.

最简单(非平凡)的流密码是维尔南(Vernam)密码,由吉尔伯特·维尔南于 1917 年提出并应用于电报信息的自动加密和解密. 在这一流密码中,密钥流是和明文信息一样长的比特串 $k_1 k_2 \cdots k_m$,其中明文信息比特串为 $p_1 p_2 \cdots p_m$. 明文比特信息用如下映射加密:
$$E_{k_i}(p_i) \equiv k_i + p_i \pmod 2.$$
在维尔南密码中只有两种加密映射. 当 $k_i = 0$ 时,E_{k_i} 是将 0 映到 0,1 映到 1 的恒等映射. 当 $k_i = 1$ 时,映射 E_{k_i} 将 0 映到 1,将 1 映到 0. 与之相对应的解密变换 D_{d_i} 与 E_{k_i} 相同.

例 8.11 利用密钥流为 1 1000 1111 的维尔南密码加密明文比特串 0 1111 0111,得到比特串 1 0111 1000,其中每一比特都是由明文和密钥流的比特相加得到. 解密只需要重复这一操作. ◀

维尔南密码中的密钥流只能用一次(习题 38). 当维尔南密码的密钥流是随机选择的并且只用来加密一条明文信息时,被称为一次一密钥(one-time pad). 可以证明一次一密钥在如下意义是不可破解的:解密者破解用随机选取的且只用一次的密钥流加密的密文和简单地去猜明文字符串差不多. 维尔南密码的问题是密钥流必须至少和明文信息一样长,并且必须在愿意使用一次一密钥的双方之间安全传递. 因此,除非特别敏感的信息(通常是外交和军事方面),一次一密钥是不被使用的.

下面介绍另一种流密码,即由维吉尼亚于 16 世纪发明的自动密钥密码. 自动密钥密码采用一个起始种子密钥,为单个字符,随后的密钥是明文字符. 特别地,自动密钥密码对第一个字符以外的每一明文字符的移动值为前一字符的等价数值模 26;以种子字符模 26 的等价数值移动第一个字符. 也就是说,自动密钥密码通过如下变换加密字符 p_i:
$$c_i \equiv p_i + k_i \pmod{26},$$
其中 p_i 是明文的第 i 个字符的等价数值,c_i 是密文的第 i 个字符的等价数值,k_i 为密码流的第 i 个字符的等价数值,且 $k_1 = s$,而 s 为种子字符的等价数值,并且对于 $i \geqslant 2$ 有 $k_i = p_{i-1}$.

解密用自动密钥密码加密的信息需要知道种子字符. 我们从第一个密文字符的等价数值模 26 减去种子字符数值得到明文的首个字符,然后从下一个密文字符减去每一个明文字符的等价数值模 26 得到下一个明文字符.

吉尔伯特·维尔南(Gilbert S. Vernam,1890—1960)生于纽约的布鲁克林. 在伍斯特理工学院毕业后,他在美国电话电报公司(AT&T)获得了一份工作. 他可以不用实际搭建电路而在头脑中将其想出. 他的聪明才智十分出名,有一个故事提及他时是这样的:每天晚上当他躺在沙发上的时候,总是会问:"现在我能发明什么呢?"在美国电话电报公司期间,他发明了通过电传打字机进行信息传输的方法,这是第一个安全的自动密码系统. 同时他还发明了加密数字图像的技术. 维尔南还曾任职于国际通信实验室和邮政电报电话公司. 在密码学和电报交换系统的发明中,他总共拥有 65 项专利.

下面的例子演示了用自动密钥密码的加密和解密过程.

例 8.12 利用种子字符为 X(等价数值为 23)的自动密钥密码加密明文信息 HERMIT,首先将 HERMIT 的字母转换为其等价数值 7 4 17 12 8 19. 密钥流由数字 23 7 4 17 12 8 组

成. 密文信息中的字符的等价数值为

$$p_1 + k_1 = 7 + 23 \equiv 4 (\mathrm{mod}\ 26)$$
$$p_2 + k_2 = 4 + 7 \equiv 11 (\mathrm{mod}\ 26)$$
$$p_3 + k_3 = 17 + 4 \equiv 21 (\mathrm{mod}\ 26)$$
$$p_4 + k_4 = 12 + 17 \equiv 3 (\mathrm{mod}\ 26)$$
$$p_5 + k_5 = 8 + 12 \equiv 20 (\mathrm{mod}\ 26)$$
$$p_6 + k_6 = 19 + 8 \equiv 1 (\mathrm{mod}\ 26).$$

将其转换回字母，得到密文信息为 ELVDUB. ◄

例 8.13 解密用种子字符为 F 的自动密钥密码加密的密文信息 RMNTU，首先将密文字符转为其等价数值 17 12 13 19 20. 明文的第一个字符的等价数值可通过计算下式得到：

$$p_1 = c_1 - s \equiv 17 - 5 = 12 (\mathrm{mod}\ 26).$$

利用如下算式得到明文后面字符的等价数值：

$$p_2 = c_2 - p_1 = 12 - 12 = 0 (\mathrm{mod}\ 26)$$
$$p_3 = c_3 - p_2 = 13 - 0 \ \ = 13 (\mathrm{mod}\ 26)$$
$$p_4 = c_4 - p_3 = 19 - 13 = 6 (\mathrm{mod}\ 26)$$
$$p_5 = c_5 - p_4 = 20 - 6 \ \ = 14 (\mathrm{mod}\ 26)$$

将等价数值换回字母得到明文信息是 MANGO. ◄

我们只是简单介绍了流密码这一高深学科的表层内容. 更多关于流密码的知识，包括流密码在实际应用中的破解，请查阅[MevaVa97].

8.2 节习题

1. 利用加密密钥为 SECRET 的维吉尼亚密码加密如下信息：
   DO NOT OPEN THIS ENVELOPE.

2. 解密用加密密钥为 SECRET 的维吉尼亚密码加密的如下信息：
   WBRCS LAZGJ MGKMF V.

3. 利用加密密钥为 TWAIN 的维吉尼亚密码加密如下信息：
   AN ENGLISHMAN IS A PERSON WHO DOES THINGS BECAUSE THEY HAVE BEEN DONE BEFORE.
   AN AMERICAN IS A PERSON WHO DOES THINGS BECAUSE THEY HAVE NOT BEEN DONE BEFORE.

4. 解密用加密密钥为 TWAIN 的维吉尼亚密码加密的如下信息：
   ```
   P A C W H   E Z U A R   N L T E B   X P E Z A   B P I M F
   B J L M N   K J I V T   T H L B U   T P I A G   H X E T R
   T N N M Q   T X O C G   H Q R W J   G S O Z Y   W W N L G
   A A T P B   N O A V Q   L K F V N   M E O V F   M D A B U
   T R E I E   B O E V N   G Z F T B   N N I A U   X Z A V Q
   O W N Q F   A A D N E   H I I B Z   T P H M Z   T P I K F
   T H O V R   P K U T Q   H Y C C C   R I E M V   Z D T U V
   E H I W A   R A A Z F
   ```

5. 假设一条明文信息用维吉尼亚密码加密. 证明按密钥长度的倍数分割的相同字符串被加密为相同的密文字符串.

在习题 6～11 中，对于给定的用维吉尼亚密码加密的密文，利用本章中描述的密码分析过程对其进行密码分析.

6. U C Y F C   O O C Q U   C Y F H E   B H F T H   E F E R F
    G Q J C K   X V B U V   B S H F T   B L C Z B   S W K U V
    B N K W E   H L T I C   G S O U V   B T Z F O   U P B B A
    B F O P K   P P T L V   H O B U B   P I P G C   O U I K F

7. K M K R E   C C W S P   I S N E J   R S X Z I   A L K Z S
    Q S L E H   N V W A M   S R I Q M   Y J K M K   R E C C W
    X M V O F   E L R L W   W E J C T   J C G A M   Y K J M X
    C P W Q W   G L W L F   E L A E F   M R D W F   W J I S P
    R W B X Z   C L S P H   O Y C M L   P W Q W A   R M K Y J
    S R E D K   M K R E C   C A Z G G   Z Y X D C   E K R S L
    F I J Q G   S L P W Y   V F D V G   K

8. S I I W Z   F D I B N   H U D E U   W Q J H P   J K R N K
    R L A C T   W X B I M   M H M P J   O F U F P   W V E O G
    P Q P E L   V P Z Y D   A X I A G   P I T M A   X F S S S
    G W P B W   I W O F O   T F W V F   J S X P L   B J O T P
    S U D I J   J X F N R   F P A F G   R P S X I   W X J O R
    P P X S Q   I

9. J W E F F   P R G B A   G D S Z F   Z B T Z J   I B L S P
    V D B T P   F X M L V   U G W I D   N W D H O   B N K J T
    V L X I J   K P M Z Q   H Q E D W   Q C O B O   V J B Z U
    H O I E G   J N V O U   B Y D U Q   N D T U F   U F L Z V
    U Q E J V   Q J K F L   S B U P R   W D Q I F   V U J W B
    V T H U P   R W J A Y   R V T U K   B D V E F   M E E Z I
    E B F X R   X M M K L   D W L O E   P R Y F E   F U O

10. P D J V J   L F C J W   Z Q L G R   E V M U V   Z O W I D
    A J Z P Z   D W E M U   Q L G G I   Q Z Z M E   N Z P J M
    Y X S M W   I H Q Q P   D B W I E   K M S F B   G I Q W W
    I J W Z E   Y M A I C   T J R R B   M I Y Q S   K P D J V
    L A H I Y   L N R R M   A I C Q R   T C W A M   Y O U E E
    P D S F S   S S H G T   Y H Q Q P   Y M A I C   O J X E W
    Y L P M S   H Z N Y L   P R T Y C   V J C M C   Y X S Q X
    W Z N F V   Q Z T Q O   Q X G Z C   W E R Q S   K Z V Q C
    L L I W E   W Y L P R   T C L V I   K W W W C   Z N Y L P
    K Q M X J

11. T U Z T U   W F G C G   L H G T F   G M K G R   F I A S R
    K W K R R   D A A G U   W D G T Q   G E Y N B   L I S P Y
    Q T N A G   S L R W U   G A X E Y   S U M H R   V A Z A E
    W G K N V   M S K S G   Z E E L N   M G N E Q   S T I O Y
    M M H U F   L H K Y Y   S U M H R   V A Z F H   D T U N G
    Z E E L N   M G N E Q   S T Z H R   O R O G U   L B X O G
    Z E X S O   M T Z H R   Q A R S B   D A A G U   W D G T O
    G Z U T U   W C R O J   F

12. 如果我们知道密钥的长度为 3，怎样找到例 8.8 中正确的密钥 USA？

13. 利用将明文数据组 P_1P_2 转换为密文数据组 C_1C_2 的双字母密码加密信息 BEWARE OF THE MES-SENGER，双字母密码如下所示：
$$C_1 \equiv 3P_1 + 10P_2 (\text{mod } 26)$$
$$C_2 \equiv 9P_1 + 7P_2 (\text{mod } 26).$$

14. 利用将明文数据组 P_1P_2 转换为密文数据组 C_1C_2 的双字母密码加密信息 DO NOT SHOOT THE MESSENGER，双字母密码如下所示：
$$C_1 \equiv 8P_1 + 9P_2 (\text{mod } 26)$$
$$C_2 \equiv 3P_1 + 11P_2 (\text{mod } 26).$$

15. 解密用将明文数据组 P_1P_2 转换为密文数据组 C_1C_2 的双字母密码加密的密文信息 RD SR QO VU QB CZ AN QW RD DS AK OB. 双字母密码如下所示：
$$C_1 \equiv 13P_1 + 4P_2 (\text{mod } 26)$$
$$C_2 \equiv 9P_1 + P_2 (\text{mod } 26).$$

16. 解密用将明文数据组 P_1P_2 转换为密文数据组 C_1C_2 的双字母密码加密的密文信息 UW DM NK QB EK. 双字母密码如下所示：
$$C_1 \equiv 23P_1 + 3P_2 (\text{mod } 26)$$
$$C_2 \equiv 10P_1 + 25P_2 (\text{mod } 26).$$

17. 某密码分析员发现密文中两个出现频率最高的双字母是 RH 和 NI，并猜测这些密文双字母分别对应英文信息中出现频率最高的双字母 TH 和 HE. 如果明文用如下描述的希尔双字母密码加密：
$$C_1 \equiv aP_1 + bP_2 (\text{mod } 26)$$
$$C_2 \equiv cP_1 + dP_2 (\text{mod } 26).$$
则 a，b，c 和 d 的值分别是什么？

18. 如果分别用如下双字母密码加密，那么有多少对字母是不改变的？
   a) $C_1 \equiv 4P_1 + 5P_2 (\text{mod } 26)$ b) $C_1 \equiv 7P_1 + 17P_2 (\text{mod } 26)$ c) $C_1 \equiv 3P_1 + 5P_2 (\text{mod } 26)$
   $C_2 \equiv 3P_1 + P_2 (\text{mod } 26)$ $C_2 \equiv P_1 + 6P_2 (\text{mod } 26)$ $C_2 \equiv 6P_1 + 3P_2 (\text{mod } 26)$

19. 证明：如果希尔密码系统的加密矩阵 $\boldsymbol{A}$ 是对合矩阵模 26，即 $\boldsymbol{A}^2 \equiv \boldsymbol{I} (\text{mod } 26)$，那么矩阵 $\boldsymbol{A}$ 也是这一密码系统的解密矩阵.

20. 密码分析员发现密文中出现频率最高的三字母（长度为 3 的数据组）是 LME，WRI 和 ZYC，并猜测这些密文分别对应英文信息中出现频率最高的三字母组 THE，AND 和 THA. 如果明文是用希尔三字母密码加密，即 $\boldsymbol{C} \equiv \boldsymbol{AP} (\text{mod } 26)$，则 3×3 加密矩阵 $\boldsymbol{A}$ 的元素是什么？

21. 求下面的乘积密码：首先用加密矩阵为 $\begin{bmatrix} 2 & 3 \\ 1 & 17 \end{bmatrix}$ 的双字母希尔密码进行加密，然后再用加密矩阵为 $\begin{bmatrix} 5 & 1 \\ 25 & 4 \end{bmatrix}$ 的双字母希尔密码进行加密.

22. 证明由两个双字母希尔密码构成的乘积密码仍为双字母希尔密码.

23. 证明由数据组长度为 m 的希尔密码和数据组长度为 n 的希尔密码构成的乘积密码是数据组长度为 $[m, n]$ 的希尔密码.

24. 求下面的乘积密码对应的 6×6 加密矩阵：首先用加密矩阵为 $\begin{bmatrix} 3 & 1 \\ 2 & 1 \end{bmatrix}$ 的双字母希尔密码进行加密，然后再用加密矩阵为 $\begin{bmatrix} 1 & 1 & 0 \\ 1 & 0 & 1 \\ 0 & 1 & 1 \end{bmatrix}$ 的三字母希尔密码进行加密.

* 25. 在对换密码中，特定长度的数据组通过以特殊方式置换字符进行加密. 例如，长度为 5 的明文数据组 $P_1P_2P_3P_4P_5$ 可以变换为密文数据组 $C_1C_2C_3C_4C_5 = P_4P_5P_2P_1P_3$. 证明每一个这样的对换密码都是希尔密码，并且其加密矩阵有这样的性质：只包含 1 和 0 作为其元素，并且每一行和每一列恰好只有一个 1.

　　　希尔密码是仿射变换数据组密码的特殊情形. 为了构造这样的变换，令 A 是元素均为整数的 $n \times n$ 矩阵，并且 $(\det A, 26) = 1$，令 B 为元素均为整数的 $n \times 1$ 矩阵. 为了加密信息，将其拆分为长度为 n 的数据组并将每一数据组的各个字母的等价数值代入 $n \times 1$ 矩阵 P(如必要，最后一个数据组用虚字母填补). 通过计算 $C \equiv (AP + B)(\bmod 26)$ 得到对应的密文数据组，并将矩阵 C 的元素转换回字母.

26. 利用作用在两个连续字母的数据组上的仿射变换 $C \equiv \begin{bmatrix} 3 & 2 \\ 7 & 11 \end{bmatrix} P + \begin{bmatrix} 8 \\ 19 \end{bmatrix} (\bmod 26)$，加密信息 HAVE A NICE DAY.

27. 对应于习题 26 中仿射变换的解密变换是什么?

28. 对应于加密变换 $C \equiv (AP + B)(\bmod 26)$ 的解密变换是什么? 其中 A 是元素为整数的 $n \times n$ 矩阵并且 $(\det A, 26) = 1$，B 是元素为整数的 $n \times 1$ 矩阵.

29. 解密用仿射变换 $C \equiv \begin{bmatrix} 5 & 2 \\ 11 & 15 \end{bmatrix} P + \begin{bmatrix} 14 \\ 3 \end{bmatrix} (\bmod 26)$ 加密的密文 HG PM QR YN NM.

30. 解释怎样解密用仿射变换 $C \equiv AP + B (\bmod 26)$ 加密的长度为 2 的数据组，其中 A 是元素为整数的 2×2 矩阵，并且 $(\det A, 26) = 1$，B 是元素为整数的 2×1 矩阵.

31. 解释怎样解密用仿射变换 $C \equiv AP + B (\bmod 26)$ 加密的长度为 3 的数据组，其中 A 是元素为整数的 3×3 矩阵，并且 $(\det A, 26) = 1$，B 是元素为整数的 3×1 矩阵.

32. 由两个基于仿射变换的双字母分组密码构成的乘积密码是否还是基于仿射变换的双字母分组密码?

* 33. 由两个基于仿射变换的分别对长度为 m 的数据组和长度为 n 的数据组加密的多元分组密码构成的乘积密码是否还是基于仿射变换的多元分组密码?

34. 用密钥流为 10 0111 1001 的维尔南密码加密比特串 11 1010 0011.

35. 解密用密钥流为 10 0111 1001 的维尔南密码加密的比特串 11 1010 0011.

36. 用种子字符为 Z 的自动密钥密码加密明文信息 MIDDLETOWN.

37. 解密用种子字符为 I 的自动密钥密码加密的密文信息 ZVRQH DUJIM.

38. 证明：如果密钥流对已知明文重复使用，则维尔南密码是易被已知明文攻击攻破的. 特别地，如果加密比特串的人接触到了生成的密文字符串，则密钥流就可以找到.

39. 证明：如果维尔南密码的一个密钥流被用来加密两个不同的信息，那么通过模 2 相加两条信息的对应比特得到的比特串可以被拥有相应的密文信息的人找到. 解释为什么通过这种方式可以实现密码分析.

计算和研究

1. 利用维吉尼亚密码加密一些信息让你的同学来破解.

* 2. 解密你同学用维吉尼亚密码加密的信息.

3. 对用维吉尼亚密码加密的密文运用卡西斯基检验法.

4. 求某些字符串的重合次数.

5. 对用维吉尼亚密码加密的密文进行密码分析.

6. 找出各种英文文本中双字母的出现频率，例如计算机程序或某一本小说.

7. 找出各种英文文本中三字母的出现频率，例如计算机程序或某一本小说.

8. 利用希尔密码加密一些信息让你的同学来破解.

9. 解密你同学用希尔密码加密的信息.

10. 利用一次一密钥维吉尼亚密码加密和解密一些较长的信息,并将这些信息发送给你的某个同学.

11. 利用自动密钥密码加密一些信息让你的同学来破解.

12. 解密你同学用自动密钥密码加密的信息.

程序设计

1. 利用维吉尼亚密码加密信息.

2. 解密用维吉尼亚密码加密的信息.

* 3. 对用维吉尼亚密码加密的密文,运用卡西斯基检验法确定此密文的密钥长度.

4. 对一英文字符串,找出此字串的重合次数.

** 5. 分别用卡西斯基检验法和用重合次数的弗莱德曼检验法确定用维吉尼亚密码加密的密文可能的密钥长度. 对每一可能的密钥长度,利用字母频率分析确定密钥的每一字符. 对你找到的每一可能密钥试着恢复原始的明文. 最后通过解密出的英文检查你是否找到了正确的密钥.

6. 利用希尔密码加密信息.

7. 解密用希尔密码加密的信息.

* 8. 通过对密文的双字母的出现频率的分析,对用双字母希尔密码加密的信息进行密码分析.

9. 利用基于仿射变换的密码加密信息(见习题26前面的导言).

10. 解密用基于仿射变换的密码加密的信息.

11. 通过对密文的双字母的频率分析,对用基于仿射变换的双字母密码加密的信息进行密码分析.

12. 利用自动密钥密码加密信息.

13. 解密用自动密钥密码加密的信息.

8.3 指数密码

本节对基于模的指数的密码进行讨论,此密码是由波里格(Pohlig)和海尔曼(Hellman) [PoHe78]于1978年发明的. 我们将会看到此系统所生成的密码不容易被密码分析所破解(这一密码有比实际用途更多的理论意义).

令 p 是奇素数,加密密钥 e 是正整数且满足 $(e, p-1)=1$. 为了加密信息,首先将信息的字母转换为等价数值(保留字母的两位数等价数值中前面的零). 利用以前用过的对应关系,如表8.9所示.

表 8.9 英文字母的两位数对应表

字母	A	B	C	D	E	F	G	H	I	J	K	L	M	N	O	P	Q	R	S	T	U	V	W	X	Y	Z
等价数值	00	01	02	03	04	05	06	07	08	09	10	11	12	13	14	15	16	17	18	19	20	21	22	23	24	25

接下来,将数字信息分为长度为 $2m$ 位的十进制数据组,其中 $2m$ 是使得所有对应于 m 个字母的等价数值的数据组(该数据组此时被视为一个 $2m$ 位的十进制整数)小于 p 的最大正偶数,即如果 $2525 < p < 252\ 525$,则 $m=2$.

每一明文数据组 P 是位数为 $2m$ 的十进制整数,通过如下关系生成密文数据组 C:

$$C \equiv P^e \pmod{p}, \qquad 0 \leqslant C < p.$$

密文信息由这些密文数据组构成,其中每组都是小于 p 的整数. 注意到不同的 e 给出不同的密码, 所以 e 被称作加密密钥. 我们用下例来示范此加密技术.

例 8.14 令素数 $p = 2633$ 是加密过程中所使用的模, 并令用作模指数中的次数的加密密钥为 $e = 29$, 于是 $(e, p-1) = (29, 2632) = 1$. 加密下面的明文信息:

THIS IS AN EXAMPLE OF AN EXPONENTIATION CIPHER,

首先将信息中的字母转换为它们的等价数值, 然后将其分为长度为 4 的数据组, 得到

$$\begin{array}{ccccc} 1907 & 0818 & 0818 & 0013 & 0423 \\ 0012 & 1511 & 0414 & 0500 & 1304 \\ 2315 & 1413 & 0413 & 1908 & 0019 \\ 0814 & 1302 & 0815 & 0704 & 1723. \end{array}$$

注意在信息的最后一个数据组中加上了字母 X 对应的等价数值 23, 以凑成四位数.

接下来, 用如下关系将每一明文数据组 P 转换为密文数据组 C:

$$C \equiv P^{29} \pmod{2633}, \qquad 0 \leqslant C < 2633.$$

例如, 加密第一个明文数据组可通过计算下式实现:

$$C \equiv 1907^{29} \equiv 2199 \pmod{2633}.$$

为了更有效地计算模指数, 可以使用 4.1 节中的算法. 加密这些数据组, 得到如下密文:

$$\begin{array}{ccccc} 2199 & 1745 & 1745 & 1206 & 2437 \\ 2425 & 1729 & 1619 & 0935 & 0960 \\ 1072 & 1541 & 1701 & 1553 & 0735 \\ 2064 & 1351 & 1704 & 1841 & 1459. \end{array}$$

为了解密密文信息数据组 C, 需要知道解密密钥, 即整数 d 使得 $de \equiv 1 \pmod{p-1}$, 所以 d 是 e 模 $p-1$ 的逆, 由于 $(e, p-1) = 1$, 故 d 一定存在. 如果将密文数据组 C 取 d 次方再模 p, 那么就得到了明文数据组 P. 为此, 我们首先考虑 $p \nmid P$ 的情形, 然后考虑 $p \mid P$ 的情形. 将 $p \nmid P$ 时,

$$C^d \equiv (P^e)^d = P^{ed} \equiv P^{k(p-1)+1} \equiv (P^{p-1})^k P \equiv P \pmod{p},$$

其中存在某一整数 k, 使得 $de = k(p-1)+1$, 这是因为 $de \equiv 1 \pmod{p-1}$. (此处使用了费马小定理来得出 $P^{p-1} \equiv 1 \pmod{p}$.) 当 $p \mid P$ 时, 有 $P = 0$, 这是因为 $0 \leqslant P < p$, 故同样由于 $C \equiv P^e = 0^e = 0 \pmod{p}$, $0 \leqslant C < p$, 我们得出 $C = 0$. 故 $C^d \equiv 0^d = 0 \pmod{p}$, 这表明此种情况下 $C^d \equiv P \pmod{p}$.

例 8.15 为了解密用素数模 $p = 2633$ 和加密密钥 $e = 29$ 加密的密文数据组, 需要用到 e 模 $p-1 = 2632$ 的逆. 一个和 4.2 节中一样的简单计算表明 $d = 2269$ 就是它的逆. 为了解密密文数据组 C, 进而确定相应的明文数据组 P, 利用下面的关系:

$$P \equiv C^{2269} \pmod{2633}.$$

例如, 对密文数据组 2199 进行解密, 有

$$P \equiv 2199^{2269} \equiv 1907 \pmod{2633}.$$

当然我们在模指数运算过程中使用了 4.1 节中的算法.

对于每一通过计算 $P^e \pmod{p}$ 来加密的明文数据组 P, 如定理 4.9 所示, 其位运算量只有 $O((\log_2 p)^3)$ 次. 在解密之前, 需要找到 e 模 $p-1$ 的逆 d. 其位运算量约为 $O(\log^3 p)$ 次 (见 4.2 节习题 15), 这仅需做一次. 接下来, 为从密文数据组 C 恢复明文数据组 P, 只

需要计算 C^d 模 p 的最小正剩余；此位运算量为 $O((\log_2 p)^3)$ 次. 因此，利用模指数进行的解密和加密过程可以迅速实现.

另一方面，对用模指数加密信息的密码分析通常不能迅速实现. 为明白这一点，假设已知作为模的素数 p，并假定已知对应于密文数据组 C 的明文数据组为 P，所以

$$C \equiv P^e \pmod{p}. \tag{8.2}$$

为了成功地进行密码分析，需要找到加密密钥 e. 这是一个计算困难的离散对数的问题，将会在第 9 章对其进行讨论. 注意当十进制数 p 超过 200 位时，用计算机解决这一问题是不可行的.

8.3 节习题

1. 取素数 $p=101$ 和加密密钥 $e=3$，利用模指数加密信息 GOOD MORNING.

2. 取素数 $p=2621$ 和加密密钥 $e=7$，利用模指数加密信息 SWEET DREAMS.

3. 对应于密文 01 09 00 12 12 09 24 10 的明文是什么？其中密文由模为 $p=29$ 和加密次数为 $e=5$ 的模指数密码生成.

4. 对应于密文 1213 0902 0539 1208 1234 1103 1374 的明文是什么？其中密文由模为 $p=2591$ 和加密次数为 $e=13$ 的模指数密码生成.

5. 证明：当加密是由模 $p=31$ 和 $e=11$ 的模指数密码生成时，加密和解密过程是相同的.

6. 由模为 $p=29$ 和未知的加密密钥 e 构成的模指数密码生成的密文是 04 19 19 11 04 24 09 15 15. 如果知道密文数据组 24 对应的明文字母是 U(等价数值为 20)，对上述密文进行密码分析. (提示：首先找到 24 以 20 为底在模 29 下的对数，再利用一些合理猜测.)

计算和研究

1. 利用指数密码加密一些信息让你的同学来破解.

2. 对于给定的加密密钥和素数模，解密你同学用指数密码加密的信息.

程序设计

1. 给定一条信息、加密密钥以及一个素数模，利用指数密码加密该信息.

2. 给定一条由指数密码加密的信息以及加密密钥和素数模，试解密该信息.

8.4 公钥密码学

截至目前我们所讨论的密码系统都是私钥密码系统或者对称密码系统的例子，它们的加密和解密密钥或者是一样的，或者可以容易地相互推出. 例如，在移位密码中，加密密钥是一个整数 k，与之对应的解密密钥是整数 $-k$. 在仿射密码中，加密密钥是整数对 (a, b)，与之对应的解密密钥是整数对 $(\overline{a}, -\overline{a}b)$，其中 $\overline{a}$ 是 a 模 26 的逆. 在希尔密码中，加密密钥是 $n \times n$ 矩阵 $\boldsymbol{A}$，与之对应的解密密钥是 $n \times n$ 矩阵 $\overline{\boldsymbol{A}}$，$\overline{\boldsymbol{A}}$ 是矩阵 $\boldsymbol{A}$ 模 26 的逆. 在波里格-海尔曼指数密码中，加密密钥是 (e, p)，其中 p 是素数；与之对应的解密密钥是 (d, p)，其中 d 是 e 模 $p-1$ 的逆. 对于 DEA，加密和解密密钥是完全一样的.

基于此原因，如果前面所讨论的密码系统之一被用来建立网络内部的安全通信，那么通信双方必须采用一个网络内对其他个体保密的密钥，这是由于一旦在这样的密码系统中加密密钥被得到，那么解密密钥可以用很少的计算机时间就能被找到. 因此，为了保持安

全性，加密密钥本身必须通过安全通信频道传送.

　　为了避免向网络中每一对个体指派密钥，而且对网络的其他个体保密，一种新型的密码系统(称为公钥密码系统)于 20 世纪 70 年代被发明. 在这种密码系统中，加密密钥可以是公开的，因为从加密变换寻找解密变换所耗费的计算机时间是不切实际地大. 为了利用公钥密码系统建立具有 n 个个体的网络内的安全通信，每一个体都产生一个由密码系统指定类型的密钥，它可以进入加密变换 $E(k)$ 的构造，通过具体的规则由密钥 k 得到. 然后公开有 n 个密钥 k_1，k_2，$\cdots$，k_n 的目录. 当个体 i 想要给个体 j 发送信息的时候，信息的字母被转换为其等价数值并且组合为指定大小的数据组. 然后，对于每一明文数据组 P，相应的密文数据组 $C = E_{k_j}(P)$ 就可以通过加密变换 E_{k_j} 得到. 为了解密信息，个体 j 对每一密文数据组 C 应用解密变换 D_{k_j} 找到 P；即

$$D_{k_j}(C) = D_{k_j}(E_{k_j}(P)) = P.$$

由于解密变换 D_{k_i} 不能被除了个体 j 之外的其他个体通过合理的时间找到，因此即使知道加密密钥 k_j，任何没有授权的个体都不能解密信息. 此外，即使知道加密密钥 k_j，由于所需要的计算机时间十分巨大，因此对密文信息的密码分析也是极为困难的.

　　许多密码系统曾被提出作为公钥密码系统. 通过证明密文信息能在可接受的计算机时间内被解密，这其中除了少数的系统外都已被证明是不合适的. 在本节中，我们将介绍最为广泛使用的 RSA 密码系统. 除此之外，还将对其他几种公钥密码系统进行介绍，包括将在本节最后讨论的拉宾(Labin)公钥密码系统和将在本书第 10 章讨论的 EIGamal 公钥密码系统. 这些密码系统的安全性是基于两个复杂的数学问题计算的困难性，这两个数学问题是整数分解(已在第 3 章讨论)和离散对数的求解(将在第 9 章进行讨论). 在 8.5 节中，我们将对曾被提出作为公钥密码系统的背包密码系统进行讨论，最后发现其作为公钥密码系统是不合适的. (多数重要的公钥密码系统可参见[MevaVa97].)

　　尽管公钥密码系统有许多优点，但它们并不被广泛地应用于通用加密. 这是因为这种密码系统的加密和解密需要耗费多数计算机太多的时间和存储空间，相比目前使用的对称密码系统多出几个量级. 然而，公钥密码系统常常被用来加密 DES 等对称密码系统的密钥，以保证它们可以被安全地传输. 它们也广泛用于各种密码协议，例如数字签名(将在 8.6 节进行讨论). 在各种智能卡和电子商务中它们也是特别有用的.

　　同时请注意在现代密码学中，用何种密码系统加密信息是公开已知的. 因此，被加密信息的安全性不依赖于使用的加密算法的安全性. 对于对称密钥密码系统，信息的安全性取决于所使用的加密密钥的安全性和通过其他信息(例如明文–密文数据对)寻找此密钥进行计算的难度. 对于公钥密码系统来说，其安全性依赖于解密密钥的安全性和通过加密密钥及其他公共信息(例如明文–密文数据对)找到解密密钥进行计算的难度.

RSA 密码系统

　　现今最为广泛使用的公钥密码系统是 RSA 密码系统，它根据 Ronald Rivest，Adi Shamir 和 Lenard Adleman 的名字命名[RiShAd78]，他们在 1977 年给出了该系统的描述(并于 1983 年申请了专利[RiShAd83]). 但实际上该密码系统在早几年前的 1973 年就由英

国数学家 Clifford Cocks 在英国情报部门的通信总部的一项秘密工作中发明出来了. Cocks 的发明直到 1997 年才脱密并公诸于众.

RSA 密码系统是基于模指数的公钥密码系统,其中密钥是由一个次数 e 和两个大素数的乘积生成的模数 n 组成的数对 (e, n);即 $n=pq$,其中 p 和 q 是大素数,且 $(e, \phi(n))=1$. 为了加密信息,首先将字母转为其等价数值并形成尽可能长(位数为偶数)的数据组. 为加密明文数据组 P,我们通过加密变换 $E(P)$ 生成密文数据组 C:

$$E(P) = C \equiv P^e (\bmod\ n), 0 \leqslant C < n.$$

解密过程需要知道 e 模 $\phi(n)$ 的逆 d,由于 $(e, \phi(n))=1$,所以它是存在的. 为了解密密文数据组 C,我们利用解密变换 C 且

$$D(C) \equiv P^d (\bmod\ n), 0 \leqslant D(C) < n.$$

为验证对所有明文信息 P 有 $D(C)=(P^e)^d \equiv P(\bmod\ n)$,注意到

$$D(C) = C^d \equiv (P^e)^d = P^{ed} \equiv P^{k\phi(n)+1} \equiv P^{\phi(n)k}P(\bmod\ n)$$

其中 $ed=k\phi(n)+1$ 对某个整数 k 成立,这是因为 $ed \equiv 1(\bmod\ \phi(n))$,当 $(P, n)=1$ 时,由欧拉定理可知 $P^{\phi(n)} \equiv 1 (\bmod\ n)$. 故

$$P^{\phi(n)k}P \equiv (P^{\phi(n)})^k P \equiv P(\bmod\ n)$$

所以

$$D(C) \equiv P(\bmod\ n)$$

其次,我们考察少数情况,即 $(P, n)>1$ 的情况(见习题 4). 为证明该解密变换恢复了明文信息,我们需首先考虑在模 p 和模 q 时的同余,然后应用中国剩余定理.(此处的推导对 $(P, n)=1$ 这种情形也可行,但要稍复杂些.)故设 $P \not\equiv 0(\bmod\ p)$. 我们有 $D(C) \equiv P^{\phi(n)k}P \equiv P^{(p-1)(q-1)/k} \equiv (P^{p-1})^{(q-1)k} \equiv P(\bmod\ p)$,此处由费马小定理我们使用了同余式 $P^{p-1} \equiv 1(\bmod\ p)$. 进一步,如果 $P \equiv 0(\bmod\ p)$,则 $C=P^e \equiv 0(\bmod\ p)$,故在该情形下亦有 $D(C) \equiv P(\bmod\ p)$. 类似的推导对素数 q 也成立,故 $D(C) \equiv P(\bmod\ q)$. 应用中国剩余定理,在模 p 和模 q 时的同余给出 $D(C) \equiv P(\bmod\ n)$. 对所有 P,包括满足 $(P, n)>1$ 的 P 均成立.

由上可知,对 RSA 密码系统,(d, n) 是和加密密钥 (e, n) 对应的解密密钥,其中 d 为 e 模 n 的逆.

注意,如果知道了信息 P 与 n 不互素,则破译者可通过分解 n 来破译该 RSA 系统(习题 4). 但任意信息 P 与 n 不互素的概率相当低(习题 3).

例 8.16 下面举例说明 RSA 密码系统的加密过程,假定加密模数是素数 43 和 59 的乘积(这比实际应用的大素数小很多),这样得到以 $n=43 \cdot 59=2537$ 为模. 取 $e=13$ 作为次数;注意到 $(e, \phi(n))=(13, 42 \cdot 58)=1$. 为了加密信息

PUBLIC KEY CRYPTOGRAPHY,

首先将字母转为其等价数值,将这些数字分为长度为 4 的数据组. 得到

$$
\begin{array}{cccc}
1520 & 0111 & 0802 & 1004 \\
2402 & 1724 & 1519 & 1406 \\
1700 & 1507 & 2423,
\end{array}
$$

罗纳德·里威斯特（Ronald Rivest，生于 1948 年）于 1969 年在耶鲁大学获得学士学位，并于 1974 年在斯坦福大学获得了计算机科学博士学位．他是麻省理工学院（MIT）的计算机科学教授，也是 RSA 数据安全公司（现在是安全动力的子公司）的合作创立者，该公司拥有 RSA 密码系统的专利权．里威斯特曾经工作的领域包括机器智能、计算机算法和 VLSI 设计．他是一本十分受欢迎的关于算法的教科书的作者之一（[ColeRiSt10]）．

阿迪·沙米尔（Adi Shamir，生于 1952 年）出生在以色列的特拉维夫．他于 1972 年在特拉维夫大学获得了学士学位，并于 1977 年在威兹曼科学研究所获得计算机博士学位．在华威大学任研究助理一年后，于 1978 年成为麻省理工学院的助理教授．他现在任职于以色列的威兹曼研究所的应用数学系，并建立了一个计算机安全研究小组．除了合作发明 RSA 密码系统外，沙米尔对密码学还有许多贡献，包括攻破由 Merkle 和 Hellman 提出的作为公钥密码系统的背包密码系统，发展了许多密码协议，并创造性地对 DES 进行了密码分析．

勒纳德·阿德尔曼（Leonard Adleman，生于 1945 年）出生在加州的旧金山．他于 1968 年和 1976 年在加州大学伯克利分校分别获得了学士学位和计算机科学博士学位．从 1976 年到 1980 年，他任职于麻省理工学院的数学系；在此期间，帮助发明了 RSA 密码系统．1980 年他获得了南加州大学计算机科学系的职位，并于 1985 年被任命为讲座教授．除了在密码学中的工作，阿德尔曼的研究领域还有计算复杂性、计算机安全、免疫学和分子生物学．计算机病毒这一术语就是由他提出的．利用 DNA 分子进行计算是他最近的主要兴趣所在．阿德尔曼还曾做过电影《Sneakers》的技术顾问，在这部电影中计算机安全的作用十分显著．

其中添加了虚字母 $X=23$ 以填满最后的数据组.

利用下述关系式，将每一明文数据组加密为密文数据组：

$$C \equiv P^{13} \pmod{2537}.$$

例如，对第一个明文数据组 1520 加密，得到

$$C \equiv (1520)^{13} \equiv 95 \pmod{2537}.$$

对所有明文数据组加密，我们得到密文信息

$$
\begin{array}{cccc}
0095 & 1648 & 1410 & 1299 \\
0811 & 2333 & 2132 & 0370 \\
1185 & 1957 & 1084.
\end{array}
$$

要解密用 RSA 密码加密的信息，必须找到 $e=13$ 模 $\phi(2537)=\phi(43 \cdot 59)=42 \cdot 58=2436$ 的逆．利用欧拉算法进行简短的计算，如 4.2 节所示，可得 $d=937$ 是 13 模 2436 的逆．因此利用下述关系来解密密文数据组 C：

$$P \equiv C^{937} \pmod{2537}, \qquad 0 \leqslant P < 2537,$$

这是有效的，因为

$$C^{937} \equiv (P^{13})^{937} \equiv (P^{2436})^5 P \equiv P \pmod{2537}.$$

注意由欧拉定理可知

$$P^{\phi(2537)} = P^{2436} \equiv 1 (\bmod\ 2537),$$

此时$(P，2537)=1$（对此例中的所有明文数据组均正确）.

克利福德·科克斯(Clifford Cocks，生于 1950 年)出生在英国柴郡的佩斯贝瑞.
他毕业于曼彻斯特文理学校，这所有名的全日制学校成立于 1515 年．在对希腊
文和拉丁文产生厌恶后，他表达了对科学的兴趣，在优秀老师的指导下很快转
移到数学上来．1968 年，他在国际奥林匹克数学竞赛中获得了银质奖章．1968
年秋，科克斯进入了剑桥大学国王学院，获得数学学士学位后，又在牛津大学
学了短时间的数论．1973 年，他在英国情报机关的政府通信总部(GCHQ)从事
数学方面的工作．加入 GCHQ 两个月后，科克斯的朋友与他谈论公钥密码学的
思想，这被另一雇员 James Ellis 记录在内部的报告中．仅一天的时间，科克斯就利用数论知识发
明了 RSA 密码系统．当他认识到把两个大素数相乘的过程反过来可以用作公钥密码系统的基础时，
很快产生了这一思想．在发明 RSA 密码系统 24 年后，1997 年科克斯才被允许公布了描述其发现
的 GCHQ 内部文档．除发明了 RSA 密码系统外，科克斯还以发明安全的基于身份识别的加密方案
而著称，该方案利用用户的身份信息作为公钥．2001 年，科克斯成为 GCHQ 的首席数学家．他组
织建立了海尔布隆数学研究所(由 GCHQ 和布里斯托尔大学合办).

RSA 密码系统的安全性　为了理解 RSA 密码系统是如何满足公钥密码系统的要求的，
首先注意到每一个体都可以在几分钟内由计算机找到两个有 200 位十进制数的大素数 p 和
q．这些素数可以通过对有 200 位数的奇整数进行随机选择得到；由素数定理，这样一个整
数是素数的概率接近 $2/\log 10^{200}$．所以，我们可以期望在每平均检测了 $1/(2/\log 10^{200})$ 个
整数后，或者说大约 230 个这样的整数后找到一个素数．为了检验这些随机选择的奇数的
素性，我们采用拉宾概率素性检验(在 6.2 节中讨论过)．对这些 200 位的奇数执行小于此
整数的 100 个基底的米勒检验；一个合数通过所有检验的概率是小于 10^{-60} 的．刚刚描述的
过程只需要几分钟的计算机时间就可以找到一个 200 位的素数，并且只需要对此操作进行
两次．

一旦找到素数 p 和 q，就必须选定加密次数 e，使得 $(e，\phi(pq))=1$．一个建议是选取
比 p 和 q 都大的素数．不论 e 是怎样找到的，都应满足 $2^e > n = pq$，使得不可能只取整数 C
的 e 次根 $C \equiv P^e(\bmod\ n)(0 \leqslant C < n)$ 就能恢复明文数据组 $P(P \neq 0$ 或 1)．只要 $2^e > n$，则除
$P = 0$ 和 1 外的每一信息都通过模 n 指数被加密．

我们注意到，当模、次数和模指数的底数是 500 位的数时，利用 RSA 密码系统加密信
息时所需要的模指数只要几秒的计算机时间就可以用 4.1 节中介绍的快速模指数算法完成.
同时，当素数 p 和 q 已知且 $\phi(n)=\phi(pq)=(p-1)(q-1)$ 时，利用欧拉算法，可以迅速找
到加密次数 e 模 $\phi(n)$ 的逆 d．

为了弄明白为什么加密密钥 $(e，n)$ 不会轻易导出解密密钥 $(d，n)$，我们注意到寻找 e
模 $\phi(n)$ 的逆 d 需要首先找到 $\phi(n)=\phi(pq)=(p-1)(q-1)$．而找出 $\phi(n)$ 并不比分解整数 n
容易．原因在于 $p+q=n-\phi(n)+1$，$p-q=\sqrt{(p+q)^2-4pq}=\sqrt{(p+q)^2-4n}$ 以及 $p=$

$\dfrac{1}{2}[(p+q)+(p-q)]$, $q=\dfrac{1}{2}[(p+q)-(p-q)]$. 因此，当已知 $n=pq$ 和 $\phi(n)=(p-1)$ $(q-1)$ 时，p 和 q 是容易找到的. 注意当 p 和 q 都有大约 200 位数时，$n=pq$ 的位数大约是 400. 利用已知的最快的整数因子分解算法，计算机分解这样大小的整数需要耗费大约上百万年的时间. 与此同时，如果已知整数 d，但不知道 $\phi(n)$，则 n 也可能容易被分解，这是由于 $ed-1$ 是 $\phi(n)$ 的倍数，而我们有特殊算法利用 $\phi(n)$ 的任何倍数对整数 n 进行分解（参见 [Mi76]）.

至今并没有证明不通过分解 n 来解密用 RSA 密码系统加密的信息是不可能的，但是到目前为止，没有发现这样的方法. 例如，如果存在可以快速找到不依赖于 n 的因子分解的模 n 的第 e 个根，则可以解密 RSA 密文. 通常所用的解密方法仍然是和分解 n 是等价的，正如我们所指出的一样，大数分解是一个非常棘手的问题，需要耗费惊人的计算机时间. 如果没有找到不用分解 n 的方法解密 RSA 信息，那么随着整数分解方法和计算能力的改进，RSA 系统的安全性可以通过增大模得到维持. 不幸的是，当分解模 n 可行后，用 RSA 加密的信息是易受攻击的. 这意味着对那些需要保密达几十年或上百年的信息要予以特别的照顾——例如，利用有数百位数的素数 p 和 q 来进行加密.

注意在选择 RSA 密码系统中使用的素数 p 和 q 时，有些需要注意的事项，以防止特殊的快速整数分解 $n=pq$ 的技术的应用. 例如，$p-1$ 和 $q-1$ 都应有大的素因子，$(p-1, q-1)$ 应该很小，p 和 q 的十进制展位数应该拉开一些（见习题 12），以防止 p 和 q 离得太近.

正如我们所指出的，RSA 密码系统的安全性依赖于大整数分解的困难性. 特别地，对于 RSA 密码系统来说，一旦模数 n 被分解，就很容易由加密变换找到解密变换. 尽管不对 n 进行分解就由加密变换找到解密变换或许是可能的，但目前来看这是不可能的.

对 RSA 密码系统的攻击

经过 30 年的详细研究，各种各样的对一些特别的 RSA 密码系统的攻击被设计出来. 这些攻击说明当启用 RSA 时必须多加小心以避免其特有的弱点，这些弱点被称为协议失败. 注意，没有发现本质上的弱点致使 RSA 不适合作为公钥密码系统. 我们将对一些攻击进行描述. 感兴趣的读者请查阅 [Bo99].

用不同的密钥对相同的密文信息加密能引发一个成功的哈式广播攻击（Hastad broadcast attack）. 例如，当加密次数 3 被三个不同的人用不同的加密模用来加密相同的信息时，拥有全部三条密文的人就可以恢复原始的明文. 通常来说，当一条信息被充分多不同的 RSA 加密密钥分别加密时，从生成的密文中恢复原始的明文信息是可能的. 甚至当原始信息以一种线性相关的方式对每一接收者而改变时，这种方法都是成功的. 为了避免这一弱点，应该对信息进行一些不同的随机填补再加密.

下面描述由维纳（M. Wiener）[Wi90] 发现的 RSA 的一个弱点. 他证明了当 $n=pq$，p 和 q 为素数并且 $q<p<2q$ 时，加密密钥为 (e, n) 的 RSA 密码系统的解密次数 d 可以被有效地确定，并且解密次数 d 小于 $n^{1/4}/3$.（在第 12 章中我们将利用连分数理论来发展这一攻击.）这一结果表明用于生成加密模的素数 p 和 q 不能过于接近，并且应该使用相对较大的解密次数 d. 尽管首先选择 RSA 密码的加密密钥是习惯性的做法，但是可以首先选择较

大的解密次数，然后利用它来计算加密次数 e.

对生成加密模数 n 的一个素数的部分信息的泄露可以导致 RSA 密码系统的另一弱点. 假定 $n=pq$ 是 m 位数. 则知道 p 的前 $m/4$ 或者后 $m/4$ 位数将使得 n 可以被有效地分解. 例如，当 p 和 q 都有 100 位数时，如果知道 p 的前 50 或者后 50 位数，就能够对 n 进行分解. 关于部分密钥泄露攻击的详细内容参见[Co97]. 一个类似的结果表明，如果得知解密次数 d 的后 $m/4$ 位，则可以通过 $O(eloge)$ 次运算有效地找到 d. 这说明如果加密次数 e 较小，那么只要知道了解密次数的后 $1/4$ 位数，就可以找到它.

我们提及的最后一种攻击是由 Paul Kocher 于 1995 年当他还是斯坦福大学本科生的时候发现的. 他证明了 RSA 密码系统的解密次数可以通过仔细测量此系统进行一系列解密所需要的时间来确定. 这提供了用于确定解密次数 d 的信息. 幸运的是，很容易就可以设计出方法来阻止这一攻击. 关于这一攻击的详细信息，参见[TrWa02]和 Kocher 的论文[Ko96a].

对 RSA 密码系统的广泛接受和应用使其成为重要的攻击目标. 只有较小的弱点被发现，这给了人们充分的信心来实际应用这一密码系统. 这也为找出这一广受欢迎的密码系统的弱点提供了充分的动力.

拉宾密码系统

迈克尔·拉宾(Michael Rabin)[Ra79]发现了 RSA 密码系统的一个变种，其对模 n 因子分解的计算复杂度和从加密变换得到解密变换的计算复杂度几乎是一样的. 为了描述拉宾的密码系统，令 $n=pq$，其中 p 和 q 为奇素数，并令整数 b 满足 $0 \leqslant b < n$. 要加密明文信息 P，利用

$$C \equiv P(P+b)(\bmod n).$$

由于要用到一些还没有介绍的概念(见 11.1 节习题 49)，因此在此对拉宾密码的解密过程不做讨论. 然而，对于每一密文数据组 C 有四种可能的 P 值满足 $C \equiv P(P+b)(\bmod n)$，这一模糊性使其解密过程复杂化. 当 p 和 q 已知，拉宾密码的解密过程可以迅速实现，因为只需要进行 $O(\log n)$ 次位运算.

拉宾已经证明，在不知道素数 p 和 q 的情况下，如果此密码系统有只需 $f(n)$ 次位运算的解密算法，那么有只需 $2(f(n)+\log n)$ 次位运算来分解 n 的算法. 因此，在不知道 p 和 q 的情况下，解密利用拉宾密码加密的信息的过程是和整数分解的计算复杂度差不多的. 更多关于拉宾公钥密码系统的信息，参见[MevaVa97].

8.4 节习题

1. 如果 $n=pq=14\,647$，并且 $\phi(n)=14\,440$，求出素数 p 和 q.
2. 如果 $n=pq=4\,386\,607$，并且 $\phi(n)=4\,382\,136$，求出素数 p 和 q.
3. 假定密码分析员发现了信息 P，其与 RSA 密码中使用的加密模 $n=pq$ 不是互素的(可以通过欧几里得算法证明这一点)，证明密码分析员可以对 n 进行因子分解.
4. 习题 3 所描述的信息被发现的可能性是非常小的. 这可通过证明下面的叙述来说明：一个信息 P 与 n 不互素的概率是 $\frac{1}{p}+\frac{1}{q}-\frac{1}{pq}$，并且当 p 和 q 都大于 10^{100} 时，这一概率小于 10^{-99}. 在本习题中，假定信息在模 n 的剩余类中平均分布.

5. 信息 BEST WISHES 用密钥为 $(e, n)=(3, 2669)$ 的 RSA 密码加密后生成的密文是什么？

6. 信息 LIFE IS A DREAM 用密钥为 $(e, n)=(7, 2627)$ 的 RSA 密码加密后生成的密文是什么？

7. 如果用密钥为 $(e, n)=(13, 2747)$ 的 RSA 密码加密后生成的密文是 2206 0755 0436 1165 1737，那么明文信息是什么？

8. 如果用密钥为 $(e, n)=(5, 2881)$ 的 RSA 密码加密后生成的密文是 0504 1874 0347 0515 2088 2356 0736 0468，那么明文信息是什么？

9. 利用拉宾密码 $C \equiv P(P+5)(\mathrm{mod}\ 2573)$ 加密信息 SELL NOW.

10. 利用拉宾密码 $C \equiv P(P+11)(\mathrm{mod}\ 3901)$ 加密信息 LEAVE TOWN.

11. 假设十分关心密码安全性的 Bob 选定一个加密模 n，$n=pq$，其中 p 和 q 是大素数，并选定了两个加密次数 e_1 和 e_2. 他让 Alice 对信息进行双重加密. 首先用加密密钥为 (e_1, n) 的 RSA 密码加密信息，再对生成的密文用加密密钥为 (e_2, n) 的 RSA 密码加密. 通过此双重加密，Bob 得到更多的安全性了吗？验证你的结论.

12. 在 RSA 密码系统中，解释为何不能选用靠得太近的素数 p 与 q 来生成加密指数 n. 特别地，证明选用一对孪生素数会造成灾难性后果（提示：回顾费马因子分解方法）.

13. 假定两个团队在 RSA 密码系统中使用共同的模数 n，但加密次数不相同. 证明发送到这两个团队每一方的用各自 RSA 密钥加密的明文信息都可以从密文信息中恢复.

14. 假定加密次数 3 被三个不同的人用不同的加密模来应用于 RSA 密码系统. 用各自密钥加密的明文信息 P 可以从生成的三条密文信息恢复.（提示：假设这三个密钥的模分别为 n_1，n_2 和 n_3. 首先找到同余方程组 $x_i \equiv P^3 (\mathrm{mod}\ n_i)(i=1, 2, 3)$ 的解. 这是一个哈式广播攻击的例子.）

15. 当 n 是三个素数而不是两个素数的乘积时，RSA 密码系统是怎样工作的？

16. 假定两个人所使用的 RSA 加密密钥的加密模分别为 n_1 和 n_2，并且 $n_1 \neq n_2$. 如果 $(n_1, n_2)>1$，那么怎样破解这一系统呢？

17. 在 RSA 密码系统中，若我们用同一密钥加密两条明文信息，P_1，P_2 及它们的乘积 $P_1 P_2 = P$，则由将 P 加密得到的密文模 n 同余于 $C_1 C_2$，其中 C_1，C_2 分别是对应于 P_1，P_2 的密文，n 是加密模.

18. 假设 Alice 的 RSA 加密密钥是 (e, n)，她将明文信息 P 加密后得到密文信息 C. 证明：如果 Eve 能设法获知 Alice 解密 $C' = Cr^e$ 的结果，其中 r 是 Eve 随机选取的整数，则 Eve 就能通过截获 C 来得到 P.（Alice 可能错误地认为 C' 是一条有效信息从而将其解密，而 Eve 则因此可能获取 Alice 认为是废物的结果）.

计算和研究

1. 为你们班的同学构造一个 RSA 密码的密钥表.

2. 对你们班的每个人，用此表的公钥利用 RSA 密码加密信息.

3. 解密你的同学发送的用你的 RSA 加密密钥加密的信息.

程序设计

1. 为 RSA 密码系统生成有效的密钥 (e, n).

2. 对于给定的 RSA 密码系统的有效密钥 (e, n) 以及因子分解 $n=pq$，其中 p，q 为素数，找出相应的解密密钥 d.

3. 用具有给定密钥 (e, n) 的 RSA 密码加密给定的信息.

4. 对于一条用 RSA 密码通过加密密钥 (e, n) 加密的信息，若已知相应的解密密钥 d，解密该信息.

8.5 背包密码

在本节中，我们将对基于背包问题的密码系统进行讨论. 在给定的一组正整数 a_1，a_2，…，a_n 和整数 S 存在的前提下，背包问题问的是这些整数中哪些数加起来和为 S. 背

包问题的另一种表述是，求解取值为 0 或 1 的 x_1，x_2，…，x_n，满足

$$S = a_1 x_1 + a_2 x_2 + \cdots + a_n x_n.$$ (8.3)

我们利用下面的例子具体说明背包问题.

例 8.17 令 $(a_1, a_2, a_3, a_4, a_5) = (2, 7, 8, 11, 12)$ 并且 $S = 21$. 通过观察可知，这五个数中有两个子集合的和为 21，即 $21 = 2 + 8 + 11 = 2 + 7 + 12$. 等价地，方程 $2x_1 + 7x_2 + 8x_3 + 11x_4 + 12x_5 = 21$ 恰好有两组解，其中对 $i = 1, 2, 3, 4, 5$，$x_i = 0$ 或 1. 这些解是 $x_1 = x_3 = x_4 = 1$，$x_2 = x_5 = 0$ 和 $x_1 = x_2 = x_5 = 1$，$x_3 = x_4 = 0$. ◄

为了核实 (8.3) 成立，其中 $x_i = 0$ 或 1，需要进行至多 n 次加法. 另一方面，通过平凡的试错法搜索 (8.3) 的解可能需要检验 $(x_1, x_2, \cdots, x_n)$ 的所有 2^n 种可能组合. 目前所知的最好的求解背包问题的方法需要进行 $O(2^{n/2})$ 次位运算，当 $n = 100$ 时，计算机求解一般背包问题是几乎不可能的.

求解特殊整数 $a_1, a_2, \cdots, a_n$ 的背包问题要比一般情况简单很多. 例如，当 $a_j = 2^{j-1}$ 时，求解 $S = a_1 x_1 + a_2 x_2 + \cdots + a_n x_n$（其中对 $i = 1, 2, \cdots, n$，$x_i = 0$ 或 1）只需要找到 S 的二进制展开即可. 也可以通过选择整数 $a_1, a_2, \cdots, a_n$ 使得前 $j - 1$ 个整数的和总是小于第 j 个整数，从而生成简单的背包问题，即

$$\sum_{i=1}^{j-1} a_i < a_j, \quad j = 2, 3, \cdots, n.$$

如果一列整数 $a_1, a_2, \cdots, a_n$ 满足上述不等式，就称这一序列是*超递增的*.

例 8.18 序列 2，3，7，14，27 是超递增的，这是由于 $3 > 2$，$7 > 3 + 2$，$14 > 7 + 3 + 2$ 和 $27 > 14 + 7 + 3 + 2$. ◄

为了明白超递增序列的背包问题是容易解决的，我们来考虑下面的例子.

例 8.19 从数集 2，3，7，14，27 中找到和为 37 的整数. 首先，注意到 $2 + 3 + 7 + 14 < 27$，一个整数子集只有含 27 时其和才能比 27 大. 因此，如果 $2x_1 + 3x_2 + 7x_3 + 14x_4 + 27x_5 = 37$，其中每一 $x_i = 0$ 或 1，则一定有 $x_5 = 1$ 和 $2x_1 + 3x_2 + 7x_3 + 14x_4 = 10$. 由于 $14 > 10$，故 x_4 一定为 0 并且有 $2x_1 + 3x_2 + 7x_3 = 10$. 因为 $2 + 3 < 7$，所以一定有 $x_3 = 1$ 并且 $2x_1 + 3x_2 = 3$. 显然有 $x_2 = 1$ 和 $x_1 = 0$. 解为 $37 = 3 + 7 + 27$. ◄

通常，为求解超递增序列 $a_1, a_2, \cdots, a_n$ 的背包问题，也就是说，对给定 S，找到满足 $S = a_1 x_1 + a_2 x_2 + \cdots + a_n x_n$ 的 $x_1, x_2, \cdots, x_n$ 的值，其中对 $i = 1, 2, \cdots, n$，$x_i = 0$ 或 1，可以利用下面的算法. 首先通过观察下式找到 x_n：

$$x_n = \begin{cases} 1 & \text{若 } S \geqslant a_n; \\ 0 & \text{若 } S < a_n. \end{cases}$$

然后，用下面的等式逐个找到 x_{n-1}，x_{n-2}，…，x_1：

$$x_j = \begin{cases} 1 & \text{若} \quad S - \sum_{i=j+1}^{n} x_i a_i \geqslant a_j; \\ 0 & \text{若} \quad S - \sum_{i=j+1}^{n} x_i a_i < a_j, \end{cases}$$

其中 $j = n - 1$，$n - 2$，…，1.

为了明白该算法的原理，首先注意到当 $S \geqslant a_n$ 时，如果 $x_n = 0$，则有 $\sum_{i=1}^{n} a_i x_i \leqslant \sum_{i=1}^{n-1} a_i <$

$a_n \leqslant S$，与条件 $\sum_{j=1}^{n} a_j x_j \geqslant S$ 矛盾．同样，当 $S - \sum_{i=j+1}^{n} x_i a_i \geqslant a_j$ 时，如果 $x_j = 0$，则有

$\sum_{i=1}^{n} a_i x_i \leqslant \sum_{i=1}^{j-1} a_i + \sum_{i=j+1}^{n} x_i a_i < a_j + \sum_{i=j+1}^{n} x_i a_i \leqslant S$，同样是一个矛盾．

利用这一算法，基于超递增序列的背包问题可以迅速得到解决．现在讨论一个基于此观察的密码系统，它是由默克尔（Merkle）和海尔曼（Hellman）发明的，起初被认为是公钥密码系统的一个很好的选择．（更多的评价将在本节后半部分．）

这里所描述的密码是基于超递增序列的变换的．具体来说，令 a_1，a_2，$\cdots$，a_n 是超递增的，并且 m 是满足 $m > 2a_n$ 的正整数．令 w 是一个和 m 互素的整数，并且其模 m 的逆是 $\overline{w}$．我们生成序列 b_1，b_2，$\cdots$，b_n，其中 $b_j \equiv wa_j \pmod{m}$ 并且 $0 \leqslant b_j < m$．由于序列 b_1，b_2，$\cdots$，b_n 不是超递增的，所以不能利用上述技巧解决 $S = \sum_{i=1}^{n} b_i x_i$ 这种类型的背包问题，其中 S 是正整数．然而当 $\overline{w}$ 是已知时，能够找到

$$\overline{w}S = \sum_{i=1}^{n} \overline{w} b_i x_i \equiv \sum_{i=1}^{n} a_i x_i \pmod{m}, \qquad (8.4)$$

这是因为 $\overline{w} b_j \equiv a_j \pmod{m}$．从式（8.4）可以看出

$$S_0 = \sum_{i=1}^{n} a_i x_i,$$

其中 S_0 是 $\overline{w}S$ 模 m 的最小正剩余．这样就可以容易地求解方程

$$S_0 = \sum_{i=1}^{n} a_i x_i,$$

这是因为 a_1，a_2，$\cdots$，a_n 是超递增的．这就解决了背包问题

$$S = \sum_{i=1}^{n} b_i x_i,$$

这是由于 $b_j \equiv wa_j \pmod{m}$，并且 $0 \leqslant b_j < m$．我们在下例中具体演示这一过程．

例 8.20 通过对 $i = 1$，2，3，4，5 取 $b_i \equiv 67a_i \pmod{89}$，超递增序列 $(a_1, a_2, a_3, a_4, a_5) = (3, 5, 9, 20, 44)$ 可以被转换为 $(b_1, b_2, b_3, b_4, b_5) = (23, 68, 69, 5, 11)$．要解决背包问题 $23x_1 + 68x_2 + 69x_3 + 5x_4 + 11x_5 = 84$，对等式两边都乘以 4，它是 67 模 89 的逆，然后同时模 89 约化，得到同余式 $3x_1 + 5x_2 + 9x_3 + 20x_4 + 44x_5 \equiv 336 \equiv 69 \pmod{89}$．由于 $89 > 3 + 5 + 9 + 20 + 44$，故可知 $3x_1 + 5x_2 + 9x_3 + 20x_4 + 44x_5 = 69$．这一简单背包问题的解是 $x_5 = x_4 = x_2 = 1$ 和 $x_3 = x_1 = 0$．因此，原背包问题的解是 $68 + 5 + 11 = 84$．◀

由默克尔（Merkle）和海尔曼（Hellman）发明的基于背包问题的密码系统按如下方式工作．每一个体选择一个特定长度为 N 的超递增的正整数序列（例如，a_1，a_2，$\cdots$，a_N），同时也选取一个模 m 使得 $m > 2a_N$ 以及一个满足 $(m, w) = 1$ 的乘子 w．转换后生成的序列 b_1，b_2，$\cdots$，b_n 是公开的．当有人想要向这一个体发送信息 P 时，首先利用字母的二进制等价数值将信息转换为 0 和 1 的数字串，如表 8.10 所示．

表 8.10　字母的二进制等价数值表

字母	二进制等价数值	字母	二进制等价数值
A	00000	N	01101
B	00001	O	01110
C	00010	P	01111
D	00011	Q	10000
E	00100	R	10001
F	00101	S	10010
G	00110	T	10011
H	00111	U	10100
I	01000	V	10101
J	01001	W	10110
K	01010	X	10111
L	01011	Y	11000
M	01100	Z	11001

下一步将这些 0 和 1 的数字串分为长度为 N 的数据段(为了简化起见,假定这一数字串的长度可以被 N 整除;否则,就在最后一组简单地用 1 补齐). 对于每一数据组,用序列 b_1,b_2,$\cdots$,b_N 计算和:例如,数据组 $x_1 x_2 \cdots x_N$ 生成 $S = b_1 x_2 + b_2 x_2 + \cdots + b_N x_N$. 最后,由每一数据组生成的和形成最后的密文信息.

在不知晓 m 和 w 的情况下,要解密用背包密码加密的信息,需要解一组如下形式的困难的背包问题:

$$S = b_1 x_1 + b_2 x_2 + \cdots + b_N x_N. \tag{8.5}$$

另一方面,当已知 m 和 w 时,背包问题(8.5)可以被转换为一个简单的背包问题,这是由于

$$\overline{w}S = \overline{w}b_1 x_1 + \overline{w}b_2 x_2 + \cdots + \overline{w}b_N x_N$$
$$\equiv a_1 x_1 + a_2 x_2 + \cdots + a_N x_N (\mathrm{mod}\ m),$$

其中 $\overline{w}b_j \equiv a_j(\mathrm{mod}\ m)$,$\overline{w}$ 是 w 模 m 的逆,所以

$$S_0 = a_1 x_1 + a_2 x_2 + \cdots + a_N x_N, \tag{8.6}$$

其中 S_0 是 $\overline{w}s$ 模 m 的最小正剩余. 等式(8.6)成立,是因为等式两边都是小于 m 并且模 m 相等的正整数.

我们用一个例子来示意背包密码的加密和解密过程. 从超递增序列$(a_1$,a_2,a_3,a_4,a_5,a_6,a_7,a_8,a_9,$a_{10})=(2,11,14,29,58,119,241,480,959,1917)$开始. 取 $m=3837$ 作为加密模,满足 $m>2a_{10}$,并且取 $w=1001$ 作为乘子,满足$(m,w)=1$,将超递增序列转换为序列$(2002,3337,2503,2170,503,172,3347,855,709,417)$.

要加密信息

REPLY IMMEDIATELY,

首先将信息的字母转换为五位数的二进制等价数值,如表 8.10 所示,然后将这些数字分为长度为十的数据组,得到

$$1000100100 \quad 0111101011 \quad 1100001000$$
$$0110001100 \quad 0010000011 \quad 0100000000$$
$$1001100100 \quad 0101111000.$$

对于每一个十位的二进制数据组，通过适当相加序列(2002，3337，2503，2170，503，172，3347，855，709，417)中对应数据组中为 1 的数生成一个和. 这样就得到

$$3360 \quad 12986 \quad 8686 \quad 10042 \quad 3629 \quad 3337 \quad 5530 \quad 9529.$$

例如，第一个和可以通过相加 2002，503 和 855 得到.

要解密时，我们要找到 23 乘以每一个和模 3837 的最小正剩余，因为 23 是 1001 模 3837 的逆，然后解决与原始超递增序列(2，11，14，29，58，119，241，480，959，1917)相对应的简单背包问题. 例如，要解密第一个数据组，首先找到 3630·23≡540(mod 3837)，然后注意到 540＝480＋58＋2. 这说明第一个数据组的二进制明文是 1000100100.

背包密码最初看起来是公钥密码系统的一个极好的候选者. 然而，1982 年沙米尔 [Sh84]证明其作为公钥密码是不合适的，原因是因为有一个高效的算法来解决包含序列 b_1，b_2，$\cdots$，b_n 且 $b_j \equiv wa_j (\mod m)$ 的背包问题，其中 w 和 m 是互相互素的正整数，并且 a_1，a_2，$\cdots$，a_n 是一超递增序列. 利用沙米尔找到的算法解决这些背包问题只需要 $O(P(n))$ 次的位运算，其中 P 是多项式，而不是像解决包含一般序列的背包问题时所需的次数时间. 尽管我们不会对沙米尔发明的算法细节进行深入讨论，但是读者可以通过 [Od90]查阅这些细节.

有多种可能的办法对此密码系统进行修改以避免沙米尔所发现的弱点. 其中的一种可能性是选择由互素的整数对$(w_1$，$m_1)$，$(w_2$，$m_2)$，$\cdots$，$(w_r$，$m_r)$组成的序列，然后生成一系列的序列

$$b_j^{(1)} \equiv w_1 a_j (\mod m_1)$$
$$b_j^{(2)} \equiv w_2 b_j^{(1)} (\mod m_2)$$
$$\vdots$$
$$b_j^{(r)} \equiv w_r b_j^{(r-1)} (\mod m_r),$$

其中 $j＝1$，2，$\cdots$，n. 然后利用最后的序列 $b_1^{(r)}$，$b_2^{(r)}$，$\cdots$，$b_n^{(r)}$ 作为加密序列. 不幸的是，对包含用不同模的迭代模乘法生成序列的背包问题的有效算法已经被找到了.

关于背包密码更多的详细讨论参见[Od90]. 这篇文章描述了背包密码及其推广，其中还对已找到的破解方法做了说明.

8.5 节习题

1. 判断以下序列是否是超递增的.
   a) (3，5，9，19，40)   b) (2，6，10，15，36)
   c) (3，7，17，30，59)   d) (11，21，41，81，151)

2. 证明：如果 a_1，a_2，$\cdots$，a_n 是一超递增序列，则有 $a_j \geqslant 2^{j-1}$，对 $j＝1$，2，$\cdots$，n 成立.

3. 证明：如果对 $j＝1$，2，$\cdots$，$n-1$ 有 $a_{j+1} > 2a_j$，则序列 a_1，a_2，$\cdots$，a_n 是超递增的.

4. 找到整数集 2，3，7，11，13，16 的和为 18 的所有子集.

5. 当模乘法是由乘子 $w＝17$ 和模 $m＝163$ 确定时，找到由超递增序列(1，3，5，10，20，41，81)生成的序列.

6. 通过运行乘子 $w=29$ 和模 $m=331$ 的模乘法，利用基于超递增序列$(17，19，37，81，160)$的背包密码加密信息 BUY NOW.

7. 解密用基于序列$(306，374，233，19，259)$的背包密码加密的密文 402 75 120 325. 这一序列是通过乘子 $w=17$ 和模 $m=164$ 的模乘法变换超递增序列$(18，22，41，83，179)$得到的.

8. 找到对超递增序列$(3，4，8，17，33，67)$先后连续应用由乘子和模分别为$(7，92)$，$(11，95)$和$(6，101)$的模乘法所生成的对应序列.

9. 如何解密用包含由不同模的叠加模乘法生成序列的背包密码加密的信息?

    积性背包问题是如下形式的问题：给定正整数 a_1，a_2，$\cdots$，a_n 和正整数 P，找到这些整数的乘积为 P 的子集，或者等价地说，找到下式的所有解：
$$P = a_1^{x_1} a_2^{x_2} \cdots a_n^{x_n},$$
其中对 $j=1$，2，$\cdots$，n，有 $x_i=0$ 或 1.

10. 找到乘积等于 60 的整数集 2，3，5，6，10 的所有子集.

11. 找到乘积等于 15 960 的整数集 8，13，17，21，95，121 的所有子集.

12. 证明：如果整数 a_1，a_2，$\cdots$，a_n 两两互素，则积性背包问题 $P = a_1^{x_1} a_2^{x_2} \cdots a_n^{x_n}$（其中对 $j=1$，2，$\cdots$，n，有 $x_i=0$ 或 1)可以从整数 P，a_1，a_2，$\cdots$，a_n 的素因子分解简单地解决，并且证明：如果有解，则解是唯一的.

13. 证明：通过对底为 b 取模 m 的对数，其中$(b，m)=1$ 且 $0<b<m$，可以将积性背包问题
$$P = a_1^{x_1} a_2^{x_2} \cdots a_n^{x_n}$$
转换为加性背包问题
$$S = a_1 x_1 + a_2 x_2 + \cdots + a_n x_n,$$
其中 S，a_1，a_2，$\cdots$，a_n 是对 P，a_1，a_2，$\cdots$，a_n 取底为 b 模 m 的对数.

14. 解释当知道两两互素的整数 a_1，a_2，$\cdots$，a_n 时，为什么习题12和习题13生成的密码信息能很容易被破解，但是只知道 a_1，a_2，$\cdots$，a_n 时却不能快速解密.

计算和研究

1. 从你创建的超递增序列开始，运行模为 m 和乘子为 w 的模乘法找到一个序列作为你的背包密码的公钥.

2. 对于班上的每一个同学，用他们的背包密码的公钥加密信息.

3. 解密你的同学发送给你的信息.

** 4. 利用[Od90]中描述的算法，解决基于超递增序列做模运算生成的序列的背包问题.

程序设计

1. 用试错法解决背包问题.

2. 解决包含超递增序列的背包问题.

3. 利用背包密码加密信息.

4. 破解用背包密码和超递增序列加密的信息.

5. 利用包含不同模的迭代模乘法生成的序列的背包密码加密和解密信息.

6. 解决包含两两互素整数序列的积性背包问题(见习题14).

8.6 密码协议及应用

    本节将演示密码系统怎样应用于为两方或者多方所运用以达成具体目标的算法的协议以及其他的密码学应用. 特别地，我们将展示两人或多人如何交换加密密钥，也会对怎样用 RSA 密码系统对信息进行签名以及密码学是怎样被用来允许人们在网络上公平地玩扑克

进行描述. 最后，将会展示人们怎样分享秘密，使得没有单独的个人知道该秘密，但是通过足够多的人数的团体合作能够恢复秘密信息. 这些只是我们可以讨论的协议及应用的众多例子中的一小部分，感兴趣的读者可以参考[MevaVa97]以了解更多基于在本章中讨论的想法的更多协议和应用.

迪斐–海尔曼密钥交换

现在将讨论一个协议，该协议允许双方通过非安全通信连接交换保密密钥而不用在事先有何约定. 密钥交换是密码学中具有本质重要性的问题. 下面将要讨论的方法是由迪斐 (Diffie) 和海尔曼 (Hellman) 于 1976 年发明的，被称为迪斐–海尔曼密钥协议 (参看 [DiHe76]). 由此协议生成的通用保密密钥能被用来作为素未谋面或者从未分享过任何信息的多方团体进行特殊通信会话所采用的对称密码系统的公共密钥. 它有这样的性质，即未被授权的一方不能在可行的计算机时间内恢复它.

要实现此协议，需要一个大素数 p 和整数 r，使得 r^k 的最小正剩余遍历从 1 到 $p-1$ 的所有整数. （这就是说 r 是 p 的原根，将在第 9 章讨论此概念.）大素数 p 和整数 r 都是公开的.

在这一协议中，意欲分享公共密钥的双方各自在从 1 到 $p-2$ 之间的正整数中随机选择一个保密值. 如果双方分别选择 k_1 和 k_2，则第一方发送给第二方整数 y_1，其中

$$y_1 \equiv r^{k_1} (\mathrm{mod}\ p), \qquad 0 < y_1 < p,$$

并且第二方通过计算下式得到公共密钥 K：

$$K \equiv y_1^{k_2} \equiv r^{k_1 k_2} (\mathrm{mod}\ p), \qquad 0 < K < p.$$

同样，第二方发送给第一方整数 y_2，其中

$$y_2 \equiv r^{k_2} (\mathrm{mod}\ p), \qquad 0 < y_2 < p,$$

并且第一方通过计算下式得到公共密钥 K：

$$K \equiv y_2^{k_1} \equiv r^{k_1 k_2} (\mathrm{mod}\ p), \qquad 0 < K < p.$$

此密钥协议的安全性依赖于知道了 r^{k_1} 和 r^{k_2} 模 p 的最小正剩余的情况下保密密钥 K 的安全性. 也就是说，它依赖于计算模 p 的离散对数的复杂性(将在第 9 章讨论)，其被认为是一个计算困难的问题. 在一定条件下，已经证明([Ma94])攻破这一协议等价于计算离散对数.

用同样的方式，公共密钥可以被有 n 个个体的群体所分享. 如果这些个体有密钥 k_1，k_2，$\cdots$，k_n，则它们可以分享公共密钥

$$K \equiv r^{k_1 k_2 \cdots k_n} (\mathrm{mod}\ p).$$

我们将此方法生成公共密钥的过程的细节作为一个问题留给读者.

构造密钥协议这一话题已经远远超出我们在此所讨论的内容. 许多用于建立分享密钥的协议被发明出来，包括利用信托服务器分配密钥的协议. 更多关于这一话题的资料，请参考[MevaVa97]的第 12 章.

数字签名

当接收电子信息时，怎样才能知道它是来自预定的发送者呢？这就需要数字签名来告

诉我们此信息一定来自预定的一方. 我们将会证明公钥密码系统(例如 RSA 密码系统)能被用来发送"签名"信息. 当使用签名后,信息接收者就可以确信其来自该发送者,并且能够作出合理的判断:只有该发送者才是此信息的来源. 这种认证在电子邮件、电子银行和电子股票交易中都是需要的. 为了弄明白 RSA 密码系统是怎样用来发送签名信息的,假定个体 i 想要给个体 j 发送签名信息. 个体 i 对明文数据组 P 所做的第一件事情是计算

$$S = D_{k_i}(P) \equiv P^{d_i}(\bmod\ n_i),$$

其中(d_i, n_i)是个体 i 的解密密钥,并且只有个体 i 知晓. 然后,如果 $n_j > n_i$,其中(e_j, n_j)是个体 j 的加密密钥,则个体 i 通过运行下式加密 S:

$$C = E_{k_j}(S) \equiv S^{e_j}(\bmod\ n_j), \quad 0 \leqslant C < n_j.$$

当 $n_j < n_i$ 时,个体 i 将 S 拆分为长度小于 n_j 的数据组,并且利用加密变换 E_{k_j} 加密每一数据组.

对解密来说,个体 j 首先利用保密解密变换 D_{k_j} 来恢复 S,这是因为

$$D_{k_j}(C) = D_{k_j}(E_{k_j}(S)) = S.$$

为了找到明文信息 P,假定该信息是由个体 i 发送的,个体 j 下一步要利用公共的加密变换 E_{k_i},这是因为

$$E_{k_i}(S) = E_{k_i}(D_{k_i}(P)) = P.$$

此处利用了恒等式 $E_{k_i}(D_{k_i}(P)) = P$,这是由下面的事实决定的:由于

$$d_i e_i \equiv 1 (\bmod \phi(n_i)),$$

故

$$E_{k_i}(D_{k_i}(P)) \equiv (P^{d_i})^{e_i} \equiv P^{d_i e_i} \equiv P(\bmod\ n_i).$$

最终明文数据组 P 和签名版本 S 使得个体 j 确认信息是来自个体 i 的. 同时,个体 i 也无法否认发送了信息,因为除了个体 i 没有其他人可以从原始信息 P 发送签名信息 S.

电子扑克

指数密码的一种消遣应用已经被沙米尔、里威斯特和阿德尔曼[ShRiAd81]所描述. 他们证明通过利用指数密码,一种公平的扑克游戏可以通过计算机由两位玩家来参与. 假设艾力克斯和贝蒂想打扑克. 首先,他们共同选择一个大素数 p. 然后,他们各自选择保密密钥 e_1 和 e_2 作为模指数中的次数. 令 E_{e_1} 和 E_{e_2} 表示相应的加密变换,满足

$$E_{e_1}(M) \equiv M^{e_1}(\bmod\ p)$$

$$E_{e_2}(M) \equiv M^{e_2}(\bmod\ p),$$

其中 M 是明文信息. 令 d_1 和 d_2 分别为 e_1 和 e_2 模 p 的逆,并且 D_{e_1} 和 D_{e_2} 为对应的解密变换,使得

$$D_{e_1}(C) \equiv C^{d_1}(\bmod\ p)$$

$$D_{e_2}(C) \equiv C^{d_2}(\bmod\ p),$$

其中 C 是密文信息.

注意加密变换是可交换的,即

$$E_{e_1}(E_{e_2}(M)) = E_{e_2}(E_{e_1}(M)),$$

这是因为 $(M^{e_2})^{e_1} \equiv (M^{e_1})^{e_2} (\bmod p)$.

为了玩扑克,一副牌被表示为 52 条信息:

$$M_1 = \text{"♣2"}$$
$$M_2 = \text{"♣3"}$$
$$\vdots$$
$$M_{52} = \text{"♠A"}$$

当艾力克斯和贝蒂想要玩电子扑克时,他们按照以下步骤进行. 假设由贝蒂发牌.

1. 贝蒂用她的加密变换加密对应于扑克牌的 52 条信息,得到 $E_{e_2}(M_1)$,$E_{e_2}(M_2)$,$\cdots$, $E_{e_2}(M_{52})$. 接着她通过随机安排加密信息的顺序进行洗牌,然后将 52 条洗牌过后的加密信息发送给艾力克斯.

2. 艾力克斯随机选择贝蒂发送给他的信息中的五条. 他将这五条信息回发给贝蒂,贝蒂利用解密变换 D_{e_2} 解密这些信息以找到她手中的牌,这是因为对于所有信息 M 有 $D_{e_2}(E_{e_2}(M)) = M$ 成立. 艾力克斯无法知道贝蒂有什么牌,因为他不能解密加密的信息 $E_{e_2}(M_j)$,$j = 1$, 2,$\cdots$,52.

3. 艾力克斯另外随机选择五条信息. 令这些信息为 C_1,C_2,C_3,C_4,C_5,其中

$$C_j = E_{e_2}(M_{i_j}),$$

$j = 1$,2,3,4,5. 艾力克斯发送用他的加密变换预先加密的信息. 得到这五条信息

$$C_j^* = E_{e_1}(C_j) = E_{e_1}(E_{e_2}(M_{i_j})),$$

$j = 1$,2,3,4,5. 艾力克斯将这五条被两次加密(首先由贝蒂然后由艾力克斯)的信息发送给贝蒂.

4. 贝蒂用她的解密变换 D_{e_2} 找到

$$\begin{aligned} D_{e_2}(C_j^*) &= D_{e_2}(E_{e_1}(E_{e_2}(M_{i_j}))) \\ &= D_{e_2}(E_{e_2}(E_{e_1}(M_{i_j}))) \\ &= E_{e_1}(M_{i_j}), \end{aligned}$$

这是因为对所有信息 M,有 $E_{e_1}(E_{e_2}(M)) = E_{e_2}(E_{e_1}(M))$ 和 $D_{e_2}(E_{e_2}(M)) = M$ 成立. 贝蒂将这五条信息 $E_{e_1}(M_{i_j})$ 回发给艾力克斯.

5. 艾力克斯利用他的解密变换 D_{e_1} 得到他手中的牌,这是因为

$$D_{e_1}(E_{e_1}(M_{i_j})) = M_{i_j}.$$

当游戏进行中需要处理额外的牌时,例如抽牌,对剩余扑克进行同样的步骤即可. 注意应用我们所描述的过程,任何一方都不知道对方手中的牌是什么,每一手牌对双方都是基本公平的. 为了保证没有作弊情况发生,在游戏的最后双方都亮出他们的密钥,使得每一玩家都能确认其他玩家事实上都在打出他们所亮的牌.

关于此方案的一个弱点和怎样克服这一弱点,可以在 11.1 节的习题中找到.

秘密共享

现在对密码学的另一个应用进行讨论,即秘密共享的方法. 假定在一通信网络中有一些至关重要但是十分敏感的信息. 如果这一信息分配给多个个体,它就变得更容易暴露;另一方面,如果此信息丢失,则后果又是十分严重的. 一个这种信息的例子是用于进入计

算机系统的密码文件的主密钥 K.

要保护主密钥 K 既不丢失也不暴露，我们建立影子 k_1，k_2，$\cdots$，k_r，分别给 r 个不同的个体. 我们将会证明密钥 K 可以通过这些影子的任意 s 个容易地生成，其中 s 是小于 r 的正整数，反之，少于 s 个影子却不能允许密钥 K 被找到. 因为至少需要 s 个不同个体来找到 K，所以这样密钥是不易被暴露的. 此外，密钥 K 也是不易丢失的，因为这 r 个个体中任何拥有影子的 s 个个体都能生成 K. 具有这种性质的设计称为 $(s，r)$ 门限方案.

为了开发一个能被用来产生具有这种性质的影子的系统，我们利用中国剩余定理. 选择比密钥 K 大的素数 p 和一个两两互素且不能被素数 p 整除的整数序列 m_1，m_2，$\cdots$，m_r，满足

$$m_1 < m_2 < \cdots < m_r$$

和

$$m_1 m_2 \cdots m_s > p m_r m_{r-1} \cdots m_{r-s+2}. \tag{8.7}$$

注意等式 (8.7) 表明 s 个最小的整数 m_j 的乘积大于 $s-1$ 个最大整数 m_j 和 p 的乘积. 由 (8.7) 得到，如果 $M = m_1 m_2 \cdots m_s$，那么 M/p 大于 m_j 中任意 $s-1$ 个整数的乘积.

现在，令 t 是随机选择的小于 M/p 的非负整数. 取

$$K_0 = K + tp,$$

故有 $0 \leqslant K_0 \leqslant M-1$（因为 $0 \leqslant K_0 = K + tp < p + tp = (t+1)P \leqslant (M/p)p = M$）.

要生成影子 k_1，k_2，$\cdots$，k_r，令 k_j 是满足下式的整数：

$$k_j \equiv K_0 (\bmod\ m_j), 0 \leqslant k_j < m_j,$$

其中 $j = 1$，2，$\cdots$，r. 为了弄清主密钥 K 可由这 r 个拥有影子的个体中任何 s 个生成，假定这 s 个影子 k_{j_1}，k_{j_2}，$\cdots$，k_{j_s} 可用. 利用中国剩余定理，容易找到 K_0 模 M_j 的最小正剩余，其中 $M_j = m_{j_1} m_{j_2} \cdots m_{j_s}$. 由于已知 $0 \leqslant K_0 < M \leqslant M_j$，故可以确定 K_0，进而找到 $K = K_0 - tp$.

另一方面，假定只知道 $s-1$ 个影子 k_{i_1}，k_{i_2}，$\cdots$，$k_{i_{s-1}}$. 由中国剩余定理，能够确定 K_0 模 M_i 的最小正剩余 a，其中 $M_i = m_{i_1} m_{i_2} \cdots m_{i_{s-1}}$. 用这些影子，得到关于 K_0 的唯一信息是 a 是 K_0 模 M_i 的最小正剩余，并且 $0 \leqslant K_0 < M$. 因此，我们只知道

$$K_0 = a + x M_i,$$

其中 $0 \leqslant x < M/M_i$. 由 (8.7)，可以推断出 $M/M_i > p$，所以随着 x 遍历小于 M/M_i 的正整数，x 取遍模 p 完全剩余系中的每个值. 因为对 $j = 1$，2，$\cdots$，s，有 $(m_j，p) = 1$，故可知 $(M_i，p) = 1$，因此 $a + x M_i$ 和 x 一样遍历模 p 完全剩余系中的每个值. 所以，用 $s-1$ 个影子来确定 K_0 是不够的，因为 K_0 可以是模 p 的 p 个剩余类中的任何一个.

我们用一个例子来演示此门限方案.

例 8.21 令 $K = 4$ 为主密钥. 采用符合刚刚描述的类型的 $(2，3)$-门限方案，其中 $p = 7$，$m_1 = 11$，$m_2 = 12$ 以及 $m_3 = 17$，故 $M = m_1 m_2 = 132 > p m_3 = 119$. 从小于 $M/p = 132/7$ 的正整数中随机选择 $t = 14$，得到

$$K_0 = K + tp = 4 + 14 \cdot 7 = 102.$$

三个影子 k_1，k_2 和 k_3 是 K_0 模 m_1，m_2 和 m_3 的最小正剩余；即

$$k_1 \equiv 102 \equiv 3 (\bmod\ 11)$$
$$k_2 \equiv 102 \equiv 6 (\bmod\ 12)$$
$$k_3 \equiv 102 \equiv 0 (\bmod\ 17),$$

所以这三个影子是 $k_1=3$，$k_2=6$ 和 $k_3=0$.

我们可以从这三个影子中的任意两个中恢复主密钥 K. 假定已知 $k_1=3$ 和 $k_3=0$. 利用中国剩余定理，能够找出 K_0 模 $m_1m_3=11\cdot17=187$；换句话说，因为 $K_0\equiv3(\bmod\ 11)$ 和 $K_0\equiv0(\bmod\ 17)$，所以有 $K_0\equiv102(\bmod\ 187)$. 由于 $0\leqslant K_0<M=132<187$，故可知 $K_0=102$，因此主密钥 $K=K_0-tp=102-14\cdot7=4$. ◀

关于秘密分享方案的更多细节参见［MevaVa97］.

8.6 节习题

1. 利用迪斐-海尔曼密钥协议，找到可以被拥有密钥 $k_1=27$ 和 $k_2=31$ 的双方使用的公共密钥，其中模为 $p=103$，底数为 $r=5$.

2. 利用迪斐-海尔曼密钥协议，找到可以被拥有密钥 $k_1=7$ 和 $k_2=8$ 的双方使用的公共密钥，其中模为 $p=53$，底数为 $r=2$.

3. 求由三个使用的密钥分别为 $k_1=3$，$k_2=10$ 和 $k_3=5$ 的团体使用的公共密钥，其中模为 $p=601$，底数为 $r=7$.

4. 求由四个使用的密钥分别为 $k_1=11$，$k_2=12$，$k_3=17$ 和 $k_4=19$ 的团体使用的公共密钥，其中模为 $p=1009$，底数为 $r=3$.

* 5. 仿书中所述，给出允许 n 个团体分享公共密钥协议的步骤.

6. Romeo 和 Juliet 分别有他们各自的 RSA 密钥 $(5,19\cdot67)$ 和 $(3,11\cdot71)$.

    a) 利用书中的方法，当明文信息是 GOODBYE SWEET LOVE 时，由 Remeo 发送给 Juliet 的签名密文信息是什么？

    b) 利用书中的方法，当明文信息是 ADIEU FOREVER 时，由 Juliet 发送给 Remeo 的签名密文信息是什么？

7. Harold 和 Audrey 分别有他们各自的 RSA 密钥 $(3,23\cdot47)$ 和 $(7,31\cdot59)$.

    a) 利用书中的方法，当明文信息是 CHEERS HAROLD 时，由 Harold 发送给 Audrey 的签名密文信息是什么？

    b) 利用书中的方法，当明文信息是 SINCERELY AUDREY 时，由 Audrey 发送给 Harold 的签名密文信息是什么？

在习题 8 和习题 9 中，我们展示两种用 RSA 密码系统发送签名信息的方法，以避免数据组大小可能的改变.

* 8. 令 H 是一固定整数. 令每一个体有两对加密密钥 $k=(e,n)$ 和 $k^*=(e,n^*)$，并且满足 $n<H<n^*$，其中 n 和 n^* 都是两个素数的乘积. 利用 RSA 密码系统，个体 i 能够通过发送 $E_{k_j^*}(D_{k_i}(P))$ 向个体 j 发送签名信息 P.

    a) 证明当变换 $E_{k_j^*}$ 在 D_{k_i} 应用之后使用时，改变数据组的大小是没有必要的.

    b) 说明个体 j 怎样恢复明文信息 P 以及为什么除了个体 i 没有人能发送此信息.

    c) 令个体 i 有加密密钥 $(3,11\cdot71)$ 和 $(3,29\cdot41)$，故 $781=11\cdot71<1000<1189=29\cdot41$，并令个体 j 有加密密钥 $(7,19\cdot47)$ 和 $(7,31\cdot37)$，故 $893=19\cdot47<1000<1147=31\cdot37$. 当明文信息是 HELLO ADAM 时，利用本习题开始给出的方法，个体 i 发送给个体 j 的签名密文信息是什么？当明文信息是 GOODBYE ALICE 时，个体 j 发送给个体 i 的签名密文信息是什么？

* 9. a) 证明：如果个体 i 和 j 分别有加密密钥 $k_i=(e_i,n_i)$ 和 $k_j=(e_j,n_j)$，其中 n_i 和 n_j 都是不同素数的乘积，则个体 i 不需要改变数据组的大小就可以向个体 j 发送签名信息 P，发送的信息如下：
$$E_{k_j}(D_{k_i}(P))\ \text{如果}\ n_i<n_j$$

$$D_{k_j}(E_{k_i}(P)) \text{ 如果 } n_i > n_j.$$

b) 个体 j 怎样才能恢复 P？

c) 个体 j 怎样确认某个信息来自个体 i？

d) 令 $k_i = (11, 47 \cdot 61)$ 和 $k_j = (13, 43 \cdot 59)$．利用（a）部分描述的方法，如果信息是 REGARDS FRED，那么个体 i 发送给个体 j 的是什么？如果信息是 REGARDS ZELDA，那么个体 j 发送给个体 i 的是什么？

10. 利用本书中描述的类型为 $(2，3)$ 的门限方案将主密钥 $K=5$ 分解为三个影子，如例 8.21 所述，其中 $p=7$，$m_1=11$，$m_2=12$，$m_3=17$ 和 $t=14$．

11. 利用本书中描述的类型为 $(2，3)$ 的门限方案将主密钥 $K=3$ 分解为三个影子，其中 $p=5$，$m_1=8$，$m_2=9$，$m_3=11$ 和 $t=13$．

12. 说明怎样从习题 10 中建立的三个影子中的每一对恢复主密钥 K．

13. 说明怎样从习题 11 中建立的三个影子中的每一对恢复主密钥 K．

14. 建立一个书中描述的类型为 $(3，5)$ 的门限方案．利用此方案将主密钥 $K=22$ 分解为五个影子，并说明怎样才能从其中三个影子来恢复主密钥．

计算和研究

1. 利用超过 100 位的素数 p 生成一个公共密钥集合．

2. 利用 RSA 密码系统生成一些签名信息，并验证这些信息来自预定的发送者．

3. 建立一个将主密钥分解为六个影子的 $(4，6)$-门限方案．将这些影子分给你班上的六个同学，然后从中选择三个不同的四人小组，然后从每一小组的四个影子恢复密钥．

程序设计

1. 在一个网络中为一些个体生成公共密钥．

2. 给定一条信息，接受者的加密密钥 (e, n_1) 以及发送者的解密密钥 (d, n_2)，加密并签名该信息．

3. 利用 RSA 密码和习题 8 中描述的方法发送签名信息．

4. 利用 RSA 密码和习题 9 中描述的方法发送签名信息．

*5. 通过模指数加密玩电子扑克．

6. 找到本书所描述的门限方案的影子．

7. 由本书中描述的一组门限方案的影子恢复主密钥．

第9章 原 根

本章将研究模 n 整数集中的乘法结构,其中 n 为正整数. 首先介绍模 n 整数的阶这个概念,它是这个整数的最小的幂,使得它被 n 除后的余数是 1. 接着我们将研究模 n 整数的阶的基本性质. 一个正整数 x,如果其所有幂次遍历模 n 的所有整数,那么它就是模 n 的一个原根,这里 n 是一个正整数. 我们会确定对什么样的正整数 n 存在模 n 的原根.

原根有很多用处. 例如,当一个整数 n 存在原根时,就可以定义整数的离散对数(也叫做指数). 这些离散对数有和正实数的对数类似的性质. 离散对数也可以用来简化模 n 的计算.

本章的诸多结论可用于素性检验(可认为是费马小定理的部分逆命题). 这些检验(比方说庞特检验(Proth's test))被广泛地用来证明某些特殊形式的数是素数,本章还会给出一些可以用来验证整数是素数的步骤.

最后,本章会介绍模 n 的最小通用指数的概念,它是使得对所有整数 x 满足 $x^U \equiv 1 \pmod n$ 的最小次数 U. 然后给出 n 的最小通用指数的公式,并用这个公式来证明卡迈克尔数(Carmichael numbers)的许多有用的结果.

9.1 整数的阶和原根

本节我们将研究与正整数 n 互素的整数 a 的所有幂次中模 n 的最小正剩余,其中 n 大于 1. 首先从对整数 a 模 n 的阶的研究开始,也就是说,研究使得 a 的幂模 n 同余 1 的最小幂次数. 然后研究整数 a 使得它的幂的最小正剩余遍历比 n 小且与 n 互素的正整数. 如果这样的整数 a 存在,那么就称它们为 n 的原根. 本章最主要的目标之一就是要确定什么样的正整数有原根.

整数的阶

根据欧拉定理,如果 n 为正整数且 a 是一个与 n 互素的整数,那么 $a^{\phi(n)} \equiv 1 \pmod n$. 因此至少存在一个正整数 x 满足这个同余方程 $a^x \equiv 1 \pmod n$. 反之,由良序的性质知存在一个最小的正整数 x 满足这个同余方程.

定义 设 a 和 n 是互素的整数,$a \neq 0$,$n > 0$. 使得 $a^x \equiv 1 \pmod n$ 成立的最小正整数 x 称为 **a 模 n 的阶**,并记为 $\mathrm{ord}_n a$. 这个记号是由高斯于 1801 年在他的《算术探讨》(Disquisitiones Arithmeticae)中首先引入的. 与高斯使用的其他记号不同,这个记号至今仍广泛使用.

例 9.1 为求出 2 模 7 的阶,我们计算 2 的各次幂模 7 的最小正剩余,有:
$$2^1 \equiv 2 \pmod 7, 2^2 \equiv 4 \pmod 7, 2^3 \equiv 1 \pmod 7.$$
因此有 $\mathrm{ord}_7 2 = 3$.

类似地,为了求出 3 模 7 的阶,我们作如下计算:
$$3^1 \equiv 3 \pmod 7, 3^2 \equiv 2 \pmod 7, 3^3 \equiv 6 \pmod 7,$$

$$3^4 \equiv 4(\bmod 7), 3^5 \equiv 5(\bmod 7), 3^6 \equiv 1(\bmod 7).$$

我们得到 $\mathrm{ord}_7 3 = 6$. ◄

为了求得同余式 $a^x \equiv 1(\bmod n)$ 的全部解, 需要下面的定理.

定理 9.1　如果 a 和 n 是互素的整数且 $a \neq 0$, $n > 0$, 那么正整数 x 是同余方程 $a^x \equiv 1(\bmod n)$ 的一个解当且仅当 $\mathrm{ord}_n a \mid x$.

证明　如果 $\mathrm{ord}_n a \mid x$, 那么 $x = k \cdot \mathrm{ord}_n a$, 其中 k 为正整数. 因此

$$a^x = a^{k \cdot \mathrm{ord}_n a} = (a^{\mathrm{ord}_n a})^k \equiv 1(\bmod n).$$

反过来, 如果 $a^x \equiv 1(\bmod n)$, 则首先用带余除法记为

$$x = q \cdot \mathrm{ord}_n a + r, \quad 0 \leqslant r < \mathrm{ord}_n a.$$

由这个方程得

$$a^x = a^{q \cdot \mathrm{ord}_n a + r} = (a^{\mathrm{ord}_n a})^q a^r \equiv a^r (\bmod n).$$

因为 $a^x \equiv 1(\bmod n)$, 所以 $a^r \equiv 1(\bmod n)$. 从不等式 $0 \leqslant r < \mathrm{ord}_n a$ 得, $r = 0$, 这是因为由定义知 $y = \mathrm{ord}_n a$ 是使得 $a^y \equiv 1(\bmod n)$ 成立的最小正整数. 由 $r = 0$ 知, $x = q \cdot \mathrm{ord}_n a$, 故有 $\mathrm{ord}_n a \mid x$.　∎

例 9.2　用定理 9.1 和例 9.1 来确定 $x = 10$ 和 $x = 15$ 是否是方程 $2^x \equiv 1(\bmod 7)$ 的解. 由例 9.1 知 $\mathrm{ord}_7 2 = 3$. 因为 3 不整除 10, 但 3 整除 15, 故由定理 9.1 知 $x = 10$ 不是 $2^x \equiv 1(\bmod 7)$ 的解, 但是 $x = 15$ 是这个同余方程的解. ◄

从定理 9.1 可以得到下面的推论:

推论 9.1.1　如果 a 和 n 是互素的整数且 $n > 0$, 那么 $\mathrm{ord}_n a \mid \phi(n)$.

证明　因为 $(a, n) = 1$, 故由欧拉定理得

$$a^{\phi(n)} \equiv 1(\bmod n).$$

应用定理 9.1 便得 $\mathrm{ord}_n a \mid \phi(n)$.　∎

当计算阶时, 可以利用推论 9.1.1 作为一种简便方法. 下面的例子示范了相应的步骤.

例 9.3　为了求出 7 模 9 的阶, 首先注意到有 $\phi(9) = 6$. 因为 6 的正因子只有 1, 2, 3 和 6, 故由推论 9.1.1 知它们是 $\mathrm{ord}_9 7$ 所有可能的取值. 又因为

$$7^1 \equiv 7(\bmod 9), 7^2 \equiv 4(\bmod 9), 7^3 \equiv 1(\bmod 9).$$

故 $\mathrm{ord}_9 7 = 3$. ◄

例 9.4　为了求出 5 模 17 的阶, 首先有 $\phi(17) = 16$. 因为 16 的正因子只有 1, 2, 4, 8 和 16, 故由推论 9.1.1 知它们是 $\mathrm{ord}_{17} 5$ 所有可能的值. 又因为

$$5^1 \equiv 5(\bmod 17), 5^2 \equiv 8(\bmod 17), 5^4 \equiv 13(\bmod 17),$$
$$5^8 \equiv 16(\bmod 17), 5^{16} \equiv 1(\bmod 17),$$

故 $\mathrm{ord}_{17} 5 = 16$. ◄

下面的定理在后面的讨论中将会非常重要.

定理 9.2　如果 a 和 n 是互素的整数且 $n > 0$, 那么 $a^i \equiv a^j (\bmod n)$ 当且仅当 $i \equiv j(\bmod \mathrm{ord}_n a)$, 其中 i 和 j 是非负整数.

证明　假设 $i \equiv j(\bmod \mathrm{ord}_n a)$ 且 $0 \leqslant j \leqslant i$. 则有 $i = j + k \cdot \mathrm{ord}_n a$, 其中 k 是一个正整数. 因此有

$$a^i = a^{j+k\cdot\mathrm{ord}_n a} = a^j(a^{\mathrm{ord}_n a})^k \equiv a^j \pmod{n},$$

这是因为 $a^{\mathrm{ord}_n a} \equiv 1 \pmod{n}$.

反过来，假设 $a^i \equiv a^j \pmod{n}$ 且 $i \geqslant j$. 由 $(a, n) = 1$，可知 $(a^j, n) = 1$. 因此根据推论 4.4.1，同余式

$$a^i \equiv a^j \equiv a^j a^{i-j} \pmod{n}$$

约去 a^j，得

$$a^{i-j} \equiv 1 \pmod{n}.$$

由定理 9.1 得，$\mathrm{ord}_n a$ 整除 $i-j$，或者等价地有 $i \equiv j \pmod{\mathrm{ord}_n a}$.　　■

下面的例子是定理 9.2 的应用.

例 9.5 令 $a = 3$ 且 $n = 14$. 由定理 9.2 得，$3^5 \equiv 3^{11} \pmod{14}$，但是 $3^9 \not\equiv 3^{20} \pmod{14}$，这是因为 $\phi(14) = 6$ 且 $5 \equiv 11 \pmod 6$，但是 $9 \not\equiv 20 \pmod 6$.　　◀

原根

给定一个整数 n，我们对模 n 阶为 $\phi(n)$ 的整数 a 感兴趣，也即模 n 的最大可能阶. 正如我们将证明的那样，如果这样的一个整数存在，那么它的各个幂次的最小正剩余遍历所有比 n 小且与 n 互素的正整数.

定义 如果 r 和 n 是互素的整数且 $n > 0$，那么当 $\mathrm{ord}_n r = \phi(n)$ 时，称 r 是**模 n 的原根**或者 **n 的原根**，并且我们称 n 有一原根.

例 9.6 前面已证明 $\mathrm{ord}_7 3 = 6 = \phi(7)$. 因此，3 是模 7 的一个原根. 类似地，由于 $\mathrm{ord}_7 5 = 6$，故可轻易地得知 5 也是模 7 的一个原根.　　◀

欧拉于 1773 年创造了"原根"这个术语. 但是他所给出的每个素数都有一个原根的证明是不正确的. 在 9.2 节，将会用拉格朗日于 1769 年给出的第一个正确的证明来证明每个素数都有一个原根. 高斯对原根也进行了深入研究，并给出了每个素数都有一个原根这个问题的若干其他证明.

然而并非所有整数都有原根. 例如就没有模 8 的原根. 为了看清这一点，注意到所有比 8 小且与 8 互素的正整数只有 1，3，5，7，并且 $\mathrm{ord}_8 1 = 1$，同时有 $\mathrm{ord}_8 3 = \mathrm{ord}_8 5 = \mathrm{ord}_8 7 = 2$. 因为 $\phi(8) = 4$，所以没有模 8 的原根.

在前 30 个正整数中，2，3，4，5，6，7，9，10，11，13，14，17，18，19，22，23，25，26，27 和 29 都有原根，而 8，12，15，16，20，21，24，28 和 30 没有原根.（读者可以自行验证这些结论；也可以参看本节课后习题 3～6）. 从这些结论可以推测出什么呢？从这前 30 个数中，可知每个素数都有原根（正如拉格朗日所证明的），奇素数的幂也有原根（因为 $9 = 3^2$，$25 = 5^2$ 和 $27 = 3^3$ 都有原根），但是 2 的幂有原根的只有 4. 在这个范围内有原根的其他整数还有 6，10，14，18，22 和 26. 那么这些整数有什么共同点呢？它们每一个都是 2 与一个奇素数或一个奇素数的幂的乘积. 根据这些结论，我们猜测一个正整数有原根当且仅当它为 2，4，p^t 或者 $2p^t$，其中 p 为奇素数且 t 是正整数. 我们将在 9.2 节和 9.3 节中证明这个猜想.

为指出原根在某些方面的用途，我们给出下面的定理.

定理 9.3 如果 r 和 n 是互素的正整数且 $n > 0$，则如果 r 是模 n 的一个原根，那么下

列整数

$$r^1, r^2, \cdots, r^{\phi(n)}$$

构成了模 n 的既约剩余系.

　　证明　为了证明原根 r 的前 $\phi(n)$ 个幂构成模 n 的既约剩余系，我们只需证明它们都与 n 互素且任何两个都不是模 n 同余的.

　　因为 $(r, n)=1$，由 3.3 节习题 16 可知对任意正整数 k 有 $(r^k, n)=1$. 因此，这些幂都与 n 互素. 为了证明它们中任何两个都不是模 n 同余的，假设有

$$r^i \equiv r^j (\mathrm{mod}\ n).$$

由定理 9.2 知，$i \equiv j (\mathrm{mod}\ \mathrm{ord}_n r)$. 因为 r 是 n 的原根，故 $\mathrm{ord}_n r = \phi(n)$，因此同余式也等于 $i \equiv j (\mathrm{mod}\ \phi(n))$. 然而，对于 $1 \leqslant i \leqslant \phi(n)$ 及 $1 \leqslant j \leqslant \phi(n)$，同余式 $i \equiv j (\mathrm{mod}\ \phi(n))$ 说明 $i = j$. 因此它们中任何两个都不是模 n 同余的. 这就证明了它们构成模 n 的一个既约剩余系. ■

　　例 9.7　由推论 9.1.1 可知，$\mathrm{ord}_9 2 \mid \phi(9) = 6$. 因此，$\mathrm{ord}_9 2$ 的值只可能是 1，2，3 和 6. 因为 $2^1 = 2$，$2^2 = 4$，$2^3 = 8$ 都不是模 9 同余 1 的，故 $\mathrm{ord}_9 2 = 6$. 由此可知 2 是模 9 的一个原根. 因此，由定理 9.3 知，2 的幂的前 $\phi(9) = 6$ 个幂构成了模 9 的一个既约剩余系. 它们是 $2^1 \equiv 2 (\mathrm{mod}\ 9)$，$2^2 \equiv 4 (\mathrm{mod}\ 9)$，$2^3 \equiv 8 (\mathrm{mod}\ 9)$，$2^4 \equiv 7 (\mathrm{mod}\ 9)$，$2^5 \equiv 5 (\mathrm{mod}\ 9)$，$2^6 \equiv 1 (\mathrm{mod}\ 9)$. ◁

　　当一个整数有一个原根时，它通常还有其他的原根. 为了证明这个结论，我们首先证明下面的定理.

　　定理 9.4　如果 $\mathrm{ord}_n a = t$ 并且 u 是一个正整数，那么有

$$\mathrm{ord}_n(a^u) = t/(t, u).$$

　　证明　令 $s = \mathrm{ord}_n(a^u)$，$v = (t, u)$，$t = t_1 v$ 且 $u = u_1 v$. 由定理 3.6 可知，$(t_1, u_1) = 1$.

　　因为 $t_1 = t/(t, u)$，所以要证明 $\mathrm{ord}_n(a^u) = t_1$，为此，先来证明 $(a^u)^{t_1} \equiv 1 (\mathrm{mod}\ n)$，从而 $t_1 \mid s$，并且如果 $(a^u)^s \equiv 1 (\mathrm{mod}\ n)$，则 $t_1 \mid s$. 首先有

$$(a^u)^{t_1} = (a^{u_1 v})^{(t/v)} = (a^t)^{u_1} \equiv 1 (\mathrm{mod}\ n).$$

这是因为 $\mathrm{ord}_n a = t$. 因此由定理 9.1 可知 $s \mid t_1$.

　　另一方面，由

$$(a^u)^s = a^{us} \equiv 1 (\mathrm{mod}\ n)$$

得 $t \mid us$. 因此 $t_1 v \mid u_1 vs$，于是 $t_1 \mid u_1 s$. 由于 $(t_1, u_1) = 1$，故由引理 3.4 可得 $t_1 \mid s$.

　　现在，由于 $s \mid t_1$ 和 $t_1 \mid s$，得 $s = t_1 = t/v = t/(t, u)$. 这就证明了定理. ■

　　例 9.8　由定理 9.4 且由例 9.1 中所证明的 $\mathrm{ord}_7 3 = 6$，可得 $\mathrm{ord}_7 3^4 = 6/(6, 4) = 6/2 = 3$. ◁

　　下面关于定理 9.4 的推论表明一个原根的某个幂还是一个原根.

　　推论 9.4.1　令 r 是模 n 的原根，其中 n 是一个大于 1 的整数. 那么 r^u 是模 n 的一个原根当且仅当 $(u, \phi(n)) = 1$.

　　证明　由定理 9.4 可知，

$$\mathrm{ord}_n r^u = \mathrm{ord}_n r/(u, \mathrm{ord}_n r) = \phi(n)/(u, \phi(n)).$$

因此，若 $\mathrm{ord}_n r^u = \phi(n)$，则 r^u 是模 n 的一个原根当且仅当 $(u, \phi(n)) = 1$. ■

　　由此得到了下面的定理.

定理 9.5 如果正整数 n 有一个原根，那么它一共有 $\phi(\phi(n))$ 个不同余的原根.

证明 令 r 是模 n 的一个原根. 定理 9.3 表明整数 r，r^2，$\cdots$，$r^{\phi(n)}$ 构成了模 n 的一个既约剩余系. 再由推论 9.4.1，可知 r^u 是模 n 的一个原根当且仅当 $(u, \phi(n)) = 1$. 因为只有 $\phi(\phi(n))$ 个这样的整数 u，所以共有 $\phi(\phi(n))$ 个模 n 的原根. ∎

例 9.9 令 $n = 11$. 则 2 是模 11 的一个原根（参看本节课后习题 5）. 因为 11 有一个原根，故由定理 9.5 可知 11 一共有 $\phi(\phi(11)) = 4$ 个不同余的原根. 因为 $\phi(11) = 10$，故由定理 9.5 的证明过程就可以找到这些原根，这只需取 2^1，2^3，2^7 和 2^9 对模 n 的最小非负剩余（相应的就是 2，8，7 和 6）即可. 换句话说，2，6，7，8 就是模 11 的全部不同余原根. ◀

9.1 节习题

1. 确定下列阶.
   a) $\mathrm{ord}_5 2$ b) $\mathrm{ord}_{10} 3$ c) $\mathrm{ord}_{13} 10$ d) $\mathrm{ord}_{10} 7$

2. 确定下列阶.
   a) $\mathrm{ord}_{11} 3$ b) $\mathrm{ord}_{17} 2$ c) $\mathrm{ord}_{21} 10$ d) $\mathrm{ord}_{25} 9$

3. 证明 $\mathrm{ord}_3 2 = 2$，$\mathrm{ord}_5 2 = 4$ 以及 $\mathrm{ord}_7 2 = 3$.

4. 证明 $\mathrm{ord}_{13} 2 = 12$，$\mathrm{ord}_{17} 2 = 8$ 以及 $\mathrm{ord}_{241} 2 = 12$.

5. a) 证明 5 是模 6 的一个原根.
   b) 证明 2 是模 11 的一个原根.

6. 求出模下列各整数的一个原根.
   a) 4   b) 5   c) 10   d) 13   e) 14   f) 18

7. 证明整数 12 没有原根.

8. 证明整数 20 没有原根.

9. 14 有多少个互不同余的原根？找到模 14 的所有不同余的原根.

10. 13 有多少个互不同余的原根？找到模 13 的所有不同余的原根.

11. 证明：如果 $\bar{a}$ 是 a 在模 n 的一个逆，那么 $\mathrm{ord}_n a = \mathrm{ord}_n \bar{a}$.

12. 证明：如果 n 是一个正整数，a 和 b 是分别与 n 互素的整数且满足 $(\mathrm{ord}_n a, \mathrm{ord}_n b) = 1$，那么 $\mathrm{ord}_n (ab) = \mathrm{ord}_n a \cdot \mathrm{ord}_n b$.

13. 如果 a 和 b 是分别与 n 互素的整数，但是 $\mathrm{ord}_n a$ 和 $\mathrm{ord}_n b$ 不一定互素，那么对 $\mathrm{ord}_n (ab)$ 会有什么样的结论？

14. 判断下述命题是否正确. 如果 n 是一个正整数且 d 是 $\phi(n)$ 的一个因子，则存在一个整数 a 满足 $\mathrm{ord}_n a = d$. 并证明你的判断.

15. 证明：如果 a 是一个与正整数 m 互素的整数且满足 $\mathrm{ord}_m a = st$，那么 $\mathrm{ord}_m a^t = s$.

16. 证明：如果 m 是一个正整数且 a 是一个与 m 互素的整数，并满足 $\mathrm{ord}_m a = m - 1$，那么 n 是一个素数.

17. 证明：r 是模奇素数 p 的一个原根当且仅当 r 是满足 $(r, p) = 1$ 的整数且
    $$r^{(p-1)/q} \not\equiv 1 \pmod{p}$$
    对 $p-1$ 所有的素因子 q 都成立.

18. 证明：如果 r 是模正整数 m 的一个原根，那么 $\bar{r}$ 也是模 m 的一个原根，其中 $\bar{r}$ 是 r 模 m 的一个逆.

19. 证明 $\mathrm{ord}_{F_n} 2 \leqslant 2^{n+1}$，其中 $F_n = 2^{2^n} + 1$ 是第 n 个费马数.

*20. 令 p 是费马数 $F_n = 2^{2^n} + 1$ 的一个素因子.

a) 证明 $\mathrm{ord}_p 2 = 2^{n+1}$.

b) 从（a）推出 $2^{n+1} \mid (p-1)$，从而 p 一定形如 $2^{n+1}k+1$.

21. 令 $m = a^n - 1$，其中 a 和 n 是正整数. 证明 $\mathrm{ord}_m a = n$，并推出 $n \mid \phi(m)$.

* 22. a) 证明：如果 p 和 q 是不同的奇素数，那么 pq 是基为 2 的伪素数当且仅当 $\mathrm{ord}_q 2 \mid (p-1)$ 和 $\mathrm{ord}_p 2 \mid (q-1)$.

b) 利用（a）题的结论来确定下面的哪些整数是基为 2 的伪素数：$13 \cdot 67$，$19 \cdot 73$，$23 \cdot 89$，$29 \cdot 97$.

* 23. 证明：如果 p 和 q 是不同的奇素数，那么 pq 是基为 2 的伪素数当且仅当 $M_p M_q = (2^p-1)(2^q-1)$ 是基为 2 的伪素数.

习题 24 与习题 25 与 de Polignac 在 1849 年提出的一个猜想有关：他猜想对每个奇整数 k，存在一个形如 $2^n + k$ 的素数，其中 n 为正整数.

24. a) 利用习题 3 证明：若 $n \equiv 1 \pmod 2$，则 $3 \mid 2^n + 61$；若 $n \equiv 2 \pmod 4$，则 $5 \mid 2^n + 61$；若 $n \equiv 1 \pmod 3$，则 $7 \mid 2^n + 61$.

b) 利用（a）证明对所有正整数 n 且 $n \not\equiv 0$ 或 $8 \pmod{12}$，可得 $2^n + 61$ 为合数.

c) 借助于（b）找出一个正整数 n 使得 $2^n + 61$ 为素数.

25. a) 利用习题 3 和习题 4 以及 4.3 节的习题 31，证明：如果 k 为整数，且 $k \equiv -2^1 \pmod 3$，$k \equiv -2^2 \pmod 5$，$k \equiv -2^1 \pmod 7$，$k \equiv -2^8 \pmod{13}$，$k \equiv -2^4 \pmod{17}$ 以及 $k \equiv -2^0 \pmod{241}$，则对所有正整数 n，$2^n + k$ 是合数.

b) 利用中国剩余定理找出一个正整数 k 使得 $2^n + k$ 对所有正整数 n 均为合数，从而否定 de Polignac 的猜想.

有一个著名的被称为循环攻击(cycling attack)的迭代方法，不需要解密密钥的知识，就可以解密经过 RSA 密码加密的信息. 假设用于加密的公钥 (e, n) 是公开的，但是解密密钥 (d, n) 不是公开的. 为了解密一个密文数据组 C，需要构造一个序列 C_1，C_2，C_3，$\cdots$，设 $C_1 \equiv C^e \pmod n$，$0 < C_1 < n$，且 $C_{j+1} \equiv C_j^e \pmod n$，$0 < C_{j+1} < n$，$j = 1$，2，3，$\cdots$.

26. 证明 $C_j \equiv C^{e^j} \pmod n$，$0 < C_j < n$.

27. 证明：存在一个下标 j 使得 $C_j = C$ 且 $C_{j-1} = P$，其中 P 是原始的明文信息. 证明这个下标 j 是 $\mathrm{ord}_{\phi(n)} e$ 的一个因子.

28. 令 $n = 47 \cdot 59$ 且 $e = 17$. 利用迭代，找到与密文 1504 相对应的明文.

（注意：这种攻击 RSA 密码的迭代方法在合理的时间内是很少成功的. 甚至经过选择的素数 p 和 q 对这种方法来说也是毫无意义的. 参看 9.2 节习题 19.）

计算和研究

1. 确定 $\mathrm{ord}_{52\,579} 2$，$\mathrm{ord}_{52\,579} 3$，$\mathrm{ord}_{52\,579} 1001$.

2. 找到尽可能多的以 2 为原根的整数. 会存在无穷多个这样的整数吗？

程序设计

1. 当 a 和 m 是互素的正整数时，确定 a 模 m 的阶.

2. 当原根存在时找到所有的原根.

3. 尝试用迭代法来解密 RSA 密文（参看习题 26 前面的介绍）.

9.2　素数的原根

这一节和下一节的主要目的是来确定什么样的整数存在原根. 本节我们会证明每一个素数都有一个原根. 为了证明这一结论，首先需要研究多项式同余.

设 $f(x)$ 是一个整系数多项式. 称整数 c 是 $f(x)$ 模 m 的根是指 $f(c) \equiv 0 \pmod m$. 易知，如果 c 是 $f(x)$ 模 m 的根，那么每一个模 m 同余于 c 的整数也是一个根.

例 9.10 多项式 $f(x)=x^2+x+1$ 恰有两个模 7 不同余的根，它们是 $x\equiv 2(\bmod 7)$ 和 $x\equiv 4(\bmod 7)$. ◄

例 9.11 多项式 $g(x)=x^2+2$ 没有模 5 的根. ◄

例 9.12 费马小定理表明，如果 p 为素数，那么多项式 $h(x)=x^{p-1}-1$ 恰有 $p-1$ 个模 p 不同余的根，它们是 $x\equiv 1,2,3,\cdots,p-1(\bmod p)$. ◄

下面是一个关于多项式模 p 的根的重要定理，其中模 p 为素数.

定理 9.6（拉格朗日定理） 假设 $f(x)=a_n x^n+a_{n-1}x^{n-1}+\cdots+a_1 x+a_0$ 是一个次数为 n 且首项系数 a_n 不能被 p 整除的整系数多项式，且 $n\geqslant 1$. 那么 $f(x)$ 至多有 n 个模 p 不同余的根.

证明 用数学归纳法来证明这个定理. 当 $n=1$ 时，有 $f(x)=a_1 x+a_0$ 且 $p\nmid a_1$. $f(x)$ 模 p 的一个根就是线性同余方程 $a_1 x\equiv -a_0(\bmod p)$ 的解. 根据定理 4.10，由于 $(a_1,p)=1$，这个线性同余方程恰有一个解，所以 $f(x)$ 模 p 也恰有一个根. 显然定理当 $n=1$ 时是成立的.

现在假设定理对次数为 $n-1$ 的多项式成立，令 $f(x)$ 是一个次数为 n 且首项系数被 p 整除的多项式. 假设这个多项式 $f(x)$ 有 $n+1$ 个模 p 不同余的根，记为 $c_0,c_1,\cdots,c_n$，且有 $f(c_k)\equiv 0(\bmod p)$，$k=0,1,\cdots,n$. 因此有

$$
\begin{aligned}
f(x)-f(c_0) &= a_n(x^n-c_0^n)+a_{n-1}(x^{n-1}-c_0^{n-1})+\cdots+a_1(x-c_0)\\
&= a_n(x-c_0)(x^{n-1}+x^{n-2}c_0+\cdots+xc_0^{n-2}+c_0^{n-1})\\
&\quad +a_{n-1}(x-c_0)(x^{n-2}+x^{n-3}c_0+\cdots+xc_0^{n-3}+c_0^{n-2})\\
&\quad +\cdots+a_1(x-c_0)\\
&= (x-c_0)g(x),
\end{aligned}
$$

其中 $g(x)$ 是一个首项系数为 a_n 的次数为 $n-1$ 的多项式. 现在要证明 $c_1,\cdots,c_n$ 都是 $g(x)$ 模 p 的根. 令 k 是一个整数，且 $1\leqslant k\leqslant n$. 由于 $f(c_k)\equiv f(c_0)\equiv 0(\bmod p)$，故有

$$f(c_k)-f(c_0)=(c_k-c_0)g(c_k)\equiv 0(\bmod p).$$

于是 $g(c_k)\equiv 0(\bmod p)$，这是因为 $c_k-c_0\not\equiv 0(\bmod p)$. 因此，$c_k$ 是 $g(x)$ 模 p 的一个根. 这就证明了次数为 $n-1$ 且首项系数不能被 p 整除的多项式 $g(x)$ 有 n 个模 p 不同余的根. 这与归纳假设相矛盾. 因此，$f(x)$ 的模 p 不同余的根一定不会超过 n. 根据归纳假设定理得证. ∎

现在应用拉格朗日定理来证明下面的结论.

定理 9.7 假设 p 为素数且 d 是 $p-1$ 的因子. 那么多项式 x^d-1 恰有 d 个模 p 不同余的根.

证明 假设 $p-1=de$. 那么有

$$
\begin{aligned}
x^{p-1}-1 &= (x^d-1)(x^{d(e-1)}+x^{d(e-2)}+\cdots+x^d+1)\\
&= (x^d-1)g(x).
\end{aligned}
$$

由费马小定理知，$x^{p-1}-1$ 有 $p-1$ 个模 p 不同余的根. 而且，任何一个 $x^{p-1}-1$ 模 p 的根或者是 x^d-1 模 p 的根，或者是 $g(x)$ 模 p 的根.

拉格朗日定理说 $g(x)$ 的模 p 不同余的根至多有 $d(e-1)=p-d-1$ 个. 因为任意一个 $x^{p-1}-1$ 模 p 的根但不是 $g(x)$ 模 p 的根一定是 x^d-1 模 p 的根，所以多项式 x^d-1 至少有

$(p-1)-(p-d-1)=d$ 个模 p 不同余的根. 另一方面, 拉格朗日定理表明它又至多有 d 个模 p 不同余的根. 因此, x^d-1 恰有 d 个模 p 不同余的根. ∎

　　定理 9.7 可以用来证明一个很有用的结论: 它表明有多少个模 p 给定阶不同余的整数. 在证明这一结论之前, 先证明一个必要的引理.

　　引理 9.1　假设 p 是一个素数且 d 是 $p-1$ 的一个正因子. 那么比 p 小且模 p 的阶为 d 的正整数个数不超过 $\phi(d)$.

　　证明　对每一个 $p-1$ 的正因子 d, 令 $F(d)$ 表示比 p 小且模 p 的阶为 d 的正整数的个数.

　　如果 $F(d)=0$, 显然有 $F(d) \leqslant \phi(d)$. 否则, 有一个整数 a 模 p 的阶为 d. 因为 $\mathrm{ord}_p a = d$, 故整数

$$a, a^2, \cdots, a^d$$

是模 p 不同余的. 由于 $(a^k)^d = (a^d)^k \equiv 1 \pmod{p}$ 对所有的正整数 k 都成立, 所以这些 a 的幂都是 x^d-1 模 p 的根. 由定理 9.7 可知, x^d-1 恰有 d 个模 p 不同余的根, 因此每一个模 p 的根同余于 a 的这些方幂中的某一个.

　　然而由定理 9.4, 阶为 d 的 a 的幂均形如 a^k 且 $(k, d)=1$. 又由于恰有 $\phi(d)$ 个满足 $1 \leqslant k \leqslant d$ 的整数 k, 因此如果有一个模 p 阶为 d 的元素, 就一定有 $\phi(d)$ 个比 d 小的这样的整数. 因此 $F(d) \leqslant \phi(d)$. ∎

　　现在可以确定有多少个模 p 给定阶不同余的整数.

　　定理 9.8　设 p 是一个素数且 d 是 $p-1$ 的一个正因子. 那么模 p 的阶为 d 且不同余的整数的个数为 $\phi(d)$.

　　证明　对每一个 $p-1$ 的正因子 d, 令 $F(d)$ 表示比 p 小且模 p 的阶为 d 的正整数的个数. 因为一个不能被 p 整除的整数模 p 的阶整除 $p-1$, 于是有

$$p-1 = \sum_{d \mid p-1} F(d).$$

由定理 7.7 得,

$$p-1 = \sum_{d \mid p-1} \phi(d).$$

由引理 9.1 知, 当 $d \mid (p-1)$ 时有 $F(d) \leqslant \phi(d)$. 从这个不等式和下面的等式

$$\sum_{d \mid p-1} F(d) = \sum_{d \mid p-1} \phi(d)$$

可知, 对 $p-1$ 的每一个正因子 d, 有 $F(d) = \phi(d)$.

　　因此可以得到 $F(d) = \phi(d)$, 这就说明恰有 $\phi(d)$ 个模 p 的阶为 d 且不同余的整数. ∎

　　从定理 9.8 立即可得出下面的推论.

　　推论 9.8.1　每个素数都有原根.

　　证明　假设 p 是一个素数. 由定理 9.8 可知, 共有 $\phi(p-1)$ 个模 p 的阶为 $p-1$ 且不同余的整数. 由定义知, 它们中的每一个都是一个原根, 因此 p 共有 $\phi(p-1)$ 个原根. ∎

　　推论 9.8.1 给出了模素数原根存在的非构造性证明. 附录 E 中的表 3 给出了比 1000 小的所有素数的最小正原根; 从这个表可以发现, 2 是很多素数 p 的最小原根. 那么 2 是否是无限多个素数的原根呢? 这个问题的答案还是未知的, 并且当把 2 换成一个除 ± 1 或完

全平方数以外的整数时，答案同样是未知的. 但数据支持下面的埃米尔·阿廷(Emil Artin)猜想.

  阿廷猜想 当 $a \neq \pm 1$ 且 a 为非完全平方数时，整数 a 是无限多个素数的原根.

  虽然阿廷猜想至今还未解决，但是却有很多有趣的部分结果. 例如，罗杰·希思布朗(Roger Heath-Brown)的一个结论说至多有两个素数和三个正的无平方因子整数 a，使得 a 只是有限多个素数的原根. 从这项工作可推断出的一个结果是 2，3，5 中至少有一个数是无限多个素数的原根.

  很多数学家研究过确定 g_p 的界的问题，其中 g_p 表示一个素数 p 的最小的原根. 已证明的结果表明

$$g_p > C \log p$$

对某个常数 C 和无限多个素数成立. 这个由佛瑞兰德(Fridlender)于 1949 年和萨列(Salié)于 1950 年各自所独立证明的结论表明，有无限多个素数的最小原根比任何特定的正整数都大. 然而 g_p 增长得并不快. Grosswald 证明了如果 p 是一个素数且 $p > e^{e^{24}}$，那么 $g_p < p^{0.499}$. 另一个有趣的结论是对每一个正整数 M，存在无限多个素数 p 使得 $M < g_p < p - M$ 成立. 这个结论首先发表在 1984 年的《美国数学月刊》(American Mathematical Monthly)上.

  埃米尔·阿廷(Emil Artin，1898—1962)出生于奥地利的维也纳. 第一次世界大战期间，他在奥地利的军队服过兵役. 阿廷 1921 年在莱比锡大学经过了本科和研究生的学习后，在那儿获得了他的博士学位. 在 1922 年到 1923 年期间，他在哥廷根大学做过研究. 1923 年，阿廷又去了汉堡大学工作. 虽然阿廷本人不是犹太人，但是由于他的妻子是犹太人的缘故，他不得不在 1937 年实施的纳粹政策下离开德国. 在移居美国后，阿廷先后在圣母大学(1937～1938)、印第安纳大学(1938～1946)和普林斯顿大学(1946～1958)执教过. 阿廷在 1958 年回到德国，并在汉堡大学工作.

  阿廷对抽象代数的许多领域做出过重要贡献，包括群论和环论. 他利用弦的概念定义了辫结构的概念，并一直为拓扑学家和代数学家所研究. 从研究二次域开始，阿廷还对解析数论和代数数论做出过重要贡献.

  阿廷是一个非常优秀的教师和导师. 他同样还是一个很有天赋的音乐家. 阿廷演奏过大键琴、小键琴、长笛等，同时也是一个古典音乐的爱好者.

9.2 节习题

1. 确定下面每个多项式模 11 不同余的根的个数.
  a) $x^2 + 2$ b) $x^2 + 10$ c) $x^3 + x^2 + 2x + 2$ d) $x^4 + x^2 + 1$
2. 确定下面每个多项式模 13 不同余的根的个数.
  a) $x^2 + 1$ b) $x^2 + 3x + 2$ c) $x^3 + 12$ d) $x^4 + x^2 + x + 1$
3. 确定下面每个素数的原根的个数.
  a) 7 b) 13 c) 17 d) 19 e) 29 f) 47

4. 找出素数 7 所有互不同余的原根.

5. 找出素数 13 所有互不同余的原根.

6. 找出素数 17 所有互不同余的原根.

7. 找出素数 19 所有互不同余的原根.

8. 假设 r 是素数 p 的一个原根，且 $p\equiv1(\bmod\ 4)$. 证明 $-r$ 也是一个原根.

9. 证明：如果 p 是一个素数且 $p\equiv1(\bmod\ 4)$，那么存在一个整数 x 满足 $x^2\equiv-1(\bmod\ p)$.（提示：应用定理 9.8 来证明存在一个模 p 阶为 4 的整数 x.）

10. a) 确定多项式 x^2-x 模 6 不同余的根的个数.

    b) 解释为什么(a)的答案与拉格朗日定理不矛盾.

11. a) 用拉格朗日定理来证明：如果 p 为素数且 $f(x)$ 是一个次数为 n 的整系数多项式，且 $f(x)$ 模 p 的根的个数大于 n，那么 p 整除 $f(x)$ 的各项系数.

    b) 设 p 是一个素数. 利用(a)来证明多项式 $f(x)=(x-1)(x-2)\cdots(x-p+1)-x^{p-1}+1$ 的各项系数可被 p 整除.

    c) 利用(b)，给出威尔逊定理(定理 6.1)的一个证明.（提示：考虑 $f(x)$ 的常数项.）

12. 找出模 p 的 $\phi(p-1)$ 个不同余的原根的积的最小正剩余，其中 p 为素数.

* 13. 假设 p 是一个素数，下面给出构造模 p 原根的一个方法概要. 假设 $\phi(p)=p-1$ 的素因子分解为 $p-1=q_1^{t_1}q_2^{t_2}\cdots q_r^{t_r}$，其中 q_1，q_2，$\cdots$，q_r 为素数.

    a) 应用定理 9.8 证明存在整数 a_1，a_2，$\cdots$，a_r，使得 $\mathrm{ord}_p a_1=q_1^{t_1}$，$\mathrm{ord}_p a_2=q_2^{t_2}$，$\cdots$，$\mathrm{ord}_p a_r=q_r^{t_r}$ 成立.

    b) 利用 9.1 节习题 10 证明 $a=a_1a_2\cdots a_r$ 是模 p 的一个原根.

    c) 根据(a)题和(b)题给出的步骤，找出模 29 的一个原根.

* 14. 假设正合数 n 有素幂因子分解 $n=p_1^{a_1}p_2^{a_2}\cdots p_r^{a_r}$，其中 $p_i(1\leqslant i\leqslant r)$ 为素数. 证明对这样的 n，模 n 不同余的原根的个数是一个基为 $\prod_{j=1}^{r}(n-1,p_j-1)$ 的伪素数.

15. 利用习题 14 证明每一个不是 3 的方幂的奇合数是一个伪素数，且这个伪素数除 ±1 外至少有两个基.

16. 证明：如果 p 是一个素数且 $p=2q+1$，这里 q 是一个奇素数且存在一个正整数 a 满足 $1<a<p-1$，那么 $p-a^2$ 是模 p 的一个原根.

* 17. a) 假设 $f(x)$ 是一个次数为 $n-1$ 的整系数多项式. 设 x_1，x_2，$\cdots$，x_n 是模 p 的 n 个不同余的整数. 证明对所有的整数 x，同余式

$$f(x)\equiv\sum_{j=1}^{n}f(x_j)\prod_{\substack{i=1\\i\neq j}}^{n}(x-x_i)\overline{(x_j-x_i)}(\bmod\ p)$$

成立，其中 $\overline{x_j-x_i}$ 是 x_j-x_i 模 p 的逆. 这种寻找 $f(x)$ 模 p 的方法叫做拉格朗日插值法.

    b) 如果 $f(x)$ 是一个次数为 3 的多项式，并且满足 $f(1)\equiv8$，$f(2)\equiv2$，$f(3)\equiv4(\bmod\ 11)$，确定 $f(5)$ 模 11 的最小正剩余.

18. 在这个习题中，为了区别于 8.6 节中介绍的方案，我们给计算机系统的主密钥的保护创建了一个门限方案. 假设 $f(x)$ 是一个被随机选用的次数为 $r-1$ 的多项式，且这个多项式的常数项是主密钥 K. 设 p 是一个素数且 $p>K$，$p>s$. 通过确定 $f(x_j)$ 模 p 的最小正剩余来计算 s 个影子 k_1，k_2，$\cdots$，k_s，其中 x_1，x_2，$\cdots$，x_s 为模 p 不同余的被随机选用的整数. 也就是说下式

$$k_j\equiv f(x_j)(\bmod\ p),\qquad 0\leqslant k_j<p$$

对 $j=1$，2，$\cdots$，s 都成立.

    a) 利用第 17 题讲述的拉格朗日插值法证明主密钥 K 可以由 r 个影子来确定.

    b) 证明主密钥 K 不能被少于 r 个影子来确定.

    c) 假设 $K=33$，$p=47$，$r=4$，$s=7$，且 $f(x)=4x^3+x^2+31x+33$. 求 $f(x)$ 在 $x=1$，2，3，4，5，6，7 处的值所对应的 7 个影子.

    d) 怎样由四个影子 $f(1)$，$f(2)$，$f(3)$，$f(4)$ 来确定主密钥？

19. 证明：如果 $p-1$ 和 $q-1$ 各自存在大的素因子 p' 和 q'，并且 $p'-1$ 和 $q'-1$ 也各自存在大的素因子 p'' 和 q''，那么循环攻击法（参看 9.1 节习题 6 的导言）对加密模为 $n=pq$ 的 RSA 密码无效.

计算和研究

1. 确定素数 10 007，10 009，10 037 各自最小的原根.

2. 艾尔多斯（Erdös）曾经猜想对任意一个足够大的素数 p 都存在一个素数 q 是 p 的一个原根. 对这个猜想你能够找到什么数据上的支持？对哪些小素数 p 这个猜想是错误的？

程序设计

1. 给定一个素数 p，利用习题 13 来确定 p 的一个原根.

2. 实现在习题 18 中所讲述的门限方案.

9.3　原根的存在性

    在前面的章节中已经证明每个素数都有一个原根. 这一节将会确定所有有原根的正整数. 首先证明每个奇素数的幂都有原根.

    模 p^2 的原根，p 为素数　证明每个奇素数的幂都有原根的第一步是要证明每个奇素数的平方都有原根.

    定理 9.9　如果 p 是一个奇素数且有原根 r，那么 r 或 $r+p$ 是模 p^2 的一个原根.

    证明　因为 r 是模 p 的一个原根，因此有
$$\mathrm{ord}_p r = \phi(p) = p-1.$$
假设 $n=\mathrm{ord}_{p^2} r$，则有
$$r^n \equiv 1 (\mathrm{mod}\ p^2).$$
因为模 p^2 同余一定也模 p 同余，故有
$$r^n \equiv 1 (\mathrm{mod}\ p).$$
根据定理 9.1，由于 $p-1=\mathrm{ord}_p r$，因此
$$p-1 | n.$$
另一方面，由推论 9.1.1 可知
$$n | \phi(p^2).$$
由于 $\phi(p^2)=p(p-1)$，因此 $n|p(p-1)$. 又由于 $n|p(p-1)$ 且 $p-1|n$，故 $n=p-1$ 或者 $n=p(p-1)$. 如果 $n=p(p-1)$，则由于 $\mathrm{ord}_{p^2} r=\phi(p^2)$，故 r 是模 p^2 的一个原根. 否则，有 $n=p-1$，因此
$$r^{p-1} \equiv 1 (\mathrm{mod}\ p^2). \tag{9.1}$$
    令 $s=r+p$. 由于 $s\equiv r(\mathrm{mod}\ p)$，故 s 也是模 p 的一个原根. 因此 $\mathrm{ord}_{p^2} s$ 为 $p-1$ 或 $p(p-1)$. 我们将通过证明 $\mathrm{ord}_{p^2} s=p-1$ 是错误的得到 $\mathrm{ord}_{p^2} s=p(p-1)$.

    为了证明 $\mathrm{ord}_{p^2} s\neq p-1$，首先利用二项式定理得
$$s^{p-1} = (r+p)^{p-1} = r^{p-1} + (p-1)r^{p-2}p + \binom{p-1}{2}r^{p-3}p^2 + \cdots + p^{p-1}$$
$$\equiv r^{p-1} + (p-1)p \cdot r^{p-2}(\mathrm{mod}\ p^2).$$

因此，利用(9.1)，可以得到

$$s^{p-1} \equiv 1 + (p-1)p \cdot r^{p-2} \equiv 1 - pr^{p-2} (\bmod\ p^2).$$

从最后一个同余式可以证明

$$s^{p-1} \not\equiv 1 (\bmod\ p^2).$$

为此，若 $s^{p-1} \equiv 1 (\bmod\ p^2)$，则 $pr^{p-2} \equiv 0 (\bmod\ p^2)$. 最后一个同余式表明 $r^{p-2} \equiv 0 (\bmod\ p)$，这与 $p \nmid r$ 矛盾(由于 r 是 p 的一个原根).

由于 $\mathrm{ord}_{p^2} s \ne p-1$，故可得 $\mathrm{ord}_{p^2} s = p(p-1) = \phi(p^2)$. 因此 $s = r+p$ 是模 p^2 的一个原根. ∎

例 9.13　素数 $p=7$ 以 $r=3$ 为一个原根. 从定理 9.9 的证明过程可以看出，或者 $\mathrm{ord}_{49}3=6$ 或者 $\mathrm{ord}_{49}3=42$. 然而，

$$r^{p-1} = 3^6 \not\equiv 1 (\bmod\ 49),$$

故有 $\mathrm{ord}_{49}3=42$. 因此 3 也是 $p^2=49$ 的一个原根. ◀

当 r 是模素数 p 的一个原根时，同余式

$$r^{p-1} \equiv 1 (\bmod\ p^2)$$

很少成立，其中 $r<p$. 因此，模 p 的原根 r 同时是模 p^2 的原根的情形很少发生. 当这种情况出现时，定理 9.9 表明 $r+p$ 是模 p^2 的一个原根. 下面的例子说明了这种情况.

例 9.14　令 $p=487$. 对模 487 的原根 10，有

$$10^{486} \equiv 1 (\bmod\ 487^2).$$

因此，10 不是模 487^2 的一个原根. 但是定理 9.9 却表明 $497=10+487$ 是模 487^2 的一个原根. ◀

模 p^k 的原根，p 为素数且 k 是一个正整数　下面将会证明每个奇素数的任意次幂都有原根.

定理 9.10　假设 p 是一个奇素数. 那么对任意的正整数 k 都存在模 p^k 的原根. 而且，如果 r 是模 p^2 的一个原根，那么对任意的正整数 k，r 也是模 p^k 的一个原根.

证明　由定理 9.9 可知，素数 p 有一个原根 r，同时也是模 p^2 的一个原根，因此有

$$r^{p-1} \not\equiv 1 (\bmod\ p^2). \tag{9.2}$$

利用数学归纳法，我们将会证明对这个原根 r，

$$r^{p^{k-2}(p-1)} \not\equiv 1 (\bmod\ p^k) \tag{9.3}$$

对所有的正整数 $k \geqslant 2$ 都成立.

一旦有了这个同余式，就可以根据下面的推理来证明 r 也是模 p^k 的一个原根. 令

$$n = \mathrm{ord}_{p^k} r.$$

由推论 9.1.1 可知 $n \mid \phi(p^k)$. 又根据定理 7.3 得 $\phi(p^k) = p^{k-1}(p-1)$. 因此有 $n \mid p^{k-1}(p-1)$. 另一方面，由于

$$r^n \equiv 1 (\bmod\ p^k),$$

故有

$$r^n \equiv 1 (\bmod\ p).$$

因为 r 是模 p 的原根，故 $\mathrm{ord}_p r = \phi(p)$. 由定理 7.2 可知 $\phi(p)=p-1$. 所以 $\mathrm{ord}_p r = p-1$. 因此由定理 9.1 我们得 $p-1 \mid n$.

因为 $p-1 \mid n$ 且 $n \mid p^{k-1}(p-1)$，故 $n = p^t(p-1)$，其中 t 是一个满足 $0 \leqslant t \leqslant k-1$ 的整

数. 若 $t \leqslant k-2$, 那么

$$r^{p^{k-2}(p-1)} = (r^{p^t(p-1)})^{p^{k-2-t}} \equiv 1 \pmod{p^k},$$

这与(9.3)矛盾. 因此 $\mathrm{ord}_{p^k} r = p^{k-1}(p-1) = \phi(p^k)$. 所以 r 也是模 p^k 的一个原根.

剩下的是要用数学归纳法来证明(9.3). $k=2$ 的情形可直接由(9.2)得出. 现在假设要证明的结论对整数 $k \geqslant 2$ 成立. 则有

$$r^{p^{k-2}(p-1)} \not\equiv 1 \pmod{p^k}.$$

由 $(r, p) = 1$ 可得 $(r, p^{k-1}) = 1$. 故由欧拉定理可得

$$r^{p^{k-2}(p-1)} = r^{\phi(p^{k-1})} \equiv 1 \pmod{p^{k-1}}.$$

因此存在一个整数 d 满足

$$r^{p^{k-2}(p-1)} = 1 + dp^{k-1},$$

其中 $p \nmid d$, 因为上式是由假设 $r^{p^{k-2}(p-1)} \not\equiv 1 \pmod{p^k}$ 推出的. 由二项式定理和 p 是奇素数的假设, 对上式等号两边同时取 p 次幂, 得到

$$\begin{aligned} r^{p^{k-1}(p-1)} &= (1 + dp^{k-1})^p \\ &= 1 + p(dp^{k-1}) + \binom{p}{2}(dp^{k-1})^2 + \cdots + (dp^{k-1})^p \\ &\equiv 1 + dp^k \pmod{p^{k+1}}. \end{aligned}$$

由 $p \nmid d$ 可知

$$r^{p^{k-1}(p-1)} \not\equiv 1 \pmod{p^{k+1}}.$$

根据归纳法原理, 定理得证.   ■

例 9.15 从例 9.13 可知, $r=3$ 是模 7 和 7^2 的一个原根. 因此, 对所有正整数 k, 定理 9.10 表明 $r=3$ 也是模 7^k 的一个原根.   ◄

模 2^k 的原根 现在来讨论模为 2 的幂的原根的问题. 已知 2 和 $2^2 = 4$ 都有原根, 它们的原根分别为 1 和 3. 而对 2 的高次幂, 情况就完全不同了. 下面将会证明, 模这些 2 的高次幂不存在原根.

定理 9.11 如果 a 是一个奇数, 且 k 是一个整数, $k \geqslant 3$, 那么有下式成立:

$$a^{\phi(2^k)/2} = a^{2^{k-2}} \equiv 1 \pmod{2^k}.$$

证明 用数学归纳法来证明这个结论. 假设 a 是一个奇数. 可以如下证明当 $k=3$ 时上式成立: 由 4.1 节习题 5 可知

$$a^2 \equiv 1 \pmod{8}.$$

这是当 $k=3$ 时的同余关系式, 因为 $\phi(2^3) = 4$.

现在来完成归纳法的证明. 假设有

$$a^{2^{k-2}} \equiv 1 \pmod{2^k}.$$

那么存在一个整数 d 满足

$$a^{2^{k-2}} = 1 + d \cdot 2^k.$$

上式两边同时平方得

$$a^{2^{k-1}} = 1 + d2^{k+1} + d^2 2^{2k}.$$

因此得到

$$a^{2^{k-1}} \equiv 1 (\bmod\ 2^{k+1}),$$

由此完成了归纳证明. ■

　　定理 9.11 表明除了 2 和 4 以外, 其他 2 的幂都没有原根. 这是因为当 a 是一个奇数时, 由于 $a^{\phi(2^k)/2} \equiv 1 (\bmod\ 2^k)$, 故有 $\mathrm{ord}_{2^k} a \neq \phi(2^k)$.

　　虽然当 $k \geqslant 3$ 时没有模 2^k 的原根, 但是它们却总有一个元素有最大可能的阶, 即 $\phi(2^k)/2$, 如下面的定理所示.

　　定理 9.12 设 $k \geqslant 3$ 是一个整数. 则有

$$\mathrm{ord}_{2^k} 5 = \phi(2^k)/2 = 2^{k-2}.$$

　　证明 定理 9.11 表明, 对 $k \geqslant 3$ 有

$$5^{2^{k-2}} \equiv 1 (\bmod\ 2^k).$$

从定理 9.1 可知, $\mathrm{ord}_{2^k} 5 \mid 2^{k-2}$. 因此, 如果证明 $\mathrm{ord}_{2^k} 5 \nmid 2^{k-3}$, 就会得到

$$\mathrm{ord}_{2^k} 5 = 2^{k-2}.$$

　　为了证明 $\mathrm{ord}_{2^k} 5 \nmid 2^{k-3}$, 下面将会用数学归纳法来证明对 $k \geqslant 3$ 有

$$5^{2^{k-3}} \equiv 1 + 2^{k-1} \not\equiv 1 (\bmod\ 2^k).$$

当 $k = 3$ 时有

$$5 \equiv 1 + 4 (\bmod\ 8).$$

现在假设所要证明的结果对 k 成立, 即有

$$5^{2^{k-3}} \equiv 1 + 2^{k-1} (\bmod\ 2^k).$$

也就是说存在一个整数 d 满足下式:

$$5^{2^{k-3}} = (1 + 2^{k-1}) + d 2^k.$$

两边同时平方得

$$5^{2^{k-2}} = (1 + 2^{k-1})^2 + 2(1 + 2^{k-1}) d 2^k + (d 2^k)^2,$$

因此有

$$5^{2^{k-2}} \equiv (1 + 2^{k-1})^2 = 1 + 2^k + 2^{2k-2} \equiv 1 + 2^k (\bmod\ 2^{k+1}).$$

由归纳法原理可知定理成立. 于是就证明了

$$\mathrm{ord}_{2^k} 5 = \phi(2^k)/2. \quad ■$$

　　模非素数幂整数的原根 前面已经证明所有奇素数的幂都有原根, 但是 2 的幂除了 2 和 4 之外没有其他原根. 下面来确定对不是素数幂的整数(也就是可以被两个或更多个素数整除的整数)当中什么样的整数存在原根. 我们将会证明不是素数的幂却有原根的正整数刚好是那些为奇素数的幂 2 倍的整数.

　　为了缩小要考察的正整数的范围, 首先考虑下面的结果.

　　定理 9.13 如果正整数 n 不是一个素数的幂或者不是一个素数的幂的 2 倍, 那么 n 不存在原根.

　　证明 假设 n 是正整数且有素幂因子分解如下:

$$n = p_1^{t_1} p_2^{t_2} \cdots p_m^{t_m}.$$

　　假设 n 有一个原根 r. 也就是说有 $(r, n) = 1$ 和 $\mathrm{ord}_n r = \phi(n)$. 由于 $(r, n) = 1$, 因此当 p^t 是 n 的素因子分解中的一项时, 有 $(r, p^t) = 1$. 从而根据欧拉定理得到

$$r^{\phi(p^t)} \equiv 1(\mathrm{mod}\ p^t).$$

下面令 U 表示 $\phi(p_1^{t_1})$，$\phi(p_2^{t_2})$，$\cdots$，$\phi(p_m^{t_m})$ 的最小公倍数，即有

$$U = [\phi(p_1^{t_1}), \phi(p_2^{t_2}), \cdots, \phi(p_m^{t_m})].$$

由于 $\phi(p_i^{t_i}) \mid U$，故对 $i=1$，2，$\cdots$，m 有

$$r^U \equiv 1(\mathrm{mod}\ p_i^{t_i}).$$

利用定理 4.8 可得

$$r^U \equiv 1(\mathrm{mod}\ n),$$

这就是说有

$$\mathrm{ord}_n r = \phi(n) \leqslant U.$$

由于 ϕ 是乘性函数，由定理 7.4 可得

$$\phi(n) = \phi(p_1^{t_1} p_2^{t_2} \cdots p_m^{t_m}) = \phi(p_1^{t_1})\phi(p_2^{t_2})\cdots\phi(p_m^{t_m}).$$

由上式和不等式 $\phi(n) \leqslant U$ 立即可得

$$\phi(p_1^{t_1})\phi(p_2^{t_2})\cdots\phi(p_m^{t_m}) \leqslant [\phi(p_1^{t_1}), \phi(p_2^{t_2}), \cdots, \phi(p_m^{t_m})].$$

由于一组整数的乘积小于等于它们的最小公倍数只有在它们是两两互素的时候才成立（此时小于等于就变成了等于），因此整数 $\phi(p_1^{t_1})$，$\phi(p_2^{t_2})$，$\cdots$，$\phi(p_m^{t_m})$ 必定是两两互素的.

由于 $\phi(p^t) = p^{t-1}(p-1)$，故 $\phi(p^t)$ 是偶数只有在 p 是奇数或 $p=2$ 且 $t \geqslant 2$ 时才成立. 因此，除去 $m=1$ 和 n 是一个素数的幂，以及 $m=2$ 和 $n=2p^t$ 这两种情况外，整数 $\phi(p_1^{t_1})$，$\phi(p_2^{t_2})$，$\cdots$，$\phi(p_m^{t_m})$ 是两两不互素的，其中 p 是一个奇素数并且 t 是一个正整数. ∎

现在已经把所要考察的对象限制为形如 $n=2p^t$ 的整数，其中 p 是一个奇素数并且 t 是一个正整数. 现在来证明所有这种形式的整数都有原根.

定理 9.14　如果 p 为奇素数并且 t 是正整数，那么 $2p^t$ 有原根. 事实上，而如果 r 是模 p^t 的一个原根且 r 是奇数，那么它同样是模 $2p^t$ 的一个原根；而如果 r 是偶数，则 $r+p^t$ 是模 $2p^t$ 的一个原根.

证明　如果 r 是模 p^t 的一个原根，那么有

$$r^{\phi(p^t)} \equiv 1(\mathrm{mod}\ p^t),$$

而且没有比 $\phi(p^t)$ 小的正次数具有这个性质. 由定理 7.4 得到 $\phi(2p^t)=\phi(2)\phi(p^t)=\phi(p^t)$，因此 $r^{\phi(2p^t)} \equiv 1(\mathrm{mod}\ p^t)$.

如果 r 是奇数，则有

$$r^{\phi(2p^t)} \equiv 1(\mathrm{mod}\ 2).$$

因此由推论 4.8.1 得，$r^{\phi(2p^t)} \equiv 1(\mathrm{mod}\ 2p^t)$，并且没有比 $\phi(2p^t)$ 更小的次数满足这个同余式. 若有，那么这个次数一定满足模 p^t 同余于 1 的同余式，但是这又与 r 是模 p^t 的一个原根矛盾. 因此 r 是模 $2p^t$ 的一个原根.

另一方面，如果 r 是一个偶数，则 $r+p^t$ 是一个奇数. 因此

$$(r+p^t)^{\phi(2p^t)} \equiv 1(\mathrm{mod}\ 2).$$

因为 $r+p^t \equiv r(\mathrm{mod}\ p^t)$，故有

$$(r+p^t)^{\phi(2p^t)} \equiv 1(\mathrm{mod}\ p^t).$$

从而 $(r+p^t)^{\phi(2p^t)} \equiv 1(\mathrm{mod}\ 2p^t)$，且由于没有比 $r+p^t$ 更小的幂次模 $2p^t$ 同余于 1，因此 $r+p^t$ 是模 $2p^t$ 的一个原根. ∎

例 9.16 在这一节前面的部分已经证明对所有的正整数 t，3 是模 7^t 的一个原根. 故由于 3 是奇数，定理 9.14 表明，对所有的正整数 t，3 也是模 $2 \cdot 7^t$ 的一个原根. 例如，3 是模 14 的一个原根.

类似地，已知对所有的正整数 t，2 是模 5^t 的一个原根. 因为 $2+5^t$ 是奇数，故定理 9.14 表明，对所有的正整数 t，$2+5^t$ 也是模 $2 \cdot 5^t$ 的一个原根. 例如，27 是模 50 的一个原根. ◄

小结 由前面的推论 9.8.1 和定理 9.10、9.11、9.13 和 9.14，可以得知什么样的正整数才有原根. 即有下面的定理.

定理 9.15 正整数 $n(n>1)$ 有原根当且仅当
$$n = 2, 4, p^t \text{ 或者 } 2p^t,$$
其中 p 为奇素数且 t 是正整数.

9.3 节习题

1. 整数 4，10，16，22 和 28 中哪个有原根?
2. 整数 8，9，12，26，27，31 和 33 中哪个有原根?
3. 找出模下面各数的一个原根.
   a) 3^2 b) 5^2 c) 23^2 d) 29^2
4. 找出模下面各数的一个原根.
   a) 11^2 b) 13^2 c) 17^2 d) 19^2
5. 对所有的正整数 k，找出模下面各数的原根.
   a) 3^k b) 11^k c) 13^k d) 17^k
6. 对所有的正整数 k，找出模下面各数的一个原根.
   a) 23^k b) 29^k c) 31^k d) 37^k
7. 找出模下面各数的一个原根.
   a) 10   b) 34   c) 38   d) 50
8. 找出模下面各数的一个原根.
   a) 6   b) 18   c) 26   d) 338
9. 找出模 22 的所有原根.
10. 找出模 25 的所有原根.
11. 找出模 38 的所有原根.
12. 若 p 是一个奇素数并且 t 是一个正整数. 证明：模 $2p^t$ 的原根的个数与模 p^t 的原根的个数是相等的.
☞ 13. 证明：整数 m 有原根当且仅当同余方程 $x^2 \equiv 1 \pmod m$ 的解为 $x \equiv \pm 1 \pmod m$.
* 14. 假设 n 是一个有原根的正整数. 利用这个原根，证明所有比 n 小且与 n 互素的正整数的乘积模 n 同余于 -1.（当 n 是素数时，这个结论就是威尔逊定理（定理 6.1）.）
* 15. 证明：虽然当整数 $k \geq 3$ 时，模 2^k 没有原根，但是每一个奇数却是模 2^n 同余于 $(-1)^\alpha 5^\beta$ 的，其中 $\alpha = 0$ 或 1，β 是一个满足 $0 \leq \beta \leq 2^{k-2}-1$ 的整数.
16. 若 p 是奇素数且有一个原根 r，找出最小的 p 使得 r 不是模 p^2 的原根.

计算和研究
1. 若 p 是素数，r 是 p 的原根但不是 p^2 的原根，找到尽可能多这样的例子. 并猜测这种情况出现的频率.

程序设计
1. 找出模奇素数的方幂的原根.
2. 找出模奇素数的方幂的 2 倍的原根.

9.4   离散对数和指数的算术

本节将介绍怎样利用原根来进行模算术运算. 设 r 是模正整数 m 的一个原根(因而 m 具有定理 9.15 中所表示的形式). 由定理 9.3 可知, 下列整数

$$r, r^2, r^3, \cdots, r^{\phi(m)}$$

构成了模 m 的一个既约剩余系. 因此, 若 a 是一个与 m 互素的整数, 则存在唯一的一个整数 x 且 $1 \leqslant x \leqslant \phi(m)$, 使得

$$r^x \equiv a \pmod{m}.$$

这就引出了下面的定义.

   定义   假设 m 是一个有原根 r 的正整数. 如果正整数 a 满足 $(a, m) = 1$, 则使得同余式 $r^x \equiv a \pmod{m}$ $(1 \leqslant x \leqslant \phi(m))$ 成立的唯一的整数 x 称为 **a 对模 m 的以 r 为底的指数**(或者叫**离散对数**), 并且记为 $\text{ind}_r a$, 此处并未标明模 m, 因为我们假定其取定值.

   从定义可看出, $r^{\text{ind}_r a} \equiv a \pmod{m}$. 同时我们也注意到如果 a 与 b 是与 m 互素的整数, 则 $a \equiv b \pmod{m}$ 当且仅当 $\text{ind}_r a = \text{ind}_r b$.

   指数拥有许多和对数一样的性质, 只需将等式改为模 $\phi(m)$ 的同余式即可. (这就是称其为离数对数的原因).

   例 9.17 设 $m = 7$. 我们已知 3 是模 7 的一个原根且有 $3^1 \equiv 3 \pmod{7}$, $3^2 \equiv 2 \pmod{7}$, $3^3 \equiv 6 \pmod{7}$, $3^4 \equiv 4 \pmod{7}$, $3^5 \equiv 5 \pmod{7}$ 和 $3^6 \equiv 1 \pmod{7}$.

   因此, 对模 7 有

$$\text{ind}_3 1 = 6, \qquad \text{ind}_3 2 = 2, \qquad \text{ind}_3 3 = 1,$$
$$\text{ind}_3 4 = 4, \qquad \text{ind}_3 5 = 5, \qquad \text{ind}_3 6 = 3.$$

利用模 7 的另一个不同的原根, 就可以得到一组不同的指数. 例如, 经计算原根为 5 的一组指数为:

$$\text{ind}_5 1 = 6, \qquad \text{ind}_5 2 = 4, \qquad \text{ind}_5 3 = 5,$$
$$\text{ind}_5 4 = 2, \qquad \text{ind}_5 5 = 1, \qquad \text{ind}_5 6 = 3.$$

◀

   指数的性质   我们现在给出一些关于指数的性质, 模 m 的指数拥有和对数相似的性质, 这只需将等式用模 $\phi(m)$ 的同余式来代替即可.

   定理 9.16   设 m 是一个有原根 r 的正整数, 并且 a 和 b 是均与 m 互素的整数. 那么有

   (i) $\text{ind}_r 1 \equiv 0 \pmod{\phi(m)}$,

   (ii) $\text{ind}_r(ab) \equiv \text{ind}_r a + \text{ind}_r b \pmod{\phi(m)}$,

   (iii) $\text{ind}_r a^k \equiv k \cdot \text{ind}_r a \pmod{\phi(m)}$, 其中 k 为正整数.

   (i)的证明   由欧拉定理可知 $r^{\phi(m)} \equiv 1 \pmod{m}$. 因为 r 是模 m 的一个原根, 并且没有 r 的更小的正幂使得模 m 同余于 1. 因此有 $\text{ind}_r 1 = \phi(m) \equiv 0 \pmod{\phi(m)}$.

   (ii)的证明   要证明这个同余式, 从指数的定义可得

$$r^{\text{ind}_r(ab)} \equiv ab \pmod{m}$$

和

$$r^{\text{ind}_r a + \text{ind}_r b} \equiv r^{\text{ind}_r a} \cdot r^{\text{ind}_r b} \equiv ab \pmod{m}.$$

因此有

$$r^{\mathrm{ind}_r(ab)} \equiv r^{\mathrm{ind}_r a + \mathrm{ind}_r b} \pmod{m}.$$

由定理 9.2 可得

$$\mathrm{ind}_r(ab) \equiv \mathrm{ind}_r a + \mathrm{ind}_r b \pmod{\phi(m)}.$$

(iii)的证明　要证明这个同余式，首先从指数的定义可得

$$r^{\mathrm{ind}_r a^k} \equiv a^k \pmod{m}$$

和

$$r^{k \cdot \mathrm{ind}_r a} \equiv (r^{\mathrm{ind}_r a})^k \pmod{m}.$$

因此有

$$r^{\mathrm{ind}_r a^k} \equiv r^{k \cdot \mathrm{ind}_r a} \pmod{m}.$$

再由定理 9.2 立即可得

$$\mathrm{ind}_r a^k \equiv k \cdot \mathrm{ind}_r a \pmod{\phi(m)}. \qquad \blacksquare$$

例 9.18　由前一个例子可知，对模 7 有 $\mathrm{ind}_5 2 = 4$ 和 $\mathrm{ind}_5 3 = 5$. 因为 $\phi(7) = 6$，故定理 9.16 的(ii)表明

$$\mathrm{ind}_5 6 = \mathrm{ind}_5(2 \cdot 3) = \mathrm{ind}_5 2 + \mathrm{ind}_5 3 = 4 + 5 = 9 \equiv 3 \pmod{6}.$$

这与前面 $\mathrm{ind}_5 6$ 的值一致.

由定理 9.16 的(iii)可得

$$\mathrm{ind}_5 3^4 \equiv 4 \cdot \mathrm{ind}_5 3 \equiv 4 \cdot 5 = 20 \equiv 2 \pmod{6}.$$

这与下面给出的直接计算的结果一致：

$$\mathrm{ind}_5 3^4 = \mathrm{ind}_5 81 = \mathrm{ind}_5 4 = 2. \qquad \triangleleft$$

指数在求解某些类型的同余方程方面是非常有用的. 考虑下面的例子.

例 9.19　下面将会用指数来求同余方程 $6x^{12} \equiv 11 \pmod{17}$ 的解. 已知 3 是 17 的一个原根（由于 $3^8 \equiv -1 \pmod{17}$）. 模 17 以 3 为底的指数在表 9.1 中给出.

表 9.1　模 17 的以 3 为底的指数

a	1	2	3	4	5	6	7	8	9	10	11	12	13	14	15	16
$\mathrm{ind}_3 a$	16	14	1	12	5	15	11	10	2	3	7	13	4	9	6	8

对每个模 17 的以 3 为底的同余式两边同时取指数，得到模 $\phi(17) = 16$ 的同余方程如下：

$$\mathrm{ind}_3(6x^{12}) \equiv \mathrm{ind}_3 11 = 7 \pmod{16}.$$

由定理 9.16 的(ii)和(iii)得到

$$\mathrm{ind}_3(6x^{12}) \equiv \mathrm{ind}_3 6 + \mathrm{ind}_3(x^{12}) \equiv 15 + 12 \cdot \mathrm{ind}_3 x \pmod{16}.$$

因此

$$15 + 12 \cdot \mathrm{ind}_3 x \equiv 7 \pmod{16}$$

或

$$12 \cdot \mathrm{ind}_3 x \equiv 8 \pmod{16}.$$

从这个同余式得到（读者可自行证明）下面的同余式：

$$\mathrm{ind}_3 x \equiv 2 \pmod{4}.$$

因此有
$$\text{ind}_3 x \equiv 2,6,10 \text{ 或 } 14 (\text{mod } 16).$$
因此，由指数的定义可得
$$x \equiv 3^2, 3^6, 3^{10} \text{ 或 } 3^{14} (\text{mod } 17).$$
(注意上面的同余式是对模 17 成立的.)由于 $3^2 \equiv 9$，$3^6 \equiv 15$，$3^{10} \equiv 8$ 和 $3^{14} \equiv 2 (\text{mod } 17)$，于是得
$$x \equiv 9, 15, 8 \text{ 或 } 2 (\text{mod } 17).$$
因为前面的每一步计算都是可逆的，所以原模 17 的同余方程共有 4 个不同余的解.◀

例 9.20 下面来求同余方程 $7^x \equiv 6 (\text{mod } 17)$ 的所有的解. 对每个模 17 的以 3 为底的同余式两边同时取指数得
$$\text{ind}_3 (7^x) \equiv \text{ind}_3 6 = 15 (\text{mod } 16).$$
由定理 9.16 的 (iii) 得
$$\text{ind}_3 (7^x) \equiv x \cdot \text{ind}_3 7 = 11x (\text{mod } 16).$$
因此
$$11x \equiv 15 (\text{mod } 16).$$
因为 3 是 11 模 16 的逆，故对上面的线性同余方程两边同时乘以 3 就得
$$x \equiv 3 \cdot 15 = 45 \equiv 13 (\text{mod } 16).$$
上面所有的过程都是可逆的. 因此同余方程
$$7^x \equiv 6 (\text{mod } 17)$$
的解为
$$x \equiv 13 (\text{mod } 16).$$
◀

寻找离散对数的困难

给定一个素数 p 和它的一个原根 r，寻找整数 a 对模 p 的以 r 为底的指数(离散对数)问题称为离散对数问题. 这个问题被认为和分解整数有一样的计算难度. 基于这个原因，它被用来作为很多公钥密码系统的基础，例如 10.2 节中的埃尔伽莫密码系统，以及在 8.3 节所介绍的迪斐-海尔曼密钥协议. 随着离散对数问题在密码学中的重要性越来越大，人们对计算离散对数的有效算法进行了大量的研究. 已知对计算离散对数最有效的算法是数域上的筛法，但是寻找模素数 p 的离散对数的计算量和对一个合数关于同样一个 p 进行因子分解的位运算量几乎是一样的. 要确定解决一个模素数 p 的离散对数问题需要多长时间，参看表 3.2，这个表给出了对和 p 有一样多十进制位数的整数 n 进行因子分解所需要的时间. 要想了解更多关于离散对数问题和求解离散对数问题的算法，请查询[Meva Va97]及其引用的参考文献.

幂剩余

指数对研究具有 $x^k \equiv a (\text{mod } m)$ 形式的同余式是非常有用的，其中 m 是一个有原根的正整数且满足 $(a, m) = 1$. 在研究这样的同余式之前，先给出一个定义.

定义 如果 m 和 k 都是正整数且 a 是一个与 m 互素的整数，若同余方程 $x^k \equiv a (\text{mod } m)$

有解，则称 a 是 m 的 **k 次幂剩余**.

当 m 是一个有原根的正整数时，下面的定理对一个与 m 互素的整数 a 是 m 的 k 次幂剩余的问题给出了一个很好的判别法.

定理 9.17 假设 m 是一个有原根的正整数. 若 k 是一个正整数且 a 是一个与 m 互素的整数，那么同余方程 $x^k \equiv a \pmod{m}$ 有解当且仅当

$$a^{\phi(m)/d} \equiv 1 \pmod{m},$$

其中 $d=(k, \phi(m))$. 进一步，若 $x^k \equiv a \pmod{m}$ 有解，那么它恰有 d 个模 m 不同余的解.

证明 假设 r 是模 m 的一个原根，则同余式

$$x^k \equiv a \pmod{m}$$

成立当且仅当该同余式两边对以 r 为底的指数模 $\phi(m)$ 同余，即

$$k \cdot \mathrm{ind}_r x \equiv \mathrm{ind}_r a \pmod{\phi(m)}. \tag{9.4}$$

现在令 $d=(k, \phi(m))$ 以及 $y=\mathrm{ind}_r x$，则有 $x \equiv r^y \pmod{\phi(m)}$. 由定理 4.10 可知，若 $d \nmid \mathrm{ind}_r a$，则线性同余方程

$$ky \equiv \mathrm{ind}_r a \pmod{\phi(m)} \tag{9.5}$$

无解，因此，没有整数 x 满足(9.4). 若 $d \mid \mathrm{ind}_r a$，则恰存在 d 个不同余于模 $\phi(m)$ 的整数 y 使得(9.5)成立. 因此恰存在 d 个不同余于模 $\phi(m)$ 的整数 x 使得(9.4)成立. 因为 $d \mid \mathrm{ind}_r a$ 当且仅当：

$$(\phi(m)/d)\mathrm{ind}_r a \equiv 0 \pmod{\phi(m)},$$

且上式成立当且仅当

$$a^{\phi(m)/d} \equiv 1 \pmod{m},$$

于是定理得证. ∎

定理 9.17 表明，如果 p 为素数，k 是正整数且 a 是一个与 p 互素的整数，那么 a 是 p 的 k 次幂剩余当且仅当

$$a^{(p-1)/d} \equiv 1 \pmod{p},$$

其中 $d=(k, p-1)$. 下面用一个例子来说明这一点.

例 9.21 要确定 5 是否是 17 的 6 次幂剩余，也就是说同余式

$$x^6 \equiv 5 \pmod{17}$$

是否有解，确定

$$5^{16/(6,16)} = 5^8 \equiv -1 \pmod{17},$$

因此 5 不是 17 的 6 次幂剩余. ◀

模比 100 小的每个素数的最小原根所对应的指数在附录 E 的表 4 中给出.

定理 6.10 的证明 定理 6.10 的证明虽然有点长和复杂，但所需要的结论都是已经证明了的. 我们给出这个证明是让读者知道即使初等的证明有时也是很难实现和不易理解的. 当你阅读这个证明的时候，请仔细地理解每一步并检验每一种独立的情况. 为方便起见，重述定理 6.10 如下.

定理 6.10 如果 n 是一个奇正合数，那么 n 通过米勒检验的基 b 的个数最多是 $(n-1)/4$，其中 $1 \leqslant b < n-1$.

定理的证明过程中需要用到下面的引理.

引理 9.2 设 p 为奇素数且 e 和 q 是正整数. 那么同余方程 $x^q \equiv 1(\mathrm{mod}\ p^e)$ 的不同余的解的个数是 $(q,\ p^{e-1}(p-1))$.

证明 设 r 是 p^e 的一个原根. 通过取关于 r 的指数, 可知 $x^q \equiv 1(\mathrm{mod}\ p^e)$ 当且仅当 $qy \equiv 0(\mathrm{mod}\ \phi(p^e))$, 其中 $y = \mathrm{ind}_r x$. 利用定理 4.10 可知 $qy \equiv 0(\mathrm{mod}\ \phi(p^e))$ 恰有 $(q,\ \phi(p^e))$ 个不同余的解. 因此同余方程 $x^q \equiv 1(\mathrm{mod}\ p^e)$ 共有 $(q,\ \phi(p^e)) = (q,\ p^{e-1}(p-1))$ 个不同余的解. ∎

现在证明定理 6.10.

证明 设 $n-1 = 2^s t$, 其中 s 是正整数且 t 是一个奇正整数. 定理 6.10 中的 n 对基 b 是一个强伪素数, 则有

$$b^t \equiv 1(\mathrm{mod}\ n)$$

或者

$$b^{2^{j}t} \equiv -1(\mathrm{mod}\ n)$$

对某个整数 $j(0 \leqslant j \leqslant s-1)$ 成立. 对这两种情况, 都有

$$b^{n-1} \equiv 1(\mathrm{mod}\ n).$$

设 n 的素幂因子分解为 $n = p_1^{e_1} p_2^{e_2} \cdots p_r^{e_r}$. 由引理 9.2 知同余方程 $x^{n-1} \equiv 1(\mathrm{mod}\ p_j^{e_j})$, $j = 1, 2, \cdots, r$, 共有 $(n-1,\ p_j^{e_j}(p_j-1)) = (n-1,\ p_j-1)$ 个不同余的解. 因此由中国剩余定理可知同余方程 $x^{n-1} \equiv 1(\mathrm{mod}\ n)$ 共有 $\prod_{j=1}^{r}(n-1,\ p_j-1)$ 个不同余的解.

下面考虑两种情况.

情形(i): 首先考虑 n 的素幂因子分解中包含有素数的幂 $p_k^{e_k}$(其中 $e_k \geqslant 2$) 的情形. 因为

$$(p_k-1)/p_k^{e_k} = (1/p_k^{e_k-1}) - (1/p_k^{e_k}) \leqslant 2/9$$

(最大可能的值在 $p_j = 3$ 和 $e_j = 2$ 时出现), 于是有

$$\prod_{j=1}^{r}(n-1,\ p_j-1) \leqslant \prod_{j=1}^{r}(p_j-1)$$

$$\leqslant \left[\prod_{\substack{j=1 \\ j \neq k}}^{r} p_j\right]\left(\frac{2}{9} p_k^{e_k}\right)$$

$$\leqslant \frac{2}{9} n.$$

由于当 $n \geqslant 9$ 时有 $\frac{2}{9} n \leqslant \frac{1}{4}(n-1)$, 于是得

$$\prod_{j=1}^{r}(n-1,\ p_j-1) \leqslant (n-1)/4.$$

因此, 当 n 是对基 b 的一个强伪素数且 $1 \leqslant b \leqslant n$ 时, 最多有 $(n-1)/4$ 个整数 b.

情形(ii): 现在考虑 $n = p_1 p_2 \cdots p_r$ 的情形, 其中 $p_1,\ p_2,\ \cdots,\ p_r$ 是不同的奇素数. 令

$$p_i - 1 = 2^{s_i} t_i, \qquad i = 1, 2, \cdots, r,$$

其中 s_i 是正整数且 t_i 是正奇数. 重新排列素数 $p_1,\ p_2,\ \cdots,\ p_r$(如有必要) 使得 $s_1 \leqslant s_2 \leqslant \cdots \leqslant s_r$. 记

$$(n-1,\ p_i-1) = 2^{\min(s, s_i)}(t, t_i).$$

同余方程 $x^t \equiv 1 \pmod{p_i}$ 不同余的解的个数为 $T_i = (t, t_i)$. 由本节末的习题 22 可知，当 $0 \leqslant j \leqslant s_i - 1$ 时，同余方程 $x^{2^j t} \equiv -1 \pmod{p_i}$ 共有 $2^j T_i$ 个不同余的解，其他情况下无解. 因此，利用中国剩余定理，同余方程 $x^t \equiv 1 \pmod{n}$ 共有 $T_1 T_2 \cdots T_r$ 个不同余的解，且同余方程 $x^{2^j t} \equiv -1 \pmod{n}$ 当 $0 \leqslant j \leqslant s_1 - 1$ 时共有 $2^{jr} T_1 T_2 \cdots T_r$ 个不同余的解. 因此共有

$$T_1 T_2 \cdots T_r \left(1 + \sum_{j=0}^{s_1 - 1} 2^{jr}\right) = T_1 T_2 \cdots T_r \left(1 + \frac{2^{rs_1} - 1}{2^r - 1}\right)$$

个整数 b 且 $1 \leqslant b \leqslant n - 1$，对这个基 b，n 是一个强伪素数.

现在有

$$\phi(n) = (p_1 - 1)(p_2 - 1) \cdots (p_r - 1) = t_1 t_2 \cdots t_r 2^{s_1 + s_2 + \cdots + s_r}.$$

下面将证明

$$T_1 T_2 \cdots T_r \left(1 + \frac{2^{rs_1} - 1}{2^r - 1}\right) \leqslant \phi(n)/4,$$

这就是所要的结果. 因为 $T_1 T_2 \cdots T_r \leqslant t_1 t_2 \cdots t_r$，故只要证明下式即可：

$$\left(1 + \frac{2^{rs_j} - 1}{2^r - 1}\right) / 2^{s_1 + s_2 + \cdots + s_r} \leqslant \frac{1}{4}. \tag{9.6}$$

因为 $s_1 \leqslant \cdots \leqslant s_r$，故有

$$\left(1 + \frac{2^{rs_j} - 1}{2^r - 1}\right) / 2^{s_1 + s_2 + \cdots + s_r} \leqslant \left(1 + \frac{2^{rs_j} - 1}{2^r - 1}\right) / 2^{rs_1}$$

$$= \frac{1}{2^{rs_1}} + \frac{2^{rs_1} - 1}{2^{rs_1}(2^r - 1)}$$

$$= \frac{1}{2^{rs_1}} + \frac{1}{2^r - 1} - \frac{1}{2^{rs_1}(2^r - 1)}$$

$$= \frac{1}{2^r - 1} + \frac{2^r - 2}{2^{rs_1}(2^r - 1)}$$

$$\leqslant \frac{1}{2^{r-1}}.$$

从这个不等式可知，(9.6) 当 $r \geqslant 3$ 时是成立的.

当 $r = 2$ 时，有 $n = p_1 p_2$ 且满足 $p_1 - 1 = 2^{s_1} t_1$ 和 $p_2 - 1 = 2^{s_2} t_2$，并有 $s_1 \leqslant s_2$. 当 $s_1 < s_2$ 时，(9.6) 同样是成立的，这是因为

$$\left(1 + \frac{2^{2s_1} - 1}{3}\right) / 2^{s_1 + s_2} = \left(1 + \frac{2^{2s_1} - 1}{3}\right) / (2^{2s_1} \cdot 2^{s_2 - s_1})$$

$$= \left(\frac{1}{3} + \frac{1}{3 \cdot 2^{2s_1 - 1}}\right) / 2^{s_2 - s_1}$$

$$\leqslant \frac{1}{4}.$$

当 $s_1 = s_2$ 时，有 $(n - 1, p_1 - 1) = 2^s T_1$ 和 $(n - 1, p_2 - 1) = 2^s T_2$. 假设 $p_1 > p_2$ 则有 $T_1 \neq t_1$，否则若 $T_1 = t_1$，那么 $(p_1 - 1) \mid (n - 1)$，于是

$$n = p_1 p_2 \equiv p_2 \equiv 1 \pmod{p_1 - 1},$$

这就是说有 $p_2 > p_1$，矛盾. 因为 $T_1 \neq t_1$，故 $T_1 \leqslant t_1/3$. 类似地，若 $p_1 < p_2$，则有 $T_2 \neq t_2$，

故 $T_2 \leqslant t_2/3$. 因此 $T_1 T_2 \leqslant t_1 t_2/3$，又由于 $\left(1+\dfrac{2^{2s_1}-1}{3}\right)/2^{2s_1} \leqslant \dfrac{1}{2}$，故得

$$T_1 T_2 \left(1+\frac{2^{2s_1}-1}{3}\right) \leqslant t_1 t_2 2^{2s_1}/6 = \phi(n)/6,$$

既然有 $\phi(n)/6 \leqslant (n-1)/6 < (n-1)/4$，这就证明了定理的最后一种情况.   ■

通过分析定理 6.10 的证明过程中的不等式，得知对随机选定的基 $b(1 \leqslant b \leqslant n-1)$，$n$ 是一个强伪素数的概率大约是 $1/4$，其中整数 n 的素因子分解形如 $n=p_1 p_2$，$p_1=1+2q_1$ 且 $p_2=1+4q_2$，这里 q_1 和 q_2 为奇素数；或者 n 的素因子分解形如 $n=p_1 p_2 p_3$，这里 $p_1=1+2q_1$，$p_2=1+2q_2$，$p_3=1+2q_3$，q_1，q_2 和 q_3 是奇素数(参见习题 23).

9.4 节习题

1. 写出模 23 的关于原根 5 的指数表.

2. 解下列同余方程.

    a) $3x^5 \equiv 1 \pmod{23}$ b) $3x^{14} \equiv 2 \pmod{23}$

3. 解下列同余方程.

    a) $3^x \equiv 2 \pmod{23}$ b) $13^x \equiv 5 \pmod{23}$

4. 哪个正整数 a 使得同余方程 $ax^4 \equiv 2 \pmod{13}$ 有解？

5. 哪个正整数 b 使得同余方程 $8x^7 \equiv b \pmod{29}$ 有解？

6. 利用模 13 的以 2 为底的指数表，解同余方程 $2^x \equiv x \pmod{13}$.

7. 解同余方程 $x^x \equiv x \pmod{23}$.

8. 证明：如果 p 是一个以 r 为原根的奇素数，那么 $\mathrm{ind}_r(p-1)=(p-1)/2$.

9. 假设 p 是一个奇素数. 证明同余方程 $x^4 \equiv -1 \pmod{p}$ 有解当且仅当 p 形如 $8k+1$.

10. 证明有无限多个素数形如 $8k+1$. (提示：假设 p_1，p_2，$\cdots$，p_n 是仅有的具有这种形式的素数. 令 $Q=(2p_1, p_2 \cdots p_n)^k+1$. 证明 Q 一定有一个不同于 p_1，p_2，$\cdots$，p_n 的奇素因子，且由习题 9，这个素数又有 $8k+1$ 的形式，由此得出矛盾.)

由 9.3 节习题 15 得知，如果 a 是一个正奇数，那么存在唯一的整数 α 和 β 满足 $\alpha=0$ 或 1 以及 $0 \leqslant \beta \leqslant 2^{k-2}-1$，使得 $a \equiv (-1)^\alpha 5^\beta \pmod{2^k}$ 成立. 定义模 2^k 的指数系为数对 (α, β).

11. 确定 7 和 9 对模 16 的指数系.

12. 同指数的运算规则一样，制定模 2^k 的指数系的积和幂的运算规则.

13. 利用模 32 的指数系来解同余方程 $7x^9 \equiv 11 \pmod{32}$ 和 $3^x \equiv 17 \pmod{32}$.

设 n 的素幂因子分解为 $n=2^{t_0} p_1^{t_1} p_2^{t_2} \cdots p_m^{t_m}$. 设 a 是一个与 n 互素的整数，令 r_1，r_2，$\cdots$，r_m 分别为 $p_1^{t_1}$，$p_2^{t_2}$，$\cdots$，$p_m^{t_m}$ 的原根，且令 $\gamma_1=\mathrm{ind}_{r_1} a \pmod{\phi(p_1^{t_1})}$，$\gamma_2=\mathrm{ind}_{r_2} a \pmod{\phi(p_2^{t_2})}$，$\cdots$，$\gamma_m=\mathrm{ind}_{r_m} a \pmod{\phi(p_m^{t_m})}$. 若 $t_0 \leqslant 2$，令 r_0 为 2^{t_0} 的一个原根且 $\gamma_0=\mathrm{ind}_{r_0} a \pmod{\phi(2^{t_0})}$. 若 $t_0 \geqslant 3$，令 (α, β) 为模 2^k 的指数系且使得 $a \equiv (-1)^\alpha 5^\beta \pmod{2^k}$ 成立. 定义模 n 的指数系为：当 $t_0 \leqslant 2$ 时为 $(\gamma_0, \gamma_1, \gamma_2, \cdots, \gamma_m)$，当 $t_0 \geqslant 3$ 时为 $(\alpha, \beta, \gamma_0, \gamma_1, \gamma_2, \cdots \gamma_m,)$.

14. 证明：如果 n 是一个正整数，那么每个整数对模 n 都有唯一的一个指数系.

15. 确定 17 和 41$\pmod{120}$ 的指数系(在计算过程中，利用 2 作为 120 的素因子 5 的一个原根).

16. 同指数的运算规则一样，制定模 n 的指数系的积和幂的运算规则.

17. 利用模 60 的指数系来解同余方程 $11x^7 \equiv 43 \pmod{60}$.

18. 设 p 是一个素数且 $p>3$. 证明：如果 $p \equiv 2 \pmod 3$，那么每个不被 3 整除的整数是 p 的三次剩余；如果 $p \equiv 1 \pmod 3$，则整数 a 是 p 的三次剩余当且仅当 $a^{(p-1)/3} \equiv 1 \pmod p$.

19. 设 e 是一个正整数且 $e \geqslant 2$. 证明：如果 k 是一个正奇数，那么每个奇数 a 都是 2^e 的 k 次幂剩余.

* 20. 设 e 是一个正整数且 $e \geqslant 2$. 证明：如果 k 是一个偶数，那么整数 a 是 2^e 的 k 次幂剩余当且仅当 $a \equiv 1 \pmod{(4k, 2^e)}$.

* 21. 设 e 是一个正整数且 $e \geqslant 2$. 证明：如果 k 为正整数，则 2^e 的 k 次不同余的幂剩余的个数是

$$\frac{2^{e-1}}{(k, 2)(k, 2^{e-2})}.$$

☞ 22. 设 p 为奇素数，$N = 2^j u$ 是一个正整数，其中 j 为非负整数且 u 是正奇数，令 $p - 1 = 2^s t$，其中 s 和 t 均为正整数且 t 是奇数. 证明：同余方程 $x^N \equiv -1 \pmod p$ 当 $0 \leqslant j \leqslant s - 1$ 时共有 $2^j (t, u)$ 个不同余的解，在其他情况下无解.

* 23. a) 证明：对随机选定的基 b 且 $1 \leqslant b \leqslant n - 1$，$n$ 是一个强伪素数的概率大约是 $1/4$ 仅当 n 的素因子分解有形式 $n = p_1 p_2$，其中 $p_1 = 1 + 2q_1$，$p_2 = 1 + 4q_2$ 且 q_1 和 q_2 为奇素数；或者 n 的素因子分解形如 $n = p_1 p_2 p_3$，其中 $p_1 = 1 + 2q_1$，$p_2 = 1 + 2q_2$，$p_3 = 1 + 2q_3$，且 q_1，q_2 和 q_3 是不同的奇素数.

b) 求 $n = 49\,939.998\,77$ 对随机选定的基 b 且 $1 \leqslant b \leqslant n - 1$ 是一个强伪素数的概率是多少？

计算和研究

1. 求整数 n，使得对随机选取的基 b，$1 \leqslant b \leqslant n - 1$，$n$ 为强伪素数的概率接近 $1/4$.

程序设计

1. 构建一个模一个整数的某一原根的指数表.

2. 用指数来解具有 $ax^b \equiv c \pmod m$ 形式的同余方程，其中 a，b，c 和 m 都是整数且 $c > 0$，$m > 0$，并且 m 有原根.

3. 若 m 和 k 都是正整数且 m 有原根，找出 m 的 k 次幂剩余.

4. 求模 2 的幂的指数系（参见习题 11 前的导言）.

5. 求模任意正整数的指数系（参见习题 14 前的导言）.

9.5　用整数的阶和原根进行素性检验

在第 6 章中我们知道费马小定理的逆是错误的. 费马小定理表明，如果 p 是一个素数且 a 是一个满足 $(a, p) = 1$ 的整数，就有 $a^{p-1} \equiv 1 \pmod p$. 但若 a 是一个正整数，即使有 $a^{n-1} \equiv 1 \pmod n$，n 仍有可能是一个合数. 虽然费马小定理的逆是错误的，但是我们仍然要问是否能建立它的部分逆命题？也就是说，能否对它的逆加上某些假设条件而使它是正确的？

这一节将会用本章中的概念来证明某些费马小定理的部分逆命题. 首先从大家所熟知的费马小定理的卢卡斯逆命题开始. 这个结果是由法国数学家爱德华·卢卡斯（Edouard Lucas）于 1876 年证明的.

定理 9.18（费马小定理的卢卡斯逆命题）　设 n 是一个正整数. 如果整数 x 满足

$$x^{n-1} \equiv 1 \pmod n$$

和

$$x^{(n-1)/q} \not\equiv 1 \pmod n,$$

其中 q 是 $n - 1$ 的任一素因子，那么 n 是一个素数.

证明　由于 $x^{n-1} \equiv 1 \pmod n$，故由定理 9.1 知 $\mathrm{ord}_n x \mid (n-1)$. 我们要证明 $\mathrm{ord}_n x = n - 1$. 假设 $\mathrm{ord}_n x \neq n - 1$. 因为 $\mathrm{ord}_n x \mid (n-1)$，故存在一个整数 k 满足 $n - 1 = k \cdot \mathrm{ord}_n x$，且由于 $\mathrm{ord}_n x \neq n - 1$，故 $k > 1$. 设 q 为 k 的一个素因子，于是有

$$x^{(n-1)/q} = x^{(k \cdot \mathrm{ord}_n x)/q} = (x^{\mathrm{ord}_n x})^{(k/q)} \equiv 1 (\mathrm{mod}\ n).$$

然而这与定理的假设矛盾，因此有 $\mathrm{ord}_n x = n-1$。从 $\mathrm{ord}_n x \leqslant \phi(n)$ 和 $\phi(n) \leqslant n-1$ 得出 $\phi(n) = n-1$。由定理 7.2 可知 n 一定是一个素数。 ∎

定理 9.18 等价于：如果一个整数对模 n 的次数是 $n-1$，那么 n 一定是一个素数。下面用例子来说明定理 9.18 的应用。

例 9.22 设 $n=1009$。则有 $11^{1008} \equiv 1(\mathrm{mod}\ 1009)$。1008 的素因子是 2，3 和 7。计算得 $11^{1008/2} = 11^{504} \equiv -1(\mathrm{mod}\ 1009)$，$11^{1008/3} = 11^{336} \equiv 374(\mathrm{mod}\ 1009)$，$11^{1008/7} = 11^{144} \equiv 935(\mathrm{mod}\ 1009)$。因此由定理 9.18 知，1009 是一个素数。 ◀

下面关于定理 9.18 的推论给出了一个更有效的素性检验的方法。

推论 9.18.1 设 n 是一个正奇数。如果正整数 x 满足

$$x^{(n-1)/2} \equiv -1(\mathrm{mod}\ n)$$

和

$$x^{(n-1)/q} \not\equiv 1(\mathrm{mod}\ n),$$

其中 q 是 $n-1$ 的任一奇素因子，那么 n 是一个素数。

证明 由于 $x^{(n-1)/2} \equiv -1(\mathrm{mod}\ n)$，故

$$x^{n-1} = (x^{(n-1)/2})^2 \equiv (-1)^2 \equiv 1(\mathrm{mod}\ n).$$

此时定理 9.18 的假设条件均满足，故 n 是一个素数。 ∎

例 9.23 设 $n=2003$。$n-1=2002$ 的奇素因子是 7，11 和 13。由于 $5^{2002/2} = 5^{1001} \equiv -1(\mathrm{mod}\ 2003)$，$5^{2002/7} = 5^{286} \equiv 874(\mathrm{mod}\ 2003)$，$5^{2002/11} = 5^{183} \equiv 886(\mathrm{mod}\ 2003)$ 和 $5^{2002/13} = 5^{154} \equiv 633(\mathrm{mod}\ 2003)$，由推论 9.18.1 知 2003 是一个素数。 ◀

要确定一个整数 n 是否是素数，可以用定理 9.18 或推论 9.18.1，但前提是要知道 $n-1$ 的素因子分解。正如前面所知，寻找整数的素因子分解是一个极耗时间的过程。仅仅当我们知道 $n-1$ 的因子分解的一些前提信息时，素性检验才会变得实用。事实上，有了这些信息，检验才是有用的。而费马数就具备这些前提条件。第 11 章将会基于本节思想对费马数进行素性检验。

第 3 章曾经讨论过一个最近发现的算法，它能在多项式时间内（以素数的位计数）证明一个整数 n 是素数。现在可以利用推论 9.18.1 证明一个稍弱的结论，即它在知道一些特殊信息的情况下也能在多项式时间内证明一个整数是素数。

定理 9.19 设 n 是一个素数，则在知道足够多信息的条件下，可经过 $O((\log_2 n)^4)$ 次位运算证明 n 的素性。

证明 用第二数学归纳原理。归纳假设是对 $f(n)$ 的估计，其中 $f(n)$ 表示验证整数 n 是素数所需要的乘法和模指数运算的个数。

下面要证明

$$f(n) \leqslant 3(\log n / \log 2) - 2.$$

首先，有 $f(2)=1$。假设对所有的素数 q，$q<n$，不等式

$$f(q) \leqslant 3(\log n / \log 2) - 2$$

成立。

用推论 9.18.1 来证 n 是一个素数。假设数 2^a，q_1，$\cdots$，q_t 满足

(i) $n-1=2^a q_1 q_2 \cdots q_t$,

(ii) q_i 是素数，$i=1, 2, \cdots, t$,

(iii) $x^{(n-1)/2} \equiv -1 \pmod{n}$,

(iv) $x^{(n-1)/q_j} \equiv 1 \pmod{n}$，$j=1, 2, \cdots, t$.

我们需要做 t 次乘法来检验(i)，$t+1$ 次模指数运算来检验(iii)和(iv)，并用 $f(q_i)$ 次乘法和模指数运算来检验(ii)，这里 q_i 是素数且 $i=1, 2, \cdots, t$. 因此有

$$f(n) = t + (t+1) + \sum_{i=1}^{t} f(q_i)$$

$$\leqslant 2t + 1 + \sum_{i=1}^{t} ((3\log q_i/\log 2) - 2).$$

每个乘法需要 $O((\log_2 n)^2)$ 次位运算，且每次模指数运算需要 $O((\log_2 n)^3)$ 次位运算. 因为乘法和模指数运算的总次数是 $f(n) = O(\log_2 n)$，因此所需要的位运算的次数为 $O((\log_2 n) \times (\log_2 n)^3) = O((\log_2 n)^4)$. ∎

　　另一个关于费马小定理的有限定条件的逆命题是由亨利·波克林顿(Henry Pocklington)于 1914 年建立的. 他证明 n 的素性可由 $n-1$ 的部分因子分解得到. 通常记 $n-1=FR$，其中 F 表示 $n-1$ 的分解为素数的部分，R 表示剩下的不分解成素数的部分.

　　定理 9.20（波克林顿素性检验法）　假设 n 是一个正整数且 $n-1=FR$，其中 $(F, R)=1$ 并有 $F>R$. 若存在一个整数 a 满足 $(a^{(n-1)/q}-1, n)=1$，那么 n 是一个素数，这里 q 是一个满足 $q \mid F$ 的素数，且有 $a^{n-1} \equiv 1 \pmod{n}$.

　　证明　假设 p 是 n 的一个素因子且 $p \leqslant \sqrt{n}$. 因为 $a^{n-1} \equiv 1 \pmod{n}$（其中 a 是满足假设条件的整数），则如果 $p \mid n$，就有 $a^{n-1} \equiv 1 \pmod{p}$. 于是有 $\mathrm{ord}_p a \mid (n-1)$. 因此存在一个整数 t 满足 $n-1 = t \cdot \mathrm{ord}_p a$.

　　现在假设 q 是一个满足 $q \mid F$ 的素数且 q^e 是素因子 q 在 F 的素因子分解中的幂. 我们要证明 $q \nmid t$. 为此，若 $q \mid t$，则

$$a^{(n-1)/q} = a^{\mathrm{ord}_p a \cdot (t/q)} \equiv 1 \pmod{p}.$$

由于 $p \mid a^{(n-1)/q}-1$ 和 $p \mid n$，故得 $p \mid (a^{(n-1)/q}-1, n)$. 这与假设 $(a^{(n-1)/q}-1, n)=1$ 矛盾. 因此 $q \nmid t$. 故 $q^e \mid \mathrm{ord}_p a$. 由于 F 的素幂因子分解中每个整除 F 的素因子的幂整除 $\mathrm{ord}_p a$，于是 $F \mid \mathrm{ord}_p a$. 又由于 $\mathrm{ord}_p a \mid (p-1)$，因此 $F \mid (p-1)$，从而 $F < p$.

　　由于 $F > R$ 和 $n-1 = FR$，从而有 $n-1 < F^2$. 而 $n-1$ 和 F^2 都是整数，故 $n \leqslant F^2$，从而 $p > F > \sqrt{n}$. 因此得知 n 是一个素数. ∎

　　下面的例子是对波克林顿素性检验法的应用，其中只用了 $n-1$ 的部分因子分解来证明 n 是一个素数.

　　例 9.24　用波克林顿素性检验法来证明 23 801 是一个素数. 对 $n=23\,801$，$n-1$ 的部分因子分解为 $n-1 = 23\,800 = FR$，其中 $F = 200 = 2^3 5^2$ 且 $R = 119$，因此有 $F > R$. 取 $a = 3$ 得到（在计算软件的帮助下）：

$$3^{23\,800} \equiv 1 \pmod{23\,801}$$

$$3^{23\,800/2} \equiv -1 \pmod{23\,801}$$

$$3^{23\,800/5} \equiv 19\,672 \pmod{23\,801}.$$

由此得到(利用欧几里得算法)$(3^{23\,800/2}-1, 23\,801)=(-2, 23\,801)=1$ 和 $(3^{23\,800/5}-1, 23\,801)=(19\,671, 23\,801)=1$. 这就证明了 23 801 是一个素数,尽管没有用到 $n-1=23\,800$ 的完全素因子分解(即 $23\,801=2^3\cdot5^2\cdot7\cdot17$). ◀

可以用波克林顿素性检验法来证明另一个检验法,该检验法对具有特殊形式的整数的素性检验是非常有用的. 这个检验法(实际上早于波克林顿素性检验法)是庞特于 1878 年首先证明的.

定理 9.21(庞特素性检验法)   设 n 是形如 $n=k2^m+1$ 的正整数,其中 k 是奇数且 m 为整数满足 $k<2^m$. 如果存在一个整数 a 满足

$$a^{(n-1)/2}\equiv-1(\bmod\ n),$$

那么 n 是一个素数.

证明   令 $s=2^m$ 且 $t=k$,则可得定理 9.20 的假设条件 $s>t$. 如果

$$a^{(n-1)/2}\equiv-1(\bmod\ n),\tag{9.7}$$

则可以很容易地证明 $(a^{(n-1)/2}-1, n)=1$. 这是因为由(9.7),若 $d\mid(a^{(n-1)/2}-1)$ 且 $d\mid n$,则 $d\mid(a^{(n-1)/2}+1)$. 从而 d 整除 $(a^{(n-1)/2}-1)+(a^{(n-1)/2}+1)=2$. 但 n 是奇数,于是只能有 $d=1$. 因此,波克林顿素性检验法的假设条件都满足,从而 n 是一个素数. ∎

例 9.25   用庞特素性检验法来证明 $n=13\cdot2^8+1=3329$ 是一个素数.

首先有 $13<2^8=256$,取 $a=3$,经计算得(借助于计算软件):

$$3^{(n-1)/2}=3^{3328/2}=3^{1664}\equiv-1(\bmod\ 3329).$$

于是由庞特素性检验法可知 3329 是一个素数. ◀

庞特素性检验法被广泛用来检验具有 $k2^m+1$ 形式的大整数的素性. 目前已知的十个最大素数中的三个是用庞特素性检验法发现的,其余的都是梅森素数. 很长一段时间以来,人们所知道的最大的素数不是梅森素数,而是具有 $k2^m+1$ 形式的素数. 读者可以从网络上下载基于 PC 技术的相关软件来运行庞特素性检验法,亲自寻找具有 $k2^m+1$ 形式的新素数. 如果你找到了这样一个素数,你可能会变得小有名气,但是如果你找到了一个新的梅森素数,则你可能马上声名鹊起.

9.5 节习题

1. 用费马小定理的卢卡斯逆命题证明 101 是一个素数,取 $x=2$.

2. 用费马小定理的卢卡斯逆命题证明 211 是一个素数,取 $x=2$.

3. 用推论 9.18.1 证明 233 是一个素数,取 $x=3$.

4. 用推论 9.18.1 证明 257 是一个素数,取 $x=3$.

5. 证明:如果存在一个整数 x 满足

$$x^{2^{2^n}}\equiv1(\bmod\ F_n)$$

和

$$x^{2^{(2^n-1)}}\not\equiv1(\bmod\ F_n),$$

那么费马数 $F_n=2^{2^n}+1$ 是一个素数.

*6. 设 n 是一个正整数. 证明:如果 $n-1$ 的素因子分解是 $n-1=p_1^{a_1}p_2^{a_2}\cdots p_t^{a_t}$,且对于 $j=1, 2, \cdots, t$,存在一个整数 x_j 满足

$$x_j^{(n-1)/p_j} \not\equiv 1 \pmod{n}$$

和

$$x_j^{n-1} \equiv 1 \pmod{n},$$

那么整数 n 是一个素数.

*7. 设 n 是一个正整数且满足

$$n-1 = m\prod_{j=1}^{r} q_j^{a_j},$$

其中 m 是一个正整数, a_1, a_2, $\cdots$, a_r 是正整数且 q_1, q_2, $\cdots$, q_r 是大于 1 的两两互素的整数. 特别地, 对正整数 b_1, b_2, $\cdots$, b_r, 存在整数 x_1, x_2, $\cdots$, x_r 使得

$$x_j^{n-1} \equiv 1 \pmod{n}$$

和

$$(x_j^{(n-1)/q_j} - 1, n) = 1$$

对 $j=1$, 2, $\cdots$, r 都成立, 其中 q_j 的每个素因子都大于等于 b_j, $j=1$, 2, $\cdots$, r. 且有

$$n < (1 + \prod_{j=1}^{r} b_j^{a_j})^2.$$

证明 n 是一个素数.

8. 用波克林顿素性检验法来证明 7057 是一个素数. (提示: 在 $7057-1=7056=FR$ 的分解中取 $F=2^4 \cdot 3^2 = 144$ 和 $R=49$.)

9. 用波克林顿素性检验法来证明 9929 是一个素数. (提示: 在 $9929-1=9928=FR$ 的分解中取 $F=136=2^3 \cdot 17$ 和 $R=73$.)

10. 用庞特素性检验法来证明 449 是一个素数.

11. 用庞特素性检验法来证明 3329 是一个素数.

*12. 证明: 如果 $n-1=FR$, 其中 $(F, R)=1$. B 是一个整数满足 $FB > \sqrt{n}$ 且 R 没有比 B 小的素因子; 对 F 的每个素因子 q, 存在一个整数 a 满足 $a^{n-1} \equiv 1 \pmod{n}$ 和 $(a^{(n-1)/q} - 1, n) = 1$; 且存在一个比 1 大的整数 b 满足 $b^{n-1} \equiv 1 \pmod{n}$ 和 $(b^F - 1, n) = 1$, 那么 n 是一个素数.

*13. 假设 $n = hq^k + 1$, 其中 q 是一个素数且 $q^k > h$. 证明: 如果存在一个整数 a 满足 $a^{n-1} \equiv 1 \pmod{n}$ 和 $(a^{(n-1)/q} - 1, n) = 1$, 那么 n 是一个素数.

*14. 谢尔宾斯基数(Sierpinski number)是正奇数 k, 使得所有形如 $k2^n + 1$ 的整数都是合数, 这里 n 是大于 1 的整数. 1960 年, 谢尔宾斯基证明有无穷多这样的数. 证明 78 557 是谢尔宾斯基数.

瓦克劳·谢尔宾斯基(Waclaw Slerpiński, 1882—1969)生于华沙, 他的父亲是位著名的医生. 其数学天赋被他的第一位高中数学老师所发现. 谢尔宾斯基在 1900 年进入华沙大学, 并在 1903 年因一篇数论论文而获得金质奖章. 1904 年, 尽管他在俄语考试中故意不及格以抗议俄国对波兰的占领, 但还是正常毕业. 毕业后, 谢尔宾斯基在华沙的一所女子学校任教. 在 1905 年的革命中这所学校一直罢课, 他搬到了 Kraków 在亚格隆尼大学继续他的研究生阶段的学习. 1906 年他获得了博士学位, 并于两年后获得了利沃夫大学的一个职位. 当第一次世界大战开始的时候, 他被俄国人所关押, 但一些很有声望的俄国数学家想办法安排他到莫斯科与他们一起工作. 1918 年谢尔宾斯基返回到利沃夫, 并很快接受了华沙大学的一个教授职位. 在"二战"期间, 谢尔宾斯基一直在这所地下大学工作, 他当时的官方身份是一个职员. 在 1944 年的华沙起义后, 纳粹分子烧毁了他的房子, 捣毁了他的图书馆. 战争结束后, 他在华沙大学的位置被恢复, 他也一直任教到 1960 年退休.

谢尔宾斯基以想法丰富及其提出的众多问题而著称，他是位多产的作者，写有 700 多篇论文以及 50 多本书，他在数论、集合论、函数论、拓扑等诸多数学领域做出了很多重要贡献．谢尔宾斯基数是使得所有形如 $k2^n+1$ 的数都是合数的正奇数 k，其中 $n>1$，该数一直是活跃的研究课题．在分形中有以他的名字命名的谢尔宾斯基三角、谢尔宾斯基曲线以及谢尔宾斯基地毯．

谢尔宾斯基也以其令人振奋的个性及超人的健康而广为人知．幸运的是，他在任何情况下都能保持高产，包括在俄国占领波兰、"一战"、"二战"这些糟糕的条件下．

计算和研究

1. 用波克林顿素性检验法来证明 $10\,998\,989$ 是一个素数，其中 $n-1=FR$，取 $s=4004$，$t=2747$ 和 $a=3$．
2. 用波克林顿素性检验法来证明 $111\,649\,121$ 是一个素数．
3. 用庞特素性检验法找到尽可能多的形如 $3 \cdot 2^n+1$ 的素数．
4. 用庞特素性检验法找到尽可能多的形如 $5 \cdot 2^n+1$ 的素数．
5. 人们猜想 $78\,557$ 是最小的谢尔宾斯基数（参见习题 14）．（谢尔宾斯基在 1960 年证明了有无限多个谢尔宾斯基数．）Seventeen or Bust 分布式计算项目（网址为 www.seventeenorbust.com）于 2002 年成立，旨在针对该猜想排除 17 个可能的反例．2010 年早期，该项目已经排除了 17 个初始值中的 11 个．加入这个项目，从网站上下载软件，试着排除剩下的 6 个整数 $10\,223$，$21\,811$，$22\,699$，$24\,737$，$55\,459$ 和 $67\,607$ 中的一个．要做这些，需要找到一个整数 n 使得 $k2^n+1$ 是素数，其中 k 是上面所列出的数中的一个．
6. 对费马数 $F_4=2^{2^4}+1=65\,537$ 的素性给出一个简洁的证明．

程序设计

用下面所列方法来证明正整数 n 为素数．

1. 费马小定理的卢卡斯逆命题．
2. 推论 9.18.1．
3. 波克林顿素性检验法．
4. 庞特素性检验法．

9.6 通用指数

设大小 1 的正整数 n 的素幂因子分解为

$$n = p_1^{t_1} p_2^{t_2} \cdots p_m^{t_m}.$$

如果整数 a 与 n 互素，则由欧拉定理得

$$a^{\phi(p^t)} \equiv 1 \pmod{p^t},$$

其中 p^t 是 n 的素因子分解中出现过的素数幂．仿照定理 9.13 的证明，设

$$U = [\phi(p_1^{t_1}), \phi(p_2^{t_2}), \cdots, \phi(p_m^{t_m})],$$

即整数 $\phi(p_i^{t_i})(i=1, 2, \cdots, m)$ 的最小公倍数．因为

$$\phi(p_i^{t_i}) \mid U$$

对 $i=1, 2, \cdots, m$ 成立，故由定理 9.1 得

$$a^U \equiv 1 \pmod{p_i^{t_i}}$$

对 $i=1, 2, \cdots, m$ 成立．因此，由 3.5 节习题 39 得

$$a^U \equiv 1 \pmod{n}.$$

这引出下面的定义．

定义 正整数 n 的**通用指数**是一个正整数 U 使得
$$a^U \equiv 1(\mathrm{mod}\ n)$$
对所有与 n 互素的整数 a 都成立.

例 9.26 由于 600 的素幂因子分解为 $2^3 \cdot 3 \cdot 5^2$，所以 600 的一个通用指数为 $U = [\phi(2^3), \phi(3), \phi(5^2)] = [4, 2, 20] = 20$. ◀

由欧拉定理知 $\phi(n)$ 是一个通用指数. 正如我们已经证明的, 整数 $U = [\phi(p_1^{t_1}), \phi(p_2^{t_2}), \cdots, \phi(p_m^{t_m})]$ 也是 $n = p_1^{t_1} p_2^{t_2} \cdots p_m^{t_m}$ 的一个通用指数. 但是我们感兴趣的是求 n 的最小正通用指数.

定义 正整数 n 最小的通用指数称为 n 的**最小通用指数**, 记作 $\lambda(n)$.

下面基于 n 的素幂因子分解来确定最小通用指数 $\lambda(n)$ 的公式.

首先, 如果 n 有一个原根, 则 $\lambda(n) = \phi(n)$. 因为奇素数的幂都有原根, 故得
$$\lambda(p^t) = \phi(p^t),$$
其中 p 是一个奇素数且 t 是一个正整数. 类似地, 有 $\lambda(2) = \phi(2) = 1$ 和 $\lambda(4) = \phi(4) = 2$, 因为 2 和 4 都有原根. 另一方面, 如果 $t \geqslant 3$, 则由定理 9.11 知
$$a^{2^{t-2}} \equiv 1(\mathrm{mod}\ 2^t).$$
另一方面, 由定理 9.2, 有 $\mathrm{ord}_{2^t} 5 = 2^{t-2}$, 因此如果 $t \geqslant 3$, 则 $\lambda(2^t) = 2^{t-2}$.

当 n 是一个素数的幂时, $\lambda(n)$ 的公式已经找到. 下面对任意的正整数 n 给出它的公式.

定理 9.22 假设正整数 n 的素幂因子分解为
$$n = 2^{t_0} p_1^{t_1} p_2^{t_2} \cdots p_m^{t_m}.$$
则 n 的最小通用指数 $\lambda(n)$ 由下式给出:
$$\lambda(n) = [\lambda(2^{t_0}), \phi(p_1^{t_1}), \cdots, \phi(p_m^{t_m})].$$
特别地, 存在一个整数 a 满足 $\mathrm{ord}_n a = \lambda(n)$, 这是一个整数对模 n 最大可能的阶.

证明 设整数 b 满足 $(b, n) = 1$. 为方便起见, 记
$$M = [\lambda(2^{t_0}), \phi(p_1^{t_1}), \phi(p_2^{t_2}), \cdots, \phi(p_m^{t_m})].$$
因为 M 被整数 $\lambda(2^{t_0})$, $\phi(p_1^{t_1}) = \lambda(p_1^{t_1})$, $\phi(p_2^{t_2}) = \lambda(p_2^{t_2})$, $\cdots$, $\phi(p_m^{t_m}) = \lambda(p_m^{t_m})$ 整除, 且 $b^{\lambda(p^t)} \equiv 1(\mathrm{mod}\ p^t)$ 对 n 的素因子分解中出现的素数的幂都成立, 故
$$b^M \equiv 1(\mathrm{mod}\ p^t),$$
其中 p^t 是 n 的素因子分解中的素数的幂.

因此, 由推论 4.8.1 可得
$$b^M \equiv 1(\mathrm{mod}\ n).$$

最后一个同余式表明 M 是一个通用指数. 还要证明 M 是最小的那个通用指数. 为此, 需要找到一个整数 a, 使得没有比 a 的 M 次幂更小的正幂模 n 同余于 1. 基于这个想法, 设 r_i 为 $p_i^{t_i}$ 的一个原根.

考虑下面的联立同余方程组:
$$x \equiv 5(\mathrm{mod}\ 2^{t_0})$$
$$x \equiv r_1(\mathrm{mod}\ p_1^{t_1})$$
$$x \equiv r_2(\mathrm{mod}\ p_2^{t_2})$$
$$\vdots$$
$$x \equiv r_m(\mathrm{mod}\ p_m^{t_m}).$$

由中国剩余定理知，这个同余方程组有一个模 $n=2^{t_0} p_1^{t_1} p_2^{t_2} \cdots p_m^{t_m}$ 下唯一的联立解 a；下面将要证明 $\text{ord}_n a = M$. 要证明这一结论，假设 N 是一个满足下式的正整数：

$$a^N \equiv 1(\bmod\ n).$$

那么，如果 p^t 是 n 的素幂因子，就有

$$a^N \equiv 1(\bmod\ p^t),$$

因此

$$\text{ord}_{p^t} a \mid N.$$

但是，由于 a 满足上面 $m+1$ 个同余方程，故

$$\text{ord}_{p^t} a = \lambda(p^t),$$

对因子分解中的每个素数的幂均成立. 因此，由定理 9.1，

$$\lambda(p^t) \mid N$$

对 n 的因子分解中的所有素数的幂 p^t 均成立. 从而根据推论 4.8.1 得 $M = [\lambda(2^{t_0}),$ $\phi(p_1^{t_1}), \phi(p_2^{t_2}), \cdots, \phi(p_m^{t_m})] \mid N.$

因为当 $a^N \equiv 1(\bmod\ n)$ 时有 $a^M \equiv 1(\bmod\ n)$ 和 $M \mid N$，故满足 $a^x \equiv 1(\bmod\ n)$ 的最小正整数 x 是 $x \equiv M$. 从而由模 n 的阶的定义，我们有

$$\text{ord}_n a = M.$$

这表明 $M = \lambda(n)$，且有一个正整数 a 满足 $\text{ord}_n a = \lambda(n)$. ■

例 9.27 由于 180 的素幂因子分解为 $2^2 \cdot 3^2 \cdot 5$，故由定理 9.22 得

$$\lambda(180) = [\phi(2^2), \phi(3^2), \phi(5)] = 12.$$

要找到一个整数 a 满足 $\text{ord}_{180} a = 12$，首先要确定模 3^2 和 5 的原根. 例如，取 2 和 3 分别为模 3^2 和 5 的原根. 则由中国剩余定理就可以确定下面同余方程组的解：

$$a \equiv 3(\bmod\ 4)$$
$$a \equiv 2(\bmod\ 9)$$
$$a \equiv 3(\bmod\ 5),$$

其解为 $a \equiv 83(\bmod\ 180)$. 由定理 9.22 的证明知，$\text{ord}_{180} 83 = 12$. ◀

例 9.28 设 $n = 2^6 \cdot 3^2 \cdot 5 \cdot 7 \cdot 13 \cdot 17 \cdot 19 \cdot 37 \cdot 73$. 则有

$$\lambda(n) = [\lambda(2^6), \phi(3^2), \phi(5), \phi(7), \phi(13), \phi(17), \phi(19), \phi(37), \phi(73)]$$
$$= [2^4, 2 \cdot 3, 2^2, 2 \cdot 3, 2^2 \cdot 3, 2^4, 2 \cdot 3^2, 2^2 3^2, 2^3 3^2]$$
$$= 2^4 \cdot 3^2$$
$$= 144.$$

因此，当 a 是一个与 $2^6 \cdot 3^2 \cdot 5 \cdot 7 \cdot 13 \cdot 17 \cdot 19 \cdot 37 \cdot 73$ 互素的正整数时，有 $a^{144} \equiv 1(\bmod\ 2^6 \cdot 3^2 \cdot 5 \cdot 7 \cdot 17 \cdot 19 \cdot 37 \cdot 73)$. ◀

卡迈克尔数的相关结果 现在回到卡迈克尔数，这在 6.2 节已经讨论过. 回顾卡迈克尔数是一个合数 n，对一切满足 $(b, n)=1$ 的正整数 b，有 $b^{n-1} \equiv 1(\bmod\ n)$ 成立. 我们已证明 $n = q_1 q_2 \cdots q_k$ 是一个卡迈克尔数，这里 $q_1, q_2, \cdots, q_k$ 是不同的素数，且对 $j = 1, 2, \cdots,$ k，有 $(q_j - 1) \mid (n - 1)$. 下面证明它的逆命题.

定理 9.23 如果 $n > 2$ 是一个卡迈克尔数，那么 $n = q_1 q_2 \cdots q_k$，其中 $q_1, q_2, \cdots, q_k$ 是

不同的奇素数，且对 $j=1, 2, \cdots, k$，有 $(q_j-1)\,|\,(n-1)$.

证明　如果 n 是一个卡迈克尔数，则
$$b^{n-1} \equiv 1(\bmod\ n)$$
对满足 $(b, n)=1$ 的所有正整数 b 均成立. 定理 9.22 表明存在一个整数 a 使得 $\mathrm{ord}_n a = \lambda(n)$，其中 $\lambda(n)$ 是最小通用指数；由于 $a^{n-1}\equiv1(\bmod\ n)$，故由定理 9.1 知
$$\lambda(n)\,|\,(n-1).$$
n 一定是奇数，否则，若 n 为偶数，则 $n-1$ 一定为奇数，但 $\lambda(n)$ 是偶数（因为 $n>2$），这与 $\lambda(n)\,|\,(n-1)$ 矛盾.

现在证明 n 一定是不同素数的乘积. 假设 n 有一个素幂因子 p^t，$t>2$. 则
$$\lambda(p^t) = \phi(p^t) = p^{t-1}(p-1)\,|\,\lambda(n) = n-1.$$
这表明 $p\,|\,n-1$，但由于 $p\,|\,n$，故这是不可能的. 因此 n 一定是不同奇素数的乘积，即
$$n = q_1 q_2 \cdots q_k.$$
再由 $\lambda(q_i)=\phi(q_i)=(q_i-1)\,|\,\lambda(n)=n-1$ 就得到了定理的证明. ∎

可以很容易地证明关于卡迈克尔数的素因子分解的更多结果.

定理 9.24　一个卡迈克尔数至少有三个不同的奇素因子.

证明　设 n 是一个卡迈克尔数. 那么 n 不能只含有一个素因子，因为它是一个合数且是不同素数的乘积. 因此假设 $n=pq$，其中 p 和 q 是奇素数且满足 $p>q$. 则有
$$n-1 = pq-1 = (p-1)q+(q-1) \equiv q-1 \not\equiv 0(\bmod\ p-1),$$
这就表明 $(p-1)\nmid(n-1)$，与卡迈克尔数的相关性质矛盾. 因此，如果一个数 n 恰有两个不同的素因子，那么它不可能是卡迈克尔数. ∎

9.6 节习题

1. 求下列整数 n 的最小通用指数 $\lambda(n)$.
   a) 100　　　　b) 144　　　　　　　　　c) 222　　　　d) 884
   e) $2^4 \cdot 3^3 \cdot 5^2 \cdot 7$　f) $2^5 \cdot 3^2 \cdot 5^2 \cdot 7^3 \cdot 11^2 \cdot 13 \cdot 17 \cdot 19$　g) 10!　　h) 20!
2. 求所有使得 $\lambda(n)$ 分别为下列整数的正整数 n.
   a) 1　　b) 2　　c) 3　　d) 4　　e) 5　　f) 6
3. 求使得 $\lambda(n)=12$ 的最大的整数 n.
4. 对下面每个模，找出一个整数使它有最大可能的阶.
   a) 12　　b) 15　　c) 20　　d) 36　　e) 40　　f) 63
5. 证明：若 m 是一个正整数，那么 $\lambda(m)$ 整除 $\phi(m)$.
6. 证明：如果 m 和 n 是互素的正整数，那么 $\lambda(mn)=[\lambda(m), \lambda(n)]$.
7. 假设 n 是满足 $\lambda(n)=a$ 的最大的正整数，这里 a 是一个不变的正整数. 证明：如果 m 是 $\lambda(m)=a$ 的另一个解，那么 m 整除 n.
8. 设 n 是一个正整数. 问有多少个不同余的整数对模 n 有最大的阶？
9. 证明：如果 a 和 m 是互素的整数，那么同余方程 $ax\equiv b(\bmod\ m)$ 的解是满足 $x\equiv a^{\lambda(m)-1}b(\bmod\ m)$ 的那些整数 x.
10. 证明：如果 c 是一个大于 1 的正整数，那么整数 $1^c, 2^c, \cdots, (m-1)^c$ 形成模 m 的一个完全剩余系当且仅当 m 是一个无平方因子且 $(c, \lambda(m))=1$.

*11. a) 证明：如果 c 和 m 是正整数且 m 是奇数，那么同余方程 $x^c\equiv x(\bmod\ m)$ 恰有

$$\prod_{j=1}^{r}(1+(c-1,\phi(p_j^{a_j})))$$

个不同余的解，其中 m 的素幂因子分解为 $m=p_1^{a_1}p_2^{a_2}\cdots p_r^{a_r}$.

    b）证明当 $(c-1,\ \phi(m))=2$ 时，$x^c\equiv x(\bmod m)$ 恰有 3^r 个解.

12. 用习题 11 证明，在用 RSA 密码加密时，总是有至少 9 个明文信息保持不变.

* 13. 证明 561 是仅有的形如 $3pq$ 的卡迈克尔数，其中 p 和 q 是素数.

* 14. 求所有形如 $5pq$ 的卡迈克尔数，其中 p 和 q 是素数.

* 15. 证明仅有有限多个卡迈克尔数具有 $n=pqr$ 的形式，其中 p 是一个固定的素数，q 和 r 也是素数.

16. 证明：对一个拥有加密密钥 $(e,\ n)$ 的 RSA 密码，它的解密次数 d 可以用 e 模 $\lambda(n)$ 的逆来代替.

    设 n 是一个正整数. 当 $(a,\ n)=1$ 时，定义广义费马商 $q_n(a)$ 为 $q_n(a)\equiv(a^{\lambda(n)}-1)/n(\bmod n)$，其中 $0\leqslant q_n(a)<n$.

17. 证明：如果 $(a,\ n)=(b,\ n)=1$，那么 $q_n(ab)\equiv q_n(a)+q_n(b)(\bmod n)$.

18. 证明：如果 $(a,\ n)=1$，那么 $q_n(a+nc)\equiv q_n(a)_{\lambda}(n)c\overline{a}(\bmod n)$，其中 $\overline{a}$ 是 a 模 n 的逆.

计算和研究

1. 求小于 1000 的所有整数的通用指数.

2. 求至少有 4 个不同素因子的卡迈克尔数.

程序设计

1. 求一个正整数的最小通用指数.

2. 求一个整数，使它模 n 的阶恰好为 n 的最小通用指数.

3. 给定一个正整数 M，求最小通用指数为 M 的所有正整数 n.

4. 用习题 9 中的方法解线性同余方程.

第 10 章 原根与整数的阶的应用

本章将介绍一些与整数的阶和原根有关的应用. 首先, 我们考虑随机数的生成问题. 计算机利用硬件或软件生成的数据可以构造随机数, 但不能按这种方式生成长随机数序列. 为了满足在计算机程序中对长随机数序列的需求, 人们提出了一些方法来产生能像随机数那样通过统计检验的数. 这样的数称为伪随机数. 我们将介绍基于模算术、整数的阶和原根来生成伪随机数的一些方法.

我们还将介绍一种用素数的原根来定义的公钥密码系统, 即埃尔伽莫(ElGamal)密码系统. 这种系统的安全性建立在求解模素数的离散对数问题的困难性之上. 我们将展示如何利用埃尔伽莫加密对信息进行加密和解密, 以及如何在此密码系统中对信息进行签名.

最后, 我们将讨论整数的阶和原根的概念在电话线缆绞接中的有关应用.

10.1 伪随机数

随机选取的数具有很多应用. 计算机模拟可用随机数来研究如核物理、运筹学和数据网络等领域中的现象. 当不能检验一个系统的全部行为时, 就可以用随机数构造随机样本来研究该系统. 随机数可用于测试计算机算法的性能, 还可以在算法的执行过程中, 通过运行随机化的算法来进行随机选择. 随机数还在数值分析中大量应用, 例如在利用黎曼和来估计积分值这一微积分问题时. 在数论中, 随机数可用于概率素性检验. 在密码学中, 随机数在生成密钥和执行密码协议等多种场合中都有应用.

谈及随机数时, 我们是指一个随机序列, 它的每一项的选取都是随机的且不依赖于其他项, 并且按某指定概率落在特定的区间中. (事实上, 称某个特殊的数(比如 47)是随机的没有什么意义, 尽管它可能是某个随机序列的一项.)1940 年以前, 科学家在需要随机数时, 通常采用掷骰子、转赌盘、瓮中取球、发牌或者从一个数据表(如人口统计报表)中选取随机的数字等方式生成它们, 到了 20 世纪 40 年代, 人们发明了产生随机数的机器, 在 20 世纪 50 年代, 可以利用计算机的随机噪声发生器来生成随机数. 然而, 由于计算机硬件的故障, 由机械过程产生的随机数经常不是严格随机的. 另一个严重的问题是, 利用物理现象产生的随机数不能够重复产生以便检验计算机程序的运行结果.

1946 年, 约翰·冯·诺伊曼(John Von Neumann)首先提出利用计算机程序取代机械方法生成随机数的想法. 他提出的方法称为平方取中方法, 其工作原理如下: 要生成一个四位随机数, 首先任取一个四位数, 比如 6139, 然后将此数平方得到 37 687 321, 取中间的四位数 6873 作为第二个随机数, 从前一个数的平方中取中间四位数, 总可得到一个新随机数, 我们迭代此过程就得到一个随机序列. (四位数的平方为 8 位或少于 8 位的数, 对于那些少于 8 位的数要在其前面补 0 凑足 8 位.)

事实上, 由"平方取中方法"产生的序列并非随机选取的, 当初始的四位数选定后, 整个序列就确定了, 但是它很像是随机选取的. 这样生成的数在计算机模拟中很有用. 我们将这类按某种规律的方法产生且看似具有随机性的序列中的整数称为伪随机数.

遗憾的是，平方取中方法也有不足之处．其中最不理想的是，对某些初始整数，按这种方法产生的序列在一个小的数集上不断重复，例如以 4100 为初始整数，所产生的序列为 8100，6100，2100，4100，8100，6100，2100，…，在重复之前仅有四个不同的整数．

约翰·冯·诺伊曼(John von Neumann，1903—1957)生于匈牙利的布达佩斯．在德国的几所大学执教后，他于 1930 年移居美国．1933 年他和爱因斯坦同时成为位于新泽西的著名的普林斯顿高等研究院的首批成员．冯·诺伊曼是 20 世纪最为多才多艺的数学天才之一．他开创了博弈论这一数学分支，并且利用这一理论在数理经济学中做出了许多重要发现．冯·诺依曼为第一台计算机的制造做出了基础性的贡献，还参与了核武器的早期开发．

线性同余生成

D. H. 莱默在 1949 年提出了产生伪随机数的最常用方法，即线性同余方法．它的原理如下：选取整数 m，a，c 和 x_0，满足 $2 \leqslant a < m$，$0 \leqslant c < m$，$0 \leqslant x_0 \leqslant m$．则伪随机数列由如下递归公式产生：

$$x_{n+1} \equiv ax_n + c \pmod{m}, \qquad 0 \leqslant x_{n+1} < m,$$

$n = 0$，1，2，3，…．上式中的 m 称为模，a 称为乘子，c 称为增量，x_0 称为伪随机数生成器的种子．下面的例子展示了线性同余方法．

例 10.1 在线性同余生成器中，取 $m = 12$，$a = 3$，$c = 4$，$x_0 = 5$，则有 $x_1 \equiv 3 \cdot 5 + 4 \equiv 7 \pmod{12}$，从而 $x_1 = 7$．类似地，我们得到 $x_2 = 1$，$x_3 = 7$，等等，这是因为 $x_2 \equiv 3 \cdot 7 + 4 \equiv 1 \pmod{12}$，$x_3 \equiv 3 \cdot 1 + 4 \equiv 7 \pmod{12}$，等等．因此，生成器在出现重复之前仅生成了三个不同的整数．我们得到的伪随机序列是 5，7，1，7，1，7，1，7，…．

例 10.2 在线性同余生成器中，取 $m = 9$，$a = 7$，$c = 4$，$x_0 = 3$，得到伪随机序列 3，7，8，6，1，2，0，4，5，3，…（请读者自行验证）．这个序列在出现重复之前包含九个不同的整数．

注记 在计算机模拟中，经常要用到 0 到 1 之间的伪随机数．我们可用线性同余生成器得到 0 到 m 之间的伪随机数 x_i，$i = 1$，2，3，…，然后将每个数除以 m，就得到所需的伪随机序列 x_i/m，$i = 1$，2，3，…．

下面的定理告诉我们如何从乘子、增量和种子直接求线性同余方法生成的伪随机数列的项．

定理 10.1 由前述线性同余方法生成的序列的通项为

$$x_k \equiv a^k x_0 + c(a^k - 1)/(a - 1) \pmod{m}, \qquad 0 \leqslant x_k < m.$$

证明 我们用数学归纳法证明．对 $k = 1$，公式显然成立，因为 $x_1 \equiv ax_0 + c \pmod{m}$，$0 \leqslant x_1 < m$．假设公式对第 k 项成立，则

$$x_k \equiv a^k x_0 + c(a^k - 1)/(a - 1) \pmod{m}, \quad 0 \leqslant x_k < m.$$

因为

$$x_{k+1} \equiv ax_k + c \pmod{m}, 0 \leqslant x_{k+1} < m,$$

所以

$$x_{k+1} \equiv a(a^k x_0 + c(a^k - 1)/(a-1)) + c$$
$$\equiv a^{k+1} x_0 + c(a(a^k - 1)/(a-1) + 1)$$
$$\equiv a^{k+1} x_0 + c(a^{k+1} - 1)/(a-1) \pmod{m},$$

即公式对第 $k+1$ 项也成立. 这说明公式对所有正整数 k 均成立. ∎

线性同余伪随机数生成器的周期长度定义为它所生成的伪随机序列出现重复之前的最大长度. 注意到线性同余生成器的最大可能的周期长度是模 m. 下面的定理说明了周期长度何时能够达到最大值.

定理 10.2 线性同余生成器产生周期长度为 m 的序列, 当且仅当 $(c, m)=1$ 且对 m 的任意素因子 p 有 $a \equiv 1 \pmod{p}$, 并且若 $4 \mid m$ 则 $a \equiv 1 \pmod 4$.

由于定理 10.2 的证明比较烦琐, 我们略去证明, 读者可参见 [Kn97].

纯乘性同余方法

当 $c=0$ 时, 线性同余生成器很简单, 因而特别有意思. 此时, 此方法称为纯乘性同余方法. 记 m, a, x_0 分别是模、乘子和种子. 伪随机数列由下式递归定义:

$$x_{n+1} \equiv ax_n \pmod{m}, \qquad 0 < x_{n+1} < m.$$

一般地, 这样生成的伪随机数可用乘子和种子表示如下:

$$x_n \equiv a^n x_0 \pmod{m}, \qquad 0 < x_{n+1} < m.$$

若 l 是用纯乘性生成器生成的序列的周期长度, 则 l 必为满足下式的最小正整数:

$$x_0 \equiv a^l x_0 \pmod{m}.$$

若 $(x_0, m)=1$, 则由推论 4.4.1, 有

$$a^l \equiv 1 \pmod{m}.$$

由此同余式可知, 最大可能的周期长度为 $\lambda(m)$, 即模 m 最小通用指数.

在许多应用中, 纯乘性同余生成器的模 m 取梅森素数 $M_{31}=2^{31}-1$. 当模 m 为素数时, 最大周期长度为 $m-1$, 并且当 a 是模 m 的原根时, 周期长度可以达到最大值. 为了找到能得出好结果的 M_{31} 的原根, 我们首先证明 7 是 M_{31} 的一个原根.

定理 10.3 7 是 $M_{31}=2^{31}-1$ 的一个原根.

证明 要证 7 是 $M_{31}=2^{31}-1$ 的原根, 只需证明对 $M_{31}-1$ 的每个素因子 q, 均有

$$7^{(M_{31}-1)/q} \not\equiv 1 \pmod{M_{31}}.$$

由此可得 $\mathrm{ord}_{M_{31}} 7 = M_{31}-1$. 为求 $M_{31}-1$ 的因子分解, 注意到

$$M_{31} - 1 = 2^{31} - 2 = 2(2^{30}-1) = 2(2^{15}-1)(2^{15}+1)$$
$$= 2(2^5-1)(2^{10}+2^5+1)(2^5+1)(2^{10}-2^5+1)$$
$$= 2 \cdot 3^2 \cdot 7 \cdot 11 \cdot 31 \cdot 151 \cdot 331.$$

若能证明对 $q=2$, 3, 7, 11, 31, 151 和 331 有

$$7^{(M_{31}-1)/q} \not\equiv 1 \pmod{M_{31}},$$

则可知 7 是 $M_{31}-1=2\ 147\ 483\ 647$ 的原根. 由于

$$7^{(M_{31}-1)/2} \equiv 2\ 147\ 483\ 646 \not\equiv 1 \pmod{M_{31}}$$

$$7^{(M_{31}-1)/3} \equiv 1\ 513\ 477\ 735 \not\equiv 1 (\bmod M_{31})$$

$$7^{(M_{31}-1)/7} \equiv 120\ 536\ 285 \not\equiv 1 (\bmod M_{31})$$

$$7^{(M_{31}-1)/11} \equiv 1\ 969\ 212\ 174 \not\equiv 1 (\bmod M_{31})$$

$$7^{(M_{31}-1)/31} \equiv 512 \not\equiv 1 (\bmod M_{31})$$

$$7^{(M_{31}-1)/151} \equiv 535\ 044\ 134 \not\equiv 1 (\bmod M_{31})$$

$$7^{(M_{31}-1)/331} \equiv 1\ 761\ 885\ 083 \not\equiv 1 (\bmod M_{31}),$$

可见 7 为 M_{31} 的原根. ■

在实际应用中，我们并不取原根 7 作为乘子，因为这样生成的最初几个伪随机数比较小，而是利用推论 9.4.1 来求更大的原根. 当 $(k, M_{31}-1)=1$ 时，7^k 也是 M_{31} 的原根. 例如，因为 $(5, M_{31}-1)=1$，所以 $7^5=16\ 807$ 是 M_{31} 的原根，因为 $(13, M_{31}-1)=1$，所以 $7^{13} \equiv 252\ 246\ 292 (\bmod M_{31})$ 也是 M_{31} 的原根，它们均可用作生成器的乘子.

平方伪随机数生成器

伪随机数生成器的另一个例子是平方伪随机数生成器. 给定正整数 n（即模）和初始项 x_0（即种子），生成器按下列同余式产生伪随机数列：

$$x_{i+1} \equiv x_i^2 (\bmod n), \qquad 0 \leqslant x_{i+1} < n$$

由定义易见

$$x_i \equiv x_0^{2^i} (\bmod n), \qquad 0 \leqslant x_i < n.$$

例 10.3 在平方伪随机数生成器中，取 $n=209$ 为模，$x_0=6$ 为种子，则生成的序列为：

$$6,36,42,92,104,157,196,169,137,168,9,81,82,36,42,\cdots$$

我们看到这个序列的周期为 12，并且第一项不在周期中. ◀

利用模 n 的阶的概念，我们可以求出平方伪随机数生成器所生成的序列的周期长度，如下面定理所示.

定理 10.4 以 x_0 为种子、n 为模的平方伪随机数生成器的周期长度为 $\mathrm{ord}_s 2$，其中 s 是使得 $\mathrm{ord}_n x_0 = 2^t s$ 的正奇数，t 为非负整数.

证明 设 ℓ 是平方伪随机数生成器的周期长度，先证 $\mathrm{ord}_s 2 | \ell$. 设对某个整数 j 有 $x_j = x_{j+\ell}$，则

$$x_0^{2^j} \equiv x_0^{2^{j+\ell}} (\bmod n),$$

于是

$$x_0^{2^{j+\ell} - 2^j} \equiv 1 (\bmod n).$$

由整数模 n 的阶的定义可知，

$$\mathrm{ord}_n x_0 | (2^{j+\ell} - 2^j),$$

或等价地

$$2^{j+\ell} \equiv 2^j (\bmod 2^t s). \tag{10.1}$$

由 $2^t | (2^{j+\ell} - 2^j)$ 和 $2^{j+\ell} - 2^j = 2^j(2^\ell - 1)$，可见 $j \geqslant t$. 由同余式 (10.1) 和定理 4.4，

$$2^{j+\ell-t} \equiv 2^{j-t} (\bmod s).$$

利用定理 9.2，有 $j+\ell-t\equiv j-t(\bmod \operatorname{ord}_2 s)$. 因此，周期长度 $\ell\equiv 0(\bmod \operatorname{ord}_2 s)$，即 $\operatorname{ord}_2 s \mid \ell$.

现在来证 $\ell \mid \operatorname{ord}_s 2$，这只需证明存在两项 x_j 和 $x_k=x_j$，使得 $j\equiv k(\bmod \operatorname{ord}_s 2)$. 为此，设 $j\equiv k(\bmod \operatorname{ord}_s 2)$，且 $k\geqslant j\geqslant t$. 由定理 9.2，

$$2^j \equiv 2^k(\bmod s).$$

而且有

$$2^k \equiv 2^j(\bmod 2^t),$$

这是因为 $2^k-2^j=2^j(2^{k-j}-1)$ 且 $j\geqslant t$. 注意到 $(2^t, s)=1$，由推论 4.8.1 可得

$$2^j \equiv 2^k(\bmod 2^t s).$$

因为 $\operatorname{ord}_n x_0=2^t s$，所以

$$\operatorname{ord}_n x_0 \mid (2^k-2^j),$$

这意味着

$$x^{2^k-2^j} \equiv 1(\bmod n),$$

即 $x^{2^k}\equiv x^{2^j}(\bmod n)$. 这说明，$x_k=x_j$. 我们得到 $\ell \mid \operatorname{ord}_s 2$. 证毕. ■

例 10.4 在例 10.3 中，平方伪随机数生成器取模 $n=209$，种子 $x_0=6$，则 $\operatorname{ord}_{209} 6=90$（请读者自行验证）. 因为 $90=2\cdot 45$，由定理 10.4 知平方伪随机序列生成器的周期长度为 $\operatorname{ord}_{45} 2=12$（请读者自行验证）. 这与我们把该生成器生成的项列出来时所观察到的长度相一致. ◀

怎样判断一个伪随机数列的项是否适用于计算机模拟或其他应用呢？一个方法是看看这些伪随机数是否能通过统计检验，这些检验能决定一个序列是否具有一个真正的随机序列很可能具备的统计特性. 一组这样的测试可用于评估伪随机数生成器. 例如，可以测试数或者数对出现的频率，也可以测试子序列出现的频率或者各种长度的同一个数出现的频率. 另外，自相关检验也是很有用的，它能检验该序列是否与平移后的序列相关. 关于这些检验及其他检验的讨论可参见 [Kn97] 和 [MeraVa97].

在密码学应用中，伪随机数生成器不能是可预测的. 例如，线性同余伪随机数生成器就不能用于密码学，因为在这样生成的伪随机序列中，已知连续的若干项就可以求得其他项. 而只有密码上安全的伪随机数生成器才是可用的. 这些安全的生成器对于计算资源有限的攻击者而言，生成的序列的项是不可预测的. 更严格的概念见 [MevaVa97] 和 [La90].

我们仅简要介绍了伪随机数的初步知识. 关于伪随机数的全面讨论，读者可参见 [Kn97]. 对于伪随机数与密码学之间关系的综述，读者可参见拉加雷斯在 [Po90] 中所写的章节.

10.1 节习题

1. 求以 69 为种子的平方取中方法所生成的两位数的伪随机数列.
2. 求下列线性同余方法产生的伪随机数列的前十项.

$$x_{n+1} \equiv 5x_n+2(\bmod 19), \qquad x_0=6.$$

这个生成器的周期长度是多少？

3. 求下列线性同余方法产生的伪随机数列的周期长度.

$$x_{n+1} \equiv 4x_n+7(\bmod 25), \qquad x_0=2.$$

4. 证明: 若在线性同余方法中乘子取 $a=0$ 或 1, 则其生成的结果对伪随机数列来说并不好.

5. 设线性同余生成器为 $x_{n+1} \equiv ax_n + c \pmod{m}$, $(c, m) = 1$, 对于下列各模 m, 利用定理 10.2 求使得线性同余生成器周期长度为 m 的整数 a.

    a) $m=1000$ b) $m=30\ 030$ c) $m=10^6-1$ d) $m=2^{25}-1$

* 6. 证明任何一个线性同余伪随机数生成器都可以约化为一个增量 $c=1$、种子为 0 的线性同余生成器. 即证明如下事实: 种子为 x_0 的线性同余生成器 $x_{n+1} \equiv ax_n + c \pmod{m}$ 所生成的项可以表示为 $x_n \equiv by_n + x_0 \pmod{m}$, 其中 $b \equiv (a-1)x_0 + c \pmod{m}$, $y_0 = 0$, $y_{n+1} \equiv ay_n + 1 \pmod{m}$.

7. 对下列乘子 c, 求纯乘性伪随机数生成器 $x_n \equiv cx_{n-1} \pmod{2^{31}-1}$ 的周期长度.

    a) 2   b) 3   c) 4   d) 5   e) 13   f) 17

8. 对于纯乘性伪随机数生成器 $x_{n+1} \equiv ax_n \pmod{2^e}$, $e \geqslant 3$, 证明其最大可能的周期长度为 2^{e-2}, 且在 $a \equiv \pm 3 \pmod 8$ 时达到最大值.

9. 对于模为 77、种子为 8 的平方伪随机数生成器, 求其生成的伪随机数列.

10. 对于模为 1001、种子为 5 的平方伪随机数生成器, 求其生成的伪随机数列.

11. 利用定理 10.4, 求习题 9 中伪随机序列的周期长度.

12. 利用定理 10.4, 求习题 10 中伪随机序列的周期长度.

13. 证明: 对于模为 77 的平方伪随机数生成器, 不管种子如何选取, 它所生成的伪随机数列最大可能的周期长度为 4.

14. 对于模为 989 的平方伪随机数生成器, 不管种子如何选取, 它所生成的伪随机数列的最大的周期长度是多少?

    生成伪随机数的另一种方法是用斐波那契生成器. 设 m 是正整数, 选定的初始整数 x_0 和 x_1 均小于 m, 数列中其余的数由递归同余式生成:

$$x_{n+1} \equiv x_n + x_{n-1} \pmod{m}, \qquad 0 \leqslant x_{n+1} < m.$$

15. 求模为 $m=31$, 初值为 $x_0=1$ 和 $x_1=24$ 的斐波那契生成器生成的前八个伪随机数.

16. 对纯乘性伪随机数生成器 $x_{n+1} \equiv ax_n \pmod{101}$, 选取一个较好的乘子 a. (提示: 求 101 的一个不太小的原根.)

17. 对纯乘性伪随机数生成器 $x_n \equiv ax_{n-1} \pmod{2^{25}-1}$, 选取一个较好的乘子 a. (提示: 求 $2^{25}-1$ 的一个原根, 并取其适当的幂.)

18. 对于线性同余伪随机数生成器 $x_{n+1} \equiv ax_n + c \pmod{1003}$, $0 \leqslant x_{n+1} < 1003$, 若 $x_0 = 1$, $x_2 = 402$, $x_3 = 361$, 求其乘子 a 和增量 c.

19. 对于纯乘性伪随机数生成器 $x_{n+1} \equiv ax_n \pmod{1000}$, $0 \leqslant x_{n+1} \leqslant 1000$, 若 313 和 145 是生成的连续两项, 求乘子 a.

20. 离散指数生成器以正整数 x_0 为种子, 按递归关系 $x_{n+1} \equiv g^{x_n} \pmod{p}$ $(0 < x_{n+1} < p,\ n = 0, 1, 2, \cdots)$ 生成伪随机数 $x_1, x_2, x_3, \cdots$, 其中 p 为奇素数, g 为模 p 的原根.

    a) 当 $p=17$, $g=3$, $x_0=2$ 时, 求离散指数生成器生成的伪随机数列.

    b) 当 $p=47$, $g=5$, $x_0=3$ 时, 求离散指数生成器生成的伪随机数列.

    c) 若已知素数 p 和原根 g, 给定离散指数生成器产生的伪随机数列中某一项, 能否容易地求出它的前一项?

21. 也可以用参数为 m 和 d 的幂生成器来生成伪随机数. 这里 m 是正整数, d 是与 $\phi(m)$ 互素的正整数. 此生成器以正整数 x_0 为种子, 按递归定义 $x_{n+1} \equiv x_n^d \pmod{m}$, $0 < x_{n+1} < m$ 生成伪随机数 $x_1, x_2, x_3, \cdots$.

    a) 当 $m=15$, $d=3$, $x_0=2$ 时, 求幂生成器生成的伪随机数列.

    b) 当 $m=23$, $d=3$, $x_0=3$ 时, 求幂生成器生成的伪随机数列.

计算和研究

1. 分析以不同的初始值按平方取中方法产生的五位数伪随机数列的特点.

2. 对于任选的参数, 求线性同余伪随机数生成器的周期长度.

3. 对 $a = 65\,539$, $c = 0$, $m = 2^{31}$, 求线性同余伪随机数生成器的周期长度.

4. 对 $a = 69\,069$, $c = 1$, $m = 2^{32}$, 求线性同余伪随机数生成器的周期长度.

5. 求使得以模为 2867 的平方伪随机数生成器周期最长的种子.

6. 证明模为 9 992 503、种子为 564 的平方伪随机数生成器的周期长度是 924.

7. 二次同余伪随机数生成器形如 $x_{n+1} \equiv (ax_n^2 + bx_n + c)(\bmod m)$, $0 \leqslant x_{n+1} < m$, 其中 a, b, c 是整数. 对不同的二次同余伪随机数生成器求其周期长度. 你能给出周期长度等于 m 的充分条件吗?

8. 对于不同的模 m, 求习题 15 的导言中所述的斐波那契生成器的周期长度. 你认为这是一个好的伪随机数生成器吗?

9. 有很多对伪随机数生成器的随机性进行衡量的经验方法. Knuth[Kn97]中给出了十种检验方法. 查看这些方法, 并用其中的一些方法检验不同的伪随机数生成器.

程序设计

1. 平方取中生成器

2. 线性同余生成器

3. 纯乘性生成器

4. 平方生成器

5. 斐波那契生成器(参见习题 15 的导言)

6. 离散指数生成器(参见习题 20)

7. 幂生成器(参见习题 21)

10.2 埃尔伽莫密码系统

在第 8 章中, 我们介绍了 RSA 公钥密码系统. RSA 密码系统的安全性建立在分解整数的困难性之上. 本节将介绍另一种公钥密码系统, 即埃尔伽莫密码系统, 它是 T. 埃尔伽莫在 1985 年发明的, 其安全性依赖于求模大素数的离散对数的困难性. (回顾若 p 是素数, r 是 p 的原根, 则整数 a 的离散对数是使得 $r^x \equiv a(\bmod p)$ 成立的次数 x.)

在埃尔伽莫密码系统中, 每一个用户选取素数 p、p 的原根 r 以及整数 a, 满足 $0 \leqslant a \leqslant p-1$. 此次数 a 就是私钥, 即用户必须保密的信息. 相应的公钥是 (p, r, b), 其中整数 b 满足

$$b \equiv r^a (\bmod p), 0 \leqslant a \leqslant p-1.$$

在下面的例子中, 我们说明如何选取埃尔伽莫密码系统的密钥.

例 10.5 为生成埃尔伽莫密码系统的公钥和私钥, 我们首先选取一个素数 $p = 2539$. (这里所选的四位数的素数只是为了说明此密码系统的工作原理; 而在实际应用中, 应该选取具有上百位数字的素数.)接下来, 需要素数 p 的一个原根. 这里取 $p = 2539$ 的原根 $r = 2$(请读者自行验证). 然后, 选取整数 a 满足 $0 \leqslant a \leqslant 2538$, 这里取 $a = 14$ 为私钥, 相应的公钥为 $(p, r, b) = (2539, 2, 1150)$, 因为 $b \equiv 2^{14} \equiv 1150(\bmod 2539)$.

在用埃尔伽莫密码系统加密信息之前, 先要将字母转换为与之等价的数值, 再构成最大可能长度的数据组(每组有偶数位数字), 正如我们在 8.4 节中用 RSA 密码系统加密信息之前所做的一样. (这只是将由字母组成的信息转换为整数的众多方法之一.)为了加密将

要送至拥有公钥 (p, r, b) 的用户的信息, 先选取随机的整数 k, $1 \leqslant k \leqslant p-2$. 对每一个明文数据组 P, 计算整数 γ 和 δ 如下:

$$\gamma \equiv r^k (\bmod p), \qquad 0 \leqslant \gamma \leqslant p-1$$

且

$$\delta \equiv P \cdot b^k (\bmod p), 0 \leqslant \delta \leqslant p-1.$$

与明文数据组 P 对应的密文是有序对 $E(P) = (\gamma, \delta)$. 明文信息 P 乘以 b^k 得到 δ 就隐藏起来了. 隐藏了的信息连同 γ 一起发出, 只有知道私钥 a 的用户才能计算 b^k 和 γ, 并且据此来恢复原始信息.

利用埃尔伽莫密码系统加密信息时, 与明文数据组对应的密文的长度是原始明文数据组的两倍, 我们称这种加密方法的信息扩张因子是 2. 加密过程中的随机数 k 从几个方面提高了安全性, 本节的最后我们将解释这一点.

对埃尔伽莫密码系统加密过的信息进行解密, 需要知道私钥 a. 对于密文对 (γ, δ) 而言, 解密的第一步是计算 $\overline{\gamma^a}$, 这只需计算 $\gamma^{p-1-a} (\bmod p)$. 于是, 计算下式可以解密密文对 $C = (\gamma, \delta)$:

$$D(C) = \overline{\gamma^a} \delta.$$

为看清这样做为什么恢复了明文信息, 只需注意到

$$\begin{aligned}
D(C) &\equiv \overline{\gamma^a} \delta (\bmod p) \\
&\equiv \overline{r^{ka}} P b^k (\bmod p) \\
&\equiv \overline{(r^a)}^k P b^k (\bmod p) \\
&\equiv \overline{b^k} P b^k (\bmod p) \\
&\equiv \overline{b^k} b^k P (\bmod p) \\
&\equiv P (\bmod p).
\end{aligned}$$

例 10.6 展示了埃尔伽莫密码系统的加密和解密过程.

例 10.6 根据例 10.5 中构造的公钥, 我们用埃尔伽莫密码系统加密如下信息:

PUBLIC KEY CRYPTOGRAPHY.

在例 8.16 中, 用 RSA 密码系统也加密了这一信息. 我们已将字母转换为等价的数值, 并且每四位数字分成一个数据组. 由于最大可能的数据组为 2525, 所以这里采用同样的数据组如下:

$$
\begin{array}{cccc}
1520 & 0111 & 0802 & 1004 \\
2402 & 1724 & 1519 & 1406 \\
1700 & 1507 & 2423,
\end{array}
$$

其中, 虚字母 X 转换为 23 以填满最后一组.

为加密这些数据组, 选取随机数 k, $1 \leqslant k \leqslant 2537$ (这里我们对每个数据组采用相同的 k; 而实际应用中, 对每个数据组选取不同的 k 以保证更高的安全性). 取 $k = 1443$, 要将每个明文数据组 P 加密, 需要用到关系 $E(P) = (\gamma, \delta)$, 其中 γ, δ 满足

$$\gamma \equiv 2^{1443} \equiv 2141 (\bmod 2539)$$

且

$$\delta \equiv P \cdot 1150^{1443} (\bmod\ 2539), \qquad 0 \leqslant \delta \leqslant 2538.$$

例如，第一个明文数据组的密文为$(2141, 216)$，因为有

$$\gamma \equiv 2^{1443} \equiv 2141 (\bmod\ 2539)$$

和

$$\delta \equiv 1520 \cdot 1150^{1443} \equiv 216 (\bmod\ 2539).$$

我们加密了每一数据组后，得到下列密文信息：

$$(2141, 0216) \quad (2141, 1312) \quad (2141, 1771) \quad (2141, 1185)$$
$$(2141, 2132) \quad (2141, 1177) \quad (2141, 1938) \quad (2141, 2231)$$
$$(2141, 1177) \quad (2141, 1938) \quad (2141, 1694).$$

为解密密文数据组，我们计算

$$D(C) \equiv \overline{\gamma^{14}} \delta (\bmod\ 2539).$$

例如，为解密第二个密文数据组$(2141, 1312)$，我们计算

$$D((2141, 1312)) \equiv \overline{2141^{14}} \cdot 1312$$
$$\equiv \overline{1430} \cdot 1312$$
$$\equiv 2452 \cdot 1312$$
$$\equiv 111 (\bmod\ 2539).$$

这里我们用到 2452 是 1430 模 2539 的逆. 这个逆可以通过推广的欧几里得算法求得，读者可自行验证.（我们还用到 $2141^{14} \equiv 1430 (\bmod\ 2539)$ 这一事实.）

前面已经提到，埃尔伽莫密码系统的安全性基于从公钥(p, r, b)求私钥 a 的困难性，这是离散对数问题的一个例子，而离散对数问题是一个计算困难问题，在 9.4 节已有叙述. 破译埃尔伽莫加密方法就是在不知道私钥 a 的条件下，由公钥(p, r, b)和加密的信息(γ, δ)恢复信息 P. 尽管可能存在不通过求解离散对数问题来破译的方法，但是这被普遍认为是计算困难的问题.

利用埃尔伽莫密码系统签名消息

下面讨论 1985 年 T. 埃尔伽莫发明的用埃尔加莫密码系统对信息进行签名的过程. 假设用户的公钥是(p, r, b)，私钥是 a，其中 $b \equiv r^a (\bmod\ p)$. 为了签名信息 P，具有私钥 a 的用户这样做：首先，选取整数 k，满足$(k, p-1) = 1$. 然后，计算 γ 和 s，其中

$$\gamma \equiv r^k (\bmod\ p), \qquad 0 \leqslant \gamma \leqslant p-1$$

且

$$s \equiv (P - a\gamma)\overline{k} (\bmod\ p-1), \qquad 0 \leqslant s \leqslant p-2.$$

于是对信息 P 的签名是(γ, s)对. 注意，这一签名依赖于随机整数 k 的值，并且只有知道私钥 a 才能进行计算.

为验证这是一个有效的签名方案，注意到我们已知公钥(p, r, b)，于是可以验证信息是来自可能的发送者的. 为此，我们计算

$$V_1 \equiv \gamma^s b^\gamma (\bmod\ p), \qquad 0 \leqslant V_1 \leqslant p-1$$

和

$$V_2 \equiv r^P (\bmod\ p), \qquad 0 \leqslant V_2 \leqslant p-1.$$

签名的有效性要求 $V_1=V_2$. 事实上，若签名有效，则

$$
\begin{aligned}
V_1 &\equiv \gamma^s b^\gamma (\mathrm{mod}\ p)\\
&\equiv \gamma^{(P-a\gamma)\overline{k}} b^\gamma (\mathrm{mod}\ p)\\
&\equiv (\gamma^{\overline{k}})^{P-a\gamma} b^\gamma (\mathrm{mod}\ p)\\
&\equiv r^{(P-a\gamma)} b^\gamma (\mathrm{mod}\ p)\\
&\equiv r^P\ \overline{r^{a\gamma}} b^\gamma (\mathrm{mod}\ p)\\
&\equiv r^P\ \overline{b^\gamma} b^\gamma (\mathrm{mod}\ p)\\
&\equiv r^P (\mathrm{mod}\ p)\\
&= V_2.
\end{aligned}
$$

在埃尔伽莫签名方案中，签名不同的信息应采用不同的整数 k. 若用同一个整数 k 签名不同的信息，则利用这些签名信息求得私钥 a 是可能的（见习题 8）. 我们关心的另一个问题是，某人是否可以通过选取 k 并利用公钥 $(p,\ \gamma,\ b)$ 计算 $\gamma \equiv r^k (\mathrm{mod}\ p)$ 来伪造信息 P 的签名. 为完成签名，还要计算 $s=(P-a\gamma)\overline{k}(\mathrm{mod}\ p-1)$. 但求 a 并不容易，因为要从 b 计算 a 是求离散对数，即求 b 关于 r 模 p 的离散对数. 在不知道 a 的情况下，可以随机选取 s，但成功的概率仅有 $1/p$，而且当 p 充分大时接近于 0.

例 10.7 展示了如何利用埃尔伽莫签名方案签名信息.

例 10.7 设某人的埃尔伽莫公钥是 $(p,\ r,\ b)=(2539,\ 2,\ 1150)$，对应的私钥是 $a=14$. 为签名信息 $P=111$，首先随机选取满足 $1\leqslant k\leqslant 2538$ 且 $(k,\ 2538)=1$ 的整数 $k=457$. 注意到 $\overline{457}=2227(\mathrm{mod}\ 2538)$，于是对明文信息 111 的签名可以通过如下计算得到：

$$\gamma \equiv 2^{457} \equiv 1079(\mathrm{mod}\ 2539),$$

$$s \equiv (111-14\cdot 1079)\cdot 2227 \equiv 1139(\mathrm{mod}\ 2538).$$

任何具有签名 $(1079,\ 1139)$ 和信息 111 的人都可以验证此签名是有效的，因为计算得到

$$1150^{1079} 1079^{1139} \equiv 1158(\mathrm{mod}\ 2539)$$

和

$$2^{111} \equiv 1158(\mathrm{mod}\ 2539).$$

◄

对埃尔伽莫签名方案加以修改，得到了人们广泛使用的*数字签名算法*（DSA）. DSA 在 1994 年被列为美国政府官方标准，即联邦信息处理标准（FIPS）186，也就是所谓的*数字签名标准*. 要知道如何修改埃尔伽莫签名方案得到 DSA，参见 [St05] 和 [MevaVa97].

10.2 节习题

1. 利用埃尔伽莫密码系统加密信息 HAPPY BIRTHDAY，其中公钥为 $(p,\ r,\ b)=(2551,\ 6,\ 33)$. 说明如何利用私钥 $a=13$ 解密所得密文.

2. 利用埃尔伽莫密码系统加密信息 DO NOT PASS GO，其中公钥为 $(p,\ r,\ b)=(2591,\ 7,\ 591)$. 说明如何利用私钥 $a=99$ 解密所得密文.

3. 已知利用公钥为 $(p,\ r,\ b)=(2713,\ 5,\ 193)$ 的埃尔伽莫密码系统加密的信息为：$(2161,\ 660)$，$(2161,\ 1284)$，$(2161,\ 1467)$，利用私钥 $a=17$ 解密此信息.

4. 已知利用公钥为 $(p,\ r,\ b)=(2677,\ 2,\ 1410)$ 的埃尔伽莫密码系统加密的信息为：$(1061,\ 2185)$，$(1061,\ 733)$，$(1061,\ 1096)$，利用私钥 $a=133$ 解密此信息.

5. 已知公钥$(p, r, b)=(2657, 3, 801)$，私钥$a=211$和用来构造签名的整数$k=101$. 利用埃尔伽莫签名方案对明文信息$P=823$签名，并验证签名的有效性.

6. 已知公钥$(p, r, b)=(2543, 5, 1615)$，私钥$a=99$和用来构造签名的整数$k=257$. 利用埃尔伽莫签名方案对明文信息$P=2525$签名，并验证签名的有效性.

7. 证明：若用埃尔伽莫密码系统加密两个不同的明文信息P_1和P_2时使用了同一个随机数k，则知道明文P_1就能推出明文P_2.

8. 证明：在埃尔伽莫签名方案中，若用同一个整数k签名两个不同的信息，产生的签名分别为(γ_1, s_1)和(γ_2, s_2)，则只要$s_1 \not\equiv s_2 \pmod{p-1}$，就能从这些签名求得$k$. 并且证明，一旦知道$k$就能轻易获取私钥$a$.

计算和研究

1. 为你班上每一个成员构造埃尔伽莫密码系统的公钥对和私钥对，并将所有公钥放在一个目录中.

2. 对你班上每一个成员，利用目录中公布的公钥，采用埃尔伽莫密码系统加密一个信息.

3. 对于你班上的其他成员发送给你的埃尔伽莫加密信息，利用你自己的私钥进行解密.

程序设计

1. 利用埃尔伽莫密码系统加密信息.

2. 解密由埃尔伽莫密码系统加密的信息.

3. 利用埃尔伽莫密码系统签名信息.

10.3　电话线缆绞接中的一个应用

前述理论的一个有趣应用是电话线缆的绞接. 我们的讨论基于[Or88]所阐述的内容，这与劳瑟(Lawther)的原创性文章[La35]中的内容有关，后者是对西南贝尔电话公司的工作报告.

为介绍相关应用，首先引入下面的定义.

定义　设m是正整数，a是与m互素的整数，**a模m的±1-指数**是使得下式成立的最小正整数x：

$$a^x \equiv \pm 1 \pmod{m}.$$

我们对确定一个整数模m的±1-指数的最大可能值感兴趣，这一值记为$\lambda_0(m)$. 下面两个定理将最大±1-指数$\lambda_0(m)$与最小通用指数$\lambda(m)$联系起来.

首先，我们考虑有原根的正整数.

定理 10.5　设m是大于2的正整数且有原根，则它的最大±1-指数$\lambda_0(m)$是$\phi(m)/2 = \lambda(m)/2$.

证明　由于m有原根，所以$\lambda(m)=\phi(m)$. 由定理7.6，当$m>2$时，$\phi(m)$是偶数，所以$\phi(m)/2$是整数. 由欧拉定理可知，对使得$(a, m)=1$的所有整数a，均有

$$a^{\phi(m)} = (a^{\phi(m)/2})^2 \equiv 1 \pmod{m}.$$

由9.3节的习题13可知，当m有原根时，$x^2 \equiv 1 \pmod{m}$有唯一解$x \equiv \pm 1 \pmod{m}$. 因此，

$$a^{\phi(m)/2} \equiv \pm 1 \pmod{m}.$$

这表明

$$\lambda_0(m) \leqslant \phi(m)/2.$$

现在，设r为模m的一个原根，其模m的±1-指数为e，则

$$r^e \equiv \pm 1 (\mathrm{mod}\ m),$$

于是，$r^{2e} \equiv 1(\mathrm{mod}\ m)$. 因为 $\mathrm{ord}_m r = \phi(m)$，由定理 9.1 有 $\phi(m) \mid 2e$，即 $(\phi(m)/2) \mid e$. 从而，最大 ± 1-指数 $\lambda_0(m)$ 至少是 $\phi(m)/2$. 然而我们已经知道 $\lambda(m) \leqslant \phi(m)/2$，因此，$\lambda_0(m) = \phi(m)/2 = \lambda(m)/2$. ∎

现在我们来求没有原根的整数的最大 ± 1-指数.

定理 10.6 设 m 是没有原根的正整数，则最大 ± 1-指数 $\lambda_0(m)$ 等于最小通用指数 $\lambda(m)$.

证明 首先证明，若存在阶为 $\lambda(m)$ 且 ± 1-指数为 e 的正整数 a，使得

$$a^{\lambda(m)/2} \not\equiv -1(\mathrm{mod}\ m),$$

则 $e = \lambda(m)$. 因此，一旦找到这样的整数 a，我们就能证明 $\lambda_0(m) = \lambda(m)$.

假设正整数 a 的阶为 $\lambda(m)$ 模 m 且 ± 1-指数为 e，满足

$$a^{\lambda(m)/2} \not\equiv -1(\mathrm{mod}\ m).$$

因为 $a^e \equiv \pm 1(\mathrm{mod}\ m)$，所以 $a^{2e} \equiv 1(\mathrm{mod}\ m)$. 由定理 9.1，$\lambda(m) \mid 2e$. 由于 $\lambda(m) \mid 2e$ 且 $e \leqslant \lambda(m)$，故或者 $e = \lambda(m)/2$，或者 $e = \lambda(m)$. 为证 $e \neq \lambda(m)/2$，注意到 $a^e \equiv \pm 1(\mathrm{mod}\ m)$，但是 $a^{\lambda(m)/2} \not\equiv 1(\mathrm{mod}\ m)$，这是因为由假设有 $\mathrm{ord}_m a = \lambda(m)$，且 $a^{\lambda(m)/2} \not\equiv -1(\mathrm{mod}\ m)$. 因此，我们可以推出，若 $\mathrm{ord}_m a = \lambda(m)$，则 a 有 ± 1-指数 e，且 $a^e \equiv -1(\mathrm{mod}\ m)$，则 $e = \lambda(m)$.

下面找出具备所需性质的整数 a. 设 m 的素幂因子分解为 $m = 2^{t_0} p_1^{t_1} p_2^{t_2} \cdots p_s^{t_s}$. 分情况考虑.

首先考虑 m 至少有两个奇素因子的情形. 设在所有整除 m 的素数幂 $p_i^{t_i}$ 中，$p_j^{t_j}$ 是整除 $\phi(p_j^{t_j})$ 的 2 的方幂中最小的一个. 设 r_i 是 $p_i^{t_i}(i = 1, 2, \cdots, s)$ 的原根. 设整数 a 满足下面的联立同余式：

$$a \equiv 3(\mathrm{mod}\ 2^{t_0}),$$
$$a \equiv r_i(\mathrm{mod}\ p_i^{t_i}),\ 对所有\ i, i \neq j$$
$$a \equiv r_j^2(\mathrm{mod}\ p_j^{t_j}).$$

中国剩余定理保证了这样的整数 a 是存在的. 注意到

$$\mathrm{ord}_m a = [\lambda(2^{t_0}), \phi(p_i^{t_2}), \cdots, \phi(p_j^{t_j})/2, \cdots, \phi(p_s^{t_s})],$$

由 $p_j^{t_j}$ 的选取可知，此最小公倍数为 $\lambda(m)$. 由于 $a \equiv r_j^2(\mathrm{mod}\ p_j^{t_j})$，所以 $a^{\phi(p_j^{t_j})/2} \equiv r_j^{\phi(p_j^{t_j})} \equiv 1(\mathrm{mod}\ p_j^{t_j})$. 又因为 $\phi(p_j^{t_j})/2 \mid \lambda(m)/2$，我们知道

$$a^{\lambda(m)/2} \equiv 1(\mathrm{mod}\ p_j^{t_j}),$$

从而

$$a^{\lambda(m)/2} \not\equiv -1(\mathrm{mod}\ m).$$

因此，a 的 ± 1-指数为 $\lambda(m)$.

接下来考虑针对形如 $m = 2^{t_0} p_1^{t_1}$ 的整数，其中 p_1 为奇素数，$t_0 \geqslant 2$，$t_1 \geqslant 1$，因为 m 没有原根. 当 $t_0 = 2$ 或 3 时，我们有

$$\lambda(m) = [2, \phi(p_1^{t_1})] = \phi(p_1^{t_1}).$$

设 a 是下列同余方程的联立解：

$$a \equiv 1(\mathrm{mod}\ 4)$$
$$a \equiv r(\mathrm{mod}\ p_1^{t_1}),$$

其中 r 为 $p_1^{t_1}$ 的一个原根. 我们知道 $\mathrm{ord}_m a = \lambda(m)$. 因为

$$a^{\lambda(m)/2} \equiv 1 (\mathrm{mod}\ 4),$$

所以

$$a^{\lambda(m)/2} \not\equiv -1 (\mathrm{mod}\ m).$$

因此，a 的 ± 1-指数为 $\lambda(m)$.

当 $t_0 \leqslant 4$ 时，设 a 是下列联立同余方程组的解：

$$a \equiv 3 (\mathrm{mod}\ 2^{t_0})$$
$$a \equiv r (\mathrm{mod}\ p_1^{t_1});$$

由中国剩余定理可知这样的 a 是存在的. 可以证明 $\mathrm{ord}_m a = \lambda(m)$. 因为 $4 \mid \lambda(2^{t_0})$，所以 $4 \mid \lambda(m)$. 于是，

$$a^{\lambda(m)/2} \equiv 3^{\lambda(m)/2} \equiv (3^2)^{\lambda(m)/4} \equiv 1 (\mathrm{mod}\ 8).$$

所以，

$$a^{\lambda(m)/2} \not\equiv -1 (\mathrm{mod}\ m),$$

从而 a 的 ± 1-指数为 $\lambda(m)$.

最后，当 $m = 2^{t_0}$，$t_0 \geqslant 3$ 时，由定理 9.12 知 $\mathrm{ord}_m 5 = \lambda(m)$，但

$$5^{\lambda(m)/2} \equiv (5^2)^{\lambda(m)/4} \equiv 1 (\mathrm{mod}\ 8).$$

所以

$$5^{\lambda(m)/2} \not\equiv -1 (\mathrm{mod}\ m);$$

由此得出 5 的 ± 1-指数为 $\lambda(m)$.

上面的论述处理了 m 没有原根的所有情况，所以证明完毕. ∎

现在，我们构建一种绞接电话线缆的系统. 电话线缆由外包绝缘物质的铜线的同心层制成，如图 10.1 所示，并且分成特定长度的节段生产.

电话线路由若干段线缆绞接而成. 当两根铜线在多个节段的同一层上相邻时，经常会出现干扰和串音的问题. 因此，在某一节段同一层上相邻的铜线，在相邻节段上不应同层相邻. 为实用起见，绞接系统应操作简单.

图 10.1 电话线缆某一层的截面图

我们用下面的规则描述绞接系统：某一节段同心层上的线绞接到下一节段同心层上的线时，总在每个连接处有相同的绞接方向. 在有 m 根线的层中，我们将位置为 $j (1 \leqslant j \leqslant m)$ 的线与下一节段中位置为 $S(j)$ 的线相连，其中 $S(j)$ 是 $1 + (j-1)s$ 模 m 的最小正剩余. 这里，s 称为绞接系统的距，我们看到，当上一节段的线与下一节段的线绞接时，前一节段相邻的两根线在下一节段中正好相差 s 模 m. 为了使得相邻两节段中线的绞接是一一对应的，必须要求距 s 与线的数目 m 互素. 这说明，若同一节段上在位置 j 与在位置 k 的线均绞接到下一节段的同一位置，则 $S(j) = S(k)$，且

$$1 + (j-1)s \equiv 1 + (k-1)s (\mathrm{mod}\ m),$$

于是 $js \equiv ks (\mathrm{mod}\ m)$. 因为 $(m, s) = 1$，由推论 4.4.1 可见 $j \equiv k (\mathrm{mod}\ m)$，而这是不可能的.

例 10.8 将九根线用距 2 绞接. 有如下对应关系:

$$1 \to 1 \qquad 2 \to 3 \qquad 3 \to 5$$
$$4 \to 7 \qquad 5 \to 9 \qquad 6 \to 2$$
$$7 \to 4 \qquad 8 \to 6 \qquad 9 \to 8,$$

如图 10.2 所示.

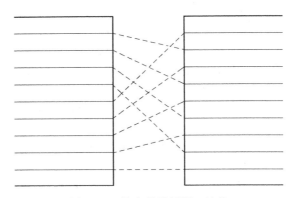

图 10.2 将九根线用距 2 绞接

下面的结论说明了电话线缆中第 1 节段的线与第 n 节段的线之间的对应关系.

定理 10.7 设 $S_n(j)$ 表示第 1 节段位置为 j 的线经过绞接后在第 n 节段的位置,则

$$S_n(j) \equiv 1 + (j-1)s^{n-1} (\mathrm{mod}\ m).$$

证明 对 $n = 2$,由绞接系统的规则有

$$S_2(j) \equiv 1 + (j-1)s (\mathrm{mod}\ m),$$

所以命题对 $n = 2$ 成立. 现在假定

$$S_n(j) \equiv 1 + (j-1)s^{n-1} (\mathrm{mod}\ m).$$

则在下一节段中,位置为 $S_n(j)$ 的线绞接到如下位置的线:

$$S_{n+1}(j) \equiv 1 + (S_n(j) - 1)s$$
$$\equiv 1 + ((j-1)s^{n-1})s$$
$$\equiv 1 + (j-1)s^n (\mathrm{mod}\ m).$$

这说明命题成立.

在绞接系统中,我们希望某一节段上相邻的线在下一节段上分得尽可能远. 定理 10.7 告诉我们,经过 n 次绞接后,位于 j 与 $j+1$ 两个相邻位置的线分别绞接到位置 $S_n(j) \equiv 1 + (j-1)s^n (\mathrm{mod}\ m)$ 和位置 $S_n(j+1) \equiv 1 + js^n (\mathrm{mod}\ m)$ 的线上. 这些线在第 n 节段相邻当且仅当

$$S_n(j) - S_n(j+1) \equiv \pm 1 (\mathrm{mod}\ m),$$

或等价地,

$$(1 + (j-1)s^n) - (1 + js^n) \equiv \pm 1 (\mathrm{mod}\ m),$$

上式成立当且仅当

$$s^n \equiv \pm 1 (\mathrm{mod}\ m).$$

我们现在来应用本节开始所述的理论,要使第 1 节段中相邻的线在以后的绞接过程中

分得尽可能远，则应选取距 s 为最大有 ± 1 -指数 $\lambda_0(m)$ 的整数.

例 10.9 对 100 根线，应选取距 s 使得其 ± 1 -指数为 $\lambda_0(100) = \lambda(100) = 20$. 经过适当计算，可取 $s = 3$ 为距. ◀

10.3 节习题

1. 求下列正整数的最大 ± 1 -指数.

　　a) 17　　　b) 22　　　c) 24　　　d) 36　　　e) 99　　　f) 100

2. 求模下列正整数的具有最大 ± 1 -指数的整数.

　　a) 13　　　b) 14　　　c) 15　　　d) 25　　　e) 36　　　f) 60

3. 对具有下列数目的线的电话线缆，设计一个绞接方案.

　　a) 50 根线　　　　　b) 76 根线　　　　　c) 125 根线

* 4. 证明在某一同心层具有 m 根线的任何电话线缆绞接系统中，在某节段上相邻的两根线至多在连续 $[(m-1)/2]$ 个节段上分开. 证明：在 m 为素数时，用本节中所讲的系统能达到这个上限.

计算和研究

1. 对于不超过 1000 的正整数，求它们的最大 ± 1 -指数.

程序设计

1. 给定正整数 m，求其最大 ± 1 -指数.

2. 用本节所述的方法，设计一种电话线缆绞接方案.

第 11 章 二 次 剩 余

整数 a 何时是模素数 p 完全平方数呢？伟大的数论学家欧拉、勒让德和高斯对于这一问题及其相关问题的研究，导致了现代数论很多方面的发展. 本章将讨论在研究这样的问题的过程中所得的新、老结论. 首先，我们定义二次剩余的概念，即为模 p 平方数的整数 a，并建立二次剩余的基本性质. 我们引入用于判定一个整数是否为模 p 的二次剩余的勒让德符号，并讨论此符号的基本性质. 我们还将叙述并证明由欧拉和高斯发现的两个重要的准则，它们可以用来判定 a 是否为模 p 的二次剩余，特别地，我们用这些准则来判定 -1 和 2 是否为 p 的二次剩余.

我们还将证明，模 pq 完全平方数恰有四个不同余的模 pq 平方根，其中 p 和 q 是素数. 模平方根在密码学中被大量使用，例如用在公平地选择随机比特的协议（"电子抛币"）中. 我们将（在本章的最后一节中）说明，在交互式协议中如何用模平方根来证明一个人掌握秘密信息而不泄露此信息.

假设 p 和 q 是两个不同的奇素数. 我们要问 p 是否为模 q 平方数和 q 是否为模 p 平方数. 这两个问题之间有什么关系吗？在本章中，我们将通过著名的二次互反律来说明这两个问题是紧密相关的. 欧拉和勒让德发现了二次互反律，但最终由高斯在 18 世纪末给出证明. 我们将给出二次互反律诸多证明中最容易理解的一个. 二次互反律在理论和实践上都有着重要意义. 我们将给出它在计算和证明一些有用结论中的应用，例如证明判定费马数是否为素数的佩潘（Pepin）检验法.

用来判定一个整数是否为模 p 二次剩余的勒让德符号可以推广为雅可比符号. 我们将推导雅可比符号的基本性质，并证明它们也满足一个互反律，这是二次互反律的推论. 我们将说明如何用雅可比符号来简化勒让德符号的计算. 利用雅可比符号，我们引入一种特殊类型的伪素数——欧拉伪素数，它通过满足欧拉关于二次剩余的准则来伪装成素数. 运用这一概念，我们提出一种概率素性检验法.

11.1 二次剩余与二次非剩余

设 p 是奇素数，a 是与 p 互素的整数. 本章讨论的主要问题是：a 是否为模 p 完全平方数？首先从定义开始.

定义 设 m 是正整数，a 是整数. 若 $(a, m)=1$，且同余方程 $x^2 \equiv a \pmod{m}$ 有解，则称 a 为 m **的二次剩余**. 若同余方程 $x^2 \equiv a \pmod{m}$ 无解，则称 a 为 m **的二次非剩余**.

例 11.1 为决定哪些整数是 11 的二次剩余，我们计算整数 1，2，3，…，10 的平方，得到 $1^2 \equiv 10^2 \equiv 1 \pmod{11}$，$2^2 \equiv 9^2 \equiv 4 \pmod{11}$，$3^2 \equiv 8^2 \equiv 9 \pmod{11}$，$4^2 \equiv 7^2 \equiv 5 \pmod{11}$，$5^2 \equiv 6^2 \equiv 3 \pmod{11}$. 因此，11 的二次剩余是 1，3，4，5，9，二次非剩余是 2，6，7，8，10.

注意，正整数 m 的二次剩余恰为 9.4 节中 m 的 k 次剩余在 $k=2$ 的情形. 设 p 是奇素数，则在整数 1，2，…，$p-1$ 中，p 的二次剩余与二次非剩余个数相同. 我们利用下面的引理来证明这一事实.

引理 11.1 设 p 是奇素数, a 是不被 p 整除的整数,则同余方程

$$x^2 \equiv a \pmod{p}$$

或者无解,或者恰有两个模 p 不同余的解.

证明 若 $x^2 \equiv a \pmod{p}$ 有解,不妨设为 $x = x_0$,则易见 $x = -x_0$ 是不同余的解. 因为 $(-x_0)^2 = x_0^2 \equiv a \pmod{p}$,所以 $-x_0$ 也是解. 我们还注意到,$x_0 \not\equiv -x_0 \pmod{p}$,倘若 $x_0 \equiv -x_0 \pmod{p}$,则有 $2x_0 \equiv 0 \pmod{p}$. 因为 p 是奇数且 $p \nmid x_0$,故由引理 3.5 可知这是不可能的. (由 $x_0^2 \equiv a \pmod{p}$ 和 $p \nmid a$ 可得 $p \nmid x_0$.)

为证不存在多于两个不同余的解,设 x_0 和 x_1 都是 $x^2 \equiv a \pmod{p}$ 的解. 则有 $x_0^2 \equiv x_1^2 \equiv a \pmod{p}$,于是 $x_0^2 - x_1^2 = (x_0 + x_1)(x_0 - x_1) \equiv 0 \pmod{p}$. 因此,$p \mid (x_0 + x_1)$ 或 $p \mid (x_0 - x_1)$,于是,$x_1 \equiv -x_0 \pmod{p}$ 或 $x_1 \equiv x_0 \pmod{p}$. 因此,若 $x^2 \equiv a \pmod{p}$ 有解,则只能有两个不同余的解. ∎

由此得出以下定理.

定理 11.1 若 p 是奇素数,则在整数 $1, 2, \cdots, p-1$ 中,p 的二次剩余恰有 $(p-1)/2$ 个,二次非剩余恰有 $(p-1)/2$ 个.

证明 为在整数 $1, 2, \cdots, p-1$ 中找出 p 的所有二次剩余,我们计算这些整数平方的模 p 最小正剩余. 因为要考虑 $p-1$ 个平方,且同余方程 $x^2 \equiv a \pmod{p}$ 或者没有解,或者有两个解,所以在 $1, 2, \cdots, p-1$ 中,p 的二次剩余恰有 $(p-1)/2$ 个,剩下的 $(p-1) - (p-1)/2 = (p-1)/2$ 个不超过 $p-1$ 的正整数是 p 的二次非剩余. ∎

第 9 章研究过的原根和指数提供了证明与二次剩余有关的结论的另外一种方法.

定理 11.2 设 p 是素数,r 是 p 的原根,a 是不被 p 整除的整数. 若 $\text{ind}_r a$ 是偶数,则 a 是 p 的二次剩余,若 $\text{ind}_r a$ 是奇数,则 a 是 p 的二次非剩余.

证明 设 $\text{ind}_r a$ 是偶数,则 $(r^{\text{ind}_r a/2})^2 \equiv a \pmod{p}$,这说明 a 是 p 的二次剩余. 现在设 a 是 p 的二次剩余. 则存在整数 x 使得 $x^2 \equiv a \pmod{p}$,于是 $\text{ind}_r x^2 = \text{ind}_r a$. 由定理 9.16 的 (iii),$2 \cdot \text{ind}_r x \equiv \text{ind}_r a \pmod{\phi(p)}$,因此 $\text{ind}_r a$ 是偶数. 从而 a 是 p 的二次剩余当且仅当 $\text{ind}_r a$ 是偶数. 因此,a 是 p 的二次非剩余当且仅当 $\text{ind}_r a$ 是奇数. ∎

由定理 11.2 可知,奇素数 p 的每个原根都是 p 的二次非剩余.

我们通过给出定理 11.1 的另一个证明来说明如何利用原根、指数与二次剩余的关系证明有关二次剩余的结论.

证明 设 p 是奇素数且有原根 r,由定理 11.2,在整数 $1, 2, 3, \cdots, p-1$ 中,p 的二次剩余是那些以 r 为底的指数为偶数的整数. 于是,此集合中 p 的二次剩余是 r^k 的最小正剩余,其中 k 是满足 $1 \leqslant k \leqslant p-1$ 的偶数. 这样的整数恰有 $(p-1)/2$ 个,所以结论成立. ∎

下面的定义给出了与二次剩余有关的特殊记号.

定义 设 p 是奇素数,整数 a 不被 p 整除. **勒让德符号** $\left(\dfrac{a}{p}\right)$ 定义为:

$$\left(\frac{a}{p}\right) = \begin{cases} 1, & \text{若 } a \text{ 是 } p \text{ 的二次剩余}; \\ -1, & \text{若 } a \text{ 是 } p \text{ 的二次非剩余}. \end{cases}$$

该符号是以引入此记号的法国数学家安德里安–马里耶·勒让德的名字命名的.

安德里安–马里耶·勒让德(Adrien-Marie Legendre, 1752—1833)出生于一个富有的家庭. 从 1775 年到 1780 年，他在巴黎军事学院担任教授. 在 1795 年，他被聘任为巴黎高等师范学院的教授. 他于 1785 年出版的学术论文集《Recherches d'Analyse Indetermineé》包含了对二次互反律的讨论、对狄利克雷的等差数列定理的叙述以及将正整数表为三平方和的讨论. 他证明了费马大定理 $n=5$ 的情形. 勒让德撰写了一本几何学的教科书《Eléments de géométrie》，它被使用了一百多年，是其他教科书的范例. 勒让德在数理天文学和大地测量学中给出了奠基性的发现，他还第一个讨论了最小二乘法.

例 11.2 上一个例子给出了勒让德符号 $\left(\dfrac{a}{11}\right)$ 在 $a=1$, 2, $\cdots$, 10 的值：

$$\left(\frac{1}{11}\right)=\left(\frac{3}{11}\right)=\left(\frac{4}{11}\right)=\left(\frac{5}{11}\right)=\left(\frac{9}{11}\right)=1,$$

$$\left(\frac{2}{11}\right)=\left(\frac{6}{11}\right)=\left(\frac{7}{11}\right)=\left(\frac{8}{11}\right)=\left(\frac{10}{11}\right)=-1.$$

我们现在给出判定一个整数是否为某个素数的二次剩余的准则. 这个准则在证明勒让德符号的性质时很有用.

定理 11.3(欧拉判别法) 设 p 是奇素数，a 是不被 p 整除的正整数，则

$$\left(\frac{a}{p}\right)\equiv a^{(p-1)/2}\pmod p.$$

证明 首先，假设 $\left(\dfrac{a}{p}\right)=1$. 于是，同余方程 $x^2\equiv a\pmod p$ 有解，设为 $x=x_0$. 利用费马小定理，可知

$$a^{(p-1)/2}=(x_0^2)^{(p-1/2)}=x_0^{p-1}\equiv 1\pmod p.$$

因此，若 $\left(\dfrac{a}{p}\right)=1$，则 $\left(\dfrac{a}{p}\right)\equiv a^{(p-1)/2}\pmod p$.

现在考虑 $\left(\dfrac{a}{p}\right)=-1$ 的情形. 此时，同余方程 $x^2\equiv a\pmod p$ 无解. 由推论 4.11.1，对每个满足 $(i, p)=1$ 的整数 i，存在整数 j 使得 $ij\equiv a\pmod p$. 又因为同余方程 $x^2\equiv a\pmod p$ 无解，故可知 $i\neq j$. 因此，我们可以将整数 1, 2, $\cdots$, $p-1$ 分成 $(p-1)/2$ 对，每一对的乘积为 a. 将这些式子相乘，得

$$(p-1)!\equiv a^{(p-1)/2}\pmod p.$$

由威尔逊定理可知，$(p-1)!\equiv -1\pmod p$，于是

$$-1\equiv a^{(p-1)/2}\pmod p.$$

在此情形下，我们有 $\left(\dfrac{a}{p}\right)\equiv a^{(p-1)/2}\pmod p$. ∎

例 11.3 设 $p=23$，$a=5$. 因为 $5^{11}\equiv -1\pmod{23}$，所以由欧拉判别法，$\left(\dfrac{5}{23}\right)=-1$,

因此 5 为 23 的二次非剩余.

现在，我们来证明勒让德符号的一些性质.

定理 11.4 设 p 是奇素数，a 和 b 是不被 p 整除的整数. 则

(i) 若 $a \equiv b \pmod p$，则 $\left(\dfrac{a}{p}\right) = \left(\dfrac{b}{p}\right)$；

(ii) $\left(\dfrac{a}{p}\right)\left(\dfrac{b}{p}\right) = \left(\dfrac{ab}{p}\right)$；

(iii) $\left(\dfrac{a^2}{p}\right) = 1$.

(i) 的证明 若 $a \equiv b \pmod p$，则 $x^2 \equiv a \pmod p$ 有解当且仅当 $x^2 \equiv b \pmod p$ 有解. 因此，$\left(\dfrac{a}{p}\right) = \left(\dfrac{b}{p}\right)$.

(ii) 的证明 由欧拉判别法可知

$$\left(\frac{a}{p}\right) \equiv a^{(p-1)/2} \pmod p, \qquad \left(\frac{b}{p}\right) \equiv b^{(p-1)/2} \pmod p,$$

且

$$\left(\frac{ab}{p}\right) \equiv (ab)^{(p-1)/2} \pmod p.$$

因此，

$$\left(\frac{a}{p}\right)\left(\frac{b}{p}\right) \equiv a^{(p-1)/2} b^{(p-1)/2} = (ab)^{(p-1)/2} \equiv \left(\frac{ab}{p}\right) \pmod p.$$

由于勒让德符号的取值只能是 ± 1，所以

$$\left(\frac{a}{p}\right)\left(\frac{b}{p}\right) = \left(\frac{ab}{p}\right).$$

(iii) 的证明 因为 $\left(\dfrac{a}{p}\right) = \pm 1$，因此由 (ii)，有

$$\left(\frac{a^2}{p}\right) = \left(\frac{a}{p}\right)\left(\frac{a}{p}\right) = 1. \qquad \blacksquare$$

定理 11.4 的 (ii) 有如下有趣的推论. 一个素数的两个二次剩余的乘积或者两个二次非剩余的乘积是此素数的二次剩余，但是一个素数的二次剩余与二次非剩余的乘积是此素数的二次非剩余.

可以像证明定理 11.2 一样，利用原根和指数的概念给出定理 11.3 和定理 11.4 的相对简单的证明. （见本节习题 30 和习题 31.）

何时 −1 为素数 p 的二次剩余

−1 是哪些不超过 20 的奇素数的二次剩余？由 $2^2 \equiv -1 \pmod 5$，$5^2 \equiv -1 \pmod{13}$，$4^2 \equiv -1 \pmod{17}$，可知 −1 是 5，13，17 的二次剩余. 又易知（请读者自行验证）当 $p = 3$，7，11，19 时，同余方程 $x^2 \equiv -1 \pmod p$ 无解. 由此得出如下猜想：−1 是奇素数 p 的二次剩余当且仅当 $p \equiv 1 \pmod 4$.

利用欧拉判别法，我们可以证明这一猜想.

定理 11.5 设 p 是奇素数，则
$$\left(\frac{-1}{p}\right) = \begin{cases} 1, 若\ p \equiv 1 (\bmod\ 4); \\ -1, 若\ p \equiv -1 (\bmod\ 4). \end{cases}$$

证明 由欧拉判别法知
$$\left(\frac{-1}{p}\right) \equiv (-1)^{(p-1)/2} (\bmod\ p).$$

若 $p \equiv 1 (\bmod\ 4)$，则对某个正整数 k 有 $p = 4k+1$，所以
$$(-1)^{(p-1)/2} = (-1)^{2k} = 1,$$

即有 $\left(\frac{-1}{p}\right) = 1$. 若 $p \equiv 3 (\bmod\ 4)$，则对某个正整数 k 有 $p = 4k+3$，所以
$$(-1)^{(p-1)/2} = (-1)^{2k+1} = -1,$$

即有 $\left(\frac{-1}{p}\right) = -1$. ∎

高斯引理

下述高斯的优美结果给出了用于判定与素数 p 互素的整数 a 是否为 p 的二次剩余的另一个准则.

引理 11.2（高斯引理） 设 p 是奇素数，a 是整数，且 $(a, p) = 1$. 若 s 是整数 a，$2a$，$3a$，$\cdots$，$((p-1)/2)a$ 的最小正剩余中大于 $p/2$ 的个数，则 $\left(\frac{a}{p}\right) = (-1)^s$.

证明 考虑整数 a，$2a$，$3a$，$\cdots$，$((p-1)/2)a$. 设 u_1，u_2，$\cdots$，u_s 是它们的最小正剩余中大于 $p/2$ 的那些，v_1，v_2，$\cdots$，v_t 是小于 $p/2$ 的那些. 因为对满足的 $1 \leqslant j \leqslant (p-1)/2$ 的全部 j 有 $(ja, p) = 1$，所以这些最小正剩余只能在集合 1，2，$\cdots$，$p-1$ 中取得.

下面我们证明，$p-u_1$，$p-u_2$，$\cdots$，$p-u_s$，v_1，v_2，$\cdots$，v_t 按某一顺序恰好组成整数 1，2，$\cdots$，$(p-1)/2$ 的集合. 为此，只需证明这些整数两两模 p 不同余，这是因为这些正整数恰有 $(p-1)/2$ 个，并且都不超过 $(p-1)/2$.

显然，任意两个 u_i 模 p 不同余，任意两个 v_j 模 p 不同余；若这两组数中存在一对数模 p 同余，即有两个不超过 $(p-1)/2$ 的整数 m，n，则有 $ma \equiv na (\bmod\ p)$. 由于 $p \nmid a$，故有 $m \equiv n (\bmod\ p)$，而这是不可能的.

另外，一个 $p-u_i$ 不可能同余于一个 v_j，否则我们有整数 m，n 使得 $ma \equiv p - na (\bmod\ p)$，从而 $ma \equiv -na (\bmod\ p)$. 由于 $p \nmid a$，这将导致 $m \equiv -n (\bmod\ p)$，而这是不可能的，因为 m，n 都是 1，2，$\cdots$，$(p-1)/2$ 中的数.

已经知道在适当排序后，$p-u_1$，$p-u_2$，$\cdots$，$p-u_s$，v_1，v_2，$\cdots$，v_t 恰是整数 1，2，$\cdots$，$(p-1)/2$，我们得到
$$(p-u_1)(p-u_2)\cdots(p-u_s)v_1 v_2 \cdots v_t = \left(\frac{p-1}{2}\right)! (\bmod\ p),$$

这蕴涵
$$(-1)^s u_1 u_2 \cdots u_s v_1 v_2 \cdots v_t \equiv \left(\frac{p-1}{2}\right)! (\bmod\ p). \tag{11.1}$$

另一方面，因为 u_1，u_2，$\cdots$，u_s，v_1，v_2，$\cdots$，v_t 是整数 a，$2a$，$\cdots$，$((p-1)/2)a$ 的最小正剩余，而且

$$u_1 u_2 \cdots u_s v_1 v_2 \cdots v_t \equiv a \cdot 2a \cdots ((p-1)/2)a$$
$$= a^{\frac{p-1}{2}}((p-1)/2)! \pmod{p}. \tag{11.2}$$

因此，由(11.1)和(11.2)可知

$$(-1)^s a^{\frac{p-1}{2}}((p-1)/2)! \equiv ((p-1)/2)! \pmod{p}.$$

由于 $(p，((p-1)/2)!)=1$，这一同余式蕴涵

$$(-1)^s a^{\frac{p-1}{2}} \equiv 1 \pmod{p}.$$

两边同时乘以 $(-1)^s$，得

$$a^{\frac{p-1}{2}} \equiv (-1)^s \pmod{p}.$$

欧拉判别法表明 $a^{\frac{p-1}{2}} \equiv \left(\dfrac{a}{p}\right) \pmod{p}$，所以

$$\left(\frac{a}{p}\right) \equiv (-1)^s \pmod{p},$$

这就证明了高斯引理. ∎

例 11.4 设 $a=5$，$p=11$. 为利用高斯引理求 $\left(\dfrac{5}{11}\right)$，计算 $1 \cdot 5$，$2 \cdot 5$，$3 \cdot 5$，$4 \cdot 5$，$5 \cdot 5$ 的最小正剩余，分别为 5，10，4，9，3. 因为只有两个大于 $11/2$，所以由高斯引理知 $\left(\dfrac{5}{11}\right) = (-1)^2 = 1$. ◀

2 何时为素数 p 的二次剩余

哪些不超过 50 的奇素数 p 以 2 为二次剩余？因为 $3^2 \equiv 2 \pmod 7$，$6^2 \equiv 2 \pmod{17}$，$5^2 \equiv 2 \pmod{23}$，$8^2 \equiv 2 \pmod{31}$，$17^2 \equiv 2 \pmod{41}$，$7^2 \equiv 2 \pmod{47}$，所以 2 是 7，17，23，31，41，47 的二次剩余. 而 $p=3$，5，11，13，19，29，37，43 时，同余方程 $x^2 \equiv 2 \pmod{p}$ 无解（请读者自行验证）. 那么，对于一般的素数 p，2 是其二次剩余的素数 p 有没有什么规律呢？考察上面的素数，我们发现 2 是否为素数 p 的二次剩余似乎是由 p 模 8 的同余式来决定的. 我们猜想，2 是奇素数 p 的二次剩余当且仅当 $p \equiv \pm 1 \pmod 8$. 利用高斯引理可以证明这一猜想.

定理 11.6 若 p 是奇素数，则

$$\left(\frac{2}{p}\right) = (-1)^{(p^2-1)/8}.$$

因此，对所有素数 $p \equiv \pm 1 \pmod 8$，2 是其二次剩余，对所有素数 $p \equiv \pm 3 \pmod 8$，2 是其二次非剩余.

证明 由高斯引理，若 s 是整数

$$1 \cdot 2, 2 \cdot 2, 3 \cdot 2, \cdots, ((p-1)/2) \cdot 2$$

的最小正剩余中大于 $p/2$ 的个数，则 $\left(\dfrac{2}{p}\right) \equiv (-1)^s$. 因为这些整数均小于 p，所以为了求

这些整数的大于 $p/2$ 的最小正剩余的个数，我们只需要计数这些大于 $p/2$ 的整数的个数.

满足 $1 \leqslant j \leqslant (p-1)/2$ 的整数 $2j$ 在 $j \leqslant p/4$ 时小于 $p/2$. 因此，集合中有 $[p/4]$ 个整数小于 $p/2$. 因此，共有 $s=(p-1)/2-[p/4]$ 个整数大于 $p/2$. 从而，由高斯引理可知

$$\left(\frac{2}{p}\right) = (-1)^{\frac{p-1}{2}-[p/4]}.$$

为证明定理，只需证明对每一个奇整数 p，有

$$\frac{p-1}{2} - [p/4] \equiv \frac{p^2-1}{8} (\bmod\ 2). \tag{11.3}$$

注意，(11.3)对正整数 p 成立当且仅当它对 $p+8$ 成立. 这是因为

$$\frac{(p+8)-1}{2} - [(p+8)/4] = \left(\frac{p-1}{2}+4\right) - ([p/4]+2)$$

$$\equiv \frac{p-1}{2} - [p/4](\bmod\ 2)$$

和

$$\frac{(p+8)^2-1}{8} = \frac{p^2-1}{8} + 2p + 8 \equiv \frac{p^2-1}{8}(\bmod\ 2).$$

所以我们推断出，若(11.3)对 $p=\pm 1$ 和 $p=\pm 3$ 成立，则它对每个奇整数 p 成立. 我们将验证(11.3)对这四个 p 的值成立的工作留给读者.

因此，对每个素数 p 都有 $\left(\frac{2}{p}\right) = (-1)^{(p^2-1)/8}$.

通过计算 $(p^2-1)/8(\bmod\ 2)$ 的同余类，可知在 $p \equiv \pm 1(\bmod\ 8)$ 时有 $\left(\frac{2}{p}\right)=1$，在 $p \equiv \pm 3(\bmod\ 8)$ 时有 $\left(\frac{2}{p}\right)=-1$. ∎

例 11.5 由定理 11.6 可知

$$\left(\frac{2}{7}\right) = \left(\frac{2}{17}\right) = \left(\frac{2}{23}\right) = \left(\frac{2}{31}\right) = 1,$$

而

$$\left(\frac{2}{3}\right) = \left(\frac{2}{5}\right) = \left(\frac{2}{11}\right) = \left(\frac{2}{13}\right) = \left(\frac{2}{19}\right) = \left(\frac{2}{29}\right) = -1.$$

现在我们给出一个计算勒让德符号的例子.

例 11.6 计算 $\left(\frac{317}{11}\right)$. 由于 $317 \equiv 9(\bmod\ 11)$，利用定理 11.4 可得

$$\left(\frac{317}{11}\right) = \left(\frac{9}{11}\right) = \left(\frac{3}{11}\right)^2 = 1.$$

计算 $\left(\frac{89}{13}\right)$. 由于 $89 \equiv -2(\bmod\ 13)$，故有

$$\left(\frac{89}{13}\right) = \left(\frac{-2}{13}\right) = \left(\frac{-1}{13}\right)\left(\frac{2}{13}\right).$$

又因为 $13 \equiv 1(\bmod\ 4)$，故由定理 11.5 知 $\left(\frac{-1}{13}\right)=1$. 因为 $13 \equiv -3(\bmod\ 8)$，故由定理 11.6

可知 $\left(\dfrac{2}{13}\right)=-1$. 因此，$\left(\dfrac{89}{13}\right)=-1$. ◀

在下一节中，我们将叙述并证明初等数论中最引人入胜、最富有挑战性且意义重大的结论，即二次互反律. 这一定理将 $\left(\dfrac{p}{q}\right)$ 与 $\left(\dfrac{q}{p}\right)$ 的值联系起来，其中 p 和 q 是奇素数. 从本章可以看出，二次互反律在理论和实践中都具有很多方面的意义. 从计算的角度来看，它可以帮助我们计算勒让德符号.

模平方根

假设 $n=pq$，其中 p 和 q 是不同的奇素数，且假设同余方程 $x^2\equiv a(\bmod n)$ 有解 $x=x_0$，其中 $0<a<n$ 且 $(a,n)=1$. 我们要证明上述同余方程恰有四个模 n 不同余的解. 换言之，我们要证明 a 有四个不同余的模 n 平方根. 为此，设 $x_0\equiv x_1(\bmod p)$，$0<x_1<p$，且设 $x_0\equiv x_2(\bmod q)$，$0<x_2<q$. 则同余方程 $x^2\equiv a(\bmod p)$ 恰有两个不同余的模 p 解，即 $x\equiv x_1(\bmod p)$ 和 $x\equiv p-x_1(\bmod p)$. 类似地，同余方程 $x_2\equiv a(\bmod q)$ 恰有两个不同余的模 q 解，即 $x\equiv x_2(\bmod q)$ 和 $x\equiv q-x_2(\bmod q)$.

由中国剩余定理，同余方程 $x^2\equiv a(\bmod n)$ 恰有四个互不同余的解；这四个不同余的解是下列四个联立同余方程组的唯一模 pq 解：

(i) $x\equiv x_1(\bmod p)$ (ii) $x\equiv x_1(\bmod p)$

      $x\equiv x_2(\bmod q)$, $x\equiv q-x_2(\bmod q)$,

(iii) $x\equiv p-x_1(\bmod p)$ (iv) $x\equiv p-x_1(\bmod p)$

       $x\equiv x_2(\bmod q)$, $x\equiv q-x_2(\bmod q)$.

我们分别用 x 和 y 表示(i)和(ii)的解. 易见(iii)和(iv)的解分别为 $n-y$ 和 $n-x$.

我们还注意到，当 $p\equiv q\equiv3(\bmod 4)$ 时，同余方程 $x^2\equiv a(\bmod p)$ 与 $x^2\equiv a(\bmod q)$ 的解分别为 $x\equiv\pm a^{(p+1)/4}(\bmod p)$ 和 $x\equiv\pm a^{(p+1)/4}(\bmod q)$. 由欧拉判别法知，$a^{(p-1)/2}\equiv\left(\dfrac{a}{p}\right)=1(\bmod p)$，且 $a^{(q-1)/2}\equiv\left(\dfrac{a}{q}\right)=1(\bmod q)$（由于我们假设同余方程 $x^2\equiv a(\bmod pq)$ 有解，所以 a 是 p 和 q 的二次剩余）. 因此，

$$(a^{(p+1)/4})^2=a^{(p+1)/2}=a^{(p-1)/2}\cdot a\equiv a(\bmod p),$$

且

$$(a^{(q+1)/4})^2=a^{(q+1)/2}=a^{(q-1)/2}\cdot a\equiv a(\bmod q).$$

利用中国剩余定理和刚才构造的显式解，我们容易求出同余方程 $x^2\equiv a(\bmod n)$ 的四个不同余的解. 下面的例子说明了这一方法.

例 11.7 假设我们事先知道同余方程

$$x^2\equiv 860(\bmod 11\ 021)$$

有解. 由于 $11\ 021=103\cdot107$，所以为求出四个不同余的解，我们来解同余方程

$$x^2\equiv860\equiv36(\bmod 103)$$

和

$$x^2 \equiv 860 \equiv 4 (\bmod\ 107).$$

这两个同余方程的解分别是

$$x \equiv \pm\ 36^{(103+1)/4} \equiv \pm\ 36^{26} \equiv \pm\ 6 (\bmod\ 103)$$

和

$$x \equiv \pm\ 4^{(107+1)/4} \equiv \pm\ 4^{27} \equiv \pm\ 2 (\bmod\ 107).$$

利用中国剩余定理我们得到，在由同余方程组 $x \equiv \pm 6 (\bmod\ 103)$，$x \equiv \pm 2 (\bmod\ 107)$ 四个可能的符号所描述的四个同余方程组的解是 $x \equiv \pm 212$，$\pm 109 (\bmod\ 11\ 021)$. ◀

电子抛币

二次剩余一个有趣且有用的应用就是由布卢姆(Blum)[Bl82]发明的电子"抛币". 此方法充分利用了寻找素数所需时间和分解是两个素数乘积的整数所需时间的长度差，这也是第 8 章所讨论的 RSA 密码的基础.

现在，我们介绍电子抛币的一个方法. 假设鲍勃和艾丽斯正在进行电子通信. 艾丽斯选取了两个不同的大素数 p 和 q，它们满足 $p \equiv q \equiv 3 (\bmod\ 4)$. 艾丽斯将整数 $n = pq$ 发送给鲍勃. 鲍勃随机选取一个小于 n 的正整数 x，并将满足 $x^2 \equiv a (\bmod\ n)$ 的整数 a 发送给艾丽斯，其中 $0 < a < n$. 艾丽斯求出 $x^2 \equiv a (\bmod\ n)$ 的四个解，即 x，y，$n-x$ 和 $n-y$，然后将这四个解中的一个发送给鲍勃. 注意到 $x + y \equiv 2x_1 \not\equiv 0 (\bmod\ p)$ 且 $x + y \equiv 0 (\bmod\ q)$，我们有 $(x+y, n) = q$ 和 $(x+(n-y), n) = p$. 于是，若鲍勃收到 y 或 $n-y$，则他能用欧几里得算法求出 n 的两个素因子之一从而将 n 迅速分解. 另一方面，若鲍勃收到的是 x 或 $n-x$，则他无法在合理的时间内分解 n.

于是，若鲍勃能分解 n 则他就赢得了抛币的胜利，否则艾丽斯胜利. 由上面的分析我们知道，鲍勃收到能使他快速分解 n 的 $x^2 \equiv a (\bmod\ n)$ 的解的概率与他收到不能帮助他分解 n 的解的概率是相同的. 因此，这个抛币方案是公平的.

11.1 节习题

1. 求下面每个整数的所有二次剩余.
     a) 3   b) 5   c) 13   d) 19

2. 求下面每个整数的所有二次剩余.
     a) 7   b) 8   c) 15   d) 18

3. 对 $j = 1, 2, 3, 4$，求勒让德符号 $\left(\dfrac{j}{5}\right)$ 的值.

4. 对 $j = 1, 2, 3, 4, 5, 6$，求勒让德符号 $\left(\dfrac{j}{7}\right)$ 的值.

5. 计算勒让德符号 $\left(\dfrac{7}{11}\right)$ 的值，
     a) 利用欧拉判别法.   b) 利用高斯引理.

6. 设 a 和 b 是不被素数 p 整除的整数. 证明 a，b 和 ab 这三个整数中，或者有一个是 p 的二次剩余，或者三个都是 p 的二次剩余.

7. 证明：若 p 是奇素数，则

$$\left(\frac{-2}{p}\right) = \begin{cases} 1, 若\ p \equiv 1\ 或\ 3 \pmod 8; \\ -1, 若\ p \equiv -1\ 或\ -3 \pmod 8. \end{cases}$$

8. 证明：若整数 n 的素幂因子分解式为

$$n = p_1^{2t_1+1} p_2^{2t_2+1} \cdots p_k^{2t_k+1} p_{k+1}^{2t_{k+1}} \cdots p_m^{2t_m},$$

且 q 是不整除 n 的素数，则

$$\left(\frac{n}{q}\right) = \left(\frac{p_1}{q}\right)\left(\frac{p_2}{q}\right)\cdots\left(\frac{p_k}{q}\right).$$

9. 证明：若 p 是素数且 $p \equiv 3 \pmod 4$，则 $[(p-1)/2]! \equiv (-1)^t \pmod p$，其中 t 是 p 的非二次剩余中小于 $p/2$ 的正整数的个数.

10. 证明：若正整数 b 不被素数 p 整除，则

$$\left(\frac{b}{p}\right) + \left(\frac{2b}{p}\right) + \left(\frac{3b}{p}\right) + \cdots + \left(\frac{(p-1)b}{p}\right) = 0.$$

11. 设 p 是素数，a 是 p 的二次剩余. 证明：若 $p \equiv 1 \pmod 4$，则 $-a$ 也是 p 的二次剩余，而若 $p \equiv 3 \pmod 4$，则 $-a$ 是 p 的二次非剩余.

12. 考虑二次同余方程 $ax^2 + bx + c \equiv 0 \pmod p$，其中 p 是素数，a，b，c 是整数，并且 $p \nmid a$.

    a) 设 $p = 2$，确定哪些二次同余方程 $\pmod 2$ 有解.

    b) 设 p 是奇素数，$d = b^2 - 4ac$. 证明：同余方程 $ax^2 + bx + c \equiv 0 \pmod p$ 等价于同余方程 $y^2 \equiv d \pmod p$，其中 $y = 2ax + b$. 从而推出，若 $d \equiv 0 \pmod p$，则同余方程仅有一个解；若 d 是 p 的二次剩余，则同余方程有两个不同余的解；若 d 是 p 的二次非剩余，则同余方程无解.

13. 求下列二次同余方程的所有解.

    a) $x^2 + x + 1 \equiv 0 \pmod 7$

    b) $x^2 + 5x + 1 \equiv 0 \pmod 7$

    c) $x^2 + 3x + 1 \equiv 0 \pmod 7$

14. 证明：若 p 是素数且 $p \geqslant 7$，则 p 总有两个连续的二次剩余. （提示：先证明 2，5，10 中至少有一个是 p 的二次剩余.）

*15. 证明：若 p 是素数且 $p \geqslant 7$，则 p 总有两个差为 2 的二次剩余.

16. 证明：若 p 是素数且 $p \geqslant 7$，则 p 总有两个差为 3 的二次剩余.

17. 证明：若 a 是素数 p 的二次剩余，则 $x^2 \equiv a \pmod p$ 的解是

    a) $x \equiv \pm a^{n+1} \pmod p$，若 $p = 4n+3$；

    b) $x \equiv \pm a^{n+1}$ 或 $\pm 2^{2n+1} a^{n+1} \pmod p$，若 $p = 8n+5$.

*18. 证明：若 p 是素数且 $p = 8n+1$，r 是模 p 的原根，则 $x^2 \equiv \pm 2 \pmod p$ 的解由下式给出：

$$x \equiv \pm (r^{7n} \pm r^n) \pmod p,$$

    其中，第一个同余式中的符号 $\pm$ 与第二个同余式括号内的符号 $\pm$ 对应.

19. 求同余方程 $x^2 \equiv 1 \pmod{15}$ 的所有解.

20. 求同余方程 $x^2 \equiv 58 \pmod{77}$ 的所有解.

21. 求同余方程 $x^2 \equiv 207 \pmod{1001}$ 的所有解.

22. 设 p 是奇素数，e 是正整数，a 是与 p 互素的整数. 证明同余方程 $x^2 \equiv a \pmod{p^e}$ 或者无解，或者有两个不同余的解.

*23. 设 p 是奇素数，e 是正整数，a 是与 p 互素的整数. 证明同余方程 $x^2 \equiv a \pmod{p^{e+1}}$ 有解当且仅当同余方程 $x^2 \equiv a \pmod{p^e}$ 有解. 利用习题 22 推出，若 a 是 p 的二次非剩余，则同余方程 $x^2 \equiv a \pmod{p^e}$ 无解，若 a 为 p 的二次剩余，则有两个不同余的解.

24. 设 n 是奇数. 利用勒让德符号 $\left(\frac{a}{p_1}\right)$，$\cdots$，$\left(\frac{a}{p_m}\right)$，求出同余方程 $x^2 \equiv a \pmod n$ 的模 n 不同余的解的

个数, 其中, n 的素幂因子分解式为 $n=p_1^{t_1}p_2^{t_2}\cdots p_m^{t_m}$. (提示: 利用习题 23.)

25. 求下列同余方程不同余的解的个数.

  a) $x^2\equiv 31(\bmod\ 75)$ b) $x^2\equiv 16(\bmod\ 105)$

  c) $x^2\equiv 46(\bmod\ 231)$ d) $x^2\equiv 1156(\bmod\ 3^2 5^3 7^5 11^6)$

* 26. 证明同余方程 $x^2\equiv a(\bmod\ 2^e)$ 或者无解, 或者有四个不同余的解, 其中 e 是整数, $e\geqslant 3$. (提示: 利用 $(\pm x)^2\equiv (2^{e-1}\pm x)^2(\bmod\ 2^e)$.)

27. 证明有无穷多形如 $4k+1$ 的素数. (提示: 假设所有这样的素数为 p_1, p_2, $\cdots$, p_n. 令 $N=4(p_1 p_2\cdots p_n)^2+1$, 利用定理 11.5 证明 N 有除 p_1, p_2, $\cdots$, p_n 外的形如 $4k+1$ 的素因子.)

* 28. 证明具有下列形式的素数有无穷多个.

  a) $8k+3$ b) $8k+5$ c) $8k+7$

  (提示: 对每一部分, 假设仅有有限个特定形式的素数 p_1, p_2, $\cdots$, p_n. 对(a), 考察 $N=(p_1 p_2\cdots p_n)^2+2$; 对(b), 考察 $N=(p_1 p_2\cdots p_n)^2+4$; 对(c), 考察 $N=(4p_1 p_2\cdots p_n)^2-2$. 利用定理 11.5 及定理 11.6 证明 N 有除 p_1, p_2, $\cdots$, p_n 外的所需形式的素因子.)

29. 设 p 和 q 是奇素数, 且 $p\equiv q\equiv 3(\bmod\ 4)$, a 是 $n=pq$ 的二次剩余. 证明 a 的四个不同余的模 pq 平方根中恰有一个是 n 的二次剩余.

30. 利用原根与指数证明定理 11.3.

31. 利用原根与指数证明定理 11.4.

32. 设 p 是奇素数. 证明 p 的二次非剩余中有 $(p-1)/2-\phi(p-1)$ 个不是 p 的原根.

* 33. 设 p 和 $q=2p+1$ 都是奇素数, 证明除了 q 的二次非剩余 $2p$ 外, q 的 $p-1$ 个原根也是 q 的二次非剩余.

* 34. 证明: 若 p 和 $q=4p+1$ 都是素数, a 为 q 的二次非剩余, 且满足 $\mathrm{ord}_q a\neq 4$, 则 a 是 q 的原根.

* 35. 证明素数 p 为费马素数当且仅当 p 的二次非剩余均为 p 的原根.

* 36. 证明费马数 $F_n=2^{2^n}+1$ 的素因子 p 必有形式 $2^{n+2}k+1$. (提示: 证明 $\mathrm{ord}_p 2=2^{n+1}$, 然后利用定理 11.6 证明 $2^{(p-1)/2}\equiv 1(\bmod\ p)$, 推出 $2^{n+1}\mid (p-1)/2$.)

* 37. a) 证明: 若素数 p 形如 $4k+3$, 且 $q=2p+1$ 是素数, 则 q 整除梅森数 $M_p=2^p-1$. (提示: 考虑勒让德符号 $\left(\dfrac{2}{q}\right)$.)

  b) 由(a)证明 $23\mid M_{11}$, $47\mid M_{23}$, $503\mid M_{251}$.

* 38. 证明: 若 n 是正整数, $2n+1$ 是素数, 且若 $n\equiv 0$ 或 $3(\bmod\ 4)$, 则 $2n+1$ 整除梅森数 $M_n=2^n-1$, 但若 $n\equiv 1$ 或 $2(\bmod\ 4)$, 则 $2n+1$ 整除 $M_n+2=2^n+1$. (提示: 考虑勒让德符号 $\left(\dfrac{2}{2n+1}\right)$ 并利用定理 11.5.)

39. 证明: 若 p 是奇素数, 则梅森数 M_p 的每个素因子 q 必形如 $q=8k\pm 1$, 其中 k 是正整数. (提示: 利用习题 38.)

40. 说明如何用习题 39 和定理 7.12 来证明 M_{17} 是素数.

* 41. 证明: 若 p 是奇素数, 则

$$\sum_{j=1}^{p-2}\left(\frac{j(j+1)}{p}\right)=-1.$$

  (提示: 首先证明 $\left(\dfrac{j(j+1)}{p}\right)=\left(\dfrac{\bar{j}+1}{p}\right)$, 其中 $\bar{j}$ 是 j 的模 p 逆.)

* 42. 设 p 是奇素数. 在小于 p 的连续正整数对的集合中, 令(RR), (RN), (NR), (NN)分别代表二次剩余的对的个数、二次剩余后接二次非剩余的对的个数、二次非剩余后接二次剩余的对的个数、二次非

剩余的对的个数.

a)证明

$$(RR) + (RN) = \frac{1}{2}(p - 2 - (-1)^{(p-1)/2})$$

$$(NR) + (NN) = \frac{1}{2}(p - 2 + (-1)^{(p-1)/2})$$

$$(RR) + (NR) = \frac{1}{2}(p - 1) - 1$$

$$(RN) + (NN) = \frac{1}{2}(p - 1).$$

b)利用习题 41 证明

$$\sum_{j=1}^{p-2} \left(\frac{j(j+1)}{p} \right) = (RR) + (NN) - (RN) - (NR) = -1.$$

c)由(a)和(b),求(RR),(RN),(NR),(NN).

43. 利用定理 9.16 证明定理 11.1.

* 44. 设 p 和 q 是奇素数. 证明：若 $q = 4p + 1$，则 2 是 q 的原根.

* 45. 设 p 和 q 是奇素数. 证明：若 p 形如 $4k + 1$，且 $q = 2p + 1$，则 2 是 q 的原根.

* 46. 设 p 和 q 是奇素数. 证明：若 p 形如 $4k - 1$，且 $q = 2p + 1$，则 -2 是 q 的原根.

* 47. 设 p 和 q 是奇素数. 证明：若 $q = 2p + 1$，则 -4 为 q 的原根.

48. 求同余方程 $x^2 = 482 (\mathrm{mod}\ 2773)$ 的解(注意，$2773 = 47 \cdot 59$).

* 49. 在此习题中，我们给出一种将用拉宾密码系统加密过的信息解密的方法. 回忆一下，在拉宾密码中，密文数据组 C 与相应的明文数据组 P 的关系为 $C \equiv P(P + 2\overline{b}) (\mathrm{mod}\ n)$，其中 $n = pq$，p 和 q 是两个不同的奇素数，b 是小于 n 的正整数.

　　a) 证明 $C + a \equiv (P + \overline{2}b)^2 (\mathrm{mod}\ n)$，其中，$a \equiv (\overline{2}b)^2 (\mathrm{mod}\ n)$，$\overline{2}$ 是 2 的模 n 逆.

　　b) 利用课文中求解同余方程 $x^2 \equiv a (\mathrm{mod}\ n)$ 的方法以及(a)的结论，说明如何根据密文数据组 C 求出相应的明文数据组 P 的方法. 解释为什么会有四种可能的明文信息. (这种歧义是拉宾密码的缺陷.)

　　c) 对使用 $b = 3$ 和 $n = 47 \cdot 59 = 2773$ 的拉宾密码系统加密过的密文 1819 0459 0803 进行解密.

50. 设 p 是奇素数，C 是明文 P 取次数为 e、模为 p 的模指数所得的密文，即 $C \equiv P^e (\mathrm{mod}\ p)$，其中 $0 < C < n$，$(e, p-1) = 1$. 证明 C 是 p 的二次剩余当且仅当 P 是 p 的二次剩余.

* 51. a) 证明在电子扑克游戏(参见 8.6 节)中，第二个选手只要注意到哪些牌的数字是模 p 的二次剩余，就会取得优势. (提示：利用习题 50.)

　　b) 证明：若牌的等价数值是二次非剩余，乘以一个固定不变的二次非剩余后，则(a)中第二个选手的优势就会丧失.

* 52. 设在一个散列分配文件方案中，用于解决冲突的探测序列是 $h_j(K) \equiv h(K) + aj + bj^2 (\mathrm{mod}\ m)$，其中 $h(K)$ 是一个散列函数，m 是正整数，a 和 b 是整数，且 $(b, m) = 1$. 证明只有一半的文件地址能被探测到. 这被称为二次搜寻.

　　若 x，y，$x + y$ 均为模 p 的二次剩余，则称 x，y 构成模 p 的二次剩余链.

53. 求模 11 的二次剩余链 x，y，$x + y$.

54. 存在模 7 的二次剩余链吗?

计算和研究

1. 求下列勒让德符号的值：$\left(\frac{1521}{451\ 879} \right)$，$\left(\frac{222\ 344}{21\ 155\ 500\ 207} \right)$，$\left(\frac{6\ 818\ 811}{15\ 454\ 356\ 666\ 611} \right)$.

2. 证明对素数 $p = 30\ 059\ 924\ 764\ 123$ 有 $\left(\frac{q}{p} \right) = -1$，其中 q 为满足 $2 \leqslant q \leqslant 181$ 的素数.

3. 设 n 是正整数, 称整数 x_1, x_2, $\cdots$, x_n 的集合为二次剩余链, 若这些数的连续子集的和均为二次剩余. 证明 1, 4, 45, 94, 261, 310, 344, 387, 393, 394, 456 构成模 631 的二次剩余链. (注意: 共需检验 66 个值.)

4. 求出每个小于 1000 的素数的最小二次非剩余.

5. 随机选取 100 个大于 100 000 小于 1 000 000 的素数和 100 个大于 100 000 000 小于 1 000 000 000 的素数, 求出它们的最小二次非剩余. 根据所得数据, 你能提出什么猜想吗?

6. 利用数值结果, 确定对哪些奇素数 p, p 的满足 $1 \leqslant a \leqslant (p-1)/2$ 的二次剩余 a 比满足 $(p+1)/2 \leqslant a \leqslant p-1$ 的多.

7. 设 p 是满足 $p \equiv 3 \pmod 4$ 的素数. 已经证明了若 R 是 p 的连续二次剩余的最大数目, N 为 p 的连续二次非剩余的最大数目, 则 $R = N < \sqrt{p}$. 验证这一结论对小于 1000 的此类型的所有素数都成立.

8. 设 p 是满足 $p \equiv 1 \pmod 4$ 的素数. 人们猜想, 若 N 是 p 的连续二次非剩余的最大数目, 则当 p 充分大时有 $N < \sqrt{p}$. 找出此猜想成立的证据. 对哪些较小的素数此不等式不成立?

9. 求出 4 609 126 的四个模 14 438 821 $=$ 4003 $\cdot$ 3607 平方根.

10. 求出 11 535 的模 142 661 平方根. 哪个是 142 661 的二次剩余?

程序设计

1. 利用欧拉判别法计算勒让德符号.

2. 利用高斯引理计算勒让德符号.

3. 给定一个正整数 n, 它是两个模 4 同余于 3 的不同素数的乘积, 求 x^2 的最小正剩余的四个平方根, 其中 x 是与 n 互素的整数.

* 4. 利用本节描述的方法进行电子抛币.

** 5. 将由拉宾密码系统加密过的信息解密(参见习题 49).

11.2　二次互反律

设 p 和 q 是不同的奇素数, 再假设已经知道 q 是否为 p 的二次剩余, 我们能知道 p 是否为 q 的二次剩余吗? 18 世纪中叶, 欧拉就得到了此问题的答案. 他通过大量的例证得到了问题的答案, 但是并没有证明他的答案是正确的. 后来, 勒让德在 1785 年用现代而优美的形式将欧拉的答案重述为一个定理, 即二次互反律. 此定理告诉我们, 只要知道 $x^2 \equiv p \pmod q$ 是否有解, 就能判定 $x^2 \equiv q \pmod p$ 是否有解.

定理 11.7(二次互反律)　设 p 和 q 是不同的奇素数, 则

$$\left(\frac{p}{q}\right)\left(\frac{q}{p}\right) = (-1)^{\frac{p-1}{2} \cdot \frac{q-1}{2}}.$$

勒让德发表了几个对这一定理的证明, 但他的每个证明都存在严重的缺陷. 高斯给出了第一个正确的证明, 他称自己在 18 岁时重新发现了这一结果. 高斯花费了许多精力来找这一定理的证明, 他曾写道"一整年来, 这个定理折磨着我, 使我做出最大的努力, 直到最后得到证明".

自从高斯在 1796 年得到第一个证明后, 他继续寻求证明此定理的不同方法. 他至少给出了二次互反律的六个证明. 他寻求更多证明的目的是找到一种可以推广到更高次幂的方法. 特别地, 他对素数的三次或四次剩余很感兴趣; 也就是说, 他的兴趣在于, 在给定素数 p 和不被 p 整除的整数 a 时, 确定同余方程 $x^3 \equiv a \pmod p$ 和 $x^4 \equiv a \pmod p$ 何时有解. 随着第六个证明的完成, 高斯终于到达了他的目的, 因为这一证明可以推广到高次幂的情

形. (有关高斯的证明和对高次幂剩余的推广的更多信息, 参见［IrR095］、［Go98］和［Le00］.)

寻求新的证明方法并没有终止于高斯, 柯西、戴德金、狄利克雷、克罗内克和埃森斯坦等著名数学家都给出了二次互反律的原创性证明. 在 1921 年有人数出二次互反律已有 56 个不同的证明; 在 1963 年, M. 格斯滕哈勃 (Gerstenhaber)［Ge63］的一篇文章给出了二次互反律的第 152 个证明. 在 2000 年, 弗朗茨·莱默梅尔 (Franz Lemmermeyer)［Le00］编纂了二次互反律的 192 个证明的一个列表, 注明了每个证明的年份、证明者和证明方法. 莱默梅尔在网络上保存着此列表的最新版本, 2010 年早些时候列表上有 233 个不同的证明. 他不仅在列表上添加了一些新证明, 也加入一些比较旧的被忽略的证明. 根据他的列表, 格斯滕哈勃的证明是第 159 个, 在过去的十年中, 有 34 个新证明被完成. 一个有趣的问题是: 人们会不会以每年一个的速度给出新的证明? (第 221 个证明的梗概可参见习题 17.) 尽管二次互反律的很多证明是类似的, 但它们所包含的方法出人意料得多. 这些方法所蕴涵的思想可能会很有意义. 例如, 高斯的第一个证明很复杂, 运用了数学归纳法, 这一证明在多于 175 年的时间内很少引起人们的兴趣, 直到 20 世纪 70 年代它的思想被用于代数学的一个高等领域 K-理论中的计算.

我们之前所陈述和证明的二次互反律不同于欧拉当初猜想的结论. 下面版本的结论等价于定理 11.7 所述的版本. 欧拉基于计算很多特例的结果得出了这一版本的结论.

定理 11.8 设 p 是奇素数, a 是不被 p 整除的整数. 若 q 是素数, 且 $p \equiv \pm q \pmod{4a}$, 则 $\left(\dfrac{a}{p}\right) = \left(\dfrac{a}{q}\right)$.

这一版本的二次互反律说明, 勒让德符号 $\left(\dfrac{a}{p}\right)$ 的取值只依赖于 p 的模 $4a$ 剩余类, 且对被 $4a$ 除所得余数为 r 或 $4a-r$ 的所有素数 p 取值都相同.

二次互反律的这一形式与定理 11.7 的等价性的证明留作习题 10 和习题 11, 请读者在习题 12 中用高斯引理直接证明这一形式的二次互反律.

在证明二次互反律之前, 我们先讨论它的一些推论, 以及如何用它来计算勒让德符号. 首先注意到, 当 $p \equiv 1 \pmod 4$ 时 $\dfrac{p-1}{2}$ 是偶数, 当 $p \equiv 3 \pmod 4$ 时 $\dfrac{p-1}{2}$ 是奇数, 可见若 $p \equiv 1 \pmod 4$ 或 $q \equiv 1 \pmod 4$ 则 $\dfrac{p-1}{2} \cdot \dfrac{q-1}{2}$ 是偶数, 若 $p \equiv q \equiv 3 \pmod 4$ 则 $\dfrac{p-1}{2} \cdot \dfrac{q-1}{2}$ 是奇数. 于是,

$$\left(\frac{p}{q}\right)\left(\frac{q}{p}\right) = \begin{cases} 1, & \text{若 } p \equiv 1 \pmod 4 \text{ 或 } q \equiv 1 \pmod 4 \text{（或二者同时成立）}; \\ -1, & \text{若 } p \equiv q \equiv 3 \pmod 4. \end{cases}$$

因为 $\left(\dfrac{p}{q}\right)$ 和 $\left(\dfrac{q}{p}\right)$ 的取值只能是 ± 1, 所以

$$\left(\frac{p}{q}\right) = \begin{cases} \left(\dfrac{q}{p}\right), & \text{若 } p \equiv 1 \pmod 4 \text{ 或 } q \equiv 1 \pmod 4 \text{（或二者同时成立）}; \\ -\left(\dfrac{q}{p}\right), & \text{若 } p \equiv q \equiv 3 \pmod 4 \end{cases}$$

这意味着，若 p 和 q 是奇素数，则 $\left(\frac{p}{q}\right)=\left(\frac{q}{p}\right)$，除非 p 和 q 都模 4 同余于 3 才有 $\left(\frac{p}{q}\right)=-\left(\frac{q}{p}\right)$.

例 11.8 设 $p=13$ 且 $q=17$. 因为 $p\equiv q\equiv1(\mathrm{mod}\,4)$，故由二次互反律知 $\left(\frac{13}{17}\right)=\left(\frac{17}{13}\right)$. 由定理 11.4 的(i)知 $\left(\frac{17}{13}\right)=\left(\frac{4}{13}\right)$，再由定理 11.4 的(iii)可得 $\left(\frac{4}{13}\right)=\left(\frac{2^2}{13}\right)=1$. 综合这些等式可知，$\left(\frac{13}{17}\right)=1$. ◀

例 11.9 设 $p=7$ 且 $q=19$. 因为 $p\equiv q\equiv3(\mathrm{mod}\,4)$，故由二次互反律知 $\left(\frac{7}{19}\right)=-\left(\frac{19}{7}\right)$. 由定理 11.4 的(i)知 $\left(\frac{19}{7}\right)=\left(\frac{5}{7}\right)$. 再用二次互反律，由 $5\equiv1(\mathrm{mod}\,4)$ 和 $7\equiv3(\mathrm{mod}\,4)$，有 $\left(\frac{5}{7}\right)=\left(\frac{7}{5}\right)$. 而由定理 11.4 的(i)和定理 11.6 可知 $\left(\frac{7}{5}\right)=\left(\frac{2}{5}\right)=-1$，因此，$\left(\frac{7}{19}\right)=1$. ◀

我们可以利用二次互反律、定理 11.4 和定理 11.6 来计算勒让德符号. 不幸的是，这样计算勒让德符号时必须进行素因子分解.

例 11.10 计算 $\left(\frac{713}{1009}\right)$（注意，1009 是素数）. 有分解式 $713=23\cdot31$，所以由定理 11.4 的(ii)，有
$$\left(\frac{713}{1009}\right)=\left(\frac{23\cdot31}{1009}\right)=\left(\frac{23}{1009}\right)\left(\frac{31}{1009}\right).$$
我们用二次互反律来计算等式右端的两个勒让德符号. 由于 $1009\equiv1(\mathrm{mod}\,4)$，故
$$\left(\frac{23}{1009}\right)=\left(\frac{1009}{23}\right),\left(\frac{31}{1009}\right)=\left(\frac{1009}{31}\right).$$
利用定理 11.4 的(i)，有
$$\left(\frac{1009}{23}\right)=\left(\frac{20}{23}\right),\left(\frac{1009}{31}\right)=\left(\frac{17}{31}\right).$$
再根据定理 11.4 的(ii)和(iii)，有
$$\left(\frac{20}{23}\right)=\left(\frac{2^2\cdot5}{23}\right)=\left(\frac{2^2}{23}\right)\left(\frac{5}{23}\right)=\left(\frac{5}{23}\right).$$
二次互反律、定理 11.4 的(i)和定理 11.6 告诉我们，
$$\left(\frac{5}{23}\right)=\left(\frac{23}{5}\right)=\left(\frac{3}{5}\right)=\left(\frac{5}{3}\right)=\left(\frac{2}{3}\right)=-1.$$
从而，$\left(\frac{23}{1009}\right)=-1$.

类似地，利用二次互反律、定理 11.4 和定理 11.6，可求得
$$\left(\frac{17}{31}\right)=\left(\frac{31}{17}\right)=\left(\frac{14}{17}\right)=\left(\frac{2}{17}\right)\left(\frac{7}{17}\right)=\left(\frac{7}{17}\right)=\left(\frac{17}{7}\right)=\left(\frac{3}{7}\right)$$
$$=-\left(\frac{7}{3}\right)=-\left(\frac{4}{3}\right)=-\left(\frac{2^2}{3}\right)=-1.$$

从而，$\left(\dfrac{31}{1009}\right)=-1$.

因此，$\left(\dfrac{713}{1009}\right)=(-1)(-1)=1$.

二次互反律的一个证明

下面引入二次互反律的一个证明，它最初由马克斯·艾森斯坦（Max Eisenstein）给出，此证明简化了高斯所给的第三个证明．下述艾森斯坦的引理使得这一简化成为可能，它将二次互反律的证明转化为对三角形中格点的计数．

引理 11.3 设 p 是奇素数，a 是不被 p 整除的奇数，则

$$\left(\frac{a}{p}\right)=(-1)^{T(a,p)},$$

其中，

$$T(a,p)=\sum_{j=1}^{(p-1)/2}[ja/p].$$

证明 考虑整数 a，$2a$，$\cdots$，$((p-1)/2)a$ 的最小正剩余；设 u_1，u_2，$\cdots$，u_s 是那些大于 $p/2$ 的最小正剩余，v_1，v_2，$\cdots$，v_t 是那些小于 $p/2$ 的最小剩余．由带余除法知

$$ja=p[ja/p]+\text{余数},$$

其中，余数是 u_j 或 v_j 中的一个．将 $(p-1)/2$ 个这样的等式相加，得

$$\sum_{j=1}^{(p-1)/2}ja=\sum_{j=1}^{(p-1)/2}p[ja/p]+\sum_{j=1}^{s}u_j+\sum_{j=1}^{t}v_j. \tag{11.4}$$

正如我们在高斯引理的证明过程中所证明的，整数 $p-u_1$，$p-u_2$，$\cdots$，$p-u_s$，v_1，v_2，$\cdots$，v_t 按某一次序恰好就是整数 1，2，$\cdots$，$(p-1)/2$．因此，将这些整数加起来得到

$$\sum_{j=1}^{(p-1)/2}j=\sum_{j=1}^{s}(p-u_j)+\sum_{j=1}^{t}v_j=ps-\sum_{j=1}^{s}u_j+\sum_{j=1}^{t}v_j. \tag{11.5}$$

费迪南德·戈特霍尔德·马克斯·艾森斯坦（Ferdinand Gotthold Max Eisenstein，1823—1852）一生饱受疾患之苦．在返回德国之前，他及家人曾移居英格兰、爱尔兰和威尔士．在爱尔兰，艾森斯坦拜见了威廉·罗文·哈密顿（William Rowan Hamilton）爵士．哈密顿给了他一份关于五次方程无根式解的论文，这激起了他对数学的兴趣．1843 年，也就是他 20 岁时，艾森斯坦回到德国进入柏林大学学习．

进入大学之后不久，艾森斯坦就得出一些新的结论，数学界为之震惊．1844 年，艾森斯坦在哥廷根会见高斯，他们一起探讨了三次互反律．高斯对艾森斯坦印象极为深刻，曾试图为他取得经济资助．高斯曾致信探险家、科学家亚历山大·冯·洪堡（Alexander von Humboldt），称赞艾森斯坦"是上天赐予的每个世纪仅有的几个天才之一."艾森斯坦是一位非常多产的数学家．1844 年，他在《Crelle's Journal》的第 27 卷发表论文 16 篇之多．在大学的第三个学期，他被布雷斯劳大学授予名誉博士学位．艾森斯坦被柏林大学聘为无薪讲师；但在 1847 年之后，艾森斯坦的健康状况急剧恶化，不得不常年卧床．然而，他的数学创造依然不减．在西西里休养了一年后，艾森斯坦的病情并未好转，他返回德国，并于 29 岁卒于肺结核．数学家们认为他的英年早逝是极大的损失．

从 (11.4) 减去 (11.5)，得到

$$\sum_{j=1}^{(p-1)/2} ja - \sum_{j=1}^{(p-1)/2} j = \sum_{j=1}^{(p-1)/2} p[ja/p] - ps + 2\sum_{j=1}^{s} u_j,$$

或等价地有

$$(a-1)\sum_{j=1}^{(p-1)/2} j = pT(a,p) - ps + 2\sum_{j=1}^{s} u_j,$$

这是因为 $T(a,p) = \sum\limits_{j=1}^{(p-1)/2} [ja/p]$. 将上面的等式模 2，由于 p 和 a 是奇数，所以得

$$0 \equiv T(a,p) - s \pmod 2.$$

于是，

$$T(a,p) \equiv s \pmod 2.$$

为完成证明，我们注意到，由高斯引理有

$$\left(\frac{a}{p}\right) = (-1)^s.$$

因而，由 $(-1)^s = (-1)^{T(a,p)}$ 可知

$$\left(\frac{a}{p}\right) = (-1)^{T(a,p)}.$$ ∎

尽管引理 11.3 最初是用于证明二次互反律的一个工具，但它也可以用来计算勒让德符号.

例 11.11 为用引理 11.3 计算 $\left(\frac{7}{11}\right)$，我们计算和

$$\sum_{j=1}^{5} [7j/11] = [7/11] + [14/11] + [21/11] + [28/11] + [35/11]$$
$$= 0 + 1 + 1 + 2 + 3 = 7.$$

因此，$\left(\frac{7}{11}\right) = (-1)^7 = -1.$

类似地，为求出 $\left(\frac{11}{7}\right)$，我们注意到

$$\sum_{j=1}^{3} [11j/7] = [11/7] + [22/7] + [33/7] = 1 + 3 + 4 = 8,$$

所以，$\left(\frac{11}{7}\right) = (-1)^8 = 1.$ ◀

在证明二次互反律之前，我们先用一个例子展示证明的方法.

设 $p = 7$，$q = 11$. 我们考虑满足 $1 \leqslant x \leqslant (7-1)/2 = 3$ 和 $1 \leqslant y \leqslant (11-1)/2 = 5$ 的整数对 (x, y)，共有 15 个. 我们注意到其中的任何一对都不满足 $11x = 7y$，因为由 $11x = 7y$ 可知 $11 | 7y$，于是或者 $11 | 7$，这是不正确的，或者 $11 | y$，由 $1 \leqslant y \leqslant 5$ 知这也是不可能的.

根据 $11x$ 与 $7y$ 的相对大小，我们将这 15 对整数分成两组，如图 11.1 所示.

满足 $1 \leqslant x \leqslant 3$、$1 \leqslant y \leqslant 5$ 和 $11x > 7y$ 的整数对 (x, y) 恰为满足 $1 \leqslant x \leqslant 3$ 和 $1 \leqslant y \leqslant 11x/7$ 的那些整数对. 对于满足 $1 \leqslant x \leqslant 3$ 的固定整数 x，y 只有 $[11x/7]$ 个允许值. 从而，满足 $1 \leqslant x \leqslant 3$、$1 \leqslant y \leqslant 5$ 和 $11x > 7y$ 的整数对的总个数为

$$\sum_{j=1}^{3}[11j/7] = [11/7] + [22/7] + [33/7] = 1 + 3 + 4 = 8;$$

它们是$(1, 1)$，$(2, 1)$，$(2, 2)$，$(2, 3)$，$(3, 1)$，$(3, 2)$，$(3, 3)$，$(3, 4)$.

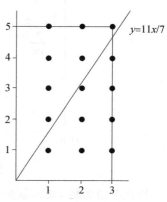

满足$1 \leqslant x \leqslant 3$、$1 \leqslant y \leqslant 5$ 和 $11x < 7y$ 的整数对(x, y)恰为满足 $1 \leqslant y \leqslant 5$ 和 $1 \leqslant x \leqslant 7y/11$ 的整数对. 对满足 $1 \leqslant y \leqslant 5$ 的固定整数 y，x 只有$[7y/11]$个允许值. 从而，满足 $1 \leqslant x \leqslant 3$、$1 \leqslant y \leqslant 5$ 和 $11x < 7y$ 的整数对的总个数为：

$$\sum_{j=1}^{5}[7j/11] = [7/11] + [14/11]$$
$$+ [21/11] + [28/11] + [35/11]$$
$$= 0 + 1 + 1 + 2 + 3 = 7.$$

它们是$(1, 2)$，$(1, 3)$，$(1, 4)$，$(1, 5)$，$(2, 4)$，$(2, 5)$，$(3, 5)$.

图 11.1　通过计数格点确定 $\left(\frac{7}{11}\right)\left(\frac{11}{7}\right)$

于是，

$$\frac{11-1}{2} \cdot \frac{7-1}{2} = 5 \cdot 3 = 15$$
$$= \sum_{j=1}^{3}[11j/7] + \sum_{j=1}^{5}[7j/11] = 8 + 7.$$

因此，

$$(-1)^{\frac{11-1}{2} \cdot \frac{7-1}{2}} = (-1)^{\sum_{j=1}^{3}[11j/7] + \sum_{j=1}^{5}[7j/11]}$$
$$= (-1)^{\sum_{j=1}^{3}[11j/7]}(-1)^{\sum_{j=1}^{5}[7j/11]}.$$

由引理 11.3 知 $\left(\frac{11}{7}\right) = (-1)^{\sum_{j=1}^{3}[11j/7]}$ 和 $\left(\frac{7}{11}\right) = (-1)^{\sum_{j=1}^{5}[7j/11]}$，可见 $\left(\frac{7}{11}\right) \times \left(\frac{11}{7}\right) = (-1)^{\frac{7-1}{2} \cdot \frac{11-1}{2}}$.

这样就得到了二次互反律在 $p = 7$ 和 $q = 11$ 时的特殊情形.

现在，我们运用上述例子中的思想来证明二次互反律.

证明　考虑满足 $1 \leqslant x \leqslant (p-1)/2$ 和 $1 \leqslant y \leqslant (p-1)/2$ 的整数对(x, y)，共有 $\frac{p-1}{2} \cdot \frac{q-1}{2}$个. 根据 px 与 qy 的相对大小，我们将这些整数对分成两组，如图 11.2 所示.

首先，注意到对所有这些整数对都有 $qx \neq py$. 因为若有 $qx = py$，则 $q \mid py$，由此推出 $q \mid p$ 或 $q \mid y$. 然而，由于 p 和 q 是不同素数，故 $q \nmid p$，由 $1 \leqslant y \leqslant (q-1)/2$ 知 $q \nmid y$.

为计算满足 $1 \leqslant x \leqslant (p-1)/2$、$1 \leqslant y \leqslant (q-1)/2$ 和 $qx > py$ 的整数对，我们注意到这些整数对恰好是满足 $1 \leqslant x \leqslant (p-1)/2$ 和 $1 \leqslant y \leqslant qx/p$ 的整数对. 对满足 $1 \leqslant x \leqslant (p-1)/2$ 的固定整数 x，有$[qx/p]$个 y 满足 $1 \leqslant y \leqslant qx/p$. 因此，满足 $1 \leqslant x \leqslant (p-1)/2$、$1 \leqslant y \leqslant (q-1)/2$ 和 $qx > py$ 的整数对的总数为 $\sum_{j=1}^{(p-1)/2}[qj/p]$.

$$\text{图 11.2 \quad 通过计数格点确定} \left(\frac{p}{q}\right)\left(\frac{q}{p}\right)$$

现在考虑满足 $1 \leqslant x \leqslant (p-1)/2$、$1 \leqslant y \leqslant (q-1)/2$ 和 $qx < py$ 的整数对 (x, y). 这些整数对恰好是满足 $1 \leqslant y \leqslant (q-1)/2$ 和 $1 \leqslant x \leqslant py/q$ 的整数对. 因此,对满足 $1 \leqslant y \leqslant (q-1)/2$ 的固定整数 y,恰有 $[py/q]$ 个 x 满足 $1 \leqslant x \leqslant py/q$. 这说明满足 $1 \leqslant x \leqslant (p-1)/2$、$1 \leqslant y \leqslant (q-1)/2$ 和 $qx < py$ 的整数对的总数为 $\sum_{j=1}^{(q-1)/2} [pj/q]$.

将上述两类整数对的总数加起来,并注意到一共有 $\dfrac{p-1}{2} \cdot \dfrac{q-1}{2}$ 对,可见

$$\sum_{j=1}^{(p-1)/2} [qj/p] + \sum_{j=1}^{(q-1)/2} [pj/q] = \frac{p-1}{2} \cdot \frac{q-1}{2},$$

或用引理 11.3 的记号,有

$$T(q,p) + T(p,q) = \frac{p-1}{2} \cdot \frac{q-1}{2}.$$

因此,

$$(-1)^{T(q,p)+T(p,q)} = (-1)^{T(q,p)}(-1)^{T(p,q)} = (-1)^{\frac{p-1}{2} \cdot \frac{q-1}{2}}.$$

由引理 11.3 可知 $(-1)^{T(q,p)} = \left(\dfrac{q}{p}\right)$ 且 $(-1)^{T(p,q)} = \left(\dfrac{p}{q}\right)$. 因此,

$$\left(\frac{p}{q}\right)\left(\frac{q}{p}\right) = (-1)^{\frac{p-1}{2} \cdot \frac{q-1}{2}}.$$

这就推出了二次互反律. ∎

二次互反律有许多应用,其中一个就是用来证明下面的费马数素性检验法.

定理 11.9(佩潘检验法) 费马数 $F_m = 2^{2^m} + 1$ 是素数当且仅当

$$3^{(F_m-1)/2} \equiv -1 (\bmod F_m).$$

证明 首先证明若定理中的同余式成立,则 F_m 是素数. 假设

$$3^{(F_m-1)/2} \equiv -1 (\bmod F_m).$$

两边平方,得

$$3^{F_m-1} \equiv 1 (\bmod F_m).$$

由此同余式可知,若 p 是整除 F_m 的素数,则

$$3^{F_m-1} \equiv 1 (\bmod p),$$

从而

$$\mathrm{ord}_p 3 \,|\, (F_m - 1) = 2^{2^m}.$$

因此，$\mathrm{ord}_p 3$ 必为 2 的方幂．而由 $3^{(F_m-1)/2} \equiv -1 (\mathrm{mod}\ F_m)$ 有

$$\mathrm{ord}_p 3 \nmid 2^{2^m-1} = (F_m - 1)/2.$$

因而只可能是 $\mathrm{ord}_p 3 = 2^{2^m} = F_m - 1$．因为 $\mathrm{ord}_p 3 = F_m - 1 \leqslant p - 1$ 且 $p \,|\, F_m$，所以 $p = F_m$，即 F_m 是素数．

反过来，若 $F_m = 2^{2^m} + 1$ 是素数，$m \geqslant 1$，则由二次互反律知

$$\left(\frac{3}{F_m} \right) = \left(\frac{F_m}{3} \right) = \left(\frac{2}{3} \right) = -1, \tag{11.6}$$

这是因为 $F_m \equiv 1 (\mathrm{mod}\ 4)$ 且 $F_m \equiv 2 (\mathrm{mod}\ 3)$．

现在，由欧拉判别法可知

$$\left(\frac{3}{F_m} \right) \equiv 3^{(F_m-1)/2} (\mathrm{mod}\ F_m). \tag{11.7}$$

根据关于 $\left(\dfrac{3}{F_m} \right)$ 的等式(11.6)和(11.7)，我们推出

$$3^{(F_m-1)/2} \equiv -1 (\mathrm{mod}\ F_m).$$

证毕． ■

例 11.12 设 $m = 2$．则 $F_2 = 2^{2^2} + 1 = 17$，且

$$3^{(F_2-1)/2} = 3^8 \equiv -1 (\mathrm{mod}\ 17).$$

由佩潘检验法，$F_2 = 2^{2^2} + 1 = 17$ 是素数．

设 $m = 5$．则 $F_5 = 2^{2^5} + 1 = 2^{32} + 1 = 4\,294\,967\,297$．注意到

$$3^{(F_5-1)/2} = 3^{2^{31}} = 3^{2\,146\,483\,648} \equiv 10\,324\,303 \not\equiv -1 (\mathrm{mod}\ 4\,294\,967\,297).$$

由佩潘检验法可知 F_5 不是素数． ◀

11.2 节习题

1. 计算下列勒让德符号．

a) $\left(\dfrac{3}{53} \right)$　　b) $\left(\dfrac{7}{79} \right)$　　c) $\left(\dfrac{15}{101} \right)$　　d) $\left(\dfrac{31}{641} \right)$　　e) $\left(\dfrac{111}{991} \right)$　　f) $\left(\dfrac{105}{1009} \right)$

2. 利用二次互反律证明，若 p 是奇素数，则

$$\left(\frac{3}{p} \right) = \begin{cases} 1, & \text{若 } p \equiv \pm 1 (\mathrm{mod}\ 12); \\ -1, & \text{若 } p \equiv \pm 5 (\mathrm{mod}\ 12). \end{cases}$$

3. 证明：若 p 是奇素数，则

$$\left(\frac{-3}{p} \right) = \begin{cases} 1, & \text{若 } p \equiv 1 (\mathrm{mod}\ 6); \\ -1, & \text{若 } p \equiv -1 (\mathrm{mod}\ 6). \end{cases}$$

4. 找出一个描述以 5 为二次剩余的所有素数 p 的同余式．

5. 找出一个描述以 7 为二次剩余的所有素数 p 的同余式．

6. 证明有无穷多形如 $5k+4$ 的素数．（提示：设 n 为正整数，令 $Q = 5(n!)^2 - 1$．证明 Q 有大于 n 的形如 $5k+4$ 的素因子．为此，利用二次互反律证明，若素数 p 整除 Q，则 $\left(\dfrac{p}{5} \right) = 1$．）

7. 利用佩潘检验法证明下列费马数为素数．

a) $F_1 = 5$ b) $F_3 = 257$ c) $F_4 = 65\,537$

*8. 利用佩潘检验法证明 3 是每个费马素数的原根.

*9. 在此习题中，我们给出二次互反律的另一个证明. 设 p 和 q 是不同的奇素数，$\mathbf{R}$ 是以 $\mathbf{O}=(0,0)$，$\mathbf{A}=(p/2, 0)$，$\mathbf{B}=(q/2, 0)$ 和 $\mathbf{C}=(p/2, q/2)$ 为顶点的矩形，如下图所示.

a) 证明矩形 $\mathbf{R}$ 中格点（以整数为坐标的点）的数目为 $\dfrac{p-1}{2} \cdot \dfrac{q-1}{2}$.

b) 证明包含 $\mathbf{O}$ 和 $\mathbf{C}$ 的对角线上无格点.

c) 证明以 $\mathbf{O}$，$\mathbf{A}$，$\mathbf{C}$ 为顶点的三角形中格点的数目为 $\displaystyle\sum_{j=1}^{(p-1)/2} [jq/p]$.

d) 证明以 $\mathbf{O}$，$\mathbf{B}$，$\mathbf{C}$ 为顶点的三角形中格点的数目为 $\displaystyle\sum_{j=1}^{(q-1)/2} [jp/q]$.

e) 利用(a)、(b)、(c)和(d)推出

$$\sum_{j=1}^{(p-1)/2} [jq/p] + \sum_{j=1}^{(q-1)/2} [jp/q] = \frac{p-1}{2} \cdot \frac{q-1}{2}.$$

利用此等式和引理 11.3 推出二次互反律.

习题 10 和习题 11 要求证明二次互反律的欧拉形式（定理 11.8）与定理 11.7 所给的形式是等价的.

10. 证明二次互反律的欧拉形式（即定理 11.8）蕴涵定理 11.7 所给出的二次互反律的形式. （提示：分别考虑 $p \equiv q \pmod 4$ 和 $p \not\equiv q \pmod 4$ 的情形.）

11. 证明定理 11.7 所给的二次互反律的形式蕴涵二次互反律的欧拉形式，即定理 11.8. （提示：先考虑 $a=2$ 和 a 是奇素数的情形，再考虑 a 为合数的情形.）

12. 利用高斯引理证明二次互反律的欧拉形式，即定理 11.8. （提示：证明为求 $\left(\dfrac{q}{p}\right)$，我们只需求出满足某个不等式 $(2t-1)(p/2a) \leqslant k \leqslant t(p/a) (t=1, 2, \cdots, 2u-1)$ 的整数 k 的个数，其中，若 a 是偶数则 $u=a/2$，若 a 是奇数则 $u=(a-1)/2$. 然后，取 $p=4am+r$，$0<r<4a$，证明求满足上述某个不等式的 k 的个数与求满足某个不等式 $(2t-1)r/2a \leqslant k \leqslant tr/a (t=1, 2, \cdots, 2u-1)$ 的整数 k 的个数一致. 证明这个数目只依赖于 r. 然后，用 $4a-r$ 代替 r，重复最后一步.）

习题 13 要求读者完成最初由艾森斯坦给出的二次互反律的证明的细节，此证明要求读者对复数较为熟悉.

13. 若 $\zeta^n = 1$，其中 n 是正整数，则称复数 ζ 为 n 次单位根. 若 n 是使得 $\zeta^n=1$ 成立的最小正整数，则称 ζ 为 n 次本原单位根. 回忆 $e^{2\pi i}=1$.

   a) 证明：若整数 k 满足 $0 \leqslant k \leqslant n-1$，则 $e^{(2\pi i/n)k}$ 是 n 次单位根，它是本原的当且仅当 $(k, n)=1$.

   b) 证明：若 ζ 是 n 次单位根且 $m \equiv \ell \pmod n$，则 $\zeta^m = \zeta^\ell$. 进一步证明，若 ζ 是 n 次本原单位根且 $\zeta^m = \zeta^\ell$，则 $m \equiv \ell \pmod n$.

   c) 定义 $f(z) = e^{2\pi i z} - e^{-2\pi i z} = 2i \sin(2\pi z)$. 证明 $f(z+1) = f(z)$，$f(-z) = -f(z)$，且 $f(z)$ 的所有实零点是 $n/2$，其中 n 是整数.

   d) 证明：若 n 是正整数，则 $x^n - y^n = \displaystyle\prod_{k=0}^{n-1} (\zeta^k x - \zeta^{-k} y)$，其中 $\zeta = e^{2\pi i/n}$.

e) 证明：若 n 是奇正数，$f(z)$ 如（c）中所定义，则

$$\frac{f(nz)}{f(z)} = \prod_{k=1}^{(n-1)/2} f\left(z+\frac{k}{n}\right) f\left(z-\frac{k}{n}\right).$$

f) 证明：若 p 是奇素数且 a 是不被 p 整除的整数，则

$$\prod_{\ell=1}^{(p-1)/2} f\left(\frac{\ell a}{p}\right) = \left(\frac{a}{p}\right) \prod_{\ell=1}^{(p-1)/2} f\left(\frac{\ell}{p}\right).$$

g) 利用（e）和（f）证明二次互反律，首先考虑

$$\prod_{\ell=1}^{(p-1)/2} f\left(\frac{\ell q}{p}\right) = \left(\frac{q}{p}\right) \prod_{\ell=1}^{(p-1)/2} f\left(\frac{\ell}{p}\right).$$

（提示：利用（e）得到 $f\left(\frac{\ell q}{p}\right) / f\left(\frac{\ell}{p}\right)$ 的公式.）

14. 设 p 是奇素数，满足 $\left(\frac{n}{p}\right) = -1$，其中对满足 $k < 2^m$ 的某个整数 k 和 m 有 $n = k2^m + 1$. 证明 n 是素数当且仅当 $p^{(n-1)/2} \equiv -1 \pmod{n}$. （提示：利用 9.5 节庞特定理证明必要性，利用欧拉判别法和二次互反律证明充分性.）

15. 整数 $p = 1 + 8 \cdot 3 \cdot 5 \cdot 7 \cdot 11 \cdot 13 \cdot 17 \cdot 19 \cdot 23 = 892\,371\,481$ 是素数（读者可用计算软件验证）. 证明对所有满足 $q \leqslant 23$ 的素数 q，均有 $\left(\frac{q}{p}\right) = 1$. 推断出 p 没有小于 29 的二次非剩余和原根. （这一事实是下一个习题结论的一个特例.）

16. 本题中我们将证明，给定任意整数 M，存在无穷多素数 p 使得 $M < r_p < p - M$，其中 r_p 是最小的模 p 原根.

    a) 设 $q_1 = 2$，$q_2 = 3$，$q_3 = 5$，$\cdots$，q_n 是所有不超过 M 的素数. 由狄利克雷关于等差数列中素数的定理，存在素数 $p = 1 + 8q_1q_2 \cdots q_n r$，其中 r 为正整数. 证明 $\left(\frac{-1}{p}\right) = 1$，$\left(\frac{2}{p}\right) = 1$，且 $\left(\frac{q_i}{p}\right) = 1$，$i = 2, 3, \cdots, n$.

    b) 证明满足 $-M \leqslant t + kp \leqslant M$ 的所有整数 $t + kp$（其中 t 为任意给定的整数）都是模 p 二次剩余，从而不是模 p 原根. 并证明这蕴涵了想要的结论.

* 17. 人们以惊人的速度发现二次互反律的新证明. 在本题中，我们完成由金（Kim）[Ki04] 发现的证明的步骤，根据莱默梅尔的计数，这是二次互反律的第 207 个证明. 为证明做准备，设 p 和 q 是互异的奇素数，R 是满足 $1 \leqslant a \leqslant \frac{pq-1}{2}$ 和 $(a, pq) = 1$ 的整数 a 的集合，S 是满足 $1 \leqslant a \leqslant \frac{pq-1}{2}$ 和 $(a, p) = 1$ 的整数 a 的集合，T 是整数 $q \cdot 1$，$q \cdot 2$，$\cdots$，$q \cdot \frac{p-1}{2}$ 的集合. 最后，令 $A = \prod_{a \in R} a$.

    a) 证明 T 是 S 的子集且 $R = S - T$.

    b) 利用（a）和欧拉判别法证明 $A \equiv (-1)^{\frac{q-1}{2}} \left(\frac{q}{p}\right) \pmod{p}$.

    c) 通过交换（a）和（b）中的 p 和 q，证明 $A \equiv (-1)^{\frac{p-1}{2}} \left(\frac{p}{q}\right) \pmod{q}$.

    d) 利用（b）和（c）证明，$(-1)^{\frac{q-1}{2}} \left(\frac{q}{p}\right) = (-1)^{\frac{p-1}{2}} \left(\frac{p}{q}\right)$ 当且仅当 $A \equiv \pm 1 \pmod{pq}$.

    e) 证明 $A \equiv 1$ 或 $-1 \pmod{pq}$ 当且仅当 $p \equiv q \equiv 1 \pmod 4$.

    （提示：首先，通过将 R 中的元素按照其乘积为 1 或 -1 进行配对，证明 $A \equiv \pm \prod_{a \in U} a \pmod{pq}$，其中 $U = \{a \in R \mid a^2 \equiv \pm 1 \pmod{pq}\}$. 然后，分别考虑同余方程 $a^2 \equiv 1 \pmod{pq}$ 和 $a^2 \equiv -1 \pmod{pq}$ 的解.）

f) 由(d)和(e)推导出$(-1)^{\frac{q-1}{2}}\left(\dfrac{q}{p}\right)=(-1)^{\frac{p-1}{2}}\left(\dfrac{p}{q}\right)$当且仅当$p\equiv q\equiv 1(\bmod 4)$. 由此同余式导出二次
互反律.

计算和研究

1. 利用佩潘检验法，证明费马数F_6，F_7和F_8是合数. 你能进一步做下去吗？

程序设计

1. 利用二次互反律计算勒让德符号.

2. 给定正整数n，利用佩潘检验法判定第n个费马数F_n是否为素数.

11.3 雅可比符号

在本节中，我们将定义雅可比符号，它是以引入这一概念的德国数学家卡尔·雅可比(Carl Jacobi)的名字命名的. 雅可比符号推广了前面两节所研究的勒让德符号. 雅可比符号同二次互反律一样有相同的性质，但只对互素的奇数对成立其互反律可以归结为在不同的奇素数上的二次互反律. 雅可比符号的互反律可用来有效地计算勒让德符号，这一点与二次互反律不同. 另外，雅可比符号可以用来定义另一种类型的伪素数，即欧拉伪素数，这在 11.4 节中讨论.

定义 设n是正奇数，其素幂因子分解式为$n=p_1^{t_1}p_2^{t_2}\cdots p_m^{t_m}$，令$a$是与$n$互素的整数. 则**雅可比符号**$\left(\dfrac{a}{n}\right)$定义如下：

$$\left(\frac{a}{n}\right)=\left(\frac{a}{p_1^{t_1}p_2^{t_2}\cdots p_m^{t_m}}\right)=\left(\frac{a}{p_1}\right)^{t_1}\left(\frac{a}{p_2}\right)^{t_2}\cdots\left(\frac{a}{p_m}\right)^{t_m},$$

其中等式右边的符号是勒让德符号.

当$(a,n)=1$时，雅可比符号$\left(\dfrac{a}{n}\right)=\pm 1$，因为定义中勒让德符号为$\pm 1$. 当$(a,n)\neq 1$时，$\left(\dfrac{a}{n}\right)=0$. 为看出这一点，注意到若$(a,n)\neq 1$，则必有素数$p$同时整除$a$和$n$. 这意味着勒让德符号$\left(\dfrac{a}{p}\right)=0$并出现在$\left(\dfrac{a}{n}\right)$的定义中.

例 11.13 由雅可比符号的定义可知

$$\left(\frac{2}{45}\right)=\left(\frac{2}{3^2\cdot 5}\right)=\left(\frac{2}{3}\right)^2\left(\frac{2}{5}\right)=(-1)^2(-1)=-1,$$

且

$$\left(\frac{109}{385}\right)=\left(\frac{109}{5\cdot 7\cdot 11}\right)=\left(\frac{109}{5}\right)\left(\frac{109}{7}\right)\left(\frac{109}{11}\right)=\left(\frac{4}{5}\right)\left(\frac{4}{7}\right)\left(\frac{10}{11}\right)$$

$$=\left(\frac{2}{5}\right)^2\left(\frac{2}{7}\right)^2\left(\frac{-1}{11}\right)=(-1)^2 1^2(-1)=-1.$$

◀

当n是素数时，雅可比符号与勒让德符号一致. 但n是合数时，雅可比符号$\left(\dfrac{a}{n}\right)$的取值并不能确定同余方程$x^2\equiv a(\bmod n)$是否有解. 我们知道的是，若同余方程$x^2\equiv a(\bmod n)$有解，则$\left(\dfrac{a}{n}\right)=1$. 事实上，注意到若$p$是$n$的素因子且$x^2\equiv a(\bmod n)$有解，则$x^2\equiv$

$a(\mathrm{mod}\ p)$ 有解,从而 $\left(\dfrac{a}{p}\right)=1$,因此,$\left(\dfrac{a}{n}\right)=\displaystyle\prod_{j=1}^{m}\left(\dfrac{a}{p_j}\right)^{t_j}=1$,其中 n 有素幂因子分解式

$n=p_1^{t_1}\,p_2^{t_2}\cdots p_m^{t_m}$. 为看到在 $\left(\dfrac{a}{n}\right)=1$ 时 $x^2\equiv a(\mathrm{mod}\ n)$ 可能无解,设 $a=2$,$n=15$. 则有

$\left(\dfrac{2}{15}\right)=\left(\dfrac{2}{3}\right)\left(\dfrac{2}{5}\right)=(-1)(-1)=1$. 但是 $x^2\equiv2(\mathrm{mod}\ 15)$ 无解,这是因为 $x^2\equiv2(\mathrm{mod}\ 3)$ 和

$x^2\equiv2(\mathrm{mod}\ 5)$ 均无解.

雅可比符号的性质

现在,我们来证明雅可比符号有类似勒让德符号的某些性质.

定理 11.10 设 n 是正奇数,a 和 b 是与 n 互素的整数. 则

(i) 若 $a\equiv b(\mathrm{mod}\ n)$,则 $\left(\dfrac{a}{n}\right)=\left(\dfrac{b}{n}\right)$.

(ii) $\left(\dfrac{ab}{n}\right)=\left(\dfrac{a}{n}\right)\left(\dfrac{b}{n}\right)$.

(iii) $\left(\dfrac{-1}{n}\right)=(-1)^{(n-1)/2}$.

(iv) $\left(\dfrac{2}{n}\right)=(-1)^{(n^2-1)/8}$.

卡尔·古斯塔夫·雅各布·雅可比(Carl Gustav Jacob Jacobi, 1804—1851)出生于一个富裕的银行家家庭. 雅可比从小就受到了良好的家庭教育. 他在柏林大学学习期间,通过阅读欧拉的著作掌握了数学知识,于 1825 年获得博士学位. 1826 年,他在哥尼格斯堡大学担任讲师,1831 年被聘为教授. 除了研究数论外,雅可比在分析、几何和力学上也做出了重要贡献. 他对数学史也很感兴趣,还促成了欧拉文集的出版,而在此之前,这项出版工作持续了 125 年都没有完成.

证明 在定理的证明过程中,我们利用素幂因子分解式 $n=p_1^{t_1}\,p_2^{t_2}\cdots p_m^{t_m}$.

(i)的证明 我们知道,若 p 是 n 的素因子,则 $a\equiv b(\mathrm{mod}\,p)$. 于是,由定理 11.4(i),有 $\left(\dfrac{a}{p}\right)=\left(\dfrac{b}{p}\right)$. 由此可知

$$\left(\frac{a}{n}\right)=\left(\frac{a}{p_1}\right)^{t_1}\left(\frac{a}{p_2}\right)^{t_2}\cdots\left(\frac{a}{p_m}\right)^{t_m}=\left(\frac{b}{p_1}\right)^{t_1}\left(\frac{b}{p_2}\right)^{t_2}\cdots\left(\frac{b}{p_m}\right)^{t_m}=\left(\frac{b}{n}\right).$$

(ii)的证明 由定理 11.4(ii)知,$\left(\dfrac{ab}{p_i}\right)=\left(\dfrac{a}{p_i}\right)\left(\dfrac{b}{p_i}\right)$,$i=1,2,\cdots,m$. 因此,

$$\left(\frac{ab}{n}\right)=\left(\frac{ab}{p_1}\right)^{t_1}\left(\frac{ab}{p_2}\right)^{t_2}\cdots\left(\frac{ab}{p_m}\right)^{t_m}$$

$$=\left(\frac{a}{p_1}\right)^{t_1}\left(\frac{b}{p_1}\right)^{t_1}\left(\frac{a}{p_2}\right)^{t_2}\left(\frac{b}{p_2}\right)^{t_2}\cdots\left(\frac{a}{p_m}\right)^{t_m}\cdots\left(\frac{b}{p_m}\right)^{t_m}$$

$$=\left(\frac{a}{n}\right)\left(\frac{b}{n}\right).$$

(iii)的证明   由定理 11.5 可知，若 p 是素数，则 $\left(\dfrac{-1}{p}\right)=(-1)^{(p-1)/2}$. 因此，

$$\left(\frac{-1}{n}\right)=\left(\frac{-1}{p_1}\right)^{t_1}\left(\frac{-1}{p_2}\right)^{t_2}\cdots\left(\frac{-1}{p_m}\right)^{t_m}$$
$$=(-1)^{t_1(p_1-1)/2+t_2(p_2-1)/2+\cdots+t_m(p_m-1)/2}.$$

由 n 的素幂因子分解式，有

$$n=(1+(p_1-1))^{t_1}(1+(p_2-1))^{t_2}\cdots(1+(p_m-1))^{t_m}.$$

因为 p_i-1 是偶数，所以

$$(1+(p_i-1))^{t_i}\equiv 1+t_i(p_i-1)(\bmod 4),$$

且

$$(1+t_i(p_i-1))(1+t_j(p_j-1))\equiv 1+t_i(p_i-1)+t_j(p_j-1)(\bmod 4).$$

因此，

$$n\equiv 1+t_1(p_1-1)+t_2(p_2-1)+\cdots+t_m(p_m-1)(\bmod 4),$$

于是

$$(n-1)/2\equiv t_1(p_1-1)/2+t_2(p_2-1)/2+\cdots+t_m(p_m-1)/2(\bmod 2).$$

将这个关于 $(n-1)/2$ 的同余式和 $\left(\dfrac{-1}{n}\right)$ 的表达式结合起来，就证明了 $\left(\dfrac{-1}{n}\right)=(-1)^{n-1)/2}$.

(iv)的证明   由定理 11.6 可知，若 p 是素数，则 $\left(\dfrac{2}{p}\right)=(-1)^{(p^2-1)/8}$. 于是，

$$\left(\frac{2}{n}\right)=\left(\frac{2}{p_1}\right)^{t_1}\left(\frac{2}{p_2}\right)^{t_2}\cdots\left(\frac{2}{p_m}\right)^{t_m}=(-1)^{t_1(p_1^2-1)/8+t_2(p_2^2-1)/8+\cdots+t_m(p_m^2-1)/8}.$$

在(iii)的证明中，我们注意到

$$n^2=(1+(p_1^2-1))^{t_1}(1+(p_2^2-1))^{t_2}\cdots(1+(p_m^2-1))^{t_m}.$$

因为 $p_i^2-1\equiv 0(\bmod 8)$，$i=1,2,\cdots,m$，所以

$$(1+(p_i^2-1))^{t_i}\equiv 1+t_i(p_i^2-1)(\bmod 64),$$

且

$$(1+t_i(p_i^2-1))(1+t_j(p_j^2-1))\equiv 1+t_i(p_i^2-1)+t_j(p_j^2-1)(\bmod 64).$$

于是，

$$n^2\equiv 1+t_1(p_1^2-1)+t_2(p_2^2-1)+\cdots+t_m(p_m^2-1)(\bmod 64),$$

这说明

$$(n^2-1)/8\equiv t_1(p_1^2-1)/8+t_2(p_2^2-1)/8+\cdots+t_m(p_m^2-1)/8(\bmod 8).$$

将这个关于 $(n^2-1)/8$ 的同余式与 $\left(\dfrac{2}{n}\right)$ 的表达式结合起来，就有 $\left(\dfrac{2}{n}\right)=(-1)^{(n^2-1)/8}$.   ∎

雅可比符号的互反律

现在我们来证明雅可比符号与勒让德符号满足相同的互反律.

定理 11.11（雅可比符号的互反律）   设 n 和 m 是互素的正奇数且大于 1. 则

$$\left(\frac{n}{m}\right)\left(\frac{m}{n}\right)=(-1)^{\frac{m-1}{2}\cdot\frac{n-1}{2}}.$$

证明 设 m 和 n 的素幂因子分解式分别为 $m=p_1^{a_1}p_2^{a_2}\cdots p_s^{a_s}$ 和 $n=q_1^{b_1}q_2^{b_2}\cdots q_r^{b_r}$. 可知

$$\left(\frac{m}{n}\right)=\prod_{i=1}^{r}\left(\frac{m}{q_i}\right)^{b_i}=\prod_{i=1}^{r}\prod_{j=1}^{s}\left(\frac{p_j}{q_i}\right)^{b_i a_j},$$

且

$$\left(\frac{n}{m}\right)=\prod_{j=1}^{s}\left(\frac{n}{p_j}\right)^{a_j}=\prod_{j=1}^{s}\prod_{i=1}^{r}\left(\frac{q_i}{p_j}\right)^{a_j b_i}.$$

因此,

$$\left(\frac{m}{n}\right)\left(\frac{n}{m}\right)=\prod_{i=1}^{r}\prod_{j=1}^{s}\left[\left(\frac{p_j}{q_i}\right)\left(\frac{q_i}{p_j}\right)\right]^{a_j b_i}.$$

由二次互反律知

$$\left(\frac{p_j}{q_i}\right)\left(\frac{q_i}{p_j}\right)=(-1)^{\left(\frac{p_j-1}{2}\right)\left(\frac{q_i-1}{2}\right)}.$$

从而,

$$\left(\frac{m}{n}\right)\left(\frac{n}{m}\right)=\prod_{i=1}^{r}\prod_{j=1}^{s}(-1)^{a_j\left(\frac{p_j-1}{2}\right)b_i\left(\frac{q_i-1}{2}\right)}=(-1)^{\sum_{i=1}^{r}\sum_{j=1}^{s}a_j\left(\frac{p_j-1}{2}\right)b_i\left(\frac{q_i-1}{2}\right)}. \tag{11.8}$$

注意到

$$\sum_{i=1}^{r}\sum_{j=1}^{s}a_j\left(\frac{p_j-1}{2}\right)b_i\left(\frac{q_i-1}{2}\right)=\sum_{j=1}^{s}a_j\left(\frac{p_j-1}{2}\right)\sum_{i=1}^{r}b_i\left(\frac{q_i-1}{2}\right).$$

正如我们在定理 11.10(iii) 的证明中所展示的,

$$\sum_{j=1}^{s}a_j\left(\frac{p_j-1}{2}\right)\equiv\frac{m-1}{2}(\bmod\ 2),$$

且

$$\sum_{i=1}^{r}b_i\left(\frac{q_i-1}{2}\right)\equiv\frac{n-1}{2}(\bmod\ 2).$$

因此,

$$\sum_{i=1}^{r}\sum_{j=1}^{s}a_j\left(\frac{p_j-1}{2}\right)b_i\left(\frac{q_i-1}{2}\right)\equiv\frac{m-1}{2}\cdot\frac{n-1}{2}(\bmod\ 2). \tag{11.9}$$

因此,由等式(11.8)和(11.9),我们得出

$$\left(\frac{m}{n}\right)\left(\frac{n}{m}\right)=(-1)^{\frac{m-1}{2}\cdot\frac{n-1}{2}}. \qquad\blacksquare$$

计算勒让德符号和雅可比符号

当使用二次互反律计算勒让德符号时,互换其分子分母位置之前我们经常需要分解一个或更多个勒让德符号. 大家可以通过例 11.10 中计算 $\left(\dfrac{713}{1009}\right)$ 看到这一点. 由于分解整数并无有效算法,所以连续使用二次互反律来计算勒让德符号并不便捷. 如同雅可比所认识到的那样,我们可以通过雅可比符号及其互反律来计算勒让德符号. 可将下面的例子同例 11.10对比来体会这一差异.

例 11.14 连续使用雅可比符号的二次互反律、定理 11.11 以及定理 11.10 中雅可比

符号的性质，我们有

$$\left(\frac{713}{1009}\right) = \left(\frac{1009}{713}\right) = \left(\frac{296}{713}\right) = \left(\frac{2^3}{713}\right)\left(\frac{37}{713}\right) = \left(\frac{713}{37}\right)$$

$$= \left(\frac{10}{37}\right) = \left(\frac{2}{37}\right)\left(\frac{5}{37}\right) = -\left(\frac{37}{5}\right) = -\left(\frac{2}{5}\right) = 1.$$

这里在第一、第四和第七个等式使用了雅可比符号的互反律. 应用定理 11.10(i) 得到第二、第五以及第八个等式，由(ii)得到了第三及第六个等式，由(iv)得到了第四、第六及第九个等式.

我们现在利用定理 11.10 以及雅可比符号的互反律来给出一个计算雅可比符号及勒让德符号的有效算法. 设 a 和 b 是互素的正整数，$a>b$. 令 $R_0 = a$，$R_1 = b$. 利用带余除法，并提出余数中 2 的最高次幂，得

$$R_0 = R_1 q_1 + 2^{s_1} R_2,$$

其中 s_1 是非负整数，R_2 是小于 R_1 的正奇数. 反复使用带余除法，并提出所得余数中 2 的最高次幂，得

$$R_1 = R_2 q_2 + 2^{s_2} R_3$$
$$R_2 = R_3 q_3 + 2^{s_3} R_4$$
$$\vdots$$
$$R_{n-3} = R_{n-2} q_{n-2} + 2^{s_{n-2}} R_{n-1}$$
$$R_{n-2} = R_{n-1} q_{n-1} + 2^{s_{n-1}} \cdot 1,$$

其中，s_j 是非负整数，R_j 是小于 R_{j-1} 的正奇数，$j=2,3,\cdots,n-1$. 注意，得到最后一个等式所做除法的次数不超过用欧几里得算法求 a 和 b 的最大公因子所做除法的次数.

我们用下面的例子说明这一等式序列.

例 11.15 设 $a=401$，$b=111$，则

$$401 = 111 \cdot 3 + 2^2 \cdot 17$$
$$111 = 17 \cdot 6 + 2^0 \cdot 9$$
$$17 = 9 \cdot 1 + 2^3 \cdot 1$$

利用前述的等式序列以及雅可比符号的性质，我们可以证明下述定理，它给出了计算雅可比符号的算法.

定理 11.12 设 a 和 b 是正整数且 $a>b$，则

$$\left(\frac{a}{b}\right) = (-1)^{s_1 \frac{R_1^2-1}{8} + \cdots + s_{n-1} \frac{R_{n-1}^2-1}{8} + \frac{R_1-1}{2} \cdot \frac{R_2-1}{2} + \cdots + \frac{R_{n-2}-1}{2} \cdot \frac{R_{n-1}-1}{2}},$$

其中，整数 R_j 和 s_j 如前所述，$j=1,2,\cdots,n-1$.

证明 由第一个等式和定理 11.10 的 (i)、(ii)、(iv)，有

$$\left(\frac{a}{b}\right) = \left(\frac{R_0}{R_1}\right) = \left(\frac{2^{s_1} R_2}{R_1}\right) = \left(\frac{2}{R_1}\right)^{s_1}\left(\frac{R_2}{R_1}\right) = (-1)^{s_1 \frac{R_1^2-1}{8}}\left(\frac{R_2}{R_1}\right).$$

利用定理 11.11，即雅可比符号的互反律，有

$$\left(\frac{R_2}{R_1}\right) = (-1)^{\frac{R_1-1}{2} \cdot \frac{R_2-1}{2}}\left(\frac{R_1}{R_2}\right),$$

所以

$$\left(\frac{a}{b}\right) = (-1)^{\frac{R_1-1}{2}\cdot\frac{R_2-1}{2}+s_1\frac{R_1^2-1}{8}}\left(\frac{R_1}{R_2}\right).$$

类似地, 由接下来的除法, 对 $j=2, 3, \cdots, n-1$ 有

$$\left(\frac{R_{j-1}}{R_j}\right) = (-1)^{\frac{R_j-1}{2}\cdot\frac{R_{j+1}-1}{2}+s_1\frac{R_j^2-1}{8}}\left(\frac{R_j}{R_{j+1}}\right).$$

综合所有等式就得到想要的 $\left(\frac{a}{b}\right)$ 的表达式. ■

下面的例子显示了定理 11.12 的用途.

例 11.16 我们利用例 11.15 中的除法和定理 11.12 来计算 $\left(\frac{401}{111}\right)$, 可得

$$\left(\frac{401}{111}\right) = (-1)^{2\cdot\frac{111^2-1}{8}+0\cdot\frac{17^2-1}{8}+3\cdot\frac{9^2-1}{8}+\frac{111-1}{2}\cdot\frac{17-1}{2}+\frac{17-1}{2}\cdot\frac{9-1}{2}} = 1. \quad◄$$

下面的推论给出了利用定理 11.12 所给出的计算雅可比符号的算法的复杂性.

推论 11.12.1 设 a 和 b 是互素的正整数, $a>b$, 则可用 $O((\log_2 b)^3)$ 次位运算计算雅可比符号 $\left(\frac{a}{b}\right)$.

证明 利用定理 11.12 计算 $\left(\frac{a}{b}\right)$, 需要做 $O(\log_2 b)$ 次除法, 为此, 注意到除法的次数不超过用欧几里得算法求 (a, b) 所需除法的次数. 因此, 由拉梅定理知, 需要 $O(\log_2 b)$ 次除法, 而每一次除法需要 $O((\log_2 b)^2)$ 次位运算. 一旦做完除法, 每对整数 R_j 和 s_j 需用 $O(\log_2 b)$ 次位运算求得.

因此, 需要 $O((\log_2 b)^3)$ 次位运算来从 a 和 b 中求出所有整数 R_j 和 s_j, 其中 $j=1$, $2, \cdots, n-1$. 最后, 为计算定理 11.12 中 $\left(\frac{a}{b}\right)$ 表达式中 -1 的次数, 我们要用到 R_j 的二进制表达式中最后三位和 s_j 的二进制表示中的最后一位, 其中 $j=1, 2, \cdots, n-1$. 因此, 我们又用了 $O(\log_2 b)$ 次二进制位运算来求得 $\left(\frac{a}{b}\right)$. 因为 $O((\log_2 b)^3) + O(\log_2 b) = O((\log_2 b)^3)$, 所以推论成立. ■

若更为细致地分析除法所需的位运算的次数, 则可以改进上述推论. 特别地, 可以证明计算 $\left(\frac{a}{b}\right)$ 仅需 $O((\log_2 b)^2)$ 次位运算, 我们将其留作习题.

11.3 节习题

1. 计算下列每个雅可比符号的值.

    a) $\left(\frac{5}{21}\right)$ b) $\left(\frac{27}{101}\right)$ c) $\left(\frac{111}{1001}\right)$ d) $\left(\frac{1009}{2307}\right)$ e) $\left(\frac{2663}{3299}\right)$ f) $\left(\frac{10\,001}{20\,003}\right)$

2. 对哪些与 15 互素的正整数 n 雅可比符号 $\left(\frac{15}{n}\right)$ 等于 1?

3. 对哪些与 30 互素的正整数 n 雅可比符号 $\left(\frac{30}{n}\right)$ 等于 1?

    假设 $n=pq$, 其中 p 和 q 是素数. 若 a 是 n 的二次非剩余但 $\left(\frac{a}{n}\right)=1$, 则称 a 是一个模 n 伪平方数.

4. 证明：若 a 是模 n 伪平方数，则 $\left(\dfrac{a}{p}\right)=\left(\dfrac{a}{q}\right)=-1$.

5. 求出全体模 21 伪平方数.

6. 求出全体模 35 伪平方数.

7. 求出全体模 143 伪平方数.

8. 设 a 和 b 是互素的整数，且 b 是正奇数，$a=(-1)^s2^tq$，其中 q 是奇数. 证明

$$\left(\frac{a}{b}\right)=(-1)^{\frac{b-1}{2}\cdot s+\frac{b^2-1}{8}\cdot t}\left(\frac{q}{b}\right).$$

9. 设 n 是无平方因子的正奇数. 证明存在整数 a 使得 $(a,n)=1$ 并且 $\left(\dfrac{a}{n}\right)=-1$.

10. 设 n 是无平方因子的正奇数.

　　a) 证明 $\sum\left(\dfrac{k}{n}\right)=0$，其中对一个模 n 既约剩余系中所有的 k 求和. （提示：利用习题9.）

　　b) 由(a)证明，既约剩余系中使得 $\left(\dfrac{k}{n}\right)=1$ 的整数的个数等于使得 $\left(\dfrac{k}{n}\right)=-1$ 的整数的个数.

* 11. 设 a 和 $b=r_0$ 是互素的正奇数，使得

$$a=r_0q_1+\varepsilon_1r_1$$
$$r_0=r_1q_2+\varepsilon_2r_2$$
$$\vdots$$
$$r_{n-1}=r_{n-1}q_{n-1}+\varepsilon_nr_n,$$

其中，q_i 是非负偶数，$\varepsilon_i=\pm1$，r_i 是正整数且 $r_i<r_{r-1}$，$i=1,2,\cdots,n_j$，且 $r_n=1$. 这些等式是反复利用 1.5 节习题 18 中改进了的带余除法得到的.

　　a) 证明雅可比符号 $\left(\dfrac{a}{b}\right)$ 由下式给出：

$$\left(\frac{a}{b}\right)=(-1)^{\left(\frac{r_0-1}{2}\cdot\frac{\varepsilon_1r_1-1}{2}+\frac{r_1-1}{2}\cdot\frac{\varepsilon_2r_2-1}{2}+\cdots+\frac{r_{n-1}-1}{2}\cdot\frac{\varepsilon_nr_n-1}{2}\right)}.$$

　　b) 证明雅可比符号 $\left(\dfrac{a}{b}\right)$ 由下式给出：

$$\left(\frac{a}{b}\right)=(-1)^T,$$

　　其中，T 是满足 $1\leqslant i\leqslant n$ 和 $r_{i-1}\equiv\varepsilon_ir_i\equiv3\pmod 4$ 的整数 i 的个数.

* 12. 证明：若 a 和 b 是奇数，且 $(a,b)=1$，则对雅可比符号有如下互反律成立：

$$\left(\frac{a}{|b|}\right)\left(\frac{b}{|a|}\right)=\begin{cases}-(-1)^{\frac{a-1}{2}\cdot\frac{b-1}{2}},&\text{若 }a<0\text{ 且 }b<0;\\(-1)^{\frac{a-1}{2}\cdot\frac{b-1}{2}},&\text{其他.}\end{cases}$$

　　在习题 13～19 中，我们讨论克罗内克符号（它以利奥波德·克罗内克(Leopold Kronecker)的名字命名），它是一个雅可比符号的推广，其定义如下. 设正整数 a 不是完全平方数，且 $a\equiv0$ 或 $1\pmod 4$. 定义

$$\left(\frac{a}{2}\right)=\begin{cases}1,&\text{若 }a\equiv1\pmod 8;\\-1,&\text{若 }a\equiv5\pmod 8.\end{cases}$$

$$\left(\frac{a}{p}\right)=\text{勒让德符号}\left(\frac{a}{p}\right),\text{若 }p\text{ 是奇素数且 }p\nmid a.$$

$$\left(\frac{a}{n}\right)=\prod_{j=1}^r\left(\frac{a}{p_j}\right)^{t_j},\text{若}(a,n)=1\text{ 且 }n=\prod_{j=1}^r p_j^{t_j}\text{ 是 }n\text{ 的素幂因子分解式.}$$

13. 计算下列克罗内克符号:

    a) $\left(\dfrac{5}{12}\right)$ b) $\left(\dfrac{13}{20}\right)$ c) $\left(\dfrac{101}{200}\right)$

对习题 14~19, 设正整数 a 不是完全平方数, 且 $a \equiv 0$ 或 $1 \pmod 4$.

利奥波德·克罗内克(Leopold Kronecker, 1823—1891)出生于普鲁士利格尼茨的一个事业兴旺的犹太家庭. 他的父亲是一位有成就的实业家, 他的母亲也来自富裕的家庭. 他小时候由很多家庭教师教授知识. 后来, 他进入利格尼茨文法中学, 由数论学家库默尔(Kummer)教授数学. 库默尔很快便发现了克罗内克的数学天赋, 并鼓励他从事数学研究. 1841 年, 克罗内克进入柏林大学学习数学、天文学、气象学、化学和哲学. 1845 年, 克罗内克写出了关于代数数论的博士论文, 他的导师是狄利克雷.

克罗内克本可以就此开始前途光明的学术生涯, 但是他却返回利格尼茨帮助他的一个叔叔打理银行业务. 1848 年, 克罗内克与这位叔叔的女儿结婚. 在利格尼茨, 克罗内克仍然凭借自己的兴趣研究数学. 1855 年, 在完成对家族事业的义务后, 克罗内克返回了柏林. 他急切盼望进入大学开始数学生涯. 虽然他没有大学的职位, 不能教课, 但是他仍然非常积极地做研究, 发表了很多关于数论、椭圆函数、代数以及它们的联系等方面的文章. 1860 年, 克罗内克被选入柏林科学院, 从而可以在柏林大学授课. 他抓住这个机会教授数论和其他数学专题的课程. 克罗内克的课程需要学生付出很多的精力但很有挑战性. 不幸的是, 他在普通学生中并不受欢迎, 有很多学生在学期末会退掉他的课.

克罗内克笃信构造性数学, 认为数学应该只考虑有限的数字和有限次的运算. 他对非构造的存在性证明持怀疑态度, 反对非构造地定义的对象, 例如无理数. 他也不承认超越数的存在. 他因下面的话而出名: "上帝创造了整数, 其他都是人的作品." 克罗内克对构造性数学的坚信并没有得到多数同事的认同, 尽管他不是唯一持有这种观点的知名数学家. 许多数学家发现克罗内克难以相处, 尤其是他容易因数学上的不同意见与人争吵. 克罗内克很在意自己的矮小身材, 即使别人和善地提及他的身高时他也会大发脾气.

14. 证明: 若 $2 \nmid a$, 则 $\left(\dfrac{a}{2}\right) = \left(\dfrac{2}{|a|}\right)$, 其中右边的符号是雅可比符号.

15. 证明: 若 n_1, n_2 是正整数且 $(a_1, n_1, n_2) = 1$, 则 $\left(\dfrac{a}{n_1 n_2}\right) = \left(\dfrac{a}{n_1}\right) \cdot \left(\dfrac{a}{n_2}\right)$.

*16. 证明: 若 n 是与 a 互素的正整数, 且 a 是奇数, 则 $\left(\dfrac{a}{n}\right) = \left(\dfrac{n}{|a|}\right)$, 而若 a 是偶数且 $a = 2^s t$, 其中 t 是奇数, 则

$$\left(\frac{a}{n}\right) = \left(\frac{2}{n}\right)^s (-1)^{\frac{t-1}{2} \cdot \frac{n-1}{2}} \left(\frac{n}{|t|}\right).$$

*17. 证明: 若 n_1 和 n_2 是与 a 互素且大于 1 的正整数, $n_1 \equiv n_2 \pmod{|a|}$, 则有 $\left(\dfrac{a}{n_1}\right) = \left(\dfrac{a}{n_2}\right)$.

*18. 证明: 若 $|a| \geqslant 3$, 则存在正整数 n, 使得 $\left(\dfrac{a}{n}\right) = -1$.

*19. 证明: 若 $a \neq 0$, 则 $\left(\dfrac{a}{|a|-1}\right) = \begin{cases} 1, & \text{若 } a > 0; \\ -1, & \text{若 } a < 0. \end{cases}$

20. 证明：若整数 a 和整数 b 互素，且 $a < b$，则可通过 $O((\log_2 b)^2)$ 次位运算求得雅可比符号 $\left(\dfrac{a}{b}\right)$.

计算和研究

1. 计算勒让德符号 $\left(\dfrac{1\,656\,169}{2\,355\,151}\right)$ 的值.

2. 计算下列雅可比符号的值：$\left(\dfrac{9343}{65\,518\,791}\right)$, $\left(\dfrac{54\,371}{5\,400\,207\,333}\right)$, $\left(\dfrac{320\,001}{11\,111\,111\,111\,111\,111}\right)$.

程序设计

1. 利用定理 11. 12 计算雅可比符号.
2. 利用习题 8 和习题 11 计算雅可比符号.
3. 计算克罗内克符号（其定义见习题 13 的导言）.

11. 4　欧拉伪素数

假设 p 是奇素数，设 b 是不被 p 整除的整数. 由欧拉判别法知

$$b^{(p-1)/2} \equiv \left(\frac{b}{p}\right) (\bmod\ p).$$

因此，若要对正奇数 n 进行素性检验，可以取整数 b，满足 $(b, n) = 1$，并判定下式是否成立：

$$b^{(n-1)/2} \equiv \left(\frac{b}{n}\right) (\bmod\ n),$$

其中，同余式右边的符号是雅可比符号. 若这一同余式不成立，则 n 是合数.

例 11. 17 设 $n = 341$，$b = 2$. 经计算得 $2^{170} \equiv 1 (\bmod\ 341)$. 由于 $341 \equiv -3 (\bmod\ 8)$，故利用定理 11. 10 (iv) 可知 $\left(\dfrac{2}{341}\right) = -1$. 因此，$2^{170} \not\equiv \left(\dfrac{2}{341}\right) (\bmod\ 341)$. 这说明 341 不是素数.

因此，我们可以基于欧拉判别法定义一类伪素数.

定义　一个满足同余式

$$b^{(n-1)/2} \equiv \left(\frac{b}{n}\right) (\bmod\ n)$$

的奇正合数 n 称为**以 b 为基的欧拉伪素数**，其中 b 是正整数.

一个以 b 为基的欧拉伪素数是合数，它通过满足定义中的同余式来伪装成素数.

例 11. 18 设 $n = 1105$，$b = 2$. 经计算得 $2^{552} \equiv 1 (\bmod\ 1105)$. 由 $1105 \equiv 1 (\bmod\ 8)$ 可知 $\left(\dfrac{2}{1105}\right) = 1$. 于是，$2^{552} \equiv \left(\dfrac{2}{1105}\right) (\bmod\ 1105)$. 因为 1105 是合数，所以它是一个以 2 为基的欧拉伪素数.

下面的定理说明，每一个以 b 为基的欧拉伪素数都是以 b 为基的伪素数.

定理 11. 13　若 n 是以 b 为基的欧拉伪素数，则 n 是以 b 为基的伪素数.

证明　若 n 是以 b 为基的欧拉伪素数，则

$$b^{(n-1)/2} \equiv \left(\frac{b}{n}\right) (\bmod\ n).$$

因此，将此同余式两边平方，得

$$(b^{(n-1)/2})^2 \equiv \left(\frac{b}{n}\right)^2 (\bmod\ n).$$

由 $\left(\dfrac{b}{n}\right) = \pm 1$ 可知 $b^{n-1} \equiv 1 (\bmod\ n)$，这表明 n 是以 b 为基的伪素数. ∎

并非每个伪素数都是欧拉伪素数. 例如，整数 341 不是以 2 为基的欧拉伪素数，但我们已经证明它是一个以 2 为基的伪素数.

我们知道，每个欧拉伪素数都是伪素数. 下面，我们要证明每个强伪素数都是欧拉伪素数.

定理 11.14 若 n 是以 b 为基的强伪素数，则 n 是以 b 为基的欧拉伪素数.

证明 设 n 是以 b 为基的强伪素数. 于是，若 $n-1 = 2^s t$，其中 t 是奇数，则或者 $b^t \equiv 1 (\bmod\ n)$ 或者 $b^{2^r t} \equiv -1 (\bmod\ n)$，其中 $0 \leqslant r \leqslant s-1$. 设 n 的素幂因子分解式为 $n = \prod\limits_{i=1}^{m} p_i^{a_i}$.

首先考虑 $b^t \equiv 1 (\bmod\ n)$ 的情形. 设 p 是 n 的素因子. 因为 $b^t \equiv 1 (\bmod\ n)$，所以 $\mathrm{ord}_p b \mid t$. 由于 t 是奇数，所以 $\mathrm{ord}_p b$ 也是奇数. 从而 $\mathrm{ord}_p b \mid (p-1)/2$，这是因为 $\mathrm{ord}_p b$ 是偶数 $\phi(p) = p-1$ 的奇因子. 于是，有

$$b^{(p-1)/2} \equiv 1 (\bmod\ p).$$

因此，由欧拉判别法有 $\left(\dfrac{b}{p}\right) = 1$.

为计算雅可比符号 $\left(\dfrac{b}{n}\right)$，注意到对 n 的所有素因子 p 均有 $\left(\dfrac{b}{p}\right) = 1$. 因此，

$$\left(\frac{b}{n}\right) = \left[\frac{b}{\prod\limits_{i=1}^{m} p_i^{a_i}}\right] = \prod_{i=1}^{m} \left(\frac{b}{p_i}\right)^{a_i} = 1.$$

因为 $b^t \equiv 1 (\bmod\ n)$，所以 $b^{(n-1)/2} = (b^t)^{2^{s-1}} \equiv 1 (\bmod\ n)$. 从而，有

$$b^{(n-1)/2} \equiv \left(\frac{b}{n}\right) \equiv 1 (\bmod\ n).$$

我们得出结论：n 是以 b 为基的欧拉伪素数.

接下来考虑

$$b^{2^r t} \equiv -1 (\bmod\ n)$$

的情形，其中 r 满足 $0 \leqslant r \leqslant s-1$. 若 p 是 n 的素因子，则

$$b^{2^r t} \equiv -1 (\bmod\ p).$$

将此同余式两边平方，得

$$b^{2^{r+1} t} \equiv 1 (\bmod\ p),$$

这表明 $\mathrm{ord}_p b \mid 2^{r+1} t$，但从前面的同余式知 $\mathrm{ord}_p b \nmid 2^r t$. 因此，

$$\mathrm{ord}_p b = 2^{r+1} c,$$

其中 c 是奇数. 因为 $\mathrm{ord}_p b \mid (p-1)$ 且 $2^{r+1} \mid \mathrm{ord}_p b$，所以 $2^{r+1} \mid (p-1)$. 于是，$p = 2^{r+1} d + 1$，其中 d 是整数. 因为

$$b^{(\mathrm{ord}_p b)/2} \equiv -1 (\bmod\ p),$$

所以有

$$\left(\frac{b}{p}\right) \equiv b^{(p-1)/2} = b^{(\text{ord}_p b/2)((p-1)/\text{ord}_p b)}$$

$$\equiv (-1)^{(p-1)/\text{ord}_p b} = (-1)^{(p-1)/(2^{r+1}c)} \pmod{p}.$$

因为 c 是奇数，所以 $(-1)^c = -1$. 于是，

$$\left(\frac{b}{p}\right) = (-1)^{(p-1)/2^{r+1}} = (-1)^d, \tag{11.10}$$

这里 $d = (p-1)/2^{r+1}$. 因为 n 的每个素因子 p_i 都形如 $p_i = 2^{r+1}d_i + 1$，所以

$$n = \prod_{i=1}^{m} p_i^{a_i}$$

$$= \prod_{i=1}^{m} (2^{r+1}d_i + 1)^{a_i}$$

$$\equiv \prod_{i=1}^{m} (1 + 2^{r+1}a_i d_i)$$

$$\equiv 1 + 2^{r+1}\sum_{i=1}^{m} a_i d_i \pmod{2^{2r+2}}.$$

因此，

$$t2^{s-1} = (n-1)/2 \equiv 2^r \sum_{i=1}^{m} a_i d_i \pmod{2^{r+1}}.$$

此同余式表明

$$t2^{s-1-r} \equiv \sum_{i=1}^{m} a_i d_i \pmod{2},$$

且

$$b^{(n-1)/2} = (b^{2^r t})^{2^{s-1-r}} \equiv (-1)^{2^{s-1-r}} = (-1)^{\sum_{i=1}^{m} a_i d_i} \pmod{n}. \tag{11.11}$$

另一方面，由 (11.10) 有

$$\left(\frac{b}{n}\right) = \prod_{i=1}^{m} \left(\frac{b}{p_i}\right)^{a_i} = \prod_{i=1}^{m} ((-1)^{d_i})^{a_i} = \prod_{i=1}^{m} (-1)^{a_i d_i} = (-1)^{\sum_{i=1}^{m} a_i d_i}.$$

因此，将前面的等式与 (11.11) 结合起来，可知

$$b^{(n-1)/2} \equiv \left(\frac{b}{n}\right) \pmod{n}.$$

所以，n 是以 b 为基的欧拉伪素数.   ∎

虽然每个以 b 为基的强伪素数也是有相同基的欧拉伪素数，但是每个以 b 为基的欧拉伪素数并不都是以 b 为基的强伪素数，如下例所示.

例 11.19   例 11.18 中已经证明了 1105 是以 2 为基的欧拉伪素数. 但 1105 不是以 2 为基的强伪素数，这是因为

$$2^{(1105-1)/2} = 2^{552} \equiv 1 \pmod{1105},$$

而

$$2^{(1105-1)/2^2} = 2^{276} \equiv 781 \not\equiv \pm 1 \pmod{1105}.$$ ◀

虽然以 b 为基的欧拉伪素数并不一定是有相同基的强伪素数，但是满足一定条件时，以 b 为基的欧拉伪素数可以是有相同基的强伪素数．下面的两个定理就是这种类型的结论．

定理 11.15 若 $n \equiv 3 \pmod 4$，n 是以 b 为基的欧拉伪素数，则 n 是以 b 为基的强伪素数．

证明 由同余式 $n \equiv 3 \pmod 4$ 可知 $n-1 = 2 \cdot t$，其中 $t = (n-1)/2$ 是奇数．因为 n 是以 b 为基的欧拉伪素数，所以

$$b^t = b^{(n-1)/2} \equiv \left(\frac{b}{n}\right) \pmod n.$$

由于 $\left(\frac{b}{n}\right) = \pm 1$，因此或者 $b^t \equiv 1 \pmod n$ 或者 $b^t \equiv -1 \pmod n$．

于是，以 b 为基的强伪素数的定义中的某个同余式必成立．因此，n 是以 b 为基的强伪素数． ∎

定理 11.16 若 n 是以 b 为基的欧拉伪素数且 $\left(\frac{b}{n}\right) = -1$，则 n 是以 b 为基的强伪素数．

证明 记 $n-1 = 2^s t$，其中 t 是奇数，s 是正整数．由于 n 是以 b 为基的欧拉伪素数，所以有

$$b^{2^{s-1} t} = b^{(n-1)/2} \equiv \left(\frac{b}{n}\right) \pmod n.$$

而 $\left(\frac{b}{n}\right) = -1$，故

$$b^{t 2^{s-1}} \equiv -1 \pmod n.$$

这是以 b 为基的强伪素数的定义中的同余式．因为 n 是合数，所以它是以 b 为基的强伪素数． ∎

利用欧拉伪素性的概念，我们来建立一种概率素性检验法．这个检验法是由索洛韦（Solovay）和斯特拉森（Strassen）[SoSt77]首先提出的．

在给出这个检验法之前，先给出几个有用的引理．

引理 11.4 若 n 是正奇数且不是完全平方数，则至少存在一个整数 b，满足 $1 < b < n$，$(b, n) = 1$ 和 $\left(\frac{b}{n}\right) = -1$，其中 $\left(\frac{b}{n}\right)$ 是雅可比符号．

证明 若 n 是素数，则定理 11.1 保证了这样的整数 b 的存在．若 n 是合数但不是完全平方数，可记 $n = rs$，其中 $(r, s) = 1$ 且 $r = p^e$，p 是奇素数且 e 是正奇数．

现在，设 t 是素数 p 的二次非剩余，由定理 11.1 知存在这样的 t．利用中国剩余定理可以求得整数 b，满足 $1 < b < n$，$(b, n) = 1$ 和以下两个同余式：

$$b \equiv t \pmod r$$
$$b \equiv 1 \pmod s.$$

则有

$$\left(\frac{b}{r}\right) = \left(\frac{b}{p^e}\right) = \left(\frac{b}{p}\right)^e = (-1)^e = -1$$

和 $\left(\dfrac{b}{s}\right)=1$. 因为 $\left(\dfrac{b}{n}\right)=\left(\dfrac{b}{r}\right)\left(\dfrac{b}{s}\right)$，所以 $\left(\dfrac{b}{n}\right)=-1$. ∎

引理 11.5 设 n 是奇合数. 则至少存在一个整数 b，它满足 $1<b<n$、$(b,n)=1$ 和

$$b^{(n-1)/2}\not\equiv\left(\frac{b}{n}\right)(\mathrm{mod}\ n).$$

证明 假设对所有不超过 n 且与 n 互素的正整数 b 均有下式成立：

$$b^{(n-1)/2}\equiv\left(\frac{b}{n}\right)(\mathrm{mod}\ n).\tag{11.12}$$

将此同余式两边平方，若 $(b,n)=1$ 则得

$$b^{n-1}\equiv\left(\frac{b}{n}\right)^2\equiv(\pm1)^2=1(\mathrm{mod}\ n).$$

因此，n 必为卡迈克尔数. 从而，由定理 9.24 知 $n=q_1q_2\cdots q_r$，其中 $q_1,q_2,\cdots,q_r$ 是不同的奇素数.

下面我们证明，

$$b^{(n-1)/2}\equiv1(\mathrm{mod}\ n)$$

对所有满足 $1\leqslant b\leqslant n$ 和 $(b,n)=1$ 的整数 b 均成立. 假设 b 是满足

$$b^{(n-1)/2}\equiv-1(\mathrm{mod}\ n)$$

的整数. 利用中国剩余定理可以求得整数 a，满足 $1<a<n$ 和 $(a,n)=1$，且

$$a\equiv b(\mathrm{mod}\ q_1)$$
$$a\equiv1(\mathrm{mod}\ q_2q_3\cdots q_r).$$

因此，我们看到

$$a^{(n-1)/2}\equiv b^{(n-1)/2}\equiv-1(\mathrm{mod}\ q_1),\tag{11.13}$$

但是

$$a^{(n-1)/2}\equiv1(\mathrm{mod}\ q_2q_3\cdots q_r).\tag{11.14}$$

由同余式 (11.13) 和 (11.14) 可知

$$a^{(n-1)/2}\not\equiv\pm1(\mathrm{mod}\ n),$$

这与同余式 (11.12) 矛盾. 因此，对满足 $1\leqslant b\leqslant n$ 和 $(b,n)=1$ 的所有整数 b，必有

$$b^{(n-1)/2}\equiv1(\mathrm{mod}\ n).$$

因而由假设 (11.12) 可知

$$\left(\frac{b}{n}\right)\equiv b^{(n-1)/2}\equiv1(\mathrm{mod}\ n),$$

这蕴涵 $\left(\dfrac{b}{n}\right)=1$ 对满足 $1\leqslant b\leqslant n$ 和 $(b,n)=1$ 的所有整数 b 均成立. 然而引理 11.4 表明这是不可能的. 因此，刚开始的假设是错误的. 至少存在一个整数 b 满足 $1<b<n$ 和 $(b,n)=1$，且有

$$b^{(n-1)/2}\not\equiv\left(\frac{b}{n}\right)(\mathrm{mod}\ n).$$ ∎

现在给出并证明一个定理，它是本节中概率素性检验法的基础.

定理 11.17 设 n 是奇合数. 则小于 n 且与 n 互素的正整数中，使得 n 是以其为基的

欧拉伪素数的整数不超过 $\phi(n)/2$ 个.

证明 由引理 11.5 知, 存在整数 b 满足 $1 < b < n$ 和 $(b,n)=1$, 且

$$b^{(n-1)/2} \not\equiv \left(\frac{b}{n}\right) (\bmod \, n). \tag{11.15}$$

现在, 令 a_1, a_2, $\cdots$, a_m 表示那些满足 $1 \leqslant a_j \leqslant n$, $(a_j,n)=1$ 和

$$a_j^{(n-1)/2} \equiv \left(\frac{a_j}{n}\right) (\bmod \, n) \tag{11.16}$$

的正整数, 其中 $j=1$, 2, $\cdots$, m.

设 r_1, r_2, $\cdots$, r_m 是整数 ba_1, ba_2, $\cdots$, ba_m 的模 n 最小正剩余. 注意到对 $j=1$, 2, $\cdots$, m, 整数 r_j 互不相同, 且 $(r_j,n)=1$. 而且,

$$r_j^{(n-1)/2} \not\equiv \left(\frac{r_j}{n}\right) (\bmod \, n); \tag{11.17}$$

因为, 若

$$r_j^{(n-1)/2} \equiv \left(\frac{r_j}{n}\right) (\bmod \, n),$$

则

$$(ba_j)^{(n-1)/2} \equiv \left(\frac{ba_j}{n}\right) (\bmod \, n),$$

这能推出

$$b^{(n-1)/2} a_j^{(n-1)/2} \equiv \left(\frac{b}{n}\right) \left(\frac{a_j}{n}\right) (\bmod \, n),$$

又因为(11.16)成立, 所以有

$$b^{(n-1)/2} \equiv \left(\frac{b}{n}\right) (\bmod \, n),$$

但是这与(11.15)矛盾.

因为 a_j, $j=1$, 2, $\cdots$, m, 满足同余式(11.16), 而(11.17)表明 r_j, $j=1$, 2, $\cdots$, m, 不满足, 所以这两个整数集没有公共元素. 因此, 合起来看这两个集合一共有 $2m$ 个小于 n 且与 n 互素的互不相同的正整数. 因为小于 n 且与 n 互素的整数的个数为 $\phi(n)$, 所以得到 $2m \leqslant \phi(n)$, 从而 $m \leqslant \phi(n)/2$. 这就证明了定理. ∎

由定理 11.17 可知, 若 n 是奇合数, 当整数 b 从整数 1, 2, $\cdots$, $n-1$ 中随机选取时, 则 n 是以 b 为基的欧拉伪素数的概率小于 $1/2$. 这样就有了下面的概率素性检验法.

定理 11.18(索洛韦-斯特拉森概率素性检验法) 设 n 是正整数. 从整数 1, 2, $\cdots$, $n-1$ 中随机选取 k 个整数 b_1, b_2, $\cdots$, b_k. 对这些整数 $b_j (j=1, 2\cdots, k)$ 中的每一个, 判定是否有

$$b_j^{(n-1)/2} \equiv \left(\frac{b_j}{n}\right) (\bmod \, n).$$

若这样的同余式都不成立, 则 n 是合数. 若 n 是素数, 则所有的同余式都成立. 若 n 是合数, 则所有 k 个同余式都成立的概率小于 $1/2^k$. 因此, 当 k 足够大且 n 通过这个检验时, 整数 n "几乎一定是素数".

因为每个以 b 为基的强伪素数也是有相同基的欧拉伪素数, 所以通过索洛韦-斯特拉森

概率素性检验的合数比通过拉宾概率素性检验的合数多，尽管它们都需要 $O(k(\log_2 n)^3)$ 次位运算.

11.4 节习题

1. 证明 561 是以 2 为基的欧拉伪素数.

2. 证明 15 841 是以 2 为基的欧拉伪素数，是以 2 为基的强伪素数，且是卡迈克尔数.

3. 证明：若 n 是以 a 和 b 为基的欧拉伪素数，则 n 是以 ab 为基的欧拉伪素数.

4. 证明：若 n 是以 b 为基的欧拉伪素数，则 n 也是以 $n-b$ 为基的欧拉伪素数.

5. 证明：若 $n \equiv 5 \pmod 8$ 且 n 是以 2 为基的欧拉伪素数，则 n 是以 2 为基的强伪素数.

6. 证明：若 $n \equiv 5 \pmod{12}$ 且 n 是以 3 为基的欧拉伪素数，则 n 是以 3 为基的强伪素数.

7. 若 n 是以 5 为基的欧拉伪素数，试给出一个同余条件，使得 n 也是以 5 为基的强伪素数.

** 8. 设正合数 n 有素幂因子分解式 $n = p_1^{a_1} p_2^{a_2} \cdots p_m^{a_m}$，其中 $p_j = 1 + 2^{k_j} q_j$，$j=1, 2, \cdots, m$，$k_1 \leqslant k_2 \leqslant \cdots \leqslant k_m$，且 $n = 1 + 2^k q$. 证明：若 n 是以 b 为基的欧拉伪素数，则恰有

$$\delta_n \prod_{j=1}^{m} ((n-1)/2, p_j - 1)$$

个不同的 b，其中 $1 \leqslant b < n$ 且

$$\delta_n = \begin{cases} 2 & \text{若 } k_1 = k; \\ 1/2 & \text{若对某个 } j, \text{有 } k_j < k \text{ 且 } a_j \text{ 是奇数}; \\ 1 & \text{其他情形}. \end{cases}$$

9. 设 $1 \leqslant b < 561$，有多少个 b 使得 561 是以 b 为基的欧拉伪素数？

10. 设 $1 \leqslant b < 1729$，有多少个 b 使得 1729 是以 b 为基的欧拉伪素数？

计算和研究

1. 求所有小于 1 000 000 的以 2 为基的欧拉伪素数. 将基变为 3，5，7 和 11，解同样的问题. 基于你的结果设计一种素性检验法.

2. 求 10 个位数在 50 到 60 之间的整数，它们"几乎是素数"，因为它们能通过多于 20 次索洛韦-斯特拉森概率素性检验.

程序设计

1. 给定整数 n 和大于 1 的正整数 b，判定 n 是否能通过以 b 为基的欧拉伪素数的检验.

2. 对给定的整数 n 进行索洛韦-斯特拉森概率素性检验.

11.5 零知识证明

假设你想要别人确信你拥有某些重要的私有信息而不泄露信息. 例如，你可能想要让某人确信你知道某个 200 位正整数的素因子分解而不告诉他们这些素因子. 或者你可能证明了一个重要定理，而且想要数学界确信你有这样的证明而不透露这一证明. 在本节中，我们主要讨论众所周知的零知识或者最小透露证明的方法，它们可用来使某人确信你拥有特定的、私有的可证实的信息而不透露信息. 零知识证明是在 20 世纪 80 年代中期发明的.

在零知识证明中有两方，拥有秘密信息的证明者和想要确认证明者拥有秘密信息的检验者. 在应用零知识证明时，没有秘密信息的人通过伪装成证明者成功欺骗检验者的概率是极低的. 而且，检验者除了知道证明者拥有信息之外，不知道或几乎不知道有关信息的其他任何情况. 特别地，检验者不能使第三方相信检验者知道这一信息.

注记 由于零知识证明仅提供给检验者很小一部分信息,所以零知识证明更适合被称为最小透露证明.尽管如此,我们对这样的证明还是使用最初的术语.

我们将通过一些这样的证明的例子来说明零知识证明的应用,每一个例子都是基于这样的事实:在不知道两个素数时求模两个素数乘积的平方根很简单,而求平方根却很困难.(关于这一点的讨论参见 11.1 节.)

我们的第一个例子展示了零知识证明的一个方案,但是它有缺陷,从而不适用于实际应用.尽管如此,我们仍将此方案作为第一个例子来介绍,这是因为它相对简单地说明了零知识证明这一概念.此外,明白它为何是无效方案可以加深我们的理解(见习题 11).在此方案中,证明者保拉想要检验者文斯确信她知道 n 的素因子分解,其中 n 是两个大素数 p 和 q 的乘积,而不帮他求出这两个素因子.

在最初设计此方案时,人们认为,若一个人不像保拉那样知道 p 和 q,则他不可能在合理的时间内求得 y 模 n 的平方根.但事实并非如此,习题 11 说明了这一点.

此方案是基于重复下列步骤的.

(i) 文斯知道 n 但不知道 p 和 q,随机选择整数 x.计算 x^4 模 n 的最小非负剩余 y 并将其发送给保拉.

(ii) 保拉接收 y 后计算它的模 n 平方根.(在描述完这一过程后,我们会介绍她如何进行计算.)这一平方根是 x^2 模 n 的最小正剩余.她将这一整数发送给文斯.

(iii) 文斯通过求出 x^2 除以 n 的余数来检验保拉的答案.

要看清在步骤(ii)中保拉为何能求得 x^2 模 n 的最小正剩余,注意到因为她知道 p 和 q,所以能够轻易求得 x^4 四个模 n 的平方根.下一步,x^4 的四个模 n 平方根中只有一个是模 n 的二次剩余(见习题 3).所以,为求出 x^2,她可以通过计算它们模 p 和模 q 平方根的勒让德符号的值来选取正确的 x^4 模 n 的平方根.注意,不像保拉一样知道 p 和 q 的人不可能在合理的时间内求出 y 模 n 的平方根.

我们在下例中说明这一程序.

例 11.20 假设保拉的私有信息是 n 的因子分解 $n = 103 \cdot 239 = 24\,617$.她可以用前述过程使文斯确信她知道素数 $p = 103$ 和 $q = 239$,而不把它们透露给他.(在实践中所用的是具有数百位数字的素数 p 和 q,而不是本例中所用的小素数.)

为了说明此过程,假设在步骤(i)中文斯随机选取的整数是 9134.他算出 9134^4 模 $24\,617$ 的最小正剩余是 20\,682.他将整数 20\,682 发送给保拉.

在步骤(ii)中,保拉利用下面的同余式确定整数 x^2:
$$x^2 \equiv \pm\, 20\,682^{(103+1)/4} \equiv \pm\, 20\,682^{26} \equiv \pm\, 59 \pmod{103}$$
$$x^2 \equiv \pm\, 20\,682^{(239+1)/4} \equiv \pm\, 20\,682^{60} \equiv \pm\, 75 \pmod{239}.$$

(注意,我们用了如下事实:当 $p \equiv q \equiv 3 \pmod 4$ 时,$x^2 \equiv a \pmod p$ 和 $x^2 \equiv a \pmod q$ 的解分别是 $x^2 \equiv \pm a^{(p+1)/4} \pmod p$ 和 $x^2 \equiv \pm a^{(q+1)/4} \pmod q$.)

因为 x^2 是模 $24\,617 = 103 \cdot 239$ 的二次剩余,所以它也是模 103 和 239 的二次剩余.计算勒让德符号,得到 $\left(\frac{59}{103}\right) = 1$,$\left(\frac{-59}{103}\right) = -1$,$\left(\frac{75}{239}\right) = 1$ 和 $\left(\frac{-75}{239}\right) = 1$.因此,保拉通过解方程组 $x^2 \equiv 59 \pmod{103}$ 和 $x^2 \equiv 75 \pmod{239}$ 求得 x^2.解出此方程组,她得到 $x^2 \equiv$

$2943 \pmod{24\ 617}$.

在步骤(iii)中，文斯注意到 $x^2 = 9134^2 \equiv 2943 \pmod{24\ 617}$，从而核实了保拉的答案. ◄

现在我们来描述一种基于零知识技巧的方法，它用来核实证明者的身份，是由沙米尔于 1985 年发明的. 我们仍假设 $n = pq$，其中 p 和 q 都是模 4 同余于 3 的大素数. 设 I 是代表某一特定信息的正整数，例如身份号码. 证明者选取一个小的正整数 c，使得通过并置 I 和 c 所得的整数 v(将 I 的各位数字写在 c 后面所得的数字)是模 n 的二次剩余. (可以通过反复试验找到数字 c，成功的概率接近 $1/2$.)证明者容易求得 v 模 n 的一个平方根 u.

证明者利用一个交互式证明使检验者确信她知道素数 p 和 q. 证明的每个循环都基于下面的步骤.

(i) 证明者保拉选取一个随机数字 r，发送给检验者一个含有两个值的信息：x 和 y，其中 $x \equiv r^2 \pmod{n}$，$0 \leqslant x < n$，$y \equiv v\bar{x} \pmod{n}$，$0 \leqslant y < n$. 这里，像往常一样，$\bar{x}$ 是 x 模 n 的逆.

(ii) 检验者文斯验证 $xy \equiv v \pmod{n}$，随机选择比特 b 并将其发送给证明者.

(iii) 若文斯发送的比特 b 是 0，则保拉发送 r 给文斯. 否则，若比特 b 是 1，则保拉发送 $u\bar{r}$ 模 n 的最小正剩余，其中 $\bar{r}$ 是 r 的模 n 逆.

(iv) 文斯计算保拉所发送的数的平方. 若文斯发送的是 0，则他验证这一平方为 x，即 $r^2 \equiv x \pmod{n}$. 若他发送的是 1，则他验证这一平方为 y，即 $s^2 \equiv y \pmod{n}$.

这一过程也基于如下事实：证明者能求得 v 模 n 的平方根 u，而任何不知道 p 和 q 的人不可能在合理的时间内求出 y 模 n 的平方根.

这一过程的四个步骤形成一个循环. 循环经过充分多的重复可以保证高度的安全性，这正是我们下面所要描述的.

我们在下面的例子中展示此类零知识证明.

例 11.21 假设保拉想通过使文斯确信她知道 $n = 31 \cdot 61 = 1891$ 的素因子来证实自己的身份. 她的身份号码是 $I = 391$. 注意，391 是 1891 的二次剩余，这是因为它是 31 和 61 的二次剩余(读者可自行验证)，所以她可取 $v = 391$(即在这种情况下，她不必给 I 并置一个整数 c). 保拉发现 $u = 239$ 是 391 模 1891 的平方根. 由于已知素数 31 和 61，所以她可容易地进行这一运算. (注意，在此例中我们选取的是小素数 p 和 q. 而在实践中，应该使用具有数百位数的素数.)

我们来看此过程的一个循环. 在步骤(i)中，保拉选取一个随机数，例如 $r = 998$. 她发送给文斯两个数：$x \equiv r^2 \equiv 998^2 \equiv 1338 \pmod{1891}$ 和 $y \equiv v\bar{x} \equiv 391 \cdot 1296 \equiv 1839 \pmod{1891}$.

在步骤(ii)中，文斯验证 $xy = 1338 \cdot 1839 \equiv 391 \pmod{1891}$，并随机选择一个比特 b 并发送给保拉，不妨设 $b = 1$.

在步骤(iii)中，保拉将 $s \equiv u\bar{r} \equiv 239 \cdot 1855 \equiv 851 \pmod{1891}$ 发送给文斯. 最后，在步骤(iv)中，文斯验证 $s^2 \equiv 851^2 \equiv 1839 \equiv y \pmod{1891}$. ◄

注意，若证明者将 r 和 s 都发送给检验者，则检验者将会知道证明者所保有的私有信息 $u = rs$. 通过一个具有充分多循环的检验后，证明者已经证明一经要求她就可以生成 r 或者 s. 这表明她一定知道 u，因为在每个循环中她都知道 r 和 s. 检验者对随机比特的选取使得想用被操控的数字通过检验以完成此过程是不可能的. 例如，某人可以计算一个已知

数字 r 的平方并发送 $x=r^2$，而不是选取一个随机数. 类似地，某人可以选取一个数 x 使得 $v\overline{x}$ 是已知的平方数. 然而，在不知道 u 的情况下，预先算出 x 和 y 并使其均为已知数字的平方是不可能的.

由于检验者选择的比特是随机的，故它是 0 的概率为 1/2，与它是 1 的概率一样. 若某人不知道 v 的平方根 u，则它们通过该检验的一个循环的概率几乎就是 1/2. 因此，某人伪装成证明者在这项检验中通过 30 个循环的概率近似于 $1/2^{30}$，这小于十亿分之一.

此过程的一个变种（即菲亚特–沙米尔（Fiat-Shamir）方法）是智能卡所用的认证过程的基础，例如可用来确认个人身份号码.

下面，我们利用零知识证明来描述一种用以证明某人拥有特定信息的方法. 假设证明者保拉拥有用一列数字 v_1，v_2，$\cdots$，v_m 表示的信息，其中 $1 \leqslant v_j < n$，$j=1$，2，$\cdots$，m. 这里，如前所述，n 是模 4 同余于 3 的两个素数 p 和 q 的乘积. 保拉公开整数序列 s_1，s_2，$\cdots$，s_m，其中 $s_j \equiv \overline{v}_j^2 \pmod{n}$，$1 \leqslant s_j < n$. 保拉想要检验者文斯确信她知道私有信息 v_1，v_2，$\cdots$，v_m，但不透露信息给文斯. 文斯知道的只是她所公开的模 n 和公开信息 s_1，s_2，$\cdots$，s_m.

下面的过程可以用来使文斯确信她有这一信息. 此过程的每个循环都有如下的步骤.

(i) 保拉选取随机数 r 并计算 $x=r^2$，并将其发送给文斯.

(ii) 文斯选择集合 $\{1$，2，$\cdots$，$m\}$ 的一个子集 S 并将其发送给保拉.

(iii) 保拉计算 r 和整数 v_j 的乘积模 n 的最小正剩余 y，其中 $j \in S$，即 $y \equiv r \prod\limits_{j \in S} v_j \pmod{n}$，$0 \leqslant y < n$，然后她将 y 发送给文斯.

(iv) 文斯验证 $x \equiv y^2 z \pmod{n}$，其中 z 是使得 j 属于 S 的整数 s_j 的乘积，即 $z \equiv \prod\limits_{j \in S} s_j$，$0 \leqslant z < n$.

注意，步骤(iv)中的同余式是成立的，这是因为

$$
\begin{aligned}
y^2 z &\equiv r^2 \prod_{j \in S} v_j^2 \prod_{j \in S} s_j \\
&\equiv r^2 \prod_{j \in S} v_j^2 \overline{v}_j^2 \\
&\equiv r^2 \pmod{n}.
\end{aligned}
$$

使用随机数 r 为的是使检验者无法确定秘密信息的部分整数 v_j 的值，这可通过选择集合 $S=\{j\}$ 来达到目的. 当此过程执行后，检验者不会获得能够有助于确定私有信息 v_1，$\cdots$，v_m 的任何新信息.

我们用下面的例子展示这种交互式零知识证明的一个循环.

例 11.22 假设保拉想要文斯确信她拥有用整数 $v_1=1144$，$v_2=877$，$v_3=2001$，$v_4=1221$，$v_5=101$ 表示的私有信息. 她的秘密模是 $n=47 \cdot 53 = 2491$. （在实践中，使用的是具有数百位的素数而不是本例中的小素数.）

她的公开信息由整数 s_j 组成，其中 $s_j \equiv \overline{v}_j^2 \pmod{2491}$，$0 < s_j < 2491$，$j=1$，2，3，4，5. 经过例行计算，她的公开信息由整数 $s_1=197$，$s_2=2453$，$s_3=1553$，$s_4=941$，$s_5=494$ 组成.

保拉通过文中描述的过程能够使文斯确信她拥有秘密信息. 我们来描述一下此过程的一个循环. 在步骤(i)中，保拉选取一个随机数，不妨设为 $r=1253$. 然后她将 r^2 模 2491

的最小正剩余 $x=679$ 发送给文斯.

在步骤(ii)中，文斯选取$\{1，2，3，4，5\}$的一个子集(比如 $s=\{1，3，4，5\}$)并告知保拉这一选择.

在步骤(iii)中，保拉计算数字 y，$0 \leqslant y < 2491$ 并且

$$y \equiv r v_1 v_3 v_4 v_5$$
$$\equiv 1253 \cdot 1144 \cdot 2001 \cdot 1221 \cdot 101$$
$$\equiv 68 (\text{mod } 2491).$$

然后，她将 $y=68$ 发送给文斯.

最后，在步骤(iv)中，文斯通过验证 $x=679 \equiv 68^2 \cdot 197 \cdot 1553 \cdot 941 \cdot 494 (\text{mod } 2491)$ 来确认 $x \equiv y^2 s_1 s_3 s_4 s_5 (\text{mod } 2491)$.

文斯可以让保拉对此过程执行多次循环以确认她拥有秘密信息. 当他感觉她在欺骗他的概率足够小以满足他的要求时就可以停下来.

证明者怎样才能在信息的零知识证明的交互过程中作弊呢？也就是说，当证明者没有私有信息时，怎样才能欺骗检验者使其相信她确实知道私有信息 $v_1，\cdots，v_m$ 呢？唯一明显的方法是在检验者提供 S 之前猜测集合 S：在步骤(i)中，取 $x = r^2 \prod_{j \in S} \bar{v}_j^2$；在步骤(iii)中，取 $y = r$. 因为集合 S 有 2^m 种可能(这与$\{1，2，\cdots，m\}$的子集数目一样)，所以不知道私有信息的人利用这一技术欺骗检验者的概率是 $1/2^m$. 而且，当循环重复 T 次时，这一概率缩小为 $1/2^{mT}$. 例如，若 $m=10$ 且 $T=3$，则检验者被欺骗的概率小于十亿分之一.

在本节中，我们仅对零知识证明作了简要的介绍. 想要对这一专题了解更多的读者可以阅读戈德瓦塞尔(Goldwasser)在[Po90]中所写的一章以及这一章里提供的参考文献.

11.5 节习题

1. 假设 $n=3149=47 \cdot 67$，且 $x^4 \equiv 2070 (\text{mod } 3149)$. 求 x^2 模 3149 的最小非负剩余.

2. 假设 $n=11\,021=103 \cdot 107$，且 $x^4 \equiv 1686 (\text{mod } 11\,021)$. 求 x^2 模 11 021 的最小非负剩余.

3. 假设 $n=pq$，其中 p 和 q 都是模 4 同余于 3 的素数，且 x 是与 n 互素的整数. 证明在 x^4 的四个模 n 平方根中，只有一个是某个整数的平方的最小非负剩余.

4. 假设保拉的身份号码是 1760，模是 $1961=37 \cdot 53$. 若保拉选择随机数字 1101，而文斯以 1 作为他的随机比特，说明保拉如何在沙米尔过程的一个循环内使文斯确认她的身份.

5. 假设保拉的身份号码是 7，模是 $1411=17 \cdot 83$. 若保拉选择随机数字 822，而文斯以 1 作为他的随机比特，说明保拉如何利用沙米尔过程的一个循环使文斯确认她的身份.

6. 执行例 11.22 中用来确认证明者拥有秘密信息的步骤，其中证明者在步骤(i)中选择的随机数字为 $r=888$，检验者选择$\{1，2，3，4，5\}$的子集$\{2，3，5\}$.

7. 执行例 11.22 中用来确认证明者拥有秘密信息的步骤，其中证明者在步骤(i)中选择的随机数字为 $r=1403$，检验者选择$\{1，2，3，4，5\}$的子集$\{1，5\}$.

8. 设 $n=2491=47 \cdot 53$. 假设保拉的身份信息由六个数 $v_1=881$，$v_2=1199$，$v_3=2144$，$v_4=110$，$v_5=557$ 和 $v_6=2200$ 的序列组成.

   a) 求出保拉的公开身份信息 $s_1，s_2，s_3，s_4，s_5，s_6$.

   b) 假设保拉随机选取了数字 $r=1091$，文斯选取子集 $S=2，3，5，6$ 并将其发送给保拉. 求出保拉计算出并发送给文斯的数字.

c) 文斯进行什么样的计算来验证保拉知道秘密信息?

9. 设 $n=3953=59 \cdot 67$. 假设保拉的身份信息由六个数 $v_1=1001$, $v_2=21$, $v_3=3097$, $v_4=989$, $v_5=157$ 和 $v_6=1039$ 的序列组成.

a) 求出保拉的公开身份信息 s_1, s_2, s_3, s_4, s_5, s_6.

b) 假设保拉随机选取了数字 $r=403$, 文斯选取子集 $S=\{1, 2, 4, 6\}$ 并将其发送给保拉. 求出保拉计算出并发送给文斯的数字.

c) 文斯进行什么样的计算来验证保拉知道秘密信息?

10. 假设 $n=pq$, 其中 p 和 q 是大的奇素数, 并且能够在不知道 p 和 q 的情况下有效地提取模 n 平方根. 证明能够以接近于 1 的概率找出素因子 p 和 q. (提示: 基于下面的过程写出的算法. 选取整数 x. 提取 x^2 的模 n 最小非负剩余的一个平方根. 需要证明找到与 $\pm x$ 模 n 不同余的平方根的概率是 1/2.)

11. 在本习题中, 我们指出在例 11.20 之前所述零知识证明方案的一个缺点. 假设文斯随机选取整数 w, 直到他找到 w 的一个值, 使得其雅可比符号 $\left(\dfrac{w}{n}\right)$ 等于 -1, 并将 w^2 的模 n 最小非负剩余 z 发送给保拉. 证明一旦保拉发回她计算的 z 的平方根, 文斯就能分解 n.

计算和研究

1. 给你的某个同班同学一个整数 n, 其中 $n=pq$, 且 p 和 q 均为超过 50 位的素数, 它们模 4 同余于 3. 利用零知识证明使你的同学确信你知道 p 和 q.

2. 利用文中描述的零知识证明, 使你的某个同班同学确信你知道一个形如 10 个均小于 10 000 的正整数的序列的秘密.

程序设计

1. 给定 n(它是两个模 4 同余于 3 的不同素数的乘积)以及 x^4 的模 n 最小正剩余, 其中 x 是与 n 互素的整数. 求出 x^2 的模 n 最小正剩余.

第 12 章　十进制分数与连分数

本章将讨论用十进制分数和连分数来表示有理数和无理数的方法. 我们将证明, 任意一个有理数均可表示为有限的或循环的十进制分数, 并且给出关于其循环节长度的一些结论. 我们还将用十进制分数构造无理数, 同时展示如何用十进制分数去表示一个超越数, 并且证明实数集是不可数的.

连分数提供了一种表示数的有用方法. 我们将证明每一个有理数都具有有限的连分数, 而任意一个无理数都具有无限的连分数, 并且连分数是其最佳有理逼近. 我们将建立一个重要的结论: 二次无理数可用循环连分数表达. 最后, 我们将给出如何使用连分数来帮助我们分解整数.

12.1　十进制分数

本节我们将讨论有理数和无理数的十进制分数表示. 首先, 考虑实数的 b 进制展开, 其中 b 为大于 1 的正整数. 设 α 为一正实数, $a=[\alpha]$ 为 α 的整数部分, $\gamma=\alpha-[\alpha]$ 为 α 的分数部分, 进而 $\alpha=a+\gamma$, $0\leqslant\gamma<1$. 由定理 2.1 可知, 整数 a 有唯一的 b 进制展开式. 现在证明, 分数部分 γ 具有唯一的 b 进制展开式.

定理 12.1　设 γ 是一个实数, 并且 $0\leqslant\gamma<1$, 令 b 是一个正整数, $b>1$. 那么 γ 就可以唯一表示为

$$\gamma = \sum_{j=1}^{\infty} c_j/b^j,$$

其中系数 c_j 为整数, 满足 $0\leqslant c_j\leqslant b-1$, $j=1$, 2, $\cdots$, 并且对于任意的正整数 N, 都存在整数 n, $n\geqslant N$, 使得 $c_n\neq b-1$.

定理 12.1 的证明中涉及了无穷级数. 我们用下述公式来表示一个无穷等比数列的项的和.

定理 12.2　设 a, r 为实数, $|r|<1$, 则

$$\sum_{j=0}^{\infty} ar^j = a/(1-r).$$

微积分和数学分析的大部分教材上都包含定理 12.2 的证明 (例如可参见[Ru64]).

现在我们来证明定理 12.1.

证明　首先令

$$c_1 = [b\gamma],$$

于是 $0\leqslant c_1\leqslant b-1$, 因为 $0\leqslant b\gamma<b$. 再令

$$\gamma_1 = b\gamma - c_1 = b\gamma - [b\gamma],$$

从而 $0\leqslant\gamma_1<1$, 且

$$\gamma = \frac{c_1}{b} + \frac{\gamma_1}{b}.$$

对于 $k=2，3，\cdots$，我们递归定义 c_k 和 γ_k 如下：

$$c_k = [b\gamma_{k-1}]$$
$$\gamma_k = b\gamma_{k-1} - c_k,$$

从而 $0 \leqslant c_k \leqslant b-1$，因为 $0 \leqslant b\gamma_{k-1} < b$ 且 $0 \leqslant \gamma_k < 1$. 于是

$$\gamma = \frac{c_1}{b} + \frac{c_2}{b^2} + \cdots + \frac{c_n}{b^n} + \frac{\gamma_n}{b^n}.$$

又由 $0 \leqslant \gamma_n < 1$，可知 $0 \leqslant \gamma_n/b^n < 1/b^n$. 于是，

$$\lim_{n\to\infty} \gamma_n/b^n = 0.$$

所以，我们可以推出

$$\gamma = \lim_{n\to\infty}\left(\frac{c_1}{b} + \frac{c_2}{b^2} + \cdots + \frac{c_n}{b^n}\right)$$
$$= \sum_{j=1}^{\infty} c_j/b^j.$$

为了证明该展开式是唯一的，假设有

$$\gamma = \sum_{j=1}^{\infty} c_j/b^j = \sum_{j=1}^{\infty} d_j/b^j,$$

其中 $0 \leqslant c_j \leqslant b-1$，$0 \leqslant d_j \leqslant b-1$，并且对于任意的正整数 N，都存在整数 n 和 m，使得 $c_n \neq b-1$，$d_m \neq b-1$. 假设 k 是使得 $c_k \neq d_k$ 成立的最小下标，不妨设 $c_k > d_k$（$c_k < d_k$ 的情形可通过交换两个展开式来证明），则

$$0 = \sum_{j=1}^{\infty}(c_j - d_j)/b^j = (c_k - d_k)/b^k + \sum_{j=k+1}^{\infty}(c_j - d_j)/b^j,$$

故

$$(c_k - d_k)/b^k = \sum_{j=k+1}^{\infty}(d_j - c_j)/b^j. \tag{12.1}$$

由于 $c_k > d_k$，我们有

$$(c_k - d_k)/b^k \geqslant 1/b^k, \tag{12.2}$$

然而

$$\sum_{j=k+1}^{\infty}(d_j - c_j)/b^j \leqslant \sum_{j=k+1}^{\infty}(b-1)/b^j$$
$$= (b-1)\frac{1/b^{k+1}}{1-1/b}$$
$$= 1/b^k, \tag{12.3}$$

上式不等号右边的求和用到了定理 12.2. 注意到 (12.3) 中等号成立当且仅当对任意的 $j \geqslant k+1$，有 $d_j - c_j = b-1$，以及当且仅当对于任意的 $j \geqslant k+1$，有 $d_j = b-1$，$c_j = 0$. 这与定理的假设条件矛盾. 所以 (12.3) 中的不等式为严格不等式，进而 (12.2) 和 (12.3) 与 (12.1) 矛盾. 这表明，α 的 b 进制展开式是唯一的. ∎

一个实数的形如 $\sum_{j=1}^{\infty} c_j/b^j$ 的唯一展开式称为该数的 b 进制展开，记作 $(.c_1c_2c_3\cdots)_b$.

为了求出实数 γ 的 b 进制展开式 $(.c_1c_2c_3\cdots)_b$，我们可以用定理 12.1 的证明中给出的递推公式，即

$$c_k = [b\gamma_{k-1}], \qquad \gamma_k = b\gamma_{k-1} - [b\gamma_{k-1}],$$

其中 $\gamma_0 = \gamma$，$k=1$，2，3，$\cdots$（注意，这些数字有显式公式——见习题 21）.

例 12.1 设 $(.c_1c_2c_3\cdots)_b$ 为 $1/6$ 的八进制展开式，则

$$c_1 = \left[8\cdot\frac{1}{6}\right] = 1, \qquad \gamma_1 = 8\cdot\frac{1}{6} - 1 = \frac{1}{3},$$

$$c_2 = \left[8\cdot\frac{1}{3}\right] = 2, \qquad \gamma_2 = 8\cdot\frac{1}{3} - 2 = \frac{2}{3},$$

$$c_3 = \left[8\cdot\frac{2}{3}\right] = 5, \qquad \gamma_3 = 8\cdot\frac{2}{3} - 5 = \frac{1}{3},$$

$$c_4 = \left[8\cdot\frac{1}{3}\right] = 2, \qquad \gamma_4 = 8\cdot\frac{1}{3} - 2 = \frac{2}{3},$$

$$c_5 = \left[8\cdot\frac{2}{3}\right] = 5, \qquad \gamma_5 = 8\cdot\frac{2}{3} - 5 = \frac{1}{3},$$

等等. 可以看到上述展开过程是循环的；因此，

$$1/6 = (.1252525\cdots)_8.$$

下面讨论有理数的 b 进制展开式. 我们将证明一个实数为有理数当且仅当它的 b 进制展开式是循环的或者是有限的.

定义 对于一个 b 进制展开式 $(.c_1c_2c_3\cdots)_b$，若存在正整数 n，使得 $c_n=c_{n+1}=c_{n+2}=\cdots=0$，则称该展开式是**有限的**.

例 12.2 $1/8$ 的十进制展开式 $(.125000\cdots)_{10}=(.125)_{10}$ 是有限的. 同样，$4/9$ 的 6 进制展开式 $(.24000\cdots)_6=(.24)_6$ 也是有限的.

为了描述那些具有有限的 b 进制展开式的实数，我们证明下面的定理.

定理 12.3 实数 $\alpha(0\leqslant\alpha<1)$ 有一个有限的 b 进制展开式当且仅当 α 是有理数，并且可写为 $\alpha=r/s$，其中 $0\leqslant r<s$，而且 s 的任一素因子均整除 b.

证明 首先，设 α 有一个有限的 b 进制展开式，

$$\alpha = (.c_1c_2\cdots c_n)_b.$$

那么

$$\alpha = \frac{c_1}{b} + \frac{c_2}{b^2} + \cdots + \frac{c_n}{b^n}$$
$$= \frac{c_1b^{n-1} + c_2b^{n-2} + \cdots + c_n}{b^n},$$

所以 α 为有理数，而且可以写为分母仅能被 b 的素因子整除的分数形式.

反过来，设 $0\leqslant\alpha<1$，且 $\alpha=r/s$，其中 s 的任一素因子都整除 b. 因此，存在 b 的幂（不妨设为 b^N）能被 s 整除（例如，取 N 为 s 的素幂因子分解中指数最大的那个）. 那么

$$b^N\alpha = b^N r/s = ar,$$

其中，$sa=b^N$，a 为一正整数，因为 $s\,|\,b^N$. 现在设 $(a_ma_{m-1}\cdots a_1a_0)_b$ 为 ar 的 b 进制展开式，则

$$\alpha = ar/b^N = \frac{a_m b^m + a_{m-1} b^{m-1} + \cdots + a_1 b + a_0}{b^N}$$

$$= a_m b^{m-N} + a_{m-1} b^{m-1-N} + \cdots + a_1 b^{1-N} + a_0 b^{-N}$$

$$= (.00\cdots a_m a_{m-1} \cdots a_1 a_0)_b.$$

因此，α 具有有限的 b 进制展开式. ∎

注意，任意有限的 b 进制展开式可以写为在尾部全部添加数字 $b-1$ 的无尽的展开式，这是因为 $(.c_1 c_2 \cdots c_m)_b = (.c_1 c_2 \cdots c_m - 1\ b - 1\ b - 1 \cdots)_b$. 例如：$(.12)_{10} = (.11999\cdots)_{10}$. 这就解释了为什么我们在定理 12.1 中要求"对任意整数 N，都存在 n，使得 $n > N$ 并且 $c_n \neq b-1$". 如果没有这个限制，则 b 进制展开式将是不唯一的.

一个 b 进制展开式如果不是有限的，那么它可能是循环的，例如，

$$1/3 = (.333\cdots)_{10},$$
$$1/6 = (.1666\cdots)_{10},$$

及

$$1/7 = (.142\ 857\ 142\ 857\ 142\ 857\cdots)_{10}.$$

定义 对于一个 b 进制展开式 $(.c_1 c_2 c_3 \cdots)_b$，如果存在正整数 N 和 k，使得对任意的 $n \geq N$ 都有 $c_{n+k} = c_n$，那么就称该展开式是**循环的**.

我们将循环的 b 进制展开式 $(.c_1 c_2 \cdots c_{N-1} c_N \cdots c_{N+k-1} c_N \cdots c_{N+k-1} c_N \cdots)_b$ 记为 $(.c_1 c_2 \cdots c_{N-1} \overline{c_N \cdots c_{N+k-1}})_b$. 例如

$$1/3 = (.\overline{3})_{10},$$
$$1/6 = (.1\overline{6})_{10},$$

及

$$1/7 = (.\overline{142857})_{10}.$$

注意到 $1/3$ 和 $1/7$ 的十进制展开式的循环部分是直接开始的，而 $1/6$ 的十进制展开式的循环部分开始之前还有一位数字 1. 我们称 b 进制展开式循环部分之前的部分为**预循环**（pre-period），循环的部分称为**循环节**，这里循环节取最小可能的长度.

例 12.3 $2/45$ 的三进制展开式为 $(.00\overline{1012})_3$，预循环是 $(00)_3$，循环节是 $(1012)_3$. ◀

下面的定理告诉我们，有理数具有有限的或循环的 b 进制展开式. 而且，该定理还给出了有理数的 b 进制展开式的预循环和循环节的长度.

定理 12.4 设 b 为一正整数，则一个循环的 b 进制展开式表示一个有理数. 反过来，有理数的 b 进制展开式或者是循环的，或者是有限的. 进一步，设 $0 < \alpha < 1$，$\alpha = r/s$，其中 r, s 为互素的正整数，$s = TU$，其中 T 的任一素因子整除 b 且 $(U, b) = 1$，则 α 的 b 进制展开式的循环节长度为 $\mathrm{ord}_U b$，预循环的长度是 N，其中 N 为满足 $T \mid b^N$ 的最小正整数.

证明 首先，设 α 的 b 进制展开式是循环的，则

$$\alpha = (.c_1 c_2 \cdots c_N \overline{c_{N+1} \cdots c_{N+k}})_b$$

$$= \frac{c_1}{b} + \frac{c_2}{b^2} + \cdots + \frac{c_N}{b^N} + \left(\sum_{j=0}^{\infty} \frac{1}{b^{jk}} \right) \left(\frac{c_{N+1}}{b^{N+1}} + \cdots + \frac{c_{N+k}}{b^{N+k}} \right)$$

$$= \frac{c_1}{b} + \frac{c_2}{b^2} + \cdots + \frac{c_N}{b^N} + \left(\frac{b^k}{b^k - 1} \right) \left(\frac{c_{N+1}}{b^{N+1}} + \cdots + \frac{c_{N+k}}{b^{N+k}} \right),$$

其中，由定理 12.2 知

$$\sum_{j=0}^{\infty} \frac{1}{b^{jk}} = \frac{1}{1 - \frac{1}{b^k}} = \frac{b^k}{b^k - 1}.$$

因为 α 是有理数之和，所以其为有理数.

反过来，设 $0 < \alpha < 1$，$\alpha = r/s$，其中 r，s 为互素的正整数，$s = TU$，其中 T 的任一素因子整除 b 且 $(U, b) = 1$，N 为满足 $T \mid b^N$ 的最小正整数.

由 $T \mid b^N$，我们有 $aT = b^N$，其中 a 为正整数，从而

$$b^N \alpha = b^N \frac{r}{TU} = \frac{ar}{U}. \tag{12.4}$$

进一步，可将其写为

$$\frac{ar}{U} = A + \frac{C}{U}, \tag{12.5}$$

其中 A，C 为整数且满足

$$0 \leqslant A < b^N, \qquad 0 < C < U,$$

且 $(C, U) = 1$.（关于 A 的不等式可从 $0 < b^N \alpha = \frac{ar}{U} < b^N$ 得到，而这又可从不等式 $0 < \alpha < 1$ 两边乘以 b^N 得到.）由条件 $(r, s) = 1$ 易知 $(C, U) = 1$. 由定理 12.1，A 有一个 b 进制展开式 $A = (a_n a_{n-1} \cdots a_1 a_0)_b$.

若 $U = 1$，则 α 的 b 进制展开式显然是有限的. 否则，令 $v = \mathrm{ord}_U b$，则

$$b^v \frac{C}{U} = \frac{(tU + 1)C}{U} = tC + \frac{C}{U}, \tag{12.6}$$

其中 t 为一整数，因为 $b^v \equiv 1 \pmod{U}$. 然而，我们又有

$$b^v \frac{C}{U} = b^v \left(\frac{c_1}{b} + \frac{c_2}{b^2} + \cdots \frac{c_v}{b^v} + \frac{\gamma_v}{b^v} \right), \tag{12.7}$$

其中 $(. c_1 c_2 c_3 \cdots)_b$ 为 $\frac{C}{U}$ 的 b 进制展开式，因此

$$c_k = [b \gamma_{k-1}], \quad \gamma_k = b \gamma_{k-1} - [b \gamma_{k-1}], \quad k = 1, 2, 3 \cdots$$

这里 $\gamma_0 = \frac{C}{U}$，由式 (12.7)，可得

$$b^v \frac{C}{U} = (c_1 b^{v-1} + c_2 b^{v-2} + \cdots + c_v) + \gamma_v. \tag{12.8}$$

比较 (12.6) 和 (12.8) 中的分数部分，并注意到 $0 \leqslant \gamma_v < 1$，我们发现

$$\gamma_v = \frac{C}{U}.$$

故

$$\gamma_v = \gamma_0 = \frac{C}{U},$$

因此由 c_1，c_2，$\cdots$ 的递归定义，我们可以推出 $c_{k+v} = c_k$，$k = 1$，2，3，$\cdots$，从而 $\frac{C}{U}$ 有一个 b 进制循环展开式

$$\frac{C}{U} = (.\ \overline{c_1 c_2 \cdots c_v})_b.$$

联立(12.4)和(12.5)，把 A 和 $\frac{C}{U}$ 的 b 进制展开式代入，有

$$b^N \alpha = (a_n a_{n-1} \cdots a_1 a_0 . \overline{c_1 c_2 \cdots c_v})_b. \tag{12.9}$$

(12.9)两边同除以 b^N，得

$$\alpha = (.\ 00 \cdots a_n a_{n-1} \cdots a_1 a_0\ \overline{c_1 c_2 \cdots c_v})_b,$$

(此处我们将 $b^N \alpha$ 的 b 进制展开式的小数点向左平移了 N 位得到 α 的 b 进制展开式). α 的这个 b 进制展开式中，预循环 $(.\ 00 \cdots a_n a_{n-1} \cdots a_1 a_0)_b$ 的长度为 N，以 $N-(n+1)$ 个零开头，而循环节的长度为 v.

我们已经证明存在一个 α 的 b 进制展开式，其预循环长度为 N，循环节长度为 v. 为了完成证明，我们还必须证明无法重组出 α 的其他形式的 b 进制展开式，使得其预循环的长度小于 N，或者循环节的长度小于 v. 为了证明这一点，假设

$$\alpha = (.\ c_1 c_2 \cdots c_M \overline{c_{M+1} \cdots c_{M+k}})_b$$
$$= \frac{c_1}{b} + \frac{c_2}{b^2} + \cdots + \frac{c_M}{b^M} + \left(\frac{b^k}{b^k-1}\right)\left(\frac{c_{M+1}}{b^{M+1}} + \cdots + \frac{c_{M+k}}{b^{M+k}}\right)$$
$$= \frac{(c_1 b^{M-1} + c_2 b^{M-2} + \cdots + c_M)(b^k-1) + (c_{M+1}b^{k-1} + \cdots + c_{M+k})}{b^M(b^k-1)}.$$

由于 $\alpha = r/s$，$(r,\ s)=1$，故 $s | b^M(b^k-1)$. 因此，$T | b^M$，$U | (b^k-1)$. 从而，$M \geqslant N$，$v | k$（由定理 9.1，因为 $b^k \equiv 1 \pmod{U}$ 和 $v = \mathrm{ord}_U b$）. 因此，其预循环的长度不能小于 N，而循环节的长度不能小于 v. ∎

我们可以利用定理 12.4 来判断十进制展开式的预循环和循环节的长度. 设 $\alpha = r/s$，$0 < \alpha < 1$，并且 $s = 2^{s_1} 5^{s_2} t$，其中 $(t,\ 10)=1$. 那么，根据定理 12.4，预循环的长度为 $\max(s_1,\ s_2)$，循环节的长度为 $\mathrm{ord}_t 10$.

例 12.4 令 $\alpha = 5/28$. 因为 $28 = 2^2 \cdot 7$，故定理 12.4 表明预循环的长度为 2，循环节的长度为 $\mathrm{ord}_7 10 = 6$. 由 $5/28 = (.17\overline{857142})$，我们可以看到这两个结果都是正确的. ◄

注意，既约有理数 r/s 的预循环和循环节的长度仅与分母 s 有关，与分子 r 无关.

由定理 12.4 我们知道，一个既不是有限的又非循环的 b 进制展开式表示一个无理数.

例 12.5 具有十进制展开式

$$\alpha = .10\ 100\ 100\ 010\ 000 \cdots$$

的数包含一个 1，接着一个 0，一个 1，再接着两个 0，一个 1，再接着三个 0，如此下去. 它表示的就是一个无理数，因为其十进制展开式既不是有限的，也不是循环的. ◄

上例中的 α 是特意构造的，使得其十进制展开式明显不是循环的. 但是证明一些自然产生的数（如 e 和 π 等）是无理数时，就不能用定理 12.4 了，因为没有显式公式表示这些数的十进制位数字. 无论计算了它们十进制展开式的多少位，我们都不能由此判定它们是无理数，因为它们的循环节可能比我们已算过的位数的数目还要长.

超越数

法国数学家刘维尔是第一个证明了某一个特定的数是超越数的人.（回忆 1.1 节中超越

数的定义：没有一个整系数多项式以其为根的数.）刘维尔证明的超越数就是：

$$\alpha = \sum_{i=1}^{\infty} \frac{1}{10^{i!}} = 0.11\,000\,100\,000\,000\,000\,000\,000\,100\cdots.$$

这个数在小数点后第 $n!$ 个位置取 1（其中 n 是正整数），其他位置取 0. 为了证明这个数是超越数，刘维尔证明了下面的定理，它告诉我们：一个代数数无法用有理数很好地逼近. 注意到一个 n 次代数数就是一个 n 次整系数多项式的实根，并且还要求它不是任何一个次数小于 $!n$ 的整系数多项式的根.

定理 12.5   如果 α 是一个 n 次代数数，其中 n 是一个大于 1 的正整数，那么就存在一个正实数 C，使得

$$\left|\alpha - \frac{p}{q}\right| > C/q^n$$

对于任意一个有理数 $p/q\,(q>0)$ 都成立.

定理 12.5 的证明虽然不难，但是需要微积分的知识，所以在这里我们不给出证明. 读者可以参考［HaWr08］中的证明. 我们更愿意用这个定理来证明刘维尔的那个数是超越数.

推论 12.5.1   数 $\alpha = \sum_{i=1}^{\infty} 1/10^{i!}$ 是超越数.

证明   首先，注意到 α 不是有理数，因为它的十进制展开式不是有限的，也不是循环的. 说它不是循环的，是因为展开式中相邻的 1 之间的 0 的个数是不断增加的.

令 p_k/q_k 表示定义 α 的和式中前 k 项的和. 注意到 $q_k = 10^{k!}$. 因为对于任意的 $i > k+1$，都有 $10^{i!} \geq 10^{(k+1)!i}$，所以

$$\left|\alpha - \frac{p_k}{q_k}\right| = \frac{1}{10^{(k+1)!}} + \sum_{i=k+2}^{\infty} \frac{1}{(10^{(k+1)!})^i}.$$

因为

$$\sum_{i=k+2}^{\infty} \frac{1}{10^{(k+1)!i}} \leq \frac{1}{10^{(k+1)!}},$$

所以

$$\left|\alpha - \frac{p_k}{q_k}\right| < \frac{2}{10^{(k+1)!}}.$$

所以 α 不可能是代数数，原因在于若它是 n 次代数数，则由定理 12.5，就应当存在一个正实数 C，使得 $|\alpha - p_k/q_k| > C/q_k^n$. 这是不成立的，因为 $|\alpha - p_k/q_k| < 2/q_k^{k+1}$，从而可以使 k 足够大而大于 n，这样就会产生矛盾.   ∎

实数的十进制展开式的概念可以用于证明实数集不是**可数**的. 一个**可数**集就是一个可以与正整数集构造一一映射的集合. 等价地说，一个可数集的所有元素可以依照某种顺序排列出来. 与 1 对应的元素第一个被列出，其次是与 2 对应的元素，如此下去. 我们将给出德国数学家康托（Georg Cantor）的证明.

定理 12.6   实数集是不可数集.

证明   假设实数集是可数集. 那么 0 和 1 之间的所有实数所构成的子集也应当是可数的，因为一个可数集的子集也是可数的（请读者自己证明）. 根据这个假设，0 和 1 之间的实数集能够以 r_1，r_2，$r_3\cdots$ 的形式列出. 设它们的十进制展开式分别为：

$$r_1 = 0.\,d_{11}d_{12}d_{13}d_{14}\cdots$$
$$r_2 = 0.\,d_{21}d_{22}d_{23}d_{24}\cdots$$
$$r_3 = 0.\,d_{31}d_{32}d_{33}d_{34}\cdots$$
$$r_4 = 0.\,d_{41}d_{42}d_{43}d_{44}\cdots$$

等等. 现在构造一个新的实数 r，其十进制展开式为 $0.\,d_1d_2d_3d_4\cdots$，其中当 $d_{ii}\neq 4$ 时 $d_i = 4$，而当 $d_{ii}=4$ 时 $d_i=5$.

乔治·康托（Georg Cantor，1845—1918）出生于俄国的圣彼得堡，他的父亲是那里的一位成功的商人. 当他 11 岁的时候，整个家庭由于不堪俄国严酷的气候而迁至德国. 在德国读高中的时候，康托开始对数学产生了兴趣. 开始他进入苏黎世大学后来在柏林大学念书，先后师从著名数学家库默尔、维尔斯特拉斯、克罗内克. 1867 年他因数论方面的工作获得了博士学位. 1869 年他取得了哈雷大学的一个职位，并且在那里工作到 1913 年退休.

康托被认为是集合论的创始人，也因对数学分析的贡献而著称. 许多数学家都高度推崇他的工作，如希尔伯特就曾评价他的工作是："数学天才的绝佳之作以及纯粹人类智力行为的最高成就". 除了数学，康托对哲学也很感兴趣，曾写过将他的集合论与形而上学联系起来的文章.

康托于 1874 年结婚并且有五个孩子. 他性格比较忧郁但所幸被他太太的乐观所平衡. 虽然从他父亲那里继承了一大笔遗产，但由于他在哈雷大学当教授的工资很低，所以他申请了柏林大学一个待遇较好的位置. 但是克罗内克阻止了对他的任命，因为克罗内克并不认同康托在集合论上的观点. 不幸的是，康托在他的晚年一直遭受着精神病的折磨. 1918 年他在一个精神病诊所因心脏病突发去世.

　　由于每一个实数都有唯一的十进制展开（展开式的尾部完全由 9 组成的情况排除在外），所以我们所构造的 0 和 1 之间的实数 r 不等于 r_1，r_2，$r_3\cdots$ 中的任何一个，这是因为 r 不存在于上述列表之中，这与所有 0 和 1 之间的实数都在上述列表之中矛盾. 进而 0 和 1 之间的实数集乃至全体实数集都是不可数的. ■

12.1 节习题

1. 写出下列各数的十进制展开式.
   - a) 2/5　　　　b) 5/12　　　　c) 12/13　　　　d) 8/15　　　　e) 1/111　　　　f) 1/1001
2. 写出下列各数的八进制展开式.
   - a) 1/3　　　　b) 1/4　　　　c) 1/5　　　　d) 1/6　　　　e) 1/12　　　　f) 1/22
3. 找出表示下列展开式的既约分数.
   - a) $.12$　　　　b) $.1\overline{2}$　　　　c) $.\overline{12}$
4. 找出表示下列展开式的既约分数.
   - a) $(.123)_7$　　　　b) $(.0\overline{13})_6$　　　　c) $(.\overline{17})_{11}$　　　　d) $(.\overline{ABC})_{16}$
5. 哪些正整数 b 使得 11/210 的 b 进制展开式是有限的?
6. 求出下列有理数的十进制展开式中的预循环和循环节的长度.
   - a) 7/12　　　　b) 11/30　　　　c) 1/75　　　　d) 10/23　　　　e) 13/56　　　　f) 1/61

7. 求出下列有理数的十二进制展开式中的预循环和循环节的长度.

   a) 1/4   b) 1/8   c) 7/10   d) 5/24   e) 17/132   f) 7/360

8. 设 b 为一正整数. 证明：$1/m$ 的 b 进制展开式的循环节长度是 $m-1$，当且仅当 m 是素数并且 b 是 m 的一个原根.

9. 素数 p 等于多少时，$1/p$ 的十进制展开式的循环节长度等于下列整数？

   a) 1   b) 2   c) 3   d) 4   e) 5   f) 6

10. 写出下列各数的 b 进制展开式.

    a) $1/(b-1)$ b) $1/(b+1)$

11. 设 b 是一个大于 2 的整数. 证明：$1/(b-1)^2$ 的 b 进制展开式为 $(. \overline{0123\cdots b-3\ b-1})_b$

12. 现有一个实数的 b 进制展开式

$$(.0123\cdots b-1\ 101\ 112\cdots)_b,$$

   它是通过连续列出整数的 b 进制展开式构造出来的. 证明：该展开式所代表的实数是无理数.

13. 证明

$$\frac{1}{b}+\frac{1}{b^4}+\frac{1}{b^9}+\frac{1}{b^{16}}+\frac{1}{b^{25}}+\cdots$$

   是无理数，其中 b 是任意比 1 大的正整数.

14. 令 b_1，b_2，b_3，$\cdots$ 是一个由大于 1 的正整数构成的无穷序列. 证明：任意实数都可以由

$$c_0+\frac{c_1}{b_1}+\frac{c_2}{b_1 b_2}+\frac{c_3}{b_1 b_2 b_3}+\cdots$$

   表示，其中 c_0，c_1，c_2，c_3，$\cdots$ 为整数，并且 $0\leqslant c_k<k$，$k=1$，2，3$\cdots$.

15. 证明每一个实数都具有形如

$$c_0+\frac{c_1}{1!}+\frac{c_2}{2!}+\frac{c_3}{3!}+\cdots$$

   的展开式，其中 c_0，c_1，c_2，c_3，$\cdots$ 是整数，且 $0\leqslant c_k<k$，$k=1$，2，3，$\cdots$.

16. 证明任意有理数按照习题 15 中的展开式展开，该展开式一定是有限的.

*17. 设 p 为素数，$1/p$ 的 b 进制展开式为 $(. \overline{c_1 c_2\cdots c_{p-1}})_b$，从而 $1/p$ 的 b 进制展开式的循环节长度为 $p-1$. 证明：如果 m 是一个正整数且 $1\leqslant m<p$，那么

$$m/p=(. \overline{c_{k+1}\cdots c_{p-1} c_1 c_2\cdots c_{k-1} c_k})_b,$$

   其中 k 是 $\mathrm{ind}_b m$ 模 p 的最小正剩余.

*18. 证明：如果 p 是素数，并且 $1/p=(. \overline{c_1 c_2\cdots c_k})_b$ 的循环节长度是偶数，即 $k=2t$，那么 $c_j+c_{j+t}=b-1$，$j=1$，2，$\cdots$，t.

19. 什么样的正整数 n 能够使得 $1/n$ 的二进制展开式中循环节的长度等于 $n-1$？

20. 什么样的正整数 n 能够使得 $1/n$ 的十进制展开式中循环节的长度等于 $n-1$？

21. 设 b 为一正整数，实数 $\gamma=\sum_{j=1}^{\infty} c_j/b^j$，$0\leqslant\gamma<1$. 证明：$\gamma$ 的 b 进制展开式中的系数可以通过公式 $c_j=[\gamma b^j]-b[\gamma b^{j-1}]$，$j=1$，2，$\cdots$ 导出. （提示：首先，证明 $0\leqslant[\gamma b^j]-b[\gamma b^{j-1}]\leqslant b-1$. 再证明 $\sum_{j=1}^{N}([\gamma b^j]-b[\gamma b^{j-1}])/b^j=\gamma-(\gamma b^N[\gamma b^N]/b^N)$，并令 $N\to\infty$.）

22. 运用习题 21 中的公式求出 $1/6$ 的十四进制展开式.

23. 证明数

$$\sum_{i=1}^{\infty}(-1)^{a_i}/10^{i!}$$

   对任意的正整数序列 a_1，a_2，$\cdots$ 都是超越数.

24. 十进制展开式中仅含 0 和 1 的实数所构成的集合是可数的吗?

* 25. 证明 e 是无理数.

26. 伪随机数可以由 $1/P$ 的 m 进制展开式生成, 其中 P 是与 m 互素的正整数. 令 $x_n = c_{j+n}$, 其中正整数 j 表示种子的位置, $1/P = (.c_1 c_2 c_3 \cdots)_m$, 这个数被称为 $1/P$ 生成子. 找出下列两组参数所对应的伪随机数序列所生成的前十项.

a) $m = 7$, $P = 19$, $j = 6$ b) $m = 8$, $P = 21$, $j = 5$

计算和研究

1. 求出 212/31 597, 1053/4 437 189, 81 327/6 666 699 的十进制展开式的预循环和循环节.

2. 尽可能多地找到这样的整数 n, 使得 $1/n$ 的十进制展开式的循环节长度为 $n-1$.

3. 求出 π 的十进制展开式的前 10 000 项. 你能发现什么规律吗? 试着对这个展开式做一些猜想.

4. 求出 e 的十进制展开式的前 10 000 项. 你能发现什么规律吗? 试着对这个展开式做一些猜想.

程序设计

1. 求出一个有理数的 b 进制展开式, 其中 b 是一个正整数.

2. 由一个有理数的 b 进制展开式, 求出该有理数最简分式的分子和分母.

3. b 是一个正整数, 求出一个有理数的 b 进制展开式中预循环和循环节的长度.

4. 用 $1/P$ 生成子根据模数 m 和 j 处的种子产生伪随机数(习题 26 中有介绍), 其中 P 和 m 是大于 1 的互素的正整数, j 是正整数.

12.2 有限连分数

本章的剩下部分将和连分数有关. 特别地, 本节我们将定义什么是有限连分数, 并将证明每个有理数均可写为一个有限连分数. 后面的几节将讨论无限连分数.

运用欧几里得算法, 我们可以将有理数表示成连分数. 例如, 欧几里得算法可以产生如下的等式序列:

$$62 = 2 \cdot 23 + 16$$
$$23 = 1 \cdot 16 + 7$$
$$16 = 2 \cdot 7 + 2$$
$$7 = 3 \cdot 2 + 1.$$

我们用等式中的除数去除等式的左右两边, 可得

$$\frac{62}{23} = 2 + \frac{16}{23} = 2 + \frac{1}{23/16}$$

$$\frac{23}{16} = 1 + \frac{7}{16} = 1 + \frac{1}{16/7}$$

$$\frac{16}{7} = 2 + \frac{2}{7} = 2 + \frac{1}{7/2}$$

$$\frac{7}{2} = 3 + \frac{1}{2}.$$

合并这些式子, 我们得到

$$\frac{62}{23} = 2 + \frac{1}{23/16}$$

$$= 2 + \frac{1}{1 + \frac{1}{16/7}}$$

$$= 2 + \cfrac{1}{1 + \cfrac{1}{2 + \cfrac{1}{7/2}}}$$

$$= 2 + \cfrac{1}{1 + \cfrac{1}{2 + \cfrac{1}{3 + \cfrac{1}{2}}}}$$

上述一连串等式的最后一项就是 62/23 的连分数展开式.

现在，我们来定义连分数.

定义 一个**有限连分数**是形如

$$a_0 + \cfrac{1}{a_1 + \cfrac{1}{a_2 + \cfrac{\ddots}{\quad + \cfrac{1}{a_{n-1} + \cfrac{1}{a_n}}}}}$$

的表达式，其中 a_0，a_1，a_2，$\cdots$，a_n 是实数，并且 a_1，a_2，$\cdots$，a_n 大于零. 实数 a_1，a_2，$\cdots$，a_n 被称为连分数的**部分商**. 如果实数 a_0，a_1，a_2，$\cdots$，a_n 都是整数，那么就称连分数是**简单的**.

由于将连分数完全写出十分麻烦，因此我们用符号 $[a_0; a_1, a_2, \cdots, a_n]$ 表示上述定义中的有限连分数.

现在来证明每一个有限简单连分数都表示一个有理数. 稍后，我们将证明每一个有理数都可以用有限简单连分数表示.

定理 12.7 每一个有限简单连分数都表示一个有理数.

证明 用数学归纳法来证明该定理. 对于 $n = 1$，我们有

$$[a_0; a_1] = a_0 + \frac{1}{a_1} = \frac{a_0 a_1 + 1}{a_0},$$

它是有理数. 现在假设对于正整数 k，当 a_0，a_1，a_2，$\cdots$，a_k 是整数，并且 a_1，a_2，$\cdots$，a_k 大于 0 时，简单连分数 $[a_0; a_1, a_2, \cdots, a_k]$ 是一个有理数. 令 a_0，a_1，a_2，$\cdots$，a_{k+1} 是整数，并且 a_1，a_2，$\cdots$，a_{k+1} 大于 0. 注意到

$$[a_0; a_1, \cdots, a_{k+1}] = a_0 + \frac{1}{[a_1; a_2, \cdots, a_k, a_{k+1}]}.$$

由归纳法的假设知，$[a_1; a_2 \cdots a_k, a_{k+1}]$ 是有理数；因此，存在整数 r 和 s，其中 $s \neq 0$，使得连分数等于 r/s. 于是

$$[a_0; a_1, \cdots, a_k, a_{k+1}] = a_0 + \frac{1}{r/s} = \frac{a_0 r + s}{r},$$

它也是一个有理数.   ∎

现在运用欧几里得算法来证明每一个有理数都可以写为有限简单连分数.

定理 12.8   每一个有理数都可以表示为有限简单连分数.

证明   令 $x=a/b$，其中 a 和 b 是整数，并且 $b>0$. 令 $r_0=a$，$r_1=b$，那么，欧几里得算法将产生下列等式序列：

$$r_0 = r_1 q_1 + r_2 \qquad 0 < r_2 < r_1,$$
$$r_1 = r_2 q_2 + r_3 \qquad 0 < r_3 < r_2,$$
$$r_2 = r_3 q_3 + r_4 \qquad 0 < r_4 < r_3,$$
$$\vdots$$
$$r_{n-3} = r_{n-2} q_{n-2} + r_{n-1} \qquad 0 < r_{n-1} < r_{n-2},$$
$$r_{n-2} = r_{n-1} q_{n-1} + r_n \qquad 0 < r_n < r_{n-1},$$
$$r_{n-1} = r_n q_n.$$

上述等式中 q_2，q_3，$\cdots$，q_n 都是正整数. 以连分数形式表达上述等式，我们有

$$\frac{a}{b} = \frac{r_0}{r_1} = q_1 + \frac{r_2}{r_1} = q_1 + \frac{1}{r_1/r_2}$$

$$\frac{r_1}{r_2} = q_2 + \frac{r_3}{r_2} = q_2 + \frac{1}{r_2/r_3}$$

$$\frac{r_2}{r_3} = q_3 + \frac{r_4}{r_3} = q_3 + \frac{1}{r_3/r_4}$$

$$\vdots$$

$$\frac{r_{n-3}}{r_{n-2}} = q_{n-2} + \frac{r_{n-1}}{r_{n-2}} = q_{n-2} + \frac{1}{r_{n-2}/r_{n-1}}$$

$$\frac{r_{n-2}}{r_{n-1}} = q_{n-1} + \frac{r_n}{r_{n-1}} = q_{n-1} + \frac{1}{r_{n-1}/r_n}$$

$$\frac{r_{n-1}}{r_n} = q_n.$$

将第二个等式中 r_1/r_2 的值代入第一个等式，得到

$$\frac{a}{b} = q_1 + \cfrac{1}{q_2 + \cfrac{1}{r_2/r_3}}. \qquad (12.10)$$

类似地，将第三个等式中 r_2/r_3 的值代入(12.10)，得到

$$\frac{c}{b} = q_1 + \cfrac{1}{q_2 + \cfrac{1}{q_3 + \cfrac{1}{r_3/r_4}}}.$$

继续进行上述过程，我们有

$$\frac{a}{b} = q_1 + \cfrac{1}{q_2 + \cfrac{1}{q_3 + \cfrac{1}{\ddots + q_{n-1} + \cfrac{1}{q_n}}}}.$$

因此 $\dfrac{a}{b}=[q_1; q_2, \cdots, q_n]$. 这表明每一个有理数均可写为有限简单连分数. ∎

注意到有理数所对应的连分数不是唯一的. 由恒等式

$$a_n = (a_n - 1) + \frac{1}{1},$$

我们看到，只要 $a_n > 1$，就有

$$[a_0; a_1, a_2, \cdots, a_{n-1}, a_n] = [a_0; a_1, a_2, \cdots, a_{n-1}, a_n - 1, 1].$$

例 12.6

$$\frac{7}{11} = [0; 1, 1, 1, 3] = [0; 1, 1, 1, 2, 1]. \qquad \blacktriangleleft$$

事实上，可以证明每一个有理数都恰好具有两种有限简单连分数的表示形式，一种具有奇数个项，另一种具有偶数个项(参看本节后面的习题12).

下面，我们将讨论通过对连分数的表示式在不同位置进行截断而得到的数.

定义   连分数 $[a_0; a_1, a_2, \cdots, a_k]$ (其中 k 为不大于 n 的非负整数)被称为连分数 $[a_0; a_1, a_2, \cdots, a_n]$ 的**第 k 个收敛子**，记作 C_k.

在接下来的工作中，我们将需要连分数收敛子的一些性质. 现在，我们以一个收敛子的公式作为开始来推导出这些性质.

定理 12.9   令 $a_0, a_1, a_2, \cdots, a_n$ 为实数，其中 $a_1, a_2, \cdots, a_n$ 为正数. 设序列 $p_0, p_1, p_2, \cdots, p_n$ 和 $q_0, q_1, q_2, \cdots, q_n$ 按如下方式递归定义：

$$p_0 = a_0 \qquad q_0 = 1$$
$$p_1 = a_0 a_1 + 1 \qquad q_1 = a_1$$

及

$$p_k = a_k p_{k-1} + p_{k-2} \qquad q_k = a_k q_{k-1} + q_{k-2}$$

$k = 2, 3, \cdots, n$. 那么第 k 个收敛子 $C_k = [a_0; a_1, \cdots, a_k]$ 由下式给出：

$$C_k = p_k / q_k.$$

证明   用数学归纳法证明该定理. 首先求最初的三个收敛子. 它们是

$$C_0 = [a_0] = a_0/1 = p_0/q_0.$$

$$C_1 = [a_0; a_1] = a_0 + \frac{1}{a_1} = \frac{a_0 a_1 + 1}{a_1} = \frac{p_1}{q_1}.$$

$$C_2 = [a_0; a_1, a_2] = a_0 + \cfrac{1}{a_1 + \cfrac{1}{a_2}} = \frac{a_2(a_1 a_0 + 1) + a_0}{a_2 a_1 + 1} = \frac{p_2}{q_2}$$

因此，对于 $k=0$，$k=1$ 和 $k=2$ 的情形，定理是正确的.

现在，假设对正整数 k，$2 \leqslant k < n$，定理是成立的. 这意味着

$$C_k = [a_0; a_1, \cdots, a_k] = \frac{p_k}{q_k} = \frac{a_k p_{k-1} + p_{k-2}}{a_k q_{k-1} + q_{k-2}}. \qquad (12.11)$$

由 p_j 和 q_j 的定义方式，我们知道实数 p_{k-1}，p_{k-2}，q_{k-1} 和 q_{k-2} 仅仅依赖于部分商 a_0，a_1，$\cdots$，a_{k-1}. 因此，用 $a_k + 1/a_{k+1}$ 替代(12.11)中的实数 a_k，得到

$$C_{k+1} = [a_0; a_1, \cdots, a_k, a_{k+1}] = \left[a_0; a_1, \cdots, a_{k-1}, a_k + \frac{1}{a_{k+1}}\right]$$

$$= \frac{\left(a_k + \dfrac{1}{a_{k+1}}\right)p_{k-1} + p_{k-2}}{\left(a_k + \dfrac{1}{a_{k+1}}\right)q_{k-1} + q_{k-2}}$$

$$= \frac{a_{k+1}(a_k p_{k-1} + p_{k-2}) + p_{k-1}}{a_{k+1}(a_k q_{k-1} + q_{k-2}) + q_{k-1}}$$

$$= \frac{a_{k+1} p_k + p_{k-1}}{a_{k+1} q_k + q_{k-1}}$$

$$= \frac{p_{k+1}}{q_{k+1}}.$$

这样就通过归纳法完成了证明. ∎

我们将通过下面的例子来描述如何应用定理 12.9.

例 12.7 我们有 $173/55 = [3; 6, 1, 7]$. 下面计算序列 p_j 和 q_j, 其中 $j = 0$, 1, 2, 3:

$$
\begin{aligned}
p_0 &= 3 & q_0 &= 1\\
p_1 &= 3 \cdot 6 + 1 = 19 & q_1 &= 6\\
p_2 &= 1 \cdot 19 + 3 = 22 & q_2 &= 1 \cdot 6 + 1 = 7\\
p_3 &= 7 \cdot 22 + 19 = 173 & q_3 &= 7 \cdot 7 + 6 = 55.
\end{aligned}
$$

因此, 上述连分数的收敛子为

$$
\begin{aligned}
C_0 &= p_0/q_0 = 3/1 = 3\\
C_1 &= p_1/q_1 = 19/6\\
C_2 &= p_2/q_2 = 22/7\\
C_3 &= p_3/q_3 = 173/55.
\end{aligned}
$$

◁

我们现在给出并证明连分数收敛子的另一个重要性质.

定理 12.10 令 $C_k = p_k/q_k$ 为连分数 $[a_0; a_1, a_2, \cdots, a_n]$ 的第 k 个收敛子, 其中 k 为一正整数, $1 \leqslant k \leqslant n$. 如果 p_k 如定理 12.9 中所定义, 那么

$$p_k q_{k-1} - p_{k-1} q_k = (-1)^{k-1}.$$

证明 利用数学归纳法证明该定理. 对于 $k = 1$, 有

$$p_1 q_0 - p_0 q_1 = (a_0 a_1 + 1) \cdot 1 - a_0 a_1 = 1.$$

假设该定理对于整数 $k (1 \leqslant k < n)$ 是正确的, 那么

$$p_k q_{k-1} - p_{k-1} q_k = (-1)^{k-1}.$$

进而

$$
\begin{aligned}
p_{k+1} q_k - p_k q_{k+1} &= (a_{k+1} p_k + p_{k-1}) q_k - p_k (a_{k+1} q_k + q_{k-1})\\
&= p_{k-1} q_k - p_k q_{k-1} = -(-1)^{k-1} = (-1)^k,
\end{aligned}
$$

因此, 该定理对于 $k+1$ 的情形也是正确的. 这样, 我们就用归纳法完成了证明. ∎

我们通过描述定理 12.9 的例子来描述定理 12.10.

例 12.8 对于连分数 $[3; 6, 1, 7]$，我们有

$$p_0 q_1 - p_1 q_0 = 3 \cdot 6 - 19 \cdot 1 = -1$$
$$p_1 q_2 - p_2 q_1 = 19 \cdot 7 - 22 \cdot 6 = 1$$
$$p_2 q_3 - p_3 q_2 = 22 \cdot 55 - 173 \cdot 7 = -1.$$

作为定理 12.10 的一个结果，可知对于 $k=1, 2, \cdots$，简单连分数的收敛子 p_k/q_k 是既约分数. 下面的推论 12.10.1 说明了这一点. ◀

推论 12.10.1 令 $C_k = p_k/q_k$ 为简单连分数 $[a_0; a_1, \cdots, a_n]$ 的第 k 个收敛子，其中整数 p_k 和 q_k 如定理 12.9 中所定义，那么整数 p_k 和 q_k 互素.

证明 令 $d = (p_k, q_k)$. 由定理 12.10 可知

$$p_k q_{k-1} - q_k p_{k-1} = (-1)^{k-1}.$$

因此

$$d \mid (-1)^{k-1}.$$

所以 $d=1$. ∎

我们还有下述定理 12.10 的一个有用的推论.

推论 12.10.2 令 $C_k = p_k/q_k$ 为简单连分数 $[a_0; a_1, \cdots, a_n]$ 的第 k 个收敛子. 那么对于所有的整数 k，$1 \leqslant k \leqslant n$，有

$$C_k - C_{k-1} = \frac{(-1)^{k-1}}{q_k q_{k-1}}.$$

并且对于所有的整数 k，$2 \leqslant k \leqslant n$，有

$$C_k - C_{k-2} = \frac{a_k (-1)^k}{q_k q_{k-2}}.$$

证明 由定理 12.10 可知 $p_k q_{k-1} - p_{k-1} q_k = (-1)^{k-1}$.

首先通过用 $q_k q_{k-1}$ 去除上式的两边，得到第一个恒等式：

$$C_k - C_{k-1} = \frac{p_k}{q_k} - \frac{p_{k-1}}{q_{k-1}} = \frac{p_k q_{k-1} - p_{k-1} q_k}{q_k q_{k-1}} = \frac{(-1)^{k-1}}{q_k q_{k-1}}.$$

为了得到第二个恒等式，注意到

$$C_k - C_{k-2} = \frac{p_k}{q_k} - \frac{p_{k-2}}{q_{k-2}} = \frac{p_k q_{k-2} - p_{k-2} q_k}{q_k q_{k-2}}.$$

由于 $p_k = a_k p_{k-1} + p_{k-2}$，$q_k = a_k q_{k-1} + q_{k-2}$，右边分子部分为

$$\begin{aligned} p_k q_{k-2} - p_{k-2} q_k &= (a_k p_{k-1} + p_{k-2}) q_{k-2} - p_{k-2}(a_k q_{k-1} + q_{k-2}) \\ &= a_k (p_{k-1} q_{k-2} - p_{k-2} q_{k-1}) \\ &= a_k (-1)^{k-2}, \end{aligned}$$

由定理 12.10 可知 $p_{k-1} q_{k-2} - p_{k-2} q_{k-1} = (-1)^{k-2}$.

所以

$$C_k - C_{k-2} = \frac{a_k (-1)^k}{q_k q_{k-2}}.$$

这就是推论中的第二个恒等式. ∎

利用推论 12.10.2，我们可以证明下面的定理，它对引入无限连分数是非常有用的.

定理 12.11 令 C_k 为有限简单连分数 $[a_0; a_1, \cdots, a_n]$ 的第 k 个收敛子. 那么

$$C_1 > C_3 > C_5 > \cdots,$$
$$C_0 < C_2 < C_4 < \cdots,$$

并且每一个下标为奇数的收敛子 $C_{2j+1}(j=0,1,2,\cdots)$ 都大于任一下标为偶数的收敛子 $C_{2j}(j=0,1,2,\cdots)$.

证明 推论 12.10.2 表明，对于 $k=2,3,\cdots,n$，

$$C_k - C_{k-2} = \frac{a_k(-1)^k}{q_k q_{k-2}},$$

进而我们知道，当 k 是奇数时

$$C_k < C_{k-2},$$

当 k 是偶数时

$$C_k > C_{k-2}.$$

因此，

$$C_1 > C_3 > C_5 > \cdots,$$
$$C_0 < C_2 < C_4 < \cdots.$$

为证明每一个下标为奇数的收敛子大于任何一个下标为偶数的收敛子，注意到由推论 12.10.2，我们有

$$C_{2m} - C_{2m-1} = \frac{(-1)^{2m-1}}{q_{2m}q_{2m-1}} < 0,$$

因此 $C_{2m-1} > C_{2m}$. 对比 C_{2k} 和 C_{2j-1}，我们有

$$C_{2j-1} > C_{2j+2k-1} > C_{2j+2k} > C_{2k}.$$

因此，每一个下标为奇数的收敛子都大于任一下标为偶数的收敛子. ∎

例 12.9 考虑有限简单连分数 $[2;3,1,1,2,4]$. 它对应的收敛子为

$$C_0 = 2/1 = 2$$
$$C_1 = 7/3 = 2.3333\cdots$$
$$C_2 = 9/4 = 2.25$$
$$C_3 = 16/7 = 2.2857\cdots$$
$$C_4 = 41/18 = 2.2777\cdots$$
$$C_5 = 180/79 = 2.2784\cdots.$$

可见

$$C_0 = 2 < C_2 = 2.25 < C_4 = 2.2777\cdots$$
$$< C_5 = 2.2784\cdots < C_3 = 2.2857\cdots < C_1 = 2.3333\cdots. \triangleleft$$

12.2 节习题

1. 以既约分数的形式写出下列简单连分数所表示的有理数.

   a) $[2;7]$ b) $[1;2,3]$ c) $[0;5,6]$ d) $[3;7,15,1]$
   e) $[1;1]$ f) $[1;1,1]$ g) $[1;1,1,1]$ h) $[1;1,1,1,1]$

2. 以既约分数的形式写出下列简单连分数所表示的有理数.

   a) $[10;3]$ b) $[3;2,1]$ c) $[0;1,2,3]$ d) $[2;1,2,1]$
   e) $[2;1,2,1,1,4]$ f) $[1;2,1,2]$ g) $[1;2,1,2,1]$ h) $[1;2,1,2,1,2]$

3. 写出下列有理数所对应的简单连分数的表达式, 并且要求其部分商的最后一项不是 1.

   a) 18/13   b) 32/17   c) 19/9   d) 310/99   e) $-931/1005$ f) 831/8110

4. 写出下列有理数所对应的简单连分数的表达式, 并且要求其部分商的最后一项不是 1.

   a) 6/5   b) 22/7   c) 19/29   d) 5/999   e) $-943/1001$ f) 873/4867

5. 写出习题 3 中所求出的每一个连分数的收敛子.

6. 写出习题 4 中所求出的每一个连分数的收敛子.

7. 证明习题 5 中所找到的收敛子满足定理 12.11.

8. 令 f_k 表示第 k 个斐波那契数. 求出 f_{k+1}/f_k 所对应的简单连分数, 其中 k 为正整数, 并且要求其部分商的最后一项是 1.

9. 证明: 对有理数 α, $\alpha > 1$, 如果其简单连分数表达式为 $[a_0; a_1, \cdots, a_k]$, 那么 $1/\alpha$ 对应的简单连分数表达式为 $[0; a_1, \cdots, a_k]$.

☞ 10. 证明: 如果 $a_0 > 0$, 那么

$$p_k/p_{k-1} = [a_k; a_{k-1}, \cdots, a_1, a_0]$$

和

$$q_k/q_{k-1} = [a_k; a_{k-1}, \cdots, a_2, a_1]$$

为连分数 $[a_0; a_1, \cdots, a_n]$ 的相邻的两个收敛子, 其中 $C_{k-1} = p_{k-1}/q_{k-1}$ 及 $C_k = p_k/q_k$, $k \geqslant 1$. (提示: 利用公式 $p_k = a_k p_{k-1} + p_{k-2}$ 证明 $p_k/p_{k-1} = a_k + 1/(p_{k-1}/p_{k-2})$.)

☞ 11. 证明: $q_k \geqslant f_k$, $k = 1, 2, \cdots$, 其中 $C_k = p_k/q_k$ 为简单连分数 $[a_0; a_1, \cdots, a_n]$ 的第 k 个收敛子, f_k 表示第 k 个斐波那契数.

12. 证明: 每一个有理数都恰有两个有限简单连分数展开式.

* 13. 令 $[a_0; a_1, \cdots, a_n]$ 表示 r/s 的简单连分数展开式, 其中 $(r, s) = 1$, 并且 $r \geqslant 1$. 证明: 这一连分数为对称的, 即 $a_0 = a_n$, $a_1 = a_{n-1}$, $a_2 = a_{n-2}$, $\cdots$, 当且仅当若 n 是奇数则 $r \mid (s^2 + 1)$, 且若 n 是偶数则 $r \mid (s^2 - 1)$. (提示: 应用习题 10 和定理 12.10.)

* 14. 解释如何使用 1.5 节习题 18 中的带余除法, 在加减号都允许出现的情况下, 生成有理数所对应的有限连分数.

15. 令 a_0, a_1, a_2, $\cdots$, a_k 为实数, 并且 a_1, a_2, $\cdots$, a_k 都是正数, 同时令 x 为一正实数. 证明: 若 k 为奇数, 那么 $[a_0; a_1, \cdots, a_k] < [a_0; a_1, \cdots, a_k + x]$; 若 k 为偶数, 那么 $[a_0; a_1, \cdots, a_k] > [a_0; a_1, \cdots, a_k + x]$.

16. 对于下列整数 n, 确定 n 能否被表示成为两个正整数 a 和 b 的和, 其中 a/b 的有限简单连分数的部分商或者为 1 或者为 2.

   a) 13   b) 17   c) 19   d) 23   e) 27   f) 29

计算和研究

1. 求出 1001/3000, 10 001/30 000 和 100 001/300 000 所对应的简单连分数.

2. 对 20 个不同的有理数 x, 分别求出 x 和 $2x$ 的有限连分数. 你能找出由 x 的有限简单连分数得到 $2x$ 的有限简单连分数的规律吗?

3. 对小于等于 1000 的每一个整数 n, 判断是否存在这样的整数 a 和 b, 使得 $n = a + b$, 并且 a/b 的有限简单连分数的部分商或者为 1 或者为 2. 你能做出一些猜想吗?

程序设计

1. 求出一个有理数的简单连分数展开式.

2. 求出一个有限简单连分数的收敛子, 并且求出这个连分数所表示的有理数.

12.3 无限连分数

    本节将定义无限连分数且给出将实数表示为无限连分数的方法. 我们将通过这种表示

法来给出该实数的很好的有理逼近. 最后应用连分数来解释一种对 RSA 密码系统的攻击方法. 下一节我们将研究二次无理数的连分数表示.

假设有一个无限的正整数序列 a_0; a_1, a_2, $\cdots$. 那么, 如何定义一个无限连分数 $[a_0$; a_1, a_2, $\cdots]$ 呢? 为了使无限连分数有意义, 我们需要数学分析中的一个结论. 在这里, 我们仅给出这个结论, 相应的证明请读者参考数学分析教材, 如 [Ru64].

定理 12.12 令 x_0, x_1, x_2, $\cdots$ 为一实数序列, 它满足 $x_0 < x_1 < x_2 < \cdots$, 并且存在某个实数 U, 使得对于 $k = 0$, 1, 2, $\cdots$, 有 $x_k < U$; 或者满足 $x_0 > x_1 > x_2 > \cdots$, 并且存在某个实数 L, 使得对于 $k = 0$, 1, 2, $\cdots$, 有 $x_k > L$. 那么, 序列 x_0, x_1, x_2, $\cdots$ 的项就趋于一个极限 x, 即存在一个实数 x, 使得

$$\lim_{k \to \infty} x_k = x.$$

定理 12.12 告诉我们一个无穷序列的项趋于某个极限的两种特殊情形: 序列的项递增且它们都小于一个上界; 序列的项递减且它们都大于一个下界.

现在就能够用有限连分数的极限来定义无限连分数了, 具体定义如下面定理所示.

定理 12.13 令 a_0, a_1, a_2, $\cdots$ 为一个无限的整数序列, 并且 a_1, a_2, $\cdots$ 为正数, 同时令 $C_k = [a_0$; a_1, a_2, $\cdots$, $a_k]$. 那么收敛子 C_k 趋近于一个极限 α, 即:

$$\lim_{k \to \infty} C_k = \alpha.$$

在证明定理 12.13 之前, 我们将定理中所提及的极限 α 称为无限简单连分数 $[a_0$; a_1, a_2, $\cdots]$ 的值.

为了证明定理 12.13, 我们将会证明下标为偶数的收敛子所构成的无限序列是递增的, 并且有一个上界, 而下标为奇数的收敛子所构成的无限序列是递减的, 并且有一个下界. 然后, 再根据定理 12.12, 证明这两个序列的极限事实上是相等的.

证明 设 m 为一正偶数. 由定理 12.11, 我们有

$$C_1 > C_3 > C_5 > \cdots > C_{m-1},$$
$$C_0 < C_2 < C_4 < \cdots < C_m,$$

并且对于任意的 $2j \leq m$ 和 $2k+1 < m$, 有 $C_{2j} < C_{2k+1}$. 通过考虑所有可能的 m 值, 我们有

$$C_1 > C_3 > C_5 > \cdots > C_{2n-1} > C_{2n+1} > \cdots,$$
$$C_0 < C_2 < C_4 < \cdots < C_{2n-2} < C_{2n} < \cdots,$$

并且对于任意的正整数 j 和 k, 有 $C_{2j} > C_{2k+1}$. 我们看到两个序列 C_1, C_3, C_5, $\cdots$ 和 C_0, C_2, C_4, $\cdots$ 是满足定理 12.12 的假设的. 因此, 序列 C_1, C_3, C_5, $\cdots$ 趋向于极限 α_1, 而序列 C_0, C_2, C_4, $\cdots$ 趋向于极限 α_2, 即

$$\lim_{n \to \infty} C_{2n+1} = \alpha_1$$

和

$$\lim_{n \to \infty} C_{2n} = \alpha_2.$$

我们的目标是证明这两个极限 α_1 和 α_2 相等. 应用推论 12.10.2, 有

$$C_{2n+1} - C_{2n} = \frac{p_{2n+1}}{q_{2n+1}} - \frac{p_{2n}}{q_{2n}} = \frac{(-1)^{(2n+1)-1}}{q_{2n+1}q_{2n}} = \frac{1}{q_{2n+1}q_{2n}}.$$

因为对所有的正整数 k 都有 $q_k \geq k$ (见 12.2 节的习题 11), 我们得到

$$\frac{1}{q_{2n+1}q_{2n}} < \frac{1}{(2n+1)(2n)},$$

因此

$$C_{2n+1} - C_{2n} = \frac{1}{q_{2n+1}q_{2n}}$$

趋向于 0，即

$$\lim_{n \to \infty}(C_{2n+1} - C_{2n}) = 0.$$

所以，序列 C_1，C_3，C_5，…和 C_0，C_2，C_4，…具有相同的极限，这是因为

$$\lim_{n \to \infty}(C_{2n+1} - C_{2n}) = \lim_{n \to \infty}C_{2n+1} - \lim_{n \to \infty}C_{2n} = 0.$$

进而 $\alpha_1 = \alpha_2$. 于是，可以推出所有的收敛子都趋近于极限 $\alpha = \alpha_1 = \alpha_2$. 这就完成了定理的证明. ∎

前面我们证明了有理数具有有限简单连分数表示式. 下面将证明任何无限简单连分数的值都是无理数.

定理 12.14 设 a_0，a_1，a_2，…为整数，并且 a_1，a_2，…为正. 那么 $[a_0; a_1, a_2, \cdots]$ 为无理数.

证明 令 $\alpha = [a_0; a_1, a_2, \cdots]$，并令

$$C_k = p_k/q_k = [a_0; a_1, a_2, \cdots, a_k]$$

为 α 的第 k 个收敛子. 当 n 为正整数时，定理 12.13 表明 $C_{2n} < \alpha < C_{2n+1}$，因此

$$0 < \alpha - C_{2n} < C_{2n+1} - C_{2n}.$$

而由推论 12.10.2 得

$$C_{2n+1} - C_{2n} = \frac{1}{q_{2n+1}q_{2n}},$$

这意味着

$$0 < \alpha - C_{2n} = \alpha - \frac{p_{2n}}{q_{2n}} < \frac{1}{q_{2n+1}q_{2n}},$$

从而有

$$0 < \alpha q_{2n} - p_{2n} < \frac{1}{q_{2n+1}}.$$

假设 α 是有理数，那么 $\alpha = a/b$，其中 a 和 b 为整数，并且 $b \neq 0$. 于是

$$0 < \frac{aq_{2n}}{b} - p_{2n} < \frac{1}{q_{2n+1}},$$

这个不等式两边同乘以 b，得到

$$0 < aq_{2n} - bp_{2n} < \frac{b}{q_{2n+1}}.$$

注意到对于所有的正整数 n，$aq_{2n} - bp_{2n}$ 都是整数. 然而，由于 $q_{2n+1} > 2n+1$，故对每个整数 n 存在一个整数 n_0 使得 $q_{2n_0+1} > b$，因此 $b/q_{2n_0+1} < 1$. 这就得到一个矛盾，因为整数 $aq_{2n_0} - bp_{2n_0}$ 不可能在 0 和 1 之间. 这就证明了 α 是无理数. ∎

我们已经证明了每一个无限简单连分数表示一个无理数. 现在证明每一个无理数都可以唯一地由一个无限简单连分数来表示. 证明的具体过程是：首先构造一个这样的连分

数，然后证明它是唯一的.

定理 12.15 设 $\alpha = \alpha_0$ 是一个无理数，并且如下递归地定义序列 a_0，a_1，a_2，…：

$$a_k = [\alpha_k] \qquad \alpha_{k+1} = 1/(\alpha_k - a_k),$$

其中 $k = 0$，1，2，…. 那么，无限简单连分数 $[a_0; a_1, a_2, \cdots]$ 的值就是 α.

证明 由 a_k 的递归定义，我们看到对于每一个 k，a_k 都是整数. 进一步，由数学归纳法，可以证明对于每一个非负整数 k，α_k 都是无理数，所以 α_{k+1} 是存在的. 首先，注意到 $\alpha_0 = \alpha$ 是无理数，从而 $\alpha_0 \neq a_0 = [\alpha_0]$ 与 $\alpha_1 = 1/(\alpha_0 - a_0)$ 是存在的.

接下来，假设 α_k 是无理数，因而 α_{k+1} 是存在的. 我们能够很容易地知道 α_{k+1} 也是无理数，这是因为

$$\alpha_{k+1} = 1/(\alpha_k - a_k).$$

这意味着

$$\alpha_k = a_k + \frac{1}{\alpha_{k+1}}, \tag{12.12}$$

如果 α_{k+1} 是有理数，那么 α_k 也是有理数. 现在，由于 α_k 是无理数且 a_k 是整数，因此 $\alpha_k \neq a_k$，并且

$$a_k < \alpha_k < a_k + 1,$$

于是

$$0 < \alpha_k - a_k < 1.$$

因此

$$\alpha_{k+1} = 1/(\alpha_k - a_k) > 1,$$

从而

$$a_{k+1} = [\alpha_{k+1}] \geqslant 1, \quad k = 0, 1, 2, \cdots.$$

这意味着所有的整数 a_1，a_2，…都是正的.

反复利用(12.12)，我们得到

$$\alpha = \alpha_0 = a_0 + \frac{1}{\alpha_1} = [a_0; \alpha_1]$$

$$= a_0 + \cfrac{1}{a_1 + \cfrac{1}{\alpha_2}} = [a_0; a_1, \alpha_2]$$

$$\vdots$$

$$= a_0 + \cfrac{1}{a_1 + \cfrac{1}{a_2 + \cfrac{\ddots}{\quad + a_k + \cfrac{1}{\alpha_{k+1}}}}} = [a_0; a_1, a_2, \cdots, a_k, \alpha_{k+1}]$$

我们必须证明：当 k 趋于无穷，也就是说 k 的增长没有限制时，$[a_0; a_1, a_2, \cdots, a_k, \alpha_{k+1}]$ 的值趋于 α. 由定理 12.9 得知，

$$\alpha = [a_0; a_1, \cdots, a_k, a_{k+1}] = \frac{a_{k+1} p_k + p_{k-1}}{a_{k+1} q_k + q_{k-1}},$$

其中 $C_j = p_j/q_j$ 为 $[a_0; a_1, a_2, \cdots]$ 的第 j 个收敛子. 因此,

$$\alpha - C_k = \frac{a_{k+1} p_k + p_{k-1}}{a_{k+1} q_k + q_{k-1}} - \frac{p_k}{q_k}$$

$$= \frac{-(p_k q_{k-1} - p_{k-1} q_k)}{(a_{k+1} q_k + q_{k-1}) q_k}$$

$$= \frac{-(-1)^{k-1}}{(a_{k+1} q_k + q_{k-1}) q_k},$$

此处我们利用定理 12.10 来简化右边第二个等式中的分子. 由

$$a_{k+1} q_k + q_{k-1} > a_{k+1} q_k + q_{k-1} = q_{k+1}$$

可以得到

$$|\alpha - C_k| < \frac{1}{q_k q_{k+1}}.$$

由于 $q_k > k$(见 12.2 节的习题 11),因此当 k 趋于无穷时 $1/(q_k q_{k+1})$ 趋于 0. 因此,当 k 趋于无穷时 C_k 趋于 α,换句话说,无限简单连分数 $[a_0; a_1, a_2, \cdots]$ 的值就是 α. ■

为了说明一个无理数的无限简单连分数表达式是唯一的,我们证明下面的定理.

定理 12.16 如果两个无限简单连分数 $[a_0; a_1, a_2, \cdots]$ 和 $[b_0; b_1, b_2, \cdots]$ 表示相同的无理数,那么 $a_k = b_k$,$k = 0, 1, 2, \cdots$.

证明 假设 $\alpha = [a_0; a_1, a_2, \cdots]$,由于 $C_0 = a_0$,$C_1 = a_0 + 1/a_1$,根据定理 12.11,

$$a_0 < \alpha < a_0 + 1/a_1,$$

因此 $a_0 = [\alpha]$. 进一步,注意到

$$[a_0; a_1, a_2, \cdots] = a_0 + \frac{1}{[a_1; a_2, a_3, \cdots]},$$

这是因为

$$\alpha = [a_0; a_1, a_2, \cdots] = \lim_{k \to \infty} [a_0; a_1, a_2, \cdots, a_k]$$

$$= \lim_{k \to \infty} \left(a_0 + \frac{1}{[a_1; a_2, a_3, \cdots, a_k]} \right)$$

$$= a_0 + \frac{1}{\lim_{k \to \infty} [a_1; a_2, a_3, \cdots, a_k]}$$

$$= a_0 + \frac{1}{[a_1; a_2, a_3, \cdots]}.$$

假设

$$[a_0; a_1, a_2, \cdots] = [b_0; b_1, b_2, \cdots].$$

上面的式子表明

$$a_0 = b_0 = [\alpha]$$

并且

$$a_0 + \frac{1}{[a_1; a_2, \cdots]} = b_0 + \frac{1}{[b_1; b_2, \cdots]},$$

因此
$$[a_1;a_2,\cdots]=[b_1;b_2,\cdots].$$

现在，假设 $a_k=b_k$，并且 $[a_{k+1};a_{k+2},\cdots]=[b_{k+1};b_{k+2},\cdots]$. 重复上述证明过程，可知 $a_{k+1}=b_{k+1}$，并且

$$a_{k+1}+\frac{1}{[a_{k+2};a_{k+3},\cdots]}=b_{k+1}+\frac{1}{[b_{k+1};b_{k+3},\cdots]},$$

这意味着

$$[a_{k+2};a_{k+3},\cdots]=[b_{k+2};b_{k+3},\cdots].$$

因此，由数学归纳法知，对于 $k=0,1,2,\cdots$，都有 $a_k=b_k$. ∎

为了求出一个实数的简单连分数展开式，可以使用定理 12.15 中所给出的算法. 下面用例子来描述这个过程.

例 12.10 令 $\alpha=\sqrt{6}$. 可以求出

$$a_0=[\sqrt{6}]=2,\quad \alpha_1=\frac{1}{\sqrt{6}-2}=\frac{\sqrt{6}+2}{2},$$

$$a_1=\left[\frac{\sqrt{6}+2}{2}\right]=2,\quad \alpha_2=\frac{1}{\left(\frac{\sqrt{6}+2}{2}\right)-2}=\sqrt{6}+2,$$

$$a_2=[\sqrt{6}+2]=4,\quad \alpha_3=\frac{1}{(\sqrt{6}+2)-4}=\frac{\sqrt{6}+2}{2}=\alpha_1.$$

由于 $\alpha_3=\alpha_1$，故 $a_3=a_1$，$a_4=a_2,\cdots$，等等. 因此

$$\sqrt{6}=[2;2,4,2,4,2,4,\cdots].$$

$\sqrt{6}$ 的简单连分数是循环的. 我们将在下一节讨论循环简单连分数. ◀

一个无理数的无限简单连分数的收敛子是 α 的一个很好的逼近. 这就引出了下面的定理，我们已经在 1.1 节的习题 34 中介绍过了.

定理 12.17（丢番图逼近的狄利克雷定理） 如果 α 是一个无理数，那么存在无穷多个有理数 p/q，使得

$$|\alpha-p/q|<1/q^2.$$

证明 令 p_k/q_k 为 α 的连分数的第 k 个收敛子. 那么，由定理 12.15 的证明可知
$$|\alpha-p_k/q_k|<1/(q_kq_{k+1}).$$

因为 $q_k<q_{k+1}$，这样就有

$$|\alpha-p_k/q_k|<1/q_k^2.$$

因此，α 的收敛子 $p_k/q_k(k=1,2,\cdots)$ 就构成了满足定理条件的无穷多个有理数. ∎

下面的定理和推论表明，α 的简单连分数的收敛子是对 α 的最佳有理逼近，即 p_k/q_k 比任何分母小于 q_k 的有理数都要更接近 α. （关于实数的任意分母的最佳有理逼近参看本节习题 17.）

定理 12.18 令 α 为一无理数，并且对于 $j=1,2,\cdots$，p_j/q_j 为 α 的无限简单连分数的收敛子. 如果 r 和 s 都为整数，$s>0$，并且 k 为一正整数，使得

$$|s\alpha - r| < |q_k\alpha - p_k|,$$

那么 $s \geq q_{k+1}$.

证明 假设 $|s\alpha - r| < |q_k\alpha - p_k|$, 但是 $1 \leq s < q_{k+1}$. 我们考虑联立方程

$$p_k x + p_{k+1} y = r$$
$$q_k x + q_{k+1} y = s.$$

第一和第二个方程两边分别乘以 q_k 和 p_k, 然后用第一个式子减去第二个, 得到

$$(p_{k+1}q_k - p_k q_{k+1})y = rq_k - sp_k.$$

由定理 12.10 知, $p_{k+1}q_k - p_k q_{k+1} = (-1)^k$, 于是

$$y = (-1)^k(rq_k - sp_k).$$

类似地, 分别用 q_{k+1} 和 p_{k+1} 依次乘以上面的两个方程, 然后用第二个式子减去第一个, 得到

$$x = (-1)^k(sp_{k+1} - rq_{k+1}).$$

现在证明 $s \neq 0$ 及 $y \neq 0$. 如果 $x = 0$, 那么 $sp_{k+1} = rq_{k+1}$. 由于 $(p_{k+1}, q_{k+1}) = 1$, 引理 3.4 表明 $q_{k+1} | s$, 于是 $q_{k+1} \leq s$, 这与假设矛盾. 如果 $y = 0$, 那么 $r = p_k x$, $s = q_k x$, 从而

$$|s\alpha - r| = |x||q_k\alpha - p_k| \geq |q_k\alpha - p_k|,$$

由于 $|x| \geq 1$, 这与假设矛盾.

下面我们证明 x 和 y 的符号相反. 首先假设 $y < 0$. 由 $q_k x = s - q_{k+1}y$, 因为 $q_k > 0$, $q_k x > 0$, 因而 $x > 0$. 当 $y > 0$ 时, 由于 $q_{k+1}y \geq q_{k+1} > s$, 我们得到 $q_k x = s - q_{k+1}y < 0$, 因此 $x < 0$.

由定理 12.11, $p_k/q_k < \alpha < p_{k+1}/q_{k+1}$ 和 $p_{k+1}/q_{k+1} < \alpha < p_k/q_k$ 中必有一个成立. 而无论何种情况都会得出 $q_k\alpha - p_k$ 和 $q_{k+1}\alpha - p_{k+1}$ 的符号相反.

由证明开始时的联立方程, 我们得到

$$|s\alpha - r| = |(q_k x + q_{k+1}y)\alpha - (p_k x + p_{k+1}y)|$$
$$= |x(q_k\alpha - p_k) + y(q_{k+1}\alpha - p_{k+1})|.$$

综合前面两段的结论可知, $x(q_k\alpha - p_k)$ 和 $y(q_{k+1}\alpha - p_{k+1})$ 具有同样的符号, 再加上 $|x| \geq 1$, 最终有

$$|s\alpha - r| = |x||q_k\alpha - p_k| + |y||q_{k+1}\alpha - p_{k+1}|$$
$$\geq |x||q_k\alpha - p_k|$$
$$\geq |q_k\alpha - p_k|.$$

这与假设矛盾.

现在已经证明我们的假设是错误的, 因此, 证明完毕. ■

推论 12.18.1 设 α 为一无理数, 对于 $j = 1, 2, \cdots$, p_j/q_j 为 α 的无限简单连分数的收敛子. 如果 r/s 为一有理数, 其中 r 和 s 都为整数, $s > 0$, 并且 k 为一正整数, 使得

$$|\alpha - r/s| < |\alpha - p_k/q_k|,$$

那么 $s > q_k$.

证明 假设 $s \leq q_k$ 并且

$$|\alpha - r/s| < |\alpha - p_k/q_k|.$$

将两个不等式相乘, 得到

$$s|\alpha - r/s| < q_k|\alpha - p_k/q_k|,$$

因此

$$|s\alpha - r| < |q_k\alpha - p_k|,$$

与定理 12.18 的结论矛盾. ∎

例 12.11 实数 π 的简单连分数为 $\pi = [3; 7, 15, 1, 292, 1, 1, 1, 2, 1, 3, \cdots]$. 注意到部分商所构成的序列中没有能够观察出来的规律. 这个连分数的收敛子是对 π 的最佳有理逼近. 前五个是 3, $22/7$, $333/106$, $355/113$ 和 $103\,993/33\,102$. 由推论 12.18.1 推出 $22/7$ 就是分母小于或等于 105 的对 π 的最佳有理逼近, 等等. ◄

最后, 我们将用以下结论来结束本节: 对于任何一个对无理数的有理逼近, 只要它足够地接近这个无理数, 那么它一定是这个数的无限简单连分数展开式的收敛子.

定理 12.19 如果 α 是一个无理数, 并且 r/s 是一个既约有理数, 其中 r 和 s 都为整数, 并且 $s > 0$, 使得

$$|\alpha - r/s| < 1/(2s^2),$$

那么 r/s 是 α 的简单连分数展开式的一个收敛子.

证明 假设 r/s 不是 α 的简单连分数展开式的收敛子. 那么, 就存在相邻的收敛子 p_k/q_k 和 p_{k+1}/q_{k+1}, 使得 $q_k \leqslant s < q_{k+1}$. 由定理 12.18, 我们得到

$$|q_k\alpha - p_k| \leqslant |s\alpha - r| = s|\alpha - r/s| < 1/(2s).$$

两边除以 q_k, 得到

$$|\alpha - p_k/q_k| < 1/(2sq_k).$$

因为 $|sp_k - rq_k| \geqslant 1$ ($sp_k - rq_k$ 是一个非零整数, 因为 $r/s \neq p_k/q_k$), 这样就有

$$\begin{aligned}
\frac{1}{sq_k} &\leqslant \frac{|sp_k - rq_k|}{sq_k} \\
&= \left| \frac{p_k}{q_k} - \frac{r}{s} \right| \\
&\leqslant \left| \alpha - \frac{p_k}{q_k} \right| + \left| \alpha - \frac{r}{s} \right| \\
&< \frac{1}{2sq_k} + \frac{1}{2s^2}
\end{aligned}$$

(此处我们用三角不等式得到了其中的第二个不等式). 因此有

$$1/2sq_k < 1/2s^2.$$

故

$$2sq_k > 2s^2,$$

从而 $q_k > s$, 这与假设矛盾. ∎

连分数在攻击 RSA 密码系统上的应用 我们使用定理 12.19 对于有理数的版本来解释, 为什么对于某一类 RSA 密码的攻击是奏效的. 我们将定理 12.19 的这个版本的证明留作习题.

定理 12.20 (对 RSA 的维纳 (Wiener) 低加密指数攻击) 设 $n = pq$, 其中 p 和 q 为奇素数, 并且 $q < p < 2q$, $d < n^{1/4}/3$. 那么给定一个 RSA 加密密钥 (e, n), 解密密钥就可以用

$O((\log n)^3)$ 次位运算找到.

证明   我们的证明基于连分数对有理数的逼近. 首先，由于 $de \equiv 1 (\bmod \phi(n))$，所以存在一个整数 k，使得 $de-1=k\phi(n)$. 等式两边同除以 $d\phi(n)$，得到

$$\frac{e}{\phi(n)} - \frac{1}{d\phi(n)} = \frac{k}{d},$$

于是有

$$\frac{e}{\phi(n)} - \frac{k}{d} = \frac{1}{d\phi(n)}.$$

这说明分数 k/d 是对 $e/\phi(n)$ 的一个很好的逼近.

再注意到 $q<\sqrt{n}$，这是因为定理中假定 $q<p<2q$ 并且 $n=pq$. 进而由 $q<p$ 得

$$p+q-1 \leqslant 2q+q-1 = 3q-1 < 3\sqrt{n}.$$

由 $\phi(n)=n-p-q+1$，我们有 $n-\phi(n)=n-(n-p-q+1)=p+q-1<3\sqrt{n}$.

可以用最后一个不等式来证明 k/d 是对 e/n 的一个非常好的逼近. 我们看到

$$
\begin{aligned}
\left| \frac{e}{n} - \frac{k}{d} \right| &= \left| \frac{de-kn}{nd} \right| \\
&= \left| \frac{(de-k\phi(n))-(kn+k\phi(n))}{nd} \right| \\
&= \left| \frac{1-k(n-\phi(n))}{nd} \right| \leqslant \frac{3k\sqrt{n}}{nd} = \frac{3k}{d\sqrt{n}}.
\end{aligned}
$$

因为 $e<\phi(n)$，故 $ke<k\phi(n)=de-1<de$. 这意味着 $k<d$. 现在应用 $d<n^{1/4}/3$ 的假定，于是有 $k<n^{1/4}/3$.

这样就有

$$\left| \frac{e}{n} - \frac{k}{d} \right| \leqslant \frac{3k\sqrt{n}}{nd} \leqslant \frac{3(n^{1/4}/3)\sqrt{n}}{nd} = \frac{1}{dn^{1/4}} < \frac{1}{2d^2}.$$

我们现在使用定理 12.19 对于有理数的版本. 由该定理可知 k/d 是 e/n 的连分数展开式的一个收敛子. 同时注意到 e 和 n 是公开的信息. 因此，为找到 k/d，仅需检查 e/n 的收敛子. 由于 k/d 是一个既约分数，所以为了检测每一个收敛子是否等于 k/d，我们假设它的分子等于 k. 接下来用它的值计算 $\phi(n)$，这是因为 $\phi(n)=(de-1)/k$. 我们使用这个所谓的 $\phi(n)$ 的值和 n 的值分解 n（如何分解请参见 8.4 节）. 一旦找到了 k/d，就知道了 d，因为 k/d 是既约分数，并且 d 为其分母. k/d 是既约分数的原因是 $ed-k\phi(n)=1$，由定理 3.8，这意味着 $(d,k)=1$. 因为计算出一个分母为 n 的有理数所有的收敛子需要 $O((\log n)^3)$ 次的位运算，所以找到 d 需要 $O((\log n)^3)$ 次的位运算. ∎

12.3 节习题

1. 求出下列各个实数的简单连分数.

a) $\sqrt{2}$ b) $\sqrt{3}$ c) $\sqrt{5}$ d) $(1+\sqrt{5})/2$

2. 求出下列各个实数的简单连分数的前五个部分商.

a) $\sqrt[3]{2}$ b) 2π c) $(e-1)/(e+1)$ d) $(e^2-1)/(e^2+1)$

3. 求出对于 π 的分母不大于 100 000 的最佳有理逼近.

4. e 的无限简单连分数展开为
$$e = [2; 1, 2, 1, 1, 4, 1, 1, 6, 1, 1, 8, \cdots].$$

a) 求出 e 的连分数的前 8 个收敛子.

b) 求对于 e 的分母不大于 536 的最佳有理逼近.

* 5. 令 α 是一个具有简单连分数展开式 $\alpha = [a_0; a_1, a_2, \cdots]$ 的无理数. 证明: 若 $a_1 > 1$, 则 $-\alpha = [-a_0 - 1; 1, a_1 - 1, a_2, a_3, \cdots]$; 若 $a_1 = 1$, 则 $-\alpha = [-a_0 - 1; a_2 + 1, a_3, \cdots]$.

* 6. 证明: 如果 p_k/q_k 和 p_{k+1}/q_{k+1} 是无理数 α 的简单连分数的相邻的收敛子, 那么
$$|\alpha - p_k/q_k| < 1/(2q_k^2)$$
或者
$$|\alpha - p_{k+1}/q_{k+1}| < 1/(2q_{k+1}^2).$$

(提示: 首先证明 $|\alpha - p_k/q_k| + |\alpha - p_{k+1}/q_{k+1}| = |p_{k+1}/q_{k+1} - p_k/q_k| = 1/(q_k q_{k+1})$.)

☞ 7. 设 α 为一无理数, 且 $\alpha > 1$. 证明: $1/\alpha$ 的简单连分数的第 k 个收敛子为 α 的简单连分数的第 $k-1$ 个收敛子的倒数.

* 8. 设 α 为一无理数, p_j/q_j 表示 α 的简单连分数展开式的第 j 个收敛子. 证明: 三个相邻的收敛子中至少有一个满足不等式
$$|\alpha - p_j/q_j| < 1/(\sqrt{5}q_j^2).$$
进而推出存在无穷个有理数 p/q, 其中 p 和 q 是整数, 并且 $q \neq 0$, 使得
$$|\alpha - p/q| < 1/(\sqrt{5}q^2).$$

* 9. 证明: 如果 $\alpha = (1 + \sqrt{5})/2$, 并且 $c > \sqrt{5}$, 那么仅存在有限个有理数 p/q, 其中 p 和 q 是整数, 并且 $q \neq 0$, 使得
$$|\alpha - p/q| < 1/(cq^2).$$

(提示: 考虑 $\sqrt{5}$ 的简单连分数的收敛子.)

设 α 和 β 为两个实数, 我们称 β 等价于 α 是指存在整数 a, b, c 和 d, 使得 $ad - bc = \pm 1$ 并且 $\beta = \dfrac{a\alpha + b}{c\alpha + d}$.

10. 证明一个实数 α 和其自身等价.

11. 证明: 如果 α 和 β 为实数, 并且 β 等价于 α, 那么 α 等价于 β. 因此, 我们可以说 α 和 β 是等价的.

12. 证明: 如果 α, β 和 λ 为实数, 并且 α 和 β 等价, β 和 λ 等价, 那么 α 和 λ 等价.

13. 证明: 任意两个有理数是等价的.

* 14. 证明: 两个无理数 α 和 β 是等价的, 当且仅当它们的简单连分数的尾部是一致的, 即如果 $\alpha = [a_0; a_1, a_2, \cdots, a_j, c_1, c_2, c_3, \cdots]$ 和 $\beta = [b_0; b_1, b_2, \cdots, b_k, c_1, c_2, c_3, \cdots]$, 其中 $a_i (i = 0, 1, 2, \cdots, j) b_i (i = 0, 1, 2, \cdots, k)$ 和 $c_i (i = 0, 1, 2, 3, \cdots)$ 是整数, 且除 a_0 和 b_0 外, 都是正数.

令 α 为一无理数, α 的简单连分数展开式为 $\alpha = [a_0; a_1, a_2, \cdots]$. 和前面一样, 令 p_k/q_k 表示连分数的第 k 个收敛子. 我们定义连分数的伪收敛子为
$$p_{k,t}/q_{k,t} = (tp_{k-1} + p_{k-2})/(tq_{k-1} + q_{k-2}),$$
其中, k 为一个正整数, $k \geqslant 2$, t 为一个正数, 并且 $0 < t < a_k$.

15. 证明: 每一个伪收敛子都是既约分数.

* 16. 证明: 有理数序列 $p_{k,2}/q_{k,2}, \cdots, p_{k,a_{k-1}}/q_{k,a_{k-1}}, p_k/q_k$ 在 k 为偶数时是单调递增的, 在 k 为奇数时是单调递减的.

* 17. 证明: 如果 r 和 s 为整数, 满足 $s > 0$ 并且
$$|\alpha - r/s| \leqslant |\alpha - p_{k,t}/q_{k,t}|,$$

其中，k 为一个正整数并且 $0 < t < a_k$，那么 $s > q_{k,i}$ 或者 $r/s = p_{k-1}/q_{k-1}$. 这说明对一个实数的最近有理逼近 (closest rational approximation) 是其简单连分数的收敛子和伪收敛子.

18. 当 $k = 2$ 时，求出 π 的简单连分数的伪收敛子.

19. 找一个有理数 r/s，使得它比 $22/7$ 更接近 π，并且其分母 s 小于 106. （提示：利用习题 17.）

20. 找一个有理数 r/s，使得它为分母小于 100 的数中最接近 e 的.

21. 证明定理 12.19 对于有理数也是正确的. 即证明：如果 a, b, c 和 d 为整数，b 和 d 非零，$(a, b) = (c, d) = 1$，并且

$$\left| \frac{a}{b} - \frac{c}{d} \right| < \frac{1}{2d^2},$$

那么 c/d 是 a/b 的连分数展开式的收敛子.

22. 证明：计算一个分母为 n 的有理数的全部收敛子可以通过 $O((\log n)^3)$ 次位运算完成.

计算和研究

1. 计算出习题 2 中所有实数的前 100 个部分商.

2. 计算出 e^2 的简单连分数的前 100 个部分商. 由此，找出这个简单连分数的部分商的规律.

3. 计算出 π 的简单连分数的前 1000 个部分商. 出现的最大部分商是多少？整数 1 在这些部分商中出现的频率是多少？

程序设计

1. 给定一个实数 x，求出 x 的简单连分数.

2. 给定一个无理数 x 和一个正整数 n，求 x 的分母不超过 n 的最佳有理逼近.

12.4 循环连分数

本节我们将研究循环的无限连分数. 可以证明无限连分数是循环的当且仅当它所表示的实数是二次无理数. 下面我们从定义开始.

定义（循环连分数） 我们称无限连分数 $[a_0; a_1, a_2, \cdots]$ 为**循环的**，如果存在正整数 N 和 k，使得对于所有的正整数 n，$n \geqslant N$，有 $a_n = a_{n+k}$. 用记号

$$[a_0; a_1, a_2, \cdots, a_{N-1}, \overline{a_N, a_{N+1}, a_{N+k-1}}]$$

来表示循环无限简单连分数

$$[a_0; a_1, a_2, \cdots, a_{N-1}, a_N, a_{N+1}, \cdots, a_{N+k-1}, a_N, a_{N+1}, \cdots].$$

例如，$[1; 2, \overline{3, 4}]$ 表示无限简单连分数 $[1; 2, 3, 4, 3, 4, 3, 4, \cdots]$.

在 12.1 节中，我们证明了一个数的 b 进制展开式是循环的当且仅当这个数是有理数. 为了刻画具有循环的无限简单连分数的无理数，我们需要下面的定义.

定义（二次无理数） 实数 α 被称为是**二次无理数**是指 α 是一个无理数，并且它是一个整系数二次多项式的根，即

$$A\alpha^2 + B\alpha + C = 0,$$

其中 A, B, C 为整数，并且 $A \neq 0$.

例 12.12 令 $\alpha = 2 + \sqrt{3}$. 那么 α 是一个无理数，因为如果 α 是有理数，则由 1.1 节的习题 3，$\alpha - 2 = \sqrt{3}$ 就应当是有理数，这与定理 3.18 矛盾. 接下来，注意到

$$\alpha^2 - 4\alpha + 1 = (7 + 4\sqrt{3}) - 4(2 + \sqrt{3}) + 1 = 0.$$

于是，α 为一个二次无理数.

我们将要证明一个无理数的无限简单连分数是循环的当且仅当这个数是二次无理数. 在证明之前，我们首先推导一些关于二次无理数的有用的结论.

引理 12.1　实数 α 是二次无理数当且仅当存在整数 a, b 和 c，并且 $b>0$, $c\neq0$，使得 b 不是一个完全平方数，同时

$$\alpha = (a+\sqrt{b})/c.$$

证明　如果 α 是一个二次无理数，那么 α 是无理数，并且存在整数 A, B, C，使得 $A\alpha^2+B\alpha+C=0$. 由二次求根公式，我们知道

$$\alpha = \frac{-B \pm \sqrt{B^2-4AC}}{2A}.$$

因为 α 是实数，所以 $B^2-4AC>0$，又由于 α 是无理数，所以 B^2-4AC 不是完全平方数且 $A\neq0$. 通过令 $a=-B$, $b=B^2-4AC$, $c=2A$ 或者令 $a=B$, $b=B^2-4AC$, $c=-2A$，我们就得到了所期望的 α 的表示形式.

相反地，如果

$$\alpha = (a+\sqrt{b})/c,$$

其中 a, b 和 c 为整数，$b>0$, $c\neq0$，并且 b 不是一个完全平方数. 那么由 1.1 节的习题 3 和定理 3.18，容易看出 α 是无理数. 进一步，我们注意到

$$c^2\alpha^2 - 2ac\alpha + (a^2 - b) = 0,$$

因此 α 是一个二次无理数. ∎

下面的引理将在证明循环简单连分数表示二次无理数时用到.

引理 12.2　如果 α 是二次无理数并且 r, s, t 和 u 是整数，那么 $(r\alpha+s)/(t\alpha+u)$ 或者是有理数，或者是二次无理数.

证明　由引理 12.1，存在整数 a, b 和 c，其中 $b>0$, $c\neq0$，并且 b 不是一个完全平方数，使得

$$\alpha = (a+\sqrt{b})/c.$$

因此

$$
\begin{aligned}
\frac{r\alpha + s}{t\alpha + u} &= \left[\frac{r(a+\sqrt{b})}{c} + s\right] \Big/ \left[\frac{t(a+\sqrt{b})}{c} + u\right] \\
&= \frac{(ar+cs) + r\sqrt{b}}{(at+cu) + t\sqrt{b}} \\
&= \frac{[(ar+cs) + r\sqrt{b}][(at+cu) - t\sqrt{b}]}{[(at+cu) + t\sqrt{b}][(at+cu) - t\sqrt{b}]} \\
&= \frac{[(ar+cs)(at+cu) - rtb] + [r(at+cu) - t(ar+cs)]\sqrt{b}}{(at+cu)^2 - t^2b}.
\end{aligned}
$$

由引理 12.1，$(r\alpha+s)/(t\alpha+u)$ 是二次无理数，除非 $\sqrt{b}$ 的系数是 0，那样的话，它就是有理数. ∎

在下面关于二次无理数简单连分数的讨论中，我们将要用到二次无理数共轭的概念.

定义　令 $\alpha=(a+\sqrt{b})/c$ 为一个二次无理数. 那么 α 的**共轭**（记为 α'）定义为 $\alpha'=(a-$

$\sqrt{b})/c$.

引理 12.3   如果二次无理数 α 是多项式 $Ax^2+Bx+C=0$ 的一个根，那么这个多项式的另一个根就是 α'，即为 α 的共轭.

证明   由二次求根公式，$Ax^2+Bx+C=0$ 的两个根是

$$\frac{-B\pm\sqrt{B^2-4AC}}{2A}.$$

如果 α 是其中的一个根，那么 α' 就是另一个根，因为只要将 α 中的 $\sqrt{B^2-4AC}$ 取反号就可得到 α'. ∎

下面的引理告诉我们如何求出一个含二次无理数的算术表达式的共轭.

引理 12.4   如果 $\alpha_1=(a_1+b_1\sqrt{d})/c_1$ 和 $\alpha_2=(a_2+b_2\sqrt{d})/c_2$ 是有理数或者二次无理数，那么

(i) $(\alpha_1+\alpha_2)'=\alpha_1'+\alpha_2'$

(ii) $(\alpha_1-\alpha_2)'=\alpha_1'-\alpha_2'$

(iii) $(\alpha_1\alpha_2)'=\alpha_1'\alpha_2'$

(iv) $(\alpha_1/\alpha_2)'=\alpha_1'/\alpha_2'$

下面给出(iv)的证明；其他部分的证明比较简单，在本节的最后作为习题留给读者.

(iv)的证明   注意到

$$\alpha_1/\alpha_2=\frac{(a_1+b_1\sqrt{d})/c_1}{(a_2+b_2\sqrt{d})/c_2}$$

$$=\frac{c_2(a_1+b_1\sqrt{d})(a_2-b_2\sqrt{d})}{c_1(a_2+b_2\sqrt{d})(a_2-b_2\sqrt{d})}$$

$$=\frac{(c_2a_1a_2-c_2b_1b_2d)+(c_2a_2b_1-c_2a_1b_2)\sqrt{d}}{c_1(a_2^2-b_2^2d)},$$

而

$$\alpha_1'/\alpha_2'=\frac{(a_1-b_1\sqrt{d})/c_1}{(a_2-b_2\sqrt{d})/c_2}$$

$$=\frac{c_2(a_1-b_1\sqrt{d})(a_2+b_2\sqrt{d})}{c_1(a_2-b_2\sqrt{d})(a_2+b_2\sqrt{d})}$$

$$=\frac{(c_2a_1a_2-c_2b_1b_2d)-(c_2a_2b_1-c_2a_1b_2)\sqrt{d}}{c_1(a_2^2-b_2^2d)}.$$

所以，$(\alpha_1/\alpha_2)'=\alpha_1'/\alpha_2'$. ∎

关于循环简单连分数的基本结果称为拉格朗日定理(虽然定理的一部分是由欧拉证明的).(注意这个定理与第 9 章讨论的多项式同余的拉格朗日定理是不同的.本章中，我们所指的不是那个结论.)欧拉于 1737 年证明了一个循环无限简单连分数表示一个二次无理数.拉格朗日于 1770 年证明了一个二次无理数有一个循环连分数表示.

定理 12.21(拉格朗日定理)   一个无理数的无限简单连分数是循环的当且仅当这个数是二次无理数.

我们首先证明循环连分数表示一个二次无理数. 在给出求一个二次无理数的连分数的特定算法之后，其逆命题，即二次无理数的简单连分数是循环的，也将予以证明.

证明 设 α 的简单连分数是循环的，即

$$\alpha = [a_0; a_1, a_2, \cdots, a_{N-1}, \overline{a_N, a_{N+1}, \cdots, a_{N+k}}].$$

现在，令

$$\beta = [\overline{a_N; a_{N+1}, \cdots, a_{N+k}}].$$

那么

$$\beta = [a_N; a_{N+1}, \cdots, a_{N+k}, \beta],$$

由定理 12.9 可得，

$$\beta = \frac{\beta p_k + p_{k-1}}{\beta q_k + q_{k-1}}, \tag{12.13}$$

其中，p_k/q_k 和 p_{k-1}/q_{k-1} 是 $[a_N; a_{N+1}, \cdots, a_{N+k}]$ 的收敛子. 由于 β 的简单连分数是无限的，β 为无理数，由 (12.13)，我们有

$$q_k\beta^2 + (q_{k-1} - p_k)\beta - p_{k-1} = 0,$$

因此，β 是一个二次无理数. 现在，注意到

$$\alpha = [a_0; a_1, a_2, \cdots, a_{N-1}, \beta],$$

于是，由定理 12.11，我们有

$$\alpha = \frac{\beta p_{N-1} + p_{N-2}}{\beta q_{N-1} + q_{N-2}},$$

其中，p_{N-1}/q_{N-1} 和 p_{N-2}/q_{N-2} 是 $[a_0; a_1, a_2, \cdots, a_{N-1}]$ 的收敛子. 由于 β 是一个二次无理数，故引理 12.2 表明 α 也是一个二次无理数（说 α 是无理数是因为它有一个无限简单连分数展开式）. ∎

下面的例子说明如何使用定理 12.21 的证明通过一个循环简单连分数求出它所表示的二次无理数.

例 12.13 令 $x = [3; \overline{1, 2}]$. 由定理 12.21 可知 x 是一个二次无理数. 为了求出 x 的值，令 $x = [3; y]$，其中 $y = [\overline{1; 2}]$，如定理 12.21 中所证明的那样. 我们有 $y = [1; 2, y]$，于是

$$y = 1 + \frac{1}{2 + \frac{1}{y}} = \frac{3y+1}{2y+1}.$$

进而有 $2y^2 - 2y - 1 = 0$. 由于 y 是正的，故由二次求根公式得，$y = \frac{1+\sqrt{3}}{2}$. 因为 $x = 3 + \frac{1}{y}$，所以有

$$x = 3 + \frac{2}{1+\sqrt{3}} = 3 + \frac{2-\sqrt{3}}{-2} = \frac{4+\sqrt{3}}{2}.$$

为了构造出一种求二次无理数对应的简单连分数的算法，我们需要下面的引理.

引理 12.5 如果 α 是一个二次无理数，那么 α 就可以写为

$$\alpha = (P + \sqrt{d})/Q,$$

其中 P，Q 和 d 为整数，$Q \neq 0$，$d > 0$，d 不是一个完全平方数，并且 $Q \mid (d - P^2)$.

证明 因为 α 是一个二次无理数，故引理 12.1 表明

$$\alpha = (a + \sqrt{b})/c,$$

其中 a，b 和 c 是整数，$b > 0$ 并且 $c \neq 0$. 将 α 的表达式中的分子分母同乘以 $|c|$，得到

$$\alpha = \frac{a|c| + \sqrt{bc^2}}{c|c|}$$

（其中用到了 $|c| = \sqrt{c^2}$）. 现在，令 $P = a|c|$，$Q = c|c|$ 及 $d = bc^2$. 那么 P，Q 和 d 是整数，$Q \neq 0$，因为 $c \neq 0$，$d > 0$（因 $b > 0$），且 d 不是一个完全平方数，因为 b 不是一个完全平方数. 最后，因为 $d - P^2 = bc^2 - a^2c^2 = c^2(b - a^2) = \pm Q(b - a^2)$，故有 $Q \mid (d - P^2)$. ∎

我们现在给出一个求二次无理数对应的简单连分数的算法.

定理 12.22 令 α 为一个二次无理数，由引理 12.5，存在整数 P_0，Q_0 和 d 使得

$$\alpha = (P_0 + \sqrt{d})/Q_0,$$

其中 $Q_0 \neq 0$，$d > 0$，d 不是一个完全平方数，并且 $Q_0 \mid (d - P_0^2)$. 对 $k = 0$，1，2，$\cdots$，递归定义

$$\alpha_k = (P_k + \sqrt{d})/Q_k,$$
$$a_k = [\alpha_k],$$
$$P_{k+1} = a_k Q_k - P_k,$$
$$Q_{k+1} = (d - P_{k+1}^2)/Q_k.$$

那么，$\alpha = [a_0; a_1, a_2, \cdots]$.

证明 通过数学归纳法，我们将证明 P_k，Q_k 为整数，并且 $Q_k \neq 0$，$Q_k \mid (d - P_k^2)$，$k = 0$，1，2，$\cdots$. 首先，由定理中的假设，该论断对于 $k = 0$ 是正确的. 接下来，假设 P_k 和 Q_k 为整数，并且 $Q_k \neq 0$，$Q_k \mid (d - P_k^2)$. 那么，

$$P_{k+1} = a_k Q_k - P_k$$

也是一个整数. 进一步，

$$\begin{aligned} Q_{k+1} &= (d - P_{k+1}^2)/Q_k \\ &= [d - (a_k Q_k - P_k)^2]/Q_k \\ &= (d - P_k^2)/Q_k + (2a_k P_k - a_k^2 Q_k). \end{aligned}$$

因为由归纳法的假设 $Q_k \mid (d - P_k^2)$，故 Q_{k+1} 是一个整数；又由于 d 不是一个完全平方数，故 $d \neq P_k^2$，于是 $Q_{k+1} = (d - P_{k+1}^2)/Q_k \neq 0$. 因为

$$Q_k = (d - P_{k+1}^2)/Q_{k+1},$$

所以 $Q_{k+1} \mid (d - P_{k+1}^2)$. 这样就完成了归纳法的证明.

为了证明整数 a_0，a_1，a_2，$\cdots$ 是简单连分数 α 的部分商，我们利用定理 12.15. 如果能够证明对 $k = 0$，1，$2\cdots$ 有

$$\alpha_{k+1} = 1/(\alpha_k - a_k),$$

那么就有 $\alpha = [a_0; a_1, a_2, \cdots]$. 注意到

$$\alpha_k - a_k = \frac{P_k + \sqrt{d}}{Q_k} - a_k$$

$$= [\sqrt{d} - (a_k Q_k - P_k)]/Q_k$$
$$= (\sqrt{d} - P_{k+1})/Q_k$$
$$= (\sqrt{d} - P_{k+1})(\sqrt{d} + P_{k+1})/Q_k(\sqrt{d} + P_{k+1})$$
$$= (d - P_{k+1}^2)/(Q_k(\sqrt{d} + P_{k+1}))$$
$$= Q_k Q_{k+1}/(Q_k(\sqrt{d} + P_{k+1}))$$
$$= Q_{k+1}/(\sqrt{d} + P_{k+1})$$
$$= 1/\alpha_{k+1},$$

其中，我们使用了 Q_{k+1} 的定义，从而用 $Q_k Q_{k+1}$ 代替了 $d - P_{k+1}^2$. 因此，可以推出 $\alpha = [a_0;$ $a_1, a_2, \cdots]$. ∎

我们将在下面的例子中说明如何应用定理 12.22 中给出的算法.

例 12.14 令 $\alpha = (3 + \sqrt{7})/2$. 由引理 12.5, 将 α 写为

$$\alpha = (6 + \sqrt{28})/4,$$

其中令 $P_0 = 6$, $Q_0 = 4$, $d = 28$. 因此, $a_0 = [\alpha] = 2$, 并且

$$P_1 = 2 \cdot 4 - 6 = 2, \qquad \alpha_1 = (2 + \sqrt{28})/6,$$
$$Q_1 = (28 - 2^2)/4 = 6, \qquad a_1 = [(2 + \sqrt{28})/6] = 1,$$
$$P_2 = 1 \cdot 6 - 2 = 4, \qquad \alpha_2 = (4 + \sqrt{28})/2,$$
$$Q_2 = (28 - 4^2)/6 = 2, \qquad a_2 = [(4 + \sqrt{28})/2] = 4,$$
$$P_3 = 4 \cdot 2 - 4 = 4, \qquad \alpha_3 = (4 + \sqrt{28})/6,$$
$$Q_3 = (28 - 4^2)/2 = 6, \qquad a_3 = [(4 + \sqrt{28})/6] = 1,$$
$$P_4 = 1 \cdot 6 - 4 = 2, \qquad \alpha_4 = (2 + \sqrt{28})/4,$$
$$Q_4 = (28 - 2^2)/6 = 4, \qquad a_4 = [(2 + \sqrt{28})/4] = 1,$$
$$P_5 = 1 \cdot 4 - 2 = 2, \qquad \alpha_5 = (2 + \sqrt{28})/6,$$
$$Q_5 = (28 - 2^2)/4 = 6, \qquad a_5 = [(2 + \sqrt{28})/6] = 1,$$

等等，出现重复，这是因为 $P_1 = P_5$ 以及 $Q_1 = Q_5$. 因此，我们得到

$$(3 + \sqrt{7})/2 = [2; 1, 4, 1, 1, 1, 4, 1, 1, \cdots]$$
$$= [2; \overline{1, 4, 1, 1}].$$

下面，我们将通过证明二次无理数的简单连分数是循环的来完成拉格朗日定理的证明.

定理 12.21 的证明（接上）令 α 为一个二次无理数，由引理 12.5，可以将 α 写为

$$\alpha = (P_0 + \sqrt{d})/Q_0.$$

进一步，由定理 12.20，我们有 $\alpha = [a_0; a_1, a_2, \cdots]$，其中，对 $k = 0, 1, 2, \cdots$，

$$\alpha_k = (P_k + \sqrt{d})/Q_k,$$
$$a_k = [\alpha_k],$$
$$P_{k+1} = a_k Q_k - P_k,$$
$$Q_{k+1} = (d - P_{k+1}^2)/Q_k.$$

由于 $\alpha = [a_0; a_1, a_2, \cdots, \alpha_k]$，故定理 12.11 表明

$$\alpha = (p_{k-1}\alpha_k + p_{k-2})/(q_{k-1}\alpha_k + q_{k-2}).$$

上式两边取共轭，并利用引理 12.4，可以得到

$$\alpha' = (p_{k-1}\alpha'_k + p_{k-2})/(q_{k-1}\alpha'_k + q_{k-2}). \tag{12.14}$$

当用(12.14)求解 α'_k 时，我们发现

$$\alpha'_k = \frac{-q_{k-2}}{q_{k-1}} \left(\frac{\alpha' - \dfrac{p_{k-2}}{q_{k-2}}}{\alpha' - \dfrac{p_{k-1}}{q_{k-1}}} \right).$$

注意到当 k 趋于无穷时，收敛子 p_{k-2}/q_{k-2} 和 p_{k-1}/q_{k-1} 趋于 α，于是

$$\left(\alpha' - \frac{p_{k-2}}{q_{k-2}} \right) \Big/ \left(\alpha' - \frac{p_{k-1}}{q_{k-1}} \right)$$

趋于 1. 因此，存在一个整数 N 使得对 $k \geqslant N$，有 $\alpha'_k < 0$. 因为对于 $k > 1$，有 $\alpha_k > 0$，故

$$\alpha_k - \alpha'_k = \frac{P_k + \sqrt{d}}{Q_k} - \frac{P_k - \sqrt{d}}{Q_k} = \frac{2\sqrt{d}}{Q_k} > 0,$$

于是对于 $k \geqslant N$，$Q_k > 0$.

因为 $Q_k Q_{k+1} = d - P_{k+1}^2$，所以对于 $k \geqslant N$，

$$Q_k \leqslant Q_k Q_{k+1} = d - P_{k+1}^2 \leqslant d.$$

同样对于 $k \geqslant N$，我们有

$$P_{k+1}^2 \leqslant d = P_{k+1}^2 - Q_k Q_{k+1},$$

于是

$$-\sqrt{d} < P_{k+1} < \sqrt{d}.$$

由不等式 $0 \leqslant Q_k \leqslant d$ 和 $-\sqrt{d} < P_{k+1} < \sqrt{d}$，其中 $k \geqslant N$，我们看到当 $k > N$ 时整数 P_k 和 Q_k 可能的值仅存在有限对. 而对于 $k \geqslant N$，有无限个整数 k，所以存在两个整数 i 和 j，使得 $P_i = P_j$，$Q_i = Q_j$，其中 $i < j$. 因此，由 α_k 的定义可知 $\alpha_i = \alpha_j$. 进而，$a_i = a_j$，$a_{i+1} = a_{j+1}$，$a_{i+2} = a_{j+2}$，…，所以，

$$\alpha = [a_0; a_1, a_2, \cdots, a_{i-1}, a_i, a_{i+1}, \cdots, a_{j-1}, a_i, a_{i+1}, \cdots, a_{j-1}, \cdots]$$
$$= [a_0; a_1, a_2, \cdots, a_{i-1}, \overline{a_i, a_{i+1}, \cdots, a_{j-1}}].$$

这就证明了 α 是一个循环简单连分数.   ■

纯循环连分数 下面，我们研究循环简单连分数中被称为纯循环的一类，也即没有预循环的那些数.

定义 连分数 $\alpha = [a_0; a_1, a_2, \cdots]$ 被称为**纯循环的**，如果存在一个整数 n，使得对于 $k = 0, 1, 2, \cdots$，有 $a_k = a_{n+k}$，即有

$$[a_0; a_1, a_2, \cdots] = [\overline{a_0; a_1, a_2, a_3 \cdots, a_{n-1}}].$$

例 12.15 连分数 $[\overline{2; 3}] = (1 + \sqrt{3})/2$ 是纯循环的，而 $[2; \overline{2, 4}] = \sqrt{6}$ 不是纯循环的.

下面的定义和定理描述了那些有纯循环简单连分数的二次无理数.

定义 一个二次无理数 α 被称为**既约的**，如果 $\alpha > 1$ 并且 $-1 < \alpha' < 0$，其中 α' 是 α 的共轭.

定理 12.23 二次无理数 α 的简单连分数是纯循环的当且仅当 α 是既约的. 进一步，如果 α 是既约的，并且 $\alpha = \overline{[a_0; a_1, a_2, \cdots, a_n]}$，那么 $-1/\alpha'$ 的连分数就为 $\overline{[a_n; a_{n-1}, \cdots, a_0]}$.

证明 首先，假设 α 是既约的二次无理数. 回忆定理 12.18 中简单连分数 α 的部分商为

$$a_k = [\alpha_k], \qquad \alpha_{k+1} = 1/(\alpha_k - a_k),$$

$k = 0, 1, 2, \cdots$，其中 $\alpha_0 = \alpha$. 我们注意到

$$1/\alpha_{k+1} = \alpha_k - a_k,$$

通过两边取共轭并应用引理 12.4，我们得到

$$1/\alpha'_{k+1} = \alpha'_k - a_k. \tag{12.15}$$

由数学归纳法可以证明，$-1 < \alpha'_k < 0$，$k = 0, 1, 2, \cdots$. 首先，注意到由于 $\alpha_0 = \alpha$ 是既约的，所以 $-1 < \alpha'_0 < 0$. 现在，假设 $-1 < \alpha'_k < 0$. 那么当 $k = 0, 1, 2, \cdots$ 时，因为 $a_k \geqslant 1$，(注意到因为 $\alpha > 1$ 所以 $a_0 \geqslant 1$)，所以由 (12.15) 可得

$$1/\alpha'_{k+1} < -1,$$

于是 $-1 < \alpha'_{k+1} < 0$. 因此，对于 $k = 0, 1, 2, \cdots$ 有 $-1 < \alpha'_k < 0$.

接着注意到由 (12.15) 有

$$\alpha'_k = a_k + 1/\alpha'_{k+1},$$

并且因为 $-1 < \alpha'_k < 0$，所以

$$-1 < a_k + 1/\alpha'_{k+1} < 0.$$

因此

$$-1 - 1/\alpha'_{k+1} < a_k < -1/\alpha'_{k+1},$$

从而

$$a_k = [-1/\alpha'_{k+1}].$$

由于 α 是一个二次无理数，故拉格朗日定理的证明表明，存在非负整数 i 和 j，$i < j$，使得 $\alpha_i = \alpha_j$，于是 $-1/\alpha'_i = -1/\alpha'_j$. 由于 $a_{i-1} = [-1/\alpha'_i]$，$a_{j-1} = [-1/\alpha'_j]$，故 $a_{i-1} = a_{j-1}$. 进一步，因为 $\alpha_{i-1} = a_{i-1} + 1/\alpha_i$，$\alpha_{j-1} = a_{j-1} + 1/\alpha_j$，所以还有 $\alpha_{i-1} = \alpha_{j-1}$. 重复上述论证过程，我们看到 $\alpha_{i-2} = \alpha_{j-2}$，$\alpha_{i-3} = \alpha_{j-3}$，$\cdots$，并且，最终有 $\alpha_0 = \alpha_{j-i-1}$. 因为

$$\begin{aligned}
\alpha_0 = \alpha &= [a_0; a_1, \cdots, a_{j-i-1}, \alpha_{j-1}] \\
&= [a_0; a_1, \cdots, a_{j-i-1}, \alpha_0] \\
&= \overline{[a_0; a_1, \cdots, a_{j-i-1}]},
\end{aligned}$$

所以 α 的简单连分数是纯循环的.

为了证明逆命题，假设 α 是一个具有纯循环连分数 $\alpha = \overline{[a_0; a_1, a_2, \cdots, a_k]}$ 的二次无理数. 由于 $\alpha = [a_0; a_1, a_2, \cdots, a_k, \alpha]$，故定理 12.11 表明

$$\alpha = \frac{\alpha p_k + p_{k-1}}{\alpha q_k + q_{k-1}}, \tag{12.16}$$

其中，p_{k-1}/q_{k-1} 和 p_k/q_k 分别是 α 的连分数展开式的第 $k-1$ 个和第 k 个收敛子. 由 (12.16)，我们看到

$$q_k \alpha^2 + (q_{k-1} - p_k)\alpha - p_{k-1} = 0. \tag{12.17}$$

现在，令 β 为一个二次无理数，使得 $\beta=\overline{[a_k;\ a_{k-1},\ \cdots,\ a_1,\ a_0]}$，即这个连分数的循环节与 α 是相反的．那么 $\beta=[a_k;\ a_{k-1},\ \cdots,\ a_1,\ a_0,\ \beta]$，从而由定理 12.11，有

$$\beta=\frac{\beta p'_k+p'_{k-1}}{\beta q'_k+q'_{k-1}},\tag{12.18}$$

其中，p'_{k-1}/q'_{k-1} 和 p'_k/q'_k 是 β 的连分数展开式的第 $k-1$ 个和第 k 个收敛子．然而，由 12.2 节的习题 10，有

$$p_k/p_{k-1}=[a_k;a_{k-1},\cdots,a_1,a_0]=p'_k/q'_k$$

和

$$q_k/q_{k-1}=[a_k;a_{k-1},\cdots,a_2,a_1]=p'_{k-1}/q'_{k-1}.$$

因为 p_{k-1}/q_{k-1} 和 p'_k/q'_k 是收敛子，所以它们是既约分数．同样，p_k/p_{k-1} 和 q_k/q_{k-1} 也是既约分数，因为定理 12.12 表明 $p_kq_{k-1}-p_{k-1}q_k=(-1)^{k-1}$．从而

$$p'_k=p_k,\quad q'_k=p_{k-1}$$

并且

$$p'_{k-1}=q_k,\quad q'_{k-1}=q_{k-1}.$$

将这些值代入(12.18)，得到

$$\beta=\frac{\beta p_k+q_k}{\beta p_{k-1}+q_{k-1}}.$$

进而，我们知道

$$p_{k-1}\beta^2+(q_{k-1}-p_k)\beta-q_k=0.$$

这意味着

$$q_k(-1/\beta)^2+(q_{k-1}-p_k)(-1/\beta)-p_{k-1}=0.\tag{12.19}$$

由(12.17)和(12.19)，我们看到二次方程

$$q_kx^2+(q_{k-1}-p_k)x-p_{k-1}=0$$

的两个根是 α 和 $-1/\beta$，从而由此二次方程有 $\alpha'=-1/\beta$．由 $\beta=\overline{[a_n;\ a_{n-1},\ \cdots,\ a_1,\ a_0]}$，有 $\beta>1$，于是 $-1<\alpha'=-1/\beta<0$．因此，α 是一个既约二次无理数．

进一步，由于 $\beta=-1/\alpha'$，所以

$$-1/\alpha'=\overline{[a_n;a_{n-1},\cdots,a_1,a_0]}.\qquad\blacksquare$$

现在，我们来求 $\sqrt{D}$ 的循环简单连分数的表达式，其中 D 为一正整数，并且不是完全平方数．虽然 $\sqrt{D}$ 不是既约的（这是因为它的共轭 $-\sqrt{D}$ 不在 -1 和 0 之间），但是二次无理数 $[\sqrt{D}]+\sqrt{D}$ 是既约的，因为它的共轭 $[\sqrt{D}]-\sqrt{D}$ 在 -1 和 0 之间．从而由定理 12.23 可知 $[\sqrt{D}]+\sqrt{D}$ 的连分数是纯循环的．由于 $[\sqrt{D}]+\sqrt{D}$ 的简单连分数开头的部分商为 $[[\sqrt{D}]+\sqrt{D}]=2[\sqrt{D}]=2a_0$，其中 $a_0=[\sqrt{D}]$，因此有

$$[\sqrt{D}]+\sqrt{D}=\overline{[2a_0;a_1,a_2,\cdots,a_n]}$$
$$=[2a_0;a_1,a_2,\cdots,a_n,2a_0,a_1,\cdots,a_n].$$

该等式两边减掉 $a_0=[\sqrt{D}]$ 得到

$$\sqrt{D}=[a_0;a_1,a_2,\cdots,2a_0,a_1,a_2,\cdots,2a_0,\cdots]$$
$$=[a_0;\overline{a_1,a_2,\cdots,a_n,2a_0}].$$

为了得到关于$\sqrt{D}$的连分数的部分商的更多信息，由定理 12.23，$-1/([\sqrt{D}]-\sqrt{D})$的简单连分数展开式可以通过将$[\sqrt{D}]+\sqrt{D}$的循环节反转得到，所以

$$1/([\sqrt{D}]-[\sqrt{D}]) = [a_n;a_{n-1},\cdots,a_1,2a_0].$$

但

$$\sqrt{D}-[\sqrt{D}] = [0;\overline{a_1,a_2,\cdots,a_n,2a_0}],$$

因此取倒数得

$$1/(\sqrt{D}-[\sqrt{D}]) = \overline{[a_1;a_2,\cdots,a_n,2a_0]}.$$

所以当我们比较$1/(\sqrt{D}-[\sqrt{D}])$的简单连分数的两种表达式的时候，得到

$$a_1 = a_n, \quad a_2 = a_{n-1}, \quad \cdots, \quad a_n = a_1,$$

所以$\sqrt{D}$的连分数的循环部分从第一项至倒数第二项是对称的.

综上所述，$\sqrt{D}$的简单连分数具有下面的形式：

$$\sqrt{D} = [a_0;\overline{a_1,a_2,\cdots,a_2,a_1,2a_0}].$$

我们用一些例子来说明这一点.

例 12.16

$$\sqrt{23} = [4;\overline{1,3,1,8}],$$
$$\sqrt{31} = [5;\overline{1,1,3,5,3,1,1,10}],$$
$$\sqrt{46} = [6;\overline{1,2,1,1,2,6,2,1,1,2,1,12}],$$
$$\sqrt{76} = [8;\overline{1,2,1,1,5,4,5,1,1,2,1,16}]$$
$$\sqrt{97} = [9;\overline{1,5,1,1,1,1,1,1,5,1,18}],$$

其中每一个连分数都有一个长度为 1 的预循环部分以及一个以第一个部分商的两倍为结尾的循环节，并且该循环节从第一项至倒数第二项是对称的. ◄

对于不是完全平方数并且小于 100 的正整数 d，$\sqrt{d}$的简单连分数的展开式可以在附录 D 的表 5 中查到.

12.4 节习题

1. 求下列各数的简单连分数.
   a)$\sqrt{7}$ b) $\sqrt{11}$ c) $\sqrt{23}$ d) $\sqrt{47}$ e) $\sqrt{59}$ f) $\sqrt{94}$

2. 求下列各数的简单连分数.
   a) $\sqrt{101}$ b) $\sqrt{103}$ c) $\sqrt{107}$ d) $\sqrt{201}$ e) $\sqrt{203}$ f) $\sqrt{209}$

3. 求下列各数的简单连分数.
   a) $1+\sqrt{2}$ b) $(2+\sqrt{5})/3$ c) $(5-\sqrt{7})/4$

4. 求下列各数的简单连分数.
   a) $(1+\sqrt{3})/2$ b) $(14+\sqrt{37})/3$ c) $(13-\sqrt{2})/7$

5. 求下列各简单连分数展开式所对应的二次无理数.
   a) $[2;\overline{1,\ 5}]$ b) $[2;\overline{1,\ 5}]$ c) $[2;\ 1,\ 5]$

6. 求下列各简单连分数展开式所对应的二次无理数.

a) $[1; 2, \overline{3}]$ b) $[1; \overline{2, 3}]$ c) $[\overline{1; 2, 3}]$

7. 求下列各简单连分数展开式所对应的二次无理数.

     a) $[3; \overline{6}]$ b) $[4; \overline{8}]$ c) $[5; \overline{10}]$ d) $[6; \overline{12}]$

8. a) 设 d 为一个正整数. 证明 $\sqrt{d^2+1}$ 的简单连分数为 $[d; \overline{2d}]$.

     b) 用(a)的结论,求出 $\sqrt{101}$, $\sqrt{290}$ 和 $\sqrt{2210}$ 的简单连分数.

9. 设 d 为一个整数, $d \geqslant 2$.

     a) 证明 $\sqrt{d^2-1}$ 的简单连分数为 $[d-1; \overline{1, 2d-2}]$.

     b) 证明 $\sqrt{d^2-d}$ 的简单连分数为 $[d-1; \overline{2, 2d-2}]$.

     c) 用(a)和(b)的结论,求出 $\sqrt{99}$, $\sqrt{110}$, $\sqrt{272}$ 和 $\sqrt{600}$ 的简单连分数.

10. a) 证明:如果 d 为一个整数, $d \geqslant 3$, 那么 $\sqrt{d^2-2}$ 的简单连分数为 $[d-1; \overline{1, d-2, 1, 2d-2}]$.

     b) 证明:如果 d 为一个正整数, 那么 $\sqrt{d^2+2}$ 的简单连分数为 $[d; \overline{d, 2d}]$.

     c) 求出 $\sqrt{47}$, $\sqrt{51}$ 和 $\sqrt{287}$ 的简单连分数表示.

11. 设 d 为一个正奇数.

     a) 证明:如果 $d > 1$, 那么 $\sqrt{d^2+4}$ 的简单连分数为 $[d; \overline{(d-1)/2, 1, 1, (d-1)/2, 2d}]$.

     b) 证明:如果 $d > 3$, 那么 $\sqrt{d^2-4}$ 的简单连分数为 $[d-1; \overline{1, (d-3)/2, 2, (d-3)/2, 1, 2d-2}]$.

12. 证明: $\sqrt{d}$ 的简单连分数的循环节长度为 1 当且仅当 $d = a^2+1$, 其中 d 为正整数, a 为非负整数.

13. 证明: $\sqrt{d}$ 的简单连分数的循环节长度为 2 当且仅当 $d = a^2+b$, 其中 d 为正整数, a, b 为整数, $b > 1$, 并且 $b \mid 2a$.

14. 证明:如果 $\alpha_1 = (a_1 + b_1\sqrt{d})/c_1$ 和 $\alpha_2 = (a_2 + b_2\sqrt{d})/c_2$ 是二次无理数,那么下列各式成立.

     a) $(\alpha_1 + \alpha_2)' = \alpha_1' + \alpha_2'$ b) $(\alpha_1 - \alpha_2)' = \alpha_1' - \alpha_2'$ c) $(\alpha_1\alpha_2)' = \alpha_1' \cdot \alpha_2'$

15. 下面哪些二次无理数有纯循环连分数?

     a) $1 + \sqrt{5}$ b) $2 + \sqrt{8}$ c) $4 + \sqrt{17}$

     d) $(11 - \sqrt{10})/9$ e) $(3 + \sqrt{23})/2$ f) $(17 + \sqrt{188})/3$

16. 设 $\alpha = (a + \sqrt{b})/c$, 其中 a, b 和 c 为整数, $b > 0$, 并且 b 不是完全平方数. 证明: α 为一个既约二次无理数当且仅当 $0 < a < \sqrt{b}$ 且 $\sqrt{b} - a < c < \sqrt{b} + a < 2\sqrt{b}$.

17. 证明:如果 α 是一个既约二次无理数,那么 $-1/\alpha'$ 也是一个既约二次无理数.

*18. 设 k 为一个正整数. 证明:不存在无穷多个正整数 D, 使得 $\sqrt{D}$ 的简单连分数展开式的循环节长度为 k. (提示:令 $a_1 = 2$, $a_2 = 5$, 并且对于 $k \geqslant 3$, 令 $a_k = 2a_{k-1} + a_{k-2}$. 证明:如果 $D = (ta_k + 1)^2 + 2ta_{k-1} + 1$, 其中 t 为一非负整数,那么 $\sqrt{D}$ 的循环节长度为 $k+1$.)

*19. 设 k 为一个正整数. 令 $D_k = (3^k+1)^2 + 3$. 证明 $\sqrt{D_k}$ 的简单连分数的循环节长度为 $6k$.

计算和研究

1. 求出 $\sqrt{100\,007}$, $\sqrt{1\,000\,007}$ 和 $\sqrt{10\,000\,007}$ 的简单连分数.

2. 找到最小的正整数 D, 使得 $\sqrt{D}$ 的简单连分数的循环节的长度分别为 10, 100, 1000 和 10 000.

3. 当正整数 D 分别小于 1003, 10 000 和 100 000 时,求出 $\sqrt{D}$ 的简单连分数的循环节长度的最大值. 你能做出一些猜想吗?

4. 对多个不同 D 值计算 $\sqrt{D}$ 的连分数,以寻找其中的规律.

程序设计

*1. 求一个循环简单连分数对应的二次无理数.

2. 求一个二次无理数所对应的循环简单连分数展开式.

12.5 用连分数进行因子分解

如果能找到正整数 x 和 y，使得 $x^2 - y^2 = n$ 并且 $x - y \neq 1$，我们就能够分解正整数 n. 这是 3.6 节中所讨论的费马因子分解法的基础. 然而，如果能够找到正整数 x 和 y，使其满足较弱的条件

$$x^2 \equiv y^2 (\bmod n), \qquad 0 < y < x < n, \qquad \text{并且 } x + y \neq n, \qquad (12.20)$$

就有可能分解 n 了. 其原因在于：如果（12.20）成立，那么 n 整除 $x^2 - y^2 = (x+y)(x-y)$; 如果 n 既不整除 $x - y$，也不整除 $x + y$，那么 $(n, x-y)$ 和 $(n, x+y)$ 是 n 的因子，并且它们都不等于 1 或 n. 我们可以用欧几里得算法快速地找到这些因子.

例 12.17 $29^2 - 17^2 = 841 - 289 = 552 \equiv 0 (\bmod 69)$. 由于 $29^2 - 17^2 = (29-17)(29+17) \equiv 0 (\bmod 69)$，并且 $(29-17, 69) = (12, 69)$ 和 $(29+17, 69) = (46, 69)$ 都不等于 1 或 69，而且都是 69 的因子. 利用欧几里得算法，我们可以求出这些因子，它们为 $(12, 69) = 3$ 和 $(46, 69) = 23$. ◀

$\sqrt{n}$ 的连分数展开式可以用于求解同余方程 $x^2 \equiv y^2 (\bmod n)$. 下面的定理就是求解的基础.

定理 12.24 设 n 为一个正整数，并且不是完全平方数. 定义 $\alpha_k = (P_k + \sqrt{n})/Q_k$，$a_k = [\alpha_k]$，$P_{k+1} = a_k Q_k - P_k$ 和 $Q_{k+1} = (n - P_{k+1}^2)/Q_k$，$k = 0, 1, 2, \cdots$，其中 $\alpha_0 = \sqrt{n}$. 进一步，令 p_k/q_k 表示 $\sqrt{n}$ 的简单连分数展开式的第 k 个收敛子. 那么，

$$p_k^2 - n q_k^2 = (-1)^{k-1} Q_{k+1}.$$

定理 12.24 的证明依赖于下面有用的引理.

引理 12.6 令 $r + s\sqrt{n} = t + u\sqrt{n}$，其中 r, s, t, u 都是有理数，n 为正整数，且不为完全平方数. 那么 $r = t$ 且 $s = u$.

证明 因为 $r + s\sqrt{n} = t + u\sqrt{n}$，所以如果 $s \neq u$，那么

$$\sqrt{n} = \frac{r-t}{u-s}.$$

因为 $(r-t)/(u-s)$ 是有理数，而 $\sqrt{n}$ 是无理数，所以 $s = u$，进而 $r = t$. ∎

现在，我们可以证明定理 12.24 了.

证明 因为 $\sqrt{n} = \alpha_0 = [a_0; a_1, a_2, \cdots, a_k, \alpha_{k+1}]$，所以由定理 12.9，

$$\sqrt{n} = \frac{\alpha_{k+1} p_k + p_{k-1}}{\alpha_{k+1} q_k + q_{k-1}}.$$

由 $\alpha_{k+1} = (P_{k+1} + \sqrt{n})/Q_{k+1}$ 得，

$$\sqrt{n} = \frac{(P_{k+1} + \sqrt{n})p_k + Q_{k+1} P_{k-1}}{(P_{k+1} + \sqrt{n})q_k + Q_{k+1} q_{k-1}}.$$

因此，

$$n q_k + (P_{k+1} q_k + Q_{k+1} q_{k-1})\sqrt{n} = (P_{k+1} p_k + Q_{k+1} p_{k-1}) + p_k \sqrt{n}.$$

由引理 12.6 得，$n q_k = P_{k+1} p_k + Q_{k+1} p_{k-1}$ 及 $P_{k+1} q_k + Q_{k+1} q_{k-1} = p_k$. 上两式分别乘以 q_k 和

p_k，再用第二式减去第一式，通过化简，并应用定理 12.10，我们得到

$$p_k^2 - nq_k^2 = (p_k q_{k-1} - p_{k-1} q_k) Q_{k+1} = (-1)^{k-1} Q_{k+1},$$

这样就完成了证明. ∎

现在，我们概括地描述一下用于分解整数 n 的连分数算法，它是由 D. H. Lehmer 和 R. E. Powers 在 1931 年提出的，并于 1975 年由 J. Brillhart 和 M. A. Morrison 进一步发展（细节请参考[LePo31]和[MoBr75]）. 假设序列 p_k，q_k，Q_k，a_k 和 α_k 就是通常计算$\sqrt{n}$的连分数展开式中所定义的量. 由定理 12.24，对于每一个非负整数 k，有

$$p_k^2 \equiv (-1)^{k-1} Q_{k+1} (\bmod\ n),$$

其中 p_k 和 Q_{k+1} 如定理中所定义. 现在，假设 k 是奇数，并且 Q_{k+1} 是一个平方数，即 $Q_{k+1} = s^2$，其中 s 是一个正整数. 那么 $p_k^2 \equiv s^2 (\bmod\ n)$，这样就可以通过这个同余方程来分解 n 了. 简而言之，为了分解 n，只需要实现定理 12.10 中所描述的求$\sqrt{n}$的连分数展开式的算法. 我们在序列 $\{Q_k\}$ 的下标为偶数的项中搜索值为平方数的项. 每一个这样的项都有可能得到 n 的一个非平凡因子（也有可能仅仅得到 $n = 1 \cdot n$）. 我们将在下面两个例子中描述这个算法.

例 12.18 用连分数算法来分解 1037. 令 $\alpha = \sqrt{1037} = (0 + \sqrt{1037})/1$，其中 $P_0 = 1$，$Q_0 = 1$，由此生成 P_k，Q_k，α_k 和 a_k. 我们在序列 $\{Q_k\}$ 的下标为偶数的项中搜索值为平方数的项. 可以看到 $Q_1 = 13$，$Q_2 = 49$. 由于 $49 = 7^2$ 是个平方数，并且 Q_2 的下标为偶数，所以考察同余方程 $p_1^2 \equiv (-1)^2 Q_2 (\bmod\ 1037)$. 计算序列 $\{p_k\}$ 的各项，可以求出 $p_1 = 129$. 这样就有同余式 $129^2 \equiv 49 (\bmod\ 1037)$. 因此，$129^2 - 7^2 = (129 - 7)(129 + 7) \equiv 0 (\bmod\ 1037)$. 于是就有了 1037 的因子 $(129 - 7, 1037) = (122, 1037) = 61$ 和 $(129 + 7, 1037) = (136, 1037) = 17$. ◀

例 12.19 用连分数算法求出 1 000 009 的因子（仿照[Ri85]中的计算）. 首先 $Q_1 = 9$，$Q_2 = 445$，$Q_3 = 873$ 和 $Q_4 = 81$. 因为 $81 = 9^2$ 是平方数，所以考察同余方程 $p_3^2 \equiv (-1)^4 \times Q_4 (\bmod\ 1 000 009)$. 然而，$p_3 = 2 000 009 \equiv -9 (\bmod\ 1 000 009)$，因此 $p_3 + 9$ 可以被 1 000 009 整除. 这样，我们就没有从这里得到任何 1 000 009 的因子.

我们继续计算，直到能在序列 $\{Q_k\}$ 的下标为偶数的项中找到另一个平方数为止. 当 $k = 18$ 时，$Q_{18} = 16$. 可以计算出 $p_{17} = 494 881$. 由同余方程 $p_{17}^2 \equiv (-1)^{18} Q_{18} (\bmod\ 1 000 009)$，我们有 $494 881^2 \equiv 4^2 (\bmod\ 1 000 009)$. 这样就有了 1 000 009 的因子 $(494 881 - 4, 1 000 009) = (494 877, 1 000 009) = 293$ 和 $(494 881 + 4, 1 000 009) = (494 885, 1 000 009) = 3413$. ◀

基于连分数展开式的更强的方法在[Di84]、[Gu75]和[WaSm87]中有详细描述. 我们将在习题中描述其中一种.

12.5 节习题

1. 用同余式 $19^2 \equiv 2^2 (\bmod\ 119)$ 求出 119 的因子.

2. 用连分数算法分解 1537.

3. 用连分数算法分解 13 290 059.（提示：用计算机程序产生 $\sqrt{13\,290\,059}$ 的连分数的 Q_k. 需要计算超过 50 项.）

4. 若 n 为一正整数，p_1，p_2，$\cdots$，p_m 为素数. 设存在整数 x_1，x_2，$\cdots$，x_r 使得

$$x_1^2 \equiv (-1)^{e_{01}} p_1^{e_{11}} \cdots p_m^{e_{m1}} \pmod{n},$$
$$x_2^2 \equiv (-1)^{e_{02}} p_1^{e_{12}} \cdots p_m^{e_{m2}} \pmod{n},$$
$$\vdots$$
$$x_r^2 \equiv (-1)^{e_{0r}} p_1^{e_{1r}} \cdots p_m^{e_{mr}} \pmod{n},$$

其中

$$e_{01} + e_{02} + \cdots + e_{0r} = 2e_0$$
$$e_{11} + e_{12} + \cdots + e_{1r} = 2e_1$$
$$\vdots$$
$$e_{m1} + e_{m2} + \cdots + e_{mr} = 2e_m.$$

   证明：$x^2 \equiv y^2 \pmod{n}$，其中 $x = x_1 x_2 \cdots x_r$ 和 $y = (-1)^{e_0} p_1^{e_1} \cdots p_r^{e_r}$. 解释如何使用这些信息分解 n. 这里，素数 p_1，p_2，$\cdots p_r$ 连同 -1 被称为因子基.

5. 证明：通过令 $x_1 = 17$，$x_2 = 19$ 且以 $\{3, 5\}$ 为因子基可以分解 143.

6. 设 n 为一正整数，p_1，p_2，$\cdots$，p_r 为素数. 设 $Q_{k_i} = \prod_{j=1}^{r} p_j^{k_{ij}}$，$i = 1,\cdots,t$，其中整数 Q_i 的定义如同其在 $\sqrt{n}$ 的连分数中的定义. 解释 $\sum_{i=1}^{t} k_i$ 和 $\sum_{i=1}^{t} k_{ij}$（$j = 1, 2, \cdots, r$）为偶数时，如何分解 n.

7. 证明：使用 $\sqrt{12\,007\,001}$ 的连分数展开式，并以 -1，2，31，71，97 为因子基，可以对 $12\,007\,001$ 进行因子分解.（提示：使用 $Q_1 = 2^3 \cdot 97$，$Q_{12} = 2^4 \cdot 71$，$Q_{28} = 2^{11}$，$Q_{34} = 31 \cdot 97$ 及 $Q_{41} = 31 \cdot 71$，并证明 $p_0 p_{11} p_{27} p_{33} p_{40} = 9\,815\,310$.）

8. 使用 $\sqrt{197\,209}$ 的连分数展开式，并以 2，3，5 为因子基，分解 197 209.

计算和研究

1. 使用连分数算法分解 $F_7 = 2^{2^7} + 1$.

*2. 使用连分数算法找到 N_{11} 的素因子分解，其中 N_j 是下面所定义的序列的第 j 项：$N_1 = 2$，$N_{j+1} = p_1 p_2 \cdots p_j + 1$，这里 p_j 为 N_j 的最大素因子.（例如：$N_2 = 3$，$N_3 = 7$，$N_4 = 43$，$N_5 = 1807$，等等.）

程序设计

*1. 使用连分数算法分解正整数.

**2. 使用因子基和连分数展开式分解正整数（参见习题6）.

第 13 章　某些非线性丢番图方程

如果对一个方程只求解它的整数(或有理数)解,便称该方程为**丢番图方程**(diophantine equation).我们已经研究了一类简单的丢番图方程,即线性丢番图方程(3.6 节).我们已学会如何求一个线性丢番图方程的全部整数解,但如何求解非线性丢番图方程呢?

有一个深刻的定理(超出了本书的范围)表明,没有适用于求解所有非线性丢番图方程的通用方法.然而,对于某些特定的非线性丢番图方程以及一些非线性丢番图方程的特定族,人们已经得到了一些结果.本章将讲述几种类型的非线性丢番图方程.首先,我们考虑丢番图方程 $x^2 + y^2 = z^2$,这是直角三角形的边长所满足的方程.满足该方程的整数三元组 (x, y, z) 称作毕达哥拉斯三元组,我们可以给出其精确的表达式,之后可以通过几何手段寻找单位圆上的有理点来证明该表达式.

在讨论了丢番图方程 $x^2 + y^2 = z^2$ 后,我们将考虑著名的丢番图方程 $x^n + y^n = z^n$,这里 n 为大于 2 的整数.也就是说,我们感兴趣的是两个整数的 n 次幂的和是否为另一个整数的 n 次幂,这里三个整数中的任何一个都不为 0.费马声称该丢番图方程在 $n > 2$ 时没有解(即众所周知的费马大定理),但是 350 多年来没有人能给出它的证明.1995 年,怀尔斯(Andrew Wiles)首次给出了该定理的证明,从而终止了数学上最大的挑战之一.费马大定理的证明远远超出了本书的范围,但是我们可以对 $n = 4$ 的情形给出一个证明.

接下来,我们将考虑把整数表示成一些平方数的和的问题,从而判定哪些整数可以表示成两个平方数的和.进一步,我们将证明任何一个正整数都是四个平方数的和.

我们还将研究丢番图方程 $x^2 - dy^2 = 1$,即著名的**佩尔方程**(Pell's equation).我们将证明可以用 $\sqrt{d}$ 的简单连分数来求该方程的解,这为连分数的应用又提供了一个有力的例证.

最后,我们将研究著名的同余数问题,该问题是判断有哪些整数是以整数为三条边长的直角三角形的面积.近些年通过对某些三次丢番图方程(即椭圆曲线)的研究,对这一古老问题的研究有了不少进展.我们将展示找出某些椭圆曲线上的有理点是如何应用在同余数问题的研究上的.

13.1　毕达哥拉斯三元组

毕达哥拉斯定理表明,直角三角形的两条直角边的平方和等于斜边的平方.相反,对于任何一个三角形,如果它的两条边的平方和等于第三边的平方,那么它就是直角三角形.因此,如果想找到所有具有整数边长的直角三角形,只需要找到满足下面丢番图方程的所有正整数三元组 x, y, z 即可:

$$x^2 + y^2 = z^2. \tag{13.1}$$

满足这个方程的正整数三元组被称为毕达哥拉斯三元组,这是以古希腊数学家毕达哥拉斯的名字命名的.类似地称三条边长是整数的直角三角形的毕达哥拉斯三角形.

例 13.1　三元组 $(3, 4, 5)$;$(6, 8, 10)$ 和 $(5, 12, 13)$ 都是毕达哥拉斯三元组,因为

$$3^2 + 4^2 = 5^2,\quad 6^2 + 8^2 = 10^2 \text{ 和 } 5^2 + 12^2 = 13^2.$$

不同于大多数非线性丢番图方程，(13.1)的所有整数解是可以用公式显式描述的．在推导这个公式之前，我们需要如下定义：

定义　一个毕达哥拉斯三元组(x, y, z)称为**本原的**，如果x，y，z互素，即$(x, y, z) = 1$.（以其为三条边的三角形称作**本原直角三角形**.）

毕达哥拉斯(Pythagoras，公元前约572—约500)生于希腊的萨摩斯岛．在进行了广泛的游学后，毕达哥拉斯在古希腊的克罗托纳（现位于意大利南部）创建了其著名的学校．

该学校除了是一个致力于研究数学、哲学和科学的学术组织外，还是学员进行神秘仪式的地点．学员们自称是毕达哥拉斯的追随者，不发表任何东西，并且把所有发现归功于毕达哥拉斯本人．然而，人们相信是毕达哥拉斯本人发现了现在所说的毕达哥拉斯定理，即$a^2 + b^2 = c^2$，其中a，b和c分别是直角三角形的两直角边和斜边的长度．毕达哥拉斯学派相信，理解世界的关键在于自然数和形式．他们的中心信条是"万物皆数"．由于对自然数的痴迷，毕达哥拉斯学派在数论方面做出了很多发现．特别地，他们研究过完全数和亲和数，因为他们觉得这些数具有神秘的性质．

注记　记号(x, y, z)也用来表示数的有序的三元组或是x，y，z的最大公因子．一般而言，可通过上下文来判断其具体的含义．

例 13.2　毕达哥拉斯三元组$(3, 4, 5)$和$(5, 12, 13)$是本原的，而$(6, 8, 10)$不是本原的．

设(x, y, z)为一个毕达哥拉斯三元组且$(x, y, z) = d$. 则有整数x_1，y_1，z_1，满足$x = dx_1$，$y = dy_1$，$z = dz_1$，且$(x_1, y_1, z_1) = 1$. 进一步，因为

$$x^2 + y^2 = z^2,$$

所以有

$$(x/d)^2 + (y/d)^2 = (z/d)^2,$$

于是

$$x_1^2 + y_1^2 = z_1^2.$$

因而，(x_1, y_1, z_1)是一个本原毕达哥拉斯三元组，而原来的三元组(x, y, z)是本原毕达哥拉斯三元组的整数倍．

而且，我们还可以注意到，一个本原（或任意）毕达哥拉斯三元组的任意整数倍仍是一个毕达哥拉斯三元组．设(x_1, y_1, z_1)是一个本原毕达哥拉斯三元组，则有

$$x_1^2 + y_1^2 = z_1^2,$$

因而

$$(dx_1)^2 + (dy_1)^2 = (dz_1)^2,$$

所以(dx_1, dy_1, dz_1)也是一个毕达哥拉斯三元组．

因此，所有的毕达哥拉斯三元组都可以通过本原毕达哥拉斯三元组的整数倍而得到．为了找到所有本原毕达哥拉斯三元组，我们需要一些引理．第一个引理告诉我们，本原毕

达哥拉斯三元组的任意两个整数互素.

引理 13.1 如果 (x, y, z) 为一个本原毕达哥拉斯三元组，则 $(x, y) = (y, z) = (x, z) = 1$.

证明 假设 (x, y, z) 为一个本原毕达哥拉斯三元组且 $(x, y) > 1$，则存在素数 p，使得 $p \mid (x, y)$，因此 $p \mid x$ 且 $p \mid y$，所以 $p \mid (x^2 + y^2) = z^2$，由 $p \mid z^2$ 知 $p \mid z$. 这与 $(x, y, z) = 1$ 矛盾. 因此 $(x, y) = 1$，同理可得 $(y, z) = (x, z) = 1$. ■

接下来，我们建立一个关于本原毕达哥拉斯三元组的整数的奇偶性的引理.

引理 13.2 设 (x, y, z) 为一个本原毕达哥拉斯三元组，则 x 为偶数且 y 为奇数或者 x 为奇数且 y 为偶数.

证明 设 (x, y, z) 为一个本原毕达哥拉斯三元组. 由引理 13.1 知，$(x, y) = 1$，从而 x, y 不可能同为偶数. x, y 也不可能同为奇数. 若 x, y 同为奇数，则

$$x^2 \equiv y^2 \equiv 1 \pmod 4,$$

从而

$$z^2 = x^2 + y^2 \equiv 2 \pmod 4.$$

这是不可能的. 所以，x 为偶数且 y 为奇数，或者 x 为奇数且 y 为偶数. ■

我们需要的最后一个引理是算术基本定理的推论. 它表明，如果两个互素的整数的乘积是一个平方数，那么这两个数都必须是平方数.

引理 13.3 若 r, s 和 t 为正整数，且 $(r, s) = 1$，$rs = t^2$，则存在整数 m, n，使得 $r = m^2$，$s = n^2$.

证明 若 $r = 1$ 或 $s = 1$，则结论显然成立，所以可以假设 $r > 1$ 且 $s > 1$. 设 r, s 和 t 的素幂因子分解分别为

$$r = p_1^{a_1} p_2^{a_2} \cdots p_u^{a_u},$$
$$s = p_{u+1}^{a_{u+1}} p_{u+2}^{a_{u+2}} \cdots p_v^{a_v},$$
$$t = q_1^{b_1} q_2^{b_2} \cdots q_k^{b_k}.$$

因为 $(r, s) = 1$，故 r 和 s 的因子分解中出现的素数是不同的. 由于 $rs = t^2$，所以

$$p_1^{a_1} p_2^{a_2} \cdots p_u^{a_u} p_{u+1}^{a_{u+1}} p_{u+2}^{a_{u+2}} \cdots p_v^{a_v} = q_1^{2b_1} q_2^{2b_2} \cdots q_k^{2b_k}.$$

由算术基本定理，上述方程两边出现的素因子的方幂是相同的. 也就是说，每一个 p_i 必须等于某一个 q_j，而且指数相等，即 $a_i = 2b_j$. 因此，所有指数 a_i 都是偶数，因而 $\dfrac{a_i}{2}$ 是一个整数. 令

$$m = p_1^{a_1/2} p_2^{a_2/2} \cdots p_u^{a_u/2}$$

和

$$n = p_{u+1}^{a_{u+1}/2} p_{u+2}^{a_{u+2}/2} \cdots p_v^{a_v/2},$$

则 $r = m^2$，$s = n^2$. ■

我们现在可以证明想要的描述所有本原毕达哥拉斯三元组的结果了.

定理 13.1 正整数 x, y, z 构成一个本原毕达哥拉斯三元组且 y 为偶数，当且仅当存在互素的正整数 m, n，$m > n$，其中 m 为奇数 n 为偶数，或者 m 为偶数 n 为奇数，并且满足

$$x = m^2 - n^2,$$
$$y = 2mn,$$
$$z = m^2 + n^2.$$

证明　设 (x, y, z) 为一个本原毕达哥拉斯三元组，我们将证明存在整数 m，n 满足定理的条件. 引理 13.2 表明，x 为奇数 y 为偶数，或者 x 为偶数 y 为奇数. 由于假定 y 为偶数，故 x，z 均为奇数，从而 $z+x$ 和 $z-x$ 都是偶数，所以存在正整数 r，s 满足 $r=(z+x)/2$，$s=(z-x)/2$.

由于 $x^2 + y^2 = z^2$，所以有 $y^2 = z^2 - x^2 = (z+x)(z-x)$，从而

$$\left(\frac{y}{2}\right)^2 = \left(\frac{z+x}{2}\right)\left(\frac{z-x}{2}\right) = rs.$$

注意到 $(r, s)=1$. 事实上，如果 $(r, s)=d$，那么因为 $d \mid r$，$d \mid s$，所以 $d \mid (r+s) = z$ 并且 $d \mid (r-s) = x$，这意味着 $d \mid (x, z) = 1$，所以 $d=1$.

由引理 13.3 可知，存在正整数 m 和 n 满足 $r = m^2$ 和 $s = n^2$. 把 x，y，z 写成 m 和 n 的表达式的形式：

$$x = r - s = m^2 - n^2,$$
$$y = \sqrt{4rs} = \sqrt{4m^2 n^2} = 2mn,$$
$$z = r + s = m^2 + n^2.$$

由于 m 和 n 的任一公因子都整除 $x=m^2-n^2$，$y=2mn$ 和 $z=m^2+n^2$ 且 $(x, y, z)=1$，所以 $(m, n)=1$. m 和 n 还不能同为奇数，否则，x，y，z 均为偶数，与 $(x, y, z)=1$ 矛盾. 由于 $(m, n)=1$ 且 m 和 n 不能同为奇数，所以 m 为奇数 n 为偶数，或者 m 为偶数 n 为奇数. 这就证明了每个本原毕达哥拉斯三元组具有想要的形式.

要完成证明，我们必须证明每一个三元组

$$x = m^2 - n^2,$$
$$y = 2mn,$$
$$z = m^2 + n^2$$

构成一个本原毕达哥拉斯三元组，其中 m，n 为正整数，$m > n$，$(m, n)=1$ 且 $m \not\equiv n \pmod 2$. 首先 m^2-n^2，$2mn$，m^2+n^2 构成一个毕达哥拉斯三元组，这是因为

$$
\begin{aligned}
x^2 + y^2 &= (m^2 - n^2)^2 + (2mn)^2 \\
&= (m^4 - 2m^2 n^2 + n^4) + 4m^2 n^2 \\
&= m^4 + 2m^2 n^2 + n^4 \\
&= (m^2 + n^2)^2 \\
&= z^2.
\end{aligned}
$$

要证 x，y，z 构成一个本原毕达哥拉斯三元组，只需证明 x，y，z 是两两互素的. 假设 $(x, y, z)=d>1$，则有素数 $p \mid (x, y, z)$. 由于 x 是奇数（因为 $x = m^2 - n^2$，且 m^2 和 n^2 的奇偶性相反），故 $p \neq 2$. 由 $p \mid x$，$p \mid z$ 知 $p \mid (z+x) = 2m^2$，$p \mid (z-x) = 2n^2$，从而 $p \mid m$ 且 $p \mid n$，这与 $(m, n)=1$ 矛盾. 因此 $(x, y, z)=1$，即 (x, y, z) 是一个本原毕达哥拉斯三元组. ∎

下面的例子说明使用定理 13.1 产生一个本原毕达哥拉斯三元组.

例 13.3 令 $m=5$ 和 $n=2$，则 $(m, n)=1$，$m \not\equiv n \pmod 2$ 且 $m>n$. 因此，由定理 13.1 可知，

$$x = m^2 - n^2 = 5^2 - 2^2 = 21,$$
$$y = 2mn = 2 \cdot 5 \cdot 2 = 20,$$
$$z = m^2 + n^2 = 5^2 + 2^2 = 29$$

构成一个本原毕达哥拉斯三元组.

表 13.1 列举了所有用定理 13.1 产生的满足 $m \leqslant 6$ 的本原毕达哥拉斯三元组.

表 13.1　一些本原毕达哥拉斯三元组

m	n	$x=m^2-n^2$	$y=2mn$	$z=m^2+n^2$
2	1	3	4	5
3	2	5	12	13
4	1	15	8	17
4	3	7	24	25
5	2	21	20	29
5	4	9	40	41
6	1	35	12	37
6	5	11	60	61

单位圆上的有理点

现在我们关注丢番图几何中的问题，丢番图几何是寻找代数曲线上哪些坐标均为有理数或整数的点的数学分支. 曲线上这种坐标均为有理数的点被称为曲线上的有理点，我们将利用几何方式来找出单位圆 $x^2+y^2=1$ 上的有理点.

找出单位圆上的有理点的一个好处是可以得到这些有理点相对应的毕达哥拉斯三元组，这两者间的关系如下文所述. 设 a，b，c 为整数，$c \neq 0$，$a^2+b^2=c^2$（因此当 a，b，c 为正整数时，(a, b, c) 是毕达哥拉斯三元组）. 该方程两边同除以 c^2，得到

$$\left(\frac{a}{c}\right)^2 + \left(\frac{b}{c}\right)^2 = 1.$$

故点 $\left(\dfrac{a}{c}, \dfrac{b}{c}\right)$ 是单位圆 $x^2+y^2=1$ 上的一个有理点，所以说每个毕达哥拉斯三元组均在单位圆上有有理点与其对应.

反过来，设点 (x, y) 是单位圆上的有理点，则 $x^2+y^2=1$，其中 x，y 为有理数. 将 x 与 y 表为两个整数商的形式，并选择它们分母的最小公倍数，则可将 x，y 写为 $x=\dfrac{a}{c}$，$y=\dfrac{b}{c}$，其中 a，b，c 为整数，$c \neq 0$，且

$$\left(\frac{a}{c}\right)^2 + \left(\frac{b}{c}\right)^2 = 1.$$

两边同乘 c^2，则有 $a^2+b^2=c^2$，故若 a 与 b 均为正数，那么 (a, b, c) 为毕达哥拉斯三元组.

现在我们利用一些几何上很简单的思想来找出单位圆上的有理点. 首先我们已知 $(0, 1)$，$(0, -1)$，$(1, 0)$，$(-1, 0)$ 为圆上的有理点，在这四点中从 $(-1, 0)$ 开始，注意到若 (x, y) 是平面上的有理点，则 (x, y) 与 $(-1, 0)$ 之间连线的斜率为 $t=\dfrac{y}{(x+1)}$，这也是一个有理数. 现在假设 t 为有理数，并考虑通过 $(-1, 0)$ 的直线 $y=t(x+1)$，我们发现其与单位圆交于第二个有理点（参看图 13.1）. 因此可用有理数 t 来参数化单位圆上的所有有理点.（一般而言，一个曲线的参数化是指用一个或几个变量表达该曲线上的点.）

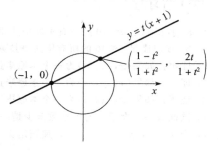

图 13.1   单位圆上有理点的参数化

为找出直线 $y=t(x+1)$ 与单位圆 $x^2+y^2=1$ 的交点，将 y 用 $t(x+1)$ 代入来求解 x，则有
$$x^2+t^2(x+1)^2=1.$$

两边同减 1，并分解 x^2-1 得
$$(x^2-1)+t^2(x+1)^2=(x+1)(x-1)+t^2(x+1)^2=0.$$

提取公因子 $x+1$ 可得
$$(x+1)[(x-1)+t^2(x+1)]=0.$$

注意到 $x=-1$ 为其中一解，这是因为 $(-1, 0)$ 在这条线上，x 其余的解可通过求解下面方程得到：
$$(x-1)+t^2(x+1)=0.$$

可解出 $x=(1-t^2)/(1+t^2)$. 通过直线的方程 $y=t(x+1)$ 得出 y 值为
$$y=t(x+1)=t\left(\frac{1-t^2}{1+t^2}+1\right)=t\left(\frac{1-t^2}{1+t^2}+\frac{1+t^2}{1+t^2}\right)=\frac{2t}{1+t^2}.$$

可以推断出直线 $y=t(x+1)$ 与单位圆的第二个交点为 $\left(\dfrac{1-t^2}{1+t^2}, \dfrac{2t}{1+t^2}\right)$，其坐标均为 t 的有理函数，故若 t 为理数，则该交点为有理点.（有理数 t 的有理函数是有理的，因为它们是两个关于 t 的多项式的商，有理数的积、和、商仍是有理数.）

如此我们得到单位圆上的所有有理点，即 $(-1, 0)$ 与所有形如 $\left(\dfrac{1-t^2}{1+t^2}, \dfrac{2t}{1+t^2}\right)$ 的点，其中 t 为有理数.

若令 $t=\dfrac{m}{n}$，其中 m, n 为正整数，则在上述单位圆上有理点的参数方程中，我们得到一个毕达哥拉斯三元组的公式，即给定正整数 m, n，可得到单位圆上的有理点 $\left(\dfrac{m^2-n^2}{m^2+n^2}, \dfrac{2mn}{m^2+n^2}\right)$，从早先的讨论中可知 $(m^2-n^2, 2mn, m^2+n^2)$ 为一个毕达哥拉斯三元组.

当得到单位圆上的有理点时，我们便得到了代数曲线 $f(x, y)=0$ 上的有理点，其中 $f(x, y)$ 为整系数的多项式. 这是一类重要的丢番图问题. 将有理点用有理数 t 表示出，我们得到该曲线的一个有理参数化，更多的代数曲线的有理参数化的例子可参看习题21~24.

13.1 节习题

1. a) 找出满足 $z \leqslant 40$ 的所有本原毕达哥拉斯三元组 (x, y, z).

   b) 找出满足 $z \leqslant 40$ 的所有毕达哥拉斯三元组 (x, y, z).

2. 证明：如果 (x, y, z) 为一个本原毕达哥拉斯三元组，那么 x 或者 y 可被 3 整除.

3. 证明：如果 (x, y, z) 为一个本原毕达哥拉斯三元组，那么 x, y 或 z 中恰有一个被 5 整除.

4. 证明：如果 (x, y, z) 为一个本原毕达哥拉斯三元组，那么 x, y 或 z 中至少有一个被 4 整除.

5. 试证每一个大于 2 的正整数至少是一个毕达哥拉斯三元组的一部分.

6. 令 $x_1 = 3$, $y_1 = 4$, $z_1 = 5$, 递归定义 $x_n, y_n, z_n (n = 2, 3, 4, \cdots)$ 如下：
$$x_{n+1} = 3x_n + 2z_n + 1,$$
$$y_{n+1} = 3x_n + 2z_n + 2,$$
$$z_{n+1} = 4x_n + 3z_n + 2.$$

   证明 (x_n, y_n, z_n) 为一个毕达哥拉斯三元组.

7. 证明：若 (x, y, z) 为满足 $y = x + 1$ 的毕达哥拉斯三元组，则 (x, y, z) 为习题 6 中给出的毕达哥拉斯三元组中的一个.

8. 求出丢番图方程 $x^2 + 2y^2 = z^2$ 的所有正整数解.

9. 求出丢番图方程 $x^2 + 3y^2 = z^2$ 的所有正整数解.

* 10. 求出丢番图方程 $w^2 + x^2 + y^2 = z^2$ 的所有正整数解.

11. 找出包含 12 的所有毕达哥拉斯三元组.

12. 给出所有满足 $z = y + 1$ 的毕达哥拉斯三元组 (x, y, z) 的公式.

13. 给出所有满足 $z = y + 2$ 的毕达哥拉斯三元组 (x, y, z) 的公式.

* 14. 试证：对一个固定的整数 x，毕达哥拉斯三元组 (x, y, z)（满足 $x^2 + y^2 = z^2$）的数目在 x 为奇数时为 $(\tau(x^2) - 1)/2$，x 为偶数时为 $(\tau(x^2/4) - 1)/2$.

* 15. 求出丢番图方程 $x^2 + py^2 = z^2$ 的所有正整数解，其中 p 为素数.

16. 求出丢番图方程 $1/x^2 + 1/y^2 = 1/z^2$ 的所有正整数解.

17. 证明 $f_n f_{n+3}$, $2f_{n+1} f_{n+2}$ 和 $f_{n+1}^2 + f_{n+2}^2$ 构成一个毕达哥拉斯三元组，其中 f_k 为第 k 个斐波那契数.

18. 求出所有边长为整数值且面积等于周长的直角三角形的边长.

19. 通过计算过点 $(1, 0)$ 斜率为有理数 t 的直线与单位圆 $x^2 + y^2 = 1$ 的交点来找出单位圆上的所有有理点.

20. 通过计算过点 $(0, 1)$ 斜率为有理数 t 的直线与单位圆 $x^2 + y^2 = 1$ 的交点来找出单位圆上的所有有理点.

21. 通过计算过点 $(1, 1)$ 斜率为有理数 t 的直线与圆 $x^2 + y^2 = 2$ 的交点来找出该圆上的所有有理点.

22. 通过计算过点 $(1, 1)$ 斜率为有理数 t 的直线与椭圆 $x^2 + 3y^2 = 4$ 的交点来找出该椭圆上的所有有理点.

23. 通过计算过点 $(-1, 0)$ 斜率为有理数 t 的直线与椭圆 $x^2 + xy + y^2 = 1$ 的交点来找出该椭圆上的所有有理点.

24. 设 d 为正整数，通过计算过点 $(-1, 0)$ 斜率为有理数 t 的直线与双曲线 $x^2 - dy^2 = 1$ 的交点来找出该双曲线上的所有有理点.

25. 证明圆 $x^2 + y^2 = 3$ 上没有有理点.

26. 证明圆 $x^2 + y^2 = 15$ 上没有有理点.

27. 找出单位球面 $x^2 + y^2 + z^2 = 1$ 上的所有有理点.

   （提示：采用球极平面投影将此单位球面投影到平面 $z = 0$ 上. 该投影将球面上的点 (x, y, z) 映到点 $(u, v, 0)$. 点 $(u, v, 0)$ 是经过点 (x, y, z) 与球面上北极点 $(0, 0, 1)$ 的直线与平面 $z = 0$ 的交点. 用对应该交点的两个有理参数 u 和 v 来参数化单位球面上的所有有理点.）

计算和研究

1. 找到尽可能多的毕达哥拉斯三元组(x, y, z)，其中 x, y, z 中的每一个都是某个整数的平方减 1. 你认为会有无限多个这样的三元组吗？

2. 设 $\Delta(n)$ 为斜边长小于 n 的毕达哥拉斯三元组的数目. 计算 $\Delta(10^i)$，$1 \leqslant i \leqslant 6$. 对这些 i 值，分析 $\Delta(10^i)/10^i$，试给出随着 n 的增长 $\Delta(n)/n$ 的渐近公式.

程序设计

1. 给定正整数 n，求所有包含 n 的毕达哥拉斯三元组.

2. 给定正整数 n，求所有斜边 $<n$ 的毕达哥拉斯三元组.

3. 给定正整数 n，求斜边 $<n$ 的本原毕达哥拉斯三元组的数目.

13.2 费马大定理

在前一节中，我们证明了丢番图方程 $x^2 + y^2 = z^2$ 有无穷多组非零整数解. 如果将该方程中的指数 2 换成大于 2 的整数，又会如何呢？在一本关于丢番图工作的手抄本中，紧接着其上关于 $x^2 + y^2 = z^2$ 的讨论，费马在页边的空白处写道：

"将一个整数的 3 次方写成两个整数的 3 次方之和、一个整数的 4 次方写成两个整数的 4 次方之和，甚至一般而言，将一个整数的 n 次方写成两个整数的 n 次方之和，无论如何都是不可能做到的. 对于这一点，我找到了一个真正绝妙的证明，但是空白太小了，写不下."

对于 $n=4$ 的特殊情形，费马确实有一个证明. 稍后，我们将运用他的基本方法给出这种情形下的证明. 虽然我们永远不会知道费马是否真的证明了所有 $n>2$ 情形下的结论，但是数学家们相信他是几乎没有可能做到. 直到 1800 年，费马写在那本关于丢番图工作的书上的页边空白处的所有其他论断都已被解决了，有些被证明了，有些则被指出是错误的. 不管怎样，下面的定理却被称为费马大定理.

定理 13.2（费马大定理）　丢番图方程 $x^n + y^n = z^n$ 无非零整数解，其中 n 是整数，且 $n \geqslant 3$.

注意，如果可以证明在 p 为奇素数时丢番图方程

$$x^p + y^p = z^p$$

没有非零整数解，那么就能证明费马大定理是正确的.（见本节的习题 2.）

对费马大定理证明的求索挑战了数学家们超过 350 年. 很多伟大的数学家都曾致力于该问题的研究，但是都没有达到最终的成功. 然而，一系列有趣的局部解被建立了起来，并且数论的一些新领域也在这些探索中应运而生. 第一个关于费马大定理的重要的进展是 1770 年欧拉关于该定理在 $n=3$ 情形下的证明.（即欧拉证明了 $x^3 + y^3 = z^3$ 没有非零整数解.）但欧拉的证明有一个严重错误，不过没过多久，勒让德设法弥补了这个漏洞.

1805 年，法国数学家索菲·热尔曼（Sophie Germain）证明了一个关于费马大定理的一般性结论，而不只是针对某个指数 n 的特殊值. 她证明了如果 p 和 $2p+1$ 都是素数，那么在整数 x, y, z 满足 $xyz \neq 0$ 并且 p 不整除 xyz 的条件下，$x^p + y^p = z^p$ 无整数解. 作为一个特殊情况，她指出如果 $x^5 + y^5 = z^5$ 要有整数解，那么 x, y, z 中必有一个能被 5 整除. 1825 年，运用费马证明 $n=4$ 时使用的无穷下降法（稍后，我们将在本节中给出该证明），狄利克雷和勒让德分别独立地证明了 $n=5$ 的情形. 14 年后，拉梅使用无穷下降法证明了 $n=7$ 的情形.

索菲·热尔曼(Sophie Germain，1776—1831)出生于巴黎，一直利用她父亲丰富的藏书资料接受家庭教育．她在十几岁的时候得知阿基米德被罗马人杀死的事后就决定学习数学．开始时她读欧拉和牛顿的作品．热尔曼虽然没听过课，但她设法得到大学课程的笔记加以学习．她学习了拉格朗日讲座的笔记后，便以拉白朗(M. LeBlanc)为笔名给他写信．拉格朗日非常惊讶信中展示出来的才华，便要求见其人一面，结果发现写信人是一位年轻的女士．热尔曼以拉白朗之名跟许多数学家通信，其中包括勒让德，勒让德在他的书《数论》(Theorie des Nombres)中收录了热尔曼的许多发现．她对弹性力学和声学的数学理论也做出了很重要的贡献．高斯对她的工作很赞赏，推荐哥廷根大学授予热尔曼博士学位．很不幸的是，她还没有来得及接受这个学位就因病去世了．

19 世纪中期，数学家们为证明任意指数 n 的费马大定理开辟了一些新的途径，其中最大的成就是德国数学家库默尔(Ernst Kummer)做出的．他认识到基于对某些代数整数集具有唯一素因子分解的假设所做的看似可行的方法注定是要失败的．为了克服这个困难，库默尔发展出一套理论来支撑唯一素因子分解．他的基本思想是"理想数"的概念．运用这一概念，库默尔能够证明对于一大类素数(即所谓的"正则素数")费马大定理是成立的．虽然存在一些而且可能有无穷多素数是非正则的，但是库默尔的工作表明费马大定理对很多 n 都是成立的．特别地，库默尔的工作表明费马大定理对于除了 37，59 和 67 之外的小于 100 的素数指数是成立的，因为小于 100 的素数中只有这三个是非正则的．库默尔引入"理想数"不仅导致了代数数论的产生(后来发展为一个重要的研究领域)，还导致了抽象代数的环论的产生．对于库默尔的理论不起作用的 37、59、67 和其他一些非正则素数，人们后来发展了一系列更为有效的处理技巧．

恩斯特·爱德华·库默尔(Ernst Eduard Kummer，1810—1893)生于普鲁士(今德国)的索拉乌．他的父亲是位物理学家，卒于 1813 年．在 1819 年进入索拉乌文法中学之前，库默尔一直在家接受私人教育．他 1828 年进入哈雷大学学习神学，他的哲学课程的训练包括对数学的研究．在他的数学教授薛克(H. F. Scherk)的鼓励下，库默尔转学数学作为主要研究领域．1831 年他在哈雷大学获得博士学位，同年在母校索拉乌文法中学教书．第二年他来到利格尼茨(今波兰莱格尼察市)文法中学教书十年．他在函数论方面的研究(包括对高斯在超几何级数上工作的推广)吸引了德国一流数学家的注意，他们推荐他到大学任教．

1842 年库默尔任职于布雷斯劳大学(今波兰弗罗茨瓦夫)，开始在数论领域的研究．1843 年，在试图证明费马大定理的时候，他引进了"理想数"的概念．虽然通过这个概念并不能证明费马大定理，但是库默尔的思想导致了抽象代数和代数数论新的研究领域的产生．1855 年他到柏林大学任教直到 1883 年退休．

库默尔是一位受欢迎的老师，以讲课清晰、幽默和关心学生而闻名．他结过两次婚，第一任太太是狄利克雷妻子的表妹，她于婚后第 8 年(即 1848 年)去世．

1983 年，德国数学家格德·法尔廷斯证明了当整数 $n \geq 3$ 时 $x^n + y^n = z^n$ 只有有限个非零的整数解. 当然,如果该有限数能被证明是 0,则费马大定理得证. 对于费马大定理的最终证明始于 1986 年,德国数学家格哈德·佛莱(Gerhard Frey)首次将费马大定理与椭圆曲线联系起来. 由于连接两个看似无关的领域,他的工作让数学家们为之震惊.

用计算机对一些不同的数值进行测试能够证明对于特定的 n 值费马大定理是正确的. 1977 年,萨姆·瓦格斯塔夫(Sam Wagstaff)使用这样的测试(耗费数年的机时)证实,对于 $n \leqslant 125\,000$ 的所有指数 n 费马大定理都是正确的. 1993 年,这样的测试证实 $n < 4 \cdot 10^6$ 时,费马大定理是正确的. 然而,此时没有任何费马大定理的证明出现.

到了 1993 年,安德鲁·怀尔斯(Andrew Wiles)——普林斯顿大学的一名教授,宣布他能够证明费马大定理,因而震惊了整个数学界. 他通过在英国剑桥的一系列讲座来说明此事. 他没有给别人任何提示这个讲座就是那个众所周知的定理的证明. 他所给出的证明是其七年独立工作的顶峰. 该证明使用了椭圆曲线中大量极为深奥的理论. 怀尔斯的论证给知识渊博的数学家们以深刻的印象,于是有传言说费马大定理最终被证明了. 然而,当怀尔斯长达 200 页的手稿被仔细研究时,出现了一个严重的错误. 虽然人们一度认为这个证明的缺陷是无法弥补的,但在一年多以后,怀尔斯(在泰勒(R. Taylor)的帮助下)设法完成了所剩部分的证明. 在 1995 年,怀尔斯出版了修订后的费马大定理的证明,这次只有 125 页长. 该版本通过了认真的检查. 怀尔斯的证明标志着对于费马大定理长达 350 多年的证明求索之路的终结.

 安德鲁·怀尔斯(Andrew Wiles,1953—)10 岁时在图书馆看到一本述及费马大定理的书,从此就迷上了这一问题. 他对此问题看似简单但没有任何一个伟大的数学家能解决它而深受触动,而且知道自己永远不会放弃这个问题. 1971 年,怀尔斯进入牛津大学默顿学院学习,1974 年获学士学位,同年进入剑桥大学克莱尔学院攻读博士学位,在约翰·科茨(John Coates)的指导下研究椭圆曲线,从 1977 年到 1980 年,他担任克莱尔学院的研究员和哈佛大学的本杰明·皮尔斯(Benjamin Pierce)助理教授. 1981 年他在普林斯顿高等研究院任研究员,1982 年被聘为普林斯顿大学的教授. 他于 1985 年获得古根海姆(Guggenheim)奖,并在法国高等科学研究院和巴黎高等师范学院做了一年的研究. 然而,他并没有意识到正是在椭圆曲线领域多年的研究帮助他解决了这个困扰他多年的问题.

怀尔斯对于费马大定理的证明是少数几个被大众媒体报道的数学发现之一. PBS 制作了关于这一发现的一期非常棒的 NOVA 节目(相关信息可以在 PBS 的网站上找到). 关于这个证明的综合信息还可以参考西蒙·辛格(Simon Singh)所著的《费马之谜:对世界最伟大数学问题的世纪求索》(Fermat's Enigma:The Epic Quest to Solve the World's Greatest Mathematical Problem)([Si97]). 还有一篇关于该定理的详细论述[CoSiSt97],其中囊括了证明中所使用的椭圆曲线理论. 怀尔斯的原始证明已出版在 1995 年的《数学年鉴》(Annals of Mathematics)([Wi95])中.

对于想了解费马大定理历史以及想了解这个猜想如何导致代数数论产生的读者,可以参阅[Ed96]、[Ri79]和[Va96].

怀尔斯七年求解之路

　　1986 年，怀尔斯知道了佛莱和瑞贝(Ribet)的研究结果，他们的工作表明费马大定理可从椭圆曲线理论中的一个猜想导出，这个猜想就是志村-谷山猜想(Shimura-Taniyama Conjecture). 他意识到这很有可能是解决费马大定理的一种有效途径，他放弃了正在进行的其他研究，全身心地投入对费马大定理的证明中.

　　在最开始的几年中，他与同事们分享他的进展. 后来他认为这些讨论虽然能吸引很多人的兴趣，但也使他受到很大的干扰. 在独立集中研究费马大定理的七年中，他决定他的时间只能用在"他的问题"和他的家庭上. 他最好的放松方法就是工作之余陪伴他的孩子们.

　　1993 年，怀尔斯向几个同事透露他已经快完成对费马大定理的证明了. 在修补了他认为的几个纰漏后，他在剑桥做了一场演讲，讲了证明的提纲. 尽管这个证明看起来像其他许多证明一样有致命伤，数学家们还是普遍认为怀尔斯得出了一个有效的证明. 在他写完结论准备发表的时候发现了一个微小但严重的错误. 怀尔斯继续勤奋工作，在以前的一个学生的协助下，用了一年多的时间，在几乎要放弃的情况下，他终于找到一种方法弥补好了这个漏洞.

　　怀尔斯的成功给他带来了数不清的荣誉和嘉奖，同时也带给他心灵上的宁静. 他曾经说过"证明了这个问题后有一种失落感，但是同时也带来了巨大的自由感. 在过去的 8 年中，我始终被这个问题困扰着，成天想着它，从起床开始一直到睡觉前. 这个漫长的探索过程终于结束了. 我的心灵也可以得到休息了."

沃尔夫斯克尔奖

　　证明出费马大定理除了会带来名声外，还有额外的物质奖励. 1908 年，德国实业家保罗·沃尔夫斯克尔(Paul Wolfskehl)立下遗嘱，给哥廷根科学院设一个奖项，奖励第一个证明出费马大定理的人 10 万马克. 不幸的是，在 1908 年到 1912 年间，出现了上千多个不正确的证明试图染指这份奖金，这些证明大多印在自制的小册子上. (很多人没有经过严谨的数学训练并且对什么是正确的证明没有清楚的认识，就试图解决一些著名的问题，比如费马大定理，就算有的没有设立奖金也要证明). 尽管怀尔斯的证明已经被认为是正确的，哥廷根科学院还是花了两年时间去确认这个证明是有效的，之后他们才把奖金颁发给怀尔斯.

　　有谣言说因为通货膨胀奖金已经不值几文了，也许可能只有 1 芬尼(一种德国硬币)了，但是怀尔斯还是得到了大概 5 万美元. 10 万马克的奖金本来值 150 万美元左右，"一战"后由于德国恶性通货膨胀变得只值 50 万美元了. "二战"后西德马克的引进进一步加剧了它的贬值. 很多人在想为什么沃尔夫斯克尔要留这么一大笔奖金给第一个证明出费马大定理的人. 有浪漫倾向的人相信这样一个传闻，当沃尔夫斯克尔被他爱恋的女子抛弃后试图自杀，让他重新获得活下去的意愿就是因为他遇到了费马大定理. 但是更为现实的自传研究者认为他的捐献是为了报复他妻子玛丽. 他的家族强迫他娶了玛丽，所以他不想让自己死后的财产由他的妻子继承，而把它奖励给第一个能证明出费马大定理的人.

n = 4 时的证明

对于 $n=4$ 所给出的证明使用了费马发明的无穷下降法. 该方法基于正整数的良序性质, 运用反证法, 通过揭示每一个解都有一个"更小"的解, 进而与良序性质相违背, 最终达到证明丢番图方程没有解的目的.

使用无穷下降法, 我们将证明丢番图方程 $x^4+y^4=z^2$ 关于 x, y, z 没有非零整数解. 这个结果比 $n=4$ 时的费马大定理要强, 因为 $x^4+y^4=z^4=(z^2)^2$ 的解一定可以导出 $x^4+y^4=z^2$ 的解.

定理 13.3   丢番图方程

$$x^4 + y^4 = z^2$$

关于 x, y, z 没有非零整数解.

证明   假设该方程存在非零整数解 x, y, z. 因为用变量的相反数代入该方程不改变方程的正确性, 所以可以假设 x, y, z 都是正整数.

我们还可以假设 $(x, y)=1$, 理由如下: 设 $(x, y)=d$, 则 $x=dx_1$, $y=dy_1$, 且 $(x_1, y_1)=1$, 其中 x_1 和 y_1 都是正整数. 由 $x^4+y^4=z^2$, 我们有

$$(dx_1)^4 + (dy_1)^4 = z^2,$$

于是

$$d^4(x_1^4 + y_1^4) = z^2.$$

因此 $d^4 \mid z^2$, 由 3.5 节的习题 43, 可知 $d^2 \mid z$. 因此, $z=d^2 z_1$, 其中 z_1 是正整数. 于是,

$$d^4(x_1^4 + y_1^4) = (d^2 z_1)^2 = d^4 z_1^2,$$

所以

$$x_1^4 + y_1^4 = z_1^2.$$

这就给出了 $x^4+y^4=z^2$ 的一组正整数解 $x=x_1$, $y=y_1$, $z=z_1$, 且 $(x_1, y_1)=1$.

设正整数 $x=x_0$, $y=y_0$ 和 $z=z_0$ 是 $x^4+y^4=z^2$ 的一组解, 并且 $(x_0, y_0)=1$. 以下将证明存在另一组正整数解 $x=x_1$, $y=y_1$, $z=z_1$, 其中 $(x_1, y_1)=1$, 满足 $z_1 < z_0$.

由 $x_0^4+y_0^4=z_0^2$ 得

$$(x_0^2)^2 + (y_0^2)^2 = z_0^2,$$

于是 x_0^2, y_0^2, z_0 构成一个毕达哥拉斯三元组. 进一步有 $(x_0^2, y_0^2)=1$, 因为如果存在素数 p 使得 $p \mid x_0^2$, $p \mid y_0^2$, 那么 $p \mid x_0$ 且 $p \mid y_0$, 这与 $(x_0, y_0)=1$ 矛盾. 因此, x_0^2, y_0^2, z_0 是一个本原毕达哥拉斯三元组, 由定理 13.1 可知, 存在正整数 m 和 n, $(m, n)=1$, $m \not\equiv n \pmod 2$, 且

$$x_0^2 = m^2 - n^2,$$
$$y_0^2 = 2mn,$$
$$z_0 = m^2 + n^2,$$

其中, 为了保证 y_0^2 是偶数, 在必要的时候我们交换 x_0^2 和 y_0^2.

由 x_0^2 的表达式可知

$$x_0^2 + n^2 = m^2.$$

由于 $(m, n) = 1$，所以 x_0，n，m 构成了一个本原毕达哥拉斯三元组，其中 m 是奇数，n 为偶数. 再一次使用定理 13.1，可知存在正整数 r 和 s，其中 $(r, s) = 1$，$r \not\equiv s \pmod 2$，并且

$$x_0 = r^2 - s^2,$$
$$n = 2rs,$$
$$m = r^2 + s^2.$$

由于 m 是奇数并且 $(m, n) = 1$，所以 $(m, 2n) = 1$. 因为 $y_0^2 = (2n)m$，故引理 13.3 表明存在正整数 z_1 和 w，使得 $m = z_1^2$，$2n = w^2$. 因为 w 是偶数，所以可令 $w = 2v$，其中 v 是一个正整数，从而

$$v^2 = n/2 = rs.$$

因为 $(r, s) = 1$，故引理 13.3 表明存在正整数 x_1 和 y_1 使得 $r = x_1^2$ 和 $s = y_1^2$. 因为 $(r, s) = 1$，易知 $(x_1, y_1) = 1$. 因此，

$$x_1^4 + y_1^4 = r^2 + s^2 = m = z_1^2,$$

其中 x_1，y_1，z_1 是正整数且 $(x_1, y_1) = 1$. 而且我们有 $z_1 < z_0$，这是因为

$$z_1 \leqslant z_1^4 = m^2 < m^2 + n^2 = z_0.$$

为完成证明，我们假设 $x^4 + y^4 = z^2$ 至少有一个整数解. 由良序性可知在所有的正整数解中，对于变量 z，存在一个最小值 z_0. 然而，我们已经证明，通过这个解可以找到一个更小的 z，这就导致了矛盾. 至此，我们用无穷下降法完成了对该定理的证明.   ∎

关于一些丢番图方程的猜想

数学中一个长久得不到证明的猜想的解决往往会引出新的猜想. 当然，费马大定理就是这样一个典型的例子. 例如，安德鲁·比尔（Andrew Beal）——一位银行家和业余数学家，猜想费马大定理在更一般的条件下也是正确的，即 $x^n + y^n = z^n$ 中的三个指数可以是不同的.

比尔猜想   方程 $x^a + y^b = z^c$ 在 $a \geqslant 3$，$b \geqslant 3$，$c \geqslant 3$ 且 $(x, y) = (y, z) = (x, z) = 1$ 的情况下，不存在正整数解.

比尔猜想还没有被解决. 为了引起别人对这个猜想的兴趣，安德鲁·比尔为它的证明或反例提供了十万美元的奖金.

20 世纪 90 年代费马大定理的证明使得与丢番图方程有关的猜想中最著名的一个被解决了. 令人惊讶的是，在 2002 年，另一个众所周知且长时间得不到证明的与丢番图方程有关的猜想也被解决了. 1844 年，比利时数学家尤金·卡塔兰（Eugene Catalan）猜想同为整数幂次的相邻正整数只有 $8 = 2^3$ 和 $9 = 3^2$ 一对. 换句话说，他做了如下猜想：

卡塔兰猜想   丢番图方程

$$x^m - y^n = 1$$

在 $m \geqslant 2$，$n \geqslant 2$ 时，除了 $x = 3$，$y = 2$ 和 $m = 2$，$n = 3$ 以外，没有其他正整数解.

早在 14 世纪，莱维·本·热尔松（Levi ben Gerson）就证明了 8 和 9 是唯一以 2 和 3 为

底数的连续整数，即他证明了在 $m \geqslant 2$，$n \geqslant 2$ 时，如果 $3^n - 2^m \neq \pm 1$，那么必有 $m = 3$，$n = 2$. 从那之后，卡塔兰猜想的某些情形逐渐被解决. 到了 18 世纪，欧拉使用无穷下降法证明了连续的三次方数和平方数只有 8 和 9 这一对. 即他证明了丢番图方程 $x^3 - y^2 = \pm 1$ 存在唯一解——$x = 2$ 和 $y = 3$. 19 世纪和 20 世纪初又有了一些新的进展，在 1976 年，蒂德曼(R. Tijdeman)证明了卡塔兰方程至多存在有限个解. 直到 2002 年，才最终由普雷达·米哈伊列斯库(Preda Mihailescu)证明了卡塔兰猜想的正确性.

莱维·本·热尔松(Levi ben Gerson, 1288—1344)出生于法国南部的巴诺斯，是一个多才多艺的人. 他是犹太哲学家和圣经专家、数学家、天文学家和物理学家. 他很有可能是靠行医来谋生的，尤其是因为他从未获得犹太法学博士的职位. 人们除了知道他曾经在奥汉吉和阿维尼翁生活过外，对于他的生活细节一无所知. 1321 年，莱维写了《数字之书》(The Book of Numbers)，这是一本有关算术运算的书，包括开根. 后来他还写过《论正弦、弦和弧》(On Sines, Chords and Arcs)，这是一本讲述三角学的书，其精确的正弦函数取值表在很长时间里被引用. 1343 年，莫城主教邀请莱维写一本关于欧几里得的前五部书的注释的书，这本书他称为《数之和谐》(The Harmony of Numbers). 莱维还发明了一种名叫雅各布标尺(Jacob's staff)的仪器以测量天体之间的角距离. 他观察日食和月食并建立了一种基于他所收集的数据的新天文模型. 他的哲学著作很多，对中世纪的哲学做出了重要的贡献.

莱维跟一些著名的基督教徒都保持联系，而且他的思想以广博著称. 教皇克莱门特六世曾经把一些莱维的天文学方面的书翻译成拉丁文，天文学家开普勒后来参考过这个翻译版本. 很幸运的是莱维居住在普罗旺斯，教皇对这个地方的犹太人提供了一些保护，不像法国其他的任何地方. 但是，在宗教迫害时期，莱维的工作异常困难，甚至使得他无法获得几个重要的犹太奖学金.

为了统一费马大定理和用于证明卡塔兰猜想的米哈伊列斯库定理，一个新的猜想被提了出来.

费马-卡塔兰猜想 方程 $x^a + y^b = z^c$ 在 $(x, y) = (y, z) = (x, z) = 1$ 且 $\dfrac{1}{a} + \dfrac{1}{b} + \dfrac{1}{c} < 1$ 的条件下至多存在有限多个解.

费马-卡塔兰猜想现在还是悬而未决. 到目前为止，满足该猜想的丢番图方程的解仅有 10 个，它们是：

$$1 + 2^3 = 3^2,$$
$$2^5 + 7^2 = 3^4,$$
$$7^3 + 13^2 = 2^9,$$
$$2^7 + 17^3 = 71^2,$$
$$3^5 + 11^4 = 122^2,$$
$$17^7 + 76\,271^3 = 21\,063\,928^2,$$
$$1414^3 + 2\,213\,459^2 = 65^7,$$
$$9262^3 + 15\,312\,283^2 = 113^7,$$
$$43^8 + 96\,222^3 = 30\,042\,907^2,$$
$$33^8 + 1\,549\,034^2 = 15\,613^3.$$

尤金·卡塔兰（Eugène Catalan，1814—1894）出生于比利时的布鲁日，1835 年毕业于综合工科学院，之后他分配到马恩河畔沙龙（Châlons-sur-Marne）教书．1838 年，在他的校友约瑟夫·刘维尔的帮助下，他在综合工科学院获得一个教几何的讲师的职位．刘维尔很欣赏卡塔兰的数学天赋．但是由于他支持法国共和的政治活动，卡塔兰的职业受到了当局的干扰．卡塔拉在数论和数学其他领域发表了大量的论文，其中最著名的就是他定义了一些名为"卡塔兰数"的数字，这些数字经常出现在计数问题中．利用这些数字，他确定了由不相交对角线把一个多边形分割成三角形的数目．卡塔兰并不是第一个解决这个问题的人．18 世纪的谢格奈（Segner）解决过这个问题，但他的证明不如卡塔兰的证明优美．

abc 猜想

1985 年，约瑟夫·欧斯特列（Joseph Oesterlé）和大卫·马瑟（David Masser）提出了一个猜想，并激起了众多数学家的兴趣．如果这个猜想是成立的，那么它可以用来求解很多著名的丢番图方程．在介绍这个猜想之前，我们先引入一些符号．

定义　设 n 为一个正整数，则 $\mathrm{rad}(n)$ 表示 n 的不同素因子的乘积．$\mathrm{rad}(n)$ 也被称为 n 的无平方部分，因为它可以通过消去 n 的素因子分解式中那些产生平方项的因子得到．

例 13.4　如果 $n = 2^4 \cdot 3^2 \cdot 5^3 \cdot 7^2 \cdot 11$，那么 $\mathrm{rad}(n) = 2 \cdot 3 \cdot 5 \cdot 7 \cdot 11 = 2310$. ◀

我们现在给出这个猜想．

abc 猜想　对于任意实数 $\varepsilon > 0$，存在一个常数 $K(\varepsilon)$，使得如果存在整数 a，b，c 满足 $a + b = c$ 和 $(a, b) = 1$，那么就有

$$\max(|a|, |b|, |c|) < K(\varepsilon)(\mathrm{rad}(abc))^{1+\varepsilon}.$$

一些很深刻的结果已经被证明是该猜想的推论．如果要展开讲这个猜想的背景和动机，那我们就会离主题太远了．若想了解该猜想的由来和有关结果，可以参阅[GrTu02]和[Ma00]．在下面的例子中，我们将展示 abc 猜想是如何用于证明与费马大定理相关的结论的．

例 13.5　应用 abc 猜想得到一个费马大定理的局部解．下面讨论的依据是格兰维尔（Granville）和塔克（Tucker）[GrTu02]的结果．假设有

$$x^n + y^n = z^n,$$

其中 x，y，z 是两两互素的整数．令 $a = x^n$，$b = y^n$，$c = z^n$．可从下式估计 $\mathrm{rad}(abc) = \mathrm{rad}(x^n y^n z^n)$：

$$\mathrm{rad}(x^n y^n z^n) = \mathrm{rad}(xyz) \leqslant xyz < z^3.$$

等式 $\mathrm{rad}(x^n y^n z^n) = \mathrm{rad}(xyz)$ 成立是因为整除 $x^n y^n z^n$ 的素数和整除 xyz 的素数是一样的．上式中第一个不等式成立是因为 $\mathrm{rad}(m) \leqslant m$ 对任意正整数 m 成立，后一个不等式成立是因为 x 和 y 都是正数，并且 $x < z$，$y < z$．

现在应用 abc 猜想并注意到 $\max(|a|, |b|, |c|) = z^n$，于是对于任意实数 $\varepsilon > 0$，都存在一个常数 $K(\varepsilon) > 0$，使得

$$z^n \leqslant K(\varepsilon)(z^3)^{1+\varepsilon}.$$

如果令 $\varepsilon = 1/6$，$n \geqslant 4$，则很容易得到 $n - 3(1+\varepsilon) \geqslant n/8$．进而可推出

$$z^n \leqslant K(1/6)^8,$$

其中 $K(1/6)$ 是对应于 $\varepsilon = 1/6$ 的常数 $K(\varepsilon)$．所以 $z \leqslant K(1/6)^{8/n}$．因此，当 $n \geqslant 4$ 时，$x^n + y^n = z^n$ 的解 x，y，z 都小于一个固定的上界．进而，该方程只存在有限个解． ◀

13.2 节习题

1. 证明：如果 x，y，z 构成一个毕达哥拉斯三元组，并且整数 $n > 2$，那么 $x^n + y^n \neq z^n$．

2. 在命题"当 p 为奇素数时，$x^p + y^p = z^p$ 无非零整数解"成立的条件下，试证明费马大定理是定理 13.3 的推论．

3. 设 p 为素数，利用费马小定理证明：
   a) 如果 $x^{p-1} + y^{p-1} = z^{p-1}$，那么 $p \mid xyz$．
   b) 如果 $x^p + y^p = z^p$，那么 $p \mid (x+y-z)$．

➤ 4. 使用无穷下降法证明丢番图方程 $x^4 - y^4 = z^2$ 没有非零整数解．

5. 利用习题 4 证明：整数边长的直角三角形的面积不可能是完全平方数．

* 6. 证明丢番图方程 $x^4 + 4y^4 = z^2$ 没有非零整数解．

* 7. 证明丢番图方程 $x^4 + 8y^4 = z^2$ 没有非零整数解．

8. 证明丢番图方程 $x^4 + 3y^4 = z^2$ 有无穷多解．

9. 求出丢番图方程 $y^2 = x^4 + 1$ 的所有有理数解．

令 k 为一整数，$y^2 = x^3 + k$ 形式的丢番图方程被称为**巴舍方程**，它是以 17 世纪早期的法国数学家克劳德·巴舍（Claude Bachet）的名字命名的．

克劳德·葛斯派·巴舍·德梅齐里亚克（Claude Gaspar Bachet de Méziriac，1581—1638）出生于法国布雷斯地区的布尔格．他的父亲是位贵族，在省最高法院任职．他在萨伏依公国的耶稣会接受了早期教育．后来，他又在帕多瓦、里昂和米兰耶稣会学习．1601 年，他进入米兰耶稣修道会教书．不幸的是 1602 年他生病并离开了耶稣修道会．他决定依靠他在布雷斯地区的布尔格的庄园过悠闲的生活，那里的庄园给他提供了丰厚的收入．巴舍于 1612 年结婚．除了 1619~1620 年住在巴黎外，巴舍基本上住在他的庄园里．在巴黎的时候，有人建议他担任路易十三的家庭教师，这导致了他匆忙离开了皇宫．

巴舍在数论方面的工作主要是丢番图方程．1612 年，他给出了关于线性丢番图方程的一个完整的讨论．1621 年，巴舍猜想每个正整数都可以表示成 4 个整数的平方和．他对该猜想一直验证到了 325．1621 年，巴舍还讨论了现在以他的名字命名的丢番图方程．然而，他最有名的工作就是把丢番图的《算术》从希腊文翻译成拉丁文．就是在这一版书中，费马在空白处对现在所谓的费马大定理写下了一些笔记．巴舍还写了一些关于数学谜题方面的书．他的著作成为后来大多数数学娱乐读物的基础．巴舍还提出一种构造幻方的方法．1635 年他当选为法兰西学院院士．

巴舍另外也有一些文学作品发行，包括用法语、意大利语和拉丁语所写的一些诗歌、翻译的一些宗教作品和奥维德的作品，他还出版了一本名为《Délices》的法语诗歌选集．

10. 证明巴舍方程 $y^2 = x^3 + 7$ 无解．（提示：先在方程两边各加 1，再考虑模 4 的同余运算．）

* 11. 证明巴舍方程 $y^2 = x^3 + 23$ 无整数解 x 和 y．（提示：考虑此方程模 4 的同余运算．）

*12. 证明巴舍方程 $y^2=x^3+45$ 无整数解 x 和 y. (提示：考虑此方程模 8 的同余运算.)

13. 证明：在毕达哥拉斯三元组中，至多存在一个平方数.

14. 对于丢番图方程 $x^2+y^2=z^3$, 证明：由任意正整数 k, 可由它构造出一组解 $x=3k^2-1$, $y=k(k^2-3)$ 和 $z=k^2+1$, 进而证明该方程有无穷多组整数解.

15. 这道习题是索菲·热尔曼于 1805 年所证的一个定理. 假设有奇素数 n 和 p, 使得只要整数 x, y, z 满足 $x^n+y^n+z^n\equiv 0\pmod{p}$, 就有 $p\,|\,xyz$. 进一步假设同余方程 $w^n\equiv n\pmod{p}$ 无解. 请证明：如果整数 x, y, z 满足 $x^n+y^n+z^n=0$, 那么就有 $n\,|\,xyz$.

16. 证明丢番图方程 $w^3+x^3+y^3=z^3$ 有无穷多个非平凡解. (提示：令 $w=9zk^4$, $x=z(1-9k^3)$, $y=3zk\times(1-3k^3)$, 其中 z 和 k 都是非零整数.)

17. 能否找到四个连续的正整数，使得前三个数的三次方之和等于第四个数的三次方？

18. 证明丢番图方程 $w^4+x^4=y^4+z^4$ 有无穷多个非平凡解. (提示：欧拉通过设 $w=m^7+m^5n^2-2m^3n^4+3m^2n^5+mn^6$, $x=m^6n-3m^5n^2-2m^4n^3+m^2n^5+n^7$, $y=m^7+m^5n^2-2m^3n^4-3m^2n^5+mn^6$, $z=m^6n+3m^5n^2-2m^4n^3+m^2n^5+n^7$ 证明了该命题，其中 m, n 为正整数.)

19. 证明丢番图方程 $3^n-2^m=-1$ 的唯一正整数解为 $m=2$, $n=1$.

20. 证明丢番图方程 $3^n-2^m=1$ 的唯一正整数解为 $m=3$, $n=2$.

21. 丢番图方程 $x^2+y^2+z^2=3xyz$ 被称为马尔可夫(Markov)方程.
    a) 证明：如果 $x=a$, $y=b$ 和 $z=c$ 是马尔可夫方程的解，那么 $x=a$, $y=b$ 和 $z=3ab-c$ 为其另一组解.
    *b) 证明：马尔可夫方程的每一组正整数解都能从解 $x=1$, $y=1$, $z=1$ 开始通过(a)中的公式迭代产生.

*22. 将 abc 猜想应用到卡塔兰方程 $x^m-y^n=1$ 中，以得到卡塔兰猜想的局部解，其中整数 m 和 n 都大于等于 2.

*23. 应用 abc 猜想证明：当次数足够大时，比尔猜想中的相应方程无解.

计算和研究

1. 欧拉曾经猜想：总数少于 n 的若干个非零整数的 n 次幂之和不可能等于一个整数的 n 次幂. 通过找到四个整数使其五次方之和等于另一个整数的五次方来说明该猜想是不对的(1966 年由兰德(Lander)和帕金(Parkin)证明了这一点). 你能找出更多的反例吗？

2. 任给一个正整数 n, 尽可能多地找出 n 次方之和相等的数对.

程序设计

1. 任给一个正整数 n, 寻找丢番图方程 $x^n+y^n=z^n$ 的解.
2. 生成丢番图方程 $x^2+y^2=z^3$ 的解(参见习题 16).
3. 任给一个正整数 k, 寻找巴舍方程 $y^2=x^3+k$ 的整数解.
4. 生成习题 21 中所定义的马尔可夫方程的解.

13.3 平方和

历史上数学家一直对将整数表示为整数的平方和这个问题很感兴趣. 这些数学家中，丢番图、费马、欧拉和拉格朗日等对该问题做出了重要贡献. 本节中，我们将讨论两个这样的问题：哪些整数可以表示成两个整数的平方和？能够使得任意正整数表示成 n 个整数的平方和的最小的 n 是多少？

首先考虑第一个问题. 并不是所有的正整数都能表示为两个整数的平方和. 事实上，如果 n 是 $4k+3$ 这样的形式，那么它就不能表示为两个整数的平方和. 这是因为对于任意

整数 a，都有 $a^2\equiv 0$ 或 $1(\mod 4)$，进而 $x^2+y^2\equiv 0$，1，$2(\mod 4)$.

为了推测哪些整数能表示为两个整数的平方和，我们首先检验一些小的正整数.

例 13.6 在前 20 个正整数中，我们有

$1=0^2+1^2$,	11 不是两个整数的平方和,
$2=1^2+1^2$,	12 不是两个整数的平方和,
3 不是两个整数的平方和,	$13=3^2+2^2$,
$4=2^2+0^2$,	14 不是两个整数的平方和,
$5=2^2+1^2$,	15 不是两个整数的平方和,
6 不是两个整数的平方和,	$16=4^2+0^2$,
7 不是两个整数的平方和,	$17=4^2+1^2$,
$8=2^2+2^2$,	$18=3^2+3^2$,
$9=3^2+0^2$,	19 不是两个整数的平方和,
$10=3^2+1^2$,	$20=2^2+4^2$.

从例 13.6 中，我们并不能明显地看出哪些整数可以写成两个整数的平方和.（你能从那些无法表示为两个整数的平方和的数中找到一些规律吗?）

现在开始证明一个整数能否表示成两个整数的平方和，取决于这个整数的素因子分解. 这有两个原因：第一，两个整数如果都能表示为两个整数的平方和，那么它们的乘积也能表示为两个整数的平方和；第二，一个素数可以表示为两个整数的平方和当且仅当它不是 $4k+3$ 的形式. 我们将证明这两个结论，然后给出一个定理及其证明，它能够指出哪些整数可以表示为两个整数的平方和.

能够表示成两个整数平方和的整数的乘积仍然可以表示为两个整数的平方和，这个定理的证明基于一个重要的代数恒等式，在本节中我们将多次使用.

定理 13.4 如果 m 和 n 都可以表示为两个整数的平方和，那么 mn 同样也可以表示为两个整数的平方和.

证明 令 $m=a^2+b^2$ 且 $n=c^2+d^2$. 那么有
$$mn=(a^2+b^2)(c^2+d^2)=(ac+bd)^2+(ad-bc)^2. \tag{13.2}$$
读者可以通过将上式两边展开很容易地验证等式成立. ∎

例 13.7 因为 $5=2^2+1^2$，$13=3^2+2^2$，故由 (13.2) 可得
$$65=5\cdot 13=(2^2+1^2)(3^2+2^2)$$
$$=(2\cdot 3+1\cdot 2)^2+(2\cdot 2-1\cdot 3)^2=8^2+1^2.$$

一个非常重要的结论是：每一个 $4k+1$ 形式的素数都可以表示为两个整数的平方和. 为证明这个结论，我们需要下面的引理.

引理 13.4 如果 p 是一个 $4m+1$ 形式的素数，其中 m 是整数，那么存在整数 x 和 y，使得 $x^2+y^2=kp$ 对于某个小于 p 的正整数 k 成立.

证明 由定理 11.5 知，-1 是 p 的二次剩余. 因此存在整数 a，$a<p$，使得 $a^2\equiv -1(\mod p)$，从而存在某个正整数 k，使得 $a^2+1=kp$ 成立. 因此，$x^2+y^2=kp$，其中 $x=a$，$y=1$. 由不等式 $kp=x^2+y^2\leqslant (p-1)^2+1<p^2$ 可知 $k<p$. ∎

现在可以证明下面的定理了，它将告诉我们，不是 $4k+3$ 形式的所有素数都可以表示

成两个整数的平方和.

定理 13.5 如果 p 不是 $4k+3$ 形式的素数，那么存在整数 x 和 y 使得 $x^2+y^2=p$.

证明 注意到 2 可以表示成两个整数的平方和，即 $1^2+1^2=2$. 现在，假设素数 p 是 $4k+1$ 的形式. 令 m 是使得 $x^2+y^2=mp$ 有整数解 x 和 y 的最小正整数. 由引理 13.4 可知，m 存在并且 $m<p$. 由良序性可知，使得 $x^2+y^2=mp$ 有整数解的最小正整数是存在的. 下面将证明 $m=1$.

假设 $m>1$，定义
$$a \equiv x(\bmod m), \qquad b \equiv y(\bmod m)$$
并且
$$-m/2 < a \leqslant m/2, \quad -m/2 < b \leqslant m/2.$$
于是 $a^2+b^2 \equiv x^2+y^2=mp \equiv 0(\bmod m)$. 因此存在整数 k，使得
$$a^2+b^2=km.$$
我们有
$$(a^2+b^2)(x^2+y^2)=(km)(mp)=km^2p.$$
由 (13.2)，有
$$(a^2+b^2)(x^2+y^2)=(ax+by)^2+(ay-bx)^2.$$
进一步，由于 $a \equiv x(\bmod m)$，$b \equiv y(\bmod m)$，所以
$$ax+by \equiv x^2+y^2 \equiv 0(\bmod m)$$
$$ay-bx \equiv xy-yx \equiv 0(\bmod m).$$
因此，$(ax+by)/m$ 和 $(ay-bx)/m$ 都是整数，于是
$$\left(\frac{ax+by}{m}\right)^2+\left(\frac{ax-by}{m}\right)^2=km^2p/m^2=kp$$
是两个整数的平方和. 如果能够证明 $0<k<m$，那么就与 m 是使得 $x^2+y^2=mp$ 有整数解的最小正整数矛盾. 我们知道 $a^2+b^2=km$，其中 $-m/2<a \leqslant m/2$，$-m/2<b \leqslant m/2$. 因此 $a^2 \leqslant m^2/4$，$b^2 \leqslant m^2/4$. 于是
$$0 \leqslant km=a^2+b^2 \leqslant 2(m^2/4)=m^2/2.$$
进而 $0 \leqslant k \leqslant m/2$，这样就有 $k<m$. 最后剩下的部分是要证明 $k \neq 0$. 如果 $k=0$，就有 $a^2+b^2=0$. 于是 $a=b=0$，故 $x \equiv y \equiv 0(\bmod m)$，即 $m|x$，$m|y$. 又因为 $x^2+y^2=mp$，所以 $m^2|mp$，进而 $m|p$. 因为 m 小于 p，所以 $m=1$. 这样就完成了证明. ∎

现在，我们可以将各个部分组合在一起，从而证明根据正整数能否表示为两个整数的平方和对其分类的重要结论.

定理 13.6 正整数 n 可以表示为两个整数的平方和，当且仅当 n 的每一个 $4k+3$ 形式的素因子在 n 的素因子分解式中为偶次方.

证明 设在 n 的素因子分解中没有 $4k+3$ 形式的素因子以奇次方出现. 我们将 n 写为 $n=t^2u$，其中 u 是素数的乘积. 没有 $4k+3$ 形式的素数在 u 中出现. 根据定理 13.5，u 中的每一个素因子都可以写为两个整数的平方和. 应用定理 13.4 若干次（比 u 中不同素因子的个数少一），就可以将 u 写为两个整数的平方和，即
$$u=x^2+y^2.$$

进而 n 就可写为两个整数的平方和:

$$n = (tx)^2 + (ty)^2.$$

接下来,假设存在一个素数 p,$p \equiv 3 \pmod 4$,它出现在 n 的素因子分解中,并且为奇次方,记其幂次为 $(2j+1)$. 进一步,假设 n 能够表示为两个整数的平方和,即

$$n = x^2 + y^2.$$

令 $(x, y) = d$,$a = x/d$,$b = y/d$,并且 $m = n/d^2$. 于是 $(a, b) = 1$,并且

$$a^2 + b^2 = m.$$

设 p^k 是使得 p 能够整除 d 的最大的幂,那么 m 被 $p^{2j-2k+1}$ 整除,这里 $2j-2k+1 \geqslant 1$ 因为它是非负的;从而 $p \mid m$. 我们知道 p 不整除 a,因为如果 p 整除 a,那么由 $b^2 = m - a^2$ 可知 $p \mid b$,这与 $(a, b) = 1$ 矛盾.

所以,存在一个整数 z 使得 $az \equiv b \pmod p$. 从而有

$$a^2 + b^2 \equiv a^2 + (az)^2 = a^2(1 + z^2) \pmod p.$$

由于 $a^2 + b^2 = m$ 并且 $p \mid m$,所以

$$a^2(1 + z^2) \equiv 0 \pmod p.$$

因为 $(a, p) = 1$,所以 $1 + z^2 \equiv 0 \pmod p$. 这意味着 $z^2 \equiv -1 \pmod p$,但这是不可能的,因为由 $p \equiv 3 \pmod 4$ 可知 -1 不可能是 p 的二次剩余. 这个矛盾就说明 n 不能表示为两个整数的平方和. ∎

因为存在整数不能表示为两个整数的平方和,那么我们要问是否所有的正整数都可以表示为三个整数的平方和呢? 答案是否定的,因为 7 就无法写为三个整数的平方和(读者可以自己验证). 由于三个整数的平方不满足,我们就考虑四个整数的平方. 答案是肯定的,正如我们要证明的一样. 费马曾写道他对此有一个证明,但是他从未发表(绝大多数的数学史学家相信他确实有一个证明). 欧拉虽然不能给出证明,但是他已经取得了实质性的进展. 最终,在 1770 年,拉格朗日给出了第一个公开发表的证明.

证明每一个正整数都可以写为四个整数的平方和依赖于下面的定理,它表明任何两个能够写为四个整数的平方和的整数的乘积也可以写为四个整数的平方和. 作为与两个整数的平方和相对应的结论,在证明中我们将用到一个重要的代数恒等式.

定理 13.7 如果正整数 m 和 n 都可以表示成四个整数的平方和,那么 mn 也可以表示成四个整数的平方和.

证明 令 $m = a^2 + b^2 + c^2 + d^2$,$n = e^2 + f^2 + g^2 + h^2$,则 mn 也可以表示成四个整数的平方和是基于下面的代数恒等式:

$$
\begin{aligned}
mn &= (a^2 + b^2 + c^2 + d^2)(e^2 + f^2 + g^2 + h^2) \qquad (13.3)\\
&= (ae + bf + cg + dh)^2 + (af - be + ch - dg)^2\\
&\quad + (ag - bh - ce + df)^2 + (ah + bg - cf - de)^2.
\end{aligned}
$$
∎

读者可以通过将所有项相乘(将右边展开)很容易地验证等式成立.

我们用一个例子来说明定理 13.7.

例 13.8 因为 $7 = 2^2 + 1^2 + 1^2 + 1^2$,$10 = 3^2 + 1^2 + 0^2 + 0^2$,由 (13.3) 有

$$
\begin{aligned}
70 = 7 \cdot 10 &= (2^2 + 1^2 + 1^2 + 1^2)(3^2 + 1^2 + 0^2 + 0^2)\\
&= (2 \cdot 3 + 1 \cdot 1 + 1 \cdot 0 + 1 \cdot 0)^2 + (2 \cdot 1 - 1 \cdot 3 + 1 \cdot 0 - 1 \cdot 0)^2
\end{aligned}
$$

$$+(2\cdot0-1\cdot0-1\cdot3+1\cdot1)^2+(2\cdot0+1\cdot0-1\cdot1-1\cdot3)^2$$
$$=7^2+1^2+2^2+4^2.$$

下面开始证明每个素数都可以表示为四个整数的平方和. 首先给出一个引理.

引理 13.5 如果 p 是一个奇素数，那么存在一个整数 k，$k<p$，使得
$$kp=x^2+y^2+z^2+w^2$$
有整数解 x，y，z，w.

证明 首先证明存在整数 x 和 y，使得
$$x^2+y^2+1\equiv0(\text{mod } p),$$
其中 $0\leqslant x<p/2$，$0\leqslant y<p/2$.

令
$$S=\left\{0^2,1^2,\cdots,\left(\frac{p-1}{2}\right)^2\right\}$$
且
$$T=\left\{-1-0^2,-1-1^2,\cdots,-1-\left(\frac{p-1}{2}\right)^2\right\}.$$

S 中的任意两个元素都不是模 p 同余的(因为 $x^2\equiv y^2(\text{mod } p)$ 可以推出 $x\equiv\pm y(\text{mod } p)$). 同样，$T$ 中的任意两个元素也都不是模 p 同余的. 显而易见，$S\cup T$ 中含有 $p+1$ 个不同的整数. 根据鸽笼原理，在这个并集中一定有两个整数模 p 同余. 也就是说，存在整数 x 和 y，使得 $x^2\equiv-1-y^2(\text{mod } p)$，其中 $0\leqslant x\leqslant(p-1)/2$，$0\leqslant y<(p-1)/2$. 我们有
$$x^2+y^2+1\equiv0(\text{mod } p);$$
于是，存在某个整数 k，使得 $x^2+y^2+1^2+0^2=kp$. 由 $x^2+y^2+1\leqslant2((p-1)/2)^2+1<p^2$，可知 $k<p$. ■

下面证明每一个素数都可以表示为四个整数的平方和.

定理 13.8 设 p 是一个素数. 那么方程 $x^2+y^2+z^2+w^2=p$ 有整数解 x，y，z，w.

证明 当 $p=2$ 时结论是正确的，因为 $2=1^2+1^2+0^2+0^2$. 现在假设 p 是一个奇素数，令 m 是使得 $x^2+y^2+z^2+w^2=mp$ 有整数解的最小的整数. (由引理 13.5 和良序性可知，这样的整数是存在的.)如果能够证明 $m=1$，那么定理得证. 为此，我们采用反证法，假设 $m>1$ 且找到了一个这样小的整数.

如果 m 是一个偶数，那么 x，y，z 和 w 或者同奇，或者同偶，或者两个为奇、两个为偶. 综合这几种情形，我们可以重排这些整数(如果需要的话)，使得 $x\equiv y(\text{mod } 2)$，$z\equiv w(\text{mod } 2)$. 这样一来，$(x-y)/2$，$(x+y)/2$，$(z-w)/2$，$(z+w)/2$ 就都是整数，并且
$$\left(\frac{x-y}{2}\right)^2+\left(\frac{x+y}{2}\right)^2+\left(\frac{z-w}{2}\right)^2+\left(\frac{z+w}{2}\right)^2=(m/2)p.$$
这与 m 是使得 mp 表示成为四个整数的平方和的最小整数相矛盾.

接下来，设 m 是一个奇数，并且 $m>1$. 令 a，b，c，d 为整数，使得
$$a\equiv x(\text{mod } m),\quad b\equiv y(\text{mod } m),\quad c\equiv z(\text{mod } m),\quad d\equiv w(\text{mod } m),$$
并且
$$-m/2<a<m/2,-m/2<b<m/2,$$

$$-m/2 < c < m/2, -m/2 < d < m/2.$$

我们有

$$a^2 + b^2 + c^2 + d^2 \equiv x^2 + y^2 + z^2 + w^2 \pmod{m};$$

因此，存在某个整数 k 使得

$$a^2 + b^2 + c^2 + d^2 = km,$$

而且

$$0 \leqslant a^2 + b^2 + c^2 + d^2 < 4(m/2)^2 = m^2.$$

因此，$0 \leqslant k < m$. 如果 $k=0$，那么 $a=b=c=d=0$，进而 $x \equiv y \equiv z \equiv w \equiv 0 \pmod{m}$. 由此可推出 $m^2 \mid mp$，而这是不可能的，因为 $1 < m < p$. 从而必有 $k > 0$.

我们有

$$(x^2 + y^2 + z^2 + w^2)(a^2 + b^2 + c^2 + d^2) = mp \cdot km = m^2 kp.$$

通过定理 13.7 证明中的恒等式，我们又有

$$(ax + by + cz + dw)^2 + (bx - ay + dz - cw)^2$$
$$+ (cx - dy - az + bw)^2 + (dx + cy - bz - aw)^2 = m^2 kp.$$

上式左边的四项都可以被 m 整除，因为

$$ax + by + cz + dw \equiv x^2 + y^2 + z^2 + w^2 \equiv 0 \pmod{m},$$
$$bx - ay + dz - cw \equiv yx - xy + wz - zw \equiv 0 \pmod{m},$$
$$cx - dy - az + bw \equiv zx - wy - xz + yw \equiv 0 \pmod{m},$$
$$dx + cy - bz - aw \equiv wx + zy - yz - xw \equiv 0 \pmod{m}.$$

令 X, Y, Z 和 W 是这些数除以 m 所得的整数，即

$$X = (ax + by + cz + dw)/m,$$
$$Y = (bx - ay + dz - cw)/m,$$
$$Z = (cx - dy - az + bw)/m,$$
$$W = (dx + cy - bz - aw)/m.$$

这样就有

$$X^2 + Y^2 + Z^2 + W^2 = m^2 kp/m^2 = kp.$$

但是，这就与 m 的定义相矛盾了，因此 m 一定等于 1. ∎

我们现在就可以给出并证明这个有关整数表示为四个整数平方和的基本定理了.

定理 13.9 每一个正整数都可以表示为四个整数的平方和.

证明 假设 n 是一个正整数. 通过算术基本定理，n 可以表示为素数的乘积. 由定理 13.8，它的每一个素因子都可以写为四个整数的平方和. 反复应用定理 13.7 足够多次，就得到 n 也为四个整数的平方和. ∎

我们已经证明了每一个正整数可以写成四个整数的平方和. 正如前面所提到的，这个定理最早是由拉格朗日于 1770 年证明的. 大约在同一时间，英国数学家爱德华·华林 (Edward Waring)将这个问题进行了推广. 他提出但并未证明以下结论：每一个正整数都可以表示为 9 个非负整数的三次方和，还可以表示成为 19 个非负整数的四次方和，等等. 我们以下面这种方式来表达这个猜想.

爱德华·华林(Edward Waring,1736—1798)出生于英格兰什罗普郡的老城. 他的父亲是那里的一个农场主. 年轻时他在什鲁斯伯里学院就读. 1753 年进入剑桥莫德琳学院并获得了一个勤工俭学的机会以减免学费. 他的数学天赋很快引起了老师的注意. 1754 年他被推选为学院的研究生,1757 年毕业. 由于他的非凡成就,1759 年他被提名为剑桥卢卡斯数学教授. 经过一番争议后,1760 年仅 23 岁的他正式当选为卢卡斯教授.

华林最重要的著作是《代数沉思录》(Meditationes algebraicae),内容包含了方程理论、数论、几何学等方面. 在这本书中他对抽象代数的一部分早期理论做出了重要的贡献,他的结论现在被称为伽罗瓦理论(Galois theory). 在书中他还不加证明地提出了一个命题,那就是每个整数都可写成不超过 9 个数的立方和,每个整数都可写成不超过 19 个数的四次方和,如此等等,这个结论我们现在称为华林定理(Waring's theorem). 为了表彰他在《代数沉思录》中的贡献,华林在 1763 年当选为英国皇家学会成员. 然而因为这本书主题太深奥了而且华林又不善表达、使用的记号难懂,所以很少有学者读过这本书.

令人惊讶的是,华林在担任数学教授的同时也学习医学,于 1767 年获得医学博士学位,在 1770 年放弃行医之前,他在几所医院短期实习过. 他在医学上没有获得成功的主要原因是他容易害羞且视力不佳. 华林在当数学教授的时候还能继续从事医学活动,是因为他不需要讲数学课. 事实上,华林以不善表达闻名,他的书写基本上没人能看懂. 遗憾的是,这种缺点在数学教授中并不少见!

1776 年华林与玛丽·奥斯维尔(Mary Oswell)结婚. 他和妻子在什鲁斯伯里住了一段时间,但是他的妻子不喜欢这个地方. 他们后来搬到了华林乡下的庄园.

与华林同时代的人认为他是一个自负和谦虚的结合体,不过自负占大部分. 尽管他的不善表达限制了他在活着的时候进一步提高他的名声,但人们还是认为他是当时最伟大的英国数学家之一. 在晚年的时候,他深陷于宗教性的抑郁中并且变得神经质,这使得他有几个奖项没能接受.

华林问题 如果 k 是一个正整数,那么是否存在整数 $g(k)$ 使得每一个正整数都可以写为 $g(k)$ 个非负整数的 k 次幂之和,且是否有比 $g(k)$ 小的整数满足这个条件?

拉格朗日定理告诉我们,$g(2)=4$(因为不存在整数能表示为三个整数的平方和). 在 19 世纪,数学家证明了对于 $3 \leqslant k \leqslant 8$ 和 $k=10$ 的情形,这样的整数 $g(k)$ 是存在的. 直到 1906 年才由大卫·希尔伯特证明,对于每一个正整数 k,都存在一个常数 $g(k)$,使得每一个正整数都可以表示为 $g(k)$ 个非负整数的 k 次幂之和. 希尔伯特的证明非常复杂,而且不是构造性的,所以他没有给出计算 $g(k)$ 的公式. 现在已知 $g(3)=9$,$g(4)=19$,$g(5)=37$,并且对于 $6 \leqslant k \leqslant 471\,600\,000$,有

$$g(k) = [(3/2)^k] + 2^k - 2.$$

这些公式的证明依赖于解析数论中的非初等结果. 而关于 $g(k)$,仍然还有很多没有解决的问题.

虽然每一个正整数都可以写成 9 个整数的三次方之和的形式,但是,不能表示成 8 个正整数的三次方之和的数只有两个:23 和 239. 我们还知道,如果一个整数足够大,那么它一定可以表示为至多 7 个整数的三次方之和的形式. 这种观察可以引出函数 $G(k)$ 的定义:所有足够大的正整数都可以表示成至多 $G(k)$ 个整数的 k 次方的和. 由前面的叙述可

知，$G(3) \leqslant 7$. 同样，不难得知 $G(3) \geqslant 4$，因为没有满足 $n \equiv \pm 4 \pmod 9$ 的正整数 n 可以表示为 3 个正整数的三次方之和（见习题 22）. 这样就有 $4 \leqslant G(3) \leqslant 7$. 可能让你大吃一惊的是，现在我们还不知道 $G(3)$ 到底是等于 4，5，6，7 中的哪一个. $G(k)$ 的值是非常难以确定的，现在唯一已知的两个 $G(k)$ 是 $G(2) = 4$ 和 $G(4) = 16$. 当 $k = 5$，6，7，8 时，已知的关于 $G(k)$ 的最好的不等式为：$6 \leqslant G(5) \leqslant 17$，$9 \leqslant G(6) \leqslant 24$，$8 \leqslant G(7) \leqslant 32$，$32 \leqslant G(8) \leqslant 42$.

有兴趣的读者可以从 [Le74] 等众多的文献中了解华林问题的最新结果. 翁德利希（Wunderlich）和库比纳（Kubina）的一篇文章 [WuKu90] 给出了这一公式中 $g(k)$ 的上限.

13.3 节习题

1. 已知 $13 = 3^2 + 2^2$，$29 = 5^2 + 2^2$ 和 $50 = 7^2 + 1^2$，将下列整数写为两个整数的平方和.
   a) $377 = 13 \cdot 29$ b) $650 = 13 \cdot 50$
   c) $1450 = 29 \cdot 50$ d) $18\,850 = 13 \cdot 29 \cdot 50$

2. 判断下列各整数能否写为两个整数的平方和.
   a) 19   b) 25   c) 29   d) 45   e) 65
   f) 80   g) 99   h) 999   i) 1000

3. 将下列各整数表示为两个整数的平方和.
   a) 34   b) 90   c) 101   d) 490   e) 21 658   f) 324 608

4. 证明：一个正整数可以表示为两个整数的平方差当且仅当该整数不是 $4k + 2$ 的形式，其中 k 为整数.

5. 如果可能的话，将下列正整数表示为三个整数的平方和.
   a) 3   b) 90   c) 11   d) 18   e) 23   f) 28

6. 证明：若一个正整数 n 是 $8k + 7$ 的形式，其中 k 为整数，那么 n 不能表示为三个整数的平方和.

7. 证明：若一个正整数 n 是 $4^m(8k + 7)$ 的形式，其中 k，m 为非负整数，那么 n 不能表示为三个整数的平方和.

8. 证明或者推翻命题：若两个整数都可以表示为三个整数的平方和，那么这两个整数的和也可以表示为三个整数的平方和.

9. 已知 $7 = 2^2 + 1^2 + 1^2 + 1^2$，$15 = 3^2 + 2^2 + 1^2 + 1^2$ 并且 $34 = 4^2 + 4^2 + 1^2 + 1^2$，将下列整数写为四个整数的平方和.
   a) $105 = 7 \cdot 15$ b) $510 = 15 \cdot 34$
   c) $238 = 7 \cdot 34$ d) $3570 = 7 \cdot 15 \cdot 34$

10. 将下列整数写为四个整数的平方和.
    a) 6   b) 12   c) 21   d) 89   e) 99   f) 555

11. 证明：每一个大于等于 170 的整数 n 都可以表示为五个正整数的平方和. （提示：将 $m = n - 169$ 写为四个整数的平方和，并且注意到 $169 = 13^2 = 12^2 + 5^2 = 12^2 + 4^2 + 3^2 = 10^2 + 8^2 + 2^2 + 1^2$.）

12. 证明：不能表示为五个正整数的平方和的正整数只有 1，2，3，4，6，7，9，10，12，15，18，33. （提示：运用习题 11，证明以上整数无法按照上述要求表达，并且证明所有小于 170 的正整数都可以按照上述要求表达.）

*13. 证明：存在任意大的正整数不能表示为四个正整数的平方和.
    我们在习题 14~15 中给出定理 13.5 的另一个证明的概要.

*14. 证明：如果 p 为一个素数，并且整数 a 不能被 p 整除，那么存在整数 x 和 y，使得 $ax \equiv y \pmod p$，其中 $0 < |x| < \sqrt{p}$，$0 < |y| < \sqrt{p}$. 这个结果被称为图厄引理，是以挪威数学家图厄（Axel Thue）的名

字命名的. （提示：应用鸽笼原理证明：存在两个形如 $au-v$ 的整数，其中 $0\leqslant|u|\leqslant[\sqrt{p}]$，$0\leqslant|v|\leqslant[\sqrt{p}]$，它们模 p 同余. 分别由 u 和 v 的两个值构造出 x 和 y.）

阿克塞尔·图厄（Axel Thue，1863—1922）出生于挪威滕斯贝格. 1889 年在奥斯陆大学获得博士学位. 1891 年到 1894 年间，他在莱比锡和柏林师从德国数学家李（Lie），1903 年到 1922 年他在奥斯陆大学担任应用力学教授. 图厄第一个研究了通过有限的字母表构造一个无限的序列，使得这个序列不包含两个相邻的相同字符串的问题. 后来席格（Siegel）和罗斯（Roth）发展了他的关于代数数的逼近理论. 根据他的结论，他证明了某些特定的丢番图方程（如 $y^3-2x^3=1$）有有限个解. 艾德蒙·朗道（Edmund Landau）评价图厄的逼近理论是"我所知道的初等数论中最重要的发现".

15. 由习题 14 证明定理 13.5.（提示：证明存在整数 a，使得 $a^2\equiv-1(\bmod\ p)$. 然后对 a 使用图厄引理.）

16. 证明：23 可以表示为 9 个非负整数的三次方之和，但是无法表示为 8 个非负整数的三次方之和.

    习题 17～21 给出了 $g(4)\leqslant50$ 的一个初等的证明.

17. 证明
$$\sum_{1\leqslant i<j\leqslant4}((x_i+x_j)^4+(x_i-x_j)^4)=6\left(\sum_{k=1}^{4}x_k^2\right)^2.$$
    （提示：考虑恒等式 $(x_i+x_j)^4+(x_i-x_j)^4=2x_i^4+12x_i^2x_j^2+2x_j^4$.）

18. 根据习题 17 证明：每一个形如 $6n^2$ 的整数都可以写为 12 个整数的 4 次幂之和，其中 n 为正整数.

19. 由习题 18 和每一个正整数都可以表示为 4 个整数的平方和的事实，证明每一个形如 $6m$ 的正整数都可以写为 48 个整数的 4 次幂之和.

20. 证明：0，1，2，81，16，17 构成一个模 6 的完全剩余系，并且这些数都可以表示为至多两个整数的 4 次幂之和. 由此，证明任意一个大于 81 的整数 n 都可以写为 $6m+k$ 的形式，其中 m 是正整数，k 是上述剩余系中的元素. 进一步，由此推出任意一个小于 81 的整数都可以表示为 50 个整数的 4 次幂之和.

21. 证明：每一个小于等于 81 的正整数 n 都可以表示为至多 50 个整数的 4 次幂之和.（提示：对于 $51\leqslant n\leqslant81$ 的情形，令前三项都为 2^4.）由此，结合习题 20 推出 $g(4)\leqslant50$.

22. 证明：形如 $n\equiv\pm4(\bmod\ 9)$ 的正整数 n 无法表示为 3 个整数的三次方之和.

23. 证明：如果正整数 n 满足 $n\equiv15(\bmod\ 16)$，那么 n 就无法表示为少于 15 个整数的 4 次幂之和. 进而证明 $G(4)\geqslant15$.

24. 利用 31 无法表示为 15 个整数的 4 次幂之和的事实及无穷下降法，证明：具有 $31\cdot16^m$ 形式的正整数无法表示为 15 个整数的 4 次幂之和.（提示：假设 $\sum_{i=1}^{15}x_i^4=31\cdot16^m$. 证明 x_i 必为偶数，进而有
$$\sum_{i=1}^{15}(x_i/2)^4=31\cdot16^{m-1}.$$

计算和研究

1. 找出所有小于 100 的整数表示为两个整数的平方和的不同方式的个数.（计 $(\pm x)^2+(\pm y)^2$ 为四次，每一次对应于不同的正负号组合.）

2. 根据数值观察，提出一个关于正整数能够表示为 3 个整数的平方和的猜想.（务必参考习题 7.）

3. 对于 $n=2$，3，4，5 的情况，研究哪些正整数可以表示为 n 个非负整数的立方和.

程序设计

* 1. 确定一个正整数 n 是否可以表示为两个整数的平方和，如果可以的话，给出其具体的表示形式.

* 2. 给定一个正整数 n，将 n 表示为四个整数的平方和.

13.4 佩尔方程

在本节中，我们将研究形如

$$x^2 - dy^2 = n \qquad\qquad (13.4)$$

的丢番图方程，其中 d 和 n 是固定的整数. 当 $d<0$，$n<0$ 时，(13.4)无解. 当 $d<0$，$n>0$ 时，最多存在有限个解，因为方程 $x^2 - dy^2 = n$ 暗涵着 $|x| \leqslant \sqrt{n}$，$|y| \leqslant \sqrt{n/|d|}$. 并且，当 d 是一个平方数时，不妨设 $d = D^2$，那么

$$x^2 - dy^2 = x^2 - D^2 y = (x + Dy)(x - Dy) = n.$$

因此，当 d 是一个平方数时，(13.4)的任何一个解都对应于方程组

$$x + Dy = a$$
$$x - Dy = b$$

的联立解，其中，整数 a，b 满足 $n = ab$. 在这种情形下，原方程仅有有限多个解，因为对于 $n = ab$ 的每一种因子分解方式，上述方程组至多有一个整数解.

在本节余下的部分中，我们将把兴趣转向丢番图方程 $x^2 - dy^2 = n$，其中 d 和 n 是整数，d 是正整数并且不是平方数. 正如下面的定理所要表明的，$\sqrt{d}$ 的简单连分数对于研究该方程将发挥举足轻重的作用.

定理 13.10 令 d 和 n 为整数，$d>0$，并且 d 不是平方数，$|n| < \sqrt{d}$. 如果 $x^2 - dy^2 = n$，那么 x/y 就是 $\sqrt{d}$ 的简单连分数的一个收敛子.

证明 首先考虑 $n>0$ 的情况. 因为 $x^2 - dy^2 = n$，所以有

$$(x + y\sqrt{d})(x - y\sqrt{d}) = n. \qquad\qquad (13.5)$$

由(13.5)，我们有 $x - y\sqrt{d} > 0$，进而 $x > y\sqrt{d}$. 所以

$$\frac{x}{y} - \sqrt{d} > 0,$$

并且由 $0 < n < \sqrt{d}$ 可得

$$\begin{aligned}
\frac{x}{y} - \sqrt{d} &= \frac{(x - \sqrt{d}y)}{y} \\
&= \frac{x^2 - dy^2}{y(x + y\sqrt{d})} \\
&< \frac{n}{y(2y\sqrt{d})} \\
&< \frac{\sqrt{d}}{2y^2 \sqrt{d}} \\
&= \frac{1}{2y^2}.
\end{aligned}$$

因为 $0 < \dfrac{x}{y} - \sqrt{d} < \dfrac{1}{2y^2}$，故定理 12.19 表明 x/y 就是 $\sqrt{d}$ 的简单连分数的一个收敛子．

当 $n < 0$ 时，将等式 $x^2 - dy^2 = n$ 两边同除以 $-d$，得

$$y^2 - (1/d)x^2 = -n/d,$$

类似 $n > 0$ 的情形，y/x 是 $1/\sqrt{d}$ 的简单连分数展开式的一个收敛子．因此，由 12.3 节的习题 7，我们知道 $x/y = 1/(y/x)$ 一定是 $\sqrt{d} = 1/(1/\sqrt{d})$ 的简单连分数的一个收敛子．　■

现在，在 $|n| < \sqrt{d}$ 的情况下，通过 $\sqrt{d}$ 的简单连分数展开式的收敛子，我们给出了丢番图方程 $x^2 - dy^2 = n$ 的解．下面重新叙述定理 12.24，用 d 代替 n，因为这将帮助我们使用收敛子来找到丢番图方程的解．

定理 12.24　设 d 为一个正整数，并且不是完全平方数．定义 $\alpha_k = (P_k + \sqrt{d})/Q_k$，$a_k = [\alpha_k]$，$P_{k+1} = a_k Q_k - P_k$，$Q_{k+1} = (d - P_{k+1}^2)/Q_k$，$k = 0, 1, 2, \cdots$，其中 $\alpha_0 = \sqrt{d}$．进一步，令 p_k/q_k 表示 $\sqrt{d}$ 的简单连分数展开式的第 k 个收敛子．那么，

$$p_k^2 - dq_k^2 = (-1)^{k-1}Q_{k+1}.$$

丢番图方程 $x^2 - dy^2 = n$ 在 $n = 1$ 的特殊情形称为佩尔方程，它以约翰·佩尔（John Pell）的名字命名．尽管佩尔在他那个时代的数学界里有着重要的地位，但是对于求解这个以他名字命名的方程，他的贡献并不大．求解这个方程的历史十分漫长．一些特定的佩尔方程早在阿基米德和丢番图的工作中就已经被讨论过了．而且在 12 世纪，印度数学家婆什迦罗（Bhaskara）给出了一种求解佩尔方程的方法．到后来，在一封写于 1657 年的信中，费马将"证明方程 $x^2 - dy^2 = 1$ 存在无穷多个整数解，其中 d 为大于 1 的正整数，并且不是平方数"这个问题摆在了"全欧洲数学家"的面前．不久之后，英国数学家沃利斯（Wallis）和布龙克尔（Brouncker）提出了一种求解方法，但是没有证明出该方法确实可行．在一篇 1767 年发表的论文中，欧拉给出了证明该定理所需的全部理论，在 1768 年，拉格朗日发表了相应的证明．沃利斯、布龙克尔、欧拉和拉格朗日所使用的方法都与 $\sqrt{d}$ 的连分数的使用有着紧密的联系．我们将给出如何通过连分数来求解佩尔方程的方法．特别地，我们将应用定理 13.9 和定理 12.24 来求出佩尔方程和相关方程 $x^2 - dy^2 = -1$ 的所有解．若想了解关于佩尔方程的更多信息，可以参阅[Ba03]，这是一本专门讲述佩尔方程的著作．

约翰·佩尔（John Pell，1611—1683）是一位牧师的儿子，出生于英格兰苏塞克斯，就读于剑桥三一学院．他成为一名教师而不是像他父亲期待的那样进入教会．在语言学和数学上崭露头角后，他在阿姆斯特丹大学获得了一个职位．他一直待在那里，直到在奥伦治亲王的邀请下，他加入了一所在布雷达的新的大学．佩尔在数学上的著作包括一本名为《数学的思想》（Idea of Mathematics）的书，还有许多小册子和文章．他和当时的一些一流数学家都有过通信，包括微积分的创始人莱布尼兹和牛顿．欧拉把 $x^2 - dy^2 = 1$ 称为"佩尔方程"是因为在他熟悉的一本书中，佩尔推广了一些其他数学家求解方程 $x^2 - 12y^2 = n$ 的工作．

佩尔后来加入了外交使团．他在瑞士担任过奥利弗·克伦威尔（Oliver Cromwell）的发言人，1654 年进入英国外交部．最终他决定成为一位教士，并于 1661 年接受了神职，伦敦主教推荐他为牧师．不幸的是，直到去世，他都一直生活在赤贫中．

婆什迦罗(Bhaskara，1114—1185)出生于印度迈索尔邦的比贾布尔．婆什迦罗是乌贾因天文台的负责人，几个世纪以来乌贾因一直是印度的数学研究中心．他是当时最著名的印度数学家．婆什迦罗在数学上的著作有《美》(Lilavati)和《代数学》(Bijaganita)，这两本教材涵盖了代数、算术和几何学的部分内容．婆什迦罗研究了变量比方程更多的线性方程组，通晓很多组合公式．他研究了很多不同的丢番图方程，尤其是用他称为"循环法"的办法解决了方程 $x^2-dy^2=1$ 在 $d=8$，11，32，61 和 67 的情形．对于方程 $x^2-61y^2=1$，他解出了 $x=1\,766\,319\,049$ 和 $y=226\,153\,980$，他深厚的计算功力由此可见一斑．婆什迦罗也写过几本重要的天文学方面的书，包括《历算书》(Siddhantasiromani)．

定理 13.11 设 d 为正整数，并且不是平方数．令 p_k/q_k 表示 $\sqrt{d}$ 的简单连分数的第 k 个收敛子，$k=1$，2，3$\cdots$，令 n 表示连分数的循环节长度．那么，当 n 是偶数时，丢番图方程 $x^2-dy^2=1$ 的正整数解为 $x=p_{jn-1}$，$y=q_{jn-1}$，$j=1$，2，3$\cdots$，并且丢番图方程 $x^2-dy^2=-1$ 无解．当 n 是奇数时，丢番图方程 $x^2-dy^2=1$ 的正整数解为 $x=p_{2jn-1}$，$y=q_{2jn-1}$，$j=1$，2，3$\cdots$，丢番图方程 $x^2-dy^2=-1$ 的整数解为 $x=p_{(2j-1)n-1}$，$y=q_{(2j-1)n-1}$，$j=1$，2，3，$\cdots$．

证明 定理 13.9 表明：如果 x_0，y_0 是 $x^2-dy^2=\pm1$ 的正整数解，那么 $x_0=p_k$，$y_0=q_k$，其中 p_k/q_k 表示 $\sqrt{d}$ 的简单连分数的第 k 个收敛子．另一方面，由定理 12.24 知，

$$p_k^2-dq_k^2=(-1)^{k-1}Q_{k+1},$$

其中 Q_{k+1} 正如定理 12.24 中所定义．

由于 $\sqrt{d}$ 的简单连分数展开式的循环节长度是 n，所以 $Q_{jn}=Q_0=1$，其中 $j=1$，2，3，$\cdots$，这是因为 $\sqrt{d}=\dfrac{P_0+\sqrt{d}}{Q_0}$．因此，

$$p_{jn-1}^2-dq_{jn-1}^2=(-1)^{jn}Q_{nj}=(-1)^{jn}.$$

这个等式表明，当 n 是偶数时，p_{jn-1}，q_{jn-1} 就是 $x^2-dy^2=1$ 的一组解，其中 $j=1$，2，3，$\cdots$；而当 n 是奇数时，p_{2jn-1}，q_{2jn-1} 就是 $x^2-dy^2=1$ 的一组解，同时 $p_{2(j-1)n-1}$，$q_{2(j-1)n-1}$ 就是 $x^2-dy^2=-1$ 的一组解，其中 $j=1$，2，3，$\cdots$．

为了证明丢番图方程 $x^2-dy^2=1$ 和 $x^2-dy^2=-1$ 除了上述解之外没有其他的解，我们将证明 $Q_{k+1}=1$ 意味着 $n\mid k$，并且 $Q_j\neq-1$，$j=1$，2，3，$\cdots$．

首先注意到，如果 $Q_{k+1}=1$，那么

$$\alpha_{k+1}=P_{k+1}+\sqrt{d}.$$

因为 $\alpha_{k+1}=[a_{k+1};\ a_{k+2},\ \cdots]$，所以 α_{k+1} 的连分数展开式是纯循环的．因此，由定理 12.23 知，$-1<\alpha_{k+1}'=P_{k+1}-\sqrt{d}<0$．由此推出，$P_{k+1}=[\sqrt{d}]$，进而 $\alpha_k=\alpha_0$，并且 $n\mid k$．

为证明对于 $j=1$，2，3$\cdots$，有 $Q_j\neq-1$，注意到 $Q_j=-1$ 意味着 $\alpha_j=-P_j-\sqrt{d}$．因为 α_j 有一个纯循环的简单连分数展开，所以有

$$-1<\alpha_j'=-P_j+\sqrt{d}<0$$

并且

$$\alpha_j=-P_j-\sqrt{d}>1.$$

由第一个不等式可得，$P_j > -\sqrt{d}$，而由第二个不等式可得 $P_j < -1-\sqrt{d}$．这两个不等式对 P_j 来说是矛盾的，所以 $Q_j \neq -1$．

现在，我们已经找到了 $x^2 - dy^2 = 1$ 和 $x^2 - dy^2 = -1$ 的所有正整数解，从而完成了定理的证明． ■

我们用下面的例子来描述定理 13.10 的用法．

例 13.9 由于 $\sqrt{13}$ 的简单连分数为 $[3; \overline{1,1,1,1,6}]$，所以丢番图方程 $x^2 - 13y^2 = 1$ 的正整数解为 p_{10j-1}，q_{10j-1}，其中 $j = 1, 2, 3, \cdots$，p_{10j-1}/q_{10j-1} 是 $\sqrt{13}$ 的简单连分数展开式的第 $10j-1$ 个收敛子；最小的正整数解为 $p_9 = 649$，$q_9 = 180$．丢番图方程 $x^2 - 13y^2 = -1$ 的正整数解为 p_{10j-6}，q_{10j-6}，其中 $j = 1, 2, 3, \cdots$；最小的正整数解为 $p_4 = 18$，$q_4 = 5$． ◄

例 13.10 由于 $\sqrt{14}$ 的简单连分数为 $[3; \overline{1,2,1,6}]$，所以丢番图方程 $x^2 - 14y^2 = 1$ 的正整数解为 p_{4j-1}，q_{4j-1}，其中 $j = 1, 2, 3\cdots$，p_{4j-1}/q_{4j-1} 是 $\sqrt{14}$ 的简单连分数展开式的第 $4j-1$ 个收敛子．最小的正整数解为 $p_3 = 15$，$q_3 = 4$．丢番图方程 $x^2 - 14y^2 = -1$ 无解，因为 $\sqrt{14}$ 的简单连分数展开式的循环节长度是偶数． ◄

我们以下面的定理来结束本节，它告诉我们如何由佩尔方程 $x^2 - dy^2 = 1$ 最小的正整数解确定其所有正整数解，而不用求出 $\sqrt{d}$ 的简单连分数展开式的收敛子．

定理 13.12 设 x_1，y_1 是丢番图方程 $x^2 - dy^2 = 1$ 的最小正整数解，其中 d 为正整数，并且不是平方数．那么所有的正整数解 x_k，y_k 可由

$$x_k + y_k\sqrt{d} = (x_1 + y_1\sqrt{d})^k$$

给出，其中 $k = 1, 2, 3, \cdots$．（注意，x_k 和 y_k 是用引理 13.4 求出的．）

证明 我们必须证明每一个这样的 x_k，y_k 都是方程的解，其中 $k = 1, 2, 3$，且每一个解都是这种形式．

要证明 x_k，y_k 是解，我们首先取共轭，由引理 12.4，因共轭的幂次等于幂次的共轭，所以有 $x_k - y_k\sqrt{d} = (x_1 - y_1\sqrt{d})^k$．现在，由于

$$\begin{aligned}
x_k^2 - dy_k^2 &= (x_k + y_k\sqrt{d})(x_k - y_k\sqrt{d}) \\
&= (x_1 + y_1\sqrt{d})^k(x_1 - y_1\sqrt{d})^k \\
&= (x_1^2 - dy_1^2)^k \\
&= 1.
\end{aligned}$$

因此，x_k，y_k 为一个解，$k = 1, 2, 3, \cdots$．

为证明每个正整数解等于 x_k，y_k，这里 k 为某个正整数，假设 X，Y 为不同于 x_k，y_k 的一个正解，$k = 1, 2, 3, \cdots$．则存在整数 n，满足

$$(x_1 + y_1\sqrt{d})^n < X + Y\sqrt{d} < (x_1 + y_1\sqrt{d})^{n+1}.$$

上式两端乘以 $(x_1 + y_1\sqrt{d})^{-n}$，得到

$$1 < (x_1 - y_1\sqrt{d})^n(X + Y\sqrt{d}) < x_1 + y_1\sqrt{d},$$

这是因为 $x_1^2 - dy_1^2 = 1$ 能够推出 $x_1 - y_1\sqrt{d} = (x_1 + y_1\sqrt{d})^{-1}$．

现在，令

$$s + t\sqrt{d} = (x_1 - y_1\sqrt{d})^n(X + Y\sqrt{d})$$

并且

$$
\begin{aligned}
s^2 - dt^2 &= (s - t\sqrt{d})(s + t\sqrt{d}) \\
&= (x_1 + y_1\sqrt{d})^n(X - Y\sqrt{d})(x_1 - y_1\sqrt{d})^n(X + Y\sqrt{d}) \\
&= (x_1^2 - dy_1^2)^n(X^2 - dY^2) \\
&= 1.
\end{aligned}
$$

我们看到 s，t 是 $x^2 - dy^2 = 1$ 的一个解，并且 $1 < s + t\sqrt{d} < x_1 + y_1\sqrt{d}$. 而且，因为 $s + t\sqrt{d} > 1$，所以有 $0 < (s + t\sqrt{d})^{-1} < 1$. 因此，

$$s = \frac{1}{2}\Big[(s + t\sqrt{d}) + (s - t\sqrt{d})\Big] > 0$$

并且

$$t = \frac{1}{2\sqrt{d}}\Big[(s + t\sqrt{d}) - (s - t\sqrt{d})\Big] > 0.$$

这表明 s，t 是正整数解，因此由 x_1，y_1 是最小的正整数解，我们有 $s \geqslant x_1$，$t \geqslant y_1$. 但是这与不等式 $s + t\sqrt{d} < x_1 + y_1\sqrt{d}$ 矛盾. 因此，一定存在某个 k，使得 $X = x_k$，$Y = y_k$. ∎

我们用下面这个例子来演示定理 13.11 的用法.

例 13.11 由例 13.9 可知丢番图方程 $x^2 - 13y^2 = 1$ 的最小正整数解为 $x_1 = 649$，$y_1 = 180$. 因此，所有的正整数解 x_k，y_k 就可以由下式得到：

$$x_k + y_k\sqrt{13} = (649 + 180\sqrt{13})^k.$$

比如说，我们有

$$x_2 + y_2\sqrt{13} = 842\,401 + 233\,640\sqrt{13}.$$

于是，$x_2 = 842\,401$，$y_2 = 233\,640$ 是除 $x_1 = 649$，$y_1 = 180$ 以外的最小的正整数解. ◀

13.4 节习题

1. 求出下列方程所有的解，其中 x 和 y 都是整数.
     a) $x^2 + 3y^2 = 4$ b) $x^2 + 5y^2 = 7$ c) $2x^2 + 7y^2 = 30$

2. 求出下列方程所有的解，其中 x 和 y 都是整数.
     a) $x^2 - y^2 = 8$ b) $x^2 + 4y^2 = 40$ c) $4x^2 + 9y^2 = 100$

3. 现有丢番图方程 $x^2 - 31y^2 = n$，当 n 取下列值时，哪个方程有解？
     a) 1   b) -1 c) 2   d) -3 e) 4   f) -45

4. 求出下列丢番图方程的最小正整数解.
     a) $x^2 - 29y^2 = -1$ b) $x^2 - 29y^2 = 1$

5. 求出丢番图方程 $x^2 - 37y^2 = 1$ 的三个最小的正整数解.

6. 根据下列 d 的值，确定丢番图方程 $x^2 - dy^2 = -1$ 是否有整数解.
     a) 2   b) 3   c) 6   d) 13
     e) 17   f) 31   g) 41   h) 50

7. 丢番图方程 $x^2 - 61y^2 = 1$ 的最小正整数解是 $x_1 = 1\,766\,319\,049$，$y_1 = 226\,153\,980$. 请找出该方程除 x_1，y_1 外的最小正整数解.

*8. 证明：如果 p_k/q_k 是 $\sqrt{d}$ 的简单连分数展开式的收敛子，那么 $|p_k^2 - dq_k^2| < 1 + 2\sqrt{d}$.

9. 证明：如果正整数 d 含有 $4k+3$ 形式的素因子，那么丢番图方程 $x^2 - dy^2 = -1$ 无解.

10. 设 d 和 n 是正整数.

    a) 证明：如果 r, s 是丢番图方程 $x^2 - dy^2 = 1$ 的一个解，并且 X, Y 是丢番图方程 $x^2 - dy^2 = n$ 的一个解，那么 $Xr \pm dYs$, $Xs \pm Yr$ 也是 $x^2 - dy^2 = n$ 的解.

    b) 证明：丢番图方程 $x^2 - dy^2 = n$ 或者没有解，或者有无穷多个解.

11. 找出所有的两条直角边是相邻的整数的直角三角形.（提示：运用定理 13.1，将两条直角边写为 $x = s^2 - t^2$，$y = 2st$，其中，s 和 t 是互素的正整数，并且 $s > t$，s 和 t 具有不同的奇偶性. 那么 $x - y = \pm 1$ 就意味着 $(s-t)^2 - 2t^2 = \pm 1$.）

12. 证明丢番图方程 $x^4 - 2y^4 = 1$ 没有非平凡解.

13. 证明丢番图方程 $x^4 - 2y^4 = -1$ 没有非平凡解.

14. 证明：如果第 n 个三角数 t_n 等于 m 的平方，即 $n(n+1)/2 = m^2$，那么 $x = 2n+1$，$y = m$ 就是丢番图方程 $x^2 - 8y^2 = 1$ 的解. 按照正整数 x 以及对应的三角数和平方数对的值的增序，找到该方程这种形式的前五个解.

计算和研究

1. 求丢番图方程 $x^2 - 109y^2 = 1$ 的最小正整数解.（该问题是费马于 17 世纪中叶给英国数学家提出的.）

2. 求丢番图方程 $x^2 - 991y^2 = 1$ 的最小正整数解.

3. 求丢番图方程 $x^2 - 1\,000\,099y^2 = 1$ 的最小正整数解.

程序设计

1. 求整数 n，$|n| < \sqrt{d}$，使得丢番图方程 $x^2 - dy^2 = n$ 无解.

2. 求丢番图方程 $x^2 - dy^2 = 1$ 和 $x^2 - dy^2 = -1$ 的最小正整数解.

3. 由佩尔方程的最小正整数解求出它所有的解（见定理 13.12）.

13.5 同余数

在 13.1 节中，我们证明了所有毕达哥拉斯三元组都可以通过寻找单位圆上的有理点来确定. 寻找毕达哥拉斯三元组只是可以通过寻找代数曲线上的有理点来研究的诸多数论问题之一. 本节我们将研究另一种此类型的问题.

正整数 N 被称作是同余数，如果 N 是一个诸边为有理数的直角三角形的面积. 我们将这种三角形称作是有理直角三角形. 类似地，若一个直角三角形诸边为整数，则称其为整数直角三角形. 注意，若 x 和 y 分别是一个直角三角形的两条直角边，z 是斜边，那么有 $x^2 + y^2 = z^2$，且三角形面积为 $xy/2$. 因此，正有理数 N 为同余数当且仅当存在有理数 x，y，z，使得 $x^2 + y^2 = z^2$ 以及 $xy/2 = N$.

例 13.12 6 是一个同余数，因为以 3，4，5 为边的直角三角形的面积为 6. ◀

判断哪些正整数是同余数被称作是同余数问题. 最早的关于此问题的讨论参见著于 972 年的佚名阿拉伯手稿中. 该手稿表明早先的阿拉伯数学家知道 30 个不同的同余数. 这些同余数中最小的是 5，6，14，15，21，30，34，65，70，最大的是 10 374. 在 13 世纪，斐波那契证明了 7 是同余数，而且他提出平方数均非同余数，但并没有给出证明.（此处的平方数是指正整数的平方.）在 17 世纪，费马证明了整数 1，2，3 均非同余数，我们会很快看到他的 1 非同余数的证明表明了平方数均非同余数.

"同余数"这个词是 18 世纪时由欧拉引入的.（我们将在后文讨论该名称的背景来历，读者需注意此处的"同余"与整数的同余及三角形的同余（相似）并无直接联系.）同余数问题的历史牵扯众多；关于其历史的更多资料可在[Gu94]以及[Di05]的第二卷中查阅. 本节我们将解释同余数问题是如何与找特定代数曲线上的有理点联系起来的.

若读者想知道最近关于同余数问题更多的进展，可以参看[Ch98]，[Ch06]，[Co08]，[Ko96]以及[SaSa07]. 本节的部分内容源自于[Co08]以及[SaSa07].

毕达哥拉斯三元组和同余数

当寻找同余数的时候，我们只需考虑无平方因子的整数，这是因为一个整数是同余数当且仅当其无平方因子部分是同余数.（在 3.5 节的习题 8 中，若 N 是正整数，则可记 $N=u^2v$，其中 u 和 v 是正整数，v 是 N 的无平方因子部分.）为说明这一点，注意到如果 N 是同余数，则有一个面积为 N 的有理直角三角形. 将该三角形缩小 u 倍，则新三角形的各边长是原来三角形相应边长的 $\frac{1}{u}$，其面积为 v. 同样，将一个面积为 v 的有理直角三角形放大 u 倍，则可得到一个面积为 N 的有理直角三角形.

回顾在 13.1 节中，当 b 为偶数时，整数组 (a,b,c) 为本原毕达哥拉斯三元组当且仅当有互素的正整数 m 和 n，$m>n$，m 与 n 奇偶性不同，使得 $a=m^2-n^2$，$b=2mn$ 以及 $c=m^2+n^2$. 该三角形的面积为正整数 $ab/2=(m^2-n^2)mn$，下面的定理阐明了毕达哥拉斯三元组和同余数之间的关系，即每个同余数来自一个毕达哥拉斯三元组.

定理 13.13 如果 N 为无平方因子的正整数，则 N 是同余数当且仅当有正整数 s 使得 s^2N 为一个本原直角三角形的面积. 因此，一个无平方因子的整数 N 为同余数当且仅当有互素的奇偶性不同的整数 m 和 n 以及一个正整数 s，使得 $s^2N=mn(m+n)(m-n)$.

证明 设 N 为无平方因子的正整数，且是同余数. 则 N 是三个边长为 A，B，C 的有理直角三角形的面积. 取 s 为有理数 A，B，C 的分母的最小公倍数. 则 (sA,sB,sC) 是毕达哥拉斯三元组且以其为三边的直角三角形的面积为 s^2N.

我们将证明 (sA,sB,sC) 必是本原毕达哥拉斯三元组. 设 $M|sA$，$M|sB$，$M|sC$，其中 M 是正整数. 需证 $M=1$. 注意到 $(sA/M,sB/M,sC/M)$ 是毕达哥拉斯三元组且相应的直角三角形的面积为 s^2N/M^2. 因该面积为整数，故 $M^2|s^2N$. 而 N 是无平方因子，故 $M^2|s^2$，由 3.5 节的习题 43 有 $M|s$. 所以有整数 t 使得 $s=Mt$ 且 tA，tB，tC 为正整数. 由于 s 是有理数 A，B，C 的分母的最小公倍数，故 t 是这些分母的倍数，且 $t \leqslant s$；这表明 $s=t$ 以及 $M=1$.

在前面的讨论中，我们实际上已经证明了其逆命题. 即，如果有正整数 s 使得 s^2N 是边长为 a，b，c 的本原直角三角形的面积，则 N 为三边长分别是 a/s，b/s，c/s 的有理直角三角形的面积.

为完成证明，回顾前文中本原直角三角形三边边长为 m^2-n^2，$2mn$ 和 m^2+n^2，其中 m，n 为互素的正整数且奇偶性不同. 这表明其面积为 $(1/2)(m^2-n^2)(2mn)=mn(m+n)\times(m-n)$. ∎

定理 13.13 指出了一种求同余数的方法，特别是让 m，n 取遍奇偶性不同且 $m>n$ 的整数对来计算$((m^2-n^2)mn$ 的无平方因子部分来生成同余数. 表 13.2 列出了该过程，它是表 13.1 的扩展，增加了面积和面积的无平方因子部分这两项. 定理 13.13 表明如果 N 为同余数，则只要该表足够长，它就会出现在最后一列的某行中，然而在显示特定的无平方因子的同余数之前需要等很长时间，我们无法知道事先要等多长时间，另外我们也注意到在表 13.2 中 210 在最后一列中出现了两次，这表明它是对应于两个不同的毕达哥拉斯三元组的三角形面积的无平方因子部分. 本节后面我们将回来讨论这一事实.

表 13.2　一些本原毕达哥拉斯三元组及其生成的同余数

m	n	$x=m^2-n^2$	$y=2mn$	$z=m^2+n^2$	$(m^2-n^2)mn$	square-free part
2	1	3	4	5	6	6
3	2	5	12	13	30	30
4	1	15	8	17	60	15
4	3	7	24	25	84	21
5	2	21	20	29	210	210
5	4	9	40	41	180	5
6	1	35	12	37	210	210
6	5	11	60	61	330	330

下面的例子表明了用这种方法证明某个正整数为同余数的困难性.

例 13.13　5，7，53 均为同余数. 查看表 13.2 可知 5 为同余数，因其为边长是 9，40，41 的本原直角三角形的面积的无平方因子部分，该三角形面积为 $180=6^2 5$，将该三角形每条边的边长缩小 6 倍，则可得到直角三角形边长分别是 $9/6=3/2$，$40/6=20/3$ 以及 $41/6$，面积为 5. 表 13.2 的行数不够多，因此在最后一列中没有 7 出现，然而只要计算到 $m=16$，$n=9$，7 便会出现，此时会得到一个三边边长分别为 175，288 和 337 的本原直角三角形，其面积为 $25\,200=60^2 7$，由此可得 7 为同余数；缩小后得到三边边长为 $175/60=35/12$，$288/60=24/5$ 和 $377/60$ 的直角三角形，其面积为 7.

此外在表 13.2 最后一列中没有 53，我们需将该表扩展很长才能得知 53 为同余数. 53 第一次作为本原毕达哥拉斯三元组所对应的面积的无平方因子部分是当 $m=1\,873\,180\,325$ 及 $n=1\,158\,313\,156$. 其对应的三角形面积是 $(297\,855\,654\,284\,978\,790)^2 \cdot 53$.

下面由斐波那契证明的定理可用来帮助搜寻同余数，它同时也是在许多证明中有用的工具.

定理 13.14　设 a，b 为奇偶性不同且互素的正整数，$a>b$，当 a，b，$a+b$，$a-b$ 中的任意三个为平方数时，则第四个数为 $s^2 N$，其中 N 为一个同余数，s 为整数.

证明　当 a 与 b 为奇偶性不同且互素的正整数，且 $a>b$ 时，$(a^2-b^2, 2ab, a^2+b^2)$ 为本原毕达哥拉斯三元组. 对应于该三元组的直角三角形的面积为 $(a^2-b^2)ab=(a+b)(a-b)ab$. 在应考虑的四种情形中，我们只处理 a，b，$a+b$ 为平方数的情形，其余的三种情形留作练习.

当 a，b，$a+b$ 为平方数时，$(a+b)ab$ 亦为平方数，故 $M=\sqrt{(a+b)ab}$ 为正整数，且对应于该毕达哥拉斯三元组的三角形的面积为 $M^2(a-b)$，这意味着 $a-b$ 是两直角边长为

$(a^2-b^2)/M$ 及 $2ab/M$ 的有理直角三角形的面积. 设 s 为这两个直角边的分母的最小公倍数, 故 $a-b=s^2N$, 其中 N 为同余数, 命题得证. ∎

下面将解释从本原毕达哥拉斯三元组出发如何利用定理 13.14 来寻找同余数. 如果 (x, y, z) 为本原毕达哥拉斯三元组, 则 x, y 是奇偶性不同的互素的正整数, x^2 与 y^2 也是奇偶性不同的互素的正整数, 且 $x^2, y^2, x^2+y^2=z^2$ 均为平方数. 由定理 13.14, 若 $x^2>y^2$, 则有 $x^2-y^2\leqslant s^2N$, 其中 N 为同余数; 若 $x^2<y^2$, 则有 $y^2-x^2=s^2N$, 其中 N 为同余数. 下面的例子演示了该过程.

例 13.14　对于毕达哥拉斯三元组 $(x, y, z)=(3, 4, 5)$, 可用上文的步骤来找出同余数. $x^2=9$, $y^2=16$, $x^2+y^2=25$, $y^2-x^2=7$. 这表明 7 为同余数, 因其无平方因子. 类似地, 对于毕达哥拉斯三元组 $(x, y, z)=(5, 12, 13)$, $x^2=15$, $y^2=144$, $x^2+y^2=169$, $y^2-x^2=119$. 其中 119 无平方因子, 故知其为同余数. ◀

确定最小的同余数

在例 13.12 及例 13.13 中, 我们证明了 5, 6, 7 为同余数. 早先我们提到过, 费马证明了 1, 2, 3 均非同余数. 4 也不是同余数, 这是因为如果 4 为同余数, 则 $(1/2)^2 4=1$ 也是同余数. 故 5 为最小的同余数.

我们现在证明平方数均非同余数, 这当然表明 1 非同余数, 因为 1 是平方数. 2 和 3 非同余数的证明在本节留作习题.

定理 13.15　有理直角三角形的面积非平方数.

证明　我们将采用无穷下降法来证明此定理. 首先, 假设存在一个有理直角三角形, 其面积是平方数. 将各边乘以其分母的最小公倍数, 则可得到一个整数直角三角形, 其面积为平方数. 将各边除以它们的最大公约数, 可得到一个本原直角三角形. 若 S 为面积是平方数的本原直角三角形的集合, 则 S 非空. 对 S 中元素的斜边长的平方用良序性, 可知 S 中有一个三角形斜边最短.

现假设对应于该三角形的本原毕达哥拉斯三元组为 $(m^2-n^2, 2mn, m^2+n^2)$, 其中互素的正整数 m, n 奇偶性不同, 且 $m>n$. 该三角形面积为 $(m^2-n^2)mn=(m+n)(m-n)mn$.

由于 m 与 n 互素, 易知因子 $m+n$, $m-n$, m, n 两两互素. 故由 $(m+n)(m-n)mn$ 为平方数知这四个因子均为平方数. 设 $m+n=a^2$, $m-n=b^2$, $m=c^2$, $n=d^2$, 其中 a, b, c, d 为整数. 由于 a, b 为互素的奇数(由于 m, n 奇偶性不同), 故 $(a^2+b^2)/2=m$, 且该三角形的斜边长为 $m^2+n^2=c^4+d^4$.

注意到

$$2d^2 = a^2-b^2 = (a-b)(a+b).$$

由于 $a-b$ 与 $a+b$ 为偶数(因 a 与 b 均为奇数), 因此它们的公因子能同时整除 $(a+b)(a-b)=2a$ 及 $(a+b)-(a-b)=2b$. 故 $(a-b, a+b)|2(a, b)=2$, 因此 $(a-b, a+b)=2$. 这与 $2d^2=(a-b)(a+b)$ 一起表明(读者可自行验证) $a-b$ 与 $a+b$ 中一个形如 $2u^2$, 另一个形如 v^2, 其中 $(u, v)=1$.

因

$$(a+b)+(a-b)=2a=2u^2+v^2,$$

故 v^2 必为偶数. 因此 v 为偶数, 令 $u=2w$, w 为正整数. 所以 $v^2=4w^2$, $a=u^2+2w^2$. 类似地有 $b=\pm(u^2-2w^2)$, $d=2uw$. 所以

$$m=(a^2+b^2)/2=((u^2+2w^2)^2+(u^2-2w^2)^2)/2=u^4+4w^4.$$

由此可知 $(u^2, 2w^2, c)$ 为本原毕达哥拉斯三元组, 且相应的三角形面积为 $(u^2 \cdot 2w^2)/2=(uw)^2$, 斜边长为 c. 因为 $c<c^4+d^4$ (这是因为 c 为正整数), 这样我们就构造了另一个本原直角三角形, 其面积为平方数, 且斜边长比我们一开始所说的最短斜边还短, 这就完成了证明.   ∎

三个平方数的算术级数与同余数

我们现在研究一个初看起来与同余数无关而实际上与其等价的问题. 这个问题是: 哪些正整数是由三个整数的平方数组成的算术级数的公差? 例如, 考察平方数序列

$$1, 4, 9, 16, 25, 36, 49, 64, 81, 100, 121, 144, \cdots,$$

可以看出三个平方数序列 1, 25, 49 的公差为 24. 在斐波那契 1225 年的著作《Liber Quadratorum》中, 他称一个整数 n 为同方数 (congrumm), 如果有整数 x 使得 $x^2\pm n$ 均为平方数. 故整数 n 为同方数当且仅当有整数 x 使得 x^2-n, x^2, x^2+n 是公差为 n 的三个平方数的算术级数. (等价地讲, n 为同方数当且仅当丢番图方程组 $q^2-p^2=N$, $r^2-q^2=N$ 有解 p, q, r.) 单词 Congrumm 来自拉丁文 congruere, 意思是聚在一起, 正如上述算术级数中的三个平方数那样.

斐波那契关注的是三个非 0 整数的平方所组成的算术级数. 若将其扩展到三个有理数所组成的算术级数上将会如何? 注意到 a^2, b^2, c^2 是三个有理数的平方所组成的公差为 N 的算术级数, 当且仅当 $(sa)^2$, $(sb)^2$, $(sc)^2$ 是公差为 s^2N 的三个有理平方数所组成的级数, 其中 s 是整数. 因此, 如果找到一个公差是 s^2N 的三个平方数的算术级数, 其中 N 是无平方因子, 则每个数除以 s^2 后可得到三有理数平方构成的公差为 N 的算术级数.

下面可证明判断正整数 N 是否为同余数等同于判别其是否为某三个平方数的算术级数的公差. 首先设正整数 N 为同余数, 则有正整数 a, b, c, 使得 $a^2+b^2=c^2$, $ab/2=N$. 而 $(a+b)^2=a^2+2ab+b^2=(a+b)^2+2ab=c^2+2ab$, $(a-b)^2=a^2-2ab+b^2=(a^2+b^2)-2ab=c^2-2ab$. 因此 $(a-b)^2$, c^2, $(a+b)^2$ 为公差是 $2ab=4(ab/2)=4N$ 的三个平方数的算术级数. 将该级数除以 4, 得到级数 $((a-b)/2)^2$, $(c/2)^2$, $((a+b)/2)^2$. 这是公差为 N 的由三个有理平方数组成的算术级数. 下面的例子演示了此构造方法.

例 13.15 在例 13.13 中, 我们证明了 5 为同余数, 因其为三边长为 $a=3/2$, $b=20/3$, $c=41/6$ 的直角三角形的面积, 故 $((3/2)-(20/3)/2)^2=(31/12)^2$, $((41/6)/2)^2=(41/12)^2$, $((3/2)+(20/3)/2)^2=(49/12)^2$ 是公差为 5 的三个平方数组成的算术级数.   ◄

现假设有三个有理平方数组成的算术级数 x^2-N, x^2, x^2+N, 那么该如何构造一个面积为 N 的有理直角三角形? 若令 $a=\sqrt{x^2+N}-\sqrt{x^2-N}$, $b=\sqrt{x^2+N}+\sqrt{x^2-N}$, $c=2x$, 则 a, b, c 为有理数, 且有 $a^2+b^2=(\sqrt{x^2+N}-\sqrt{x^2-N})^2+(\sqrt{x^2+N}+\sqrt{x^2-N})^2=4x^2=c^2$ 及 $\dfrac{ab}{2}=(\sqrt{x^2+N}-\sqrt{x^2-N})(\sqrt{x^2+N}+\sqrt{x^2-N})/2=\dfrac{(x^2+N)-(x^2-N)}{2}$. 故 N 为同余数, 下面的例子演示了该构造方法.

例 13.16 已知 1，25，49 是公差为 $24 = 22 \cdot 6$ 的三个平方数的算术级数，将每项除以 $2^2 = 4$，得到级数 $1/4$，$25/4$，$49/4$，公差为 $N = 6$，为无平方因子. 为找出一个面积为 6 的边长为 a，b，c 的直角三角形，我们选用 $x^2 = 25/4$，这样可得到一个直角三角形，边长分别是

$$a = \sqrt{\left(\frac{5}{2}\right)^2 + 6} - \sqrt{\left(\frac{5}{2}\right)^2 - 6} = \sqrt{\frac{49}{4}} - \sqrt{\frac{1}{4}} = \frac{7}{2} - \frac{1}{2} = 3,$$

$$b = \sqrt{\left(\frac{5}{2}\right)^2 + 6} + \sqrt{\left(\frac{5}{2}\right)^2 - 6} = \sqrt{\frac{49}{4}} + \sqrt{\frac{1}{4}} = \frac{7}{2} + \frac{1}{2} = 4,$$

$$c = 2x = 2(5/2) = 5.$$

综上所述，我们有如下定理：

定理 13.16 正整数 N 为同余数当且仅当 N 为由三个有理平方数所组成的算术级数的公差.

从上可知同余数问题等价于确定哪个正整数是同方数，这种等价性隐含于对"同余数"（Congruent number）这个名词的使用当中，而"congruent"这个词亦来自拉丁文"congruere".

同余数与椭圆曲线

根据定义，正整数 N 为同余数如果丢番图方程组 $a^2 + b^2 = c^2$，$ab/2 = N$ 有正有理解 (a, b, c)，或者丢番图方程组 $s^2 - r^2 = N$，$t^2 - s^2 = N$ 有有理解 (r, s, t). 另外，我们也有用单个丢番图方程的有理解来刻画同余数的第三种方法.

设 N 为同余数，a，b，c 为正有理数，$a^2 + b^2 = c^2$，$ab/2 = N$. 我们将证明三元组 (a, b, c) 对应于某曲线上的有理点. 为得到该曲线并建立这种对应关系，首先设 $u = c - a$，故 $c = a + u$. 因 $b^2 = c^2 - a^2 = (c + a)(c - b) = (c + a)u$，故 $u > 0$. 其次，在方程 $a^2 + b^2 = c^2$ 中，将 c 用 $a + u$ 代入，得 $a^2 + b^2 = a^2 + 2au + u^2$，简化整理后有 $2au = b^2 - u^2$. 将方程 $ab/2 = N$ 两边同除以 b（因 $ab = 2N$，故 $b \neq 0$），可得 $a = 2N/b$. 在方程 $2au = b^2 - u^2$ 中将 a 用 $2N/b$ 代入，可得

$$4Nu/b = b^2 - u^2.$$

两边同乘以 $\dfrac{b}{u^3}$（注意 $u \neq 0$；若 $u = 0$，则 $a = c$，这会得出 $b = 0$），得到 $\dfrac{4N}{u^2} = \left(\dfrac{b}{u}\right)^3 - \left(\dfrac{b}{u}\right)$.

再将两边同乘以 N^3，可得 $\left(\dfrac{2N^2}{u}\right)^2 = \left(\dfrac{Nb}{u}\right)^3 - N^2\left(\dfrac{Nb}{u}\right)$.

由此可知点 (x, y) 在曲线 $y^2 = x^3 - N^2 x$ 上，其中 $x = \dfrac{Nb}{u} = \dfrac{Nb}{(c - a)}$，$y = \dfrac{2N^2}{u} = \dfrac{2N^2}{(c - a)}$，因 $c - a > 0$，故 x，y 均为正数.

现在假设 (x, y) 为曲线 $y^2 = x^3 - N^2 x$ 上的有理点，我们将找出正有理数三元组 (a, b, c)，使得 $a^2 + b^2 = c^2$，$ab/2 = N$. 若 a，b，c 为有理数，且 $x = Nb/(c - a)$，$y = 2N^2/(c - a)$，则

$$x/y = (Nb/(c - a))/(2N^2/(c - a)) = b/2N.$$

故可取 $b=2Nx/y$. 另外，由 $ab/2=N$，可知 $a=2N/b$，所以可取

$$a=\frac{2N}{(2Nx/y)}=\frac{y}{2x}=\frac{y^2}{2xy}=\frac{(x^3-N^2x)}{2xy}=\frac{(x^2-N^2)}{y}.$$

化简后有

$$a^2+b^2=\left(\frac{(x^2-N^2)}{y}\right)^2+\left(\frac{2Nx}{y}\right)^2=\frac{(x^2+N^2)^2}{y^2}.$$

取正的平方根，则有 $c=\frac{(x^2+N^2)}{y}$.

综上有下面的定理.

定理 13.17 设 N 为同余数，则满足 $a^2+b^2=c^2$，$ab/2=N$ 的正有理数三元组 (a,b,c) 与曲线 $y^2=x^3-N^2x$ 上的有理点 (x,y)（x,y 为正数）之间存在一个一一对应. 在此对应下，三元组 (a,b,c) 对应于点 (x,y)，其中

$$x=\frac{Nb}{c-a},\quad y=\frac{2N^2}{c-a},$$

而曲线 $y^2=x^3-N^2x$ 上的点 (x,y) 对应于三元组 (a,b,c)，其中

$$a=\frac{x^2-N^2}{y},\quad b=\frac{2Nx}{y},\quad c=\frac{x^2+N^2}{y}.$$

接下来的定理是定理 13.17 的直接推论.

定理 13.18 正整数 N 为同余数当且仅当曲线 $y^2=x^3-N^2x$ 上有有理点 (x,y)，其中 x,y 为正数.

下面的两个例子演示了如何使用定理 13.17.

例 13.17 三边长为 3，4，5 的本原直角三角形的面积为 $N=6$，在定理 13.17 的对应关系下，三元组 $(3,4,5)$ 对应于曲线 $y^2=x^3-6^2x=x^3-36x$ 上的点 $(x,y)=((6\cdot4)/(5-3),(2\cdot6^2)/(5-3))=(12,36)$. ◀

例 13.18 在表 13.2 中 210 是三边长为 21，20，29 的直角三角形以及边长为 35，12，37 的直角三角形的面积. 由定理 13.17 可知这两个有理直角三角形分别对应于曲线 $y^2=x^3-210^2x$ 上的有理点. 在该定理的对应关系中，$(21,20,29)$ 被映射为点 $(x,y)=((210\cdot20)/(29-21),(2\cdot210^2)/(29-21))=(525,11\,025)$，$(35,12,37)$ 被映射为点 $(x,y)=((210\cdot12)/(37-35),(2\cdot2102)/(37-35))=(126,44\,100)$. ◀

在研究同余数的过程中，形如 $y^2=x^3-N^2x$ 的曲线被称为是椭圆曲线（elliptic curve）. 一般而言，椭圆曲线是指满足 $y^2=x^3+ax+b$（a,b 为实数）的点集 (x,y). 椭圆曲线在证明费马大定理的过程中起着令人惊讶的重要作用. 椭圆曲线也是一种重要的整数分解方法的基础. 并且，有一种重要的公钥密码系统也是建立在椭圆曲线的理论基础之上. 这里我们只简单陈述椭圆曲线的一些性质. 椭圆曲线有不少有趣的性质，并且与很多有重要影响的未解决猜想密切相关，感兴趣的读者可以从 [Wa08] 得到更多的相关知识.

椭圆曲线上点的加法 椭圆曲线的一个重要特点是可以用其上的已知点通过代数技巧来构造新的点. 特别地，给定椭圆曲线 C 上的两点，通过计算它们的和可得到 C 上新的一

点，这个和用曲线的几何性质来定义，如下所述.（这种和与将两点的对应坐标相加所得的点不同.）为定义这个和，设椭圆曲线 $y^2 = x^3 + ax + b$ 上有两点 $P_1 = (x, y)$，$P_2 = (x_2, y_2)$，$x_1 \neq x_2$. 为用几何方式定义它们的和 $P_1 + P_2$，先画出连接 P_1 和 P_2 的直线 ℓ，可以证明该直线与 $\mathcal{C}$ 有第三个交点 P'_3，和 $P_1 + P_2$ 即定义为将 P'_3 的 y 坐标改变符号后所得的点 P_3. 从几何上看 P_3 与 P'_3 关于 x 轴对称（如此定义的一个重要原因是为了使其符合结合律，参看[Wa08]）. 图 13.2 显示了此求和过程.

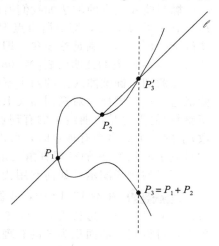

图 13.2　椭圆曲线上两 x 坐标不同的点的加法

为求 $P_3 = P_1 + P_2$ 的代数公式，首先注意到过 P_1 和 P_2 的直线 ℓ 的斜率为 $m = \dfrac{(y_2 - y_1)}{(x_2 - x_1)}$，其方程为 $y = m(x - x_1) + y_1$. 为求 ℓ 与 $\mathcal{C}$ 的第三个交点（P_1 和 P_2 是另外两个交点），将 ℓ 的方程所给出的 y 值代入 $\mathcal{C}$ 的方程，得到 $(m(x - x_1) + y_1)^2 = x^3 + ax + b$.

从该方程可知，若点 (x, y) 为 ℓ 与 $\mathcal{C}$ 的交点，则 x 为该三次方程的根，可通过从等号右边减去左边得到. 所以三次方程中 x^2 的系数为 $-m^2$，若 r_1，r_2，r_3 为三次多项式 $x^3 + a_2 x^2 + a_1 x + a_0$ 的根，则 $r_1 + r_2 + r_3 = -a_2$. ℓ 与 $\mathcal{C}$ 的第三个交点是 $P'_3 = (-x_3, y_3)$，因此 $x_1 + x_2 - x_3 = m^2$，故 $x_3 = m^2 - x_1 - x_2$，所以有 $y_3 = m(x_1 - x_3) - y_1$.

现在考虑 $P_1 = P_2$ 的情形. 注意到若 p_2 在 $\mathcal{C}$ 上趋近于 P_1 时，连接 P_2 与 P_1 的线段趋近于 $\mathcal{C}$ P_1 处的切线. 为定义 $P_1 + P_2 = 2P_1$，首先画出 $\mathcal{C}$ 在 P_1 处的切线 ℓ. 该直线与曲线 $\mathcal{C}$ 有交点 P'，改变其 y 坐标的符号便得到 P_3 点.（可用隐函数微分来求 $\mathcal{C}$ 在 P_1 处的斜率.）其余具体细节留给读者，最后的代数公式在下一定理中给出.

在给出椭圆曲线上两点 P_1 与 P_2 的和的一般公式之前，需要定义无穷远点 ∞. 可将该点想象为既在 y 轴顶部又在 y 轴底部的一点，例如，当 $x_1 = x_2$，$y_1 \neq y_2$ 时，ℓ 被认为是交该椭圆曲线于点 ∞ 的竖直线，该点关于 x 轴的对称点是其自身（∞）.

我们可对椭圆曲线上两个点的各种可能值来定义其和.

定义（椭圆曲线的加法公式）　设椭圆曲线 $y^2 = x^3 + ax + b$ 上有两个点 $P_1 = (x_1, y_1)$ 及 $P_2 = (x_2, y_2)$.

（i）当 $P_1 \neq P_2$ 且两者均非 ∞ 时，若 $x_1 \neq x_2$，则定义
$$P_1 + P_2 = (m^2 - x_1 - x_2, m(x_1 - x_3) - y_1),$$
其中 $m = \dfrac{(y_2 - y_1)}{(x_2 - x_1)}$；若 $x_1 = x_2$ 但 $y_1 \neq y_2$，则定义
$$P_1 + P_2 = \infty.$$

（ii）当 $P_1 = P_2$ 非 ∞ 时，若 $y_1 = y_2 \neq 0$，则定义
$$P_1 + P_2 = 2P_1 = (m^2 - 2x_1, m(x_1 - x_3) - y_1),$$
其中 $m = \dfrac{(3x_1^2 + a)}{2y_1}$，而若 $y_1 = y_2 = 0$，则定义

$$P_1 + P_2 = \infty.$$

(iii) 最后，对所有椭圆曲线上的点 P(包括∞)定义 $P+\infty=P$.

椭圆曲线上点的加法如我们所定义的那样，对所有点 P_1 和 P_2，满足交换律 $P_1+P_2=P_2+P_1$；有单位元，即对所有点 P，有 $P+\infty=P$；存在逆元，即对所有点 P，存在点 P'，使得 $P+P'=\infty$；满足结合律，即对任意点 P_1，P_2，P_3，有 $(P_1+P_2)+P_3=P_1+(P_2+P_3)$. (这些性质的证明参看[Wa08].)

注意到对椭圆曲线上的两个不同的有理点 P_1 和 P_2，其和仍为有理点，读者可从定义验证这一点. 同样，对椭圆曲线上的一个有理点 P，其代数加倍 $2P$ 以及所有形如 kP(k 为正整数)的点也是该曲线上的有理点. 因此，当我们知道椭圆曲线 $y^2=x^3-N^2x$(N 为正整数)上的一个或多个有理点时，可以利用加法得到其他的有理点. 我们得到的每个有理点均对应于面积为 N 的有理直角三角形.

下面的例子演示了如何利用代数加倍来求出额外的指定面积的直角三角形.

例 13. 19 在例 13.17 中，我们已知椭圆曲线 $y^2=x^3-36x$ 上的有理点 $P=(x,y)=(12,36)$ 对应于三边长为 3，4，5 的有理直角三角形. 通过找出对应于 $2P$ 的有理直角三角形，可得到新的面积为 6 的有理直角三角形.

为计算 $2P$，首先计算曲线在$(12,36)$处的切线$\mathcal{C}$的斜率为 $m=(3\cdot12^2-36)/(2\cdot36)=11/2$. 利用此斜率可得 $x_1=m^2-2x_1=(11/2)^2-2\cdot12=25/4$. 其次，用 x_1 的值可得 $m(x_1-x_3)-y_1=\frac{11}{2}\left(12-\frac{25}{4}\right)-36=\frac{11}{2}\cdot\frac{23}{4}-36=\frac{253}{8}-\frac{288}{8}=-\frac{35}{8}$，这表明 $2P=(25/4,-35/8)$.

为利用定理 13.17 中的对应关系，我们需要一个有正的 y 坐标的点. 改变 y 坐标的符号得到曲线上的一点 $\left(\frac{25}{4},\frac{35}{8}\right)$. 由定理 13.17，对应于 $\left(\frac{25}{4},\frac{35}{8}\right)$ 的三元组(a,b,c)之值为

$$a=\frac{\left(\left(\frac{25}{4}\right)^2-36\right)}{\left(\frac{35}{8}\right)}=\frac{7}{10},$$

$$b=\frac{\left(2\cdot6\cdot\frac{25}{4}\right)}{\left(\frac{35}{8}\right)}=\frac{120}{7},$$

$$c=\frac{\left(\left(\frac{25}{4}\right)^2+\left(\frac{35}{8}\right)^2\right)}{\left(\frac{35}{8}\right)}=\frac{1201}{70}.$$

这表明三边长为 7/10，120/7 和 1201/7 的有理直角三角形的面积亦为 6.(参看计算与探索部分的习题 6).

利用例 13.19 中描述的加倍公式，可以证明当 N 为同余数时，有无穷多个面积为 N 的不同的有理直角三角形. 证明该结论所用的椭圆曲线上有理点的性质已超出了本书的范围，读者可参看[Ch06].

下面的例子是利用两个面积为 N 的有理直角三角形来找出另外的具有同样面积的有理

直角三角形.

例 13.20 在例 13.18 中，我们找出了椭圆曲线 $y^2 = x^3 - 210^2 x$ 上的两个有理点，它们是 $P_1 = (525, 11\,025)$，对应于三边长为 21，20 和 29 的有理直角三角形；$P_2 = (1260, 44\,100)$，对应于三边长为 35，12 和 37 的有理直角三角形. 通过计算 $P_1 + P_2$ 可得到另外的面积为 210 的有理直角三角形. 为计算此和，注意到 $m = \dfrac{(44\,100 - 11\,025)}{(1\,260 - 525)} = 45$，因此 $x_3 = m^2 - x_1 - x_2 = 45^2 - 525 - 1260 = 240$，$y_3 = m(x_1 - x_3) - y_1 = 45(525 - 240) - 11\,025 = 1800$，故 $P_1 + P_2 = (240, 1800)$.

由定理 13.17，$(240, 1800)$ 对应于三元组 (a, b, c)，其中

$$a = \frac{(240^2 - 210^2)}{1800} = \frac{(57\,600 - 44\,100)}{1800} = \frac{15}{2},$$

$$b = \frac{2 \cdot 210 \cdot 240}{1800} = 56,$$

$$c = \frac{(240^2 + 210^2)}{1800} = \frac{113}{2}.$$

这表明三边长为 $15/2$，56，$113/2$ 的有理直角三角形的面积亦为 210. ◄

判别同余数的算法 最后我们给出一个判断一个正整数是否为同余数的有效算法. 但不幸的是，现在还不清楚该算法是否会出差错. 该算法是建立在 Jerrold Tunnell 于 1983 年在 [Tw83] 中所证明的定理基础之上的. 此定理的证明涉及了椭圆曲线及模形式的很深的知识，这超出了本书的范围.（证明参看 [Ko96].）

定理 13.19（Tunnell 定理） 设 n 为正整数，记 D_n，B_n，C_n，D_n 分别为方程 $n = 2x^2 + y^2 + 32z^2$，$n = 2x^2 + y^2 + 8z^2$，$n = 8x^2 + 2y^2 + 64z^2$，$n = 8x^2 + 2y^2 + 16z^2$ 的整数解的个数. 若 n 为同余数，则若 n 为奇数，则有 $A_n = B_n/2$；若 n 为偶数，则有 $C_n = D_n/2$. 反之，在 BSD(Birch-Swinnerton Dyer) 猜想成立的假设下，若 n 为奇数时有 $A_n = B_n/2$，n 为偶数时有 $C_n = D_n/2$，则 n 为同余数.

要利用 Tunnell 定理来判断一个正整数是否为同余数，需计算 A_n，B_n，C_n，D_n，并验证相关等式. 这些量可以很快直接计算得出，故验证也很方便. Tunnell 定理能告诉我们某个正整数不是同余数，但不能确定一个正整数一定是同余数. 当然，若 BSD 猜想得到证明，则这个不确定性自然会消失. 下面的例子是 Tunnell 定理应用的演示.

例 13.21 Tunnell 定理能验证费马的结论，即 3 非同余数.

注意有 $A_3 = 4$，$B_3 = 4$，这是因为 $3 = 2x^2 + y^2 + 32z^2$ 以及 $3 = 2x^2 + y^2 + 8z^2$ 的整数解均为 $x = \pm 1$，$y = \pm 1$，$z = 0$. 由于 $A_3 \neq B_3/2$，故 3 非同余数.

Tunnell 定理中带猜想性质的部分判断 34 为同余数. 为证明这一点，注意到 $34 = 8x^2 + 2y^2 + 64z^2$ 的整数解为 $x = \pm 2$，$y = \pm 1$，$z = 0$，故 $C_{34} = 4$. 而 $34 = 8x^2 + 2y^2 + 16z^2$ 的整数解为 $x = \pm 2$，$y = \pm 1$，$z = 0$，以及 $x = 0$，$y = \pm 3$，$z = \pm 1$，所以 $D_{34} = 8$，故 $C_{34} = D_{34}/2$. 因此在 BSD 猜想成立的基础上，可判定 34 为同余数. 读者可自行找出面积为 34 的有理直角三角形来验证这一点.（参看计算与探索部分的习题 2.）◄

13.5 节习题

1. 证明本原毕达哥拉斯三角形面积为偶数.

2. 找出扩展的表 13.2 的最后一列中对应于 $m=7$, $n=2$, 4, 6 的同余数.

3. 找出扩展的表 13.2 的最后一列中对应于 $m=8$, $n=1$, 3, 5, 7 的同余数.

4. 找出扩展的表 13.2 的最后一列中对应于 $m=9$, $n=2$, 4, 8 的同余数.

5. 找出对应于下列毕达哥拉斯三元组的本原直角三角形面积的无平方因子同余数.

    a) (15, 8, 17)   b) (7, 24, 25)   c) (21, 20, 29)   d) (9, 40, 41)

6. 找出对应于下列毕达哥拉斯三元组的本原直角三角形面积的无平方因子同余数.

    a) (35, 12, 37)   b) (11, 60, 61)   c) (45, 28, 53)   d) (33, 56, 65)

7. 证明有无穷多个不同的同余数.

8. 完成定理 13.14 的证明中未处理的三种情形.

9. 利用 1 非同余数这一事实来证明 $\sqrt{2}$ 非有理数. (提示: 考虑两直角边为 $\sqrt{2}$ 的直角三角形.)

10. 利用 2 非同余数这一事实来证明 $\sqrt{2}$ 非有理数. (提示: 考虑两直角边为 2 的直角三角形.)

*11. 利用无穷下降法证明一个平方数的两倍不可能是同余数.

**12. 证明 3 非同余数. (提示: 利用定理 13.14. 四种情形中的三种可以直接证明, 最后一种情形较为复杂.)

13. 解释为何下列整数不可能为三个平方数的算术级数的公差.

    a) 1   b) 8   c) 25   d) 48

14. 解释为何下列整数不可能为三个平方数的算术级数的公差.

    a) 2   b) 9   c) 32   d) 300

15. 找出有理数 r 使得 $r^2 \pm 7$ 同为有理数的平方.

16. 找出有理数 r 使得 $r^2 \pm 15$ 同为有理数的平方.

17. 从公差为 336 的三个平方数的算术级数 289, 625, 961 开始构造一个诸边为有理数且面积是 21 的直角三角形.

18. 从公差为 840 的三个平方数的算术级数 529, 1369, 2209 开始构造一个诸边为有理数且面积是 210 的直角三角形.

19. 在本题中, 我们证明找出所有由三个有理平方数组成的算术级数等价于找出圆 $x^2+y^2=2$ 上的所有有理点. (对这些点的参数化表达式参考 13.1 节中的习题 21.)

    a) 证明: 若 a^2, b^2, c^2 为由正整数组成的算术级数, 则 $(a/b, c/b)$ 为圆 $x^2+y^2=2$ 上的有理点.

    b) 证明: 若 $x^2+y^2=2$, 其中 x, y 为有理数, t 为非 0 整数, 则 $(tx)^2$, t^2, $(ty)^2$ 为由三个有理平方数组成的算术级数.

20. 利用定理 13.17 中的映射找出椭圆曲线 $y^2=x^3-25x$ 上对应于三边长为 3/2, 20/3, 41/6 的有理直角三角形的有理点.

21. 利用定理 13.17 中的映射找出椭圆曲线 $y^2=x^3-49x$ 上对应于三边长为 35/12, 24/5, 337/60 的有理直角三角形的有理点.

22. 证明椭圆曲线 $y^2=x^3-x$ 上不存在有理点 (x, y), 其中 x, y 均为正数. (提示: 利用 1 非同余数这一事实.)

23. 证明椭圆曲线 $y^2=x^3-4x$ 上不存在有理点 (x, y), 其中 x, y 均为正数. (提示: 利用 2 非同余数这一事实.)

24. 完成椭圆曲线上一点的代数加倍公式的推导.

25. 利用在习题 20 中找出的椭圆曲线 $y^2=x^3-25x$ 上的一点, 使用代数加倍找出面积为 5 的有理直角三角形，但其三边长不为 3/2，20/3，41/6．

26. 利用在习题 21 中找出的椭圆曲线 $y^2 = x^3 - 49x$ 上的一点，使用代数加倍找出面积为 7 的有理直角三角形，但其三边长不为 35/12，24/5，337/60．

27. 将椭圆曲线 $y^2 = x^3 - 36x$ 上的两点（12，36）及（25/4，-35/8）相加，并利用定理 13.17 找出面积为 6 的有理直角三角形，使其不同于三边长分别为 3，4，5 及 7/10，120/7，1201/70 的三角形．

28. 将椭圆曲线 $y^2 = x^3 - 210x$ 上的两点（240，1800）及（1260，44 100）相加，并利用定理 13.17 找出面积为 210 的有理直角三角形，使其不同于在例 13.20 中提及的三个三角形．

29. 找出两个公差为 6 的三有理平方数的算术级数，使其不同于 $(1/2)^2$，$(5/2)^2$，$(7/2)^2$．

30. 找出两个不同的公差为 21 的三有理平方数的算术级数．

31. 利用 Tunnell 定理证明下列整数非同余数．
    a）1　　　　　　　　　b）10　　　　　　　　　c）17

32. 利用 Tunnell 定理证明下列整数非同余数．
    a）2　　　　　　　　　b）10　　　　　　　　　c）126

33. 假设 BSD 猜想成立，利用 Tunnell 定理证明 41 为同余数．

34. 假设 BSD 猜想成立，利用 Tunnell 定理证明 157 为同余数．

35. 欧拉曾经猜想（但未证明），如果 n 为无平方因子的正整数且 $n \equiv 5$，6 或 7(mod 8)，则 n 为同余数．假设 BSD 猜想成立，利用 Tunnell 定理来证明该猜想．

　　如果一个三角形的三边长及面积均为有理数，则被称为是海仑三角形（Heron triangle）．海仑三角形是以海仑·亚历山大的名字来命名的，他证明了三边长为 a，b，c 的三角形的面积是 $\sqrt{s(s-a)(s-b)(s-c)}$，其中 $s = (a+b+c)/2$．回顾如果长为 a 与 b 的边的夹角为 θ，则三角形面积为 $(ab\sin\theta)/2$．此外，由余弦定律，有 $c^2 = a^2 + b^2 - 2ab\cos\theta$．

36. 三边长为 13，14，15 的三角形为海仑三角形．

* 37. 证明：若 n 为正整数，则有一个面积为 n 的海仑三角形．（提示：将两个三边长为 2，$\left| r - \left(\frac{1}{r}\right) \right|$，$\left| s - \left(\frac{1}{s}\right) \right|$ 的三角形粘在一起，其中 $r = 2n/(n-2)$，$s = (n-2)/4$，然后将该三角形适当缩放．）

38. 证明：如果海仑三角形三边长为 x，y，z，且边长为 x，y 的两边的夹角为 θ，则 $\cos\theta$ 和 $\sin\theta$ 为有理数，且有有理数 t 使得 $\sin\theta = \frac{2t}{t^2+1}$ 以及 $\cos\theta = \frac{t^2-1}{t^2+1}$．

　　我们称一个整数 n 为 t-同余数，如果有有理数 a，b，c，使得 $ab\left(\frac{2t}{t^2+1}\right) = 2n$ 以及 $a^2 + b^2 = 2ab \times \left(\frac{t^2-1}{t^2+1}\right) = c^2$．（当 $t=1$ 时，t-同余数就是同余数．）

39. a）设 t 为有理数，证明正整数 n 为 t-同余数当且仅当 n/t 和 t^2+1 为有理平方数或曲线 $y^2 = \left(x - \frac{n}{t}\right) \times (x + nt)$ 上有有理点 (x, y)，$y \neq 0$．（提示：证明如果 a，b，c 满足定义中的方程且 $b \neq c$，则 $(a^2/4, (ab^2 - ac^2)/8)$ 在这条曲线上．当 (x, y) 在该曲线上且 $y \neq 0$ 时，令 $a = |(x^2+y^2)/y|$，$b = |(x-(n/t))(x+nt)/y|$；当 $y=0$ 时，令 $a = 2\sqrt{n/t}$，$b = c = \sqrt{n(t^2+1)/t}$．)

　　b）证明：若 $n=12$，$t=4/3$，则曲线 $y^2 = \left(x - \frac{n}{t}\right)(x + nt)$ 上有点 $(-6, 30)$．

　　c）利用（a）证明 12 为 4/3-同余数，并求出面积为 12 的有理三角形的三边长．

　　d）利用习题 31 证明如果 n 为正整数，则有有理数 t 使得 n 为 t-同余数．

40. 本题介绍了另外一个通过搜寻椭圆曲线上的有理点来解决的问题．考察一个由同样大的球堆垒而成的 x 层的正方棱锥，即顶部放置一个球，其下一层放四个球，…，底层即第 x 层放 x^2 个球．

　　a) 证明这些球能被置于一个边长为 y 的正方形中当且仅当 $y^2 = x(x+1)(2x+1)/6$ 有正整数解 (x, y).

　　b) 证明：如果 $1 \leqslant x \leqslant 10$，则只有当 $x=1$ 时才可将这些球堆为正方棱锥.

　　c) 证明 $(0, 0)$ 和 $(1, 1)$ 均在曲线 $y^2 = x(x+1)(2x+1)/6$ 上，计算 $(0, 0)$ 与 $(1, 1)$ 在该曲线上的和.

　　d) 计算 (c) 中得到的点与 $(1, 1)$ 的和，证明由此和可以得到一个正整数解.

计算和研究

1. 扩展表 13.2，使其包含所有满足 $50 \geqslant n > m$ 且 m，n 奇偶性不同的整数对 m，n.

2. 通过找出对应于三角形面积的无平方因子为 34 的毕达哥拉斯三元组来证明 34 为同余数.

3. 通过找出对应于三角形面积的无平方因子为 39 的毕达哥拉斯三元组来证明 39 为同余数.

4. 找出椭圆曲线 $y^2 = x^3 - 53^2 x$ 上对应于本原毕达哥拉斯三元组 $a = m^2 - n^2$，$b = 2mn$，$c = m^2 + n^2$ 的有理点，其中 $m = 1\ 873\ 180\ 325$，$n = 1\ 158\ 313\ 156$.

5. 依次检查所有整数的平方数来找出尽可能多的三平方算术级数.

6. 通过对椭圆曲线 $y^2 = x^3 - 36x$ 上的点不断地进行代数加倍来找出尽可能多的面积为 6 的有理直角三角形.

7. 通过对椭圆曲线 $y^2 = x^3 - 210^2 x$ 上的点不断地进行代数加倍来找出尽可能多的面积为 210 的有理直角三角形.

8. 利用 (111, 6160, 6161)，(231, 2960, 2969)，(518, 1320, 1418)，(280, 2442, 2458) 是对应于面积为 $341\ 880 = 2^2 \cdot 170\ 940$ 的直角三角形的四个毕达哥拉斯三元组的事实来找出椭圆曲线 $y^2 = x^3 - 170\ 940^2 x$ 上四个不同的有理点，并通过这些点之间的加法找出更多的面积为 170 940 的有理直角三角形.

程序设计

1. 给定正整数 U，扩展表 13.2 使其包含所有满足 $U \geqslant m > n$ 且 m，n 奇偶性不同的整数对 m，n.

2. 给定椭圆曲线 $y^2 = x^3 + ax + b$ 及其上两点，计算两个点的和.

3. 给定面积为 N 的有理直角三角形的诸边长，找出椭圆曲线 $y^2 = x^3 - N^2 x$ 上对应的点. 然后用代数加倍找出该曲线上新的有理点及其相应的面积为 N 的有理直角三角形.

第14章 高斯整数

在前面的章节中我们研究了整数集合的一些性质. 有意思的是, 在其他一些数集中也存在着类似于整数的一些关于整除、素性和因子分解的性质. 本章中, 我们研究高斯整数, 即形如 $a+bi$ 的数, 其中 a, b 是整数, $i=\sqrt{-1}$. 我们将介绍高斯整数的整除概念, 对高斯整数给出一种带余除法, 并描述一个高斯整数是素数的条件. 然后, 对于一对高斯整数, 我们引入最大公因子的概念, 并且证明一个高斯整数(在某种意义下)能够唯一地表示成高斯素数的乘积. 最后, 我们将说明如何利用高斯整数来确定一个正整数可以用多少种方式表为两个整数的平方和. 本章中的内容仅是数论的一个分支——代数数论(主要研究代数数及其性质)的入门知识. 继续学习数论的同学们将会发现对于高斯整数的这些相当具体的讨论对于进一步研究是非常有益的过渡. 学习代数数论极好的参考文献包括 [AlWi03]、[Mo99]、[Po99]和[Ri01].

14.1 高斯整数和高斯素数

本章中我们把数论的研究扩展到复数的领域. 考虑到有的读者从未接触过复数或是想复习一下复数, 我们先简要地回顾一下复数的基本性质.

复数就是形如 $x+yi$ 的数, 其中 $i=\sqrt{-1}$. 复数可以按如下法则进行加、减、乘和除运算:

$$(a+bi)+(c+di)=(a+c)+(b+d)i$$
$$(a+bi)-(c+di)=(a-c)+(b-d)i$$
$$(a+bi)(c+di)=ac+adi+bci+bdi^2=(ac-bd)+(ad+bc)i$$
$$\frac{a+bi}{c+di}=\frac{a+bi}{c+di}\cdot\frac{c-di}{c-di}=\frac{ac+bd}{c^2+d^2}+\frac{(-ad+bc)i}{c^2+d^2}.$$

注意, 复数的加法和乘法是可交换的.

我们利用整数的绝对值来衡量整数的大小. 对于复数, 一般用下面几种方法来衡量其大小.

定义 若 $z=x+iy$ 是复数, 则 z 的**绝对值** $|z|$ 等于

$$|z|=\sqrt{x^2+y^2},$$

而 z 的**范数** $N(z)$ 等于

$$|z|^2=x^2+y^2.$$

给定一个复数, 通过改变这个数的虚部的符号, 可以得到一个与其有相同的绝对值和范数的复数.

定义 复数 $z=a+bi$ 的**共轭**是复数 $a-bi$, 记作 $\bar{z}$.

若 w 和 z 是两个复数, 则 wz 的共轭是 w 和 z 的共轭的乘积. 即 $\overline{(wz)}=(\bar{w})(\bar{z})$. 若 $z=x+iy$ 是复数, 则

$$z\bar{z}=(x+iy)(x-iy)=x^2+y^2=N(z).$$

下面我们将证明范数的几个有用的性质.

定理 14.1　把复数映成非负实数的范数函数 N 满足下列性质：

(i) 对任意复数 z，$N(z)$ 是非负实数.

(ii) 对任意复数 z 和 w，$N(zw)=N(z)N(w)$.

(iii) $N(z)=0$ 当且仅当 $z=0$.

证明　对(i)，假设 z 是一个复数，则 $z=x+iy$，其中 x 和 y 是实数. 由于 x^2 和 y^2 都是非负实数，所以 $N(z)=x^2+y^2$ 是非负实数.

对(ii)，当 z 和 w 为复数时，有

$$N(zw)=(zw)\overline{(zw)}=(zw)(\bar{z}\bar{w})=(z\bar{z})(w\bar{w})=N(z)N(w).$$

对(iii)，因为 $0=0+0i$，所以 $N(0)=0^2+0^2=0$. 反之，假设 $N(x+iy)=0$，其中 x 和 y 是整数，则 $x^2+y^2=0$. 由于 x^2 和 y^2 都是非负的，所以 $x=0$，$y=0$. 从而可得 $x+iy=0+i0=0$.　∎

高斯整数

在前面的章节里我们主要研究的是有理数和整数. 数论的一个重要分支——代数数论把整数的一些理论推广到了一些特殊的代数整数集合. 所谓代数整数就是首一（即首项系数是 1）整系数多项式的根. 下面我们将介绍本章的研究对象——一类特殊的代数整数集合.

定义　形如 $a+bi$（其中 a，b 是整数）的复数被称为**高斯整数**. 高斯整数全体记作 $\mathbb{Z}[i]$.

若 $\gamma=a+bi$ 是高斯整数，则它是满足如下方程的代数整数

$$\gamma^2-2a\gamma+(a^2+b^2)=0,$$

这一点读者可自行验证. 由于 γ 满足首一二次整系数多项式，所以它被称为二次无理数. 反之，若 $\alpha=r+si$，其中 r，s 是有理数，而且 α 是一个首一二次整系数多项式的根，则 α 是高斯整数（见习题 22）. 高斯整数是以伟大的德国数学家高斯的名字命名的，他是第一位深入研究这类数性质的数学家.

通常我们使用希腊字母来表示高斯整数，例如 α，β，γ 和 δ. 注意到若 n 是一个整数，则 $n=n+0i$ 也是高斯整数. 当我们讨论高斯整数的时候，把通常的整数称为有理整数.

高斯整数在加、减、乘运算下是封闭的，正如下面定理所述.

定理 14.2　设 $\alpha=x+iy$ 和 $\beta=w+iz$ 是高斯整数，其中 x，y，w 和 z 是有理整数. 则 $\alpha+\beta$，$\alpha-\beta$ 和 $\alpha\beta$ 都是高斯整数.

证明　我们有 $\alpha+\beta=(x+iy)+(w+iz)=(x+w)+i(y+z)$，$\alpha-\beta=(x+iy)-(w+iz)=(x-w)+i(y-z)$，$\alpha\beta=(x+iy)(w+iz)=xw+iyw+ixz+i^2yz=(xw-yz)+i(yw+xz)$. 因为有理整数在加、减、乘运算下封闭，从而 $\alpha+\beta$，$\alpha-\beta$ 和 $\alpha\beta$ 都是高斯整数.　∎

虽然高斯整数在加、减和乘运算下封闭，但是它们在除法运算下并不封闭，这一点与有理整数类似. 此外，若 $\alpha=a+bi$ 是高斯整数，则 $N(\alpha)=a^2+b^2$ 是非负有理整数.

高斯整数的整除性

我们可以像研究有理整数那样去研究高斯整数. 整数的许多基本性质可以直接类推到

高斯整数上. 要讨论高斯整数的这些性质, 需要介绍高斯整数类似于通常整数的一些概念. 特别地, 我们需要说明一个高斯整数整除另一个高斯整数的意义. 然后, 我们将定义高斯素数、一对高斯整数的最大公因子以及其他一些重要概念.

定义 设 α 和 β 是高斯整数. 我们称 α **整除** β 是指存在一个高斯整数 γ 使得 $\beta = \alpha\gamma$. 若 α 整除 β, 则记作 $\alpha \mid \beta$; 若 α 不整除 β, 则记作 $\alpha \nmid \beta$.

例 14.1 由于 $(2-i)(5+3i) = 13+i$, 故有 $2-i \mid 13+i$. 但是 $3+2i \nmid 6+5i$, 因为

$$\frac{6+5i}{3+2i} = \frac{(6+5i)(3-2i)}{(3+2i)(3-2i)} = \frac{28+3i}{13} = \frac{28}{13} + \frac{3i}{13}$$

不是高斯整数. ◄

例 14.2 可以看出对任意高斯整数 $a+bi$, 均有 $-i \mid (a+bi)$, 这是因为只要 a, b 为整数, 就有 $a+bi = -i(-b+ai)$. 除了 $-i$ 之外, 能够整除任意一个高斯整数的只有 1, -1 和 i. 在本节的后半部分, 我们将会看到为什么会是这样. ◄

例 14.3 能够被 $3+2i$ 整除的高斯整数是 $(3+2i)(a+bi)$, 其中 a, b 是整数. 注意到 $(3+2i)(a+bi) = 3a+2ia+3ib+2i^2b = (3a-2b)+i(2a+3b)$. 我们在图 14.1 中标示出了这些高斯整数.

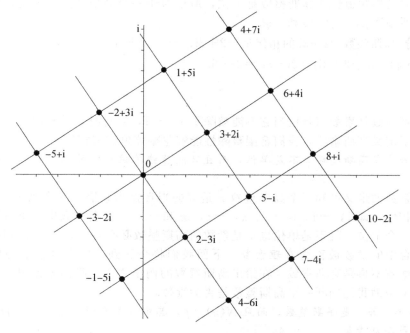

图 14.1 被 $3+2i$ 整除的高斯整数 ◄

高斯整数的整除性也满足有理整数整除性的一些相同的性质. 例如, 若 α, β 和 γ 是高斯整数且 $\alpha \mid \beta$, $\beta \mid \gamma$, 则 $\alpha \mid \gamma$. 再者, 若 α, β, γ, ν 和 μ 是高斯整数, 且 $\gamma \mid \alpha$, $\gamma \mid \beta$, 则 $\gamma \mid (\mu\alpha + \nu\beta)$. 这些性质留给读者自行验证.

在整数中, 恰有两个整数是 1 的因子, 即 1 和 -1. 现在要决定哪些高斯整数是 1 的因

子. 首先, 我们给出下述定义.

定义 若 $\varepsilon \mid 1$, 则称高斯整数 ε 是**单位**. 若 ε 是单位, 则称 $\varepsilon\alpha$ 为高斯整数 α 的一个**相伴**.

下面我们用便于计算的方法来刻画高斯整数是单位的条件.

定理 14.3 一个高斯整数 ε 是单位当且仅当 $N(\varepsilon) = 1$.

证明 首先假设 ε 是单位. 则存在一个高斯整数 ν 使得 $\varepsilon\nu = 1$. 由定理 14.1 的(ii)可知, $N(\varepsilon\nu) = N(\varepsilon)N(\nu) = 1$. 由于 ε 和 ν 都是高斯整数, 所以 $N(\varepsilon)$ 和 $N(\nu)$ 都是正整数, 于是 $N(\varepsilon) = N(\nu) = 1$.

反之, 假设 $N(\varepsilon) = 1$. 则 $\varepsilon\bar{\varepsilon} = N(\varepsilon) = 1$. 从而 $\varepsilon \mid 1$, ε 是单位. ∎

下面我们确定哪些高斯整数是单位.

定理 14.4 高斯整数的单位为 1, -1, i 和 $-i$.

证明 由定理 14.3 可知, 高斯整数 $\varepsilon = a + bi$ 是单位当且仅当 $N(\varepsilon) = 1$. 由于 $N(\varepsilon) = N(a+bi) = a^2 + b^2$, 所以 ε 是单位当且仅当 $a^2 + b^2 = 1$. 而 a, b 都是有理整数, 所以 $\varepsilon = a + bi$ 是单位当且仅当 $(a, b) = (1, 0)$, $(-1, 0)$, $(0, 1)$ 或 $(0, -1)$. 从而 ε 是单位当且仅当 $\varepsilon = 1$, -1, i 或 $-i$. ∎

现在我们已经知道哪些高斯整数是单位, 所以对于一个高斯整数 β 来说, 它的全部相伴是四个高斯整数 β, $-\beta$, $i\beta$ 和 $-i\beta$.

例 14.4 高斯整数 $-2+3i$ 的相伴是 $-2+3i$, $-(-2+3i) = 2-3i$, $i(-2+3i) = -2i+3i^2 = -3-2i$ 和 $-i(-2+3i) = 2i-3i^2 = 3+2i$. ◀

高斯素数

一个有理整数是素数当且仅当它不能被除了 1, -1, 它自身及其相反数以外的其他整数整除. 为了定义高斯素数, 我们希望整除性能够忽略掉单位和相伴.

定义 若非零高斯整数 π 不是单位, 而且只能够被单位和它的相伴整除, 则称之为**高斯素数**.

由高斯素数的定义可知一个高斯整数 π 是素的当且仅当它恰有 8 个因子——4 个单位和它的 4 个相伴, 即 1, -1, i, $-i$, π, $-\pi$, $i\pi$ 和 $-i\pi$. (高斯整数中的单位恰有 4 个因子, 也就是 4 个单位. 既不是单位也不是素数的高斯整数必有多于 8 个的相异因子.)

整数集合中的素数被称为**有理素数**. 下面我们将会看到有些有理素数仍然是高斯素数, 但是有些就不再是高斯素数. 在给出高斯素数的例子之前, 我们先证明一个有用的结论, 可以用来帮助我们判断一个高斯整数是否为素数.

定理 14.5 若 π 是高斯整数, 而且 $N(\pi) = p$, 其中 p 是有理素数, 则 π 和 $\bar{\pi}$ 是高斯素数, 而 p 不是高斯素数.

证明 假设 $\pi = \alpha\beta$, 其中 α, β 是高斯整数. 则 $N(\pi) = N(\alpha\beta) = N(\alpha)N(\beta)$, 因此 $p = N(\alpha)N(\beta)$. 由于 $N(\alpha)$ 和 $N(\beta)$ 是正整数, 所以 $N(\alpha) = 1$ 且 $N(\beta) = p$, 或者 $N(\alpha) = p$ 且 $N(\beta) = 1$. 由定理 14.3 可知或者 α 是单位, 或者 β 是单位. 这意味着 π 不能分解成两个非单位的高斯整数的乘积, 因此它必然是一个高斯素数.

注意到 $N(\pi) = \pi\bar{\pi}$. 因为 $N(\pi) = p$, 从而有 $p = \pi\bar{\pi}$, 这说明 p 不是高斯素数. 而

$N(\pi)=p$，所以 π 也是高斯素数. ∎

现在我们给出高斯素数的一些例子.

例 14.5 我们可以用定理 14.5 来证明 $2-i$ 是高斯素数，因为 $N(2-i)=2^2+1^2=5$，而 5 是有理素数. 再由 $5=(2+i)(2-i)$ 可知，5 不是高斯素数. 类似地，$2+3i$ 是高斯素数，因为 $N(2+3i)=2^2+3^2=13$，而 13 是有理素数. 进而 13 不是高斯素数，因为 $13=(2+3i)(2-3i)$. ◀

定理 14.5 的逆命题不成立. 我们将在例 14.6 中看到，存在范数不是有理素数的高斯素数.

例 14.6 整数 3 是高斯素数，我们下面会给出证明，但是 $N(3)=N(3+0i)=3^2+0^2=9$ 不是有理素数. 现在证明 3 是高斯素数. 假设 $3=(a+bi)(c+di)$，其中 $a+bi$ 和 $c+di$ 不是单位. 等式两边同时取范数，有

$$N(3) = N((a+bi) \cdot (c+di)).$$

由定理 14.1 的(ii)可得

$$9 = N(a+ib)N(c+id).$$

因为 $a+ib$ 和 $c+id$ 都不是单位，故 $N(a+ib)\neq 1$，$N(c+id)\neq 1$，所以 $N(a+ib)=N(c+id)=3$. 也就是说 $N(a+ib)=a^2+b^2=3$，而这是不可能的，因为 3 不是两个有理整数的平方和. 从而证明了 3 是高斯素数. ◀

下面我们来看有理素数 2 是否为高斯素数.

例 14.7 为判断 2 是否是高斯素数，我们来看是否存在非单位的高斯整数 α 和 β 使得 $2=\alpha\beta$，其中 $\alpha=a+ib$，$\beta=c+id$. 若 $2=\alpha\beta$，取范数，则有

$$N(2) = N(\alpha)N(\beta).$$

因为 $N(2)=N(2+0i)=2^2+0^2=4$，所以有

$$N(\alpha)N(\beta) = (a^2+b^2)(c^2+d^2) = 4.$$

由 α 和 β 都不是单位可知 $N(\alpha)\neq 1$，$N(\beta)\neq 1$. 这表明 $a^2+b^2=c^2+d^2=2$，所以 a，b，c，d 只能取 1 或 -1. 因此，α 和 β 只可能是 $1+i$，$-1+i$，$1-i$ 或 $-1-i$. 通过验证，我们发现，当 $\alpha=1+i$，$\beta=1-i$ 时，有 $\alpha\beta=2$. 因此我们断定 2 不是高斯素数，且 $2=(1+i)(1-i)$.

由于 $N(1+i)=N(1-i)=2$，而 2 是素数，因此由定理 14.5 即可知 $1+i$ 和 $1-i$ 都是高斯素数. ◀

通过例 14.5、例 14.6 和例 14.7，我们发现有些有理素数仍然是高斯素数，例如 3；但是有些有理素数就不再是高斯素数，例如 $2=(1-i)(1+i)$ 和 $5=(2+i)(2-i)$. 在 14.3 节中，我们将确定哪些有理素数仍是高斯素数，而哪些不再是高斯素数.

高斯整数的带余除法

在本书的第一章，我们介绍了有理整数的带余除法，也就是用正整数 b 去除整数 a，可得到一个小于 b 的非负整数 r（余数），而且所得到的商和余数都是唯一的. 对于高斯整数，我们也希望有类似的结论，但是在高斯整数中，说一个除式中的余数小于除数是没有意义的. 利用范数，可以让除式中余数的范数小于除数的范数，从而得到推广的带余除

法，进而克服这个困难．但是，不像有理整数的情况那样，我们计算得到的商和余数并不是唯一的，这一点将会通过后面的例题来说明．

定理 14.6（高斯整数的带余除法）　设 α 和 β 是高斯整数，且 $\beta \neq 0$．则存在高斯整数 γ 和 ρ，使得

$$\alpha = \beta\gamma + \rho,$$

而且 $0 \leqslant N(\rho) < N(\beta)$．这里的 γ 被称为**商**，ρ 被称为**余数**．

证明　假设 $\alpha/\beta = x + \mathrm{i}y$．则复数 $x + \mathrm{i}y$ 是高斯整数当且仅当 β 整除 α．令 $s = \left[x + \dfrac{1}{2} \right]$，$t = \left[y + \dfrac{1}{2} \right]$（它们分别是距离 x 和 y 最近的整数，若 x 或 y 的分数部分是 1/2，则舍去分数部分；见图 14.2）．

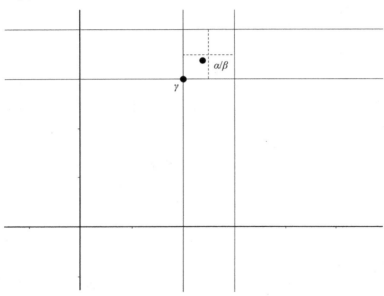

图 14.2　确定 α 被 β 除的商 γ

这样选择 s 和 t 以后，我们有

$$x + \mathrm{i}y = (s + f) + \mathrm{i}(t + g),$$

其中 f 和 g 是实数，并且 $|f| \leqslant 1/2$，$|g| \leqslant 1/2$．现在令 $\gamma = s + ti$，$\rho = \alpha - \beta\gamma$．由定理 14.1 可知 $N(\rho) \geqslant 0$．

下面证明 $N(\rho) < N(\beta)$．由于 $\alpha/\beta = x + \mathrm{i}y$，利用定理 14.1(ii)，故有

$$N(\rho) = N(\alpha - \beta\gamma) = N(((\alpha/\beta) - \gamma)\beta) = N((x + \mathrm{i}y) - \gamma)\beta)$$
$$= N((x + \mathrm{i}y) - \gamma)N(\beta).$$

因为 $\gamma = s + ti$，$x - s = f$，$y - t = g$，所以

$$N(\rho) = N((x + \mathrm{i}y) - (s + ti))N(\beta) = N(f + \mathrm{i}g)N(\beta).$$

最后，由于 $|f| \leqslant 1/2$，$|g| \leqslant 1/2$，所以

$$N(\rho) = N(f + ig)N(\beta) \leqslant ((1/2)^2 + (1/2)^2)N(\beta) \leqslant N(\beta)/2 < N(\beta).$$

证毕. ∎

注记 在定理 14.6 的证明中，用非零高斯整数 β 去除高斯整数 α，我们构造了一个余数 ρ 使得 $0 \leqslant N(\rho) \leqslant N(\beta)/2$. 也就是说，余数的范数不超过除数范数的 $1/2$. 这是一个很有用且需要记住的事实.

例 14.8 说明了如何计算定理 14.6 的证明过程中的商和余数. 这个例子也表明了这些取值并非是唯一的，从而意味着存在其他可能的值也满足定理的结论.

例 14.8 令 $\alpha = 13 + 20i$，$\beta = -3 + 5i$. 我们按照定理 14.6 的证明中的步骤来找 γ 和 ρ 使得 $\alpha = \beta\gamma + \rho$，而且 $N(\rho) < N(\beta)$，也就是 $13 + 20i = (-3 + 5i)\gamma + \rho$ 且 $0 \leqslant N(\rho) < N(-3 + 5i) = 34$. 首先，用 β 去除 α 可得

$$\frac{13 + 20i}{-3 + 5i} = \frac{61}{34} - \frac{125}{34}i.$$

然后，找到最接近 $\frac{61}{34}$ 和 $-\frac{125}{34}$ 的整数，分别是 2 和 -4. 因此，可以取 $\gamma = 2 - 4i$ 作为商. 对应的余数为 $\rho = \alpha - \beta\gamma = (13 + 20i) - (-3 + 5i)\gamma = (13 + 20i) - (-3 + 5i)(2 - 4i) = -1 - 2i$. 通过 $N(-1 - 2i) = 5 < N(-3 + 5i)/2 = 34/2 = 17$ 可知 $N(\rho) < N(\beta)/2 < N(\beta)$（参见之前的注记）.

除了按照定理 14.6 的证明中构造出来的 γ 和 ρ 以外，还可以选择其他的值，同样也满足带余除法的结论. 例如，可以取 $\gamma = 2 - 3i$，$\rho = 4 + i$，这是因为 $13 + 20i = (-3 + 5i)(2 - 3i) + (4 + i)$，而且 $N(4 + i) = 17 \leqslant N(-3 + 5i)/2 = 34/2 = 17 < N(-3 + 5i)$. （参看习题 19.）

14.1 节习题

1. 化简下列表达式，并将其表示为高斯整数 $a + bi$ 的形式.
   a) $(2 + i)^2(3 + i)$ b) $(2 - 3i)^3$ c) $-i(-i + 3)^3$

2. 化简下列表达式，并将其表示为高斯整数 $a + bi$ 的形式.
   a) $(-1 + i)^3(1 + i)^3$ b) $(3 + 2i)(3 - i)^2$ c) $(2 + i)^2(5 - i)^3$

3. 判定下列 4 种情况中哪些高斯整数 α 能够整除高斯整数 β.
   a) $\alpha = 2 - i$，$\beta = 5 + 5i$.   b) $\alpha = 1 - i$，$\beta = 8$.
   c) $\alpha = 5$，$\beta = 2 + 3i$.   d) $\alpha = 3 + 2i$，$\beta = 26$.

4. 判定下列 4 种情况中哪些高斯整数 α 能够整除高斯整数 β.
   a) $\alpha = 3$，$\beta = 4 + 7i$.   b) $\alpha = 2 + i$，$\beta = 15$.
   c) $\alpha = 5 + 3i$，$\beta = 30 + 6i$.   d) $\alpha = 11 + 4i$，$\beta = 274$.

5. 给出所有能够被 $4 + 3i$ 整除的高斯整数的公式，并且在平面中将这些高斯整数标示出来.

6. 给出所有能够被 $4 - i$ 整除的高斯整数的公式，并且在平面中将这些高斯整数标示出来.

7. 证明：若 α，β，γ 是高斯整数，且 $\alpha | \beta$，$\beta | \gamma$，则 $\alpha | \gamma$.

8. 证明：若 α，β，γ，μ 和 ν 是高斯整数，且 $\gamma | \alpha$ 和 $\gamma | \beta$，则 $\gamma | (\mu\alpha + \nu\beta)$.

9. 证明：若 ε 是高斯整数中的单位，则 $\varepsilon^5 = \varepsilon$.

10. 找出所有的高斯整数 $\alpha = a + bi$，使得 α 的共轭 $\bar{\alpha} = a - bi$ 是 α 的相伴.

11. 证明：若 α 和 β 是高斯整数，$\alpha | \beta$ 且 $\beta | \alpha$，则 α 和 β 是相伴的.

12. 证明：若 α 和 β 是高斯整数，且 $\alpha | \beta$，则 $N(\alpha) | N(\beta)$.

13. 假设 $N(\alpha) | N(\beta)$，其中 α 和 β 是高斯整数. 是否一定有 $\alpha | \beta$? 若是，请给出证明. 否则，请举出反例.

14. 证明：若 $\alpha | \beta$，其中 α 和 β 是高斯整数，则 $\bar{\alpha} | \bar{\beta}$.

15. 证明：若 $\alpha = a + bi$ 是非零高斯整数，则 α 恰有一个相伴 $\beta = c + di$(包括 α 自身)，其中 $c > 0$, $d \geqslant 0$.

16. 对下列每一组 α 和 β，利用定理 14.6 的证明中的构造方法找出 α 被 β 除的商 γ 和余数 ρ，并验证 $N(\rho) < N(\beta)$.

　　a) $\alpha = 14 + 17i$, $\beta = 2 + 3i$　　　　b) $\alpha = 7 - 19i$, $\beta = 3 - 4i$　　　　c) $\alpha = 33$, $\beta = 5 + i$

17. 对下列每一组 α 和 β，利用定理 14.6 的证明中的构造方法找出 α 被 β 除的商 γ 和余数 ρ，并验证 $N(\rho) < N(\beta)$.

　　a) $\alpha = 24 - 9i$, $\beta = 3 + 3i$　　　　b) $\alpha = 18 + 15i$, $\beta = 3 + 4i$　　　　c) $\alpha = 87i$, $\beta = 11 - 2i$

18. 对习题 16 中每一组 α 和 β，找出一组不同于定理 14.6 的证明中的构造方法得出的高斯整数 γ 和 ρ，使得 $\alpha = \beta\gamma + \rho$，且 $N(\rho) < N(\beta)$.

19. 对习题 17 中每一组 α 和 β，找出一组不同于定理 14.6 的证明中的构造方法得出的高斯整数 γ 和 ρ，使得 $\alpha = \beta\gamma + \rho$，且 $N(\rho) < N(\beta)$.

20. 证明：对于任意一组高斯整数 α 和 β，$\beta \neq 0$ 且 $\beta \nmid \alpha$，都至少存在两组不同的高斯整数 γ 和 ρ，使得 $\alpha = \beta\gamma + \rho$，且 $N(\rho) < N(\beta)$.

*21. 设 α 和 β 是高斯整数，且 $\beta \neq 0$，求所有满足 $\alpha = \beta\gamma + \rho$，且 $N(\rho) < N(\beta)$ 的高斯整数 γ 和 ρ 的可能的数目. （提示：用几何方法来分析，通过观察 α/β 在包含它的那个方块中的位置以及与格子的四个顶点的距离.)

22. 证明：若一个形如 $r + si$ 的数是代数整数，其中 r, s 是有理数，则 r 和 s 是整数.

23. 证明：$1 + i$ 整除高斯整数 $a + bi$ 当且仅当 a, b 同为奇数，或者同为偶数.

24. 证明：若 π 是高斯素数，则 $N(\pi) = 2$ 或者 $N(\pi) \equiv 1 \pmod 4$.

25. 找出所有形如 $\alpha^2 + 1$ 的高斯素数，其中 α 是高斯整数.

26. 证明：若 $a + bi$ 是高斯素数，则 $b + ai$ 也是高斯素数.

27. 利用例 14.6 中证明 3 是高斯素数的方法来证明有理素数 7 也是高斯素数.

28. 证明：任意形如 $4k + 3$ 的有理素数 p 都是高斯素数.

29. 设 α 为非零高斯整数，既不是单位也不是素数. 证明：存在高斯整数 β 使得 $\beta | \alpha$ 且 $1 < N(\beta) \leqslant \sqrt{N(\alpha)}$.

30. 解释如何利用埃拉托色尼斯筛法找出所有范数小于给定界的高斯素数.

31. 找出范数小于 100 的所有高斯素数.

32. 在平面的格点上标示出所有范数小于 200 的高斯素数.

　　对高斯整数，也可以定义同余的概念. 假设 α，β 和 γ 是高斯整数，而且 $\gamma \neq 0$. 若 $\gamma | (\alpha - \beta)$，则称 α 模 γ 同余于 β，记作 $\alpha \equiv \beta \pmod \gamma$.

33. 假设 μ 是非零高斯整数，证明下述性质成立.

　　a) 若 α 是高斯整数，则 $\alpha \equiv \alpha \pmod \mu$.

　　b) 若 $\alpha \equiv \beta \pmod \mu$，则 $\beta \equiv \alpha \pmod \mu$.

　　c) 若 $\alpha \equiv \beta \pmod \mu$ 且 $\beta \equiv \gamma \pmod \mu$，则 $\alpha \equiv \gamma \pmod \mu$.

34. 假设 $\alpha \equiv \beta \pmod \mu$ 且 $\gamma \equiv \delta \pmod \mu$，其中 α，β，γ，δ 和 μ 是高斯整数，且 $\mu \neq 0$. 证明下述性质成立.

　　a) $\alpha + \gamma \equiv \beta + \delta \pmod \mu$　　　　b) $\alpha - \gamma \equiv \beta - \delta \pmod \mu$　　　　c) $\alpha\gamma \equiv \beta\delta \pmod \mu$

35. 证明：计算两个高斯整数 $\alpha = a_1 + ib_1$ 和 $\beta = a_2 + ib_2$ 的乘积可以通过只做有理整数的 3 次乘法和 5 次加减法得到，而不是如课文所示的用 4 次乘法. （提示：一种方法是利用乘积 $(a_1 + b_1)(a_2 + b_2)$；另一种

方法是利用乘积 $b_2(a_1+b_1)$.)

36. 设 a 和 b 都是实数,令 $\{a+bi\}=\{a\}+\{b\}i$,其中 $\{x\}$ 是最靠近实数 x 的整数,若分数部分为 $1/2$,则舍去分数部分. 证明:若 z 是复数,则 $N(z-\{z\})\leqslant1/2$,并且不存在比 $\{z\}$ 更靠近 z 的高斯整数.

 设 k 是一个非负整数. 高斯-斐波那契数 G_k 定义为 $G_k=f_k+if_{k+1}$. 习题 37~39 中的 G_k 均为高斯-斐波那契数.

37. a) 列出高斯-斐波那契序列中 $k=0$,1,2,3,4,5 的项(回忆,$f_0=0$).
  b) 对 $k=2$,3,$\cdots$,证明 $G_k=G_{k-1}+G_{k-2}$.

38. 对任意非负整数 k,证明 $N(G_k)=f_{2k+1}$.

39. 证明 $G_{n+2}G_{n+1}-G_{n+3}G_n=(-1)^n(2+i)$ 对任意正整数 n 成立.

40. 证明:任意高斯整数均可写成 $a_n(-1+i)^n+a_{n-1}(-1+i)^{n-1}+\cdots+a_1(-1+i)+a_0$ 的形式,其中 $a_j=0$ 或 1,这里 $j=0$,1,$\cdots$,$n-1$,n.

41. 证明:若 α 形如 $r+si$,其中 r,s 是有理数,并且 α 是首一二次整系数多项式的根,则 α 是高斯整数.

42. 若 $\pi=a+bi$ 是高斯素数,而且 $(a+1)+bi$,$(a-1)+bi$,$a+(b+1)i$,$a+(b-1)i$ 中有一个也是高斯素数,则能得到什么结论?

43. 证明:若 $\pi_1=a-1+bi$,$\pi_2=a+1+bi$,$\pi_3=a+(b-1)i$,$\pi_4=a+(b+1)i$ 都是高斯素数,而且 $|a|+|b|>5$,则 5 整除 a 和 b,并且 a,b 均不为 0.

44. 说明可以用列出所有高斯整数 $a+bi$ 的乘积的方法来构造一个不包含高斯素数的高斯整数块,其中 a,b 是有理整数,$0\leqslant a\leqslant m$,$0\leqslant b\leqslant n$.

45. 找出所有的高斯整数 α,β 和 γ 使得 $\alpha\beta\gamma=\alpha+\beta+\gamma=1$.

46. 证明:若 π 是高斯素数,并且 $N(\pi)\neq2$,则 π 恰有一个相伴模 4 同余于 1 或 $3+2i$.

计算和研究

1. 找出所有的高斯整数对 γ 和 ρ,使得 $180-181i=(12+13i)\gamma+\rho$ 且 $N(\rho)<N(12+13i)$.

2. 利用埃拉托色尼斯筛法,找出所有范数小于 1000 的高斯素数.

3. 找出尽可能多的高斯素数对,使之相差为 2.

4. 找出尽可能多的高斯素数三元组,使之构成公差为 2 的等差数列.

5. 尽可能多地找出形如 $1+bi$ 的高斯素数,其中 b 为整数.(现今并不清楚是否有无限多个此种类型的素数.)

6. 尽可能多地找出形如 $\alpha^2+\alpha+(9+4i)$ 的高斯素数.

7. 通过大量测试两个随机选取的高斯整数是否互素来估计两个随机选取的高斯整数互素的概率.

** 8. 给定正实数 k,寻找高斯壕(Gaussian moats),也就是复平面上包围原点的宽度为 k 且不包含高斯素数的区域.(想了解高斯壕的更多信息可参考[GeWaWi98].)

程序设计

1. 给定 2 个高斯整数 α 和 β,找出所有的高斯整数对 γ 和 ρ 使得 $\alpha=\gamma\beta+\rho$.

2. 利用埃拉托色尼斯筛法找出所有的范数小于一个给定整数的高斯素数.

3. 给定一个正实数 k 和一个正整数 n,从一个范数不超过 5 的高斯素数出发来搜寻所有范数小于 n 的高斯素数,使得由一个高斯素数得到另一个高斯素数的步骤不超过 k.

4. 画出前面程序设计中所能取到的高斯素数的图.

14.2 最大公因子和唯一因子分解

 在第 3 章,我们证明了任意一对非零的有理整数都有最大公因子. 利用最大公因子的性质,我们证明了若一个素数整除两个整数的乘积,则它必然整除其中一个整数. 由此我们证明了任何一个整数都能够唯一地表示成一些素因子乘积的形式(这些素因子按递增顺序排列). 本节中,对高斯整数我们将得到类似的结论. 首先,给出高斯整数最大公因子的定义,我们将说明任意一对不全为零的高斯整数都有最大公因子. 然后证明若一个高斯素数整除两个高斯整数的乘积,则它必然整除其中一个. 我们将利用这些结论得出高斯整数的唯一因子分解定理.

最大公因子

我们不能直接照搬整数最大公因子的原始定义,因为说一个高斯整数比另一个大是没有意义的. 但是,利用定理 3.10 中描述的两个有理整数最大公因子的方法(没有用整数大小的序关系),我们可以定义出两个高斯整数的最大公因子.

定义   设 α 和 β 是两个高斯整数,α 和 β 的**最大公因子**是满足如下两个性质的高斯整数 γ:

(i) $\gamma \mid \alpha$ 且 $\gamma \mid \beta$;

(ii) 若 $\delta \mid \alpha$ 且 $\delta \mid \beta$,则 $\delta \mid \gamma$.

若 γ 是高斯整数 α 和 β 的最大公因子,则可直接证明 γ 的所有相伴也都是 α 和 β 的最大公因子(见习题 5). 因此,若 γ 是 α 和 β 的最大公因子,则 $-\gamma$,$\mathrm{i}\gamma$ 和 $-\mathrm{i}\gamma$ 也都是 α 和 β 的最大公因子. 反之也成立,即任意两个高斯整数的最大公因子是相伴的,这一点将在后面给出证明. 首先,我们证明任意两个高斯整数都存在最大公因子.

定理 14.7   若 α 和 β 是不全为零的高斯整数,则

(i) 存在高斯整数 γ 是 α 和 β 的最大公因子;

(ii) 若 γ 是 α 和 β 的最大公因子,则存在高斯整数 μ 和 ν(称为 α 和 β 的贝祖系数),使得 $\gamma = \mu\alpha + \nu\beta$.

证明   令 $S = \{N(\mu\alpha + \nu\beta) \mid$,其中 μ,ν 为高斯整数,并且 $\mu\alpha + \nu\beta \neq 0\}$. 因为当 μ 和 ν 是高斯整数时,$\mu\alpha + \nu\beta$ 也是高斯整数,而非零高斯整数的范数都是正整数,所以 S 中的元素都是正整数. 显然 S 非空,因为 $N(1 \cdot \alpha + 0 \cdot \beta) = N(\alpha)$ 和 $N(0 \cdot \alpha + 1 \cdot \beta) = N(\beta)$ 不全为 0,至少有一个在 S 中.

因为 S 是一个非空的正整数集,由良序性质可知 S 中必有最小元. 因此,存在高斯整数 $\gamma = \mu_0\alpha + \nu_0\beta$,其中 μ_0,ν_0 为高斯整数,使得对任意高斯整数 μ,ν 均有 $N(\gamma) \leqslant N(\mu\alpha + \nu\beta)$.

下面我们来证明 γ 就是 α 和 β 的最大公因子. 首先,假设 $\delta \mid \alpha$ 且 $\delta \mid \beta$. 则存在高斯整数 ρ 和 σ 使得 $\alpha = \delta\rho$,$\beta = \delta\sigma$. 从而由

$$\gamma = \mu_0\alpha + \nu_0\beta = \mu_0\delta\rho + \nu_0\delta\sigma = \delta(\mu_0\rho + \nu_0\sigma)$$

可知 $\delta \mid \gamma$.

要证明 $\gamma \mid \alpha$ 且 $\gamma \mid \beta$,只需证明 γ 整除任意形如 $\mu\alpha + \nu\beta$ 的高斯整数. 因此我们假设 $\tau = \mu_1\alpha + \nu_1\beta$,其中 μ_1 和 ν_1 都是高斯整数. 由定理 14.6(即高斯整数的带余除法)可知

$$\tau = \gamma\eta + \zeta,$$

其中 η 和 ζ 都是高斯整数,并且 $0 \leqslant N(\zeta) < N(\gamma)$. 此外,$\zeta$ 也是形如 $\mu\alpha + \nu\beta$ 的高斯整数,这可由下式看出:

$$\zeta = \tau - \gamma\eta = (\mu_1\alpha + \nu_1\beta) - (\mu_0\alpha + \nu_0\beta)\eta = (\mu_1 - \mu_0\eta)\alpha + (\nu_1 - \nu_0\eta)\beta.$$

注意到 γ 取的是所有形如 $\mu\alpha+\nu\beta$ 的非零高斯整数中范数最小的. 由于 ζ 也有此形式,且 $0\leqslant N(\zeta)<N(\gamma)$,所以有 $N(\zeta)=0$. 由定理 14.1 可知,$\zeta=0$. 因此,$\tau=\gamma\eta$. 从而我们得出任意形如 $\mu\alpha+\nu\beta$ 的高斯整数都能被 γ 整除. ∎

下面我们将证明两个高斯整数的任意两个最大公因子必然是相伴的.

定理 14.8　若 γ_1 和 γ_2 是不全为零的高斯整数 α 和 β 的最大公因子,则 γ_1 和 γ_2 彼此相伴.

证明　假设 γ_1 和 γ_2 都是 α 和 β 的最大公因子. 由最大公因子定义的(ii),有 $\gamma_1\mid\gamma_2$,且 $\gamma_2\mid\gamma_1$. 从而存在高斯整数 ε 和 θ,使得 $\gamma_2=\varepsilon\gamma_1$,$\gamma_1=\theta\gamma_2$. 结合两式,可得

$$\gamma_1=\theta\varepsilon\gamma_1.$$

两边同时除以 γ_1($\gamma_1\neq0$,因为 0 不是两个不全为零的高斯整数的最大公因子),可得

$$\theta\varepsilon=1.$$

从而 θ 和 ε 都是单位. 由于 $\gamma_1=\theta\gamma_2$,所以 γ_1 和 γ_2 相伴. ∎

定理 14.8 的逆命题同样也成立,我们将其作为习题 5 留给读者来验证.

定义　若 1 是高斯整数 α 和 β 的最大公因子,则称 α 和 β **互素**.

注意,1 是 α 和 β 的最大公因子当且仅当 1 的相伴 -1,i,$-$i 也都是 α 和 β 的最大公因子. 例如,若 i 是 α 和 β 的最大公因子,则这两个高斯整数互素.

我们可以仿照欧几里得算法(定理 3.11)来计算两个高斯整数的最大公因子.

定理 14.9(高斯整数的欧几里得算法)　令 $\rho_0=\alpha$ 和 $\rho_1=\beta$ 为非零高斯整数. 若连续使用高斯整数的带余除法,可以得到 $\rho_j=\rho_{j+1}\gamma_{j+1}+\nu_{j+2}$,其中 $N(\rho_{j+2})<N(\rho_{j+1})$,$j=0,1,2,\cdots,n-2$,并且 $\rho_{n+1}=0$. 则最后一个非零余数 ρ_n 就是 α 和 β 的最大公因子.

我们将定理 14.9 的证明留给读者,可参考定理 3.11 的证明思路. 可以把高斯整数的欧几里得算法的步骤倒推回去,从而把求出的最大公因子表示为两个高斯整数的线性组合的形式. 下面用例题来说明这一点.

例 14.9　假设 $\alpha=97+210$i,$\beta=123+16$i. 利用欧几里得算法(基于定理 4.6 的证明过程中给出的带余除法)可以按下列几个步骤来找出 α 和 β 的最大公因子.

$$97+210\mathrm{i}=(123+16\mathrm{i})(1+2\mathrm{i})+(6-52\mathrm{i})$$
$$123+16\mathrm{i}=(6-52\mathrm{i})(2\mathrm{i})+(19+4\mathrm{i})$$
$$6-52\mathrm{i}=(19+4\mathrm{i})(-3\mathrm{i})+(-6+5\mathrm{i})$$
$$19+4\mathrm{i}=(-6+5\mathrm{i})(-2-2\mathrm{i})+(-3+2\mathrm{i})$$
$$-6+5\mathrm{i}=(-3+2\mathrm{i})2+\mathrm{i}$$
$$-3+2\mathrm{i}=\mathrm{i}(2+3\mathrm{i})+0.$$

我们得出 i 是 $97+210$i 和 $123+16$i 的最大公因子. 因此,这两个高斯整数所有的最大公因子为 i 的相伴 1,-1,i 和 $-$i. 从而可知 $97+210$i 和 $123+16$i 互素.

因为 $97+210$i 和 $123+16$i 是互素的,所以可以把 1 表示成这两个高斯整数的线性组合的形式. 对上述步骤倒推,然后两边同时乘以 $-$i 得到 1,可以找到高斯整数 μ 和 ν,使得 $1=\mu\alpha+\nu\beta$. 这些计算都留给读者来完成. 最终结果是

$$(97+210\mathrm{i})(-24+21\mathrm{i})+(123+16\mathrm{i})(57+17\mathrm{i})=1.$$ ◀

高斯整数的唯一因子分解

算术基本定理表明任意一个有理整数都能唯一地分解成素数的乘积. 该定理的证明依赖于这样一个性质：若一个有理素数 p 整除两个有理整数的乘积 ab，则 $p|a$ 或者 $p|b$. 下面证明高斯整数的一个类似的性质，它在证明高斯整数的唯一因子分解定理中起着重要的作用.

引理 14.1 若 π 是高斯素数，α 和 β 是高斯整数，且 $\pi|\alpha\beta$，则 $\pi|\alpha$ 或者 $\pi|\beta$.

证明 假设 π 不整除 α，下面证明 π 必然整除 β. 若 $\pi \nmid \alpha$，则知 $\varepsilon\pi \nmid \alpha$，其中 ε 为单位. 因为 π 的因子只有 1，-1，i，$-i$，π，$-\pi$，$i\pi$ 和 $-i\pi$，从而 π 和 α 的最大公因子只能是单位. 也就是说 1 是 π 和 α 的最大公因子. 由定理 14.7 可知，存在高斯整数 μ 和 ν，使得

$$1 = \mu\pi + \nu\alpha.$$

等式两边同时乘以 β，有

$$\beta = \pi(\mu\beta) + \nu(\alpha\beta).$$

由定理假设 $\pi|\alpha\beta$，知 $\pi|\nu(\alpha\beta)$. 又 $\beta=\pi(\mu\beta)+\nu(\alpha\beta)$，从而可得 $\pi|\beta$（利用 14.1 节的习题 8）. ∎

引理 14.1 是证明高斯整数具有唯一因子分解性质的关键. 而其他的一些代数整数集，例如 $\mathbb{Z}[\sqrt{-5}]$（形如 $a+b\sqrt{-5}$ 的二次整数全体）并不具有类似于引理 14.1 的性质，从而也不具有唯一因子分解性.

我们可以把引理 14.1 推广到多个数乘积的情形.

引理 14.2 若 π 是高斯素数，α_1，α_2，$\cdots$，α_m 是高斯整数，且 $\pi|\alpha_1\alpha_2\cdots\alpha_m$，则存在一个整数 j，$1\leqslant j\leqslant m$，使得 $\pi|\alpha_j$.

证明 可以用数学归纳法来证明这个结论. 当 $m=1$ 时，结论是显然的. 现在假设对 $m=k$ 结论成立，其中 k 是正整数. 也就是说，如果假设

$$\pi|\alpha_1\alpha_2\cdots\alpha_k,$$

其中 α_i 是高斯整数，$i=1$，2，$\cdots$，k，则 $\pi|\alpha_i$ 对某个整数 $i(1\leqslant i\leqslant k)$ 成立. 现在假设

$$\pi|\alpha_1\alpha_2\cdots\alpha_k\alpha_{k+1},$$

其中 α_i 是高斯整数，$i=1$，2，$\cdots$，$k+1$. 则 $\pi|\alpha_1(\alpha_2\cdots\alpha_k\alpha_{k+1})$，由引理 14.1，有 $\pi|\alpha_1$ 或者 $\pi|\alpha_2\cdots\alpha_k\alpha_{k+1}$. 若 $\pi|\alpha_2\cdots\alpha_k\alpha_{k+1}$，则由归纳假设，可知 $\pi|\alpha_j$ 对某个整数 $j(2\leqslant j\leqslant k+1)$ 成立. 从而可知存在整数 j，$1\leqslant j\leqslant k+1$，使得 $\pi|\alpha_j$. 证毕. ∎

下面我们陈述并证明高斯整数的唯一因子分解定理. 当然，高斯首先给出了此定理的证明.

定理 14.10（高斯整数的唯一因子分解定理） 假设 γ 是非零高斯整数，且 γ 不是单位. 则

(i) γ 能够表示成一些高斯素数的乘积；并且

(ii) 该因子分解在某种意义上来说是唯一的. 也就是说，若

$$\gamma = \pi_1\pi_2\cdots\pi_s = \rho_1\rho_2\cdots\rho_t,$$

其中 π_1，π_2，$\cdots$，π_s，ρ_1，ρ_2，$\cdots$，ρ_t 都是高斯素数，则有 $s=t$，并且对这些项重新标号（如果必要的话），可使得 π_i 和 ρ_i 是相伴的，其中 $i=1$，2，$\cdots$，s.

证明　我们用第二数学归纳原理对 γ 的范数 $N(\gamma)$ 进行归纳来证明(i). 首先 $\gamma \neq 0$ 而且 γ 不是单位, 由定理 14.3 可知 $N(\gamma) \neq 1$. 从而 $N(\gamma) \geqslant 2$.

当 $N(\gamma) = 2$ 时, 由定理 14.5 可得 γ 是高斯素数. 因此, 在这种情况下, γ 恰为一个高斯素数(它自身)的乘积.

现在假设 $N(\gamma) > 2$. 我们假定任意范数小于 $N(\gamma)$ 的高斯整数 δ 都可以写成高斯素数的乘积; 这是归纳法的假设. 若 γ 是高斯素数, 则它显然可以表示成高斯素数的乘积, 就是它自身. 否则, $\gamma = \eta\theta$, 其中 η 和 θ 都是高斯整数, 而且不是单位. 因为 η 和 θ 不是单位, 由定理 14.1 和定理 14.3 可知 $N(\eta) > 1$, $N(\theta) > 1$. 进而, 由 $N(\gamma) = N(\eta)N(\theta)$, 我们有 $2 \leqslant N(\eta) < N(\gamma)$, $2 \leqslant N(\theta) < N(\gamma)$. 由归纳假设可知, η 和 θ 均为一些高斯素数的乘积. 即 $\eta = \pi_1\pi_2\cdots\pi_s$, $\theta = \rho_1\rho_2\cdots\rho_t$, 其中 π_1, π_2, $\cdots$, π_s 和 ρ_1, ρ_2, $\cdots$, ρ_t 都是高斯素数. 因此,

$$\gamma = \theta\eta = \pi_1\pi_2\cdots\pi_s\rho_1\rho_2\cdots\rho_t$$

是一些高斯素数的乘积. 从而也就证明了任意非零高斯整数都可写成高斯素数乘积的形式.

下面我们再用第二数学归纳原理来证明定理的(ii), 即在定理描述的意义下因子分解是唯一的. 假设 γ 是非零高斯整数, 且不是单位. 由定理 14.3 可知 $N(\gamma) \geqslant 2$. 下面开始归纳法的证明. 首先, 当 $N(\gamma) = 2$ 时, γ 是高斯素数, 因此 γ 表示成高斯素数的乘积只有一种方式, 即乘积中只有一项 γ.

现在假定定理中的(ii)对所有范数小于 $N(\gamma)$ 的高斯整数 δ 都成立. 假设 γ 能够以两种方式表示为高斯素数的乘积, 即

$$\gamma = \pi_1\pi_2\cdots\pi_s = \rho_1\rho_2\cdots\rho_t,$$

其中 π_1, π_2, $\cdots$, π_s, ρ_1, ρ_2, $\cdots$, ρ_t 都是高斯素数. 显然 $s > 1$; 否则 γ 为高斯素数, 此时已知表示法唯一.

因为 $\pi_1 | \pi_1\pi_2\cdots\pi_s$, 而且 $\pi_1\pi_2\cdots\pi_s = \rho_1\rho_2\cdots\rho_t$, 所以有 $\pi_1 | \rho_1\rho_2\cdots\rho_t$. 由引理 14.2 知, $\pi_1 | \rho_k$ 对某个整数 $k(1 \leqslant k \leqslant t)$ 成立. 我们可以对 ρ_1, ρ_2, $\cdots$, ρ_k 重新排序(如果必要的话), 使得 $\pi_1 | \rho_1$. 由于 ρ_1 是高斯素数, 它只能被单位和它的相伴整除, 因此 π_1 和 ρ_1 必然相伴. 所以 $\rho_1 = \varepsilon\pi_1$, 其中 ε 为单位. 这表明

$$\pi_1\pi_2\cdots\pi_s = \rho_1\rho_2\cdots\rho_t = \varepsilon\pi_1\rho_2\cdots\rho_t.$$

对上式两边同时除以 π_1, 可得

$$\pi_2\pi_3\cdots\pi_s = (\varepsilon\rho_2)\rho_3\cdots\rho_t.$$

由于 π_1 是高斯素数, 故有 $N(\pi_1) \geqslant 2$. 因此

$$1 \leqslant N(\pi_2\pi_3\cdots\pi_s) < N(\pi_1\pi_2\cdots\pi_s) = N(\gamma).$$

由归纳假设以及 $\pi_2\pi_3\cdots\pi_s = (\varepsilon\rho_2)\rho_3\cdots\rho_t$, 我们可以推出 $s-1 = t-1$, 并且通过重新排序(如果必要的话), 可使得 ρ_i 是 π_i 的相伴, 这里 $i = 1, 2, 3, \cdots, s-1$. 从而定理的(ii)得证. ∎

将高斯整数分解成高斯素数的乘积可以通过计算范数来完成. 由于这些范数是有理整数, 从而可以分解成一些素数的乘积. 对分解式中的每一个素数, 我们来寻找以此为范数的高斯整数可能的高斯素因子. 可以用每一个可能的高斯素因子做除法, 由此来判断它是否能够整除该高斯整数.

例 14.10　将 20 分解成高斯整数的乘积. 计算可得 $N(20) = 20^2 = 400$, 因此 20 的高斯

素因子的范数可能是 2 或 5. 我们发现用 $(1+i)^4$ 去除 20，可得商为 -5. 而 $5=(1+2i)(1-2i)$，故有

$$20=-(1+i)^4(1+2i)(1-2i).$$ ◀

14.2 节习题

1. 利用两个高斯整数的最大公因子的定义来证明：若 π_1 和 π_2 是高斯素数，且不相伴，则 1 是它们的最大公因子.

2. 利用两个高斯整数的最大公因子的定义来证明：若 ε 是单位，α 是高斯整数，则 1 是它们的最大公因子.

3. 证明：若 γ 是高斯整数 α 和 β 的最大公因子，则 $\bar\gamma$ 是 $\bar\alpha$ 和 $\bar\beta$ 的最大公因子.

4. a) 对两个高斯整数的最大公因子的定义进行推广，给出多个高斯整数的最大公因子的定义.
   b) 由所推广的定义来证明三个高斯整数 α，β 和 γ 的最大公因子也是 α，β 的最大公因子与 γ 的最大公因子.

5. 证明：若 α，β 是高斯整数，γ 是 α，β 的最大公因子，则 γ 的相伴也是 α，β 的最大公因子.

6. 证明：若 α，β 是高斯整数，$N(\alpha)$ 和 $N(\beta)$ 作为有理整数是互素的，则 α 和 β 作为高斯整数也是互素的.

7. 证明习题 6 中所陈述的结论的逆命题不一定成立，即找出一对互素的高斯整数 α 和 β，但是它们的范数 $N(\alpha)$ 和 $N(\beta)$ 不是互素的正整数.

8. 证明：若 α，β 是高斯整数，γ 是 α 和 β 的最大公因子，则 $N(\gamma)$ 整除 $(N(\alpha),\ N(\beta))$.

9. 证明：若 a 和 b 作为有理整数是互素的，则它们作为高斯整数也是互素的.

10. 证明：设 α，β 和 γ 是高斯整数，n 为正整数使得 $\alpha\beta=\gamma^n$ 成立，并且 α 与 β 互素，则 $\alpha=\varepsilon\delta^n$，其中 ε 为单位，δ 为一个高斯整数.

11. a) 利用书中所讲的高斯整数的欧几里得算法来求出 $\alpha=44+18i$ 和 $\beta=12-16i$ 的最大公因子，并写出欧几里得算法的每一个步骤.
    b) 利用 (a) 中的步骤求出高斯整数 μ 和 ν，使得 $\mu(44+18i)+\nu(12-16i)$ 等于 (a) 中所求出的最大公因子.

12. a) 利用书中所讲的高斯整数的欧几里得算法来证明 $2-11i$ 和 $7+8i$ 互素，并写出欧几里得算法的每一个步骤.
    b) 利用 (a) 中的步骤求出高斯整数 μ 和 ν，使得 $\mu(2-11i)+\nu(7+8i)=1$.

13. 证明：对每个正整数 k，相邻的两个高斯斐波那契数 G_k 和 G_{k+1}（定义可参看 14.1 节中习题 37 的导言）是互素的.

14. 对于正整数 k 来说，求出两个相邻的高斯斐波那契数 G_k 和 G_{k+1}（定义可参看 14.1 节中习题 37 的导言）的最大公因子需要做多少次除法？证明你的结论.

15. 对求出两个非零高斯整数 α 和 β 的最大公因子所需要的运算次数给出大 O 估计，这里 $N(\alpha)\leqslant N(\beta)$.（提示：利用定理 14.6 证明后面的注记.）

16. 将下列每一个高斯整数分解成高斯素数和单位的乘积，使得每一个高斯素因子的实部为正整数，而虚部为非负整数.
    a) $9+i$ b) 4 c) $22+7i$ d) $210+2100i$

17. 将下列每一个高斯整数分解成高斯素数和单位的乘积，使得每一个高斯素因子的实部为正整数，而虚部为非负整数.
    a) $7+6i$ b) $3-13i$ c) 28 d) $400i$

18. 将高斯整数 $k+(7-k)i\,(k=1,\ 2,\ 3,\ 4,\ 5,\ 6,\ 7)$ 分解成高斯素数的乘积，使得每一个高斯素因子的实部为正整数，而虚部为非负整数.

19. 确定下列高斯整数的不同高斯整数因子（相伴视作不同的因子）的个数.

    a) 10   b) 256+128i   c) 27 000   d) 5040+40 320i

20. 确定下列高斯整数的不同高斯整数因子（相伴视作不同的因子）的个数.

    a) 198   b) 128+256i   c) 169 000   d) 4004+8008i

21. 设 $a+ib$ 为高斯整数，n 为有理整数. 证明 n 与 $a+ib$ 互素当且仅当 n 与 $b+ia$ 互素.

22. 利用高斯整数的唯一因子分解定理（定理 14.10）和 10.1 节的习题 13 来证明：若不计项的次序，则任意非零高斯整数均可唯一写成 $\varepsilon\pi_1^{e_1}\pi_2^{e_2}\cdots\pi_k^{e_k}$ 的形式，其中 ε 为单位，$\pi_j=a_j+ib_j$ 为彼此不相伴的高斯素数，且 $a_j>0$，$b_j\geqslant 0$，e_j 为正整数，$j=1,2,\cdots,k$.

23. 利用欧几里得证明存在无穷多个素数的方法（定理 3.1）来证明存在无穷多个高斯素数.

    习题 24～41 中的高斯整数的同余概念可看 14.1 节中习题 33 前面导言中给出的定义.

24. a) 设 α，β 和 μ 是高斯整数，给出 α 模 μ 的逆 β 的定义.

    b) 若高斯整数 α 和 μ 互素，证明存在高斯整数 β，使得 β 是 α 模 μ 的逆.

25. 求出 $1+2i$ 模 $2+3i$ 的一个逆.

26. 求出 4 模 $5+2i$ 的一个逆.

27. 说明为什么线性同余方程 $\alpha x\equiv\beta(\bmod \mu)$ 可解，其中 α，β 和 μ 是高斯整数，并且 α 和 μ 互素.

28. 求解下列关于高斯整数的线性同余方程.

    a) $(2+i)x\equiv 3(\bmod 4-i)$ b) $4x\equiv -3+4i(\bmod 5+2i)$ c) $2x\equiv 5(\bmod 3-2i)$

29. 求解下列关于高斯整数的线性同余方程.

    a) $3x\equiv 2+i(\bmod 13)$ b) $5x\equiv 3-2i(\bmod 4+i)$ c) $(3+i)x\equiv 4(\bmod 2+3i)$

30. 求解下列关于高斯整数的线性同余方程.

    a) $5x\equiv 2-3i(\bmod 11)$ b) $4x\equiv 7+i(\bmod 3+2i)$ c) $(2+5i)x\equiv 3(\bmod 4-7i)$

31. 对一组高斯整数的同余式，叙述并证明类似的中国剩余定理.

32. 求出下列关于高斯整数的同余方程组的解.

$$x\equiv 2(\bmod 2+3i)$$
$$x\equiv 3(\bmod 1+4i).$$

33. 求出下列关于高斯整数的同余方程组的解.

$$x\equiv 1+3i(\bmod 2+5i)$$
$$x\equiv 2-i(\bmod 3-4i).$$

34. 求一个高斯整数 x，使得 x 模 11 同余于 1，模 $4+3i$ 同余于 2，模 $1+7i$ 同余于 3.

    设 γ 为高斯整数，模 γ 的完全剩余系是一个高斯整数集合，使得任意高斯整数模 γ 均恰与该集合中的一个元素同余.

35. 求出模下列高斯整数的一个完全剩余系.

    a) $1-i$ b) 2   c) $2+3i$

36. 求出模下列高斯整数的一个完全剩余系.

    a) $1+2i$ b) 3   c) $4-i$

37. 证明：对任意高斯整数 α，其完全剩余系恰有 $N(\alpha)$ 个元素.

    设 γ 为高斯整数，模 γ 的既约剩余系是一个高斯整数集合，使得任意与 γ 互素的高斯整数模 γ 恰与该集合中的一个元素同余.

38. 求出模下列高斯整数的一个既约剩余系.

    a) $-1+3i$ b) 2   c) $5-i$

39. 求出模下列高斯整数的一个既约剩余系.

    a) $2+2i$ b) 4   c) $4+2i$

40. 设 π 为高斯素数. 确定模 π 的既约剩余系中元素的个数.

41. 设 π 为高斯素数. 确定模 π^e 的既约剩余系中元素的个数, 其中 e 为正整数.

42. a) 证明：形如 $r+s\sqrt{-3}$(r 和 s 为有理数)的代数整数均可表为 $a+b\omega$ 的形式, 其中 a, b 为整数, $\omega=(-1+\sqrt{-3})/2$. 在 19 世纪中期, 艾森斯坦研究过具有此形式的数, 后来这些数被称为艾森斯坦整数. (它们有时也被称为艾森斯坦-雅可比整数, 因为雅可比也曾经研究过这些数.)艾森斯坦整数的全体记作 $\mathbb{Z}[\omega]$.

    b) 证明两个艾森斯坦整数的和、差和乘积仍然是艾森斯坦整数.

    c) 设 α 为艾森斯坦整数, 试证明 α 的复共轭 $\bar\alpha$ 也是艾森斯坦整数. (提示：首先证明 $\bar\omega=\omega^2$.)

    d) 设 α 为艾森斯坦整数, $\alpha=a+b\omega$, a, b 为整数. 我们定义 α 的范数为 $N(\alpha)=a^2-ab+b^2$. 证明：对任意艾森斯坦整数 α, 都有 $N(\alpha)=\alpha\bar\alpha$.

    e) 设 α 和 β 为艾森斯坦整数, 称 α 整除 β 是指存在 $\gamma\in\mathbb{Z}[\omega]$ 使得 $\beta=\alpha\gamma$. 判断 $1+2\omega$ 是否整除 $1+5\omega$, $3+\omega$ 是否整除 $9+8\omega$.

    f) 若艾森斯坦整数 ε 整除 1, 则称 ε 为单位. 找出艾森斯坦整数中所有的单位.

    g) 设 $\pi\in\mathbb{Z}[\omega]$, π 是艾森斯坦素数是指 π 只能被单位或它的相伴整除(一个艾森斯坦整数的相伴是该整数与单位的乘积). 试判断下列艾森斯坦整数中哪些是艾森斯坦素数：$1+2\omega$, $3-2\omega$, $5+4\omega$ 和 $-7-2\omega$.

  * h) 若 α 和 β 是艾森斯坦整数, 且 $\beta\neq0$, 证明：存在 γ 和 ρ, 使得 $\alpha=\beta\gamma+\rho$, 且 $N(\rho)<N(\beta)$. 这就是艾森斯坦整数的带余除法.

    i) 利用(h)证明任意艾森斯坦整数可表为一些艾森斯坦素数的乘积, 若将相伴素数看成同一个素数, 则在此意义下, 此表示法唯一.

    j) 将下面这些艾森斯坦整数分解为艾森斯坦素数的乘积：6, $5+9\omega$, 114, $37+74\omega$.

43. a) 证明：形如 $r+s\sqrt{-5}$(r 和 s 为有理数)的代数整数均可表为 $a+b\sqrt{-5}$ 的形式, 其中 a, b 为有理整数. (第 3 章我们对这些数做了简单的研究. 在这个习题中, 我们将更详细地讨论这类数.)

    b) 证明：形如 $a+b\sqrt{-5}$(a, b 是有理整数)的两个数的和、差和乘积仍然具有此形式.

    c) 我们把形如 $a+b\sqrt{-5}$ 的数的全体记作 $\mathbb{Z}[\sqrt{-5}]$. 假设 α, $\beta\in\mathbb{Z}[\sqrt{-5}]$, 称 α 整除 β 是指存在 $\gamma\in\mathbb{Z}[\sqrt{-5}]$ 使得 $\beta=\alpha\gamma$. 判断 $-9+11\sqrt{-5}$ 是否能够被 $2+3\sqrt{-5}$ 整除, $8+13\sqrt{-5}$ 是否能够被 $1+4\sqrt{-5}$ 整除.

    d) 设 $\alpha=a+b\sqrt{-5}$, 我们定义 α 的范数为 $N(\alpha)=a^2+5b^2$. 证明：对任意 α, $\beta\in\mathbb{Z}[\sqrt{-5}]$, 都有 $N(\alpha\beta)=N(\alpha)N(\beta)$.

    e) 设 $\varepsilon\in\mathbb{Z}[\sqrt{-5}]$, 若 ε 整除 1, 则称 ε 为单位. 证明：$\mathbb{Z}[\sqrt{-5}]$ 中的单位只有 1 和 -1.

    f) 我们称 $\mathbb{Z}[\sqrt{-5}]$ 的元素 α 是素数, 若它在 $\mathbb{Z}[\sqrt{-5}]$ 中的因子只有 1, -1, α 和 $-\alpha$. 证明 2, 3, $1+\sqrt{-5}$ 和 $1-\sqrt{-5}$ 都是素数, 2 不能整除 $1+\sqrt{-5}$ 和 $1-\sqrt{-5}$. 从而 $6=2\cdot3=(1+\sqrt{-5})\times(1-\sqrt{-5})$ 能够以两种方式写成素数乘积的形式. 这表明在 $\mathbb{Z}[\sqrt{-5}]$ 中, 素数的唯一分解性不成立.

    g) 证明：在 $\mathbb{Z}[\sqrt{-5}]$ 中不存在 γ 和 ρ, 使得 $7-2\sqrt{-5}=(1+\sqrt{-5})\gamma+\rho$, 且 $N(\rho)<N(1+\sqrt{-5})=6$. 由此可知在 $\mathbb{Z}[\sqrt{-5}]$ 中没有类似的带余除法.

    h) 设 $\alpha=3$, $\beta=1+\sqrt{-5}$, 证明：在 $\mathbb{Z}[\sqrt{-5}]$ 中不存在 μ 和 ν 使得 $\alpha\mu+\beta\nu=1$, 虽然 α 和 β 都是素数且互相不能整除.

计算和研究

1. 将高斯整数 $(2007-k)+(2008-k)\mathrm{i}$($k\leqslant8$ 为正整数)唯一分解成高斯素数和单位的乘积, 使得每一个高斯素因子的实部为正整数，而虚部为非负整数.

2. 对尽量多的正整数 n，构造高斯整数 α，使得 α 为所有范数小于 n 的高斯素数的乘积再加 1，试求出 α 的范数最小的素因子. 你是否认为这样构造出来的数 α 中有无限多个是高斯素数？

3. 随机选取两个高斯整数，判断它们是否互素. 重复多次，由此来估计两个随机选取的高斯整数互素的概率.

程序设计

1. 利用高斯整数的欧几里得算法来求两个高斯整数的最大公因子.

2. 将两个高斯整数的最大公因子表成它们的线性组合的形式.

3. 基于高斯整数的带余除法证明过程中求商和余数的方法，确定高斯整数的欧几里得算法中计算步骤的数目.

4. 将高斯整数唯一因子分解成单位与高斯素数乘积的形式，并使得分解中的每一个高斯素数都位于第一象限.

14.3 高斯整数与平方和

在 13.3 节中，我们给出了哪些正整数可以表示成两个有理整数的平方和. 本节中，我们将要用所学的关于高斯素数的知识来证明该结论. 利用高斯素数也可以求出一个正整数表示成两个数的平方和的不同方法数.

在 13.3 节中，我们证明了任意形如 $4k+1$ 的素数都是两个有理整数的平方和. 下面用高斯素数来给出另一种证明.

定理 14.11 设 p 为形如 $4k+1$ 的有理素数，其中 k 为正整数，则 p 可表为两个有理整数的平方和.

证明 假设 p 形如 $4k+1$，其中 k 为正整数. 为了证明 p 能写成两个有理整数的平方和，我们先证明 p 不是高斯素数. 由定理 11.5 可知，-1 为模 p 二次剩余. 因此，存在有理整数 t，使得 $t^2 \equiv -1 (\mod p)$. 于是 $p \mid (t^2+1)$. 由这一有理整数的整除关系可得 $p \mid (t+i)(t-i)$. 如果 p 是高斯素数，则由引理 14.1，有 $p \mid t+i$ 或者 $p \mid t-i$. 但这两种情况都不成立，因为能够被 p 整除的高斯整数均形如 $p(a+bi)=pa+pbi$，其中 a,b 为有理整数，而 $t+i$ 和 $t-i$ 均不满足此条件. 从而推出 p 不是高斯素数.

由于 p 不是高斯素数，所以存在非单位的高斯整数 α 和 β，使得 $p=\alpha\beta$. 等式两边同时取范数，可得

$$N(p) = p^2 = N(\alpha\beta) = N(\alpha)N(\beta).$$

因为 α 和 β 都不是单位，所以 $N(\alpha)\neq1$，$N(\beta)\neq1$. 这表明只可能 $N(\alpha)=N(\beta)=p$. 所以，如果 $\alpha=a+bi$ 和 $\beta=c+di$，则有

$$p = N(\alpha) = a^2 + b^2 \text{ 且 } p = N(\beta) = c^2 + d^2.$$

从而 p 可写成两个有理整数的平方和. ∎

为弄清哪些有理整数是两个数的平方和，我们需要判定哪些有理整数是高斯素数以及哪些能分解为高斯素数. 为此，我们需要以下引理.

引理 14.3 若 π 是高斯素数，则有且仅有一个有理素数 p，使得 $\pi \mid p$.

证明 首先，我们将有理整数 $N(\pi)$ 分解成素因子乘积的形式，即 $N(\pi)=p_1 p_2 \cdots p_t$，其中 p_j 为有理素数，$j=1,2,\cdots,t$. 因为 $N(\pi)=\pi\bar{\pi}$，所以 $\pi \mid N(\pi)$，故有 $\pi \mid p_1 p_2 \cdots p_t$.

由引理 14.2 可知，存在整数 $j(1 \leqslant j \leqslant t)$，使得 $\pi \mid p_j$. 从而证明了 π 整除某个有理素数 p.

为完成证明，我们只需证明 π 不能同时整除两个不同的有理素数. 假设 $\pi \mid p_1$ 且 $\pi \mid p_2$，其中 p_1 和 p_2 为互异的有理素数. 因为 p_1 和 p_2 互素，由推论 3.8.1 可知，存在有理整数 m，n，使得 $mp_1 + np_2 = 1$. 进而，由 $\pi \mid p_1$，$\pi \mid p_2$ 可得 $\pi \mid 1$（利用 14.1 节中习题 8 的整除性质）. 这表明 π 为单位，而这是不可能的. 因此，π 不可能同时整除两个不同的有理素数. ∎

下面来确定哪些有理素数是高斯素数，并将那些不是高斯素数的有理素数分解成高斯素数的乘积.

定理 14.12 设 p 为有理素数，则 p 作为高斯整数可按如下法则进行分解.

(i) 若 $p = 2$，则 $p = -i(1+i)^2 = i(1-i)^2$，其中 $1+i$ 和 $1-i$ 都是范数为 2 的高斯素数.

(ii) 若 $p \equiv 3 \pmod 4$，则 $p = \pi$ 是高斯素数且 $N(\pi) = p^2$.

(iii) 若 $p \equiv 1 \pmod 4$，则 $p = \pi \pi'$，其中 π 和 π' 是不相伴的高斯素数，且 $N(\pi) = N(\pi') = p$.

证明 对 (i)，注意到 $2 = -i(1+i)^2 = i(1-i)^2$，其中因子 i 和 $-$i 是单位. 进一步有，$N(1+i) = N(1-i) = 1^2 + 1^2 = 2$. 因为 $N(1+i) = N(1-i)$ 是有理素数，由定理 14.5 可知 $1+i$ 和 $1-i$ 为高斯素数.

对 (ii)，令 p 为有理素数，且 $p \equiv 3 \pmod 4$. 假设 $p = \alpha\beta$，$\alpha = a+bi$ 和 $\beta = c+di$ 为高斯整数，而且 α 和 β 都不是单位. 由定理 14.1 的 (ii) 可知 $N(p) = N(\alpha\beta) = N(\alpha)N(\beta)$. 因为 $N(p) = p^2$，$N(\alpha) = a^2 + b^2$，$N(\beta) = c^2 + d^2$，故有 $p^2 = (a^2+b^2)(c^2+d^2)$. 而 α 和 β 都不是单位，所以它们的范数都不是 1. 从而必有 $N(\alpha) = a^2 + b^2 = p$ 和 $N(\beta) = c^2 + d^2 = p$. 但这是不可能的，因为当 $p \equiv 3 \pmod 4$ 时，p 不能表为两个有理整数的平方和.

对 (iii)，令 p 为有理素数，且 $p \equiv 1 \pmod 4$. 由定理 14.11 可知存在整数 a，b 使得 $p = a^2 + b^2$. 若 $\pi_1 = a - bi$，$\pi_2 = a + bi$，则 $p^2 = N(p) = N(\pi_1)N(\pi_2)$，从而有 $N(\pi_1) = N(\pi_2) = p$. 由定理 14.5 即可得知 π_1 和 π_2 均为高斯素数.

下面我们将证明 π_1 与 π_2 不相伴. 假设 $\pi_1 = \varepsilon\pi_2$，其中 ε 为单位. 由于 ε 是单位，所以 ε 只可能为 1，-1，i 或 $-$i.

若 $\varepsilon = 1$，则 $\pi_1 = \pi_2$. 这表明 $a + bi = a - bi$，因此 $b = 0$. 从而 $p = a^2 + b^2 = a^2$，由于 p 是素数，故这是不可能的. 类似地，若 $\varepsilon = -1$，则 $\pi_1 = -\pi_2$. 这表明 $a + bi = -a + bi$，因此 $a = 0$. 从而 $b^2 = p$，这也不可能. 若 $\varepsilon = $ i，则 $a + ib = $ i$(a - ib) = b + ia$，因此 $a = b$. 类似地，若 $\varepsilon = -$i，则 $a + ib = -$i$(a - ib)$，从而 $a = -b$. 这两种情况下，均有 $p = a^2 + b^2 = 2a^2$，而 p 为奇素数，所以也不可能. 对于 ε 的四种可能取值，我们都说明了是不可能的，从而也就证明了 π_1 与 π_2 不相伴. ∎

现在可以用高斯整数的唯一分解定理来确定一个正整数表示为两个有理整数平方和的方法数. 回忆一下，在 13.3 节的定理 13.6 中我们已经给出了哪些正整数能够表示为两个数的平方和.

定理 14.13 假设 n 为正整数，且有如下素幂因子分解

$$n = 2^m p_1^{e_1} p_2^{e_2} \cdots p_s^{e_s} q_1^{f_1} q_2^{f_2} \cdots q_t^{f_t},$$

其中 m 为非负整数，p_1，p_2，$\cdots$，p_s 为 $4k+1$ 形式的素数，q_1，q_2，$\cdots$，q_t 为 $4k+3$ 形式的素数，e_1，e_2，$\cdots$，e_s 为非负整数，f_1，f_2，$\cdots$，f_t 为非负偶数. 则有

$$4(e_1+1)(e_2+1)\cdots(e_s+1)$$

种方法将 n 表为两个有理整数的平方和. (这里平方和中次序不同或者符号不同的表示法都认为是不同的表示法.)

证明 要计算将 n 表示为两个有理整数平方和的方法数, 即方程 $a^2+b^2=n$ 的解的个数, 只需计算将 n 分解成共轭高斯整数的乘积 $n=(a+ib)(a-ib)$ 的方法数.

我们利用 n 的因子分解来计算将 n 表成两个共轭复数乘积 $n=(a+ib)(a-ib)$ 的方法数. 首先, 由定理 14.11 可知, 对整除 n 的形如 $4k+1$ 的素数 p_k, 存在整数 a_k 和 b_k, 使得 $p_k=a_k^2+b_k^2$. 并且, 由于 $1+i=i(1-i)$, 故有 $2^m=(1+i)^m(1-i)^m=(i(1-i))^m(1-i)^m=i^m(1-i)^{2m}$.

所以, 我们有

$$n=i^m(1-i)^{2m}(a_1+b_1i)^{e_1}(a_1-b_1i)^{e_1}(a_2+b_2i)^{e_2}(a_2-b_2i)^{e_2}$$
$$\cdots(a_s-b_si)^{e_s}(a_s+b_si)^{e_s}q_1^{f_1}q_2^{f_2}\cdots q_t^{f_t}.$$

然后, 注意到 $\varepsilon=i^m$ 的取值只能是 1, -1, i 或者 $-i$, 所以它是单位. 这表明 n 可按如下方式分解成单位和高斯素数的乘积:

$$n=\varepsilon(1-i)^{2m}(a_1+b_1i)^{e_1}(a_1-b_1i)^{e_1}(a_2+b_2i)^{e_2}(a_2-b_2i)^{e_2}$$
$$\cdots(a_s-b_si)^{e_s}(a_s+b_si)^{e_s}q_1^{f_1}q_2^{f_2}\cdots q_t^{f_t}.$$

因为高斯整数 $a+ib$ 整除 n, 所以它表示为单位和高斯素数乘积的因子分解式只能为如下形式:

$$a+ib=\varepsilon_0(1-i)^w(a_1+b_1i)^{g_1}(a_1-b_1i)^{h_1}(a_2+b_2i)^{g_2}(a_2-b_2i)^{h_2}$$
$$\cdots(a_s-b_si)^{g_s}(a_s+b_si)^{h_s}q_1^{k_1}q_2^{k_2}\cdots q_t^{k_t},$$

其中 ε_0 是单位, w, g_1, $\cdots$, g_s, h_1, $\cdots$, h_s 和 k_1, $\cdots$, k_t 为非负整数, 且 $0\leqslant w\leqslant 2m$, $0\leqslant g_i\leqslant e_i$, $0\leqslant h_i\leqslant e_i$ (其中 $i=1$, $\cdots$, s), $0\leqslant k_j\leqslant f_j$ (其中 $j=1$, $\cdots$, t).

对 $a+ib$ 取共轭, 有

$$a-ib=\overline{\varepsilon_0}(1+i)^w(a_1-b_1i)^{g_1}(a_1+b_1i)^{h_1}(a_2-b_2i)^{g_2}(a_2+b_2i)^{h_2}$$
$$\cdots(a_s-b_si)^{g_s}(a_s+b_si)^{h_s}q_1^{k_1}q_2^{k_2}\cdots q_t^{k_t}.$$

现在可将等式 $n=(a+ib)(a-ib)$ 写成如下形式

$$n=2^w p_1^{g_1+h_1}\cdots p_s^{g_s+h_s}q_1^{2k_1}\cdots q_t^{2k_t}.$$

通过与原来的分解式比较, 可得 $w=m$, $g_i+h_i=e_i(i=1,\cdots,s)$ 和 $2k_j=f_j(j=1,\cdots,t)$. 可以看出 w 和 $k_j(j=1,\cdots,t)$ 的取值是确定的, 而对于每一个 g_i 有 e_i+1 种取法, 也就是 $g_i=0,1,2,\cdots,e_i$, 而且如果 g_i 已经确定了, 则 $h_i=e_i-g_i$ 也是确定的. 另外, 对于单位 ε_0 有 4 种取法. 从而我们可以推出, 对于因子 $a+ib$ 有 $4(e_1+1)(e_2+1)\cdots(e_s+1)$ 种取法, 恰好也是把 n 表为两个数的平方和的方法数. ∎

例 14.11 假设 $n=25=5^2$. 则由定理 14.13 可知有 $4\cdot 3=12$ 种方法将 25 写成两个有理整数的平方和. ($(\pm 3)^2+(\pm 4)^2$, $(\pm 4)^2+(\pm 3)^2$, $(\pm 5)^2+0^2$, $0^2+(\pm 5)^2$. 对于平方和中项的顺序不同的表示, 我们都看作是不同的表示法)

假设 $n=90=2\cdot 5\cdot 3^2$. 则由定理 14.13 可知有 $4\cdot 2=8$ 种方法将 90 写成两个有理整数的平方和. ($(\pm 3)^2+(\pm 9)^2$, $(\pm 9)^2+(\pm 3)^2$. 对于平方和中项的顺序不同的表示, 我们都看作是不同的表示法)

令 $n=16\,200=2^3 \cdot 5^2 \cdot 3^4$. 则由定理 14.13 可知有 $4 \cdot 3=12$ 种方法将 16 200 写成两个有理整数的平方和. 读者可自行找出这些表示方法. ◀

小结

本节中，我们利用高斯整数来研究了丢番图方程 $x^2+y^2=n$ 的解的情况，其中 n 为正整数. 高斯整数在研究其他类型的丢番图方程时也是非常有用的. 例如，我们可以用高斯整数来找出毕达哥拉斯三元组（习题 7），也可以用高斯整数来求出丢番图方程 $x^2+y^2=z^3$ 的有理整数解（习题 8）.

14.3 节习题

1. 确定下列有理整数写成两个有理整数平方和的方法数.
    a) 5   b) 20   c) 120   d) 1000
2. 确定下列有理整数写成两个有理整数平方和的方法数.
    a) 16   b) 99   c) 650   d) 1 001 000
3. 说明如何在高斯整数范围内求解形如 $\alpha x+\beta y=\gamma$ 的线性丢番图方程，其中 α, β, γ 为高斯整数.
4. 求出下列线性丢番图方程的所有高斯整数解.
    a) $(3+2i)x+5y=7i$ b) $5x+(2-i)y=3$
5. 求出下列线性丢番图方程的所有高斯整数解.
    a) $(3+4i)x+(3-i)y=7i$ b) $(7+i)x+(7-i)y=1$
6. 求解线性丢番图方程 $\alpha x+\beta y+\delta z=\gamma$，其中 α, β, δ 及 γ 为高斯整数，解 (x, y, z) 为高斯整数三元组.
7. 证明定理 14.11 中的唯一性部分. 即若 p 是 $4k+1$ 型的素数，$p=a^2+b^2=c^2+d^2$，a, b, c, d 为整数，则有 $a^2=c^2$，$b^2=d^2$ 或者 $a^2=d^2$，$b^2=c^2$.
8. 在本题中，我们将用高斯整数来求出丢番图方程 $x^2+1=y^3$ 的有理整数解.
    a) 证明：若 x 和 y 为满足方程 $x^2+1=y^3$ 的整数，则 $x+i$ 与 $x-i$ 互素.
    b) 证明：存在有理整数 r, s 使得 $x=r^3-3rs^2$ 和 $3r^2s-s^3=1$. （提示：利用(a)和 14.2 节中的习题 10 来证明存在单位 ε 和高斯整数 δ，使得 $x+i=(\varepsilon\delta)^3$.）
    c) 通过分析(b)中关于 r, s 的方程来求出 $x^2+1=y^3$ 的所有整数解.
9. 利用高斯整数来证 13.1 节的定理 13.1，该定理给出了本原毕达哥拉斯三元组，也就是方程 $x^2+y^2=z^2$ 的整数解，其中 x, y, z 两两互素. （提示：首先分解因式 $x^2+y^2=(x+iy)(x-iy)$，然后证明高斯整数 $x+iy$ 与 $x-iy$ 互素，再利用 14.1 节的习题 10.）
* 10. 利用高斯整数来求出丢番图方程 $x^2+y^2=z^3$ 的所有有理整数解.
* 11. 证明高斯整数的费马小定理：若高斯整数 α 与 π 互素，则 $\alpha^{N(\pi)-1}\equiv1(\bmod\,\pi)$. （提示：假设 p 是唯一的有理素数使得 $\pi\mid p$，分别考虑 $p\equiv1(\bmod\,4)$，$p\equiv2(\bmod\,4)$，$p\equiv3(\bmod\,4)$ 三种情形.）
12. 设 γ 为高斯整数，我们定义 $\phi(\gamma)$ 为模 γ 的既约剩余系中元素的个数. 证明高斯整数的欧拉定理：若 γ 为高斯整数，α 为与 γ 互素的高斯整数，则
$$\alpha^{\phi(\gamma)} \equiv 1(\bmod\,\gamma).$$
13. 证明高斯整数的威尔逊定理：若 π 是高斯素数，$\{\alpha_1, \alpha_2, \cdots, \alpha_r\}$ 为模 π 的一个既约剩余系，则
$$\alpha_1\alpha_2\cdots\alpha_r \equiv -1(\bmod\,\pi).$$
14. 证明：对艾森斯坦整数（参看 14.2 节习题 42 中的定义）来说有
    a) 有理素数 2 是艾森斯坦素数.
    b) 形如 $3k+2$（k 为正整数）的有理素数是艾森斯坦素数.

c) 形如 $3k+1$ (k 为正整数)的有理素数可以分解成两个彼此不相伴的艾森斯坦素数的乘积.

计算和研究

1. 在第 13 章中我们提到卡塔兰猜想已被解决,即 2^3 和 3^2 是唯一相差 1 的有理整数幂. 关于高斯整数的一个公开问题是找出所有相差为一个单位的高斯整数幂. 证明 $(11+11i)^2$ 和 $(3i)^5$,$(1-i)^5$ 和 $(1+2i)^2$,以及 $(78+78i)^2$ 和 $(23i)^3$ 都满足此条件. 能否找到其他的满足条件的数对?

2. 证明:$(3+13i)^3+(7+i)^3=(3+10i)^3+(1+10i)^3$,$(6+3i)^4+(2+6i)^4=(4+2i)^4+(2+i)^4$,$(2+3i)^5+(2-3i)^5=3^5+1$,$(1+6i)^5+(3-2i)^5=(6+i)^5+(-2+3i)^5$,$(9+6i)^5+(3-10i)^5=(6+i)^5+(6-5i)^5$ 和 $(15+14i)^5+(5-18i)^5=(18-7i)^5+(2+3i)^5$. 你能否找到方程 $x^n+y^n=w^n+z^n$ 的其他解,其中 x,y,z 和 w 是高斯整数且 n 为正整数.

3. 比尔猜想是说:若 a,b,c 均为不小于 3 的有理整数,则丢番图方程 $x^a+y^b=z^c$ 没有非平凡的有理整数解. 证明:当 x,y,z 可以取两两互素的高斯整数时,这个猜想不再成立. 例如 $(-2+i)^3+(-2-i)^3=(1+i)^4$. 你能否找到其他的反例?

程序设计

1. 找出把一个正整数 n 写成两个有理整数平方和的方法数.
2. 写出正整数 n 表为两个有理整数平方和的所有表示法.

附录 A　整数集公理

在本附录中，我们给出整数集 $\mathbb{Z}=\{\cdots,-1,0,1,2,\cdots\}$ 的一系列重要性质，在这里将其作为公理来看待。这些性质在证明数论结果时是很重要的，我们先从整数集上的加法和乘法开始研究。与通常一样，a 与 b 的和用 $a+b$ 表示，乘积用 $a\cdot b$ 表示，为方便起见，用 ab 代替 $a\cdot b$。

- 封闭性：若 $a,b\in\mathbb{Z}$，则 $a+b\in\mathbb{Z}$，$ab\in\mathbb{Z}$。
- 交换律：对任意 $a,b\in\mathbb{Z}$，$a+b=b+a$，$ab=ba$。
- 结合律：对任意 $a,b,c\in\mathbb{Z}$，$(a+b)+c=a+(b+c)$，$(ab)c=a(bc)$。
- 分配律：对任意 $a,b,c\in\mathbb{Z}$，$(a+b)c=ac+bc$。
- 单位元：对任意 $a\in\mathbb{Z}$，$a+0=a$，$a\cdot1=a$。
- 加法逆元：$\forall a\in\mathbb{Z}$，方程 $a+x=0$ 有整数解 x，我们称 x 为 a 的加法逆元，记作 $-a$。另外，用 $b-a$ 表示 $b+(-a)$。
- 消去律：若 $a,b,c\in\mathbb{Z}$，满足 $ac=bc$ 且 $c\neq0$，则 $a=b$。

我们可以利用以上这些公理和等式的基本性质来推导整数的其他性质，下面的例子就说明了这个问题。我们将那些可以由这些公理简单推导出结论的证明过程省略。

例 A.1 我们说明如何证明 $0\cdot a=0$。由于 0 是加法单位元，所以 $0+0=0$，两边同时乘以 a，可得 $(0+0)\cdot a=0\cdot a$，根据分配律，左边等于 $0\cdot a+0\cdot a$，因此 $0\cdot a+0\cdot a=0\cdot a$，两边同时减去 $0\cdot a$（同时加上 $0\cdot a$ 的加法逆元），可得 $0\cdot a=0$。利用加法结合律和 0 是加法单位元，左边变为 $0\cdot a+(0\cdot a-0\cdot a)=0\cdot a+0=0\cdot a$。右边变为 $0\cdot a-0\cdot a=0$。

根据正整数集 $\{1,2,3,\cdots\}$，我们可以定义整数的次序。

定义　设 $a,b\in\mathbb{Z}$，若 $b-a$ 是正整数，则称 $a<b$，$a<b$ 有时候也记作 $b>a$。

注意到 a 是正整数当且仅当 $a>0$。

下面是整数次序的基本性质。

- 正整数的封闭性：只要 a 和 b 是正整数，则 $a+b$ 和 $a\cdot b$ 一定也是正整数。
- 三分律：对任意整数 a，$a>0$，$a=0$ 和 $a<0$ 中有且仅有一条成立。

由于整数集具有在加法和乘法运算下封闭的正整数子集，且三分律成立，因此我们称整数集为有序集。

根据上面的公理，我们可以证明整数次序的基本性质。本节中，对于一些简单的性质我们均直接利用而未加证明，请看下面的例子：

例 A.2 假设 $a,b,c\in\mathbb{Z}$，$a<b$，$c>0$，那么我们可以证明 $ac<bc$。首先根据定义，由 $a<b$ 可知 $b-a>0$，根据正整数在乘法运算下的封闭性可知，$(b-a)c>0$，从而可得 $ac<bc$。

完整的公理体系还需要下面这一条：

- 良序性：正整数集的任意非空子集中均含有最小元素。

我们说，正整数集是良序的，但另一方面，整数集并不具有良序性，读者可以自行验证，整数集的子集并不一定都具有最小元素．注意到 1.3 节的数学归纳法原理就是基于本附录的公理．有时候，人们用数学归纳法作为公理代替良序性质，此时，良序性质就成了数学归纳法的推论了．

习题

1. 根据整数集的公理，对任意整数 a，b 和 c，证明以下命题：

   a) $a \cdot (b+c) = a \cdot b + a \cdot c$ 　　　　　　b) $(a+b)^2 = a^2 + 2ab + b^2$

   c) $a + (b+c) = (c+a) + b$ 　　　　　　d) $(b-a) + (c-b) + (a-c) = 0$

2. 根据整数集的公理，对任意整数 a 和 b，证明以下命题：

   a) $(-1)a = -a$ 　　　　　　　　　　b) $-(a \cdot b) = a \cdot (-b)$

   c) $(-a) \cdot (-b) = ab$ 　　　　　　　　d) $-(a+b) = (-a) + (-b)$

3. -0 的值是多少？给出理由．

4. 根据整数集的公理证明，如果 $ab=0$，则 $a=0$ 或 $b=0$．

5. 证明整数 a 是正整数当且仅当 $a>0$．

6. 已知 a，b，$c \in \mathbb{Z}$，$a<b$，$c<0$，根据整数次序的定义和正整数的性质，证明以下命题：

   a) $a+c<b+c$ 　　　　　b) $a^2 \geqslant 0$ 　　　　c) $ac>bc$ 　　　　d) $c^3<0$

7. 证明：如果 a，b，$c \in \mathbb{Z}$ 且 $a>b$，$b>c$，则 $a>c$．

* 8. 证明没有比 1 小的正整数．

附录 B　二项式系数

两个单项式的和叫做二项式．二项式的幂次在数论乃至整个数学中都有比较重要的应用，在本附录中，我们将定义二项式系数，证明二项式系数就是二项式的幂次展开式中相应项的系数．

定义　如果非负整数 k 和 m 满足 $k \leqslant m$，则**二项式系数** $\binom{m}{k}$ 定义如下：

$$\binom{m}{k} = \frac{m!}{k!(m-k)!}$$

当 k 和 m 是正整数，且 $k > m$ 时，定义 $\binom{m}{k} = 0$．

计算 $\binom{m}{k}$ 时，我们发现定义式中是可以约分的，因为

$$\binom{m}{k} = \frac{m!}{k!(m-k)!} = \frac{1 \cdot 2 \cdot 3 \cdots (m-k)(m-k+1)\cdots(m-1)m}{k! \, 1 \cdot 2 \cdot 3 \cdots (m-k)}$$

$$= \frac{(m-k+1)\cdots(m-1)m}{k!}$$

例 B.1　计算 $\binom{7}{3}$：

$$\binom{7}{3} = \frac{7!}{3!4!} = \frac{1 \cdot 2 \cdot 3 \cdot 4 \cdot 5 \cdot 6 \cdot 7}{1 \cdot 2 \cdot 3 \cdot 1 \cdot 2 \cdot 3 \cdot 4} = \frac{5 \cdot 6 \cdot 7}{1 \cdot 2 \cdot 3} = 35.$$

下面我们证明有关二项式系数的几个简单性质．

定理 B.1　令 k 和 n 是满足 $k \leqslant n$ 的非负整数，则

(i) $\binom{n}{0} = \binom{n}{n} = 1$，且

(ii) $\binom{n}{k} = \binom{n}{n-k}$．

证明　为证(i)是正确的，注意到

$$\binom{n}{0} = \frac{n!}{0!n!} = \frac{n!}{n!} = 1$$

且

$$\binom{n}{n} = \frac{n!}{n!0!} = \frac{n!}{n!} = 1,$$

对(ii)有

$$\binom{n}{k} = \frac{n!}{k!(n-k)!} = \frac{n!}{(n-k)!(n-(n-k))!} = \binom{n}{n-k}.$$

二项式系数的一个重要性质是下面的等式．

定理 B.2（帕斯卡（pascal）等式）　令 k 和 n 是满足 $k \leqslant n$ 的正整数，则

$$\binom{n}{k} + \binom{n}{k-1} = \binom{n+1}{k}.$$

证明　我们直接计算和式：

$$\binom{n}{k} + \binom{n}{k-1} = \frac{n!}{k!(n-k)!} + \frac{n!}{(k-1)!(n-k+1)!},$$

上式用公分母 $k!\,(n-k+1)!$ 通分后，得

$$\begin{aligned}
\binom{n}{k} + \binom{n}{k-1} &= \frac{n!(n-k+1)}{k!(n-k+1)!} + \frac{n!k}{k!(n-k+1)!} \\
&= \frac{n!((n-k+1)+k)}{k!(n-k+1)!} \\
&= \frac{n!(n+1)}{k!(n-k+1)!} \\
&= \frac{(n+1)!}{k!(n-k+1)!} \\
&= \binom{n+1}{k}.
\end{aligned}$$
■

　　根据定理 B.2，我们可以画出帕斯卡三角形，这个三角形以法国数学家帕斯卡(Blaise Pascal)的名字命名，他在研究博弈的时候曾经用过二项式系数．在帕斯卡三角形中，第 $(n+1)$ 行的第 $(k+1)$ 个元素就是二项式系数 $\binom{n}{k}$．图 B.1 画出了帕斯卡三角形的前 9 行的所有元素．其实帕斯卡三角形在帕斯卡研究之前就早已经被印度和一些伊斯兰国家的数学家研究过．

$$\begin{array}{c}
1 \\
1 \quad 2 \quad 1 \\
1 \quad 3 \quad 3 \quad 1 \\
1 \quad 4 \quad 6 \quad 4 \quad 1 \\
1 \quad 5 \quad 10 \quad 10 \quad 5 \quad 1 \\
1 \quad 6 \quad 15 \quad 20 \quad 15 \quad 6 \quad 1 \\
1 \quad 7 \quad 21 \quad 35 \quad 35 \quad 21 \quad 7 \quad 1 \\
1 \quad 8 \quad 28 \quad 56 \quad 70 \quad 56 \quad 28 \quad 8 \quad 1
\end{array}$$

图 B.1　帕斯卡三角形

　　可以发现在帕斯卡三角形中，两边的元素均是 1．为计算中间的元素，只需将它上面对应位置的两侧元素求和即可．根据定理 B.2 可知该做法的合理性．

　　二项式系数出现在和式方幂的展开式中，具体情况参看下面的二项式定理．

　　定理 B.3(二项式定理)　令 x 和 y 为变量，n 为正整数，则

$$(x+y)^n = \binom{n}{0}x^n + \binom{n}{1}x^{n-1}y + \binom{n}{2}x^{n-2}y^2 + \cdots + \binom{n}{n-2}x^2y^{n-2}$$

$$+ \binom{n}{n-1}xy^{n-1} + \binom{n}{n}y^n.$$

布莱兹·帕斯卡(Blaise Pascal, 1623—1662)很小就显示出他的数学天分, 他的父亲曾在分析几何上有很多发现, 为了鼓励他有其他爱好, 他的父亲不让他接触数学方面的书. 16 岁的时候, 他就得出了关于圆锥曲线的重要结论. 18 岁的时候, 他设计制造了一个计算器, 并且把它成功地销售出去. 不久, 帕斯卡在流体静力学方面做出了重要的贡献. 帕斯卡和费马一起奠定了现代概率学理论的基础. 就是在他的概率学的著作中, 帕斯卡有了新的发现, 我们今天称为帕斯卡三角形, 同时他还第一次清晰地阐述了数学归纳法原理. 1654 年, 由于强烈的宗教体验的推动, 帕斯卡放弃了对数学和科学的追求而投身于神学. 他再次重新开始数学研究是因为有天晚上, 他牙疼失眠, 为了转移注意力, 他研究了一下关于旋轮线的数学性质. 他的牙疼竟然奇迹般地好了, 于是他认为这是神赞成他进行数学研究的信号.

利用求和符号, 可以写作

$$(x+y)^n = \sum_{j=0}^{n} \binom{n}{j} x^{n-j} y^j$$

证明 我们利用数学归纳法来证明该命题的正确性. 当 $n=1$ 时候, 由二项式定理, 公式变为

$$(x+y)^1 = \binom{1}{0} x^1 y^0 + \binom{1}{1} x^0 y^1.$$

但由于 $\binom{1}{0} = \binom{1}{1} = 1$, 这表明 $(x+y)^1 = x+y$, 显然成立.

现假设对于正整数 n 命题成立, 即

$$(x+y)^n = \sum_{j=0}^{n} \binom{n}{j} x^{n-j} y^j.$$

我们证明对于正整数 $n+1$, 命题也成立, 根据归纳假设, 有

$$\begin{aligned}
(x+y)^{n+1} &= (x+y)^n (x+y) \\
&= \left[\sum_{j=0}^{n} \binom{n}{j} x^{n-j} y^j \right] (x+y) \\
&= \sum_{j=0}^{n} \binom{n}{j} x^{n-j+1} y^j + \sum_{j=0}^{n} \binom{n}{j} x^{n-j} y^{j+1}.
\end{aligned}$$

又

$$\sum_{j=0}^{n} \binom{n}{j} x^{n-j+1} y^j = x^{n+1} + \sum_{j=1}^{n} \binom{n}{j} x^{n-j+1} y^j$$

$$\sum_{j=0}^{n} \binom{n}{j} x^{n-j} y^{j+1} = \sum_{j=0}^{n-1} \binom{n}{j} x^{n-j} y^{j+1} + y^{n+1} = \sum_{j=1}^{n} \binom{n}{j-1} x^{n-j+1} y^j + y^{n+1},$$

因此,

$$(x+y)^{n+1} = x^{n+1} + \sum_{j=1}^{n} \left[\binom{n}{j} + \binom{n}{j-1} \right] x^{n-j+1} y^j + y^{n+1}.$$

根据帕斯卡等式, 有

$$\binom{n}{j} + \binom{n}{j-1} = \binom{n+1}{j},$$

从而

$$(x+y)^{n+1} = x^{n+1} + \sum_{j=1}^{n} \binom{n+1}{j} x^{n-j+1} y^j + y^{n+1}$$

$$= \sum_{j=0}^{n+1} \binom{n+1}{j} x^{n+1-j} y^j.$$

命题得证. ∎

二项式定理说明，$(x+y)^n$ 展开式的系数恰好就是帕斯卡三角形的第 $n+1$ 行中的数. 下面给出二项式定理的一个应用.

推论 B.1 令 n 为非负整数，则

$$2^n = (1+1)^n = \sum_{j=0}^{n} \binom{n}{j} 1^{n-j} 1^j = \sum_{j=0}^{n} \binom{n}{j}.$$

证明 令 $x=1$，$y=1$，代入二项式定理即可. ∎

推论 B.1 说明，如果对帕斯卡三角形的第 $n+1$ 行元素求和，其值为 2^n，例如，对于第 5 行，我们有

$$\binom{4}{0} + \binom{4}{1} + \binom{4}{2} + \binom{4}{3} + \binom{4}{4} = 1+4+6+4+1 = 16 = 2^4.$$

习题

1. 计算下列二项式系数的值.

   a) $\binom{100}{0}$ b) $\binom{50}{1}$ c) $\binom{20}{3}$ d) $\binom{11}{5}$ e) $\binom{10}{7}$ f) $\binom{70}{70}$

2. 计算二项式系数 $\binom{9}{3}$，$\binom{9}{4}$ 和 $\binom{10}{4}$，并验证 $\binom{9}{3} + \binom{9}{4} = \binom{10}{4}$.

3. 利用二项式定理写出下列表达式展开的所有项.

   a) $(a+b)^5$ b) $(x+y)^{10}$ c) $(m-n)^7$ d) $(2a+3b)^4$ e) $(3x-4y)^5$ f) $(5x+7)^8$

4. 在 $(2x+3y)^{200}$ 的展开式中，$x^{99} y^{101}$ 的系数是多少？

5. 设 n 是正整数，利用二项式定理将 $(1+(-1))^n$ 展开，并以此证明

$$\sum_{k=0}^{n} (-1)^k \binom{n}{k} = 0.$$

6. 根据推论 B.1 和习题 5 计算：

$$\binom{n}{0} + \binom{n}{2} + \binom{n}{4} + \cdots \text{ 和}$$

$$\binom{n}{1} + \binom{n}{3} + \binom{n}{5} + \cdots.$$

7. 证明：若整数 n，r 和 k 满足 $0 \leqslant k \leqslant r \leqslant n$，则

$$\binom{n}{r}\binom{r}{k} = \binom{n}{k}\binom{n-k}{r-k}.$$

* 8. 若 m 为正整数，n 为整数满足 $0 \leqslant n \leqslant m$，求 $\binom{m}{n}$ 的最大值并证明之.

9. 整数 r, n 满足 $1 \leqslant r \leqslant n$, 证明:

$$\binom{r}{r} + \binom{r+1}{r} + \cdots + \binom{n}{r} = \binom{n+1}{r+1}.$$

当 x 是实数, n 是正整数时, 二项式系数 $\binom{x}{n}$ 可以结合 $\binom{x}{1} = x$, 由下式递归定义:

$$\binom{x}{n+1} = \frac{x-n}{n+1}\binom{x}{n}.$$

10. 根据递归定义证明, 当 x 是正整数时, $\binom{x}{k} = \dfrac{x!}{k!\,(x-k)!}$, 其中整数 k 满足 $1 \leqslant k \leqslant x$.

11. 根据递归定义证明, 当 x 和 n 是正整数时, $\binom{x}{n} + \binom{x}{n+1} = \binom{x+1}{n+1}$.

12. 二项式系数 $\binom{n}{k}$ 恰好就是从 n 个元素的集合中选出 k 个元素子集合的个数, 其中 n 和 k 为整数且 $0 \leqslant k \leqslant n$.

13. 根据习题 12, 给出二项式定理的另一个证明.

14. 令 S 为一个 n 元集合, P_1 和 P_2 是 S 中的元素可能具有的性质, $n(P_1)$, $n(P_2)$, $n(P_1, P_2)$ 分别表示具有性质 P_1, P_2 和同时具 P_1、P_2 的元素的个数, 试证明 S 中既不具有性质 P_1 也不具有性质 P_2 的元素共有 $n - [n(P_1) + n(P_2) - n(P_1, P_2)]$ 个.

15. 令 S 为一个 n 元集合, P_1, P_2 和 P_3 是 S 中的元素可能具有的性质, 试证明 S 中不具有性质 P_1 性质 P_2 和性质 P_3 的元素个数为

$$n - [n(P_1) + n(P_2) + n(P_3)] - n(P_1, P_2) - n(P_1, P_3) - n(P_2, P_3) + n(P_1, P_2, P_3)],$$

其中 $n(P_{i_1}, \cdots, P_{i_k})$ 表示同时具备性质 $P_{i_1}, \cdots, P_{i_k}$ 的元素的个数.

*16. 本题主要是想介绍容斥原理: 令 S 为一个 n 元集合, $P_1, P_2, \cdots, P_t$ 是 S 中的元素可能具有的七个不同性质, 证明 S 中不具备上面 t 个性质的元素个数为:

$$n - [n(P_1) + n(P_2) + \cdots + n(P_t)] + [n(P_1, P_2) + n(P_1, P_3) + \cdots + n(P_{t-1}, P_t)]$$
$$- [n(P_1, P_2, P_3) + n(P_1, P_2, P_4) + \cdots + n(P_{t-2}, P_{t-1}, P_t)] + \cdots + (-1)^t n(P_1, P_2, \cdots, P_t)$$

其中 $n(P_{i_1}, \cdots, P_{i_k})$ 表示同时具备性质 $P_{i_1}, \cdots, P_{i_k}$ 的元素的个数. 第一个方括号中表示所有具有一种性质的元素的个数, 第二个方括号中表示所有同时具备两种性质的元素的个数, 第三个方括号中表示同时具有三种性质的元素的个数, 以此类推. (提示: 对于 S 中的每个元素, 确定它在上面这个等式中出现的次数. 如果一个元素具有 k 个性质, 证明它出现的次数为 $1 - \binom{k}{1} + \binom{k}{2} - \cdots + (-1)^k \binom{k}{k}$, 而根据习题 5, 当 $k > 0$ 时, 此值为 0.)

*17. $(x_1 + x_2 + \cdots + x_m)^n$ 展开式的各项系数是多少? 这些系数我们称为多项式系数.

18. 将 $(x+y+z)^7$ 的各项系数写出来.

19. 在 $(2x-3y+5z)^{12}$ 的展开式中 $x^3 y^4 z^5$ 的系数是多少?

计算和研究

1. 设 k 为正整数, 若二项式系数 $\binom{n}{k}$ 不超过 $1\,000\,000$, 则整数 n 最小取多少?

程序设计

1. 计算二项式系数.

2. 任给一个正整数 n, 输出帕斯卡三角形的前 n 行.

3. 任给一个正整数 n, 根据二项式定理将 $(x+y)^n$ 展开.

附录 C　Maple 和 Mathematica 在数论中的应用

在数论中研究问题时，常常涉及大整数的计算. 幸运的是，现在已经有许多有效的工具可以用于这类计算. 本附录描述了两种当今最流行的工具 Maple 和 Mathematica 如何用于执行数论中的这类计算. 我们将主要描述这两种系统中已经存在的命令，这些命令都支持广泛的编程环境，在研究数论时这些环境可以用于创建一些有用的程序，但此处我们不讨论这些编程环境.

C.1　Maple 在数论中的应用

Maple 系统被广泛应用于数值和符号计算，也可以被用于开发另外的功能. 我们将简单地描述一些 Maple 已有的对于数论的支持. 关于 Maple 的更多信息，可以参考 Maple 的官方网站：http://www. maple soft. com.

在 Maple 中，用于数论计算的命令可以在包 numtheory 中找到. Maple 命令的标准集合中也存在一些对于数论的计算有用的命令，当然也有一些命令可以在其他的包里找到，比如在包 combinat 里可以找到关于组合计算的命令. 当调用某个包的命令时，你必须让Maple 知道该命令来自哪个包. 有两种方式可以做到这一点：你可以先加载具体的包，然后调用里面的命令；或者预先就将包名放在你需要使用的命令之前. 比如，在运行命令with(numtheory)之后，你可以像使用标准命令一样使用任何一个 numtheory 包的命令；当然，当需要调用某个包里的命令时，你也可以直接将包名放在命令的前面而不选择执行with()命令. 只是，如果不执行 with()命令，你必须每次都要这样做.

另外，我们也可以在 Maple 的共享库里找到关于数论的命令，而共享库可以通过访问网站上 Maplesoft 应用中心得到.

有一本很有用的参考书讲述如何使用 Maple 研究数论(和离散数学中的其他专题)，书名是《Exploring Discrete Mathematics with Maple》[Ro97](官网上的最新版本为第七版[Ro07].). 这本书的内容包括：使用 Maple 求最大公因子和最小公倍数、应用中国剩余定理、因子分解、素性检验、求 b 进制展开式、使用经典密码和 RSA 密码系统的加密解密算法以及其他的数论理论的计算. 另外，Maple 关于数论和密码学方面的相关知识可参考爱尔兰都柏林 St. Patrick 大学的 John Cosgrave 为一门课程所撰写的课程表，详情可以参阅网址：http://www. spd. dcu. ie/johnbcos/Maple_3rd_year. htm.

Maple 中的数论命令

下面，我们将与本书相关的 Maple 命令按章节加以简介. 这些命令对于检验本书中的计算结果、计算或者检验一些习题以及对于每节后面的计算和研究都有用. 此外，对于许多列在每节后面的研究和程序设计可以用 Maple 来实现. 至于如何编写Maple 程序，有许多关于 Maple 的书籍可供参考，例如 Maplesoft 网站上的入门的和高级编程指南.

第 1 章

combinat[fibonacci](n)计算第 n 个斐波那契数.

iquo(int_1，int_2)计算用 int_2 去除 int_1 时的商.

irem(int_1，int_2)计算用 int_2 去除 int_1 时的余数.

floor($expr$)计算比实表达式 $expr$ 小或相等的最大正整数.

numtheory[divisors](n)计算整数 n 的所有正因子.

Maple 中研究 Collatz ($3x+1$)问题的代码已由 Gaston Gonnet 写出，可在 Maple V Release 5 Share Library 中找到.

第 2 章

convert(int，base，$posint$)将十进制整数 int 转换为基为 $posint$ 的整数.

convert(int，binary)将十进制整数 int 转换为二进制.

convert(int，hex)将十进制整数 int 转换为十六进制.

convert(bin，decimal，binary)将二进制整数 bin 转换为十进制.

convert(oct，decimal，octal)将八进制整数 oct 转换为十进制.

convert(hex，decimal，octal)将十六进制整数 hex 转换为十进制.

第 3 章

isprime(n)测试 n 是否为素数.

ithprime(n)计算第 n 个素数，其中 n 是正整数.

prevprime(n)计算比整数 n 小的最大的素数.

numbertheory[fermat](n)计算第 n 个费马数.

ifactor(n)求整数 n 的素幂因子分解.

ifactors(n)求整数 n 的所有素整数因子.

igcd(int_1，int_2，$\cdots$，int_n)计算整数 int_1，int_2，$\cdots$，int_n 的最大公因子.

igcdex(int_1，int_2)用推广的欧几里得算法计算整数 int，int_2 的最大公因子，同时将其用 int_1，int_2 的线性组合表示.

ilcm(int_1，int_2，$\cdots$，int_n)计算整数 int_1，int_2，$\cdots$，int_n 的最小公倍数.

第 4 章

Maple 中可以使用算子 mod 进行求模运算. 比如直接输入 17mod 4 就可以计算 17 模 4 的最小剩余了.

msolve(eqn，m)找出等式 eqn 模 m 的整数解.

chrem([n_1，n_2，$\cdots$，n_r]，[m_1,m_2,$\cdots$,m_r])计算同余方程组 $int \bmod m_i = n_i$ 的唯一正整数解 int，其中 $i=1$，$\cdots$，r.

第 6 章

numtheory[phi](n)计算欧拉 ϕ 函数在 n 处的值.

第 7 章

numtheory[invphi](n)计算使得 $\phi(m)=n$ 的正整数 m.

numtheory[sigma](n)计算整数 n 的所有正因子的和.

numtheory[tau](n)计算整数 n 的所有正因子的个数.

numbertheory[bigomega](n)计算 n 的素因子个数 $\Omega(n)$ 的值.

numtheory[mersenne](n)判断第 n 个梅森数 $M_n = 2^n - 1$ 是否为素数.

numtheory[mobius](n)计算在整数 n 处的莫比乌斯函数的值.

combinat[partition](n)列出正整数 n 的所有拆分.

combinat[partition](n, m)列出正整数 n 的所有部分不超过 m 的所有拆分.

第 9 章

numtheory[order](n_1, n_2)计算 n_1 模 n_2 的阶.

numtheory[primroot](n)计算模 n 的最小原根.

numtheory[mlog](n_1, n_2, n_3)计算 n_1 关于底为 n_2 模 n_3 的下标或离散对数(函数 numtheory [index]等同于此函数.)

numtheory[lambda](n)计算整数 n 的最小通用次数.

第 11 章

numtheory[quadres](int_1, int_2)判断 int_1 是否是模 int_2 的二次剩余.

numtheory[legendre](n_1, n_2)计算勒让德符号 $\left(\dfrac{n_1}{n_2}\right)$ 的值.

numtheory[jacobi](n_1, n_2)计算雅可比符号 $\left(\dfrac{n_1}{n_2}\right)$ 的值.

numtheory[msqrt](n_1, n_2)计算 n_1 模 n_2 的平方根.

第 12 章

numtheory[pdexpand](rat)计算有理数 rat 的循环十进制展开式.

numtheory[cfrac](rat)计算有理数 rat 的连分数.

numtheory[invcfrac](cf)将循环连分数 cf 转换为二次无理数.

第 13 章

numtheory[sum2sqr](n)计算所有平方和等于 n 的整数对.

第 14 章

Maple 有支持高斯整数运算的特殊的包,为运用包里的命令,首先执行下面的命令:

with(GaussInt);

执行了这个命令之后,就可以像平常一样求加减乘除乘方,等等. 注意,Maple 要求输入高斯整数 $a + bi$ 为 a+b*I(也就是说,用 I 代替虚数 i,在 b 和 I 之间必须加"*").

GaussInt[GInearest](c)选择距复数 c 距离最近的高斯整数,当有两个以上的这样的高斯整数时,给出范数最小的一个.

GaussInt[GIquo](m, n)求 n 除 m 的高斯整数商.

GaussInt[GIrem](m, n)求 n 除 m 的高斯整数余数.

GaussInt[GInorm](m)求复数 m 的范数.

GaussInt[GIprime](m)当 m 是高斯素数时返回 true,否则返回 false.

GaussInt[GIfactor](m)将 m 分解为高斯素数和单位的乘积.

GaussInt[GIfactors](m)寻找高斯整数 m 的单位和高斯因子以及它们的乘积.

GaussInt[GIsieve](m)找出所有范数不超过 m^2 的高斯整数 $a + bi$,其中 m 是正整

数，$0 \leqslant a \leqslant b$.

GaussInt[GIdivisor](m) 找出高斯整数 m 在第一象限的因子.

GaussInt[GInodiv](m) 计算 m 的所有互不相伴的因子数.

GaussInt[GIgcd]$(m_1, m_2, \cdots, m_r)$ 求高斯整数 $m_1, m_2, \cdots, m_r$ 的在第一象限的最大公因子.

GaussInt[GIgcdex]$(a, b, 's', 't')$ 求高斯整数 a 和 b 在第一象限的最大公因子，同时寻求整数 s 和 t，使得 $as+bt$ 等于该最大公因子.

GaussInt[GIchrem]$([a_0, a_1, \cdots, a_r], [u_0, u_1, \cdots, u_r])$ 求解同余方程组 $x \equiv a_i (\mathrm{mod}\ u_i)$，对所有的 $i = 1, 2, \cdots, r$.

GaussInt[GIlcm]$(a_1, \cdots, a_r)$ 计算高斯整数 $a_1, \cdots, a_r$ 在第一象限内的最小公倍数，并以 $a_1, \cdots, a_r$ 的范数表达.

GaussInt[GIphi](n) 计算高斯整数 n 的既约剩余系中高斯整数的个数.

GaussInt[GIquadres](a, b) 如果高斯整数 a 是高斯整数 b 的二次剩余，则返回 1，否则返回 -1.

附录

binomial(n, r) 计算二项式系数，即从 n 个物体中选择 r 个的物体的不同选择数.

C.2　Mathematica 在数论中的应用

Mathematica 系统同样有一个可以广泛用于数值和符号计算的环境，它也可以被用于开发另外的功能. 我们将简单地描述一些在 Mathematica 已有的对于数论的支持. 关于 Mathematica 的另外的信息，可以参考 Mathematica 的官方网站：http://www.mathematica.com.

Mathematica 把它所支持的数论命令作为它的基础系统的一部分. 另外的一些数论方面的命令可以在 Mathematica 的一些包中找到，这个包里集成了许多程序用以实现一些特别领域所需的函数功能. Mathematica 捆绑了一些附加的包，与它的基本产品一起叫做标准包. 这些标准包提供了一组用于支持数论计算的命令，包括 ContinuedFractions、FactorIntegerECM、NumberTheoryFunctions 以及 primeQ. 实际上还有其他的 Mathematica 包可以通过互联网获得，具体网址是 http://www.mathsource.com. 可以通过参考书《Mathematica Book》[Wo03]学习如何加载和使用它们.

当第一次调用某个命令时，如果不告诉 Mathematica 它来自哪个包，你将不能使用这个命令；但是如果你加载了这个包，就能够顺利使用它里面的命令. 比如，加载包"NumberTheoryFunctions"后，你可以使用命令 In[1]: = NumberTheory' NumberTheoryFunctions'.

另一本由 Stan Wagon 撰写的《Mathematica in Action》[Wa99]也讲述了如何将 Mathematica 用于数论计算. 这本书作了一些有用的讨论，包括：将 Mathematica 用于研究大素数、执行扩展的欧几里得算法、求解线性丢番图方程组、使用中国剩余定理、使用连分数以及生成素数证书等.

Mathematica 中的数论命令

下面我们将与本书相关的 Mathematica 命令按章节次序加以简介．（这些函数如果包含于附加包则其加载命令也将介绍）．这些命令对于检验本书中的计算结果、计算或者检验一些习题以及对于每节后面的计算和研究都有用．此外，对于列在每节后面的许多研究和程序设计用 Mathematica 来实现都是可行的．至于如何编写 Mathematica 程序，可以参考许多 Mathematica 方面的书籍，比如：《Mathematica Book》[Wo03]．

第 1 章

Fibonacci[n] 求第 n 个斐波那契数 f_n.

Quotient[m，n] 求 n 除 m 的整数商.

Mod[m，n] 求 n 除 m 的余数.

关于 Collatz($3x+1$) 问题的 Mathematica 包已经由 Ilan Vardi 完成．下载地址是 http://library.wolfram.com/infocenter/Demos/153/.

第 2 章

IntegerDigits[n，b] 将 n 转化为以 b 为基的表示.

第 3 章

PrimeQ[n] 当 n 是素数时，输出 True，否则输出 False.

Prime[n] 求第 n 个素数.

PrimePi[x] 给出所有不超过 x 的素数的个数.

In[1]： = Number Theory' NumberTheoryFunctions'

NextPrime[n] 求比 n 大的最小素数.

GCD[n_1，n_2，$\cdots$，n_k] 求整数 n_1，n_2，$\cdots$，n_k 的最大公因子.

ExtendedGCD[n，m] 求整数 n 和 m 的最大公因子.

LCM[n_1，n_2，$\cdots$，n_k] 求整数 n_1，n_2，$\cdots$，n_k 的最小公倍数.

FactorInteger[n] 给出 n 的素因子和对应的次数.

Divisors[n] 给出 n 的所有整数因子.

IntegerExponent[n，b] 给出 b 能整除 n 的最大次数.

In[1]： = NumberTheory' NumberTheoryFunctions'

SquareFreeQ[n] 如果 n 包含一个平方因子，返回 True，否则返回 False.

In[1]： = NumberTheory' NumberTheoryFactorIntegerECM'

FactorIntegerECM[n] 用 Lenstra 椭圆曲线因子分解方法，找出合数 n 的一个因子.

第 4 章

Mod[k，n] 求 k 模 n 的最小非负剩余.

Mod[k，n，1] 求 k 模 n 的最小正剩余.

Mod[k，n，$-n/2$] 给出 k 模 n 的绝对值最小的剩余.

PowerMod[a，b，n] 求 a^b 模 n 的值，如果 $b=-1$，则求 a 模 n 的逆（如果存在的话）.

In[1]： = NumberTheory' NumberTheoryFunctions'

ChineseRemainder[$list_1$，$list_2$] 求满足 Mod[r，$list_2$] 为 $list_1$ 的最小非负整数 r.（例如，

ChineseRemainder[{r_1，r_2}，{m_1，m_2}]给出了同时满足同余方程 $x \equiv r_1 \bmod m_1$ 且 $x \equiv r_2 \bmod m_2$ 的解.）

第 6 章
EulerPhi[n]给出欧拉函数 ϕ 在 n 处的函数值.

第 7 章
DivisorSigma[k，n]对 n 的所有因子的 k 次幂求和，当 k 为 1 时，即求 n 的所有因子的和，当 k 为 0 时，即为求 n 的因子数目.

MoebiusMu[n]求 $\mu(n)$ 的值.

PartitionsP[n]给出正整数 n 的拆分数目 $p(n)$.

Integerpartitions[n]给出整数 n 的所有拆分.

Integerpartitions[n，k]将 n 拆分为至多 k 个整数.

第 8 章
Stephan Kaufmann 用 Mathematica 实现了 RSA 公钥密码系统，可以在 http://library. wolfram. com/infocenter/MathSource/1966/上下载相应的 Mathematica 包、使用指南以及一本 Mathematica 笔记.

第 9 章
MultiplicativeOrder[k，n]求 k 模 n 的阶.

PrimitiveRoot[n]判断 n 是否存在原根，当存在时，给出 n 的一个原根.

In[1]：= NumberTheory' PrimeQ'

PrimeQCertificate[n]判断 n 是素数还是合数.

CarmichaelLambda[n]给出最小通用次数 $\lambda(n)$.

第 11 章
JacobiSymbol[n，m]求雅可比符号 $\left(\dfrac{n_1}{n_2}\right)$ 的值.

SqrtMod [d，n]当 n 是奇数时，给出 d 模 n 的平方根.

第 12 章
RealDigits[x]给出 x 的十进制展开的各位上的数.

RealDigits[x，b]给出 x 的 b 进制展开的各位上的数.

以下处理十进制展开式的函数是 'ContinuedFractions' 包的一部分，在调用它们之前，首先运行 In[1]：= NumberTheory' Continued Fractions'

periodicForm[{a_0，$\cdots$，{a_m，$\cdots$}}，exp]用预循环和循环节表示一个重复的十进制展开式.

periodicForm[{{a_0，$\cdots$，{a_m，$\cdots$}}，exp，b]给出连分数相应的 b 进制展开.

Normal[periodicForm[$args$]]给出十进制展开所对应的有理数.

以下处理连分数的函数是 NumberTheory'Continued Fractions' 包的一部分，在调用包函数之前，首先运行 In[1]：= NumberTheory 'Continued Fractions'

ContinuedFraction[x，n]给出 x 的连分数展开式的前 n 项.

ContinuedFraction[x]给出二次无理数的连分数展开式.

FromContinued Fraction[*list*]从连分数展开式中找某数.

ContinuedFractionForm[{a_0，a_1，…}]用部分商 a_0，a_1，…表示连分数.

ContinuedFractionForm[{a_0，a_1，…，{p_0，p_1，…}}]用部分商 a_0，a_1，…和附加商 p_0，p_1，…表示连分数.

Normal[ContinuedFractionForm[*quotients*]]根据给出的连分数，求其对应的有理数或者是二次无理数.

Convergents[*rat*]给出一个有理数或者二次无理数的连分数展开的所有项的收敛子.

Convergents[*num*，*terms*]给出 *num* 的连分数展开中指定数目项的收敛子.

Convergents[*cf*]产生由 ContinuedFractionForm 或 ContinuedFraction 生成的特殊连分数的收敛子.

QuadraticIrrationalQ[*expr*]判断 *expr* 是否是一个二次无理数.

第 14 章

Divisors[*n*，GaussianIntegers—＞True]列出高斯整数 *n* 的所有高斯整数因子.

DivisorSigma[*k*，*n*，GaussianIntegers—＞True]求高斯整数 *n* 的所有高斯整数因子的 *k* 次幂的和.

FactorInteger[*n*，GaussianIntegers—＞True]给出高斯整数在第一象限内的因子、相应因子的次数以及一个单位.

primeQ[*n*，GaussianIntegers—＞True]如果 *n* 是高斯素数，返回 True，否则返回 False.

附录

Binomial[*n*，*m*]求二项式系数 $\binom{n}{m}$ 的值.

附录 D　有关数论的网站

　　这里我们给出一些主要的关于数论的网址并加以简介，这些网址是搜寻网上数论知识的很好的起点．在本书出版的时候，这些网址可以按照给出的链接登录．但由于网络瞬间万变，这些网址可能会有变动，或者被关掉，或者内容有改变．著者和出版商都不能保证这些网站上的内容．如果你无法登录这些网站，可以尝试搜索它们是否有新的链接．你可以在 http://www.awlonline.com/rosen 上找到关于本书网上参考资源的一个比较全面的向导．该向导也可以帮你找到一些有关数论和密码学的不易搜得的网站．

　　斐波那契数和黄金分割（http://www.maths.surrey.ac.uk/hosted-sites/R.Knott/Fibonacci/）

　　该网站搜集了大量的有关斐波那契数的内容，包括它的历史、在自然界中的背景、和斐波那契数相关的谜题以及它的数学性质，其余的内容主要和黄金分割有关．该网站提供了许多到其他网址的链接，是一个开始研究斐波那契数的好处所．

　　素数（http://www.utm.edu/research/primes/）

　　这是一个关于素数的最好网站．从中你可以找到名词表、入门读物、研究文献、关于素数的常见问题、最新的纪录、猜想、大量的素数及其因子分解式，也有很多到其他网站的链接．其中有些链接地址提供了很有用的软件．这是一个研究素数的好去处．

　　网上素数大搜索（http://www.mersenne.org）

　　从这个网站你可以找到关于梅森素数的最新发现．也可以从该站点下载软件来搜寻梅森素数以及其他具有特殊形式的素数．该网站上也有关于找素数和素数分解的其他网址的链接．要想参与共同搜寻创纪录的新素数不要错过这个网站．

　　MacTutor 数学历史档案馆（http://www-groups.dcs.st-and.ac.uk/history/index.html）

　　这是一个关于数学家传记的主要网站，囊括了从古至今的数百位数学家的传记．你也能从中找到一些有关重要数学题材历史的文章，包括素数、费马大定理等．

　　数学中的常见问题（http://www.cs.uwaterloo.ca/~alopez-o/math-faq/math-faq.html）

　　这是一个来自 USENET sci.math 新闻组的常见数学问题的汇编，其中有几个和数论问题相关的部分，包括素数、费马大定理以及一些数学历史和琐事的大杂烩．

　　数论网（http://www.numbertheory.org/ntw/web.html）

　　该网站提供了大量的与数论内容相关的链接．你可以在这些链接网址上找到诸如数论计算的软件、课程笔记、文章、在线论文、历史传记、会议信息、招聘等一切网上和数论相关的其他事物．

　　RSA 实验室——密码学常见问题（http://www.rsa.com/products/bsafe/documentation/crypto-c_me21html/RSA_Labs_FAQ_4.1 pdf/）

　　该网站给出了一个很好的现代密码学的概要．你能在上面找到密码应用的描述、密码协议、公私密钥密码系统以及相关的数学背景知识．

　　费马大定理（http://cgd.best.vwh.net/home/flt/fltol.htm）

　　是一个介绍费马大定理的很好的网站，并讨论了费马大定理证明中的每个重要环节．

　　NOVA 在线——证明（http://www.pbs.org/wgbh/nova/proof）

　　该网址提供了关于费马大定理证明这个电视节目的一些材料，包括节目讲稿和对安德鲁·怀尔斯的访谈以及一些其他的关于费马大定理的网站的链接．

附录 E 表 格

表 E.1 给出了小于 10 000 且不为 5 整除的奇数的最小素因子，最左边给出了这个数的前几位，每列的最上面数字给出的是这个数的末位. 如果这个数是素数，则用小横线表示. 该表格的采用得到了 U. Dudley, *Elementary Number Theory*, Second Edition, Copyright © 1969 and 1978 by W. H. Freeman and Company 的许可，保留所有权利.

表 E.3 给出了模 p 小于 1000 的素数 p 的最小原根 r.

表 E.4 的采用得到了 J. V. Uspensky and M. A. Heaslet, *Elementary Number Theory*, McGraw-Hill Book Company 1939 的版权许可.

表 E.1 最小素因子表

	1	3	7	9		1	3	7	9		1	3	7	9		1	3	7	9
0	—	—	—	3	27	—	3	—	3	54	—	3	—	3	81	—	3	19	3
1	—	—	—	—	28	—	—	7	17	55	19	7	—	13	82	—	—	—	—
2	3	—	3	—	29	3	—	3	13	56	3	—	3	—	83	3	7	3	—
3	—	3	—	3	30	7	3	—	3	57	—	3	—	3	84	29	3	7	3
4	—	—	—	7	31	—	—	—	11	58	7	11	—	19	85	23	—	—	—
5	3	—	3	—	32	3	17	3	7	59	3	—	3	—	86	3	—	3	11
6	—	3	—	3	33	3	—	3	—	60	—	3	—	3	87	13	3	—	3
7	—	—	7	—	34	11	7	—	—	61	13	—	—	—	88	—	—	—	7
8	3	—	3	—	35	3	—	3	—	62	3	7	3	17	89	3	19	3	29
9	7	3	—	3	36	19	3	—	3	63	—	3	7	3	90	17	3	—	3
10	—	—	—	—	37	7	—	13	—	64	—	—	—	11	91	—	11	7	—
11	3	—	3	7	38	7	—	—	—	65	—	3	—	3	92	3	13	3	—
12	11	3	—	3	39	17	3	—	3	66	—	3	23	3	93	7	3	—	3
13	—	7	—	—	40	—	13	11	—	67	11	—	—	7	94	—	23	—	13
14	3	11	3	—	41	3	7	3	—	68	3	—	3	13	95	3	—	3	7
15	—	3	—	3	42	—	3	7	3	69	—	3	17	3	96	31	3	—	3
16	7	—	—	13	43	—	—	19	—	70	19	—	7	—	97	—	7	—	11
17	3	—	3	—	44	3	—	3	—	71	3	23	—	3	98	3	—	3	23
18	—	3	11	3	45	11	3	—	3	72	7	3	—	3	99	—	3	—	3
19	—	—	—	—	46	—	—	—	7	73	17	—	11	—	100	7	17	19	—
20	3	7	3	11	47	3	11	3	—	74	3	—	—	7	101	3	—	3	—
21	—	3	7	3	48	13	—	—	3	75	—	3	—	3	102	—	3	13	3
22	13	—	—	—	49	—	17	7	—	76	—	7	13	—	103	—	—	17	—
23	3	—	3	—	50	—	3	—	—	77	3	—	3	19	104	3	7	3	—
24	—	3	13	3	51	3	7	11	3	78	11	3	—	3	105	—	3	7	3
25	—	11	—	7	52	—	—	17	23	79	7	13	—	17	106	—	—	11	—
26	3	—	3	—	53	3	13	3	7	80	3	11	3	—	107	3	29	3	13

（续）

	1	3	7	9		1	3	7	9		1	3	7	9		1	3	7	9
108	23	3	—	3	147	—	3	7	3	186	—	3	—	3	225	—	3	37	3
109	—	—	—	7	148	—	—	—	—	187	—	—	—	—	226	7	31	—	—
110	3	—	3	—	149	3	—	3	—	188	3	7	3	—	227	3	—	3	43
111	11	3	—	3	150	19	3	11	3	189	31	3	7	3	228	—	3	—	3
112	19	—	7	—	151	—	17	37	7	190	—	11	—	23	229	29	—	—	11
113	3	11	3	17	152	3	—	3	11	191	3	—	3	19	230	3	7	3	—
114	7	3	31	3	153	—	3	29	3	192	17	3	41	3	231	—	3	7	3
115	—	—	13	19	154	23	—	7	—	193	—	—	13	7	232	11	23	13	17
116	3	—	3	7	155	3	—	3	—	194	3	29	3	—	233	3	—	3	—
117	—	3	11	3	156	7	3	—	3	195	—	3	19	3	234	—	3	—	3
118	—	7	—	29	157	—	11	19	—	196	37	13	7	11	235	—	13	—	7
119	3	—	3	11	158	3	—	3	7	197	3	—	3	—	236	3	17	3	23
120	—	3	17	3	159	37	3	—	3	198	7	3	—	3	237	—	3	—	3
121	7	—	—	23	160	—	7	—	—	199	11	—	—	—	238	—	—	7	—
122	3	—	3	—	161	3	—	3	—	200	3	—	3	7	239	3	—	3	—
123	—	3	—	3	162	—	3	—	3	201	—	3	—	3	240	7	3	29	3
124	17	11	29	—	163	7	23	—	11	202	43	7	—	—	241	—	19	—	41
125	3	7	3	—	164	3	31	3	17	203	3	19	3	—	242	3	—	3	7
126	13	3	7	3	165	13	3	—	3	204	13	3	23	3	243	11	3	—	3
127	31	19	—	—	166	11	—	—	—	205	7	—	11	29	244	—	7	—	31
128	3	—	3	—	167	3	7	3	23	206	3	—	3	—	245	3	11	3	—
129	—	3	—	3	168	41	3	7	3	207	19	3	31	3	246	23	3	—	3
130	—	—	—	7	169	19	—	—	—	208	—	—	—	—	247	7	—	—	37
131	3	13	3	—	170	3	13	3	—	209	3	7	3	—	248	3	13	3	19
132	—	3	—	3	171	29	3	17	3	210	11	3	7	3	249	47	3	11	3
133	11	31	7	13	172	—	—	11	7	211	—	—	29	13	250	41	—	23	13
134	3	17	3	19	173	3	—	3	37	212	3	11	3	—	251	3	7	3	11
135	7	3	23	3	174	—	3	—	3	213	—	3	—	3	252	—	3	7	3
136	—	29	—	37	175	17	—	7	—	214	—	—	19	7	253	—	17	43	—
137	3	—	3	7	176	3	41	3	29	215	3	—	3	17	254	3	—	3	—
138	—	3	19	3	177	7	3	—	3	216	—	3	11	3	255	—	3	—	3
139	13	7	11	—	178	13	—	—	—	217	13	41	7	—	256	13	11	17	7
140	3	23	3	—	179	3	11	3	7	218	3	37	3	11	257	3	31	3	—
141	17	3	13	3	180	—	3	13	3	219	7	3	13	3	258	29	3	13	3
142	7	—	—	—	181	—	7	23	17	220	31	—	—	47	259	—	—	7	23
143	3	—	3	7	182	3	—	3	31	221	3	—	3	7	260	3	19	3	—
144	11	3	—	3	183	—	3	11	3	222	—	3	17	3	261	7	3	—	3
145	—	—	31	—	184	7	19	—	43	223	23	7	—	—	262	—	43	37	11
146	3	7	3	13	185	3	17	3	11	224	3	—	3	13	263	3	—	3	7

（续）

	1	3	7	9		1	3	7	9		1	3	7	9		1	3	7	9
264	19	3	—	3	303	7	3	—	3	342	11	3	23	3	381	37	3	11	3
265	11	7	—	—	304	—	17	11	—	343	47	—	7	19	382	—	—	43	7
266	3	—	3	17	305	3	43	3	7	344	3	11	3	—	383	3	—	3	11
267	—	3	—	3	306	—	3	—	3	345	7	3	—	3	384	23	3	—	3
268	7	—	—	—	307	37	7	17	—	346	—	—	—	—	385	—	—	7	17
269	3	—	3	—	308	3	—	3	—	347	3	23	3	7	386	3	—	3	53
270	37	3	—	3	309	11	3	19	3	348	59	3	11	3	387	7	3	—	3
271	—	—	11	—	310	7	29	13	—	349	—	7	13	—	388	—	11	13	—
272	3	7	3	—	311	3	11	3	—	350	3	31	3	11	389	3	17	3	7
273	—	3	7	3	312	—	3	53	3	351	—	3	—	3	390	47	3	—	3
274	—	13	41	—	313	31	13	—	43	352	7	13	—	—	391	—	7	—	—
275	3	—	3	31	314	3	7	3	47	353	3	—	3	—	392	3	—	3	—
276	11	3	—	3	315	23	3	7	3	354	—	3	—	3	393	—	3	31	3
277	17	47	—	7	316	29	—	—	—	355	53	11	—	—	394	7	—	—	11
278	3	11	3	—	317	3	19	3	11	356	3	7	3	43	395	3	59	37	3
279	—	3	—	3	318	—	3	—	3	357	—	3	7	3	396	17	3	—	3
280	—	—	7	53	319	—	31	23	7	358	—	—	17	37	397	11	29	41	23
281	3	29	3	—	320	3	—	3	—	359	3	—	3	59	398	3	7	3	—
282	7	3	11	3	321	13	3	—	3	360	13	3	—	3	399	13	3	7	3
283	19	—	—	17	322	—	11	7	—	361	23	—	—	7	400	—	—	—	19
284	3	—	3	7	323	3	53	3	41	362	3	—	3	19	401	3	—	3	—
285	—	3	—	3	324	7	3	17	3	363	—	3	—	3	402	—	3	—	3
286	—	7	47	19	325	—	—	—	—	364	11	—	7	41	403	29	37	11	7
287	3	13	3	—	326	3	13	3	7	365	3	13	3	—	404	3	13	3	—
288	43	3	—	3	327	—	3	29	3	366	7	3	19	3	405	—	3	—	3
289	7	11	—	13	328	17	7	19	11	367	—	—	—	13	406	31	17	7	13
290	3	—	3	—	329	3	37	3	—	368	3	29	3	7	407	3	—	3	—
291	41	3	—	3	330	—	3	—	3	369	—	3	—	3	408	7	3	61	3
292	23	37	—	29	331	7	—	31	—	370	—	7	11	—	409	—	—	17	—
293	3	7	3	—	332	3	—	3	—	371	3	47	3	—	410	3	11	3	7
294	17	3	7	3	333	—	3	47	3	372	61	3	—	3	411	—	3	23	3
295	13	—	—	11	334	13	—	—	17	373	7	—	37	—	412	13	7	—	—
296	3	—	3	—	335	3	7	3	—	374	3	19	3	23	413	3	—	3	—
297	—	3	13	3	336	—	3	7	3	375	11	3	13	3	414	41	3	11	3
298	11	19	29	7	337	—	—	11	31	376	—	53	—	—	415	7	—	—	—
299	3	41	3	—	338	3	17	3	—	377	3	7	3	—	416	3	23	3	11
300	—	3	31	3	339	—	3	43	3	378	19	3	7	3	417	43	3	—	3
301	—	23	7	—	340	19	41	—	7	379	17	—	—	29	418	37	47	53	59
302	3	—	3	13	341	3	—	3	13	380	3	—	3	31	419	3	7	3	13

（续）

	1	3	7	9		1	3	7	9		1	3	7	9		1	3	7	9
420	—	3	7	3	459	—	3	—	3	498	17	3	—	3	537	41	3	19	3
421	—	11	—	—	460	43	—	17	11	499	7	—	19	—	538	—	7	—	17
422	3	41	3	—	461	3	7	3	31	500	3	—	3	—	539	3	—	3	—
423	—	3	19	3	462	—	3	7	3	501	—	3	29	3	540	11	3	—	3
424	—	—	31	7	463	11	41	—	—	502	—	—	11	47	541	7	—	—	—
425	3	—	3	—	464	3	—	3	—	503	3	7	3	—	542	3	11	3	61
426	—	3	17	3	465	—	3	—	3	504	71	3	7	3	543	—	3	—	3
427	—	—	7	11	466	59	—	13	7	505	—	31	13	—	544	—	—	13	—
428	3	—	3	—	467	3	—	3	—	506	3	61	3	37	545	3	7	3	53
429	7	3	—	3	468	31	3	43	3	507	11	3	—	3	546	43	3	7	3
430	11	13	59	31	469	—	13	7	37	508	—	13	—	7	547	—	13	—	—
431	3	19	3	7	470	3	—	3	17	509	3	11	3	—	548	3	—	3	11
432	29	3	—	3	471	7	3	53	3	510	—	3	—	3	549	17	3	23	3
433	61	7	—	—	472	—	—	29	—	511	19	—	7	—	550	—	—	—	7
434	3	43	3	—	473	3	—	3	7	512	3	47	3	23	551	3	37	3	—
435	19	3	—	3	474	11	3	47	3	513	7	3	11	3	552	—	3	—	3
436	7	—	11	17	475	—	7	67	—	514	53	37	—	19	553	—	11	7	29
437	3	—	3	29	476	3	11	3	19	515	3	—	3	7	554	3	23	3	31
438	13	3	41	3	477	13	3	17	3	516	13	3	—	3	555	7	3	—	3
439	—	23	—	53	478	7	—	—	—	517	—	7	31	—	556	67	—	19	—
440	3	7	3	—	479	3	—	3	—	518	3	71	3	—	557	3	—	3	7
441	11	3	7	3	480	—	3	11	3	519	29	3	—	3	558	—	3	37	3
442	—	—	19	43	481	17	—	—	61	520	7	11	41	—	559	—	7	29	11
443	3	11	3	23	482	3	7	3	11	521	3	13	3	17	560	3	13	3	71
444	—	3	—	3	483	—	3	7	3	522	23	3	—	3	561	31	3	41	3
445	—	61	—	7	484	47	29	37	13	523	—	—	—	13	562	7	—	17	13
446	3	—	3	41	485	3	23	3	43	524	3	7	3	29	563	3	43	3	—
447	17	3	11	3	486	—	3	31	3	525	59	3	7	3	564	—	3	—	3
448	—	—	7	67	487	—	11	—	7	526	—	19	23	11	565	—	—	—	—
449	3	—	3	11	488	3	19	3	—	527	3	—	3	—	566	3	7	3	—
450	7	3	—	3	489	67	3	59	3	528	—	3	17	3	567	53	3	7	3
451	13	—	—	—	490	13	—	7	—	529	11	67	—	7	568	13	—	11	—
452	3	—	3	7	491	3	17	3	—	530	3	—	3	—	569	3	—	3	41
453	23	3	13	3	492	7	3	13	3	531	47	3	13	3	570	—	3	13	3
454	19	7	—	—	493	—	—	—	11	532	17	—	7	73	571	—	29	—	7
455	3	29	3	47	494	3	—	3	7	533	3	—	3	19	572	3	59	3	17
456	—	3	—	3	495	—	3	—	3	534	7	3	—	3	573	11	3	—	3
457	7	17	23	19	496	11	7	—	—	535	—	53	11	23	574	—	—	7	—
458	3	—	3	13	497	3	—	3	13	536	3	31	3	7	575	3	11	3	13

（续）

	1	3	7	9		1	3	7	9		1	3	7	9		1	3	7	9
576	7	3	73	3	615	—	3	47	3	654	31	3	—	3	693	29	3	7	3
577	29	23	53	—	616	61	—	7	31	655	—	—	79	7	694	11	53	—	—
578	3	—	3	7	617	3	—	3	37	656	3	—	3	—	695	3	17	3	—
579	—	3	11	3	618	7	3	23	3	657	—	3	—	3	696	—	3	—	3
580	—	7	—	37	619	41	11	—	—	658	—	29	7	11	697	—	19	—	7
581	3	—	3	11	620	3	—	3	7	659	3	19	3	—	698	3	—	3	29
582	—	3	—	3	621	—	3	—	3	660	7	3	—	3	699	—	3	—	3
583	7	19	13	—	622	—	7	13	—	661	11	17	13	—	700	—	47	7	43
584	3	—	3	—	623	3	23	3	17	662	3	37	3	7	701	3	—	3	—
585	—	3	—	3	624	79	3	—	3	663	19	3	—	3	702	7	3	—	3
586	—	11	—	—	625	7	13	—	11	664	29	7	17	61	703	79	13	31	—
587	3	7	3	—	626	3	—	3	—	665	3	—	3	—	704	3	—	3	7
588	—	3	7	3	627	—	3	—	3	666	—	3	59	3	705	11	3	—	3
589	43	71	—	17	628	11	61	—	19	667	7	—	11	—	706	23	7	37	—
590	3	—	3	19	629	3	7	3	—	668	3	41	3	—	707	3	11	3	—
591	23	3	61	3	630	—	3	7	3	669	—	3	37	3	708	73	3	19	3
592	31	—	—	7	631	—	59	—	71	670	—	—	19	—	709	7	41	47	31
593	3	17	3	—	632	3	—	3	—	671	3	7	3	—	710	3	—	3	—
594	13	3	19	3	633	13	3	—	3	672	11	3	7	3	711	13	3	11	3
595	11	—	7	59	634	17	—	11	7	673	53	—	—	23	712	—	17	—	—
596	3	67	3	47	635	3	—	3	—	674	3	11	3	17	713	3	7	3	11
597	7	3	43	3	636	—	3	—	3	675	43	3	29	3	714	37	3	7	3
598	—	31	—	53	637	23	—	7	—	676	—	—	67	7	715	—	23	17	—
599	3	13	3	7	638	3	13	3	—	677	3	13	3	—	716	3	13	3	67
600	17	3	—	3	639	7	3	—	3	678	—	3	11	3	717	71	3	—	3
601	—	7	11	13	640	37	19	43	13	679	—	—	7	13	718	43	11	—	7
602	3	19	3	—	641	3	11	3	7	680	3	—	3	11	719	3	—	3	23
603	37	3	—	3	642	—	3	—	3	681	7	3	17	3	720	19	3	—	3
604	7	—	—	23	643	59	7	41	47	682	19	—	—	—	721	—	—	7	—
605	3	—	3	73	644	3	19	3	—	683	3	—	3	7	722	3	31	3	—
606	11	3	—	3	645	—	3	11	3	684	—	3	41	3	723	7	3	—	3
607	13	—	59	—	646	7	23	29	—	685	13	7	—	19	724	13	—	—	11
608	3	7	3	—	647	3	—	3	11	686	3	—	3	—	725	3	—	3	7
609	—	3	7	3	648	—	3	13	3	687	—	3	13	3	726	53	3	13	3
610	—	17	31	41	649	—	43	73	67	688	7	—	71	83	727	11	7	19	29
611	3	—	311	29	650	3	7	3	23	689	3	61	3	—	728	3	—	3	37
612	—	3	11	3	651	17	3	7	3	690	67	3	—	3	729	23	3	—	3
613	—	—	17	7	652	—	11	61	—	691	—	31	—	11	730	7	67	—	—
614	3	—	3	11	653	3	47	3	13	692	3	7	3	13	731	3	71	3	13

（续）

	1	3	7	9		1	3	7	9		1	3	7	9		1	3	7	9
732	—	3	17	3	771	11	3	—	3	810	—	3	11	3	849	7	3	29	3
733	—	—	11	41	772	7	—	—	59	811	—	7	—	23	850	—	11	47	67
734	3	7	3	—	773	3	11	3	71	812	3	—	3	11	851	3	—	3	7
735	—	3	7	3	774	—	3	61	3	813	47	3	79	3	852	—	3	—	3
736	17	37	53	—	775	23	—	—	—	814	7	17	—	29	853	19	7	—	—
737	3	73	3	47	776	3	7	3	17	815	3	31	3	41	854	3	—	3	83
738	11	3	83	3	777	19	3	7	3	816	—	3	—	3	855	17	3	43	3
739	19	—	13	7	778	31	43	13	—	817	—	11	13	—	856	7	—	13	11
740	3	11	3	31	779	3	—	3	11	818	3	7	3	19	857	3	—	3	23
741	—	3	—	3	780	29	3	37	3	819	—	3	7	3	858	—	3	31	3
742	41	13	7	17	781	73	13	—	7	820	59	13	29	—	859	11	13	—	—
743	3	—	3	43	782	3	—	3	—	821	3	43	3	—	860	3	7	3	—
744	7	3	11	3	783	41	3	17	3	822	—	3	19	3	861	79	3	7	3
745	—	29	—	—	784	—	11	7	47	823	—	—	—	7	862	37	—	—	—
746	3	17	3	7	785	3	—	3	29	824	3	—	3	73	863	3	89	3	53
747	31	3	—	3	786	7	3	—	3	825	37	3	23	3	864	—	—	—	3
748	—	7	—	—	787	17	—	—	—	826	11	—	7	—	865	41	17	11	7
749	3	59	3	—	788	3	—	3	7	827	3	—	3	17	866	3	—	3	—
750	13	3	—	3	789	13	3	53	3	828	7	3	—	3	867	13	3	—	3
751	7	11	—	73	790	—	7	—	11	829	—	—	—	43	868	—	19	7	—
752	3	—	3	—	791	3	41	3	—	830	3	19	3	7	869	3	—	3	—
753	17	3	—	3	792	89	3	—	3	831	—	3	—	3	870	7	3	—	3
754	—	19	—	—	793	7	—	—	17	832	53	7	11	—	871	31	—	23	—
755	3	7	3	—	794	3	13	3	—	833	3	13	3	31	872	3	11	3	7
756	—	3	7	3	795	—	3	73	3	834	19	3	17	3	873	—	3	—	3
757	67	—	—	11	796	19	—	31	13	835	7	—	61	13	874	—	7	—	13
758	3	—	3	—	797	3	7	3	79	836	3	—	3	—	875	3	—	3	193
759	—	3	71	3	798	23	3	7	3	837	11	3	—	3	876	—	3	11	3
760	11	—	—	7	799	61	—	11	19	838	17	83	—	—	877	7	31	67	—
761	3	23	3	19	800	3	53	3	—	839	3	7	3	37	878	3	—	3	11
762	—	3	29	3	801	—	3	—	3	840	31	3	7	3	879	59	3	19	3
763	13	17	7	—	802	13	71	23	7	841	13	47	19	—	880	13	—	—	23
764	3	—	3	—	803	3	29	3	—	842	3	—	3	—	881	3	7	3	—
765	7	3	13	3	804	11	3	13	3	843	—	3	11	3	882	—	3	7	3
766	47	79	11	—	805	83	—	7	—	844	23	—	—	7	883	—	11	—	—
767	3	—	3	7	806	3	11	3	—	845	3	79	3	11	884	3	37	3	—
768	—	3	—	3	807	7	3	41	3	846	3	—	—	3	885	53	3	17	3
769	—	7	43	—	808	—	59	—	—	847	43	37	7	61	886	—	—	—	7
770	3	—	3	13	809	3	—	3	7	848	3	17	3	13	887	3	19	3	13

（续）

	1	3	7	9		1	3	7	9		1	3	7	9		1	3	7	9
888	83	3	—	3	916	—	7	89	53	944	3	7	3	11	972	—	3	71	3
889	17	—	7	11	917	3	—	3	67	945	13	3	7	3	973	37	—	7	—
890	3	29	3	59	918	—	3	—	3	946	—	—	—	17	974	3	—	3	—
891	7	3	37	3	919	7	29	17	—	947	3	—	3	—	975	7	3	11	3
892	11	—	79	—	920	3	—	3	—	948	19	3	53	3	976	43	13	—	—
893	3	—	3	7	921	61	3	13	3	949	—	11	—	7	977	3	29	3	7
894	—	3	23	3	922	—	23	—	11	950	3	13	3	37	978	—	3	—	3
895	—	7	13	17	923	3	7	3	—	951	—	3	31	3	979	—	7	97	41
896	3	—	3	—	924	—	3	7	3	952	—	89	7	13	980	3	—	3	17
897	—	3	47	3	925	11	19	—	47	953	3	—	3	—	981	—	3	—	3
898	7	13	11	89	926	3	59	3	13	954	7	3	—	3	982	7	11	31	—
899	3	17	3	—	927	73	3	—	3	955	—	41	19	11	983	3	—	3	—
900	—	3	—	3	928	—	—	37	7	956	3	73	3	7	984	13	3	43	3
901	—	—	71	29	929	3	—	3	17	957	17	3	61	3	985	—	59		
902	3	7	3	—	930	71	3	41	3	958	11	7	—	43	986	3	7	3	71
903	11	3	7	3	931	—	67	7	—	959	3	53	3	29	987	—	3	7	3
904	—	—	83	—	932	3	—	3	19	960	—	3	13	3	988	41	—	—	11
905	3	11	3	—	933	7	3	—	3	961	7	—	59	—	989	3	13	3	19
906	13	3	—	3	934	—	—	13	—	962	3	—	3	—	990	—	3	—	3
907	47	43	29	7	935	3	47	3	7	963	—	3	23	3	991	11	23	47	7
908	3	31	3	61	936	11	3	14	3	964	31	—	11	—	992	3	—	3	—
909	—	3	11	3	937	—	7	—	83	965	3	7	3	13	993	—	3	19	3
910	19	—	7	—	938	3	11	3	41	966	—	3	7	3	994	—	61	7	—
911	3	31	3	11	939	—	3	—	3	967	19	17	—	—	995	3	37	3	23
912	7	3	—	3	940	7	—	23	97	968	3	23	3	—	996	7	3	—	3
913	23	—	—	13	941	3	—	3	—	969	11	3	—	3	997	13	—	11	17
914	3	41	3	7	942	—	3	11	3	970	89	31	18	7	998	3	67	3	7
915	—	3	—	3	943	—	—	—	—	971	3	11	3	—	999	97	3	13	3

表 E.2　一些算术函数的值

n	$\phi(n)$	$\tau(n)$	$\sigma(n)$	n	$\phi(n)$	$\tau(n)$	$\sigma(n)$
1	1	1	1	51	32	4	72
2	1	2	3	52	24	6	98
3	2	2	4	53	52	2	54
4	2	3	7	54	18	8	120
5	4	2	6	55	40	4	72
6	2	4	12	56	24	8	120
7	6	2	8	57	36	4	80
8	4	4	15	58	28	4	90
9	6	3	13	59	58	2	60
10	4	4	18	60	16	12	168
11	10	2	12	61	60	2	62
12	4	6	28	62	30	4	96
13	12	2	14	63	36	6	104
14	6	4	24	64	32	7	127
15	8	4	24	65	48	4	84
16	8	5	31	66	20	8	144
17	16	2	18	67	66	2	68
18	6	6	39	68	32	6	126
19	18	2	20	69	44	4	96
20	8	6	42	70	24	8	144
21	12	4	32	71	70	2	72
22	10	4	36	72	24	12	195
23	22	2	24	73	72	2	74
24	8	8	60	74	36	4	114
25	20	3	31	75	40	6	124
26	12	4	42	76	36	6	140
27	18	4	40	77	60	4	96
28	12	6	56	78	24	8	168
29	28	2	30	79	78	2	80
30	8	8	72	80	32	10	186
31	30	2	32	81	54	5	121
32	16	6	63	82	40	4	126
33	20	4	48	83	82	2	84
34	16	4	54	84	24	12	224
35	24	4	48	85	64	4	108
36	12	9	91	86	42	4	132
37	36	2	38	87	56	4	120
38	18	4	60	88	40	8	180
39	24	4	56	89	88	2	90
40	16	8	90	90	24	12	234
41	40	2	42	91	72	4	112
42	12	8	96	92	44	6	168
43	42	2	44	93	60	4	128
44	20	6	84	94	46	4	144
45	24	6	78	95	72	4	120
46	22	6	72	96	32	12	252
47	46	2	48	97	96	2	98
48	16	10	124	98	42	6	171
49	42	3	57	99	60	6	156
50	20	6	93	100	40	9	217

表 E.3　素数的最小原根

p	r	p	r	p	r	p	r
2	1	191	19	439	15	709	2
3	2	193	5	443	2	719	11
5	2	197	2	449	3	727	5
7	3	199	3	457	13	733	6
11	2	211	2	461	2	739	3
13	2	223	3	463	3	743	5
17	3	227	2	467	2	751	3
19	2	229	6	479	13	757	2
23	5	233	3	487	3	761	6
29	2	239	7	491	2	769	11
31	3	241	7	499	7	773	2
37	2	251	6	503	5	787	2
41	6	257	3	509	2	797	2
43	3	263	5	521	3	809	3
47	5	269	2	523	2	811	3
53	2	271	6	541	2	821	2
59	2	277	5	547	2	823	3
61	2	281	3	557	2	827	2
67	2	283	3	563	2	829	2
71	7	293	2	569	3	839	11
73	5	307	5	571	3	853	2
79	3	311	17	577	5	857	3
83	2	313	10	587	2	859	2
89	3	317	2	593	3	863	5
97	5	331	3	599	7	877	2
101	2	337	10	601	7	881	3
103	5	347	2	607	3	883	2
107	2	349	2	613	2	887	5
109	6	353	3	617	3	907	2
113	3	359	7	619	2	911	17
127	3	367	6	631	3	919	7
131	2	373	2	641	3	929	3
137	3	379	2	643	11	937	5
139	2	383	5	647	5	941	2
149	2	389	2	653	2	947	2
151	6	397	5	659	2	953	3
157	5	401	3	601	2	967	5
163	2	409	21	673	5	971	6
167	5	419	2	677	2	977	3
173	2	421	2	683	5	983	5
179	2	431	7	691	3	991	6
181	2	433	5	701	2	997	7

表 E.4 指数

p	数字															
	1	2	3	4	5	6	7	8	9	10	11	12	13	14	15	16
3	2	1														
5	4	1	3	2						指数						
7	6	2	1	4	5	3										
11	10	1	8	2	4	9	7	3	6	5						
13	12	1	4	2	9	5	11	3	8	10	7	6				
17	16	14	1	12	5	15	11	10	2	3	7	13	4	9	6	8
19	18	1	13	2	16	14	6	3	8	17	12	15	5	7	11	4
23	22	2	16	4	1	18	19	6	10	3	9	20	14	21	17	8
29	28	1	5	2	22	6	12	3	10	23	25	7	18	13	27	4
31	30	24	1	18	20	25	28	12	2	14	23	19	11	22	21	0
37	36	1	26	2	23	27	32	3	16	24	30	28	11	33	13	4
41	40	26	15	12	22	1	39	38	30	8	3	27	31	25	37	24
43	42	27	1	12	25	28	35	39	2	10	30	13	32	20	26	24
47	46	18	20	36	1	38	32	8	40	19	7	10	11	4	21	26
53	52	1	17	2	47	18	14	3	34	48	6	19	24	15	12	4
59	58	1	50	2	6	51	18	3	42	7	25	52	45	19	56	4
61	60	1	6	2	22	7	49	3	12	23	15	8	40	50	28	4
67	66	1	39	2	15	40	23	3	12	16	59	41	19	24	54	4
71	70	6	26	12	28	32	1	18	52	34	31	38	39	7	54	24
73	72	8	6	16	1	14	33	24	12	9	55	22	59	41	7	32
79	78	4	1	8	62	5	53	12	2	66	68	9	34	57	63	16
83	82	1	72	2	27	73	8	3	62	28	24	74	77	9	17	4
89	88	16	1	32	70	17	81	48	2	86	84	33	23	9	71	64
97	96	34	70	68	1	8	31	6	44	35	86	42	25	65	71	40

p	数字																
	17	18	19	20	21	22	23	24	25	26	27	28	29	30	31	32	33
19	10	9															
23	7	12	15	5	13	11						指数					
29	21	11	9	24	17	26	20	8	16	19	15	14					
31	7	26	4	8	29	17	27	13	10	5	3	16	9	15			
37	7	17	35	25	22	31	15	29	10	12	6	34	21	14	9	5	20
41	33	16	9	34	14	29	36	13	4	17	5	11	7	23	28	10	18
43	38	29	19	37	36	15	16	40	8	17	3	5	41	11	34	9	31
47	16	12	45	37	6	25	5	28	2	29	14	22	35	39	3	44	27
53	10	35	37	49	31	7	39	20	42	25	51	16	46	13	33	5	23
59	40	43	38	8	10	26	15	53	12	46	34	20	28	57	49	5	17
61	47	13	26	24	55	16	57	9	44	41	18	51	35	29	59	5	21
67	64	13	10	17	62	60	28	42	30	20	51	25	44	55	47	5	32
71	49	58	16	40	27	37	15	44	56	45	8	13	68	60	11	30	57
73	21	20	62	17	39	63	46	30	2	67	18	49	35	15	11	40	61
79	21	6	32	70	54	72	26	13	46	38	3	61	11	67	56	20	69
83	56	63	47	29	80	25	60	75	56	78	52	10	12	18	38	5	14
89	6	18	35	14	82	12	57	49	52	39	3	25	59	87	31	80	85
97	89	78	81	69	5	24	77	76	2	59	18	3	13	9	46	74	60

（续）

p	34	35	36	37	38	39	40	41	42	43	44	45	46	47	48	49
									数字							
37	8	19	18													
41	19	21	2	32	35	6	20		指数							
43	23	18	14	7	4	33	22	6	21							
47	34	33	30	42	17	31	9	15	24	13	43	41	23			
53	11	9	36	30	38	41	50	45	32	22	8	29	40	44	21	23
59	41	24	44	55	39	37	9	14	11	33	27	48	16	23	54	36
61	48	11	14	39	27	46	25	54	56	43	17	34	58	20	10	38
67	65	38	14	22	11	58	18	53	63	9	61	27	29	50	43	46
71	55	29	64	20	22	65	46	25	33	48	43	10	21	9	50	2
78	29	34	28	64	70	65	25	4	47	51	71	13	54	31	38	66
79	25	37	10	19	36	35	74	75	58	49	76	64	30	59	17	28
83	57	35	64	20	48	67	30	40	81	71	26	7	61	23	76	16
89	22	63	34	11	51	24	30	21	10	29	28	72	73	54	65	74
97	27	32	16	91	19	95	7	85	39	4	58	45	15	84	14	62

p	50	51	52	53	54	55	56	57	58	59	60	61	62	63	64	65
									数字							
53	43	27	26													
59	13	32	47	22	35	31	21	30	29		指数					
61	45	53	42	33	19	37	52	32	36	31	30					
67	31	37	21	57	52	8	26	49	45	36	56	7	48	35	6	34
71	62	5	51	23	14	59	19	42	4	3	66	69	17	53	36	67
73	10	27	3	53	26	56	57	68	43	5	23	58	19	45	48	60
79	50	22	42	77	7	52	65	33	15	31	71	45	60	55	24	18
83	55	46	79	59	53	51	11	37	13	34	19	66	39	70	6	22
89	68	7	55	78	19	66	41	36	75	43	15	69	47	83	8	5
97	36	63	93	10	52	87	37	55	47	67	43	64	80	75	12	26

p	66	67	68	69	70	71	72	73	74	75	76	77	78	79	80	81
									数字							
67	33															
71	63	47	61	41	35		指数									
78	69	50	37	52	42	44	36									
79	73	48	29	27	41	51	14	44	23	47	40	43	39			
83	15	45	58	50	36	33	65	69	21	44	49	32	68	43	31	42
89	13	56	38	58	79	62	50	20	27	53	67	77	40	42	46	4
97	94	57	61	51	66	11	50	28	29	72	53	21	33	30	41	88

p	82	83	84	85	86	87	88	89	90	91	92	93	94	95	96
								数字							
83	41														
89	37	61	26	76	45	60	44		下标						
97	23	17	73	90	38	83	92	54	79	56	49	20	22	82	48

（续）

| | 指数 | | | | | | | | | | | | | | | |
p	1	2	3	4	5	6	7	8	9	10	11	12	13	14	15	16
3	2	1														
5	2	4	3	1												
7	3	2	6	4	5	1				数字						
11	2	4	8	5	10	9	7	3	6	1						
13	2	4	8	3	6	12	11	9	5	10	7	1				
17	3	9	10	13	5	15	11	16	14	8	7	4	12	2	6	1
19	2	4	8	16	13	7	14	9	18	17	15	11	3	6	12	5
23	5	2	10	4	20	8	17	16	11	9	22	18	21	13	19	3
29	2	4	8	16	3	6	12	24	19	9	18	7	14	28	27	25
31	3	9	27	19	26	16	17	20	29	25	13	8	24	10	30	28
37	2	4	8	16	32	27	17	34	31	25	13	26	15	30	23	9
41	6	36	11	25	27	39	29	10	19	32	28	4	24	21	3	18
43	3	9	27	38	28	41	37	25	32	10	30	4	12	36	22	23
47	5	25	31	14	23	21	11	8	40	12	13	18	43	27	41	17
53	2	4	8	16	32	11	22	44	35	17	34	15	30	7	14	28
59	2	4	8	16	32	5	10	20	40	21	42	25	50	41	23	46
61	2	4	8	16	32	3	6	12	24	48	35	9	18	36	11	22
67	2	4	8	16	32	64	61	55	43	19	38	9	18	36	5	10
71	7	49	59	58	51	2	14	27	47	45	31	4	28	54	23	19
73	5	25	52	41	59	3	15	2	10	50	31	9	45	6	30	4
79	3	9	27	2	6	18	54	4	12	36	29	8	24	72	58	16
83	2	4	8	16	32	64	45	7	14	28	56	29	58	33	66	49
89	3	9	27	81	65	17	51	64	14	42	37	22	66	20	60	2
97	2	25	28	43	21	8	40	6	30	53	71	64	29	48	46	36

| | 指数 | | | | | | | | | | | | | | | | |
p	17	18	19	20	21	22	23	24	25	26	27	28	29	30	31	32	33
19	10	1								数字							
23	15	6	7	12	14	1											
29	21	13	26	23	17	5	10	20	11	22	15	1					
31	22	4	12	5	15	14	11	2	6	18	23	7	21	1			
37	18	36	35	33	29	21	5	10	20	3	6	12	24	11	22	7	14
41	26	33	34	40	35	5	30	16	14	2	12	31	22	9	13	37	17
43	26	35	19	14	42	40	34	16	5	15	2	6	18	11	33	13	39
47	38	2	10	3	15	28	46	42	22	16	33	24	26	36	39	7	35
53	3	6	12	24	48	43	33	13	26	52	51	49	45	37	21	42	31
59	33	7	14	28	56	53	47	35	11	22	44	29	58	57	55	51	43
61	44	27	54	47	33	5	10	20	40	19	38	15	30	60	59	57	53
67	20	40	13	26	52	37	7	14	28	56	45	23	46	25	50	33	66
71	62	8	56	37	46	38	53	16	41	3	21	5	35	32	11	6	42
73	20	27	62	18	17	12	60	8	40	54	51	36	34	24	47	16	7
79	48	65	37	32	17	51	74	64	34	23	69	49	68	46	59	19	57
83	15	30	60	37	74	65	47	11	22	44	5	10	20	40	80	77	71
89	6	18	54	73	41	34	13	39	28	84	74	44	43	40	31	4	12
97	83	27	38	93	77	94	82	22	13	65	34	73	74	79	7	35	78

（续）

p	34	35	36	37	38	39	40	41	42	43	44	45	46	47	48	49
										指数						
37	28	19	1													
41	20	38	23	15	8	7	1					数字				
43	31	7	21	20	17	8	24	29	1							
47	34	29	4	20	6	30	9	45	37	44	32	19	1			
53	9	18	36	19	38	23	46	39	25	50	47	41	29	5	10	20
59	27	54	49	39	19	38	17	34	9	18	36	13	26	52	45	31
61	45	29	58	55	49	37	13	26	52	43	25	50	39	17	34	7
67	65	63	59	51	35	3	6	12	24	48	29	58	49	31	62	57
71	10	70	64	22	12	13	20	69	57	44	24	26	40	67	43	17
73	35	29	72	68	48	21	32	14	70	58	71	63	23	42	64	28
79	13	39	38	35	26	78	76	70	52	77	73	61	25	75	67	43
83	59	35	70	57	31	62	41	82	81	79	75	67	51	19	38	76
89	36	19	57	82	68	26	78	56	79	59	88	86	80	62	8	24
97	2	10	50	56	86	42	16	80	12	60	9	45	31	58	96	92

p	50	51	52	53	54	55	56	57	58	59	60	61	62	63	64	65
										指数						
53	40	27	1													
59	3	6	12	24	48	37	15	30	1			数字				
61	14	28	56	51	41	21	42	23	46	31	1					
67	47	27	54	41	15	30	60	53	39	11	22	44	21	42	17	34
71	48	52	9	63	15	34	25	33	18	55	30	68	50	66	36	39
73	67	43	69	53	46	11	55	56	61	13	65	33	19	22	37	39
79	50	71	55	7	21	63	31	14	42	47	62	28	5	15	45	56
83	69	55	27	54	25	50	17	34	68	53	23	46	9	18	36	72
89	72	38	25	75	47	52	67	23	69	29	87	83	71	35	16	48
97	72	69	54	76	89	57	91	67	44	26	33	68	49	51	61	14

p	66	67	68	69	70	71	72	73	74	75	76	77	78	79	80	81
										指数						
67	1															
71	60	65	29	61	1											
73	49	26	57	66	38	44	1									
79	10	30	11	33	20	60	22	66	40	41	44	53	1			
83	61	39	78	73	63	43	3	6	12	24	48	13	26	52	21	42
89	55	76	50	61	5	15	45	46	49	58	85	77	53	70	32	7
97	70	59	4	20	3	15	75	84	32	63	24	23	18	90	62	19

p	82	83	84	85	86	87	88	89	90	91	92	93	94	95	96	
									指数							
83	1															
89	21	63	11	33	10	30	1				数字					
97	95	87	47	41	11	55	81	17	85	37	88	52	66	39	1	

表 E.5 正整数平方根的简单连分数

d	$\sqrt{d}$	d	$\sqrt{d}$
2	$[1; \overline{2}]$	53	$[7; \overline{3,\ 1,\ 1,\ 3,\ 14}]$
3	$[1; \overline{1,\ 2}]$	54	$[7; \overline{2,\ 1,\ 6,\ 2,\ 14}]$
5	$[2; \overline{4}]$	55	$[7; \overline{2,\ 2,\ 2,\ 14}]$
6	$[2; \overline{2,\ 4}]$	56	$[7; \overline{2,\ 14}]$
7	$[2; \overline{1,\ 1,\ 1,\ 4}]$	57	$[7; \overline{1,\ 1,\ 4,\ 1,\ 1,\ 14}]$
8	$[2; \overline{1,\ 4}]$	58	$[7; \overline{1,\ 1,\ 1,\ 1,\ 1,\ 1,\ 14}]$
10	$[3; \overline{6}]$	59	$[7; \overline{1,\ 2,\ 7,\ 2,\ 1,\ 14}]$
11	$[3; \overline{3,\ 6}]$	60	$[7; \overline{1,\ 2,\ 1,\ 14}]$
12	$[3; \overline{2,\ 6}]$	61	$[7; \overline{1,\ 4,\ 3,\ 1,\ 2,\ 2,\ 1,\ 3,\ 4,\ 1,\ 14}]$
13	$[3; \overline{1,\ 1,\ 1,\ 1,\ 6}]$	62	$[7; \overline{1,\ 6,\ 1,\ 14}]$
14	$[3; \overline{1,\ 2,\ 1,\ 6}]$	63	$[7; \overline{1,\ 14}]$
15	$[3; \overline{1,\ 6}]$	65	$[8; \overline{16}]$
17	$[4; \overline{8}]$	66	$[8; \overline{8,\ 16}]$
18	$[4; \overline{4,\ 8}]$	67	$[8; \overline{5,\ 2,\ 1,\ 1,\ 7,\ 1,\ 1,\ 2,\ 5,\ 16}]$
19	$[4; \overline{2,\ 1,\ 3,\ 1,\ 2,\ 8}]$	68	$[8; \overline{4,\ 16}]$
20	$[4; \overline{2,\ 8}]$	69	$[8; \overline{3,\ 3,\ 1,\ 4,\ 1,\ 3,\ 3,\ 16}]$
21	$[4; \overline{1,\ 1,\ 2,\ 1,\ 1,\ 8}]$	70	$[8; \overline{2,\ 1,\ 2,\ 1,\ 2,\ 16}]$
22	$[4; \overline{1,\ 2,\ 4,\ 2,\ 1,\ 8}]$	71	$[8; \overline{2,\ 2,\ 1,\ 7,\ 1,\ 2,\ 2,\ 16}]$
23	$[4; \overline{1,\ 3,\ 1,\ 8}]$	72	$[8; \overline{2,\ 16}]$
24	$[4; \overline{1,\ 8}]$	73	$[8; \overline{1,\ 1,\ 5,\ 5,\ 1,\ 1,\ 16}]$
26	$[5; \overline{10}]$	74	$[8; \overline{1,\ 1,\ 1,\ 1,\ 16}]$
27	$[5; \overline{5,\ 10}]$	75	$[8; \overline{1,\ 1,\ 1,\ 16}]$
28	$[5; \overline{3,\ 2,\ 3,\ 10}]$	76	$[8; \overline{1,\ 2,\ 1,\ 1,\ 5,\ 4,\ 5,\ 1,\ 1,\ 2,\ 1,\ 16}]$
29	$[5; \overline{2,\ 1,\ 1,\ 2,\ 10}]$	77	$[8; \overline{1,\ 3,\ 2,\ 3,\ 1,\ 16}]$
30	$[5; \overline{2,\ 10}]$	78	$[8; \overline{1,\ 4,\ 1,\ 16}]$
31	$[5; \overline{1,\ 1,\ 3,\ 5,\ 3,\ 1,\ 1,\ 10}]$	79	$[8; \overline{1,\ 7,\ 1,\ 16}]$
32	$[5; \overline{1,\ 1,\ 1,\ 10}]$	80	$[8; \overline{1,\ 16}]$
33	$[5; \overline{1,\ 2,\ 1,\ 10}]$	82	$[9; \overline{18}]$
34	$[5; \overline{1,\ 4,\ 1,\ 10}]$	83	$[9; \overline{9,\ 18}]$
35	$[5; \overline{1,\ 10}]$	84	$[9; \overline{6,\ 18}]$
37	$[6; \overline{12}]$	85	$[9; \overline{4,\ 1,\ 1,\ 4,\ 18}]$
38	$[6; \overline{6,\ 12}]$	86	$[9; \overline{3,\ 1,\ 1,\ 1,\ 8,\ 1,\ 1,\ 1,\ 3,\ 18}]$
39	$[6; \overline{4,\ 12}]$	87	$[9; \overline{3,\ 18}]$
40	$[6; \overline{3,\ 12}]$	88	$[9; \overline{2,\ 1,\ 1,\ 1,\ 2,\ 18}]$
41	$[6; \overline{2,\ 2,\ 12}]$	89	$[9; \overline{2,\ 3,\ 3,\ 2,\ 18}]$
42	$[6; \overline{2,\ 12}]$	90	$[9; \overline{2,\ 18}]$
43	$[6; \overline{1,\ 1,\ 3,\ 1,\ 5,\ 1,\ 3,\ 1,\ 1,\ 12}]$	91	$[9; \overline{1,\ 1,\ 5,\ 1,\ 5,\ 1,\ 1,\ 18}]$
44	$[6; \overline{1,\ 1,\ 1,\ 2,\ 1,\ 1,\ 1,\ 12}]$	92	$[9; \overline{1,\ 1,\ 2,\ 4,\ 2,\ 1,\ 1,\ 18}]$
45	$[6; \overline{1,\ 2,\ 2,\ 2,\ 1,\ 12}]$	93	$[9; \overline{1,\ 1,\ 1,\ 4,\ 6,\ 4,\ 1,\ 1,\ 1,\ 18}]$
46	$[6; \overline{1,\ 3,\ 1,\ 1,\ 2,\ 6,\ 2,\ 1,\ 1,\ 3,\ 1,\ 12}]$	94	$[9; \overline{1,\ 2,\ 3,\ 1,\ 1,\ 5,\ 1,\ 8,\ 1,\ 5,\ 1,\ 1,\ 3,\ 2,\ 1,\ 18}]$
47	$[6; \overline{1,\ 5,\ 1,\ 12}]$	95	$[9; \overline{1,\ 2,\ 1,\ 18}]$
48	$[6; \overline{1,\ 12}]$	96	$[9; \overline{1,\ 3,\ 1,\ 18}]$
50	$[7; \overline{14}]$	97	$[9; \overline{1,\ 5,\ 1,\ 1,\ 1,\ 1,\ 1,\ 1,\ 5,\ 1,\ 18}]$
51	$[7; \overline{7,\ 14}]$	98	$[9; \overline{1,\ 8,\ 1,\ 18}]$
52	$[7; \overline{4,\ 1,\ 2,\ 1,\ 4,\ 14}]$	99	$[9; \overline{1,\ 18}]$

参 考 文 献

此处给出了大量的数论及其应用的出版物，包括书和论文. 特别是，其中一些出版物涵盖了数的因子分解、素性检验、数论历史以及密码学等.

若要学习更多的数论知识，可以参看其他的数论教科书，例如[AdGo76]，[An94]，[Ar70]，[Ba69]，[Be66]，[Bo70]，[BoSh66]，[Bu10]，[Da99]，[Di05]，[Du08]，[ErSu03]，[F189]，[Gi70]，[Go98]，[Gr82]，[Gu80]，[HaWr08]，[Hu82]，[IrRo95]，[Ki74]，[La58]，[Le90]，[Le96]，[Le02]，[Lo95]，[Ma-]，[Na81]，[Ni-ZuMo91]，[Or67]，[Or88]，[PeBy70]，[Ra77]，[Re96a]，[Ro77]，[Sh85]，[Sh83]，[Sh67]，[Si87]，[Si64]，[Si70]，[St78]，[St64]，[UsHe39]，[Va01]，[Vi54]和[Wr39].

另外在许多网站上，也可以得到一些关于数论的其他信息，包括最新的发现等. 附录D给出了最主要的几个数论和密码学的网站. 在本书的网站 www.pearsonhighered.com/rosen 上你也可以找到大量的相关链接.

[AdGo76]   W.W. Adams and L.J. Goldstein, *Introduction to Number Theory,* Prentice Hall, Englewood Cliffs, New Jersey, 1976.

[Ad79]   L.M. Adleman, "A subexponential algorithm for the discrete logarithm problem with applications to cryptography," *Proceedings of the 20th Annual Symposium on the Foundations of Computer Science*, 1979, 55–60.

[AdPoRu83] L.M. Adleman, C. Pomerance, and R.S. Rumely, "On distinguishing prime numbers from composite numbers," *Annals of Mathematics*, Volume 117 (1983).

[AgKaSa02] M.A. Agrawal, N. Kayal, N. Saxena, "PRIMES is in P," Department of Computer Science & Engineering, Indian Institute of Technology, Kanpur, India, August 6, 2002.

[AiZi10]   M. Aigner and G.M. Ziegler, *Proofs from THE BOOK*, 4th ed., Springer-Verlag, Berlin, 2010.

[AlWi03]   S. Alaca and K. Williams, *Introductory Algebraic Number Theory*, Cambridge University Press, 2003.

[AlGrPo94] W.R. Alford, A. Granville, and C. Pomerance, "There are infinitely many Carmichael Numbers," *Annals of Mathematics*, Volume 140 (1994), 703–722.

[An98]   G.E. Andrews, *The Theory of Partitions*, Cambridge University Press, Cambridge, UK, 1976.

[An94]   G.E. Andrews, *Number Theory*, Dover, New York, 1994.

[AnEr04]   G.E. Andrews and K. Ericksson, *Integer Partitions*, Cambridge University Press, Cambridge, U.K., 2004.

[Ap76]   T.A. Apostol, *Introduction to Analytic Number Theory*, Springer-Verlag, New York, 1976.

[Ar70]   R.G. Archibald, *An Introduction to the Theory of Numbers*, Merrill, Columbus, Ohio, 1970.

[BaSh96]   E. Bach and J. Shallit, *Algorithmic Number Theory*, MIT Press, Cambridge, Massachusetts, 1996.

[Ba94]   P. Bachmann, *Die Analytische Zahlentheorie*, Teubner, Leipzig, Germany, 1894.

[Ba03]   E.J. Barbeau, *Pell's Equation*, Springer-Verlag, New York, 2003.

[Ba69]   I.A. Barnett, *Elements of Number Theory*, Prindle, Weber, and Schmidt, Boston, 1969.

[Be66]   A.H. Beiler, *Recreations in the Theory of Numbers*, 2nd ed., Dover, New York, 1966.

[BePi82]   H. Beker and F. Piper, *Cipher Systems*, Wiley, New York, 1982.

[Be65]   E.T. Bell, *Men of Mathematics*, Simon & Schuster, New York, 1965.

[Bl82]   M. Blum, "Coin-flipping by telephone—a protocol for solving impossible problems," *IEEE Proceedings, Spring Compcon 82*, 133–137.

[Bo07]   E.D. Bolker, *Elementary Number Theory*, Dover, New York, 2007.

[Bo99]   D. Boneh, "Twenty years of attacks on the RSA cryptosystem," *American Mathematical Society Notices*, Volumn 46 (1999), 203–213.

[Bo82]   B. Bosworth, *Codes, Ciphers, and Computers*, Hayden, Rochelle Park, New Jersey, 1982.

[Bo91]   C.B. Boyer, *A History of Mathematics*, 2nd ed., Wiley, New York, 1991.

[BoSh66]   Z.I. Borevich and I.R. Shafarevich, *Number Theory*, Academic Press, New York, 1966.

[Br91]   R.P. Brent, "Improved techniques for lower bounds for odd perfect numbers," *Mathematics of Computation*, Volume 57 (1991), 857–868.

[Br00]   R.P. Brent, "Recent progress and prospects for integer factorization algorithms," *Proc. COCOON* 2000, LNCS 1858, pages 3–22, Springer-Verlag, 2000.

[BrCote93] R.P. Brent, G.L. Cohen, and H.J.J. te Riele, "Improved techniques for lower bounds for odd perfect numbers," *Mathematics of Computation*, Volume 61 (1993), 857–868.

[Br89]   D.M. Bressoud, *Factorization and Primality Testing*, Springer-Verlag, New York, 1989.

[BrWa00]   D. Bressoud and S. Wagon, *A Course in Computational Number Theory*, Key College Publishing, Emeryville, California, 2000.

[Br81]   J. Brillhart, "Fermat's factoring method and its variants," *Congressus Numerantium*, Volume 32 (1981), 29–48.

[Br88]   J. Brillhart, D.H. Lehmer, J.L. Selfridge, B. Tuckerman, S.S. Wagstaff, Jr., *Factorizations of $b^n \pm 1$, $b = 2, 3, 5, 6, 7, 10, 11, 12$ up to high powers*, revised ed., American Mathematical Society, Providence, Rhode Island, 1988.

[Bu10]   D.M. Burton, *Elementary Number Theory*, 7th ed., McGraw-Hill, New York, 2010.

[Bu02]   D.M. Burton, *The History of Mathematics*, 5th ed., McGraw-Hill, New York, 2002.

[Ca59]   R.D. Carmichael, *The Theory of Numbers and Diophantine Analysis*, Dover, New York, 1959 (reprint of the original 1914 and 1915 editions).

[Ch06]   J. Chahal, "Congruent numbers and elliptic curve," *American Mathematical Monthly*, Volume 113 (2006), 308–317.

[Ch83]   D. Chaum, ed., *Advances in Cryptology—Proceedings of Crypto 83*, Plenum, New York, 1984.

[ChRiSh83] D. Chaum, R.L. Rivest, A.T. Sherman, eds., *Advances in Cryptology—Proceedings of Crypto 82*, Plenum, New York, 1983.

[Ch98]   V. Chandrashekar, "The congruent number problem," *Resonance*, Volume 8 (1998), 33–45.

[Ci88]   B. Cipra, "PCs factor a 'most wanted' number," *Science*, Volume 242 (1988), 1634–1635.

[Ci90]   B. Cipra, "Big number breakdown," *Science*, Volume 248 (1990), 1608.

[Co87]   G.L. Cohen, "On the largest component of an odd perfect number," *Journal of the Australian Mathematical Society, (A)*, Volume 42 (1987), 280–286.

[CoWe91]   W.N. Colquitt and L. Welsh, Jr., "A new Mersenne prime," *Mathematics of Computation*, Volume 56 (1991), 867–870.

[Co08]   K. Conrad, "The congruent number problem," *Harvard College Mathematics Review*, Volume 2 (2008), No. 2, 58–74.

[CoGu96]   R.H. Conway and R.K. Guy, *The Book of Numbers*, Copernicus Books, New York, 1996.

[Co97]   D. Coppersmith, "Small solutions to polynomial equations, and low exponent RSA vulnerabilities," *Journals of Cryptology*, Volume 10 (1997), 233–260.

[CoLeRiSt10] T.H. Cormen, C.E. Leierson, R.L. Rivest, C. Stein, *Introduction to Algorithms*, 3rd ed., MIT Press, Cambridge, Massachusetts, 2010.

[CoSiSt97] G. Cornell, J.H. Silverman, and G. Stevens, *Modular Forms and Fermat's Last Theorem*, Springer-Verlag, New York, 1997.

[Cr94]   R.E. Crandall, *Projects in Scientific Computation*, Springer-Verlag, New York, 1994.

[CrPo05]   R. Crandall and C. Pomerance, *Prime Numbers, A Computational Perspective*, 2nd ed., Springer-Verlag, New York, 2005.

[Cs07]   G.P. Csicery (director), *N Is a Number: Portrait of Paul Erdős* (DVD), Facets, Chicago, 2007.

[Da99]   H. Davenport, *The Higher Arithmetic*, 7th ed., Cambridge University Press, Cambridge, England, 1999.

[De82]   D.E.R. Denning, *Cryptography and Data Security*, Addison-Wesley, Reading, Massachusetts, 1982.

[De03]   J. Derbyshire, *Prime Obsession*, Joseph Henry Press, Washington, D.C., 2003.

[Di57]   L.E. Dickson, *Introduction to the Theory of Numbers*, Dover, New York, 1957 (reprint of the original 1929 edition).

[Di05]   L.E. Dickson, *History of the Theory of Numbers*, three volumes, Dover, New York, 2005 (reprint of the 1919 original).

[Di70]   *Dictionary of Scientific Biography*, Scribners, New York, 1970.

[DiHe76]   W. Diffie and M. Hellman, "New directions in cryptography," *IEEE Transactions on Information Theory*, Volume 22 (1976), 644–655.

[Di84]   J.D. Dixon, "Factorization and primality tests," *American Mathematical Monthly*, Volume 91 (1984), 333–353.

[Du08]   U. Dudley, *Elementary Number Theory*, 2nd ed., Dover, New York, 2008.

[Ed96]   H.M. Edwards, *Fermat's Last Theorem*, 5th ed., Springer-Verlag, New York, 1996.

[Ed01]   H.M. Edwards, *Riemann's Zeta Function*, Dover, New York, 2001.

[ErSu03]   P. Erdős and J. Surányi, *Topics in the History of Numbers*, Springer-Verlag, New York, 2003.

[Ev92]   H. Eves, *An Introduction to the History of Mathematics*, 6th ed., Elsevier, New York, 1992.

[Ew83]   J. Ewing, "$2^{86243} - 1$ is prime," *The Mathematical Intelligencer*, Volume 5 (1983), 60.

[Fl89]   D. Flath, *Introduction to Number Theory*, Wiley, New York, 1989.

[Fl83]   D.R. Floyd, "Annotated bibliographical in conventional and public key cryptography," *Cryptologia*, Volume 7 (1983), 12–24.

[Fr56]   J.E. Freund, "Round robin mathematics," *American Mathematical Monthly*, Volume 63 (1956), 112–114.

[Fr78]   W.F. Friedman, *Elements of Cryptanalysis*, Aegean Park Press, Laguna Hills, California, 1978.

[Ga91]   J. Gallian, "The mathematics of identification numbers," *College Mathematics Journal*, Volume 22 (1991), 194–202.

[Ga92]   J. Gallian, "Assigning drivers license numbers," *Mathematics Magazine*, Volume 64 (1992), 13–22.

[Ga96]   J. Gallian, "Error detection methods," *ACM Computing Surveys*, Volume 28 (1996), 504–517.

[GaWi88]   J. Gallian and S. Winters, "Modular arithmetic in the marketplace," *American Mathematical Monthly*, Volume 95 (1988), 584–551.

[Ga86]   C.F. Gauss, *Disquisitiones Arithmeticae*, revised English translation by W.C. Waterhouse, Springer-Verlag, New York, 1986.

[Ge63]   M. Gerstenhaber, "The 152nd proof of the law of quadratic reciprocity," *American Mathematical Monthly*, Volume 70 (1963), 397–398.

[Ge82]   A. Gersho, ed., *Advances in Cryptography*, Department of Electrical and Computer Engineering, University of California, Santa Barbara, 1982.

[GeWaWi98] E. Gethner, S. Wagon, and B. Wick, "A stroll through the Gaussian primes," *American Mathematical Monthly*, Volume 104 (1998), 216–225.

[Gi70]   A.A. Gioia, *The Theory of Numbers*, Markham, Chicago, 1970.

[Go98]   J.R. Goldman, *The Queen of Mathematics: An Historically Motivated Guide to Number Theory*, A.K. Peters, Wellesley, Massachusetts, 1998.

[Go80]   J. Gordon, "Use of intractable problems in cryptography," *Information Privacy*, Volume 2 (1980), 178–184.

[GoOh08]   T. Goto and Y. Ohno, "Odd perfect numbers have a prime factor exceeding 10^8," *Mathematics of Computation*, Volume 77 (2008), 1859-1868.

[Gr04]   A. Granville, "It is easy to determine whether a given integer is prime," *Current Events in Mathematics*, American Mathematical Society, 2004.

[GrTu02]   A. Granville and T.J. Tucker, "It's as easy as abc," *Notices of the American Mathematical Society*, Volume 49 (2002), 1224–1231.

[Gr82] E. Grosswald, *Topics from the Theory of Numbers*, 2nd ed., Birkhauser, Boston, 1982.

[GrKnPa94] R.L. Graham, D.E. Knuth, and O. Patashnik, *Concrete Mathematics*, 2nd ed., Addison-Wesley, Reading, Massachusetts, 1994.

[Gu80] H. Gupta, *Selected Topics in Number Theory*, Abacus Press, Kent, England, 1980.

[Gu75] R.K. Guy, "How to factor a number," *Proceedings of the Fifth Manitoba Conference on Numerical Mathematics*, Utilitas, Winnepeg, Manitoba, 1975, 49–89.

[Gu94] R.K. Guy, *Unsolved Problems in Number Theory*, 2nd ed., Springer-Verlag, New York, 1994.

[Ha83] P. Hagis, Jr., "Sketch of a proof that an odd perfect number relatively prime to 3 has at least eleven prime factors," *Mathematics of Computations*, Volume 46 (1983), 399–404.

[HaWr08] G.H. Hardy and E.M. Wright, *An Introduction to the Theory of Numbers*, 6th ed., Oxford University Press, Oxford, 2008.

[He80] A.K. Head, "Multiplication modulo n," *BIT*, Volume 20 (1980), 115–116.

[He79] M.E. Hellman, "The mathematics of public-key cryptography," *Scientific American*, Volume 241 (1979) 146–157.

[Hi31] L.S. Hill, "Concerning certain linear transformation apparatus of cryptography," *American Mathematical Monthly*, Volume 38 (1931), 135–154.

[Ho99] P. Hoffman, *The Man who Loved Only Numbers*, Hyperion, New York, 1999.

[Hu82] L. Hua, *Introduction to Number Theory*, Springer-Verlag, New York, 1982.

[Hw79] K. Hwang, *Computer Arithmetic: Principles, Architecture and Design*, Wiley, New York, 1979.

[IrRo95] K.F. Ireland and M.I. Rosen, *A Classical Introduction to Modern Number Theory*, 2nd ed., Springer-Verlag, New York, 1995.

[Ka96] D. Kahn, *The Codebreakers, the Story of Secret Writing*, 2nd ed., Scribners, New York, 1996.

[Ka98] V. Katz, *A History of Mathematics: An Introduction*, 2nd ed., Addison-Wesley, Boston, 1998.

[Ki04] S.V. Kim, "An elementary proof of the quadratic reciprocity law," *American Mathematical Monthly*, Volume 111, Number 1 (2004), 45–50.

[Ki74] A.M. Kirch, *Elementary Number Theory: A Computer Approach*, Intext, New York, 1974.

[Ki01] J. Kirtland, *Identification Numbers and Check Digit Schemes*, Mathematical Association of America, Washington, D.C., 2001.

[Kl72] M. Kline, *Mathematical Thought from Ancient to Modern Times*, Oxford University, New York, 1972.

[Kn97] D.E. Knuth, *Art of Computer Programming: Semi-Numerical Algorithms*, Volume 2, 3rd ed., Addison-Wesley, Reading, Massachusetts, 1997.

[Kn97a] D.E. Knuth, *Art of Computer Programming: Sorting and Searching*, Volume 3, 2nd ed., Addison-Wesley, Reading, Massachusetts, 1997.

[Ko96] N. Koblitz, *Introduction to Elliptic Curves and Modular Forms*, 2nd ed., Springer-Verlag, New York, 1996.

[Ko94] N. Koblitz, *A Course in Number Theory and Cryptography*, 2nd ed., Springer-Verlag, New York, 1994.

[Ko96a]   P. Kocher, "Timing attacks on implementations of Diffie-Hellman, RSA, DSS, and other systems," *Advances in Cryptology—CRYPTO '96*, LNCS 1109, Springer-Verlag, New York, 1996, 104–113.

[Ko83]   G. Kolata, "Factoring gets easier," *Science*, Volume 222 (1983), 999–1001.

[Ko81]   A.G. Konheim, *Cryptography*: *A Primer*, Wiley, New York, 1981.

[Kr86]   E. Kranakis, *Primality and Cryptography*, Wiley-Teubner, Stuttgart, Germany, 1986.

[Kr79]   L. Kronsjo, *Algorithms*: *Their Complexity and Efficiency*, Wiley, New York, 1979.

[Ku76]   S. Kullback, *Statistical Methods in Cryptanalysis*, Aegean Park Press, Laguna Hills, California, 1976.

[La90]   J.C. Lagarias, "Pseudo-random number generators in cryptography and number theory," pages 115–143 in *Cryptology and Computational Number Theory*, Volume 42 of Proceedings of Symposia in Advanced Mathematics, American Mathematical Society, Providence, Rhode Island, 1990.

[LaOd82]   J.C. Lagarias and A.M. Odlyzko, "New algorithms for computing $\pi(x)$," Bell Laboratories Technical Memorandum TM-82-11218-57.

[La58]   E. Landau, *Elementary Number Theory*, Chelsea, New York, 1958.

[La60]   E. Landau, *Foundations of Analysis*, 2nd ed., Chelsea, New York, 1960.

[La35]   H.P. Lawther, Jr., "An application of number theory to the splicing of telephone cables," *American Mathematical Monthly*, Volume 42 (1935), 81–91.

[LePo31]   D.H. Lehmer and R.E. Powers, "On factoring large numbers," *Bulletin of the American Mathematical Society*, Volume 37 (1931), 770–776.

[Le00]   F. Lemmermeyer, *Reciprocity Laws I,* Springer-Verlag, Berlin, 2000.

[Le79]   A. Lempel, "Cryptology in transition," *Computing Surveys*, Volume 11 (1979), 285–303.

[Le80]   H.W. Lenstra, Jr., "Primality testing," *Studieweek Getaltheorie en Computers*, 1–5 September 1980, Stichting Mathematisch Centrum, Amsterdam, Holland.

[Le90]   W.J. LeVeque, *Elementary Theory of Numbers*, Dover, New York, 1990.

[Le96]   W.J. LeVeque, *Fundamentals of Number Theory*, Dover, New York, 1996.

[Le02]   W.J. LeVeque, *Topics in Number Theory*, Dover, New York, 2002.

[Le74]   W.J. LeVeque, editor, *Reviews in Number Theory* [1940 — 1972], and R.K. Guy, editor, *Reviews in Number Theory* [1973 — 1983], six volumes each, American Mathematical Society, Washington, D.C., 1974 and 1984, respectively.

[LiDu87]   Y. Li and S. Du, *Chinese Mathematics*: *A Concise History*, translated by J. Crossley and A. Lun, Clarendon Press, Oxford, England, 1987.

[Li73]   U. Libbrecht, *Chinese Mathematics in the Thirteenth Century, The Shu-shu chiu-chang of Ch'in Chiu-shao*, MIT Press, 1973.

[Li79]   R.J. Lipton, "How to cheat at mental poker," and "An improved power encryption method," unpublished reports, Department of Computer Science, University of California, Berkeley, 1979.

[Lo95]   C.T. Long, *Elementary Introduction to Number Theory*, 3rd ed., Waveland Press, Prospect Heights, Illinois, 1995.

[Lo90]   J.H. Loxton, editor, *Number Theory and Cryptography*, Cambridge University Press, Cambridge, England, 1990.

[Ma79]   D.G. Malm, *A Computer Laboratory Manual for Number Theory*, COMPress, Wentworth, New Hampshire, 1979.

[McRa79]   J.H. McClellan and C.M. Rader, *Number Theory in Digital Signal Processing*, Prentice Hall, Englewood Cliffs, New Jersey, 1979.

[Ma–]   G.B. Matthews, *Theory of Numbers*, Chelsea, New York (no publication date provided).

[Ma94]   U. Maurer, "Towards the equivalence of breaking the Diffie-Hellman protocol and computing discrete logarithms," *Advances in Cryptology—CRYPTO '94*, LNCS 839, 1994, 271–281.

[Ma95]   U. Maurer, "Fast generation of prime numbers and secure public-key cryptographic parameters," *Journal of Cryptology*, Volume 8 (1995), 123–155.

[Ma00]   B. Mazur, "Questions about powers of numbers," *Notices of the American Mathematical Society*, Volume 47 (2000), 195–202.

[MevaVa97] A.J. Menezes, P.C. van Oorschot, S.A. Vanstone, *Handbook of Applied Cryptography*, CRC Press, Boca Raton, Florida, 1997.

[Me82]   R.C. Merkle, *Secrecy, Authentication, and Public Key Systems*, UMI Research Press, Ann Arbor, Michigan, 1982.

[MeHe78]   R.C. Merkle and M.E. Hellman, "Hiding information and signatures in trapdoor knapsacks," *IEEE Transactions in Information Theory*, Volume 24 (1978), 525–530.

[MeMa82]   C.H. Meyer and S.M. Matyas, *Cryptography: A New Dimension in Computer Data Security*, Wiley, New York, 1982.

[Mi76]   G.L. Miller, "Riemann's hypothesis and tests for primality," *Journal of Computer and Systems Science*, Volume 13 (1976), 300–317.

[Mi47]   W.H. Mills, "A prime-representing function," *Bulletin of the American Mathematical Society*, Volume 53 (1947), 604.

[Mo96]   R.A. Mollin, *Quadratics*, CRC Press, Boca Raton, Florida, 1996.

[Mo99]   R.A. Mollin, *Algebraic Number Theory*, CRC Press, Boca Raton, Florida, 1999.

[Mo96]   M.B. Monagan, K.O. Geddes, K.M. Heal, G. Labahn, and S.M. Vorkoetter, *Maple V Programming Guide*, Springer-Verlag, New York, 1996.

[Mo80]   L. Monier, "Evaluation and comparison of two efficient probabilistic primality testing algorithms," *Theoretical Computer Science*, Volume 11 (1980), 97–108.

[Mo69]   L.J. Mordell, *Diophantine Equations*, Academic Press, New York, 1969.

[MoBr75]   M.A. Morrison and J. Brillhart, "A method of factoring and the factorization of F7," *Mathematics of Computation*, Volume 29 (1985), 183–205.

[Na81]   T. Nagell, *Introduction to Number Theory*, Chelsea, New York, 1981.

[Ne69]   O.E. Neugebauer, *The Exact Sciences in Antiquity*, Dover, New York, 1969.

[NeSc99]   J. Neukirch and N. Schappacher, *Algebraic Number Theory*, Springer-Verlag, New York, 1999.

[NiZuMo91] I. Niven, H.S. Zuckerman, and H.L. Montgomery, *An Introduction to the Theory of Numbers*, 5th ed., Wiley, New York, 1991.

[Odte85]   A.M. Odlyzko and H.J.J. te Riele, "Disproof of the Mertens conjecture," *Journal für die reine und angewandte Mathematik*, Volume 357 (1985), 138–160.

[Od90]   A.M. Odlyzko, "The rise and fall of knapsack cryptosystems," pages 75–88 in *Cryptology and Computational Number Theory*, Volume 42 of Proceedings of

Symposia in Applied Mathematics, American Mathematical Society, Providence, Rhode Island, 1990.

[Od95]   A.M. Odlyzko, "The future of integer factorization," *RSA CrytoBytes*, Volume 2, Number 1, 1995, 5–12.

[Or67]   O. Ore, *An Invitation to Number Theory*, Random House, New York, 1967.

[Or88]   O. Ore, *Number Theory and its History*, Dover, New York, 1988.

[PaMi88]   S.K. Park and K.W. Miller, "Random number generators: Good ones are hard to find," *Communications of the ACM*, Volume 31 (1988), 1192–1201.

[PeBy70]   A.J. Pettofrezzo and D.R. Byrkit, *Elements of Number Theory*, Prentice Hall, Englewood Cliffs, New Jersey, 1970.

[Pf89]   C.P. Pfleeger, *Security in Computing*, Prentice Hall, Englewood Cliffs, New Jersey, 1989.

[Po14]   H.C. Pocklington, "The determination of the prime or composite nature of large numbers by Fermat's theorem," *Proceedings of the Cambridge Philosophical Society*, Volume 18 (1914/6), 29–30.

[PoHe78]   S. Pohlig and M. Hellman, "An improved algorithm for computing logarithms over GF(p) and its cryptographic significance," *IEEE Transactions on Information Theory*, Volume 24 (1978), 106–110.

[Po99]   H. Pollard and H. Diamond, *The Theory of Algebraic Numbers*, 3rd ed., Dover, New York, 1999.

[Po74]   J.M. Pollard, "Theorems on factorization and primality testing," *Proceedings of the Cambridge Philosophical Society*, Volume 76 (1974), 521–528.

[Po75]   J.M. Pollard, "A Monte Carlo method for factorization," *Nordisk Tidskrift for Informationsbehandling (BIT)*, Volume 15 (1975), 331–334.

[Po81]   C. Pomerance, "Recent developments in primality testing," *The Mathematical Intelligencer*, Volume 3 (1981), 97–105.

[Po82]   C. Pomerance, "The search for prime numbers," *Scientific American*, Volume 247 (1982), 136–147.

[Po84]   C. Pomerance, *Lecture Notes on Primality Testing and Factoring*, Mathematical Association of America, Washington, D.C., 1984.

[Po90]   C. Pomerance, ed., *Cryptology and Computational Number Theory*, American Mathematical Society, Providence, Rhode Island, 1990.

[Po93]   C. Pomerance, "Carmichael numbers," *Nieuw Arch. v. Wiskunde*, Volume 4, number 11 (1993), 199–209.

[Ra79]   M.O. Rabin, "Digitalized signatures and public-key functions as intractable as factorization," M.I.T. Laboratory for Computer Science Technical Report LCS/TR-212, Cambridge, Massachusetts, 1979.

[Ra80]   M.O. Rabin, "Probabilistic algorithms for testing primality," *Journal of Number Theory*, Volume 12 (1980), 128–138.

[Ra77]   H. Rademacher, *Lectures on Elementary Number Theory*, Krieger, 1977.

[Re96]   D. Redfern, *The Maple Handbook*, Springer-Verlag, New York, 1996.

[Re96a]   D. Redmond, *Number Theory: An Introduction*, Marcel Dekker, Inc., New York, 1996.

[Ri79]   P. Ribenboim, *13 Lectures on Fermat's Last Theorem*, Springer-Verlag, New York, 1979.

[Ri96]	P. Ribenboim, *The New Book of Prime Number Record*, Springer-Verlag, New York, 1996.
[Ri01]	P. Ribenboim, *Classical Theory of Algebraic Integers*, 2nd ed., Springer-Verlag, New York, 2001.
[Ri71]	F. Richman, *Number Theory, An Introduction to Algebra*, Brooks/Cole, Belmont, California, 1971.
[Ri59]	B. Riemann, "Uber die Anzahl der Primzahlen unter einer gegeben Grösse," *Monatsberichte der Berliner Akademie,* November, 1859.
[Ri85]	H. Riesel, "Modern factorization methods," *BIT* (1985), 205–222.
[Ri94]	H. Riesel, *Prime Numbers and Computer Methods for Factorization*, 2nd ed., Birkhauser, Boston, 1994.
[Ri78]	R.L. Rivest, "Remarks on a proposed cryptanalytic attack on the M.I.T. public-key cryptosystem," *Cryptologia*, Volume 2 (1978), 62–65.
[RiShAd78]	R.L. Rivest, A. Shamir, and L.M. Adleman, "A method for obtaining digital signatures and public-key cryptosystems," *Communications of the ACM*, Volume 21 (1978), 120–126.
[RiShAd83]	R.L. Rivest, A. Shamir, and L.M. Adleman, "Cryptographic communications system and method," United States Patent #4,405,8239, issued September 20, 1983.
[Ro77]	J. Roberts, *Elementary Number Theory*, MIT Press, Cambridge, Massachusetts, 1977.
[Ro97]	K. Rosen et. al., *Exploring Discrete Mathematics with Maple,* McGraw-Hill, New York, 1997.
[Ro99a]	K.H. Rosen, *Handbook of Discrete and Combinatorial Mathematics*, CRC Press, Boca Raton, Florida, 1999.
[Ro07]	K.H. Rosen, *Discrete Mathematics and its Applications*, 6th ed., McGraw-Hill, New York, 2007.
[Ru64]	W. Rudin, *Principles of Mathematical Analysis*, 2nd ed., McGraw-Hill, New York, 1964.
[Ru83]	R. Rumely, "Recent advances in primality testing," *Notices of the American Mathematical Society*, Volume 30 (1983), 475–477.
[Sa03a]	K. Sabbagh, *The Riemann Hypothesis*, Farrar, Strauss, and Giroux, New York, 2003.
[SaSa07]	J. Sally and P.J. Sally, Jr., *Roots to Research*, AMS, Providence, Rhode Island, 2007.
[Sa90]	A. Salomaa, *Public-Key Cryptography*, Springer-Verlag, New York, 1990.
[Sa03b]	M. du Sautoy, *The Music of the Primes*, Harper Collins, New York, 2003.
[ScOp85]	W. Scharlau and H. Opolka, *From Fermat to Minkowski, Lectures on the Theory of Numbers and its Historical Development*, Springer-Verlag, New York, 1985.
[Sc98]	B. Schechter, *My Brain is Open*, Simon and Schuster, New York, 1998.
[Sc86]	M.R. Schroeder, *Number Theory in Science and Communication*, 2nd ed., Springer-Verlag, Berlin, 1986.
[SePi89]	J. Seberry and J. Pieprzyk, *Cryptography: An Introduction to Computer Security*, Prentice Hall, New York, 1989.
[Sh79]	A. Shamir, "How to share a secret," *Communications of the ACM*, Volume 22 (1979), 612–613.

[Sh83]   A. Shamir, "A polynomial time algorithm for breaking the basic Merkle-Hellman cryptosystem," in *Advances in Cryptology—Proceedings of Crypto 82*, 279–288.

[Sh84]   A. Shamir, "A polynomial time algorithm for breaking the basic Merkle-Hellman cryptosystem," *IEEE Transactions on Information Theory*, Volume 30 (1984), 699–704. (This is an improved version of [Sh83].)

[ShRiAd81] A. Shamir, R.L. Rivest, and L.M. Adleman, "Mental poker," *The Mathematical Gardner*, ed. D.A. Klarner, Wadsworth International, Belmont, California, 1981, 37–43.

[Sh85]   D. Shanks, *Solved and Unsolved Problems in Number Theory*, 3rd ed., Chelsea, New York, 1985.

[Sh83]   H.S. Shapiro, *Introduction to the Theory of Numbers*, Wiley, New York, 1983.

[Sh67]   J.E. Shockley, *Introduction to Number Theory*, Holt, Rinehart, and Winston, New York, 1967.

[Si64]   W. Sierpinski, *A Selection of Problems in the Theory of Numbers*, Pergamon Press, New York, 1964.

[Si70]   W. Sierpinski, *250 Problems in Elementary Number Theory*, Polish Scientific Publishers, Warsaw, 1970.

[Si87]   W. Sierpinski, *Elementary Theory of Numbers*, 2nd ed., North-Holland, Amsterdam, 1987.

[Si82]   G.J. Simmons, ed., *Secure Communications and Asymmetric Cryptosystems*, AAAS Selected Symposium Series Volume 69, Westview Press, Boulder, Colorado, 1982.

[Si97]   S. Singh, *Fermat's Enigma: The Epic Quest to Solve the World's Greatest Mathematical Problem*, Walker and Company, New York, 1997.

[Si66]   A. Sinkov, *Elementary Cryptanalysis*, Mathematical Association of America, Washington, D.C., 1966.

[SlPl95]   N.J.A. Sloane and S. Plouffe, *The Encyclopedia of Integer Sequences*, Academic Press, New York, 1995.

[Sl78]   D. Slowinski, "Searching for the 27th Mersenne prime," *Journal of Recreational Mathematics*, Volume 11 (1978/9), 258–261.

[SoSt77]   R. Solovay and V. Strassen, "A fast Monte Carlo test for primality," *SIAM Journal for Computing*, Volume 6 (1977), 84–85 and erratum, Volume 7 (1978), 118.

[So86]   M.A. Soderstrand et al., editors, *Residue Number System Arithmetic: Modern Applications in Digital Signal Processing*, IEEE Press, New York, 1986.

[Sp82]   D.D. Spencer, *Computers in Number Theory*, Computer Science Press, Rockville, Maryland, 1982.

[St78]   H.M. Stark, *An Introduction to Number Theory*, Markham, Chicago, 1970; reprint MIT Press, Cambridge, Massachusetts, 1978.

[St64]   B.M. Stewart, *The Theory of Numbers*, 2nd ed., Macmillan, New York, 1964.

[St05]   D.R. Stinson, *Cryptography, Theory and Practice*, 3rd ed., Chapman & Hall/CRC, Boca Raton, Florida, 2005.

[SzTa67]   N.S. Szabo and R.J. Tanaka, *Residue Arithmetic and its Applications to Computer Technology*, McGraw-Hill, 1967.

[TrWa02]   W. Trappe and L. Washington, *Introduction to Cryptography with Coding Theory*, Prentice Hall, Upper Saddle River, New Jersey, 2002.

[Tu83]   J. Tunnell, "A classical diophantine problem and modular forms of weight 3/2," *Inventiones Mathematicae*, Volume 72 (1983), 323–334.

[UsHe39]   J.V. Uspensky and M.A. Heaslet, *Elementary Number Theory*, McGraw-Hill, New York, 1939.

[Va89]   S. Vajda, *Fibonacci and Lucas Numbers and the Golden Section: Theory and Applications*, Ellis Horwood, Chichester, England, 1989.

[Va96]   A.J. van der Poorten, *Notes on Fermat's Last Theorem*, Wiley, New York, 1996.

[Va01]   C. VandenEynden, *Elementary Number Theory*, McGraw-Hill, New York, 2001.

[Vi54]   I.M. Vinogradov, *Elements of Number Theory*, Dover, New York, 1954.

[Wa86]   S. Wagon, "Primality testing," *The Mathematical Intelligencer*, Volume 8, Number 3 (1986), 58–61.

[Wa99]   S. Wagon, *Mathematica in Action,* 2nd ed. Telos, New York, 1999.

[Wa86]   S.S. Wagstaff, "Using computers to teach number theory," *SIAM News*, Volume 19 (1986), 14 and 18.

[Wa90]   S.S. Wagstaff, "Some uses of microcomputers in number theory research," *Computers and Mathematics with Applications*, Volume 19 (1990), 53–58.

[WaSm87]   S.S. Wagstaff and J.W. Smith, "Methods of factoring large integers," in *Number Theory, New York, 1984—1985*, LNM, Volume 1240, Springer-Verlag, Berlin, 1987, 281–303.

[Wa08]   L. Washington, *Elliptic Curves: Number Theory and Cryptography,* 2nd ed., Chapman and Hall/CRC, Boca Raton, Florida, 2008.

[We84]   A. Weil, *Number Theory: An Approach Through History From Hummurapi to Legendre*, Birkhauser, Boston, 1984.

[Wi90]   M.J. Wiener, "Cryptanalysis of short RSA secret exponents," *IEEE Transactions on Information Theory*, Volume 36 (1990), 553–558.

[Wi95]   A. Wiles, "Modular elliptic-curves and Fermat's last theorem," *Annals of Mathematics,* Volume 141 (1995), 443–551.

[Wi86]   H.C. Williams, ed., *Advances in Cryptology—CRYPTO '85*, Springer-Verlag, Berlin, 1986.

[Wi78]   H.C. Williams, "Primality testing on a computer," *Ars Combinatorica*, Volume 5 (1978), 127–185.

[Wi82]   H.C. Williams, "The influence of computers in the development of number theory," *Computers and Mathematics with Applications*, Volume 8 (1982), 75–93.

[Wi84]   H.C. Williams, "An overview of factoring," in *Advances in Cryptology, Proceedings of Crypto 83*, Plenum, New York, 1984, 87–102.

[Wo03]   S. Wolfram, *The Mathematica Book*, 5th ed., Cambridge University Press, New York, 2003.

[Wr39]   H.N. Wright, *First Course in Theory of Numbers*, Wiley, New York, 1939.

[Wu85]   M.C. Wunderlich, "Implementing the continued fraction algorithm on parallel machines," *Mathematics of Computation*, Volume 44 (1985), 251–260.

[WuKu90]   M.C. Wunderlich and J.M. Kubina, "Extending Waring's conjecture to 471,600,000," *Mathematics of Computation*, Volume 55 (1990), 815–820.

推 荐 阅 读

时间序列分析及应用：R语言（原书第2版）

作者：Jonathan D. Cryer,Kung-Sik Chan ISBN：978-7-111-32572-7 定价：48.00元

多元时间序列分析及金融应用：R语言

作者：Ruey S.Tsay ISBN：978-7-111-54260-5 定价：79.00元

随机过程导论（原书第2版）

作者：Gregory F. Lawler ISBN：978-7-111-31544-5 定价：36.00元

随机过程（原书第2版）

作者：Sheldon M. Ross ISBN：978-7-111-43029-2 定价：79.00元